D1866779

Joachim Schreiber

FLUGZEUGE DES ZWEITEN WELTKRIEGS

Motor
buch
Verlag

Einbandgestaltung: schreiberVIS, Joachim Schreiber

Bildnachweis: Soweit nicht anders vermerkt,
stammen die Bilder vom Autor bzw. aus dessen Archiv.

Eine Haftung des Autors oder des Verlages und seiner Beauftragten für Personen-, Sach- und Vermögensschäden ist ausgeschlossen.

ISBN: 978-3-613-04464-7

Copyright © by Motorbuch Verlag,
Postfach 103743, 70032 Stuttgart.
Ein Unternehmen der
Paul Pietsch Verlage GmbH & Co. KG

Sie finden uns im Internet unter:
www.motorbuch-verlag.de

1. Auflage 2022

Nachdruck, auch einzelner Teile, ist verboten. Das Urheberrecht und sämtliche weiteren Rechte sind dem Verlag vorbehalten. Übersetzung, Speicherung, Vervielfältigung und Verbreitung einschließlich Übernahme auf elektronische Datenträger wie DVD, CD-ROM usw. sowie Einspeicherung in elektronische Medien wie Internet usw. ist ohne vorherige schriftliche Genehmigung des Verlags unzulässig und strafbar.

Layout, Satz, Illustrationen und Prepress:
Joachim Schreiber, schreiberVIS, Seeheim
Druck und Bindung: Graspo CZ, 76302 Zlin
Printed in Czech Republic

Inhalt

Vorwort

Das Buch gibt einen Überblick über Militärflugzeuge weltweit von 1930 bis 1945, die vor allem vor und in der Zeit des Zweiten Weltkriegs die Flugzeugentwicklungen mit ihren extrem dynamischen Technologiesprüngen entscheidend prägten. In dieser kurzen Zeitspanne vollzog sich die rasante Entwicklung vom Doppeldecker zum Düsenflugzeug.

Europa 1930 – 1945

In den 1930er-Jahren endete allmählich die Zeit der Doppeldecker. Die Kampftaktik des Ersten Weltkriegs, der enge akrobatische Kurvenkampf mit relativ langsamen Maschinen änderte sich hin zum taktischen Vorteil einer guten Steigleistung, der Möglichkeit sich auf den Gegner aus höherer Position zu stürzen und einer hohen Geschwindigkeit zum Angriff oder zum Entkommen. Einhergehend damit entstand eine neue Generation leistungsfähiger Motoren, die aber bei Doppeldeckern mit ihrem hohen Luftwiderstand wie zum Beispiel der Heinkel He 51 oder der Gloster Gladiator keinen Vorteil mehr brachte.

Die Reduktion des Luftwiderstands war also das Ziel und damit die Abkehr von offenen Doppeldeckern aus bespannten Rohrgerüsten hin zu aerodynamisch hochwertigen Eindeckern in selbsttragender Ganzmetallbauweise. Einziehfahrwerk, geschlossenes Cockpit, modernes Flügelprofil, starke Motorisierung und hohe Feuerkraft stand nun in den Pflichtenheften der Militärs. Und man dachte an eine kostengünstige Serienproduktion und schnell zu erreichende hohe Stückzahlen. Die Bf 109 verkörperte dieses neue Konstruktionsprinzip in deutlicher Weise und gehörte mit ihrem Erscheinen Mitte der 1930er-Jahre zu den bahnbrechenden Konstruktionen im Jagdflugzeugbau.

Im Spanischen Bürgerkrieg (1936 – 1939) wurden etliche neue Muster von flugzeugproduzierenden Ländern Europas erprobt. Hier zeigte sich deutlich die Überlegenheit der modernen Konstruktionen. Es wurde der Sturzkampf entwickelt und eine Reihe von Taktiken der Erdkampfunterstützung, des Truppen- und Materialtransportes. Nicht berücksichtigt wurde vor allem von deutscher und sowjetischer Seite der Aufbau einer schweren Bomberflotte, wie dies zum Beispiel in Großbritannien und den USA geschah. Deutschland setzte mehr auf präzise Angriffe und vor allem auf eine kurze Kriegszeit. Ebenso vernachlässigt wurde, wie sich später zeigte, das Transportproblem zu den weit entfernten Fronten in der Sowjetunion oder in Nordafrika.

Trotz der Übermacht zu Beginn des Zweiten Weltkrieges in den Polen- und Frankreichfeldzügen führten die deutschen Einsatztaktiken schon in der Luftschlacht um England zu relativ hohen Verlusten. Rasche Entwicklungserfolge auf britischer und sowjetischer Seite im Flugzeug- und Motorenbau wendeten das Blatt. Der Eingriff der USA auf Europas Kriegsschauplätzen mit schweren Bombern und Jagdflugzeugen, aber auch materielle Unterstützung der alliierten Verbündeten veränderte die Kriegslage entscheidend. Großflächige Bombardierungen und die Erlangung der absoluten alliierten Lufthoheit beeinträchtigten einerseits die deutsche Flugzeugproduktion erheblich, spornte aber andererseits die deutschen Konstrukteure zu immer neuen, außergewöhnlichen Flugzeugprojekten an.

Mitte der 1940er-Jahre erreichten auch Kolbenmotoren ihre Leistungsgrenzen. Mit der Erfindung des Strahltriebwerks durch von Ohain und Whittle kam die Entwicklung der ersten Jets in Deutschland und Großbritannien in Gang. Ihre Serienfertigung hatte jedoch keinen Einfluss mehr auf den Kriegsverlauf. Dass die Me 262, oder die He 162 unter diesen Umständen bis zur Serienreife gelangten, ist in Anbetracht der Kriegslage trotzdem beeindruckend.

Am Ende des Krieges standen damit zwar modernste Flugzeuge in oft geringer Anzahl auf den Vorfeldern, aber die erdrückende Überlegenheit der Alliierten, der Mangel an (erfahrenen) Piloten, Rohstoff- und Treibstoffknappheit und das allgemeine Chaos der letzten Kriegsjahre verhinderten einen effektiven Einsatz. Dass sich die technische Entwicklung nach dem Krieg unvermindert fortsetzte, oft auf Basis deutscher Entwicklungen, zeigt die rasante Entwicklung der zivilen wie militärischen Jets.

Pazifikraum 1930 – 1945

Japan war schon vor dem Pazifikkrieg (1941 – 1945) an mehreren Kriegen beteiligt und nutzte die Zeit, um eine schlagkräftige Luft- und Seestreitmacht aufzubauen. Die Streitkräfte waren in Marine und Heer aufgeteilt und beide Parteien verfolgten weitgehend unabhängig voneinander eigenständige Flugzeugprojekte. Heeresflugzeuge wurden deshalb mit Ki und einer fortlaufenden Zahl benannt, die Marine vergab eine dreistellige Zeichenkombination, z. B. A6M. Für die Alliierten verwirrend, wurden deshalb Codes wie z. B. *Jill* für die Nakajima B6N verwendet. Bereits Mitte der 1930er-Jahre besaß Japan eine große Anzahl technisch ausgereifter Flugzeuge und erfahrener Besatzungen, das es in den ersten Jahren des Pazifikkrieges ermöglichte, die Lufthoheit zu erringen. Parallel dazu wurde die Entwicklung und der Bau von modernen Flugzeugtypen mit hohen Produktionszahlen vorangetrieben. So wurden z. B. in nur vier Kriegsjahren rund 30 000 Jagdflugzeuge produziert. Deren Überlegenheit wurde aber oft durch fehlende Panzerung und selbstdichtende Tanks erkauft. Ein schweres Bomberprogramm, das bis Kriegsende verfolgt wurde, kam nicht über Prototypen hinaus, und dass Japan fast 500 DC-3 als Transporter L2D baute, sei ebenso eine Bemerkung wert.

Mitte 1942 änderte sich die Kriegslage zum Nachteil Japans. Mit dem Vorrücken der Alliierten und der erheblichen Dezimierung der Flotte, einer zunehmenden Bombardierung der Industrie und der beginnenden Rohstoffknappheit war das Land gezwungen, von Offensive auf Defensive umzustellen. Dabei schreckte man auch nicht vor Kamikaze-Angriffen auf US-Schiffe zurück. Mangels verfügbarer höhentauglicher Motoren war Japan nahezu machtlos gegen US-Bomberangriffe. Es wurden zwar noch leistungsfähige Jagdflugzeuge entwickelt, aber nur in relativ geringen Stückzahlen produziert. Projekte wie das Canardflugzeug Shinden (S. 161), die nachgebaute Me-163 Shusui, (S. 162) oder die der Me 262 ähnliche Kikka (S. 192), kamen zu spät.

In den USA war in den 1930er-Jahren die Zivilluftfahrt weltweit führend, im Gegensatz zur Militärluftfahrt, die nicht dem damals aktuellen Stand entsprach und deren Produktion sich auf niedrigem Niveau bewegte. Mit Aufhebung des US-Neutralitätsgesetzes 1939 wurden Frankreich und Großbritannien zu bedeutenden Kunden der Flugzeugindustrie und der Lend-Lease-Act von 1941, der den US-Rüstungsgüterexport z. B. an Großbritannien, Sowjetunion und China ermöglichte, brachte einen weiteren Schub in die Flugzeugentwicklung und -produktion.

Mit Beginn des Pazifikkrieges im Dezember 1941, begannen die USA unter großen Anstrengungen aufzurüsten. Der Krieg in Europa und der Luftkrieg im Pazifik, der anfangs hauptsächlich über See und von Flugzeugträgern aus geführt wurde, erforderte die rasche Entwicklung leistungsfähiger Jagdflugzeuge, Bomber und Transporter, die auch in kurzer Zeit und riesiger Stückzahl aus den Hallen rollten. Alleine rund 99 000 Jagdflugzeuge von 1941 bis 1945, darunter so überlegene Flugzeuge wie die Mustang oder Corsair, die den Piloten rasch zur Verfügung standen. Produziert wurde nicht nur für den eigenen Bedarf, sondern z. B. auch für Großbritannien oder die Sowjetunion, die über 14 000 Flugzeuge erhielt. Via Lend-Lease Act exportierte man vom Jäger bis zum mittelschweren Bomber alles, auch Flugzeuge, die mit mäßigen Leistungen für die USA nicht in Frage kamen. Im Gegensatz zu ihren Gegnern schafften es die Vereinigten Staaten auch, schwere Bomber zu entwickeln und am Fließband zu herzustellen, wie die bis 1945 19 000 produzierten B-24 zeigen.

Bis Kriegsende erkämpften sich Piloten der Alliierten in Europa und im Pazifik die absolute Lufthoheit. Die RAF und USAF nutzten aber auch gleichzeitig ihre riesigen Bomberflotten um zahllose Städte Deutschlands bis zum Kriegsende im Mai 1945 zu bombardieren, wie auch die US-Bombergeschwader über Japan, bis die Atombomben-Abwürfe der USA den Pazifikkrieg im September beendete.

Bei Propellerflugzeugen waren auch die USA am oberen Ende der Leistungsfähigkeit von Kolbenmotoren angelangt. Für ihre ersten Jets übernahmen sie mangels eigener Entwicklungen britische Triebwerke. Die Bell P-59 war aber Propellerflugzeugen wie der Thunderbolt unterlegen und die Lockheed P-80 war für einen Kriegseinsatz noch nicht ausgreift.

Die Bedrohung durch Japan zwang auch Australien aufzurüsten. Die 1935 gegründete CAC entwickelte und produzierte ausschließlich Militärflugzeuge, wie z. B. die Boomerang und Wirraway (S. 6/7), allerdings nur in relativ kleinen Stückzahlen.

Die Kapitulation brachte den japanischen Flugzeubau für viele Jahre zum Erligen, während bei den Siegermächten, mit Beginn des Kalten Krieges, die Entwicklungen intensiviert wurden.

Zum Buch

Angesichts der Entwicklungen in dieser Epoche fällt es schwer, eine Auswahl zu treffen. Auf alle Typen und Varianten einzugehen ist unmöglich. Wenn man bedenkt, dass rund 54.000 Jagdflugzeuge alleine in Deutschland produziert wurden, ist die Stückzahl ein Kriterium. Ein anderes Merkmal ist die Bedeutung für die Entwicklung der Luftfahrt in dieser kurzen Zeitspanne. Dazu zählen Strahlflugzeuge wie die Me 262 oder Großflugzeuge wie die russische PE 8, auch wenn oft nur wenige gebaut wurden. Erwähnenswert ist aber auch, dass z. B. Australien, Polen, Rumänien oder Schweden schon früh eigene kleine Flugzeugproduktionen auf die Beine stellten.

Nicht zu vergessen die Randbereiche der damaligen Luftfahrt. Hier können wegen der Vielfalt nur beispielhaft einige Maschinen gezeigt werden. Darunter Hubschrauber von Focke-Achgelis und Sikorsky, einige Flugboote oder Lastensegler und eine Auswahl an Kleinflugzeugen.

Und noch interessanter ist es, dass viele Konstruktionen zwar bis zur Serienproduktion gebracht wurden, die Flugzeuge selber aber schon bei ihrer Auslieferung hoffnungslos veraltet waren. So rasant verlief die Entwicklung in dieser Zeit!

Schwierig war die Auswahl der Text- und Zeichnungsquellen in Literatur und Internet, die oft erheblich differierten und das nicht nur bei technischen Angaben, sondern auch in grundlegenden Dingen.

Bei der Auswahl der Fotos habe ich teilweise die allgemein zugänglichen Internetquellen genutzt. Bedanken möchte ich mich aber ausdrücklich bei den vielen Luftfahrtenthusiasten, Archiven und Museen und den dahinter stehenden Personen, die mich freundlicherweise mit Bildmaterial unterstützten.

Joachim Schreiber

CAC Ca-16 Wirraway

Ursprungsland
Australien
Kategorie
Trainer, Mehrzweckflugzeug

Entwicklung: Mitte der 1930er-Jahre forderten australische Politiker Unternehmer auf, eine eigene Flugzeugproduktion aufzubauen. Das Ende 1936 gegründete Firmenkonsortium CAC (Commonwealth Aircraft Corporation) erwarb daraufhin 1937 zwei North American Na-16 und die Lizenz für deren Bau, sowie für die Produktion des Pratt & Whitney-Wasp-Motors. Bei dem Tiefdecker, der einen verkleideten und teilweise bespannten, Stahlrohrrumpf hatte, wurden die Strukturen verstärkt und eine geänderte Bewaffnung eingebaut. Er flog im März 1939 erstmals. Schon im Juli 1939 begannen die Auslieferungen von 40 Ca-1 an die RAAF. Mit geringen Änderungen folgte die Ca-3 (60 Flugzeuge). Von den nahezu identischen Ca-5/7/8 und 9 liefen 520 Stück vom Band. Mit der Ca-16, von der 135 Stück gebaut wurden, führte man Sturzflug-Bremsklappen ein und Verstärkungen des Flügels ermöglichten eine höhere Bombenlast.

Bis Juli 1946 sind insgesamt 755 Wirraways ausgeliefert worden. Eine Lieferung von 245 bestellten Flugzeugen an Großbritannien wurde von der australischen Regierung abgelehnt.

Bemerkungen: Zu Beginn ihrer Laufbahn Mitte 1939 wurde die Wirraway als Trainer eingesetzt. Als der Pazifikkrieg im Dezember 1941 begann, waren aber schon sieben Squadrons für Kampfeinsätze aufgestellt, ein kleiner Teil davon in Malaysia. Das relativ langsame Flugzeug flog als Aufklärer, Artilleriebeobachter, Verbindungsflugzeug, Sturzbomber und Erdkämpfer in den nördlich Australiens gelegenen Seegebieten. Dazu gehörte die Verteidigung Neuguineas und die angrenzenden Seegebiete, bis Mitte 1943 fast alle Wirraways aus der ersten Linie zurückgezogen und durch Boomerangs oder Curtiss P-40 ersetzt wurden. Einige Flugzeuge sind noch nach dem Krieg in der Schulung eingesetzt worden. Schließlich wurden 1958 die letzten Flugzeuge außer Dienst gestellt.

Rund 15 Flugzeuge sind, hauptsächlich in Australien, erhalten geblieben, einige davon flugklar.

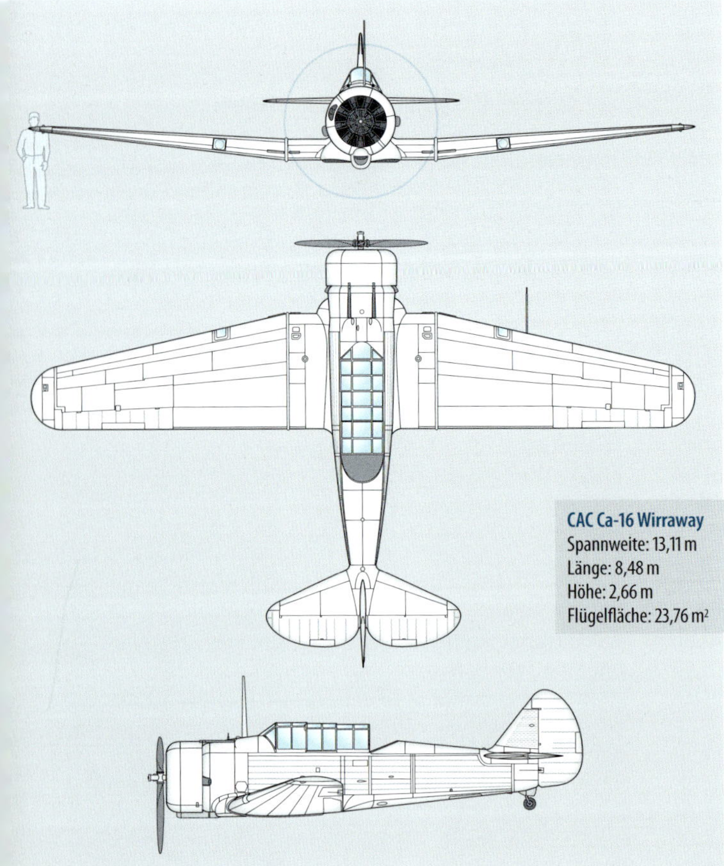

CAC Ca-16 Wirraway
Spannweite: 13,11 m
Länge: 8,48 m
Höhe: 2,66 m
Flügelfläche: 23,76 m²

Unverkennbar die Ähnlichkeit mit der Na-16, dem Vorläufer der North American T-6 (S. 309). Eine Wirraway auf einem Airstrip bei Popondetta auf Papua-Neu-Guinea im Jahr 1942.

Besatzung: 2
Triebwerk: Ein luftgekühlter 9-Zylinder-Sternmotor Pratt & Whitney R-1340 S1H1 Wasp mit 442 kW (600 PS).
Leistungen: Höchstgeschwindigkeit 350 km/h in 1500 m Höhe, Reisegeschwindigkeit 293 km/h in 1500 m Höhe, Dienstgipfelhöhe 7000 m, Reichweite ca. 1300 km.
Gewichte: Leergewicht 1811 kg, Abfluggewicht 2991 kg.
Bewaffnung: Zwei MGs nach vorn, ein bewegliches MG im hinteren Cockpit, spätere Versionen je ein MG an Flügelstationen. Bis zu 450 kg Bomben an Außenstationen.

CAC Ca-13 Boomerang

Ursprungsland
Australien
Kategorie
Jagdflugzeug, leichter Jagdbomber

Entwicklung: Mit Beginn des Pazifikkrieges und der einhergehenden Bedrohung durch Japan war Australien gezwungen, ein eigenes Jagdflugzeug zu entwickeln, da die Vereingten Staaten und Großbritannien einen zu großen Eigenbedarf hatten. Das Firmenkonsortium CAC (Commonwealth Aircraft Corporation) begann deshalb Ende 1941 mit der Konstruktion, die sich auf Komponenten der Wirraway stützte. Schon vor dem Erstflug, der im Mai 1942 stattfand, wurden im Februar 105 CA-12 bestellt. Der Ganzmetalltiefdecker mit einem verkleideten, geschweißten Stahlrohrrumpf und einem gepanzerten Cockpit wurde in kurzer Zeit erprobt. Schnell war klar, dass die

Eine Staffel Boomerang im Januar 1945 auf dem Piva-Airfiled auf Bougainville Island im Solomonen Archipel.

Ca-13 zwar in niedrigen Höhen sehr manövrierfähig, aber wegen ihrer geringen Geschwindigkeit gegen japanische Jagdflugzeuge chancenlos war. Während der Produktion der ersten 105 Ca-12 wurden ständig Verbesserungen eingearbeitet. Weitere 145 Boomerangs wurden als Ca-13 (95 Stück), eine verbesserte Ca-12-Jagdbomberversion, und als Ca-19 (49 Stück) als Aufklärer, produziert. Die Ca-14 mit ihrem stärkeren, aber schwereren Antrieb mit Turbolader brachte zwar gesteigerte Leistungen, setzte aber umfangreiche Zellenänderungen voraus und kam deshalb nicht über das Prototypenstadium hinaus.

Besatzung: 1
Triebwerk: Ein luftgekühlter 14-Zylinder-Doppelsternmotor Pratt & Whitney R-1830-SC3C4-G Twin Wasp mit 883 kW (1200 PS).
Leistungen: Höchstgeschwindigkeit 490 km/h in 4700 m Höhe, Dienstgipfelhöhe 10 350 m, max. Reichweite mit Droptank 2575 km.
Gewichte: Leergewicht 2437 kg, Abfluggewicht 3742 kg.
Bewaffnung: Zwei Maschinenkanonen und 4 MGs in den Flügeln.

CAC baute bis Februar 1945 250 Boomerangs aller Varianten.

Bemerkungen: Die in kürzester Zeit entwickelte Boomerang war das erste in Australien konstruierte und gebaute Jagdflugzeug. Es konnte zwar nicht mit den gegnerischen Jagdflugzeugen mithalten, erfüllte aber seine Rolle als leichtes Erdkampfflugzeug, Zielmarkierer und Aufklärer. Seine große Reichweite ermöglichte Einsätze im Südwest-Pazifikraum wie z. B. über Neu-Guinea, über den Solomonen und Borneo.

Angeblich haben in Australien 1o Boomerang überlebt, zwei flugfähig. Eine davon steht im RAAF-Museum in Victoria, Australien.

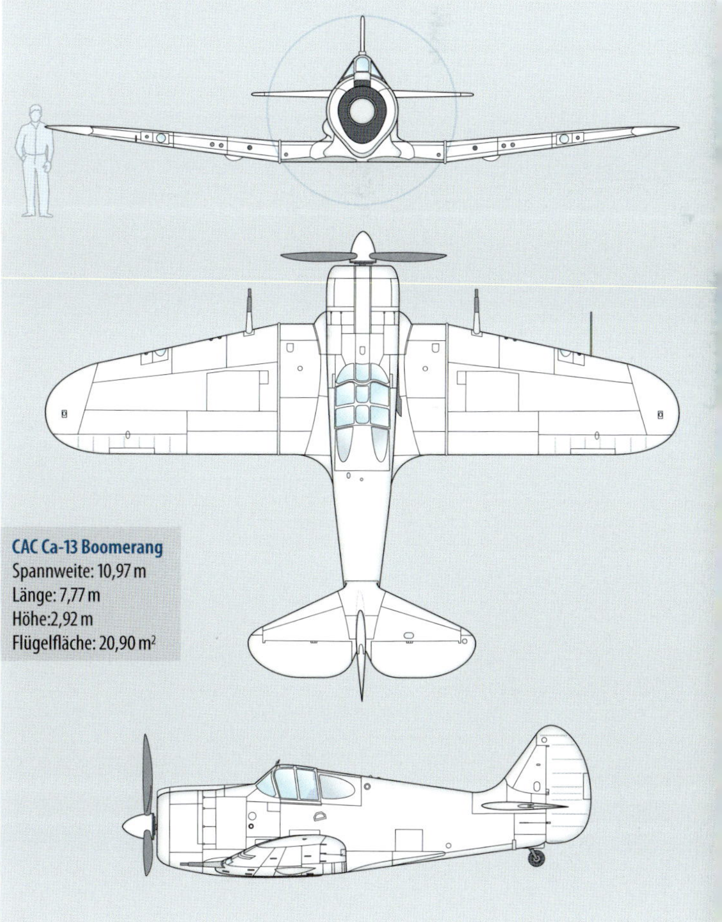

CAC Ca-13 Boomerang
Spannweite: 10,97 m
Länge: 7,77 m
Höhe:2,92 m
Flügelfläche: 20,90 m²

Arado Ar 68

Ursprungsland
Deutsches Reich
Kategorie
Jagdflugzeug

Entwicklung: Als letzter Doppeldecker der deutschen Luftwaffe, der 1931 entwickelt wurde, war die Arado das Konkurrenzmuster zur Heinkel He 51. Das in damals üblicher Gemischtbauweise hergestellte Flugzeug hatte einen geschweißten Stahlrohrrumpf, war vor dem Cockpit blechbeplankt und bis zum Heck stoffbespannt. Die abgestrebten Flügel führte man als klassische bespannte Holzkonstruktion aus. Anfang 1934 flog der erste von drei Prototypen. Zu Beginn der Produktion waren die ersten 150 Ar 68 F mit einem V12-Zylinder BMW VId ausgestattet (Abb. oben). Alle anderen rund 360 Flugzeuge wurden als Ar 68 E, mit dem zuverlässigeren, hängenden V12-Zylinder Jumo 210 und einer Zweiblatt-Starrluftschraube produziert (Zeichnung). Die letzte (H-)Version flog nur als Prototyp mit einem BMW 132-Sternmotor, hatte ein geschlossenes Cockpit und zwei zusätzliche MGs auf der oberen Fläche. Diese Variante war die Grundlage für die Ar 197, ein geplanter Jagd-Doppeldecker für den ersten deutschen Flugzeugträger Graf Zeppelin, der aber nie in Dienst gestellt wurde.

In mehreren Werken wurden 514 Flugzeuge aller Varianten gebaut.

Bemerkungen: Die ersten Jagdverbände der deutschen Luftwaffe waren ab 1936 mit Heinkel He 51 und Arado Ar 68 ausgestattet. Zum ersten Mal eingesetzt wurden die Maschinen im Spanischen Bürgerkrieg. Dort stellte sich schnell heraus, dass die Doppeldecker gegen die russische Polikarpow I-16 unterlegen, und bezüglich Flugleistungen und Bauweise, veraltet waren. Mit Indienststellung des wesentlich moderneren Tiefdeckers Messerschmitt Bf 109 wurden schon ab Mitte 1938 die ersten Flugzeuge ersetzt. Ein Teil wurde zu Beginn des Krieges noch als Nachtjäger mit Tarnanstrich und Auspuff-Flammendämpfern gegen britische Bomber herangezogen, aber auch schon 1940 wieder ausgemustert und als Fortgeschrittenen-Trainer in Jagdfliegerschulen bis Ende 1944 eingesetzt.

Ein besonderes Konstruktionsmerkmal war der wesentlich kleinere Unterflügel bei der Arado Ar 68.

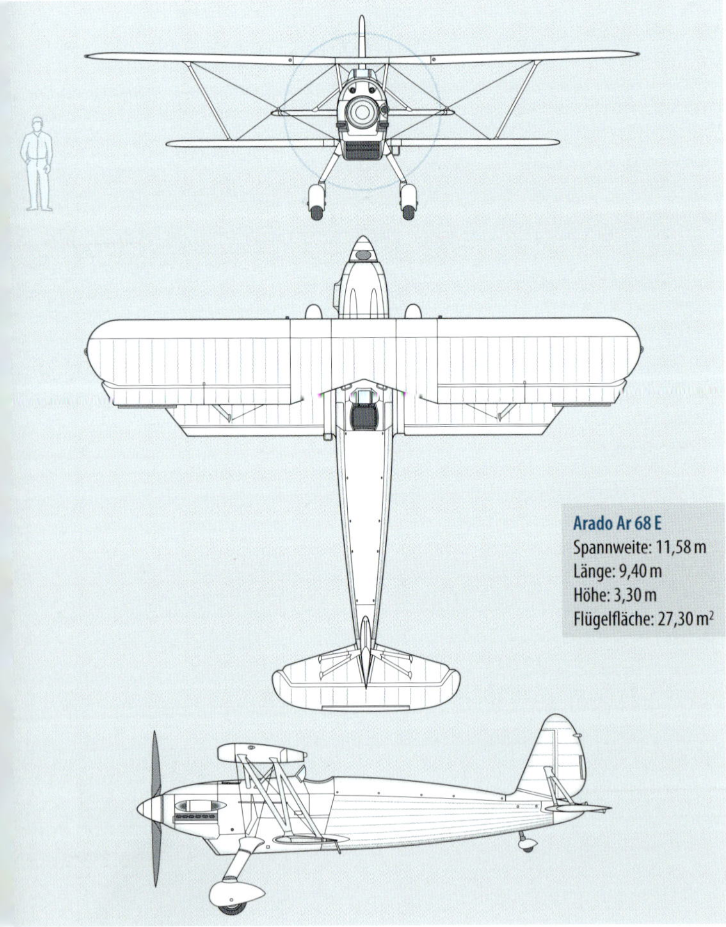

Arado Ar 68 E
Spannweite: 11,58 m
Länge: 9,40 m
Höhe: 3,30 m
Flügelfläche: 27,30 m²

Besatzung: 1
Triebwerk: (E-1) Ein hängender, flüssigkeitsgekühlter V12-Zylinder-Motor Junkers Jumo 210 Ea mit 550 kW (750 PS).
Leistungen: (E-1) Höchstgeschwindigkeit 335 km/h, Dienstgipfelhöhe 7400 m, Reichweite 500 km.
Gewichte: (E-1) Leergewicht 1840 kg, Abfluggewicht 2475 kg.
Bewaffnung: (E-1) Zwei starre MGs über dem Motor.

Arado Ar 96

Ursprungsland-
Deutsches Reich
Kategorie
Schul- und Übungsflugzeug

Eine Arado Ar 96 B Schulmaschine einer unbekannten Flugzeugführerschule für Jagd- und Zerstörflieger, 1940. Gut zu erkennen das typische Flügelrad auf dem Spinner des Argus-Verstellpropellers.

Entwicklung: Auf Grund einer Ausschreibung des RLM begann die Entwicklung 1936. Der Erstflug des Ganzmetallflugzeuges in Schalenbauweise fand 1938 statt und nach dem Bau einiger Prototypen und Vorserienflugzeuge begann die Fertigung 1939 mit der A-Serie, die mit einem Argus AS 10 mit 240 PS ausgestattet war. Nach 92 Flugzeugen wurde auf die B-Serie mit dem wesentlich stärkeren Argus AS 410 umgestellt. Bulgarien erhielt eine Version mit einem MG-Stand im hinteren offenen Cockpit und Bombenaufhängungen unter den Tragflächen. Angeblich sind sechs Ar 96 B-1 für den Einsatz auf dem Flugzeugträger Graf Zeppelin mit Beschlägen für den Katapultstart und Fanghaken erprobt worden. Ein Auftrag wurde aber im Oktober 1943 wieder zurückgezogen, zumal der Bau des Flugzeugträgers Anfang 1943 eingestellt wurde.

Bis März 1945 wurden insgesamt 2891 Ar 96 produziert, davon ein großer Teil bei Avia in Prag. Nach dem Krieg stellten Avia und Letov unter der Bezeichnung C-2 weitere 409 Flugzeuge her.

Geplante Weiterentwicklungen Ar 296 und Ar 396, wegen Rohstoffmangel aus Holz gebaut, erreichten nur das Prototypenstadium. 200 Flugzeuge wurden von der französischen SIPA noch nach Kriegsende produziert.

Besatzung: 2
Triebwerk: (Ar 96 B) Ein luftgekühlter V12-Zylinder-Motor Argus As 410 A-1 mit 342 kW (465 PS) Startleistung und 280 kW (380 PS) Dauerleistung.
Leistungen: (Ar 96 B) Höchstgeschwindigkeit 330 km/h, Reisegeschwindigkeit 295 km/h, Steigzeit auf 3000 m 6 min, 30 sec, Dienstgipfelhöhe 7100 m, Reichweite 990 km.
Gewichte: (Ar 96 B) Leergewicht 1295 kg, maximales Abfluggewicht 1700 kg
Bewaffnung: (Ar 96 B) Ein starres MG oder ein Foto-MG.

Bemerkungen: Die Arado 96 war ab 1940 das Standard-Übungsflugzeug der Luftwaffe für Fortgeschrittene und in ihrer Auslegung als Ganzmetall-Tiefdecker mit Einziehfahrwerk und Verstellpropeller ein deutlicher Fortschritt zu den bis dahin üblichen Schulungsdoppeldeckern mit festem Fahrwerk und Festpropeller. Der Tiefdecker wurde hauptsächlich zur Jagdflieger-, Zerstörer und Nachtjagdschulung eingesetzt. Einige B-Versionen wurden auch zur Bomben- und MG-Schützenausbildung verwendet.

Eine AR 96 B steht im Flyhistorisk Museum Sola, Norwegen und eine mit Originalteilen rekonstruierte Arado im Technikmuseum Berlin.

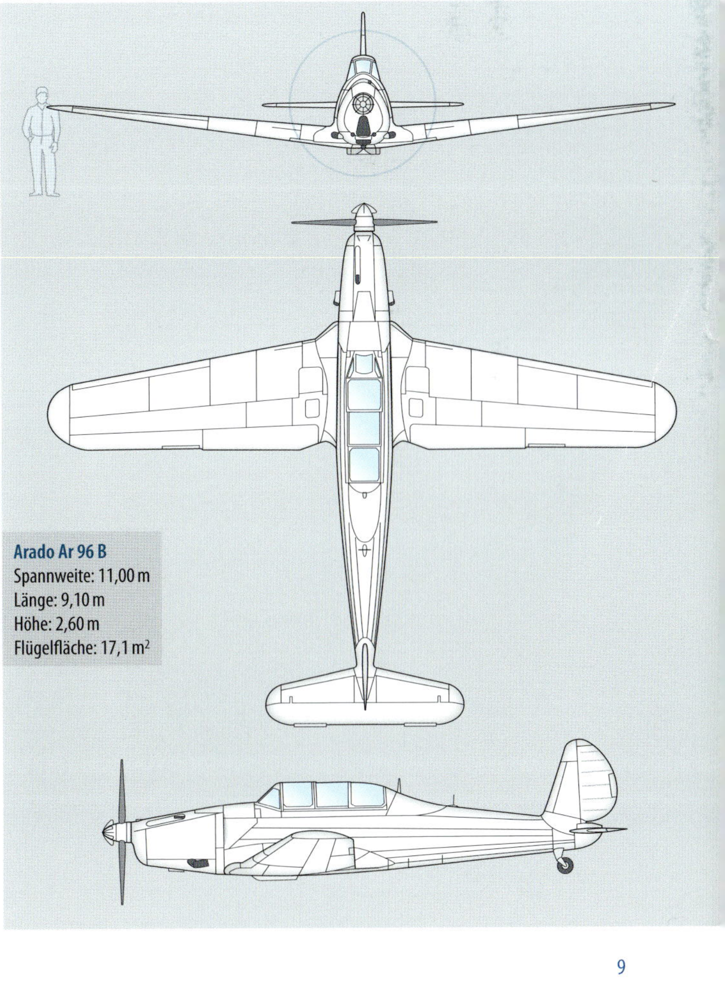

Arado Ar 96 B
Spannweite: 11,00 m
Länge: 9,10 m
Höhe: 2,60 m
Flügelfläche: 17,1 m^2

Arado Ar 196

Ursprungsland
Deutsches Reich
Kategorie
See-Mehrzweckflugzeug

Entwicklung: Die Ar 196 wurde nach einer Ausschreibung des RLMs im Frühjahr 1936 entworfen. Die Konstruktion besteht aus einem metallbeplankten Rumpf-Stahlrohrgerüst, das nur am Heck bespannt war, an den Metallflügeln waren die Schwimmer mit Streben befestigt. Im Juni 1937 fand der Erstflug der A-Version mit Doppelschwimmern statt. Die B-Variante mit einem Zentralschwimmer, von der nur fünf gebaut wurden, flog im September 1937. Nach der Erprobung mit einigen Prototypen wurde bis April 1939 zehn Vorserienflugzeuge gefertigt. Die Serienproduktion bei Arado, SNCASO in St. Nazaire, Frankreich und bei Fokker in Amsterdam begann im Juni 1939 und endete im März 1944.

A-1 bis A-5-Versionen unterschieden sich je nach Einsatzzweck in der Ausrüstung und durch geringfügige Modifikationen: Als stabil gebautes, bordgestütztes Flugzeug für den Katapultstart, als See-Aufklärer, für Küstenpatrouillen, als Zielschlepper und U-Boot-Jäger. Die verbesserte C-Version wurde nach der Erprobung des Prototypen im Oktober 1941 eingestellt.

Von den fünf A-Versionen wurden 528, manche Quellen sagen 530 Stück gebaut.

Bemerkungen: Das kleine, wendige Schwimmerflugzeug diente nicht nur bei den Küstenstaffeln in Nord- und Ostsee, sondern wurde auf fast allen

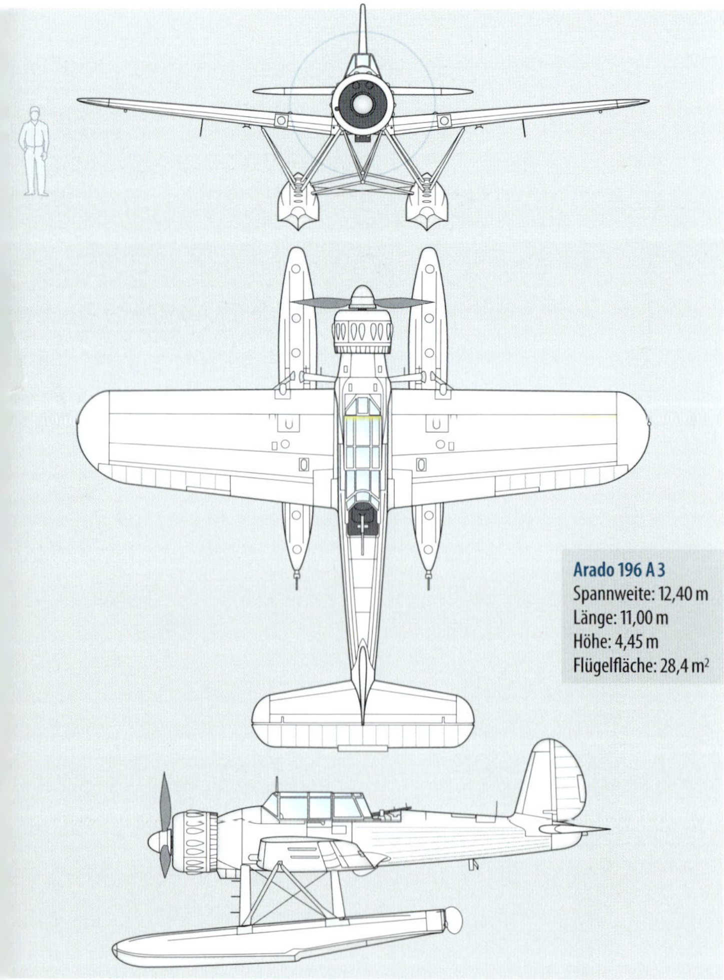

Arado 196 A 3
Spannweite: 12,40 m
Länge: 11,00 m
Höhe: 4,45 m
Flügelfläche: 28,4 m²

Eine Arado Ar 196 startet mit Hilfe eines Katapultes von einem deutschen Kriegsschiff.

großen deutschen Flotteneinheiten wie zum Beispiel den Schlachtschiffen Bismarck und Tirpitz eingesetzt. Auch auf Handelsschiffen im Südatlantik, Pazifik und Indischen Ozean war das Flugzeug ,um gegnerische Kriegsschiffe aufzuspüren, stationiert, .

Eine komplette AR 196 steht im bulgarischen Luftfahrtmuseum bei Plowdiw. Im Deutschen Luftschiff- und Marinefliegermuseum Aeronauticum in Nordholz wird derzeit eine Ar 196 restauriert.

Besatzung: 2
Triebwerk: (A 3) Ein luftgekühlter 9-Zylinder-Sternmotor BMW 132 K mit 706 kW (960 PS) Start- und 525 kW (715 PS) Dauerleistung.
Leistungen: (A 3) Höchstgeschwindigkeit 320 km/h, Reisegeschwindigkeit 255 km/h, Steigzeit auf 1000 m 2 min, 30 sec, Dienstgipfelhöhe 7000 m, Reichweite 1070 km.
Gewichte: (A 3) Leergewicht 2214 kg, maximales Abfluggewicht 3415 kg.
Bewaffnung: Ab der A 2 zwei MGs in den Tragflächen und ein synchronisiertes MG neben dem Motor. Ein MG für den Funker im hinteren Cockpit. Maximal je eine 50 kg-Bombe unter den beiden Tragflächen.

Arado Ar 234

Ursprungsland-
Deutsches Reich
Kategorie
Bomber
und Aufklärer

Entwicklung: Ende 1940 gab das RLM einen Auftrag für die Entwicklung eines schnellen strahlgetriebenen Aufklärers/Bombers heraus, auf den lediglich Arado mit der Ar 234 antwortete. Erstflug des in Ganzmetallbauweise hergestellten Hochdeckers war im Juli 1943. Die ersten Flugzeuge (B 0) benutzten einen dreirädrigen Startwagen und landeten auf einer Kufe. Im März 1944 flog die B 1 zum ersten Mal, eine weiterentwickelte, seriennahe Version mit Einziehfahrwerk. Schon mit den Prototypen flog man im Juli 1944 Aufklärungseinsätze über Südengland. Die B 2-Bomberversion „Blitz“ wurde Anfang 1945 eingesetzt, war jedoch wegen der extern mitgeführten Bomben erheblich langsamer. Drei Flugzeuge wurden zum Nachtjäger mit Radar umgebaut. Von der wesentlich leistungsfähigeren vierstrahligen C-3 mit unterschiedlichen Triebwerksanordnungen und Landekufen, wurden zwar einige ausgeliefert, sie kamen aber nicht mehr zum Einsatz.

Vermutlich sind bis Kriegsende nicht mehr als 214 Arado 234 gebaut worden.

Bemerkungen: Mit der AR 234 nahm zum ersten Mal ein düsengetriebener Bomber und Aufklärer gegen Ende des Zweiten Weltkrieges an den Kampfhandlungen teil. Dank Strahlturbinen und Autopilot gehörte das Flugzeug bei Kriegsende zum letzten Stand der Technik. Mit einer Höchstgeschwindigkeit von ca. 780 km/h war das Flugzeug für alliierte, kolbengetriebene Jagdflugzeuge unerreichbar. Als Bomber spielte die Arado allerdings in den letzten Kriegstagen keine große Rolle mehr und es kam vor allem wegen des allgemeinen Treibstoffmangels nur zu relativ wenigen Einsätzen.

Drei Ar 234 wurden nach Kriegsende zu Testzwecken in die USA gebracht. Soweit bekannt, ist allerdings nur eine Arado 234 erhalten geblieben. Sie kann im Steven F. Udvar-Hazy Center (National Air and Space Museum) bei Washington, D.C., USA besichtigt werden.

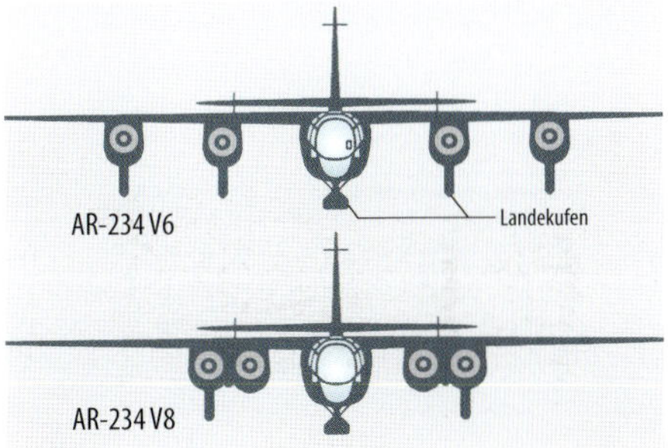

Die Triebwerkskonfigurationen der vierstrahligen AR 234 C-3.

Besatzung: 1
Triebwerke: Zwei Axial-Strahltriebwerke Junkers Jumo 004 B von je 8,72 kN Leistung.
Leistungen: Höchstgeschwindigkeit 780 km/h in 6000 m, Steigrate 1320 m/min, Dienstgipfelhöhe 12 000 m, Reichweite 1400 km, mit Außenlasten 1100 km.
Gewichte: Leergewicht 4650 kg, maximales Abfluggewicht 9408 kg und 9968 kg mit Startraketen.
Bewaffnung: Bis zu 1500 kg Bomben an Flügelstationen.

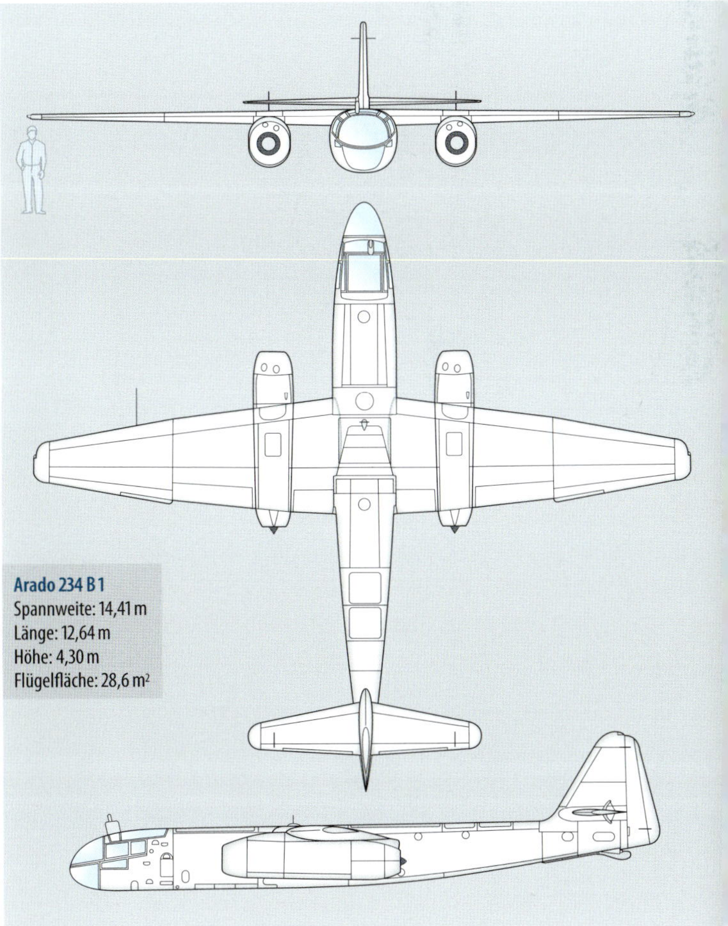

Arado 234 B 1
Spannweite: 14,41 m
Länge: 12,64 m
Höhe: 4,30 m
Flügelfläche: 28,6 m²

Blohm & Voss BV 138

Ursprungsland
Deutsches Reich
Kategorie
Fernaufklärer

Entwicklung: Blohm & Voss gewann die im August 1934 herausgegebene Ausschreibung für einen See-Fernaufklärer. Im Juli 1936 blieb es bei einem versuchten, aber misslungenen Erstflug des ersten Prototyps. Erhebliche Umkonstruktionen des Knickflügels und des zu kurzen Rumpfes an dem katapultstartfähigen Ganzmetallflugzeug waren die Folge. Erst im Juli 1939 flog derüberarbeitete Prototyp, jetzt mit geraden Flügeln, dessen Rohrholm gleichzeitig ein Tank war. Nach vier Vorserienflugzeugen begann im Januar 1940 die Serienfertigung von 25 A-1 mit 605 PS-Jumos. Von der strukturell verstärkten B-1 mit leistungsfähigeren Antrieben Jumo 205 D und höherem Abfluggewicht wurden 20 Flugzeuge gebaut und 228 Stück von der nochmals überarbeiteten C-1. Mit einem Magnetring, der rund um das Flugzeug führte, wurde die BV 138 MS zur Minenräumung eingesetzt.

In der Produktionszeit von 1940 bis Ende 1943 wurden insgesamt 297 BV 138 hergestellt.

Bemerkungen: Nach anfänglichen Problemen mit der Grundkonstruktion bewährte sich der „Fliegende Holzschuh“. Die ersten Einsätze flog die BV 138 allerdings als Transporter nach Norwegen. Erfolgreich wurde das Flugzeuge über der Nord- und Ostsee, im Eismeer und im Ärmelkanal als Aufklärer eingesetzt. Zur U-Bootbekämpfung wurden die Flugzeuge mit dem Radargerät Hohentwiel ausgestattet. Mit den äußerst sparsamen Dieselmotoren war es möglich, auf Fernaufklärungsflügen, die bis zu 18 Stunden dauern konnten, von U-Booten Diesel zu übernehmen. Für die Seenotrettung aber war das Flugzeug, wie sich herausstellte, untauglich. Dafür war die Do 24 besser geeignet.

Keine BV 138 ist erhalten geblieben. Wrackteile sind aber z. B. im Danmarks Tekniske Museum in Elsinore/Dänemark zu besichtigen.

Besatzung: 6
Triebwerke: (C-1) Drei flüssigkeitsgekühlte 6-Zylinder-Gegenkolben-Dieselmotoren Jumo 205 D mit je 648 kW (880 PS) Startleistung.
Leistungen: (C-1) Höchstgeschwindigkeit 285 km/h, Reisegeschwindigkeit 235 km/h, Dienstgipfelhöhe 4200 m, Reichweite 3880 km.
Gewichte: (C-1) Leergewicht 8100 kg, 17 650 kg bei Katapultstart, maximales Abfluggewicht 18 150 kg mit Startraketen.
Bewaffnung: (C-1) Je ein MG im Bugstand, Heckstand und Gondelstand. Sechs 50 kg-Bomben oder 4 Wasserbomben á 150 kg oder 2 Zielmarkierungssender.

Bei Kirkenes wird während der Besatzungszeit Norwegens (1940–1945) eine BV 138C auf einem Schlitten an Land gezogen.

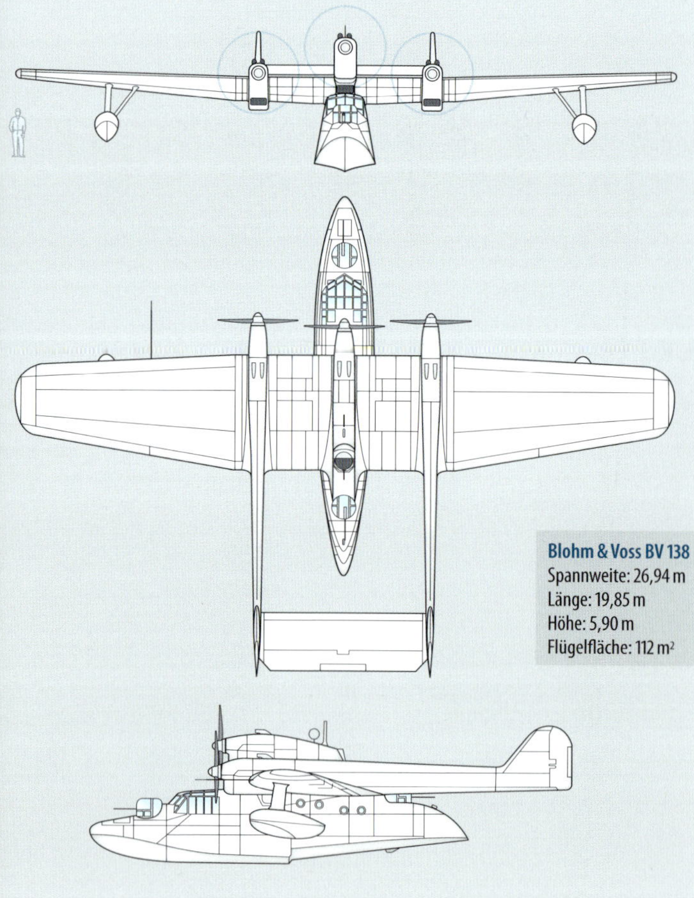

Blohm & Voss BV 138
Spannweite: 26,94 m
Länge: 19,85 m
Höhe: 5,90 m
Flügelfläche: 112 m²

Blohm & Voss BV 222

Ursprungsland-
Deutsches Reich
Kategorie
Transport- und Fernaufklärungsflugzeug

Entwicklung: Schon 1936 war die Lufthansa Initiator für die Entwicklung eines atlantiktauglichen Flugboots. Heinkel, Dornier und Blohm & Voss reichten Vorschläge ein, aus der die BV 222 als Siegerin hervorging. Im September 1940 flog das sechsmotorige Flugboot erstmals. Das in Ganzmetallbauweise hergestellte Flugzeug hatte einen Rumpf mit drei Ebenen: das Unterwasserschiff, das Unterdeck für bis zu 24 Passagiere bzw. 92 Soldaten oder Fracht. und das Oberdeck für die 6–13köpfige Besatzung. Der Ausbruch des Zweiten Weltkriegs vereitelte jedoch früh den zivilen Einsatz. Die Prototypen der A-Baureihe bis zur V8 wurden bewaffnet und mit großen Ladeluken ausgestattet. Bei der C-Baureihe, ab dem neunten Flugzeug, wurden Jumo 207-Dieselmotoren eingebaut, anstatt des geplanten, aber noch nicht verfügbaren sparsameren 1500 PS-Jumo 208-Diesels. Einige Fernaufklärer sind mit elektronischen Schiffssuchgeräten (Zeichnung) ausgerüstet worden. Geplant war auch eine Version mit Fahrwerk.

Insgesamt verließen bis 1944 nur 13 Flugzeuge die Werkshallen.

Eine BV 222 Wiking im Flug.

Bemerkungen: Nicht nur wegen ihrer Größe war die BV 222 Wiking zu ihrer Zeit ein beeindruckendes Flugzeug, es zeichnet sich auch durch etliche technische Neuerungen aus, wie z. B. den Flügelrohrholm, der bis zu 20 700 l Kraftstoff aufnehmen konnte. Ab 1941 flogen die Wikings Transporteinsätze nach, und Verwundetentransporte von Norwegen. Sie waren im Polarkreis unterwegs und flogen über das Mittelmeer nach Nordafrika oder Fernaufklärungseinsätze von der französischen Küste aus. Fast alle BV 222 wurden abgeschossen oder am Boden zerstört. Über den Verbleib dreier Wikings nach Kriegsende gibt es widersprüchliche Angaben. Ein Flugzeuge soll von der RAF nach England überführt, getestet und schließlich verschrottet worden sein, ein anderes wurde auf Anordnung der Briten vor Trondheim, Norwegen, versenkt.

Besatzung: 6 – 13
Triebwerke: Baureihe A sechs luftgekühlte 9-Zylinder-Sternmotoren BMW Bramo 323 R mit je 736 kW (1000 PS), Baureihe C sechs flüssigkeitsgekühlte 6-Zylinder-Gegenkolben-Dieselmotoren Jumo 207 C mit je 736 kW (1000 PS).
Leistungen: (A) Höchstgeschwindigkeit 385 km/h, Reisegeschwindigkeit 320 km/h, Dienstgipfelhöhe 6500 m, Reichweite 7450 km.
Gewichte: (A) Leergewicht 27 000 kg, maximales Abfluggewicht 45 000 kg.
Bewaffnung: (A) Je ein MG im Bugstand und im Turm auf der Oberseite, vier MGs seitlich, zwei MGs in den Drehtürmen auf den Tragflächen.

Blohm & Voss BV 222 C
Spannweite: 46,00 m
Länge: 37,00 m
Höhe: 10,90 m
Flügelfläche: 255 m²

Bücker Bü 131 Jungmann

Ursprungsland
Deutsches Reich
Kategorie
Sport,- Schul- und Übungsflugzeug

Entwicklung: Der Erstflug des Prototyps mit einem 80 PS-Hirth-Motor fand im April 1931 statt. Der Rumpf des kunstflugtauglichen Doppeldeckers ist bis zum Cockpit metallbeplankt, ansonsten eine stoffbespannte Stahlrohrkonstruktion, der abgestrebte Holzflügel ist bespannt. Die Jungmann wurde sowohl für zivile als auch für militärische Flugschulen produziert. Die erste Serienversion (A) hatte noch einen 80 PS-Hirth-Reihenmotor. Mit dem stärkeren Hirth-Reihenmotor (105 PS) wurde die B-Version ausgestattet, deren Erstflug im April 1934 war. Sie war, was die Stückzahl anbelangt, das erfolgreichste Modell. Ein Einzelstück blieb die C mit dem 90 PS-Cirrus-Moth-Reihenmotor. Ab 1938 ersetzte die D die B-Version, die sich aber nur geringfügig unterschied.

Je nach Quelle werden unterschiedliche Produktionszahlen angegeben. In Deutschland ca. 3000 Stück. Inklusive der Lizenzproduktion kursieren Zahlen von 4200 bis um die 5000 Stück. Produziert wurde in Lizenz in der Tschechoslowakei (Tatra T-131/Aero C-104) mit einem 105 PS-Walter Minor; in Japan (Kokusai Ki-86 A u. Kyushu K9W1) (1376 Stück). Auch bei CASA in Spanien wurden 1131 Bü 131 bis 1951 gefertigt, davon 350 Stück mit einem 125 PS Tigre G-IV A und einem 150 PS G-IV In der Schweiz stellte Dornier Altenrhein 81 Doppeldecker her.

Eine 131 A Jungmann, wahrscheinlich 1935 auf dem Bücker-Werksflugplatz in Rangsdorf aufgenommen.

Besatzung: 2
Triebwerk: (B) Ein luftgekühlter, hängender 4-Zylinder-Reihenmotor Hirth HM 504 mit 77 kW (105 PS).
Leistungen: (B) Höchstgeschwindigkeit 183 km/h, Reisegeschwindigkeit 170 km/h, Dienstgipfelhöhe 3000 m, Reichweite 650 km.
Gewichte: (B) Leergewicht 380 kg, Abfluggewicht 680 kg.

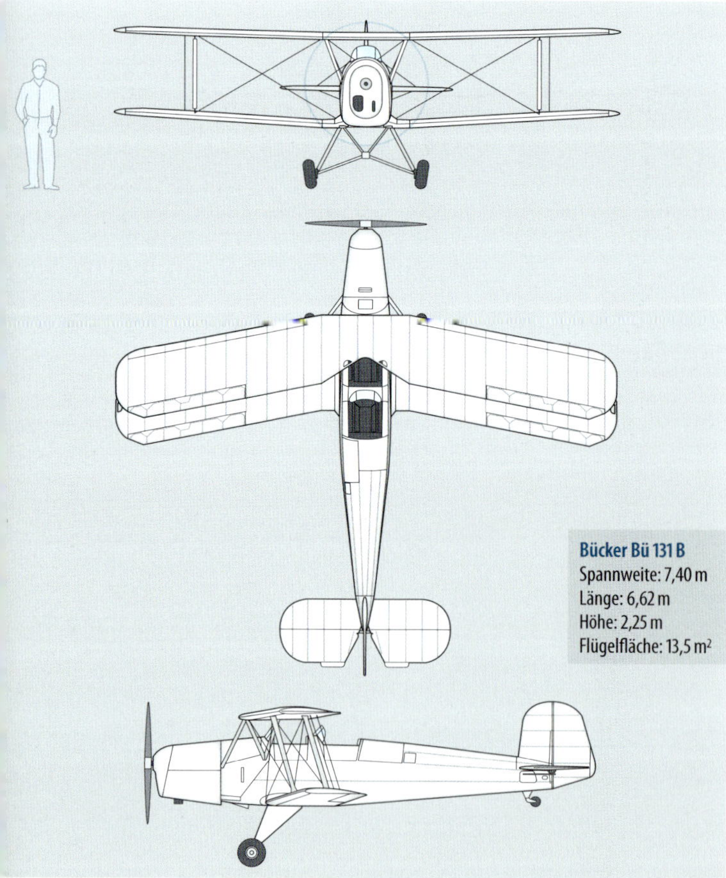

Bücker Bü 131 B
Spannweite: 7,40 m
Länge: 6,62 m
Höhe: 2,25 m
Flügelfläche: 13,5 m^2

Bemerkungen: Die Konstruktion der Jungmann geht auf den Schweden A. J. Anderson zurück. In Johannisthal bei Berlin produziert, wurde sie schnell ein internationaler Erfolg. Die Schweiz nutzte das Flugzeug zur fliegerischen Grundausbildung. Nach anfänglichen Problemen, das Flugzeug bei der Luftwaffe abzusetzen, wurde die stärkere B-Version, auch unter dem Druck der internationalen Anerkennung, erst 1937 in größerer Stückzahl als Standard-Grundschulflugzeug von der deutschen Luftwaffe übernommen. Nach einem Brand im Jahr 1939, der das Bücker-Werk in Rangsdorf stark beschädigte, konnte die Produktionsrate nur durch eine zusätzliche Fertigung des Doppeldeckers bei Aero in Prag gesteigert werden.

Der Erfolg des Flugzeugs setzt sich bis heute fort. Die Doppeldecker sind heute weit verbreitete Oldtimer. Nachbauten mit modernen Werkstoffen in Polen und Deutschland in Kleinserien zeugen vom frühen gelungenen Konzept.

Bücker Bü 181 Bestmann

Ursprungsland-
Deutsches Reich
Kategorie
Sport,- Schul- und Übungsflugzeug

Entwicklung: Auf eigenes Risiko entwickelte Bücker den zweisitzigen Tiefdecker, dessen Flugerprobung Ende Februar 1939 begann. Nach der Erprobung mit einigen Versuchsflugzeugen, die Änderungen im Cockpitbereich und am Leitwerk nach sich zogen, gewann die Bü 181 ein Vergleichsfliegen gegen die Arado Ar 79. Mitte 1940 begann der Serienbau der mit dem Hirth HM 504-Motor ausgerüsteten und in Gemischtbauweise (Metall/Sperrholz/Stoff) hergestellten A-1. Nach 80 produzierten Bestmann wurde Ende 1941 auf die B-Version mit einem verbesserten Hirth HM 500-Motor umgestellt. Hohe Bestellzahlen seitens der Luftwaffe zwangen dazu, eine zweite Produktionsstätte 1942 bei Fokker in den Niederlanden einzurichten, der ab Mai 1942 eine weitere in den tschechischen Zlin-Werken folgte.

Bis Ende des Krieges 1945 wurden vermutich 2750 Bü 181 gebaut, andere Quellen sprechen von ca. 3400, bzw. 5000 Stück.

Nach dem Krieg produzierte Zlin weitere 465 Zlin 381, teilweise mit tschechischen Walter-Reihenmotoren. Schweden kaufte 1942 eine Nachbaulizenz und produzierte 120 Flugzeuge als Sk 25 (großes Bild), die bis 1954 genutzt wurden und anschließend an Clubs und Privatpersonen abgegeben wurden. In den 1950er-Jahren erwarb Ägypten eine Lizenz und fertigte ca. 300 Gomhouria (kleines Bild) mit einem amerikanischen 147 PS-Continental-Boxermotor.

Bemerkungen: Mit der Bestmann änderte sich das Ausbildungsprinzip von hintereinandersitzenden Piloten in den offenen Doppeldeckern, die sich nur schwer verständigen konnten, zu nebeneinander sitzenden Piloten in einer geschlossenen Kabine – für die Pilotenschulung eine ideale Auslegung. Das mit sehr guten Flugeigenschaften versehene Flugzeug eignete sich für Kunstflug und konnte zudem als Verbindungsflugzeug und Schlepper für Segelflugzeuge eingesetzt werden. Zum Kriegsende wurden noch versuchsweise überschüssige Bestmanns aus den Flugschulen mit Panzerfäusten an den Flügeln bewaffnet.

Die große Zahl gebauter Flugzeuge ließ etliche Bestmann bis in die heutige Zeit überleben und einige wenige, wenn auch überwiegend aus Lizenzproduktionen, fliegen noch heute.

Die in Ägypten in Lizenz produzierte Gomhouria mit deutscher Zulassung 2008 auf dem Flugplatz Wangerooge.

Besatzung: 2
Triebwerk: (Bü 181 B) Ein luftgekühlter 4-Zylinder-Reihenmotor Hirth HM 500 mit 77 kW (105 PS).
Leistungen: (Bü 181 A) Höchstgeschwindigkeit ca. 215 km/h, Reisegeschwindigkeit ca. 190 km/h, Dienstgipfelhöhe 5000 m, Reichweite 800 km.
Gewichte: (Bü 181 A) Leergewicht 480 kg, maximales Abfluggewicht 750 kg.

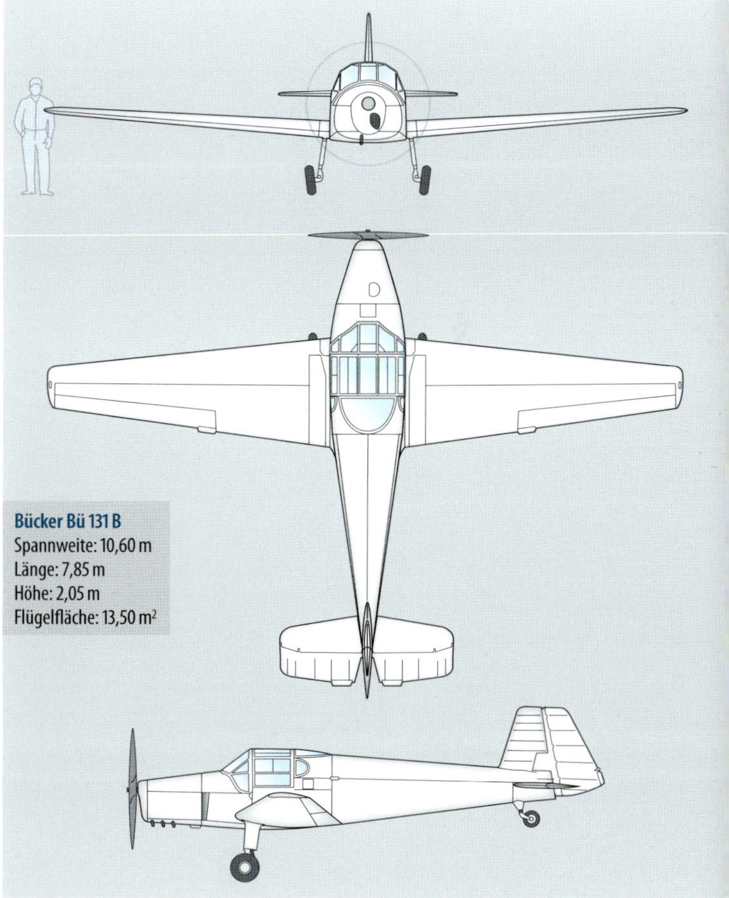

Bücker Bü 131 B
Spannweite: 10,60 m
Länge: 7,85 m
Höhe: 2,05 m
Flügelfläche: 13,50 m²

DFS 230

Ursprungsland
Deutsches Reich
Kategorie
Lastensegler

Entwicklung: Entwickelt wurde der Lastensegler unter größter Geheimhaltung, so dass im Oktober 1936 eine Attrappe von der DFS (Deutsche Forschungsanstalt für Segelflug) präsentiert werden konnte. Bis 1937 war der erste Prototyp fertig und im Juni 1940 waren bereits 140 Lastensegler ausgeliefert. Der in Gemischtbauweise hergestellte, abgestrebte Schulterdecker mit einem rechteckigen Rumpf aus bespanntem, geschweißtem Stahlrohrfachwerk und sperrholzbeplankten und bespannten Holzflügeln wurde in verschiedenen Werken gebaut, unter anderem auch in einer Spielzeugfabrik. Der Segler war mit 9 voll ausgerüsteten Soldaten oder mit bis zu 1250 kg beladbar und benutzte für den Schleppstart ein abwerfbares Radfahrwerk und landete auf einer hölzernen, gefederten Kufe. Schleppflugzeuge waren z. B. Ju 52, Ju 87, He 111 und Me 110. Als Schleppverbindung diente ein 40 m langes Stahlseil oder eine 1,5 m lange Stange

Besatzung: 1
Leistungen: (A-Version) Sturzgeschwindigkeit 290 km/h, Höchstgeschwindigkeit im Schlepp 185 km/h, Gleitzahl beladen 1 : 12.
Gewichte: (A-Version) Leergewicht 780 kg, maximales Abfluggewicht 2100 kg.
Bewaffnung: Der Lastensegler konnte mit einem starren oder beweglichen MG ausgestattet werden.

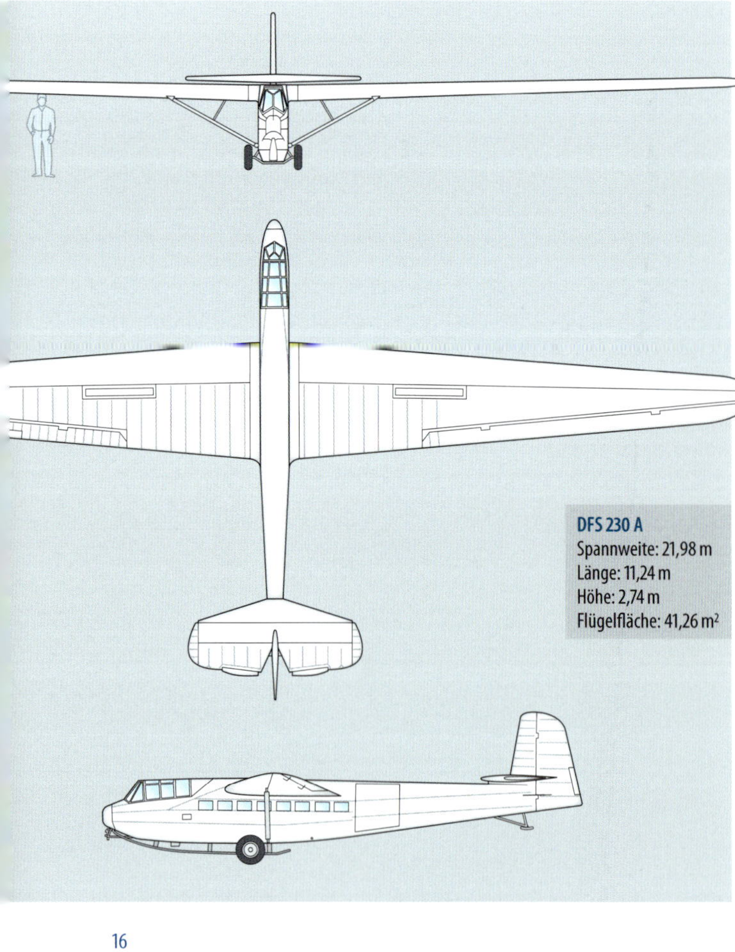

DFS 230 A
Spannweite: 21,98 m
Länge: 11,24 m
Höhe: 2,74 m
Flügelfläche: 41,26 m²

Mit einem Bremsfallschirm wird die ohnehin schon kurze Landestrecke durch die Kufe nochmals verkürzt.

für den Starrschlepp. Leistungsstarke Schleppflugzeuge (zum Beispiel die Doppelrumpf He 111 Z) konnten gleichzeitig mehrere Lastensegler in die Luft bringen. Es gab Varianten mit breiterem Rumpf (ab D-1), zusätzlicher Ladeluke vor dem Flügel, mit Doppelsteuer, mit Bremsschirm und mit Bremsraketen im Bug zur Verkürzung der Landestrecke. Versuche mit Mistelgespannen mit Bf 109, Kl 35 und Fw-56 blieben allerdings erfolglos. Die F-1 mit einem wesentlich geräumigeren Rumpf, der bis zu 15 Soldaten fassen konnte, war schließlich eine völlige Neukonstruktion (vermutlich existierte nur ein Prototyp).

Von allen Versionen wurden ca. 1600 Flugzeuge bei verschiedenen Herstellern gebaut.

Bemerkungen: Erstmals eingesetzt wurden die DFS 230 bei der überraschenden Erstürmung des belgischen Forts Eben-Emael im Mai 1940. Auch bei der Befreiung Mussolinis in den Abbruzzen im September 1943 spielte die DFS 230 eine wichtige Rolle. In größerer Anzahl zum Einsatz kamen die Lastensegler bei der verlustreichen Invasion Kretas durch Gebirgs- und Fallschirmjäger und bei Nachschubeinsätzen in Nordafrika und an der Ostfront.

Ein Nachbau der DFS 230 steht im Militärhistorischen Museum am Flugplatz Berlin-Gatow.

Dornier Do 23

Ursprungsland
Deutsches Reich
Kategorie
Bomber

Der MG-Stand einer Do 23 um 1936/37 in Finsterwalde.

Entwicklung: Als getarnter Auftrag für ein ziviles Fracht- und Postflugzeug wurde Anfang der 1930er-Jahre die Do-F (Do 11) entwickelt und im Mai 1932 erstmals geflogen. Die Produktion des Ganzmetallflugzeuges mit bespannten Metallflügeln wurde nach nur 76 Maschinen wegen mangelnder Stabilität des Flügels und Rumpfes sowie Fahrwerksproblemen eingestellt. Nun mit abgestrebtem Festfahrwerk, Landeklappen und einigen weiteren Verbesserungen versehen, wurde im Februar 1933 die Do 13 aufgelegt. Aber schon nach wenigen Exemplaren gab es wegen der immer noch bestehenden Festigkeitsdefizite, die bis zum Flügelbruch führten, einen Produktionsstop. Eine grundlegende Überarbeitung, mit jetzt von 29 auf 25,6 m verringerter Spannweite und Verstärkungen im Flügel und Rumpf, führten zum Erfolg und zur Produktion der nun in Do 23 umbenannten Maschine. Im September 1934 begann die Erprobung des zweimotorigen Schulterdeckers und schließlich der Serienbau mit der F-Version und in größerer Stückzahl mit der etwas schwereren und nochmals verstärkten Do 23 G.

Bis 1936 wurden 282 Maschinen aller Varianten in Werken von Dornier, Henschel und dem Hamburger Flugzeugbau gebaut.

Besatzung: 4
Triebwerke: Zwei flüssigkeitsgekühlte V12-Zylindermotoren BMW VI 7,3 Z mit je 552 kW (750 PS) Start- und 430 kW (585 PS) Dauerleistung.
Leistungen: Höchstgeschwindigkeit 260 km/h, Reisegeschwindigkeit 210 km/h, Dienstgipfelhöhe 4200 m, Reichweite beladen 1200 km.
Gewichte: Leergewicht 6050 kg, maximales Abfluggewicht 8600 kg.
Bewaffnung: Je ein MG im Bug, auf dem Rumpfrücken und am Rumpfboden, max. 1000 kg Bomben im Bombenschacht.

Bemerkungen: Nach einer schwierigen Entwicklungs- und Erprobungsphase, die mit der Do 11 begann und über die Do 13 zur Do 23 führte, ging das Flugzeug dann doch noch in Serie. Die langsamen, veralteten und noch mit offenem Cockpit fliegenden Bomber wurden aber schon im Jahr 1936 Stück um Stück durch wesentlich modernere Flugzeuge wie die Do 17, Ju 86 und He 111 ersetzt. Nach ihrer Ausmusterung sind die Maschinen an Flugzeugführerschulen abgegeben worden und wurden zur Ausbildung von MG-Schützen und für das Bombentraining verwendet. Ein paar Exemplare wurden als Minenräumer mit einem Magnetring ausgerüstet und einige an die bulgarische Luftwaffe geliefert.

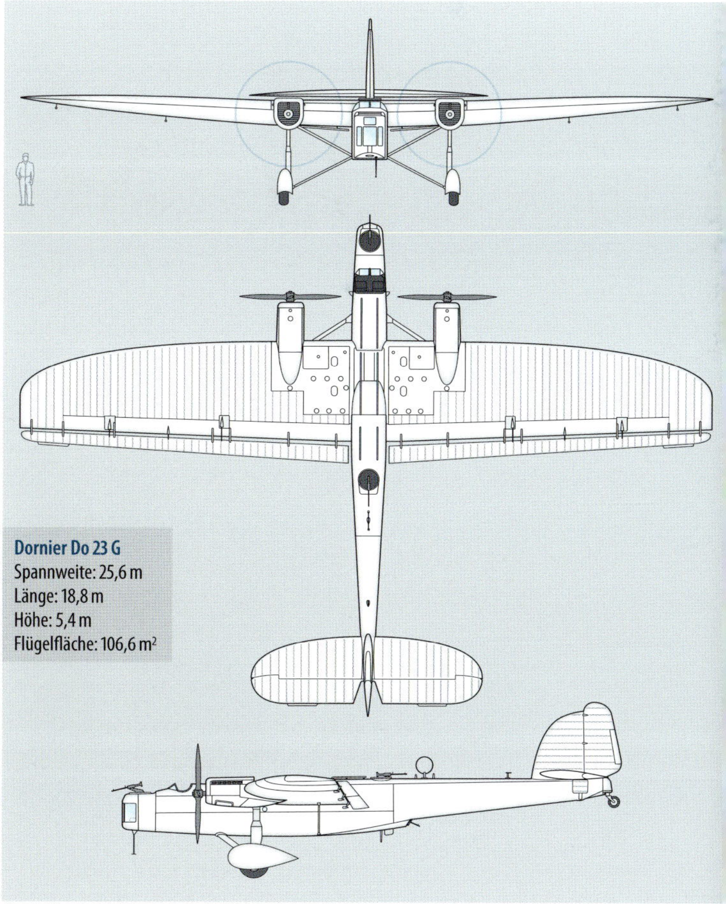

Dornier Do 23 G
Spannweite: 25,6 m
Länge: 18,8 m
Höhe: 5,4 m
Flügelfläche: 106,6 m²

Dornier Do 17

Ursprungsland
Deutsches Reich
Kategorie
Bomber, Kampfflugzeug

Entwicklung: Bereits 1932 verlangte das Heereswaffenamt einen als „Schnellverkehrsflugzeug“ getarnten mittelschweren Bomber, woraufhin Dornier das Projekt Do 15 anbot, das aber abgelehnt wurde. Dornier begann deshalb die Do 17 zu entwickeln und im März 1933 folgte der Auftrag über zwei Prototypen. Erstflug war im November 1934. Das damals modernste, in Ganzmetall-Schalenbauweise hergestellte Flugzeug wurde in zahlreichen Varianten gebaut. Im Mai 1936 flog die erste E-Version (399 St.) Von der Aufklärervariante F mit Zusatztanks wurden 178 produziert und ab Mitte 1937 lieferte man 200 wesentlich verbesserte M (kleines Bild) mit größerer Bombenzuladung aus. Daraus entwickelte Dornier die beiden Aufklärerversionen P1 und P2 (Zeichnung) (330 St.) mit 910 PS starken BMW 132. Ab Ende 1938 liefen Do 17 Z-1 (113 St.) vom Band, die ein neues verglastes, nun viersitziges Cockpit bekamen und fast alle mit dem Bramo 323 motorisiert waren. Mit der Z-2 (großes Bild) wurden leistungsgesteigerte Motoren eingeführt (382 St.) und die Z-3 (368 St.) konnte als Bomber/Aufklärer neben Kameras auch Bomben transportieren. Neun Do 17 Z Kauz-Nachtjäger wurden mit gepanzertem Bug gebaut.

Vermutlich sind 1985 Do 17 von Dornier, Henschel, Blohm & Voss und Siebel hergestellt worden. Weitere 105 Stück der identischen Exportversion Do 215 mit einem DB 601-Antrieb wurden bis auf die elf ungarische und zwei sowjetische von der deutschen Luftwaffe übernommen.

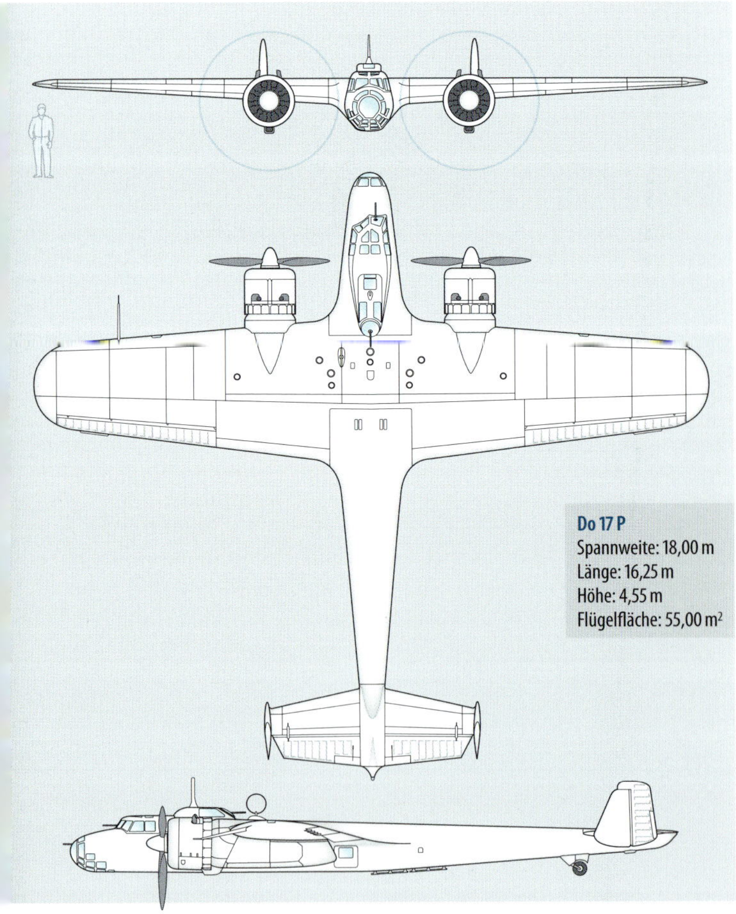

Do 17 P
Spannweite: 18,00 m
Länge: 16,25 m
Höhe: 4,55 m
Flügelfläche: 55,00 m²

Einer der Erprobungsträger Do 17 M mit zivilem Kennzeichen, die mit zwei Bramo 323 motorisiert war.

Bemerkungen: Berühmt wurde der „Fliegende Bleistift“ wegen seines schlanken Rumpfes und durch das Flugmeeting 1937 im schweizer Dübendorf, bei der sie wegen ihrer exzellenten Leistungen Aufsehen erregte. Obwohl angeblich als Zivilflugzeug entwickelt, war es ein reines Kampfflugzeug, das sich bei ihren Einsätzen als Bomber und Aufklärer bis 1942 bewährte, aber auch große Verluste z. B. in der Luftschlacht um England hinnehmen musste. Verbliebene einsatzfähige Do 17 wurden an Jugoslawien, Bulgarien, Finnland, Kroatien, Rumänien und an die Türkei abgegeben.

Außer Teilen und Wracküberresten aus der Nordsee und Ärmelkanal, blieb nichts erhalten.

Besatzung: (Z-2) 4
Triebwerke: (Z-2) Zwei luftgekühlte 9-Zylinder-Sternmotoren Bramo 323 P mit je 735 kW (1000 PS).
Leistungen: (Z-2) Höchstgeschwindigkeit 410 km/h in 4000 m Höhe, Reisegeschwindigkeit 300 km/h, Dienstgipfelhöhe beladen 8200 m, Reichweite maximal 1150 km.
Gewichte: (Z-2) Leergewicht 5200 kg, maximales Abfluggewicht 8850 kg.
Bewaffnung: (Z-2) Zwei MGs im Bug, zwei MGs in seitlichen Fenstern, je ein MG nach hinten über und unter dem Rumpf, maximal 1000 kg Bomben im Schacht.

Dornier Do 217

Ursprungsland
Deutsches Reich
Kategorie
Bomber, Kampfflugzeug

Entwicklung: Die Do 217 basiert zwar optisch auf der Do 17, die in Ganzmetall hergestellte Maschine war aber eigentlich eine größere und leistungsfähigere Neuentwicklung. Die V 1 flog im Oktober 1938 und die Produktion begann nach neun Prototypen und zwei Nullserien (A und C) im November 1940. Neben einigen Klein- wurden sechs Großserien aufgelegt. Von BMW-801-Doppelsternmotoren mit je 1560 PS wurde die E-Version (Bild oben) angetrieben und als Aufklärer, Bomber und Torpedobomber eingesetzt. Auf Basis der E wurde die J zum Nachtjäger weiterentwickelt. Die K hatte eine komplett verglaste, größere Bugsektion und einen geänderten Rumpfquerschnitt, die K 2 auch eine vergrößerte Spannweite. Mit V12-Zylinder-DB 603-Motoren ausgestattet flogen die 438 gebauten M (Zeichnung), ansonsten identisch mit der K. Von ihr wurden 40 Stück zum Lenkwaffenträger umgebaut. Als Nachtjäger wurde die 130 J eingesetzt. In ihrem klassischen Bug mit abgestuftem Cockpit waren je vier MKs und MGs untergebracht. Ebenso die Do 217 N, von der 325 vom Band liefen. Sie war teilweise mit Lichtenstein-Radar und schräg nach oben feuernden MGs (Schräge Musik), ausgestattet war.

Auf der Bomberversion E mit Sternmotoren basierte der gut bewaffnete, mit Radar ausgerüstete Nachtjäger Do 217 J-2.

In drei Dornier-Werken wurden bis Mai 1944 1925 Do 217 gebaut.

Bemerkungen: Von ihren Piloten als anspruchsvolles Flugzeug bezeichnet, erforderte die Do 217 auch eine aufwändigere Ausbildung als vergleichbare Muster. Mit 4000 kg Bombenlast war sie zwar eher als Bomber einzustufen, wurde aber auch als Torpedobomber, Lenkwaffenträger und eher aus der Not heraus, als Nachtjäger bis 1944 erfolgreich eingesetzt. Ein Teil der Flugzeuge ging Anfang 1944 an Flugschulen, ein Teil wurde verschrottet. Als Fernaufklärer blieb das Flugzeug bis Kriegsende im Einsatz. Sie diente zudem als Ausgangsmuster für ein Höhen-Kampfflugzeug mit einem im Rumpf installierten dritten Motor als Laderantrieb und wurde z. B. als Versuchsplattform für Staustrahltriebwerke umgebaut.

Außer Fragmenten ist nichts erhalten geblieben.

Besatzung: 4
Triebwerke: (217 M) Zwei flüssigkeitsgekühlte V12-Zylinder-Motoren DB 603 A.1 mit je 1287 kW (1750 PS) Startleistung.
Leistungen: (217 M) Höchstgeschwindigkeit 556 km/h in 5700 m Höhe, Reisegeschwindigkeit 400 km/h, Steigzeit auf 1000 m 3 min 20 sec, Dienstgipfelhöhe beladen 7350 m, maximal 9500 m, Reichweite maximal 2475 km.
Gewichte: (217 M) Leergewicht 9065 kg, maximales Abfluggewicht 16 700 kg.
Bewaffnung: (217 M) Zwei MGs im Bug, ein MG auf dem Rücken, wahlweise zwei MGs in seitlichen Fenstern, ein MG in der Bodenwanne und im Bombenschacht max. 4000 kg Bomben.

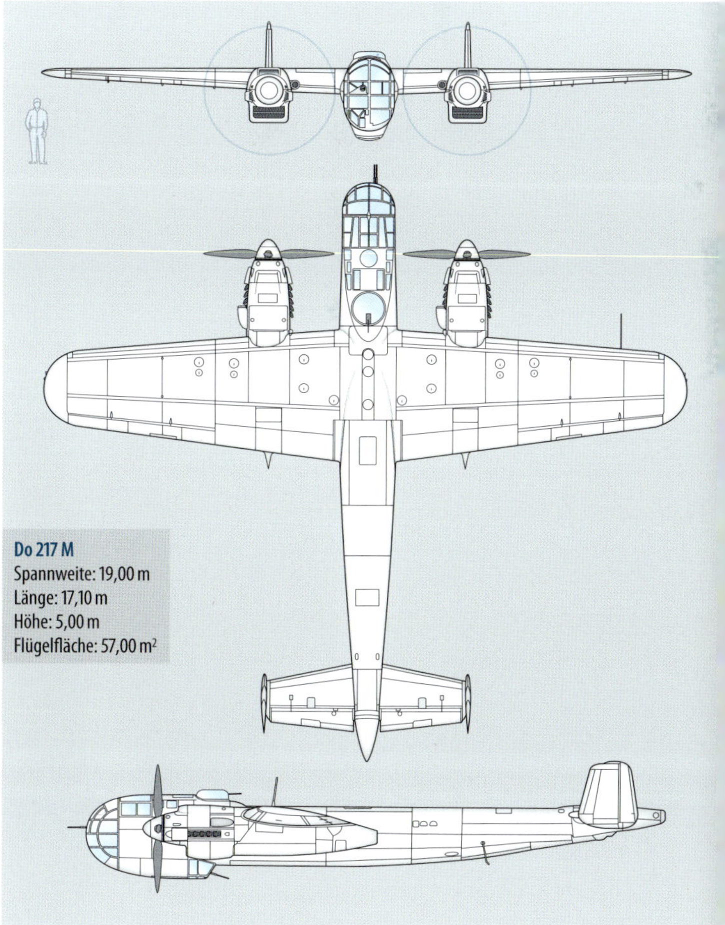

Do 217 M
Spannweite: 19,00 m
Länge: 17,10 m
Höhe: 5,00 m
Flügelfläche: 57,00 m²

Dornier Do 24

Ursprungsland
Deutsches Reich
Kategorie
Fernaufklärer, SAR-Flugboot

Entwicklung: Die beiden miteinander konkurrierenden Muster BV 138 von Blohm & Voss und die Do 24 gehen auf eine Forderung des RLM im August 1934 nach einem hochseefähigen Fernaufklärer zurück. Im September 1937 startete die in Ganzmetallbauweise hergestellte Do 24 zu ihrem Jungfernflug. Die niederländische Marine, die ihre alten Dornier Wal in Ostindien ersetzen wollte, zeigte sich interessiert und lizenzierte die Do 24 K, die mit amerikanischen Wright Cyclone-Motoren ausgestattet wurden, während die BV 138 (S. 12) das Rennen in Deutschland machte. Nach dem Einmarsch Deutschlands in die Niederlande übernahmen die deutschen Besatzer für ihre eigenen Zwecke einige der niederländischen Do 24 K. Im Gegensatz zur BV 138 war die Do 24 nämlich für SAR-Einsätze hervorragend geeignet, auch bei rauher See, worauf nun die drei T-Serien, die sich lediglich in der Ausrüstung unterschieden, aufgelegt wurden. Bis September 1944 wurden 221 Do-24 T, unter anderem auch in Flugzeugwerken der Niederlande und Frankreichs, produziert. Auch nach 1945 sind von der französischen SNCAN nochmals 40 Flugboote für die Aeronavale gebaut worden.

Insgesamt verließen 313 Do 24 aller Typen die Werke in den Niederlanden, in Frankreich und Deutschland.

Bemerkungen: Eingesetzt wurden die Flugboote bei Transporten, auf Aufklärungsflügen, im Seenotdienst und bei Evakuierungsflügen im Mittelmeer, in der Nord- und Ostsee, im Nordatlantik und im Schwarzen Meer. Spanien erhielt 12 Do 24, die im Mittelmeer und im Atlantik bis 1969 (!) Seenot- und Aufklärungeinsätze flogen.

Es sind drei originale Do 24 T aus spanischen Beständen erhalten geblieben: Im Deutschen Museum/Oberschleißheim, in den Niederlanden und in Spanien. 1982 wurde eine Do 24 zum Versuchsträger (ATT) mit einem neuen Flügel und Propellerturbinen umgebaut, die heute noch auf Flugtagen zu sehen ist.

Dornier Do 24 T
Spannweite: 27,00 m
Länge: 22,05 m
Höhe: 5,75 m
Flügelfläche: 108,00 m²

Eine der niederländischen Do 24 K, die im Juli 1937 ausgeliefert wurde und im März 1942 in Australien während eines japanischen Angriffes verloren ging.

Besatzung: 3
Triebwerke: (T) Drei luftgekühlte 9-Zylinder-Sternmotoren Bramo 323-R-2 Fafnir mit je 736kW (1000 PS).
Leistungen: (T) Höchstgeschwindigkeit 330 km/h in 2600 m Höhe, Reisegeschwindigkeit 295 km/h, Steigzeit auf 4000 m 13 min 12 sec, Dienstgipfelhöhe 7500 m, Reichweite 2900 km, Überführungsreichweite 4700 km.
Gewichte: (T) Leergewicht 9400 kg, Abfluggewicht 13 700 kg, maximales Abfluggewicht 18 400 kg.
Bewaffnung: (T) Je ein MG im Bug, auf dem Rücken und im Heckstand.

Dornier Do 335

Ursprungsland
Deutsches Reich
Kategorie
Jagdflugzeug, Jagdbomber

Entwicklung: Nach dem Bau eines kleinen Versuchsflugzeugs mit Fernwelle und Druckpropeller 1939 nutzte Dornier das Konzept im Projekt Do P.231, das bei einer Ausschreibung 1942 den Zuschlag zur Entwicklung der Do 335 erhielt. Bereits im Oktober 1943 flog der Prototyp des in Ganzmetall-Schalenbauweise hergestellten Flugzeugs. Die Tandem-Motorenanordnung brachte eine hohe Geschwindigkeit durch den kleinen Stirnwiderstand und eine gute Rollrate. Ein Novum war das Bugfahrwerk und der Schleudersitz, vor dessen Ausschuss das Heckleitwerk und -propeller abgesprengt werden konnte. Ende 1943 wurden 10 Vorserienflugzeuge A-0 und die A-Serie beauftragt, die aus A-1 Jagdflugzeug, A-4 unbewaffneter Aufklärer, A-6 zweisitziger Nachtjäger mit Radar und der A-10/A-12 als zweisitzigem Trainer bestand. Zur verbesserten B-Serie gehörten: B-1 Jäger, B-2 schwerer Jäger/Zerstörer mit zusätzlichen Maschinenkanonen in den Tragflächen, B-3 Zerstörer, B-4 Höhenzerstörer, B-5 zweisitziges Schulflugzeug, auch Ameisenbär genannt, und die B-6 als zweisitziger Nachtjäger. Wegen der schwierigen Kriegslage war eine Serienproduktion nicht mehr möglich. Es wurden vermutlich nur 29 Flugzeuge fertiggestellt.

„Ameisenbär" wurde die zweisitzige Schulversion Do 335 B-5 des technisch und fliegerisch anspruchsvollen Flugzeugs, genannt.

Bemerkungen: Zu den leistungsstärksten und schnellsten kolbenmotorgetriebenen Propellerflugzeugen des Zweiten Weltkrieges gehörte die Do 335 mit ihrer ungewöhnlichen Motorenanordnung. Für den Kriegseinsatz kam Dorniers Pfeil jedoch zu spät. Die USA und Frankreich testeten nach Kriegsende das Flugzeug zwar ausgiebig, ein wesentlich größeres Interesse hatten sie jedoch an den neuen Strahlflugzeugen.

Die einzige erhaltene originale Do 335 A-0 steht im Steven F. Udvar-Hazy Center des National Air and Space Museums in Virginia/USA. Ein 1:1-Nachbau mit etlichen Originalteilen findet man aber auch im Luftfahrttechnischen Museum in Rechlin.

Besatzung: 1 (A-6/A-10/A-12 B-5/B-6 zweisitzig)
Triebwerke: (A-1) Zwei flüssigkeitsgekühlte V12-Zylinder-Motoren Daimler Benz DB 603 E-1 mit je 1323 kW (1800 PS) Startleistung.
Leistungen: (A-1) Höchstgeschwindigkeit 765 km/h in 6400 m Höhe, Steigzeit auf 8000 m 10 min 48 sec, Dienstgipfelhöhe 11 400 m, Reichweite 1400 km.
Gewichte: (A-1) Leergewicht 7320 kg, Abfluggewicht 9600 kg.
Bewaffnung: (A-1) Eine Maschinenkanone durch die Propellerwelle, zwei MGs über dem Motor, max. 1000 kg Bomben intern und extern.

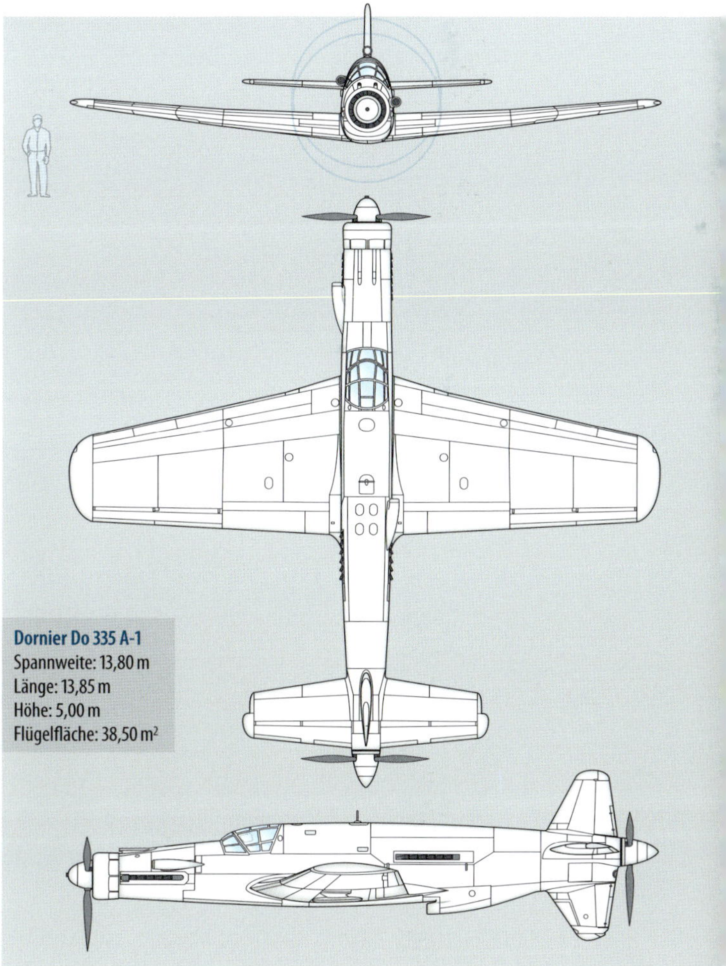

Dornier Do 335 A-1
Spannweite: 13,80 m
Länge: 13,85 m
Höhe: 5,00 m
Flügelfläche: 38,50 m²

Fieseler Fi 156 Storch

Ursprungsland
Deutsches Reich
Kategorie
STOL-Verbindungsflugzeug

Entwicklung: Bereits 1935 forderte das Reichsluftfahrtministerium Flugzeughersteller auf, Vorschläge für ein neues Verbindungsflugzeug einzureichen. Fieseler ging mit der Fi 156 gegen Messerschmitts Bf 163 und Siebels Si 201 als Sieger hervor. Erstflug des Prototyps war im Mai 1936 und 1938 lief die Produktion der A-Serie an. Der Rumpf war eine bespannte Stahlrohrkonstruktion, die beiklappbaren Holzflügel mit starren Vorflügeln, Landeklappen und über die halbe Spannweite reichende Querruder sorgten für sehr gute STOL-Eigenschaften. Von der Fi 156 C (ca. 2670 St.), deren Bau 1939 begann, gab es unterschiedlichste Versionen: bewaffneter Aufklärer, Sanitätsflugzeug, Tropenversion, mit Außenlaststationen, mit Schneekufen usw. Ab 1944 wurde der Bau zu LBB nach Budweis verlagert und nach Kriegsende unter der Bezeichnung K-65 weitergeführt. In Frankreich fertigte Morane-Saulnier ab April 1942 Fi 156 und produzierte für die Armee de l'Air nach 1945 925 Exemplare unverändert (MS 500) weiter, später mit einem Sternmotor und Metallflügeln als MS 502 Criquet. In Rumänien wurden bei IAR 70 Störche bis 1946 gefertig. Selbst in der Sowjetunion gab es eine Kopie, die Antonov OKA-38, die allerdings wegen der Kriegslage nie in Serie ging.

Insgesamt wurden ca. 2910 Flugzeuge in verschiedenen Werken gebaut.

Bemerkungen: Der Storch war durch seine Langsamflugeigenschaften, durch die er auf kleinsten Plätzen landen und starten konnte, ein universelles und unter den widrigsten Umständen einsetzbares Flugzeug. Unter guten Bedingungen genügten 25 m zum Landen und 75 m zum Start. Durch spektakuläre Aktionen, wie 1943 die Befreiung Mussolinis in den Abruzzen und 1946 die Bergung einer DC-3-Besatzung vom schweizer Gauli-Gletscher, wurde die Fi 156 weltberühmt.

Etliche Exemplare sind erhalten geblieben, wurden restauriert und sind heute in Museen zu finden oder auf Flugshows zu sehen, unter anderem auch in Deutschland und der Schweiz.

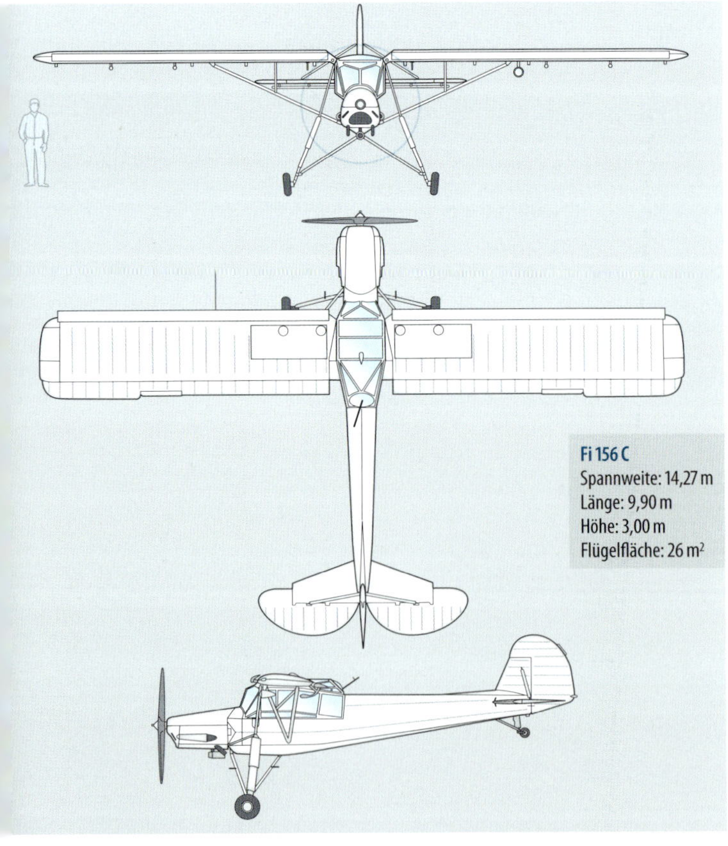

Fi 156 C
Spannweite: 14,27 m
Länge: 9,90 m
Höhe: 3,00 m
Flügelfläche: 26 m²

Mit einem 80 l-Zusatztank, eine Fieseler Fi 156 F auf einem Flugplatz im finnischen Kemijärvi.

Besatzung: 1 + 2
Triebwerk: Ein luftgekühlter, hängender V8-Zylinder-Motor Argus As 10C mit 240 PS Startleistung.
Leistungen: (Fi 156 C) Höchstgeschwindigkeit 175 km/h, Mindestgeschwindigkeit 45 km/h, Dienstgipfelhöhe 4600 m, Reichweite 380 km.
Gewichte: (Fi 156 C) Leergewicht 930 kg, maximales Abfluggewicht 1320 kg.
Bewaffnung: (Fi 156 C) Ein bewegliches Maschinengewehr im hinteren Cockpit und bis zu 150 kg-Bomben.

Focke-Achgelis Fa 223

Ursprungsland
Deutsches Reich
Kategorie
Mehrzweck-hubschrauber

Entwicklung: Nach der Entwicklung des einsitzigen Hubschraubers FW 61 mit zwei gegenläufigen Rotoren beauftragte das RLM die neu gegründete Firma Focke-Achgelis unter Federführung von Heinrich Focke einen einsatzfähigen Mehrzweckhubschrauber, der mindestens 700 kg heben kann, zu entwickeln. Mit gefesselten Standläufen begann die Erprobung im Oktober 1939 mit der Fa 223 V1. Im stoffbespannten Stahlrohrrumpf war mittig der mit einem Gebläse gekühlte Sternmotor angeordnet. Dieser trieb über eine Kupplung das Hauptgetriebe und damit die Wellen, die an seitlichen Stahlrohrauslegern zu den befestigten Rotorblättern führten. Ein kleineres Untersetzungsgetriebe und die Rotorblattsteuerung war in den beiden Rotorköpfen untergebracht. Die Rotorblätter selbst bestanden aus einem Stahlrohr mit bespannten Holzrippen. Sie waren gegenläufig, um das Drehmoment auszugleichen. Eine besondere Position der Rotorblattverstellung machte den Hubschrauber autorotationsfähig, um ihn auch bei einem Motorschaden sicher landen zu können.

Im März 1940 hob nach 50 Stunden Fesselflug-Erprobung die Fa 223 erstmals zu einem Freiflug ab. Bei Bodentestläufen wurde der erste Prototyp durch auftretende Schwingungen jedoch stark beschädigt. Serienreif war der Hubschrauber anfang 1942, nach langer und schwieriger Erprobung, in der die unzähligen und bis dahin unbekannten Probleme des Helikopterbaus und -fluges zu lösen waren. Ein Auftrag über 100 Maschinen folgte.

Wegen des andauernden Krieges und der Bombardierungen wurden bis 1945 lediglich etwa 20 Maschinen produziert, von denen wahrscheinlich nur 11 zum Einsatz kamen.

Bemerkungen: Auch wenn die Fa 223 Drachen in sehr geringer Stückzahl produziert wurde, war sie doch ein Meilenstein in der Hubschrauber-Entwicklung. Bei der Erprobung wurden einige Weltrekorde für Hubschrauber aufgestellt, die jedoch wegen des Krieges nicht international anerkannt wurden. Die Erprobung mit Außenlasten, auch im Gebirge, bewies die Tauglichkeit zum Transporthubschrauber. Die Maschine hatte gute Flugeigenschaften und wurde bis zum Kriegsende angeblich noch in rund 400 Einsatz-Stunden geflogen. Ein Hubschrauber wurde nach Kriegsende über den Ärmelkanal nach England überführt und dort erprobt, ein zweiter zerlegt und in die USA verschifft. Frankreich entwickelte das Muster mit der Bezeichnung SE 3000 weiter und bei Avia in der Tschechoslowakei wurden noch zwei Drachen aus Ersatzteilen montiert.

Soweit bekannt ist kein Exemplar erhalten geblieben.

Besatzung: 2
Triebwerk: Ein luftgekühlter 9-Zylinder-Sternmotor BMW Bramo Panier 323 Q3-301 mit 736 kW (1000 PS).
Leistungen: Höchstgeschwindigkeit 176 km/h, Reisegeschwindigkeit 134 km/h, Dienstgipfelhöhe 4875 m, Reichweite 477 km, mit Zusatztank 700 km.
Gewichte: Leergewicht 3180 kg, maximales Abfluggewicht 4434 kg.
Bewaffnung: Ein Maschinengewehr im Bug.

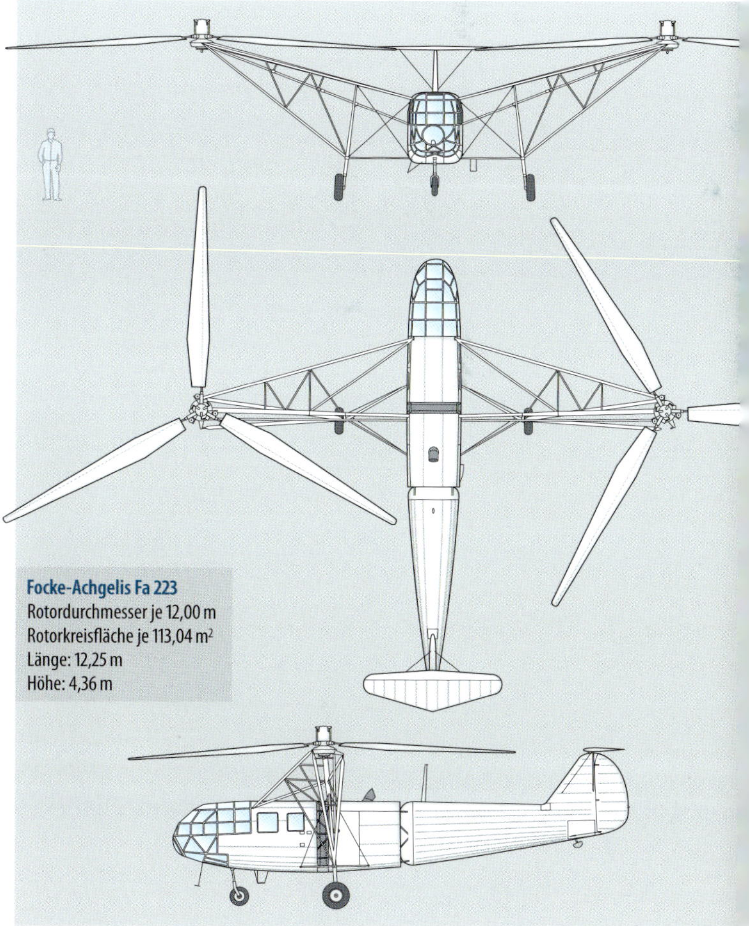

Focke-Achgelis Fa 223
Rotordurchmesser je 12,00 m
Rotorkreisfläche je 113,04 m²
Länge: 12,25 m
Höhe: 4,36 m

Focke Wulf Fw 56

Ursprungsland
Deutsches Reich
Kategorie
Schulflugzeug

Bereits 1933 forderte das Rechsluftfahrtministerium (RLM) in einer Ausschrebung ein einsitziges Fortgeschrittenen-Schulflugzeug und leichten Heimatschutzjäger als Hochdecker, der mit einem Argus AS 10 motorisiert ist. Arado, Heinkel und Henschel waren die Mitbewerber. Focke Wulf trat mit einer aus der Fw 55 überarbeiteten Fw 56 Stößer an, die einen bespannten, geschweißten Stahlrohrumpf und eliptischen, abgestrebten Baldachin-Flügel aus Holz hatte. Der erste Prototyp flog im November 1933. Schon der zweite Prototyp erhielt einen stoffbespannten Metallflügel, ein geändertes Fahrwerk und einen Verstellpropeller. Mit dem dritten Prototypen kam man wieder zurück zum Holzflügel und ab dem vierten war die Maschine mit zwei MGs über dem Motor bewaffnet. 1934 entschied sich das RLM nach einem Vergleichsfliegen gegen die Arado Ar 76 und die Heinkel He 74 für die Fw 56. Sie war mit ihrer einfachen, aber belastbaren Konstruktion besonders geeignet. Ihre guten Sturzflugeigenschaften machten sie zum idealen Ausbildungsflugzeug für Stuka-Piloten. Im Sommer 1935 begann die Serienproduktion mit der A 1. Exportiert wurden 18 Fw 56 auch nach Ungarn, 14 nach Österreich, 22 an Bulgarien, 12 an die Niederlande, 12 an Bolivien und 5 an die Sowjetunion. Einige wenige Maschinen gingen auch in private Hände.

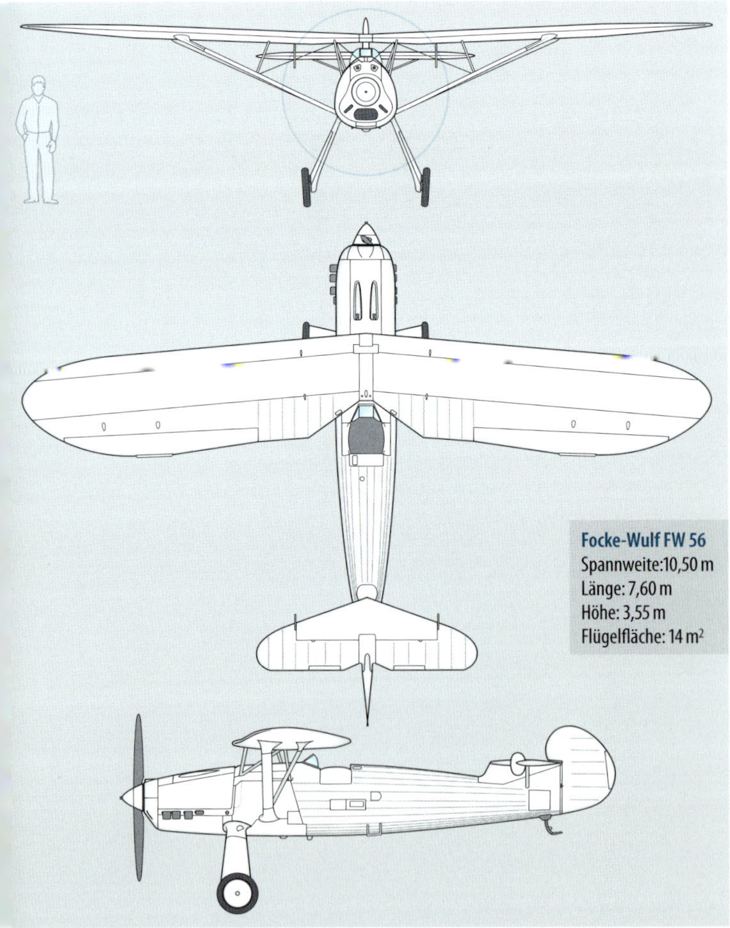

Focke-Wulf FW 56
Spannweite:10,50 m
Länge: 7,60 m
Höhe: 3,55 m
Flügelfläche: 14 m^2

Gerd Achgelis' Fw 56 bei einer Vorführung in den USA.

Bis 1940 wurden vermutlich 900 bis 1000 Fw 56 Stößer hergestellt, andere Quellen sprechen aber auch von insgesamt nur 514 Flugzeugen, davon 445 an die Luftwaffe.

Bemerkungen: Mit der Fw 56 bekam die Luftwaffe ein Fortgeschrittenen-Schulflugzeug, das über die ganze Kriegsdauer in den Flugschulen eingesetzt wurde. Angeblich auch unbewaffnet in den paramilitärischen Nationalsozialistischen Fliegerkorps. Berühmt wurde die Fw 56 Stößer aber durch die Kunstflugvorführungen von Gerd Achgelis, der mit einer speziell motorisierten Fw 56 die Kunstflugweltmeisterschaften 1936 in Detroit/USA gewann.

Es ist kein Flugzeug erhalten geblieben.

Besatzung: 1
Triebwerke: (A 1) Ein luftgekühlter hängender V8-Zylinder-Motor Argus AS 10C mit je 176 kW (240 PS) Startleistung.
Leistungen: (A 1) Höchstgeschwindigkeit 278 km/h, Reisegeschwindigkeit 255 km/h, Steigzeit auf 1000 m 2 min 12 sec, Dienstgipfelhöhe 6200 m, Reichweite 385 km, maximal 665 km mit Zusatztank.
Gewichte: (A 1) Leergewicht 755 kg, Abfluggewicht 985 kg, maximales Abfluggewicht 1060 kg.
Bewaffnung: Zwei MGs und bis zu drei 10 kg-Bomben extern.

Focke Wulf Fw 58

Ursprungsland
Deutsches Reich
Kategorie
Mehrzweck-flugzeug

Entwicklung: Zur Schulung für die kommenden schnellen Bomber benötigte die deutsche Luftwaffe bereits 1934 ein zweimotoriges Mehrzweckflugzeug. Im Januar 1935, nach dem Attrappen- und Prototypenbau, flog die V1 zum ersten Mal. Ein Vergleichsfliegen gegen das Konkurrenzmuster Arado Ar 77 entschied Focke-Wulf für sich. Der abgestrebte zweimotorige Tiefdecker mit Einziehfahrwerk wurde in Gemischtbauweise hergestellt. Der Rumpf war ein mit Holz und Metall beplanktes und bespanntes Stahlrohr-Fachwerkgerüst, der Bug wurde in Metall-Schalenbauweise und die Flügel als bespannte Leichtmetallkonstruktion hergestellt. Nach der A-Reihe mit lediglich 15 Maschinen, wurde die aerodynamisch überarbeitete B-Version (Abb. oben, Zeichnung), das Standard-Mehrzweckflugzeug der Luftwaffe, ab Ende 1936 produziert. Die C-Reihe hatte keinen verglasten Bug, aber eine Kabine für 6 Personen und wurde überwiegend für die Pilotenausbildung verwendet. Neben einem Doppelsteuer war die Maschine mit allen Instrumenten für die Blindflugschulung ausgerüstet. Auch Zusatztanks für eine größere Reichweite konnten eingebaut werden. Weitere Baureihen für den zivilen und militärischen Bereich, auch mit Skiern und Schwimmern, beweisen den breiten Einsatzbereich der robusten Maschine.

Eine FW 58 C auf einem bulgarischen Feldflugplatz.

Von allen Varianten wurden bis August 1942 1668 Flugzeuge in fünf verschiedenen Werken gebaut. Davon sind 319 FW 58 K in zahlreiche Länder exportiert worden. Brasilien (25), Ungarn (182) und China (unbekannt) bauten sie in Lizenz.

Bemerkungen: Hauptverwendungszweck der universell einsetzbaren FW 58 Weihe war die Nachtflugschulung von Piloten und die Ausbildung von Bomben- und MG-Schützen. Aber das mit guten Flugeigenschaften ausgestattete Flugzeug wurde auch als ziviles und militärisches Reiseflugzeug, Wetter-, Sanitäts-, Vermessungs- und Verkehrsflugzeug, für bis zu 8 Passagiere, auch bei der Lufthansa, weltweit eingesetzt. Angeblich nutzte Schweden bis 1960 noch zwei FW 58 für die Luftbildvermessung.

Die einzige erhaltene Maschine ist aus brasilianischer Lizenzproduktion und steht im Museu Aerospacial in Rio de Janeiro/Brasilien.

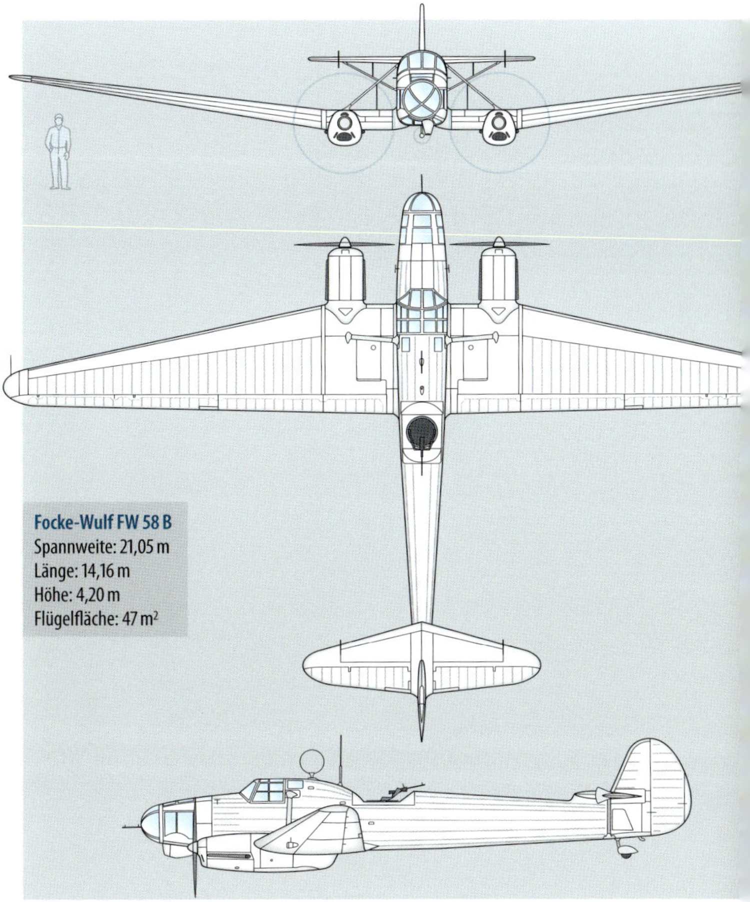

Focke-Wulf FW 58 B
Spannweite: 21,05 m
Länge: 14,16 m
Höhe: 4,20 m
Flügelfläche: 47 m²

Besatzung: 2 – 4 je nach Variante, oder 2 plus max. 6 Personen
Triebwerke: Zwei luftgekühlte, hängende V8-Zylinder-Motoren Argus AS 10C mit je 176 kW (240 PS) Startleistung.
Leistungen: (B 2) Höchstgeschwindigkeit 256 km/h, Reisegeschwindigkeit 238 km/h, Steigzeit auf 4000 m 22 min, Dienstgipfelhöhe 5400 m, Reichweite 610 km.
Gewichte: (B 2) Leergewicht 2000 kg, maximales Abfluggewicht 2930 kg
Bewaffnung: Zwei MGs.

Focke-Wulf Fw 189

Ursprungsland
Deutsches Reich
Kategorie
Nahaufklärungsflugzeug

Entwicklung: Nach einer Ausschreibung des Reichsluftfahrtministeriums für einen bewaffneten Nahaufklärer begannen die Entwicklungsarbeiten im Jahr 1937, der Erstflug erfolgte im Juli 1938. Das in Ganzmetallbauweise hergestellte Flugzeug überzeugte durch seine Konzeption mit einer freien Sicht durch den großzügig verglasten Rumpf und den beiden Leitwerks- und Motorträgern. Nach einer kleinen Serie von Prototypen und einer Nullserie begann im November 1940 die Auslieferung der 351 A 1-Serienflugzeuge. 346 wurden von der A-2, die sich in er Bewaffnung unterschieden, gebaut und 133 von der A-3/A-2tp mit Tropenausrüstung. Als Trainings- und Verbindungsflugzeug mit klassischem, unverglastem, abgesetzten Bug und Kabine für fünf Passagiere produzierte Focke Wulf dreizehn Stück von der B-Version. Ein Einzelstück blieb die Fw 189 E mit 700 PS-Gnome Rhone 14 M-Sternmotoren. Die F-Version erhielt schließlich Argus AS 411-Motoren mit je 575 PS. Die Konstruktion diente zudem als Basis für die Entwicklung der FW 189 C als Schlachtflugzeug mit einem sehr kleinen, stark gepanzerten Cockpit, das wegen insgesamt schlechter Flugleistungen aber nach zwei Prototypen zugunsten der Henschel HS 129 (S. 43) aufgegeben wurde.

Bis März 1944 wurden ca. 830 Stück aller Versionen bei Focke-Wulf in Bremen, bei SNCASO in Frankreich und bei Aero in Prag gebaut.

Bemerkungen: Bei der Konstruktion der FW 189 Uhu wurde besonderes Augenmerk auf ein gutes Sichtfeld nach vorn und hinten gelegt, eine leichte Bewaffnung und die Mitnahme von 200 kg Außenlasten. Eingesetzt wurde das bei Piloten beliebte, robuste und wendige Flugzeug hauptsächlich an der Ostfront, auch als leichter Bomber. Es hatte dank seiner guten Manövrierbarkeit und Bewaffnung gute Chancen im Luftkampf gegen russische Jagdflugzeuge zu bestehen. Die Luftstreitkräfte der Slowakei, Rumäniens, Bulgariens und Ungarns setzten die FW 189 als Aufklärer ein.

1991 wurde ein Wrack in den russischen Wäldern gefunden, das wieder aufgebaut werden soll. Angeblich befindet es sich im Lager eines Flugzeugsammlers in den USA. Ein Kanzel-Nachbau mit Originalteilen kann im Luftfahrttechnischen Museum in Rechlin besichtigt werden.

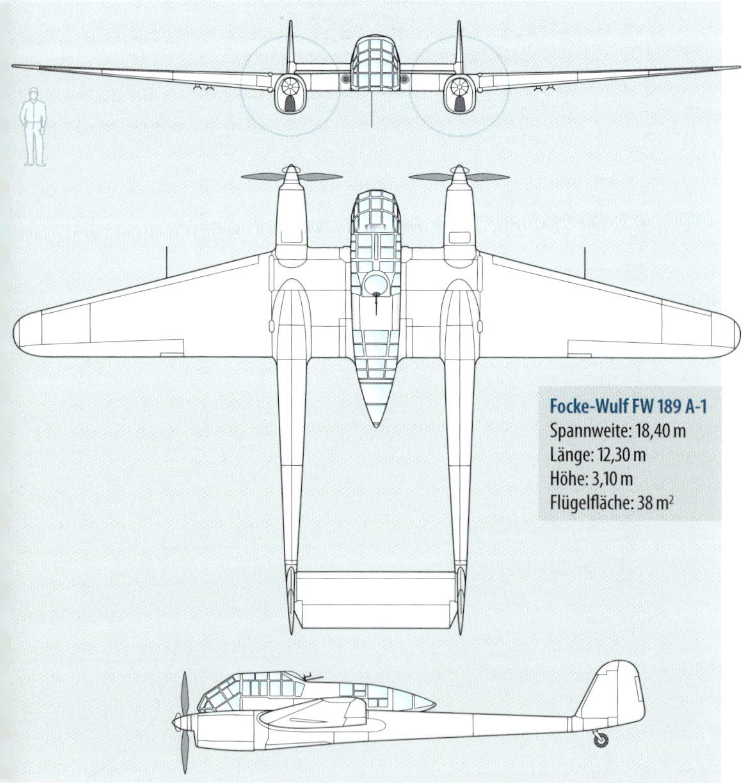

Focke-Wulf FW 189 A-1
Spannweite: 18,40 m
Länge: 12,30 m
Höhe: 3,10 m
Flügelfläche: 38 m²

Eine Fw 189 A mit laufenden Motoren auf dem Vorfeld.

Besatzung: 3 – 5
Triebwerke: Zwei luftgekühlte V12-Zylinder-Motoren Argus AS 410 A-1 mit je 380 PS Dauerleistung und 345 kW (469 PS) Startleistung.
Leistungen: Höchstgeschwindigkeit 360 km/h in 2400 m, Steigzeit auf 4000 m 8 min, 18 sec, Dienstgipfelhöhe 7000 m, Reichweite 670 km.
Gewichte: Leergewicht 2830 kg, maximales Abfluggewicht 3950 kg
Bewaffnung: Zwei MGs in den Flügelwurzeln, je ein MG im Bug und Heckstand. Maximal vier 50 kg-Bomben an Flügelstationen.

Focke-Wulf Fw 190

Ursprungsland
Deutsches Reich
Kategorie
Jagdflugzeug, Jagdbomber

Entwicklung: Eigentlich sollte die Bf 109 der einzige Standardjäger der Luftwaffe sein. Das RLM überlegte es sich jedoch anders und beauftragte Focke-Wulf 1937 mit der Entwicklung der FW 190. Erstflug der V1 war im Juni 1939. Die umfangreiche Erprobung des neuen Motor-Kommandogerätes, Motorkühlungs- und andere technische Probleme zwangen zur Umkonstruktion der Flächen und des Rumpfes. Die ersten von 28 A-0 aus der Vorserie wurden im Winter 1940/41 zur Erprobung ausgeliefert. Mit der A 1 begann im Juni 1941 die Serienfertigung. Stetige Änderungen an Zelle, Ausrüstung und Motorisierung führten zur A 1 bis A 9 (große Abb. A-3). Neben dem Einsatz als Jäger gab es unter anderem Jagdbomber, Aufklärer, Nachtjäger und Torpedobomber. Die höchste Stückzahl erreichte die A-8 mit 4009 Auslieferungen. Mangelnde Höhentauglichkeit des BMW

Ein Jagdbomber Fw 190 G trägt eine 500 kg-Bombe und Zusatztanks.

801 führten zum Höhenjäger B mit Turbolader und C mit einem DB 603, die aber nur zur Erprobung gebaut wurden. Vom Höhenjäger D „Langnase“ (Erstflug Oktober 1942) baute man 366 Stück. Er war als Vorläufer der Ta 152 mit einem 1750 PS Jumo 213 motorisiert. Neben ihrer Verwendung als Jäger flog man die F und G vor allem als Erdkämpfer und Jagdbomber. Sie zeichneten sich durch verstärkte Panzerung, unterschiedliche Bewaffnung und Rüstsätze aus. Alleine von den F-Serien wurden ca. 4100 gebaut, von der G ca. 1370 Stück. Der große Bedarf an Jagdfliegern führte Ende 1944 zur S, die als doppelsitzige Schulmaschine aus Reparaturzellen umgebaut wurde.

Besatzung: 1
Triebwerk: (A 8) Ein luftgekühlter 14-Zylinder-Doppelsternmotor BMW 801 D-2 mit 1250 kW (1700 PS) Startleistung, mit zusätzlicher Einspritzung bis zu 2050 PS.
Leistungen: (A 8) Höchstgeschwindigkeit 656 km/h in 6000 m, Steiggeschwindigkeit 1100 m/min, Dienstgipfelhöhe 10 600 m, Reichweite 985 km.
Gewichte: (A 8) Leergewicht 3200 kg, Abfluggewicht 4417 kg.
Bewaffnung: (A 8) Zwei MGs über dem Motor, je ein MG in den Flügelwurzeln und Flügeln. Als Jabo (G) max. 500 kg Bomben.

Bis April 1945 wurden ca. 19 400 – 19 500 FW 190 in 22 Varianten bei neun Firmen produziert.
Bemerkungen: Die FW 190 Würger war aerodynamisch und technisch exzellent konstruiert und in der Anfangsphase des Krieges ihren Gegnern deutlich überlegen. Sie wurde als Jagdbomber, Schlachtflugzeug, Nachtjäger, Erdkampfflugzeug und Aufklärer eingesetzt. Unzählige Ausstattungen und unterschiedliche Rüstsätze zeugen vom Potenzial des von ihren Piloten geschätzten Typs, der auf allen Kriegsschauplätzen Europas und ab 1943 auch in Tag- und Nachteinsätzen gegen alliierte Bomber geflogen wurde.

Etliche FW 190 sind erhalten geblieben, wurden geborgen und flugfähig restauriert oder in Museen ausgestellt. Eine Kleinserie wurde Anfang 2000 als flugfähiger Nachbau in Deutschland gefertigt und weltweit verkauft.

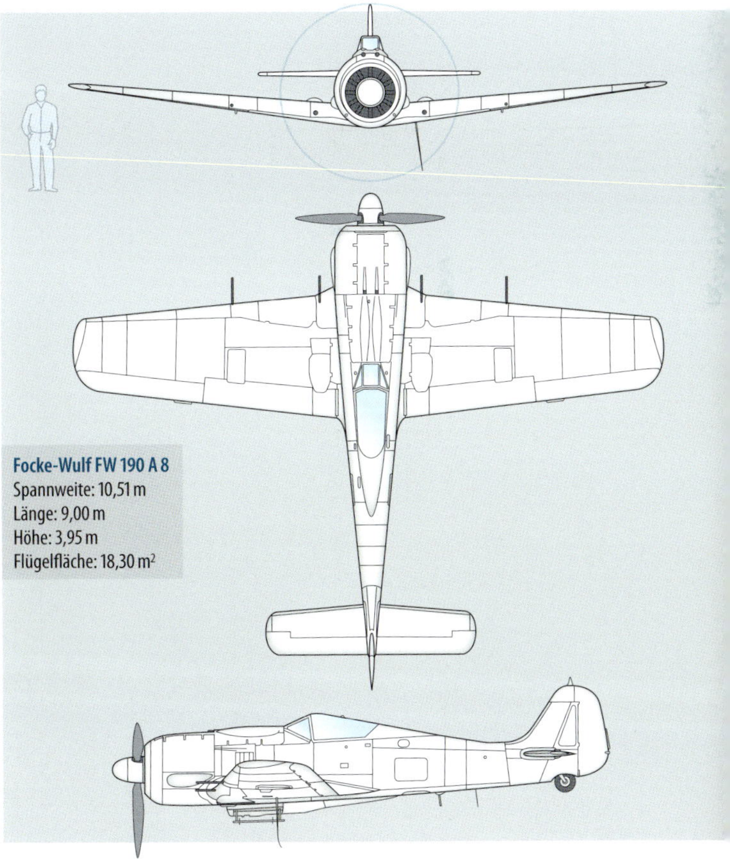

Focke-Wulf FW 190 A 8
Spannweite: 10,51 m
Länge: 9,00 m
Höhe: 3,95 m
Flügelfläche: 18,30 m²

Focke-Wulf Ta 152

Ursprungsland
Deutsches Reich
Kategorie
Jagdflugzeug

Entwicklung: Eine Weiterentwicklung der FW 190 D „Langnase“ war die Ta 152. Die C-Version war als Jagdflugzeug und Jagdbomber mit dem 11 m-Standardflügel geplant und sollte in niedrigen bis mittleren Höhen operieren. Der Höhenjäger Ta-152 H (Abb., Zeichnung), der im November 1944 zum Erstflug kam, ging als einzige Variante H-1 in Serie. Er hatte Tragflächen größerer Streckung mit 14,4 m Spannweite, zusätzliche Flächentanks, eine Wasser-Methanol- und Lachgas-Einspritzung, die für kurzzeitige, zusätzliche Leistungssteigerungen des Lader-Motors sorgte und eine Druckkabine. Wegen anfänglicher technischer Probleme und der immer schwieriger werdenden Kriegslage wurden anstatt der im Oktober 1944 geplanten großen Stückzahl vermutlich nur 56 bzw. 67 Stück einsatzreif. Genaue Produktionszahlen sind nicht bekannt. Eine Höhenaufklärer-Version Ta-152 E wurde wegen des nahenden Kriegsendes nicht mehr realisiert.

Bemerkungen: Mit der zunehmenden Bedrohung durch große alliierte Bomberverbände und deren Langstrecken-Begleitjäger war Deutschland gezwungen, leistungsfähigere Jagdflugzeuge zu entwickeln. Mit relativ geringem Aufwand entwickelte der Konstrukteur Kurt Tank (deshalb *Ta*) aus der FW 190 D die Ta 152. Der Jumo 213, der mit Zusatzeinspritzung einmal bis zu 2700 PS leisten sollte, machte das Flugzeug zu einem der schnellsten deutschen Propellerjagdflugzeuge seiner Zeit und damit den alliierten Jagdflugzeugen, wie z. B. der Mustang, ebenbürtig. Allerdings wurde das Flugzeug wegen der späten Verfügbarkeit und der sehr geringen Produktionszahlen nur in wenigen Kampfeinsätzen geflogen und hatte deshalb keinen nennenswerten Einfluss mehr auf das Kampfgeschehen – und die Ära der Propeller-Jagdflugzeuge war mit Erscheinen der ersten Jets vorüber.

Die einzige noch existierende Ta 152 H, vermutlich ein Vorserienflugzeug, gehört dem Smithsonian National Air an Space Museum in Washington D.C./USA.

Vermutlich eine von den Alliierten erbeutet Ta 152.

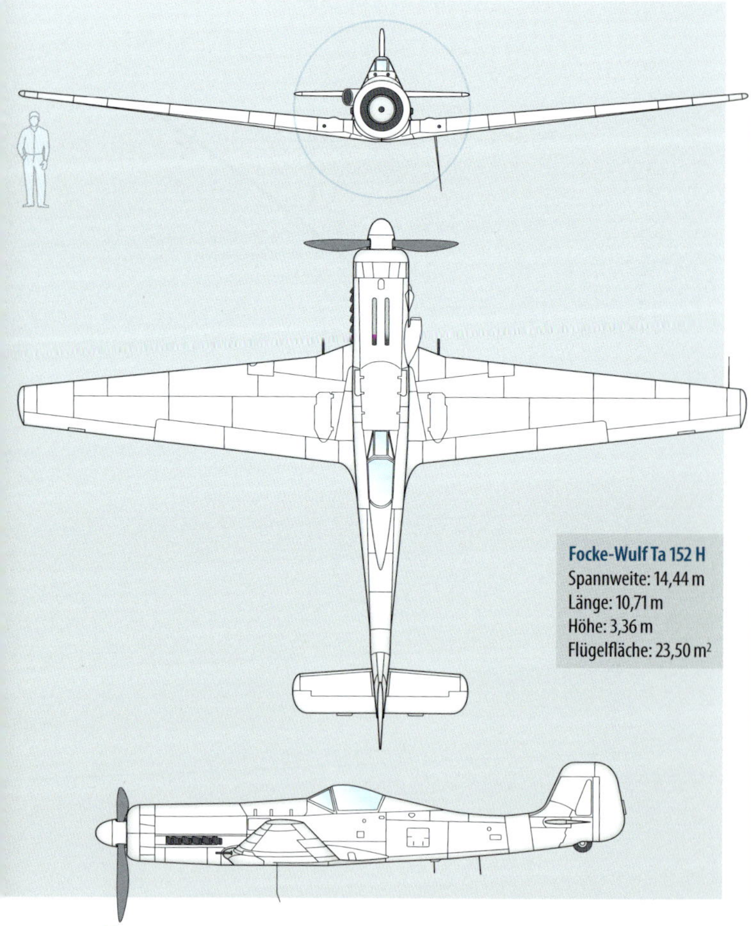

Focke-Wulf Ta 152 H
Spannweite: 14,44 m
Länge: 10,71 m
Höhe: 3,36 m
Flügelfläche: 23,50 m²

Besatzung: 1
Triebwerk: (H) Ein flüssigkeitsgekühlter V12-Zylinder-Motor Jumo 213 mit 1750 PS, 2050 PS Startleistung mit MW-50 (Methanol-Wasser-Einspritzung), Aufladung mit mechanischem Radialverdichter.
Leistungen: (H) Höchstgeschwindigkeit 730 km/h in 9500 m, Steigzeit auf 10 000 m 10 min, 6 sec, Dienstgipfelhöhe 15 800 m, Reichweite 1200 km.
Gewichte: (H) Leergewicht 3920 kg, maximales Abfluggewicht 5215 kg.
Bewaffnung: (H) Eine 30 mm-Motorkanone durch die Propellernabe, zwei 20 mm-MGs in den Flügelwurzeln.

Gotha Go 242/244

Eine Fw 200 C-4 mit Radargerät FuG Hohentwiel am Bug, mit dem Schiffe in bis zu 150 km Entfernung aufgespürt werden konnten.

Entwicklung: Konzipiert als Langstreckenverkehrsflugzeug absolvierte die FW 200 im Juli 1937 ihren Erstflug. Von der damals fortschrittlichen Ganzmetallkonstruktion in Schalenbauweise wurden lediglich 16 zivile Flugzeuge mit unterschiedlicher Motorisierung gebaut (A- und B-Baureihe). Weitere 263 der Baureihe C wurden bis Februar 1944 in mehreren militärischen Varianten, mit verschiedener Ausstattung als Transporter, See-Fernaufklärer, Fernbomber und Torpedoträger hergestellt. Ab der C-3 wurde die Zelle wesentlich verstärkt, das Abfluggewicht angehoben und stärkere BMW Bramos eingebaut. Bei der C-4 installierte man ein Radar und die C-8 konnte eine funkgesteuerte Henschel-Gleitbombe tragen. Fünf Maschinen nutzte die Luftwaffe als VIP-Reiseflugzeug für höhere Regierungsmitglieder.
Bemerkungen: Eines der modernsten viermotorigen Langstreckenflugzeuge war in den späten 1930er-Jahren die Focke Wulf Condor, was auch durch mehrere Weltrekordflüge unterstrichen wurde. Von den 16 zivilen FW 200 wurden zwei nach Dänemark verkauft. Der Zweite Weltkrieg verhinderte jedoch den weiteren zivilen Verkauf. Im militärischen Einsatz wurde sie zwar wegen ihrer enormen Reichweite zu Kriegsbeginn erfolgreich als Bomber, Fernaufklärer und Torpedoträger gegen alliierte Geleitzüge und U-Boote im Atlantik und Polarmeer eingesetzt, aber in den letzten Kriegsjahren nur noch als Transporter. Ihre ursprüngliche konsequent aerodynamische Auslegung als schnelles Verkehrsflugzeug zeigte beim harten Militäreinsatz ihre Schwächen, die trot zahlreicher Verbesserungen nie ganz behoben werden konnten.

1988 wurde ein Exemplar vor der Küste von Trondheim/Norwegen entdeckt und geborgen. Das Flugzeug wurde restauriert und wird im Berliner Technikmuseum präsentiert.

Ursprungsland
Deutsches Reich
Kategorie
Verkehrsflugzeug, Seeaufklärer, Fernbomber

Besatzung: Aufklärer und Bomber 6, Verkehrsflugzeug 4 und bis zu 30 Passagiere.
Triebwerke: (C 3) Vier luftgekühlte 9-Zylinder-Sternmotoren BMW-Bramo 323 R-2 mit je 809 kW (1100 PS) Startleistung und 588 kW (800 PS) Dauerleistung.
Leistungen: (C 3) Höchstgeschwindigkeit 406 km/h in 2600 m Höhe, Reisegeschwindigkeit 350 km/h in 2600 m Höhe, Steigzeit auf 2000 m 7,0 min, Dienstgipfelhöhe 7000 m, Reichweite maximal 4490 km.
Gewichte: (C 3) Leergewicht 12 950 kg, Abfluggewicht 21 450 kg, maximales Abfluggewicht 22 705 kg.
Bewaffnung: Je ein MG im Rumpfdach, in den Fenstern und im hinteren Waffenstand, je ein MG vorne und hinten in der Bodenwanne. Bombenzuladung 1230 kg vollgetankt, maximal 5450 kg.

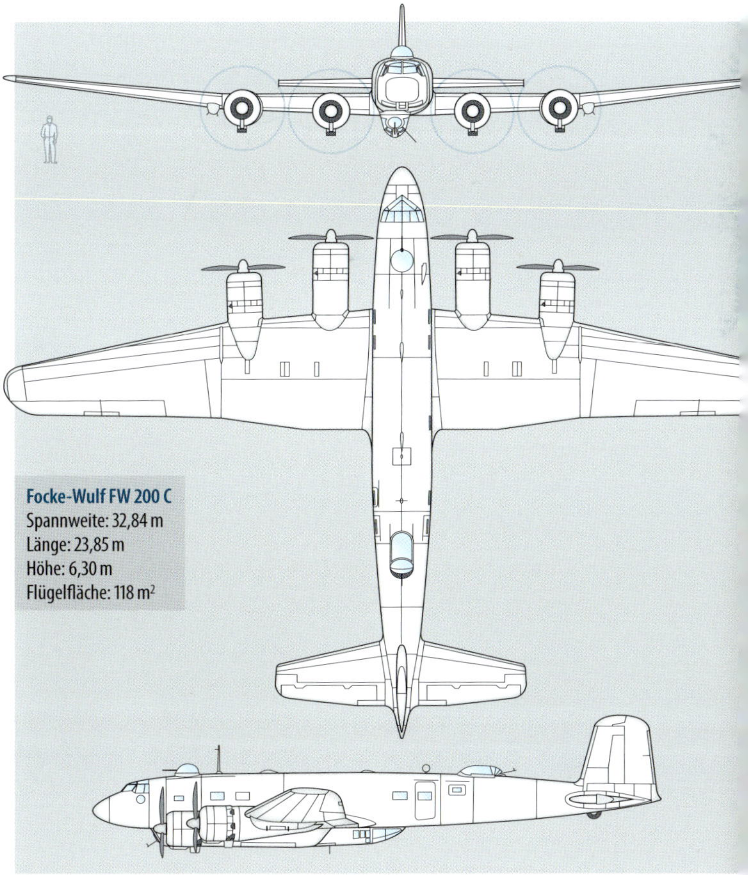

Focke-Wulf FW 200 C
Spannweite: 32,84 m
Länge: 23,85 m
Höhe: 6,30 m
Flügelfläche: 118 m²

Gotha Go 242

Ursprungsland
Deutsches Reich
Kategorie
Lastensegler, Transportflugzeug

Entwicklung: Die Gothaer Waggonfabrik bekam zu Beginn des Krieges den Auftrag, einen Lastensegler für 20 vollausgerüstete Soldaten oder entsprechende Zuladung zu entwickeln. Das Ergebnis war ein bespannter Stahlrohrrumpf mit einem hochklappbaren Heck und Tragflächen aus Holz, an denen die beiden hölzernen Leitwerksträger befestigt waren. Die ersten Prototypen flogen Anfang 1941 und im August wurden schon die ersten Serienflugzeuge ausgeliefert. Von der Go 242 A-Reihe mit abwerfbarem Fahrgestell und Landekufen wurden 1250 produziert, von der B-Version mit Bugradfahrwerk 188 und von einer C-Version mit schwimmfähigem Rumpf und Stützschwimmern 43 Stück. Nahezu baugleich war die G0 244 (Zeichnung). Mit zwei Motoren wurde der Segler zum selbststartenden Transportflugzeug, deren Auslieferung im März 1942 begann. Es war jedoch schnell klar, dass das Flugzeug mit den zu schwachen Gnome-Rhône-Motoren unbrauchbar war. Erbeutete russische Schwezow-Sternmotoren wären zwar leistungsfähiger gewesen, aber nicht in genügender Zahl vorhanden. Von vorhandenen Go 242 wurden 133 motorisiert, 41 wurden neu gebaut. Ein großer Teil davon ist aber wieder zum Segler zurückgerüstet worden.

Gut zu erkennen bei diesem Wrack einer Go 242 in Nordafrika – die Leichtbauweise der Stahlrohrkonstruktion.

Insgesamt stellte man von beiden Baureihen 1522 Flugzeuge her.

Bemerkungen: Neben der DFS 230 war die Go 242 der größere Standard-Lastensegler der Luftwaffe und konnte von der He 111, Ju 52 und Ju 87 geschleppt werden. Mit ihrem voluminösen quadratischen Rumpf und der großen Heckklappe war sie für bis zu 23 Soldaten, vor allem aber für sperrige Lasten gut geeignet und wurde im ganzen Mittelmeerraum und in Nordafrika eingesetzt. Die motorisierte Go 244 kam auch noch in Südrussland zum Einsatz, entsprach aber wegen ihres schwachen Antriebs bei weitem nicht den Erwartungen, so dass die Produktion schnell wieder eingestellt wurde.

Im Luftfahrttechnischen Museum Rechlin steht ein Original-Rumpfgerüst der Go-242 C-1.

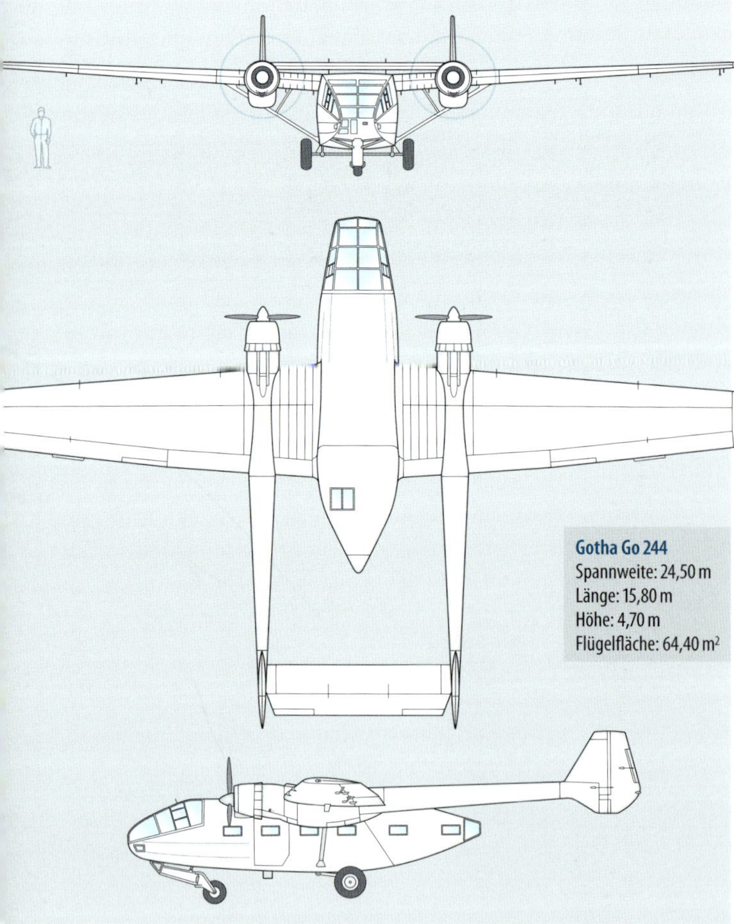

Gotha Go 244
Spannweite: 24,50 m
Länge: 15,80 m
Höhe: 4,70 m
Flügelfläche: 64,40 m²

Besatzung: 1 – 2
Triebwerke: Go 244: zwei luftgekühlte 14-Zylinder-Doppelsternmotoren Gnome-Rhône 14M-05 mit 520 kW (700 PS).
Leistungen: Segler Go 242: max. Höchstgeschwindigkeit 300 km/h, Schleppgeschwindigkeit 240 km/h, Gleitzahl 1 : 15.
Go 244: Höchstgeschwindigkeit 270 km/h, Steigzeit auf 1000 m 3 min, Dienstgipfelhöhe 7500 m, Reichweite max. 600 km, Überführungsreichweite 700 km.
Gewichte: Go 242: Leergewicht 3200 kg, maximales Abfluggewicht 7100 kg.
Go 244: Leergewicht 5100 kg, maximales Abfluggewicht 7800 kg.
Bewaffnung: Drei bis vier MGs als Deffensivbewaffnung.

Heinkel He 46

Ursprungsland
Deutsches Reich
Kategorie
Nahaufklärungs- und Verbindungsflugzeug

Entwicklung: Eigentlich 1931 als Doppeldecker zur Artilleriebeobachtung entworfen, flog die He 46 erstmals Ende 1931 mit einem 450 PS-Siemens Halske-Sternmotor. Der zweite Prototyp wurde schon mit dem 650 PS-Bramo-Sternmotor motorisiert. Und beim dritten Versuchsmuster entfernte man den unteren, kürzeren Flügel um das Blickfeld für den Beobachter zu verbessern. Als Parasol-Hochdecker bekam er nun einen vergrößerten oberen Flügel. Beim 650 PS-Bramo-Sternmotor blieb es, damit entsprach die He 46 der kommenden Serienversion. Das in Gemischtbauweise produzierte Flugzeug hatte einen bespannten Stahlrohrrumpf, die leicht gepfeilten

Eine He-46 E mit dem vollverkleideten Sternmotor.

und bespannten Flügel wurden aus Holz hergestellt. Mit der C 1, die entweder eine Kamera oder 200 kg Bomben tragen konnte, begann im Februar 1934 die Serienproduktion bei mehreren Herstellern. In geringeren Stückzahlen wurden die D, E und F-Versionen produziert, die sich unter anderem durch Motor und Cowling unterschieden. Einige Quellen berichten von Lieferungen an Spanien, Ungarn und Bulgarien.

Die Produktion endete im Dezember 1936 mit 443, andere Quellen berichten von 581 gebauten Flugzeugen aller Varianten. 1938 wurden nochmals 36 Flugzeuge für Ungarn ausgeliefert.

Bemerkungen: Mit dem Einsatz im Spanischen Bürgerkrieg begann 1936, wie bei vielen deutschen Maschinen dieser Zeit, die He 46 ihre Karriere als Aufklärer. 1937 war der Großteil der Nahaufklärungsstaffeln mit den Hochdeckern ausgerüstet, aber schon ab Frühjahr 1938 begann man sie durch die Henschel Hs 126 (S. 42) zu ersetzen. Allerdings flogen beim Einmarsch in Polen im September 1939 noch immer fünf Aufklärungsstaffeln die He 46. 1940 wurden die Flugzeuge von der Front zurückgezogen und nur noch unbewaffnet in Schulungsstaffeln verwendet, angeblich auch als Schleppflugzeuge. Für nächtliche Einsätze der Störkampfstaffeln im Osten wurden ab 1943 nochmals die restlichen He 46 reaktiviert.

Bis September 1944 waren die erhalten gebliebenen 65 He 46 ausgemustert und verschrottet.

Besatzung: 2
Triebwerk: Ein luftgekühlter 9-Zylinder-Sternmotor Bramo 322 B mit 486 kW (661 PS).
Leistungen: Höchstgeschwindigkeit 250 km/h, Reisegeschwindigkeit 210 km/h in Bodennähe, Steigzeit auf 3000 m Höhe 9 min 30 sec, Dienstgipfelhöhe 6000 m, Reichweite 1000 km.
Gewichte: Leergewicht 1465 kg, Abfluggewicht 2300 kg.
Bewaffnung: Ein MG am Beobachterstand, maximal 20 × 10 kg oder 4 × 50 kg Bomben.

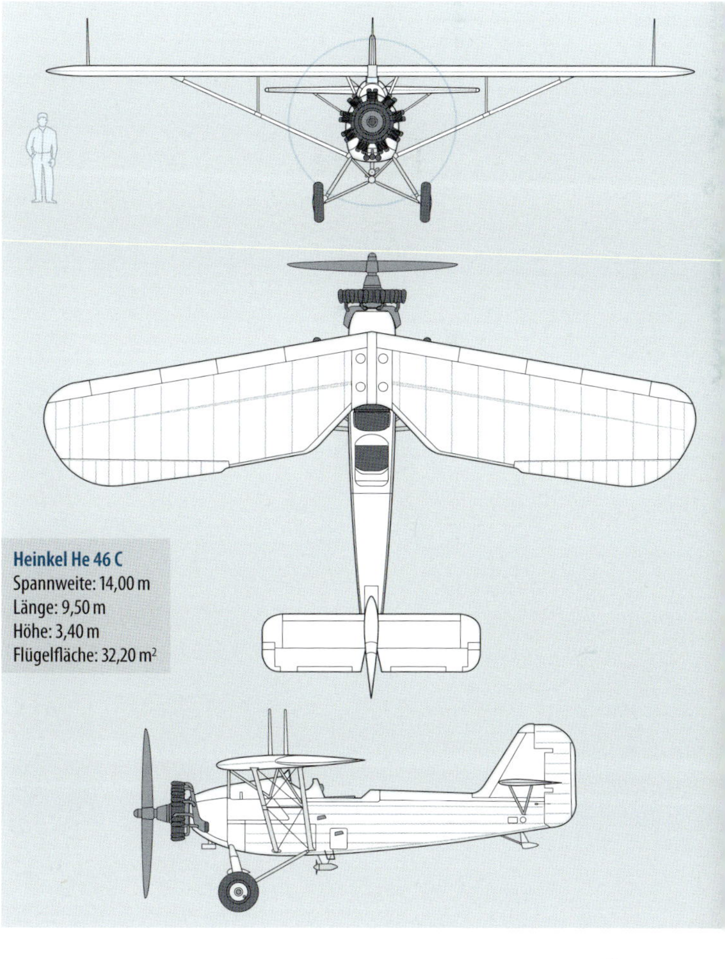

Heinkel He 46 C
Spannweite: 14,00 m
Länge: 9,50 m
Höhe: 3,40 m
Flügelfläche: 32,20 m²

Heinkel He 51

Ursprungsland
Deutsches Reich
Kategorie
Jagdflugzeug

Entwicklung: Weiterentwickelt aus den drei Prototypen der He 49 flog das erste Vorserienflugzeug der He 51 im Mai 1933. Der abgespannte Anderthalbdecker wurde in Gemischtbauweise mit einem beplankten und bespannten Stahlrohrrumpf und Holzflügeln produziert. Bereits im Juli 1934 lieferte man die ersten Maschinen der A-Serie aus. 50 Flugzeuge von den ca. 500 B-Serienflugzeugen gab es in einer Seeausführung B-2 mit Doppelschwimmern. Die B-3 als Höhenjäger mit größerer Spannweite blieb ein Versuchsmuster. Als Jagd- und Erdkampfflugzeug mit sechs 10 kg-Bomben unter den Tragflächen, ging die C-Version in Serie. Davon wurden 75 He 51 C-1 ausgeliefert und von der C-2 mit einer verbesserten Funkausrüstung nochmals 21.

Da Heinkel nicht die Produktionskapazität besaß, wurde der größte Teil der 722 Flugzeuge bis Anfang 1937 von AGO, Arado und Fieseler gebaut. Zwölf Doppeldecker exportierte man 1937 nach Bulgarien.

Bemerkungen: Die ersten He 51 wurden bereits 1934 ausgeliefert, fielen aber eigentlich noch unter das Verbot des Versailler Vertrags, und sind deshalb in der sogenannten „zivilen“ Reklamestaffel Mitteldeutschland geflogen worden. Mit Gründung der Luftwaffe im März 1935 war die Staffel dann praktisch einsatzbereit. Im Spanischen Bürgerkrieg flogen die Doppeldecker in der Legion Condor mit deutschen und spanischen Piloten, hatten aber den überlegenen sowjetischen Polikarpov-Jagdflugzeugen nichts entgegenzusetzen. Lediglich die C-Version als Erdkampfflugzeug war erfolgreicher. Die in Deutschland als Jagdflugzeug eingesetzten He 51 wurde nach Auslieferung der ersten Bf 109 (ab 1937) bereits an die Jagdfliegerschulen abgegeben und blieben dort auch in den ersten Kriegsjahren als Fortgeschrittenentrainer im Einsatz.

Es ist kein Flugzeug erhalten geblieben.

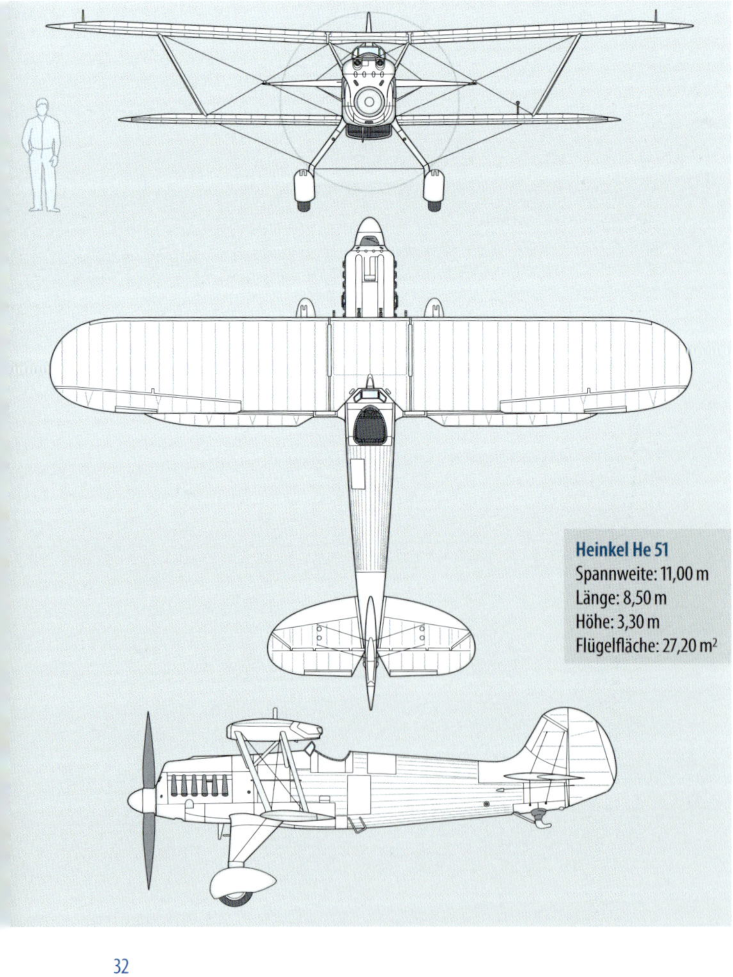

Heinkel He 51
Spannweite: 11,00 m
Länge: 8,50 m
Höhe: 3,30 m
Flügelfläche: 27,20 m²

Aus der B-1 wurden vermutlich acht zu He 51B-2 W bzw. He-51 W Schwimmerflugzeugen umgebaut und 42 neu gebaut. Der Doppeldecker war katapultfähig und konnte leichte Bomben laden. Diese Flugzeuge wurden alle an die Küstenjagdstaffeln in Jever und Holtenau ausgeliefert.

Besatzung: 1
Triebwerk: (B-1) Ein flüssigkeitsgekühlter V12-Zylinder-Motor BMW VI 7.3 Z mit 559 kW (750 PS).
Leistungen: (B-1) Höchstgeschwindigkeit 330 km/h, Reisegeschwindigkeit 280 km/h, Steigzeit auf 1000 m 1 min, 24 sec, Dienstgipfelhöhe 7700 m, Reichweite 570 km.
Gewichte: (B-1) Leergewicht 1460 kg, Abfluggewicht 1900 kg.
Bewaffnung: (B-1) Zwei MGs über dem Motor.

Heinkel He 60

Ursprungsland
Deutsches Reich
Kategorie
Aufklärungs- u. Beobachtungsflugzeug

Entwicklung: Während der geheimen Wiederaufrüstung forderte die Reichsmarine Ende der 1920er Jahre ein katapultfähiges Schwimmerflugzeug zur Borderkundung mit einer Reichweite von 1100 km und 235 km/h Höchstgeschwindigkeit. Heinkel wurde 1930 mit dem Bau von Musterflugzeugen beauftragt. Der Rumpf des abgestrebten Doppeldeckers bestand aus einem bespannten und geschweißten Stahlrohrgerüst, die bespannten Flügel aus Holz und die Doppelschwimmer aus Aluminium. Erstflug war vermutlich Ende 1932. Nach der Werkserprobung wurden die Prototypen an die Erprobungsstelle in Travemünde ausgeliefert. Die Produktion begann Anfang 1934 mit einer kleinen B-Serie, der im Herbst 1934 mit geringen Verbesserungen 10 He 60 C folgten. Im Juli 1936 startete der Serienbau der D und E, die sich jedoch nur geringfügig in der Ausrüstung unterschieden.

Von den 361 Doppeldeckern lieferten neben Heinkel Arado 238 und Weserflug 76 He 60 aus.

Eine He 60 auf dem Dampfkatapult des schweren Kreuzers Admiral Scheer, um 1935 – 38.

Bemerkungen: Die etwas untermotorisierte He 60 wurden bei allen Staffeln der Küsten- und Bordflieger in den 1930er Jahren genutzt und spielten beim Aufbau der Seefliegerverbände eine bedeutende Rolle, bis sie von moderneren Flugzeugen wie z. B. die Arado Ar 196 (S. 10) abgelöst wurde. Sie war auf fast allen, mit Katapult ausgestatteten, Kriegsschiffen der Marine im Einsatz, wurde aber Ende der 1930er Jahre zunehmend an die Schulverbände abgegeben. 1940 waren noch 180 vorhanden, die man im Frühjahr reaktivierte und sie in Aufklärungsverbänden in Griechenland einsetzte, aber im selben Jahr wieder ausmusterte, zum Verkauf im Ausland erfolglos anbot oder als Zieldarsteller, im Seenotdienst oder bei Spezialaufgaben flog, wie z. B. dem Absetzen von Agenten. Im September fanden sich noch zehn He 60 im Bestand der Luftwaffe. Zehn Maschinen flogen im Rahmen der Legion Condor, im Spanischen Bürgerkrieg, die später auch in Spanien blieben.

Soweit bekannt blieb keine Maschine erhalten.

Besatzung: 2
Triebwerk: Ein luftgekühlter V12-Zylinder-Motor BMW VI 6.0 ZU mit 485 kW (660 PS) Startleistung.
Leistungen: Höchstgeschwindigkeit 240 km/h, Reisegeschwindigkeit 190 km/h, Steigzeit auf 4000 m 20 min, Dienstgipfelhöhe 5000 m, Reichweite 945 km.
Gewichte: Leergewicht 2523 kg, Abfluggewicht 2732 kg, maximales Abfluggewicht 3548 kg.
Bewaffnung: Ein starres MG nach vorn (nur C), ein bewegliches MG im hinteren Cockpit.

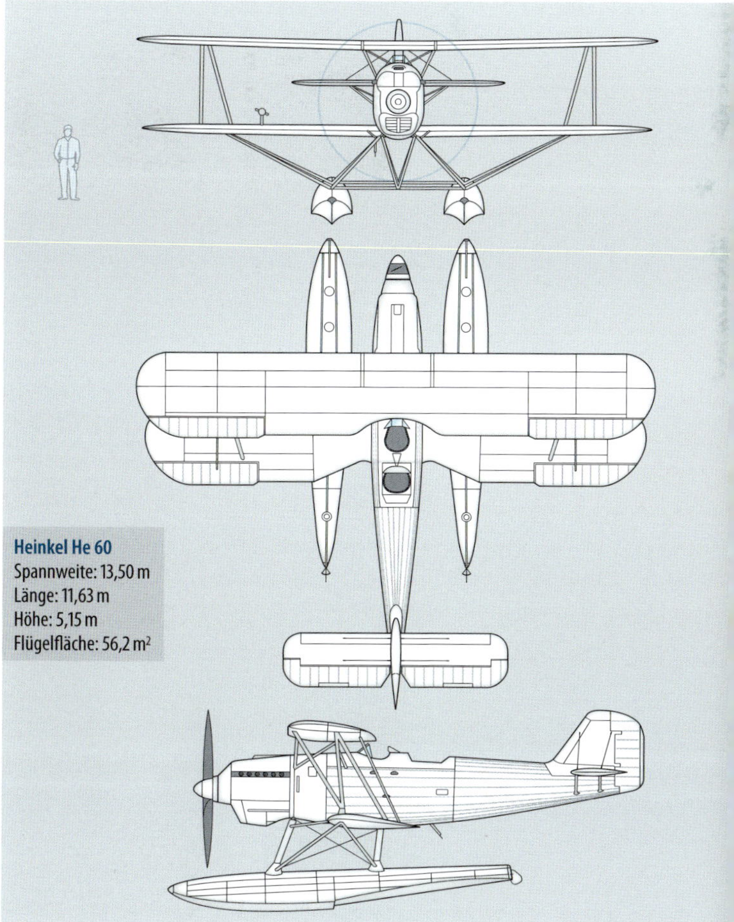

Heinkel He 60
Spannweite: 13,50 m
Länge: 11,63 m
Höhe: 5,15 m
Flügelfläche: 56,2 m²

Heinkel He 70

Ursprungsland
Deutsches Reich
Kategorie
Bomber

Entwicklung: Ausschlaggebend für die Konstruktion der He 70 war Mitte 1931 die schnelle Lockheed Vega der Swissair, deren Geschwindigkeit überboten werden sollte. Bereits im Dezember 1932 hob die für ihre Zeit aerodynamisch außergewöhnlich hochwertige Maschine erstmals ab. Der ovale Rumpf wurde in Ganzmetall-Schalenbauweise gefertigt, die elliptischen, freitragenden Flügel und das Leitwerk waren eine Holzkonstruktion. Der Kühler unter dem Rumpf und das Fahrwerk waren einziehbar. Die Lufthansa erhielt die beiden Prototypen und die ersten 10 Serienflugzeuge und nutzte sie als Schnellverkehrsflugzeuge für 5 Passagiere. Bereits der dritte Prototyp, der sich von der Zellenstruktur kaum von der zivilen Version unterschied, war für das Militär vorgesehen. Von der He 70 F (Zeichnung) liefen für die Luftwaffe bis Juli 1937 44 Behelfskampfflugzeuge, 196 Behelfsaufklärer und 33 Reiseflugzeuge vom Band. Sechs He 70 wurden an Spanien geliefert, je eine an Japan und Großbritannien. Mit einem Gnome-Rhône Mistral Doppelsternmotor erwarb Ungarn 18 als He 170 K bezeichnete Flugzeuge. Anfang 1938 wurde noch eine He 270 mit einem 1175 PS-DB 601 Motor gebaut, die 460 km/h in 4000 m Höhe erreichte, aber Mangels Nachfrage nicht in Serie ging.

Insgesamt sollen 319 He 70 gebaut worden sein.

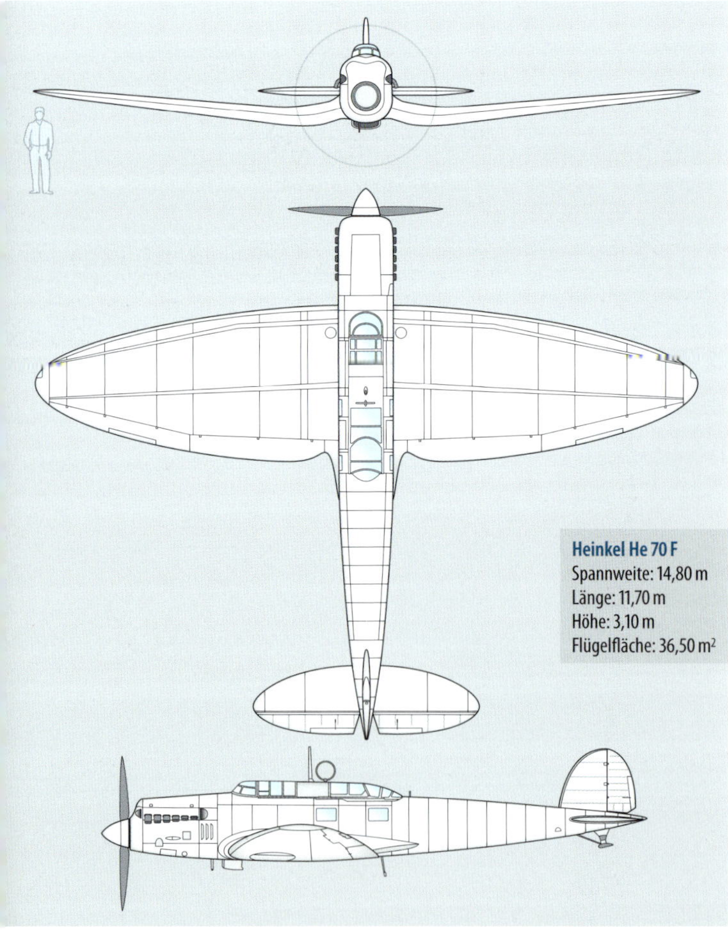

Heinkel He 70 F
Spannweite: 14,80 m
Länge: 11,70 m
Höhe: 3,10 m
Flügelfläche: 36,50 m²

Eine He 170 K der ungarischen Luftwaffe.

Bemerkungen: Die He 70 Blitz gehörte aufgrund ihrer gelungenen Aerodynamik zeitweise zu den schnellsten Verkehrsflugzeugen der Welt. Angeblich war sie auch Vorbild für die britische Spitfire, aber ganz sicher für die Konstruktion der He 111. Als schnelle Aufklärer wurden die im Spanischen Bürgerkrieg geflogenen He 70 Rayo (Blitz) verwendet. Bei der deutschen Luftwaffe anfangs als Behelfskampfflugzeuge, später wegen der inzwischen ungenügenden Leistungen, nur noch als Schul-, Kurier- und Reiseflugzeuge bis zum Kriegsende. Die Lufthansa bediente mit der He 70 von 1933 bis 1936 europäische Strecken.

Soweit bekannt ist kein Flugzeug erhalten geblieben.

Besatzung: 2 bis 5 je nach Einsatzzweck
Triebwerk: (F) Ein flüssigkeitsgekühlter V12-Zylinder-Motor BMW VI 7,3 Z mit 551 kW (750 PS) Startleistung.
Leistungen: (F) Höchstgeschwindigkeit 330 km/h in 4000 m Höhe, Reisegeschwindigkeit 295 km/h, Steigzeit auf 4000 m Höhe 15 min, Dienstgipfelhöhe 5300 m, Reichweite 1820 km.
Gewichte: (F) Leergewicht 2270 kg, Abfluggewicht 3395 kg.
Bewaffnung: (F) Ein MG, als Bomber bis zu 300 kg Bomben.

Heinkel He 111

Ursprungsland
Deutsches Reich
Kategorie
Bomber

Entwicklung: Basierend auf der He 70 entwickelte Heinkel in den 1930er-Jahren die ursprünglich als schnelles Verkehrsflugzeug konzipierte He 111. Die V-1, von zwei V12-BMW VI angetrieben, flog erstmals im Februar 1935. Der aerodynamisch hochwertige Tiefdecker in Ganzmetallbauweise hatte in den ersten Serien elliptische Flügel, die ab der He 111 F aus produktionstechnischen Gründen begradigt wurden. Neben der geringen Anzahl ziviler Flugzeuge, wurden in verschiedenen Werken eine große Zahl militärischer Varianten für unterschiedliche Einsatzzwecke, auch mit unterschiedlicher Motorisierung, hergestellt. Hauptsächlich in der Bombervariante, aber auch als Torpedobomber, Transport- und Schleppflugzeug wurden von 1935 bis 1944 rund 7600 Flugzeuge gebaut. Mit der P-Variante, von DB 601 angetrieben, gab man Anfang 1939 den abgestuften Bug auf und führte eine vollverglaste Front ein. Nahezu baugleich, bis auf die Motoren Jumo 211 war die H-Version, von der rund 5900 FLugzeuge in mehreren Unterserien produziert wurden. Außergewöhnlich war die 5-motorige Doppelrumpf-He 111 Z mit 35,2 m Spannweite als Schleppflugzeug für den Lastensegler Me 321. Spanien baute nach 1945 noch in Lizenz 236 CASA 2.111 mit Rolls-Royce-Merlin-Motoren, die teilweise bis 1973 im Einsatz waren.

Die eingeschränkte Sicht durch den langen Bug wurde von den Piloten der ersten He 111-Varianten bemängelt.

Bemerkungen: Wie viele andere deutsche Flugzeuge auch, wurde die damals schnelle und hochmoderne He 111 im Spanischen Bürgerkrieg erprobt. Noch mit geringer Deffensivbewaffnung zeigte sich aber schon beim Angriff auf Großbritannien, dass leistungsstarke gegnerische Jagdflugzeuge hohe Verluste verursachen können. In der Maschine steckte aber soviel Potenzial, dass sie immer wieder neuen Bedingungen angepasst werden konnte. Der Standardbomber der Luftwaffe wurde deshalb an fast allen deutschen Fronten bis Kriegsende eingesetzt.

Erhaltene He 111 stehen in Madrid/Spanien, in Gardermoen/Norwegen und im RAF Museum in London. Eine CASA 2.111 ist unter anderem im Deutschen Museum in Schleißheim zu finden.

Besatzung: Als Bomber 5
Triebwerke: (H 6) Zwei V 12-Zylindermotoren Junkers Jumo 211 F-2 mit je 970 kW (1300 PS) Startleistung.
Leistungen: (H 6) Höchstgeschwindigkeit 440 km/h, Dienstgipfelhöhe 6500 m, Reichweite mit max. Kraftstoff 2300 km.
Gewichte: (H 6) Leergewicht 8680 kg, Abfluggewicht 12 030 kg, maximales Abfluggewicht 14 000 kg.
Bewaffnung: (H 6) Bis zu sieben MGs: im Bugstand, Bodenwanne, seitlich und auf dem Rücken. Bis zu 2000 kg Bomben intern oder 3600 kg an Außenstationen.

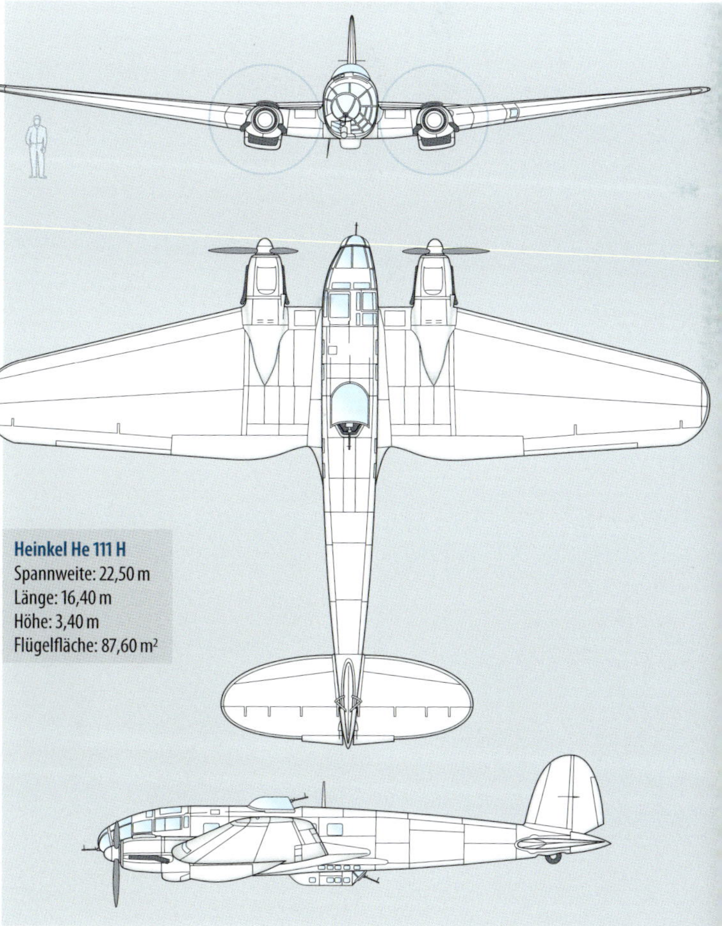

Heinkel He 111 H
Spannweite: 22,50 m
Länge: 16,40 m
Höhe: 3,40 m
Flügelfläche: 87,60 m²

Heinkel He 112

Ursprungsland
Deutsches Reich
Kategorie
Jagdflugzeug

Entwicklung: Anfang 1934 forderte das RLM einen Nachfolger für die veralteten Doppeldecker Heinkel He 51 (S. 32) und Arado Ar 68 (S. 8). Im Mai präzisierte das RLM seine Forderung: Ganzmetallflugzeug, Eindecker, Einziehfahrwerk, mindestens 400 km/h schnell und 2 MGs oder eine MK. Arado (Ar 80), BFW (Bf 109), Heinkel (He 112) und Focke-Wulf (Fw 159) erhielten den Auftrag zum Prototypenbau. Das Design Heinkels lehnte sich eng an die He 70 (S. 34) mit ihren elliptischen Tragflächen. Die He 112 V1 flog im September 1935 erstmals, allerdings mit einem Rolls-Royce Kestrel II S und Zweiblattluftschraube, anstatt des geplanten Jumo 210. Bei einem Vergleichsfliegen schieden Arado und Focke-Wulf aus, und BFW und Heinkel bekamen Aufträge über je 10 Vorserienflugzeuge. Heinkel stellte als He 112 A die Prototypen V1 – V8 her. Ab der V9 begann die B-Reihe (Abb. oben) mit einem geänderten Rumpf, neuen Tragflächen mit etwas geringerer Spannweite. V10 und V11 waren mit einem DB 600 V12-Triebwerk motorisiert. Die B-0 Vorserie mit zehn Maschinen entsprach der V11. Die 12 He 112 der B-1 Serie für die Luftwaffe waren wiederum mit dem Jumo 210 ausgerüstet. Standardjäger der Luftwaffe wurde jedoch die überlegene Bf 109, die auch noch wesentlich einfacher aufgebaut und billiger zu produzieren war. Die He 112 B-2 Serie wurde deshalb für den Export

Die He 112 V6, mit einem Jumo 210 und offenem Cockpit.

freigegeben. Japan bestellte 24 He 112 B, von denen aber angeblich nur 12 Ende 1937/Anfang 1938 ausgeliefert wurden. Spanien erhielt, nach den guten Bewertungen während des Bürgerkriegs, vermutlich 19 He 112 B, Rumänien 30 und Ungarn orderte zwar 36, es wurden aber aus verschiedenen Gründen nur drei geliefert.

Insgesamt sind 104 Flugzeuge gebaut worden.

Bemerkungen: Nachdem der Wettbewerb für den deutschen Standardjäger verloren war, konzentrierte sich Heinkel auf den Export der Maschine. Allerdings war das Interesse eher gering, so dass nur bescheidene Stückzahlen ins Ausland gingen. Bis Kriegsbeginn 1939 sind zudem leistungsfähigere Jagdflugzeuge entwickelt worden, inklusive der eigenen He 100, so dass die Produktion der He 112 Ende 1939 eingestellt wurde.

Es blieb keine Maschine erhalten.

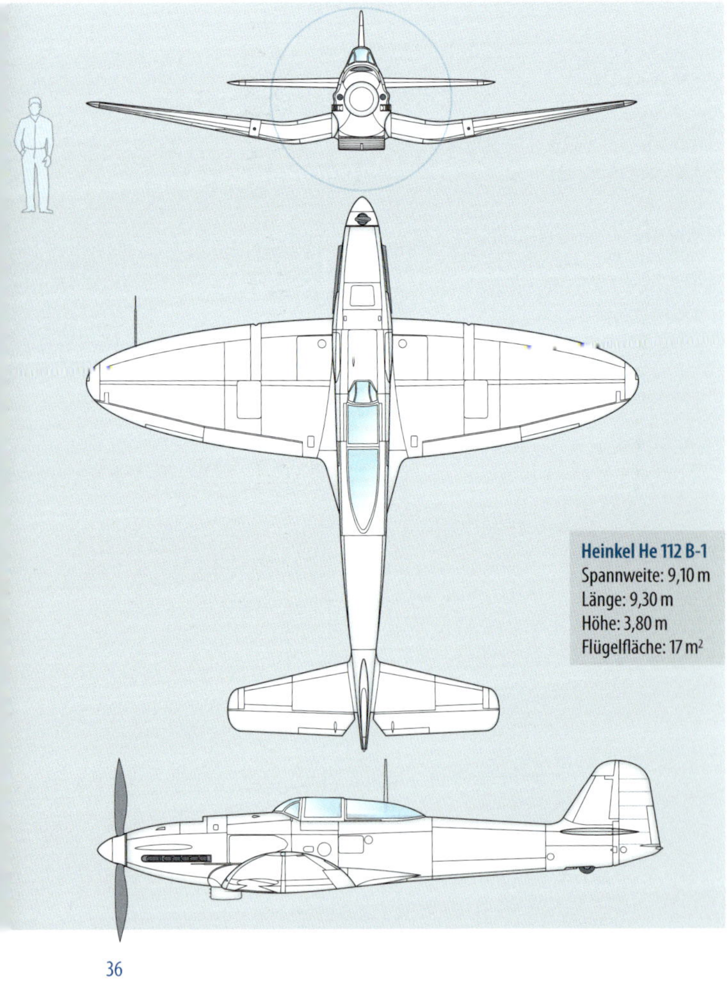

Heinkel He 112 B-1
Spannweite: 9,10 m
Länge: 9,30 m
Höhe: 3,80 m
Flügelfläche: 17 m²

Besatzung: 1
Triebwerke: (B-1) Ein flüssigkeitsgekühlter V12-Zylinder Junkers Jumo 210 G mit 510 kW (700 PS) Startleistung.
Leistungen: (B-1) Höchstgeschwindigkeit 510 km/ in 4700 m Höhe, Reisegeschwindigkeit in 4000 m Höhe 430 km/h, Steigzeit auf 6000 m Höhe 9 min 30 sec, Dienstgipfelhöhe 9500 m, Reichweite 1000 km.
Gewichte: (B-1) Leergewicht 1620 kg, Abfluggewicht 1848 kg.
Bewaffnung: (B-1) Zwei MGs über dem Motor, je ein MG in den Tragflächen.

Heinkel He 115

Ursprungsland
Deutsches Reich
Kategorie
Aufklärungs- und Torpedoflugzeug

Entwicklung: Als Ersatz für den betagten Schwimmer-Doppeldecker He 59 gedacht, begann 1935 die Entwicklung des zweimotorigen Wasserflugzeuges He 115. Der Erstflug war im August 1937. Nach fünf V-Mustern lief die Serienfertigung des

Eine Heinkel He 115 B der 1./Küstenfliegergruppe 206 wird aus dem Wasser gehoben.

in Ganzmetall-Schalenbauweise hergestellten Mitteldeckers mit der A 1 im Dezember 1938 an. Schweden erhielt 10 und Norwegen 6 He 115 A 2 bis Anfang 1940. Von der B-Version mit geändertem Leitwerk und größerem Kraftstoffvorrat wurden 122 gebaut, darunter Aufklärer, Bomber, Minenleger und eine Schwimmerversion mit Stahlkufen für Einsätze im eisigen hohen Norden. Auch die C-Versionen unterschieden sich lediglich in der Bewaffnung, bedingt durch Einsatzzweck und -gebiet. Ein Prototyp blieb die viersitzige He 115 D mit zwei 1600 PS-BMW 801-Sternmotoren.

Es sind 223 Flugzeuge bei Heinkel in Rostock gebaut worden.

Bemerkungen: Das hochseefähige Flugzeug hatte seine Haupteinsatzgebiete in der Nordsee, im Nordatlantik und im Mittelmeerraum und wurde zur Seeaufklärung, zum Minenlegen und für Angriffe auf Geleitzüge eingesetzt, für das es wegen seiner geringen Geschwindigkeit allerdings weniger geeignet war. Die letzten beiden Staffeln waren 1942 in Norwegen stationiert um Nordmeergeleitzüge anzugreifen, wurden aber zuletzt nur noch bis 1944 als Aufklärer eingesetzt. Von den Flugzeugen der schwedischen Seeflieger wurden die letzten He 115 erst 1952 ausgemustert. Drei Flugzeuge der norwegischen Staffel konnten beim Einmarsch der Deutschen nach England entkommen, die dann unter anderem für Sondereinsätze, wie das Absetzen von Agenten im feindlichen Hinterland, verwendet wurden.

Kein komplettes Flugzeug ist erhalten geblieben. Ein in einem Fjord gefundenes Wrack soll in Sola/Norwegen restauriert werden.

Besatzung: 3
Triebwerke: Zwei luftgekühlte 9-Zylinder-Sternmotoren BMW 132 K mit je 706 kW (960 PS) Startleistung.
Leistungen: Höchstgeschwindigkeit 305 km/ in 1000 m Höhe, Reisegeschwindigkeit in 1000 m Höhe 285 km/h, Steigzeit auf 2000 m Höhe 11 min, Dienstgipfelhöhe 5200 m, Reichweite 2800 km.
Gewichte: Leergewicht 6772 kg, Abfluggewicht 10 605 kg.
Bewaffnung: Je ein bewegliches MG im Bug und im hinteren Cockpit. Ein Torpedo oder max. zwei Minen oder eine 500 kg-Sprengbombe.

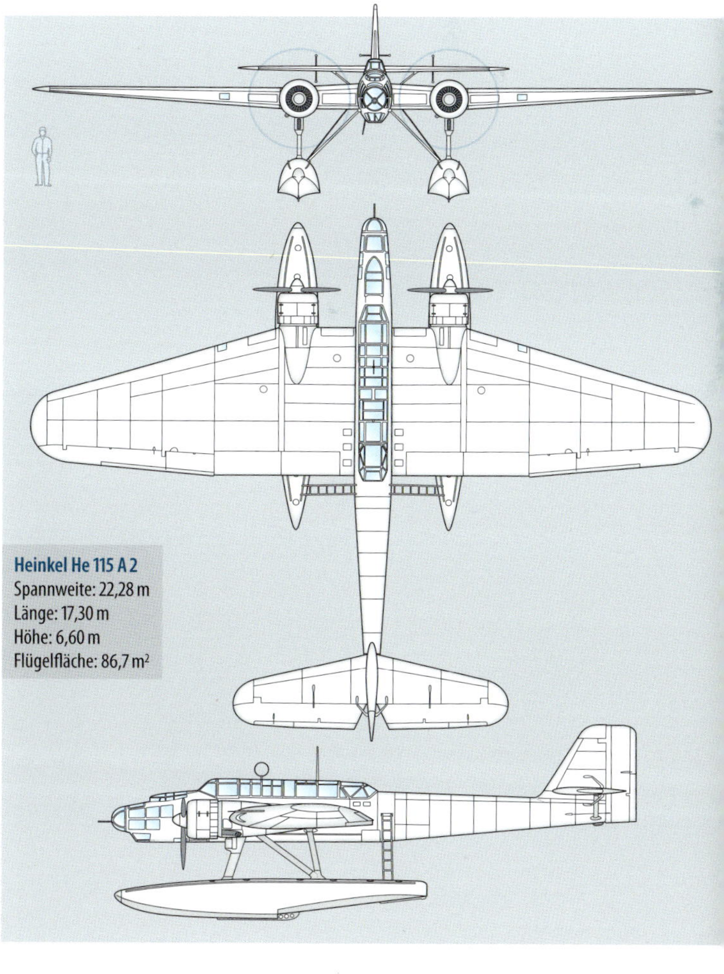

Heinkel He 115 A 2
Spannweite: 22,28 m
Länge: 17,30 m
Höhe: 6,60 m
Flügelfläche: 86,7 m²

Heinkel He 177

Ursprungsland
Deutsches Reich
Kategorie
Jagdflugzeug

Entwicklung: Auf eine Ausschreibung des RLM Anfang September 1944 an sieben Hersteller, erhielt Heinkel Ende September den Zuschlag für den sogenannten „Volksjäger“. Der in Halbschalenbauweise hergestellte Rumpf war mit einem Schleudersitz und einem Bugfahrwerk ausgestattet. Wegen des akuten Rohstoffmangels wurden die Flügel als reine Holz- und das Leitwerk in Alu-Holz-Gemischtbauweise hergestellt. Die Erprobung begann Anfang Dezember 1944. Parallel zur Flugerprobung mit 33 Flugzeugen, die etliche Änderungen mit sich brachte, begann die Serienproduktion der Baureihe A 2. Das erste Serienflugzeug hob im Januar 1945 ab. Vermutlich wurden aber nur 170 Flugzeuge gebaut, davon waren wahrscheinlich nur 116 im Einsatz.

Bemerkungen: Ende 1944 wurde die Situation für Deutschland immer schwieriger. Ständige Bomberangriffe, vorrückende Alliierte, akuter Rohstoffmangel, Pilotenmangel und Treibstoffknappheit führte zur Idee des „Volksjäger“ gegen die Bomberflut. Die Fertigung des einfach konstruierten „Verbrauchsgeräts“ sollte mit ungelernten Arbeitskräften in Großserie ab Januar 1945 beginnen. Zur Schnellausbildung junger Piloten war eine zweisitzige Seglerversion und zum Training ein Doppelsitzer geplant. Obwohl die He 162 Salamander in Rekordzeit entwickelt wurde und trotz aller Produktionsanstrengungen konnte 1945 nur eine kleine Anzahl Flugzeuge hergestellt werden. Es gab zwar Einsätze eines Erprobungskommandos, aber keine Feindberührung. Die Flugleistungen lagen über denen der alliierten Jagdflugzeuge, konnten aber wegen der kritischen Flugeigenschaften, ungenügender Pilotenausbildung und der unausgereiften Konstruktion nie ausgespielt werden. Die Alliierten übernahmen nach Kriegsende zur Erprobung mehrere Maschinen, die sie auch durchaus positiv bewerteten, auch wenn die He 162 eigentlich kein Flugzeug für ungeübte Piloten war.

Erhalten geblieben sind 7 Flugzeuge: Eines davon im Technikmuseum Berlin, in Frankreich, Kanada, USA und zwei in Großbritannien.

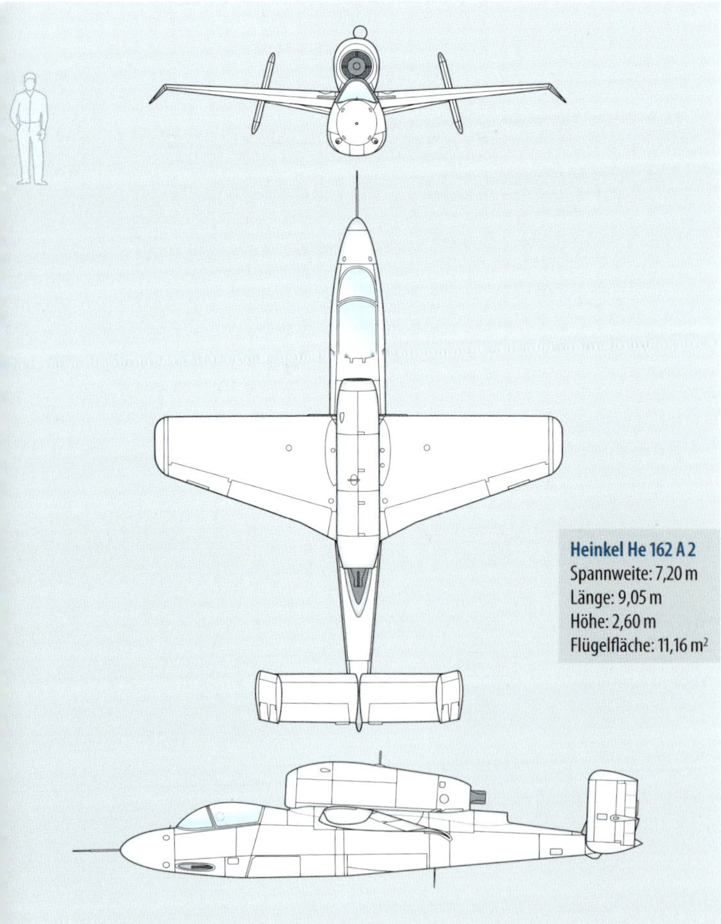

Heinkel He 162 A 2
Spannweite: 7,20 m
Länge: 9,05 m
Höhe: 2,60 m
Flügelfläche: 11,16 m^2

In einem bombensicheren Salzbergwerk in Tarthun / Sachsen-Anhalt wurde die Serienproduktion der He 162 aufgenommen.

Besatzung: 1
Triebwerk: Ein Axial-Strahltriebwerk BMW 003/E-1 mit 8,09 kN Schub, Notleistung 9,03 kN.
Leistungen: Höchstgeschwindigkeit 838 km/h, mit Notschub 890 km/h in 6000 m Höhe, Steigzeit auf 11 000 m 14 min, Dienstgipfelhöhe ca. 12 000 m, Reichweite maximal 700 km.
Gewichte: Leergewicht 1758 kg, Abfluggewicht 2805 kg.
Bewaffnung: Zwei Maschinenkanonen im Rumpf.

Heinkel He 177

Ursprungsland
Deutsches Reich
Kategorie
Schwerer Langstreckenbomber

Entwicklung: Aus der Forderung des RLM für einen schweren Langstreckenbomber ging Heinkel mit der He 177 gegen Junkers mit der Ju 89 und Dornier mit der Do 19 als Sieger hervor. Nach einem im November 1937 fertiggestellten Mock-up hob der Prototyp im November 1939 erstmals ab. Das in Ganzmetallbauweise hergestellte Flugzeuge litt schon während der Erprobungsphase an Problemen mit den unzuverlässigen Doppelmotoren DB 612, bei der V-förmig angeordnete und über ein Getriebe gekoppelte DB 605 einen großen Propeller antrieben. Dazu kam noch die Forderung das Flugzeug sturzkampftauglich zu machen. Mehrere He 177 sind deshalb während der Erprobung verloren gegangen. Frühe Hinweise, den Antrieb zu ändern, wurden abgelehnt. Die ferngesteuerten MG-Türme hatte man zugunsten bemannter wieder aufgegeben. Erst ab August 1943 war das Flugzeug frontklar. Acht V-Muster wurden gebaut, danach die Vorserie A-0 mit 35 Flugzeugen, gefolgt von der A-1 mit 130 Stück, A-3 mit kurzem Rumpf 247, mit langem Rumpf 365 und der A-5 mit 350 Stück. Dass die Grundkonstruktion sicher war, bewiesen zwei Flugzeuge (eine davon flog) mit vier einzelnen Motoren, die nach 1945 in Frankreich fertiggebaut wurden.

Beladen einer Heinkel He 177 A-3/R2.

Insgesamt wurden 1135 He 177 gebaut.

Bemerkungen: Trotz der gravierenden Probleme flog die He 177, deren Piloten auch eine spezielle Schulung benötigten, im Januar 1943 ihre ersten Einsätze in Russland. Kampfeinsätze über dem Atlantik und dem Mittelmeer folgten. Im Juli 1944 wurden die letzten Einsätze an der Ostfront geflogen. Wegen des Treibstoffmangels wurden die Geschwader aufgelöst und die meisten Bomber nach Deutschland zurückgeflogen und abgewrackt. Angeblich kam ein Drittel der Flugzeuge nie zum Einsatz. Einmal mehr zeigte sich hier das Scheitern einer Konstruktion, die neben vielen innovativen Konstruktionsmerkmalen auch ein neues Antriebskonzept und viele nachträgliche Forderungen seitens des Auftraggebers in sich vereinen sollte. Von Piloten bekam die He 177 den Spitznamen „Reichsfeuerzeug“ wegen ihrer oft durch brennende Motoren verursachten Abstürze.

Es ist kein Flugzeug erhalten geblieben.

Besatzung: 6
Triebwerke: Zwei flüssigkeitsgekühlte Doppelmotoren Daimler-Benz DB 610 mit je 2133 kW (2900 PS) Startleistung, die jeweils aus zwei gekoppelten V12-Zylindermotoren DB 605 bestanden.
Leistungen: Höchstgeschwindigkeit 565 km/h in 6000 m Höhe, Dienstgipfelhöhe 8000 m, Reichweite maximal 5500 km.
Gewichte: Leergewicht 16 800 kg, Abfluggewicht 32 000 kg.
Bewaffnung: Sechs bis 10 MGs je nach Version. Intern bis zu 7500 kg Bomben oder Seeminen. An Außenstationen drei gelenkte Gleitbomben, Torpedos oder Luft-Seeminen.

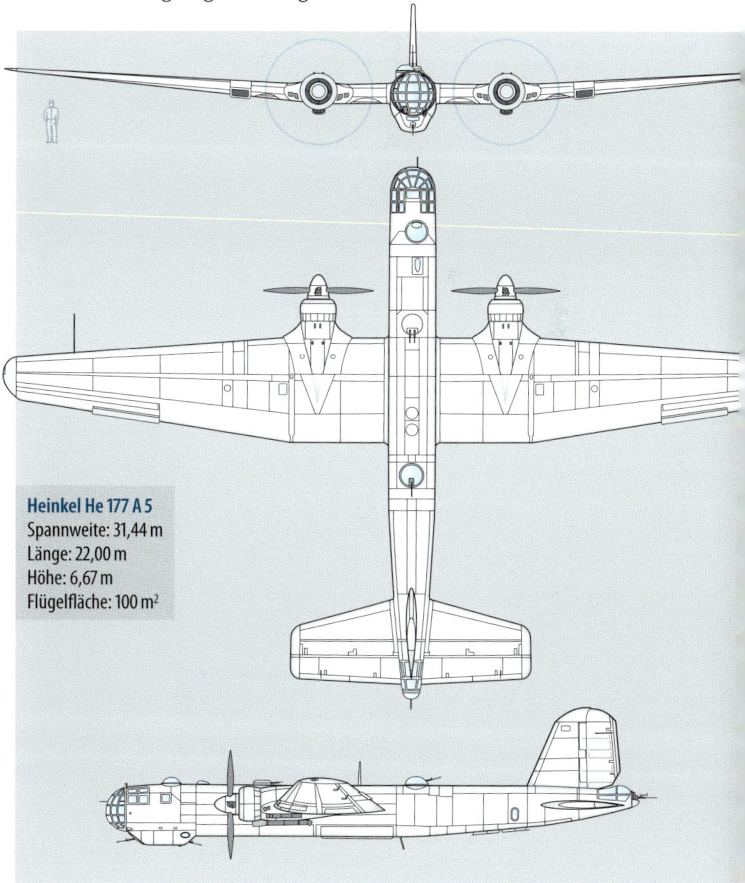

Heinkel He 177 A 5
Spannweite: 31,44 m
Länge: 22,00 m
Höhe: 6,67 m
Flügelfläche: 100 m²

Heinkel He 219

Ursprungsland
Deutsches Reich
Kategorie
Nachtjäger

Entwicklung: Die Entwicklungsarbeiten zur He 219 hatten schon 1940 ihren Ursprung in einem schnellen Mehrzweckflugzeug, das mit zwei im Rumpf integrierten Motoren ausgestattet war. Dies wurde im August 1941 aber zugunsten einer herkömmlichen Konstruktion mit Motorgondeln in den Flügeln aufgegeben. Nach einem Attrappen- und Prototypenbau flog die V1 im November 1942 zum ersten Mal. Das in Ganzmetall gebaute Flugzeug war mit gepanzerter Kabine und einem Bugfahrwerk ausgestattet. Die ersten A0-Serienflugzeuge verließen im Juli 1943 das Werk. Eine nicht immer nachvollziehbare Variantenvielzahl wurde gebaut. Unter anderen die Hauptserie A2 mit DB 603A, die A6 als erleichterter Mosquito-Jäger, die mit den 2100 PS-DB 603 L-Motoren bis zu 700 km/h erreichte und die A7 als Höhen-Nachtjäger. Viele Weiterentwicklungen wie z. B. mit dem 24-Zylinder-Reihensternmotor Jumo 222 und größerer Besatzung scheiterten an Entwicklungsproblemen und Materialknappheit.

Sich widersprechende Quellen berichten von bis zu 294 ausgelieferten Flugzeugen. Rechnet man die V-Muster hinzu so sollen etwa 280 oder 340 He 219 hergestellt worden sein.

Bemerkungen: Die He 219 Uhu wird als einer der besten zweimotorigen Nachtjäger des Zweiten Weltkriegs beschrieben und war den Nachtjägervarianten der Bf 110 und Ju 88 deutlich überlegen. Das zu seiner Zeit modernste Flugzeug war für eine Zweimot schnell und wendig und in schwierigen Nachteinsätzen sicher zu fliegen. Es war mit einem Lichtenstein-Bordradar, einer enormen Bewaffnung, die blendfrei unter dem Rumpf lag und als erstes Flugzeug serienmäßig mit Pressluft-Schleudersitzen ausgerüstet.

Eine He 219 A2 wird im Steven F. Udvar-Házy National Air and Space Museum in Washington D.C./USA ausgestellt.

Nachtjäger Heinkel He 219 A-2 mit dem „Hirschgeweih" genannten Lichtenstein SN 2-Radar.

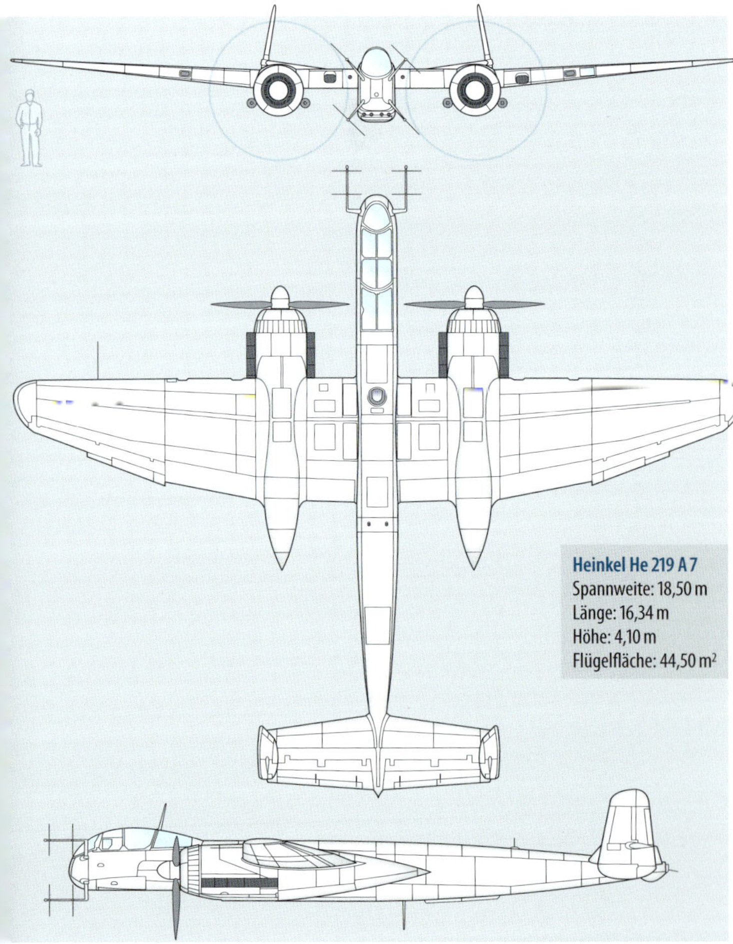

Heinkel He 219 A7
Spannweite: 18,50 m
Länge: 16,34 m
Höhe: 4,10 m
Flügelfläche: 44,50 m²

Besatzung: 2 – 3 je nach Einsatzzweck
Triebwerke: (A 7) Zwei flüssigkeitsgekühlte V12-Zylinder-Motoren Daimler Benz 603 E mit je 1323 kW (1800 PS) Startleistung, 1011 kW (1375 PS) Dauerleistung.
Leistungen: (A 7) Höchstgeschwindigkeit 585 km/h in 6300 m Höhe, ohne Antennen und Flammenvernichter 625 km/h, Reisegeschwindigkeit 510 km/h, Dienstgipfelhöhe 9800 m, maximale Reichweite 1870 km.
Gewichte: (A 7) Leergewicht 8345 kg, Abfluggewicht 15 100 kg.
Bewaffnung: (A 7) Zwei MGs im Flügel, vier MGs in der Rumpfwanne, zwei Maschinenkanonen schräg nach oben (Schräge Musik).

Henschel Hs 123

Ursprungsland
Deutsches Reich
Kategorie
Sturz- und Erdkampfflugzeug

Entwicklung: Aus einem Konstruktionswettbewerb 1934, an dem auch Fieseler und Blohm & Voss teilnahmen, ging die Hs 123 von Henschel als Sieger hervor. Im April 1935 war der Erstflug des Anderthalbdeckers. Das in Ganzmetall-Schalenbauweise konstruierte Flugzeug hatte noch ein offenes Cockpit und abgestrebte, teilweise bespannte Flügel. Nach sieben Prototypen und Vorserienmustern ging die Maschine 1936 in die Serienproduktion. Es wurden 16 Vorserienflugzeuge A-0 und anschließend 229 Hs 123 von der A1 und B1-Reihe produziert, die sich lediglich durch die Blechbeplankung der Tragflächen unterschieden. Davon wurden 129 von AGO gebaut. Eine geplante Weiterentwicklung HS 123 C mit geschlossener Kabine und einem 960 PS-BMW 123 K Sternmotor wurde aufgegeben, da schon wesentlich modernere Eindecker, wie zum Beispiel die Ju 87, in den Startlöchern standen. 1938 sind noch 12 Hs 123 A nach China exportiert worden und 12 (andere Quellen sprechen von 16) wurden an Spanien übergeben.

Bis Dezember 1937 sind 265 Flugzeuge gebaut worden.

Aus der Prototypenreihe die Hs 123 V5 mit einem BMW 132 K, das Musterflugzeug für die B-Serie.

Bemerkungen: Erprobt wurde die Maschine im Spanischen Bürgerkrieg, zunächst als Jagdbomber dann als Sturzkampfbomber. Bei steilen Sturzflügen erreichte der Motor jedoch eine zu hohe kritische Drehzahl, so dass der Sturzwinkel auf 70° beschränkt werden musste. Mit Erscheinen der Ju 87 war die Hs 123 zwar veraltet, konnte aber durch ihre robuste und einfache Bauweise auch von vorgeschobenen Feldflugplätzen operieren und so direkt den Bodentruppen beistehen. Ihre hohe Beschussfestigkeit und Wendigkeit machte sie zum idealen Erdkampfflugzeug, so dass sie bei der Besetzung der Tschechei und Polens sowie in Frankreich und auf dem Balkanfeldzug eingesetzt wurde. Ebenso bis 1944 an der Ostfront mit Erdkampfeinsätzen und nächtlichen Störangriffen. Ein schon 1942 von der Truppe geforderter Neubau blieb aus, weil die dazu benötigten Bauvorrichtungen bereits verschrottet waren.

Soweit bekannt blieb keine Hs 123 erhalten.

Besatzung: 1
Triebwerk: (A 1) Ein luftgekühlter 9-Zylinder-Sternmotor BMW 132 Dc mit 647 kW (880 PS).
Leistungen: (A 1) Höchstgeschwindigkeit 340 km/h in 1200 m Höhe, Steigzeig auf 3000 m 4 min 30 sec, Dienstgipfelhöhe 9000 m, Reichweite ca. 855 km mit Zusatztank.
Gewichte: (A 1) Leergewicht 1500 kg, Abfluggewicht 2215 kg.
Bewaffnung: (A 1) Zwei MGs über dem Motor, maximal 450 kg Bomben oder 200 kg Bomben und Zusatztank.

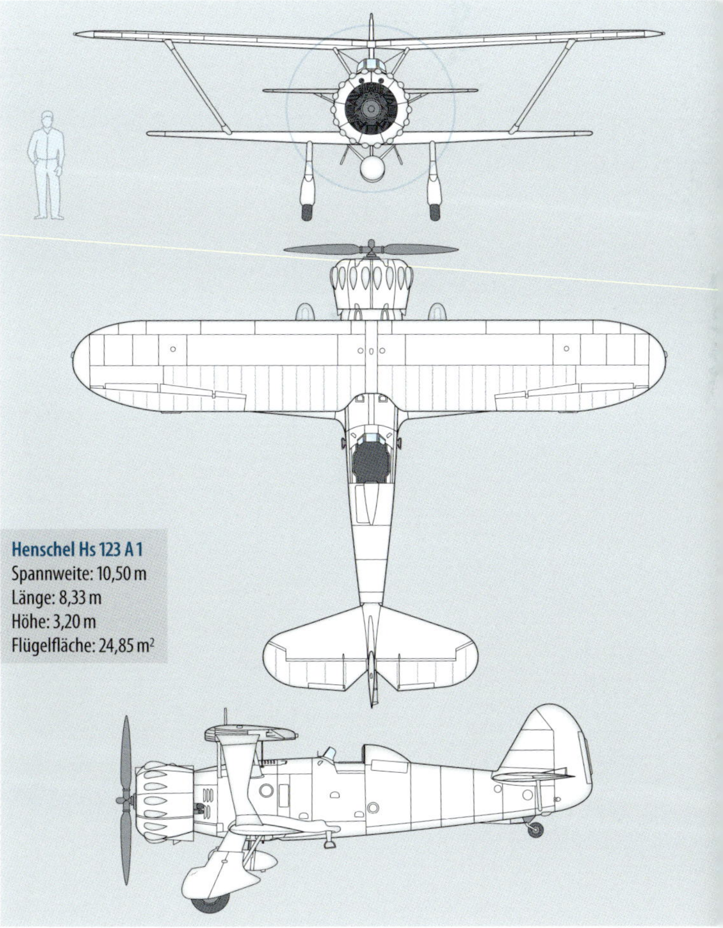

Henschel Hs 126

Ursprungsland
Deutsches Reich
Kategorie
Nahaufklärungsflugzeug

Entwicklung: Nach einer Anfrage des RLM entwickelte Henschel auf Grundlage des Nahaufklärers Hs 122 die in Ganzmetallbauweise hergestellte Hs 126. Der abgestrebte Hochdecker in Baldachinbauweise flog im Herbst 1936 erstmals mit einem Jumo 210 V12-Zylinder Reihenmotor. Aber erst die V3 entsprach mit dem nun verfügbaren Bramo 323 Sternmotor dem Serienstandard. Der mit sehr guten Langsamflug- und STOL-Eigenschaften ausgestattete, relativ große Aufklärer ging nach der A-0-Vorserie mit 10 Flugzeugen Anfang 1938 mit 133 Flugzeugen der A-1 in die Serienproduktion. Von der B-Serie mit dem stärkeren Bramo 323 Sternmotor und Verstellpropeller wurden 771 Flugzeuge gebaut.

In zwei Werken sind bis 1941 935 Hs 126 hergestellt worden. Davon wurden 16 nach Griechenland exportiert. Weitere nach Bulgarien, Kroatien, Estland und Spanien.

Bemerkungen: Die Hs 126 wurde, wie andere deutsche Flugzeuge auch, als Aufklärer erstmals im Spanischen Bürgerkrieg getestet. Im Herbst 1938 wurde begonnen, die deutschen Aufklärungsstaffeln mit dem neuen Flugzeug auszustatten. Mit Beginn des Zweiten Weltkrieges ist der robuste Nahaufklärer mit STOL-Eigenschaften zudem auch als Verbindungs- und Beobachtungsflugzeug und zur direkten Luftunterstützung der Bodentruppen an fast allen Fronten eingesetzt worden. Allerdings zeigte sich schnell, dass die langsame Hs 126 gegnerischen Jagdflugzeugen deutlich unterlegen war. Sie wurde aber trotzdem weiterhin in Nordafrika und an der Ostfront verwendet, bis der Nachfolger FW 189 (S. 26) in ausreichender Zahl zur Verfügung stand. Nach hohen Verlusten wurde der Hochdecker ab 1942 nur noch zur Schulung, als Schleppflugzeug und in Nachtschlachtgruppen geflogen.

Außer einigen Wrackteilen ist kein komplettes Flugzeug erhalten geblieben.

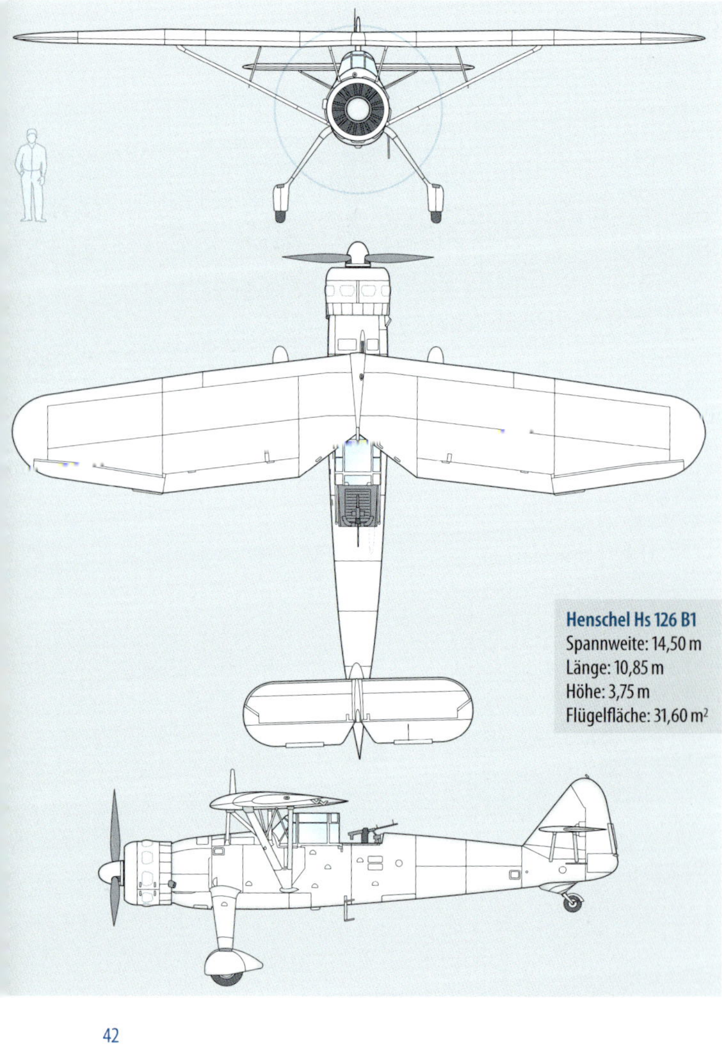

Auch für schwieriges Terrain geschaffen: eine Hs 126 im Januar 1943 auf einem winterlichen, sowjetischen Feldflughafen.

Besatzung: 2
Triebwerk: (B-1) Ein luftgekühlter 9-Zylinder-Sternmotor Bramo 323 A-1 mit je 625 kW (850 PS).
Leistungen: (B-1) Höchstgeschwindigkeit 310 km/h in Bodennähe, 365 km/h in 3000 m Höhe, Reisegeschwindigkeit 315 km/h, Steigzeit auf 3000 m 14 min, Dienstgipfelhöhe 8530 m, Reichweite ca. 1000 km.
Gewichte: (B-1) Leergewicht 2032 kg, maximales Abfluggewicht 3270 kg.
Bewaffnung: (B-1) Ein MG über dem Motor, 1 MG hinter dem Cockpit, maximal 50 kg Bomben.

Henschel Hs 129

Ursprungsland
Deutsches Reich
Kategorie
Erdkampfflugzeug

Entwicklung: Nach einer Ausschreibung im Jahr 1937 wurden Henschel und Focke Wulf beauftragt einen Prototyp zu entwickeln. Henschel erhielt, trotz noch erheblicher Mängel, den Zuschlag wegen der wesentlich geringeren Produktionskosten. Der Erstflug erfolgte im Mai 1939. Die A-Serie war wegen mangelnder Leistung des Zwölfzylinder-Motors Argus 410, eingeschränkter Sicht und viel zu enger Kabine unausgereift und wurde von der Luftwaffe nicht abgenommen. Mit einem neu konstruierten Bug und Panzercockpit, überarbeiteten Fenstern und der Verwendung wesentlich stärkerer französischer Gnome-Doppelsternmotoren konnte die B 1- und B 2-Baureihe schließlich überzeugen. Deren Serienbau lief im Dezember 1941 an. In 25 Hs 129 B 3 wurde eine 75 mm-Panzerabwehrkanone mit 26 Schuss in einer Wanne unter dem Rumpf eingebaut, die sich aber wegen des enormen Rückstoßes nicht bewährte. Die Versionen C mit 840 PS-Isotta Fraschini-Antrieben und D mit anderer Bewaffnung und 1200 PS starken Jumo 211 kamen nicht über das Projektstadium hinaus

Insgesamt wurden bis September 1944 bei Henschel 882 Hs 129 gebaut, davon 62 Stück für die rumänische Luftwaffe.

Das immer noch enge, unverkleidete, aber komplett gepanzerte Cockpit einer erbeuteten Hs 129 B.

Besatzung: 1
Triebwerke: (B) Zwei luftgekühlte 14-Zylinder-Doppelsternmotoren Gnome-Rhône 14M mit je 515 kW (700 PS).
Leistungen: (B) Höchstgeschwindigkeit 407 km/h in 3800 m Höhe, Dienstgipfelhöhe 9000 m, Reichweite 690 km.
Gewichte: (B) Leergewicht 3810 kg, maximales Abfluggewicht 5243 kg.
Bewaffnung: (B) Zwei MGs und zwei 17 mm-Maschinenkanonen, je nach Variante unter dem Rumpf zusätzlich eine 30 mm-Maschinenkanone, bei der B 3 eine 75 mm-Panzerabwehrkanone. Rüstsätze für Bomben, Kanonen und Reihenbildgeräte zur Aufklärung.

Bemerkungen: Nach den anfänglichen Problemen mit der A-Serie und wesentlichen Verbesserungen trafen Anfang Januar 1942 die ersten Maschinen der B-Serie bei der Luftwaffe ein. Diese Versionen wurde in Rumänien und Nordafrika eingesetzt, aber vor allem an der Ostfront. Rasch entwickelte sich das stark gepanzerte zweimotorige Erdkampfflugzeug mit immer wieder angepasster Bewaffnung als nützliche Waffe gegen russische Panzer, was ihr den Namen „Büchsenöffner“ einbrachte. Die Hs 129 war allerdings mit ihren 400 km/h Höchstgeschwindigkeit und fehlender Heckbewaffnung für gegnerische Jagdflugzeuge leicht erreichbar und erforderte somit Schutz durch eigene Jagdflugzeuge.

Soweit bekannt ist kein Flugzeug erhalten geblieben.

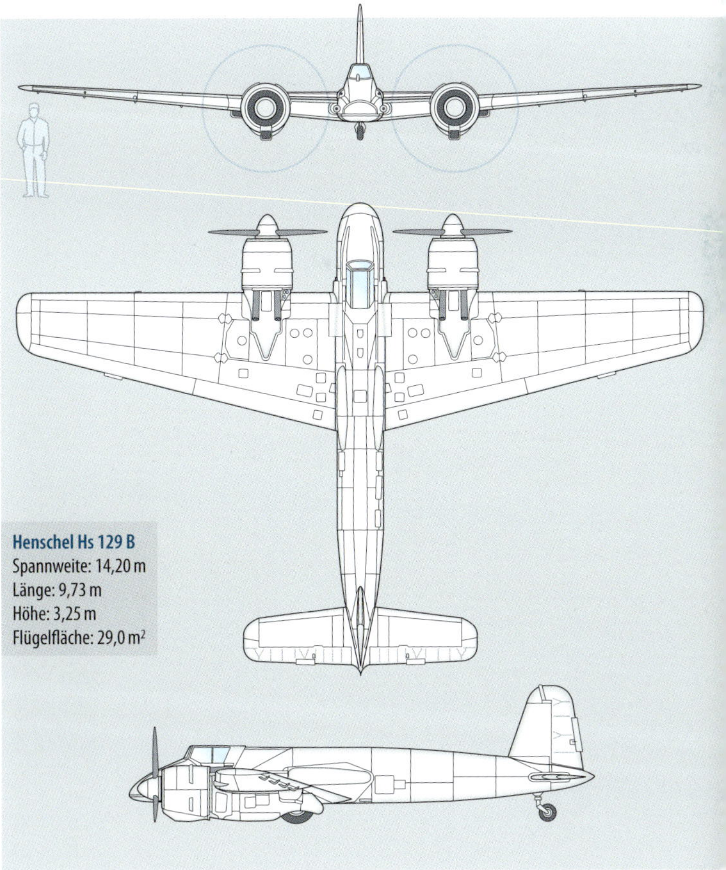

Henschel Hs 129 B
Spannweite: 14,20 m
Länge: 9,73 m
Höhe: 3,25 m
Flügelfläche: 29,0 m²

Junkers W 34

Ursprungsland
Deutsches Reich
Kategorie
Mehrzweckflugzeug

Entwicklung: Bereits im Juli 1926 flog die W 34 mit Sternmotor als Parallelentwicklung zur W 33 mit Reihenmotor. Das in typischer Junkersbauweise hergestellte Ganzmetallflugzeug mit Rohrholmen und Wellblechbeplankung konnte mit Motoren von Armstrong, Gnome-Rhône, Bristol, Pratt & Whitney, Siemens sowie BMW entsprechend den Kundenwünschen ausgestattet werden. Flugzeuge mit Schwimmern und Kufen, Expeditions-, Luftbild-, Fracht- und Passagierflugzeuge für bis zu 6 Passagiere zeugten von den vielfältigen Einsatzmöglichkeiten der Maschine. Mit den rund 20 gebauten Varianten und unterschiedlichen Motorisierungen änderten sich entsprechend Aussehen, Abmessungen, Gewichte und Leistungen. Unter der Bezeichnung K 43 (große Abb.) wurden bis Ende der 1920er-Jahre im Junkers-Zweigwerk in Schweden Aufklärer und leichte Bomber für den Export umgerüstet. Ab 1933 bekam die deutsche Luftwaffe insgesamt 2024 Flugzeuge der beiden Versionen W 34 *hi* mit BMW-Motor (Zeichnung) und *hau* mit 715 PS-Bramo und Vierblattpropeller.

Rund 3000 Flugzeuge aller Varianten sind produziert worden.

Eine tschechische W 34 und eine kanadische auf Schwimmern.

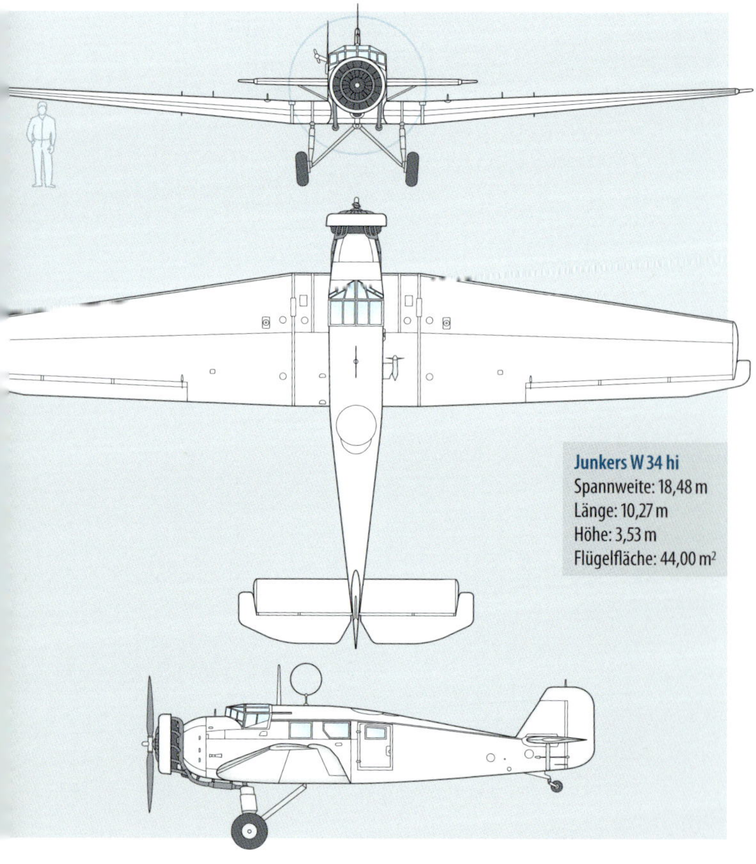

Junkers W 34 hi
Spannweite: 18,48 m
Länge: 10,27 m
Höhe: 3,53 m
Flügelfläche: 44,00 m²

Bemerkungen: Die meisten der etwa 2000 Flugzeuge der deutschen Luftwaffe wurden zur Piloten- und Funkerausbildung eingesetzt. Die universelle Verwendbarkeit des äußerst robusten Tiefdeckers machte die W 34 in den 1920er- und 30er-Jahren aber auch zum erfolgreichen Exportmodell für zivile und militärische Zwecke auf allen Kontinenten. Abnehmer waren hauptsächlich Schweden, Finnland, Argentinien und Portugal. Außer bei der Deutschen Lufthansa flog das Flugzeug auch bei Airlines in Kanada, Schweden, Persien, Bolivien und Guinea. Die letzten W 34 in Kanada und Schweden wurden erst 1961 stillgelegt. Neben einigen Nutzlast- und Geschwindigkeitsrekorden stellte die W 34 1929 auch einen Höhenweltrekord mit 12.739 Metern auf.

Nur drei W 34 sind in Museen in Stockholm-Arlanda/Schweden, Ottawa/Kanada und Bogota/Kolumbien erhalten geblieben.

Besatzung: 2
Triebwerk: (hi) Ein luftgekühlter 9-Zylinder-Sternmotor BMW 132A mit 480 kW (660 PS).
Leistungen: (hi) Höchstgeschwindigkeit 265 km/h auf Meereshöhe, Steigzeit auf 1000 m Höhe ca. 3 min, Dienstgipfelhöhe 6300 m, Reichweite ca. 900 km.
Gewichte: (hi) Leergewicht 1700 kg, Abfluggewicht 3200 kg.
Bewaffnung: Einige Varianten mit 2 MGs und bis zu 300 kg Bomben.

Junkers Ju 52

Ursprungsland
Deutsches Reich
Kategorie
Verkehrs- und Transportflugzeug

Entwicklung: Bereits 1929 begann Junkers mit der Entwicklung der einmotorigen Ju 52/1 m, von der sechs Stück gebaut wurden. Erstmals 3-motorig flog die Ju 52/3 m im März 1932. Bei dem in Ganzmetall gebauten robusten Tiefdecker mit seiner typischen Wellblechbeplankung und den auftriebserhöhenden Junkers-Doppelflügeln wurde bereits in der Grundkonstruktion die spätere militärische Verwendung als Bomber und Transporter berücksichtigt. Anfangs als Behelfsbomber gebaut, wurde die Ju 52 schnell zum Standardtransportflugzeug der Luftwaffe. Sie wurde in Großserien und unzähligen militärischen Varianten mit unterschiedlichen Motorisierungen produziert, darunter waren bewaffnete Behelfsbomber, Schleppflugzeuge für Lastensegler, Seeversionen mit Schwimmern und Minensucher mit einer Ringmagnetspule.

Schätzungsweise sind bis 1944 4850 Flugzeuge in mehreren deutschen Werken und in Frankreich rund 930 gebaut worden. Bis 1954 baut CASA in Spanien noch 170 Flugzeuge in Lizenz.

Bemerkungen: Neben der weltweiten Nutzung als Passagierflugzeug spielte die Ju 52 schon im Spanischen Bürgerkrieg eine militärische Rolle als Bomber, war aber wegen ihrer geringen Geschwindigkeit leicht angreifbar. Mit Beginn des Zweiten Weltkrieges ist die Ju 52 dann zum unverwüstlichen Transporter mit Kurzstart- und Landefähigkeiten geworden und zeichnete sich durch ihre Einsätze auch unter widrigsten Bedingungen aus. Auf allen Kriegsschauplätzen des Mittelmeerraumes, des Balkans, der Ostfront und Afrikas war das Flugzeug vor allem als Nachschub- und Verwundetentransporter zu finden. Wegen ihrer geringen Geschwindigkeit flogen sie oft in Pulks, sofern verfügbar mit Begleitschutz, erlitten aber dabei oft sehr hohe Verluste. Frankreich flog die Amiot AAC.1 Toucan genannte Maschine bis Ende der 1960er-Jahre. Bis 1974 waren in Spanien noch einige als Militär-Transporter im Einsatz.

Alleine in Deutschland werden in fast allen bedeutenden Technik-Museen die Dreimots präsentiert. Einige Exemplare flogen 2020 noch in Südafrika, Frankreich und den USA.

Eine Schwimmerversion der Ju 52 3m einer Seetransportstaffel.

Besatzung: 3
Triebwerke: (G3e) Drei luftgekühlte 9-Zylinder-Sternmotoren BMW 132 A-3 mit 541 kW (725 PS).
Leistungen: (G3e) Höchstgeschwindigkeit 265 km/h in Meereshöhe, Steigzeit auf 1000 m Höhe ca. 17 min 30 sec, Dienstgipfelhöhe 5900 m, Reichweite ca. 1000 km.
Gewichte: (G3e) Leergewicht 5720 kg, Abfluggewicht 9500 kg, maximales Abfluggewicht 10 500 kg.
Bewaffnung: (G3e als Behelfsbomber) Ein MG auf dem Rücken, ein MG im unteren einziehbaren Waffenstand, bis zu 500 kg Bomben.

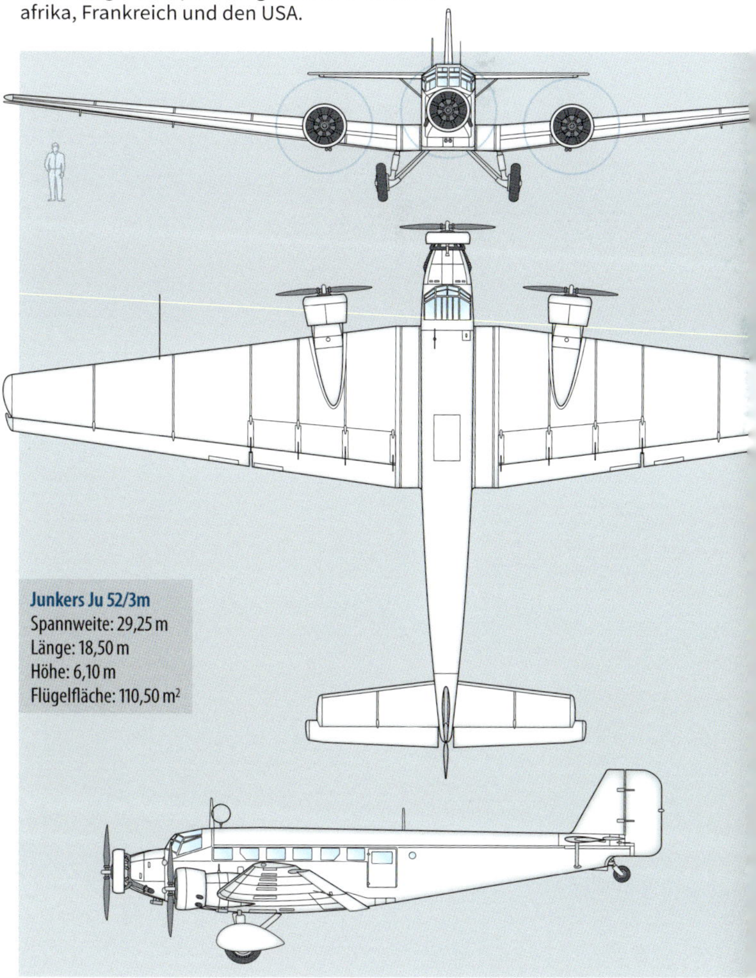

Junkers Ju 52/3m
Spannweite: 29,25 m
Länge: 18,50 m
Höhe: 6,10 m
Flügelfläche: 110,50 m²

Junkers Ju 86

Ursprungsland
Deutsches Reich
Kategorie
Bomber, Transport- und Aufklärungsflugzeug

Entwicklung: Bereits 1933 begannen die Entwicklungen für ein mittelschweres Kampfflugzeug bei Heinkel (He 111), Dornier (Do 17) und Junkers. Erstflug der Ju 86 Militärversion war im November 1934, im März 1935 startete die parallel entwickelte Passagierversion. Der Serienbau des in Ganzmetall-Schalenbauweise hergestellten Tiefdeckers begann im Juni 1936, aber entgegen aller Erwartungen brachten die Dieselmotoren keine Vorteile und die Produktion wurde gestoppt. Die fertiggestellten Ju 86 der A und D-Serie rüstete man auf BMW 132-Sternmotoren um und lieferte sie ab Mai 1938 aus. Ab der G-Serie war dies dann neben einer Vollsichtkanzel Standard. Ständige Umbauten und Änderungen, je nach Einsatzzweck, führten am Ende zu 19 verschiedenen Versionen, die zum Teil nur in geringer Stückzahl und mit unterschiedlicher Motorisierung produziert wurden.

Gebaut wurden etwa 900 Flugzeuge. 171 Ju 86 wurden davon unter anderem nach Mandschuko, Schweden, Südafrika und Ungarn exportiert. 16 Flugzeuge baute Schweden bis 1941 in Lizenz.

Bemerkungen: Die Ju 86 flog hauptsächlich als Bomber, Transporter und Schulflugzeug und als ziviles Passagierflugzeug. Nach ihren Erfahrungen im Spanischen Bürgerkrieg setzte die deutsche Luftwaffe ihre Ju 86 ab 1939 nur noch als Transporter und Höhenbomber und -aufklärer ein. Die RAF allerdings fing mit speziellen Leichtbau-Spitfires diese Höhenflugzeuge ab, so dass sie nur noch über der Sowjetunion ungestört operieren konnten. Bei den wenigen Einsätzen der Transportgruppen an der Ostfront gab es hohe Verluste, zudem war die Ju 86 für diese Bedingungen wenig geeignet. Teilweise flogen sie noch in Flugschulen für mehrmotorige Flugzeuge und in Funker-Flugschulen.

Die einzige erhaltene Ju 86 K-4 steht im Flygvapenmuseum inLinköping/Schweden.

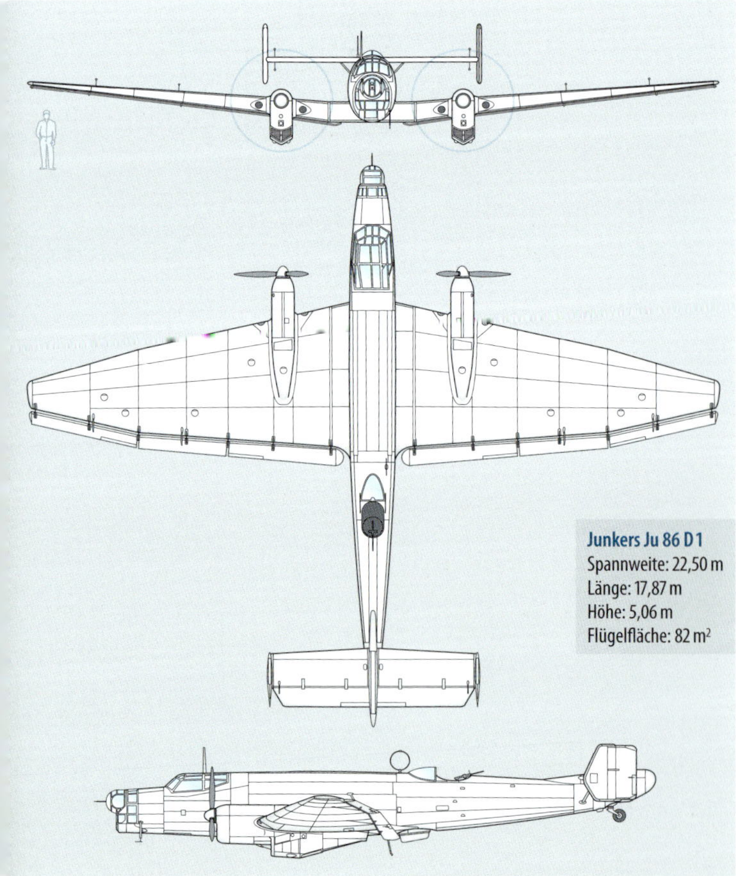

Junkers Ju 86 D1
Spannweite: 22,50 m
Länge: 17,87 m
Höhe: 5,06 m
Flügelfläche: 82 m²

Mit Dieselmotoren angetrieben und technisch anspruchsvoll war der Höhenaufklärer und -bomber Ju 86 P- und R mit größerer Spannweite (P 25,60 m / R 32 m) und Druckkabine für Pilot und Beobachte. Sie erreichten bis zu 15 000 m Gipfelhöhe.

Besatzung: 4
Triebwerke: (D-1) Zwei flüssigkeitsgekühlte 6-Zylinder-Gegenkolben-Dieselmotoren Junkers Jumo 205 C-4 mit je 447 kW (600 PS).
Leistungen: (D-1) Höchstgeschwindigkeit 325 km/h in 3000 m Höhe, Dienstgipfelhöhe 5900 m, Reichweite 1500 km.
Gewichte: (D-1) Leergewicht 5150 kg, maximales Abfluggewicht 8200 kg.
Bewaffnung: (D-1) Im Bug, Rücken und unten im ausfahrbaren Waffenstand je 1 MG. 800 kg Bomben im Schacht, maximal 1000 kg extern.

Junkers Ju 87

Ursprungsland
Deutsches Reich
Kategorie
Sturzkampfflugzeug

Entwicklung: Eine Ausschreibung von 1935 des RLM für einen Sturzkampfbomber, an dem auch Arado und Heinkel teilnahmen, gewann Junkers mit der Ju 87. Die in Ganzmetall gebaute V1 flog erstmals im September 1935, noch mit Doppelleitwerk und einem Rolls-Royce Kestrel-Motor. Nach einigen Änderungen war die V4 mit einem 680 PS-Jumo 210 das Muster für die A-Serie mit 260 Stück. Neben Zellenänderungen und einer Automatik zum sicheren Hochziehen unter hoher G-Belastung nach dem Sturz wurde in der B-Reihe (920 Exemplare) ein stärkerer Jumo 211

Eine Ju 87 A der Legion Condor im Spanischen Bürgerkrieg mit einem Jumo 210 und den ursprünglichen Fahrwerksverkleidungen.

mit 1100 PS, später 1200 PS, verbaut, der bessere Flugleistungen und eine höhere Zuladung brachte. Die fünf Ju 87 C für den geplanten Flugzeugträgereinsatz wurden wieder auf B-Standard zurückgebaut. Nicht nur aerodynamisch überarbeitet wurde die D-Reihe, sie erhielt auch eine bessere Panzerung einen stärkeren Motor, und damit eine nochmals gesteigerte Nutzlast. Sie war mit ca. 3640 Exemplaren das meistgebaute Modell. Von der G-Version (große Abb.) sind, als reiner Panzerjäger mit zwei Kanonen unter den Flächen, rund 200 Stück vom Band gelaufen. Dazu kamen 720 Ju 87 R mit 300 Liter-Zusatztanks und höherer Reichweite, aber geringerer Zuladung.

Bis Ende 1944 wurden 5752 Ju 87 produziert.

Bemerkungen: Die typischen Knickflügel und die Sturzkampfeigenschaften machten die Stuka weltbekannt. Auch sie wurde zuerst im Spanischen Bürgerkrieg erprobt. Erfolgreich im Polen- und Frankreichfeldzug eingesetzt, führte der Angriff auf England zu hohen Verlusten der langsamen und gering bewaffneten Ju 87, die eigentlich Jägergeleitschutz benötigte. Danach wurde die Ju 87 hauptsächlich zur Luftnahunterstützung der Bodentruppen und Panzerbekämpfung im Mittelmeerraum, in Afrika und an der Ostfront eingesetzt, aber auch über dem Ärmelkanal und dem Mittelmeer zur Schiffsbekämpfung.

Neben Wracks, z. B. im Technik-Museum / Sinsheim, existieren noch zwei komplette Ju 87 im Museum of Science, Chicago/USA und im RAF-Museum in Hendon/Großbritannien.

Besatzung: 2
Triebwerk: (D) Ein flüssigkeitsgekühlter V12-Zylinder-Motor Jumo 211 J-1 mit 1044 kW (1420 PS) Startleistung.
Leistungen: (D) Höchstgeschwindigkeit 408 km/h, Dienstgipfelhöhe 7320 m, Reichweite ca. 820 km.
Gewichte: (D) Leergewicht ca. 2750 kg, maximales Abfluggewicht je nach Variante bis zu 6585 kg.
Bewaffnung: (D) Zwei MGs in den Tragflächen, ein MG im Heckstand. Bomben, Abwurfbehälter oder MGs mit bis zu 1400 kg unter dem Rumpf und an vier Flügelstationen.

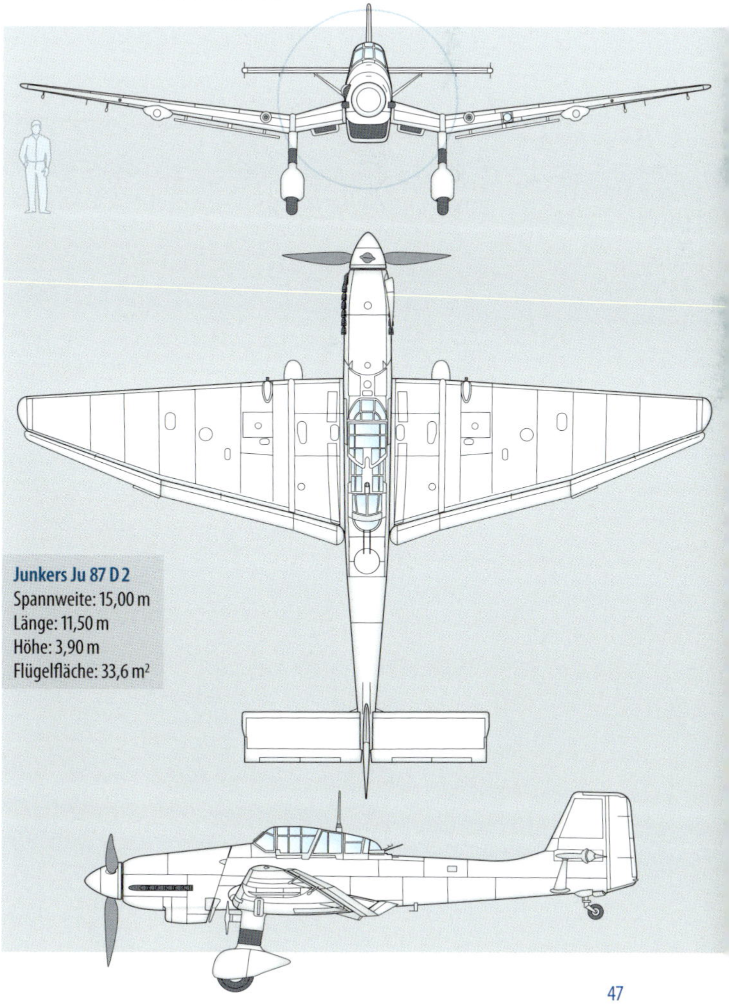

Junkers Ju 87 D 2
Spannweite: 15,00 m
Länge: 11,50 m
Höhe: 3,90 m
Flügelfläche: 33,6 m²

Junkers Ju 88

Ursprungsland
Deutsches Reich
Kategorie
Kampfflugzeug

Entwicklung: 1935 gab das RLM eine Ausschreibung für einen mittleren Bomber heraus, die Junkers mit der Ju 88 gewann. Bereits im Dezember 1936 flog die V1. Die V3, nun mit Jumo 211-Motoren, hob erstmals im September 1937 ab und übertraf die von den Konstrukteuren erwarteten Leistungsdaten. Eine neue Forderung zur Sturzkampffähigkeit zwang zu Umkonstruktionen und führten über die V6 zum Serienbau, der Mitte 1939 mit der A 1 begann. Das in Ganzmetall-Schalenbauweise hergestellte, hoch belastbare Flugzeug hatte nun eine Sturzflug-Abfangautomatik und wurde in Großserie in mehreren Werken produziert. Alleine von der A 4 wurden 2332 Flugzeuge ausgeliefert. Zu den unzähligen Varianten und Untervarianten, z. T. mit/ohne Sturzkampffähigleit oder Bodenwannen, gehörten Bomber, Aufklärer, Zerstörer und Nachtjäger sowie Umbauten zum Schulflugzeug oder Torpedoflugzeug.

Insgesamt sind bis April 1945 14 882 Ju 88 ausgeliefert worden.

Bemerkungen: Die Ju 88 war ein kompaktes, schnelles und vielseitiges Standard-Kampfflugzeug der deutschen Luftwaffe. Es wurde auf allen Kriegsschauplätzen eingesetzt: Über der Nordsee und dem Atlantik, im Westen gegen Großbritannien und über Frankreich, im ganzen Mittelmeerraum und an der Ostfront. Mit den ersten

Mitte 1944 gingen die Ju 88 G-6 mit 1750 PS starken Jumo 213 in Produktion. Die Nachtjäger waren mit Radar, Flammenvernichtern und 4 MKs in einer Wanne unter dem Rumpf ausgerüstet.

Bomberangriffen auf Deutschland wurden auch Ju 88 anfangs ohne, später mit Radaranlagen zur Nachtjagd herangezogen, allerdings unter hohen Verlusten. Umbauten zu Mistelgespannen mit einer Bf 109 oder Fw 190 und der Ju 88 als Sprengstoffträger blieben weitgehend erfolglos.

Komplett erhalten geblieben sind nur 2 Maschinen, die im Airforce Museum in Dayton/USA und im RAF Museum in Hendon/Großbritannien präsentiert werden. Aufgefundene Wracks befinden sich in Restauration oder in Museen, z. B. im Technik-Museum in Berlin.

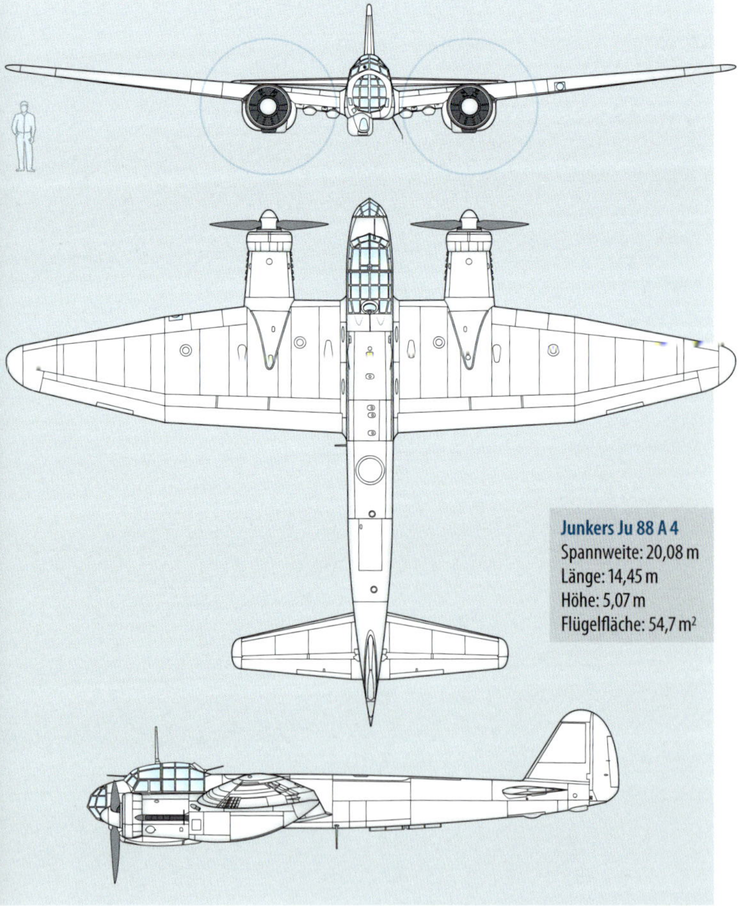

Junkers Ju 88 A 4
Spannweite: 20,08 m
Länge: 14,45 m
Höhe: 5,07 m
Flügelfläche: 54,7 m²

Besatzung: 4
Triebwerke: (A 4) Zwei flüssigkeitsgekühlte V12-Zylinder-Motoren Jumo 211 J-1 mit je 1044 kW (1420 PS) Startleistung oder 211 F2 mit je 1350 PS.
Leistungen: (A 4) Höchstgeschwindigkeit ca. 450 km/h (unbeladen), Dienstgipfelhöhe 8500 m (unbeladen), Reichweite mit zwei Bomben als Außenlast 2030 km, mit einer Bombe und Zusatztanks 3150 km.
Gewichte: (A 4) Leergewicht 8620 kg, maximales Abfluggewicht 13 750 kg.
Bewaffnung: (A 4) Ein MG im Cockpit nach vorn, zwei MGs im hinteren Cockpit, ein Doppel-MG in der Bodenwanne. Bis zu 3000 kg Bomben.

Junkers Ju 188

Ursprungsland
Deutsches Reich
Kategorie
Kampfflugzeug

Entwicklung: Die Ju 188 war eine notgedrungene Weiterentwicklung der Ju 88, nachdem die Entwicklung der Ju 288 nicht voran kam. Die V1, die 1941 erstmals flog, war eine modifizierte Ju 88. Unter anderem mit neuer Kanzel, Leitwerk und Tragflächen und ebenso sturzfluggeeignet. Das erste, in Ganzmetall-Schalenbauweise produzierte Serienflugzeug, flog im Juni 1942 und im Sommer 1943 kamen die ersten Maschinen zu den Verbänden. Neben dem anfangs nicht verfügbaren Jumo 213 A mit 1750 PS kam der BMW 801 in der Serie zum Einsatz. Hauptbaureihen waren die A 2/A 3 als Bomber, Torpedobomber mit Radar mit Jumo 213 (345 St.), D 1/D 2 als Fern-/Seeaufklärer (404 St.), E 1/E 2 (Abb. oben) mit BMW 801 als Bomber, Torpedobomber mit Radar (263) und F als Fernaufklärer (222 St.). Umstritten ist, ob von der S- und T-Version jemals Flugzeuge gebaut wurden. Mit zwei 2000 PS starken Jumo 213 C sollten sie als Schnell-Höhenbomber und Höhenaufklärer mit Druckkabine bis zu 700 km/h erreichen. Weitere Projekte als Höhenzerstörer, Nachtjäger, (Höhen-)Fernaufklärer und Schnellbomber blieben meist in der Planungsphase oder im Prototypenstadium stecken oder wurden mit der Ju 388, von der 94 Stück gebaut wurden, weiterverfolgt.

Von Februar 1943 bis Februar 1945 rollten 1234 Ju 188 aus den Werkhallen.

Bemerkungen: Mit der Ju 188 wurde eine schnell realisierbare Übergangslösung bis zur Serienproduktion der Ju 288 (die nie erfolgte) gefunden. Überwiegend als Bomber und Aufklärer produziert und ab 1943 bis zum Kriegsende eingesetzt, wurden Stückzahlen, wie bei der Ju 88, jedoch bei weitem nicht erreicht.

Nur eine Ju 388 ist erhalten geblieben. Sie wird im National Air and Space Museum/Steven F. Udvar-Hazy Center, Chantilly/USA gelagert.

Eine Ju 188-Besatzung bereitet sich auf den Start vor.

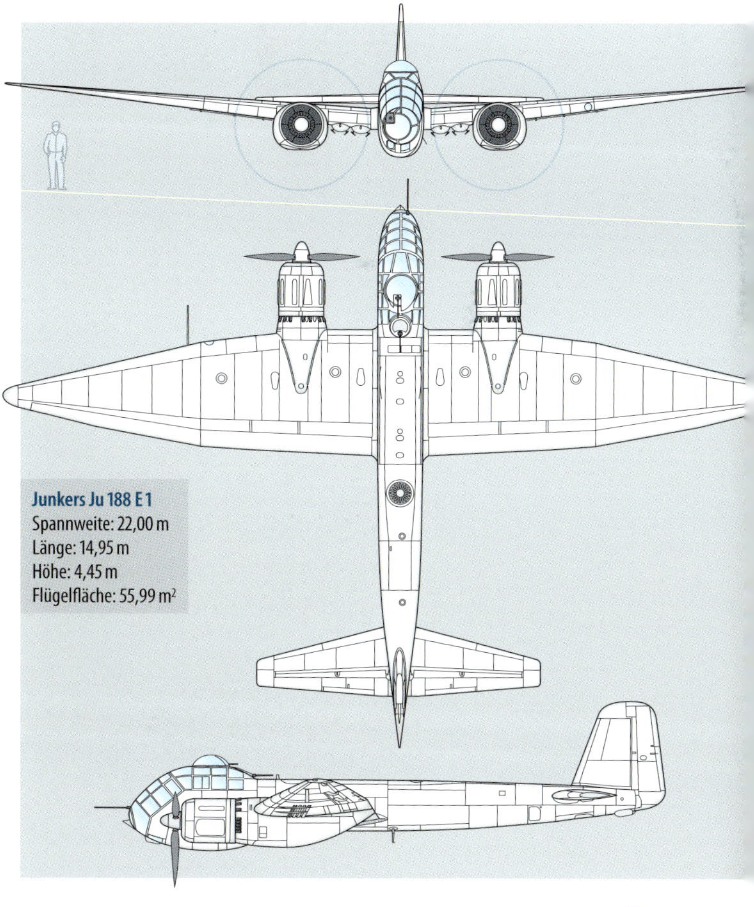

Junkers Ju 188 E 1
Spannweite: 22,00 m
Länge: 14,95 m
Höhe: 4,45 m
Flügelfläche: 55,99 m²

Besatzung: 4
Triebwerke: (E 1) Zwei luftgekühlte 14-Zylinder-Doppelsternmotoren BMW 801 D-2 mit 1300 kW (1700 PS) Startleistung.
Leistungen: (E 1) Höchstgeschwindigkeit ca. 500 km/h in 6000 m Höhe, Reisegeschwindigkeit in 5000 m Höhe 375 km/h, Steigzeit auf 6100 m 17 min 42 sec, Dienstgipfelhöhe 9350 m, Reichweite 2500 – 3120 km je nach Beladung.
Gewichte: (E 1) Leergewicht 8200 kg, maximales Abfluggewicht 14 575 kg.
Bewaffnung: (E 1) MGs im Bug, Wanne und über dem Cockpit, eine MK im hinteren Cockpit. Bis zu 3000 kg Bomben/Torpedos.

Junkers Ju 290

Ursprungsland
Deutsches Reich
Kategorie
Transporter, Fernaufklärer

Entwicklung: Wegen des großen Bedarfs an Transportflugzeugen und eines Fern- und Seeaufklärers wurde Anfang 1941 begonnen, aus dem Passagierflugzeug Ju 90, von der 18 gebaut wurden, die Ju 290 zu entwickeln. Mit einem längeren Rumpf, einer nach unten ausfahrbaren Ladeklappe am Heck, stärkeren Motoren, erweiterten Tragflächen und größerer Reichweite startete die in Ganzmetall gebaute V1 erstmals im Juli 1942. Im Dezember 1942 flog das erste Serienflugzeug, ein Transporter der A1-Reihe. Von den acht gebauten Flugzeugen wurden später drei zum Aufklärer A2 umgerüstet. Alle weiteren Reihen bis zur A9, die bis Juli 1944 hergestellt wurden, waren Aufklärer. Sie unterschieden sich vor allem in der Ausstattung, Treibstoffkapazität und Bewaffnung, wie z. B. durch das Schiffssuchgerät Hohentwiel und die ferngelenkten Anti-Schiffs-Lenkwaffen Fritz X und Hs 293. Von einer sechsmotorigen Version, der Ju 390, wurden 2 gebaut, von denen die V1 im Oktober 1943 erstmals flog.

Angeblich sind 44 Flugzeuge hergestellt worden, andere Quellen sprechen von 51 und 65.

Bemerkungen: Erste Einsätze erfolgten im Januar 1943 als Transporter an der Ostfront und im Mittelmeerraum. Der größte Teil der Fernaufklärer hatte sein Einsatzgebiet jedoch ab November 1943 über dem Atlantik. Bei diesen Flügen von Frankreich aus gingen neun Ju 290 verloren. Einige Maschinen wurden wegen ihrer großen Reichweite angeblich auch zum Absetzen von Agenten im feindlichen Hinterland verwendet. Im Oktober 1944 erhielt die Lufthansa drei A5, die auf Routen nach Spanien eingesetzt wurden. Ein Flugzeug, das in Barcelona strandete, wurde nach Kriegsende repariert und von 1950 bis 1953 von der spanischen Luftwaffe weiterverwendet. Eine A4 überführte man in die USA und verschrottete sie 1946. Letov in Prag baute eine aus vorhandenen Teilen als Passagierflugzeug Letov L 290 Orel, das auch im August 1946 flog. Weil es aber keine Zulassung für das Flugzeug, gab wurde die Maschine abgewrackt.

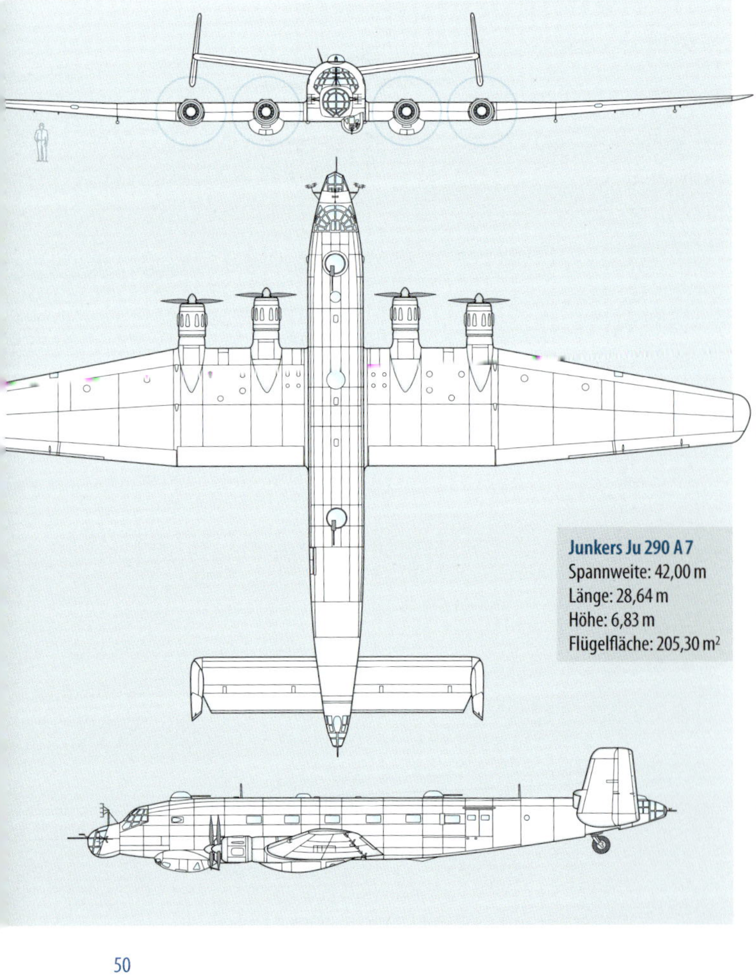

Junkers Ju 290 A 7
Spannweite: 42,00 m
Länge: 28,64 m
Höhe: 6,83 m
Flügelfläche: 205,30 m²

Eine erbeutete Ju 290 A 7 mit amerikanischer Kennung.

Besatzung: 9
Triebwerke: (A 5) Vier luftgekühlte 14-Zylinder-Doppelsternmotoren BMW 801 D mit je 1250 kW (1700 PS).
Leistungen: (A 5) Höchstgeschwindigkeit 439 km/h in 5800 m Höhe, Reisegeschwindigkeit 360 km/h, Steigzeit auf 1900 m 9 min 48 sec, Dienstgipfelhöhe 6000 m, maximale Reichweite 6150 km.
Gewichte: (A 5) Leergewicht 24 000 kg, Abfluggewicht 40 970 kg, maximales Abfluggewicht 44 970 kg.
Bewaffnung: Je nach Version je 1 MG in zwei Rückendrehtürmen, im Heckstand, im Bug, 2 MGs in der Bodenwanne und an seitlichen Fensterlafetten. Maximal 3000 kg Bomben oder bis zu 3 ferngesteuerte Gleitbomben Fritz X oder Henschel Hs 293.

Klemm Kl 35

Ursprungsland
Deutsches Reich
Kategorie
Schul- und Sportflugzeug

Entwicklung: Bereits 1934 entwickelte die Leichtflugzeugbau Klemm die Kl 35 im Auftrag des RLM. Nach dem Erstflug im Februar 1935 ging das Flugzeug zur Erprobungsstelle der Luftwaffe und bereits im Januar 1937 wurden die ersten Serienflugzeuge ausgeliefert. Der voll kunstflugtaugliche, freitragende Tiefdecker wurde in Gemischtbauweise hergestellt. Der Rumpf bestand aus einer bespannten Stahlrohrkonstruktion und die Motorverkleidung aus Leichtmetall. Bespannte und vorne beplankte Holz-Knickflügel ermöglichten ein kurzes, stabiles und gefedertes Fahrwerk. Die A-Variante nutzte noch den Hirth HM 60 R mit 80 PS Startleistung, während alle folgenden Varianten mit dem 105 PS-starken Hirth HM 504 gebaut wurden. Ab der D-Version wurde ein gedämpftes Fahrwerk mit drei Streben verbaut. Das Flugzeug war aber auch mit Schwimmern oder Kufen und einer Schleppkupplung lieferbar. Zudem es gab Rüstsätze für die Montage einer geschlossenen Kabinenhaube.

Aufgrund der hohen Bestellzahlen wurden die Flugzeuge auch bei Fieseler (365 St.) und bei Zlin in Prag (329 St.) gebaut, während Klemm selbst 735 herstellte. Rund 200 Maschinen gingen in den Export, davon 96 nach Schweden. Insgesamt also 1429 Flugzeuge. Andere Quellen sprechen aber auch von über 2000 produzierten Kl 35.

Bemerkungen: Das einmotorige Flugzeug fand schnell Interesse bei Privatleuten, der deutschen Luftwaffe, aber vor allem bei den Luftwaffen von Schweden, Ungarn, Slowakei und Rumänien. Militärisch eingesetzt wurde das Flugzeug für die Pilotenausbildung und als Verbindungsflugzeug. Berühmt wurde die Kl 35 jedoch durch ihre vielen Siege bei Wettbewerben, besonders bei den Deutschlandflügen 1937 und 1938. Eine Schwimmer-Kl 35 mit einem 160 PS-Motor errang im September 1938 mehrere Geschwindigkeits- und Höhenweltrekorde für Wasserleichtflugzeuge.

Eine relativ große Anzahl flugtüchtiger Kl 35 aus Schweden (Luftwaffen-Klemms scheinen nicht erhalten geblieben zu sein) sind heute noch auf Flugtagen zu finden, einige in Museen, z. B. im Technik-Museum Berlin aber auch z. B. aktiv im Fliegenden Museum in Großenhain.

Eine der schwedischen Klemm 35, die dort auch mit Skiern und Schwimmern betrieben wurden.

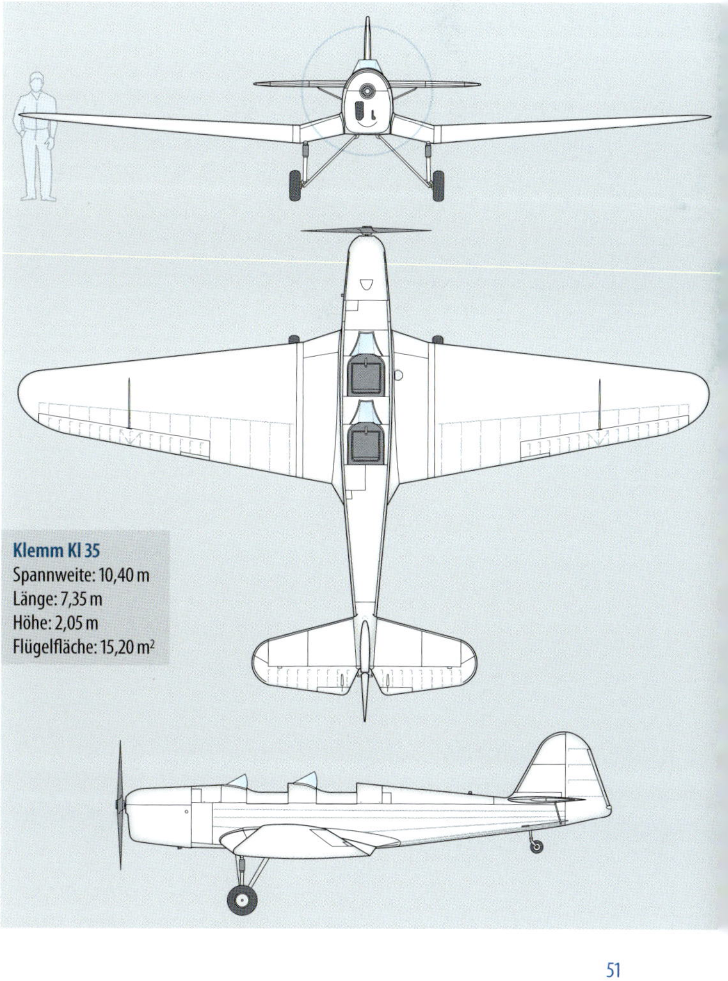

Klemm Kl 35
Spannweite: 10,40 m
Länge: 7,35 m
Höhe: 2,05 m
Flügelfläche: 15,20 m²

Besatzung: 2
Triebwerk: Ein luftgekühlter 4-Zylinder-Reihenmotor Hirth HM 504 A 2 mit 77 kW (105 PS).
Leistungen: Höchstgeschwindigkeit 208 km/h, Reisegeschwindigkeit 198 km/h, Dienstgipfelhöhe 4600 m, Reichweite 600 km.
Gewichte: Leergewicht 520 kg, maximales Abfluggewicht 780 kg.

Messerschmitt Bf 108

Ursprungsland
Deutsches Reich
Kategorie
Verbindungs-, Schul- und Reiseflugzeug

Entwicklung: Bereits 1933 wurde Messerschmitt beauftragt, anlässlich des Europarundflugs 1934 ein konkurrenzfähiges Flugzeug zu entwickeln. Der aerodynamisch hochwertige Tiefdecker in selbsttragender Ganzmetall-Schalenbauweise, dessen Erstflug im Frühjahr 1934 war, hatte anklappbare Flügel, automatisch ausfahrende Vorflügel die gute Langsamflugeigenschaften mit sich brachten, ein Einziehfahrwerk und eine erstaunlich hohe Zuladung von 500 kg. Das Flugzeug wurde 1934 zum Europarundflug als Bf 108 A präsentiert. Die ersten Flugzeuge der A-Serie waren noch mit einem 225 PS starken V8-Motor Hirth HM 8 U ausgestattet, nachfolgend wurde aber der Argus AS 10 mit 240 PS zum Standardmotor in allen Serien. Eine B-Variante gab es auch in einer Tropenausführung und als private Reisemaschine. Die C-Version mit einem wenig überzeugenden Sternmotor Siemens Sh 14 blieb vermutlich ein Einzelstück und die D-Version war eine leicht modifizierte Luftwaffenausführung der B, dazu gehörte zum Beispiel ein 24 V-Bordnetz und bei einigen ein Verstellpropeller.

Von allen Varianten wurden bis Kriegsende etwa 900 Flugzeuge hergestellt, davon ca. 755 für die Luftwaffe. Die schweizerischen Fliegertruppen erhielten 1938/39 15 Bf 108 zusammen mit 99 Bf 109. Ab 1942 sind die meisten bei SNCAN in Frankreich gebaut worden, wo auch nach 1945 in mehreren Versionen cirka 280 Tiefdecker, als SCAN Nord 1001 Pingouin mit Renault-Motoren weiterproduziert wurde. Eine zur Me 208 weiterentwickelte Me 108 wurde unter der Bezeichnung SCAN Nord 1100 Noralpha mit Bugfahrwerk ausgeliefert. Ein Versuchsmuster, das von einer 470 PS-starken Turbomeca-Propellerturbine angetrieben wurde, beendete erst 1959 die französische Baureihe.

Bemerkungen: Mit der Bf 108 Taifun legte Messerschmitt bereits in den 1930er-Jahren die Grundlagen für moderne technische Konzeptionen im Flugzeugbau, die auch direkt bei der Entwicklung des Jagdflugzeuges Bf 109 einflossen. Belegt werden die überragenden Flugleistungen durch die in den 1930er-Jahren gewonnenen Wettbewerbe und einen Höhenweltrekord über 9125 m. Eingesetzt wurde die bei Piloten beliebte 108 als Verbindungsflugzeug, unter anderem auch zur Umschulung auf die Bf 109. Nach heutigen Maßstäben ist das Flugzeug im Verhältnis zu aktuellen einmotorigen Viersitzern immer noch konkurrenzfähig und wird als Urahn vieler Sport- und Reiseflugzeuge angesehen.

Eine genau Anzahl erhalten gebliebener flugfähiger oder in Museen zu findender 108er lässt sich nicht feststellen. Alleine 3 flugfähige Taifun existieren aber noch in Deutschland, eine in der Schweiz.

Messerschmitt Bf 108 B
Spannweite: 10,62 m
Länge: 8,29 m
Höhe: 2,85 m
Flügelfläche: 16,40 m²

Besatzung: 1 plus 3
Triebwerk: (B) Ein luftgekühlter, hängender V8-Motor Argus AS 10 C/E mit 176 kW (240/270 PS) Startleistung.
Leistungen: Höchstgeschwindigkeit 303 km/h, Reisegeschwindigkeit 265 km/h, Steigzeit auf 4000 m 22 min, Dienstgipfelhöhe 5000 m, Reichweite 1000 km.
Gewichte: Leergewicht 880 kg, maximales Abfluggewicht 1380 kg.

Messerschmitt Bf 109

Ursprungsland
Deutsches Reich
Kategorie
Jagdflugzeug

Entwicklung: Mit einer Ausschreibung des RLM im Jahr 1934 für ein modernes einsitziges Jagdflugzeug begann die Entwicklung der Bf 109. Im Mai 1935 war der Erstflug mit einem britischen 695 PS-RR Kestrel-Motor. Das Flugzeug wurde in Ganzmetall-Schalenbauweise nach der Prämisse möglichst geringes Gewicht, größtmöglicher Antrieb, rationelle Fertigung und einfache Wartung konstruiert. Bis zur D-Reihe wurden Jumo 210-Motoren verbaut. Ab der E dann nur noch DB 601 und DB 605-Motoren mit bis zu 2000 PS Notleistung. Die aerodynamisch und technische Überarbeitung begann mit der F, mit der G (großes Abb./Zeichnung) wurde der DB 605 und eine Druckkabine eingeführt. Ein Höhenjäger H kam nicht über das Versuchsstadium hinaus und K war die letzte, nochmals hauptsächlich aerodynamisch verfeinerte Produktionsserie. Neben den Hauptserien, auch mit unterschiedlichen Motoren, gab es zahlreiche Untervarianten, Rüstsätze, Bewaffnungsvarianten und Spezialausstattungen. Nach dem Krieg wurde die 109 von Avia in der Tschechoslowakei und von Spanien bis 1957 weitergebaut.

Mit spanischen Markierungen eine Bf 109 A der Legion Condor.

Bis April 1945 sollen ca. 33 100 – 33 200 Bf 109 in zahlreichen Werken gebaut worden sein. Alleine von der G 6 liefen ca. 13 000 Stück vom Band.

Bemerkungen: Erste Erprobungseinsätze wurden im Spanischen Bürgerkrieg geflogen. Schnell wurde die 109 zum Standardjäger der Luftwaffe und es folgten Einsätze in den Polen- und Frankreichfeldzügen, bei der Luftschlacht um England und in Nordafrika. Bis etwa 1943 konnte die 109 mit den alliierten Jagdflugzeugen mithalten, geriet dann mangels geeigneter Motoren ins Hintertreffen. Die 109 hatte allerdings soviel Potenzial, dass sie bis zum Kriegsende durch Weiterentwicklungen ein konkurrenzfähiges Muster blieb. Mit Einführung des DB 605 wurde das Niveau der Allierten wieder erreicht, aber gegen Kriegsende führte die oft mangelhafte Pilotenausbildung zu hohen Verlustraten.

Neben unzähligen Bf 109 in Museen werden weltweit immer noch welche restauriert, in flugtüchtigen Zustand gebracht oder gehalten.

Besatzung: 1
Triebwerk: (G 6) Ein flüssigkeitsgekühlter V12-Zylindermotor Daimler Benz DB 605 A mit maximal 1085 kW (1475 PS) Startleistung.
Leistungen: (G 6) Höchstgeschwindigkeit 630 km/h in 6600 m Höhe, Dienstgipfelhöhe 12 000 m, Reichweite 560 km, mit Extratanks 850 km.
Gewichte: (G 6) Leergewicht 2250 kg, Abfluggewicht 3200 kg.
Bewaffnung: (G 6) 2 MGs über dem Motor, eine Motorkanone durch die Propellernabe. Div. Rüstsätze: Je ein MG oder MK oder Raketenträger unter dem Flügel, Bombenträger unter dem Rumpf bis zu 500 kg.

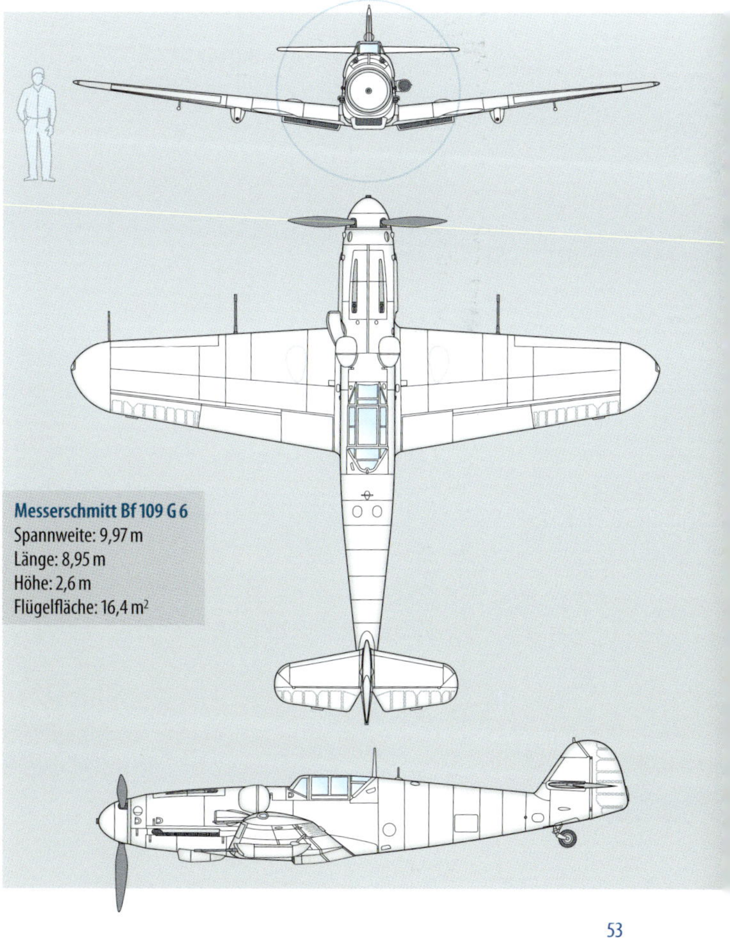

Messerschmitt Bf 109 G 6
Spannweite: 9,97 m
Länge: 8,95 m
Höhe: 2,6 m
Flügelfläche: 16,4 m²

Messerschmitt Bf 110

Ursprungsland
Deutsches Reich
Kategorie
Schweres Jagdflugzeug, Nachtjagdflugzeug

Entwicklung: Auf die Forderung der Luftwaffe einen zweimotorigen Jäger zu bauen, entwickelte Messerschmitt in Konkurrenz zu Focke-Wulf mit der FW 57 und Henschel mit der Hs 124 die Bf 110, deren Erstflug im Mai 1936 war. Anfang 1939 startete die Serienfertigung des in Ganzmetall-Schalenbauweise hergestellten Tiefdeckers. Die A- und B-Serien wurden teilweise mit dem 730 PS starken Jumo 210 ausgestattet, der sich als zu schwach erwies. Mitte 1939 begann die Auslieferung der C-Serie mit dem stärkeren V12-Zylinder Daimler-Benz DB 601 mit cirka 1200 PS. Die immer wieder verbesserten Varianten C, D, E, F und G wurden zum Bodenangriff, als Jagdbomber, Zerstörer, Aufklärer, Geleitzugbegleiter und als Schleppflugzeug eingesetzt. Im Winter 1940/41 wurden die ersten umgerüsteten Bf 110 zur Nachtjagd verwendet. Mit der dreisitzigen Nachtjagdvariante G 4 (Zeichnung), die mit Radar ausgestattet war, fand die Entwicklung ein Ende.

Mehrere Werke lieferten bis Februar 1945 insgesamt vermutlich rund 5920 Flugzeuge aus, darunter etwa 2500 Nachtjäger.Mit rund 3260 Flugzeugen war die G-Serie die meistgebaut Version.

Bemerkungen: Das schwere Jagdflugzeug, das sich immer wieder an neue Aufgaben anpassen ließ, bewährte sich in den ersten Kriegsjahren, war jedoch den wendigen, einmotorigen britischen

Die noch unbewaffnete Bf 110 V1 flog im Mai 1936 erstmals.

Jagdflugzeugen im Luftkampf unterlegen und hatte entsprechend hohe Verluste. 1941 wurde das Muster deshalb vorwiegend auf den Kriegsschauplätzen im Mittelmeerraum und in der Sowjetunion als Jagdbomber und Erdkampfflugzeug eingesetzt. Für die 1940/1941 beginnende Nachtjagd auf alliierte Bomber war das umgerüstete Flugzeug jedoch gut geeignet. Anfangs mit einem dritten Mann als Beobachter und ab Mitte 1942 mit der Radaranlage Lichtenstein ausgestattet, die allerdings auch erhebliche Geschwindigkeitseinbußen mit sich brachte, blieb die Bf 110 bis zum Kriegsende im Einsatz.

Zwei Exemplare, eines im Technik-Museum Berlin und eines im RAF-Museum in London, existieren noch.

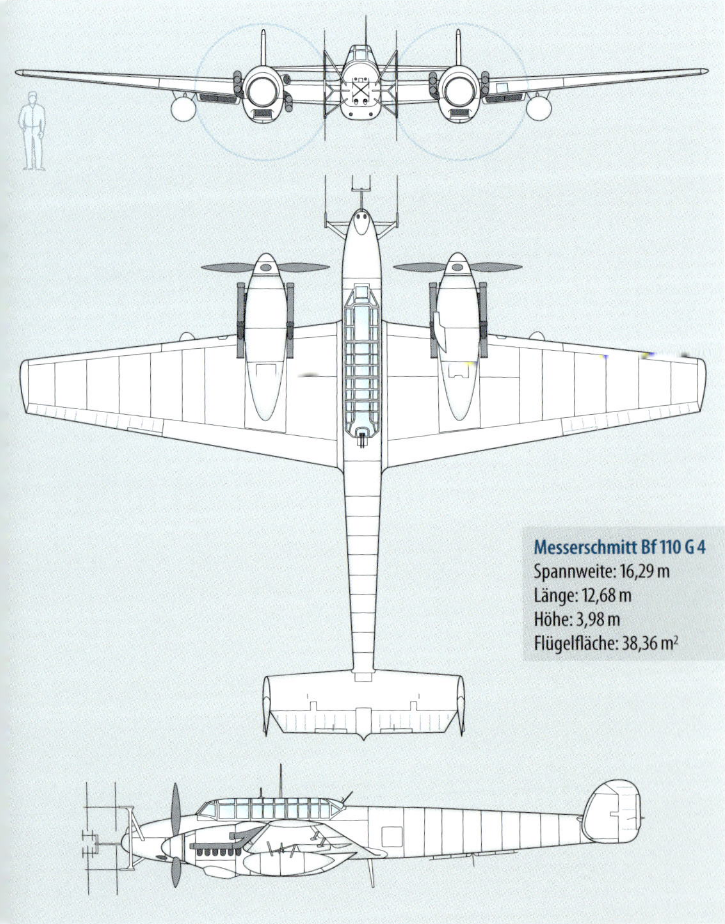

Messerschmitt Bf 110 G 4
Spannweite: 16,29 m
Länge: 12,68 m
Höhe: 3,98 m
Flügelfläche: 38,36 m²

Besatzung: 2 (3 nur G-4)
Triebwerke: (G 4) Zwei flüssigkeitsgekühlte V12-Zylinder-Motoren Daimler-Benz DB 605 B-1 mit 1084 kW (1475 PS) Startleistung.
Leistungen: (G 4) Höchstgeschwindigkeit ca. 585 km/h, mit Radarantenne 550 km/h, Steigzeit auf 5500 m 8 min, Dienstgipfelhöhe 8000 m, Reichweite max. 850 km ohne Zusatztanks.
Gewichte: (G 4) Leergewicht 5094 kg, maximales Abfluggewicht 9370 kg
Bewaffnung: (G 4) Nach vorne zwei 30 mm-Kanonen, zwei 20 mm-MGs, zwei 20 mm-MGs als „schräge Musik" oder im Heckstand. Wahlweise in einer Wanne unter dem Rumpf zwei MGs oder Maschinenkanonen.

Messerschmitt Me 163

Ursprungsland
Deutsches Reich
Kategorie
Jagdflugzeug

Entwicklung: Die Me 163 geht auf Nurflügler-Entwürfe des Aerodynamikers und Konstrukteurs A. Lippisch zurück. Für Forschungsflüge wurde das mit einem Walter-Raketentriebwerk bestückte Versuchsflugzeug DFS 194, dem Vorläufer der Me 163, gebaut. Mit den Prototypen Me 163 A kam es

Me 163 A V4, die oft im Schlepp einer Me 110 auf 4000 m Höhe gebracht wurde, um bei den Testflügen den geringen Treibstoffvorrat sinnvoll zu nutzen zu können.

im August 1941 nach etlichen Erprobungs-Gleitflügen zum ersten erfolgreichen Raketenflug und im Oktober 1941 erreichte man die 1000 km/h-Grenze. Aus den A-Varianten wurden die Serienflugzeuge Me 163 B entwickelt, deren Rumpf in Metall-Schalenbauweise und die Flügel mit festen Vorflügeln, sogenannten C-Schlitzen, aus Holz hergestellt wurden. Gestartet wurde auf Startwagen, gelandet auf der Kufe. Wegen Lieferproblemen des anfälligen Raketentriebwerks flog das Flugzeug erst im Juni 1943 aus eigenem Antrieb. Parallel dazu lief die Serienfertigung, aber erst im Juni 1944 konnte eine Versuchsjagdstaffel den Betrieb aufnehmen.

Produziert wurden angeblich 364 Me 163 B und acht zweisitzige Schulgleiter, drei von der längeren Me 163 C. Die Me 163 D, eine Neukonstruktion mit Druckkabine, existierte nur als Prototyp. Mit einem neuen Triebwerk, das neben einer Hauptbrennkammer auch eine Marschbrennkammer besaß, sollte die neu konstruierte Me 263 ausgestattet werden, um eine wesentlich längere Flugzeit zu erreichen. Angeblich sind drei bis fünf Prototypen fertiggestellt worden.

Besatzung: 1
Triebwerk: (B) Ein Walter Flüssigkeits-Raketentriebwerk Walter HWK 109-509 A-1 mit variablem Schub, maximal 14,71 kN.
Leistungen: (B) Höchstgeschwindigkeit 960 km/h in 3000 m Höhe, Steigzeit auf 12 000 m 3 min, 45 sec, Dienstgipfelhöhe 12 000 m, angetriebene Flugzeit ca. 7,5 min, Reichweite ca. 80 km.
Gewichte: (B) Leergewicht 1980 kg, Abfluggewicht 4310 kg.
Bewaffnung: (B) Zwei Maschinenkanonen in den Flügelwurzeln.

Bemerkungen: Die Me 163 Komet, von Piloten auch Kraftei genannt, war der erste einsatzfähige Raketenabfangjäger der Welt, der sich zwar durch überragende Flugleistungen auszeichnete, aber auch gravierende Nachteile hatte: mit rund 80 km ein geringer Aktionsradius, sehr kurze Flugdauer, die oft nur für ein, zwei Angriffe reichte, das unzuverlässige Triebwerk, der hochexplosive Treibstoff, schwierige Landeeigenschaften und ein immenser logistischer Aufwand am Boden. Der militärische Erfolg war eher gering und laut einigen Quellen kamen mehr Piloten durch Unfälle, als durch Feindeinwirkung ums Leben.

Es sind mindestens 10 Flugzeuge erhalten geblieben. Zwei davon stehen im Luftwaffenmuseum in Gatow/Berlin und im Deutschen Museum in Schleißheim bei München.

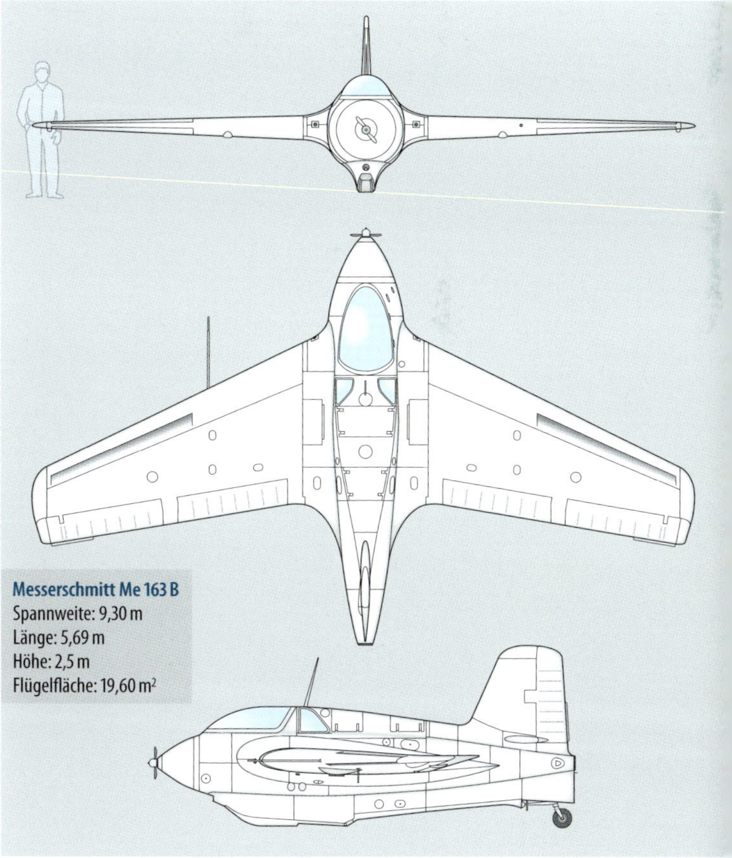

Messerschmitt Me 163 B
Spannweite: 9,30 m
Länge: 5,69 m
Höhe: 2,5 m
Flügelfläche: 19,60 m^2

Messerschmitt Me 262

Ursprungsland
Deutsches Reich
Kategorie
Jagdflugzeug

Entwicklung: Die Me 262 basiert auf dem 1939 gestarteten Projekt des Jets P 1065. Nach Fertigstellung des ersten Prototyps im April 1941 wurde wegen den noch nicht verfügbaren Strahltriebwerken mit einem im Bug eingebauten Kolbenmotor erprobt. Erstmals mit BMW 003-Strahltriebwerken flog die V 1 im März 1942. Die frühen Prototypen des in Ganzmetallbauweise hergestellten Jets waren noch mit Spornrad ausgestattet. Der erste Flug der V 3 mit den Serientriebwerken Junkers Jumo 004, die zwar schwerer, aber auch leistungsstärker waren, gelang im Juli 1942. Erste Serienflugzeuge wurden ab April 1944 ausgeliefert. Als reiner Abfangjäger wurde die A 1a Schwalbe, als Jagdbomber für maximal 1000 kg Bomben wurde die A 2 Sturmvogel gebaut. Dazu kamen der Aufklärer A 5, die B 1a als zweisitzige Schulmaschine und wenige Prototypen von dem mit Radar ausgerüsteten zweisitzigen Nachtjäger B 2. Projektiert waren weitere Versionen, die gegen Kriegsende jedoch nicht mehr realisiert werden konnten.

Vermutlich wurden 1433 Me 262 bis März 1945 hergestellt und 1039 in Dienst gestellt. Nach 1945 wurden in der Tschechoslowakei aus Teilebeständen noch 10 Me 262 als Avia S 92 gebaut.

Bemerkungen: Der erste in Serie gebaute Jet war als Jagdflugzeug konzipiert, wurde aber trotz der dann kritischen Flugeigenschaften zuerst als Jagdbomber eingesetzt. Auch als überlegenes Jagdflugzeug war es nicht unverwundbar. Im Landeanflug waren die Flugzeuge ein leichtes Ziel für feindliche Jäger. Kriegsbedingt waren auch höchstens 250 Me 262 gleichzeitig im Einsatz. Pilotenmangel, Materialengpässe, Triebwerksprobleme, schwierige Produktionsbedingungen, zum Teil von Häftlingen in unterirdischen Komplexen und das Chaos am Ende des Krieges beendeten die Karriere des damals modernsten Flugzeuges. Als Beutegut beeinflusste die Me 262 aber maßgeblich die Nachkriegs-Konstruktionen der ersten Jets im Osten wie im Westen.

Etliche Me 262 sind erhalten geblieben, eine z. B. im Deutschen Museum in München. Einige flugfähige Me 262 wurde in den USA nachgebaut. Eine davon betreibt das Flugmuseum Messerschmitt/Manching.

Eine zweisitzige Me 262 B-1a/U, die als Schulmaschine für die Nachtjagd mit Radar ausgerüstet war. Von den Briten erbeutet und in die USA verbracht und 1946 getestet.

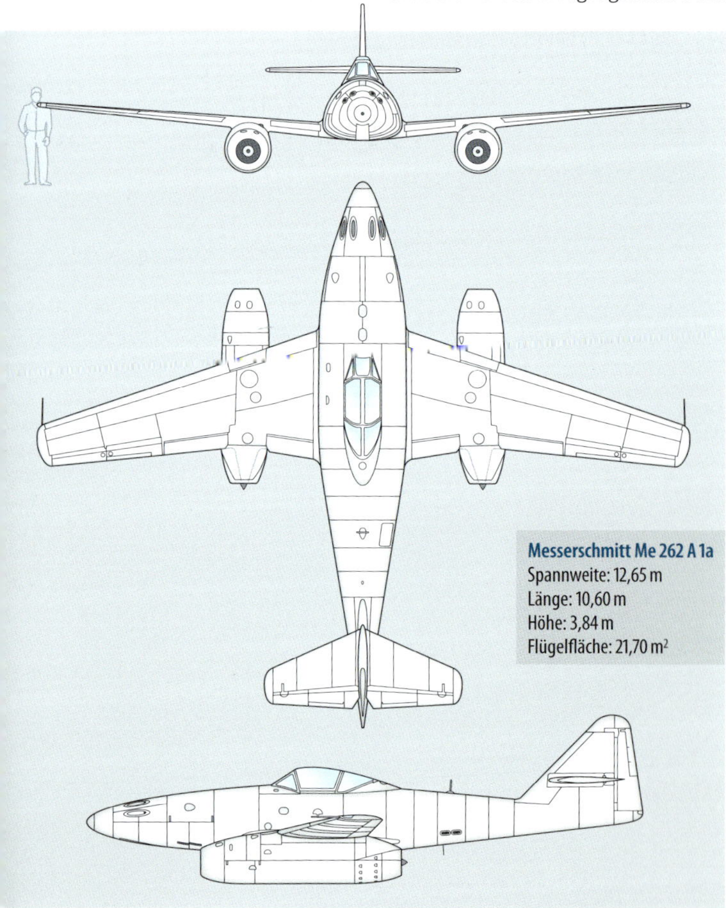

Messerschmitt Me 262 A 1a
Spannweite: 12,65 m
Länge: 10,60 m
Höhe: 3,84 m
Flügelfläche: 21,70 m²

Besatzung: 1
Triebwerke: (A 1a) Zwei Axial-Strahltriebwerke Junkers Jumo 004 B1 mit je 8,7 kN Schub.
Leistungen: (A 1a) Höchstgeschwindigkeit 900 km/h, Steigzeit auf 9000 m 3 min, 12 sec, Dienstgipfelhöhe 11 450 m, Reichweite ca. 1050 km.
Gewichte: (A 1a) Leergewicht 3795 kg, Abfluggewicht 6473 kg, maximals Abfluggewicht 7130 kg.
Bewaffnung: (A 1a) Vier Maschinenkanonen im Bug.

Messerschmitt Me 323

Ursprungsland
Deutsches Reich
Kategorie
Transport-flugzeug

Entwicklung: Basis der Me 323 Gigant war der bis zu 34 Tonnen schwere Lastensegler Me 321, zu dessen Start bis zu 3 Schleppflugzeuge nötig waren. Nach einer erstmals im Januar 1942 fliegenden viermotorigen Ausführung und einer Reihe von Prototypen begann im September 1942 die Serienfertigung der sechsmotorigen D-Version. Der am Bug aufklappbare Rumpf bestand aus ei-

Der Rumpf/Frachtraum der Me 323, eine leichte verkleidete Stahlrohrkonstruktion, aus der das ganze Flugzeug aufgebaut war.

ner bespannten Stahlrohrkonstruktion mit Holzformgerüst, der abgestrebte Flügel mit Fachwerk-Stahlrohrholm und Holzrippen, war holzbeplankt und bespannt. Die Crew setzte sich aus zwei Piloten, zwei Flugingenieuren und einem Funker zusammen, bei Bedarf kamen noch zwei MG-Schützen dazu. Die verbesserte E mit größerer Nutzlast hatte zusätzliche MG-Türme auf den Flügeln. Zu einem gepanzerten Flakkreuzer wurde Me 323 WT umgerüstet. Sie flog Begleitschutz für andere Me 323 und hatte 20 MKs und 4 MGs an Bord.

Insgesamt wurden bis April 1944 etwa 200 Flugzeuge aller Varianten gebaut.

Besatzung: 5 – 7
Triebwerke: (D1) Sechs luftgekühlte 14-Zylinder-Doppelsternmotoren Gnôme-Rhône 14N mit je 730 kW (990 PS) Startleistung und 637 kW (865 PS) Dauerleistung. Zusätzlich bei Überlaststarts abwerfbare Walter HWK-Starthilferaketen unter den Tragflächen.
Leistungen: (D1) Höchstgeschwindigkeit ca. 285 km/h, Reisegeschwindigkeit 250 km/h, Steigzeit auf 1000 m 4 min, 30 sec, Dienstgipfelhöhe 4700 m, Reichweite 1100 km, maximal 1550 km mit reduzierter Beladung.
Gewichte: (D1) Leergewicht 27 330 kg, Nutzlast 12 000 kg, z. B. 122 vollausgerüstete Soldaten oder 2 LKW, Abfluggewicht 43 000 kg, maximales Abfluggewicht 45 100 kg.
Bewaffnung: (D1) Fünf MGs, optional MGs an den Seitenfenstern.

Bemerkungen: Die Gigant, das größte Transportflugzeug des Zweiten Weltkrieges, das von November 1942 bis September 1943 für den Nachschubtransport nach Nordafrika eingesetzt wurde, war auch mit seinen sechs Motoren untermotorisiert und schwerfällig. Dabei kam es, trotz Jäger-Begleitschutz, zu hohen Verlusten. Ab Oktober 1943 flog das dort auch unter schwierigsten Bedingungen eingesetzte Flugzeug hauptsächlich an der Ostfront. Ungelöste Probleme bis zum Produktionsende blieben die ungenügende Motorisierung, häufige Motorausfälle, hohe Steuerdrücke für die Piloten, das Schwingungsverhalten des großen Flügels sowie die insgesamt nicht sehr witterungsbeständige Konstruktion.

Es blieb kein Flugzeug erhalten. Das Luftwaffenmuseum in Berlin besitzt aber noch einen kompletten Flügelholm.

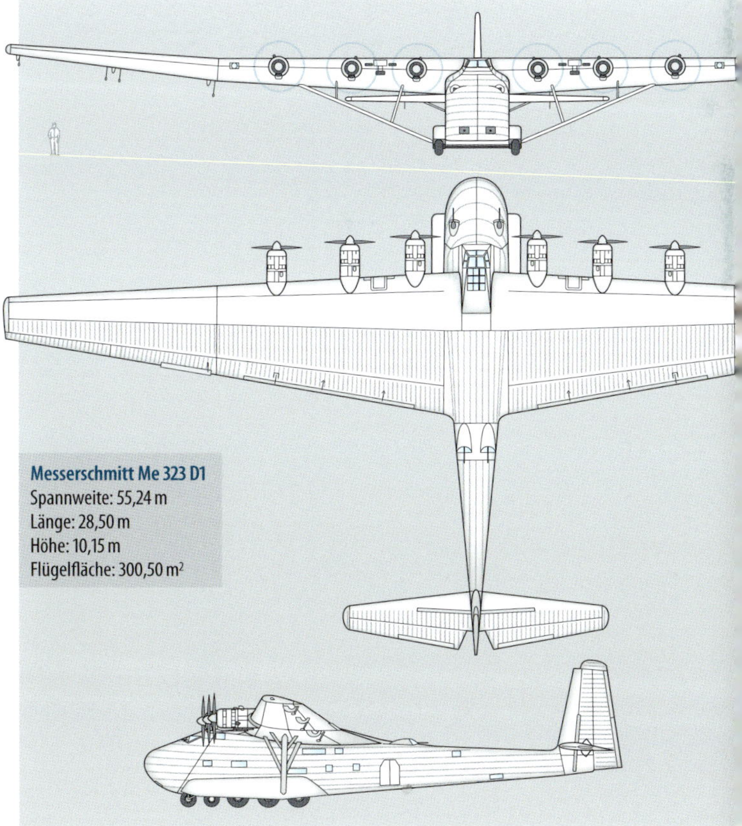

Messerschmitt Me 323 D1
Spannweite: 55,24 m
Länge: 28,50 m
Höhe: 10,15 m
Flügelfläche: 300,50 m²

Messerschmitt Me 410

Ursprungsland
Deutsches Reich
Kategorie
Zerstörer, Aufklärer

Entwicklung: 1937 begann die Entwicklung der Me 210 als Nachfolger der Bf 110. Die Produktion begann 1941, wurde aber nach 260 Flugzeugen wegen konstruktionsbedingter Unfälle eingestellt. Aus der 210 wurde die Me 410 mit längerem Rumpf und strukturellen Verbesserungen weiterentwickelt, um die 478 schon hergestellten Me 210-Baugruppen und das für weitere 800 Flugzeuge bereitgestellte Material weiter verwenden zu können. Die A-Version flog im Dezember 1942 zum ersten Mal und wurde mit dem Daimler-Benz 603 A einschließlich der Umbauten 769 mal gebaut (Abb. oben, eine von England erbeutete A-3). Von der nahezu unveränderten B-Version, mit anderer Bewaffnung und vorgesehenem DB 603 G, dessen Entwicklung allerdings eingestellt wurde, sind 420 Me 410 wieder mit dem DB 603 A produziert worden.

Unterschiedliche Rüstsätze führten zu zahlreichen Varianten als Schnellkampfflugzeug, Aufklärer und Zerstörer. Die Entwicklung der C- und D-Versionen mit stärkerer Motorisierung und größeren Flügeln, um bessere Höhenleistungen zu erzielen, wurde abgebrochen.

Die Produktion endete im September 1944 nach 1189 Flugzeugen. Davon wurden wegen der Auslastung Messerschmitts 281 Maschinen von Dornier in München gebaut.

Bemerkungen: Im Januar 1943 übernahm die Luftwaffe die ersten Me 410 Hornissen, die hauptsächlich als Bomber eingesetzt wurden. Ab Mitte 1944 setzte man die Me 410 trotz hoher Verluste fast nur noch gegen angreifende Bomber der Alliierten ein, konnte aber gegen die Begleit-Jagdflugzeuge nicht bestehen. Ganz im Gegensatz zu den schnelleren Aufklärern, die weiterhin erfolgreich über Großbritannien flogen.

Eine Me 410 steht im RAF-Museum in London, Großbritannien, eine im National Air and Space Museum in Washington D. C., USA.

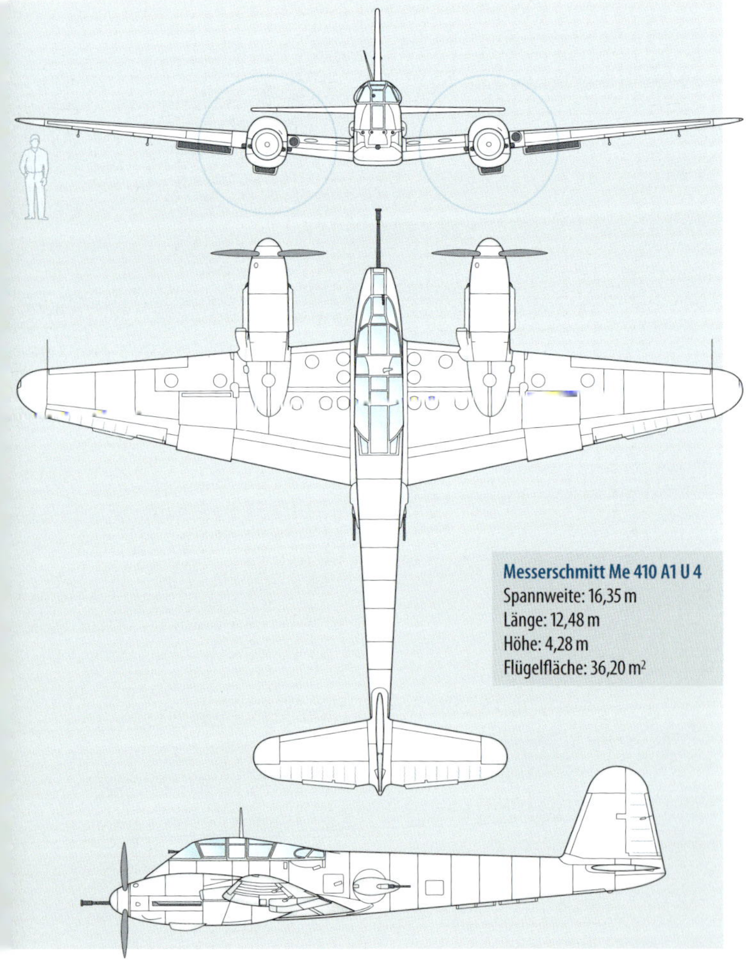

Messerschmitt Me 410 A1 U 4
Spannweite: 16,35 m
Länge: 12,48 m
Höhe: 4,28 m
Flügelfläche: 36,20 m²

Noch mit Doppelleitwerk, die Me-210 V1, die im September 1939 erstmals flog, das Ursprungsmodell aller Me 210/410-Varianten.

Besatzung: 2
Triebwerke: (A 1) Zwei flüssigkeitsgekühlte V12-Zylinder-Motoren Daimler-Benz DB 603 A mit je 1300 kW (1750 PS) Startleistung.
Leistungen: (A 1) Höchstgeschwindigkeit 624 km/h in 6700 m Höhe, Steigzeit auf 6000 m 10 min, 42 sec, Dienstgipfelhöhe 10 000 m, Reichweite 1200 km, Überführungsreichweite 2300 km.
Gewichte: (A 1) Leergewicht 7518 kg, maximales Abfluggewicht 9651 kg.
Bewaffnung: (A 1) Nach vorne zwei MGs und zwei Maschinenkanonen, zwei ferngesteuerte MGs seitlich. Im Bombenschacht bis zu 1000 kg Bomben. Me 410 U 4-Varianten mit einer 50 mm-Kanone mit 36 Schuss im Bombenschacht.

Siebel Si 204

Ursprungsland
Deutsches Reich
Kategorie
Schul,-Verbindungs- und Transportflugzeug

Entwicklung: In Zusammenarbeit mit der Lufthansa begann 1938 die Entwicklung der ursprünglich als leichtes Zubringerflugzeug vorgesehenen Si 204. Die ersten beiden Prototypen hatten einen Stufenbug, der dritte eine Vollsichtkanzel zur Blindflugschulung. Der Erstflug war im Mai 1941. Wegen der hohen Werksauslastung konnten nur die 15 Prototypen des in Ganzmetall-Schalenbauweise hergestellten Flugzeugs bei Siebel gebaut werden.

Alle 1201 Serienflugzeuge wurden bei SNCAN in Frankreich (168), bei der BMM/ČKD (Böhmisch-Märischen Maschinenfabrik) (492) und Aero/Letov (541) in Prag produziert. Eine bewaffnete leichte Kampfbomber-Version E mit Bombenschacht wurde vermutlich nur in einer Vorserie von 5 Stück gebaut.

Nach Kriegsende wurden bis 1949 weitere 180 Flugzeuge von Aero als Ausbildungs-, Trainings und Passagierflugzeug, sowie als militärischer Transporter produziert. Ebenso in Frankreich bei SNCAC (ca. 300 Flugzeuge) als NC. 700, 701 und 702 Martinet mit Renault 12S-Motoren, einem Lizenzbau des Argus As 411.

Bemerkungen: Zwar wurde die vielseitige Si 204 als ziviles Flugzeug entworfen, aber schon im Prototypenstadium wurde sie auf ihre militärische Verwendbarkeit getrimmt. Soweit bekannt, flogen lediglich vier Flugzeuge für die Lufthansa im Liniendienst. Das bei Piloten beliebte Flugzeug wurde wegen seiner gutmütigen Flugeigenschaften geschätzt und war mit seiner Vollsichtkanzel ein geeigneter Trainer für die Blindflugschulung. Quasi ein fliegender Hörsaal, der auch für in der Kabine sitzende Lehrer und vier Funknavigationsschüler genutzt wurde. Die letzte in Frankreich von SNCAC gebaute Martinet wurde in den späten 1960er-Jahren in Schweden außer Dienst gestellt.

Eine Si 204 von Aero steht im Museum in Kbely/Prag, eine NC. 702 im Technikmuseum/Berlin und im Conservatoire de l'Air et de l'Espace d'Aquitaine, Frankreich, eine NC. 701 im Air and Space Museum, Stockholm, Schweden.

Einer der ersten beiden Prototypen als Reiseflugzeug mit ziviler Zulassung und einem konventionellen Bug.

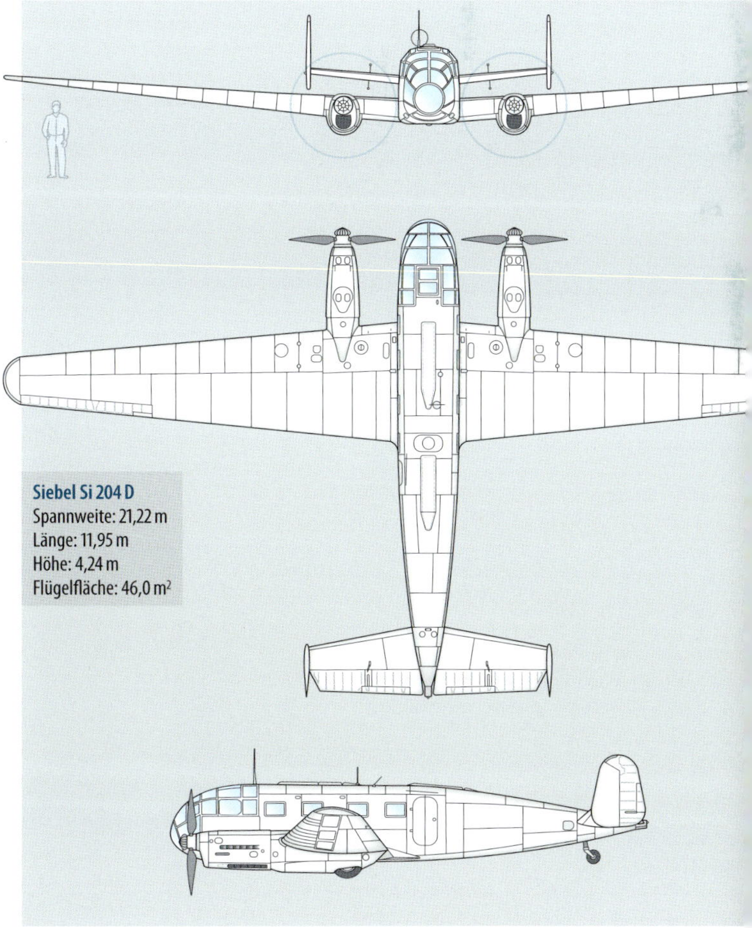

Siebel Si 204 D
Spannweite: 21,22 m
Länge: 11,95 m
Höhe: 4,24 m
Flügelfläche: 46,0 m^2

Besatzung: 2 und bis zu 8 Passagiere
Triebwerke: Zwei hängende, luftgekühlte V12-Zylinder-Motoren Argus As 411 mit 575 PS (423 kW) Startleistung.
Leistungen: (D) Höchstgeschwindigkeit 350 km/h, Dienstgipfelhöhe 7500 m, Reichweite 1800 km.
Gewichte: (D) Leergewicht 3920 kg, Abfluggewicht 5400 kg.

Amiot 143

Ursprungsland
Frankreich
Kategorie
Mittelschwerer Bomber

Entwicklung: Die Ursprünge der Amiot 140er-Reihe gehen auf eine Ausschreibung der französischen Regierung im Jahr 1928 zurück. Der Prototyp Amiot 140 hob im April 1931 erstmals ab. Nach einer Änderung der Anforderung wurden zwei weitere Prototypen, die 142 mit Hispano-Suiza 12 Y und die 143 mit Gnome-Rhône 14-Motoren gebaut. Die 143 flog im August 1934, die 142 erst im Januar 1935. Entschieden hat man sich für die Amiot 143 mit französischem Antrieb. Der in Ganzmetallbauweise hergestellte Schulterdecker mit seinem kastenförmigen Rumpf und geschlossenem Cockpit verfügte über einen Kriechgang in den dicken Flügeln zur Wartung der Motoren. In der „untergehängten Gondel" war neben den Schützen auch der Bombenschacht untergebracht. Nach der vierzigsten Maschine hatte man den Bug verlängert, die Kraftstoffversorgung überarbeitet und die Bewaffnung geändert. Insgesamt wurden bis März 1937 138 Flugzeuge ausgeliefert. Eine Amiot 144 mit einziehbarem Fahrwerk und reduzierter Flügelfläche flog zwar im Januar 1936, blieb aber ein Einzelstück. Die Baureihen 145 bis 147 wurden mit unterschiedlichen Antrieben konzipiert, aber nicht gebaut und von der Amiot 150 wurde nur ein Prototyp als Aufklärer/Torpedobomber mit gegen das Fahrwerk austauschbaren Schwimmern hergestellt.

Bemerkungen: Mit der Auslieferung der letzten Flugzeuge im Jahr 1937 war das kantige und langsame Flugzeug praktisch schon veraltet. Angeblich sind sechs Amiots an Spanien geliefert und auch im Bürgerkrieg eingesetzt worden. Vor dem Angriff Deutschlands auf Frankreich wurde das Flugzeug zum Abwurf von Flugblättern genutzt. Mit Kriegsbeginn auch auf regulären Tag- und Nachteinsätzen gegen die Deutschen, jedoch mit sehr hohen Verlustzahlen. Einige wenige übriggebliebene Amiots flogen noch als Transportflugzeug unter der französischen Vichy-Regierung und den deutschen Besatzern.

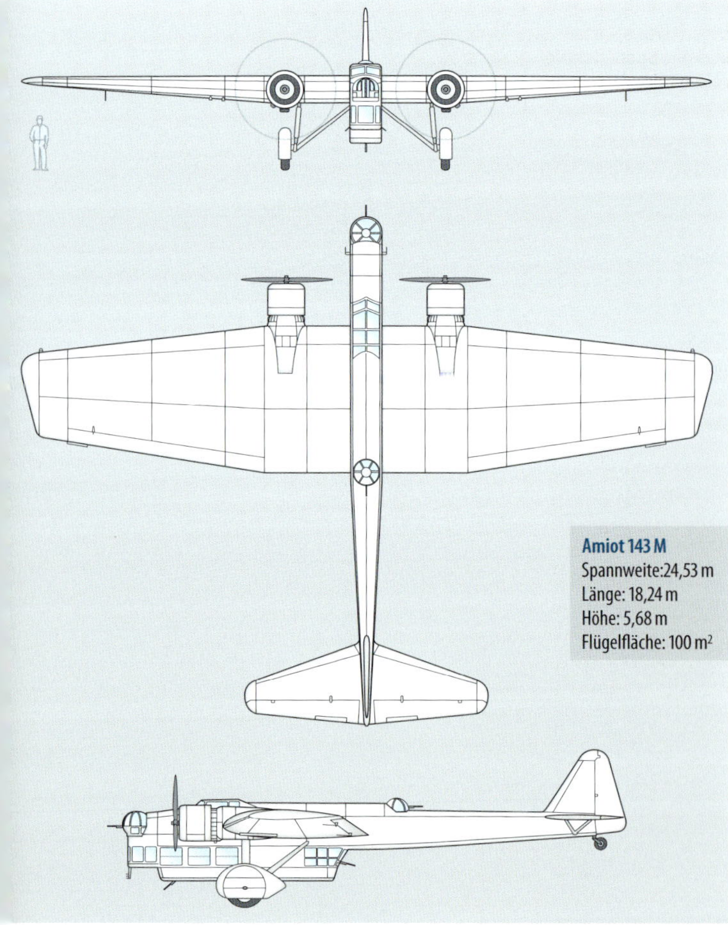

Amiot 143 M
Spannweite: 24,53 m
Länge: 18,24 m
Höhe: 5,68 m
Flügelfläche: 100 m²

Mit einem vergrößerten Flügel, gegen das Radfahrwerk austauschbare Schwimmer und mit zwei 750 PS Gnome-Rhône 14 Kdrs wurde die Amiot 143 zum einzigen Prototypen der Amiot 150.

Besatzung: 5
Triebwerke: Zwei luftgekühlte 14-Zylinder-Doppelsternmotoren Gnome-Rhône 14 Kirs von je 858 PS (631 kW) Leistung.
Leistungen: Höchstgeschwindigkeit 295 km/h, Steigzeit auf 2000 m 6 min 48 sec, Dienstgipfelhöhe 7500 m, Reichweite 1300 km.
Gewichte: Leergewicht 5455 kg, maximales Abfluggewicht 10 360 kg
Bewaffnung: Je ein MG im Bugdrehturm, in der Gondel nach vorne und hinten und auf dem Rücken im Drehturm. Bombenzuladung 1600 kg.

Amiot 354

Ursprungsland
Frankreich
Kategorie
Mittelschwerer Bomber

Entwicklung: Ursprünglich 1934 als Langstrecken-Postflugzeug Amiot 340 entwickelt, entstand daraus der Bomber Amiot 350 und nach zahlreichen Änderungen die erste Serienversion Amiot 351, die 1939 in Erprobung ging. Daraus wurde schließlich die Amiot 354 weiterentwickelt. Dieser Ganzmetall-Mitteldecker in Schalenbauweise bekam anstatt des Doppelseitenleitwerks ein einfaches Leitwerk, stärkere Motoren und wurde um einen halben Meter verlängert. Erstmals im Januar 1940 flog ein Prototyp. Die französische Luftwaffe bestellte insgesamt 830 Stück der Typen 351 und 354. Im Mai 1940 befanden sich etwa 200 Maschinen beider Versionen in der Montageendphase. Es wurden aber wegen des Einmarsches der Deutschen nur 42 Amiot 351 und 38 Amiot 354 an die Armee de l'Air ausgeliefert.

Ein Einzelstück war die Amiot 370. Als Rennflugzeug mit zwei 860 PS starken V12-Reihenmotoren Hispano-Suiza 12Yirs wurde sie aus der Amiot 350 speziell für das 1938 angekündigte, aber später abgesagte Luftrennen Paris – New York Rennen entwickelt.

Zu den Weiterentwicklungen, von denen nur Prototypen gebaut wurden, gehörte die Amiot 355, mit zwei stärkeren Gnome-Rhône-Motoren mit je 1200 PS (896 kW), die Amiot 356 mit zwei britischen Rolls-Royce-Merlin-X-Motoren zu je 1030 PS (769 kW) und der Höhenbomber Amiot 357, der mit einer Druckkabine ausgestattet war.

Besatzung: 4
Triebwerke: Zwei luftgekühlte 14-Zylinder-Doppelsternmotoren Gnome-Rhône 14N48/49 von je 1030 PS (758 kW) Leistung.
Leistungen: Höchstgeschwindigkeit 475 km/h in 5000 m, Reisegeschwindigkeit 349 km/h, Steigzeit auf 4000 m 8 min 42 sec, Dienstgipfelhöhe 10 000 m, Reichweite 3500 km.
Gewichte: Leergewicht 4725 kg, maximales Abfluggewicht 11 285 kg.
Bewaffnung: Ein MG im Bug, eines im unteren Rumpf und eine Maschinenkanone im Geschützturm im hinteren Teil des Cockpits. Bombenzuladung intern 1200 kg.

Bemerkungen: Wie viele andere französische Flugzeugmuster, kame auch die Amiot 354 zu spät, um noch Einfluss auf den Kriegsverlauf zu nehmen. Die wenigen Flugzeuge wurden in vier Staffeln eingesetzt und flogen Nachteinsätze in Nordfrankreich und Aufklärungsflüge in der Maastrichter Region. Nach dem Angriff Deutschlands im Juni 1940 wurden die Staffeln in Nordfrankreich eingesetzt, wobei 13 Maschinen verloren gingen. Einem Teil der Bomberbesatzungen gelang die Flucht mit ihren Maschinen nach Nordafrika, mit der Absicht von dort Ziele in Süditalien anzugreifen. Der Waffenstillstand verhinderte dies jedoch und die Maschinen wurden im August 1940 nach Südfrankreich zurückverlegt. Fünf Flugzeuge übernahm die französische Post, der Rest wurde als Transporter von den deutschen Besatzern in einer Spezialstaffel eingesetzt.

Soweit bekannt ist kein Flugzeug erhalten geblieben.

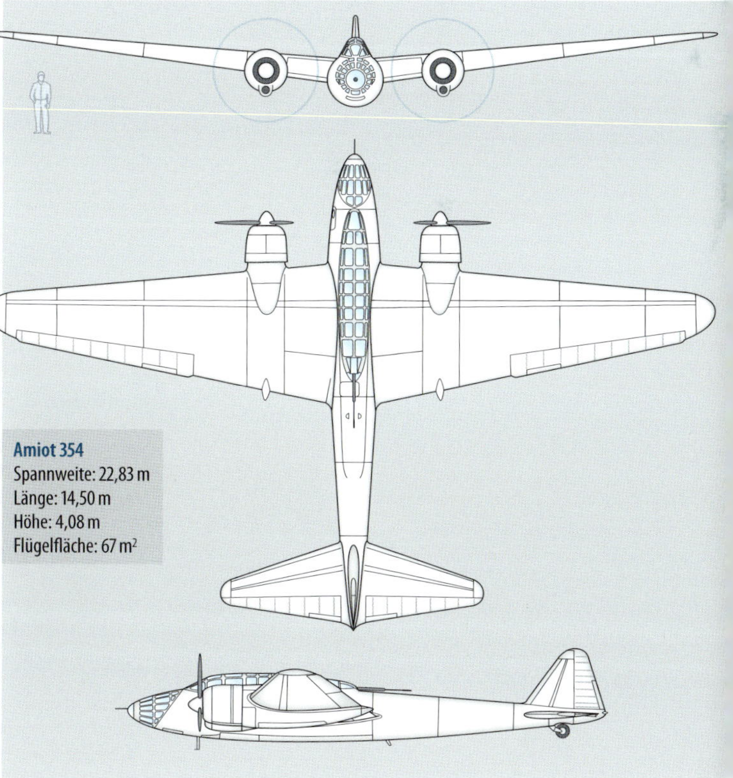

Amiot 354
Spannweite: 22,83 m
Länge: 14,50 m
Höhe: 4,08 m
Flügelfläche: 67 m²

Bloch MB.210

Ursprungsland
Frankreich
Kategorie
Bomber

Entwicklung: Die MD. 210 war die Antwort von Bloch auf die Ausschreibung der französischen Marine des Jahres 1932 für einen schweren Torpedobomber. Die Marine akzeptierte jedoch nur ein Wasserflugzeug, woraufhin die nun MB. 218 genannte Maschine mit Doppelschwimmern ausgestattet wurde und damit erstmals im Januar 1936 flog. Sie konnte die Marine jedoch leistungsmäßig nicht überzeugen. Die französische Luftwaffe aber interessierte sich mittlerweile für die in Ganzmetall hergestellte und erneut modifizierte MB. 210, die im Dezember 1935 zum ersten Mal abhob. Es wurden 270 Stück bestellt. Um die Produktion zu beschleunigen wurden mehrere Unternehmen beteiligt. Hanriot z. B. baute die fünfsitzige Version MB. 210 Bn. 5. Eine Weiterentwicklung war die mit 860 PS starken Hispano-Suiza-Motoren ausgestattete MB. 211, die allerdings keine Leistungsverbesserung brachte, genau so wenig wie die MB. 212 mit 940 PS-Motoren. Beide Projekte wurden eingestellt.

Von den 298 gebauten Maschinen wurden 24 nach Rumänien und 4 nach Spanien exportiert.

Bemerkungen: Die Einführung der MB. 210 mit den damals neuartigen Verstellpropellern und Einziehfahrwerk war anfangs für die Piloten problematisch. Es zeigte sich auch schnell, dass die MB. 210 nicht mehr dem Stand der Technik entsprach, es mangels Leistung und Anfälligkeit der Motoren zu Unfällen kam und sie deshalb bei Piloten unbeliebt war. Zu Kriegsbeginn 1939 wurden die vorhandenen 238 Bomber für Tag- und Nachtbombardements eingesetzt. Im Juni 1940 waren nur noch 120 MB. 210 im unbesetzten Teil Frankreichs und 20 weitere in Nordafrika einsatzfähig. Bei der deutschen Besetzung Restfrankreichs 1942 wurden 42 MB. 210 erbeutet, davon gingen 6 an Bulgarien.

Soweit bekannt, ist kein Flugzeug erhalten geblieben.

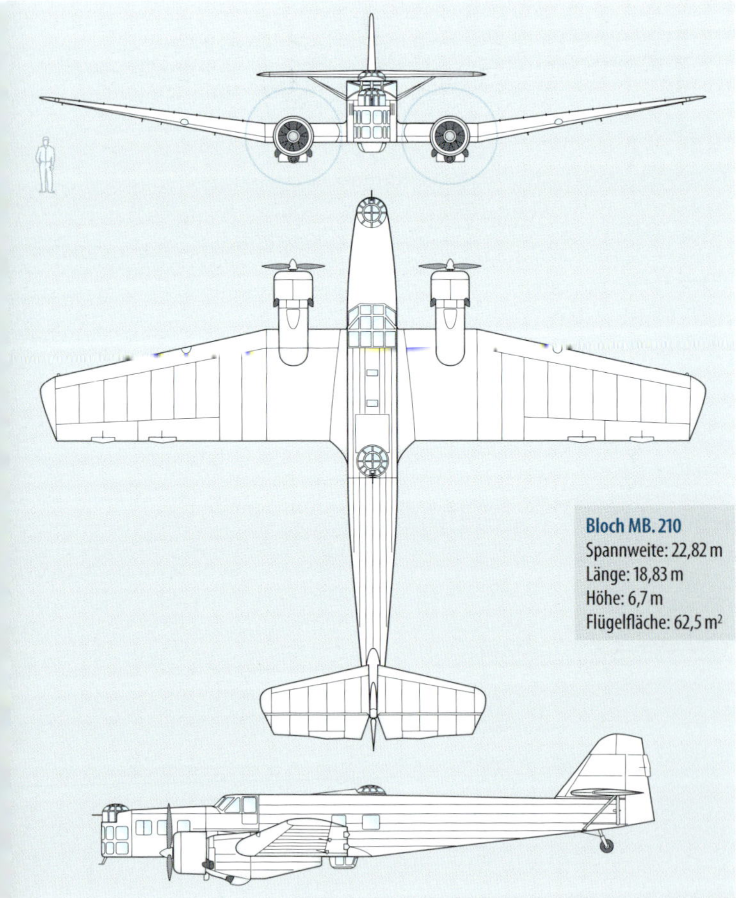

Bloch MB. 210
Spannweite: 22,82 m
Länge: 18,83 m
Höhe: 6,7 m
Flügelfläche: 62,5 m²

Eine MB.211 auf einer Luftfahrtausstellung im November 1934.

Besatzung: 4 – 5
Triebwerke: (MB. 210 Bn. 5) Zwei luftgekühlte 14-Zylinder-Doppelsternmotoren Gnome-Rhône 14N-10 mit je 709 kW (951 PS) Startleistung.
Leistungen: (MB.210Bn.5) Höchstgeschwindigkeit 322 km/h in 3500 m Höhe, Reisegeschwindigkeit 240 km/h, Dienstgipfelhöhe 9900 m, Reichweite 1000 km mit 1000 kg Zuladung, maximale Reichweite 1700 km.
Gewichte: (MB. 210 Bn. 5) Leergewicht 6413 kg, Abfluggewicht 9720 kg, maximales Abfluggewicht 10 221 kg.
Bewaffnung: Je ein MG im Bug, über und unter dem Rumpf in Drehtürmen. Maximal 1600 kg Bomben intern.

Bloch MB.131

Ursprungsland
Frankreich
Kategorie
Bomber

Entwicklung: Im August 1933 veröffentlichte die französische Regierung eine Ausschreibung für ein Mehrzweckflugzeug als Bomber, Kampf- und Aufklärungsflugzeug. Neben acht weiteren Bewerbern entwickelte Bloch die MB.130 mit einem kastenförmigen Rumpf, ähnlich der MB.210. Sie flog im Juni 1934 erstmals, entsprach aber bei weitem nicht den erwarteteten Leistungen. Ungeachtet dessen wurden 40 Exemplare bestellt, jedoch nicht produziert. Die daraufhin komplett überarbeitete und wesentlich modernere und aerodynamisch optimierte, sowie in Ganzmetallbauweise konstruierte MB.131 flog erstmals im August 1936. Nach mehreren Prototypen mit umfangreichen Änderungen des Flügels, Rumpfes und Hecks begann schließlich 1938 die Serienproduktion mit den ersten 14 Aufklärern MB 131 R4. Fünf MB 131 Ins wurden als Trainer mit Doppelsteuern und 121 MB.131 RB4 als Bomber/Aufklärer produziert. Bei der überarbeiteten MB.132 und MB.133 mit Doppelleitwerk und stärkeren, aber problematischeren 1100 PS-starken Hispano-Suiza-Motoren blieb es bei den Prototypen. Mit der MB.135, ein aus der MB.131 weiterentwickelter viermotoriger, mittelschwerer Bomber, der im Januar 1937 erstmals abhob, aber nicht in Serie ging, endete die 130er-Baureihe von Bloch.

Insgesamt wurden 145 MB.131 inklusive der Prototypen gebaut.

Bemerkungen: Die MB.131 begann 1938 ihren Dienst bei der französischen Luftwaffe. Erste Aufklärungmissionen an der Ostgrenze Frankreichs wurden im September 1939 geflogen. Ohne Jagdeskorte war das träge Flugzeug gegen deutsche Jagdflugzeug jedoch chancenlos, woraufhin nur noch Nachteinsätze geflogen wurden. Nach hohen Verlusten wurde das Flugzeug bis Mai 1940 komplett aus dem Fronteinsatz abgezogen und nur noch als Schleppflugzeug zur Zieldarstellung sowie als Trainer für angehende Besatzungen verwendet. Einige Exemplare wurden von den Deutschen nach der Kapitulation Frankreichs noch als Schleppflugzeug und Trainer eingesetzt.

Soweit bekannt ist kein Flugzeug erhalten geblieben.

Die Entwicklung der MB.133 wurde nicht weiterverfolgt, da sie zu ihrer Zeit schon der Konkurrenz unterlegen war.

Besatzung: 4 – 5
Triebwerke: Zwei luftgekühlte 14-Zylinder-Doppelsternmotoren Gnome-Rhône 14N-10 mit je 708 kW (950 PS) Startleistung.
Leistungen: Höchstgeschwindigkeit 385 km/h, Reisegeschwindigkeit 270 km/h, Dienstgipfelhöhe 7100 m, Reichweite 1200 km.
Gewichte: Leergewicht 6050 kg, Abfluggewicht 8526 kg.
Bewaffnung: Je ein MG im Bug, über und unter dem Rumpf. Maximal 800 kg Bomben intern.

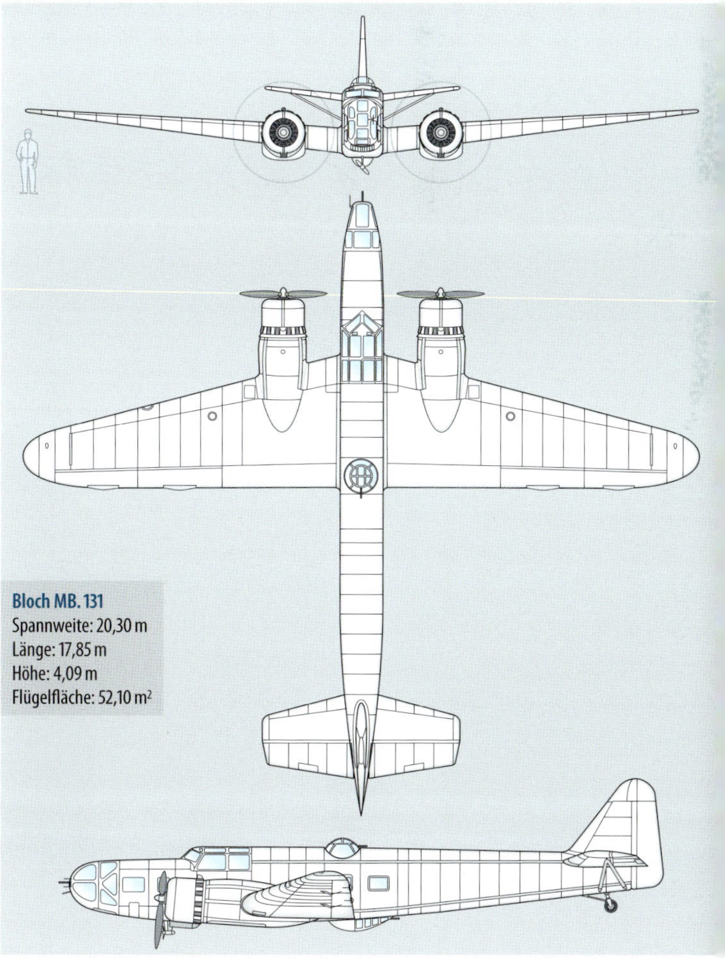

Bloch MB. 131
Spannweite: 20,30 m
Länge: 17,85 m
Höhe: 4,09 m
Flügelfläche: 52,10 m²

Bloch MB.152

Ursprungsland
Frankreich
Kategorie
Jagdflugzeug

Entwicklung: Die MB.150, ein Tiefdecker in selbsttragender Ganzmetallbauweise, war die Konstruktion Marcel Blochs für eine Ausschreibung der französischen Luftwaffe aus dem Jahr 1934. Der Prototyp flog im Mai 1937. Wegen der drohenden Kriegslage 1938 wurden 15 Vorserienflugzeuge bestellt, die allerdings wegen der zu komplexen Bauweise nicht serienmäßig hergestellt werden konnten. Eine Umkonstruktion führte zur MB. 151 (Bild), von der 144 Stück produziert wurden. Parallel dazu wurde an der weiterentwickelten MB.152 (Zeichnung) gearbeitet, die mit 488 Exemplaren das meistproduzierte Muster wurde. Ein Prototyp blieb die MB.153 mit einem amerikanischen P&W R-1830 Twin Wasp-Doppelsternmotor und die geplante MB.154 mit einem Wright Cyclone R-1820 wurde nie gebaut. Lediglich 29 Flugzeuge wurden von der geringfügig veränderten MB.155 hergestellt. Eine erneut verbesserte MB.157 mit einem 1580 PS-starken Gnome-Rhône Meteor-Antrieb, die im März 1942 flog, erreichte bei Testflügen eine Höchstgeschwindigkeit von 715 km/h, blieb aber ein Einzelstück.

Serienfertigung der MB.151/MB.152.

Von den Baureihen MB.150 bis MB.157 wurden insgesamt 663 produziert. Andere Quellen sprechen von 750 Flugzeugen.

Bemerkungen: Zu einem respektierten Gegner zu Beginn der deutschen Westoffensive entwickelte sich die robuste MB.152. Mit dem Ende der Kämpfe 1941 wurden die noch 173 vorhandenen MB.152 als Schulflugzeuge von der deutschen Luftwaffe eingesetzt und ein Teil nach Rumänien exportiert. Schon 1939 erhielt Griechenland 9 von 25 bestellten MB.151. Da ja Leistung bei Jagd flugzeugen nie genug vorhanden sein kann, wurde die unter deutscher Aufsicht weiterentwickelte MB.157 mit einem 1580 PS starken Gnome-Rhône Météore-Doppelsternmotor ausgerüstet. Die Testflüge waren so vielversprechend, dass der Motor demontiert wurde, um ihn in Deutschland zu testen.

Soweit bekannt blieb keine MB.152 erhalten

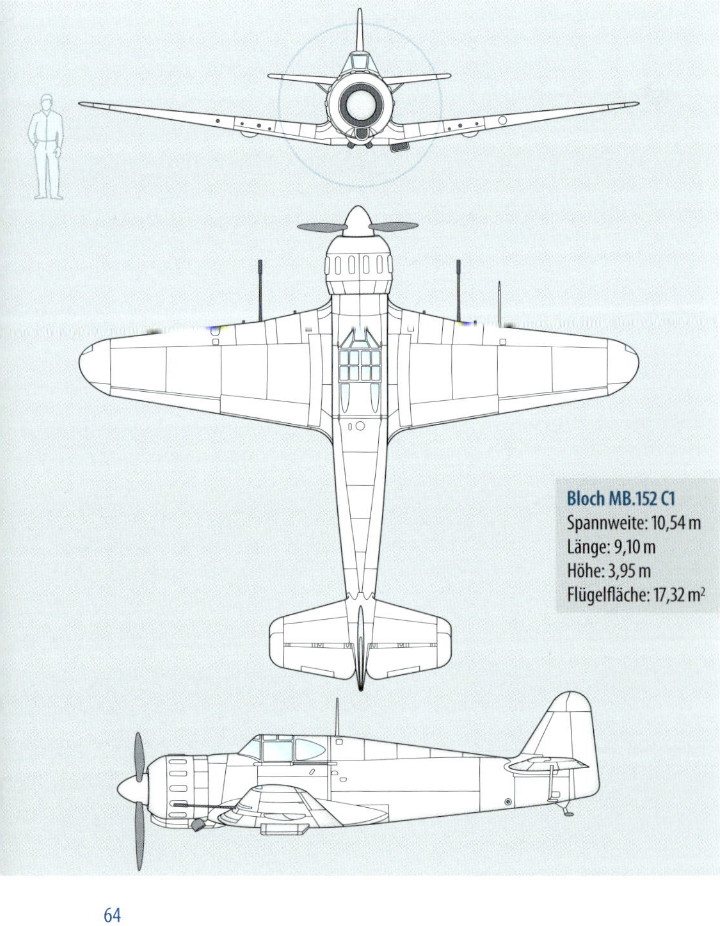

Bloch MB.152 C1
Spannweite: 10,54 m
Länge: 9,10 m
Höhe: 3,95 m
Flügelfläche: 17,32 m²

Besatzung: 1
Triebwerk: Ein luftgekühlter 14-Zylinder-Doppelsternmotor Gnome-Rhône 14N/25 mit 772 kW (1050 PS) Startleistung oder ein Gnome-Rhône 14N/49 mit 820 kW (1100 PS).
Leistungen: Höchstgeschwindigkeit 515 km/h in 4000 m Höhe, Steigzeit auf 4000 m 6 min, 12 sec, Dienstgipfelhöhe 10 000 m, Reichweite 600 km.
Gewichte: Leergewicht 2020 kg, Abfluggewicht 2750 kg.
Bewaffnung: Zwei MGs und zwei Maschinenkanonen in den Flügeln.

Breguet Br.521 / 522 / 530

Ursprungsland
Frankreich
Kategorie
Flugboot

Entwicklung: Aufgrund einer Ausschreibung der französischen Marine entwickelte Breguet in Konkurrenz zu Latécoère, Lioré et Olivier und Loire Aviation dieses Langstreckenflugboot im Jahr 1932. Basierend auf den Lizenzen für die britische Shorts Calcutta, wurde der Rumpf modifiziert. Der Prototyp flog erstmals im September 1933 und die Erprobung dauerte nahzu ein Jahr,

Anfangs noch mit unverkleideten Sternmotoren bekamen die Br. 521 während der Erprobung NACA-Motorverkleidungen.

einhergehend mit etlichen Verbesserungen. Die Ganzmetallkonstruktion des abgestrebten Anderthalbdeckers war mit einem unten Stahlblechbeplankten, zweistufigen Bootsrumpf ausgestattet. Die Flügel waren bis zum vorderen Holm beplankt, sonst stoffbespannt.

Es wurden insgesamt bis Ende 1938 36 Flugzeuge gebaut, davon 33 militärische Fernaufklärer Br. 521 Bizerte, eine Br. 522 mit 900 PS-Hispano-Suiza-Sternmotoren und die Br. 530 Saigon, als zweimal gebaute zivile Version für 19 bis 20 Passagiere mit flüssigkeitsgekühlten V12-Zylinder-Motoren von Hispano-Suiza.

Bemerkungen: Nach einigen Änderungen am Prototyp, wie z. B. die Verlängerung des verglasten Cockpits zum Bug und die Ergänzung von MG-Ständen seitlich hinter dem Cockpit, kam die Br. 521 vor allem auf Überwachungsmissionen entlang den französischen Küsten zum Einsatz. Bei der Besetzung Frankreichs durch die Deutschen im Jahr 1940 waren noch 20 Bizertes der französischen Marine einsatzfähig. Nach dem Einmarsch der Deutschen in das restliche Frankreich im November 1942 wurden die noch in Betrieb befindlichen Bizertes an die deutsche Luftwaffe übergeben und hauptsächlich entlang der französischen Atlantik- und Mittelmeerküste auf SAR-Einsätzen geflogen.

Die beiden an Air France Anfang 1935 ausgelieferten zivilen Br. 530 bedienten die Strecke Marseille – Ajaccio – Tunis.

Die letzte Breguet Br. 521 wurde im Mai 1946 verschrottet.

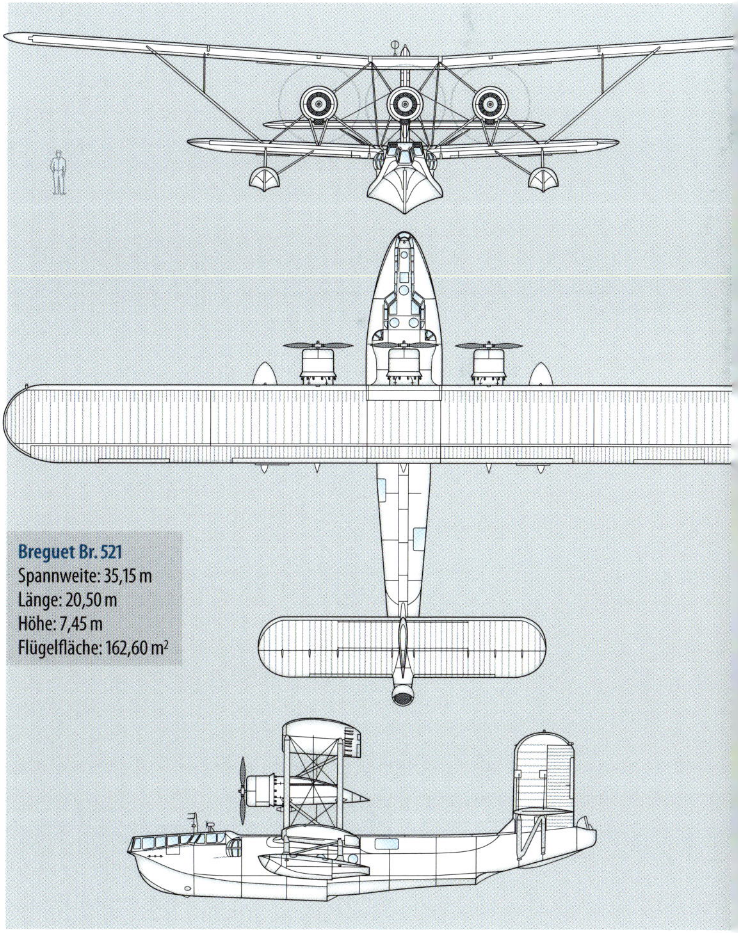

Breguet Br. 521
Spannweite: 35,15 m
Länge: 20,50 m
Höhe: 7,45 m
Flügelfläche: 162,60 m²

Besatzung: 6 – 8, je nach Einsatz
Triebwerke: Drei luftgekühlte Vierzehnzylinder-Doppelsternmotoren Gnome-Rhône 14 Kdrs oder 14N-11 mit je 671 kW (910 PS)
Leistungen: Höchstgeschwindigkeit 243 km/h in 1000 m Höhe, Reisegeschwindigkeit 165 km/h, Steigzeit auf 3000 m 15 min, 45 sec, Dienstgipfelhöhe 6000 m, Reichweite ca. 2100 km, maximal 3000 km.
Gewichte: Leergewicht 9470 kg, Abfluggewicht 15 091 kg, maximales Abfluggewicht 16 600 kg.
Bewaffnung: Fünf bis sechs MGs an verschiedenen Positionen, vier 75 kg-Bomben unter dem unteren Flügel.

Breguet BR.693

Ursprungsland
Frankreich
Kategorie
Kampfflugzeug

Entwicklung: Nach der Ausschreibung für ein schweres Jagdflugzeug im Jahr 1934 begann die Entwicklung der in Ganzmetallbauweise hergestellten Br. 690, die ihren Erstflug im März 1938 absolvierte. Obwohl die Potez 630 (S. 71) die Ausschreibung gewann, wurde 1938 ein Auftrag über 100 Br. 691 als Bomber vergeben. Erste Flugzeuge wurden bereits 1939 ausgeliefert. Die weniger zuverlässigen Hispano-Suiza-Motoren führten rasch zum Entwicklungsprojekt Br. 692 mit 980 PS-Gnome-Rhône-Sternmotoren, das aber nur ein Projekt blieb. Erst von der BR. 693 mit leichter verfügbaren 710 PS-Gnome-Rhône Motoren wurden inklusive der 75 fertiggestellten, aber umgebauten Br. 691, 224 Flugzeuge ausgeliefert. Von einer BR. 693 mit amerikanischen 825 PS-Pratt & Whitney Twin Wasp Junior-Sternmotoren sind 50 produziert und davon 33 bis zur französischen Kapitulation im Juni 1940 ausgeliefert worden. Schweden bestellte von der Aufklärer-Exportversion Br. 694 12 Stück als S 10 und Belgien erwarb eine Lizenz für 32 Flugzeuge. Beide Produktionslose konnten aber wegen der Kapitulation Frankreichs und Belgiens nicht mehr ausgeführt werden. Weitere Versionen wurden in Angriff genommen: Die BR. 696 als leichteer Bomber, der zwar im November 1939 flog, aber nicht in Serie ging. Eine Br. 697 mit stärkeren 1070 PS-Gnome-Rhône-Motoren, deren Prototyp die Grundlage für das schwere Jagdflugzeug Br.700 war. Ein Projekt blieb auch der Sturzkampfbomber Br. 698, der auf der Br.681 basierte, sowie die Br. 700 als schweres Jagdflugzeug, von dem zwei Prototypen geordert wurden, die aber vor der Kapitulation nicht mehr gebaut werden konnten.

Mit der Br.690 begann die Entwicklung einer ganzen Reihe zweimotoriger Kampfflugzeuge aus dem Hause Breguet.

Vermutlich wurden insgesamt weniger als 350 Flugzeuge aller Varianten produziert.

Bemerkungen: Die rund 100 bis dahin produzierten Maschinen kamen bei der deutschen Besetzung Frankreichs zum Einsatz, erlitten aber schwere Verluste und hatten wenig Chancen gegen deutsche Jagdflugzeuge. Versuche, die Maschinen nach Nordafrika zu evakuieren, scheiterten an zu geringer Reichweite. Ein paar Br. 693 blieben der Vichy-Regierung und nach der Besetzung Restfrankreichs Ende 1942 wurden die Breguets von der deutschen und italienischen Luftwaffe noch zur Pilotenschulung verwendet.

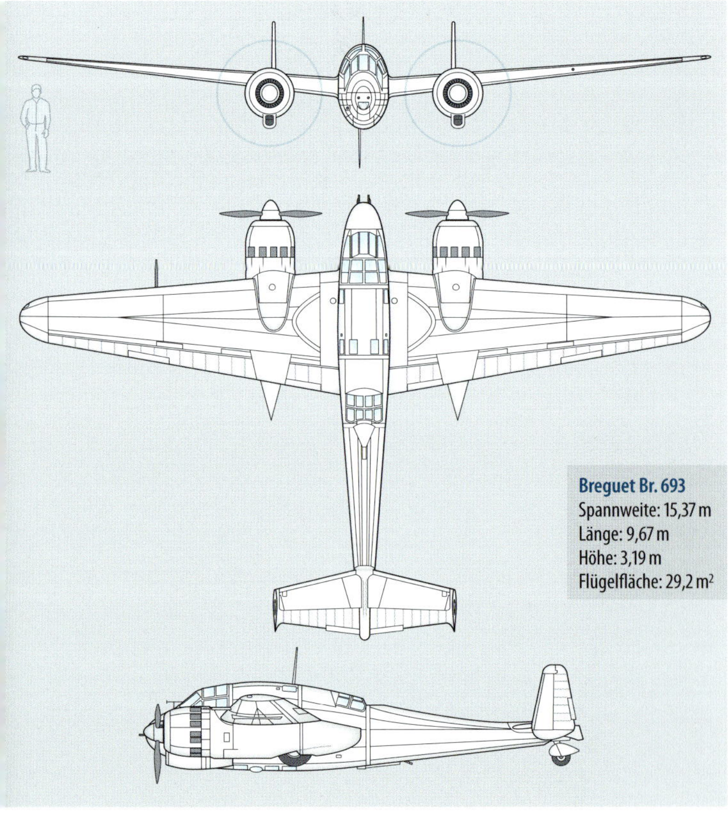

Breguet Br. 693
Spannweite: 15,37 m
Länge: 9,67 m
Höhe: 3,19 m
Flügelfläche: 29,2 m²

Besatzung: 2
Triebwerke: Zwei luftgekühlte Vierzehnzylinder-Doppelsternmotoren Gnome-Rhône 14M6/7 mit je 522 kW (710 PS).
Leistungen: Höchstgeschwindigkeit 490 km/h in 5000 m Höhe, Steigzeit auf 4000 m 7 min 12 sec, Dienstgipfelhöhe 8500 m, max. Reichweite ca. 1350 km.
Gewichte: Leergewicht 3010 kg, Abfluggewicht 4500 kg, maximales Abfluggewicht 4900 kg.
Bewaffnung: Eine Maschinenkanone und zwei MGs im Bug, ein MG im hinteren Cockpit, ein MG nach unten, maximal 400 kg Bomben.

Dewoitine D.520

Ursprungsland
Frankreich
Kategorie
Jagdflugzeug

Entwicklung: Mit der Forderung der Armee de'l Air, ein international konkurrenzfähiges Jagdflugzeug in Ganzmetallbauweise zu bauen, begann die Entwicklung 1936. Das neue Flugzeuge sollte die D.510 ablösen und mindestens 520 km/h schnell sein. Im Oktober 1938 flog der erste Prototyp mit einem 890 PS-starken Hispano-Suiza und einem Zweiblatt-Propeller, erreichte aber nur 480 km/h. Zwei weitere, bewaffnete Prototypen folgten. Um die geforderten Leistungen zu erreichen, gab es zahlreiche Modifikationen während der Erprobung, wie z.B. einen verlängerten Rumpf, leistungsfähigere Motoren und einen Dreiblatt-Verstellpropeller. Im März 1939 wurden die ersten 200 Flugzeuge bestellt, eine weitere Bestellung über 510 Flugzeuge folgte im Juni 1939. Im November 1939 flog das erste bewaffnete und mit zusätzlicher Panzerung versehene Serienmodell mit einem 922 PS-starken Hispano-Suiza. Bis zum Waffenstillstand im Juni 1941 wurden rund 400 Maschinen ausgeliefert. Unter Aufsicht der deutschen Besatzung wurden nochmals bis September 1943 etwa 440 Flugzeuge gebaut, wovon 60 an Italien gingen und angeblich 96, andere Quellen sagen 120, an die bulgarische Luftwaffe geliefert wurden

Weiterentwicklungen, vor allem mit stärkerem Antrieb, um die Leistungen zu verbessern, wurden durch den deutschen Einmarsch im Juni 1940 gestoppt. Sie führten bis zur Version D. 530, teilweise auch als Prototypenbau, gingen aber alle nicht in Serie. Dreizehn Flugzeuge wurde nach Kriegsende zu Trainings-Doppelsitzern umgebaut.

Insgesamt 910 D. 520 von allen Varianten rollten aus den Werkhallen.

Bemerkungen: Die ersten erfolgreichen Einsätze bestritt die D. 520, die der Bf 109 nahezu ebenbürtig war, beim Einmarsch Deutschlands in Frankreich von Mai bis Juni 1940. Zwar nicht so schnell, aber manövrierfähiger, hatte sie durchaus Chancen, war aber nicht in ausreichender Stückzahl vorhanden. Die von den Deutschen erbeuteten Flugzeuge wurden vom Vichy-Regime in Nordafrika und Syrien sowie von Bulgarien, Italien und Rumänien eingesetzt. Ein großer Teil wurde aber auch in den deutschen Jagdfliegerschulen zur Schulung genutzt. Ende 1944 flogen die übrig gebliebenen D. 520, jetzt wieder im Besitz der regulären französischen Streitkräfte, nun Einsätze gegen die zurückweichenden deutschen Truppen. Die letzten übrigen Flugzeuge wurden nach dem Krieg, ein Teil als als Doppelsitzer D.520 DC, von der neuen französischen Luftwaffe bis 1953 zur Ausbildung eingesetzt.

Soweit bekannt, sind drei Flugzeuge in Museen in Frankreich (Le Bourget, Bordeaux-Merinac und Rochefort) erhalten geblieben.

Besatzung: 1
Triebwerk: Ein flüssigkeitsgekühlter V12-Zylinder-Motor Hispano-Suiza 12Y mit 678 kW (922 PS) Startleistung.
Leistungen: Höchstgeschwindigkeit in 5500 m Höhe 560 km/h, Reisegeschwindigkeit 370 km/h, Dienstgipfelhöhe 10 000 m, Reichweite 1250 km.
Gewichte: Leergewicht 2123 kg, max. Abfluggewicht 2785 kg.
Bewaffnung: Eine Maschinenkanone durch die Propellerwelle, vier MGs in den Tragflächen.

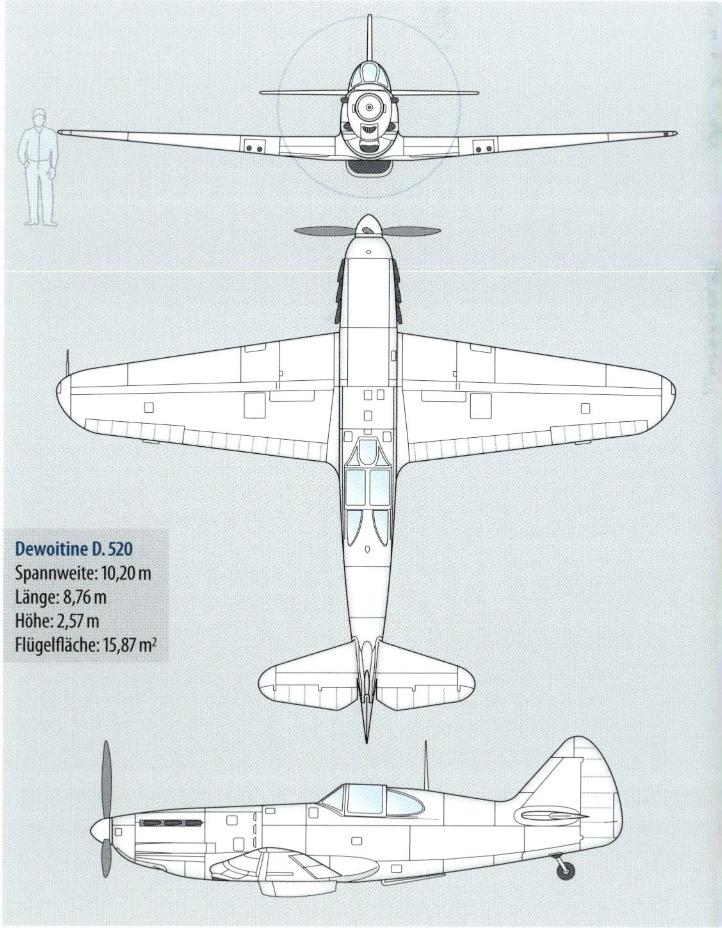

Dewoitine D. 520
Spannweite: 10,20 m
Länge: 8,76 m
Höhe: 2,57 m
Flügelfläche: 15,87 m²

Lioré & Olivier LeO 451

Ursprungsland
Frankreich
Kategorie
Mittelschwerer Bomber

Entwicklung: . Die LeO 45 war die Antwort auf eine Forderung der Armée de l'Air nach einem modernen Bomber in Ganzmetallbauweise mit guten Flugleistungen und mindestens 475 km/h Höchstgeschwindigkeit. Der Prototyp flog erstmals im Januar 1937 mit Hispano-Suiza-Triebwerken, die aber nicht überzeugten. Wegen aerodynamischer Instabilität musste das Heck umkonstruiert werden. Kühlprobleme und die Unzuverlässigkeit der Hispano-Suizas führten dazu, dass mit dem 1938 beginnenden Serienbau des nun LeO 451 genannten Tiefdeckers neben technischen Modifikationen auch die zuverlässigeren Gnome-Rhône-Sternmotoren eingeführt wurden. Zulieferprobleme verzögerten allerdings die ersten Auslieferungen von 120 bestellten Maschinen bis April 1939. Aufgrund der guten Flugleistungen wurden weitere 737 Flugzeuge bestellt. Zum Zeitpunkt des Waffenstillstandes waren jedoch erst 452 LeO fertiggestellt worden. Weitere 168 Exemplare wurden noch bis November 1942 unter Aufsicht der deutschen Besatzer produziert. Etliche Weiterentwicklungen unter anderem mit Bristol-Hercules-Motoren oder eine Höhenversion mit Lader-Motoren blieben im Prototypen- oder Kleinserienstadium stecken. Angeblich wurden nach dem Krieg noch 40 LeO 453 zu schnellen Transport- und Marineflugzeugen mit Pratt & Whitney R-1830-Triebwerken umgebaut und fünf zum Photoflugzeug für das Institut Géographique National.

Von allen Baureihen sind bis 1943 561 Flugzeuge ausgeliefert worden.

Eine von den Deutschen erbeutete LeO 451

Bemerkungen: Mit dem Angriff der Deutschen auf Frankeich im Mai 1940 waren von den 222 ausgelieferten erst 54 LeO 451 einsatzbereit, andere Quellen sprechen von 94. Ca. 130 Maschinen gingen vor allem bei der Unterstützung der eigenen Bodentruppen verloren. Ein Teil der Flugzeuge wurden wegen des schnellen Vormarsches der Angreifer nach Nordafrika evakuiert. Rund 100 LeOs flogen aber anschließend noch für Vichy-Frankreich. Nach der Besetzung Restfrankreichs nutzte die deutsche und italienische Luftwaffe noch einige LeO 451. Einige wurden umgebaut und als Transporter bis zum Kriegsende eingesetzt. Erst 1957 wurden die letzten LeO 451 von der französischen Luftwaffe ausgemustert.

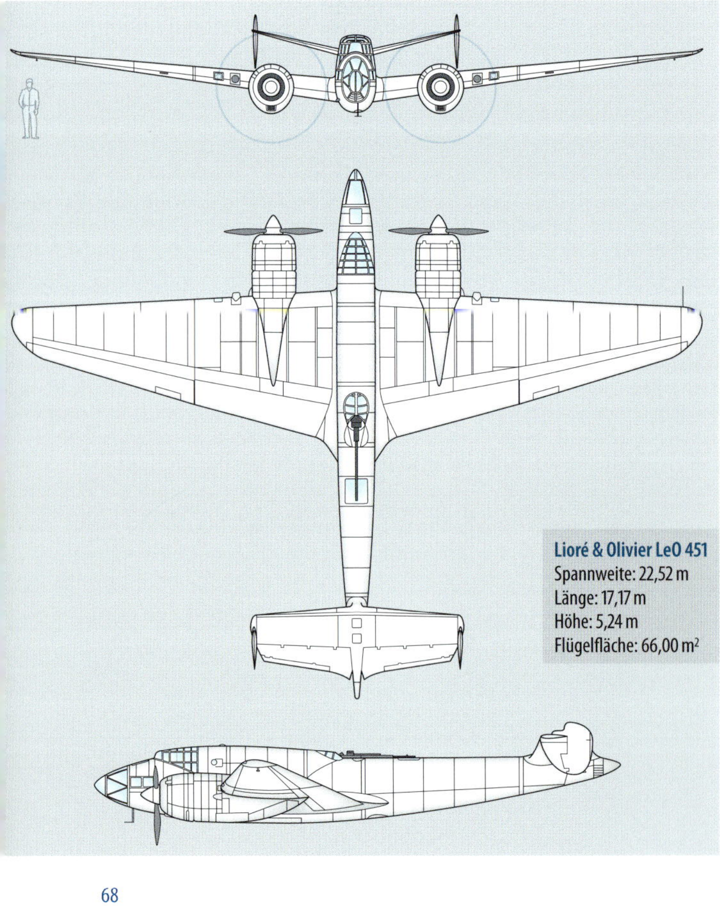

Lioré & Olivier LeO 451
Spannweite: 22,52 m
Länge: 17,17 m
Höhe: 5,24 m
Flügelfläche: 66,00 m²

Besatzung: 4
Triebwerke: Zwei luftgekühlte 14-Zylinder-Doppelsternmotoren Gnome-Rhône 14N mit je 790 kW (1060 PS).
Leistungen: Höchstgeschwindigkeit 495 km/h in 4000 m Höhe, Reisegeschwindigkeit 420 km/h, Steigzeit auf 5000 m 14 min, Dienstgipfelhöhe 9000 m, Reichweite 2300 km.
Gewichte: Leergewicht 6370 kg, maximales Abfluggewicht 11 400 kg.
Bewaffnung: Ein MG nach vorn, ein ausfahrbares MG unten und eine Maschinenkanone hinter dem Cockpit, ca. 1500 kg Bomben im Bombenschacht.

Morane-Saulnier M.S.406

Ursprungsland
Frankreich
Kategorie
Jagdflugzeug

Entwicklung: Einer Spezifikation der französischen Regierung im Jahr 1934 entsprechend, entwarf und baute Morane-Saulnier die M.S.405, die im August 1935 erstmals abhob. Nach 17 Versuchsmustern und etlichen Änderungen entstand die MS.406, ein in Metall-Holz-Gemischtbauweise hergestellter Tiefdecker mit einem neuen Flügel, variablem Kühler und geringerem Gewicht. Das erste Serienflugzeug flog im Januar 1939. Zu Beginn des Zweiten Weltkriegs waren 535 Maschinen im Einsatz. Im März 1940 endete die Produktion nach 1000 Maschinen. Exportiert wurden 60 M.S.406 nach Finnland und 45 in die Türkei. Mit verstärkten Tragflächen, geändertem Kühler und

Eine M.S.406 einer finnischen Morane-Jagdstaffel im Mai 1943 mit laufendem Motor und abgesenktem Kühler.

4 MGs wurden lediglich fünf M.S.410 gebaut. Je ein Exemplar wurden von den mit einem 1000 PS-starken Hispano Suiza motorisierten MS.411 und M.S.412 hergestellt.

Unter der Regie der schweizerischen EFW begann 1938 die Produktion von 82 D-3800 (Bild), ein Lizenzbau der MS.406. Schweizer Weiterentwicklungen mit stärkeren Antrieben waren die D-3801 (207 St.), D-3802 (12 St.) und eine einzelne D-3803, die mit einem schweizer 1500 PS-Motor YS-3 von Saurer 680 km/h erreichte. Die letzte D-3801 wurde 1959 außer Dienst gestellt.

In Finnland wurden bis 1948 41 Flugzeuge mit russischen Klimow M-105P, ein V12 Reihenmotor mit 1100 PS, ausgerüstet, mit dem die Mörko- Morane außergewöhnlich gute Leistungen erzielte.

Besatzung: 1
Triebwerk: (C1) Ein flüssigkeitsgekühlter V12-Zylinder-Motor Hispano Suiza 12Y mit 619 kW (830 PS) Startleistung.
Leistungen: (C1) Höchstgeschwindigkeit 490 km/h in 4500 m Höhe, Steigzeit auf 6000 m 9 min, 3 sec, Dienstgipfelhöhe 9400 m, Reichweite 720 km, Überführungsreichweite 1100 km.
Gewichte: (C1) Leergewicht 1895 kg, Abfluggewicht 2540 kg.
Bewaffnung: (C1) Eine Motorkanone, zwei MGs in den Flügeln.

Bemerkungen: Zu Beginn des Krieges war die MS.406 zwar ein wendiges und robustes Flugzeug und in ausreichender Anzahl vorhanden, konnte aber den moderneren deutschen Jagdflugzeuge unterlegen. Nach der Besetzung Frankreichs wurden die Bestände an MS.406 und MS.410 von der deutschen Luftwaffe übernommen und zum Teil als Trainer eingesetzt. Finnland erhielt 38 erbeutete Flugzeuge, einige gingen nach Italien und Kroatien.

Soweit bekannt blieben nur drei schweizer D-3801 erhalten: Eine flugfähige in der Schweiz, eine im Museum Dübendorf/Schweiz, eine im Musée de l'Air et de l'Espace/Le Bourget/Paris.

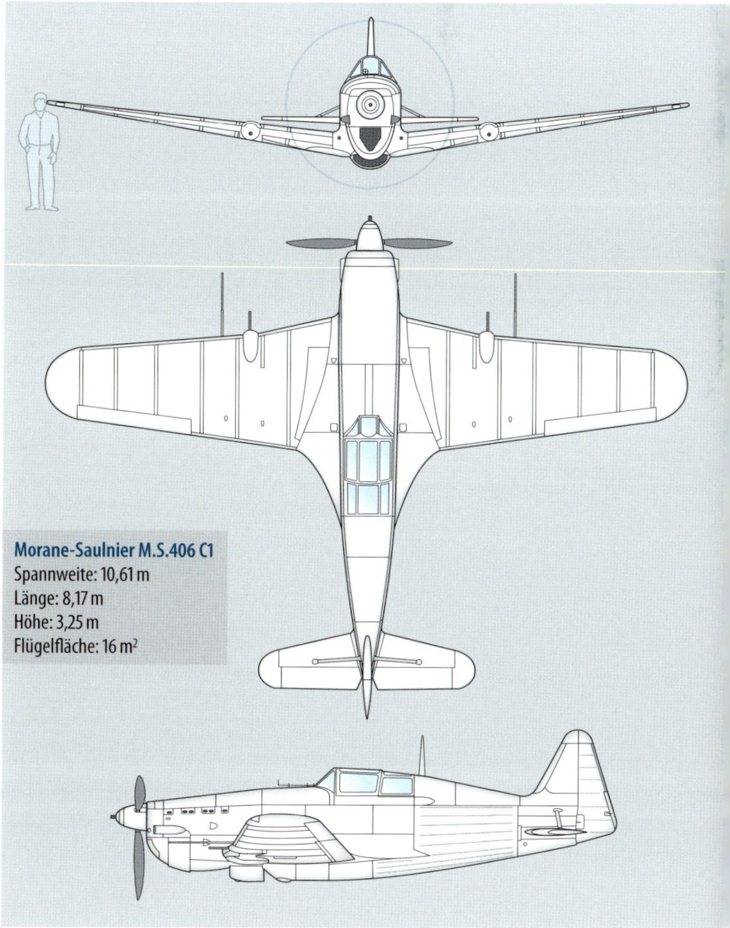

Morane-Saulnier M.S.406 C1
Spannweite: 10,61 m
Länge: 8,17 m
Höhe: 3,25 m
Flügelfläche: 16 m²

Potez 540

Ursprungsland
Frankreich
Kategorie
Aufklärer, Bomber

Entwicklung: Der Flugzeughersteller nahm 1932 mit der selbst finanzierten Entwicklung Potez 54 an einer Ausschreibung der französischen Luftwaffe für einen Aufklärer/Bomber teil. Erstflug des in Gemischtbauweise hergestellten Hochdecker war im November 1933. Er hatte einen beplankten kastenförmigen Stahlrohrrumpf und beplankte Metallflügel, die Motorgondeln waren mit Streben am Rumpf befestigt, mit den Tragflächen abgestrebt und beherbergten auch das einziehbare Fahrwerk. Während der Erprobung bis Mai 1934 gab es etliche Modifikationen. So wurde z. B. das ursprüngliche Doppelleitwerk durch ein einfaches ersetzt. Ab November 1934 lieferte Potez 192 Bomber als Potez 540 aus. Weitere Versionen unterschieden sich hauptsächlich in der Motorisierung. Eine 540 wurde mit 860 PS-Gnome-Rhône-Motoren ausgestattet und als Potez 541 nach Rumänien exportiert. Zwei V12-Zylinder-Motoren Lorraine Pètrel mit 720 PS trieben die 74 gebauten Potez 542 an. Aus der Potez 541 wurde die Potez 543 weiterentwickelt. Sie wurde von zwei 850 PS-Gnome-Rhône 14 Kdrs Sternmotorn mit 860 PS angetrieben. Acht davon wurden an Rumänien geliefert, vier an Spanien.

Bemerkungen: Im Spanischen Bürgerkrieg wurde das Flugzeug erstmals eingesetzt und bekam aber wegen ihrer schon zur Einführung veralteten

Eine Potez 540, Bomber und Aufklärungsflugzeug ohne Bugstand, das von der französischen Luftwaffe nach Nordafrika überführt, überholt und eingesetzt wurde. Vermutlich Januar 1943.

Konstruktion schnell den Spitznamen „Fliegender Sarg". Das Flugzeug war den modernen, leistungsstarken italienischen und deutschen Jagdflugzeugen hoffnungslos unterlegen und wurde deshalb in den späteren 1930er-Jahren nur noch von den französischen Transporteinheiten und zum Absetzen von Fallschirmjägern verwendet. Ein Großteil der Flugzeuge überführte man bis September 1939, dem Beginn des Zweiten Weltkrieges, in die nordafrikanischen Kolonien, wo sie weiterhin im Dienst waren. Die meisten Flugzeuge waren bis Ende 1943 entweder zerstört oder wurden stillgelegt.

Soweit bekannt, ist kein Flugzeug erhalten geblieben.

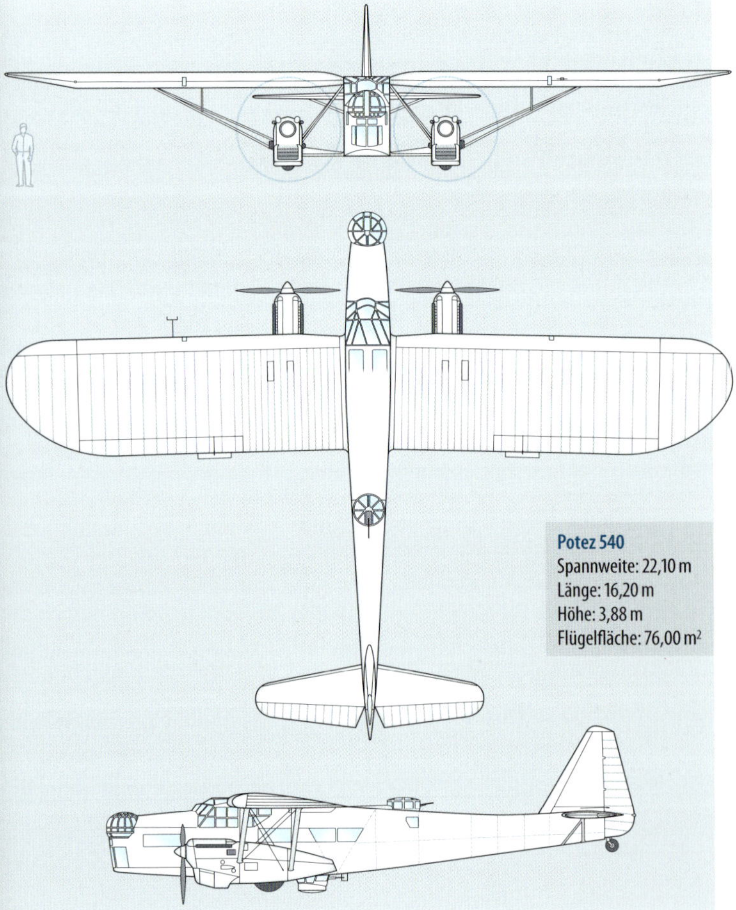

Potez 540
Spannweite: 22,10 m
Länge: 16,20 m
Höhe: 3,88 m
Flügelfläche: 76,00 m²

Besatzung: 4 – 7 je nach Einsatzzweck
Triebwerke: Zwei flüssigkeitsgekühlte V12-Zylinder-Motoren Hispano Suiza 12Xirs mit je 515 kW (691 PS).
Leistungen: Höchstgeschwindigkeit 310 km/h in 4000 m Höhe, Steigzeit auf 4000 m 10 min 30 sec, Dienstgipfelhöhe 10 500 m, Reichweite 1250 km.
Gewichte: Leergewicht 3785 kg, Abfluggewicht 5950 kg.
Bewaffnung: MGs in Drehtürmen am Bug, auf dem Rücken und unter dem Rumpf. Maximal 900 kg Bomben an Außenstationen.

Potez 63, 630, 631, 632, 633, 637

Ursprungsland
Frankreich
Kategorie
Schweres Jagd- und Kampfflugzeug

Entwicklung: Nach einer Ausschreibung der französischen Regierung im Jahr 1934 flog der zweimotorige Tiefdecker im April 1936 zum ersten Mal. Schon 1937 wurden 80 Maschinen bestellt. Der in Ganzmetallbauweise hergestellte Tiefdecker wurde in vielen Varianten produziert: Die schweren Jagdflugzeuge Potez 630 und 631 (Abb. oben) mit einer doppelsitzigen Pilotenkanzel und Bewaffnung im Bug ähnlich der Me 110; das Sturzkampfflugzeug 632; der leichte Bomber 633 mit einem Bombenschacht zwischen Pilot und Schütze (74 Stück); der Aufklärer und leichte Bomber 637 (60 Stück), der eine verglaste Beobachter-Gondel unter dem Rumpf trug. Von der 63.11 (Abb. unten, Zeichnung) mit einer verglastem Bugkanzel für den Beobachter wurden alleine 730 ausgeliefert.

Die gelungene Konstruktion hatte ein so hohes Entwicklungspotenzial, dass daraus weitere Typen, wie z. B. Nachtjäger und Sturzkampfbomber entwickelt wurden, die allerdings oft nicht über das Prototypenstadium hinauskamen.

Von allen Varianten rollten vermutlich 1395 Flugzeuge aus den Werkshallen.

Bemerkungen: Das Flugzeug hatte zwar exzellente Flugeigenschaften und war leicht zu warten, aber zu schwach motorisiert und deshalb ein leichtes Ziel für deutsche Jagdflugzeuge. Im Gegensatz zu anderen französischen Herstellern schaffte es Potez, alle bestellten Flugzeuge vor dem Einmarsch der Deutschen 1940 auszuliefern. Während der Besatzungszeit wurden die Flugzeuge weiter eingesetzt, ebenso die im freien Teil Frankreichs verbliebenen in Nordafrika. Auch die Produktion wurde von den Deutschen wiederaufgenommen, die die Maschinen als Verbindungs- und Schulflugzeuge einsetzten. Potez 633 wurden nach Griechenland und Rumänien exportiert, einige wurden von den Deutschen auch an Ungarn weitergegeben. Italien nutzte neben anderen französischen Beuteflugzeugen einige Potez als Trainer. In die Schweiz wurden zwei Potez 630 und 632 exportiert.

Es gibt einen Nachbau einer 63.11, der in Harlingen, Texas, USA steht, über deren weiterer Verbleib aber nichts bekannt ist.

Mit dem einsitzigen Cockpit und dem verglasten Bug für den Beobachter, wurde der leichte Bomber und Aufklärer Potez 63.11, von der französischen Luftwaffe im Januar 1943 in Nordafrika eingesetzt.

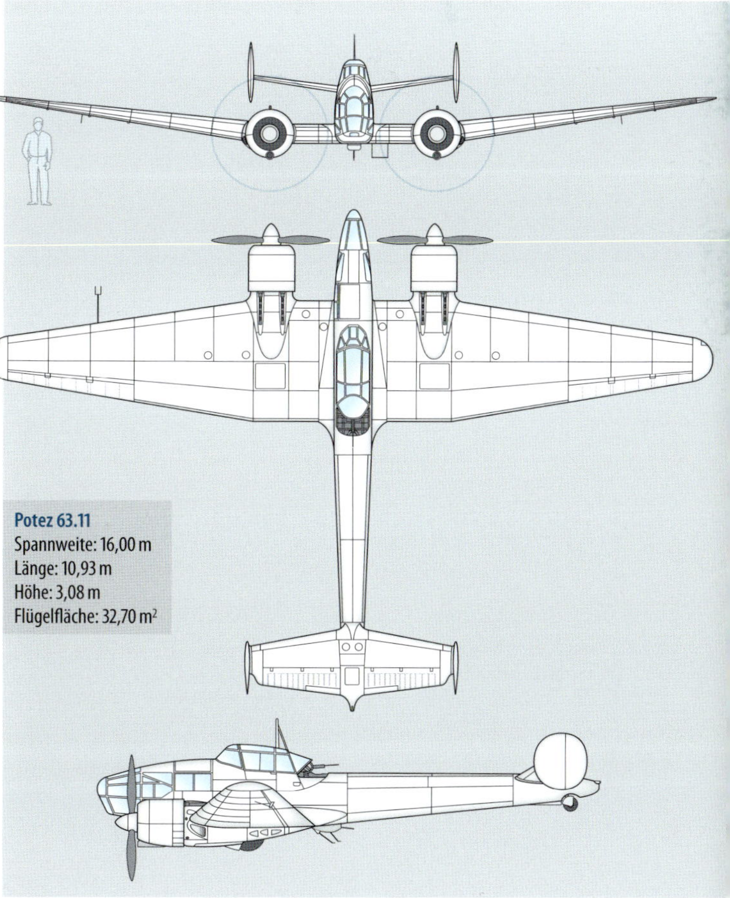

Potez 63.11
Spannweite: 16,00 m
Länge: 10,93 m
Höhe: 3,08 m
Flügelfläche: 32,70 m²

Besatzung: 2 bis 3
Triebwerke: (63.11) Zwei 14-Zylinder-Doppelsternmotoren Gnome-Rhône 14M-04 mit 522 kW (700 PS).
Leistungen: (63.11) Höchstgeschwindigkeit 425 km/h, Reisegeschwindigkeit 299 km/h, Steigzeit auf 4000 m 6 min, 12 sec, Dienstgipfelhöhe 8500 m, Reichweite 1500 km.
Gewichte: (63.11) Leergewicht 3135 kg, Abfluggewicht 4530 kg.
Bewaffnung: (63.11) 1 MG nach vorn, 1 MG nach hinten, 1 bewegliches MG, maximal 280 kg Bomben.

Airspeed AS 10 Oxford

Ursprungsland
Großbritannien
Kategorie
Mehrzweck- und Schulflugzeug

Entwicklung: Eine Weiterentwicklung der zivilen AS. 6 Envoy ist die zweimotorige AS 10 Oxford, die nach einer Spezifikation des britischen Luftfahrtministeriums entwickelt wurde und im Juni 1937 ihren Erstflug absolvierte. Der zweimotorige Tiefdecker mit Einziehfahrwerk hatte einen beplankten Holzrumpf und beplankte Holzflügel. Die AS 10 Mk. I, von der 5965 gebaut wurden, diente bei der RAF als Mehrzweckflugzeug mit einem MG-Turm auf dem Rücken zur Bomben- und MG-Schützenschulung, während die RNZAF ihre Mk. I zur Pilotenschulung einsetzte. Neben der Fortgeschrittenen-Pilotenschulung mit der AS 10 Mk. II (Abb. oben) (2414 Stück) wurden auch Navigatoren und Funker ausgebildet. Stärkere Cheetah-Motoren mit 425 PS und Verstellpropeller zeichnet die AS 10 Mk. III aus. 202 AS 46 Mk. V 202 wurden mit Pratt & Whitney-Sternmotoren R-985 ausgerüstet. Etliche aus der Mk. I und II-Reihe brachte man nachträglich noch auf den Mk. V-Standard. Die Produktion endete im Juli 1945. Nach Kriegsende wurden bis 1948 noch 162 Flugzeuge zu AS 65 Konsul umgerüstet.

Nach insgesamt 8581, andere Quellen spechen von 8751, bei vier verschiedenen Herstellern gebauten Oxfords lief die Produktion aus.

Bemerkungen: Die Oxford, von den Besatzungen auch Ox-Box genannt, war das Standardschulflugzeug der Royal Air Force für die gleichzeitige Ausbildung von kompletten Besatzungen für mehrmotorige Flugzeuge. Das äußerst vielseitige Flugzeug, das erst 1956 aus dem Dienst genommen wurde, diente zudem als Sanitäts- und Verbindungsflugzeug und zur Kalibrierung von Radaranlagen. Neben Großbritannien wurde die robuste Oxford weltweit von zahlreichen Staaten eingesetzt. In größerer Zahl von Australien (391), Kanada (25), Neuseeland (299), Südafrika (700) und den USA (137).

Von vier erhaltenen Oxfords ist je eine in Museen in Kanada und Südafrika sowie im britischen Imperial War Museum in Duxford und im belgischen Musée Royal de l'Armee / Brüssel zu finden.

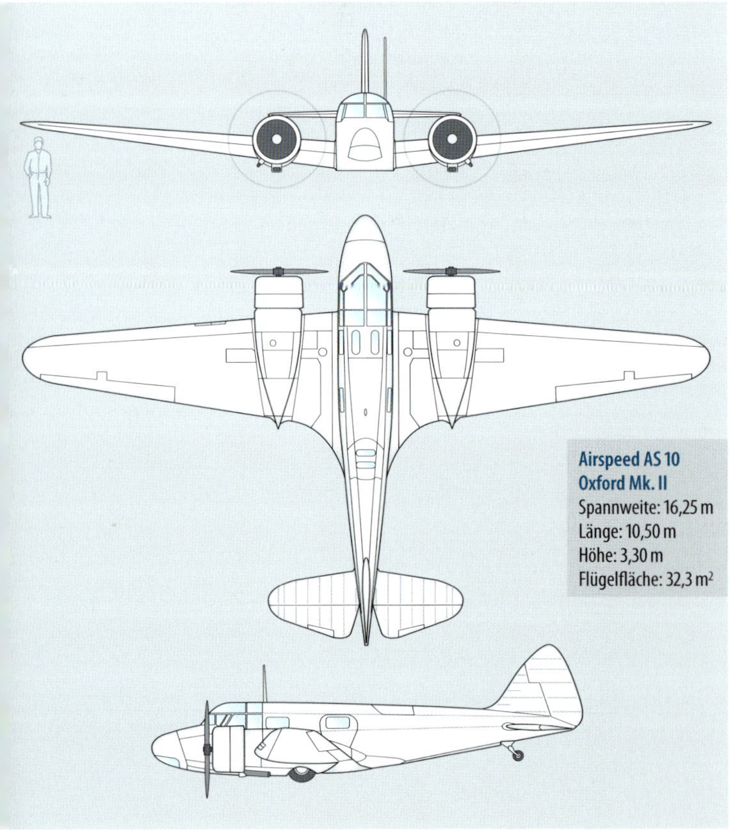

Airspeed AS 10 Oxford Mk. II
Spannweite: 16,25 m
Länge: 10,50 m
Höhe: 3,30 m
Flügelfläche: 32,3 m²

Nach Kriegsende waren überschüssige Oxfords günstig zu haben. Relativ einfach ließen sich 162 militärische Oxfords in zivile AS 65 Konsul umrüsten. Die sechssitzigen Zweimots wurden hauptsächlich von kleineren Fluggesellschaften betrieben.

Besatzung: 3
Triebwerke: (Mk. I und 2) Zwei luftgekühlte 7-Zylinder-Sternmotoren Armstrong Siddeley Cheetah X mit je 265 kW (355 PS) Startleistung.
Leistungen: (Mk. I und 2) Höchstgeschwindigkeit 301 km/h in 2500 m Höhe), Steiggeschwindigkeit auf 3050 m 12 min, 30 sec, Dienstgipfelhöhe 5945 m, Reichweite 1500 km.
Gewichte: (Mk. I und II) Leergewicht 2440 kg, maximales Abfluggewicht 3450 kg.
Bewaffnung: Je nach Verwendungszweck: Ein MG-Drehturm auf dem Rumpfrücken und bis zu 16 5 kg-Bomben zu Übungszwecken.

Airspeed AS 51 Horsa

Ursprungsland
Großbritannien
Kategorie
Lastensegler

Entwicklung: Als Reaktion auf den Einsatz des deutschen Lastenseglers DFS 230 begann Großbritannien um 1940 mit der Entwicklung der AS 51. Der Erstflug fand im Schlepp einer zweimotorigen Armstrong Whitworth Whitley (S. 74) im September 1941 statt. Es wurden sieben Prototypen gebaut, die zu unterschiedlichen Erprobungszwecken benötigt wurden. Als so genanntes „Verlustflugzeug" war die Horsa komplett aus Holz gebaut. Mit zwei Piloten und Platz für maximal 25 vollausgerüstete Soldaten war sie wesentlich größer als die DFS 230 (S. 16). Nach dem Start konnte das Fahrwerk abgeworfen werden, die Landung erfolgte auf einer Kufe. Große Landeklappen und Bremsklappen ermöglichten kurze, punktgenaue Landungen. Um den Lastensegler nach der Landung schnell verlassen zu können war das komplette Heck abtrennbar. Die Mk. II, mit einem Startgewicht von 7140 kg, bekam einen aufklappbaren Bug, einen verstärkten Boden und zwei Bugräder.

Gelandete AS 51 bei Ranville in der Normandie im Juni 1944. Riesige Lande- und Bremsklappen sorgten für kurze Landungen und das abtrennbare Heck für ein schnelles Entladen.

Aus kriegstaktischen Gründen lief die Produktion der einzelnen Baugruppen in verschiedenen Werken, unter anderem auch in einer Möbelfabrik. Je nach Quelle wurden circa 3800 bis 5000 AS 51 Horsa gebaut.

Bemerkungen: Der als robust und gut manövrierbar geltende Lastensegler war groß genug, um außer Soldaten auch eine Panzerabwehrkanone oder einen Jeep zu transportieren. Geschleppt wurde hauptsächlich mit aus dem Fronteinsatz zurückgezogenen zwei- und viermotorigen Flugzeugen, wie beispielsweise der Douglas C 47 (S. 284) oder der Handley Page Halifax (S. 101).

Nach einem angelsächsischen Krieger benannt, wurde die Horsa zum ersten Mal im November 1942 in Norwegen eingesetzt und bei der Landung der Alliierten in Sizilien genutzt. In sehr großer Zahl schließlich bei den vielen Luftlandeoperationen in Frankreich und in den Niederlanden, wie zum Beispiel während der groß angelegten Luftlandeoperation „Market Garden" mit cirka 1200 Lastenseglern.

Eine Horsa steht im Museum of Army Flying, Middle Wallop, Hampshire/Großbritannien, eines im Kriegsmuseum in Overloon/Niederlande.

Besatzung: 2
Leistungen: Schlepp-Geschwindigkeit 204 km/h, im Gleitflug 160 km/h.
Gewichte: Leergewicht 3400 kg, Startgewicht 6920 kg.

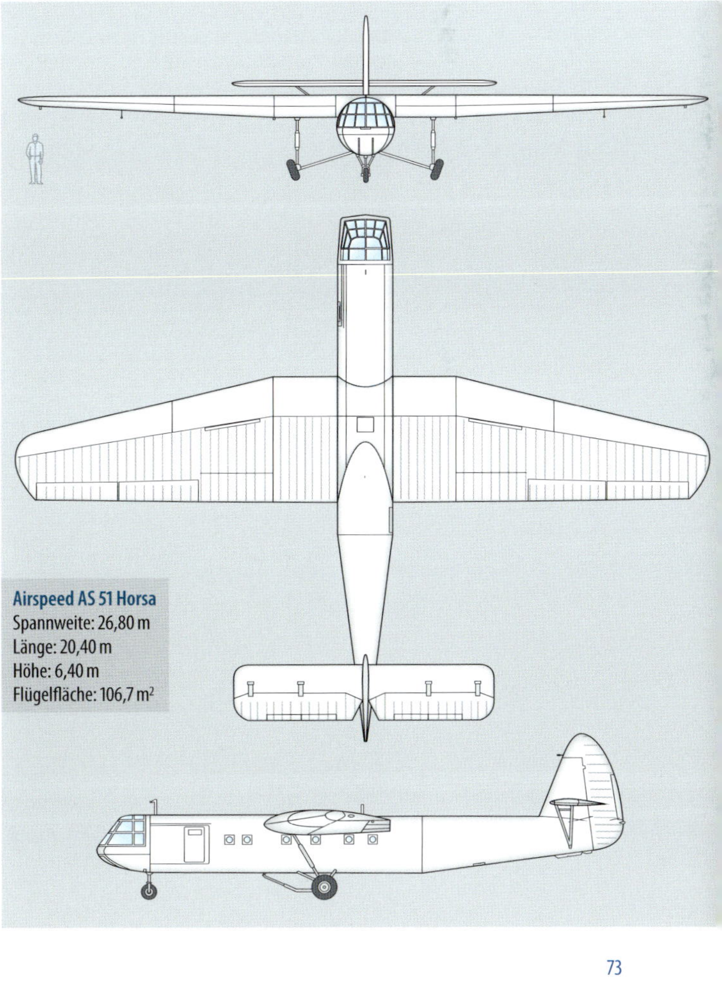

Airspeed AS 51 Horsa
Spannweite: 26,80 m
Länge: 20,40 m
Höhe: 6,40 m
Flügelfläche: 106,7 m²

Armstrong Whitworth AW. 38 Whitley

Ursprungsland
Großbritannien
Kategorie
Mittelschwerer Bomber

Entwicklung: Nach einer Ausschreibung im Juli 1934 und einer Entwicklungszeit von fast zwei Jahren startete der erste Prototyp im März 1936. Von dem Ganzmetallflugzeug, mit zum Teil bespannten Tragflächen und Rudern, wurde von den Baureihen Mk. I bis III mit einem luftgekühlten 14-Zylinder-Doppelsternmotor Armstrong Siddeley Tiger, der bis zu 930 PS leistete, insgesamt 160 Flugzeuge produziert. Ab der Mk. IV kamen die leistungsfähigeren V12-Merlins zum Einsatz, einhergehend mit weiteren technischen Modifikationen. Im Dezember 1938 flog die erste Mk. V mit verlängertem Heck, elektrisch betriebenen einziehbaren Drehtürmen und größeren Tanks, die mit 1466 Stück am meisten gebaute Whitley. Die letzte Baureihe, Mk. VII (146 Stück), mit zusätzlichen Tanks für bis zu 3700 km weite Langstreckenflüge, Radar und 6 Besatzungsmitgliedern, wurde zur U-Boot-Bekämpfung vom RAF Coastal Command eingesetzt. Sie ist allerdings so schwer geraten, dass sie einmotorig die Höhe nicht mehr halten konnte.

Noch mit Doppelsternmotoren von Armstrong Siddely, eine Whitley Mk. III, auf dem Fluglatz Abingdon in Großbritannien.

Eine unbewaffnete Version mit zusätzlichen Tanks wurde kurzzeitig von der britischen BOAC von Mai bis August 1942 überwiegend nachts als Frachter auf Versorgungsflügen eingesetzt.

Insgesamt sind bei Armstrong Whitworth bis Juni 1943 1814 Flugzeuge aller Versionen gefertigt worden.

Bemerkungen: Zu Beginn des Zweiten Weltkriegs zählte die Whitley zu den wichtigsten Bombern der Royal Air Force. Am Anfang zum Abwurf von Propagandamaterial über Deutschland eingesetzt, wurde sie auch für Nachtbombenangriffe herangezogen. Ende 1942 wurde der Bomber aus der Frontlinie abberufen, um weiter für Spezialeinsätze hinter den feindlichen Linien, für Versorgungsflüge, als Fallschirmabsetzer, Schleppflugzeug für die schweren Horsa-Lastensegler und U-Boot-Jäger eingesetzt zu werden.

Kein Flugzeug ist erhalten geblieben. Nur eine Rumpf-Sektion ist im Midland Air Museum in Bagington, Großbritannien zu besichtigen.

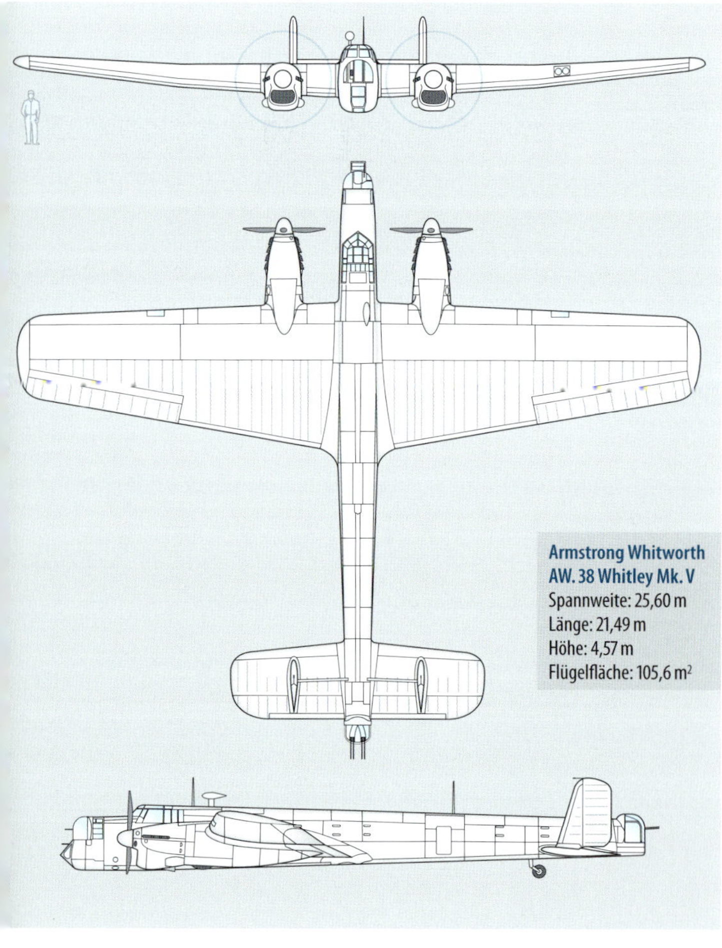

Armstrong Whitworth AW. 38 Whitley Mk. V
Spannweite: 25,60 m
Länge: 21,49 m
Höhe: 4,57 m
Flügelfläche: 105,6 m²

Besatzung: 5
Triebwerke: (Mk. V) Zwei flüssigkeitsgekühlte V12-Zylinder-Motoren Rolls-Royce Merlin X mit je 853 kW (1145 PS).
Leistungen: (Mk. V) Höchstgeschwindigkeit 370 km/h in 5000 m Höhe, Dienstgipfelhöhe 7900 m, Reichweite 2660 km, Überführungsreichweite 3900 km.
Gewichte: (Mk. V) Leergewicht 8754 kg, maximales Abfluggewicht 15 195 kg.
Bewaffnung: Ein MG im Bug, vier MGs im Heckstand. Bis zu 3175 kg Bomben im Rumpf und unter den inneren Flügeln.

Armstrong Whitworth AW. 41 Albemarle

Ursprungsland
Großbritannien
Kategorie
Transport- und Schleppflugzeug

Entwicklung: Eine Forderung nach einem einfach aufgebauten zweimotorigen Bomber in Holz-Metall-Gemischtbauweise, der von nicht luftfahrtaffinen Firmen produziert werden konnte, folgte Armstrong Whitworth mit der Entwicklung und einem Mock-up der Albemarle im Juni 1938. Der Rumpf bestand aus einer Sperrholz-beplankten Stahlrohrkonstruktion, die Flügel wurden aus Metall gebaut und mit Holz beplankt. Das erste britische Militärflugzeug mit Bugfahrwerk absovierte im März 1940 seinen Erstflug. Schon früh zeigte sich, dass die Albemarle für die ihr zugedachten Bomber-Missionen gegenüber aktuellen Bombern nicht besser war und die kommenden viermotorigen Maschinen diese Aufgabe wesentlich besser erfüllen konnten.

Beim Startlauf 1944 in Brize Norton, Großbritannien, eine Albemarle mit einem Airspeed Horsa-Lastensegler im Schlepp.

Nach 32 fertiggestellten Mk. I-Bombern wurde die Zweimot nur noch als Transporter und Schleppflugzeug gebaut (199 Stück). Als Absetzmaschine konnte die Mk. II (99 Stück) zehn voll ausgerüstete Fallschirmjäger transportieren. Die geplante Mk. III mit Rolls-Royce Merlin III wurde nicht realisiert, und die Mk. IV mit Wright Double Cyclone R-2600 blieb ein Prototyp. Während sich die Mk. V (48 Stück) lediglich durch eine zusätzliche Vorrichtung zum Treibstoffablass unterschied, hatte die Mk. VI (251 Stück) eine Frachttür auf der Rumpfseite, eine geänderte Funkausrüstung und flog ohne Bewaffnung.

Insgesamt wurden von allen Varianten 598 Flugzeuge gebaut. Die Sowjetunion bestellte 200 Albemarles, trat aber nach 14 gelieferten Flugzeugen von der Bestellung zurück, da es für die vorgesehenen Transportaufgaben als untauglich eingestuft wurde.

Bemerkungen: Nach einem glücklosen Start als mittelschwerer Bomber wurde die Albemarle bis zum Kriegsende hauptsächlich als Transportflugzeug, als Absetzmaschine für Fallschirmjäger und zum Lastenabwurf, zum Beispiel für die Résistance in Frankreich und bei der Invasion der Alliierten im Juli 1943 in Sizilien eingesetzt. Als Schleppflugzeug für die schweren Airspeed Horsa-Lastensegler bei der Invasion in der Normandie im Juni 1944 nutzte man sie ebenso, wie bei der großen alliierten Luftlande-Operation Market Garden in den Niederlanden im September 1944.

Soweit bekannt gibt es keine erhalten gebliebenen Flugzeuge.

Besatzung: Bomber 6, sonst 4
Triebwerke: Zwei luftgekühlte 14-Zylinder-Doppelsternmotoren Bristol Hercules XI mit 1190 kW (1590 PS).
Leistungen: Höchstgeschwindigkeit ca. 425 km/h in 3200 m Höhe, Reisegeschwindigkeit 270 km/h, Dienstgipfelhöhe 5500 m, Reichweite 2170 km.
Gewichte: Leergewicht 11 497 kg, Abfluggewicht 16 556 kg.
Bewaffnung: Vier MGs im Drehturm auf dem Rumpf, maximal 2000 kg Bomben im Bombenschacht.

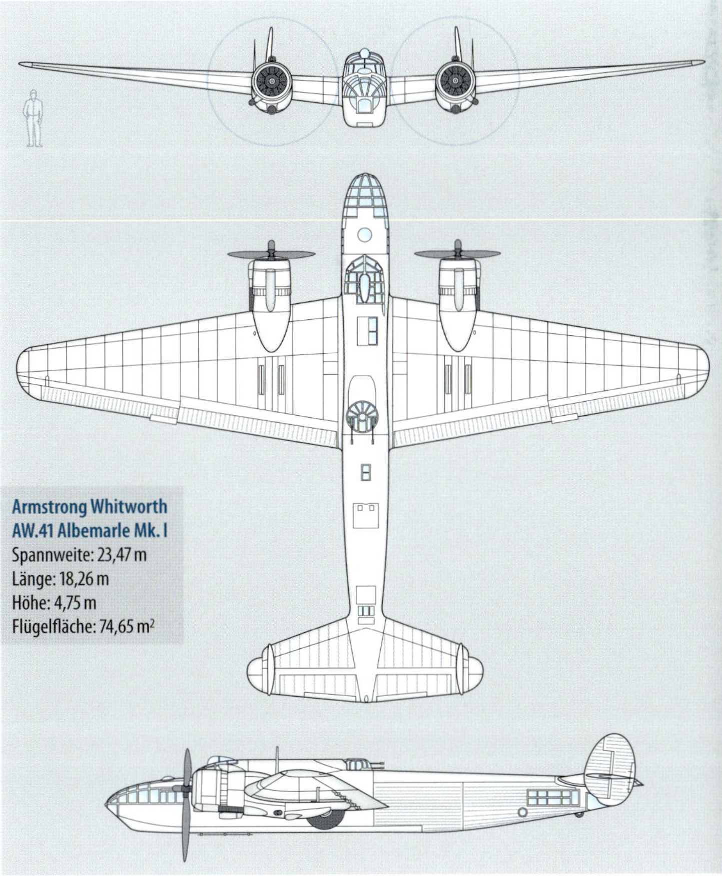

Armstrong Whitworth AW.41 Albemarle Mk. I
Spannweite: 23,47 m
Länge: 18,26 m
Höhe: 4,75 m
Flügelfläche: 74,65 m²

Avro 652 Anson

Ursprungsland
Großbritannien
Kategorie
Mehrzweckflugzeug

Entwicklung: Ursprünglich als leichtes Passagier- und Postflugzeug in den frühen 1930er-Jahren entworfen, absolvierte die militärische Version ihren Erstflug im März 1935 und bereits im Juli bestellte die RAF die ersten 174 Maschinen der Anson Mk. I. Das Stahlrohr-Rumpfgerüst des Tiefdeckers war teilweise beplankt und bespannt, die Flügel aus Holz. Alleine von der Mk. I wurden fast 7000 Stück gebaut. Kanada stellte von der Mk. II mit 330 PS-Jacobs-Sternmotoren 1400 Stück in Lizenz her. 432 Exemplare der Mk. III besaßen einen leicht modifizierten Antrieb und von der Mk. IV existierte es nur ein Exemplar mit einem Wright R-975 Sternmotor. Kanada produzierte nochmals 1050 Mk. V, aber mit Holzrumpf und zwei 450 PS-starken 9-Zylinder-Sternmotoren Pratt & Whitney R-985. Nach Problemen mit den Holzverklebungen wurde ein Teil der letzten Baureihen mit Metallflügeln und -leitwerken ausgestattet. Zahlreiche Varianten bis zur Mk. XII wurden ausgeliefert, darunter Versionen als Trainer-, Navigations-, Funkschul-, Verbindungs- und Transportflugzeug. Als Anson 18 und 19 sind noch 69 Flugzeuge für zivile Zwecke gebaut worden.

Erst im Mai 1952 endete die Produktion nach 11 020 Flugzeugen. Davon wurden 2882 in Kanada hergestellt.

Bemerkungen: Die Anson war das zahlenmäßig erfolgreichste Flugzeug von Avro. Zu Beginn des Zweiten Weltkrieges standen bereits 400 Ansons zur Schulung bereit und schnell wurden die Bestellungen erhöht, um über den Commonwealth Air Training Plan weiteres, dringend benötigtes fliegendes Personal zu schulen. Auch das Coastal Command der RAF verfügte Ende 1939 bereits über 300 Ansons und nutzte sie vorwiegend als Aufklärer, bis sie durch Lockheed Hudsons abgelöst worden sind. Hauptsächlich von Großbritannien, Kanada und Australien, aber auch von weiteren 26 Staaten wurde die Zweimot weltweit eingesetzt. Die letzten Ansons der RAF wurden erst 1968 ausgemustert.

Vor allem in Großbritannien, Kanada, Australien und Neuseeland sind zahlreiche Ansons in Museen, zum Teil aber auch flugfähig, erhalten geblieben oder restauriert worden.

Aus der letzten Baureihe, eine Transporter-Anson C, Mk. XII der RAF.

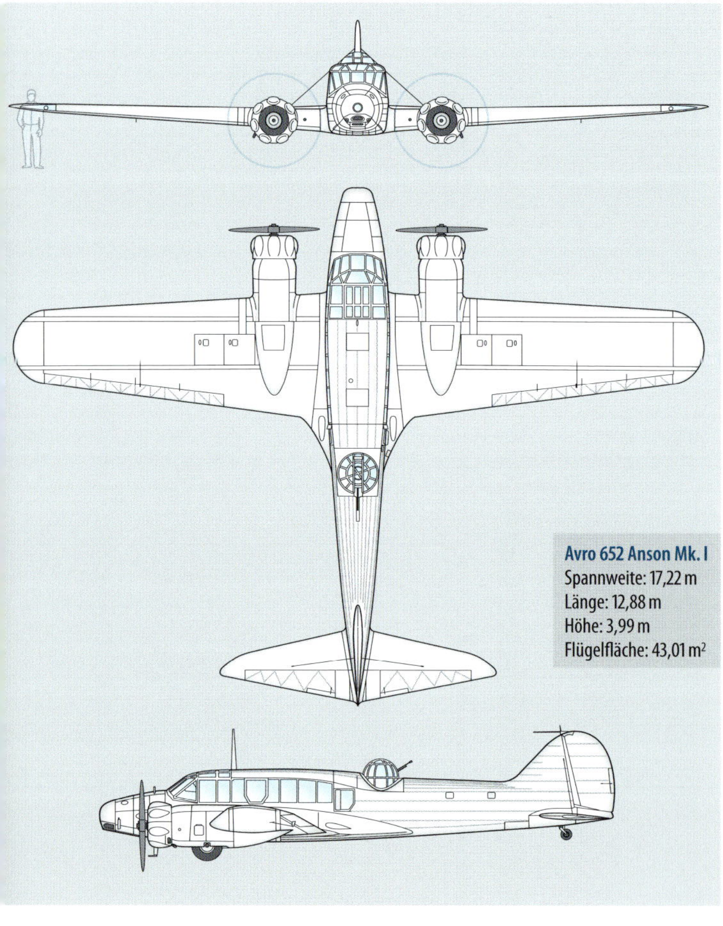

Avro 652 Anson Mk. I
Spannweite: 17,22 m
Länge: 12,88 m
Höhe: 3,99 m
Flügelfläche: 43,01 m²

Besatzung: 2 – 6 je nach Einsatzzweck
Triebwerke: (Mk. I) Zwei luftgekühlte 7-Zylinder-Sternmotoren Armstrong Siddeley Cheetah IX mit je 261 kW (350 PS).
Leistungen: (Mk. I) Höchstgeschwindigkeit 302 km/h in 2100 m Höhe, Reisegeschwindigkeit ca. 190 km/h, Dienstgipfelhöhe 5000 m, Reichweite 800 km.
Gewichte: (Mk. I) Leergewicht 2500 kg, Abfluggewicht 3608 kg, maximales Abfluggewicht 3900 kg.
Bewaffnung: Je nach Einsatzzweck und Version ein MG im vorderen Rumpf und ein MG im Drehturm. Maximal 163 kg Bomben.

Avro 679 Manchester

Entwicklung: Eine im Mai 1936 herausgegebene Forderung des britischen Luftfahrtministeriums verlangte einen zweimotorigen Bomber für bis zu 3600 kg Nutzlast, der die Whitley (S. 74), Hampden (S. 100) und Wellington (S. 115) ersetzen sollte. Trotz konkurrierender Typen anderer Hersteller wurde Mitte 1937 die Manchester vom Reißbrett weg bestellt. Im Juli 1939 flog der erste Prototyp. Die in Ganzmetallbauweise hergestellte Zweimot war mit flüssigkeitsgekühlten 24-Zylinder Vulture-Antrieben motorisiert, die sich durch eine X-förmige Anordnung von jeweils sechs Zylindern in Reihe auszeichneten, die aber während ihrer gesamten Einsatzzeit große Probleme bereiteten. Im August 1940 wurden die ersten Manchester Mk. I ausgeliefert. Bereits im April 1941 und nochmals im Juni 1941 wurden sie wegen häufiger Motorausfälle gegroundet. Und schon im August 1941 kamen neue gravierende technische Problem hinzu, so dass im November 1941 beschlossen wurde, die Produktion komplett einzustellen. Versuche mit Bristol Centaurus-Antrieben wurden aufgegeben. Eine letzte Mk. III, mit vier Merlin-Motoren und größerer Spannweite war schließlich der Prototyp der kommenden Lancaster.

Bis dahin waren 202 Manchester bei der RAF und dem Coastal Command im Dienst. Davon wurden 32 von Vickers hergestellt.

Ursprünglich mit einem Doppelleitwerk entworfen, sind die ersten 20 Manchester Mk. I noch mit einem zentralen, dritten Leitwerk ausgeliefert worden. Mit der Mk. I A änderte sich dies wieder.

Besatzung: 7
Triebwerke: (Mk. I) Zwei flüssigkeitsgekühlte 24-Zylindermotoren Rolls Royce Vulture I X-24 mit je 1310 kW (1760 PS).
Leistungen: (Mk. I) Höchstgeschwindigkeit 425 km/h in 5200 m Höhe, Reisegeschwindigkeit ca. 330 km/h, Dienstgipfelhöhe 5900 m, Reichweite 1900 km bei maximaler Bombenlast.
Gewichte: (Mk. I) Leergewicht 14 152 kg, maximales Abfluggewicht 22 680 kg.
Bewaffnung: Je zwei MGs im Bug und auf dem Rücken, ein Vierlings-MG im Heckstand. Maximal 4695 kg Bomben im Schacht.

Bemerkungen: Die geringe Produktionszahl der erfolglosen und bei Piloten unbeliebten Manchester ist auf ihre schwachen, komplizierten und unzuverlässigen Vulture-Antriebe zurückzuführen. Sie war aber die Basis für die weitaus erfolgreichere Lancaster. Bei rund 1270 Einsätzen gingen 78 Flugzeuge verloren, weitere 45 nicht im Einsatz, davon allein wegen Motorschäden 30 Maschinen. Trotz vieler Verbesserungen seitens Avro wurden sie im Juni 1942 auch zugunsten leistungsfähigerer viermotoriger Bomber aus dem Betrieb genommen. Einige nutzte man noch bis 1943 für die Schulung neuer Lancaster-Besatzungen.

Soweit bekannt, blieb keine Maschine erhalten.

Avro 679 Manchester Mk. I A
Spannweite: 27,46 m
Länge: 21 m
Höhe: 5,94 m
Flügelfläche: 105,1 m²

Ursprungsland
Großbritannien
Kategorie
Schwerer Bomber

Avro 683 Lancaster

Ursprungsland
Großbritannien
Kategorie
Schwerer Bomber

Entwicklung: Die Lancaster ist eine Weiterentwicklung der zweimotorigen Avro Manchester. Im Januar 1941 flog der erste Prototyp und im Oktober 1941 bereits die erste Serienmaschine von 3371 produzierten Mk. I. Die Mk. II (300 St.) wurde mit Bristol Hercules 14-Zylinder-Doppelsternmotoren ausgestattet, während die Mk. III (2991 St.) wiederum mit in dem USA produzierten V12-Merlin gebaut wurde. Der in Ganzmetall hergestellte Bomber wurde in fünf Werken in zahlreichen Varianten produziert, die sich hauptsächlich in der Motorisierung und je nach Einsatzzweck in der Bewaffnung unterschieden.

Die Lancastrian war Passagier- und Frachterversion der Lancaster.

Eine kanadische Firma begann 1942 Lancasters in Transporter umzurüsten. Ebenso die britische A.V. Roe, die 30 Exemplare in Avro 691 Lancastrian für 9 – 13 Passagiere für BOAC-Langstrecken ümrüstete. Avro selbst baute 91 neu.

Bis Februar 1946 sind 7377 Lancaster gebaut worden, davon 430 in Kanada in Lizenz.

Bemerkungen: Die Lancaster war der bedeutendste schwere viermotorige Bomber Großbritanniens und bildete das Rückgrat der Tag- und hauptsächlich Nachteinsätze ab März 1942 gegen Deutschland. Es wurden dabei rund 156 000 Missionen über Europa geflogen, bei denen ca. 3200 Lancaster verloren gingen. Berühmt wurde die Lancaster allerdings durch Spezialoperationen mit überschweren Bomben, durch die Versenkung des deutschen Schlachtschiffes Tirpitz in Norwegen oder die Bombardierung wichtiger militärischer Ziele. Vor allem aber mit den spektakulären nächtlichen Rollbomben-Angriffe auf die Eder- und Möhnetalsperren im Mai 1943.

Insgesamt sollen 17 Avro Lancaster erhalten geblieben sein. Davon zwei flugfähig in Großbritannien und Kanada.

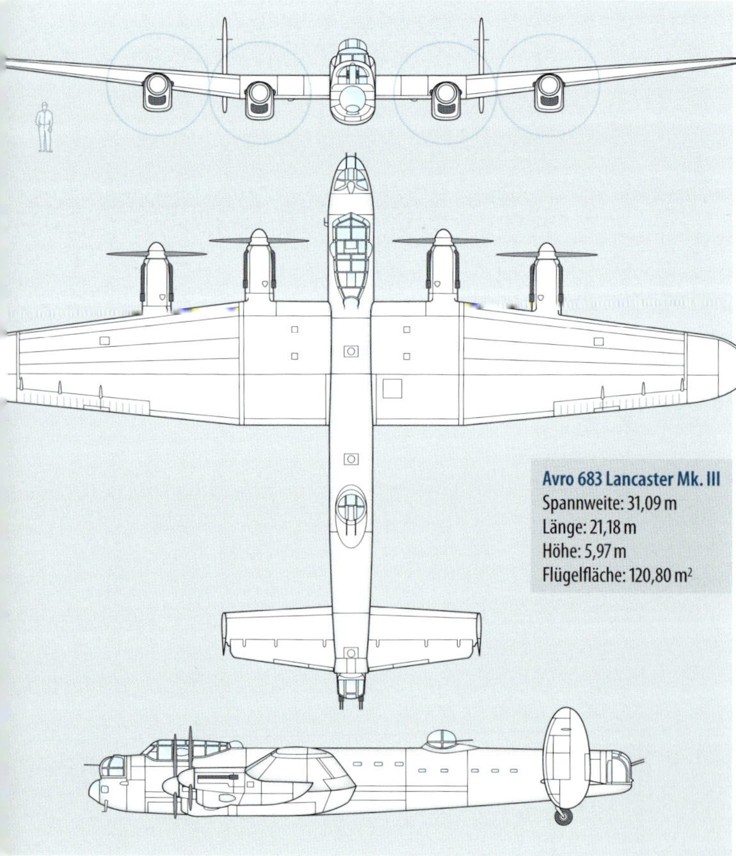

Avro 683 Lancaster Mk. III
Spannweite: 31,09 m
Länge: 21,18 m
Höhe: 5,97 m
Flügelfläche: 120,80 m²

Die Weiterentwicklung Avro 694 Lincoln, von der 604 Stück gebaut wurden, flog erstmals im Juni 1944 und war der letzte schwere Bomber mit Kolbenmotoren der RAF.

Besatzung: 7
Triebwerke: (Mk. I) Vier flüssigkeitsgekühlte V12-Zylinder-Motoren Rolls-Royce Merlin XX mit 950 kW (1280 PS).
Leistungen: (Mk. I) Höchstgeschwindigkeit ca. 450 km/h, Reisegeschwin-digkeit 320 km/h, Dienstgipfelhöhe 6500 m, Reichweite 4070 km.
Gewichte: (Mk. I) Leergewicht 16 738 kg, Abfluggewicht 24 948 kg, maximales Abfluggewicht 30 844 kg.
Bewaffnung: (Mk. I) Je ein Zwillings-MGs im vorderen und oberen Turm, und ein Vierlings-MG im Heckstand. Maximal 6400 kg Bomben.

Avro 685 York

Ursprungsland
Großbritannien
Kategorie
Transport-flugzeug

Entwicklung: Um den Bedarf an militärischen und zivilen Langstreckentransportflugzeugen für britische Übersee-Destinationen zu decken, entwickelte Avro ab 1941 die York. Das Ganzmetallflugzeug, noch mit einem Doppelleitwerk, flog im Juli 1942 zum ersten Mal. Dessen Tragflächen, Fahrwerk, Motoren und Leitwerk wurden von der Lancaster übernommen. Der breite kastige, nicht bedruckte Rumpf, bedingte, wie sich während der Erprobung zeigte, ein zusätzliches mittleres Seitenleitwerk. Mit den vier gebauten Prototypen, davon einer mit 1650 PS Bristol Hercules VI-Sternmotoren, wurden die unterschiedlichen Einsatzzwecke erprobt. Die Merlins blieben aber die Standardmotorisierung aller Yorks. Nach Gründung des RAF Transportkommandos im Jahr 1943 ging eine erste Bestellung über 200 Yorks ein, der eine weitere Order über 100 Flugzeuge folgte, von der bis 1948 aber nur noch 8 ausgeliefert wurden. Neben den reinen Frachtern lieferte Avro auch Passagierversionen mit 21 Sitzen in zwei getrennten Kabinen, mit Küche, Toilette und Garderobe oder als Passagier/Fracht-Kombination. Einige Flugzeuge wurden zu exklusiven VIP-Flugzeugen für höhere britische Regierungsmitglieder umgebaut. Eines davon mit einer in den Rumpf integrierten „eiförmigen" Druckkabine, die aber nicht über die Erprobung hinauskam.

Nach fünf Prototypen wurden 45 zivile York C Mk. I und 208 militärische York C Mk. II produziert. Victory Aircraft in Kanada baute eine Maschine, blieb aber mit dem Verkauf erfolglos.

Bemerkungen: Nach der Gründung des RAF Transport Command 1943 wurde die York das erste in größerer Anzahl genutzte Transportflugzeug. Die Briten nutzte das Muster weltweit, darunter für Transportflüge nach Indien und intensiv während der Blockade von Berlin 1948/49, bei der Yorks über 58 000 Einsätze zur Versorgung der eingeschlossenen Berliner flogen. Nach der Berlinblockade wurden ca. 40 RAF-Maschinen an zivile Betreiber verkauft, umgebaut und weiter verwendet. Viele wurden aber wegen Korroionsproblemen gleich verschrottet.

Die zivile York wurde beispielsweise von British South American Airways nach Südamerika und British Overseas Airways Corporation auf Flügen nach Südafrika (mit 12 Schlafkojen) eingesetzt. Weitere Betreiber in Großbritannien waren kleinere Fluggesellschaften, außerdem wurde sie von Fluggesellschaften im Mittelmeerraum und im Nahen Osten, in Argentinien und in Kanada genutzt. Die letzten zivilen Maschinen sind erst 1964 außer Dienst gestellt worden.

Lediglich zwei nicht flugfähige Flugzeuge werden im Imperial War Museum in Duxford und im Royal Air Force Museum in Cosford/Großbritannien präsentiert.

Avro 685 York C Mk. I
Spannweite: 31,09 m
Länge: 23,93 m
Höhe: 5,03 m
Flügelfläche: 120,50 m^2

Besatzung: 5
Triebwerke: Vier flüssigkeitsgekühlte V12-Zylinder-Motoren Rolls-Royce Merlin XX mit 950 kW (1280 PS).
Leistungen: Höchstgeschwindigkeit ca. 480 km/h in 4600 m Höhe, Dienstgipfelhöhe 7000 m, Reichweite 4800 km.
Gewichte: Leergewicht 15 060 kg, Abfluggewicht 29 484 kg.

Blackburn B. 24 Skua

Ursprungsland
Großbritannien
Kategorie
Jagdflugzeug, Sturzkampfbomber

Entwicklung: Eine radikale Abkehr von den zuvor üblichen Doppeldeckern der britischen Fleet Air Arm war das ab 1935 entwickelte zu seiner Zeit moderne, trägergestützte Jagdflugzeug B.24 Skua in Ganzmetallbauweise, mit Landeklappen, Einziehfahrwerk und Verstellpropeller. Die beiden Prototypen des Ganzmetall-Tiefdeckers (Mk. I) flogen im Februar 1937 noch mit einem 820 PS-Bristol Mercury IX-Sternmotor, während die Serie (Mk. II) mit dem stärkeren Bristol Perseus ausgerüstet wurde. Die erste Serienmaschine erreichte die Navy Ende 1938. Eine einzelne Bombe unter dem Rumpf war an einer ausfahrbaren Gabel aufgehängt, um beim Abwurf nicht den Propeller zu beschädigen. Große Landeklappen und ein Fanghaken machten die Skua flugzeugträgertauglich. Eine Parallelentwicklung war die fast identische Blackburn Roc (Erstflug Dezember 1938), die mit einem Vierlings-MG-Drehturm hinter dem Cockpit ausgestattet war und von der 136 Stück vom Band liefen.

Es wurden insgesamt nur 192 Blackburn Skua ausgeliefert.

Die von der Skua abgeleitete und gleichzeitig entwickelte Roc hatte eine ebenso kurze Dienstzeit und wurde wegen ungenügender Leistungen schon Mitte 1943 aus dem Dienst genommen.

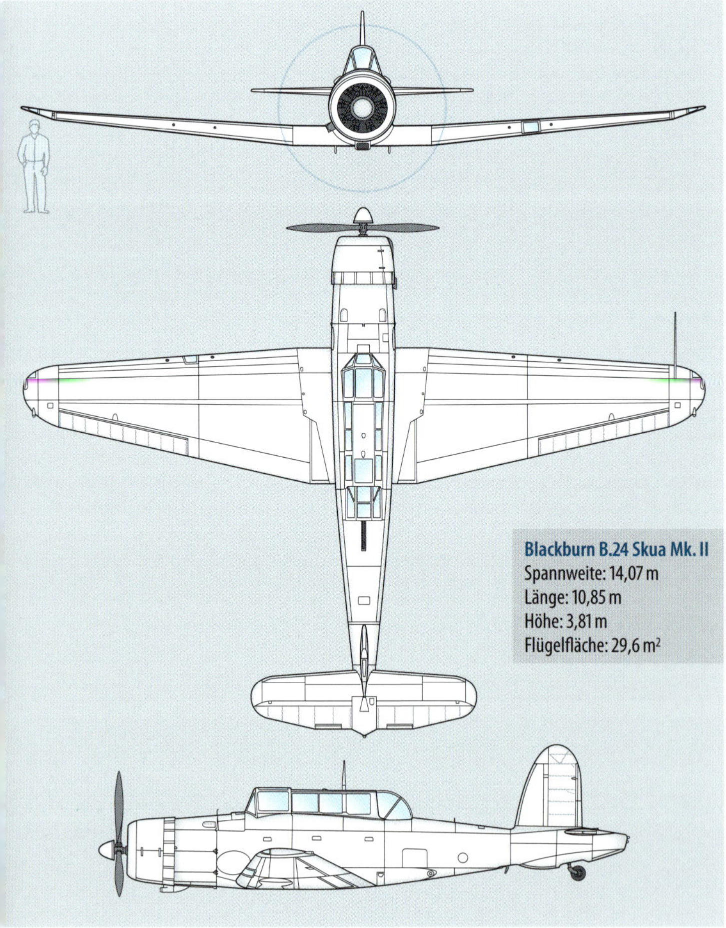

Blackburn B.24 Skua Mk. II
Spannweite: 14,07 m
Länge: 10,85 m
Höhe: 3,81 m
Flügelfläche: 29,6 m²

Bemerkungen: Als trägergestütztes Jagdflugzeug konnte die langsame Skua noch annähernd mit den vergleichbaren Marinejagdflugzeugen mithalten, gegen Landflugzeuge wie zum Beispiel die Bf 109 war sie jedoch chancenlos und erlitt große Verluste. Aber für Angriffe auf Seeziele war sie als Sturzkampfflugzeug noch zu Beginn des Zweiten Weltkrieges durchaus brauchbar. Unter anderem bei den Attacken auf deutsche Schlachtschiffe in Norwegen und im Mittelmeerraum. Aber bereits 1941 wurde die Skua durch leistungsfähigere Fairey Fulmars und Sea Hurricanes ersetzt. Einige nutzte man noch als Zielschleppflugzeuge und als Fortgeschrittenentrainer bei der Marine bis Ende 1945.

Soweit bekannt, ist kein komplettes Flugzeug erhalten geblieben. Es gibt aber Restaurationsprojekte geborgener Wracks.

Besatzung: 2
Triebwerk: (Mk. II) Ein luftgekühlter 9-Zylinder-Sternmotor Bristol Perseus XII mit 664 kW (903 PS) Startleistung.
Leistungen: Höchstgeschwindigkeit 362 km/h in 2000 m Höhe, Reisegeschwindigkeit 301 km/h, Dienstgipfelhöhe 6200 m, Reichweite 1220 km.
Gewichte: Leergewicht 2493 kg, Abfluggewicht 3732 kg.
Bewaffnung: Je zwei MGs in den Flügeln, ein MG im hinteren Cockpit. Eine 230 kg-Bombe unter dem Rumpf oder acht 14 kg-Übungsbomben an Flügelstationen.

Blackburn B. 26 Botha

Ursprungsland
Großbritannien
Kategorie
Torpedobomber, Aufklärer

Entwicklung: Die Botha und die Bristol Beaufort wurden nach einer Ausschreibung des britischen Luftfahrtministeriums von Ende 1935 entwickelt. Schon 1936 wurden neben der Bristol Beaufort auch 442 Botha Mk. I bestellt. Der Erstflug erfolgte allerdings erst im Dezember 1938. Obwohl das Gewicht des in Ganzmetallbauweise hergestellten Flugzeuges durch eine zwischenzeitlich geforderte 4-Mann-Besatzung stieg, waren stärkere Triebwerke, wie z. B. der Bristol Taurus mit 1130 PS wegen seiner geringen Produktionszahlen nur für die konkurrierende Bristol Beaufort verfügbar. Trotz weiterer Leistungssteigerungen des Bristol Perseus blieb der zweimotorige Hochdecker aber für den geplanten Fronteinsatz untermotorisiert. Obwohl die Zweimot Torpedo- und Minenabwurftests bestand, wurde sie zuerst einer Aufklärungsstaffel zugeordnet, wurde aber wieder aus der ersten Linie zurückgezogen und als Schul- und Trainingsflugzeug genutzt. Einige Flugzeuge sind schließlich zu Zielschleppflugzeugen (TT Mk. I) umgerüstet worden. Schon im Jahr 1943 verschrottete man die ersten Bothas und die letzten nahm man im September 1944 aus dem Dienst.

Eine Botha Mark I der RAF Operational Training Unit startet ihre Motoren auf einem Flugplatz in Silloth, Cumberland, Nordengland.

Insgesamt verließen 578 Botha Mk. I bei Blackburn die Werkshallen.

Bemerkungen: Im Grunde genommen war die Blackburn Botha nie ein konkurrenzfähiges Flugzeug und wirklich einsatzfähig. Die einzigen bewaffneten Einsätze begannen im Juni 1940 mit relativ sicheren Schiffskonvoi-Eskorten über der Nordsee, die gerade einmal 3 Monate andauerten. Auch bei den Trainingseinheiten der Royal Air Force wurden die übernommenen Bothas sehr schnell ersetzt, die letzte im Dezember 1942. Dazu war das Flugzeug bei Piloten wegen seiner geringen Motorleistung, vor allem in beladenem Zustand, der schlechten Sicht und seinem wenig stabilen Flugverhalten unbeliebt. Eine ungewöhnlich hohe Unfallrate bestätigten diese Einstellung, denn von den 578 Flugzeugen gingen allein 169 durch Unfälle verloren.

Es blieb soweit bekannt kein Flugzeug erhalten.

Besatzung: 4
Triebwerke: Zwei luftgekühlte 9-Zylinder-Sternmotoren Bristol Perseus XA mit 694 kW (930 PS) Startleistung.
Leistungen: Höchstgeschwindigkeit 401 km/h, Reisegeschwindigkeit 341 km/h, Dienstgipfelhöhe 5335 m, Reichweite 2044 km.
Gewichte: Leergewicht 5366 kg, Abfluggewicht 8369 kg.
Bewaffnung: Ein starres MGs nach vorn, ein Zwillings-MG im Drehturm. Im Bombenschacht ein Torpedo oder bis zu 907 kg Bomben.

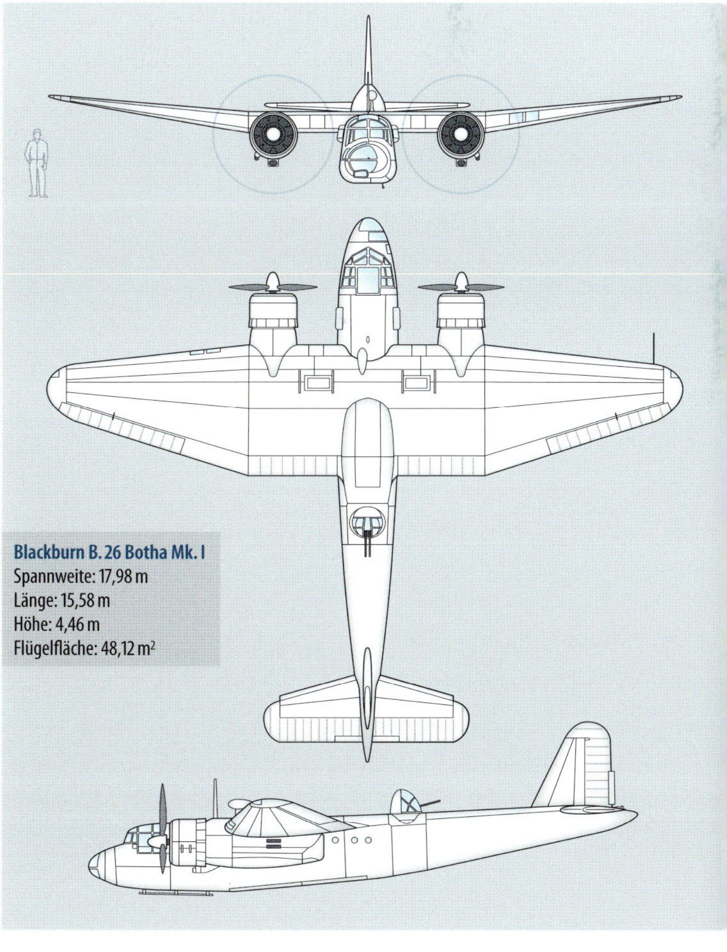

Blackburn B. 26 Botha Mk. I
Spannweite: 17,98 m
Länge: 15,58 m
Höhe: 4,46 m
Flügelfläche: 48,12 m^2

Boulton Paul Defiant

Ursprungsland
Großbritannien
Kategorie
Jagdflugzeug

Entwicklung: Nach einer Ausschreibung im Jahr 1933 und einem Atrappenbau rollte der erste Prototyp der Defiant im August 1937 aus der Halle. Im Juli 1939 flog die erste in Ganzmetallbauweise produzierte Serienversion Mk. I. Die Defiant hatte keine, wie bei Jagdflugzeugen üblich, nach vorn feuernde feste Bewaffnung, sondern nur einen in alle Richtungen schwenkbaren Vierlings-MG-Turm. Im Dezember 1939 kam das erste Flugzeug zur Truppe. Die verbesserte Mk. II wurde im August 1941 eingeführt, nun mit einem 1260 PS-V 12-RR Merlin. Wegen immer noch mangelnder Leistung als Jagdflugzeug, im Vergleich zur Spitfire und Hurricane, wurden die Defiants zur Nachtjagd umgerüstet und vereinzelt zum Test mit einem Radargerät ausgestattet. Schließlich wurde 1941 der Tiefdecker T.T. Mk. I nur noch als Zielschlepper produziert. Lediglich auf ein halbes Jahr Einsatzdauer brachten es die 76 umgebauten Maschinen der Seenotrettung, die mit einer Dinghy-Aufhängung unter der linken Tragfläche ausgerüstet waren. Von August 1942 bis Juli 1943 kam noch eine Version zur elektronischen Kampfführung zum Einsatz.

Bis 1943 wurden von allen Versionen 1060 Flugzeuge produziert.

Bemerkungen: Wegen mangelnder Leistung und der Bewaffnung mit einem Drehturm anstatt nach vorn gerichteter MGs, war die Defiant eigentlich schon zur Zeit ihrer Einführung veraltet und hatte nur wenig Chancen gegen modernere Jagdflugzeuge. Als Tagjäger war die Defiant deshalb nicht haltbar. So wurde sie Ende 1940 als Nachtjäger gegen die zunehmenden Nacht-Bombardements der deutschen Luftwaffe eingesetzt. Trotz anfänglicher Erfolge war jedoch im Sommer 1942 mit Erscheinen leistungsfähigerer Typen die Zeit für die Defiant abgelaufen und das Flugzeug wurde noch zum Training, als Störflugzeug gegen deutsche Radaranlagen und zur Seenotrettung benutzt.

Noch ohne Geschützturm hinter dem Cockpit, der einsitzige Prototyp der Defiant im Jahr 1937.

Die einzige komplette Defiant steht im Royal Air Force Museum Cosford, Großbritannien.

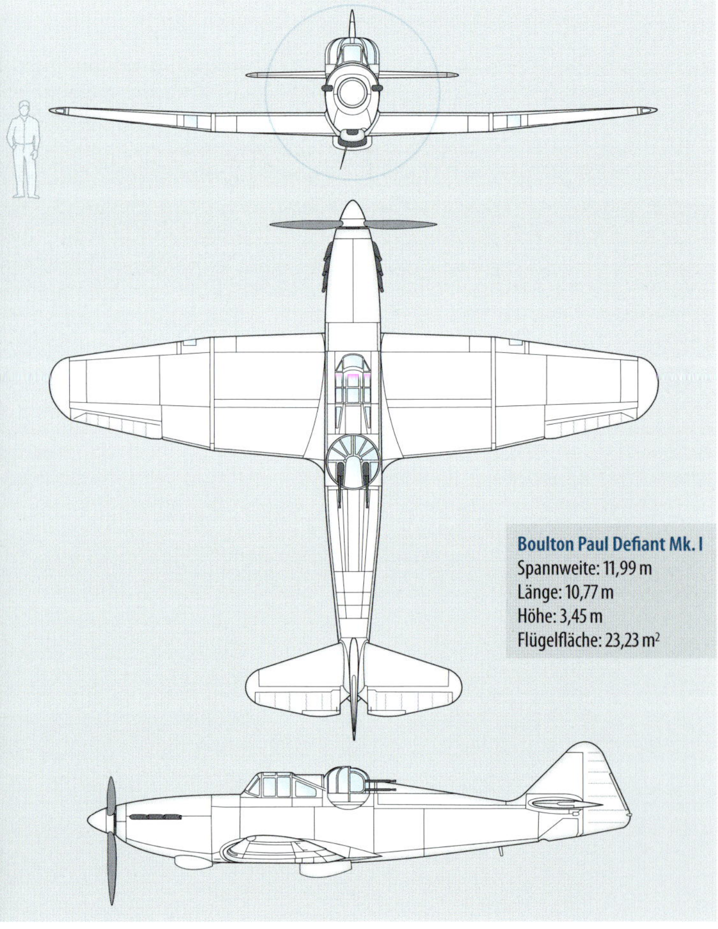

Boulton Paul Defiant Mk. I
Spannweite: 11,99 m
Länge: 10,77 m
Höhe: 3,45 m
Flügelfläche: 23,23 m²

Besatzung: 2
Triebwerk: (Mk. I) Ein flüssigkeitsgekühlter V12-Zylinder-Motor Rolls-Royce Merlin III mit 770 kW (1030 PS).
Leistungen: (Mk. I) Reisegeschwindigkeit 282 km/h, Höchstgeschwindigkeit 489 km/h, Steigzeit auf 4600 m 8,5 min, Dienstgipfelhöhe 9400 m, Reichweite 750 km.
Gewichte: (Mk. I) Leergewicht 2757 kg, Abfluggewicht 3773 kg, maximales Abfluggewicht 3901 kg.
Bewaffnung: Vier MGs in einem Drehturm hinter dem Cockpit.

Bristol 142 Blenheim

Ursprungsland
Großbritannien
Kategorie
Leichter Bomber

Entwicklung: Das zivile, achtsitzige Transport- und Verkehrsflugzeug Bristol 142 war 1935 schneller als der damalige Standardjäger der RAF und so wurde beschlossen daraus den leichten Bomber Blenheim zu entwickeln. Das in Ganzmetall-Schalenbauweise hergestellte zweimotorige Flugzeug wurde zum Mitteldecker, um Platz für den Bombenschacht zu schaffen. Es hob im Juni 1936 zum ersten Mal ab, und die erste von 1150 Serienmaschinen Mk. I mit 840 PS Bristol Mercury VIII Sternmotoren und mit komplett verglaster Front, wurde schon im November 1936 ausgeliefert. Ein Langstrecken-Aufklärer Mk. II und die Mk. III, ein Muster für den geänderten Bug, kamen nicht über das Prototypenstadium hinaus. Die Mk. IV (großes Bild) mit verlängertem, asymetrischem klassischem Stufenbug, einem Drehturm, zusätzlichen Tanks, erhöhter Zuladung und stärkeren Mercury-Motoren war mit 3280 produzierten Flugzeugen jedoch ein Erfolg. Von der Mk. V wurden ca. 945 Stück gebaut, die als wenig erfolgreicher Höhenbomber und danach als Trainer eingesetzt wurden.

Insgesamt sind, je nach Quelle, 6185 (4422) Blenheims gebaut worden. Sie wurden in zahlreiche Länder exportiert und in Finnland (55 St.) und Jugoslawien in Lizenz gefertigt. Auch Kanada baute unter dem Namen Bolingbroke 676 Exemplare.

Blenheim Mk. I F, eine Nachtjägerversion, ausgestattet mit Radar, bewaffnet mit vier MGs unter dem Rumpf. Etwa 200 Mk. I wurden in Mk IF Nachtjäger umgebaut.

Bemerkungen: Blenheims wurden bei jedem Dienstzweig der Royal Air Force und weltweit auf allen Kriegsschauplätzen als Langstrecken-Jagdflugzeuge, leichte Bomber, zur Schiffsbegleitung und zur Nachtjagd eingesetzt. Nach Abzug aus den Fronteinheiten setzte man die robusten Maschinen bis zum Kriegsende noch als Schul-, Trainings- und Zielschleppflugzeuge ein.

Einige Blenheims blieben erhalten, wurden geborgen und (auch flugfähig) restauriert, oder stehen in Museen, wie z. B. im Imperial War Museum Duxford, Großbritannien oder in Finnlands Luftfahrtmuseum in Tikkakoski.

Besatzung: 3
Triebwerke: Zwei luftgekühlte 9-Zylinder-Sternmotoren Bristol Mercury XV mit je 675 kW (917 PS).
Leistungen: (Mk. IV) Reisegeschwindigkeit 319 km/h, Höchstgeschwindigkeit 428 km/h in 3600 m Höhe, Dienstgipfelhöhe 8310 m, Steigzeit auf 2000 m 4 min 10 sec, Reichweite 2350 km.
Gewichte: (Mk. IV) Leergewicht 4441 kg, maximales Abfluggewicht 6532 kg.
Bewaffnung: (Mk. IV) Ein MG im Flügel, zwei MGs im Drehturm, wahlweise ein oder zwei MGs in einer Wanne unter dem Rumpf. Vier 113 kg-Bomben intern oder zwei 227 kg-Bomben intern und acht 18 kg-Bomben an Flügelstationen.

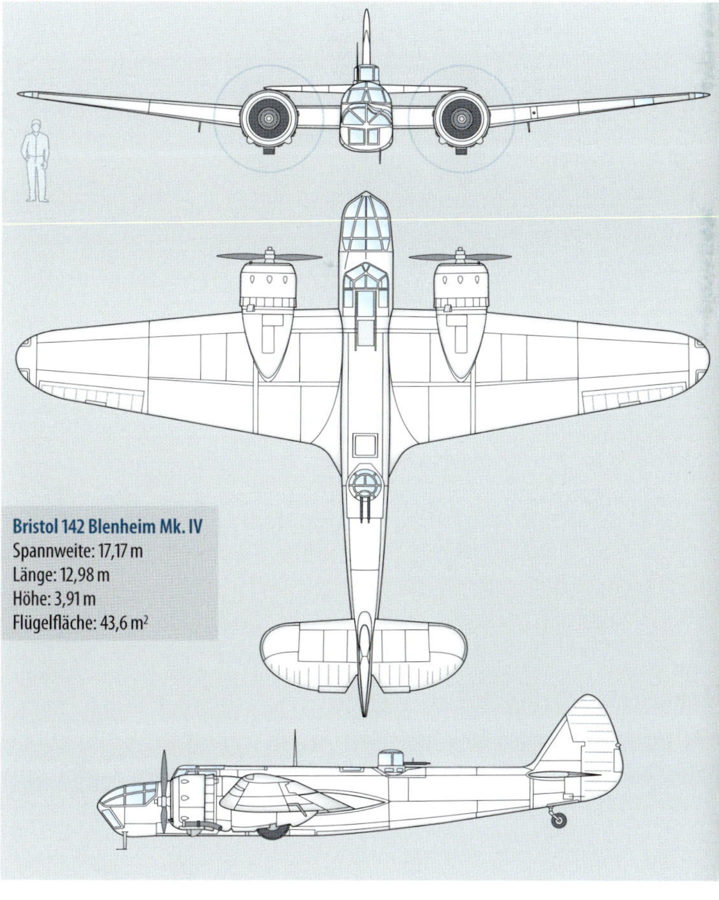

Bristol 142 Blenheim Mk. IV
Spannweite: 17,17 m
Länge: 12,98 m
Höhe: 3,91 m
Flügelfläche: 43,6 m²

Bristol 152 Beaufort

Ursprungsland
Großbritannien
Kategorie
Torpedobomber

Entwicklung: Der nach einer Spezifikation des britischen Luftfahrtministeriums aus der Blenheim abgeleitete Prototyp der Beaufort als Torpedobomber und Aufklärer hob erstmals im Oktober 1938 ab. Wegen Motorproblemen mit den Bristol Taurus-Motoren, die auch noch über die ersten Einsatzjahre fortdauerten, begann die Auslieferung des in Ganzmetallbauweise produzierten Mitteldeckers erst im Januar 1940. Zwischenzeitlich wurden deshalb in die Blenheim Mk. II Pratt & Whitney Twin Wasp Doppelsternmotoren eingebaut, bis der verbesserte schiebergesteuerte Bristol Taurus-Motor zuverlässig lief. Gebaut wurden 1013 Mk. I (große Abb.) und 167 Mk. II als Torpedobomber und Aufklärer. Die Beaufort T Mk. II waren 249 zum Trainer umgebaute Mk. II, während die Mk. III und Mk. IV Einzelstücke mit Rolls Royce Merlin XX- und Bristol Taurus XX-Antrieben blieben.

Die Produktion der in zwei britischen Werken gebauten Maschinen endete im November 1944 nach 1180 Flugzeugen.

In Australien wurden 700 Beauforts in den Versionen V – IX, davon 46 als unbewaffnete Transportflugzeuge, ausschließlich mit 1200 PS-starken Doppelsternmotoren R 1830 Twin Wasp von Pratt & Whitney, in Lizenz gebaut.

Bemerkungen: Obwohl als Torpedobomber konstruiert, wurde die Beaufort auch als mittelschwerer Bomber, Aufklärer und Transporter eingesetzt. Bis 1943 flog sie als Minenleger und Torpedobomber erfolgreich gegen deutsche Kriegsschiffe, die in der Nordsee und im Atlantik operierten, um schließlich selbst von den moderneren Bristol Beaufighters abgelöst zu werden. In Malta stationierte Beauforts bekämpften die deutschen Versorgungskonvois, die nach Nordafrika unterwegs waren. Im Pazifikraum flogen australische Beauforts Angriffe auf japanische Schiffe bis zum Ende des Krieges.

Einige Beauforts sind erhalten geblieben und können in Museen in Großbritannien, Australien und den USA besichtigt werden.

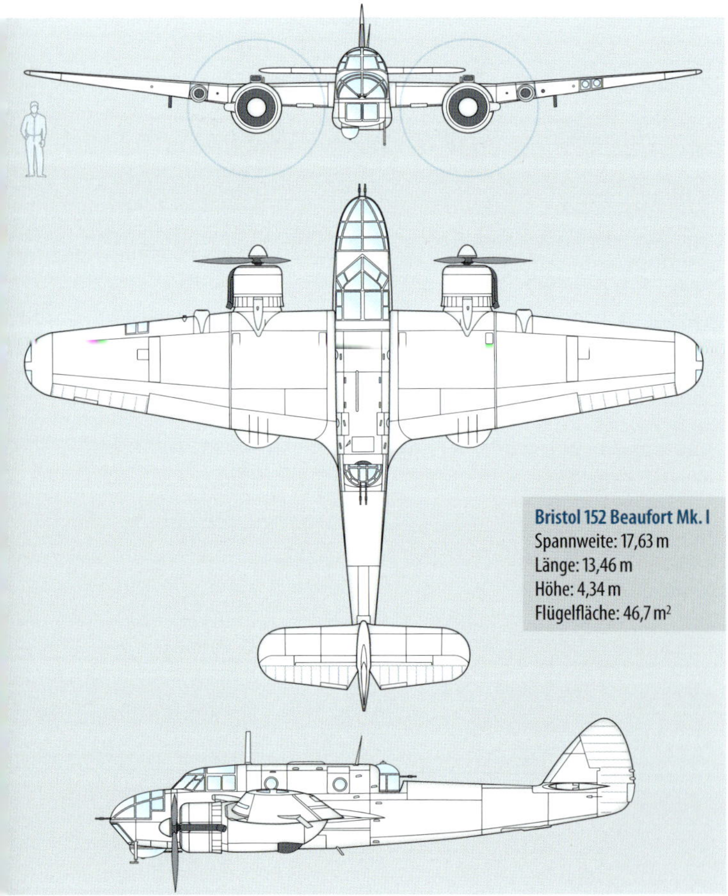

Bristol 152 Beaufort Mk. I
Spannweite: 17,63 m
Länge: 13,46 m
Höhe: 4,34 m
Flügelfläche: 46,7 m²

Mit Radarantennen unter den Flügeln, ein Torpedobomber Beaufort Mk. II.

Besatzung: 4
Triebwerke: (Mk. I) Zwei luftgekühlte 14-Zylinder-Doppelsternmotoren Bristol Taurus XII mit 831 kW (1130 PS) Startleistung.
Leistungen: (Mk. I) Höchstgeschwindigkeit 436 km/h in 2000 m Höhe, Reisegschwindigkeit 410 km/h in 2000 m Höhe, Dienstgipfelhöhe 5000 m, Reichweite maximal 2600 km.
Gewichte: Leergewicht 5945 kg, maximales Abfluggewicht 9629 kg.
Bewaffnung: Je nach Variante zwei MGs im Drehturm, ein MG in der Tragfläche oder zwei MGs im Bug. Plus ein Torpedo oder 907 kg Bomben oder Minen.

Bristol 156 Beaufighter

Ursprungsland
Großbritannien
Kategorie
Jagdbomber, Jagdflugzeug

Entwicklung: Als Weiterentwicklung der Beaufort entstand der Beaufighter, dessen erster unbewaffneter und in Ganzmetallbauweise konstruierter Prototyp, ursprünglich als Langstrecken-Jagdflugzeuge konzipiert, im Juli 1939 erstmals flog. Zwei Wochen zuvor wurden bereits 300 Flugzeuge vom „Reißbrett weg“ bestellt. Nach einer Reihe von Prototypen und Vorserienflugzeugen wurde im August 1940 die erste Mk. I als Nachtjäger mit Radar und zur Schiffsbekämpfung ausgeliefert (großes Bild). Im März 1941 flog erstmals die Mk. II, eine Nachtjägerversion mit V12-Reihenmotoren Rolls-Royce Merlin XX. Mit 2253 Stück war die Mk. X die meistproduzierte und vielseitigste Variante mit einem verbesserten Doppelsternmotor Bristol Hercules XVII. Sie konnte neben einem Torpedo auch Bomben und Raketen tragen. Davon wurden 34 zum Zielschlepper nach dem Krieg umgebaut. Einige Beaufighter-Varianten mit anderen Motorisierungen und Bewaffnungen blieben Einzelstücke.

Als Nachtjäger Beaufighter Mk. II F mit Radar ausgerüstet und mit Rolls Royce Merlins motorisiert, weil Bristol Hercules-Motoren für das Bomberprogramm reserviert waren.

Es wurden in mehreren Werken bis September 1945 insgesamt 5552 Flugzeuge aller Varianten gebaut. Australien baute in Lizenz von 1943 bis 1946 364 Beaufighter Mk. XXI, eine Variante der britischen Mk. X.

Bemerkungen: Der schwerbewaffnete Beaufighter war auf der Seite Großbritanniens und seiner Verbündeten eines der zahlreichsten und wichtigsten Kampfflugzeuge des Zweiten Weltkriegs. Das äußerst vielseitige Flugzeug wurde weltweit auf nahezu allen Kriegsschauplätzen erfolgreich als Nachtjäger, raketenbewaffnetes Tiefangriffsflugzeug, zur Schiffsbekämpfung und als Torpedobomber eingesetzt. Es war zudem einer der ersten, oft schwarz gestrichenen, effektiven Nachtjäger mit Bordradar. Sogar die USAAF nutzte ab Sommer 1943 mangels eigener Flugzeuge im Rahmen des Reverse Lend-Lease-Abkommens Beaufighters im Mittelmeer, bis sie Ende 1944 durch die Northrop P-61 Black Widow ersetzt werden konnten.

Soweit bekannt stehen in Museen in Großbritannien (z. B. im RAF Museum in London), Australien, USA und Kanada noch 7 Exemplare.

Besatzung: 2
Triebwerke: (Mk. X) Zwei luftgekühlte 14-Zylinder-Doppelsternmotoren Bristol Hercules XVII mit je 1294 kW (1735 PS).
Leistungen: (Mk. X) Höchstgeschwindigkeit 512 km/h in 3000 m Höhe, Dienstgipfelhöhe 5790 m, Reichweite 2350 km, mit Zusatztanks ca. 2800 km.
Gewichte: (Mk. X) Leergewicht 7080 kg, maximales Abfluggewicht 11 520 kg.
Bewaffnung: Je nach Variante vier bis sechs MGs in den Flügeln, vier MKs unter dem Rumpf, ein Torpedo, acht Raketen an Flügelstationen oder vier 200 kg-Bomben.

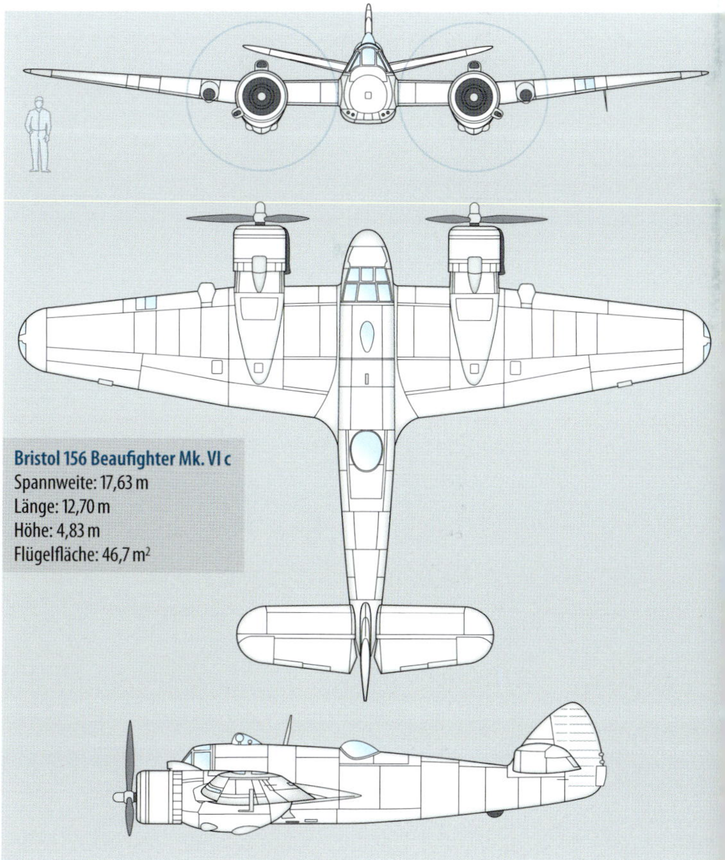

Bristol 156 Beaufighter Mk. VI c
Spannweite: 17,63 m
Länge: 12,70 m
Höhe: 4,83 m
Flügelfläche: 46,7 m²

De Havilland DH. 82 Tiger Moth

Ursprungsland
Großbritannien
Kategorie
Schulflugzeug

Entwicklung: Der Doppeldecker ist eine Weiterentwicklung des Doppeldeckers DH. 60 Moth und flog im Oktober 1931 zum ersten Mal. Das in Gemischtbauweise hergestellte Flugzeug hat einen verkleideten und bespannten Rumpf aus Stahlrohr und bespannte Holzflügel. Die DH. 82 wurde schnell zum Standardtrainer der RAF und mit Beginn des Zweiten Weltkriegs waren rund 500 Tiger Moths im Bestand. Unter den unzähligen Varianten, die für die zivile und militärische Nutzung produziert wurden, gab es vor allem Trainerversionen mit unterschiedlicher Motorisierung. Tiger Moths DH. 82 A–C flogen mit Gipsy Major-Antrieben, alle C 2–C 4 nutzten luftgekühlte 4-Zylinder Menasco-Reihenmotoren. Mit geschlossener, beheizter Kabine lieferte man die DH. 82 C aus und die Queen Bee flog als unbemannte, funkferngesteuerte Tiger Moth zur Zieldarstellung. Kanada überließ aus eigener Produktion 200 Doppeldecker der USAAF als PT-24 Moth. In den 1950er-Jahren wurden sogar Tiger Moth zum viersitzigen Thruxton Jackaroo-Kabinendoppeldecker umgebaut.

Insgesamt sollen bis 1945 inklusive aller Lizenzbauten in Norwegen, Schweden, Portugal und den Commonwealth-Staaten 8868 Tiger Moths produziert worden sein.

Bemerkungen: Der für ein Spornradflugzeug einfach zu fliegende und für Kunstflug zugelassene Doppeldecker gehört unbestritten zu den erfolgreichsten und bekanntesten Schulflugzeugen des Zweiten Weltkrieges. Fast alle angehenden Piloten aus Großbritannien, Kanada, Südafrika, Australien und Neuseeland begannen ihre Karriere auf diesem Trainer. Sie blieb bis Anfang der 1950er Jahre im Einsatz, bis sie, oft vom Nachfolger De Havilland Chipmunk, abgelöst wurde. Auf allen Kontinenten, in rund 40 Staaten, wurde die Maschinen militärisch eingesetzt. In Neuseeland wurden in der Nachkriegszeit noch etliche Exemplare zum Agrarsprühflugzeug umgebaut.

Ein geschlossenes Schiebecockpit bei der Tiger Moth C 2 war bei winterlichen kanadischen Temperaturen obligatorisch.

Oft aber gelangten die einfachen und billig zu unterhaltenden Flugzeuge nach ihrer militärischen Nutzung in private Hände oder in Fliegerclubs. So sind heute weltweit zahllose gut restaurierte „Motten“ noch in flugfähigem Zustand oder in Museen zu finden.

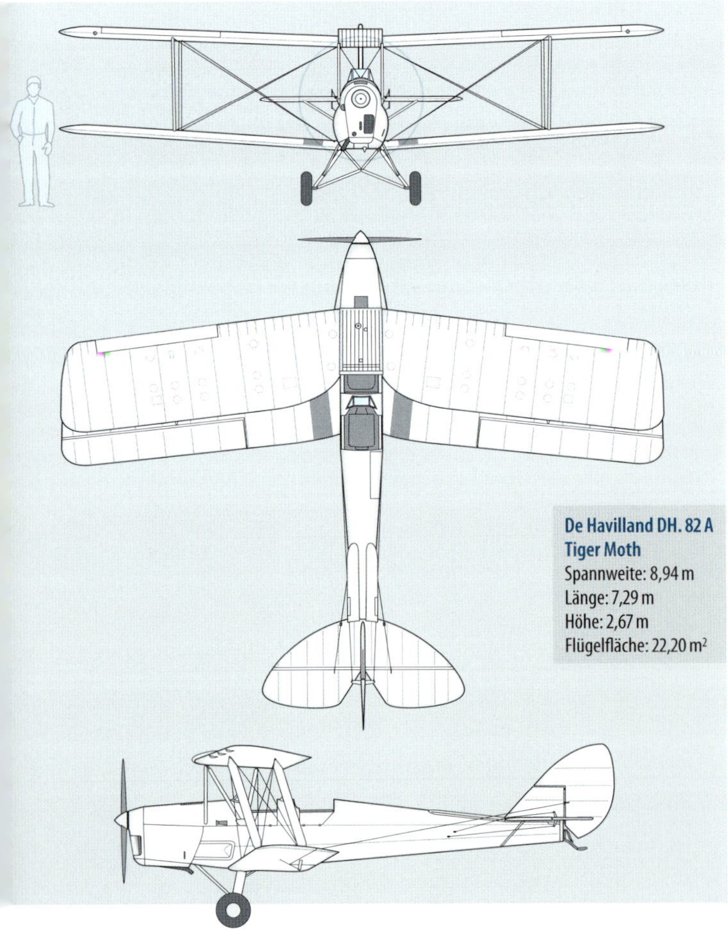

De Havilland DH. 82 A Tiger Moth
Spannweite: 8,94 m
Länge: 7,29 m
Höhe: 2,67 m
Flügelfläche: 22,20 m²

Besatzung: 2
Triebwerk: (A) Ein luftgekühlter, hängender 4-Zylinder-Reihenmotor de Havilland Gipsy Major 1 oder 1 F mit je 97 kW (130 PS) oder 1 C mit 107 kW (145 PS).
Leistungen: (A) Höchstgeschwindigkeit 175 km/h, Reisegeschwindigkeit 108 km/h, Dienstgipfelhöhe 4100 m, Reichweite ca. 480 km.
Gewichte: Leergewicht 506 kg, Abfluggewicht 828 kg.

De Havilland DH. 89 Dragon Rapide

Ursprungsland
Großbritannien
Kategorie
Militärtransporter, Schulmaschine, Passagierflugzeug

Entwicklung: Die DH. 89, deren Erstflug im April 1934 stattfand, ist eine kleinere zweimotorige Weiterentwicklung der viermotorigen DH.86 Express. Andere Quellen schreiben, es wäre eine Weiterentwicklung der DH.84 mit einer größeren Kabine für bis zu 8 Passagiere und neuen Tragflächen. Die Serienfertigung des überwiegend aus verleimten Sperrholz gebauten, und stoffbespannten Doppeldeckers begann im Juli 1934. Bis Kriegsbeginn 1939 wurden über 200 Exemplare an Privatleute, Firmen und Fluggesellschaften geliefert. Die DH.89 A war eine verbesserte Version mit modifiziertem Flügel, Verstellpropellern und einer Kabinenheizung. Mit Kriegsbeginn 1939 wurden alle zivilen DH. 89 requiriert. Bis Juli 1946 kamen auch noch weitere 524 neu gebaute, militärische DH. 89 B, von der RAF Dominie genannt, dazu, die mit 210 PS starken 6-Zylinder-Gipsy Queen-Reihenmotoren ausgerüstet waren. Zur Ausbildung von Navigatoren nutzte die RAF DH 89 B Mk. I, als Aufklärer und Verbindungsflugzeug die Mk. II. Eine M-Version war die für den Export bestimmte Militärversion.

Insgesamt wurden 731 inklusvie der zivilen Varianten in zwei Werken produziert.

Bemerkungen: Die Dragon Rapide wurde für de Havilland schnell zum Verkaufserfolg und ist in der Vorkriegszeit wegen der einfachen Wartung und ihrer geringen Betriebskosten nicht nur bei kleineren britischen Fluggesellschaften, sondern weltweit eingesetzt worden. Bis Ende 1935 wurden 16 DH. 89 an De Havilland Canada geliefert, wo sie auf ihren oftmals rauhen Einsatz in Kanada vorbereitet wurden. Die Royal Air Force und Navy nutzten ihre Dominies als leichte bewaffnete Aufklärer, als leichte Militärtransporter und als Funk- und Navigationstrainer. Die DH.89 erwies sich trotz ihrer relativ einfachen Sperrholzkonstruktion als wirtschaftliches und langlebiges Flugzeug und so wurden nach dem Zweiten Weltkrieg viele ausgemusterte militärische Dominies einfach umgebaut und weiter als zivile Dragon Rapide bei Fluggesellschaften in fast jedem Land der Erde eingesetzt.

Es wird geschätzt, dass weltweit rund 45 Dragon Rapide erhalten geblieben sind. Davon rund 20 Stück in flugfähigem Zustand.

Flog auch noch 2013, eine 1936 gebaute Dragon Rapide II auf dem Tannkosh-Fly-Inn in Tannheim.

Besatzung: 1
Triebwerke: (A) Zwei luftgekühlte 6-Zylinder-Reihenmotoren de Havilland Gipsy Six mit je 149 kW (200 PS).
Leistungen: (A) Höchstgeschwindigkeit 253 km/h in 300 m Höhe, Reisegeschwindigkeit 190 km/h, Dienstgipfelhöhe 5090 m, Reichweite 920 km.
Gewichte: Leergewicht 1486 kg, Abfluggewicht 2495 kg.

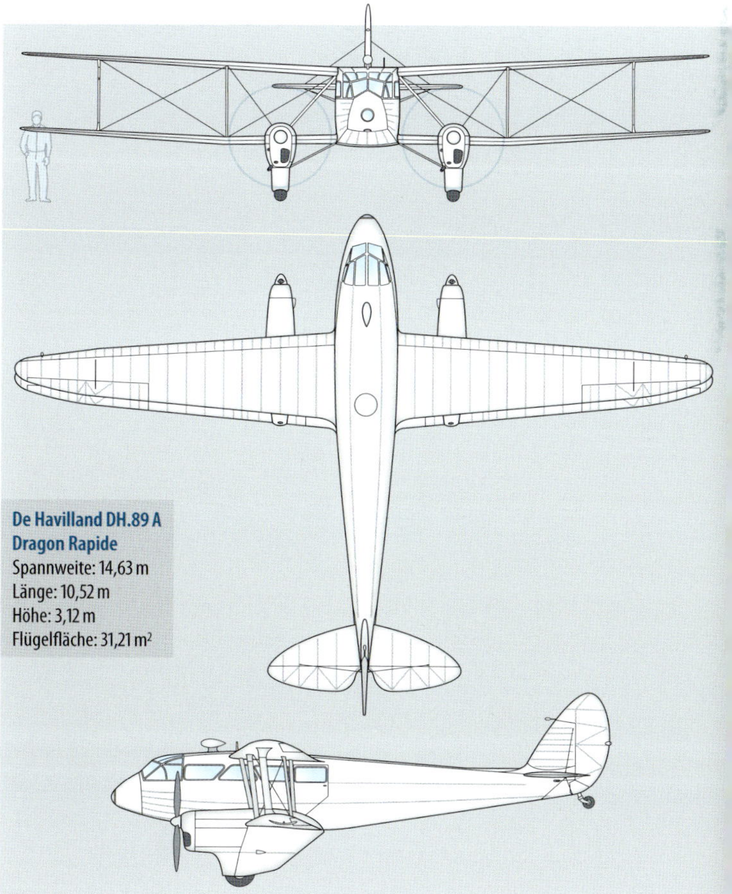

De Havilland DH.89 A Dragon Rapide
Spannweite: 14,63 m
Länge: 10,52 m
Höhe: 3,12 m
Flügelfläche: 31,21 m²

De Havilland DH. 98 Mosquito

Ursprungsland
Großbritannien
Kategorie
Jagdbomber

Entwicklung: Bereits 1938 wurde mit der Entwicklung eines leichten zweimotorigen, komplett aus Holz hergestellten, schnellen Bombers unter der Leitung von G. de Havilland begonnen. Die Holz-Halbschalen des Rumpfes wurden über einer Positivform gebaut, die Flügel in einem Stück. Erstflug war im November 1940. Nach dem Bau von 3 Prototypen begann bereits im Juli 1941 die Auslieferung der ersten Serienmaschinen. Das Flugzeug hatte genug Potenzial zur Weiterentwicklung und wurde in zahllosen Varianten in unterschiedlicher Bauweise, Motorisierung, Ausrüstung und Bewaffnung als Photoaufklärer, Bomber, Jäger, Nachtjäger mit Radardom, Jagdbomber, trägergestützter Torpedobomber mit klappbaren Flügeln, Trainer und Zielschlepper gebaut. Die größte Stückzahl mit 2718 Stück erreichte der Jagdbomber Mk. VI (Bild unten).

Bis 1950 sind 6710 Mosquitos in drei Werken in Großbritannien produziert worden. Dazu kommen 1134 in Kanada und 212 in Australien.

Bemerkungen: Wegen ihrer hohen Geschwindigkeit und der Möglichkeit sehr hoch zu fliegen, war das ohne Abwehrbewaffnung fliegende „Wooden Wonder“ fast unangreifbar und wurde deshalb in Deutschland als „Moskito-Plage“ bezeichnet. Erreicht wurde dies durch eine konsequent aerodynamische und leichte Holz-Bauweise. Beim weltweiten Einsatz, z. B. in den Tropen war der reine Holzbau jedoch problematisch und führte vereinzelt zu Strukturbrüchen. Exportiert wurde die DH. 98 nach Belgien, Australien, National-China, Tschechoslowakei, Frankreich, Neuseeland, Norwegen, Südafrika, Türkei und Jugoslawien.

Mosquito F.B. Mk.VI

Weltweit existieren flugfähige Exemplare in den USA und Kanada, einige werden momentan flugfähig restauriert. Ca. 30 Mosquitos stehen in Museen, davon drei im De Havilland Aircraft Museum in London.

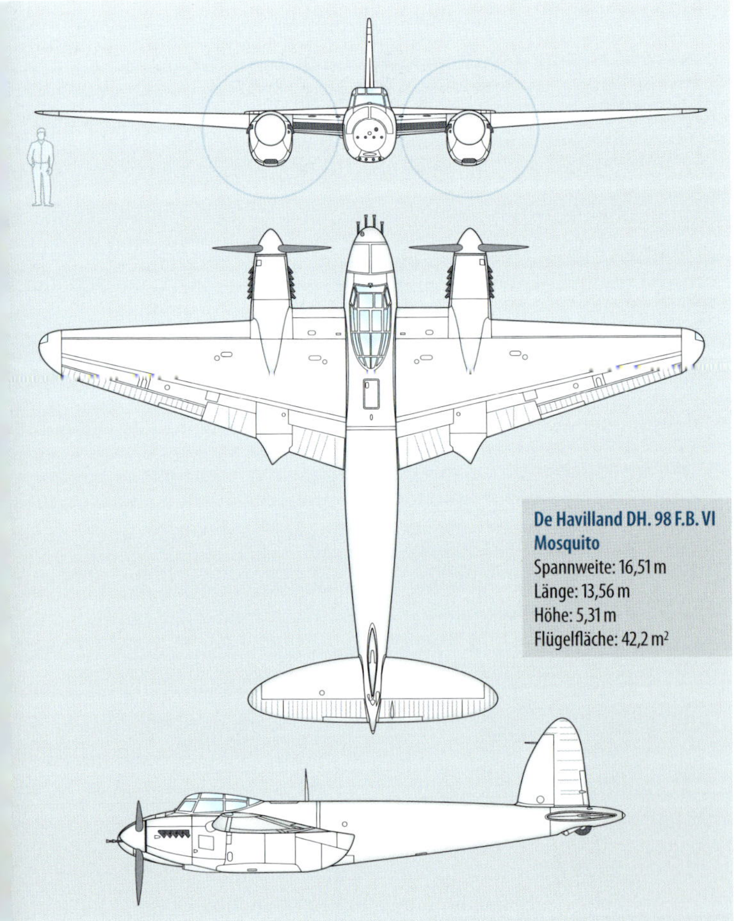

De Havilland DH. 98 F.B. VI Mosquito
Spannweite: 16,51 m
Länge: 13,56 m
Höhe: 5,31 m
Flügelfläche: 42,2 m²

Besatzung: 2
Triebwerke: (Mk. VI) Zwei flüssigkeitsgekühlte V12-Zylinder-Motoren Rolls Royce Merlin 25s mit je 1219 kW (1635 PS).
Leistungen: (Mk. VI) Höchstgeschwindigkeit 608 km/h in 3960 m, max. Höchstgeschwindigkeit 683 km/h, Reisegeschwindigkeit 320 km/h, Dienstgipfelhöhe 10 050 m, maximale Reichweite 1930 km mit Zusatztanks.
Gewichte: (Mk. VI) Leergewicht 6486 kg, Abfluggewicht 9298 kg.
Bewaffnung: (Mk. VI) Je vier Maschinenkanonen im Bug und vier Maschinenkanonen unter dem Rumpf. Maximal 910 kg Bomben intern und an Flügelstationen und 8 ungelenkte Raketen.

Fairey Swordfish

Ursprungsland
Großbritannien
Kategorie
Torpedobomber

Entwicklung: Die Swordfish entstand aus dem von Fairey in den 1930er-Jahren in Eigeninitiative entwickelten Torpedo- und Aufklärungs-Doppeldeckern TSR-1 und TSR-2. Der Erstflug erfolgte im April 1934. Der Rumpf wurde als bespannte und vorn beplankte Stahlrohrkonstruktion gebaut, die Flügel in bespannter Metallbauweise. Je nach Einsatzzweck mit Radfahrwerk auf Flugzeugträgern, mit Doppelschwimmern im Katapultstart von Kriegsschiffen, auf denen zudem beiklappbare Flügel den Verstau begünstigten. Im Juli 1936 kamen die ersten Mk. I zum Einsatz. Wegen der mitgeführten Raketen war bei der Mk. II, die ab 1943 ausgeliefert wurde, der untere Flügel metallbeplankt. Ein voluminöser Radarbehälter unter dem Rumpf verhinderte bei der Mk. III , die 1943 eingeführt wurde, das Mitführen eines Torpedos. Die letzte Variante, Mk. IV wurde für die kanadische Luftwaffe mit einem geschlossenen Cockpit gebaut.

Die Produktion endete 1944 nach 2396 gebauten Swordfish.

Bemerkungen: Technisch gesehen war der relativ große und langsame Doppeldecker bereits 1939 zu Kriegsbeginn überholt. Aber wegen seiner Robustheit und guten Eignung als Bordflugzeug auf Schlachtschiffen und Flugzeugträgern der Royal Navy, und wegen des wenig erfolgreichen Nachfolgers Albacore (S. 90), blieb das Flugzeug bis zum Kriegsende 1945 im harten Einsatz. Hauptwaffe war ein Torpedo, das allerdings gefährliche Anflüge bedingte. Mit der Entwicklung moderner Torpedobomber übernahm sie mehr die Aufgabe der U-Boot-Jagd. Beteiligt war die Swordfish im Mittelmeerraum, unter anderem bei Angriffen gegen italienische Marineeinheiten im Hafen von Tarent/Italien, an der Versenkung des Schlachtschiffes Bismarck im Nordatlantik und an vielen See-Missionen gegen deutsche U-Boote.

Es sind einige Swordfish, vor allem in Großbritannien und Kanada, auch in flugfähigem Zustand, erhalten geblieben und werden in Museen ausgestellt und auf Flugshows geflogen.

Der große Radarbehälter unter dem Rumpf der Mk. III ließ nur die Mitnahme von Bomben an Flügelstationen zu.

Besatzung: 2 – 3
Triebwerk: Ein luftgekühlter 9-Zylinder-Sternmotor Bristol Pegasus III M mit 590 kW (690 PS).
Leistungen: Höchstgeschwindigkeit (beladen) in 1500 m Höhe 230 km/h, Dienstgipfelhöhe 5000 m, Reichweite (beladen) 840 km.
Gewichte: Leergewicht 1903 kg, maximales Abfluggewicht 3438 kg.
Bewaffnung: Ein starres MG im rechten Rumpf, ein bewegliches MG im hinteren Cockpit. Ab der Mk. II acht Raketen unter den Flügeln, maximal 700 kg Bomben unter dem Rumpf und an Flügelstationen oder ein Torpedo unter dem Rumpf.

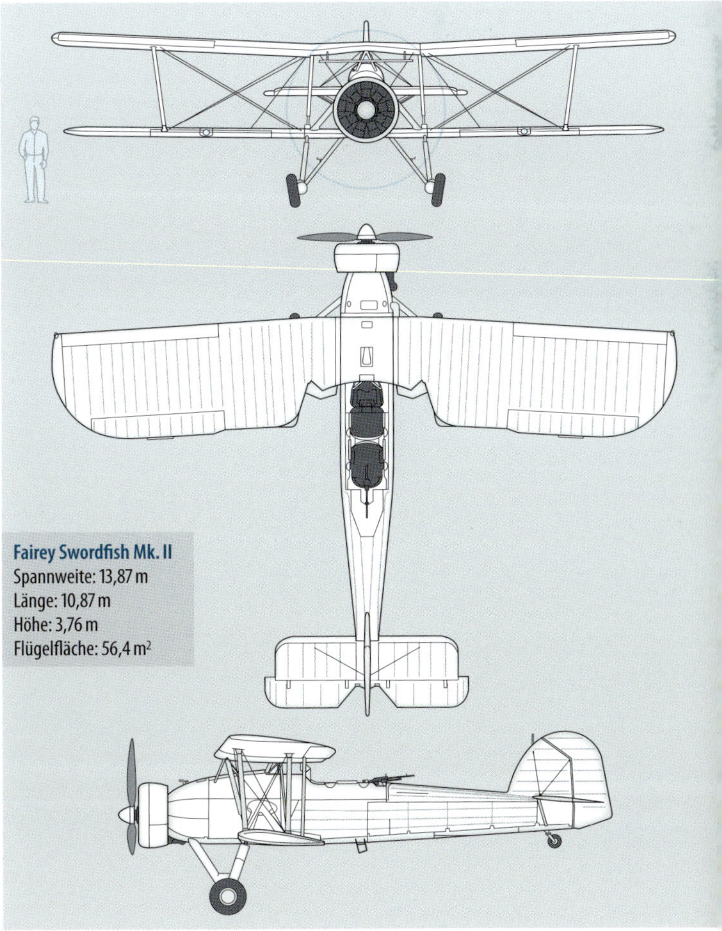

Fairey Swordfish Mk. II
Spannweite: 13,87 m
Länge: 10,87 m
Höhe: 3,76 m
Flügelfläche: 56,4 m²

Fairey Albacore

Ursprungsland
Großbritannien
Kategorie
Torpedobomber, Aufklärer

Entwicklung: Um die veraltetet Fairey Swordfish zu ersetzen, wurde die Albacore nach einer Spezifikation der Royal Navy für ein dreisitziges trägergestütztes Torpedo-, Beobachtungs- und Aufklärungsflugzeug entworfen. Die ersten beiden Prototypen flogen im Dezember 1938. Der Ganzmetall-Doppeldecker hatte bespannte, beiklappbare Flügel, mit ausfahrbaren Vorflügeln an den oberen und Landeklappen an den unteren Tragflächen, das geschlossene Cockpit war beheizbar. Produziert wurden ab 1939 die ersten 98 Flugzeuge, die noch mit Bristol Taurus II-Triebwerken ausgestattet waren, aber später auf den leistungsstärkeren Taurus XII umgerüstet wurden.

Insgesamt wurden von Fairey ungefähr 800 Albacores gebaut.

Bemerkungen: Obwohl der Doppeldecker als Torpedobomber und Aufklärer die Swordfish ablösen sollte, wurden sie dann doch parallel betrieben. Anfangs gab es Probleme mit den anfälligen Taurus-Motoren, die jedoch behoben werden konnten. Weniger beliebt bei Piloten war die Albacore, weil sie im Verhältnis zur Swordfish nicht viel schneller und noch träger war. Eingesetzt wurden die Flugzeuge ab Anfang 1940 von Küstenbasen aus auf Anti-Schiffs-Missionen im Ärmelkanal und zur Konvoibegleitung in der Nordsee und im Atlantik, im ganzen Mittelmeerraum,

Eine Albacore hebt vom Deck der HMS Victorious ab.

aber auch in Norwegen und Finnland. Ab November 1940 auch von Flugzeugträgern aus. Allerdings begann man schon 1942 die ersten Flugzeuge durch Fairey Barracudas (S. 93) abzulösen. Ein großer Teil der Maschinen wurde für sekundäre Aufgaben weltweit auf Basen der britischen Luftwaffe verteilt. Kanada übernahm einen Teil der Flugzeuge und setzten sie bei der Invasion in der Normandie ein. Die letzten Albacores wurden 1949 ausgemustert.

Lediglich eine Albacore, die aus zwei Wracks restauriert wurde, wird im Fleet Air Museum, Ilchester/Großbritannien präsentiert.

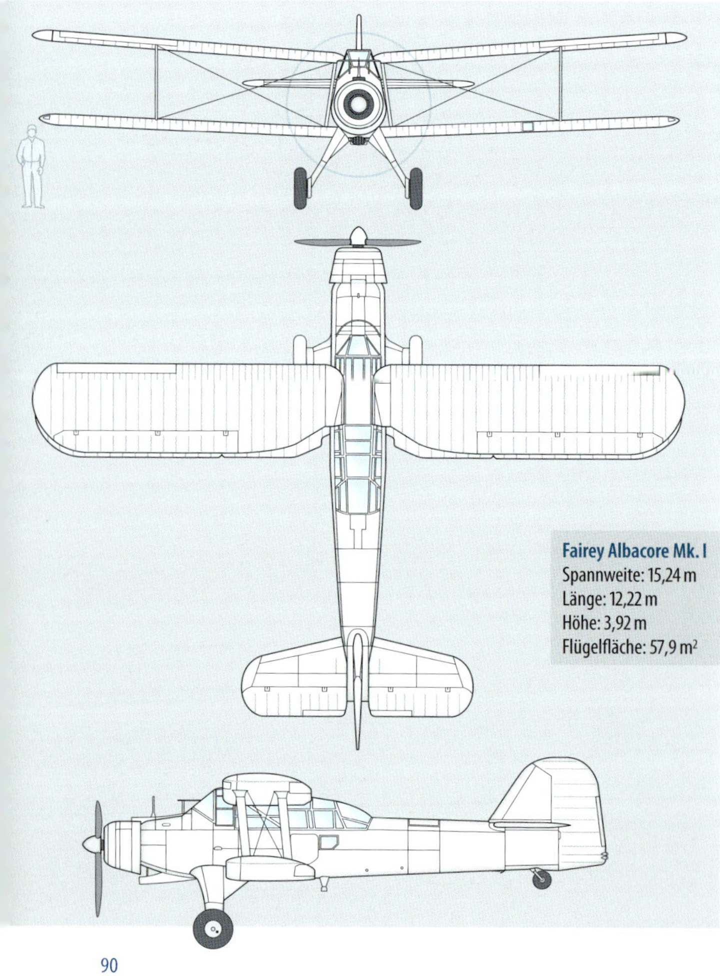

Fairey Albacore Mk. I
Spannweite: 15,24 m
Länge: 12,22 m
Höhe: 3,92 m
Flügelfläche: 57,9 m²

Besatzung: Torpedobomber 2, Aufklärer 3
Triebwerk: Ein luftgekühlter 14-Zylinder-Doppelsternmotor Bristol Taurus XII mit 840 kW (1130 PS) Startleistung und 840 kw (1130 PS) Reiseleistung.
Leistungen: Höchstgeschwindigkeit 259 km/h, Reisegeschwindigkeit 230 km/h, Dienstgipfelhöhe 5700 m, Reichweite (beladen) 1140 km, Überführungsreichweite 1500 km.
Gewichte: Leergewicht 3289 kg, Abfluggewicht als Torpedobomber 4745 kg, maximales Abfluggewicht 5820 kg.
Bewaffnung: Ein starres MG im rechten Flügel, ein bewegliches MG im hinteren Cockpit. Ein Torpedo (760 kg) unter dem Rumpf oder 910 kg Bomben an Flügelstationen.

Fairey Battle

Ursprungsland
Großbritannien
Kategorie
Leichter Bomber

Entwicklung: Auf eine Anforderung der RAF im Jahr begann Fairey im Juni 1934 die Battle zu entwickeln, um die veralteten Hawker Hart-Doppeldecker zu ersetzen. Schon vor dem Erstflug, der im März 1936 stattfand, wurden 155 Serienmaschinen bestellt. Die ersten Lieferungen des zwei- bis dreisitzigen Ganzmetall-Flugzeugs erfolgten im Juni 1937 und mit Ausbruch des Krieges 1939 waren mehr als 1000 Flugzeuge im Einsatz. Die Varianten Mk. I bis V unterschieden sich lediglich durch die eingebauten Rolls-Royce-Merlin-Motoren mit unterschiedlicher Leistung. Battle T wurden umgebaute Schulflugzeuge mit Doppelsteuer genannt und eine unbekannte Zahl wurde auch als Zielschlepper Battle TT verwendet.

Insgesamt sind bis September 1940 2196 Battles in zwei Werken produziert worden. 18 Stück wurden in Lizenz in Belgien gebaut.

Bemerkungen: Als die Battle 1936 zum erstenmal flog, war sie eine bedeutende Verbesserung zu ihrer Vorgängerin Hawker Hart. Nach Kriegsbeginn 1939 zeigte sich jedoch schnell, dass das Flugzeug nicht mehr dem Stand der Technik entsprach. Die Battle, deren Besatzung aus Pilot, Beobachter/Bombenschütze und Funker/MG-Schütze bestand, wurde hauptsächlich als leichter Bomber zur Unterstützung von Bodentruppen eingesetzt. Das langsame Flugzeug zeigte sich aber den Anforderungen nicht gewachsen, war eine leichte Beute für angreifende Jagdflugzeuge und erlitt hohe Verluste durch Bodenbeschuss bei Einsätzen in Frankreich gegen vorrückende deutsche Truppen. Einige Missionen wurden auch noch in Griechenland Ende 1940 bis Anfang 1941 gegen die deutschen Besatzer geflogen. Südafrika nutzte sie in Ostafrika als Bomber und Aufklärer. Die allerdings als Bomber weniger geeignete Battle wurde von der RAF ab 1944 nur noch als Schul- und Zielschleppflugzeug eingesetzt, und vereinzelt bis 1949 als fliegender Motorenprüfstand.

Erhalten gebliebene Battle stehen unter anderem im Royal Museum of the Army, Brüssel/Belgien, im Canada Aviation and Space Museum in Ottawa und im RAF-Museum, Hendon, London/Großbritannien.

Die Battle T, die anstelle des Standarddachs mit einer Doppelcockpit-Anordnung ausgestattet war, diente als Trainingsflugzeug.

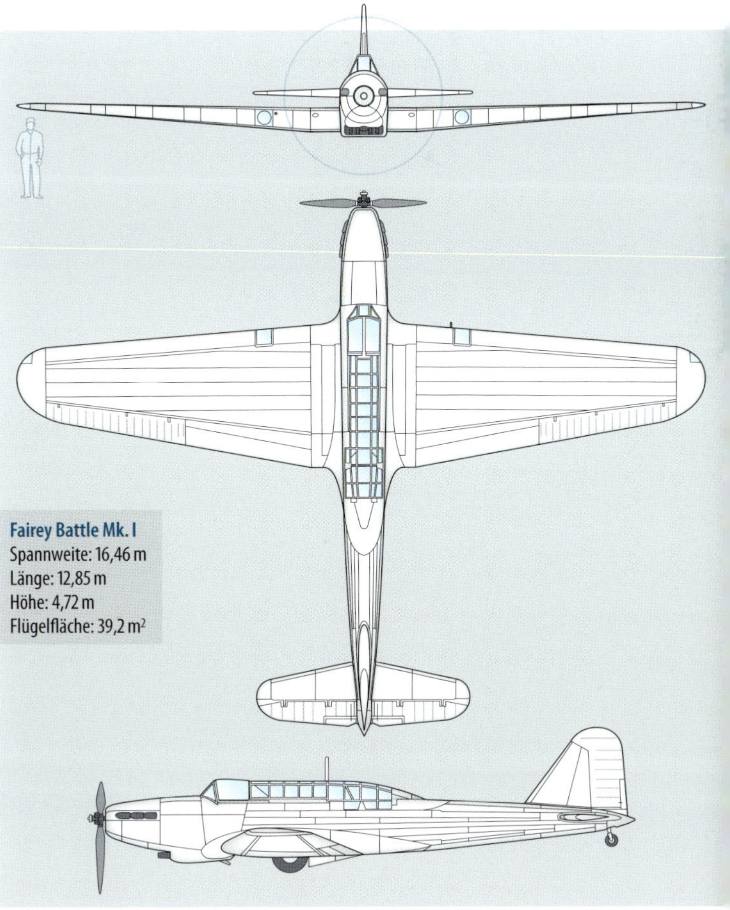

Fairey Battle Mk. I
Spannweite: 16,46 m
Länge: 12,85 m
Höhe: 4,72 m
Flügelfläche: 39,2 m²

Besatzung: 2 bis 3
Triebwerk: (Mk. I) Ein luftgekühlter V12-Zylinder-Motor Rolls-Royce Merlin I mit 664 kW (890 PS) Startleistung und kurzzeitig bis zu 768 kW (1044 PS) in 5000 m.
Leistungen: Höchstgeschwindigkeit 414 km/h in 6100 m Höhe, Reisegeschwindigkeit 338 km/h, Dienstgipfelhöhe 7620 m, Reichweite beladen ca. 1600 km.
Gewichte: Leergewicht 3015 kg, max. Abfluggewicht 4895 kg.
Bewaffnung: Ein festes MG im rechten Flügel, ein bewegliches MG im hinteren Cockpit. Bis zu 454 kg Bomben in Flügelschächten.

Fairey Fulmar

Ursprungsland
Großbritannien
Kategorie
Trägergestütztes Jagdflugzeug und Aufklärer

Entwicklung: Als Ersatz für die veralteten Doppeldecker wurde die Fulmar aus dem leichten Bomber Fairey P.4/34 weiterentwickelt, der wiederum auf der Fairey Battle basierte. Das Flugzeug sollte eine große Reichweite haben und stark bewaffnet sein. Im Januar 1937 absolvierte der in Ganzmetall gebaute Tiefdecker seinen Erstflug und im Januar 1940 wurde das erste katapultstartfähige Flugzeug, mit an den Rumpf anlegbaren Flügeln und Fanghaken, ausgeliefert. Die 250 gebauten Fulmars der Baureihe Mk. I (großes Bild) waren noch mit einem 1275 PS starken Rolls Royce Merlin 7 motorisiert. Ab der etwas leichteren Mk. II (Abb. rechts), von der Fairey 350 Stück produzierte, wurde der stärkere Merlin 30 und eine Tropenausrüstung verbaut. Rund 100 davon wurden zum Nachtjäger NF Mk. II mit Radar (Zeichnung) und 4 MGs umgerüstet.

Von allen Varianten lieferte Fairey bis 1943 600 Fulmars aus.

Bemerkungen: Obgleich von Piloten als angenehm zu fliegendes Flugzeug geschätzt, erwies es sich jedoch allen landgestützten feindlichen Jägern unterlegen. Allerdings hatte die Maschine eine sehr große Reichweite und Flugdauer, was sich zum Beispiel bei der Verfolgung des deutschen Schlachtschiffes Bismarck im Mai 1941 auszahlte. Eingesetzt wurden die Maschinen vor allem von Flugzeugträgern aus in Nordafrika, im Mittelmeerraum, im Nordmeer, und im Fernen Osten gegen Japan. Bei allen Missionen zeigte sich aber, wie wenig das Flugzeug seinen Aufgaben gewachsen war. Schon 1942 wurden die Fulmars teilweise durch wesentlich leistungsfähigere Sea Hurricanes und Seafires ersetzt. Die rund 100 zum Nachtjäger umgebauten Flugzeuge hatten ebenso wenig Erfolg in ihrer neuen Rolle und wurden deshalb teilweise nur noch als Nachtjagd-Trainer eingesetzt. Regelmäßig und erfolgreich flog man jedoch das Flugzeug auf Langstrecken-Aufklärungseinsätzen.

Die einzige überlebende Fulmar steht im Fleet Air Arm Museum in Yeovilton/Großbritannien.

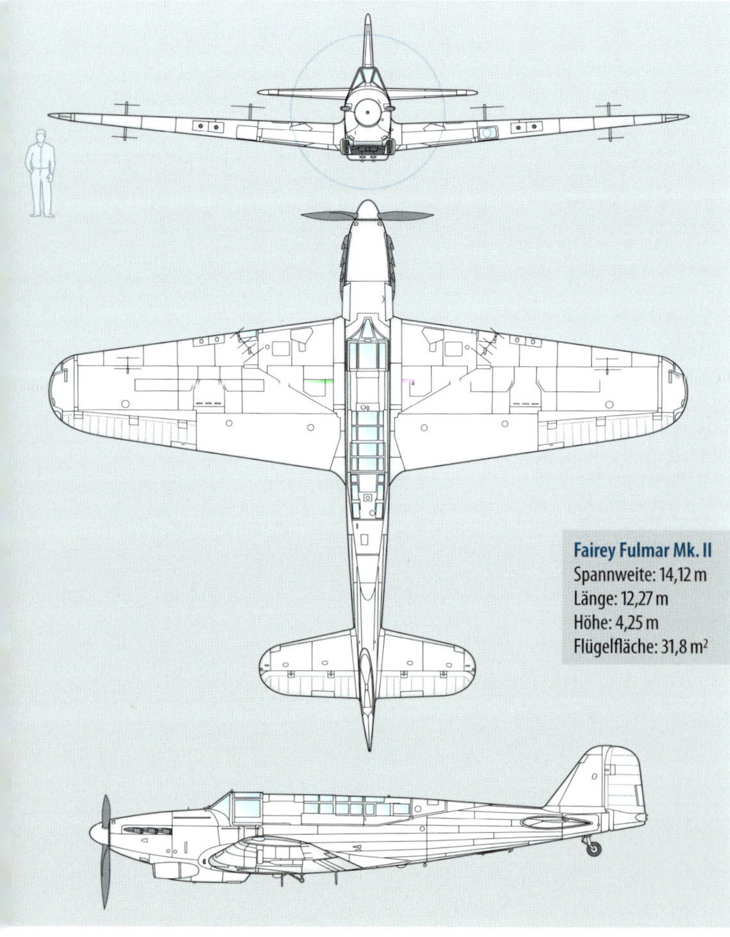

Fairey Fulmar Mk. II
Spannweite: 14,12 m
Länge: 12,27 m
Höhe: 4,25 m
Flügelfläche: 31,8 m²

Die Fulmar Mk. II mit dem V12 Merlin 30 benötigte kleine zusätzliche Lufteinlässe auf beiden Seiten des Kühlers.

Besatzung: 2
Triebwerk: (Mk. II) Ein flüssigkeitsgekühlter V12-Zylinder-Motor Rolls-Royce Merlin 30 mit 970 kW (1300 PS).
Leistungen: (MK. 2) Höchstgeschwindigkeit 438 km/h, Reisegeschwindigkeit 378 km/h, Dienstgipfelhöhe 8300 m, Reichweite ca. 1260 km.
Gewichte: (MK. 2) Leergewicht 3182 kg, Abfluggewicht 4387 kg, maximales Abfluggewicht 4627 kg.
Bewaffnung: Je nach Variante vier bis acht MGs im Flügel und ein MG im hinteren Cockpit, maximal 110 kg Bomben.

Fairey Barracuda

Ursprungsland
Großbritannien
Kategorie
Sturzkampf- und Torpedobomber

Entwicklung: Nach einer Ausschreibung des British Air Ministry begann die Entwicklung der trägergestützten Barracuda im Jahr 1937. Im Dezember 1940 flog der ganz aus Metall gebaute dreisitzige Schulterdecker zum ersten Mal. Beiklappbare Flügel sorgten für kleine Stellflächen auf den Schiffen. Die mit dem Rolls-Royce Merlin 30 mit 1260 PS etwas untermotorisierte Mk. I, die überwiegend zur Umschulung auf das Muster eingesetzt wurde, ist schon nach 30 gebauten Flugzeugen im Januar 1943 durch die Mk. II (große Abb.) mit dem stärkeren Rolls-Royce Merlin 32 abgelöst worden. Sie hatte zwar eine höhere Zuladung, aber etwas schlechtere Flugleistungen. Von ihr wurden 1688 Stück produziert. Mit einer Radaranlage in einer Wanne unter dem hinteren Rumpf, wurde die Mk. III zur Bekämpfung von aufgetauchten deutschen U-Booten eingesetzt. Nach 1945 wurden noch 37 Mk. V mit geändertem Leitwerk und einem 2020 PS starken Rolls-Royce Griffon 37 hauptsächlich zur Schulung eingesetzt.

Insgesamt sind 2452 Barracudas in vier verschiedenen Werken gebaut worden.

Bemerkungen: Im Januar 1943 nutzte man die ersten Barrcudas im Nordatlantik weniger als Torpedobomber, sondern eher als Sturzkampfbomber gegen Schiffe. Von den Flugzeugträgern Victorious und Furious flogen sie z. B. im April 1944 Angriffe gegen die in Norwegen liegenden Schlachtschife der Deutschen. Im selben Jahr setzte man auch im Pazifik die ersten Barracudas bei Angriffen gegen die Japaner vom dort kreuzenden britischen Flugzeugträger Illustrious ein.

Kein Flugzeug blieb erhalten. Allerdings wurde 2019 ein Wrack vor der britischen Küste gefunden. Das Fleet Air Arm Museum bei Yeovilton/Großbritannien leitet die Restaurierungsarbeiten.

Große Fairey-Youngman-Klappen ermöglichten niedrige Anfluggeschwindigkeiten bei Landungen auf Flugzeugträgern und dienten gleichzeitig als Sturzflugbremsen.

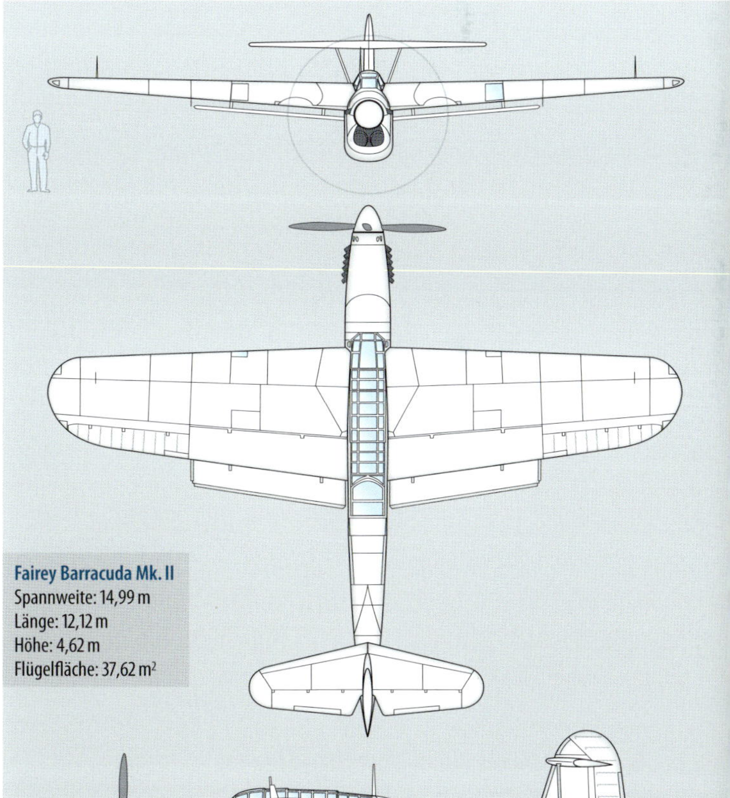

Fairey Barracuda Mk. II
Spannweite: 14,99 m
Länge: 12,12 m
Höhe: 4,62 m
Flügelfläche: 37,62 m²

Besatzung: 3
Triebwerk: (Mk. II) Ein flüssigkeitsgekühlter V12-Zylinder-Motor Rolls-Royce Merlin 32 mit 1225 kW (1640 PS).
Leistungen: (MK. 2) Höchstgeschwindigkeit 386 km/h, Reisegeschwindigkeit 314 km/h in 1500 m Höhe, Dienstgipfelhöhe 5080 m, Steigzeit auf 1500 m 6 min, Reichweite beladen 1100 km.
Gewichte: (MK. 2) Leergewicht 4250 kg, Abfluggewicht 6000 kg, maximales Abfluggewicht 6409 kg.
Bewaffnung: Zwei MGs im hinteren Cockpit. Ein Torpedo (735 kg) oder 725 kg Bomben, Wasserbomben oder Minen.

Fairey Firefly

Ursprungsland
Großbritannien
Kategorie
Trägergestütztes Jagdflugzeug, Aufklärer

Entwicklung: Als Nachfolger der Fulmar, begann die Firefly die Flugerprobung im Dezember 1941. Die in Halbschalen-Ganzmetallbauweise hergestellte Maschine hatte seitlich an den Rumpf anklappbare Flügel, war mit Fairey-Youngman-Klappen, die niedrige Landegeschwindigkeiten ermöglichten, und mit einem Fanghaken für Trägerlandungen ausgestattet. Die erste Serienmaschine wurde im März 1943 ausgeliefert. Von der Mk. I (Bild oben) baute man 429 Stück als Jäger und 376 als Aufklärer. Ständige Verbesserungen führten 1947 zur Mk. IV, mit kürzeren Flügeln und einem 2330 PS-starken Rolls Royce Griffon 72. Weitere Nachkriegsvarianten waren die Mk. V mit amerikanischem Radar als Aufklärer, für Nacht- und U-Boot-Jagd und die Mk. VI mit britischem Radar, die ab 1949 produziert wurde. Von der Mk. I , II und Mk. V wurde eine kleinere Zahl als Nachtjäger (NF) ausgeliefert. Nur noch als Trainer und Zieldrohne nutzte man die Mk. VII. Sie war eine Interimslösung für die kommende turboprop-getriebene Fairey Gannett. Von fast jeder Version wurde auch eine Trainerversion (T) mit einem erhöhten hinteren Ausbilder-Cockpit ausgeliefert.

1956 endete die Produktion nach 1702 Fireflies.

Bemerkungen: Die Firefly war für Großbritannien das wichtigste trägergestützte Flugzeug im Zweiten Weltkrieg. Ersten Einsätzen 1944, zum Beispiel gegen das deutsche Schlachtschiff Tirpitz, folgten Einsätze im Pazifik gegen Japan und von 1950 bis 1953 im Koreakrieg.

Der Firefly Mk IV war mit einem Griffon 72-Motor ausgestattet dessen Kühler in die Flügel integriert waren. Sie flog erstmals 1944, wurde aber erst nach Kriegsende in Dienst gestellt.

Gute Flugeigenschaften und eine hohe Zuverlässigkeit zeichneten das von seinen Piloten geschätzte Flugzeug aus. Exportiert wurde die Firefly nach Australien (108 St.), Kanada (62 St.) und den Niederlanden (30 St.). Dänemark, Indien und Schweden (bis 1964) betrieben das Flugzeug als Zielschlepper und Äthiopien (23 St.) als Jagdbomber.

Heute existieren weltweit noch rund 20 Exemplare in Museen, davon flugfähige Exemplare in den USA, Kanada und Australien.

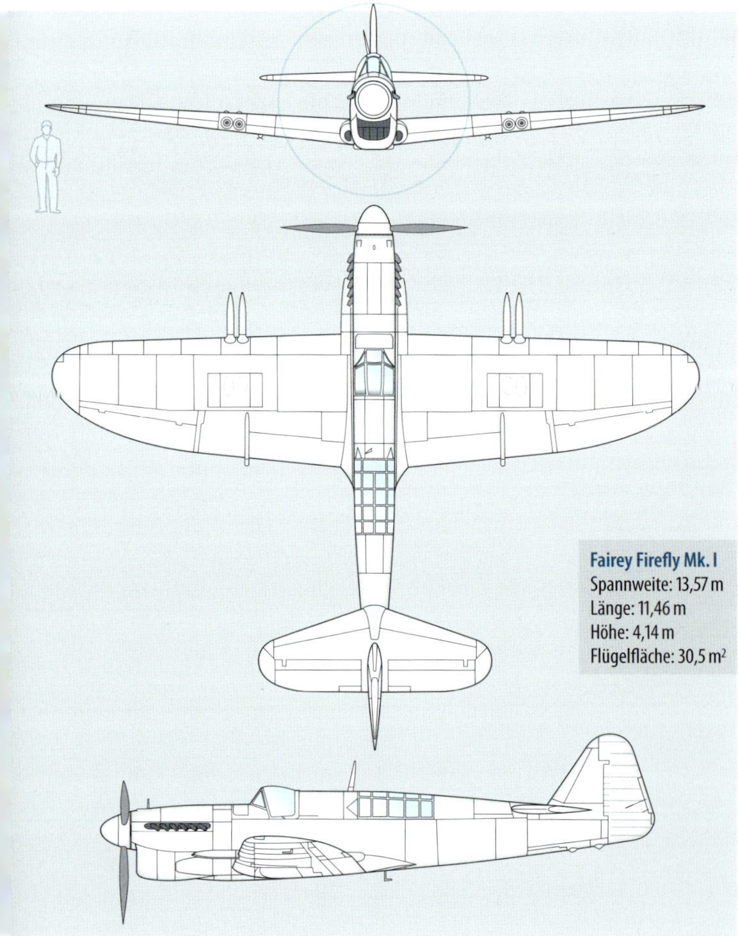

Fairey Firefly Mk. I
Spannweite: 13,57 m
Länge: 11,46 m
Höhe: 4,14 m
Flügelfläche: 30,5 m²

Besatzung: 2
Triebwerk: (Mk. I) Ein flüssigkeitsgekühlter V12-Zylinder-Motor Rolls-Royce Griffon IIB mit 1290 kW (1730 PS) Startleistung.
Leistungen: Höchstgeschwindigkeit 509 km/h in 4300 m Höhe, Steiggeschwindigkeit auf 3050 m 5 min, 45 sec, Dienstgipfelhöhe 8530 m, Reichweite ca. 2090 km.
Gewichte: Leergewicht 4432 kg, max. Abfluggewicht 6373 kg.
Bewaffnung: Vier Maschinenkanonen im Flügel, acht Raketen oder zwei 454 kg-Bomben an Flügelstationen.

General Aircraft GAL. 48 Hotspur

Ursprungsland
Großbritannien
Kategorie
Lastensegler

Entwicklung: Nach den erfolgreichen deutschen Operationen mit dem Lastensegler DFS 230 (S.16) beschloss auch die britische Regierung eigene Luftlandeeinheiten aufzustellen. Einhergehend damit wurde General Aircraft aufgefordert ein geeignetes kostengünstiges Segelflugzeug zu entwickeln, das in der Lage war, einen langen eigenständigen Anflug von maximal 160 km auszuführen, acht Soldaten zu befördern. Der erste Prototyp GAL. 48 Mk. I hatte noch 18,90 m Spannweite, war komplett aus Holz gebaut und verfügte über einen nach oben aufklappbaren Rumpf zum schnellen Verlassen des Gleiters. Neben einem abwerfbaren Fahrwerk waren auch Schleppkupplungen am Bug- und Heck vorgesehen, um mehrere Gleiter hintereinander schleppen zu können. Insgesamt produzierte man 18 Mk. I, die Anfang 1941 ausgeliefert wurden. Um aber der geänderten Anflugtaktik, die Gleiter möglichst nahe an den Landepunkt zu schleppen, gerecht zu werden, wurde die Mk. I überarbeitet. Die Flügel der Mk. II waren auf 14 m gekürzt, der Rumpf verstärkt, anstatt klappbaren Rumpfdeckels wurden

Mit einer Zuladung von 8 Soldaten zu klein für große Luftlandeoperation, das hätte zu viele Schleppflugzeuge gebunden. Ungeeignet zur Mitnahme von Gerätschaften, landeten alle Hotspur schließlich bei Ausbildungseinheiten für Besatzungen größerer Lastensegler.

zwei Seitentüren eingefügt und ein Bremsschirm ergänzt. 996 Mk. II liefen vom Band, die alle in der Möbelfabrik Lebus enstanden. Von diesen Mk. II wurden 50 mit Doppelsteuer und -instrumentierung zur Mk. III umgebaut. Eine Twin Hotspur, die als Doppelrumpfsegler 15 Soldaten tragen sollte, kam 1942 nicht über die Prototypenphase hinaus.

Insgesamt wurden 1015 Hotspurs ausgeliefert, davon 11 von General Aircraft, 996 von Lebus und 8 von Slingsby.

Besatzung: 2
Leistungen: (Mk. II) Höchstgeschwindigkeit 209 km/h
Gewichte: (Mk. II) Leergewicht 755 kg, max. Abfluggewicht 1632 kg.
Zuladung: Bis zu 8 vollausgerüstete Soldaten, maximal 877 kg.

Bemerkungen: Weil das Militär möglichst nur noch große Lastensegler, wie die Horsa und Hamilcar, einsetzen wollte, nutzte man die Hotspur ausschließlich zur Schulung von Lastensegler-Piloten, für die man spezielle Schulen einrichtete. Es wurden zwar 250 Hotspurs für einen möglichen Einsatz in Reserve gehalten und geplant, die Segler eventuell für den schnellen Transport von Fracht und Ausrüstung, aber auch für Reservepiloten, Bodenpersonal und Ausrüstungen bei Jagdstaffeln zu nutzen. Es wurde zwar mit Spitfires als Schleppflugzeuge getestet, aber nie zur Anwendung kam.

Eine Hotspur Mk. II ist im Museum of Army Flying in Hampshire, Großbritannien zu finden und einen Vorderrumpf im Dumfries Galloway Aviation Museum, Dumfries, Großbritannien.

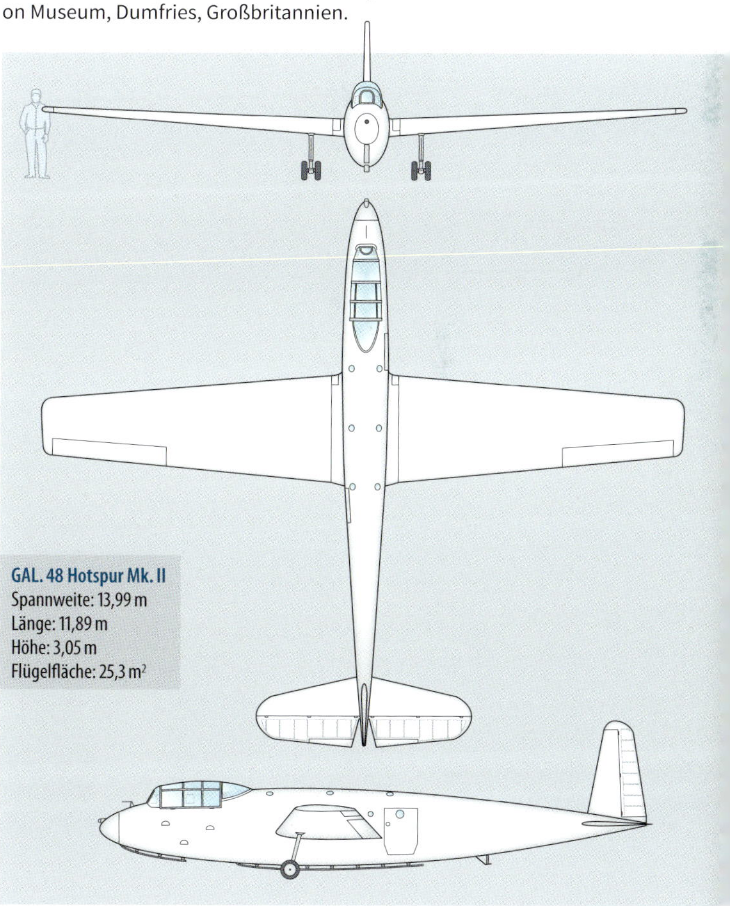

GAL. 48 Hotspur Mk. II
Spannweite: 13,99 m
Länge: 11,89 m
Höhe: 3,05 m
Flügelfläche: 25,3 m²

General Aircraft GAL.49 Hamilcar

Ursprungsland
Großbritannien
Kategorie
Schwerer Lastensegler

Entwicklung: Anfang 1941 wurden Spezifikationen für Lastensegler veröffentlicht, die zum Bau der Hotspur und Hamilcar führten. Der schwere Lastensegler Hamilcar sollte zumindest einen leichten Panzer mit acht Tonnen tragen können. Um die Probleme eines so großen Segelflugzeuges in den Griff zu bekommen, baute General Aircraft die GAL.50, ein Versuchsmodell in halber Größe, das erstmals im September 1941 abhob, jedoch beim Erstflug zerstört wurde. Ein erster Prototyp in Originalgröße flog im Schlepp eines viermotorigen Halifax-Bombers im März 1942. Die ersten Vorserienmodelle wurden bereits Ende 1942 ausgeliefert. Der Lastensegler wurde überwiegend aus Holz gebaut, an den kritischen Stellen mit Metallverstärkungen. Über den zur Seite aufklappbaren Bug wurde der 10,5 m lange und 1,8 m hohe Laderaum beladen. Darüber saßen die beiden Piloten in einem leicht gepanzerten Cockpit. Große pneumatische Landeklappen ermöglichten steile und kurze Anflüge. Es waren mehrere Varianten geplant, gebaut wurde aber nur der Segler und eine motorisierte Mk. X, die mit zwei Bristol Mercury mit je 965 PS den Schlepp einer viermotorigen Maschine unterstützen sollten. Sie waren für den Einsatz von heißen und hohen Plätzen im Pazifikraum gedacht. Voll beladen konnten sie die Höhe aber nicht mehr mit eigener Kraft halten, was zu Nutzlastbeschränkungen führte. Neben den beiden Prototypen baute General Aircraft acht Flugzeuge aus Seglern um und stellte zehn neu her.

Ein leichter britischer 7-Tonnen-Tetrach-Panzer konnte noch mit einem Hamilcar-Lastenseglers transportiert werden.

Kam nie zum Einsatz – die motorisierte Hamilcar Mk. X.

Insgesamt wurden 412 Hamilcars ausgeliefert.

Bemerkungen: Um Kanonen, Fahrzeuge und Nachschub abzusetzen wurden ca. 30 Hamilcars erstmals im Juni 1944 bei der Operation Tonga in der Normandie eingesetzt sowie im September 1944 bei der Operation Market Garden in den Niederlanden. Der dritte und letzte Einsatz bei der Operation Varsity fand im März 1945 am Niederrhein statt. Die Einsätze der Hamilcar waren alle erfolgreich, obwohl sie durch ihre Größe und Langsamkeit ein leichtes Ziel für die Flugabwehr waren. Nach Kriegsende wurden fast alle verschrottet, wenige blieben bis 1950 in Betrieb.

Es blieben nur Rumpfteile im Army Flying Museum / Hampshire und im Bovington Tank Museum in Großbritannien erhalten.

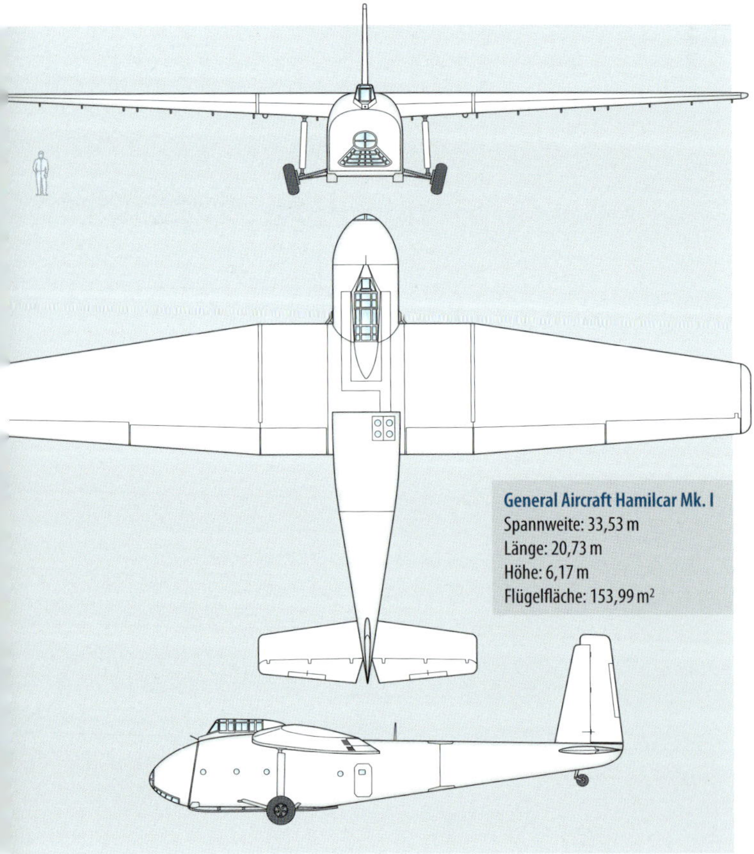

General Aircraft Hamilcar Mk. I
Spannweite: 33,53 m
Länge: 20,73 m
Höhe: 6,17 m
Flügelfläche: 153,99 m²

Besatzung: 2
Leistungen: Höchstgeschwindigkeit 240 km/h im Schlepp
Gewichte: Leergewicht 8346 kg, max. Abfluggewicht 16 329 kg.

Gloster Gladiator

Ursprungsland
Großbritannien
Kategorie
Jagdflugzeug

Entwicklung: Als eine Weiterentwicklung des offenen Doppeldeckers Gloster Gauntlet flog die Gladiator erstmals als SS.37 im September 1934 mit einem 530 PS-Mercury IV, anstatt mit dem vorgesehenen, problematischen V12-Rolls Royce Goshawk mit Verdunstungskühlung. Der Doppeldecker hatte einen beplankten und bespannten Stahlrohrrumpf, sowie bespannte Metallflügel. Die ersten Serienflugzeuge Mk. I bekamen einen überarbeiteten Rumpf, ein neues Fahrwerk und ein geschlossenes Cockpit, sowie den stärkeren Bristol Mercury IX mit festem Zweiblattpropeller. Von ihr wurden ab Juli 1936 378 ausgeliefert. 270 Mk. II stellte Gloster wüstentauglich mit einem Bristol Mercury VII A mit Dreiblatt-Verstellpropeller und Staubfilter her. Für den Einsatz auf Flugzeugträgern der Fleet Air Arm rüstete man 38 Mk. II zur Sea Gladiator um und baute 60 neu. Sie erhielten eine verstärkte Zelle, Fanghaken und Befestigungspunkte für den Katapultstart.

Noch mit dem Rumpf der Gauntlet, der Prototyp SS.37 im April 1935.

Bis April 1940 wurden 747 Exemplare produziert. 216 gingen in den Export, unter anderem nach Ägypten, Australien, Belgien, China, Finnland, Griechenland, Irak, Irland, Lettland, Litauen, Norwegen, Portugal, Südafrika und Schweden, das selbst 55 Flugzeuge als J 8 und J 8A in Lizenz herstellte (große Abb.).

Bemerkungen: Der letzte Doppeldecker der Royal Air Force zeigte mit seinem Rumpf und dem geschlossenen Cockpit den Übergang zu den damals schon vorhandenen wesentlich moderneren Jagdflugzeugen, denen er bei seiner Indienststellung im Februar 1937 bereits deutlich unterlegen war. Eingesetzt wurde die Gladiator trotzdem bis 1942 auf fast allen britischen Kriegsschauplätzen. Lediglich bei Konfrontationen mit Doppeldeckern, wie z. B. der Fiat CR.42 über Malta, hatte sie aber noch Chancen.

Neben Museumsstücken in Großbritannien, Malta, Norwegen und Schweden werden zwei Gladiator in Duxford und Bedfordshire/Großbritannien in flugfähigem Zustand erhalten.

Besatzung: 1
Triebwerk: (Mk. I) Ein luftgekühlter 9-Zylinder-Sternmotor Bristol Mercury IX mit 619 kW (830 PS).
Leistungen: (Mk. I) Höchstgeschwindigkeit 405 km/h n 4400 m Höhe, Steigzeit auf 3000 m 4 min, 45 sec, Dienstgipfelhöhe 10 000 m, Reichweite ca. 680 km.
Gewichte: (Mk. I) Leergewicht 1458 kg, Abfluggewicht 2082 kg.
Bewaffnung: (Mk. I) Zwei MGs seitlich im Rumpf, je ein MG in Behältern unter dem unteren Flügel.

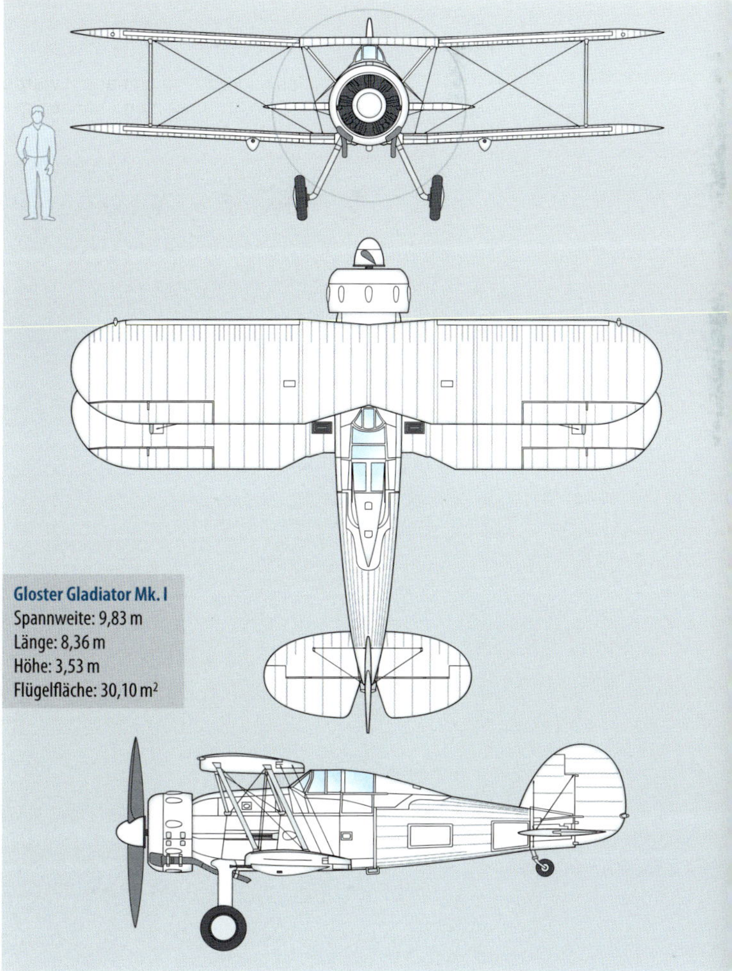

Gloster Gladiator Mk. I
Spannweite: 9,83 m
Länge: 8,36 m
Höhe: 3,53 m
Flügelfläche: 30,10 m²

Gloster Meteor

Ursprungsland
Großbritannien
Kategorie
Jagdflugzeug

Entwicklung: Mit der Entwicklung des ersten britischen Strahltriebwerks durch Frank Whittle und dem Erstflug des Versuchsflugzeugs Gloster E28/39 im Mai 1941 begann das britische Jetzeitalter. Die dabei gewonnenen Erkenntnisse flossen in die Entwicklung der zweistrahligen, in Ganzmetall-Schalenbauweise hergestellten Meteor ein, die im März 1943 ihren Erstflug absolvierte. Schon im Juli 1944 waren die ersten von 20 Serienmaschinen Mk. I einsatzbereit. Verbesserungen an der Zelle und am Triebwerk führten zur Mk. III (großes Bild), von der 210 Stück gebaut wurden und schließlich zur Mk. IV, die ab 1947 in großer Zahl (489 St.) produziert wurde. Ein weiterer Sprung war die Mk. VIII, mit verbesserter Zelle, stärkeren Triebwerken, Martin-Baker-Schleudersitz und größerem Kraftstoffvorrat. Weitere zahllose Varianten zeigten, dass das Muster für viele Einsatzzwecke Potenzial hatte. Als Jagdflugzeug, als Allwetter- und Nachtjäger mit Radarnase, Jagdbomber, Aufklärer und doppelsitzigem Strahltrainer.

3947 Meteor aller Varianten wurden bis 1955 in zwei Werken in Großbritannien und unter Lizenz in den Niederlanden hergestellt.

Bemerkungen: Mit der Einführung der Mk. I im Juli 1944 hatte die RAF einen geeigneten Jäger um gegen anfliegende V-1-Marschflugkörper vorzugehen. Auf dem europäischen Festland wurde die Meteor jedoch erst im Februar 1945 eingesetzt. Es gab allerdings keine direkten und damit vergleichbaren Auseinandersetzungen mit deutschen Jagdflugzeugen wie z. B. der Me 262. Wie alle Jets zu dieser Zeit, litt auch die Meteor aufgrund der hohen erreichten Geschwindigkeit unter aerodynamischen Problemen. Trotzdem war das Flugzeug ein Verkaufserfolg und wurde in zahlreiche Staaten exportiert. Spätestens ab 1950 während des Koreakriegs, wurde aber deutlich, dass die Meteor moderneren, düsengetriebenen Jagdflugzeugen unterlegen war.

Nach unbestätigten Quellen sind noch 5 Meteor in flugfähigem Zustand, zahlreiche aber weltweit in Museen zu besichtigen. Martin-Baker/Großbritannien nutzt noch zwei, um ihre Schleudersitze zu testen.

Vom zweisitzigen Trainer T.7, der erstmals im März 1948 flog, wurden 640 für die RAF und 72 für den Export produziert.

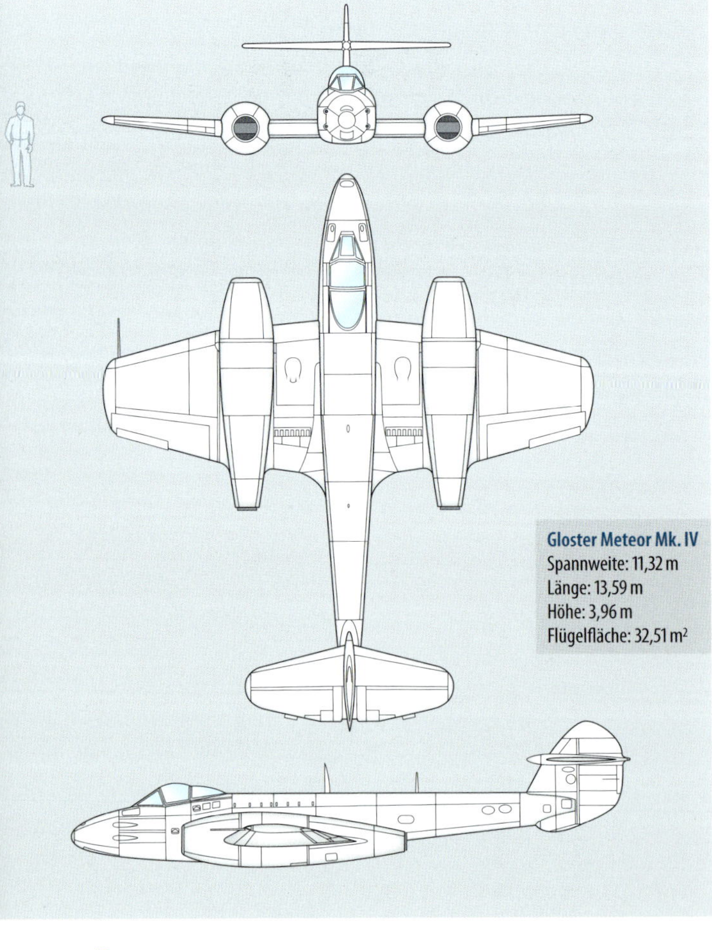

Gloster Meteor Mk. IV
Spannweite: 11,32 m
Länge: 13,59 m
Höhe: 3,96 m
Flügelfläche: 32,51 m²

Besatzung: 1
Triebwerke: Zwei Radial-Strahltriebwerke Rolls-Royce Derwent 5 mit 15,56 kN Schub.
Leistungen: (Mk. IV) Höchstgeschwindigkeit 930 km/h, Steigzeit auf 12 200 m in 8 min, Dienstgipfelhöhe 12 .200 m, Reichweite ca. 1150 km.
Gewichte: (Mk. IV) Leergewicht 5090 kg, Abfluggewicht 6600 kg.
Bewaffnung: (Mk. IV) Vier Maschinenkanonen im Bug.

Handley Page H.P. 50 Heyford

Ursprungsland
Großbritannien
Kategorie
Schwerer Bomber

Entwicklung: Die Handley Page Heyford wurde als schwerer Nachtbomber nach einer Spezifikation der RAF in den 1930er-Jahren entwickelt. Der Erstflug, noch als H.P. 38, fand im Juni 1933 statt. Der mit dem oberen Flügel verbundene Rumpf wurde in Gemischtbauweise aus Sperrholz und Aluminium gefertigt, die abgestrebten Flügel aus stoffbespanntem Metall. Die ungewöhnliche Doppeldeckerkonstruktion, bei der der Pilot fast 5 m über dem Boden saß, erlaubte der Bodenmannschaft während die Motoren liefen eine Beladung des Bombenschachts im unteren Flügel zwischen dem Fahrwerk. Drei Versionen, die sich nur im Antrieb unterschieden,

Unkonventionell, aber beeindruckend, eine Heyford Mk. I beim Start.

produzierte Handley Page bis 1936: von der Mk. I 15 Stück, die mit Rolls-Royce-Kestrel-Motoren mit je 525 PS und Zweiblatt-Festpropellern ausgestattet waren, ab der Mk. IA (23 Stück) wurden Vierblatt-Festpropeller verwendet. Mit der Mk. II (6 St.) führte man stärkere Kestrel-Antriebe zu je 640 PS ein und die 70 Heyford Mk. III bekamen aufgeladene Kestrels zu je 695 PS.

Inklusive der Prototypen verließen bis 1936 nur 125 Heyfords die Werkshallen.

Bemerkungen: Zu ihrer Zeit als schwerer Bomber bezeichnet, wurde die exotische H.P. 50 Heyford als letzte britische Doppeldecker-Bomber-Konstruktion im November 1933 in Dienst gestellt. Ende 1936 verfügte die RAF über neun Squadrons der Bomber, die allerdings nur bei Nacht-Übungsangriffen eingesetzt wurden. Mit Aufkommen der moderneren Eindecker-Bomber, wie der Vickers Wellesley (S. 113) und der Armstrong Whitworth Whitley (S. 74) verlor der langsame und schwerfällige Doppeldecker schnell an Bedeutung. So wurde er nach kurzer Einsatzzeit bereits 1939 aus dem aktiven militärischen Dienst zurückgezogen. Ein paar Maschinen nutzte man noch zur Ausbildung von Bomber- und Bordschützen, einige zur Radarerprobung und für Luftbetankungstests. Aber schon im Juli 1941 verschwand die Heyford komplett aus den Beständen der Royal Air Force.

Kein Flugzeug ist erhalten geblieben.

Besatzung: 4
Triebwerke: (Mk. I) Zwei flüssigkeitsgekühlte V12-Zylinder-Motoren Rolls-Royce Kestrel II-S mit je 392 kW (525 PS).
Leistungen: Höchstgeschwindigkeit 229 km/h in 4000 m Höhe, Dienstgipfelhöhe 6400 m, Reichweite maximal 1480 km.
Gewichte: Leergewicht 4180 kg, max. Abfluggewicht 7680 kg.
Bewaffnung: Je ein MG im Bug, auf dem Rumpfrücken und in einem ausfahrbaren Waffenstand unter dem Rumpf, maximal 1134 kg Bomben, zum Teil in einem Schacht der Tragfläche zwischen dem Fahrwerk.

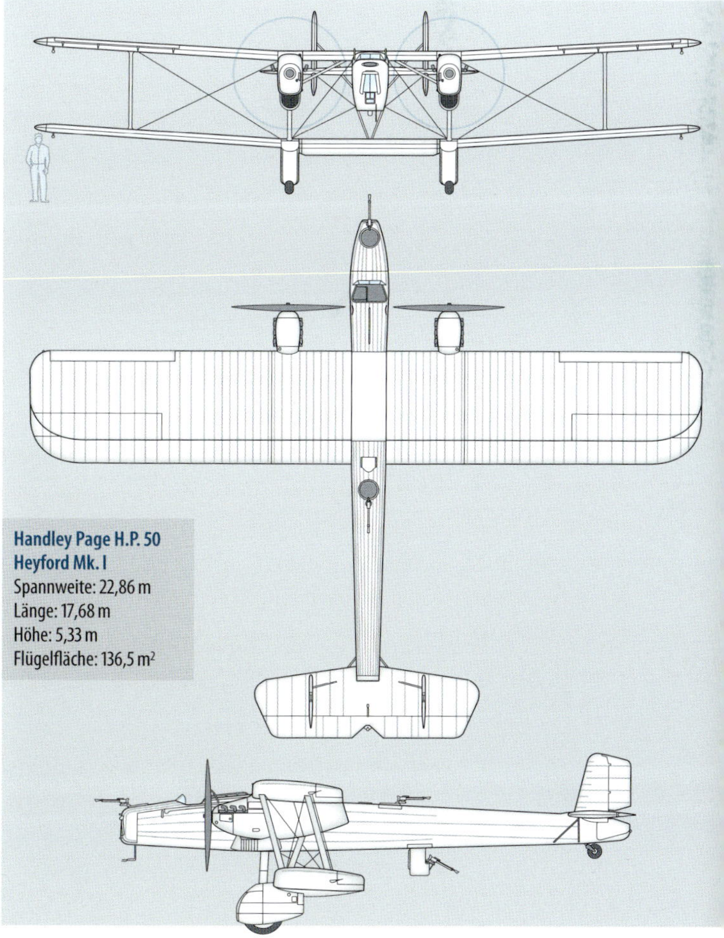

Handley Page H.P. 50 Heyford Mk. I
Spannweite: 22,86 m
Länge: 17,68 m
Höhe: 5,33 m
Flügelfläche: 136,5 m²

Handley Page H.P. 52 Hampden

Ursprungsland
Großbritannien
Kategorie
Mittelschwerer Bomber

Entwicklung: Nach einer Ausschreibung aus dem Jahr 1932 für einen zweimotorigen Tagbomber in Ganzmetallbauweise flog der erste von drei Prototypen erstmals im Juni 1936. Um schnell und wirtschaftlich zu produzieren, wurden Rumpf und Flügel in einzelnen Segmenten fertig gebaut und erst dann zusammengefügt. Bereits im August 1936 bestellte das Luftfahrtministerium 180 Flugzeuge. Im Juni 1938 lieferte Handley Page die ersten Serienmaschinen Mk. I nach einer Reihe von Modifikationen aus. Die von den Kanadiern gebaute Mk. II, mit 9-Zylinder Wright R-1820-Cyclone-Sternmotoren ausgestattet, blieb im Prototypenstadium stecken und wurde nicht in Serie gebaut. 150 Flugzeuge mit 24-Zylinder-H-Reihenmotoren-Dagger von Napier & Son baute man unter dem Namen „Hereford". Wegen der problematischen und kompliziert gebauten Dagger-Antriebe wurden sie jedoch wieder auf bewährtere Bristol Pegasus zurückgerüstet.

Nach 1420 Hampdens endete die Produktion. Kanada produzierte davon 160 Stück in Lizenz.

Bemerkungen: Beengte Platzverhältnisse für die Besatzung im extrem schlanken Rumpf beeinträchtigten den Einsatz des Bombers vor allem bei langanhaltenden Missionen erheblich. Einmal an ihrem Platz, konnten sich die Besatzungsmitglieder kaum Bewegen. Trotzdem wurde das Flugzeug, auch Flying Suitcase genannt, als Nachtbomber und Minenleger eingesetzt. Die letzten Einsätze bei der RAF waren im September 1942, um sie anschließend beim Coastal Command als Langstrecken-Torpedobomber und See-Aufklärer einzusetzen.

Neben Großbritannien wurden die Zweimots auch von den Luftstreitkräften Kanadas, Neuseelands, Schwedens und der Sowjetunion, die 32 Hampden unter dem Lend-Lease-Act erhielt, geflogen.

Nur zwei Hampden überlebten in nicht flugfähigem Zustand. Sie können im Canadian Museum of Flight/Langley/Kanada und im RAF Museum in Cosford/Großbritannien besichtigt werden.

Handley Page H.P. 52 Mk. I Hampden
Spannweite: 21,08 m
Länge: 16,33 m
Höhe: 4,55 m
Flügelfläche: 62,1 m²

Einer der Prototypen im Jahre 1936.

Besatzung: 4
Triebwerke: Zwei luftgekühlte 9-Zylinder-Sternmotoren Bristol Pegasus XVIII mit je 710 kW (966 PS) Startleistung.
Leistungen: Höchstgeschwindigkeit 398 km/h in 4200 m Höhe, Reisegeschwindigkeit 332 km/h in 4500 m, Dienstgipfelhöhe 5800 m, Reichweite maximal 2770 km.
Gewichte: Leergewicht 5790 kg, maximales Abfluggewicht 10 206 kg.
Bewaffnung: Je nach Einsatzzweck 1 festes MG im Bug, ein bewegliches MG im Bug, zwei bis vier MGs im hinteren MG-Stand und unter dem Rumpf. 1814 kg Bomben oder Minen im Rumpf oder ein Torpedo.

Handley Page H.P. 61 Halifax

Ursprungsland
Großbritannien
Kategorie
Schwerer Bomber

Entwicklung: Ihren Ursprung hatte die Halifax in der zweimotorigen H.P. 56, die nach einer Regierungsforderung für einen mittelschweren Bomber entworfen wurde, später aber als viermotoriger Bomber verlangt wurde. Der erste von zwei Prototypen der deutlich größeren viermotorigen, in Ganzmetallbauweise hergestellten H.P. 57 Halifax, flog im Oktober 1939 zum ersten Mal und bildete die Grundlage aller kommenden Versionen. Der ersten Serie mit 84 Bombern mit Rolls Royce Merlin-V12-Motoren (1040 kW/1390 PS) (großes Bild) folgte die Mk. II (H.P. 59). Sie bekam ein verändertes rechteckiges Seitenleitwerk. Die ersten, mit Merlins ausgestatteten Flugzeuge, waren untermotorisiert. Deshalb stattete man die Halifax mit Bristol Hercules-Sternmotoren aus. Diese, mit 2091 Stück meistgebaute Mk. III (H.P. 61), bekam eine Plexiglas-Rumpfnase und einen Radardom unter dem Rumpf. Die letzte Bomberversion Mk. VI (H.P. 63), in geringeren Stückzahlen gebaut, wurde mit einem 1675 PS-starken Hercules XVI-Sternmotor ausgeliefert. Mit den zivilen Um- und Neubauten (H.P. 70 Halton) und dem Truppentransporter und Schleppflugzeug H.P. 71 lief die Produktion aus.

Bis November 1946 wurden von allen Varianten 6178 Flugzeuge in fünf unterschiedlichen britischen Firmen produziert.

Bemerkungen: Zu den wichtigen viermotorigen Bombern der Royal Air Force, neben der Lancaster und der Stirling gehörte die Halifax. Sie wurde von März 1941 bis zum Kriegsende 1945 in Europa sowie im Mittleren Osten geflogen. Eine große Anzahl wurde beim Küsten- und Transportkommando im U-Boot-Krieg eingesetzt, aber auch zur Aufklärung und Wetterbeobachtung, als Schleppflugzeug und für Spezialmissionen. Während der Berlin-Blockade flogen 41 zivile Halifax-Frachter 8100 Fracht- und Diesel-Transporte. Die letzte militärische Halifax wurde in Pakistan 1961 und die letzte zivile im März 1952 außer Dienst gestellt.

Im Yorkshire Airmuseum/Großbritannien steht eine Halifax aus Funden zusammengebaut, eine im RAF Museum London und eine unrestaurierte im National Air Force Museum of Canada, Trenton.

Eine Halifax H.P. 57 Mk. III mit Sternmotoren, Radardom und rechteckigen Seitenleitwerken.

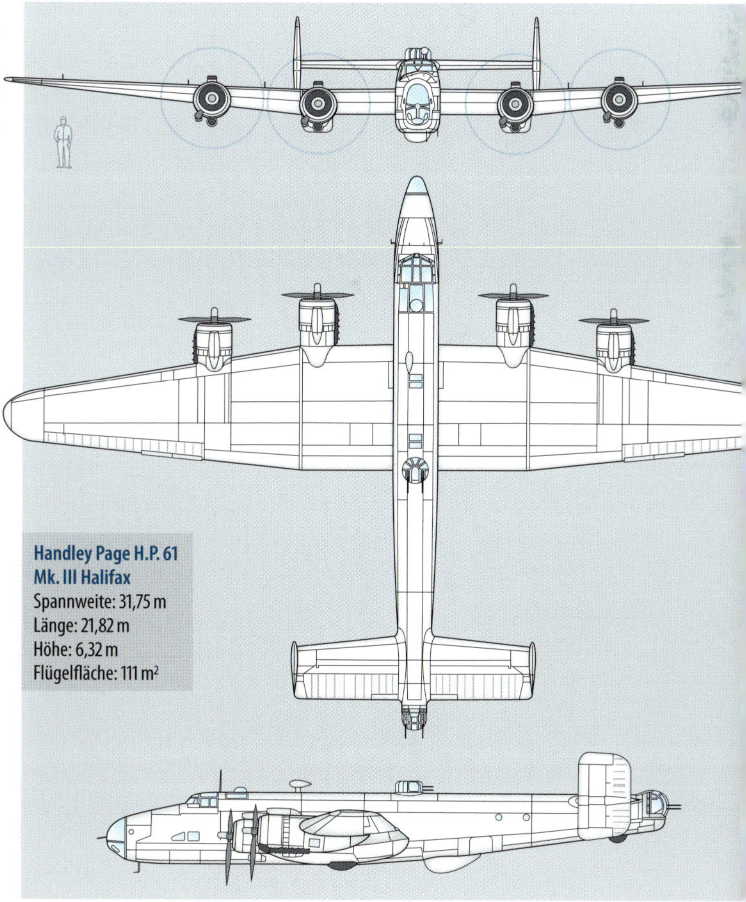

Handley Page H.P. 61 Mk. III Halifax
Spannweite: 31,75 m
Länge: 21,82 m
Höhe: 6,32 m
Flügelfläche: 111 m²

Besatzung: 7
Triebwerke: (Mk. III) Vier luftgekühlte 14-Zylinder-Doppelsternmotoren Bristol Hercules XVI mit je 1204 kW (1615 PS) Startleistung.
Leistungen: (Mk. III) Höchstgeschwindigkeit 454 km/h in 4100 m Höhe, Reisegeschwindigkeit 410 km/h, Dienstgipfelhöhe 7300 m, Reichweite 2990 km.
Gewichte: (Mk. III) Leergewicht 17 178 kg, Abfluggewicht 24 675 kg, maximales Abfluggewicht 29 484 kg.
Bewaffnung: (Mk. III) Ein MG im Bug, ein Vierlings-MG im Drehturm, ein Vierlings-MG im Heckstand. 5897 kg Bomben.

Hawker Hind

Ursprungsland
Großbritannien
Kategorie
Leichter Bomber, Trainer

Entwicklung: Als letzter Doppeldecker-Bomber der RAF war die Hind eine etwas modifizierte Version (Zelle und Antrieb) aus der in großer Stückzahl produzierten Hawker Hart-Reihe mit ihren Derivaten wie beispielsweise der Demon, Osprey und Audax. Der in Gemischtbauweise hergestellte Doppeldecker, der im September 1934 erstmals flog, hatte einen bespannten und vorn beplankten Rumpf aus geschweißtem Stahlrohr und Holz, sowie stoffbespannte Metall-Tragflächen. Während die britischen Flugzeuge mit V12-Kestrel-Motoren ausgerüstet wurden, sind in Exportversionen, die nach Portugal (4 St.), Jugoslawien (3 St.), Iran (35 St.), Afghanistan (32 St.), Litauen (3 St.) Irland (6 St.) und die Schweiz (1 St.) gingen, neben dem Kestrel auch 9-Zylinder-Sternmotoren Gnome-Rhone K-9 oder der Bristol Mercury VIII bzw. IX eingebaut worden. Die Trainer-Version mit Doppelsteuer war mit einem gedrosselten 600 PS RR Kestrel motorisiert.

Insgesamt sind 582 Hind-Doppeldecker von Hawker ausgeliefert worden.

Die iranische Hind war eine modifizierte Mk. I mit einem Bristol Mercury IX Sternmotor.

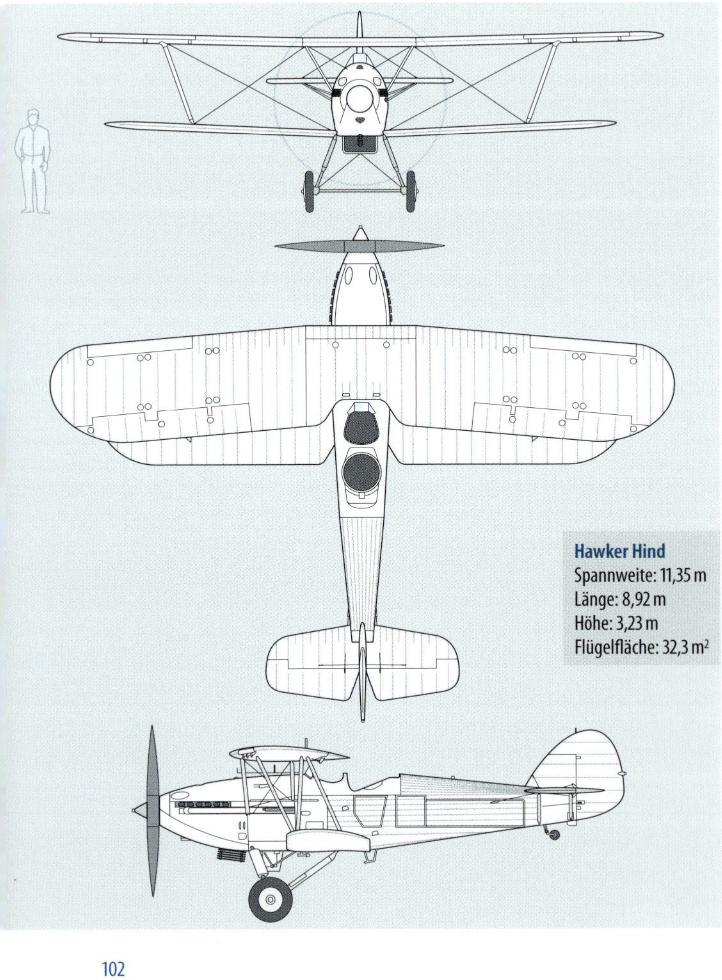

Hawker Hind
Spannweite: 11,35 m
Länge: 8,92 m
Höhe: 3,23 m
Flügelfläche: 32,3 m²

Bemerkungen: Wohl mehr als Zwischenlösung wurde die Hind von der RAF gesehen, bis modernere leichte Bomber verfügbar waren. Ab November 1935 gingen die Flugzeuge in Dienst, wurden aber schon bis Ende 1937 aus der ersten Linie zurückgezogen und durch die leichten Bomber Fairey Battle (S. 91) und Bristol Blenheim (S. 83) ersetzt. Als Schulflugzeuge für Piloten, die vom Basic Training auf der Tiger Moth kamen, war das Flugzeug nun die nächste Ausbildungsstufe. Einige wurden als Schleppmaschine für Lastensegler und als Zielschlepper benutzt. Eine größere Anzahl Hinds verbrachte man in die britischen Überseegebiete Neuseeland und Südafrika. Zum harten Einsatz kamen aber nur die Maschinen in lokalen Auseinandersetzungen wie z. B. in Afghanistan, Kenia oder Iran.

Soweit bekannt, sind sieben Hind in England, Kanada und Neuseeland erhalten geblieben. Eine davon wird von der Shuttleworth Collection in Old Warden/Großbritannien betrieben.

Besatzung: 2
Triebwerk: Ein flüssigkeitsgekühlter V12-Zylindermotor Rolls-Royce Kestrel V mit 480 kW (640 PS) in 3000 m Höhe.
Leistungen: Höchstgeschwindigkeit 298 km/h in 4700 m Höhe, Dienstgipfelhöhe 8000 m, Reichweite 740 km.
Gewichte: Leergewicht 1449 kg, Abfluggewicht 2112 kg.
Bewaffnung: Eine starres MG seitlich am Rumpf, ein bewegliches MG im hinteren Cockpit, maximal 230 kg Bomben an Flügelstationen.

Hawker Hurricane

Ursprungsland
Großbritannien
Kategorie
Jagdflugzeug

Entwicklung: Das Jagdflugzeug war anfangs eine Eigenentwicklung von Hawker, die 1933 begonnen wurde. Im September 1934 beauftragte schließlich die Regierung den Bau eines Prototyps, der im November 1935 flog. Schon im Juli 1936 wurden die ersten 600 Flugzeuge bestellt. Der einfach herzustellende Tiefdecker bestand aus einem beplankten und hinten bespannten, geschweißten Stahlrohr-Rumpf, die bespannten Flügel aus einem geschweißtem Stahlrohrgerüst mit hölzernen Rippen. Ab 1939 wurden Ganzmetallflügel eingeführt und früher gebaute Flugzeuge teilweise damit nachgerüstet. Zahllose Varianten bis zur Mk. V unterschieden sich je nach Einsatzzweck (Tiefangriffsflugzeug, Panzerjäger, Jagdbomber und Aufklärer) hauptsächlich in der Motorisierung und der Bewaffnung. Die größte Stückzahl erreichte die erstmals mit vier Maschinenkanonen ausgerüsteten Mk. II c (große Abb., Zeichnung), mit 4711 Stück. Modifizierte, trägergestützte Sea Hurricane Mk. II c wurden mit Katapultbeschlägen und Fanghaken ausgestattet.

Sechs Sea Hurricanes der Fleet Air Arm im Dezember 1941, die von der Royal Naval Air Station in Yeovilton aus operierten.

Aus mehreren britischen Werken rollten bis Juli 1944 13 036 Hurricane und von 1940 bis 1943 nochmals 1451 aus kanadischen Werken.

Bemerkungen: Die robuste und zuverlässige Hurricane wurde von vielen Ländern auf fast allen Kriegsschauplätzen des Zweiten Weltkrieges eingesetzt, auch im Fernen Osten gegen Japan. Alleine die Sowjetunion setzte 2952 Hurricanes in ihrer Luftverteidigung ein, die unter dem Lendlease-Contract geliefert wurden. Obwohl das Jagdflugzeug nicht an die Leistungen der Spitfire oder Bf 109 herankam, war sie durch ihre starke Bewaffnung, anfangs mit acht MGs, später mit vier MKs, und ihre Wendigkeit angeblich für ca. 55 % der Abschüsse in der Luftschlacht um England in den Jahren 1940/41 verantwortlich. Im weiteren Verlauf des Krieges verlor das Flugzeug jedoch seine Bedeutung als Jäger, und wurde vermehrt für Bodenangriffe eingesetzt.

Es sollen 17 Hurricanes, weltweit verteilt, flugfähig und in zahlreichen Museen zu besichtigen sein. Eine davon steht im Imperial War Museum, Duxford, Großbritannien.

Besatzung: 1
Triebwerk: (II C) Ein flüssigkeitsgekühlter V12-Zylindermotor Rolls-Royce Merlin XX mit 924 kW (1240 PS) in 3000 m Höhe.
Leistungen: (II C) Höchstgeschwindigkeit 550 km/h in 6400 m Höhe, Dienstgipfelhöhe 11 000 m, Reichweite 970 km.
Gewichte: (II C) Leergewicht 2606 kg, Abfluggewicht 3479 kg, maximales Abfluggewicht 3951 kg.
Bewaffnung: (II C) Vier Maschinenkanonen im Flügel, maximal 230 kg Bomben an Flügelstationen.

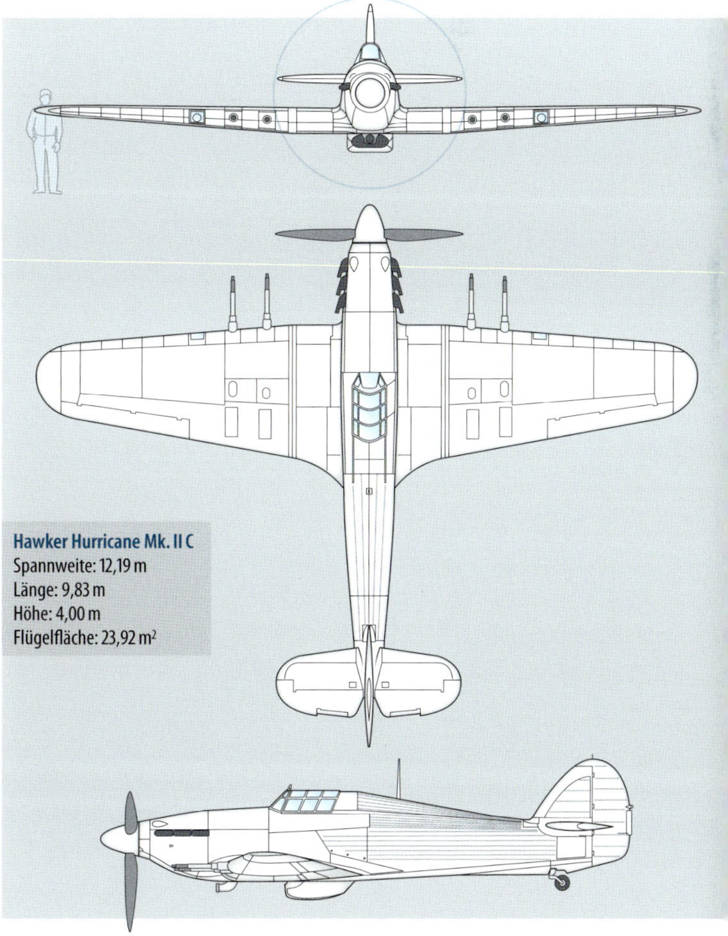

Hawker Hurricane Mk. II C
Spannweite: 12,19 m
Länge: 9,83 m
Höhe: 4,00 m
Flügelfläche: 23,92 m²

Hawker Typhoon

Ursprungsland
Großbritannien
Kategorie
Jagdflugzeug, Jagdbomber

Entwicklung: Unmittelbar nach der Entwicklung der Hurricane begann Hawker im März 1937 mit der Konstruktion der Typhoon. Es wurden zwei Entwürfe (R- und N-Type), die sich in der Motorisierung unterschieden, als Prototypen gebaut. Der Vorderrumpf bestand aus einem beplanktem und geschweißten Stahlrohrgerüst, das Rumpfende wurde in Halbschalenbauweise hergestellt. Der R-Type, die Tornado, flog im Oktober 1939, der N-Type, die Typhoon, im Februar 1940. Nach anfänglichen aerodynamischen Problemen und Antriebsvibrationen, ging schließlich die Typhoon mit dem vielversprechenden Sabre-Motor in Serie. Von der ersten 1 A-Serie, die mit zwölf MGs ausgerüstet war, wurden 104 Flugzeuge bis Mai 1941 ausgeliefert. Den Hauptanteil hatte aber die 1 B-Serie (große Abb./Zeichnung), mit vier Maschinenkanonen im Flügel, von der bis Juli 1945 3174 Stück gebaut wurden.

Nur 15 von 3278 Typhoons wurden von Hawker gebaut, alle anderen von Gloster Aircraft.

Bemerkungen: Trotz der Leistungsfähigkeit, der für ein Jagdflugzeug relativ großen und sehr gut motorisierten Typhoon, konnte sich der Tiefdecker als Bomber-Begleitjäger in großen Höhen wegen seines ungünstigen dicken Flügelprofils nicht gegen feindliche Jagdflugzeuge durchsetzen. Mit dem Einsatz der Spitfire hatte die RAF dafür auch ein geeigneteres Jagdflugzeug. So wurde die Typhoon anfangs eher als Low-Level-Abfangjäger bezeichnet. Dazu kam es noch zu mehreren Abstürzen wegen eines problematischen Höhenruders, was aber, im Gegensatz zum anfälligen Sabre-Antrieb, behoben werden konnte. Schließlich wurde das Flugzeug ab ca. 1943 bis zum Kriegsende 1945 hauptsächlich als Jagdbomber für Tiefangriffe mit Maschinenkanonen und Luft-Boden-Raketen und bis zu 900 kg Bomben auf dem europäischen Festland, vor allem in Nordfrankreich und der Normandie eingesetzt.

Neben einigen erhaltenen fragmentarischen Typhoons in Großbritannien steht eine komplette Typhoon im RAF-Museum in London.

Der zweite Prototyp P5216 flog erstmals im Mai 1941, war bewaffnet und das Ausgangsmuster für die Mk. Ib-Serie.

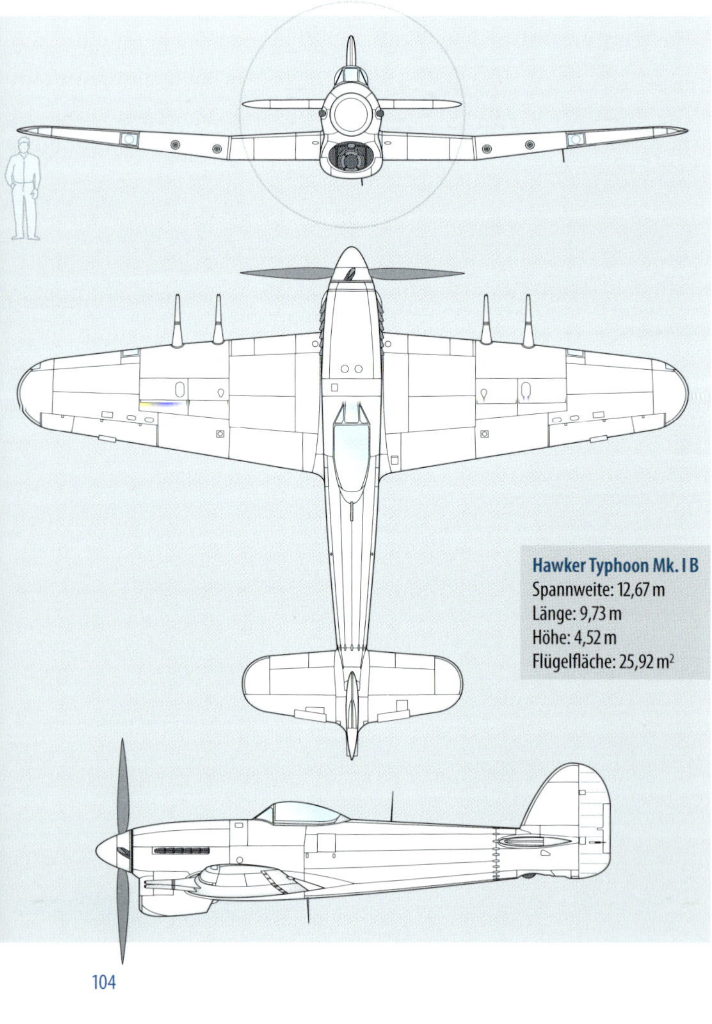

Hawker Typhoon Mk. I B
Spannweite: 12,67 m
Länge: 9,73 m
Höhe: 4,52 m
Flügelfläche: 25,92 m^2

Besatzung: 1
Triebwerk: (Mk. I B) Ein flüssigkeitsgekühlter H24-Zylinder-Motor Napier Sabre II A mit 1630 kW (2180 PS) oder II B 1600 kW (2200 PS) oder II C mit 1690 kW (2260 PS).
Leistungen: (Mk. I B) Höchstgeschwindigkeit 663 km/h in 5800 m Höhe, Dienstgipfelhöhe 10 700 m, Reichweite 820 km.
Gewichte: (Mk. I B) Leergewicht 4010 kg, Abfluggewicht 5171 kg, maximales Startgewicht 6010 kg.
Bewaffnung: Vier Maschinenkanonen in den Flügeln, acht Luft-Boden-Raketen, maximal 900 kg Bomben an zwei Flügelstationen.

Hawker Tempest

Entwicklung: Eine stark veränderte Weiterentwicklung der Hawker Typhoon war die Tempest mit ihren dünneren elliptischen Laminarprofil-Flügeln. Der Prototyp hob erstmals im September 1942 ab. Probleme mit dem ursprünglich vorgesehenen Sabre IV-Triebwerk zwang Hawker, die Serienfertigung mit dem 2420 PS starken Sabre II b und derMk. V im Juni 1943 zu beginnen (großes Bild). Parallel dazu sollte die Mk. II mit einem Bristol Centaurus IV Doppelsternmotor, der zuverlässiger und einfacher zu warten war, gefertigt werden. Wegen zu geringer Werkskapazitäten begann bei Hawker die Auslieferung der 452 Mk. II jedoch erst im Oktober 1944, davon 136 als Jagdflugzeug und 316 als Jagdbomber. Die Mk. VI mit etwas sparsameren und zuverlässigeren Sabre V-Motor (Zeichnung), die im Mai 1944 erstmals flog, benötigte neben einem größeren Kühler noch zusätzliche Lufteinläufe an der inneren Flügelvorderkante für den Ölkühler und den Vergaser.

Eine Tempest Mk. II mit dem luftgekühlten 2000 PS starken Centaurus-Doppelsternmotor von Bristol, dessen Ölkühler- und Vergaserlufteinlass sich an der Flügelvorderkante befand.

Insgesamt wurden 1395 Tempests gebaut, davon 1 Mk. I, 452 Mk.II, 800 Mk. V und 142 Mk. VI. Nach dem Zweiten Weltkrieg wurden noch einige Exemplare zum Zielschlepper umgebaut.

Besatzung: 1
Triebwerk: (Mk. VI) Ein flüssigkeitsgekühlter V24-Zylinder-Motor Napier Sabre V mit 1500 kW (2010 PS) Startleistung, kurzzeitig maximal 1800 kW (2420 PS), 1525 kW (2045 PS) in 4200 m Höhe.
Leistungen: (Mk. VI) Höchstgeschwindigkeit ca. 720 km/h in 4400 m Höhe, 636 km/h auf Meereshöhe, Steigzeit auf 6100 m 4 min, 45 sec, Dienstgipfelhöhe 11 100 m, Reichweite 680 km.
Gewichte: (Mk. VI) Leergewicht 4150 kg, Abfluggewicht 5242 kg.
Bewaffnung: Vier Maschinenkanonen in den Flügeln. Maximal 460 kg Bomben, 24 Luft-Boden-Raketen.

Bemerkungen: Die mit exzellenten Flugeigenschaften ausgestattete Tempest gehörte zu den schnellsten Propeller-Jagdflugzeugen des Zweiten Weltkrieges. Ihre hohe Geschwindigkeit, gute Manövrierbarkeit in mittleren und niedrigen Höhen und die starke Bewaffnung ermöglichten neben Tieffliegerangriffen auch erfolgreiche Einsätze gegen anfliegende deutsche V-1-Marschflugkörper und die zweistrahlige Me 262.

Nach unbestätigten Angaben befinden sich sechs Tempests in flugfähigem Zustand in USA, Kanada und Großbritannien, drei in Museen in Indien und Großbritannien, davon eine im RAF-Museum in London, drei sind eingelagert.

Ursprungsland
Großbritannien
Kategorie
Jagdflugzeug, Jagdbomber

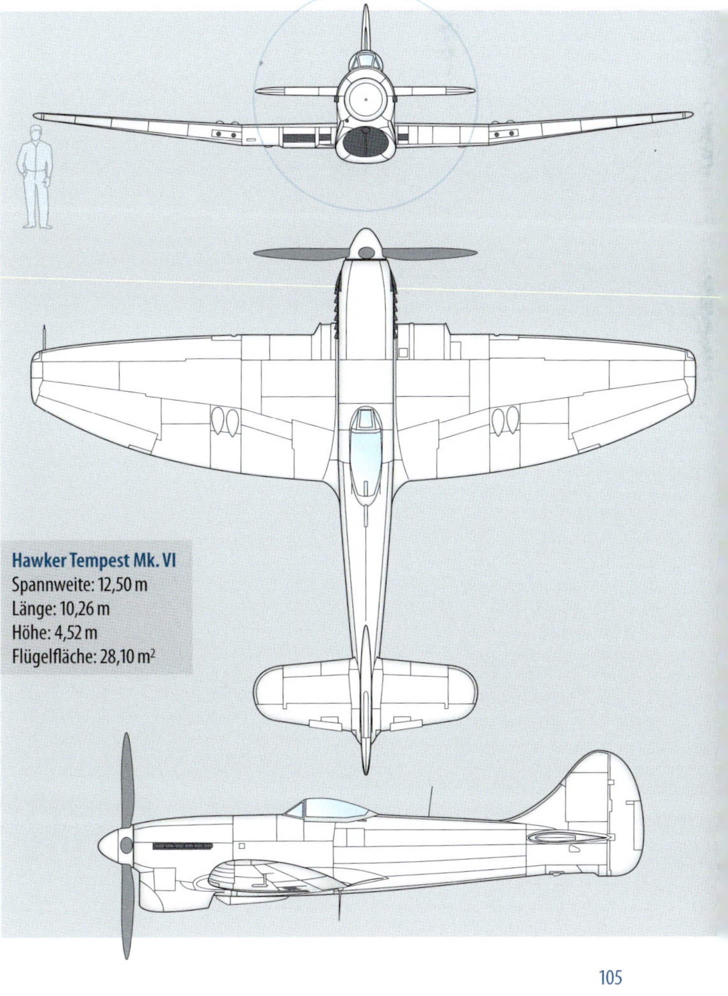

Hawker Tempest Mk. VI
Spannweite: 12,50 m
Länge: 10,26 m
Höhe: 4,52 m
Flügelfläche: 28,10 m²

Miles Master

Ursprungsland
Großbritannien
Kategorie
Schulflugzeug

Entwicklung: Die Entwicklung der Master geht auf die M.9 Kestrel zurück, die seit 1937 flog und beeindruckende Flugleistungen aufwies. Miles bekam nach dem Scheitern des Schulflugzeuges De Havilland DH.93 den Auftrag, 500 nun Master genannte Trainer, zu bauen. Nach einer umfassenden Überarbeitung und dem Einbau eines V12-Rolls-Royce Kestrel XXX mit 715 PS hob im März 1939 das in sperrholzbeplankter Holzbauweise konstruierte Flugzeug erstmals ab. Bereits im Juli wurden die ersten Serienexemplare, von insgesamt 900, der M.9 B Mk 1 ausgeliefert. Nach Aufgabe der Kestrel-Motorenproduktion wurde die M.19 Mk. II mit dem stärkeren Sternmotor Bristol Mercury aufgelegt, von dem 1748 Exemplare produziert wurden. Dazu 602 Flugzeuge der M.27 Mk. III mit einem 825 PS -Doppelsternmotor Pratt & Whitney Twin Wasp Junior. Zu Übungszwecken konnte die Master mit einem MG ausgerüstet und mit Übungsbomben beladen werden. Um die Manövrierbarkeit zu erhöhen und die Belastung der Flächen zu verringern sind 1942 die Flügel aller Versionen um ca. 1 m gekürzt worden. Rund 420 Maschinen rüstete Miles zum Schleppflugzeuge um und als einsitzige Notjäger lieferte man 25 Master Fighter M.24 mit sechs MGs in den Flächen aus.

Insgesamt wurden in mehreren Werken 3249 Miles Master produziert. Davon sind nach Südafrika 426, USA 9, Ägypten 23, Irland 14, in die Türkei 23 und Portugal 2 exportiert worden.

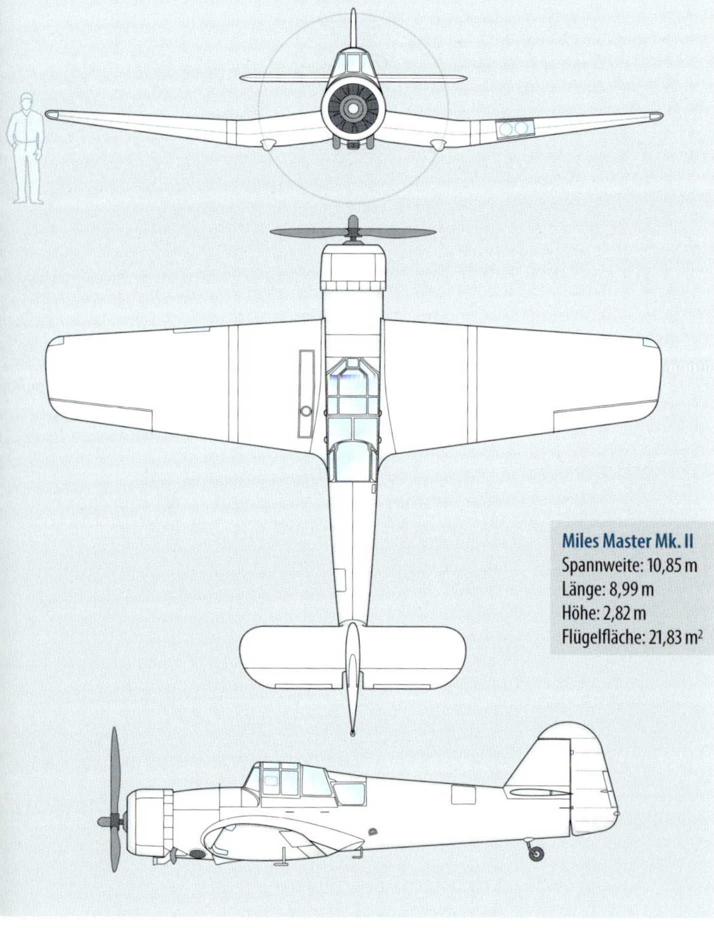

Miles Master Mk. II
Spannweite: 10,85 m
Länge: 8,99 m
Höhe: 2,82 m
Flügelfläche: 21,83 m²

Eine Master M.9 B Mk. I einer britischen Flugschule im Süden Schottlands, aus der ersten Baureihe mit einem V12- Kestrel, der einen großen Kühler unter dem Rumpf erforderte.

Bemerkungen: Mit der Master hatte die RAF einen optimalen Trainer an der Hand, der mit seinem Handling und seiner Performance die Hurricane und Spitfire simulieren konnte. Der Fluglehrer saß im hinteren Cockpit etwas erhöht und hatte direkten Zugriff auf die Steuerelemente des Schülercockpits. Ausgebildet wurden unter anderem Luftkampftaktiken zur Vorbereitung der Kampfpiloten auf ihre Einsätze. Mehrere hundert Masters wurden zudem als Zielschlepper und Schleppflugzeuge für Lastensegler eingesetzt und ein paar als Verbindungsflugzeuge.

Es blieb keine komplette Maschine erhalten.

Besatzung: 2
Triebwerk: (Mk. II) Ein luftgekühlter 9-Zylinder-Sternmotor Bristol Mercury XX mir 640 kW (870 PS).
Leistungen: (Mk. II) Höchstgeschwindigkeit 389 km/h in 1800 m Höhe, Reisegeschwindigkeit 342 km/h, Steigzeit auf 6100 m 17 min, Dienstgipfelhöhe 7925 m, Reichweite 630 km.
Gewichte: (Mk. II) Leergewicht 1947 kg, Abfluggewicht 2528 kg.

Percival P. 28/30/31/34 Proctor

Entwicklung: Usprungsmuster war die Percival Vega Gull, die mit einem längeren Rumpf zur militärischen Proctor modifiziert wurde. Eine frühe Bestellung Anfang 1939 über 247 P. 28 MK 1 wurde plaziert, der Prototyp flog aber erst im Oktober 1939. Die ersten dreisitzigen Baureihen des komplett aus Holz hergestellte Flugzeugs hatten beiklappbare Flügel und waren der Vega Gull noch ähnlich: Die P. 28 Mk. I, dreisitziger Trainer (147 gebaut), P. 30 Mk. II, dreisitzig zur Funkerausbildung (175 gebaut) und die P. 34 Mk. III (großes Bild) als Trainer für Bomberfunker (437 gebaut). Erheblich modifiziert, etwas schwerer und nun auch mit schlechteren Leistungen, flogen ab 1943

Proctor C.Mk 5 nannte die RAF ihre nach dem Krieg gebauten Proctor 5, die auch als viersitziges Kleinflugzeug vertrieben wurde.

die 437 gebauten Viersitzer P. 31 Mk. IV, die ebenso zur Funkerausbildung benutzt wurden, sowie die nach Kriegsende gebaute Proctor 5 (150 Stück). Nur ein Exemplar baute man von der Proctor 6 mit Doppelschwimmern.

Von den 1296 ausgelieferten Flugzeugen sind 484 von Percival und 812 von F. Hills & Sons gebaut worden.

Bemerkungen: Als Weiterentwicklung eines ursprünglich zivilen Musters wurde die in vielen Bereichen verwendbare militärische Proctor weltweit eingesetzt. Neben Großbritannien als Hauptabnehmer, wurden die Flugzeuge in größerer Zahl von Australien und Kanada gekauft. Belgien, Tschechoslowakei, Dänemark, Frankreich, Italien, Jordanien, Libanon, Polen und Syrien zählten ebenso zu den Betreibern wie die USA, die das Flugzeug von der Royal Air Force zur Nutzung in England während des Krieges liehen.

Die RAF selbst flog das Flugzeug bis 1955. Eine nicht unerheblich Zahl demilitarisierter Proctors kamen nach dem Krieg in zivile Hände. Allerdings führten die allmählich nachlassenden Holzverbindungen zu einem generellen Grounding der Tiefdecker in den 1960er-Jahren.

Trotzdem haben viele Proctors überlebt, stehen in Museen, wurden aufwendig restauriert und sind heute wieder in einem flugfähigen Zustand. Unter anderen in Großbritannien, Australien, Neuseeland und Dänemark.

Ursprungsland
Großbritannien
Kategorie
Schul- und Verbindungsflugzeug

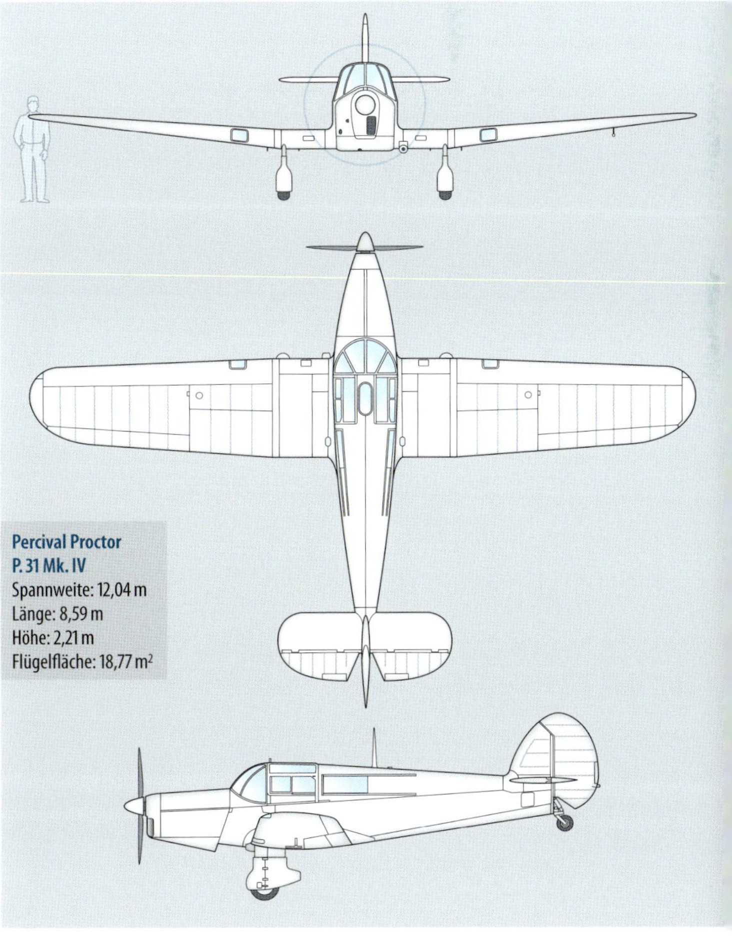

Percival Proctor P. 31 Mk. IV
Spannweite: 12,04 m
Länge: 8,59 m
Höhe: 2,21 m
Flügelfläche: 18,77 m²

Besatzung: 2 plus 1 – 2
Triebwerk: (P. 31 Mk. IV) Ein luftgekühlter, hängender 6-Zylinder-Reihenmotor de Havilland Gipsy Queen II mit 154 kW (210 PS).
Leistungen: (P. 31 Mk. IV) Höchstgeschwindigkeit 253 km/h, Reisegeschwindigkeit 217 km/h, Dienstgipfelhöhe 4300 m, Reichweite 800 km.
Gewichte: (P. 31 Mk. IV) Leergewicht 1061 kg, Abfluggewicht 1588 kg.

Short S. 25 Sunderland

Ursprungsland
Großbritannien
Kategorie
Flugboot

Entwicklung: Als eine militärische Weiterentwicklung des Verkehrsflugbootes Shorts S.23 absolvierte die Sunderland ihren Erstflug im Oktober 1937. Im Herbst 1938 wurden die ersten, in Ganzmetallbuaweise produzierten Maschinen, beim RAF Coastal Command eingesetzt. Von den immer wieder verbesserten fünf Baureihen, die sich in der Ausrüstung unterschieden, war die Mk. III, mit einem überarbeiteten Rumpf, um die Seetüchtigkeit zu verbessern, mit 461 Flugzeugen die wichtigste Baureihe. Die Mk. I – IV Baureihen waren noch mit Bristol Pegasus-Sternmotoren ausgerüstet, die letzte Baureihe S. 25 Mk. V, von der noch 154 Flugboote ausgeliefert wurden, erhielt stärkere Pratt & Whitney Twin-Wasp-Doppelsternmotoren mit 1200 PS.

Nach 749 Maschinen endete die Produktion.

Bemerkungen: Zu den effektivsten Langstrecken-Flugbooten des Zweiten Weltkrieges gehörte zweifellos die britische Sunderland. Wegen des Bootsrumpfes wurden alle Bomben im Rumpf aufbewahrt und über spezielle Schienen unter dem Innenflügel nach außen in Abwurfposition gebracht. Sie wurde maßgeblich über dem Atlantik und im Mittelmeerraum zur Bekämpfung deutscher U-Boote sowie als Seeaufklärer, Transporter und für SAR-Aufgaben eingesetzt. Betreiber waren neben Großbritannien auch Australien, Kanada, Frankreich, Neuseeland, Norwegen und Südafrika. Ein Teil der Flugboote kam auch bei der Berliner Luftbrücke 1948 – 1949 zum Einsatz und Mitte der 1950er-Jahre im Koreakrieg. Die letzten britischen militärischen Flugboote wurden 1959 außer Dienst gestellt. Bereits Ende 1942 nutzte die BOAC sechs Sunderlands als Transport- und Passagierflugzeuge auf Strecken nach Afrika und Indien. Nach dem Zweiten Weltkrieg sind 27 S. 25 zu Passagierflugzeugen umgebaut und als Sandringham auf Fernostrouten, aber auch im Transatlantikverkehr eingesetzt worden. Einige waren noch bis 1974 für eine australischen Fluggesellschaft unterwegs.

Im Imperial War Museum in Duxford/Großbritannien wird ein Exemplar ausgestellt und im MOTAT in Auckland/Neuseeland.

Eine Mk. V mit ASV-6 Radar-Pods an den Außenflügeln.

Short S. 25 Sunderland Mk. III
Spannweite: 34,39 m
Länge: 26,00 m
Höhe: 10,00 m
Flügelfläche: 138 m²

Besatzung: Je nach Einsatz 7 – 11
Triebwerke: (Mk. III) Vier luftgekühlte 9-Zylinder-Sternmotoren Bristol Pegasus XVII mit je 794 kW (1065 PS).
Leistungen: (Mk. III) Höchstgeschwindigkeit 336 km/h in 2000 m Höhe, Reisegeschwindigkeit 285 km/h in 1500 m Höhe, Dienstgipfelhöhe 4880 m, Reichweite 2848 km.
Gewichte: (Mk. III) Leergewicht 15 663 kg, Abfluggewicht 26 332 kg.
Bewaffnung: Bis zu 16 MGs in Gefechtsständen und bis zu 910 kg Bomben, Wasserbomben und Minen.

Short S. 31 Stirling

Ursprungsland
Großbritannien
Kategorie
Schwerer Bomber

Entwicklung: Aufgrund einer Ausschreibung im Jahr 1936 für einen schweren Bomber wurde zur ersten Erprobung ein flugfähiges viermotoriges Modell in halber Größe aus Holz gebaut, das erstmals im September 1938 flog. Nach einer Reihe konstruktiver Änderungen hob im Mai 1939 schließlich der erste Prototyp ab und im Mai 1940 die erste Serienmaschine. Die in Ganzmetallbauweise hergestellte Stirling wurde in fünf Versionen produziert: Von der Mk. I (Bild oben) mit Bristol Hercules XI-Motoren 708 Stück, von der Mk. II mit Wright R-2600-Motoren nur 4 Prototypen, die Mk. III, mit stärkerer Motorisierung, von der 1039 Stück produziert wurden und 457 Mk. IV, mit geringerer Bewaffnung. Ab Ende 1944 lieferte Shorts noch 124 Mk. V mit 14-Zylinder-Doppelsternmotoren Bristol XVI als unbewaffnete Spezialtransporter aus.

Es rollten, je nach Quelle 2331/2371 Flugzeuge aller Varianten aus den Werkshallen.

Beim Frachter Stirling Mk. V.erleichterte das beladen eine große, seitliche Ladeluke im Heck und ein aufklappbarer Bug

Bemerkungen: Neben der Lancaster und Halifax war die Stirling der dritte und größte viermotorige schwere Bomber der RAF. Er wurde im Februar 1941 zum ersten Mal über den Niederlanden eingesetzt und flog insgesamt 14 500 Missionen. Ab 1943 auch in großen Formationen mit über 100 Flugzeugen. Allerdings war das Flugzeug, im Gegensatz zur Halifax und Lancaster, wegen seines Flügels nicht für große Höhen geeignet und konnte konstruktionsbedingt nur Bomben in beschränkter Größe laden. Deshalb wurde ab Ende 1943 das Flugzeug nur noch als Transporter, zum Minenlegen, für elektronische Gegenmaßnahmen, zum Absetzen von Fallschirmjägern, für Spezialmissionen hinter den Frontlinien und zum Schleppen von schweren Lastenseglern wie z. B. der bis zu 16 t schweren Hamilcar (S. 96), verwendet. Als Passagierflugzeuge lieferte Short 12 Maschinen im Mai 1947 an eine belgische Fluggesellschaft und bis 1951 flogen noch 6 Stirlings bei der ägyptischen Luftwaffe.

Soweit bekannt, ist kein komplettes Flugzeug erhalten geblieben.

Besatzung: 7
Triebwerke: (Mk. III) Vier luftgekühlte 14-Zylinder-Doppelsternmotoren Bristol Hercules VI mit je 1213 kW (1650 PS) Startleistung, oder Bristol Hercules XVI mit je 1202 kW (1635 PS) Startleistung.
Leistungen: (Mk. III) Höchstgeschwindigkeit ca. 435 km/h, Dienstgipfelhöhe bei max. Beladung 5050 m, Reichweite bei maximaler Beladung 950 km, maximale Reichweite 3750 km.
Gewichte: (Mk. III) Leergewicht 21 273 kg, Abfluggewicht 31 751 kg.
Bewaffnung: (Mk. III) Je ein Zwillings-MG in Drehtürmen im Bug, auf dem Rumpf und im Heckstand.

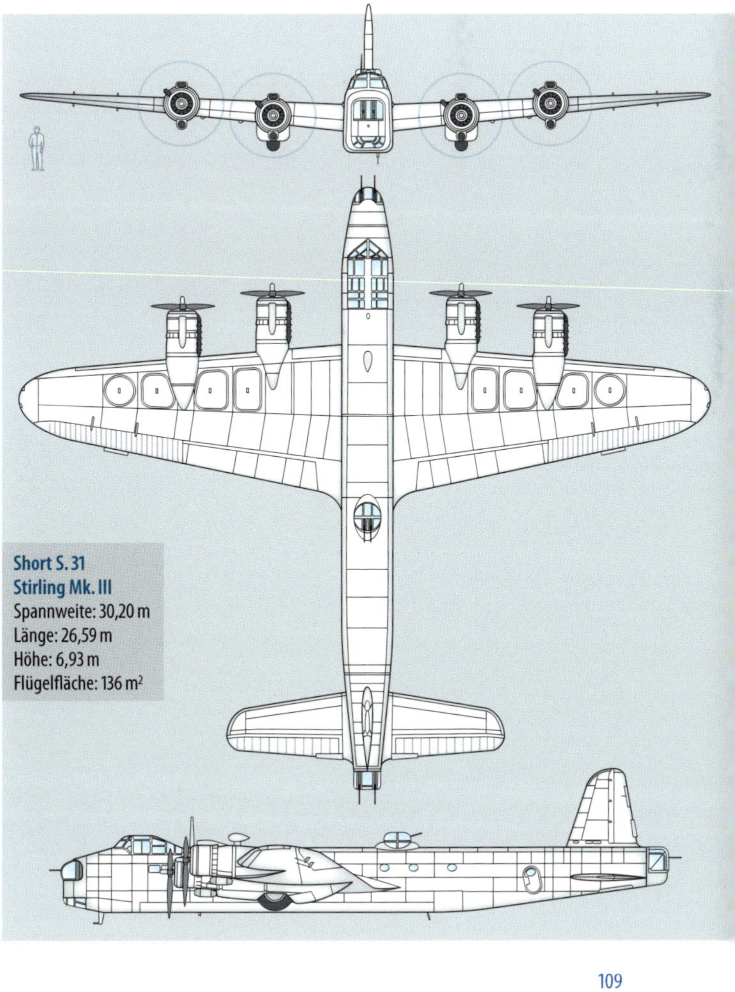

Short S. 31 Stirling Mk. III
Spannweite: 30,20 m
Länge: 26,59 m
Höhe: 6,93 m
Flügelfläche: 136 m²

Supermarine Walrus

Ursprungsland
Großbritannien
Kategorie
Flugboot

Entwicklung: Die Ursprünge der Walrus gehen bis in die 1920er-Jahre zur Supermarine Seagull zurück, die von der australischen Marine in weiterentwickelter Form als Seagull Mk. V ab 1935 von einem australischen Kreuzer und Flugzeugträger aus eingesetzt wurde. Daraus entstand die Walrus (Erstflug Juni 1933), die nun auch von England bestellt wurde und damit das meistgebauten Flugboot Großbritanniens war. Supermarine lieferte von ihr zwei Versionen aus. Die Mk. I besaß einen Metallrumpf, die Mk. II (ab 1940 produziert) einen Holzrumpf, während die stoffbespannten Flügel aus einem Stahlholm mit Holzrippen bestanden. Der robuste und universell einsetzbare Doppeldecker mit Druckpropeller war katapultstartfähig, hatte faltbare Flügel zur platzsparenden Unterbringung auf Schiffen und konnte mit seinem Einziehfahrwerk auch von Land aus operieren. Eine Weiterentwicklung war die Sea Otter (Abb. unten) mit einem wesentlich strömungsgünstiger angeordneten Antrieb im oberen Flügel, von der 292 ausgeliefert wurden.

Bis 1944 wurden 749 Walrus von Supermarine und Saunders Roe gebaut.

Weiterentwickelt aus der Walrus mit einem 980 PS-Bristol Mercury, die etwas elegantere und leistungsfähigere Sea Otter, von der 292 bis Kriegsende bei Saunders Roe gebaut wurden.

Bemerkungen: Weltweit auf fast allen Kreuzern der britischen Marine wurde die zu ihrer Zeit schon anachronistische Walrus bis 1945 eingesetzt. Nicht nur als Aufklärungs-, Beobachtungs- und Seerettungsflugzeug, sondern auch zur U-Boot-Bekämpfung. Angeblich wurden mit ihr vier deutsche und ein französisches U-Boot versenkt. Neben Großbritannien nutzten zahlreiche Länder das Flugzeug, darunter Irland, Australien, Ägypten, Frankreich, Kanada, Neuseeland und die Türkei. Zivil eingesetzt wurde das auch „ugly but functional" genannte Flugzeug nach 1945 in Australien, Kanada und in den Niederlanden.

Soweit bekannt sind vier Flugzeuge erhalten geblieben: RAAF Museum, Melbourne/Australien; Fleet Air Museum, Ilchester/Großbritannien, Royal Air Force Museum London und ein privates Projekt.

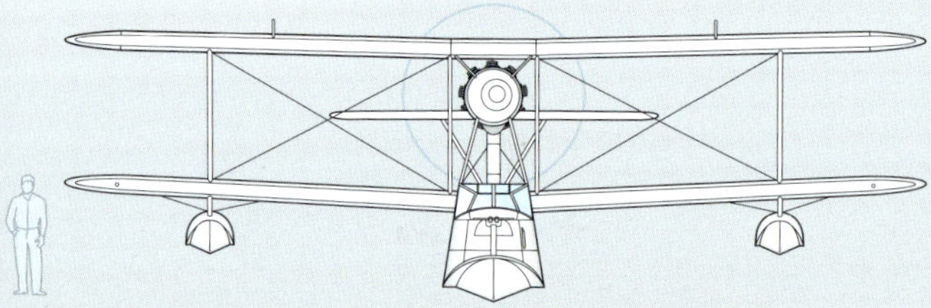

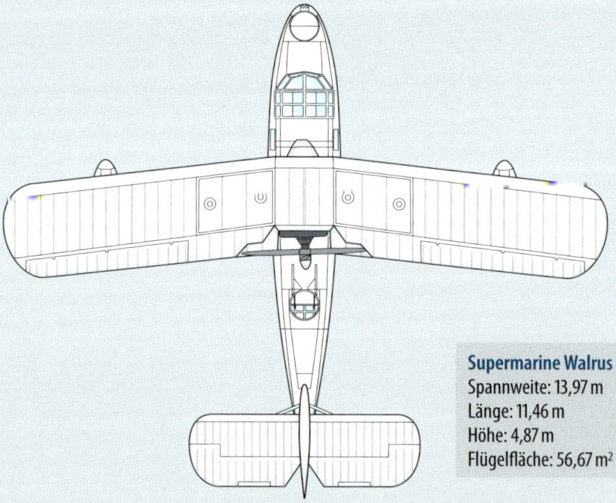

Supermarine Walrus Mk. I
Spannweite: 13,97 m
Länge: 11,46 m
Höhe: 4,87 m
Flügelfläche: 56,67 m²

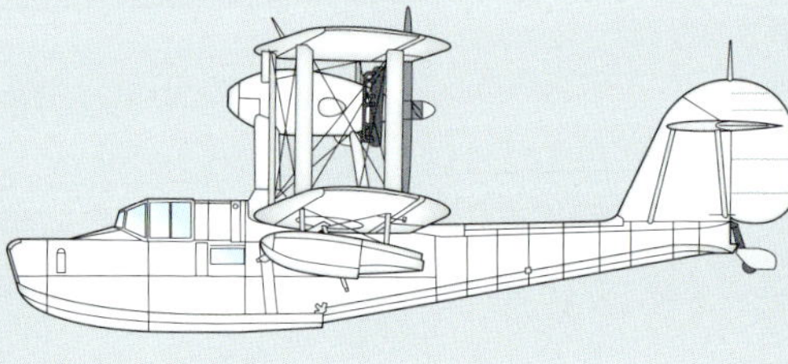

Besatzung: 3 – 4
Triebwerk: Ein luftgekühlter 9-Zylinder-Sternmotor Bristol Pegasus VI mit 570 kW (775 PS) Startleistung.
Leistungen: Höchstgeschwindigkeit 217 km/h in 1500 m Höhe, Reisegeschwindigkeit 148 km/h, Dienstgipfelhöhe 5600 m, Reichweite ca. 970 km.
Gewichte: Leergewicht 2223 kg, Abfluggewicht 3266 kg, maximales Abfluggewicht 3651 kg.
Bewaffnung: Je ein MG im Bug und hinter den Flügeln. Maximal 272 kg Bomben.

Supermarine Spitfire

Ursprungsland
Großbritannien
Kategorie
Jagdflugzeug

Entwicklung: Nach mehreren erfolglosen Entwürfen gelang mit der Type 300 eine für die RAF zufriedenstellende Konstruktion, die im März 1936 ihren Jungfernflug absovierte. Die guten Leistungen führten zu einer Bestellung des später Spitfire genannten Tiefdeckers. Erste Auslieferungen begannen Mitte 1938. Das in Ganzmetallbauweise hergestellte Flugzeug hat einen elliptischen Flügel, ähnlich der deutschen He 70 (S. 34), jedoch dünner und anders profiliert. Die Spitfire wurde in 24 Hauptvarianten und unzähligen Untervarianten gebaut. Größte Stückzahlen erreichte die Mk.V (große Abb.) mit 6487 und die MK. IX (Zeichnung) mit 5656 Stück. Die Versionen unterschieden sich hauptsächlich durch unterschiedliche Flügel, Motoren und Bewaffnungen. Ab der Mk. XII wurde der stärkere Rolls Royce Griffon mit bis zu 1520 kW (2035 PS) eingebaut. Eine für den Flugzeugträgereinsatz ausgestattete, verstärkte Version ist die Seafire. Wesentlich weiterentwickelt und leistungsgesteigert war 1944 die Spiteful, von der lediglich 20 Stück produziert wurden.

Eine Mk. XXII aus der vorletzten Serie, die im Februar 1945 erstmals flog, mit einer neu konstruierten Cockpit-Haube

In drei britischen Werken rollten bis Februar 1948 20 351 Flugzeuge aller Varianten aus den Hallen.

Bemerkungen: Zweifellos gehört die Spitfire zu den bedeutendsten Jagdflugzeugen des Zweiten Weltkrieges. Das Grundkonzept hatte so viel Potenzial, dass durch Weiterentwicklungen mit allen aufkommenden moderneren Propeller-Jagdflugzeugen bis über das Kriegsende hinaus mitgehalten werden konnte. Der wegen seiner exzellenten Flugeigenschaften bei Piloten beliebte Jäger wurde auf allen Kriegsschauplätzen weltweit eingesetzt und von rund 35 Nationen geflogen. Letzte Einsätze erfolgten bis 1953 im Koreakrieg. Bei vielen Luftstreitkräften blieb die Spitfire bis in die frühen 1960er-Jahre aktiv.

Nach unbestätigten Quellen existieren weltweit noch mehr als 50 flugfähige Spitfires und Seafires und eine große Anzahl in Museen.

Besatzung: 1
Triebwerk: (Mk. IX) Ein flüssigkeitsgekühlter V12-Motor Rolls-Royce Merlin 63 mit 1275 kW (1710 PS) in 2600 m Höhe. Mk. IX flogen auch mit RR Merlin 61, 66 und 70.
Leistungen: (Mk. IX) Höchstgeschwindigkeit 656 km/h in 7600 m Höhe, Dienstgipfelhöhe 13 100 m, Reichweite ca. 770 km.
Gewichte: (Mk. IX) Leergewicht 2544 kg, maximales Abfluggewicht 3401 kg.
Bewaffnung: (Mk.IX) Zwei Maschinenkanonen und vier MGs in den Flügeln.

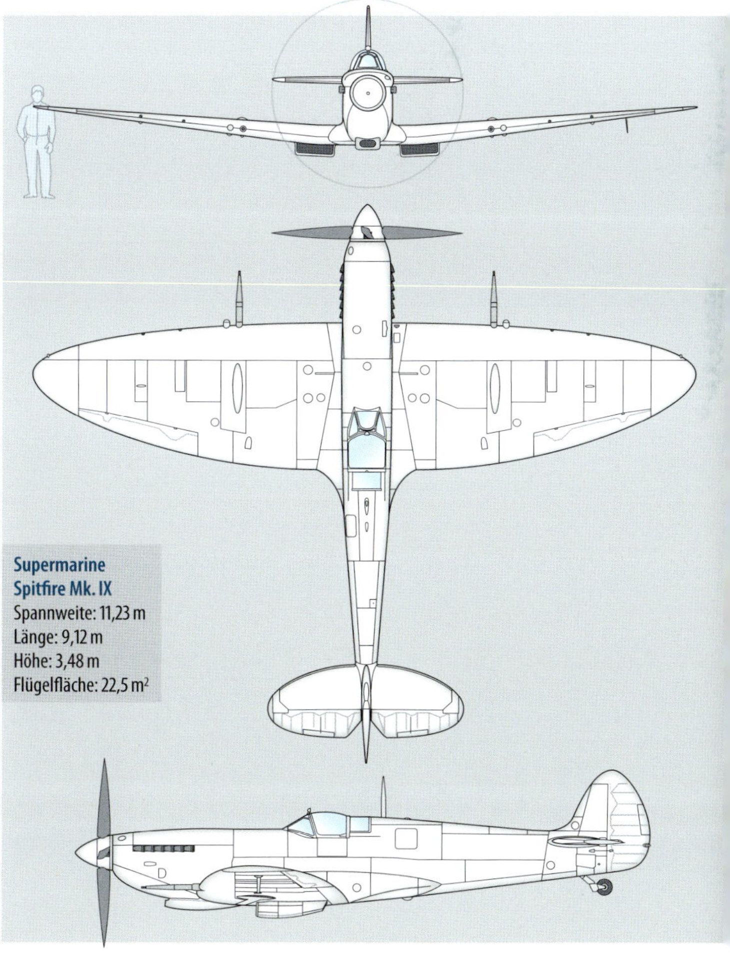

Supermarine Spitfire Mk. IX
Spannweite: 11,23 m
Länge: 9,12 m
Höhe: 3,48 m
Flügelfläche: 22,5 m²

Taylorcraft Auster

Ursprungsland
Großbritannien
Kategorie
Verbindungs- und Beobachtungsflugzeug

Entwicklung: Taylorcraft baute in Großbritannien Flugzeuge der amerikanischen Taylorcraft Aircraft Corporation in Lizenz, unter anderem auch die Plus D, das Ursprungsmuster der Auster mit einem bespannte Stahlrohrrumpf und bespannten Holzflügeln. Schon 1939 forderte die britische Armee ein Artilleriebeobachtungsflugzeug, für das Taylorcraft ein Erprobungsmuster der Plus D lieferte, aber erfolglos blieb. Mangels besserer Alternativen bestellte die Armee Ende 1941 trotzdem 100 der Hochdecker mit einem 90 PS-Cirrus Motor, nun Auster Mk. I (kleine Abb.) genannt. Sie flog erstmals im Mai 1942. Da der gewünschte 125 PS-starke O-290 von Lycoming nicht verfügbar war, ging die Mk. II, die zusätzliche Spreizklappen bekam, nicht in Serie. Mit der Auster Mk. III (Bild oben) wurde im Januar 1943 der stärkere 130 PS de Havilland Gipsy Major-Reihenmotor eingeführt, einhergehend mit einer wesentlich großzügigeren Kabinenverglasung. Nach 467 Mk. III lief Ende 1943 die dreisitzige Mk. IV vom Band, jetzt mit dem nun verfügbaren Lycoming-Boxermotor und neuer Cowling. Mit 790 Exemplaren die größte Serie, kam im Juni 1944 die Mk. V (Zeichnung), auch mit Lycoming-Motor, kleinen Verbesserungen und einer Blindfluginstrumentierung heraus. Es entstanden ebenso Varianten mit Schwimmern und Skiern, es gab Modifikationen für einen Kameraeinbau, zum Ambulanzflugzeug und sogar ein Umbau zur Verlegung von Telefonkabeln aus der Luft.

Von allen militärischen Varianten wurden 1630 Auster für Großbritannien und Kanada gebaut.

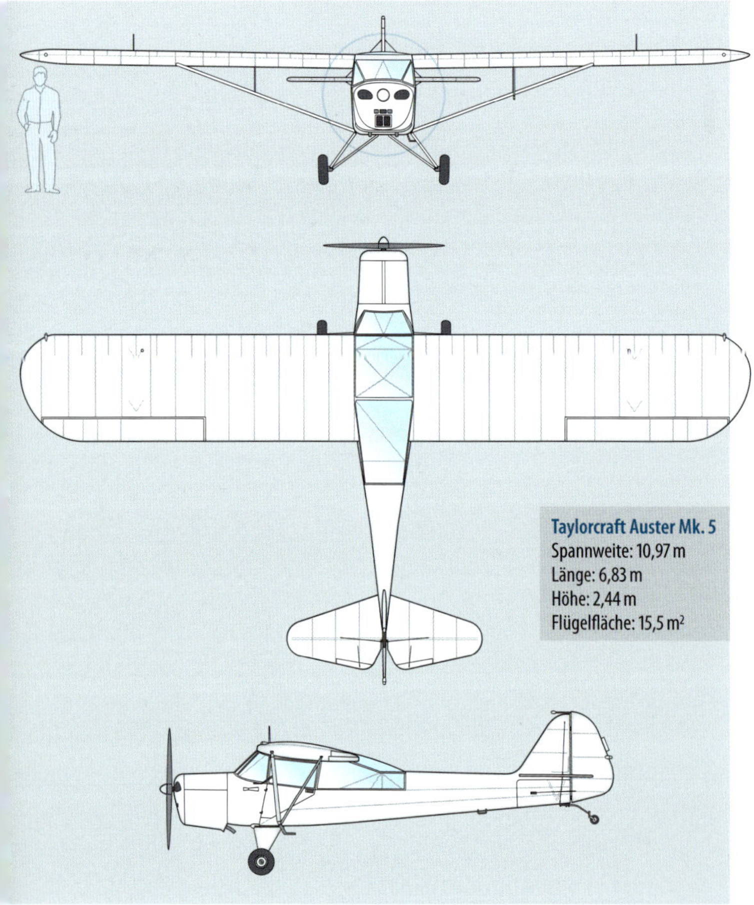

Taylorcraft Auster Mk. 5
Spannweite: 10,97 m
Länge: 6,83 m
Höhe: 2,44 m
Flügelfläche: 15,5 m²

Eine requirierte Auster Mk. I der RAF auf dem Flugplatz Old Sarum vor dem Start zu einem Trainingsflug.

Bemerkungen: Der einfach gebaute und robuste Hochdecker flog in vielen Ländern rund um die Welt in militärischen Diensten als Beobachtungs- und Verbindungsflugzeug. Nach dem Krieg wurde die zivile und militärische Produktion beibehalten und endete 1955 mit der von Beagle gebauten 180 PS-starken A.O.P. 9. Zahlreiche Flugzeuge kamen nach 1945 für wenig Geld in private Hände und bildeten somit den Grundstein für viele britische Flugsportvereine.

Weltweit, aber hauptsächlich in Großbritannien, sind flugfähige Auster zu finden, ebenso in den einschlägigen Museen wie z. B. im Imperial War Museum in Duxford, Großbritannien.

Besatzung: 2 bis 3
Triebwerk: (Mk. V) Ein luftgekühlter 4-Zylinder-Boxermotor Lycoming O-290-3 mit 96 kW (130 PS).
Leistungen: (Mk. V) Höchstgeschwindigkeit 209 km/h, Reichweite ca. 400 km.
Gewichte: (Mk. V) Leergewicht 499 kg, maximales Abfluggewicht 839 kg.

Vickers Wellesley

Ursprungsland
Großbritannien
Kategorie
Leichter Bomber

Entwicklung: Auf eine Regierungsausschreibung für ein Mehrzweckflugzeug (Bomber, Kampfflugzeug, Aufklärer und Ambulanz) reagierte Vickers mit dem Typ 253, einem Doppeldecker, wie alle anderen Wettbewerber auch. Vickers gewann und bekam eine Bestellung über 150 Flugzeuge, baute jedoch nur eines und bot stattdessen als Eigenentwicklung den moderneren Typ 246 an. Das Flugzeug erfüllte jedoch nicht die Vorgaben, die aber in Verbindung mit einer Bestellung von 176 Flugzeugen, daraufhin geändert wurden. Erstflug war im Juni 1935. Mit dem jetzt Wellesley genannten Bomber wurde erstmals die geodätische Bauweise eingeführt, eine rautenförmige bespannte Aluminium-Gitterstruktur, die robust, leicht und beschussunempfindlicher, aber aufwendiger zu bauen war. Konstruktionsbedingt konnte deshalb auch die Nutzlast nur in den großen Außenbehältern untergebracht werden. Die Mk. I (großes Bild) zeichnete sich durch je ein extra Cockpit für den Piloten, für den Beobachter/Bomben- und MG-Schützen im Rumpf aus, während die Mk. II mit einem verlängerten überdachten Cockpit auskam.

Es wurden nur 177 Bomber von Vickers gebaut.

Gut zu erkennen, die geodätischen Struktur an dieser, von Fiat CR 42 angegriffenen, Wellesley Mk. II in Eritrea im März 1941.

Besatzung: 3
Triebwerk: (Mk. I) Ein luftgekühlter 9-Zylinder-Sternmotor Bristol Pegasus mit 690 kW (925 PS).
Leistungen: (Mk. I) Höchstgeschwindigkeit 367 km/h in 6000 m Höhe, Reisegeschwindigkeit 290 km/h in 4600 m Höhe, Steigzeit auf 4600 m 17 min 50 sec, Dienstgipfelhöhe 7800 m, Reichweite ca. 1960 km.
Gewichte: (Mk. I) Leergewicht 3066 kg, Abfluggewicht 5670 kg.
Bewaffnung: (Mk. I) Je ein MG im rechten Flügel und im Waffenstand auf dem Rumpf. Bis zu 910 kg Bomben in Behältern unter den Flügeln.

Bemerkungen: Mit ihrer geodätischen Bauweise, der ungewöhnlich hohen Flügelstreckung und den „Packtaschen“ kam der für die 1930er-Jahre futuristisch aussehende Bomber Wellesley auf den Markt. Aber schon ein paar Jahre später war klar, dass das Flugzeug veraltet und wegen seiner unzulänglichen Leistungen für den europäischen Kriegsschauplatz völlig ungeeignet war. Nicht jedoch in Ostafrika und im Mittleren Osten, wo Großbritannien seine Bomber einsetzte und in Ägypten, das 3 Wellesleys kaufte. Bekannter wurde der Bomber im November 1938 durch einen Nonstop-Langstreckenweltrekord für einmotorige Flugzeuge über 11 526 km von Ismailia/Ägypten nach Darwin/Australien.

Es blieb kein komplettes Flugzeug erhalten.

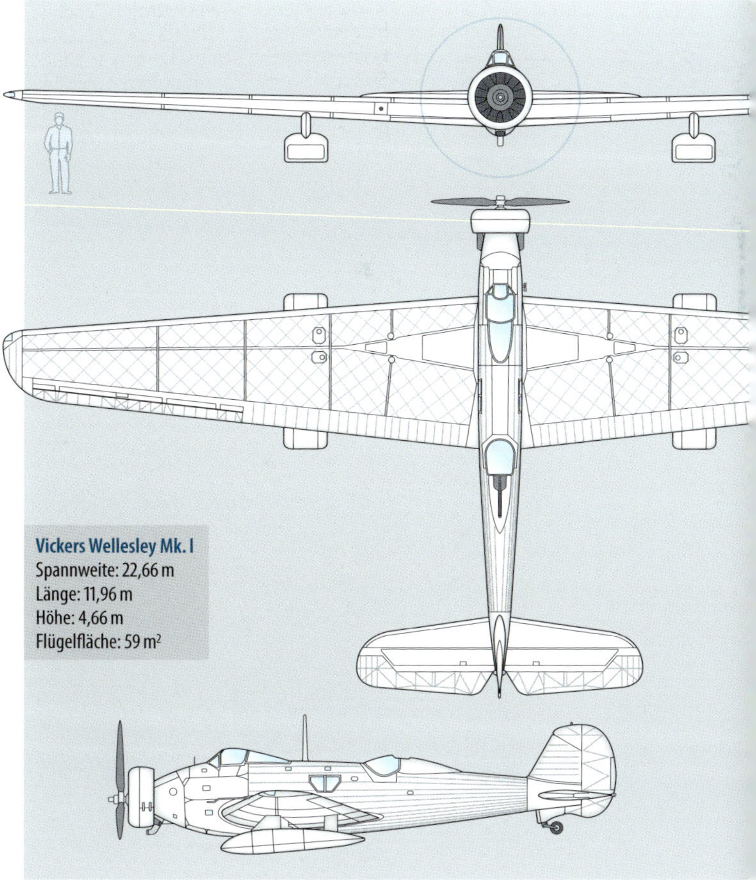

Vickers Wellesley Mk. I
Spannweite: 22,66 m
Länge: 11,96 m
Höhe: 4,66 m
Flügelfläche: 59 m²

Vickers Wellington

Ursprungsland
Großbritannien
Kategorie
Mittelschwerer Bomber

Entwicklung: Aufgrund einer Ausschreibung der RAF in den 1930er-Jahren entwickelte Vickers die Wellington, deren Erstflug im Juni 1936 stattfand. Der meistgebaute Bomber der RAF zeichnete sich durch eine außergewöhnliche geodätische Rumpf- und Flügel-Strukturbauweise aus. Dabei werden Alustäbe rautenförmig zu einer Gitterstruktur verbunden und anschließend mit Stoff bespannt. Diese leichte Konstruktion war zwar arbeitsintensiv herzustellen, aber erstaunlich steif, robust und relativ unempfindlich gegen Beschuss. Nach geringen Änderungen in der Erprobung wurden im Oktober 1938 die ersten Serienmaschinen ausgeliefert. Die vielen Varianten (bis Mk. XVI) unterschieden sich hauptsächlich in der Motorisierung und Ausstattung entsprechend ihrem Einsatzzweck. Auch eine weniger erfolgreiche Höhenbomber-Version wurde entwickelt. Nach dem Aufkommen moderner viermotoriger Muster 1941 wurde die Wellington in neu entwickelten Versionen für das RAF Coastal Command als U-Boot-Jäger, Minenleger und Minenräumflugzeug gebaut. Ohne Bewaffnung auch als Radar-Trainer, für Spezial-Missionen, zum Transport von Truppen und Material und zum Schleppen von schweren Lastenseglern.

Die Produktion in drei Werken endete im Oktober 1945 nach insgesamt 11 384 Stück.

Vickers Wellington Mk. III
Spannweite: 26,26 m
Länge: 18,54 m
Höhe: 5,31 m
Flügelfläche: 78,04 m²

Zu den letzten Baureihen zählte der mit einem ASV Mk. III Radar unter dem Bugturm ausgestattete U-Boot-Jäger Wellington Mk. XIV, der mit 1735 PS starken Bristol Hercules XVII motorisiert war.

Bemerkungen: Erste Tag-Missionen des anfangs wichtigsten Bombers Großbritanniens waren verlustreich. Deshalb wurden die zweimotorigen Wellington überwiegend bei Nacht über Deutschland eingesetzt und flogen dabei bis Ende 1942 ca. 47 000 Einsätze. Zu den Einsatzgebieten gehörte aber auch Nordafrika und der Ferne Osten.

Einzelne Maschinen kamen bis in die 1950er-Jahre noch als fliegende Prüfstände für Strahltriebwerke und Propellerturbinen zum Einsatz.

Zwei komplette Wellington sind in Großbritannien erhalten geblieben und werden im RAF-Museum in Cosford und im Brooklands Museum, Brooklands ausgestellt.

Besatzung: 6
Triebwerke: (Mk. 3) Zwei luftgekühlte 14-Zylinder-Doppelsternmotoren Bristol Hercules XI mit je 1185 kW (1590 PS).
Leistungen: (Mk. III) Höchstgeschwindigkeit ca. 410 km/h in 3800 m Höhe, Dienstgipfelhöhe 5800 m, Reichweite maximale Reichweite 3540 km.
Gewichte: (Mk. III) Leergewicht 8417 kg, maximales Abfluggewicht 13 380 kg.
Bewaffnung: (Mk. III) Zwei MGs im Bug, vier MGs im Heckstand und zwei MGs seitlich. Maximal 2041 kg Bomben im Bombenschacht.

Vickers Warwick

Entwicklung: Auf eine Forderung der RAF aus dem Jahr 1935 nach einem zweimotorigen, schweren Bomber antwortete Vickers mit der Warwick, die parallel zur letzten Wellington-Version entwickelt wurde, die aber im Prinzip mit ihrer bespannten geodätischen Bauweise eine größere Wellington war. Die Entwicklung des Prototyps mit den problematischen Rolls-Royce Vulture-Doppelsternmotoren zog sich bis zum Erstflug im August 1939 hin. Im April 1940 flog man deshalb erstmals mit Bristol Centaurus-Motoren. Allerdings war schon vor dem Serienbau klar, dass viermotorige Bomber die geforderten Aufgaben besser ausführen konnten. Im Januar 1943 entschied man sich deshalb, die Warwick in der Seenotrettung einzusetzen. Von den zahlreichen Varianten wurde deshalb nur eine sehr geringe Anzahl Bomber produziert. Jedoch 369 Warwicks in der ASR-Ausführung (Air-Sea Rescue), 328 als Aufklärer für das Coastal Command und 114 als Transporter (davon 12 zivile, die für die BOAC für ein halbes Jahr auf Mittelmeerrouten flogen).

844 Warwicks aller Varianten sind bei Vickers vom Band gelaufen.

Bemerkungen: Bekannt wurde die als Bomber glücklose Vickers Warwick durch ihre Seenotrettungseinsätze vor den Britischen Inseln, vor Island, den Azoren, im Mittelmeerraum und im Golf von Bengalen. Zur Rettung über dem Meer abgestürzter Besatzungen warf man anfangs sogenannte Lindholm-Pakete ab, die neben einem Schlauchboot auch eine Überlebensausrüstung enthielten. Später ging man dazu über, die mit einer Überlebensausrüstung, Segeln und Motor ausgestatteten Rettungsboote, strömungsgünstig unter dem Rumpf der Warwick (großes Bild) aufzuhängen, und sie bei den Havarierten per Fallschirm abzuwerfen. Ein Verfahren, das auch die USAF überzeugte und dies mit speziellen Boeing B-17 praktizierte.

Kein Exemplar ist bis erhalten geblieben.

Ursprungsland
Großbritannien
Kategorie
U-Bootjagd-, Aufklärungs-, Seenotrettungsflugzeug

Der unbewaffnete Transporter, die Warwick C Mk III hatte einen wannenartigen Frachtraum unterhalb des Rumpfes. Sie konnte 2,4 Tonnen Fracht, aber auch 24 voll ausgerüstete Soldaten oder acht bis 10 Passagiere in einer VIP-Version befördern.

Besatzung: 6
Triebwerke: (Mk. 5) Zwei luftgekühlte 18-Zylinder-Doppelsternmotoren Bristol Centaurus VII mit je 1854 kW (2520 PS).
Leistungen: (Mk. V) Höchstgeschwindigkeit ca. 480 km/h, Dienstgipfelhöhe 5800 m, ca. Reichweite 4900 km.
Gewichte: (Mk. V) Leergewicht 16 057 kg, Abfluggewicht 22 680 kg
Bewaffnung: (Mk. V) Im Bug 2 MGs, im Heckstand ein Vierlings-MG und seitlich je ein MG. Maximal 2700 kg Bomben oder Minen im Bombenschacht.

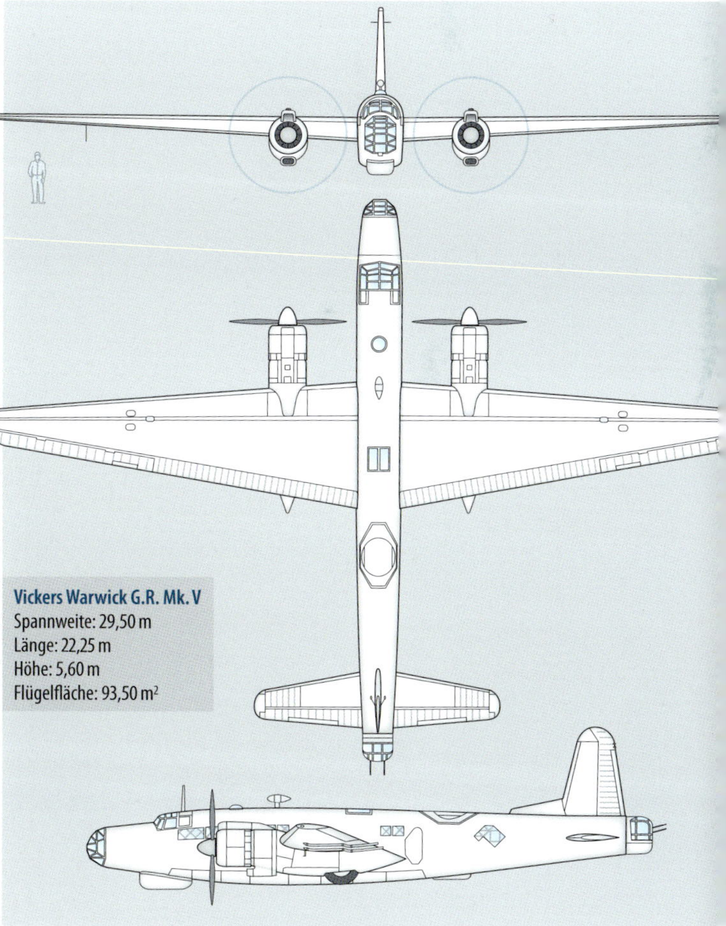

Vickers Warwick G.R. Mk. V
Spannweite: 29,50 m
Länge: 22,25 m
Höhe: 5,60 m
Flügelfläche: 93,50 m²

Westland Lysander

Ursprungsland
Großbritannien
Kategorie
STOL-Verbindungsflugzeug

Entwicklung: Als Ersatz für den Doppeldecker Hawker Hector wurde 1934 die Lysander als Verbindungs- und Artilleriebeobachtungsflugzeug entwickelt. Der Prototyp flog im Juni 1936 zum ersten Mal und die Auslieferung der ersten Serienflugzeuge begann im Juni 1938. Der abgestrebte Hochdecker mit einem beplankten und bespannten, geschweißten Stahlrohrrumpf und bespannten Metallflügeln hatte über die ganze Spannweite ausfahrbare Vorflügel und große Landeklappen, die gute Langsamflugeigenschaften garantierten. Nach 131 ausgelieferten Mk. I mit einem 890 PS starken Bristol Mercury III Sternmotor wurde zur Mk. II (Bild oben, 433 St.), mit dem stärkeren Bristol Perseus XII mit 905 PS, gewechselt. Wieder mit dem bewährten Mercury-Motor wurde die vielseitig eingesetzte Mk. III 804 mal gebaut, auch als bewaffnete Version. Ein Einzelstück blieb die Lysander P. 12 mit einem drehbaren MG-Stand am Heck und Doppelleitwerk. Lysanders wurden exportiert nach Kanada (104 St.), Finnland (13 St.), Türkei (36 St.), Portugal (8 St.), USA (25 St.), Indien (22 St.) und Ägypten (20 St.).

Inklusive der 225 unter Lizenz in Kanada gebauten, wurden 1786 Lysander hergestellt.

Bemerkungen: Als britisches Gegenstück zum Fieseler Storch (S. 22) kann die „Lizzie" bezeichnet werden. Beide hatten, dank ihrer Hochauftriebshilfen am Flügel, ausgezeichnete STOL-Eigenschaften, auch auf unvorbereiteten Pisten. Die Lysander war jedoch wesentlich größer und stärker, so dass sie noch andere Aufgaben übernehmen konnte: Zielschlepper, Seenotrettung, Schlepper für Lastensegler. Die langsame Maschine war ein leichtes Ziel für gegnerische Jagdflugzeuge und so verloren die 1939 nach Frankreich verlegten, zum Kriegseinsatz eigentlich untauglichen Lysander 118 von 174 Flugzeugen. Berühmt jedoch wurden die oft schwarz gestrichenen Maschinen durch ihre Spezial-Operationen im feindlichen Hinterland des besetzten Europas.

Es sind etliche Exemplare in Museen zu finden. Einzelne restaurierte Exemplare fliegen noch, hauptsächlich in Großbritannien. Eine Lysander Mk III steht im Royal Air Force Museum, London.

Mit ausgefahrenen Vorflügeln und Landeklappen, der Prototyp der Lysander.

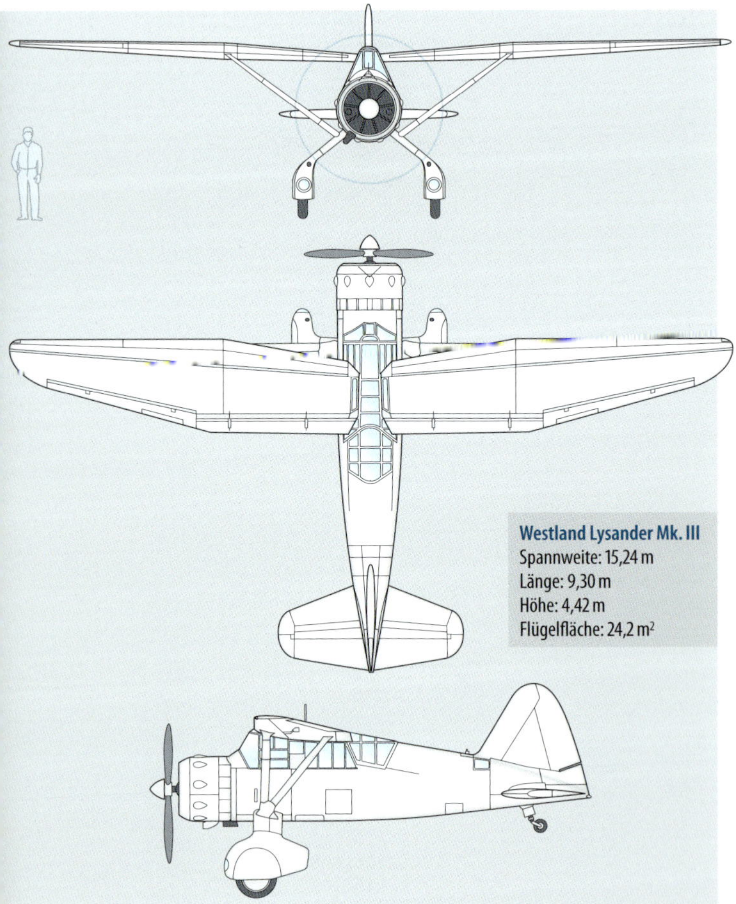

Westland Lysander Mk. III
Spannweite: 15,24 m
Länge: 9,30 m
Höhe: 4,42 m
Flügelfläche: 24,2 m²

Besatzung: 2
Triebwerk: (Mk. III) Ein luftgekühlter 9-Zylinder-Sternmotor Bristol Mercury XX mit 649 kW (882 PS).
Leistungen: (Mk. III) Höchstgeschwindigkeit ca. 340 km/h, Dienstgipfelhöhe 6550 m, Reichweite max. 970 km.
Gewichte: (Mk. III) Leergewicht 1980 kg, maximales Abfluggewicht 2865 kg.
Bewaffnung: (Mk. III) Bis zu 4 MGs und 227 kg Bombenlast.

Westland Whirlwind

Ursprungsland
Großbritannien
Kategorie
Langstrecken-jagdflugzeug, Jagdbomber

Entwicklung: Nach einer Spezifikation der RAF für ein schnelles Tag- und Nachtjagdflugzeug mit vier Maschinenkanonen, die 1935 herausgegeben wurde, entwickelte Westland die Whirlwind, ein in Ganzmetallbauweise hergestellter zweimotoriger, einsitziger Tiefdecker. Wegen der verspäteten Lieferung der Motoren flog der Prototyp erst im Oktober 1938. Die relativ kleine Zweimot wurde praktisch um die Peregrine-Antriebe gebaut und hatte gute Flugeigenschaften. Allerdings zeigte sich bereits um 1940, dass die Aufgaben von Begleitjägern auch von anderen Mustern übernommen werden konnten, ebenso die Nachtjagd, die mit einem benötigten Radargerät für die Whirlwind nicht in Frage kam. Verzögerungen durch zahlreiche Modifikationen und Problemen mit dem Antrieb während der Erprobung führten dazu, dass der erste Auftrag über 250 Flugzeuge bis Januar 1939 zurückgehalten wurde. Rolls Royce Peregrine-Motoren wurde nur von der Whirlwind genutzt, Priorität hatte aber bei Rolls Royce die Produktion des Merlins. Deshalb kam die Entwicklung des Peregrine nur langsam voran und dessen Produktion wurde schon nach 301 Mo-

Der zweite, noch unbewaffnete Prototyp.

toren eingestellt. Die Serienfertigung der Whirlwind endete deshalb bereits im Januar 1942 nach 112 Flugzeugen. Westland rüstete noch 67 Whirlwinds zum Kampfbomber mit Bombenaufhängungen unter den Flügeln um. Eine Weiterentwicklung zur Mk. II mit stärkeren Peregrines wurde mit der Aufgabe des Motors durch Rolls Royce beendet. Auch die Idee, die Tiefdecker mit RR Merlins zu motorieren, wurde wegen des zu hohen Konstruktionsaufwandes verworfen.

Bemerkungen: Zu Beginn ihrer Entwicklung war die Whirlwind eines der schnellsten, stark bewaffneten Kampfflugzeuge, das allerdings durch langwierige Entwicklungsprobleme seine Fähigkeiten nie zur Geltung brinen konnte. Das Flugzeug, das in drei RAF-Geschwadern flog, wurde von seinen Piloten gelobt und wegen seiner hohen Feuerkraft als Erdkampfflugzeug über Europa erfolgreich eingesetzt. Trotzdem wurden im November 1943 die letzten Flugzeuge aus dem Dienst genommen.

Soweit bekannt, wurden alle Flugzeuge bis Ende 1946 verschrottet.

Besatzung: 1
Triebwerk: (Mk. I) Zwei flüssigkeitsgekühlte V12-Zylinder-Motoren Rolls Royce Peregrine I mit 660 kW (885 PS).
Leistungen: (Mk. I) Höchstgeschwindigkeit ca. 580 km/h in 3000 m Höhe, Steigzeit auf 9100 m 20 min 30 sec, Dienstgipfelhöhe 9200 m, Reichweite 480 km.
Gewichte: (Mk. I) Leergewicht 3769 kg, Abfluggewicht 4697 kg, maximales Abfluggewicht 5191 kg.
Bewaffnung: (Mk. I) Vier Maschinenkanonen im Bug und bis zu 230 kg Bomben extern.

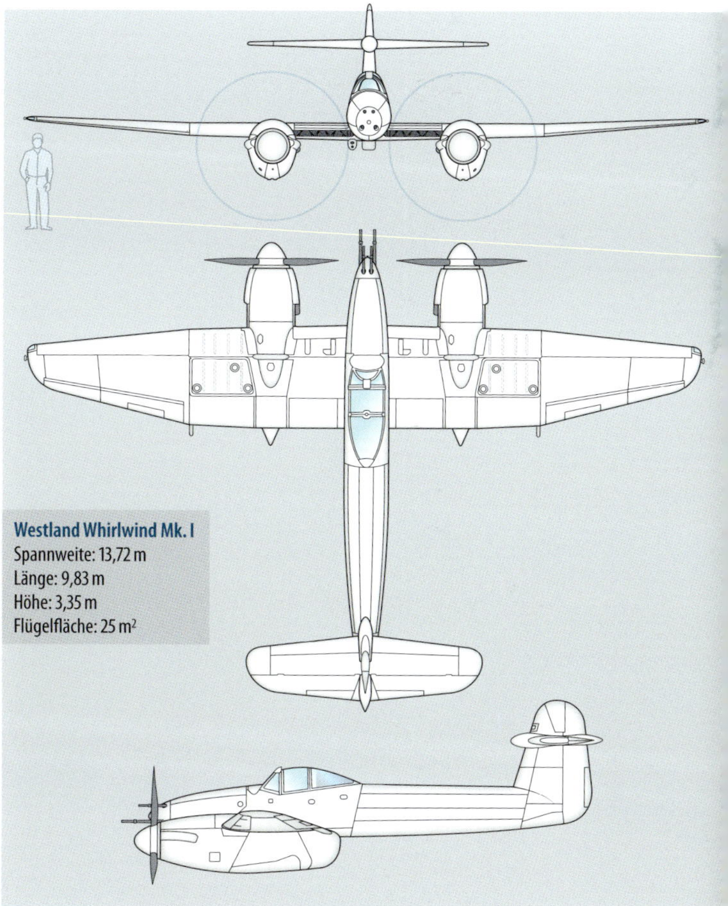

Westland Whirlwind Mk. I
Spannweite: 13,72 m
Länge: 9,83 m
Höhe: 3,35 m
Flügelfläche: 25 m²

Breda Ba. 65

Ursprungsland
Italien
Kategorie
Erdkampfflugzeug

Entwicklung: Zu Beginn ihrer Entwicklung in den frühen 1930er Jahren war die Ba. 65 ein eigentlich modernes Konzept eines Schlacht- und Erdkampfflugzeugs mit starker Bewaffnung und leichten Bomben. Der in Ganzmetallbauweise hergestellte Tiefdeckers mit Einziehfahrwerk hatte einen beplankten Rumpf aus einem geschweißten Stahlrohrfachwerk. Erstflug war im September 1935. Die ersten 82 Serienflugzeuge wurden noch mit dem von Isotto Fraschini in Lizenz gebauten Gnome-Rhône K-14 Doppelsternmotor mit 700 PS ausgerüstet, der sich jedoch als zu schwach erwies. Danach kam der stärkere Fiat A.80 mit 1000 PS zum Zug. Mit voller Beladung ließ sich die untermotorisierte Maschine allerdings kaum abheben. Auch mit geringerer Last war sie immer noch schwierig zu fliegen, entsprechend hoch war die Unfallrate. Um das Gewicht zu reduzieren, wurde eine Nutzlastbegrenzung verhängt und bei einigen Bredas wurde der Geschützturm hinter dem Cockpit entfernt und durch einen offenen MG-Stand ersetzt. In Spanien wurde die Ba. 65 als Jagdflugzeug einsitzig und ohne Bombenschacht geflogen.

Produktionsende war im Juli 1939 nach 218 Flugzeugen. Davon wurden 25 in den Irak, 20 nach Chile und 10 nach Portugal exportiert.

Bemerkungen: Als Erdkampfflugzeug wäre die Ba. 65 Nibbio (Habicht) eine geeignete Maschine gewesen, konnte jedoch mangels leistungsfähiger italienischer Motoren ihr Potential nicht zur Geltung bringen. Im Spanischen Bürgerkrieg wurde die Nibbio von den Nationalisten als einsitziges Jagdflugzeug gegen sowjetische Bomber, als leichter Sturzkampfbomber und Erdampfflugzeug eingesetzt. In Italien ursprünglich vorgesehen als Übergangsmuster zur zweimotorigen Breda Ba. 88, die eine Fehlkonstruktion war, wurde die Ba.65 in den ersten Jahren des Zweiten Weltkrieges deshalb noch in Nordafrika als durchaus geeignetes Tiefangriffsflugzeug gegen britische Truppen verwendet. Dies allerdings unter hohen Verlusten durch gegnerische Jagdflugzeuge und Flak.

Es ist kein Flugzeug erhalten geblieben.

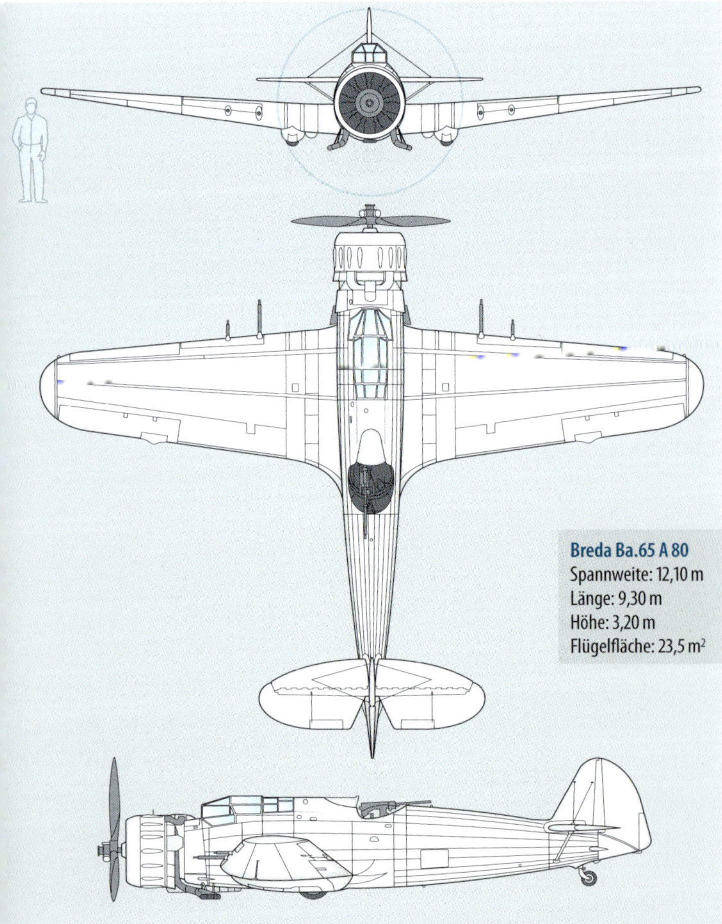

Breda Ba.65 A 80
Spannweite: 12,10 m
Länge: 9,30 m
Höhe: 3,20 m
Flügelfläche: 23,5 m²

Der noch unbewaffnete Prototyp der Breda Ba. 65.

Besatzung: 1 bis 2
Triebwerk: Ein luftgekühlter 18-Zylinder-Doppelsternmotor Fiat A.80 RC.41 mit je 746 kW (1000 PS).
Leistungen: Höchstgeschwindigkeit 430 km/h, Dienstgipfelhöhe 6300 m, Reichweite ca. 550 km.
Gewichte: Leergewicht 2400 kg, Abfluggewicht 2950 kg.
Bewaffnung: Je zwei MGs unterschiedlichen Kalibers im Flügel, 200 – 400 kg Bomben im Schacht, und 200 kg an Außenstationen. Zweisitzer mit zusätzlichem MG im hinteren Waffenstand oder Drehturm.

CANT Z. 506

Ursprungsland
Italien
Kategorie
Mehrzweck-Wasserflugzeug

Entwicklung: Ursprünglich als dreimotoriges Passagierflugzeug für 12 bis 14 Passagiere geplant, wurde das Wasserflugzeug aus der Z. 505 entwickelt. Der Prototyp, noch mit Piaggio Stella P.IX Sternmotoren angetrieben, hob im August 1935 erstmals ab. Mit Ausnahme der Aluminium-Schwimmer wurde die Z. 506 komplett aus Holz gebaut. Die zivilen Serienflugzeuge Z 506 A wurden gleich mit einem 750 PS starken Alfa Romeo 126 R.C.34 motorisiert. Nach 15 zivilen Flugzeugen erschien die Z. 506 B als militärische Weiterentwicklung, von der 314 Flugzeuge vom Band liefen. Weitere 38 Z. 506 C waren wiederum zivile Ausführungen. In geringer Zahl wurde die von der Luftwaffe geflogene Z.506S Soccorso als reine Seenotrettungsversion gebaut. Ein einzelnes Flugzeug stattete man versuchsweise für einen Langstreckenrekord mit einem Fahrwerk aus. Mit 18-Zylinder-Fiat-Sternmotoren wurde 1937 etwas größere und schwerere Z. 509 für die Fluggesellschaft Ala Littoria produziert. Nach drei Doppelschwimmer-Flugzeugen endete aber mit Beginn des Krieges die Produktion.

Bis Januar 1943 produzierte CANT 363, andere Quellen sprechen von 314, Z. 506.

Bemerkungen: Mit der CANT Z. 506 Airone (Reiher) wurden bereits 1936 und 1937 eine Reihe von Geschwindigkeits-, Reichweiten- und Höhen-Weltrekorden für Wasserflugzeuge aufgestellt. Im ganzen Mittelmeerraum bediente die staatliche Luftfahrtgesellschaft Ala Littoria mit den Passagierflugzeugen ihre Ziele. Mit dem Kriegseintritt Italiens beschlagnahmte das Militär einen Teil der zivilen Flotte. Im Oktober 1943 beanspruchte wiederum die Deutsche Lufthansa zehn Flugzeuge und setzte sie auf Strecken in der Adria ein. Erstmals im Spanischen Bürgerkrieg ist die Bomberversion zum Einsatz gekommen. Später, im Zweiten Weltkrieg flog die Z. 506 als Bomber auf See, als Patrouillienflugzeug und zur Seenotrettung (SAR) überwiegend im Mittelmeerraum. Trotz seiner Holzbauweise war das dreimotorige Schwimmerflugzeug in der Lage auch bei rauer See zu operieren, weshalb eine Anzahl Flugzeuge bis 1959 in der Seenotrettung im Einsatz blieben.

Die letzte erhaltene Z. 506 B steht im Italian Airforce Museum in Vigna di Valle, Bracciano/Italien.

Zur Seenotrettung eingesetzt wurde die Z. 506 Soccorso.

Besatzung: 5
Triebwerke: Drei luftgekühlte 9-Zylinder-Sternmotoren Alfa Romeo 126 R.C.55 mit 560 kW (750 PS).
Leistungen: Höchstgeschwindigkeit 350 km/h, Reisegeschwindigkeit 299 km/h, Dienstgipfelhöhe 7000 m, Reichweite 2000 km.
Gewichte: Leergewicht 8750 kg, max. Abfluggewicht 12 705 kg.
Bewaffnung: Ein MG hinter dem Cockpit im Drehturm, 3 MGs in der Bodenwanne nach vorne und hinten – und nach Bedarf seitlich. Maximal 1200 kg Bomben oder ein Torpedo intern.

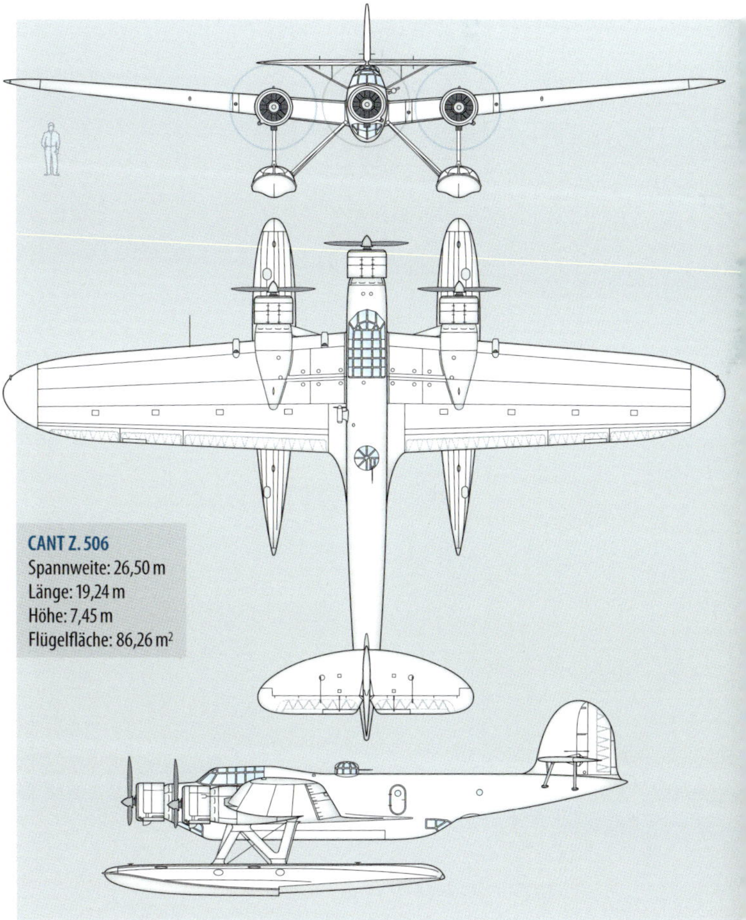

CANT Z. 1007

Ursprungsland
Italien
Kategorie
Mittelschwerer Bomber

Entwicklung: Die CANT Z 1007 wurde ab 1935 aus dem Wasserflugzeug Z. 506 (S. 119) entwickelt und flog im März 1937 zum ersten Mal. Die Produktion der reinen Holzkonstruktion begann im Februar 1939 mit Isotta Fraschini Asso XI V12-Zylinder-Reihenmotoren, die aber wegen ihrer Unzuverlässigkeit schon in der ersten Baureihe durch Piaggio-Doppelsternmotoren ersetzt wurden. Die überarbeitete Z. 1007 bis (Zeichnung), die im Juli 1939 erstmals abhob, war etwas schwerer. Während der laufenden, 450 Flugzeuge umfassenden Serie, wurde noch auf ein Doppelleitwerk umgestellt. Die mit stärkeren Piaggio P. XIX-Sternmotoren (1150 PS) motorisierte Z. 1007 ter (160 Stück), war schneller, hatte eine größere Reichweite und war besser bewaffnet. Als Bomber für Nachteinsätze und als Langstreckenaufklärer auch mit Zusatztanks, wurde die Z. 1007 s geflogen. Eine stärker motorisierte CANT Z.1015 mit 1550 PS-Alfa Romeo-Motoren flog im Januar 1939 und sollte als Transporter, Bomber und Torpedobomber verwendet werden, blieb aber ein Einzelstück.

1943 endete die Produktion nach 660 Flugzeuge (alle Varianten).

Bemerkungen: Die Z. 1007 Alcione (Eisvogel) war ein klassisches italienisches Flugzeug, das wegen nicht vorhandener stärkerer Motoren als dreimotorige Konstruktion in Serie ging. Die Holzbauweise war komplex, wartungsintensiv und unter schwierigen Klimaverhältnissen problematisch. Mit dem Eintritt Italiens in den Zweiten Weltkrieg begannen im November 1940 die ersten Einsätze von Belgien aus gegen Großbritannien. Später im Mittelmeerraum in Jugoslawien, Griechenland, Malta und in Nordafrika. Nach der Kapitulation Italiens im September 1943 wurden die von den Deutschen beschlagnahmten Z. 1007 auf dem Balkan gegen die Rote Armee eingesetzt. Die in Italien verbliebenen Z. 1007 wiederum von den Italienern gegen die Deutschen. Allerdings unter so hohen Verlusten, dass sie nur noch nachts flogen.

Soweit bekannt blieb keine Z. 1007 erhalten.

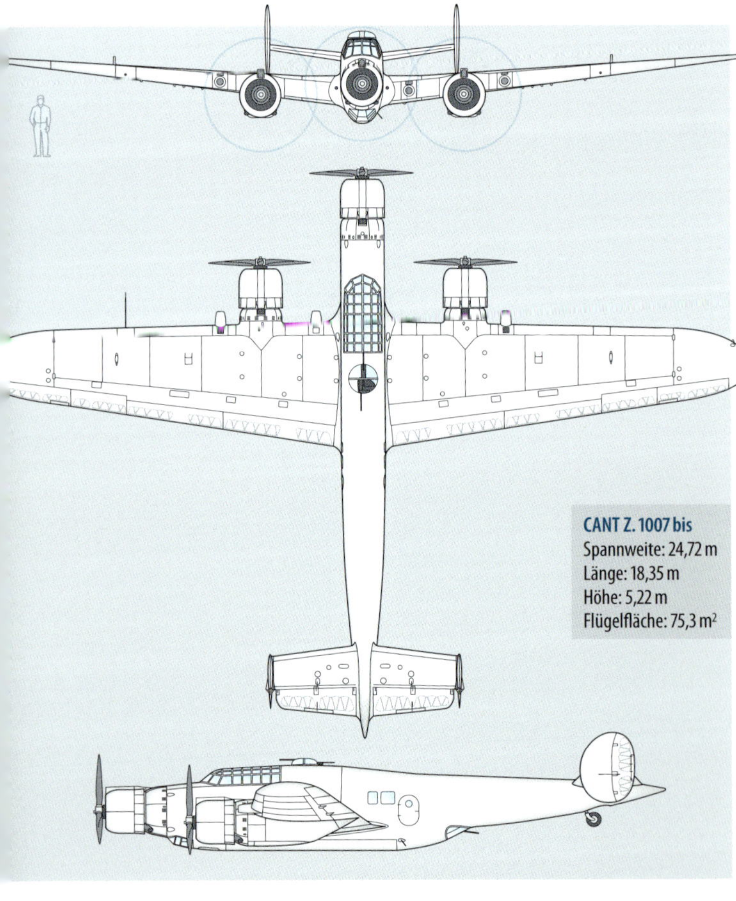

CANT Z. 1007 bis
Spannweite: 24,72 m
Länge: 18,35 m
Höhe: 5,22 m
Flügelfläche: 75,3 m²

Ein Z.1007 der nach der Kapitulation Italiens auf der Seite der Alliierten kämpfenden italienischen Luftwaffe 1944 über Süditalien.

Besatzung: 5
Triebwerke: (Z. 1007 bis) Drei luftgekühlte 14-Zylinder-Doppelsternmotoren Piaggio P.XI R.C.40 mit 745 kW (1000 PS) Startleistung.
Leistungen: (Z. 1007 bis) Höchstgeschwindigkeit 465km/h in 4000 m Höhe, Reisegeschwindigkeit 338 km/h, Dienstgipfelhöhe 7500 m, Reichweite 1795 km.
Gewichte: (Z. 1007 bis) Leergewicht 9396 kg, Abfluggewicht 13 621 kg.
Bewaffnung: (Z. 1007 bis) Je zwei MGs hinter dem Cockpit, in der Bodenwanne und nach Bedarf seitlich. Max. 1200 kg Bomben oder zwei Torpedos intern und 1000 kg an Flügelstationen.

Caproni Ca. 133

Ursprungsland
Italien
Kategorie
Transport-flugzeug, Bomber

Entwicklung: Ursprünglich wurde die Ca. 133 als Passagierflugzeug, basierend auf dem Vorgängermodell Ca. 101 im Jahr 1933 entworfen. Nach einem Attrappenbau fand im Dezember 1934 der Erstflug statt, im Februar 1935 begann die Serienfertigung. Der Rumpf des in Gemischtbauweise hergestellten Hochdeckers wurde aus einem verkleideten, geschweißten Stahlrohrgerüst gebaut, das Heck war bespannt und die abgestrebten, bespannten Tragflächen bestanden aus einer Holz-Metallkonstruktion. Produziert wurde das Flugzeug in einer zivilen Passagierversion für maximal 16 Passagiere (12 Stück), als Truppentransporter Ca. 133 T für 18 Soldaten (313 Stück), als Mehrzweckflugzeug/Bomber/Transporter (97 Stück) und als Sanitätsflugzeug Ca. 133 S (9 neu gebaut, 21 umgebaut).

Bis Ende 1942 waren 419 Flugzeuge ausgeliefert. Angeblich gingen 1936 vier Ca. 133 an die österreichische Luftwaffe. Eine gestreckte zivile und miltärische Version Ca. 148, von der 106 gebaut wurden, hatte zwar eine höhere Nutzlast, die Flugleistungen entsprachen aber der Ca. 133.

Bemerkungen: Die militärische Version des robusten Flugzeug wurde schon 1935 im Italienisch-Äthiopischen Krieg eingesetzt, ebenso im Spanischen Bürgerkrieg auf Seiten der Nationalisten, war aber leichte Beute für die russischen Polikarpows. Mit den 12 Passagiermaschinen bediente die Air Littoral ihre Strecken nach Frankreich und Griechenland. Bei Beginn des Zweiten Weltkrieges flog die italienische Luftwaffe die Ca. 133 vor allem auf den nord- und ostafrikanischen Kriegsschauplätzen als Bomber. Erhebliche Verluste zwangen jedoch dazu, das langsame und schwerfällige Flugzeug nur noch als Transport- und Sanitätsflugzeug einzusetzen. Nach der Kapitulation Italiens 1943 wurden die übrig gebliebenen erbeuteten Flugzeuge von den Deutschen und Briten bis zum Kriegsende geflogen. Italien stellte die letzte Ca. 133 1947 außer Dienst.

Soweit bekannt ist kein Flugzeug erhalten geblieben.

Die Überreste einer in Äthiopien ausgebrannten Ca. 133 lässt die Leichtbauweise der bespannten Stahlrohrkonstruktion erkennen.

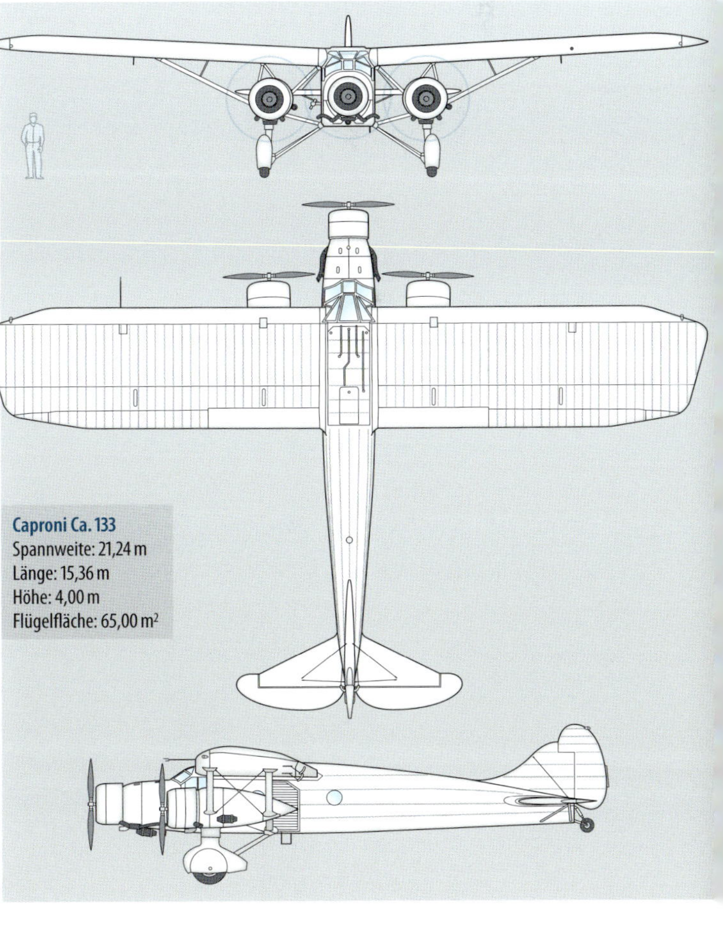

Besatzung: Bomber 5, Transporter 2
Triebwerke: Drei luftgekühlte 7-Zylinder-Sternmotoren Piaggio Stella P.VII C.16 mit je 343kW (460 PS) Startleistung.
Leistungen: Höchstgeschwindigkeit 280 km/h in 3800 m Höhe, Reisegeschwindigkeit 230 km/h, Steigzeit auf 3000 m 14 min, Dienstgipfelhöhe 6500 m, Reichweite maximal 1350 km.
Gewichte: Leergewicht 4190 kg, Abfluggewicht 6700 kg.
Bewaffnung: Zwei MGs in den Seitenfenstern, ein MG auf dem Rücken, ein MG durch den Rumpfboden nach hinten unten und im Bombenschacht maximal 1200 kg Bomben.

Caproni Ca. 313

Ursprungsland
Italien
Kategorie
Aufklärungsflugzeug, leichter Bomber

Entwicklung: Als Ersatz für die Caproni Ca. 311 wurde die Ca. 313 entwickelt. Um die Konstruktionszeit zu verkürzen, bekam die Ca. 310, die bereits 1937 flog und von der 310 Stück gebaut wurden, neue Motoren und einen bespannten Holz/Metallrumpf mit verglastem Bug, während die Flügel eine reine Holzkonstruktion waren. Der Erstflug des Tiefdeckers war im Dezember 1939. Schon zu Beginn der Produktion lagen von Frankreich (200 Stück) und Großbritannien (300 Stück) Bestellungen vor, die allerdings wegen des Krieges nie geliefert wurden. Lediglich Frankreich erhielt fünf Flugzeuge. Nach dem US-Waffenembargo gegen Schweden bestellte das Land Militärflugzeuge in Italien. Die schwedische Luftwaffe erhielt unter anderem 84 Ca 313 S bis Anfang 1941. Auch die deutsche Luftwaffe bestellte 905 Ca. 313, von denen nur ein paar produziert und ausgeliefert wurden. Im Gegensatz zu allen anderen Flugzeugen hatte die italienische Version (122 Stück) ein herkömmlich abgestuftes Cockpit, wie auch die Weiterentwicklung, das Mehrzweckflugzeug Caproni Ca. 314, von der 407 Stück hergestellt wurden.

Trotz der hohen Anzahl an Bestellungen wurden insgesamt nur 271 Caproni Ca. 313 gebaut.

Bemerkungen: Wegen der guten Flugeigenschaften und der universellen Verwendbarkeit wurde die Ca. 313 bei einigen europäischen Staaten schnell ein begehrtes Flugzeug. Die politische Situation und die Kriegslage in den 1940er-Jahren schränkte dann aber den Export ein und es kam nur zu sehr wenigen Lieferungen ins Ausland. Zudem litt das Flugzeug unter den vielen Ausfällen, die ihre Ursache hauptsächlich in der minderen Produktionsqualität und den unzuverlässigen Isotta-Fraschini-Motoren hatte. Italien selbst nutzte das Flugzeug überwiegend als leichtes Transportflugzeug, als Trainer und als Seeaufklärer. Schweden als Bomber, Torpedobomber, Seeaufklärer und Transporter (große Abb.).

Ein teilweise aus Originalteilen nachgebautes Replika steht im Flygvapenmuseum in Lingköping/Schweden.

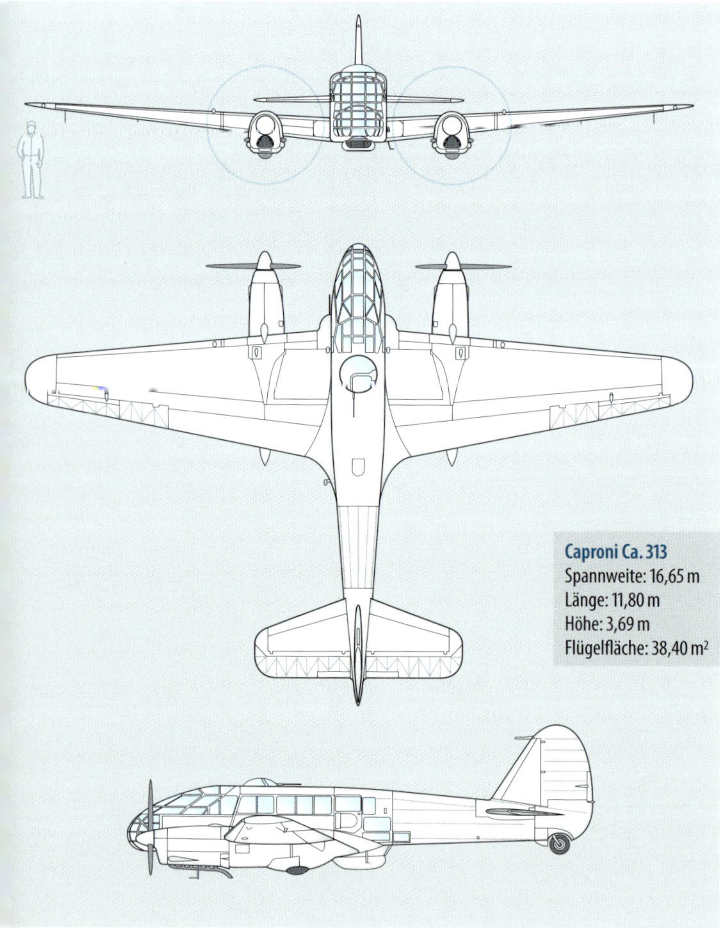

Caproni Ca. 313
Spannweite: 16,65 m
Länge: 11,80 m
Höhe: 3,69 m
Flügelfläche: 38,40 m²

Ein Merkmal der Aufklärerversion: die großzügige Verglasung hinter dem Flügel einer italienischen Ca. 313 (1939/1940).

Besatzung: 3
Triebwerke: Zwei luftgekühlte, hängende V12-Zylinder-Motoren Isotta Fraschini Delta R.C. 35 I-DS mit je 545 kW (730 PS).
Leistungen: Höchstgeschwindigkeit 430 km/h, Reisegeschwindigkeit 380 km/h, Dienstgipfelhöhe 8500 m, Reichweite ca. 1700 km.
Gewichte: Leergewicht 4072 kg, Abfluggewicht 5672 kg.
Bewaffnung: Je ein MG in der Flügelwurzel, auf dem Rücken und in einer Luke unter dem Rumpf. Maximal 400 kg Bomben.

Fiat CR. 32

Ursprungsland
Italien
Kategorie
Jagdflugzeug

Entwicklung: Eine aerodynamischere, kompaktere Überarbeitung des Vorgängers CR. 30 war die CR. 32. Der in Gemischtbauweise hergestellte Anderthalbdecker, dessen Erstflug im April 1933 stattfand, hat einen mit Aluminium verkleideten Stahlrohr-Rumpf, ein bespanntes Rumpfende und bespannte Aluminiumflügel. Die ersten Flugzeuge lieferte man bereits Ende 1933 aus. Bis Ende 1938 wurden vier Varianten gebaut: Die Basisversion CR. 32, die CR. 32bis mit vier MGs und einer geringen Bombenzuladung, die CR. 32 ter, eine verbesserte CR. 32 bis und die CR. 32 quater, eine nochmals weiterentwickelte CR. 32 ter mit geringerem Gewicht. Diese Jagdflugzeug-Reihe endete mit der bereits 1939 bei ihrer Einführung veralteten CR. 42 (Folgeseite).

Österreich kam 1937 mit einer ihrer Fiat CR.32 zur Eröffnung des ungarischen Flugplatzes in Budaörs.

Insgesamt wurden 1052 Flugzeuge aller CR. 32 Varianten gebaut.

Bemerkungen: Bei Piloten beliebt war der robuste und wendige Jäger, der in den Jahren 1934 – 1939 als Standard-Jagdflugzeug der italienischen Luftwaffe eingesetzt wurde. Zu Beginn seiner Karriere war der Doppeldecker ein durchaus konkurrenzfähiges Muster. Die CR. 32 wurde in Spanien in Lizenz gebaut (HA-132L) und im Spanischen Bürgerkrieg, auch mit Unterstützung italienischer CR. 32-Piloten, erfolgreich gegen russische Jagdflugzeuge, eingesetzt. Mit Beginn des Zweiten Weltkrieges war das noch in großer Zahl vorhandene Jagdflugzeug aber schon hoffnungslos veraltet, wurde jedoch trotzdem noch auf Missionen im Mittelmeerraum und Ostafrika geflogen. Ab 1942 allerdings nur noch in Nachteinsätzen und zur Schulung.

Exportiert wurde die CR. 32 nach China (16, nach anderen Quellen 24), Ungarn 76, Österreich 45, davon gingen später 36 Flugzeuge an Ungarn, Venezuela 9 und Paraguay 5 Flugzeuge.

Eine HA-132 steht im Luftfahrtmuseum Vigna di Valle in Bracciano/Italien und eines im Museo del Aire in Madrid/Spanien.

Besatzung: 1
Triebwerk: Ein flüssigkeitsgekühlter V12-Zylinder-Motor Fiat A30 RAbis mit ca. 447 kW (600 PS).
Leistungen: Höchstgeschwindigkeit 375 km/h in 3000 m Höhe, Reisegeschwindigkeit 335 km/h, Dienstgipfelhöhe 8800 m, Reichweite ca. 780 km.
Gewichte: Leergewicht 1325 kg, Abfluggewicht 1865 kg.
Bewaffnung: Zwei MGs über dem Motor.
Bis zu 100 kg Bomben an Flügelstationen

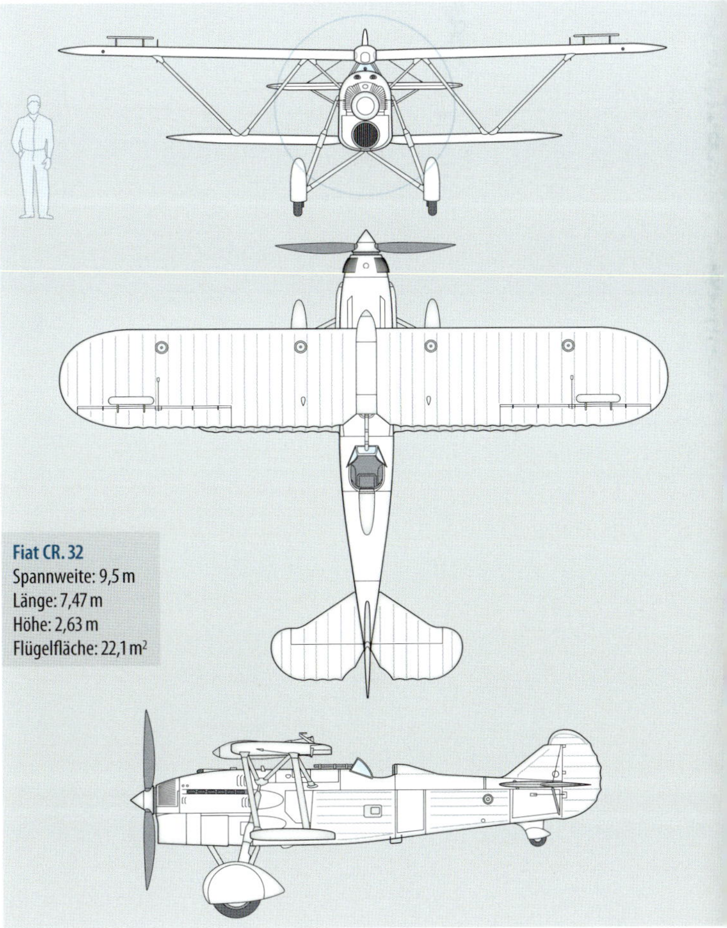

Fiat CR. 32
Spannweite: 9,5 m
Länge: 7,47 m
Höhe: 2,63 m
Flügelfläche: 22,1 m^2

Fiat CR. 42

Ursprungsland
Italien
Kategorie
Jagdflugzeug

Entwicklung: Fiat entwickelte in den späten 1930er-Jahren einen nochmals leistungsfähigeren Anderthalbdecker als Nachfolger der CR. 32. Das Flugzeug, das im Mai 1938 erstmals abhob, hat wie sein Vorgänger einen mit Aluminium verkleideten Stahlrohr-Rumpf, ein bespanntes Rumpfende und abgestrebte, bespannte Aluminiumflügel. Neben dem Standardflugzeug wurden mehrere Versionen produziert: Als Schlachtflugzeug, Jagdbomber (CR. 42 AS), für Nachteinsätze mit Scheinwerfer (CR. 42 CN), die CR. 42 bis für Schweden (Abb. rechts) und die ICR 42 mit Doppelschwimmern. Eine B-Version mit dem V12-Zylinder Daimler-Benz DB 601 blieb ein Versuchsmuster. In den Export gingen 42 Flugzeuge nach Belgien, 68 nach Ungarn und 72 nach Schweden.

Fiat produzierte 1748 CR. 42 aller Varianten.

Bemerkungen: Obwohl es in Europa (und Italien!) schon wesentlich modernere Jagdflugzeuge gab, vertraten viele italienische Piloten und Militärs noch den Stil des akrobatischen Luftkampfes und verwiesen auf die großen Erfolge der CR. 32. Die CR. 42 Falco hatte zwar sehr gute Flugeigenschaften und gehörte unter den Jagd-Doppeldecker sicher zu den Besten, aber mit Eintritt Italiens 1940 in den Zweiten Weltkrieg merkte man nach anfänglichen Erfolgen erst sehr spät, dass die Zeit der langsamen Doppeldecker abgelaufen ist. Trotzdem wurde die Falco in Frankreich, im Mittelmeerraum und Nordafrika eingesetzt, sowohl als Nachtjäger in Italien und erstaunlicherweise auch 1940/41 in der Luftschlacht um England. Schließlich sind die Maschinen ab 1942 nur noch als Jagdbomber oder Schlachtflugzeuge und in Flugschulen geflogen worden. Ein Teil wurde nach dem Waffenstillstand in Italien von den Deutschen zur Schulung übernommen.

Eine CR. 42 Falco steht im Museum Vigna di Valle, Bracciano/Italien und eine im Flygvapenmuseum in Linköping, Schweden.

Eine der 72 Cr. 42, die in Schwedens Luftwaffe als J 11 flogen.

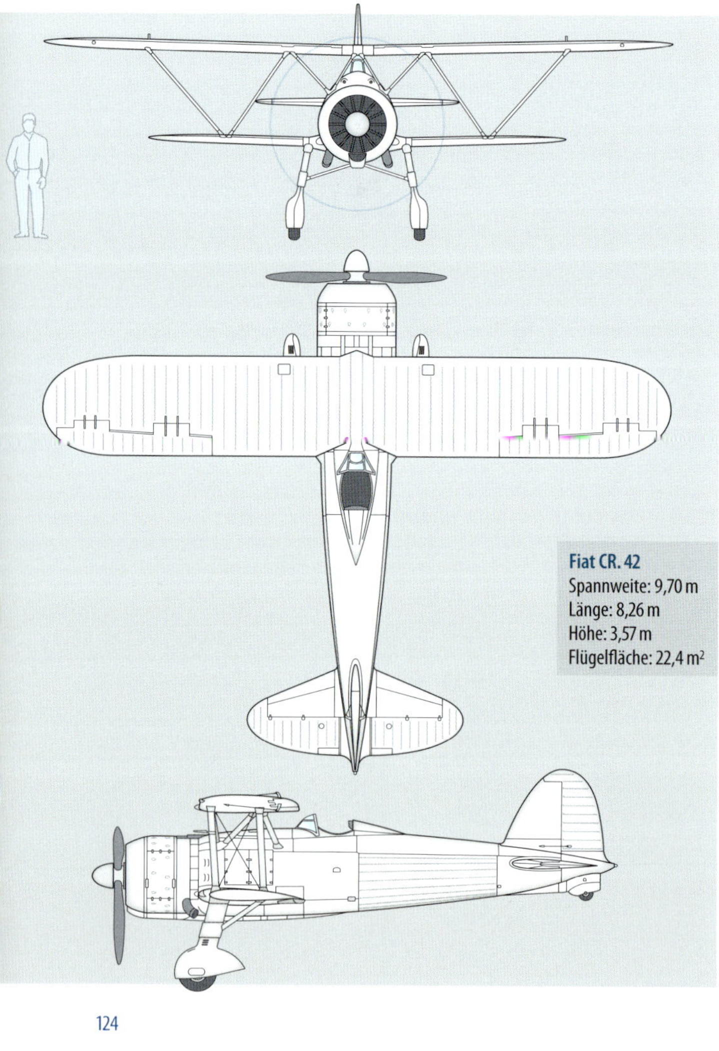

Fiat CR. 42
Spannweite: 9,70 m
Länge: 8,26 m
Höhe: 3,57 m
Flügelfläche: 22,4 m²

Besatzung: 1
Triebwerk: Ein luftgekühlter 14-Zylinder-Doppelsternmotor Fiat A74 RC38 mit ca. 617 kW (840 PS).
Leistungen: Höchstgeschwindigkeit 440 km/h in 6000 m Höhe, Reisegeschwindigkeit 399 km/h, Steigzeit auf 6000 m 5 min 26 sec, Dienstgipfelhöhe 10 200 m, Reichweite ca. 780 km.
Gewichte: Leergewicht 1782 kg, Abfluggewicht 2295 kg.
Bewaffnung: Zwei Maschinengewehre vor dem Cockpit, je nach Variante 100 kg Bomben unter den Tragflächen.

Fiat G. 50

Ursprungsland
Italien
Kategorie
Jagdflugzeug

Entwicklung: Der Forderung der italienischen Luftwaffe, ein modernes Jagdflugzeug zu entwerfen kam Fiat 1936 mit der G. 50, dem ersten italienischen Tiefdecker in Ganzmetall-Schalenbauweise mit Einziehfahrwerk, nach. Im Februar 1937 startete der Prototyp zu seinem erfolgreichen Erstflug. Schon im September erfolgte eine Bestellung und Anfang 1939 wurden die ersten Maschinen, noch mit geschlossenem Cockpit ausgeliefert, während die folgenden G. 50 mit von vielen Piloten bevorzugten offenen Cockpits gebaut wurden. Mit der G. 50 bis (421 St.) wurden größere Tanks eingeführt. Von der zweisitzigen unbewaffneten Trainerversion G. 50 B baute Fiat 108 Flugzeuge. Weil der Flugzeugträger nie fertiggestellt wurde, kam die G. 50 bis/A, ein zweisitziges Trägerflugzeug auch nicht zur Serienreife, ebenso die G. 50 ter mit einem 1000 PS-Fiat-Sternmotor. Auch bei der G. 50 V, die mit einem flüssigkeitsgekühlten Daimler Benz DB 601 V12-Motor 570 km/h erreichte, blieb es nur bei einem Prototyp, da schon mit der Konstruktion der wesentlich moderneren G.55 (S. 126) begonnen wurde.

Einige Quellen sprechen von 688, andere von 791 oder 802 gebauten Flugzeugen dieses Typs. Gesichert ist jedoch, dass 35 Flugzeuge nach Finnland und 9 nach Kroatien geliefert wurden.

Bemerkungen: Erste Einsätze erfolgten im Januar 1939 im Spanischen Bürgerkrieg und schon dort wurde zwar die gute Manövrierbarkeit der Freccia (Pfeil) gelobt, aber die Untermotorisierung und die schwache Bewaffnung bemängelt. Mit Eintritt Italiens in den Zweiten Weltkrieg wurden 170 Flugzeuge aus Prestigegründen nach Belgien verlegt. Sie waren aber bei den Kämpfen über England chancenlos. In Nordafrika, bzw. im ganzen Mittelmeerraum kam es beim Einsatz des Flugzeugs wegen dessen sandempfindlicher Motoren und den überlegenen gegnerischen Flugzeugen zu hohen Verlusten. So verfügte die Luftwaffe Italiens nur noch über 47 G. 50 zur Zeit des Waffenstillstandes im September 1943.

Eine letzte G. 50 steht im Aeronautical Museum Belgrade/Serbien.

Finnland setzte seine G. 50 bis Mitte 1944 erfolgreich gegen angreifende russische Jagdflugzeuge und Bomber ein, bis die übriggebliebenen schließlich nur noch als Trainer abgeflogen wurden.

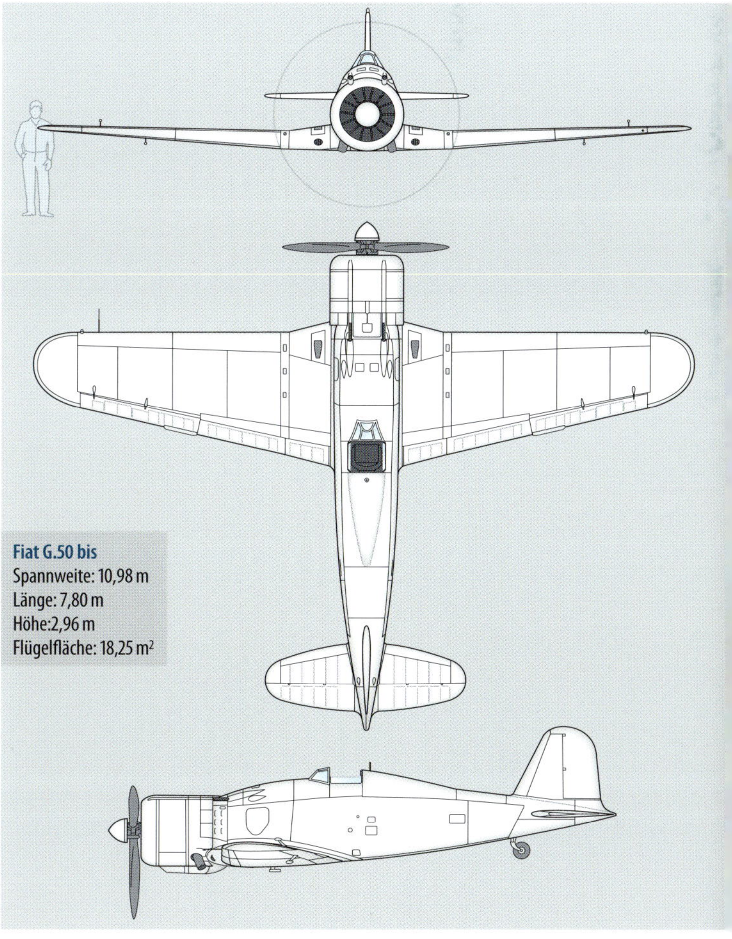

Fiat G.50 bis
Spannweite: 10,98 m
Länge: 7,80 m
Höhe:2,96 m
Flügelfläche: 18,25 m²

Besatzung: 1
Triebwerk: (G. 50 bis) Ein luftgekühlter 14-Zylinder-Doppelsternmotor Fiat A. 74 R.C.38 mit 639 kW (870 PS) Startleistung.
Leistungen: (G. 50 bis) Höchstgeschwindigkeit 483 km/h in 4500 m Höhe, Reisegeschwindigkeit 425 km/h, Steigzeit auf 6000 m 7 min 30 sec, Dienstgipfelhöhe 10 700 m, Reichweite 670 km.
Gewichte: (G. 50 bis) Leergewicht 1930 kg, Abfluggewicht 2330 kg, maximales Abfluggewicht 2522 kg.
Bewaffnung: Zwei Maschinengewehre vor dem Cockpit.

Fiat G. 55

Ursprungsland
Italien
Kategorie
Jagdflugzeug

Entwicklung: Mit Erscheinen der modernen V-Reihenmotoren begann auch Fiat mit der Konstruktion eines aerodynamischeren Jagdflugzeuges. Im April 1942 startete die in Ganzmetallbauweise hergestellte unbewaffnete G. 55 zum Erstflug und im März 1943 begann die Einsatzerprobung. Die italienische Luftwaffe bestellte 2400 Flugzeuge. Bis zum Waffenstillstand im September 1943 waren aber nur 35 G. 55 ausgeliefert worden. Unter deutscher Aufsicht wurden nun in den Turiner Fiat-Werken weitere G. 55 hergestellt. Versuche mit dem DB 603 in der G. 56 führten zu exzellenten Ergebnissen. Offensichtlich war die G. 56 der Bf 109 und der FW 190 deutlich überlegen. Eine Produktion wurde aber von den deutschen Besatzern unterbunden. Nach Kriegsende nahm Italien die Produktion erneut auf, nutzte die noch vorhandenen Zellen und produzierte die G. 55 als einsitzigen Fortgeschrittenentrainer und zweisitzigen Trainer. Für Argentinien wurden 30 Einsitzer und 15 Doppelsitzer gebaut. 1948 rüstete man die G. 55 auf einen Rolls-Royce Merlin um, von der 30 als G. 59 neu produziert und nach Syrien exportiert wurden. Auch Italien erhielt 20 G. 59-4A als Einsitzer und 10 G. 59-4B als Doppelsitzer.

Bis zum Kriegsende 1945 wurden insgesamt 274 Flugzeuge gebaut, danach nochmals 75.

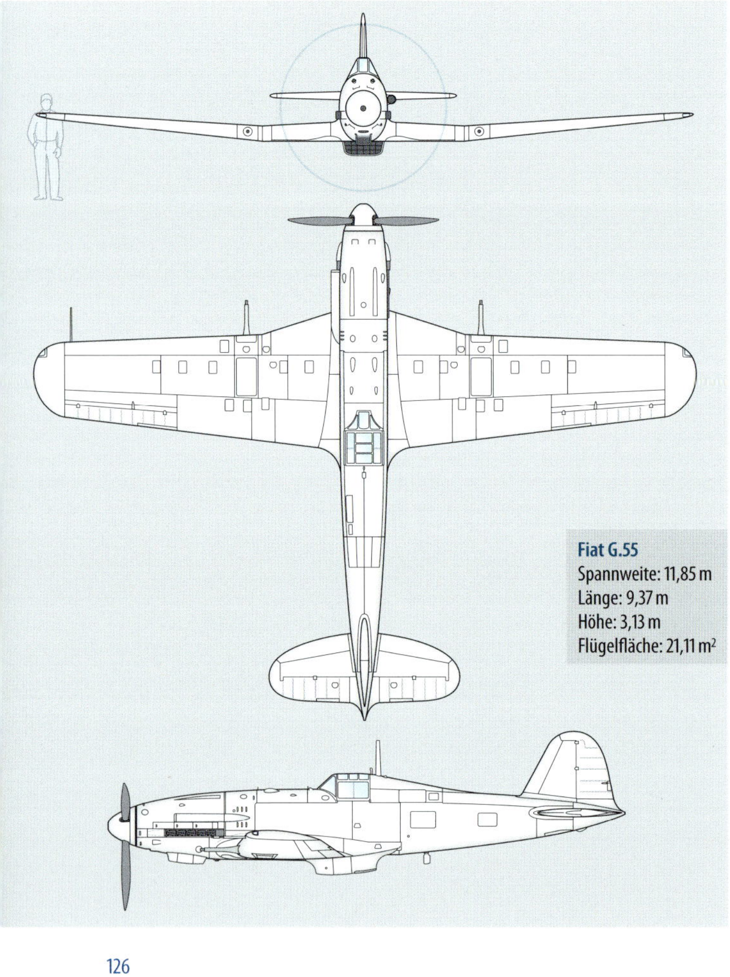

Fiat G.55
Spannweite: 11,85 m
Länge: 9,37 m
Höhe: 3,13 m
Flügelfläche: 21,11 m²

Die zweisitzige Trainerversion G. 55 A/B.

Bemerkungen: Die G. 55 Centauro wird zu den besten Jagdflugzeugen des Zweiten Weltkrieges gezählt. Sie war angeblich den deutschen und alliierten Flugzeugen ebenbürtig, wenn nicht überlegen und zeichnete sich durch ihre Schnelligkeit und gute Manövrierbarkeit aus, war robust und bei ihren Piloten wegen ihrer exzellenten Flugeigenschaften beliebt. Die Deutschen zeigten schnell Interesse an dieser gelungenen Konstruktion. Es gab zwar Tests und Vergleichsflüge, angeblich auch auf der Erprobungsstelle in Rechlin, sowie Verhandlungen. Eine Produktionskooperation kam aber nicht zustande.

Eine G. 55 Centauro ist im Luftfahrtmuseum Vigna di Valle in Bracciano/Italien zu sehen.

Besatzung: 1
Triebwerk: Ein flüssigkeitsgekühlter V12-Zylinder-Motor Fiat RA 1050 RC56 Tifone (Lizenzbau des Daimler-Benz DB 605 A) mit 1085 kW (1455 PS) Startleistung .
Leistungen: Höchstgeschwindigkeit 623 km/h, Steigzeit auf 6000 m 5 min, 50 sec, Dienstgipfelhöhe 12 750 m, Reichweite 1200 km.
Gewichte: Leergewicht 2630 kg, Abfluggewicht 3520 kg, maximales Abfluggewicht 3718 kg.
Bewaffnung: Eine Maschinenkanone durch die Propellernabe, zwei Maschinenkanonen im Flügel, 2 MGs über dem Motor. Zwei 160 kg-Bomben an Flügelstationen.

Fiat BR. 20

Ursprungsland
Italien
Kategorie
Mittelschwerer Bomber

Entwicklung: Nach einer Forderung der italienischen Luftwaffe im Jahr 1934 entwarf Fiat den zweimotorigen Tiefdecker, der im Februar 1936 erstmals flog. Der aus einem Stahlrohrgerüst geschweißte Rumpf war vom Bug bis zur Mitte beplankt und zum Heck hin bespannt, der Flügel wurde in beplankter Metallbauweise hergestellt. Nach einer sehr kurzen Erprobung lieferte Fiat bereits im September 1936 die ersten Maschinen aus. Von der Ursprungsversion wurden 233 Flugzeuge produziert. Eine verbesserte und etwas schwerere BR. 20M, mit etwas längerem Rumpf und verstärkten Flügeln, lief 264 mal vom Band. Die konstruktiv komplett überarbeitete BR. 20 bis mit 1250 PS-Doppelsternmotoren A. 82 von Fiat, stärkerer Bewaffnung, großzügiger verglastem Bug, einem einziehbaren Heckrad und größeren Abmessungen wurde wegen Produktionsproblemen und Werksbombardierungen vermutlich aber bis Juli 1943 nur fünfzehnmal gebaut, obwohl eine Bestellung von 98 Flugzeuge vorlag. Einzelstücke blieben die zivile, aber erfolglose BR. 20 A für Luftrennen, die BR. 20 L, eine zivile Langstreckenmaschine und die BR. 20 C mit einer 37 mm-Kanone im Bug. Japan kaufte 1937 85 BR. 20, die anfang 1938 per Schiff geliefert, in Japan montiert und im Japanisch-Chinesischen Krieg eingesetzt wurden. Sie erhielt den Alliierten-Code *Ruth*.

Nach widersprüchlichen Angaben rollten ca. 530 bis 600 BR. 20 von allen Versionen aus Fiats Werkshallen.

Bemerkungen: Als die BR. 20 Cicogna (Storch) Anfang 1936 erschien, gehörte sie zu den modernsten mittelschweren Bombern ihrer Zeit. Schon im September 1936 wurde die leistungsstarke und robuste BR. 20 im Spanischen Bürgerkrieg auf Seiten der Nationalisten eingesetzt. Einige Flugzeuge nahmen an der Luftschlacht um England von Belgien aus teil, sowie ab August 1942 an den Kampfhandlungen in der Sowjetunion. Haupteinsatzgebiet war aber der Mittelmeerraum um Nordafrika, Griechenland und Jugoslawien. Allerdings war das Flugzeug anfang der 1940er-Jahre, angesichts der rasanten Entwicklung im Flugzeugbau, schon nicht mehr konkurrenzfähig und ab 1942 folgte die Ablösung durch zeitgemäßere Flugzeuge. Die übrig gebliebenen Cigognas wurden zum Küstenschutz und für Seepatrouillen abkommandiert oder in Flugschulen für Bomberbesatzungen eingesetzt. Im Juni 1946 waren schließlich alle BR. 20 außer Dienst gestellt.

Soweit bekannt ist kein Flugzeug erhalten geblieben.

Besatzung: 4 – 5
Triebwerke: (M) Zwei luftgekühlte 18-Zylinder-Doppelsternmotoren Fiat A80 R.C.41 mit 746 kW (1000 PS).
Leistungen: (M) Höchstgeschwindigkeit 440 km/h, Reisegeschwindigkeit 340 km/h, Dienstgipfelhöhe 8000 m, Reichweite 2750 km.
Gewichte: Leergewicht 6500 kg, maximales Abfluggewicht 10 100 kg.
Bewaffnung: Je ein MG im Bugstand, auf dem Rücken und in der unteren Wanne nach hinten. Bis zu 1600 kg Bomben im Schacht.

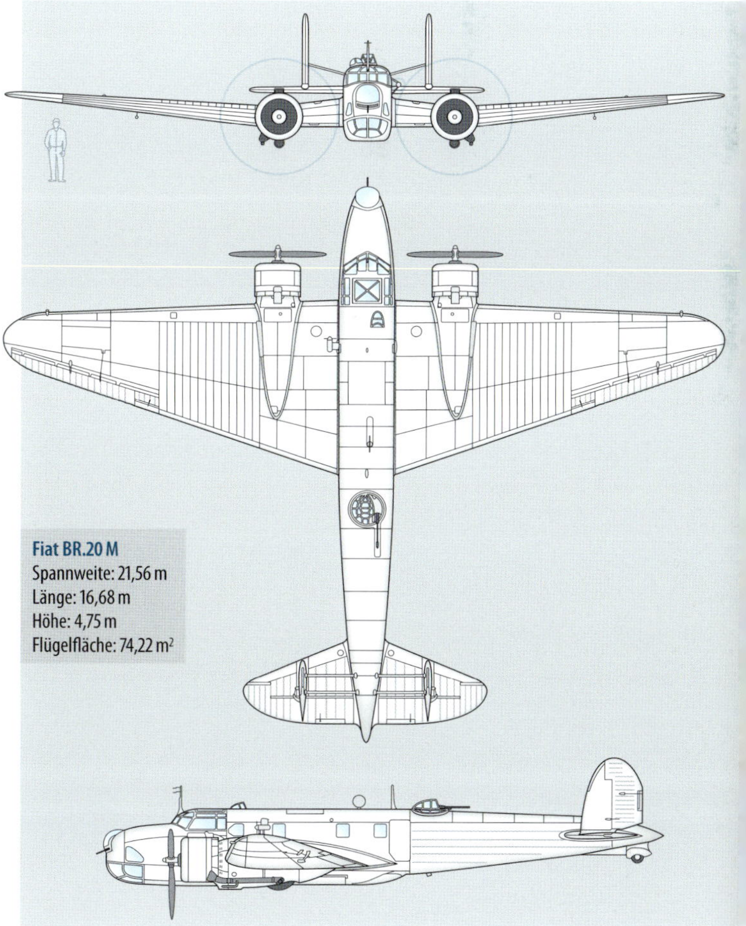

Fiat BR.20 M
Spannweite: 21,56 m
Länge: 16,68 m
Höhe: 4,75 m
Flügelfläche: 74,22 m²

Fiat RS. 14

Ursprungsland
Italien
Kategorie
Bomber und Aufklärungsflugzeug

Entwicklung: Als Ersatz und Ergänzung für ihre älteren Maschinen forderte die italienische Marine 1937 ein strategisches Langstrecken-Aufklärungsflugzeug. Der erste von zwei Prototypen absolvierte seinen Erstflug im Mai 1939 und bot sehr gute Leistungen. Bei dem in Ganzmetallbauweise hergestellten zweimotorigen Tiefdecker verzögerte sich jedoch durch Probleme mit den beiden großen Schwimmern unter den Motorgondeln die Serienproduktion, so dass erst 1941 die Auslieferungen begonnen werden konnten. Die ersten 12 RS. 14 A wurden hauptsächlich zur Schulung verwendet. Weitere 22 RS. 14 B erhielten ein stärkere Bewaffnung und einen zusätzlichen länglichen Behälter unter dem Rumpf, um verschiedene Wasserbomben und Torpedos für die Bekämpfung von Seezielen unterzubringen. Vermutlich wurden von der C-Version 150 Flugzeuge produziert, die sich durch geringfügige Modifikationen des Rumpfes unterschieden. Einige davon wurden ohne Rumpfbehälter für SAR-Missionen ausgeliefert. Die abgestrebten Schwimmer erwiesen sich allerdings für Wasserlandungen, vor allem bei rauer See, als wenig geeignet. Eine geplante Landversion AS. 14, als schwer bewaffnetes Erdkampfflugzeug mit MGs, einer 37 mm-Kanone unter dem Rumpf und einem in die Triebwerksgondeln einziehbaren Hauptfahrwerk, flog erstmals im August 1943, ging in Erprobung, erreichte aber nie die Serienreife.

Bis September 1943 wurden einschließlich der beiden Prototypen 188 RS. 14 von Fiat gebaut.

Bemerkungen: Eingesetzt wurde die RS. 14 von Stützpunkten an der italienischen Küste, von Sizilien und Sardinien aus. Zu ihren Hauptaufgaben gehörte die Aufklärung, Schiffskonvois zu eskortieren und die Bekämpfung von U-Booten. Mit der Landung der Alliierten 1943 wurden etliche Flugzeuge zerstört, um sie nicht dem Feind zu überlassen. Nach dem Waffenstillstand flogen einige Flugzeuge noch unter norditalienischer Flagge und am Ende des Krieges wurden die übriggebliebenen Maschinen als Verbindungsflugzeuge für bis zu vier Passagiere rund um das Mittelmeer eingesetzt. Angeblich blieben ein paar RS. 14 bis Anfang der 1950er-Jahre im Dienst der neuen italienischen Luftwaffe.

Es ist kein Flugzeug erhalten geblieben.

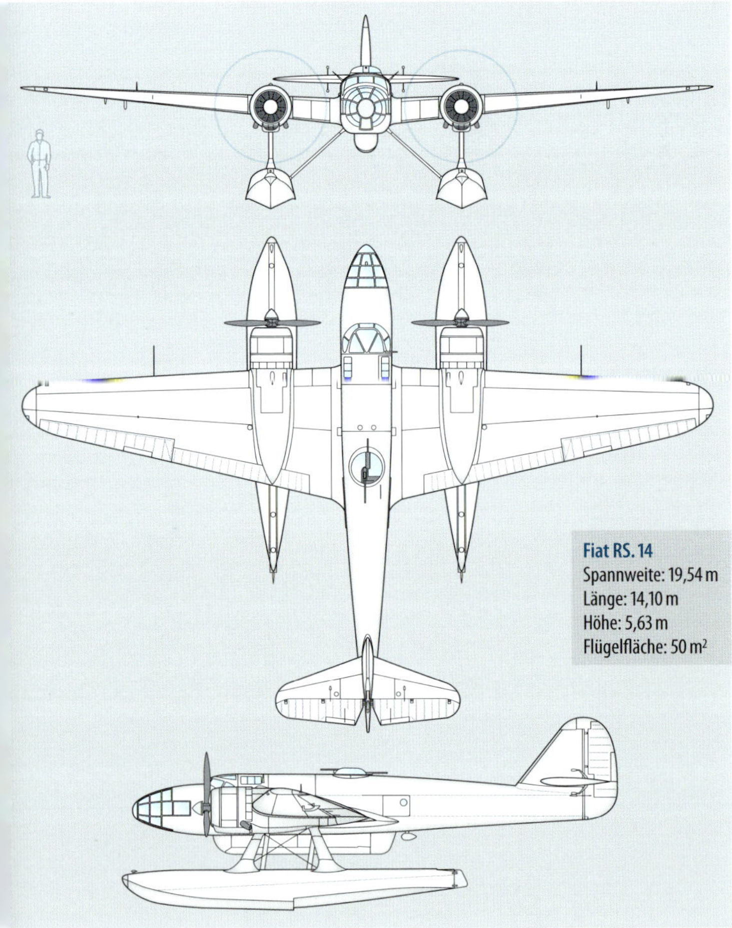

Fiat RS. 14
Spannweite: 19,54 m
Länge: 14,10 m
Höhe: 5,63 m
Flügelfläche: 50 m²

Eine RS. 14 mit untergehängtem Waffenbehälter.

Besatzung: 4 bis 5
Triebwerke: Zwei luftgekühlte 14-Zylinder-Doppelsternmotoren Fiat A.74 R.C.38 mit 617 kW 840 PS).
Leistungen: Höchstgeschwindigkeit 390 km/h in 4000 m Höhe, Reisegeschwindigkeit 345 km/h, Steigzeit auf 5000 m 15 min, Dienstgipfelhöhe 6300 m, Reichweite 2500 km.
Gewichte: Leergewicht 5470 kg, max. Abfluggewicht 8470 kg.
Bewaffnung: 1 MG auf dem Rücken, zwei MGs an den Seitenständen und bis zu 400 kg Bomben oder Torpedos.

IMAM Ro. 37

Entwicklung: Nach einem Wettbewerb für ein dreisitziges Aufklärungsflugzeug der italienischen Luftwaffe, aus der die Ro. 30 hervorging, aber nur sehr kleiner Stückzahl gebaut wurde, entwickelte IMAM eine völlig neue Version Ro. 37, deren Prototyp 1933 zum ersten Mal abhob. Der in Holz-Metall-Gemischtbauweise hergestellte zweisitzige, wendige Doppeldecker wurde zu Beginn der Produktion mit einem weniger zufriedenstellenden, flüssigkeitsgekühlten 560 PS-Fiat-V12-Reihenmotor A.30 R.A. ausgestattet. Um die Flugleistungen in Bodennähe zu verbessern, stellte man nach 160 produzierten Ro. 37 auf die Ro. 37 *bis* um, von denen alle 475 ausgelieferten Flugzeuge mit dem zuverlässigeren Stella-Sternmotor von Piaggio motorisiert waren.

Weiterentwicklugen waren die Ro.43, ein Aufklärer mit Zentralschwimmer (193 St.) und das

Die katapultfähige IMAM Ro. 43

ähnliche, einsitzige Jagdflugzeug Ro. 44 (35 St.) ebenso mit einem Zentralschwimmer für die italienische Marine. Eine Ro. 45 als Langstreckenaufklärer und leichter Bomber flog zwar im Dezember 1935 erstmals, wurde aber nicht in Serie gebaut.

Angeblich wurden bis 1939 ca. 620 Maschinen produziert, andere Quellen sprechen von 569. Exportiert wurde die Ro. 37 nach Afghanistan, Ungarn und in einige Länder Südamerikas.

Besatzung: 2
Triebwerk: (RO.37 bis) Ein luftgekühlter 9-Zylinder-Sternmotor Piaggio Stella P.IX R.C.40 mit ca. 418 kW (561 PS).
Leistungen: (RO.37 bis) Höchstgeschwindigkeit 330 km/h in 5000 m Höhe, Steigzeit auf 3000 m Höhe ca. 11 min, Dienstgipfelhöhe 7200 m, Reichweite ca. 1100 km.
Gewichte: (RO.37 bis) Leergewicht 1587 kg, Abfluggewicht 2420 kg.
Bewaffnung: Zwei MGs über dem Motor, ein MG im Waffenstand hinter dem Cockpit. Maximal 180 kg Bomben unter dem Rumpf.

Bemerkungen: Ende 1936 setzte man die Maschine im Spanischen Bürgerkrieg ein, einige auch als einsitziges Kampffugzeug. Mit Beginn des Zweiten Weltkriegs aber hauptsächlich in Afrika in verschiedenen Rollen, auch als leichter Bomber zur Bodenunterstützung, obwohl sie ungepanzert waren. Später aber nur noch als Verbindungs- und Ambulanzflugzeug. Bis zum Waffenstillstand im September 1943 waren alle Ro. 37 aus dem aktiven Dienst zurückgezogen worden.

Eine Ro. 37 bis und eine Ro. 43 stehen im Italienischen Luftfahrtmuseum Vigna di Valle in Bracciano/Italien.

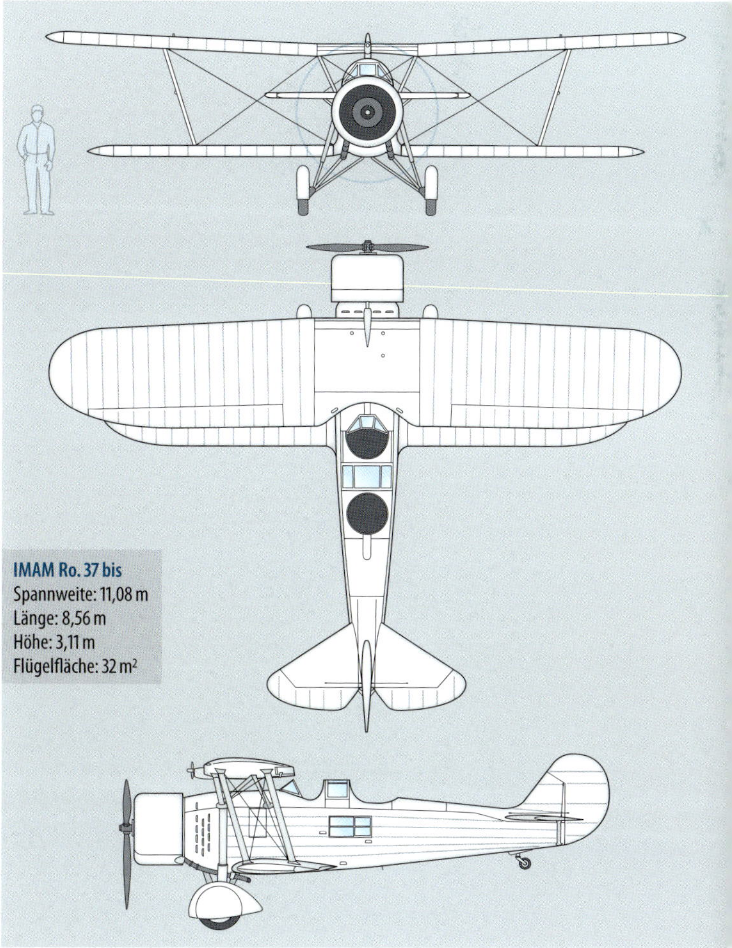

IMAM Ro. 37 bis
Spannweite: 11,08 m
Länge: 8,56 m
Höhe: 3,11 m
Flügelfläche: 32 m²

Ursprungsland
Italien
Kategorie
Aufklärungsflugzeug, leichter Bomber

Macchi MC. 200

Ursprungsland
Italien
Kategorie
Jagdflugzeug

Entwicklung: Zurückgehend auf Designstudien von Macchi im Jahr 1935 und auf eine Ausschreibung der italienischen Regierung im Februar 1936, entwarf Macchi die MC. 200. Im Dezember 1937 startete der erste von zwei Prototypen zu seinem Erstflug. Nach einem Vergleichsfliegen 1938 wurden 99 Flugzeuge bestellt. Bei dem in Ganzmetall-Schalenbauweise hergestellten Flugzeug wurde 1939/1940 nach einer Reihe von Spin-Unfällen das Flügelprofil geändert und in der Serie übernommen. Nach 240 gebauten Flugzeugen wurde auf Wunsch vieler Piloten wieder ein offenes Cockpit eingeführt. Erstaunlich wenige Varianten gab es während der Bauzeit: die MC. 200 *bis* als Prototyp die mit einem 1180 PS-Motor 535 km/h erreichte und die MC. 200 CB in Tropenausführungmit einer Bombenlast bis 320 kg oder zwei Droptanks. Die Entwicklung der noch schnelleren MC.201 mit einem überarbeiteten Rumpf und einer über 1000 PS-starken Motorisierung wurde nach zwei Prototypen wegen der wesentlich leistungsstärkeren MC.202 eingestellt.

Es wurden 1153 MC.200 in den Werken von Macchi, Breda und Ambrosini gebaut.

Bemerkungen: Macchi baute mit der MC. 200 Saetta (Pfeil, Blitz) zu Beginn ihrer Laufbahn wegen ihrer Robustheit, ihren guten Flugeigenschaften und Wendigkeit eines der besten italienischen Jagdflugzeuge. Mit der leichten Bewaffnung und ihrem aerodynamisch ungünstigen Sternmotor war sie allerdings schnelleren Jagdflugzeugen deutlich unterlegen. Eingesetzt wurde sie im Mittelmeerraum, Nordafrika und Jugoslawien, aber ab 1941 auch, jedoch mit hohen Verlusten, an der deutschen Ostfront als Jagdbomber.

Saettas sind zu finden im Caproni Museum in Trento, im Italian Airforce Museum in Bracciano/Italien und im National Museum of the United States Air Force auf der Wright-Patterson AFB, Dayton/USA (großes Abb.).

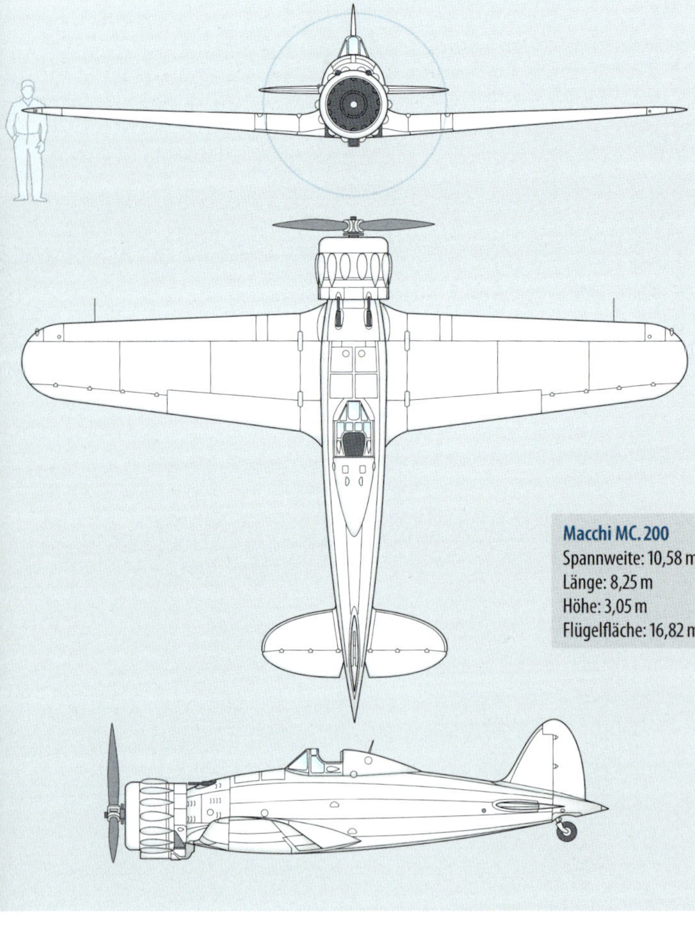

Macchi MC. 200
Spannweite: 10,58 m
Länge: 8,25 m
Höhe: 3,05 m
Flügelfläche: 16,82 m²

Eine MC. 200 aus der ersten Baureihe um 1939/1940, noch mit geschlossener Cockpithaube

Besatzung: 1
Triebwerk: Ein luftgekühlter 14-Zylinder-Doppelsternmotor Fiat A.74-RC 38 mit 649 kW (882 PS) Startleistung.
Leistungen: Höchstgeschwindigkeit 502 km/h in 6000 m Höhe, Reisegeschwindigkeit 455 km/h, Steigzeit auf 5000 m 5 min, 52 sec, Dienstgipfelhöhe 8900 m, Reichweite 570 km.
Gewichte: Leergewicht 1964 kg, maximales Abfluggewicht 2590 kg.
Bewaffnung: Zwei Maschinenkanonen über dem Motor. Jagdbomber (MC.200 CB) mit Flügelstationen für maximal 320 kg Bomben.

Macchi MC. 202

Ursprungsland
Italien
Kategorie
Jagdflugzeug

Entwicklung: Basierend auf der Zelle der MC. 200 mit Sternmotor, flog der erste Prototyp mit einem V12-Daimler-Benz DB 601 im August 1940. Die Leistungssteigerung war überzeugend: Die Höchstgeschwindigkeit lag um rund 100 km/h höher als bei der MC. 200 und die Gipfelhöhe rund 2000 m. Von Vorteil war, dass das Flugzeug auf den Produktionsanlagen der MC. 200 gebaut werden konnte. Noch mit importierten Daimler-Benz 601-Motoren begann 1940 die Produktion des Ganzmetall-Tiefdeckers in Halbschalenbauweise, während später auf den Alfa-Romeo RA 1000, ein lizenzierter DB 601, umgestellt wurde. Mit der MC. 202 AS wurden für den Nordafrika-Einsatz Sandfilter eingeführt, die CB bekam Aufhängepunkte für Bomben und Zusatztanks unter den Flügeln und die RF wurde mit Kameras als Aufklärer gebaut. Einzelstücke blieben Flugzeuge z. B. als Mistelgespann und zur Erprobung anderer Motoren. Mit Verfügbarkeit des DB 605 wurde

Schon der Prototyp der MC. 202 Folgore, noch mit zusätzlichem seitlichen Fenster, überzeugte die Testpiloten.

die nochmals leistungsgesteigerte MC. 205 Veltro entwickelt, von der ca. 260 Stück gebaut wurden.

Um den Bedarf decken zu können wurden neben Macchi, auch bei Breda und SAI-Ambrosini insgesamt 1106 MC. 202 gebaut.

Bemerkungen: Mit der Einführung der MC. 202 Folgore (Donnerschlag) glich Italien sein Defizit im Jagdflugzeugbau wieder aus. Trotz der im Vergleich zu anderen Jagdflugzeugen schwachen Bewaffnung konnte die wendige Folgore gegen alliierte Jagdflugzeuge bestehen und bewährte sich auf allen italienischen Kriegsschauplätzen im Mittelmeerraum, wie auch 1942 an der deutschen Ostfront. Rund 20 Folgores flogen für Kroatien gegen alliierte Bomber. Einige MC.202 und 205 wurden von Italien noch bis 1948 als Trainer geflogen. Ägypten bestellte 42 MC. 205, geliefert wurden aber davon 31 mit dem DB 605 nachgerüstete MC.202, die bis 1951 im Einsatz waren.

Eine MC. 202 steht im Italienischen Luftfahrtmuseum Vigna di Valle in Bracciano/Italien, eine nicht präsentierte im Smithsonian National Air an Space Museum in Washington D.C./USA.

Besatzung: 1
Triebwerk: Ein flüssigkeitsgekühlter V12-Zylinder-Motor Alfa Romeo RA 1000 R.C. Monsone mit 864 kW (1159 PS) Startleistung.
Leistungen: Höchstgeschwindigkeit 600 km/h in 5600 m Höhe, Reisegeschwindigkeit 544 km/h, Steigzeut auf 5500 m 6 min, Dienstgipfelhöhe 11 500 m, Reichweite 765 km.
Gewichte: Leergewicht 2491 kg, max. Abfluggewicht 2930 kg.
Bewaffnung: Zwei MGs über dem Motor, 2 MGs im Flügel. An Flügelstationen maximal 160 kg Bomben oder Zusatztanks.

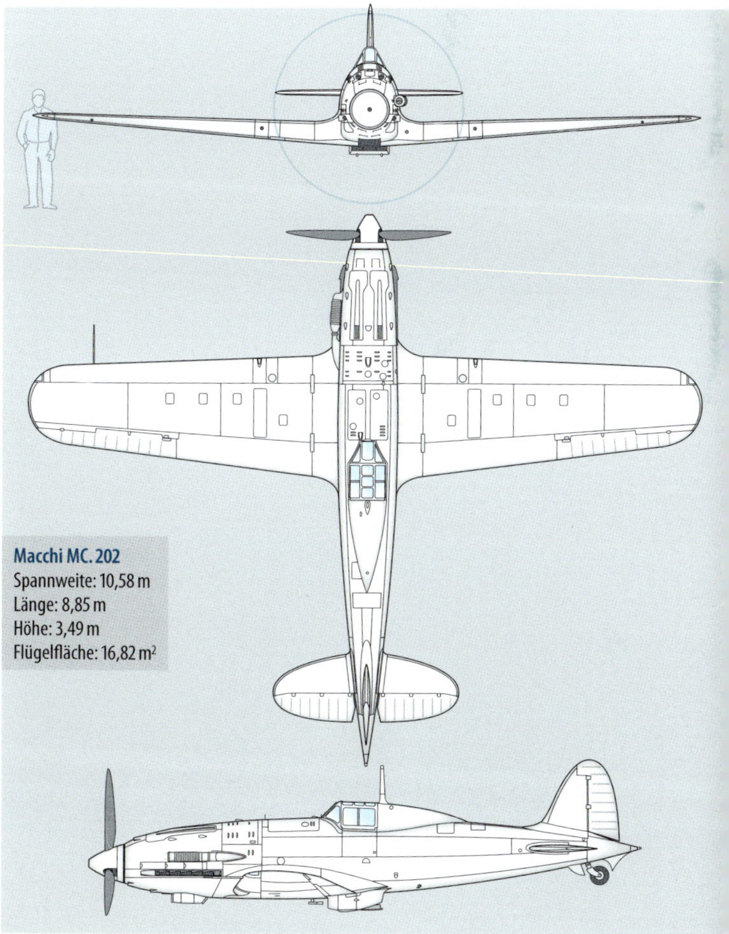

Macchi MC. 202
Spannweite: 10,58 m
Länge: 8,85 m
Höhe: 3,49 m
Flügelfläche: 16,82 m²

Piaggio P. 108

Ursprungsland
Italien
Kategorie
Schwerer Bomber und Transporter

Entwicklung: Die P.108 baute auf dem aus Holz gebauten viermotorigen Bomber P. 50 II auf, von dem nur drei Prototypen existierten. Die in Ganzmetallbauweise hergestellte P.108 flog im November 1939 erstmals und zeigte gute Leistungen. Die Anfangs schleppende Produktion führte zu mehreren Versionen in allerdings geringen Stückzahlen. Vom schweren Bomber P. 108 B produzierte Piaggio nur 24 Stück. Von der P. 108 T, ein bewaffneter Transporter für bis zu 60 ausgerüstete Soldaten oder 12 Tonnen Fracht und einem herkömmlichen, unverglasten Bug wurden wahrscheinlich mehr als 12 gebaut. Nur ein Einzelstück blieb die 1941 ausgelieferte P. 108 A mit einer zentral im unverglasten Rumpfbug eingebauten 102 mm-Kanone zur Schiffsbekämpfung, die aber angeblich nie zum Einsatz kam. Eine zivile Version P. 108 C mit einem größeren Rumpfdurchmesser und klassischem Bug für maximal 32 Passagiere wurde vermutlich 6 mal ausgeliefert, für die auch eine Druckkabine und eine Motorisierung mit Pratt & Whitney-Sternmotoren vorgesehen war. Alle zivilen Maschinen wurden später zum Militärtransporter umgebaut. Der Prototypenbau einer leichteren und wesentlich leistungsfähigeren P. 133 war fast fertig, wurde aber mit dem Waffenstillstand im September 1943 eingestellt.

Unbelegte Produktionszahlen sprechen von 30 bis zu 48 Flugzeugen aller Varianten.

Bemerkungen: Mit der P. 108 hatte Italien einen schweren und robusten, allerdings auch teuren und aufwendig zu produzierenden Bomber, der auf dem technischen Stand viermotoriger Flugzeuge der Alliierten war. Ab 1942 wurde er unter anderem bei Angriffen gegen die Alliierten im Mittelmeerraum auf Suez, Gibraltar und Malta, allerdings mit sehr hohen Verlusten, eingesetzt. Lediglich 4 Transportflugzeuge wurden bis zum Waffenstillstand 1943 ausgeliefert. Die Deutschen entschieden jedoch, dass das Flugzeug weiterproduziert werden sollte. Die noch übriggebliebenen P. 108-Bomber wurden dafür als Ersatzteilspender ausgeschlachtet. Eingesetzt wurden sie von den deutschen Transportgeschwadern auf dem Balkan und an der Ostfront, da in dieser Größenklasse Transportkapazitäten äußerst knapp waren. Im August 1944 sind schließlich alle Flugzeuge wegen des akuten Treibstoffmangels stillgelegt worden.

Soweit bekannt ist kein Flugzeug erhalten geblieben.

Piaggio P. 108 B
Spannweite: 32,00 m
Länge: 22,30 m
Höhe: 6,00 m
Flügelfläche: 135,20 m²

Besatzung: 6 – 7
Triebwerke: Vier luftgekühlte 18-Zylinder-Doppelsternmotoren Piaggio P. XII RC.35 mit je 1103 kW (1500 PS)/975 kW (1325 PS) Dauerleistung.
Leistungen: Höchstgeschwindigkeit 427 km/h in 4200 m Höhe, Steigzeit auf 5000 m 30 min, Dienstgipfelhöhe 8450 m, Reichweite 3550 km.
Gewichte: Leergewicht 17 300 kg, maximales Abfluggewicht 30 350 kg.
Bewaffnung: Je ein ferngesteuertes Doppel-MG in den äußeren Motorgondeln, je ein MG im Bug, unter dem Rumpf und an den Seitenständen. Maximal 3500 kg Bomben verschiedener Größen im Bombenschacht oder drei Torpedos an Flügelstationen und im Bombenschacht.

Reggiane R. 2000

Ursprungsland
Italien
Kategorie
Jagdflugzeug

Entwicklung: Mit einem Programm, das die italienischen Jagd-Doppeldecker ersetzen sollte, initiierte 1938 die italienische Regierung die Entwicklung eines schnellen, modernen Jagdflugzeuges. Der Entwurf von Reggiane orientierte sich stark am amerikanischen Jagdflugzeug P-35 von Seversky (S. 318). Der in Ganzmetallbauweise hergestellte, einsitzige Tiefdecker flog im Mai 1939 erstmals und ging anschließend in die Erprobung zur italienischen Luftwaffe, die jedoch wenig Interesse zeigte. Gebaut wurde schließlich eine erste Serie von 120 Flugzeugen, dazu 10 R. 2000 für Katapultstarts (Serie II) und 24 Langstreckenjäger (Serie III) für die italienische Marine. Großbritannien bestellte 300 Flugzeuge, die jedoch wegen des Kriegseintritts Italiens nicht geliefert wurden. Rund 190, als Héja I und II bezeichnet, wurden in Ungarn in Lizenz produziert. Schweden kaufte 60 Flugzeuge der Serie I (große Abb.), die von 1941 bis 1943 ausgeliefert wurden. Die R. 2000 war das Grundmodell für eine ganze Reihe weiterer Jagdflugzeuge, von der R. 2001 bis zur R. 2007.

Einige R.2000 waren katapultierbar und sollten von Schlachtschiffen aus eingesetzt werden, aber auf Küstenstützpunkten landen. Zwar leistungsfähiger als Wasserflugzeuge, wurden jedoch nur wenige für dieses ungewönliche Verfahren gebaut.

Angeblich wurden inklusive der Lizenzen 380 Exemplare produziert.

Bemerkungen: Obwohl die Re. 2000 Falco, trotz ihrer geringen Bewaffnung, zu Beginn ein durchaus konkurrenzfähiges Muster zur Fiat G 50 und Macchi C. 200 war, ging der Großteil der Produktion in den Export. Die ersten italienischen Maschinen kamen 1941 in Sizilien zum Einsatz, später als Begleitschutzjäger für Bomber im Mittelmeerraum und in Nordafrika, während die Marine ihre wenigen verstärkten und katapultstartfähigen R. 2000 von schweren Kreuzern und Schlachtschiffen starten lassen wollte, die dann aber auf Flugplätzen landen mussten. Die ungarische Luftwaffe flog ihre Héjas im Süden der Ostfront und zum Heimatschutz, während die schwedische Luftwaffe sie zwischen 1941 und 1945 in ihren Geschwadern als J 20 einsetzte.

Eine R. 2000 steht im Swedish Air Force Museum in Linköping und eine im Museo dell'Aeronautica Gianni Caproni in Trento/Italien.

Besatzung: 1
Triebwerk: Ein luftgekühlter 14-Zylinder-Doppelsternmotor Piaggio P. XI mit 735 kW (1000 PS) Start- und 677 kW (920 PS) Dauerleistung.
Leistungen: Höchstgeschwindigkeit 530 km/h in 5300 m Höhe, Reisegeschwindigkeit 440 km/h, Steigzeit auf 4000 m 4 min, Dienstgipfelhöhe 11 200 m, Reichweite 950 km.
Gewichte: Leergewicht 2090 kg, Abfluggewicht 2839 kg.
Bewaffnung: 2 MGs über dem Motor, und 88 2 kg-Bomblets.

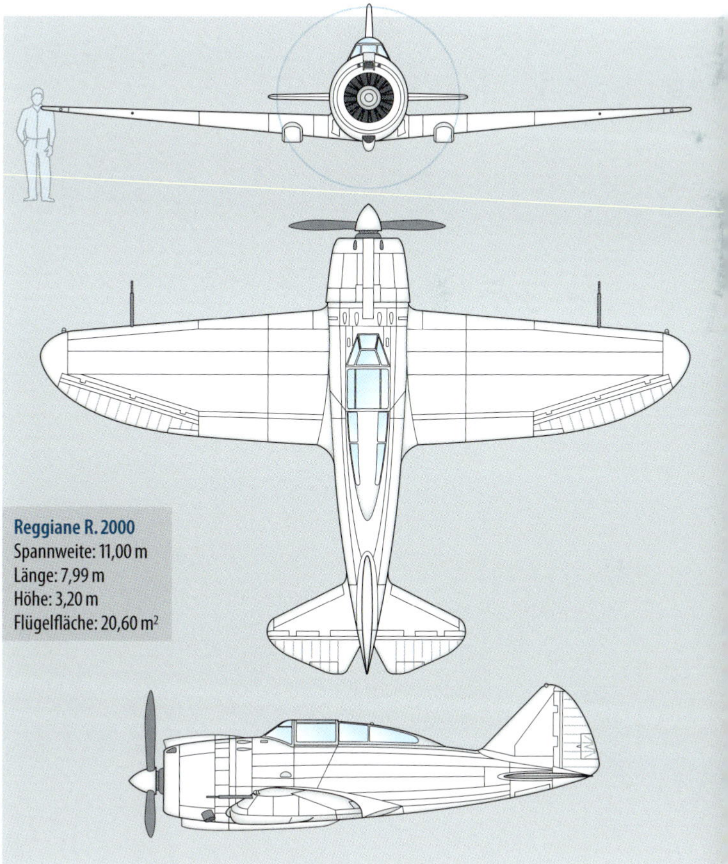

Reggiane R. 2000
Spannweite: 11,00 m
Länge: 7,99 m
Höhe: 3,20 m
Flügelfläche: 20,60 m²

Reggiane R. 2005

Ursprungsland
Italien
Kategorie
Jagdflugzeug

Entwicklung: Die Entwicklungsarbeiten begannen 1941 in der Reihe der „Serie 5"-Flugzeuge, zu der auch die Macchi MC. 205 (S. 131) und die Fiat G. 55 (S. 126) gehörten, um mit den alliierten Jagdflugzeugen technisch und leistungsmäßig gleichzuziehen. Ausschlaggebend war der Einsatz eines deutschen V12-Motors Daimler Benz DB 605, der für die Serie von Fiat als RA. 1050 in Lizenz gebaut werden sollte. Der Prototyp des einsitzigen Ganzmetall-Tiefdeckers mit seinen elliptischen Flügeln und dem typischen Reggiane-Leitwerk flog im Mai 1942 erstmals, noch mit einem original DB 605 A-1. Schon bei den Erprobungsflügen erreichte die wendige Maschine sehr hohe Geschwindigkeiten. Nach einer Bestellung von 18 Vorserienmaschinen wurden 750 Serienmaschinen geordert, mit einer Option von weiteren 1000. Produzieren wollte man in den Werken von Breda, Aerfer und Caproni. Die ersten Auslieferungen der Vorserie begannen im Mai 1943. Allerdings endete die Auslieferung schon nach 48 Flugzeugen mit dem Waffenstillstand in Italien im September 1943. Angeblich wurden 13 abgestellte R. 2005 von den Deutschen beschlagnahmt und von der Luftwaffe eingesetzt. Ein Prototyp R. 2006 mit einem 1750 PS-V12-Motor DB 603, der 740 km/h erreichen sollte, wurde nicht mehr fertiggestellt. Schweden , das den DB 605-Antrieb bereits lizenziert hatte, zeigte Interesse an der Reggiane Re. 2005, aber die Bestellung über 50 Zellen wurde von Italien, mangels Rohstoffen, abgelehnt.

Bemerkungen: Mit den „Serie 5"-Flugzeugen hat es Italien wieder in die Oberliga der Jagdflugzeuge geschafft. Obwohl nur 48 Flugzeuge gebaut wurden und das Flugzeug keine bedeutende Rolle mehr im Kriegsgeschehen spielte, kann man die R. 2005 Sagittario mit ihrer starken Bewaffnung und ihrem aerodynamischen Design mit den damals modernsten Propeller-Jagdflugzeugen gleichsetzen. Erfolgreiche Einsätze in Süditalien, Sizilien und bei der Verteidigung Roms zeigten, dass das Flugzeug auch von gegnerischen Piloten ernst zu nehmen war. Sogar die deutsche Luftwaffe soll großes Interesse an diesem Jäger gezeigt haben und angeblich soll ein Flugzeug in Rechlin getestet worden sein. Unbestätigten Berichten nach haben die in Norditalien verbliebenen und von den Deutschen übernommenen Sagittarios noch in Kämpfe in Rumänien eingegriffen und sollen sogar gegen anfliegende Bomber über Berlin eingesetzt worden sein.

Außer einem Rumpfstück im Caproni-Museum in Trento/Italien ist nichts von der Sagittario erhalten geblieben.

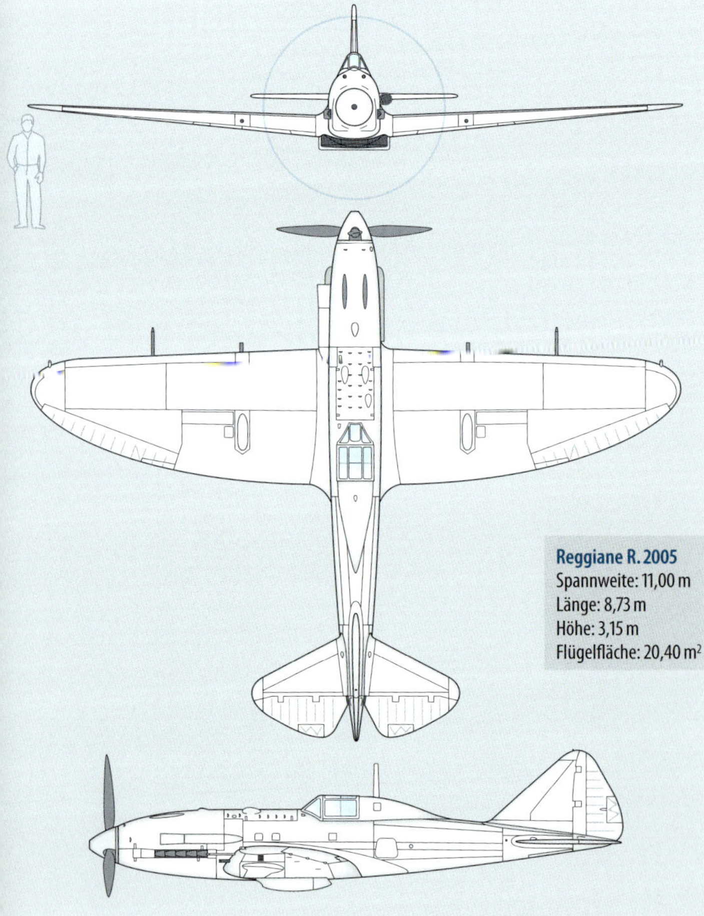

Reggiane R. 2005
Spannweite: 11,00 m
Länge: 8,73 m
Höhe: 3,15 m
Flügelfläche: 20,40 m²

Besatzung: 1
Triebwerk: Ein flüssigkeitsgekühlter V12-Zylinder-Motor Fiat RA. 1050 RC.58 Tifone mit 1100 kW (1475 PS) Leistung.
Leistungen: Höchstgeschwindigkeit 628 km/h in 7000 m, Reisegeschwindigkeit 515 km/h, Dienstgipfelhöhe 11 500 m, Reichweite 980 km, maximal 1270 km mit Droptanks.
Gewichte: Leergewicht 2600 kg, Abfluggewicht 3610 kg.
Bewaffnung: 2 MGs über dem Motor, eine Maschinenkanone durch die Propellernabe, 2 MGs im Flügel. Maximal eine 1000 kg-Bombe unter dem Rumpf oder zwei 160 kg-Bomben an Flügelstationen.

Savoia-Marchetti SM. 79

Entwicklung: Im September 1934 flog erstmals ein Prototyp, der ursprünglich Anfang der 1930er-Jahre als 8-sitziges Passagierflugzeug konzipiert war. Die außergewöhnlichen Leistungen wurden durch mehrere Weltrekorde belegt, so dass, von der italienischen Regierung gefordert wurde, den zweiten Prototyp als Bomber zu entwickeln. Das in Gemischtbauweise hergestellte Flugzeuge hat einen Rumpf aus Stahlrohr, der am Bug mit Aluminium beplankt und ansonsten bespannt war, während die Flügel aus Holz hergestellt wurden. Die erste Baureihe SM. 79-I bekam einen zusätzlichen Waffenstand unter dem Rumpf, der ab Oktober 1939 produzierte Torpedobomber erhielt einen stärkeren Antrieb und die in Kleinserie gebaute SM. 79-III flog wieder ohne Bauchgondel. Die Export-Ausführung S. 79 B ging an Brasilien (3 St.), den Irak (4 St.) und an Rumänien (24 St.). 45 Flugzeuge SM. 79 K wurden an Jugoslawien geliefert. Mit Junkers-Dieselmotoren Jumo 211 waren 24 SM. 79 JR ausgrüstet, die auch an Rumänien geliefert wurden, wo weitere 16 von IAR in Lizenz gebaut wurden. Eine unbekannte Zahl SM. 79 T lieferte man mit größeren Tanks und Alfa-Romeo-126-RC.34 Motoren mit 1014 PS aus.

Unterschiedliche Quellen sprechen von 1236, 1240 oder 1330 produzierten SM. 79.

Eine SM. 79 auf einem italienischen Vorfeld.

Bemerkungen: Ihren ersten Einsatz Ende 1936 flog die SM. 79 Sparviero (Sperber) im Spanischen Bürgerkrieg auf Seiten der Nationalisten. Mit Eintritt Italiens in den Zweiten Weltkrieg waren ca. 610 Sparvieros einsatzfähig, die auf allen italienischen Kriegsschauplätzen im Mittelmeerraum als Bomber, Aufklärer, Transporter und ab 1940 vor allem als Torpedobomber eingesetzt wurden. In Italien blieben einige Flugzeuge bis 1952 im Einsatz. Vier SM. 79 wurden 1949 dem Libanon geschenkt, die dort bis in die frühen 1960er-Jahre flogen.

Zwei SM 79 sind erhalten geblieben und stehen im Caproni-Museum in Trento/Italien und im Italian Airforce Museum in Bracciano/Italien.

Ursprungsland
Italien
Kategorie
Mittelschwerer Bomber

Besatzung: 5 – 6
Triebwerke: (SM .79 III) Drei luftgekühlte 9-Zylinder-Sternmotoren Alfa Romeo 128 R.C.18 mit je 633 kW (861 PS).
Leistungen: (SM. 79 III) Höchstgeschwindigkeit ca. 460 km/h in 3800 m Höhe, Reisegeschwindigkeit ca. 370 km/h in 5000 m, Steigzeit auf 3000 m in 9 min, 30 sec, Dienstgipfelhöhe 7500 m, Reichweite je nach Beladung 650 – 900 km, mit Zusatztanks ca. 2000 km.
Gewichte: (SM 79 III) Leergewicht 7700 kg, maximales Abfluggewicht 10 050 kg.
Bewaffnung: (SM .79 III) Ein MG nach vorne über dem Cockpit, zwei MGs im oberen MG-Stand, ein MG in der Bodenwanne, optional zwei MGs seitlich. Maximal 1200 kg Bomben im Bombenschacht oder zwei Torpedos extern.

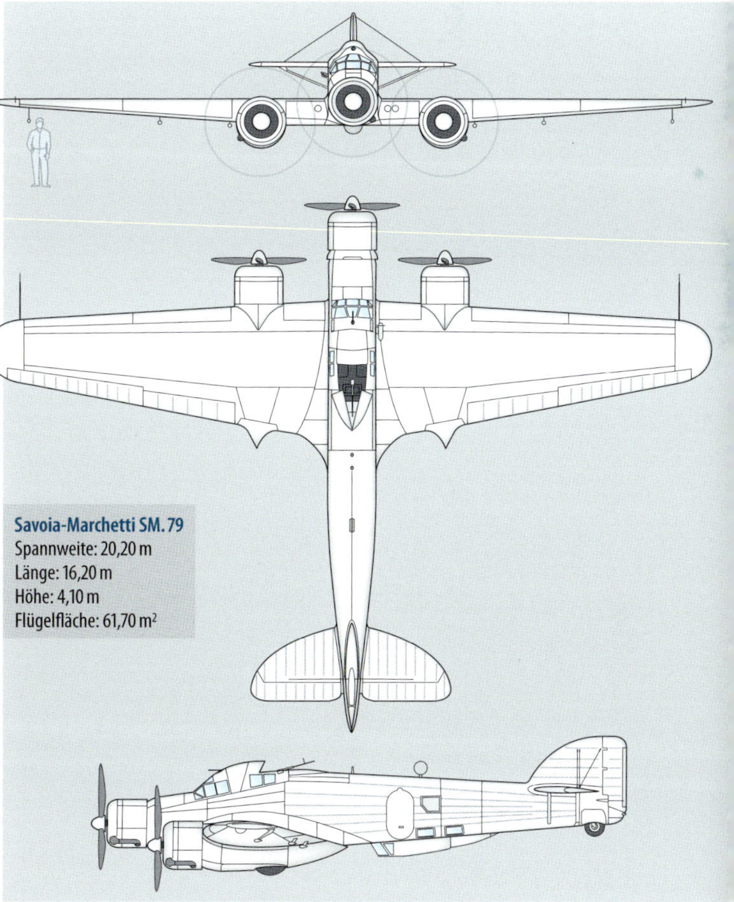

Savoia-Marchetti SM. 79
Spannweite: 20,20 m
Länge: 16,20 m
Höhe: 4,10 m
Flügelfläche: 61,70 m^2

Savoia-Marchetti SM. 81

Ursprungsland
Italien
Kategorie
Transportflugzeug, Bomber

Entwicklung: Im Prinzip war die SM. 81, die im Februar 1934 ihren Erstflug absolvierte, eine militärische Ausführung des 18-sitzigen Passagierflugzeuges SM. 73. Der Rumpf bestand aus einer Stahlrohrkonstruktion, die zum Teil beplankt und bespannt war. Die Flügel wurden komplett aus Holz gebaut. Während der Serienproduktion wurden unterschiedliche Motoren verbaut: Alfa Romeo 125 RC 35 (192 FLugzeuge), Gnome-Rhône 14K (96 St.), Piaggio P.X.R.C.15 (48 St.), Piaggio P.IX R.C. (40 St.) und Alfa Romeo RC.34 (126 St.). Eine zweimotorige Version mit zwei flüssigkeitsgekühlten Isotto-Fraschini Asso XI V12-Motoren und einem verglasten Bug kam wegen ungenügender Flugleistungen nicht über das Prototypenstadium hinaus.

Von den 535 gebauten Flugzeugen exportierte Italien 3 Flugzeuge nach Taiwan.

Bemerkungen: Zur Zeit ihrer Indienststellung, 1935 war die SM. 81 Pipistrello (Fledermaus) der erste „moderne" dreimotorige Bomber der italienischen Luftwaffe. Was Geschwindigkeit und Reichweite anbelangt, war sie durchaus konkurrenzfähig. Zum erstenmal kam der Tiefdecker im italienisch-äthiopischen Krieg und im Spanischen Bürgerkrieg zum Einsatz. Mit Beginn des Zweiten Weltkrieges zeigte sich jedoch schnell, dass das robuste, und universell einsetzbare Flugzeug, von dem noch ca. 300 Stück im Einsatz waren, nicht mehr den Anforderungen entsprach. Es wurde deshalb nur noch als Transport- und Verbindungsflugzeug im Mittelmeerraum und Afrika eingesetzt, sowie als Nachtbomber vor allem in Nordafrika. Eine kleine Anzahl flog noch Angriffe an der deutschen Ostfront. Einige Pipistrellos überlebten den Krieg und wurden bis in die 1950er-Jahre geflogen.

Soweit bekannt blieb aber keine SM. 81 erhalten.

Die Bomberversion mit ausgefahrenem unteren Waffenstand in Begleitung der JagddoppeldeckerFiat CR. 32.

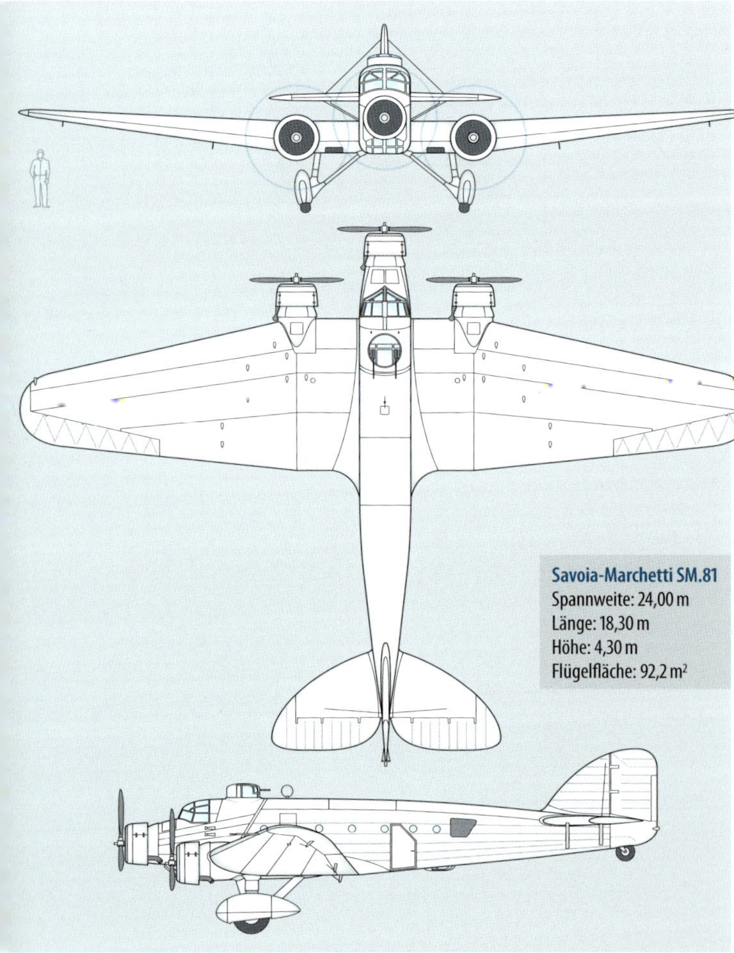

Savoia-Marchetti SM.81
Spannweite: 24,00 m
Länge: 18,30 m
Höhe: 4,30 m
Flügelfläche: 92,2 m²

Besatzung: 6
Triebwerke: Drei luftgekühlte 9-Zylinder-Sternmotoren Alfa Romeo 125 RC.35 mit je 478 kW (650 PS) (Alternativen siehe Entwicklung).
Leistungen: Höchstgeschwindigkeit 340 km/h, Reisegeschwindigkeit 260 km/h, Steigzeit auf 5000 m 20 min, 36 sec, Dienstgipfelhöhe 7000 m, Reichweite je nach Beladung 1500 km.
Gewichte: Leergewicht 6800 kg, Abfluggewicht 9300 kg, maximales Abfluggewicht 10 505 kg.
Bewaffnung: Je zwei MGs im Drehturm, in Luken seitlich im Heck und unter dem Cockpit. Bis zu 2000 kg Bomben im Bombenschacht.

Savoia-Marchetti SM. 82

Ursprungsland
Italien
Kategorie
Transportflugzeug, Bomber

Entwicklung: In relativ kurzer Zeit wurde die SM. 82 aus der zivilen SM. 75 Marsupiale entwickelt und 1939 zum Erstflug gebracht. Die in Gemischtbauweise hergestellte Maschine bestand aus einem beplankten und bespannten, geschweißten Stahlrohrrumpf und hatte aus Holz gebaute Flügel, in denen sechs selbstdichtende Tanks untergebracht waren. Die Auslieferung begann 1940. Der Rumpf war in zwei Ebenen geteilt: Passagiere oben und Fracht oder Bomben unten. In der Standardversion wurde die eigentlich zu schwach motorisierte SM. 82 als Transporter für bis zu 50 Personen oder 40 voll ausgerüstete Soldaten oder vier Tonnen Fracht produziert, als Bomber mit Bombenschacht und einige wenige als Verkehrsflugzeug für bis zu 14 Passagiere. Nach dem Krieg sind 20 Flugzeuge auf 14-Zylinder-Doppelsternmotoren Pratt & Whitney R-1830 umgerüstet worden, die als Militärtransporter bis in die frühen 1960er-Jahre flogen.

Die Quellen schwanken zwischen 726 und 875 von Savoia-Marchetti gebauten Flugzeugen.

Bemerkungen: Der Krieg verlangte nach großen Ladekapazitäten, die die SM. 82 Canguro (Känguru) zwar gut erfüllte, aber wegen ihrer geringen Geschwindigkeit und nahezu ungeschützten Bauweise (nur der Pilotensitz war gepanzert) auch eine sehr hohe Verlustrate durch feindliche Jagdflugzeuge und Flak hatte. Neben der italienischen Luftwaffe, die die SM. 82 vor allem nach Ost- und Nordafrika einsetzte, flog die deutsche Luftwaffe rund 100 SM. 82 von 1942 bis Frühjahr 1943. Nach dem Waffenstillstand im September 1943 wurden viele italienische SM. 82 von den Deutschen beschlagnahmt. Etwa 300 zusätzliche Flugzeuge sind danach noch für die Deutschen hergestellt worden, die vor allem an der Ostfront eingesetzt wurden, aber für den Winterbetrieb eigentlich ungeeignet waren und deshalb nur noch bis Ende 1944 in Deutschland flogen.

Eine SM. 82 steht im Italian Airforce Museum in Bracciano/Italien.

Auch über den Bombenschacht konnte man einen Canguro-Frachter beladen.

Besatzung: 4
Triebwerke: Drei luftgekühlte 9-Zylinder-Sternmotoren Alfa Romeo 128 RC.21 mit je 708 kW (963 PS).
Leistungen: Höchstgeschwindigkeit 347 km/h, Reisegeschwindigkeit 250 km/h in 3000 m, Dienstgipfelhöhe 6000 m, Reichweite je nach Beladung 2100 km.
Gewichte: Leergewicht 10 550 kg, maximales Abfluggewicht 18 020 kg, als Bomber Leergewicht 11 200 kg, Abfluggewicht 18 410 kg.
Bewaffnung: Als Bomber ein MG auf dem Rücken, drei MGs im Unterrumpfstand und seitwärts. Maximal 4000 kg Bomben im Bombenschacht.

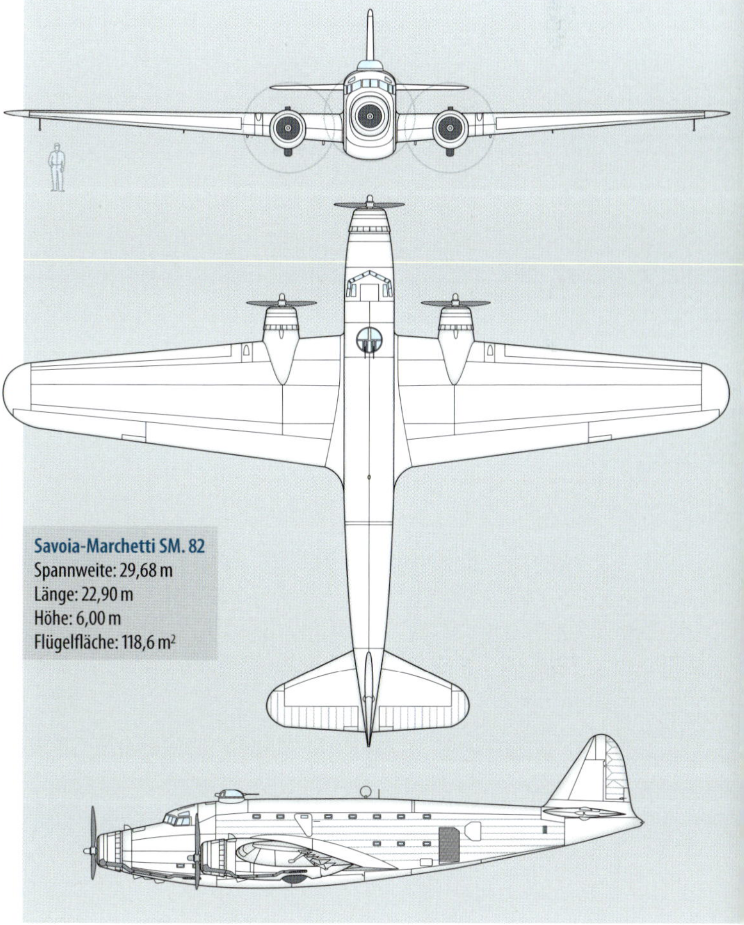

Savoia-Marchetti SM. 82
Spannweite: 29,68 m
Länge: 22,90 m
Höhe: 6,00 m
Flügelfläche: 118,6 m²

Savoia-Marchetti SM. 84

Ursprungsland
Italien
Kategorie
Mittelschwerer Bomber

Entwicklung: Als Nachfolger für die SM. 79 (S. 135) gedacht, begann die Entwicklung bereits 1939. Erstflug war im Juni 1940. Nach der Erprobung von zwei Prototypen startete schon Ende 1940 die Serienproduktion. Das Konstruktionsprinzip des neuen Rumpfes aus einem mit Metall, Holz und Stoff verkleideten Stahlrohrgerüst und der aus Holz gebaute Flügel mit selbstdichtenden Tanks wurde von der SM. 79 übernommen, die Panzerung wurde aber wesentllich verbessert. Dem Schützen im Drehturm ermöglichte das Doppelleitwerk ein freieres Schussfeld. Der Bombenschütze saß in einer unter dem Cockpit ausfahrbaren Gondel. Keine deutlichen Verbesserungen brachte die mit verschiedenen Modifikationen gebaute S. 84 bis. Trotz der Probleme mit den aufwändig herzustellenden und anfälligen Piaggio-Motoren wurde eine große Anzahl SM. 84 bestellt. Eine einzige S. 84 ter wurde mit 1500 PS-Piaggio P XII 18-Zylinder-Doppelsternmotoren ausgestattet. Sie erreichte damit zwar eine Geschwindigkeit von über 500 km/h, ging aber bei einem Landeunfall verloren.

Es wurden nur 264 SM. 84 gebaut, nach anderen Quellen angeblich 329.

Bemerkungen: Wegen ihrer mangelnden Manövrierfähigkeit und der unzuverlässigen Motoren erfüllte die SM. 84 als vorgesehener Nachfolger der SM. 79 nicht die Erwartungen der italienischen Luftwaffe. Sie war bei ihren Piloten unbeliebt und in ihren Einsatzrollen als Bomber und Torpedobomber war sie oft nicht in der Lage, die Leistungen der SM. 79 zu übertreffen, geschweige denn sie zu ersetzen. Zum Einsatz kam die SM. 84 erstmals im Februar 1941 im östlichen Mittelmeer. Aber schon 1943 wurden die übrig gebliebenen 150 Flugzeuge, von denen nur mehr 100 Stück einsatzbereit waren, aus vorderster Front abgezogen. Die Deutschen übernahmen nach dem Waffenstillstand in Italien etliche Flugzeuge und flogen sie bis zum Kriegsende. Sechs SM. 84 wurden von ihnen an die slowakische Luftwaffe ausgehändigt.

Soweit bekannt ist kein Flugzeug erhalten geblieben.

Eine SM.84 im Einsatz als Torpedobomber.

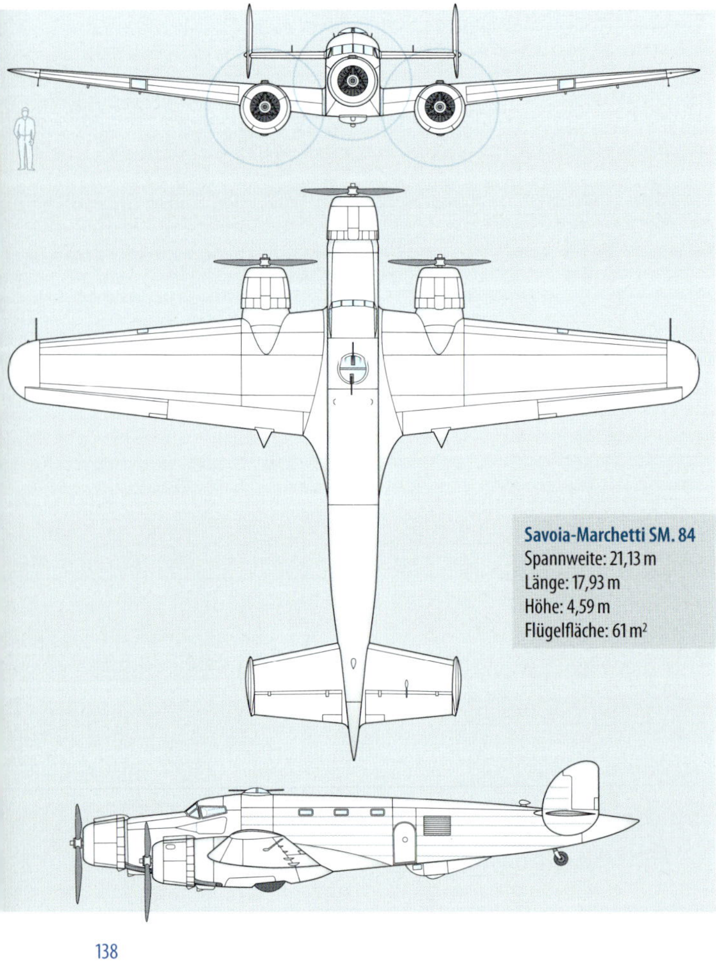

Savoia-Marchetti SM. 84
Spannweite: 21,13 m
Länge: 17,93 m
Höhe: 4,59 m
Flügelfläche: 61 m^2

Besatzung: 5 bis 6
Triebwerke: Drei luftgekühlte 14-Zylinder-Doppelsternmotoren Piaggio P.XI R.C.40 mit je 735 kW (1000 PS).
Leistungen: Höchstgeschwindigkeit 467 km/h, Steigzeit auf 5000 m 14 min, 48 sec, Dienstgipfelhöhe 7900 m, Reichweite je nach Beladung 1830 km, maximal 2040 km.
Gewichte: Leergewicht 8846 kg, max. Abfluggewicht 13 228 kg.
Bewaffnung: Je zwei MGs im Drehturm, in Luken seitlich im Heck und 1 MG im unteren ausfahrbaren Waffenstand. Bis zu 2000 kg Bomben im Bombenschacht oder 2 Torpedos an Außenstationen.

Aichi D1A

Ursprungsland
Japan
Kategorie
Trägergestützter Sturzkampfbomber

Entwicklung: Als 1933 klar war, dass die beiden Prototypen eines trägergestützten Sturzkampfbombers von Nakajima nicht den Forderungen der Marine entsprachen, wurden nach neuen Spezifikationen neben Aichi auch Nakajima und Yokosuka beauftragt, bessere Modelle zu entwickeln. Aichi gewann mit der D1A den Wettbewerb., ein im Rahmen einer deutsch-japanischen Kooperation aus der Heinkel He 50/He 66 weiterentwickelter Doppeldecker, von der die Firma ein Exemplar besaß. Das zweisitzige Flugzeug war eine verstärkte Metallkontruktion, die teilweise alubeplankt, aber überwiegend bespannt war. Die ersten Testflüge konnten überzeugen und Ende 1934 erhielt Aichi einen Produktionsauftrag über 162 D1A1, die bis 1937 produziert und anfangs von einem 580 PS starken Nakajima Kotobuki 2-Sternmotor, später von einem Kotobuki-Sternmotor mit 640 PS angetrieben wurden. Von der Aichi-Weiterentwicklung D1A2 (große Abb.), mit etwas besseren Leistungen, dank des 730 PS starken Nakajima Hikari 1-Antriebs, wurden bis 1940 weitere 428 Flugzeuge ausgeliefert. Sie hatte eine aerodynamischere NACA-Motorhaube und einen geringfügig modifizierten Rumpf. Eine vorgeschlagene AB-11 mit Einziehfahrwerk kam nicht mehr zur Ausführung.

Insgesamt rollten bei Aich 590 D1A aller Varianten aus den Werkshallen.

Bemerkungen: Alliierten-Code: *Susie*. Der Doppeldecker wurde hauptsächlich im Zweiten Japanisch-Chinesischen Krieg ab 1937 eingesetzt. Mit Beginn des Pazifikkrieges 1941 gegen die USA wurden alle übrig gebliebenen D1A1 zurückgezogen und nur noch in den Trainingseinheiten verwendet, mit Ausnahme von 68 D1A2, die noch in zweiter Linie bis 1942 in Dienst waren.

Soweit bekannt ist kein Doppeldecker erhalten geblieben.

Die Küstenwache des von Japan errichteten Mandschurischen Kaiserreichs wurde mit Aichi D1A1 ausgestattet..

Besatzung: 2
Triebwerk: (A2) Ein luftgekühlter 9-Zylinder-Sternmotor Nakajima Hikari 1 mit 544 kW (730 PS) Startleistung und 500 kW (670 PS) Reiseleistung in 3500 m Höhe.
Leistungen: Höchstgeschwindigkeit 310 km/h in 3200 m Höhe, Reisegeschwindigkeit 220 km/h in 1000 m Höhe, Steigzeit auf 3000 m 7 min 51 sec, Dienstgipfelhöhe 6980 m, Reichweite 925 km.
Gewichte: Leergewicht 1616 kg, Abfluggewicht 2500 kg, maximales Abfluggewicht 2610 kg.
Bewaffnung: Zwei MGs über dem Motor, ein MG im Heckstand. Eine unter den Propellerkreis ausschwenkbare 250 kg-Bombe und zwei 30 kg-Bomben an Flügelstationen.

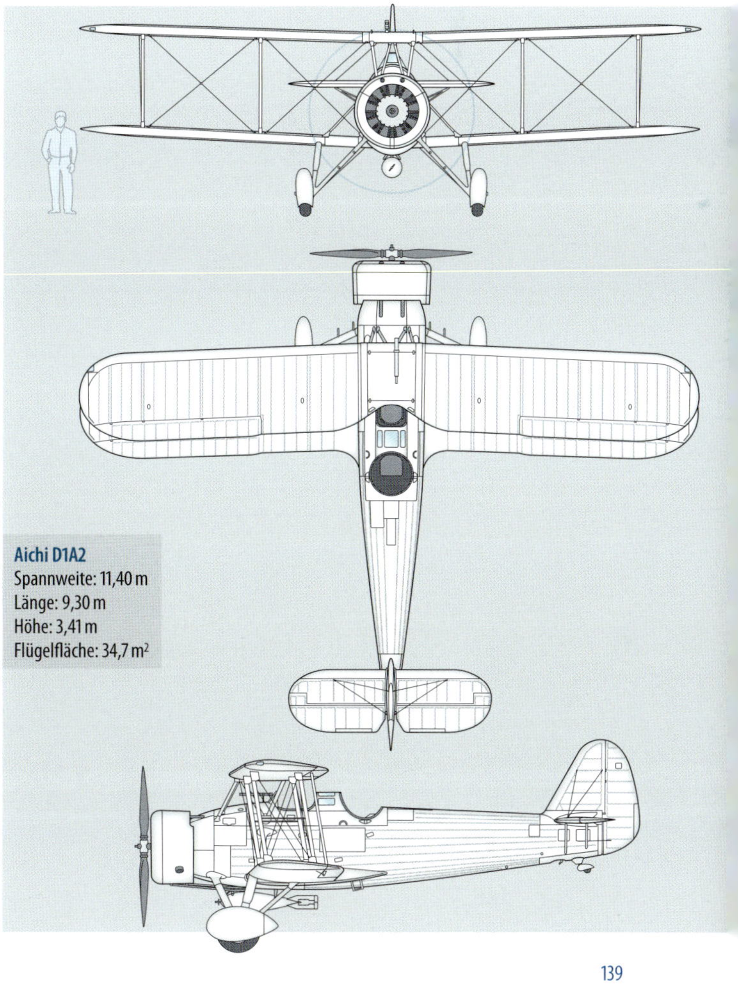

Aichi D1A2
Spannweite: 11,40 m
Länge: 9,30 m
Höhe: 3,41 m
Flügelfläche: 34,7 m²

Aichi D3A

Ursprungsland
Japan
Kategorie
Träger- und landgestützter Sturzkampfbomber

Entwicklung: Bereits 1936 begann Japan mit der Entwicklung eines trägergestützten Sturzkampfbombers, an der Aichi, Mitsubishi und Nakajima beteiligt waren. Inspiriert durch die elliptischen Flügel der Heinkel He 70 entwarf Aichi die D3A, ein einmotoriger Tiefdecker in Ganzmetallbauweise, mit Festfahrwerk und hochklappbaren Flügelspitzen. Der erste Prototyp, mit einem Nakajima Hikari 1 9-Zylinder-Sternmotor mit 710 PS, flog im Januar 1938, war jedoch untermotorisiert und hatte aerodynamische Probleme. Mit dem zweiten, modifizierten Prototypen, jetzt mit dem 1000 PS starken 14-Zylinder-Sternmotor Mitsubishi Kinsei, gewann Aichi im Dezember 1939 einen Produktionsauftrag über 470 D3A1. Ständige Verbesserungen über mehrere Modellreihen hinweg führten 1942 zur D3A2 (große Abb.), mit geändertem Cockpit und dem stärkeren Mitsubishi Kinsei 54, der auf Grund seines höheren Verbrauchs auch größere Tanks mit sich brachte. Von ihr wurden 1016 von Aichi und Showa ausgeliefert.

Bis Juni 1944 wurden insgesamt 1495 D3A aller Varianten ausgeliefert.

Bemerkungen: Alliierten-Code: *Val*. Ende der 1930er-Jahre war die D3A ein wendiger und leistungsfähiger Sturzkampfbomber, der anfangs von Flugzeugträgern aus eingesetzt wurde. In großer Zahl im Dezember 1941 beim Angriff auf Pearl Harbour und später bei der Versenkung einiger alliierter Kriegsschiffe im Pazifik. Ab 1942 konnte mit der leistungsfähigeren D3A2 auch von kleineren Trägerschiffen oder mit ihrer größeren Reichweite auch von Land aus gestartet werden. Allerdings waren nun die Verluste durch überlegene alliierte Flugzeuge sehr hoch. Übriggebliebene D3A wurden deshalb noch als Bombertrainer verwendet und schließlich bei Kamikaze-Angriffen eingesetzt.

Zwei D3A blieben erhalten: Ein Wrack im National Museum of the Pacific War in Fredericksburg, USA und eine soll im Planes of Fame Air Museum, Chino, USA, flugfähig restauriert werden.

Die Sturzflug-Bremsklappen unter den Flügeln an dieser D3A1 bereiteten beim Prototypen noch Probleme wegen Vibrationen.

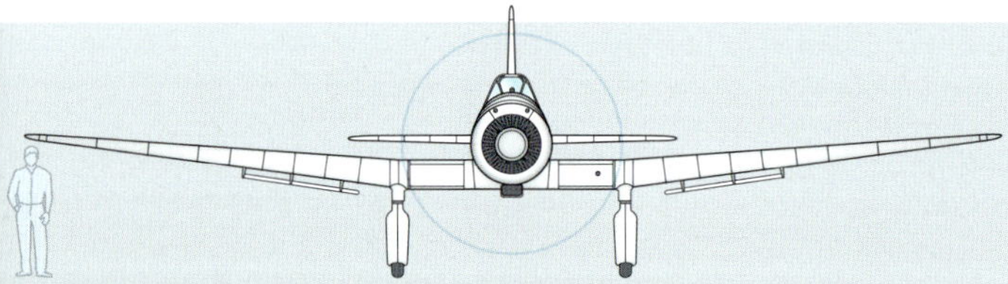

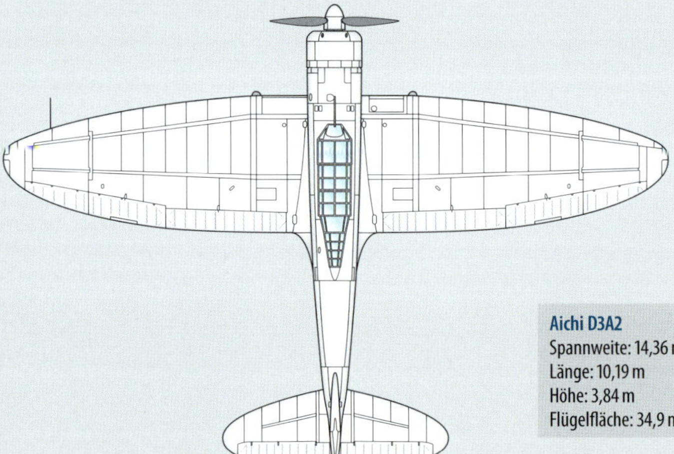

Aichi D3A2
Spannweite: 14,36 m
Länge: 10,19 m
Höhe: 3,84 m
Flügelfläche: 34,9 m²

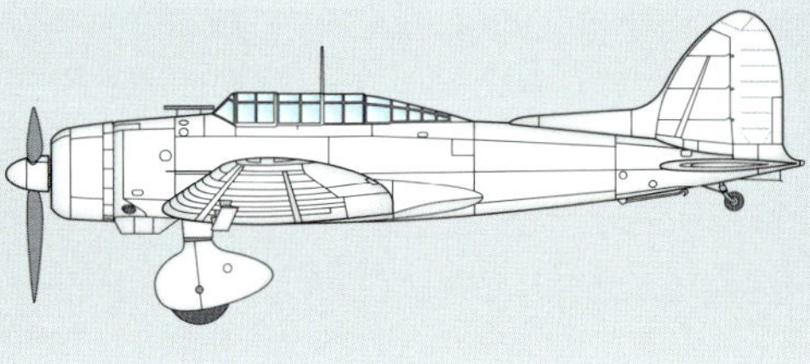

Besatzung: 2
Triebwerk: (A2) Ein luftgekühlter 14-Zylinder-Doppelsternmotor Kinsei 54 mit 970 kW (1300 PS) Startleistung und 895 kW (1200 PS) Reiseleistung in 3000 m Höhe.
Leistungen: (A2) Höchstgeschwindigkeit 430 km/h in 6200 m Höhe, Reisegeschwindigkeit in 3000 m Höhe 295 km/h, Steigzeit auf 3000 m in 5 min 48 sec, Dienstgipfelhöhe 10 500 m, Reichweite 1350 km.
Gewichte: (A2) Leergewicht 2570 kg, Abfluggewicht 3800 kg.
Bewaffnung: Zwei MGs über der Cowling, ein MG im hinteren Cockpit. Zwischen dem Fahrwerk eine nach unten schwenkende 250 kg-Bombe und zwei 60 kg-Bomben an Flügelstationen

Aichi B7A Ryusei

Entwicklung: Nach einer Spezifikation der japanischen Marine, die 1941 ein leistungsfähigeres Flugzeug für ihre geplanten größeren Flugzeugträger verlangte, um die Nakajima B6N und Yokosuka D4Y zu ersetzen, entwarf Aichi die B7A. Die Ganzmetallkonstruktion mit den markanten hochklappbaren Knickflügeln, die durch den Bombenschacht und den großen Vierblattpropeller nötig waren, flog erstmals im Mai 1942. Kontinuierliche Verbesserungen flossen in die neun Prototypen der B7A1 ein, obwohl der Homare 11-Motor weiterhin problematisch war. Erst im April 1944 begann die Serienproduktion mit der B7A2, die mit dem etwas stärkeren und zuverlässigeren Homare 12-Antrieb ausgerüstet wurde. Bombardements und ein Erdbeben im Mai 1945 brachte die Produktion schließlich zum Stillstand. Eine B7A2 wurde versuchsweise noch mit einem 2000 PS starken Nakajima Homare-23-Antreib ausgerüstet. Eine geplante B7A3 mit dem 2200 PS starken MK9A-Sternmotor von Mitsubishi blieb in der Entwicklungsphase stecken.

Insgesamt wurden nur 114 B7A inklusive der Prototypen gebaut.

Bemerkungen: Alliierten-Code: *Grace*. Mit der B7A hatte die japanische Marine ein modernes Kampfflugzeug, das trotz seiner Größe sehr wendig war und hervorragende Flugeigenschaften besaß. Die Überlebenschancen waren dank selbstdichtender Tanks für ein japanisches Flugzeug relativ hoch, eine Panzerung gab es jedoch nicht. Als die B7A2 1945 schließlich einsatzbereit war, hatte die japanische Marine nahezu ihre ganze Flugzeugträgerflotte verloren und die wenigen B7A konnten nur noch von Stützpunkten auf dem Festland zum Abwehrkampf eingesetzt werden. Sie nahmen jedoch keinen Einfluss mehr auf den weiteren Kriegsverlauf.

Kein komplettes Flugzeug ist erhalten geblieben, aber ein Rumpf ist im NASM Paul E. Garber Facility, Suitland, USA eingelagert.

Ursprungsland
Japan
Kategorie
Trägergestützter Torpedo- und Sturzkampfbomber

Die von den USA erbeutete Aichi B7A Ryusei wurde 1946 von der ATAIU-SEA (Technical Air Intelligence Unit) getestet.

Besatzung: 2
Triebwerk: (A2) Ein luftgekühlter 18-Zylinder-Doppelsternmotor Nakajima NK9C Homare 12 mit 1361 kW (1825 PS) Startleistung und 1171 kW (1570 PS) in 6400 m Höhe.
Leistungen: (A2) Höchstgeschwindigkeit 565 km/h in 6550 m Höhe, Steigzeit auf 4000 m 6 min 55 sec, Dienstgipfelhöhe 11 250 m, Reichweite 1850 km, maximal 3030 km.
Gewichte: (A2) Leergewicht 3810 kg, Abfluggewicht 5625 kg, maximales Abfluggewicht 6500 kg.
Bewaffnung: Je eine MK im Flügel und ein bewegliches MG im hinteren Cockpit. 800 kg Bomben oder ein Torpedo im Schacht.

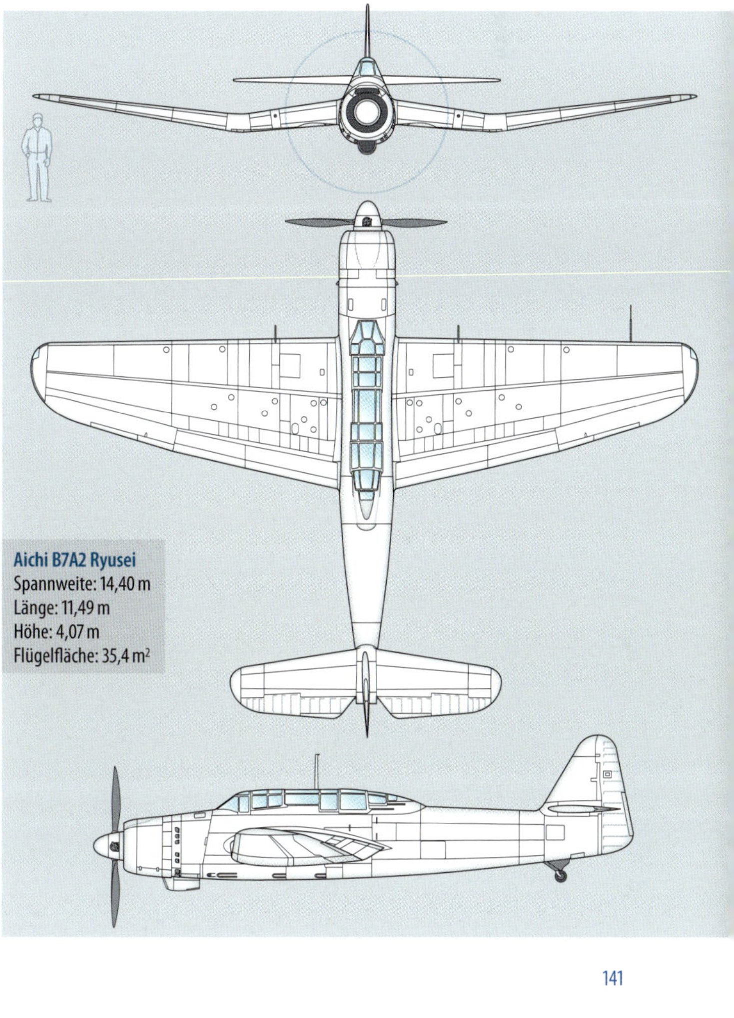

Aichi B7A2 Ryusei
Spannweite: 14,40 m
Länge: 11,49 m
Höhe: 4,07 m
Flügelfläche: 35,4 m²

Aichi E13A

Ursprungsland
Japan
Kategorie
Langstrecken-Aufklärungsflugzeug

Entwicklung: Um ihre älteren Wasserflugzeuge zu ersetzen, wurden 1937 Aichi, Nakajima und Kawanishi von der Kaiserlichen Marine aufgefordert, ein neues zweisitziges und parallel dazu ein dreisitziges Schwimmerflugzeug zu entwickeln. Der dreisitzige Prototyp von Aichi war Ende 1938 fertig, anschließend wurde er von der Marine getestet. Im Dezember 1940 entschied man sich für die E13A von Aichi, die in Ganzmetallbauweise mit Klappflügeln gebaut auch katapultstartfähig war. Bis 1942 waren 133 Flugzeugen ausgeliefert. Zwei weitere Firmen stellten bis 1945 1237 weitere Flugzeuge her. Erst Ende 1944 wurde die E13A modifiziert. Die 1a bekam ein geändertes Schwimmergestell und eine Funkausrüstung. Die 1b (Zeichnung), mit Radar ausgestattet und für nächtliche Operationen mit Flammendämpfern, sowie einer beweglichen 20 mm Maschinenkanone anstatt des MGs im hinteren Cockpit. Einige wenige E13A verfügten über einen Magnetring zum Aufspüren von U-Booten.

Insgesamt wurden 1418 Aichi E13 aller Versionen hergestellt.

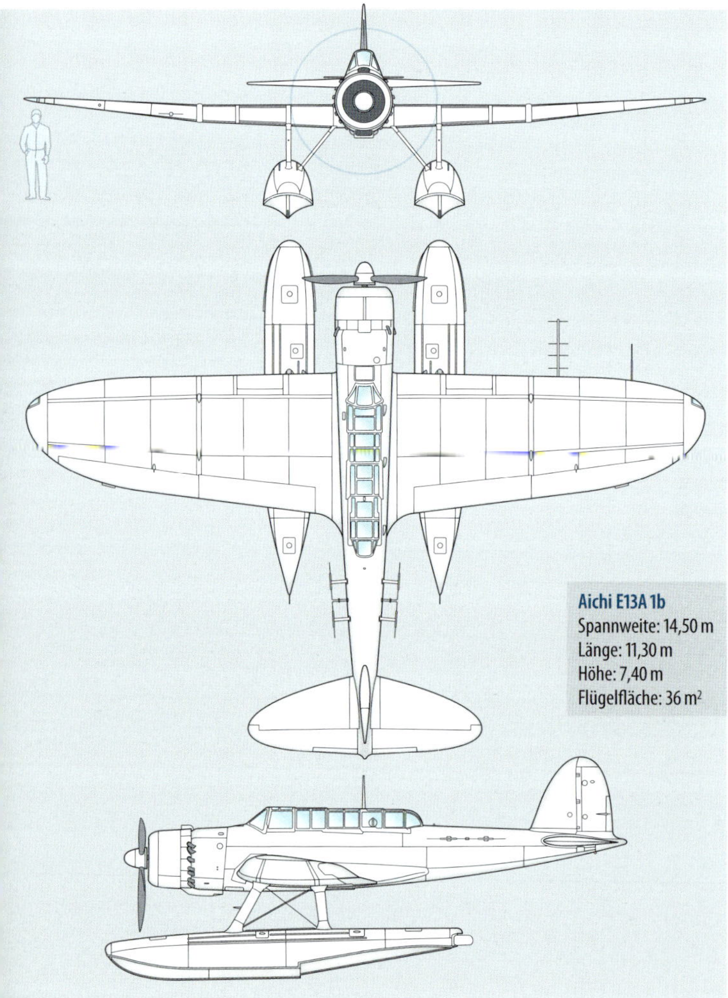

Aichi E13A 1b
Spannweite: 14,50 m
Länge: 11,30 m
Höhe: 7,40 m
Flügelfläche: 36 m²

In der Javasee wird im Mai 1943 eine E13A vom schweren Kreuzer Ashigara katapultiert.

Bemerkungen: Allierten-Codename *Jake*. Erste Einsätze absolvierte die E13A Ende 1941, bei der sie von Schlachtschiffen, Kreuzern und speziellen seeflugzeugtragenden Schiffen vom Katapult aus operierte und vor allem gegen Seeziele eingesetzt wurde. Sie war an allen Marine-Aktionen beteiligt und operierte auch von Küstenbasen aus. Trotz dem schlechten Schutz der Crew und der schwachen Bewaffnung wurde die E13A auf bis zu 10-stündigen Aufklärungsmissionen verwendet, um feindliche alliierte Schiffsverbände aufzuspüren. In geringerem Ausmaß auch für Angriffe auf Schiffe, bei SAR-Aktionen, zum Personentransport und für Kamikaze-Einsätze.

Außer einem Wrack im Kakamigahara Aerospace Museum, Gifu, Japan ist kein Flugzeug erhalten geblieben.

Besatzung: 3
Triebwerk: (A1) Ein luftgekühlter 14-Zylinder-Doppelsternmotor Mitsubishi MK8 Kinsei mit 790 kW (1060 PS) Startleistung.
Leistungen: (A1) Höchstgeschwindigkeit 376 km/h in 2200 m Höhe, Reisegschwindigkeit 222 km/h in 2000 m Höhe, Steigzeit auf 3000 m 6 min, 5 sec, Dienstgipfelhöhe 8730 m, Reichweite 2090 km.
Gewichte: (A1) Leergewicht 2642 kg, Abfluggewicht 3640 kg, maximales Abfluggewicht 4000 kg.
Bewaffnung: (A1) Bei einigen Varianten 2 MGs nach vorn im Rumpf, ein bewegliches MG nach hinten, max. 250 kg Bomben.

Aichi E16A Zuiun

Entwicklung: Die E16A basiert auf einer Anforderung der japanischen Marine, um die E13A zu ersetzen. Das Flugzeuge durfte die E13A-Maße nicht überschreiten und maximal 4 t Abfluggewicht haben, um es noch auf den Katapulten der Trägerschiffe handhaben zu können. Im Oktober 1940 begannen die Konstruktion bei Aichi und nach einigen Modifikationen flog im Mai 1942 der Prototyp erstmals. Der Tiefdecker wurde mit Ausnahme der aus Holz hergestellten Wingtips und des Leitwerks, in Ganzmetallbauweise hergestellt. Die

Die von den Amerikanern erbeutete E16A wurde in den USA zwar getestet, blieb aber nicht erhalten.

Außenflügel waren hochklappbar. An den vorderen massiven Schwimmerstreben konnten hydraulisch Sturzflugbremsen ausgefahren werden, um die E16A auch als Sturzkampfbomber einsetzen zu können. Nach langer Erprobung und einigen Änderungen wurde das Flugzeug im August 1943 von der Navy akzeptiert und ging im Januar 1944 in Produktion. Anfangs mit einem MK8 A-, später mit dem MK8 D-Sternmotor von Mitsubishi. Ein einzelner Prototyp E16A2, mit einem stärkeren 1560 PS-Mitsubishi-Doppelsternmotor, konnte bis Kriegsende nicht fertiggestellt werden.

Insgesamt wurden 256 E16A1 bis August 1945 hergestellt.

Besatzung: 2
Triebwerk: Ein luftgekühlter 14-Zylinder-Doppelsternmotor Mitsubishi MK8D Kinsei 54 mit 970 kW (1300 PS) Startleistung und 820 kW (1100 PS) Reiseleistung in 3000 m Höhe.
Leistungen: Höchstgeschwindigkeit 440 km/h in 5500 m Höhe, Reisegeschwindigkeit 333 km/h in 5000 m Höhe, Steigzeit auf 3000 m 4 min 40 sec, Dienstgipfelhöhe 10 000 m, Reichweite 1170 km, maximale Reichweite 2420 km.
Gewichte: Leergewicht 2945 kg, Abfluggewicht 3900 kg, maximales Abfluggewicht 4553 kg.
Bewaffnung: Je ein Maschinenkanone im Flügel und ein bewegliches MG im hinteren Cockpit. Maximal 250 kg Bomben an Außenstationen.

Bemerkungen: Allierten-Codename *Paul*. Als die E16A Zuiun in Dienst gestellt wurde, hatte Japan bereits seine Lufthoheit und einen großen Teil der Flotte verloren. Vorgesehene Bordeinsätze waren kaum mehr möglich, deshalb wurde überwiegend von Küstenbasen aus Aufklärung geflogen. Bei den Kampfeinsätzen auf den Philippinen erlitten die Staffeln schwere Verluste und übriggebliebene Zuiun wurden schließlich für Kamikaze-Angriffe auf amerikanische Schiffe verwendet.

Es ist kein Flugzeug erhalten geblieben.

Ursprungsland
Japan
Kategorie
Aufklärungsflugzeug

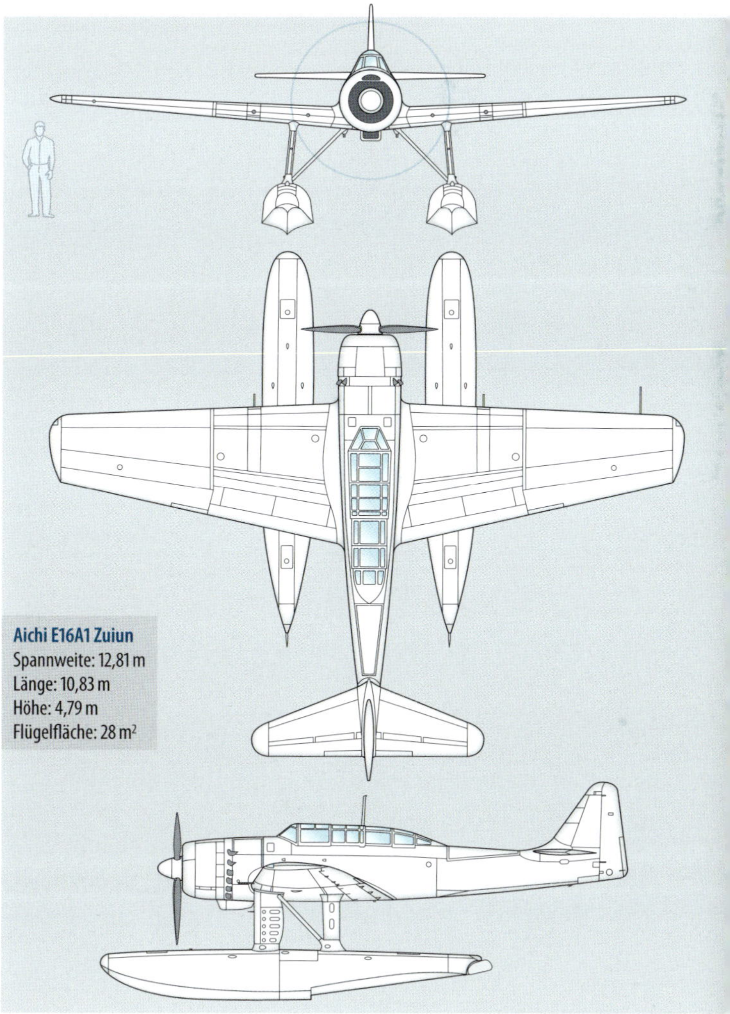

Aichi E16A1 Zuiun
Spannweite: 12,81 m
Länge: 10,83 m
Höhe: 4,79 m
Flügelfläche: 28 m²

Kawanishi E7K

Ursprungsland
Japan
Kategorie
Aufklärungsflugzeug

Entwicklung: Im März 1932 begannen die Entwicklungen bei Aichi und Kawanishi als Antwort auf eine Ausschreibung der Kaiserlichen Marine, die bestrebt war ihre alten Aufklärer zu ersetzen. Im Februar 1933 flog der Prototyp der E7K1. Der Ganzmetall-Doppeldecker war bespannt, nur der Bug war metallbeplankt. In jeweils eigenen offenen Cockpits saßen Pilot, Beobachter und Funker/Schütze. Erst im Mai 1934 erhielt Kawanishi eine Bestellung für die E7K1, die anfangs mit einem 500 PS-, später mit einem flüssigkeitsgekühlten 600 PS starken W 12-Zylindermotor von Hiro ausgeliefert wurden. Diese Motoren hatten drei V-Bänke mit jeweils vier Zylindern, die aber nicht zufriedenstellend liefen. Nach 183 E7K1 endete die Produktion. Im August 1938 flog die erste E7K2 (große Abb., Zeichnung) mit dem stärkeren und zuverlässigeren Mitsubishi Zuisei-Doppelsternmotor, von der bis 1941 weitere 287 Flugzeuge produziert wurden.

Insgesamt verließen 530 E7K aller Varianten von 1934 bis 1941 bei Kawanishi und Nippon Hikoki die Produktion.

Eine E7K1 mit Hiro W 12-Zylindermotor bei Versuchen mit einer Kugisho MXY4 Drohne.

Bemerkungen: Alliierten-Code: *Alf*. Das relativ große Schwimmerflugzeug wurde von Schlachtschiffen und speziellen Katapult-Schiffen, sowie von Küstenbasen aus, zur Aufklärung über See und auf Küstenpatrouillen eingesetzt. Die Crews schätzten die E7K2 wegen ihrer guten Flugeigenschaften und Zuverlässigkeit. Als der Pazifikkrieg Ende 1941 begann, wurde die E7K1 in Schuleinheiten verbannt, während die E7K2 trotz ihres veralteten Designs bis Anfang 1943 als Aufklärer, zur U-Boot-Bekämpfung und für Schiffskonvoi-Eskorten benutzt wurden, bis sie schließlich auch in Schuleinheiten oder als Verbindungsflugzeug abgeflogen wurden.

Soweit bekannt blieb keine E7K erhalten.

Kawanishi E7K2
Spannweite: 14 m
Länge: 10,50 m
Höhe: 4,85 m
Flügelfläche: 43,6 m²

Besatzung: 3
Triebwerk: (E7K2) Ein luftgekühlter 14-Zylinder-Doppelsternmotor Mitsubishi Zuisei 11 mit 649 kW (870 PS) Startleistung und 634 kW (850 PS) Reiseleistung in 2300 m Höhe.
Leistungen: (E7K2) Höchstgeschwindigkeit 276 km/h, Reisegeschwindigkeit 185 km/h, Steigzeit auf 3000 m 9 min 6 sec, Dienstgipfelhöhe 7060 m, maximale Flugzeit 11 h 30 min.
Gewichte: (E7K2) Leergewicht 2100 kg, Abfluggewicht 3300 kg.
Bewaffnung: Ein festes MG nach vorn, ein bewegliches MG im hinteren Cockpit und eins nach unten. Vier 30 kg- oder zwei 60 kg-Bomben an Racks unter dem Rumpf.

Kawanishi H6K

Entwicklung: Bis ins Jahr 1933 reicht die Entwicklung der H6K zurück, als die japanische Marine ein großes Langstreckenflugboot forderte. Erst mit dem zweiten Entwurf, inspiriert durch britische Shorts-Flugboote, kam es auch zum Bau eines Prototypen. Erstflug war im Juli 1936. Die Erprobung des in Ganzmetall konstruierten viermotorigen Flugboots führte zu einem geänderten Bootsrumpf, größeren abgestrebten Tragflächen und Leitwerken und zum Einbau stärkerer Triebwerke. 1938 begann die Produktion von 12 H6K2, davon zwei unbewaffnete Transportern für bis zu 18 Passagiere. Auch die zwei gebauten H6K3 waren Transportflugzeuge. Mit 147 Stück war die H6K4, mit größeren Tanks und neuen Waffenständen, die wichtigste Variante, von der es auch eine Variante als Transporter gab. Die leistungsfähigere H6K5, von der 36 mit 1300 PS-Kinsei-Sternmotoren hergestellt wurden, hatte eine Reichweite von 6700 km. Um 1940 baute

Eine H6K mit beladenen Bombenracks an den Flügelstreben.

Kawanishi noch einige Transporter auf Basis der H6K2, die von der staatlichen Japan Airlines als Fracht- und Passagierflugzeug für Militärs eingesetzt wurden.

Bis 1943 lieferte Kawanishi 215 H6K aller Varianten aus.

Besatzung: 9
Triebwerke: (H6K4) Vier luftgekühlte 14-Zylinder-Doppelsternmotoren Mitsubishi Kinsei 43 mit 746 kW (1000 PS) Startleistung.
Leistungen: (H6K4) Höchstgeschwindigkeit 340 km/h, Reisegeschwindigkeit 223 km/h, Steigzeit auf 5000 m 13 min 31 sec, Dienstgipfelhöhe 9600 m, Reichweite ca. 4800 km, maximale Reichweite 7000 km.
Gewichte: (H6K4) Leergewicht 11 707 kg, Abfluggewicht 17 000 kg, maximales Abfluggewicht 21 500 kg.
Bewaffnung: (H6K4) Vier MGs an diversen Waffenständen, eine Maschinenkanone im Heckstand. Zwei 800 kg-Torpedos oder bis zu 1000 kg Bomben verschiedenen Kalibers an den Flügelstreben.

Bemerkungen: Alliierten-Code: *Mavis*. Als im Dezember 1941 der Pazifikkrieges begann, waren 66 H6K einsatzbereit. Mit ihrer großen Reichweite und bis zu 24 h Flugdauer wurde sie auf Langstrecken im gesamten pazifischen Raum als Aufklärer, Transporter, und Bomber genutzt. Mit der Zunahme gegnerischer Jagdflugzeuge war die Marine jedoch gezwungen, das langsame und leicht verwundbare Flugboot zurückzuziehen und durch die H8K (Folgeseite) zu ersetzen. Oft zum Transporter umgebaut, blieben sie bis Kriegsende auf nächtlichen Missionen oder in weniger gefährdeten Gebieten im Einsatz.

Es ist kein Flugzeug erhalten geblieben.

Ursprungsland
Japan
Kategorie
Langstrecken-Mehrzweckflugboot

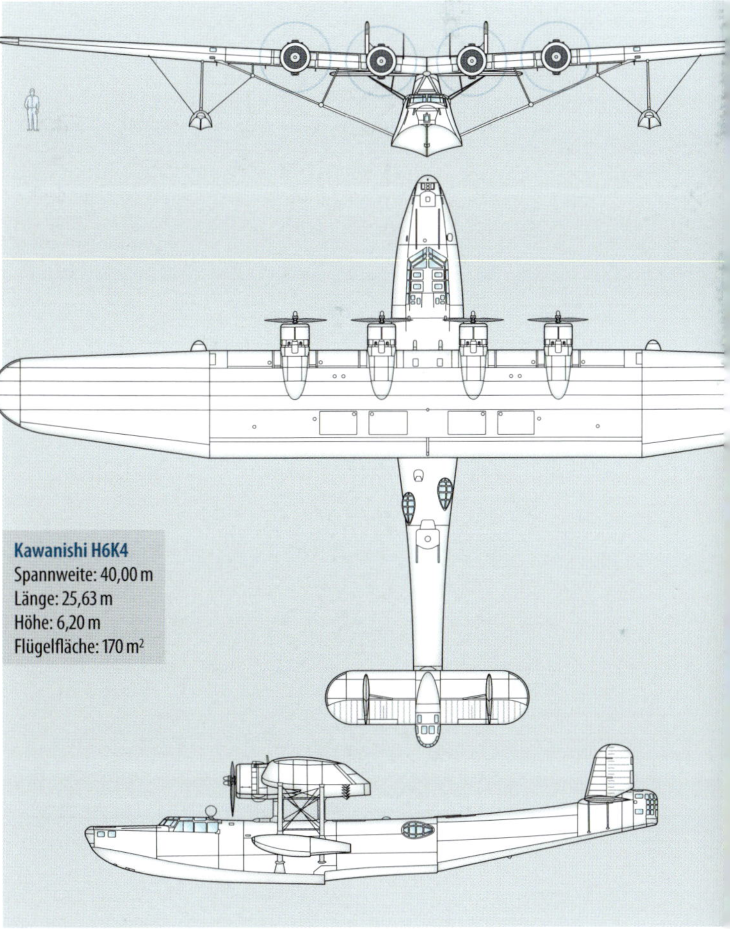

Kawanishi H6K4
Spannweite: 40,00 m
Länge: 25,63 m
Höhe: 6,20 m
Flügelfläche: 170 m²

Kawanishi H8K

Ursprungsland
Japan
Kategorie
Marine-Aufklärer, Transportflugzeug

Entwicklung: Die Entwicklungsarbeiten begannen 1938 nach einem Auftrag der japanischen Marine für ein viermotoriges leistungsfähiges Flugboot, ähnlich der Short Sunderland (S. 108) oder Consolidated PB2Y Coronado (S. 266). Im Januar 1941 hob das Flugboot erstmals ab und nach einer Reihe von Änderungen während der Erprobungsphase begann die Serienfertigung der ersten Baureihe H8K1 des in Ganzmetall gebauten Flugzeugs mit vier 1530 PS-Doppelsternmotoren, von der inklusive der Prototypen 17 Flugzeuge hergestellt wurden. Mit leistungsfähigeren Motoren, und entsprechend höherer Nutzlast, größeren Tanks und stärkerer Bewaffnung wurden 112 H8K2 der Hauptserie produziert. Als geringer bewaffnetes Transportflugboot für bis zu 62 ausgerüstete Soldaten oder entsprechender Nutzlast sind 36 H8K2-L ausgeliefert worden. Die Weiterentwicklungen zur schnelleren H8K3 mit einziehbaren Stützschwimmern und versenkbarem Rückenturm und zur H8K4 mit etwas 1825 PS starken MK4T-B Kasei-Motoren blieben im Prototypenstadium stecken.

Es wurden 167 Maschinen aller Baureihen bis 1945 hergestellt.

Bemerkungen: Alliierten-Code: *Emily*. Japan hatte mit der H8K2 eines der leistungsfähigsten Flugboote dieser Zeit im Pazifikraum zur Verfügung,

Um die H8K anzulanden nutzte man ein montierbares Fahrwerk.

das beachtliche Leistungsreserven und eine außergewöhnlich hohe Zuladung hatte, aber aufgrund ihrer Größe und der hohen Flächenbelastung nur für erfahrene Crews geeignet war. Die robuste H8K wurde wegen ihrer guten, immer wieder angepassten Abwehrbewaffnung von den alliierten Jagdflugzeugpiloten entsprechend respektiert. Eingesetzt wurde das Flugzeug im ganzen Pazifikraum als Patrouillienflugzeug, Fernaufklärer, Bomber und für Transportflüge.

Die einzige erhaltene H8K steht im Kanoya Air Base Museum, in Kanoya, Japan.

Kawanishi H8K2 Model 12
Spannweite: 38,00 m
Länge: 28,13 m
Höhe: 9,15 m
Flügelfläche: 160 m²

Besatzung: 10
Triebwerke: (H8K2) Vier luftgekühlte 14-Zylinder-Doppelsternmotoren Mitsubishi MK4Q Kasei 25b mit je 1361 kW (1825 PS) Startleistung.
Leistungen: Höchstgeschwindigleit 466 km/h in 5000 m Höhe, Reisegeschwindigkeit 307 km/h in 4000 m, Steigzeit auf 5000 m 10 min 12 sec, Dienstgipfelhöhe 8850 m, maximale Reichweite 7150 km.
Gewichte: Leergewicht 18 380 kg, maximales Abfluggewicht 32 500 kg.
Bewaffnung: Drehtürme mit Maschinenkanonen im Bug, auf dem Rücken und im Heck, MGs jeweils seitlich und im Cockpit. Zwei Torpedos oder acht 250 kg-Bomben oder sechzehn 60 kg-Bomben oder Wasserbomben an externen Flügelstationen.

Kawanishi N1K2 Shiden

Ursprungsland
Japan
Kategorie
Jagdflugzeug

Entwicklung: Ursprünglich als katapultfähiges Jagdflugzeug mit einem Zentralschwimmer entworfen, flog die N1K1 Kyofu (Zeichnung) im Mai 1942 erstmals. Schnell war aber nach der Truppeneinführung und 105 gebauten Flugzeugen klar, dass die Kyofu als Jagdflugzeug ungeeignet war, weshalb die Produktion eingestellt wurde. Die landgestützte Version Shiden wurde von Kawanishi zunächst in Eigenregie entwickelt. Mit Einziehfahrwerk und einem wesentlich stärkeren

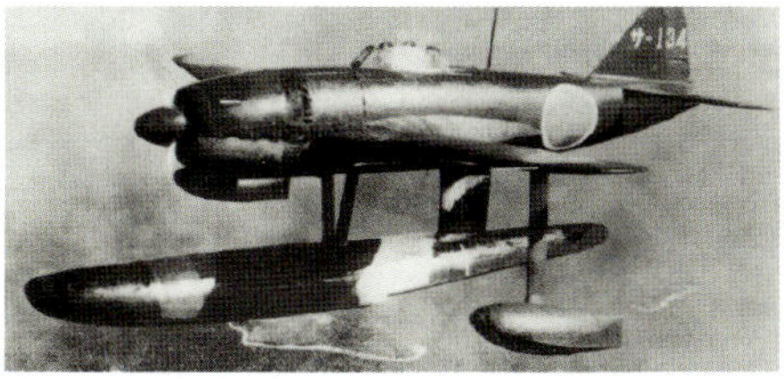

Viel Luftwiderstand für ein Jagdflugzeug – die N1K1.

Motor brachte die N1K1 deutlich bessere Flugleistungen. Von ihr wurden ab Juli 1943 1007 Flugzeuge in Serie gebaut. Die weiterentwickelte N1K2-J Shiden-Kai (große Abb.) war als Tiefdecker ausgelegt und hatte einen verlängerten Rumpf. Sie lief 428 mal hauptsächlich als Jagdbomber vom Band. Einige wurden zum Doppelsitzer umgebaut und zur Schulung verwendet. Etliche Varianten mit anderer Motorisierung, Bewaffnung und eine trägergestützte Ausführung kamen nicht über das Prototypenstadium hinaus oder wurden nicht mehr realisiert.

Insgesamt baute Kawanishi 1435 Shiden und Shiden-Kais.

Bemerkungen: Allierten-Code: N1K1 Kyofu *Rex*, N1K2 Shiden *George 11*, N1K2-J Shiden Kai *George 21*. Mit der glücklosen Schwimmerversion schuf Kawanishi erstaunlicherweise die Grundlage für die leistungsfähige und wendige Shiden, einem der erfolgreichsten japanischen Marine-Abfangjäger, der z. B. der F-6 Hellcat ebenbürtig war. Mit der nochmals verbesserten Shiden-Kai war man allen alliierten Jagdflugzeuge bis in mittlere Höhen gewachsen. Ein Handicap zur Abwehr hochfliegender Bomber war jedoch die abnehmende Höhenleistung des Motors.

Vier Shiden überlebten, eine davon steht im Steven F. Udvar-Hazy Center in Chantilly, USA.

Besatzung: 1
Triebwerk: (N1K2-J) Einluftgekühlter 18-Zylinder-Doppelsternmotor Nakajima NK9B Homare 11 mit 1484 kW (1990 PS) Startleistung.
Leistungen: (N1K2-J) Höchstgeschwindigkeit 564 km/h in 5600 m Höhe, Reisegeschwindigkeit 370 km/h, Steigzeit auf 6000 m 7 min, 22 sec, Dienstgipfelhöhe 10 760 m, maximale Reichweite 1490 km.
Gewichte: (N1K2-J) Leergewicht 2657 kg, maximales Abfluggewicht 4860 kg.
Bewaffnung: (N1K2-J) Vier Maschinenkanonen im Flügel, zwei 250 kg-Bomben an Außenstationen.

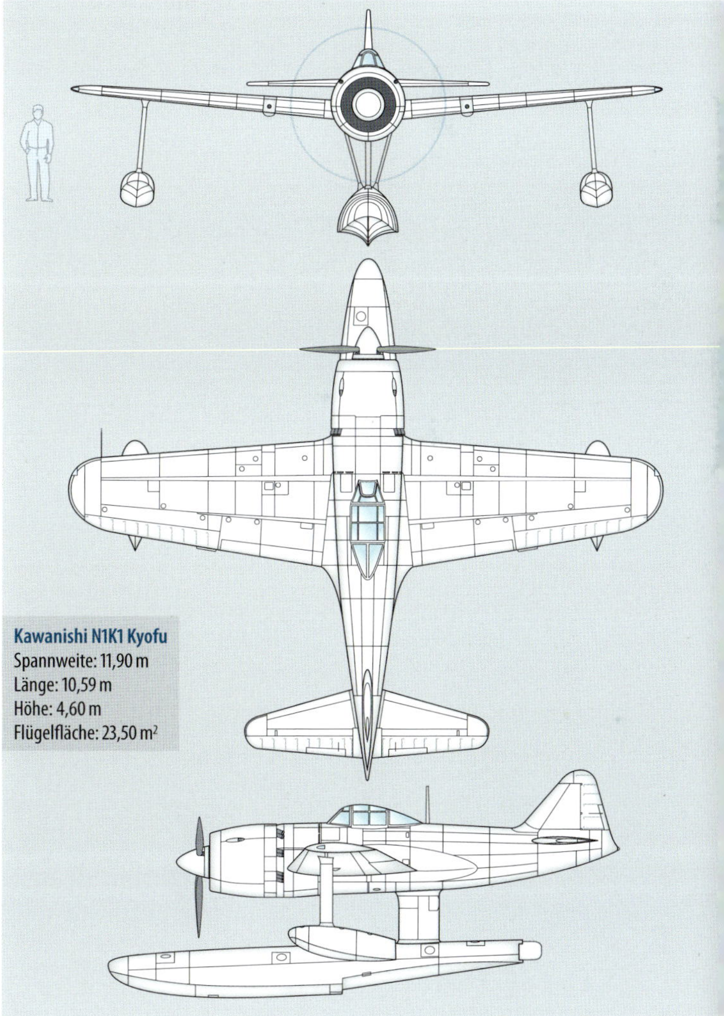

Kawanishi N1K1 Kyofu
Spannweite: 11,90 m
Länge: 10,59 m
Höhe: 4,60 m
Flügelfläche: 23,50 m²

Kawasaki Ki-10

Ursprungsland
Japan
Kategorie
Jagdflugzeug

Entwicklung: Nach einem Wettbewerb für einen Nachfoger der alten Jagddoppeldecker gegen Nakajima, die mit ihrem Eindecker Ki-11 antraten, erhielt Kawasaki mit dem Doppeldecker einen Produktionsauftrag, nachdem man die ersten, Mitte 1935 fertiggestellten Prototypen, überarbeitet hatte. Das Flugzeug war in bespannter Ganzmetallbauweise konstruiert. Lediglich vor dem Cockpit war der Rumpf mit Leichtmetall beplankt. Von Dezember 1935 bis Oktober 1937 rollten 300 Ki-10 I aus den Hallen. Im Mai 1936 wurde das Flugzeug nochmals überarbeitet und es entstand mit etwas größerer Spannweite und längerem Rumpf der Prototyp für die Ki-10 II-Serie, die ab Juni 1937 in Produktion ging. Nach der 200. Maschine stellte man auf die noch leistungsfähigere Ki-10-I Kai-Baureihe um, die einen zurückgesetzten Kühler und ein verkleidetes Fahrwerk hatte (Abb. oben). Ein letzter Prototyp, die Ki-10-II Kai mit einem maximal 950 PS starken Motor, war zwar die leistungsfähigste Ki-10, aber die Zeit der Jagd-Doppeldecker war einfach vorüber.

300 Ki-10 I und 280 Ki-10 II wurden von Kawasaki ausgeliefert.

Bemerkungen: Alliierten-Code: *Perry*. Japan versuchte in den frühen 1930er-Jahren mit neuen Flugzeugen zu denen der Alliierten aufzuschließen. Mit der Ki-10, dem letzten Jagd-Doppeldecker der Armee, gewann aber noch einmal die Fraktion der „hohen Manövrierbarkeit“ gegen die der „hohen Geschwindigkeit“ mit dem eigentlich

Eine Ki-10 der ersten Baureihen mit vorne liegendem, mit Lamellen verschlossenem Wasserkühler.

moderneren Tiefdecker Ki-11 von Nakajima. Eingesetzt wurde das Flugzeug bei Operationen in der Mandschurei und im Zweiten Japanisch-Chinesischen Krieg ab 1937. Als 1941 der Pazifikkrieg begann, wurde die Ki-10 zurückgezogen und als Trainer eingesetzt. Später sind noch einmal einige kurzzeitig für Patrouillien- und Aufklärungsflüge über Japan und China eingesetzt worden.

Soweit bekannt blieb keine Ki-10 erhalten.

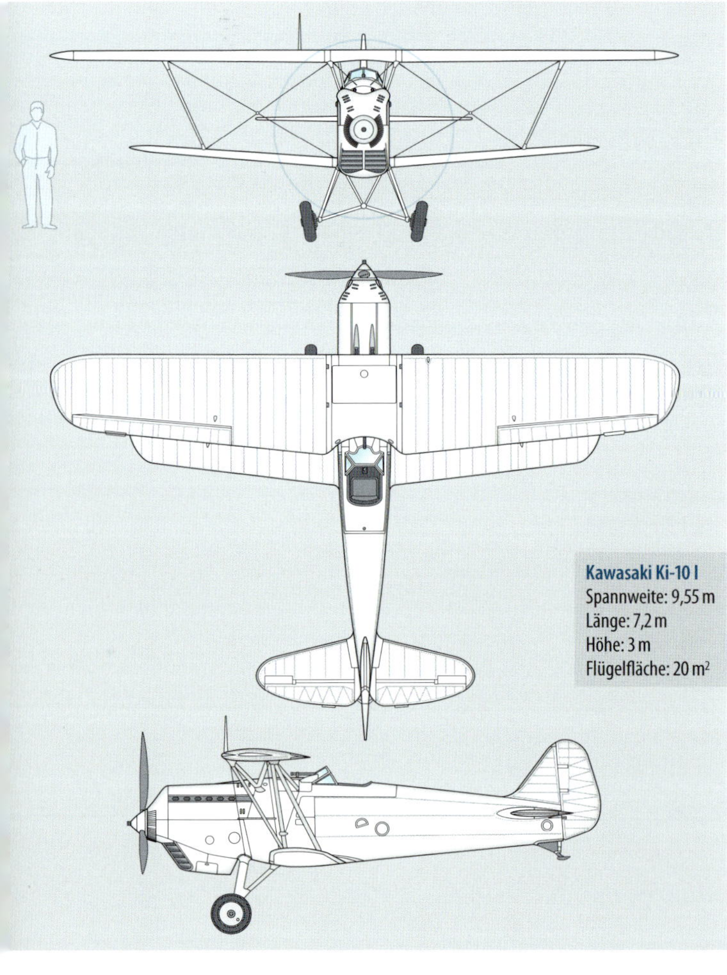

Kawasaki Ki-10 I
Spannweite: 9,55 m
Länge: 7,2 m
Höhe: 3 m
Flügelfläche: 20 m²

Besatzung: 1
Triebwerk: (Ki-10 I) Ein flüssigkeitsgekühlter V12-Zylindermotor Kawasaki Ha-9-IIa mit 596 kW (800 PS).
Leistungen: (Ki-10 I) Höchstgeschwindigkeit 400 km/h, Steigzeit auf 5000 m 5 min, Dienstgipfelhöhe 10 000 m, Reichweite 1100 km.
Gewichte: (Ki-10 I) Leergewicht 1300 kg, maximales Abfluggewicht 1650 kg.
Bewaffnung: Zwei MGs über dem Motor.

Kawasaki Ki-32

Ursprungsland
Japan
Kategorie
Leichter Bomber

Entwicklung: Bereits im Mai 1936 beauftragte die Armee Mitsubishi und Kawasaki einen einmotorigen, 400 km/h-schnellen, leichten Bomber zu entwickeln, der den veralteten Doppeldecker Ki-3 ersetzen sollte. Der Bomber sollte 300 kg, auf kurzen Distanzen maximal 450 kg Bomben laden können und sturzflugtauglich sein. Zur Auswahl standen Sternmotoren aber auch der flüssigkeitsgekühlte V12 Kawasaki Ha-9, eine Lizenzproduktion des BMW VI. Im März 1937 flog der erste von acht Prototypen. Der in Ganzmetallbauweise gefertigte, zweisitzige Mitteldecker war ungepanzert und verfügte über einen Bombenschacht. Er hatte im Gegensatz zum Gewinner der Ausschreibung, der Ki-30 von Mitsubishi (S. 173), zwar bessere Flugeigenschaften und war manövrierfähiger, aber die Kühlung des ausgewählten hauseigenen V12-Reihenmotors verursachte erhebliche Probleme. Im Juli 1938, fast ein Jahr später, als die mit einem zuverlässigeren und luftgekühlten Sternmotor ausgestattete Ki-30, wurde trotzdem mit der Serienproduktion begonnen, da für den Chinesisch-Japanischen Krieg dringend Flugzeuge benötigt wurden.

Die Serienproduktion lief ohne große Modell-Änderungen bis Mai 1940, wobei 854 Ki-32 bei Kawasaki aus den Werkshallen rollten, etwas mehr als von Mitsubishis Ki-30.

Bemerkungen: Alliierten-Code *Mary*. Mit der Ki-32 wurden sieben Geschwader ausgerüstet, deren Piloten das Flugzeug trotz der beschussempfindlichen Flüssigkeitskühlung des Motors, wegen seiner guten Manövrierbarkeit und Robustheit schätzten. Das stabile Festfahrwerk ließ auch den Einsatz auf unvorbereiteten Pisten zu. Bemängelt wurden aber bis zum Schluss die unzuverlässigen und empfindlichen Motoren und der ungenügende Schutz der Besatzung. Erstmals wurde der Bomber im Zweiten Japanisch-Chinesischen Krieg intensiv eingesetzt, ebenso bei den Japanisch-Sowjetischen Grenzkonflikten 1938/39. Nach der Unterstützung der japanischen Invasion in Hongkong im Dezember 1941 wurden sie aber 1942 aus dem Frontdienst zurückgezogen und nur noch zu Ausbildungszwecken eingesetzt und dort aufgebraucht. Angeblich wurden auch noch Kamikaze-Einsätze mit der Ki-32 geflogen. Eine unbekannte Zahl Ki-32 wurde an die Luftwaffe des von Japan errichteten Kaiserreichs Mandschouko (im heutigen China) geliefert und eine kleine, unbekannte Zahl von einer Guerillagruppe erbeuteter Ki-32, wurde noch nach Kriegsende gegen niederländische Streitkräfte auf Indonesien eingesetzt.

Kein Flugzeug ist, soweit bekannt, erhalten geblieben

Besatzung: 2
Triebwerk: Ein flüssigkeitsgekühlter V12-Zylindermotor Kawasaki Ha-9-II b mit 634 kW (850 PS) Startleistung.
Leistungen: Höchstgeschwindigkeit 423 km/h, Reisegeschwindigkeit 300 km/h, Steigzeit auf 5000 m 10 min 55 sec, Dienstgipfelhöhe 8920 m, Reichweite 1300 km, maximal 1960 km.
Gewichte: Leergewicht 2349 kg, Abfluggewicht 3539 kg, maximales Abfluggewicht 3762 kg.
Bewaffnung: Ein MG über dem Motor, eines im hinteren Cockpit. Im Schacht normal 300 kg Bomben, maximal 450 kg.

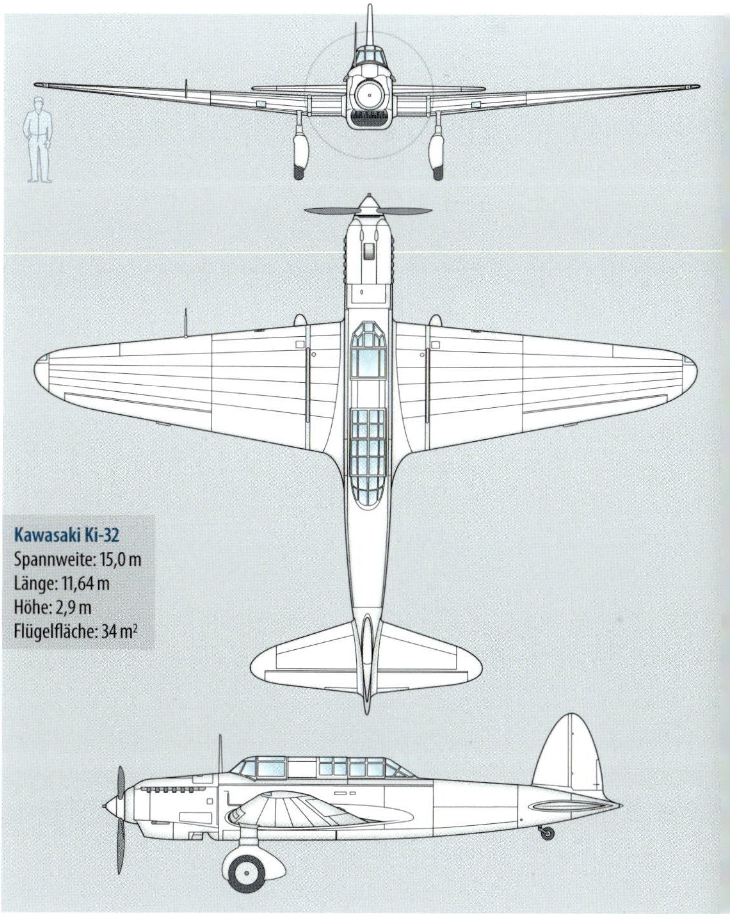

Kawasaki Ki-32
Spannweite: 15,0 m
Länge: 11,64 m
Höhe: 2,9 m
Flügelfläche: 34 m²

Kawasaki Ki-45 Toryu

Ursprungsland
Japan
Kategorie
Schweres Jagdflugzeug

Entwicklung: Als in Europa und USA schon zweimotorige, schwere Jagdflugzeuge gebaut wurden, zog Japan 1937 mit einer Forderung an Kawasaki, Nakajima und Mitsubishi nach. Lediglich Kawasaki ging darauf ein und entwickelte die Ki-38 bis zum Mockup. Ende 1937 stellte die Armee das Projekt aber zurück, um kurze Zeit später zu fordern, auf Basis der Ki-38 das schwere Jagdflugzeug Ki-45 zu entwickeln. Das Ganzmetallflugzeug war mit zwei 730 PS-Nakajima Ha-20 b motorisiert und zeigte beim Erstflug im Januar 1939 neben etlichen Mängeln auch unerwartet schlechte Leistungen. Nach Versuchen mit anderen Motoren und Umkonstruktionen anhand von sechs Prototypen kam das Projekt fast zum Erliegen. Im Mai 1940 wurde aber ein weiterer Prototyp mit stärkeren, jedoch kleineren Nakajima Ha-25-Doppelsternmotoren fertiggestellt, der die Erwartungen der Militärs erfüllte. Weitere Prototypen und Vorserienmaschinen führten Ende 1941 zur Serienproduktion der Ki-45 Kai. Ab der Kai b wurden nach vorn feuernde schwere Maschinenkanonen eingebaut und mit der Kai c nochmals stärkere Ha-102-Motoren und bei einigen eine Radarausrüstung. Der Bau der Ki-45 II mit zwei 1500 PS-Triebwerken wurde eingestellt.

Zurückgelassene Ki-45 auf einem Flugplatz bei Singapur werden von einem RAF-Offizier inspiziert.

Insgesamt 1701 Ki-45 liefen bis Juli 1945 bei Kawasaki vom Band.

Bemerkungen: Alliierten-Code: *Nick*. Anfangs wurde das schwer bewaffnete Flugzeug, das von seinen Crews geschätzt wurde, nur gegen Bodenziele verwendet, da es als Jagdflugzeug den wendigen alliierten Jägern unterlegen war. In der Heimatverteidigung wurde die Ki-45 als einziger vorhandener Nachtjäger mit Maschinenkanonen gegen anfliegende alliierte Bomber eingesetzt. Das noch fehlende Radar kam allerdings erst mit der Ki-45 KAIc zum Einbau, von der bis Kriegsende nur noch vier Stück gebaut wurden . Sie waren bei ihren Nachteinsätzen auch erfolgreicher.

Nur ein Rumpf existiert noch, der im S. F. Udvar-Hazy Center, Chantilly, USA präsentiert wird.

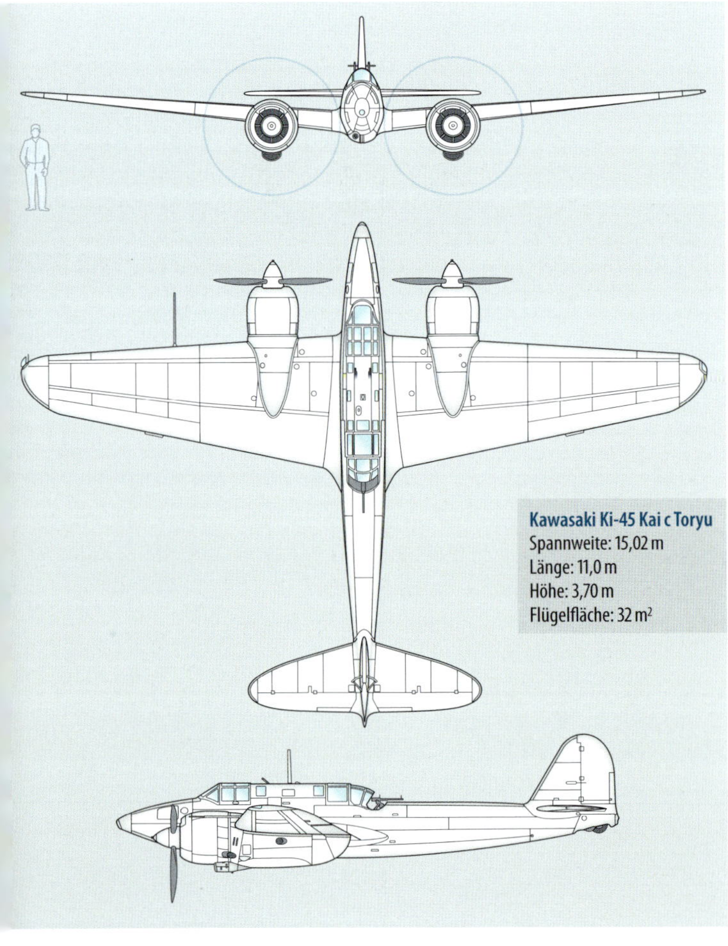

Kawasaki Ki-45 Kai c Toryu
Spannweite: 15,02 m
Länge: 11,0 m
Höhe: 3,70 m
Flügelfläche: 32 m²

Besatzung: 2
Triebwerke: (KAI c) Zwei luftgekühlte 14-Zylinder-Doppelsternmotoren Mitsubishi Ha-102 mit 805 kW (1080 PS) Startleistung.
Leistungen: (KAI c) Höchstgeschwindigkeit 540 km/h, Steigzeit auf 5000 m 7 min, Dienstgipfelhöhe 10 000 m, Reichweite 2000 km.
Gewichte: (KAI c) Leergewicht 4000 kg, Abfluggewicht 5500 kg.
Bewaffnung: (KAI c) Eine 37 mm-MK nach vorn, hinter dem Cockpit zwei Maschinenkanonen nach schräg oben, ein MG im hinteren Waffenstand.

Kawasaki Ki-48

Ursprungsland
Japan
Kategorie
Leichter Bomber

Entwicklung: Während des Japanisch-Chinesischen Krieges waren die Japaner von der russischen Tupolew SB-2 so beeindruckt, dass sie Ende 1937 Kawasaki beauftragten, einen schnellen, leichten Bomber zu entwickeln. Im Juli 1939 war der erste von vier Prototypen startbereit. Der in Ganzmetallbauweise produzierte Mitteldecker war anfangs mit zwei 950 PS Nakajima Ha-25 motorisiert und erfüllte damit zwar die vorgegebenen Leistungen, die Flugeigenschaften waren aber unbefriedigend. Mit den Vorserienmaschinen wurden diese Probleme behoben und die erste Ki-48 I von 557 Serienflugzeugen wurde im Juli 1940 ausgeliefert. Etwas länger, mit stärkeren Motoren und höherer Zuladung, mit selbstdichtenden Tanks und leichter Panzerung flog die Ki-48 II im Februar 1942 und ging nach dem Bau von drei Prototypen im April 1942 in Serie.

Eine Ki-48 wurde auch zur Erprobung eines unter dem Rumpf montierten Puls-Strahltriebwerks herangezogen.

1408 Bomber der IIer-Versionen liefen in mehreren Varianten vom Band, darunter sturzflugfähige mit verstärkten Zellen und Sturzflugbremsen und besserer Bewaffnung

Im Oktober 1944 endete die Produktion nach 1997 Flugzeugen.

Bemerkungen: Mit dem Bomber, der anfangs in China und im Südwestpazifik erfolgreich eingesetzt wurde, konnte Japan seine veralteten Ki-32 (S. 149) ersetzen. Zu Beginn der Produktion war die Ki-48 ein durchaus akzeptables Flugzeug. Mit dem Erscheinen modernerer alliierter Jagdflugzeuge war die Ki-48 aber neben ihrer geringen Abwehrbewaffnung auch zu langsam und somit leichte Beute. Aufwendiger Jägerbegleitschutz ermöglichte trotzdem den Einsatz der Bomber bis zum Kriegsende. Es wurden noch Ki-48 für Kamikaze-Angriffe umgerüstet, die meisten wurden aber am Boden zerstört oder beim Rückzug zurückgelassen. Einige wurden wie von der chinesischen Luftwaffe übernommen und wieder eingesetzt.

Eine von drei erhaltenen Ki-48 steht im Great Patriotic War Museum, Moskau, Russland; eine im China Aviation Museum in Peking und eine im indonesischen Airforce-Museum in Yogyakarta.

Besatzung: 4
Triebwerk: (II) Zwei luftgekühlte 14-Zylinder-Doppelsternmotoren Nakajima Ha-115 mit je 842 kW (1130 PS) Startleistung.
Leistungen: (II) Höchstgeschwindigkeit 505 km/h, Reisegeschwindigkeit 355 km/h, Steigzeit auf 5000 m 8 min 30 sec, Dienstgipfelhöhe 10 100 m, Reichweite 2050 km, maximale Reichweite 2400 km.
Gewichte: (II) Leergewicht 4550 kg, Abfluggewicht 6500 kg, maximales Abfluggewicht 6750 kg.
Bewaffnung: (II) Je nach Variante zwei bewegliche MGs im Bug, je ein bewegliches MG im hinteren Cockpit und nach unten hinten. Ki-48 I normal 300 kg, max. 400 kg; Ki-48 II 400 kg, maximal 800 kg Bomben im Schacht.

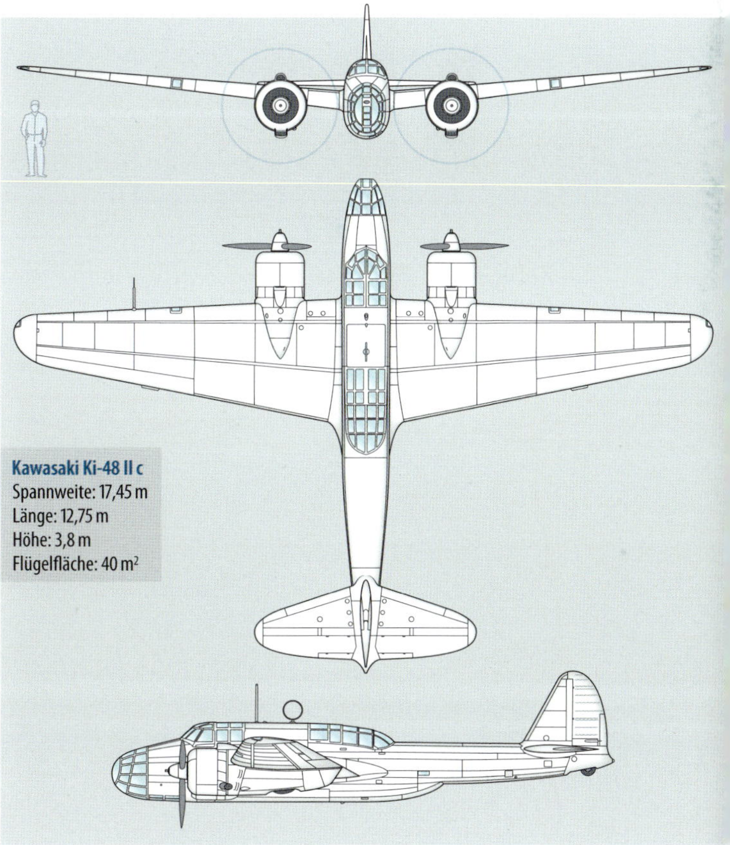

Kawasaki Ki-48 II c
Spannweite: 17,45 m
Länge: 12,75 m
Höhe: 3,8 m
Flügelfläche: 40 m²

Kawasaki Ki-61 Hien

Ursprungsland
Japan
Kategorie
Jagdflugzeug

Entwicklung: Nach einer Forderung der Armee begannen Ende 1939 die Konstruktionsarbeiten an der Ki-60 und der ähnlichen Ki-61, beide von einem in Lizenz gebauten Daimler-Benz DB 601 angetrieben. Die in Ganzmetall gebaute Ki-61 flog erstmals im Dezember 1941. Piloten waren begeistert von der gepanzerten und mit selbstdichtenden Tanks ausgestatteten, schnellen Hien. Zu den Hauptserien, die sich überwiegend in der Bewaffnung, Panzerung und Antrieb unterschieden gehörte die Ki-61 I mit 1380 Stück und die Ki-61 I KAI mit 1274 Stück. Ein ständiges Problem blieb aber die Produktion des Antriebs, der eine wesentlich präzisere Fertigung als andere Motoren verlangte. Im Januar 1945 wurde die Motorenproduktion ausgebombt und damit endete auch die letzte Baureihe mit 374 gebauten Ki-61-II KAI, von denen man die 275 motorlos gebliebene Zellen zum Bau der Ki-100 verwendete.

Serienfertigung der Ki-61. Gut zu erkennen der Einbau des lizensierten V12 Daimler-Benz DB 601.

Bei Kawasaki rollten insgesamt 3078 Ki-61 aus den Werkshallen.

Bemerkungen: Alliierten-Code *Tony*. Die Ki-61 gehörte zu den wenigen japanischen Flugzeugen, die nicht von einem Sternmotor angetrieben wurden. Anfang 1943 erstmals in Neu-Guinea unter schwierigen Bedingungen eingesetzt, war sie wegen ständiger Motorprobleme nicht sehr effizient, viele Flugzeuge gingen aber auch am Boden durch alliierte Angriffe verloren. Um US-Bombern entgegentreten zu können, wurde die Bewaffnung verstärkt, was zu Leistungsverlusten führte. Es blieb aber ein von den Alliierten respektiertes Flugzeug.

Angeblich gibt es noch fünf Hien, eingelagerte oder in Restaurierung. Eine komplette wird im Gifu-Kakamigahara Air and Space Museum, bei Nagoya, Japan präsentiert.

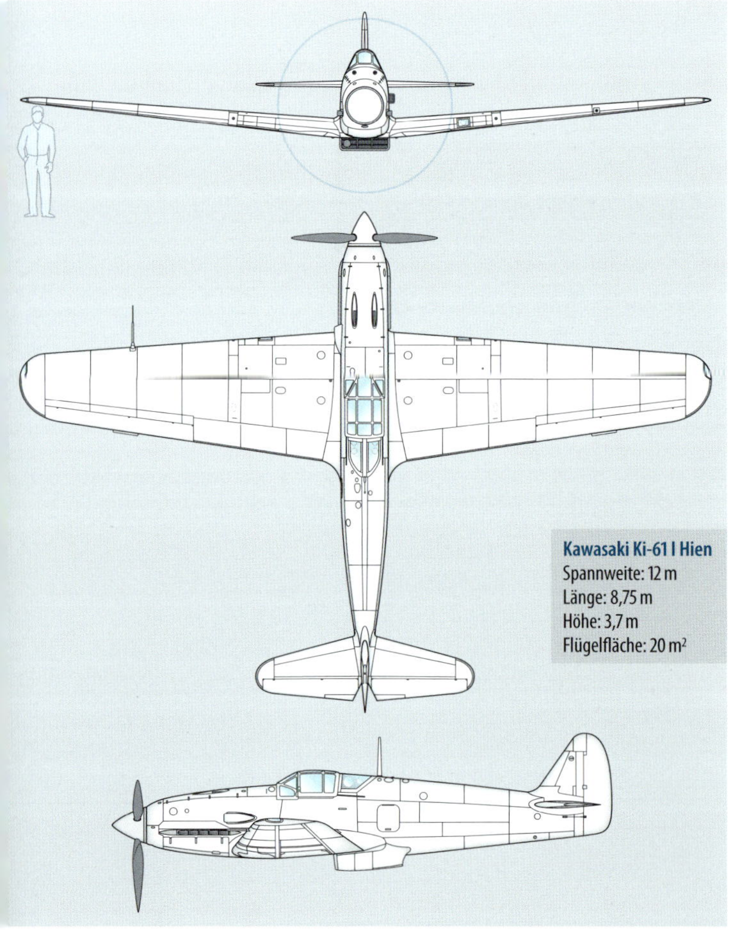

Kawasaki Ki-61 I Hien
Spannweite: 12 m
Länge: 8,75 m
Höhe: 3,7 m
Flügelfläche: 20 m²

Besatzung: 1
Triebwerk: (Ki-61 Ib) Ein flüssigkeitsgekühlter V12-Zylindermotor Kawasaki Ha-40 mit 876 kW (1175 PS) Startleistung.
Leistungen: (Ki-61 Ib) Höchstgeschwindigkeit 592 km/h in 4860 m Höhe, Reisegeschwindigkeit 400 km/h in 4000 m Höhe, Steigzeit auf 5000 m 5 min 31 sec, Dienstgipfelhöhe 11 600 m, Reichweite 600 km, maximal 1100 km mit 2 × 200 l-Droptanks.
Gewichte: (Ki-61 Ib) Leergewicht 2210 kg, Abfluggewicht 2950 kg, maximales Abfluggewicht 3250 kg.
Bewaffnung: (Ki-61 Ib) Zwei MGs oder MKs über dem Motor, je ein MG in den Flügeln. Ein Teil der Ki-61 I und II auch zwei 250 kg-Bomben.

Kawasaki Ki-100

Ursprungsland
Japan
Kategorie
Jagdflugzeug

Entwicklung: Die japanische Luftwaffe war Mitte 1944 kaum in der Lage hoch anfliegende B-29 Superfortress abzufangen. Auf der Suche nach einer Übergangslösung, bis geeignete Höhenjäger verfügbar waren, baute man in überschüssige Ki-61-Zellen, für die nach einem Bombenangriff keine Reihenmotoren mehr produziert werden konnte, den wesentlich größeren und stärkeren Mitsubishi Ha-112-Doppelsternmotor ein. Erstflug war im Februar 1945. Das Flugzeug überzeugte nun mit wesentlich besserem Handling. Mit der originalen Ki-61-Zelle wurden bis Juni 1945 271 Flugzeuge Ki-100 Ia ausgeliefert (kleine Abb.). Dazu kamen noch bis Ende Juli 1945 118 Neuflugzeuge Ki-100 Ib (Zeichnung) mit einem rundum verglasten Cockpit. Drei Prototypen der Ki-100 II (große Abb.), mit einem Mitsubishi Ha-112-II Ru mit ca. 1500 PS, Abgas-Turbolader im unteren Rumpf und Wasser-Methanol-Einspritzung, konnten noch fertiggestellt, aber nicht mehr eingesetzt werden.

Von allen Varianten, inklusive der Versuchsmuster, wurden 396 Flugzeuge gebaut.

Bemerkungen: Mit den ersten Einsätzen im März 1945 zeigte sich schnell auf beiden Seiten, dass die Ki-100 neben der Nakajima Ki-84 zu den besten Jagdflugzeugen Japans im letzten Kriegsjahr zählte. Sie war den amerikanischen Jagdflugzeugen ebenbürtig, wenn nicht überlegen und ein erfahrener Pilot konnte eine Mustang, Thunderbolt oder Hellcat ausmanövrieren. Ein stetes Problem aber blieben die wenig höhentauglichen Motoren, so dass die Ki-100 nur bis in mittlere Höhen ihre Stärken ausspielen konnte. Erst die Ki-100 II, von der nur Prototypen existierten, wäre mit ihrem Turbolader-Motor in der Lage gewesen, auch hoch anfliegende B-29 abzufangen.

Im RAF Museum in Cosford, Großbritannien, steht die einzig erhaltene Ki-100.

An der ersten Serie der Ki-100 Ia ist der übernommene Rumpf der Ki-61 Hien noch gut zu erkennen.

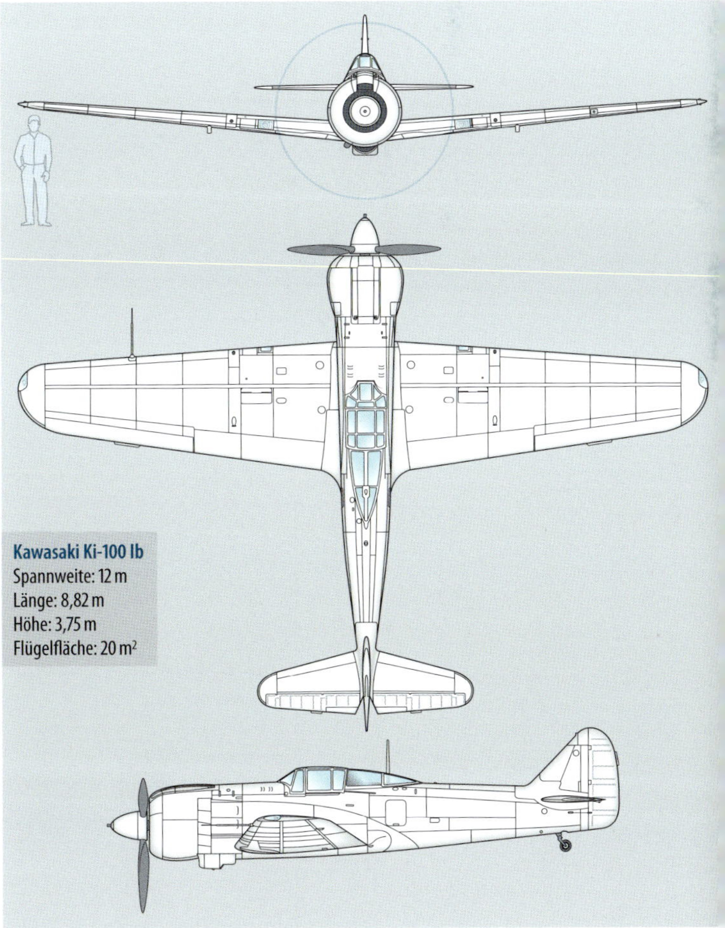

Kawasaki Ki-100 Ib
Spannweite: 12 m
Länge: 8,82 m
Höhe: 3,75 m
Flügelfläche: 20 m²

Besatzung: 1
Triebwerk: (Ki 100 Ib) Ein luftgekühlter 14-Zylinder-Doppelsternmotor Mitsubishi Ha-33/Ha-112 mit 1118 kW (1500 PS) Startleistung und 932 kW (1250 PS) in 5800 m Höhe.
Leistungen: (Ki 100 Ib) Höchstgeschwindigkeit 580 km/h, Reisegeschwindigkeit 400 km/h, Steigzeit auf 10 000 m 20 min, Dienstgipfelhöhe 11 000 m, Reichweite 1400 km, maximal 2200 km.
Gewichte: (Ki 100 Ib) Leergewicht 2525 kg, Abfluggewicht 3495 kg.
Bewaffnung: (Ki 100 Ib) Zwei MKs über dem Motor je ein MG in den Flügeln. Entweder zwei 250 kg-Bomben oder zwei Droptanks.

Kawasaki Ki-102

Ursprungsland
Japan
Kategorie
Jagdflugzeug, Erdkampfflugzeug

Entwicklung: Während des Prototypenbaus des schweren Jagdflugzeuges Ki-96, von der nur drei gebaut wurden, kam der Vorschlag, das Flugzeug zum Erdkämpfer weiterzuentwickeln. Mit Zustimmung der Armee im August 1943 und um Zeit einzusparen, wurde die Grundkonstruktion der zweisitzigen Ki-96 übernommen, aber eine schwerere Bewaffnung, eine Panzerung für die Crew und geschützte Tanks eingebaut. Der erste von drei Prototypen flog im März 1944. Zwanzig Vorserienflugzeuge liefen vom Band, bis mit einem geänderten Heckrad die b-Version aufgelegt wurde, von der man weitere 215 Flugzeuge produzierte. Ab Juni 1944 rüstete Kawasaki 26 Ki-102 mit speziellen Turboladern zum Höhenjäger um. Zwei 102 b wurden zu Nachtjägern Ki-102 c modifiziert, die mit 17,25 m eine größere Spannweite hatten, einen 1,5 m längeren Rumpf, Bugradar und darunter zwei MKs, eine oder zwei schräg nach oben feuernde MK und zwei MGs erhielten. Eine etwas kleinere und leichtere und mit 1900 PS-Sternmotoren wesentlich schnellere Ki-102 kam nicht über das Projektstadium hinaus. Mit einer Druckkabine wurden zwei Ki-102 zur Ki-108 modifiziert und zwei neu gebaut. Es waren aber bis Kriegsende nur noch Testflüge möglich.

Bis August 1945 rollten 238 Ki-102 aus den Kawasaki-Werkshallen.

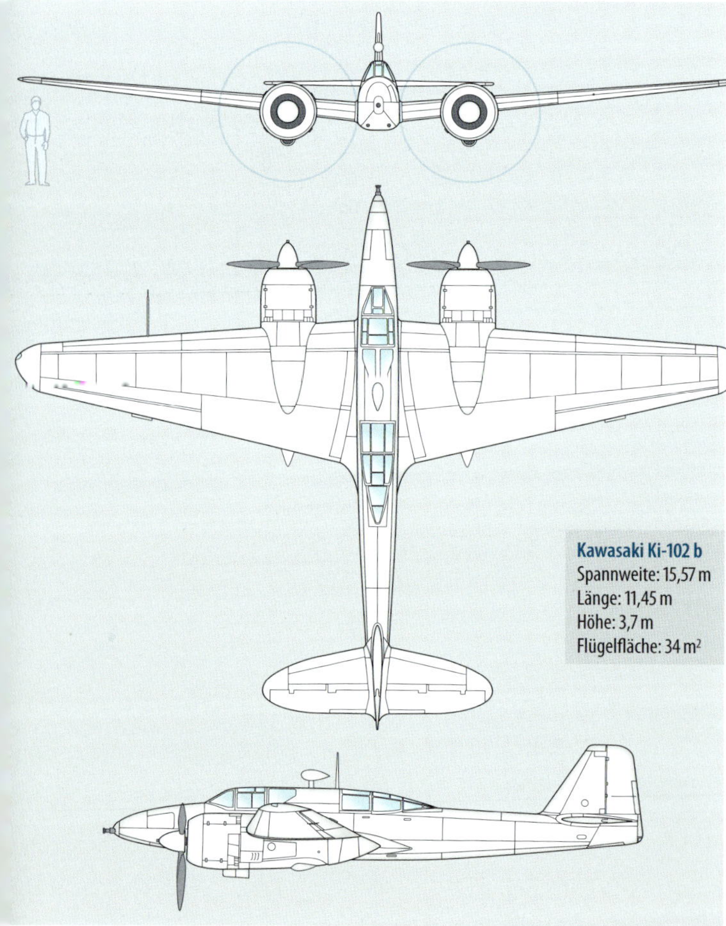

Kawasaki Ki-102 b
Spannweite: 15,57 m
Länge: 11,45 m
Höhe: 3,7 m
Flügelfläche: 34 m²

Beim Verladen auf die USS Barnes in Yokosuka: Wie viele andere japanische Flugzeuge auch, wurde auch diese Ki-102 b Ende Oktober 1945 per Flugzeugträger zum Test in die USA verschifft.

Bemerkungen: Alliierten-Code *Randy*. Nur wenige Flugzeuge wurden bei den Kämpfen um Okinawa eingesetzt, die meisten wurden zurückgehalten, um Japan zu schützen. Mit Zunahme der B-29-Bombardements Ende 1944 kamen zwar die schnell entwickelten Nacht- und Höhenjäger zum Zug, ihre geringe Zahl verdeutlichte aber, dass die Armee es versäumt hat, frühzeitig die Entwicklungen anzustoßen.

Soweit bekannt, ist kein Flugzeug erhalten geblieben.

Besatzung: 2
Triebwerke: (102 b) Zwei luftgekühlte 14-Zylinder-Doppelsternmotoren Mitsubishi Ha-112-II mit 1118 kW (1500 PS) Startleistung und 932 kW (1250 PS) in 5800 m Höhe.
Leistungen: (102 b) Höchstgeschwindigkeit 580 km/h in 6000 m Höhe, Steigzeit auf 5000 m 6 min 54 sec, Dienstgipfelhöhe 10 000 m, Reichweite 2000 km.
Gewichte: (102 b) Leergewicht 4950 kg, Abfluggewicht 7300 kg.
Bewaffnung: (102 b) Eine 57 mm-Kanone im Bug, zwei MGs im unteren Rumpf nach vorn, ein bewegliches MG im hinteren Cockpit. Zwei 200 l-Droptanks oder zwei 250 kg-Bomben an Flügelstationen.

Kayaba Ka-1

Entwicklung: Die Erfindung des Tragschraubers in den 1920er-Jahren durch den Spanier Juan de la Cierva, bei dem ein frei drehender Rotor den Auftrieb erzeugt, führte zu mehreren Konstruktionen und einem kleinen Auto-Gyro-Boom. In Deutschland wurde die Achgelis Bachstelze entwickelt, in Großbritannien die Cierva 30, in der Sowjetunion die ZAGI A-7. Insgesamt spielte der Autogyro militärisch aber keine große Rolle. Ende der 1930er-Jahre interessierte sich auch die japanische Armee für Tragschrauber zur Artilleriebeobachtung. 1939 erwarb man deshalb einen amerikanischen Kellet KD-1 A Autogyro, der jedoch bei Testflügen beschädigt wurde. Repariert von der kleinen Firma Kayaba, war es nun der Prototyp Ka-Go, der von einem Argus As10c angetrieben wurde. Andere Quellen berichten von einem Nachbau. Der zweisitzige Rumpf, eine bespannte Stahlrohrkonstruktion, war bis zum Cockpit aluminiumverkleidet. Die holzbeplankten Rotorblätter hatten einen Stahlrohrkern und konnten zur platzsparenden Unterbringung gefaltet werden. Über ein Getriebe und eine Welle wurden sie vor dem Start auf Drehzahl gebracht, so dass eine Startstrecke von weniger als 30 m möglich war. Im Mai 1941 flog die erste Ka-1. Die Erprobung verlief problemlos und zufriedenstellend für die Armee und die Serienproduktion begann. Angeblich sind nur 20 Ka-1 mit der japanischen Version der Argus-Motoren, die offensichtlich problematisch waren, ausgeliefert worden. Mit der Ka-2 wechselte man zum zuverlässigeren, nachgebauten 245 PS starken Jacobs L4MA-7 Sternmotor.

Vermutlich sind nur 98 Zellen fertiggestellt worden, teils noch ohne Antrieb, von denen dann aber nur 30 eingesetzt wurden. Andere Quellen sprechen von 240 gebauten Ka-1/2.

Bemerkungen: Ein Teil der Tragschrauber wurde erst zweisitzig für Beobachtungs- und Verbindungsaufgaben eingesetzt und sollte von Handelsschiffen aus zur U-Boot-Suche starten, konnte aber wegen der dort engen Platzverhältnisse nie realisiert werden. Einige Maschinen stationierte man deshalb ab August 1944 auf dem Behelfsflugzeugträger Akitsu Maru um von dort aus einsitzig, mit 60- oder 100 kg-Wasserbomben bestückt, auf U-Boot-Jagd zu gehen. Gegen Ende des Krieges flogen noch einige Autogyros von vorgelegenen Inseln Japans Patrouille – an der Versenkung eines U-Bootes waren sie jedoch nie beteiligt.

Keine Ka-1 blieb erhalten, aber eine Kellet KD-1 ist im Yanks Air Museum in Chino, Kalifornien zu finden.

Besatzung: 2
Triebwerk: Ein in Lizenz gebauter luftgekühlter V-8-Zylinder-Argus As 10c mit 179 kW (240 PS).
Leistungen: Höchstgeschwindigkeit 165 km/h, Reisegeschwindigkeit 115 km/h, Steigzeit auf 2000 m 7 min 30 sec, Dienstgipfelhöhe 3500 m, Reichweite 280 km.
Gewichte: Leergewicht 775 kg, Abfluggewicht 1170 kg.
Bewaffnung: Zwei 60 kg-Wasserbomben.

Ursprungsland
Japan
Kategorie
Autogyro für Artilleriebeobachtung und U-Boot-Bekämpfung

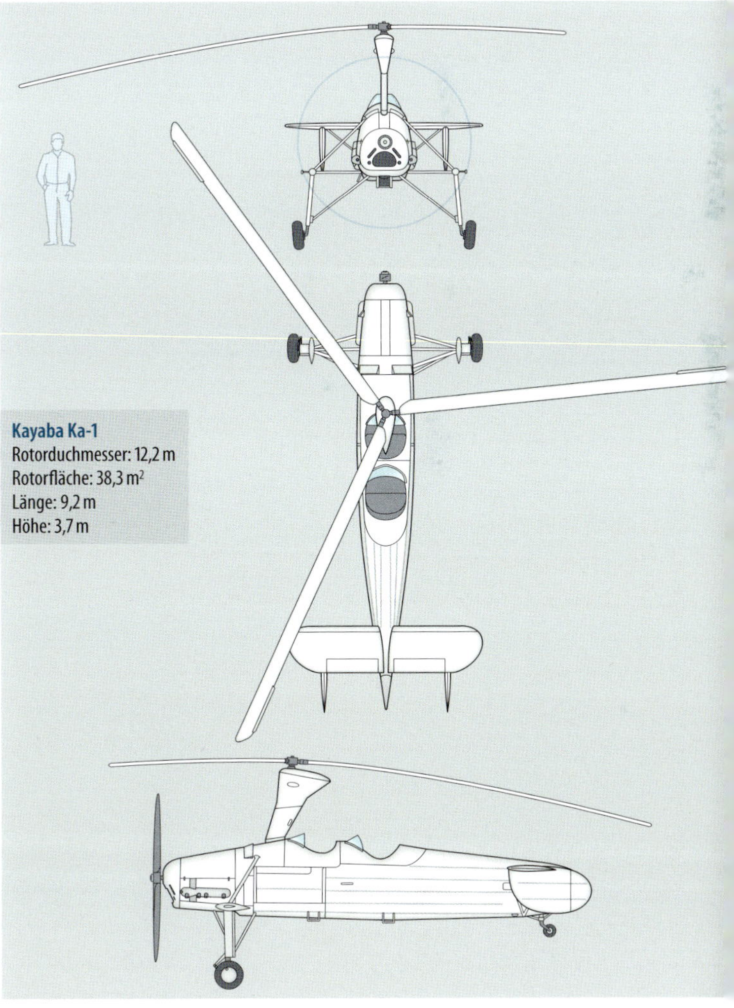

Kayaba Ka-1
Rotorduchmesser: 12,2 m
Rotorfläche: 38,3 m²
Länge: 9,2 m
Höhe: 3,7 m

Kokusai Ki-59

Ursprungsland
Japan
Kategorie
Leichtes Transportflugzeug

Entwicklung: Urspungsmodell der Ki-59 war ein ziviles zweimotoriges, leichtes Transportflugzeug, das die älteren Flugzeuge der Japanese Airways ersetzen sollte. Die Teradakoken TK-3 wurde von zwei 640 PS-Nakajima Kotobuki-Sternmotoren angetrieben und flog im Juni 1938 erstmals. Beide gebauten Prototypen erreichten jedoch nicht die erwarteteten Leistungen und es blieb bei den zwei Flugzeugen. Die Vorstellungen der Armee trafen sie aber und man beauftragte den Bau von zwei, jetzt Ki-59 genanntenTransportflugzeugen. Sie entsprachen weitgehend der Gemischtbauweise des Vorgängers: Ein bespannter Flügel aus Holz, sowie ein bespannter und teilweise mit Holz verkleideter Rumpf in geschweißter Stahlrohrbauweise. Als Antriebe wurden Hitachi-Sternmotoren installiert und die Ausrüstung wurde auf militärische Bedürfnisse ausgerichtet. Acht bis zehn Passagiere oder 1000 kg Fracht konnten auch von unvorbereiteten Pisten aus transportiert werden. Erstflug war im April 1939. Die Erprobung ab Juni 1939 brachte eine Verbesserung der Sicht durch eine Änderung des Bugs, neue Fahrwerksverkleidungen und ein größeres Leitwerk. Damit verbesserten sich die Flugeigenschaften und der Hochdecker ging 1941 als Army Type 1 Transport in Serienproduktion. Im Dezember 1941 begannen auch Versuche mit einer motorlosen Ki-59, deren Entwicklung zum Lastensegler Ku-8-II, S. 158) führte.

Nach nur 59 Ki-59 endete die Produktion. Andere Quellen sprechen von nur 20 Flugzeugen.

Bemerkungen: Alliierten-Code *Theresa*. Nicht vorhandene Fertigungskapazitäten seitens Kokusai verhinderten eine Serienproduktion in großer Stückzahl. Zudem machte die geringe Geschwindigkeit und die fehlende Abwehrbewaffnung die Ki-59 zur leichten Beute alliierter Flugzeuge und trotz einiger Modifikationen blieben die Leistungsdaten der Ki-59 weiterhin mangelhaft. Sie wurden deshalb schon nach kurzer Zeit durch die modernere Tachikawa Ki-54 (S. 197) ersetzt.

Mit ihrem kantigen Design konnte die Ki-59 mit 1 Tonne Nutzlast erstaunlich viel schleppen.

Die meisten Transporter wurden in Japan eingesetzt, überwiegend als persönliche Stabsflugzeuge der Kaiserlichen Armee. Einige sind angeblich an die Manchukuo National Airways, der Fluggesellschaft des japanischen Marionettenstaates, abgegeben worden.

Soweit bekannt blieb kein Flugzeug erhalten.

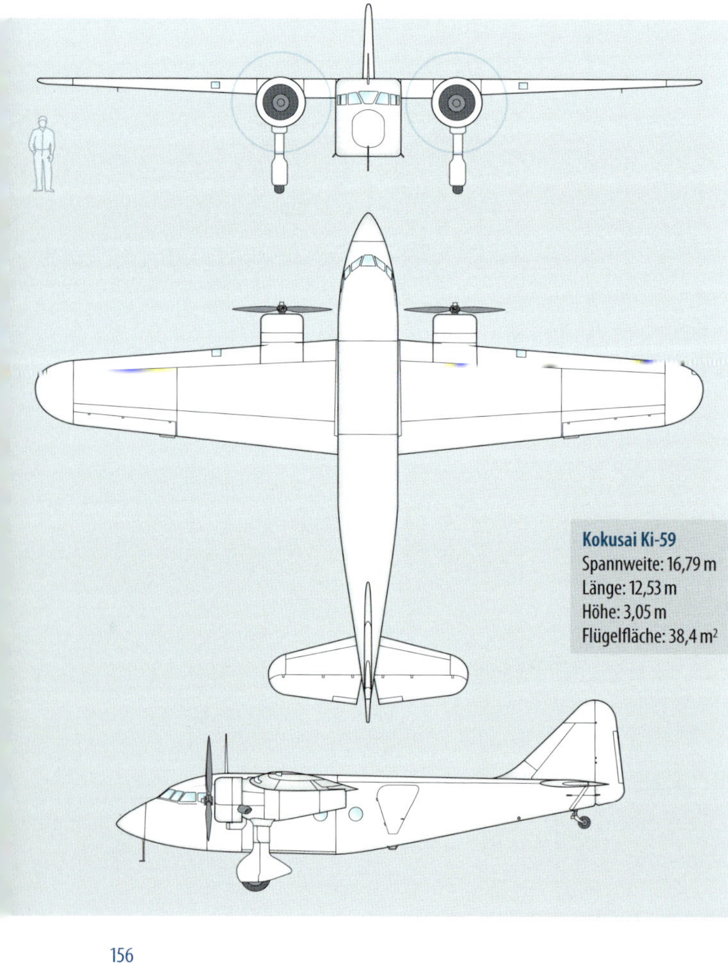

Kokusai Ki-59
Spannweite: 16,79 m
Länge: 12,53 m
Höhe: 3,05 m
Flügelfläche: 38,4 m²

Besatzung: 2 – 3
Triebwerke: Zwei luftgekühlte 9-Zylinder-Sternmotoren Hitachi Ha-13 a mit je 380 kW (510 PS) Startleistung und 350 kW (470 PS) Reiseleistung.
Leistungen: Höchstgeschwindigkeit 325 km/h, Reisegeschwindigkeit 275 km/h, Reichweite ca. 800 km.
Gewichte: Leergewicht 2880 kg, Abfluggewicht 4120 kg, maximales Abfluggewicht 4240 kg.

Kokusai Ki-76

Ursprungsland
Japan
Kategorie
Verbindungs-, Beobachtungsflugzeug

Entwicklung: Unbestritten war der Fieseler Storch das Vorbild für ihre Konstrukteure. Allerdings war die Ki-76 eine eigenständige Konstruktion von Kokusai, die erstmals im Mai 1941 abhob. Die bespannte Stahlrohrkonstruktion hatte, im Gegensatz zum Storch, mit dem Höhenleitwerk gekoppelte Fowlerklappen, die zusammen mit den Vorflügeln extrem kurze Start- und Landestrecken ermöglichten. Ein Vergleichsfliegen mit einem nach Japan gelieferten Storch im Juli 1941 bewies die exzellenten Flugeigenschaften des Ki-76-Prototypen, die außer einer etwas längeren Landestrecke, in nichts dem Storch nachstanden. Nach Abschluss der Erprobung begann im November 1942 die Serienproduktion. Mitte 1944 wurden für den Geleitflugzeugträger Akitsu Maru einige Flugzeuge mit einem einfachen Fanghaken und Aufhängungen für zwei 60 kg-Wasserbomben ausgerüstet. Sie sollten Schiffskonvois begleiten und als Anti-U-Boot-Patrouillenflugzeug eingesetzt werden.

Angeblich wurden bis 1944 rund 940 Ki-76 von Kokusai gebaut.

Bemerkungen: Alliierten-Code *Stella*. Mit der Ki-76 besaß die japanische Armee ein STOL-Flugzeug, das einfach zu fliegen und damit auch für weniger erfahrene Piloten geeignet war. Die gut motorisierte, robuste Maschine, die einfach herzustellen und in der Armee weit verbreitet war, konnte auch auf unvorbereiteten Flugfeldern operieren und kam bei entsprechendem Gegenwind mit 45 m Start- und Landestrecke aus. In großer Zahl wurde der Hochdecker bis Kriegsende als Verbindungsflugzeug und bei den Artillerieeinheiten als Beobachtungsflugzeug verwendet, während sich die wenigen Trägerflugzeuge auf der Akitsu Maru zur U-Boot-Abwehr und für Geleitschutzaufgaben keine Zeit hatten sich zu bewähren, da das Schiff im November 1944 versenkt wurde.

Es gibt keine Informationen über ein erhaltenes Flugzeug.

Das Flugdeck des Geleitflugzeugträgers und Landungsschiffs Akitsu Maru, das im November 1944 versenkt wurde, war lange genug für die dort stationierten STOL-fähigen Ki-76.

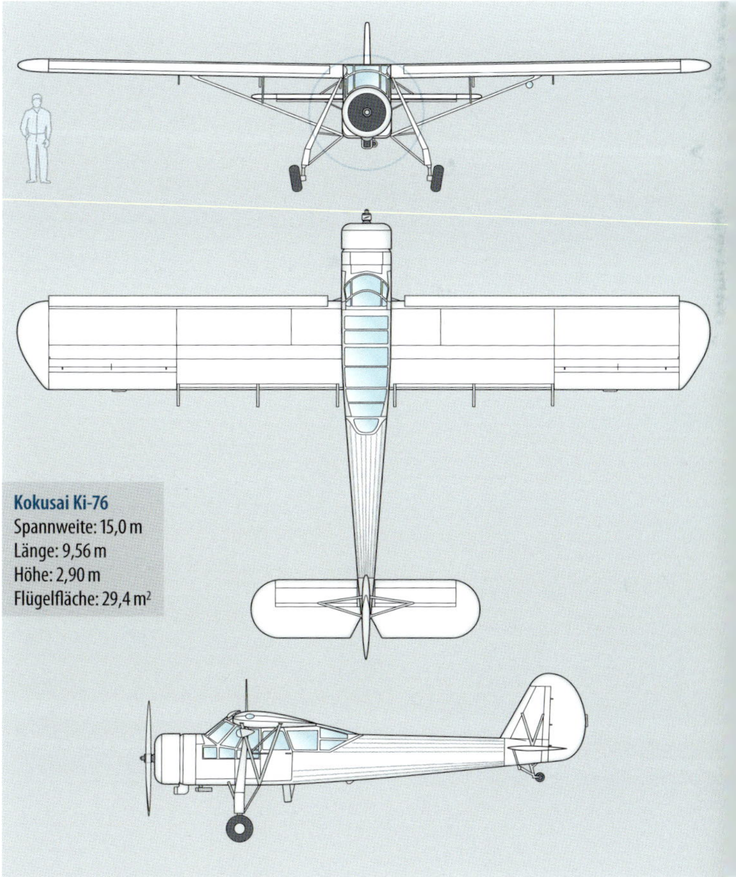

Kokusai Ki-76
Spannweite: 15,0 m
Länge: 9,56 m
Höhe: 2,90 m
Flügelfläche: 29,4 m²

Besatzung: 2
Triebwerk: Ein luftgekühlter 9-Zylinder-Sternmotor Hitachi Ha-42 mit 231 kW (310 PS) Startleistung und 209 kW (280 PS) Reiseleistung in 2000 m Höhe.
Leistungen: Höchstgeschwindigkeit 180 km/h, Dienstgipfelhöhe ca. 5600 m, Reichweite ca. 750 km.
Gewichte: Leergewicht 1110 kg, Abfluggewicht 1530 kg, maximales Abfluggewicht 1620 kg.
Bewaffnung: Einige Flugzeuge mit einem beweglichen MG im hinteren Cockpit. Maximal 2 × 60 kg-Bomben unter dem Rumpf.

Kokusai Ku-8 II

Ursprungsland
Japan
Kategorie
Lastensegler

Entwicklung: Mit dem größeren Bedarf der japanischen Armee an Transportflugzeugen Ende der 1930er-Jahre wurde auch die Idee eines Lastenseglers aufgegriffen. Im Dezember 1941 entfernte man versuchsweise die Antriebe der einfach gebauten, kastenförmigen Kokusai Ki-59 (S. 156), ersetzte das Fahrwerk durch Kufen und Räder und vergrößerte die Spannweite. Dieser Lastensegler Ku-8 I war die Ausgangsbasis für die anschließend grundlegend überarbeitete Ku-8 II, die einen aus Stahlrohren geschweißten und bespannten Rumpf, größere Fenster, ein wiederverwendbares, abwerfbares Startfahrwerk und Landekufen hatte. Eine Rampe erleichterte das Be- und Entladen über den seitwärts aufklappbaren Bug. Komplett aus Holz gefertigt waren die abgestützen, bespannten Flügel mit oben liegenden, abgesetzten Bremsklappen. Neben den beiden Piloten konnten 18 bis 20 voll ausgerüstete Soldaten oder 1500 kg Fracht, wie z. B. eine leichtes Geschütz oder ein kleineres Fahrzeug, transportiert werden. Zweimotorige Ki-21 oder Ki-56 wurden für den Schlepp eingesetzt. Im Mai 1943 begann mit dem Erstflug die Erprobung, die mit der Freigabe der Militärs rasch zur Serienproduktion führte. Die Einfachheit der Konstruktion ermöglichte eine dezentrale Bauweise einzelner Segmente, auch bei luftfahrtfremden Unternehmen. Die Montage der fertigen Segmente konnte anschließend in den Flugplatzwerkstätten an verschiedenen Orten erfolgen.

Eine bedeutend größere Ku-8 III mit 35 m Spannweite und eine zweimotorige Version mit 24 Tonnen Abfluggewicht und 12 Tonnen Nutzlast, die für Kraftstofftransporte aus den Borneo-Ölfeldern genutzt werden sollte, kamen nicht über das Planungsstadium hinaus.

Bis Kriegsende wurden insgesamt 619 Ku-8 II fertiggestellt.

Bemerkungen: Alliierten-Code *Goose/Gander*. Als die Produktion des Lastenseglers 1943 begann, hatte sich die Situation an den Fronten zu Ungunsten Japans schon so verändert, dass man einen massiven Einsatz von Lastenseglern nicht mehr in Erwägung zog. Trotzdem wurden einige Luftlandeeinheiten damit ausgerüstet. Im September 1944 gelang es den Japanern, trotz amerikanischer Lufthoheit, Versorgungseinsätze mit 27 Lastenseglern ohne Verluste zur Insel Luzon auf den Philippinen zu fliegen. Die in Japan verbliebenen Lastensegler, die zum Teil auch für inländische Transporte verwendet wurden, sollten schließlich nochmals im August 1945 zu einem Angriff auf Okinawa genutzt werden. Dabei war geplant 27 Lastensegler, zum Teil beladen mit bewaffneten Geländewagen und deren Besatzungen, abzusetzen um US-Einrichtungen zu zerstören. Durch die Kapitulation Japans konnte diese Operation aber nicht mehr ausgeführt werden.

Alle übrig gebliebenen Ku-8 II wurden nach Kriegsende von den Alliierten vernichtet.

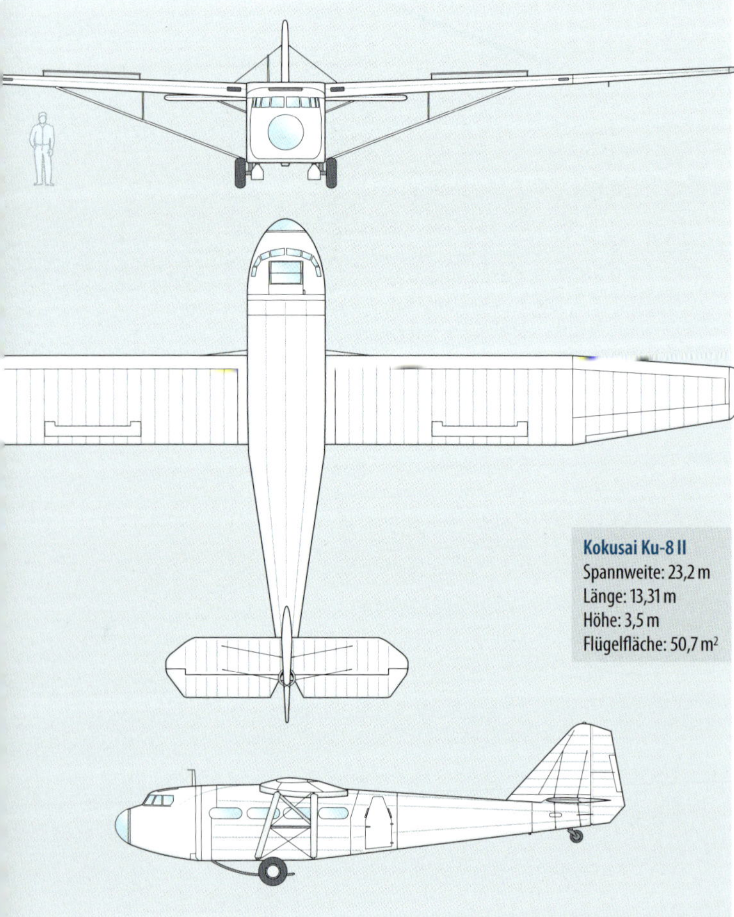

Kokusai Ku-8 II
Spannweite: 23,2 m
Länge: 13,31 m
Höhe: 3,5 m
Flügelfläche: 50,7 m²

Besatzung: 2
Leistungen: Maximale Schleppgeschwindigkeit 224 km/h, Höchstgeschwindigkeit 240 km/h.
Gewichte: Leergewicht 1630 kg, maximales Abfluggewicht 3500 kg.

Kyushu K11W Shiragiku

Ursprungsland
Japan
Kategorie
Schulflugzeug

Entwicklung: Um Ersatz für die aus den frühen 1930er-Jahren stammenden Schulflugzeuge Mitsubishi K3M zu erhalten, begann Ende 1940 auf Anforderung der japanischen Marine der Flugzeugbauer Watanabe Tekkosho (später Kyushu Hikoki) die Entwicklung des einmotorigen Trainers für Bomberbesatzungen. Der in Ganzmetall einfach konstruierte und herzustellende Mitteldecker hatte ein festes Fahrwerk und flog im November 1942 erstmals. Nach einer problemlosen und raschen Erprobung wurde ein Produktionsauftrag erteilt und im Sommer 1943 sind die ersten K11W1 in Dienst gestellt worden. Als Transporter und zur U-Boot-Bekämpfung vor Japans Küste wurden K11W2 eingesetzt, eine reine Holzkonstruktion, von der vermutlich nur wenige Exemplare hergestellt wurden. Ein weiterer Zweisitzer, die Q3W1 Nankai basierte auf der W2, hatte ein Einziehfahrwerk und sollte als U-Bootjäger eingesetzt werden. Die Erprobung des Prototypen wurde aber nach einem Landeunfall beim Erstflug eingestellt.

Insgesamt lieferte Kyushu 798 K11W aus.

Bemerkungen: Die einmotorige und langsame K11W1 war gleichzeitiger Ausbildungsplatz für eine komplette Bomber-Besatzung. Pilot und Schütze/Funker saßen im verglasten Cockpit, im voluminösen Rumpf unter den Tragflächen waren Ausbilder, Navigator und Bombenschütze in einer Kabine untergebracht, die durch mehrere Fenster auch eine Sicht zur Seite und nach unten ermöglichte. Für die Schützenausbildung war ein MG im hinteren Cockpit montiert, für den Bombenschützen wurden zwei Übungsbomben unter den Flügeln mitgeführt. Einige Flugzeuge rüstete man gegen Ende des Krieges noch mit einer 250 kg-Bombe für Kamikaze-Angriffe aus.

Nach der Kapitulation waren noch 390 Flugzeuge flugfähig. Fast alle wurden verschrottet, einige wenige wurden noch als Transporter eingesetzt. Es ist aber keine K11W erhalten geblieben.

Eine nach der Kapitulation mit den Übergabemarkierungen grünes Kreuz auf weißem Grund versehene K11W.

Besatzung: 2
Triebwerk: Ein luftgekühlter 9-Zylinder-Sternmotor Hitachi GK2B Amakaze 21 mit 384 kW (515 PS) Startleistung und 358 kW (480 PS) Reiseleistung in 1500 m Höhe.
Leistungen: Höchstgeschwindigkeit 230 km/h in 1700 m Höhe, Reisegeschwindigkeit 175 km/h in 1000 m Höhe, Steigzeit auf 3000 m 19 min 35 sec, Dienstgipfelhöhe 5620 m, Reichweite 1760 km.
Gewichte: Leergewicht 1677 kg, Abfluggewicht 2640 kg, maximales Abfluggewicht 2800 kg.
Bewaffnung: Ein MG im hinteren Cockpit und zwei 30 kg-Übungsbomben unter den Flügeln.

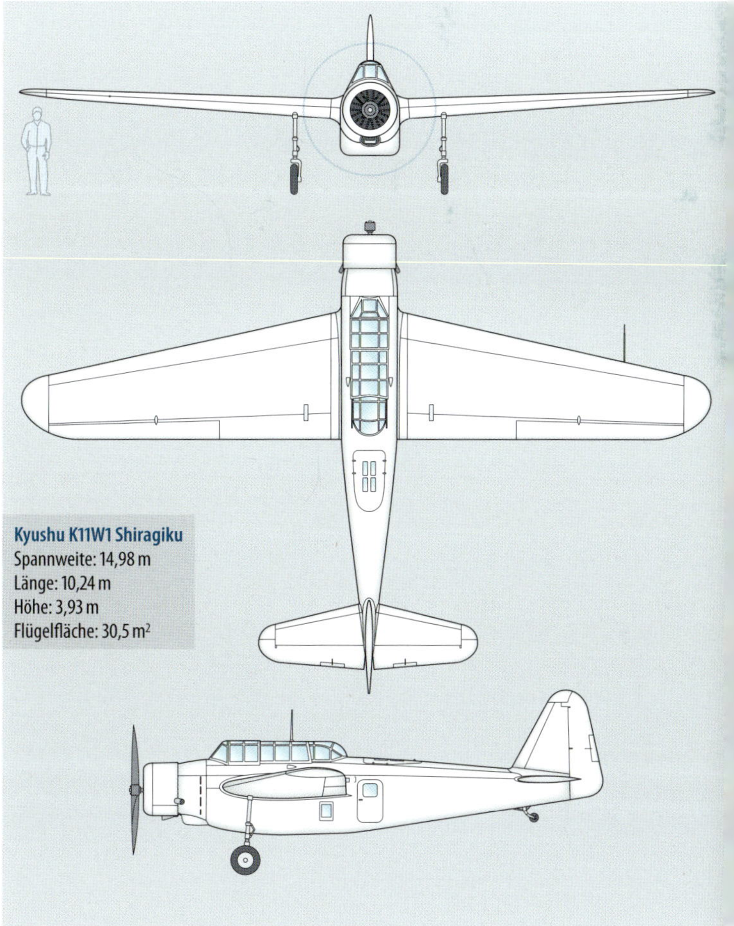

Kyushu K11W1 Shiragiku
Spannweite: 14,98 m
Länge: 10,24 m
Höhe: 3,93 m
Flügelfläche: 30,5 m²

Kyushu Q1W Toukai

Ursprungsland
Japan
Kategorie
U-Boot-Jagd-, Seeüberwachungsflugzeug

Entwicklung: Die Entwicklung der Toukai begann 1942 als Antwort auf eine Ausschreibung der japanischen Marine über ein dreisitziges U-Boot-Jagd- und Seeüberwachungsflugzeug mit langer Verweildauer über See und moderaten Sturzkampfeigenschaften. Es sollte außerdem schnell zur Serienreife gebracht werden. Ergebnis war die zweimotorige Q1W1 in Ganzmetallbauweise. Sie hatte ein verglastes Cockpit für drei Besatzungsmitglieder und verfügte über das damals neuartige Radar. Erstflug war im September 1943. Nach dem Bau von acht Vorserienflugzeugen wurden die ersten Flugzeuge im Oktober 1944 ausgeliefert, waren aber erst im Januar 1945 einsatzbereit. Die eingebauten Radaranlagen waren noch nicht ausgereift, so dass die meisten Q1W nur mit Magnetdetektoren operierten, was den Kampfwert deutlich reduzierte. Nur in geringer Stückzahl wurde die Q1W2 mit einem aus Holz gebauten Rumpfende produziert. Ein Prototyp blieb die komplett aus Holz konstruierte viersitzige Q1W1-K, die für die ECM-Schulung (elektronische Gegenmaßnahmen) vorgesehen war.

Insgesamt rollten 153 Q1W aller Versionen bis August 1945 aus den Produktionshallen.

Bemerkungen: Alliierten-Code: *Lorna*. Die Q1W entsprach mit angenehmen Flugeigenschaften perfekt den Anforderungen der japanischen Marine, kam aber nur in geringer Stückzahl und zu spät zum Einsatz. Geflogen wurde ab Ende 1944 von Landbasen aus in Formosa, China und Japan. Sie sollten die Schiffskonvois schützen, die mit dringend benötigten Rohstoffen von Malaysia und Niederländisch Ostindien (heute Indonesien) nach Japan unterwegs waren. Zu dieser Zeit hatten die Alliierten aber schon die Lufthoheit und wegen ihrer geringen Geschwindigkeit und Deffensivbewaffnung war sie ein leichtes Ziel für Jagdflugzeuge.

Alle Tokai wurden nach Kriegsende verschrottet, außer zwei Flugzeuge, die in den USA getestet wurden. Es wird jedoch von keinem erhalten gebliebenen Flugzeug berichtet.

Die einzige bestätigte Zerstörung eines U-Bootes durch eine Q1W war im März 1945, als die amerikanische USS Trigger mit dem neuartigen Magnetanomalie-Detektor entdeckt und versenkt wurde.

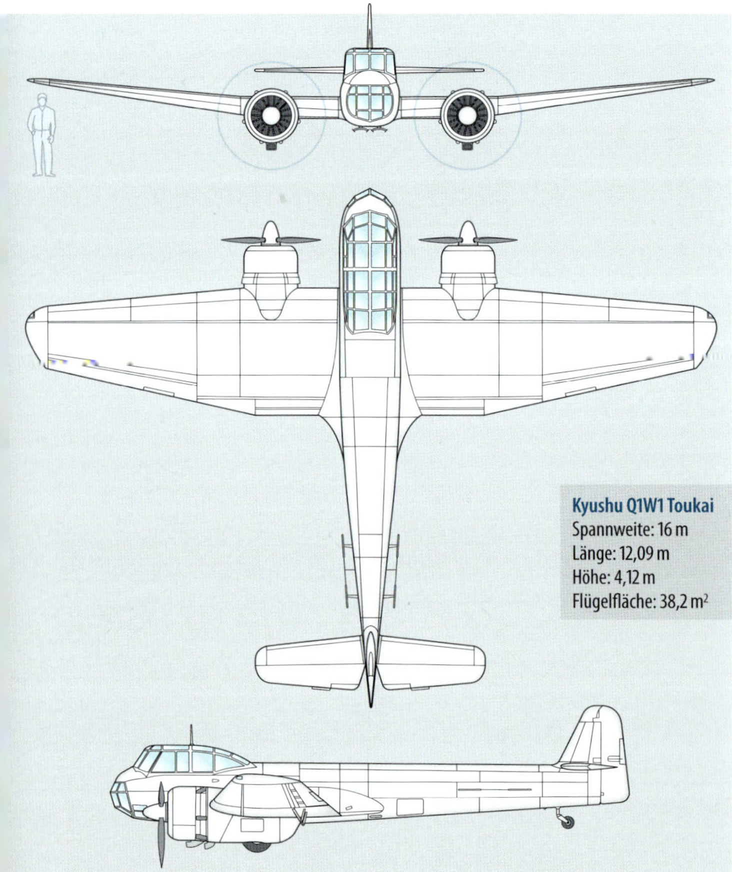

Besatzung: 3
Triebwerke: Zwei luftgekühlte 9-Zylinder-Sternmotoren Hitachi GK2C Amakaze 31 mit je 454 kW (610 PS) Startleistung.
Leistungen: Höchstgeschwindigkeit 322 km/h in 1340 m Höhe, Reisegeschwindigkeit 240 km/h in 1000 m Höhe, Steigzeit auf 2000 m 8 min 44 sec, Dienstgipfelhöhe 4490 m, Reichweite 1340 km.
Gewichte: Leergewicht 3102 kg, Abfluggewicht 4800 kg, maximales Abfluggewicht 5318 kg.
Bewaffnung: Ein bewegliches MG nach hinten, optional 2 Maschinenkanonen im Bug, zwei 250 kg-Bomben/Wasserbomben an externen Stationen unter dem Rumpf.

Kyushu J7W Shinden

Ursprungsland
Japan
Kategorie
Abfangjäger

Entwicklung: Zu Beginn des Jahres 1943 kam von einem Leutnant des technischen Stabs der Marine die Idee, ein Canard-Flugzeug mit einem konventionellen Propellerantrieb zu entwerfen und diesen, sobald verfügbar, gegen ein Strahltriebwerk auszutauschen. Um das Canard-Konzept zu erproben, wurden drei Gleiter MXY6 aus Holz von Yokosuka gebaut, deren Tests im Herbst 1943 begannen. Die guten Flugeigenschaften führten zu einer motorisierten MXY6, die so überzeugte, dass die Marine umgehend Kyushu beauftragte, auf dieser Basis ein Jagdflugzeug zu entwickeln. Im Juni 1944 starteten die Arbeiten an der in Ganzmetall hergestellten J7W. Der turbogeladene Motor im Heck trieb über eine Welle einen sechsblättrigen Druckpropeller an. Große Lufteinlässe sorgten für die Kühlung des Doppelsternmotors, bereiteten aber bei Standläufen am Boden noch Probleme. Anfang August 1945 flog der erste von zwei Prototypen. Schon zuvor ordnete die Marine eine Serienproduktion an. Zwei weitere Flüge folgten, bei denen die guten Flugeigenschaften hervorstachen, aber auch einige Probleme: Vibrationen der Antriebswelle und des Propellers, Fahrwerksschwingungen und das enorme Gegendrehmoment des leistungsstarken Antriebs. Nach nur drei Flügen mit insgesamt 45 Minuten Flugzeit beendete die Kapitulation Japans alle weiteren Arbeiten – auch die begonnene Planung der J7W2 mit einem Mitsubishi Ne-230 Strahltriebwerk mit 880 kN Schub.

Bemerkungen: Die Shinden war sicher eines der außergewöhnlichsten Flugzeuge des Zweiten Weltkrieges, das in Serie gebaut werden sollte. Mit ihrer enormen Steigleistung und hohen Geschwindigkeit hätte sie gute Chancen gehabt, auch hochfliegende B-29 abzufangen.

Der Vorderrumpf des ersten Prototyps kann heute im Steven F. Udvar-Hazy Center in Chantilly, Virginia / USA, besichtigt werden.

Eines von drei von Yokosuka gebauten MXY6-Forschungsflugzeuge zur Erprobung der Canard-Flügelkonfiguration.

Besatzung: 1
Triebwerk: Ein luftgekühlter 18-Zylinder-Doppelsternmotor Mitsubishi Ha-43 Model 12 (MK9D) mit 1588 kW (2130 PS) Startleistung und 865 kW (1160 PS) in 8700 m Höhe.
Leistungen: Höchstgeschwindigkeit 750 km/h in 8700 Höhe, Reisegeschwindigkeit 422 km/h in 4000 m Höhe, Steigzeit auf 8000 m 10 min 40 sec , Dienstgipfelhöhe 12 000 m, Reichweite ca. 850 km.
Gewichte: Leergewicht 3645 kg, Abfluggewicht 4928 kg, maximales Abfluggewicht 5228 kg.
Bewaffnung: Vier Maschinenkanonen im Bug. Bis zu 120 kg Bomben.

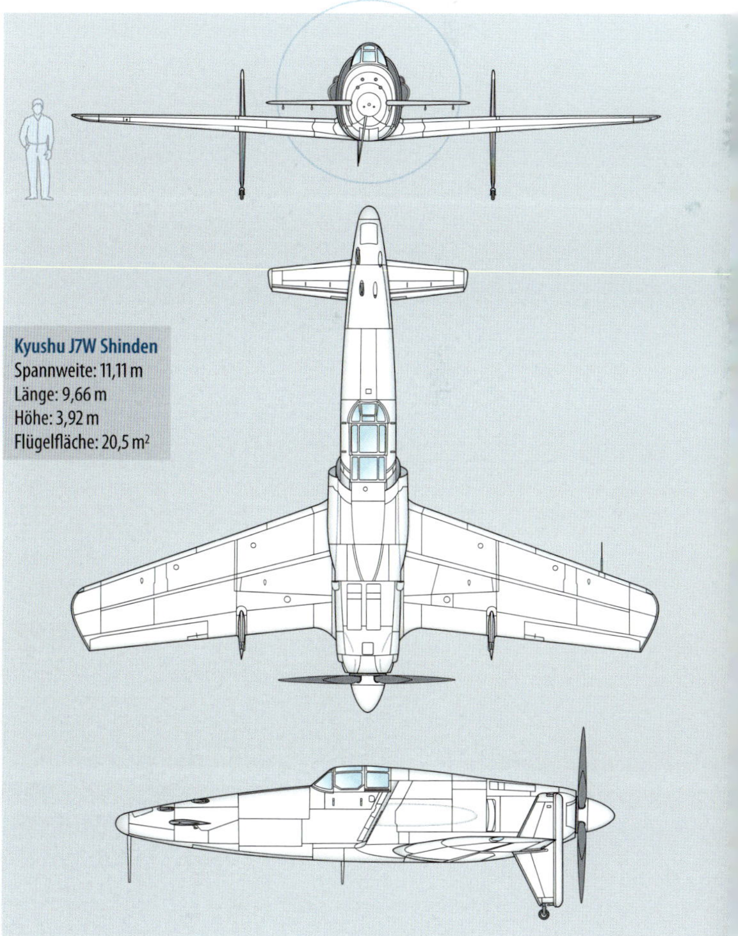

Kyushu J7W Shinden
Spannweite: 11,11 m
Länge: 9,66 m
Höhe: 3,92 m
Flügelfläche: 20,5 m²

Mitsubishi A5M

Ursprungsland
Japan
Kategorie
Trägergestütztes Jagdflugzeug

Entwicklung: Die Marine forderte bereits 1932 Japans Industrie auf, selbst Flugzeuge zu entwickeln, um von Importen unabhängig zu werden. Ausgeschrieben war unter anderem ein trägertaugliches, 350 km/h-schnelles, trägergestütztes Jagdflugzeug mit guten Steigleistungen. Mitsubishi trat mit der Ka-14 an, einem Ganzmetall-Tiefdecker mit 600 PS-Sternmotor und elliptischen Knickflügeln. Bei der Erprobung nach dem Erstflug im Februar 1935 wurden die Erwartungen der Marine noch übertroffen. Vier weitere Prototypen, mit unterschiedlichem Antrieb und einem waagrechten Innenflügel, führten zur serienreifen A5M1 mit dem 630 PS-Kotobuki-Sternmotor. Die A5M2a wurde mit einem 610 PS- und die A5M2b mit dem 640 PS-Kotobuki und geschlossenem Cockpit produziert. Eine letzte Version A5M4 unterschied sich durch einen noch stärkeren 785 PS starken Kotobuki 41 und einem Droptank (Zeichnung). Von der zweisitzigen Trainerversion A5M4-K lieferte Mitsubishi 105 Maschinen aus. Es gab keinen Auftrag der Armee für eine landbasierte Ki-18, trotz überzeugender Tests des einzigen Prototypen gegen den Doppeldecker Ki-10 von Kawasaki (S. 148). Und auch eine weiterentwickelte Ki-33 mit einem 746 PS starken 9-Zylinder-Sternmotor Nakajima Ha1-Ko kam nicht über das Prototypenstadium hinaus.

Insgesamt rollten von allen Baureihen bis 1940 1094 A5M aus den Werkshallen von Mitsubishi, Watanabe und Ohmura.

Bemerkungen: Alliierten-Code: *Claude*. Die ersten Staffeln wurden anfang 1937 aufgestellt und als im Juli 1937 der Japanisch-Chinesische Krieg begann, konnte Japan mit der A5M nach einigen Anläufen die Lufthoheit erringen. Mit Beginn des Pazifikkriegs Ende 1941 wurde zwar überlegt, die A5M als Begleitjäger für Bomber einzusetzen, dafür war aber die A6M Zero wesentlich besser geeignet. Die Marine zog fast alle Flugzeuge aus vorderster Linie zurück und setzte sie als Trainer ein. Nicht wenige A5M endeten bei Kamikaze-Angriffen, mit denen Japan um 1942 begann.

Soweit bekannt, blieb kein Flugzeug erhalten.

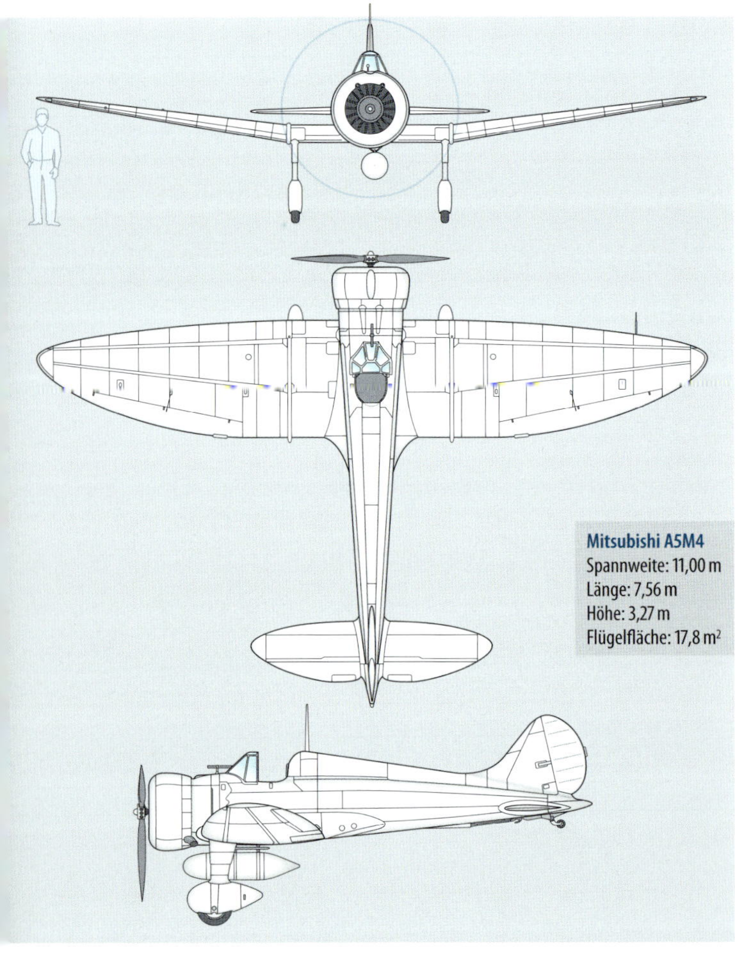

Das geschlossene Cockpit der A4M2b fand wenig Gefallen bei den Piloten und wurde schnell wieder aufgegeben.

Besatzung: 1
Triebwerk: (A5M4) Ein luftgekühlter 9-Zylinder-Sternmotor Kotobuki 41 mit 585 kW (785 PS).
Leistungen: (A5M4) Höchstgeschwindigkeit 435 km/h, Steigzeit auf 3000 m 3 min 35 sec, Dienstgipfelhöhe 9800 m, Reichweite 1200 km.
Gewichte: Leergewicht 1216 kg, maximales Abfluggewicht 1671 kg.
Bewaffnung: Zwei MGs über dem Motor und zwei 30 kg Bomben extern.

Mitsubishi A6M Reisen (Zero)

Ursprungsland
Japan
Kategorie
Jagdflugzeug

Entwicklung: Als die A5M Anfang 1937 in Dienst ging, begann man schon einen Nachfolger zu fordern: große Reichweite, mindestens 500 km/h schnell, wendig und trägertauglich sollte er sein. Der in Ganzmetallbauweise hergestellte, sehr leicht gebaute und ungepanzerte Tiefdecker, mit Einziehfahrwerk und geschlossenem Cockpit flog im April 1939 erstmals und war einer der modernsten Jäger Anfang der 1940er Jahre. In sieben Hauptserien und Untervarianten wurde die A6M gebaut, die sich durch Antrieb, Bewaffnung und zum Teil erheblichen Zellenmodifikationen unterschieden. Bis Kriegsende 1945 wurde zwar stets weiterentwickelt, um das Flugzeug konkurrenzfähig zu halten, aber erst 1944 mit der A6M5 wurde eine leichte Panzerung eingeführt. Die letzte, leistungsfähigste Version A6M8 mit einem 1560 PS-Antrieb kam nicht über zwei Prototypen hinaus. Zur Ausbildung gab es einen Zweisitzer, von dem vermutlich 517 ausgeliefert wurden.

Je nach Quelle wurden bis Juli 1945 10 449/ 10 939 A6M produziert.

Von Nakajima wurde die 327 A6M2-N Rufe produziert. Als katapultfähiges Wasserflugzeuge etwas langsamer, wurde sie mit zwei MGs und zwei MKs als Jagdflugzeug und Aufklärer eingesetzt.

Bemerkungen: Alliierten-Code: *Zeke*. Die A6M *Zero* (Mitsubishi-Zählung Navy Type 0 = Rei-sen = Zero) gehört zu Japans meistgebauten Jagdflugzeugen und war dank ihres geringen Gewichts äußerst manövrierfähig. Bei ersten Einsätzen in China war sie noch unschlagbar und zu Beginn des Pazifikkriegs konnten Zero-Piloten alliierte Flugzeuge noch ausmanövrieren. Als aber US-Piloten neue Taktiken anwandten, war die A6M, auch mangels Panzerung und selbstdichtenden Tanks, einfach abzuschießen. Mit Auftauchen noch leistungsfähigerer alliierter Jagdflugzeuge war die Zero eigentlich veraltet. In den letzten Kriegsphasen wurde sie noch für Kamikaze-Einsätze modifiziert. Trotzdem war das Jagdflugzeug bis Kriegsende eine respektierter Gegner.

Zahlreiche A6M sind in Museen zu finden, einige noch flugfähig. Ein Rumpf ist z. B. im Technikmuseum Speyer zu sehen, im National Museum of the United States Airforce, Dayton, USA steht eine komplette.

Besatzung: 1
Triebwerk: (A6M3) Ein luftgekühlter 14-Zylinder-Doppelsternmotor Nakajima NK1F Sakae mit 701 kW (940 PS) Startleistung.
Leistungen: (A6M3) Höchstgeschwindigkeit 545 km/h, Reisegeschwindigkeit 370 km/h, Steigzeit auf 6000 m 7 min 19 sec, Dienstgipfelhöhe 11 050 m, Reichweite max. 2380 km.
Gewichte: (A6M3) Leergewicht 1807 kg, Abfluggewicht 2544 kg.
Bewaffnung: (A6M3) Zwei MGs über dem Motor und je ein MG im Flügel. Normal zwei 60 kg-Bomben extern oder ein 330 l-Droptank.

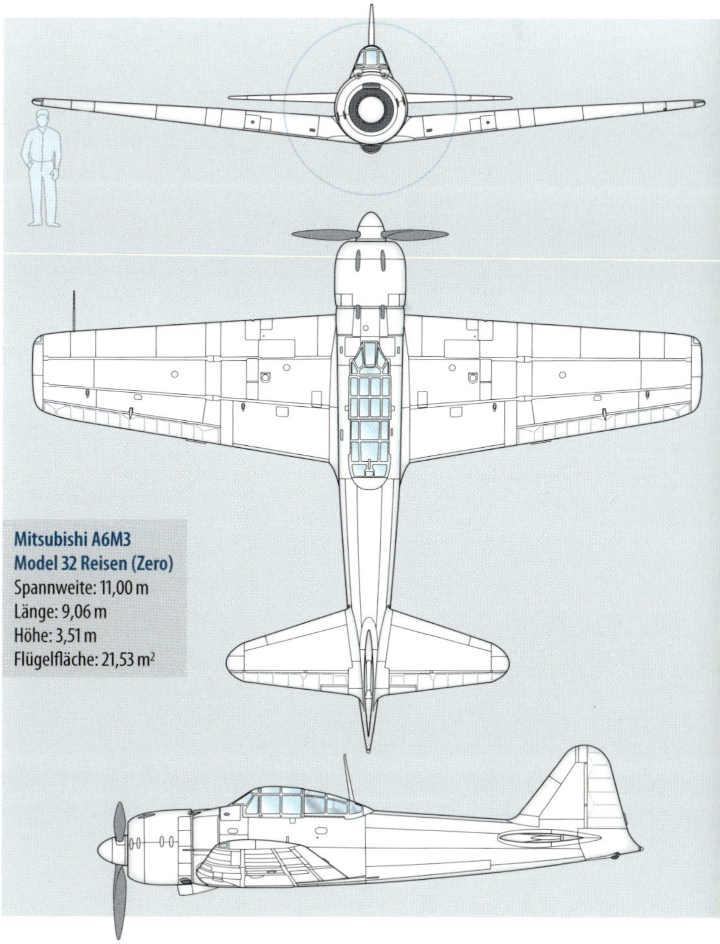

Mitsubishi A6M3
Model 32 Reisen (Zero)
Spannweite: 11,00 m
Länge: 9,06 m
Höhe: 3,51 m
Flügelfläche: 21,53 m²

Mitsubishi F1M

Ursprungsland
Japan
Kategorie
Beobachtungsflugzeug, Aufklärer

Entwicklung: Mit der Absicht, die Nakajima E8N1 (S. 178) abzulösen, übergab die Navy 1934 einen Anforderungskatalog für einen neuen, leistungsfähigen und vielseitigen Aufklärer an Mitsubishi, Aichi und Kawanishi. Mitsubishis erster von vier Ka-17-Prototypen flog im Juni 1936 mit einem 820 PS-Nakajima-Doppelsternmotor. Der in Ganzmetallbauweise hergestellte, katapultfähige Doppeldecker mit Zentralschwimmer hatte einen Vorderrumpf aus beplanktem Stahlrohr und beplankte Metallflügel, die zum platzsparenden Verstau auf Schiffen an den Rumpf geklappt werden konnten. Für einen Doppeldecker außergewöhnlich aerodynamisch entworfen, zeigte die von der Marine bezeichnete F1M1 gute Leistungen, es mangelte aber an Flugstabilität. Nach einigen grundlegenden Modifikationen während der Erprobungsphase, ging sie als F1M2 in Serie. Dabei wurde der 730 PS starke 9-Zylinder-Sternmotor Nakajima Hikari 1 durch den Mitsubishi Zuisei 13 mit 875 PS ersetzt. Eine längere und aerodynamischere Cowling sorgte für eine bessere Sicht nach vorn. Um eine größere Flugstabilität zu erreichen, entschied man sich, neben einem vergrößerten Leitwerk, gerade anstatt elliptische Flügel zu bauen und ein verlängerter Zentralschwimmer führte zu besserem Handling auf dem Wasser. Ab 1943 wurde auch eine Trainerversion F1M2-K mit Doppelsteuer ausgeliefert.

Insgesamt wurden 4 F1M1-Prototypen und vermutlich 1114 F1M2 ausgeliefert, davon eine unbekannte Zahl Fortgeschrittenen-Trainer F1M2-K.

Bemerkungen: Alliierten-Code: *Pete*. Ursprünglich als Gefechtsbeobachter entworfen, übernahm die F1M2 viele Rollen. Sie wurde bei Schiffskonvoi-Eskorten, als Bomber, als U-Boot-Jäger, zur Seeüberwachung und für SAR-Dienste eingesetzt, als Bordflugzeug von Schlachtschiffen, schweren Kreuzern und von speziellen Seeflugzeugträgern, aber auch von Küstenbasen aus. Und trotz der ungenügenden Bewaffnung und kleinen Bombenlast wurde die F1M auch als Kampf- und Sturzbomber bei Bodenangriffen verwendet, was dazu führte, dass man noch (erfolglos) mit einer 250 kg-Bombe experimentierte. Allerdings verlor ab 1943 die F1M mit der Vernichtung der großen japanischen Kriegsschiffe ihren ursprünglichen Einsatzzweck und sie wurde vermehrt in den zweiten Reihen eingesetzt.

Anfang der 2000er-Jahre wurden Wracks auf den Salomonen geborgen, der heutige Lagerort ist jedoch unbekannt.

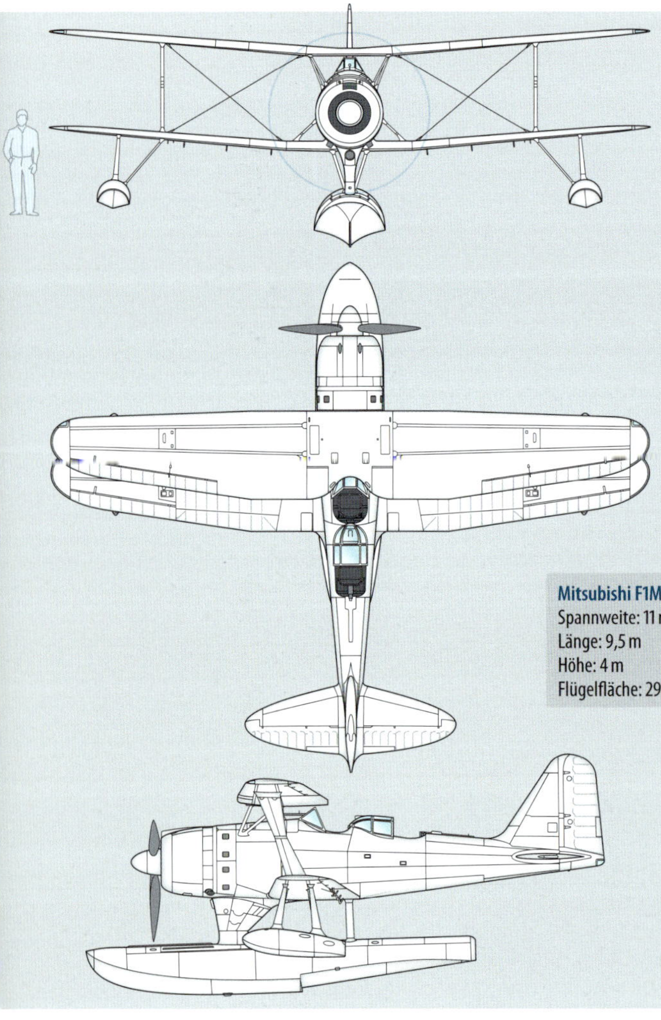

Mitsubishi F1M2
Spannweite: 11 m
Länge: 9,5 m
Höhe: 4 m
Flügelfläche: 29,54 m²

Besatzung: 2
Triebwerk: (F1M2) Ein luftgekühlter 14-Zylinder-Doppelsternmotor Mitsubishi Zuisei 13 mit 652 kW (875 PS) Startleistung.
Leistungen: (F1M2) Höchstgeschwindigkeit 370 km/h, Steigzeit auf 5000 m 9 min 36 sec, Dienstgipfelhöhe 9440 m, Reichweite 740 km.
Gewichte: (F1M2) Leergewicht 1928 kg, Abfluggewicht 2550 kg, maximales Abfluggewicht 2856 kg.
Bewaffnung: Zwei MGs über dem Motor, ein bewegliches MG im hinteren Cockpit. Je eine 60 kg-Bombe unter den Flügeln.

Mitsubishi G3M

Ursprungsland
Japan
Kategorie
Bomber, Torpedobomber

Entwicklung: Basierend auf dem Aufklärer Ka-9 entwickelte Mitsubishi in den 1930er Jahren den Bomber Ka-15 (Erstflug Juli 1935), das Ausgangsmodell, aus dem nach 11 Prototypen das Serienmodell G3M1 entstand. Das in Ganzmetallbauweise ab Juni 1936 produzierte Flugzeug mit einer fünfköpfigen Besatzung wurde anfangs von zwei 910 PS-Kinsei 3 Sternmotoren angetrieben, aber nach 34 gebauten Exemplaren von der G3M2 abgelöst, die besser motorisiert und mit größeren Tanks mehr Reichweite hatte. Bei der G3M2 Model 22 wurde ab 1939 die Abwehrbewaffnung verstärkt und die Besatzung um 2 auf 7 erweitert. Mit ihren verbesserten 1300 PS Kinsei 51-Sternmotoren hatte die 415 km/h schnelle G3M3 mit 6230 km eine enorme Reichweite. Von Yokosuka wurde eine unbekannte Anzahl G3M1 und 2 zum unbewaffneten Transporter L3Y (*Tina*) für 10 Passagiere umgebaut. Dazu wurden 24 zivile Passagierflugzeuge auf Basis der L3Y ausgeliefert.

Es wurden 1048 G3M ausgeliefert, davon 412 von Nakajima.

Bemerkungen: Alliierten-Code: *Nell*. Mit der G3M hatte die japanische Marine einen landgestützten Bomber mit relativ großer Reichweite, der erstmals im August 1937 über dem chinesischen Festland eingesetzt wurde, allerdings auch wegen ihrer geringen Abwehrbewaffnung große Verluste erlitt. Mit Beginn des Pazifikkrieges war die G3M eigentlich schon veraltet, wurde aber trotzdem noch in großer Zahl an der Front eingesetzt. Sie war z. B. auch an der Versenkung von zwei britischen Schlachtschiffen vor Malaysia und bei einem Angriff auf Darwin, Australien beteiligt. Ab 1943 flogen jedoch die meisten übriggebliebenen G3M nur noch als Schleppflugzeug, Trainer, Transporter und Verbindungsflugzeug.

Soweit bekannt blieb kein Flugzeug erhalten.

Eine L3Y, die von August bis Oktober 1939 auf einer von der japanischen Zeitung Mainichi gesponserten fast 53 000 km langen Goodwill-Tour um die Welt in Oakland, USA Station macht.

Besatzung: 5 – 7
Triebwerke: (M2) Zwei luftgekühlte 14-Zylinder-Doppelsternmotoren Mitsubishi Kinsei 41, 42 oder 45 mit 801 kW (1075 PS) Startleistung und 738 kW (990 PS) Reiseleistung.
Leistungen: (M2) Höchstgeschwindigkeit 372 km/h in 4200 m Höhe, Reisegeschwindigkeit 278 km/h, Steigzeit auf 3000 m 8 min 19 sec, Dienstgipfelhöhe 9130 m, maximale Reichweite 4380 km.
Gewichte: (M2) Leergewicht 4965 kg, maximales Abfluggewicht 8000 kg.
Bewaffnung: (M2) Je ein MG im festen und einziehbaren Drehturm auf dem Rumpfrücken, zwei bewegliche MGs in den seitlichen hinteren Waffenständen und ein MG im Cockpit. 800 kg Bomben oder ein Torpedo extern unter dem Rumpf.

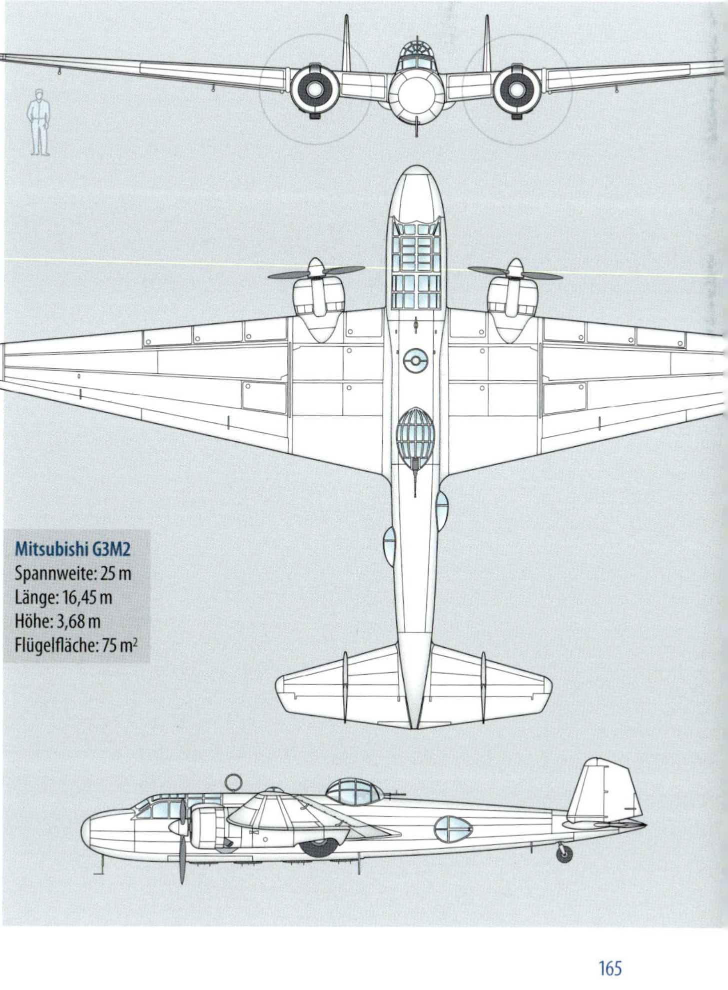

Mitsubishi G3M2
Spannweite: 25 m
Länge: 16,45 m
Höhe: 3,68 m
Flügelfläche: 75 m²

Mitsubishi G4M

Ursprungsland
Japan
Kategorie
Bomber

Entwicklung: Unmittelbar nachdem die G3M (S. 165) in Dienst ging, verlangte die Kaiserliche Marine einen schnelleren Nachfolger mit höherer Reichweite. Nach dem Bau eines Mockups 1938 zog sich der Erstflug bis Oktober 1939 hin. Das Ganzmetallflugzeug erreichte die Spezifikationen der Marine problemlos, weil auf Panzerung und selbstdichtende Tanks verzichtet wurde. Die ersten 30 der G4M1-Serie (1172 St.) wurde als schwerbewaffnete Begleitschützer G6M1 für andere Bomber gebaut und erst danach, im April 1941, rollten Bomber mit 1530 PS-Kasei-Motoren aus den Werkshallen. Die Produktion von 1142 produzierten G4M2 (große Abb.) begann im Dezember 1942. Sie hatte stärkere Doppelsternmotoren, überarbeitete Flügel und Leitwerk und kam in vielen Unterversionen mit unterschiedlichen Antrieben und Bewaffnungen zur Auslieferung. Erst mit der G4M3 (91 St.) wurden selbstdichtende Tanks und eine Panzerung eingeführt. Einige G4M1 wurden zum Transporter umgebaut und eine unbekannte Zahl modifizierte man zum Trägerflugzeug für die bemannte Gleitbombe Yokosuka Ohka (S. 202).

Inklusive Prototypen liefen bis August 1945 2446 G4M vom Band.

Bemerkungen: Alliierten-Code: *Betty*. Der meistgebaute und bekannteste Bomber der Marine Japans wurde an allen Fronten von China, den Aleuten bis Australien, von Anfang bis Ende des Pazifikkrieges eingesetzt. Seine hohe Reichweite und Geschwindigkeit ermöglichten anfangs schnelle Angriffe aus großen und mittleren Höhen. Obwohl mit einer starken Defensivbewaffnung ausgestattet, trug die G4M aber mangels Panzerung bei alliierten Jagdflugzeugpiloten den Spitznamen „One shot lighter" und hatte auch entsprechend hohe Verluste. Erst ab der gepanzerten G4M3 änderte sich dies.

Neben ein paar Fragmenten in Museen ist die einzige komplette, aber unrestaurierte G4M im Planes of Fame Museum, Chino, USA zu sehen.

Mitsubishi G4M1
Spannweite: 25 m
Länge: 20 m
Höhe: 6 m
Flügelfläche: 78,12 m²

Vermutlich als Aufklärer flog im August 1942 diese G4M1 vor Beginn der Schlacht um Guadalcanal.

Besatzung: 4 – 10
Triebwerke: (G4M2 Mod. 22) Zwei luftgekühlte 14-Zylinder-Doppelsternmotoren Mitsubishi Mk4P Kasei 21 mit 1342 kW (1800 PS).
Leistungen: (G4M2 Mod. 22) Höchstgeschwindigkeit 437 km/h, Reisegeschwindigkeit 315 km/h, Steigzeit auf 8000 m 30 min 24 sec, Dienstgipfelhöhe 8950 m, Reichweite maximale reichweite 6050 km.
Gewichte: (G4M2 Mod. 22) Leergewicht 7300 kg, maximales Abfluggewicht 15 395 kg.
Bewaffnung: (G4M2 Mod. 22) Je ein MG im Bug und in den seitlichen Waffenständen, je eine MK auf dem Rumpf und im Heck. Ein 800 kg-Torpedo oder bis zu 1000 kg Bomben im Schacht.

Mitsubishi J2M Raiden

Ursprungsland
Japan
Kategorie
Jagdflugzeug

Entwicklung: Bereits 1938 diskutierte man über einen reinen Abfangjäger, bei dem nicht Wendigkeit, sondern Steigleistung und Geschwindigkeit Vorrang haben sollte, aber erst Anfang 1940 begann die konkrete Entwicklung. Das Ganzmetallflugzeug hatte ein gepanzertes Cockpit, einen laminarprofilierten Flügel und eine lange Cowling, die das Kühlgebläse für den 1430 PS-Kasei 13 umschloss. Erstflug der J2M1 war im März 1942. Nach der Erprobung, bei der u. a. die Cockpitverglasung und Fahrwerk geändert und der stärkere Kasei 23-Antrieb eingebaut wurde, ging die J2M2 im Oktober 1942 in Serie. Die Auslieferungen der 155 J2M2 verzögerten sich, weil Triebwerksvibrationen und blockierte Steuergestänge, die auch zu Crashs führten, behoben werden mussten. Währenddessen lief schon die Produktion, der in mehreren Baulosen hergestellten, mit vier Maschinenkanonen stärker bewaffneten J2M3 (großes Bild, 281 St.). Im August 1944 begann die Erprobung der J2M4 mit zwei zusätzlichen nach oben feuernden MKs hinter dem Cockpit und einem Abgasturbolader für bessere Höhenleistungen. Dies wurde aber nach zwei Prototypen, wegen der problematischen Turbolader, zu Gunsten der J2M5 mit einem 1820 PS starken MK4U-A-Kasei-26a-Triebwerk und mechanischem Lader, aufgegeben. Auf zwei Maschinenkanonen reduziert, erreichte die J2M5 immerhin mit 610 km/h eine höhere Geschwindigkeit und bessere Steigleistungen als ihr Vorgänger. Vermutlich wurden aber, weil nicht genug Motoren zur Verfügung standen, nur 32 J2M5 gebaut.

Insgesamt rollten 476 Raiden aus den Werkshallen. Andere Quellen sprechen von 621 Flugzeugen.

Bemerkungen: Alliierten-Code: *Jack*. Ihre ersten, weniger erfolgreichen Einsätze flog die Raiden im Juni 1944 bei den Philippinen. Für ihre eigentliche Aufgabe, die Abwehr von B-29-Bomber, kam die J2M zu spät und in zu geringer Zahl. Sie hatte zwar genug Feuerkraft, war schnell und hatte eine enorme Steigleistung, war aber wegen der nicht höhentauglichen Motoren nur eingeschränkt nutzbar und bei Nachtangriffen der B-29 mangels Radar weniger wirksam. Erst mit der in kleiner Stückzahl gelieferten J2M5 hatte Japan ein geeignetes Flugzeug um B-29 anzugreifen, die nun allerdings von neuen P-51 begleitet wurden, gegen die die Raiden antreten musste.

Die einzig erhaltene J2M3 steht im Planes of Fame Museum in Chino, USA.

Besatzung: 1
Triebwerk: (J2M3) Ein luftgekühlter 14-Zylinder-Doppelsternmotor Mitsubishi MK4R-A Kasei 23a mit 1342 kW (1800 PS) Startleistung.
Leistungen: (J2M3) Höchstgeschwindigkeit 587 km/h, Reisegeschwindigkeit 350 km/h, Steigzeit auf 6000 m 6 min 14 sec, Dienstgipfelhöhe 11 700 m, Reichweite 1900 km.
Gewichte: (J2M3) Leergewicht 2460 kg, Abfluggewicht 3435 kg.
Bewaffnung: (J2M3) Je nach Variante je ein oder zwei MGs oder MKs im Flügel. Extern zwei 60 kg-Bomben oder 200 l-Droptanks.

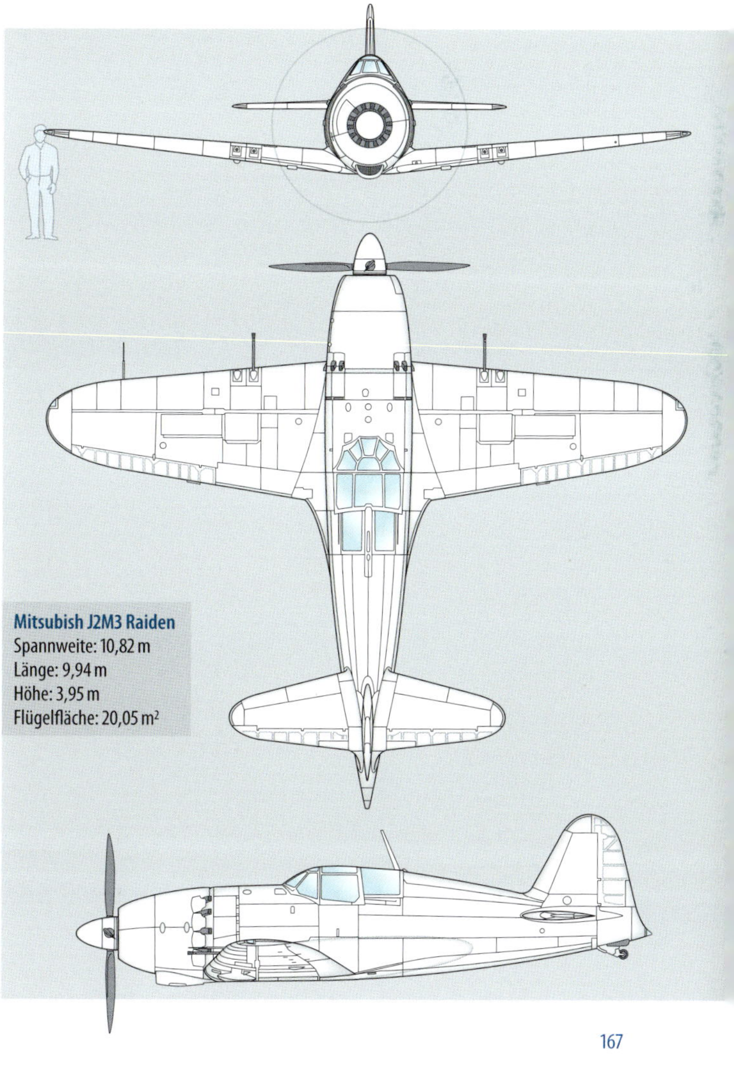

Mitsubish J2M3 Raiden
Spannweite: 10,82 m
Länge: 9,94 m
Höhe: 3,95 m
Flügelfläche: 20,05 m²

Mitsubishi J8M Shusui

Ursprungsland
Japan
Kategorie
Abfangjäger

Entwicklung: Mit Erscheinen der ersten amerikanischen B-29-Bomber über Japan war das Land gezwungen einen Abfangjäger für große Höhen zu entwickeln. Japanische Militärattachés erwarben deshalb von der deutschen Me 163 Komet Baulizenzen, Pläne und Muster diverser Teile (angeblich auch ein Walter-Triebwerk), die im März und April 1944 in zwei U-Booten nach Japan gesandt wurden. Beide U-Boote wurden aber versenkt. Deshalb erreichte nur ein Teil der Dokumente ihr Ziel. Sie wurden von einem in Singapur ausgestiegenen Militär per Flugzeug nach Japan gebracht. Man beauftragte Mitsubishi auf Basis der wenigen Unterlagen eine Kopie der Me 163 zu konstruieren, die J8M für die Marine, bzw. die Ki-200 für das Heer, die sich nur in der Bewaffnung unterschieden. Das in Gemischtbauweise hergestellte Flugzeug hatte einen Flügelholm und ein Leitwerk aus Holz. Ein Mockup war bereits im September fertiggestellt und wurde von Marine und Heer akzeptiert. Um Flugdaten des Nurflüglers zu gewinnen, entwarf Mitsubishi den Gleiter MXY8 Akigusa, der im Dezember 1944 flog und später als Trainer für angehende Shusui-Piloten in Serie gebaut werden sollte. Mit den ersten beiden J8M-Prototypen fanden ab Januar 1945 geschleppte Testflüge statt, wegen der noch nicht fertiggestellten Triebwerken mit Wasserballast. Dabei wurde der Maschine ein sehr gutmütiges Flugverhalten attestiert, das angeblich auch von Fluganfängern zu beherrschen war. Weil das Triebwerk im Steigflug plötzlich aussetzte, endete der erste und sogleich letzte angetriebene Flug im Juni 1945 mit einem tödlichen Crash, Nach Änderung des Treibstoffsystems kam es nach der Kapitulation Japans im August 1945 zu keinen weiteren Testflügen. Versionen mit größerer Reichweite waren geplant, blieben aber Reißtischprojekte.

In der Endphase des Pazifikkrieges stand die J8M vor der Serienproduktion. Es waren sieben J8M von Mitsubishi und 50 bis 60 antriebslose Schul-Gleiter Akigusa von Yokosuka fertiggestellt.

Bemerkungen: Trotz größter Anstrengungen und widriger Umstände gelang es nicht, die J8M noch zur Einsatzreife zu bringen. Bis auf etwas geringere Leistungen stand die Shusui in nichts der Me 163 nach. Man setzte auch auf dieselbe Angriffstaktik wie bei der Me 163: Die Shusui sollte sehr schnell mit ihrem Raketentriebwerk auf Höhe der einfliegenden Bomber steigen, dabei während des Steigflugs und des Angriffs den Treibstoffvorrat aufbrauchen und anschließend im Gleitflug landen.

Ein Exemplar steht in den USA im kalifornischen Planes of Fame Museum, ein weiteres im Mitsubishi-Museum in Nagoya, Japan.

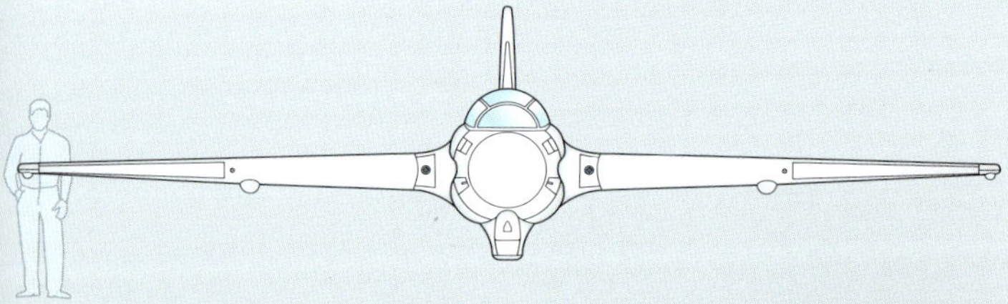

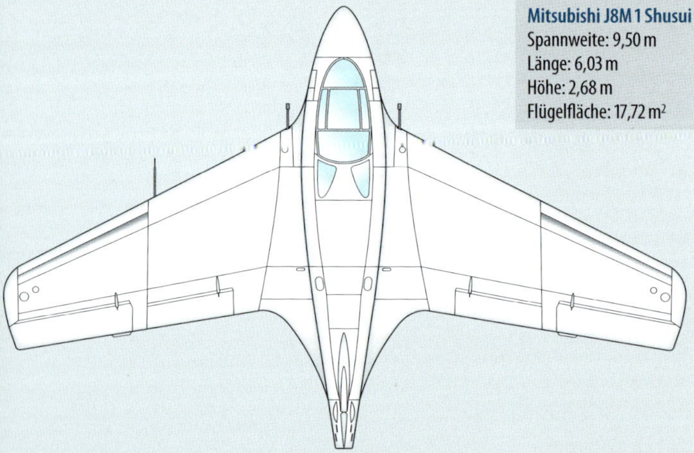

Mitsubishi J8M 1 Shusui
Spannweite: 9,50 m
Länge: 6,03 m
Höhe: 2,68 m
Flügelfläche: 17,72 m²

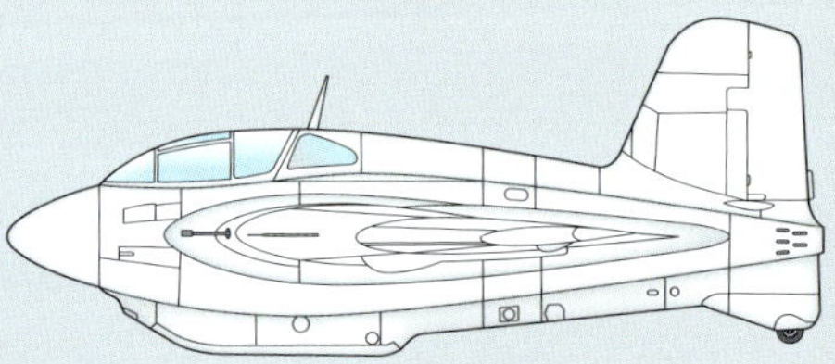

Besatzung: 1
Triebwerk: Ein Raketentriebwerk Toku-Ro. 2 mit 1500 kN Schub.
Leistungen: (geschätzt) Höchstgeschwindigkeit 900 km/h, Reisegeschwindigkeit 700 km/h, Steigzeit auf 10 000 m 3 min 50 sec, Dienstgipfelhöhe 12 000 m, Flugzeit angetrieben maximal 5 min 30 sec.
Gewichte: Leergewicht 1505 kg, Abfluggewicht 3885 kg.
Bewaffnung: Zwei Maschinenkanonen in den Flügelwurzeln.

Mitsubishi K3M

Entwicklung: Die Entwicklung des Trainers M-13 begann auf eigene Initiative Mitsubishis 1928 mit Hilfe eines eingestellten britischen Ingenieurs, es kam aber zu keinem Prototypenbau. Ein Jahr später wurde die Entwicklung nach einer Bestellung der Marine von 2 Prototypen wieder aufgenommen und die erste K3M1 mit einem flüssigkeitsgekühlten Motor (340 PS) flog im Mai 1930. Der abgestrebte Hochdecker in Gemischtbauweise hatte einen quadratischen Rumpf aus einem bespannten, geschweißten Stahlrohrrahmen, die bespannten Flügel wurden aus Holz gebaut. Instabile Flugeigenschaften und Probleme mit dem Antrieb führten zur ersten verbesserten Serienvariante K3M2, mit einem luftgekühlten 340 PS-Hitachi Amakaze 11-Sternmotor und einem offenen MG-Stand auf dem Rücken. Ab 1932 ausgeliefert, sind bis 1935 317 Stück gebaut worden. Auch die japanische Armee zeigte 1933 Interesse durch eine Bestellung von zwei Testflugzeugen als Ki-7, erteilte jedoch keine weitere Order. Mit der Produktionsübergabe an Aichi begann 1938 die Montage der K3M3 (301 St.), mit einem vergrößerten Leitwerk und dem 580 PS-Kotobuki-Sternmotor von Nakajima. Von ihr wurde eine kleine Anzahl als Transportflugzeuge für Fracht oder fünf Passagiere ausgeliefert, angeblich auch als Wasserflugzeug. Ein Unikat blieb die zivile Version MS-1, mit einem in Lizenz gebauten 420 PS-Bristol Jupiter VI-Sternmotor.

Mitsubishi K3M3

Insgesamt liefen bis 1941 bei Mitsubishi und Aichi 624 K3M aller Varianten vom Band.

Bemerkungen: Alliierten-Code: *Pine*. Als Schulflugzeug intensiv und bis Kriegsende eingesetzt, saßen Pilot und Schütze in offenen Cockpits, während mit Instruktor zwei Schüler in der Kabine untergebracht waren, die in Navigation, Funk und Aufklärung oder als Bord- und Bombenschützen ausgebildet werden konnten. Oft wurde sie aber auch einfach als leichtes Transport- und Verbindungsflugzeug verwendet.

Ungefähr die Hälfte aller K3M existierten noch bei Kriegsende. Es ist jedoch kein Flugzeug erhalten geblieben.

Ursprungsland
Japan
Kategorie
Trainer, Transportflugzeug

Besatzung: 1 – 2
Triebwerk: (K3M3) Ein luftgekühlter 9-Zylinder-Sternmotor Nakajima Kotobuki 2 KAI 2 mit 432 kW (580 PS) Startleistung.
Leistungen: (K3M3) Höchstgeschwindigkeit 235 km/h in 1000 m Höhe, Steigzeit auf 5000 m 9 min 30 sec, Dienstgipfelhöhe 6400 m, Reichweite 800 km.
Gewichte: (K3M3) Leergewicht 1360 kg, Abfluggewicht 2200 kg.
Bewaffnung: (K3M3) Ein MG auf dem Rücken, vier 30 kg-Bomben an Außenstationen.

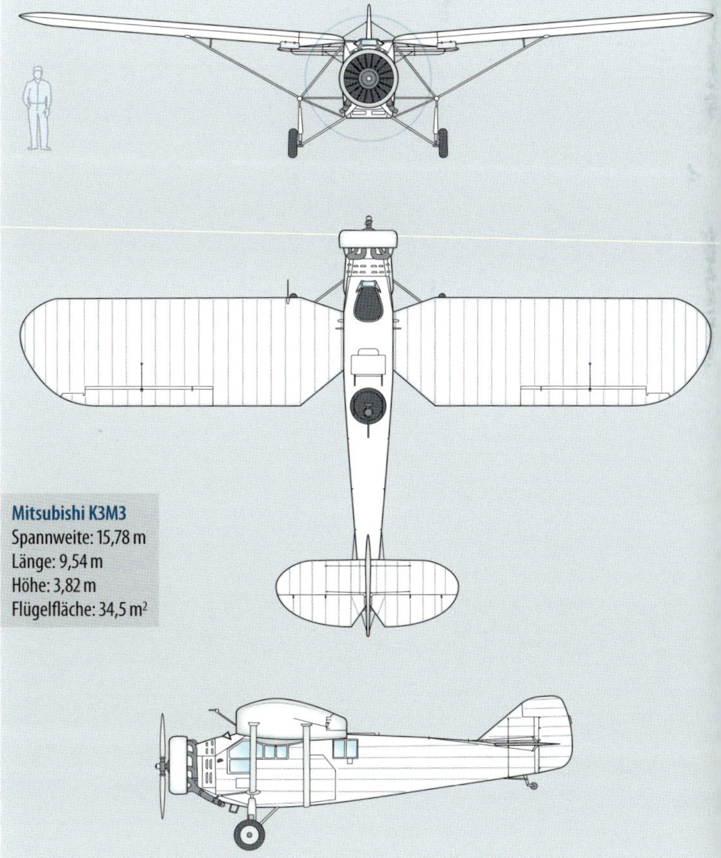

Mitsubishi K3M3
Spannweite: 15,78 m
Länge: 9,54 m
Höhe: 3,82 m
Flügelfläche: 34,5 m²

Mitsubishi Ki-2

Ursprungsland
Japan
Kategorie
Leichter Bomber

Entwicklung: Im Februar 1931 wurde der japanischen Armee eine von Junkers in Schweden gebaute militärische K-37 gespendet, die anschließend während den Auseinandersetzungen in der Mandschurei getestet wurde. Mitsubishi erhielt daraufhin den Auftrag, auf Basis der K-37 einen leichten Bomber zu entwickeln, der im Mai 1933 erstmals flog. Der für die damalige Zeit fortschrittliche Tiefdecker Ki-2 I (Zeichnung, kleine Abb.) in Junkers-typischer wellblechbeplankter Ganzmetallbauweise und offenem Cockpit, hatte ein Doppelleitwerk und ein festes Fahrwerk. Die Flügel der K-37 wurden übernommen, der Rumpf war eine Neukonstruktion. Etwas schneller war die Ki-2 II (Abb. oben), mit stärkeren Sternmotoren Mitsubishi Ha-8 (550 PS), einem geschlossenem Cockpit und geschlosenem Bugdrehturm, ein halb einziehbares Hauptfahrwerk sowie einigen aerodynamischeren Glattblechverkleidungen.

Insgesamt wurden bis 1937 187 Ki-2 hergestellt, davon 61 Ki-2 II.

Bemerkungen: Anfang der 1930er-Jahre gehörte die Ki-2 zu den fortschrittlicheren Konstruktionen, die in der Mandschurei-Krise und eingeschränkt im Zweiten Japanisch-Chinesischen Krieg ab 1937 in Nordchina eingesetzt wurden. Es zeigte sich aber schnell, dass der leichte und langsame Bomber nicht mehr zeitgemäß war und kaum Chancen gegen die mit sowjetischen Jagdflugzeugen ausgestattete chinesische Luftwaffe hatte und entsprechend hohe Verluste verzeichnete. Bei den Kampfeinheiten galt das Flugzeug allerdings als zuverlässig und war entsprechend beliebt. Die von der Front abgezogenen, übrigen Bomber wurden noch zur Ausbildung und als Transporter eingesetzt. Bereits 1939 existierten nur noch wenige Flugzeuge. Die Alliierten glaubten aber, das Flugzeug wäre noch im Einsatz und gaben ihr den Code *Louise*.

Soweit bekannt ist kein Flugzeug erhalten geblieben.

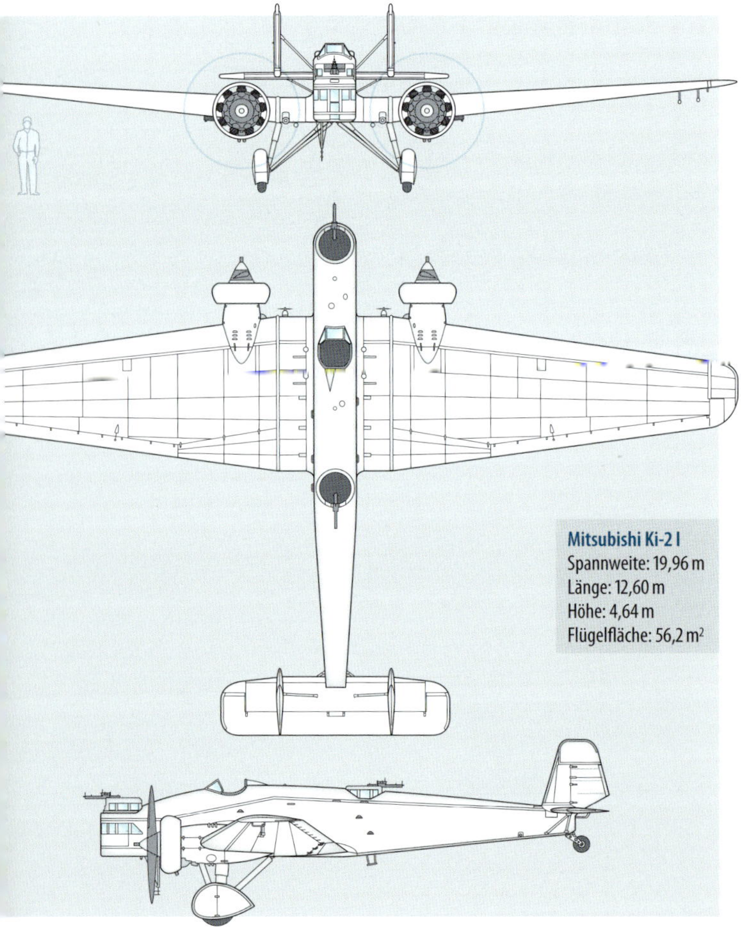

Mitsubishi Ki-2 I
Spannweite: 19,96 m
Länge: 12,60 m
Höhe: 4,64 m
Flügelfläche: 56,2 m²

Junkers-typisch in Wellblech: eine Staffel Ki-2 I, mit offenem Cockpit und Bugturm.

Besatzung: 3
Triebwerke: (Ki-2 I) Zwei luftgekühlte 9-Zylinder-Sternmotoren Nakajima Kotobuki mit je 324 kW (435 PS).
Leistungen: (Ki-2 I) Höchstgeschwindigkeit ca. 255 km/h, Reisegeschwindigkeit ca. 235 km/h, Dienstgipfelhöhe 7000 m, Reichweite 1640 km.
Gewichte: (Ki-2 I) Leergewicht 2800 kg, Abfluggewicht 4550 kg.
Bewaffnung: (Ki-2 I) Je ein bewegliches MG im Bugstand und im oberen Rumpfstand. Extern 250 kg Bomben, maximal 500 kg.

Mitsubishi Ki-15

Ursprungsland
Japan
Kategorie
Aufklärungsflugzeug

Entwicklung: Nach einer Ausschreibung der Armee für einen schnellen einmotorigen Aufklärer mit großer Reichweite begann die Entwicklung im Juli 1935. Erstflug des Ganzmetall-Tiefdeckers war im Mai 1936. Mit einem 750 PS-Sternmotor erreichte die Ki-15 bei Tests 480 km/h und zeigte gute Flugeigenschaften. Schon im Mai 1937 konnte man die erste Ki-15 I (Zeichnung, Abb. unten) übergeben. Mit der ab Juni 1938 gebauten KI-15 II (große Abb.) und der Einführung des stärkeren, aber kleineren Ha-26 I-Antriebs, verbesserte sich auch die Sicht des Piloten nach vorn. Die Serienproduktion begann aber erst im September 1939. Für die Marine wurden 20 KI-15 II als C5M I, mit einem 875 PS-Mitsubishi-Motor, mit Funk und Kameras ausgerüstet. Die 30 C5M II als Aufklärer wurden von einem 950 PS-Nakajima Sakae 12 angetrieben. Eine schnellere KI-15 III mit einem 1050 PS-Mitsubishi Ha-102 erreichte zwar 530 km/h, wurde aber nur zweimal gebaut.

Der Prototyp der Ki-15 mit einer großen Cowling, die bei der Ki-15 II wesentlich schlanker ausfiel.

Insgesamt lieferte Mitsubishi 489 Ki-15 inklusive der Prototypen.

Bemerkungen: Alliierten-Code: *Babs*. Mit ihrer hohen Geschwindigkeit nahezu unbehelligt, flog die Ki-15 erste Aufklärungseinsätze 1937 im Japanisch-Chinesischen Krieg. Auch zu Beginn des Pazifikkrieges, im Dezember 1941 wurden z. B. von Ki-15 aus die englischen Schlachtschiffe Prince of Wales und Repulse gesichtet und anschließend von Kampfflugzeugen versenkt. Mit Erscheinen leistungsstärkerer alliierter Jagdflugzeuge war Geschwindigkeit alleine aber kein Vorteil mehr und die fehlende Panzerung und geringe Bewaffnung wirkte sich zunehmend nachteilig aus. Ab 1943 wurden die Flugzeuge aus den ersten Reihen zurückgezogen, aber gegen Kriegsende nochmals für Kamikaze-Angriffe reaktivert. China nutzte noch bis 1951 ihre erbeuteten Ki-15. Berühmt wurde die Ki-15 aber durch einen Weltrekordflug im April 1937, bei dem in 51 Stunden die Strecke Tokio – London zurückgelegt wurde.

Soweit bekannt blieb kein Flugzeug erhalten.

Besatzung: 2
Triebwerk: (KI-15 II) Ein luftgekühlter 14-Zylinder-Sternmotor Nakajima Ha-26 I mit 633 kW (850 PS) Startleistung.
Leistungen: (KI-15 II) Höchstgeschwindigkeit 510 km/h in 4300 m Höhe, Reisegeschwindigkeit 380 km/h, Steigzeit auf 5000 m 6 min 49 sec, Dienstgipfelhöhe 11 400 m, Reichweite ca. 2300 km.
Gewichte: Leergewicht 1592 kg, Abfluggewicht 2189 kg, maximales Abfluggewicht 2481 kg.
Bewaffnung: (KI-15 II) Ein bewegliches MG im hinteren Cockpit.

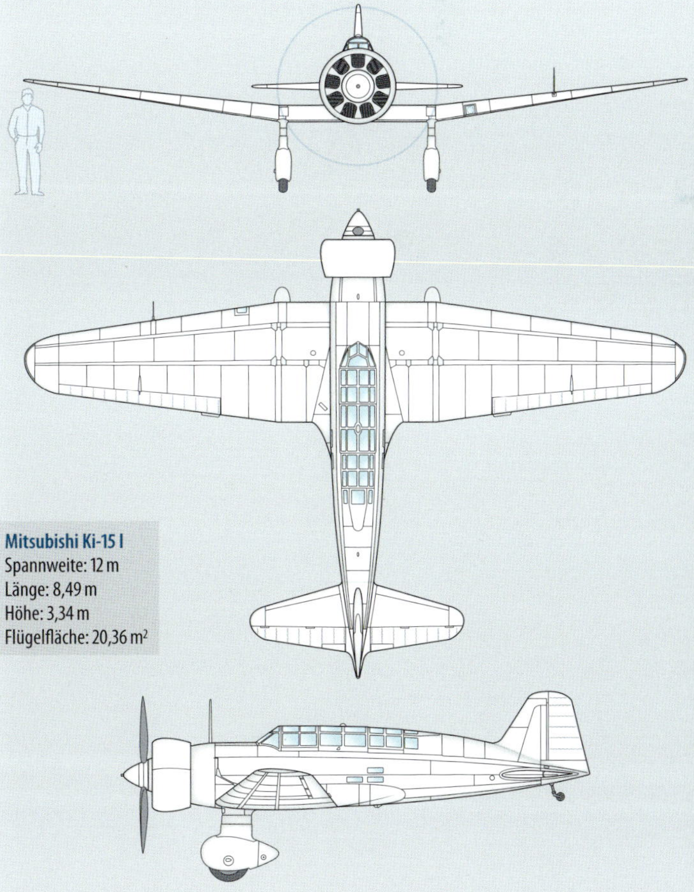

Mitsubishi Ki-15 I
Spannweite: 12 m
Länge: 8,49 m
Höhe: 3,34 m
Flügelfläche: 20,36 m²

Mitsubishi Ki-21

Ursprungsland
Japan
Kategorie
Schwerer Bomber

Entwicklung: Die Entwicklung der Ki-21 begann 1936, nachdem die japanische Armee einen Langstreckenbomber für den Zweiten Japanisch-Chinesischen Krieg forderte und um die alten Ki-1, Ki-2 (S. 170) und Ki-20 abzulösen. Erstflug war bereits im Dezember 1936. Im Wettbewerb gegen Nakajimas Ki-19 siegte der in Ganzmetallbauweise hergestellte Tiefdecker von Mitsubishi. Die ersten von 143 Ki-21 I a mit 850 PS starken Nakajima Ha-5 Sternmotoren wurden im August 1938 ausgeliefert. Mit stärkerer Bewaffnung, geändertem Heck, Landeklappen, größerem Bombenschacht, geschützten Tanks und einem ferngesteuerten Heck-MG wurden 471 Ki-21 I b gebaut. Einen zusätzlichen Tank im Bombenschacht bekamen die 160 gebauten I c. Bei den 590 Ki-21 II a (großes Bild, Zeichnung) wurden 1500 PS-Sternmotoren und ein größeres Leitwerk eingeführt, und die 688 II b lieferte man mit einem oberen MG-Turm und größere Tanks aus. Zu Transportern MC-21 für Fracht, aber auch für bis zu 10 Fallschirmspringer, wurden ca. 100 Ki-21 I a umgebaut.

Bis September 1944 rollten 2064 Ki-21 aus den Werkhallen von Mitsubishi.

Bemerkungen: Alliierten-Code: *Sally*. Bei Einführung des japanischen Standardbombers im Jahr 1938 und vor allem im Krieg gegen China war die robuste und zuverlässige Ki-21 noch den gegnerischen Jagdflugzeugen gewachsen. Trotz stetiger Verbesserungen zeigte sich jedoch spätestens im Pazifikkrieg, bei dem sie auf fast allen Kriegsschauplätzen eingesetzt wurde, dass sie

Die Mitsubishi Ki-21 wurden auch eingesetzt, um weit entfernte Ziele wie Westchina, Indien und Nordaustralien anzugreifen.

mit dem Auftauchen schneller US-Jagdflugzeuge trotz Begleitschutz, den Anforderungen nicht mehr gewachsen war und es zu hohen Verlusten kam. Von den Frontlinien zurückgezogen, blieb sie aber als Verbindungsflugzeug, Fallschirmabsetzer, für Kamikaze- und für Spezialmissionen bis Kriegsende im Einsatz.

Es ist kein Flugzeug, soweit bekannt, erhalten geblieben.

Mitsubishi Ki-21 II a
Spannweite: 22,5 m
Länge: 16 m
Höhe: 4,85 m
Flügelfläche: 69,6 m²

Besatzung: 5
Triebwerke: (II b) Zwei luftgekühlte 14-Zylinder-Sternmotoren Mitsubishi Ha-101 mit 1118 kW (1500 PS) Startleistung und 805 kW (1080 PS) Reiseleistung in 4000 m Höhe.
Leistungen: (II b) Höchstgeschwindigkeit 486 km/h in 4700 m Höhe, Reisegeschwindigkeit 380 km/h in 5000 m Höhe, Steigzeit auf 6000 m 13 min 13 sec, Dienstgipfelhöhe 10 000 m, Reichweite 2700 km.
Gewichte: (II b) Leergewicht 6070 kg, Abfluggewicht 9710 kg, maximales Abfluggewicht 10 610 kg.
Bewaffnung: (II b) Je ein MG vorn, auf dem Rücken, hinten rechts/links und nach unten, im Heck.
750 kg Bomben, maximal 1000 kg im Schacht.

Mitsubishi Ki-30

Ursprungsland
Japan
Kategorie
Leichter Bomber

Entwicklung: Mitte der 1930er-Jahre begann die Modernisierung der japanischen Militärflugzeuge, zu der neben dem Konkurrenzmuster Kawasaki Ki-32 (S. 137) auch die Ki-30 beitrug. Gefordert war von der Armee ein leistungsfähiges, einmotoriges Flugzeug, 400 km/h schnell, das 300 – 450 kg Bomben tragen konnte und 750 km Reichweite hatte. Im Februar 1937 hob der erste Prototyp mit einem 825 PS-Mitsubishi-Sternmotor ab. Der zweite Prototyp erhielt schon den etwas stärkeren Nakajima Ha-5. Noch zu schwer, zeigte der in Ganzmetallbauweise hergestellte leichte Bomber gute Flugeigenschaften. In einer Vorserie mit 16 Flugzeugen, die Mitsubishi für die militärische Erprobung bis Januar 1938 auslieferte, wurden noch kleinere Änderungen ausgeführt: das MG verlegte man in den Flügel und das überarbeitete Fahrwerk war nun auch für weniger gut präparierte Flugplätze geeignet.

Als Mitteldecker hatte die Ki-30 einen Bombenschacht, war aber teilweise auch mit Flügelstationen ausgestattet worden.

Die Serienproduktion begann im März 1938 und endete im April 1940 nach 618 Flugzeugen. Weitere 68 Ki-30 wurden bis September 1941 von Tachikawa hergestellt.

Bemerkungen: Alliierten-Code: *Ann*. Bereits 1938 wurde die einfach zu fliegende und zu wartende Ki-30 auf dem chinesischen Festland mit großem Erfolg eingesetzt. Die Verluste waren gering, vor allem weil sie Geleitschutz bekamen und kaum gegnerische Flugzeuge unterwegs waren. Das änderte sich schnell im Pazifikkrieg, als der leichte Bomber auf den Philippinen eingesetzt wurde. Mit Auftauchen alliierter, moderner Jagdflugzeuge stieg die Verlustrate dramatisch. Alle Ki-30 wurde Mitte 1942 von der Front zurückgezogen und überwiegend in Schulungseinheiten untergebracht. Übriggebliebene Flugzeuge setzte man noch bei Kamikaze-Angriffen ein. Die thailändische Luftwaffe kaufte Ende 1940 24 Ki-30, die sie im Französisch-Thailändischen Krieg 1941 flog und erst 1950 außer Dienst stellte.

Es ist kein Flugzeug erhalten geblieben.

Besatzung: 2
Triebwerk: Ein luftgekühlter 14-Zylinder-Doppelsternmotor Nakajima Ha-5 KAI mit 708 kW (950 PS) Startleistung und 716 kW (960 PS) Reiseleistung in 3600 m Höhe .
Leistungen: Höchstgeschwindigkeit 432 km/h in 4000 m Höhe, Reisegeschwindigkeit 380 km/h, Steigzeit auf 5000 m 10 min 36 sec, Dienstgipfelhöhe 8600 m, Reichweite 1700 km.
Gewichte: Leergewicht 2230 kg, Abfluggewicht 3322 kg.
Bewaffnung: Ein im Flügel montiertes MG, eins im hinteren Cockpit. Normal 300 kg Bomben, maximal 400 kg.

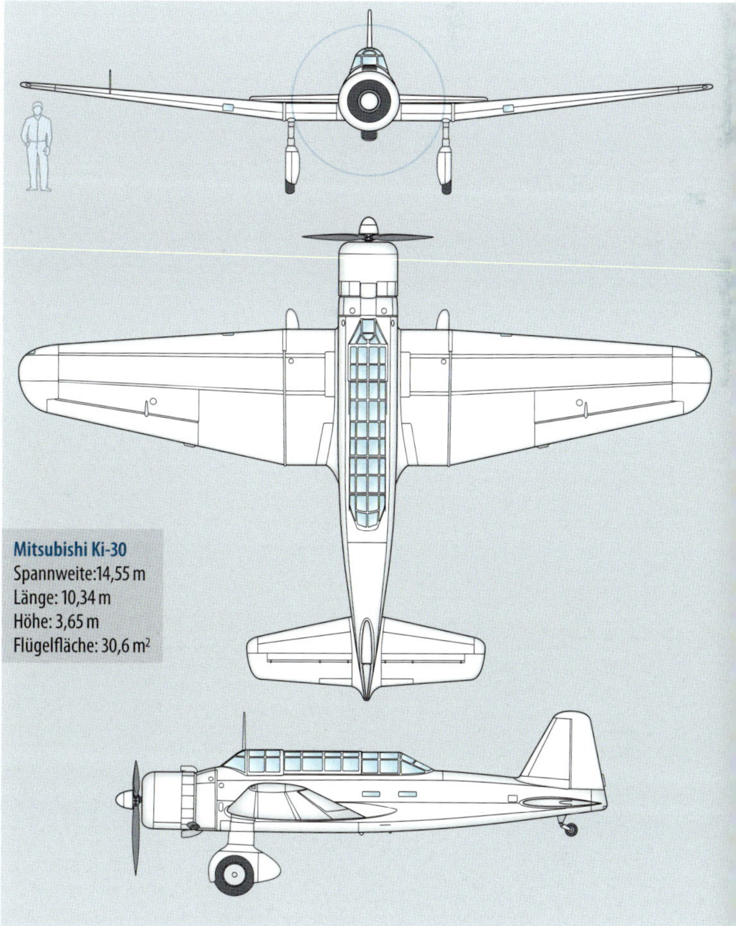

Mitsubishi Ki-30
Spannweite:14,55 m
Länge: 10,34 m
Höhe: 3,65 m
Flügelfläche: 30,6 m²

Mitsubishi Ki-46

Ursprungsland
Japan
Kategorie
Aufklärer, Abfangjäger, Erdkampfflugzeug

Entwicklung: Um die weit ausgedehnten Kriegsschauplätze abzudecken und als Ersatz für die Ki-15 (S. 171), forderte die Armee einen wesentlich leistungsfähigeren Langstreckenaufklärer. Die aerodynamisch sauber und in Ganzmetallbauweise hergestellte Ki-46, die im November 1939 erstmals flog, erreichte jedoch nicht die gesteckten Ziele. Sie war mit 540 km/h langsamer als erwartet, aber immer noch schneller als die Ki-43 Hayabusa, ging aber in kleiner Stückzahl (34) in Serie. Mit der Ki-46 II (1093 Stück, Abb. oben), Erstflug im März 1942, erreichte man mit doppelt aufgeladenen Mitsubishi Ha-102 Sternmotoren mit je 1050 PS bereits 604 km/h. Sie hatte größere Tanks, aber auch ein reduziertes Gewicht. Mit Auftauchen leistungsfähigerer gegnerischer Abfangjäger wie zum Beispiel die P-38, wurde die Ki-46 nochmals aerodynamisch überarbeitet und bekam leistungsgesteigerte Ha-112 Antriebe. Als Ki-46 III (Zeichnung, Bild unten) flog sie erstmals im Dezember 1942. 609 wurden ausgeliefert, davon auch eine unbekannte Zahl Höhenabfang-/Nachtjäger Ki-46 III Kai mit abgestuftem Cockpit, zwei MKs im Bug und einer schräg nach obenfeuernden Maschinenkanone und eine kleine Anzahl Erdkampfflugzeuge Ki-47 IIIb. Vier Prototypen baute man von einer nochmals leistungsgesteigerten Ki-46 IV, die nahezu 700 km/h erreichten.

Insgesamt rollten 1742 Ki-46 bei Mitsubishi aus den Werkshallen.

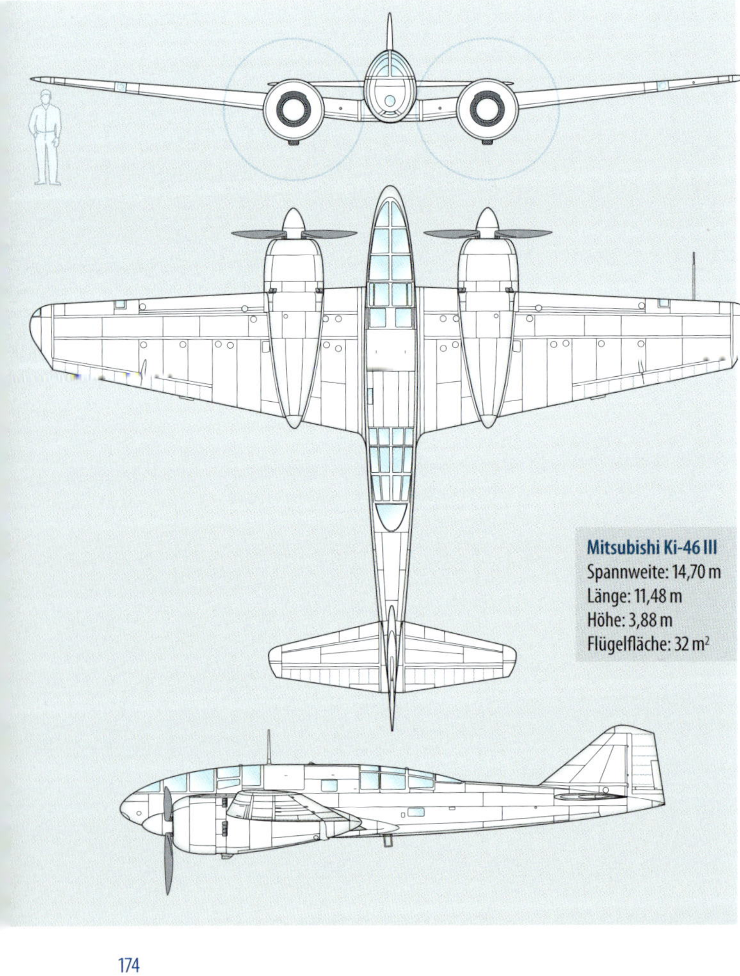

Mitsubishi Ki-46 III
Spannweite: 14,70 m
Länge: 11,48 m
Höhe: 3,88 m
Flügelfläche: 32 m²

Einige Ki-46 wurden von den Alliierten erbeutet, wie diese Ki-46 III, und ausgiebigen Tests unterzogen.

Bemerkungen: Alliierten-Code: *Dinah*. Obwohl schon vor dem Pazifikkrieg entwickelt, blieb die Dinah durch ständige Leistungssteigerungen bis zum Kriegsende 1945 eines der schnellsten Aufklärungsflugzeuge, das auch von den besten alliierten Jagdflugzeugen nur schwer abzufangen war. In den Kriegsjahren 1944–45 wurde die Ki-46 noch als Höhenabfangjäger gegen B-29 mit entsprechender Bewaffnung modifiziert. Sie war allerdings mit ihrer geringen Panzerung, den fehlenden selbstdichtenden Tanks und mit einer zu geringen Steigleistung wenig erfolgreich.

Die einzig erhaltene Ki-46 III steht im Royal Air Force-Museum, Cosford, Großbritannien.

Besatzung: 2 oder 3
Triebwerke: (III) Zwei luftgekühlte 14-Zylinder-Doppelsternmotoren Mitsubishi Ha-112-II mit je 1118 kW (1500 PS) Startleistung und 932 kW (1250 PS) Reiseleistung in 5800 m Höhe.
Leistungen: (III) Höchstgeschwindigkeit 630 km/h in 6000 m Höhe, Steigzeit auf 8000 m 20 min 15 sec, Dienstgipfelhöhe 10 500 m, Reichweite ca. 4000 km.
Gewichte: (III) Leergewicht 3831 kg, Abfluggewicht 5722 kg, maximales Abfluggewicht 6500 kg.
Bewaffnung: (III) Ein MG nach hinten, zwei MKs im Bug.

Mitsubishi Ki-51

Ursprungsland
Japan
Kategorie
Erdkampfflugzeug

Entwicklung: Bereits 1937, als die Ki-30 (S. 173) in Serie ging, forderte die japanische Armee einen leichten Bomber als Nachfolger. Die in Ganzmetall gebaute Ki-51 war etwas kleiner als die Ki-30 und es wurde Wert gelegt auf hohe Manövrierfähigkeit, Sturzkampffähigkeit, Panzerung und die Möglichkeit von vorgeschobenen, unvorbereiteten Pisten zu operieren. Ein ursprünglich geplanter Bombenschacht wurde zugunsten von Flügelstationen, die eine variablere Bombenlast tragen konnten, aufgegeben. Erstflug war vermutlich im Juni 1939 und nach zwei Prototypen und elf, immer wieder verbesserten Vorserienflugzeugen, die auch zur Einsatzerprobung in China flogen, begann im Januar 1940 die Serienproduktion. Während der ganzen Produktionsphase gab es nur zwei Modifikationen: zwei zusätzliche Flügeltanks und die Flügel-MGs erhielten ein größeres Kaliber. Nicht in Serie ging der Aufklärer Ki-51 a. Stattdessen konnte man mit einem Kamerarüstsatz die Maschinen schnell vor Ort zum Aufklärer umrüsten. 1941 begannen die Arbeiten an der stärkeren Variante Ki-71 als Nahaufklärer mit dem 1500 PS Mitsubishi Ha-112-IIDoppelsternmotor, stärkerer Bewaffnung und Einziehfahrwerk. Trotz des wesentlich stärkeren Motors und Einziehfahrwerks war die Leistungssteigerung so gering, dass das Projekt nach drei Prototypen aufgegeben wurde.

Insgesamt 2385 Ki-51 wurden bis Juli 1945 ausgeliefert. Davon produzierte Mitsubishi 1472 und Tachikawa 913 Flugzeuge.

Bemerkungen: Alliierten-Code: *Sonia*. Mit der Ki-51 hatte Japan ein durchaus brauchbares Erdkampfflugzeug, das in der Mandschurei und im ganzen Pazifikraum eingesetzt wurde. Wegen ihrer guten Flugeigenschaften, einfacher Wartung und der ausreichenden Panzerung war sie bei den Crews und dem Bodenpersonal beliebt. Dank ihrer geringen Geschwindigkeit war sie zudem für unvorbereitete Flugplätze geeignet, machte sie aber auch zur leichten Beute gegnerischer Flugzeuge. Noch Ende 1944 wurde erwogen, eine weitere Produktionsstraße einzurichten. Die Ki-51 blieb bis zum Kriegsende im Einsatz und wurde schließlich noch für Kamikaze-Angriffen gegen amerikanische Schiffe verwendet. Ende 1945 erbeutete die indonesischen Streitkräfte einige Flugzeuge auf aufgegebenen japanischen Stützpunkten. Fast alle Ki-51 wurden jedoch später während der indonesischen Nationalrevolution zerstört.

Das einzige erhaltene Exemplar steht im Indonesian Air Force Museum in Yogyakarta, Indonesien.

Besatzung: 2
Triebwerk: Ein luftgekühlter 14-Zylinder-Doppelsternmotor Mitsubishi Ha-26 II mit 701 kW (940 PS) Start- und 708 kW (950 PS) Reiseleistung.
Leistungen: Höchstgeschwindigkeit 424 km/h in 3000 m Höhe, Steigzeit auf 5000 m 9 min 55 sec, Dienstgipfelhöhe 8270 m, Reichweite 1060 km.
Gewichte: Leergewicht 1873 kg, Abfluggewicht 2798 kg, maximales Abfluggewicht 2920 kg.
Bewaffnung: Zwei MGs in den Flügeln und 1 bewegliches MG im hinteren Cockpit. 200 kg Bomben an Außenstationen.

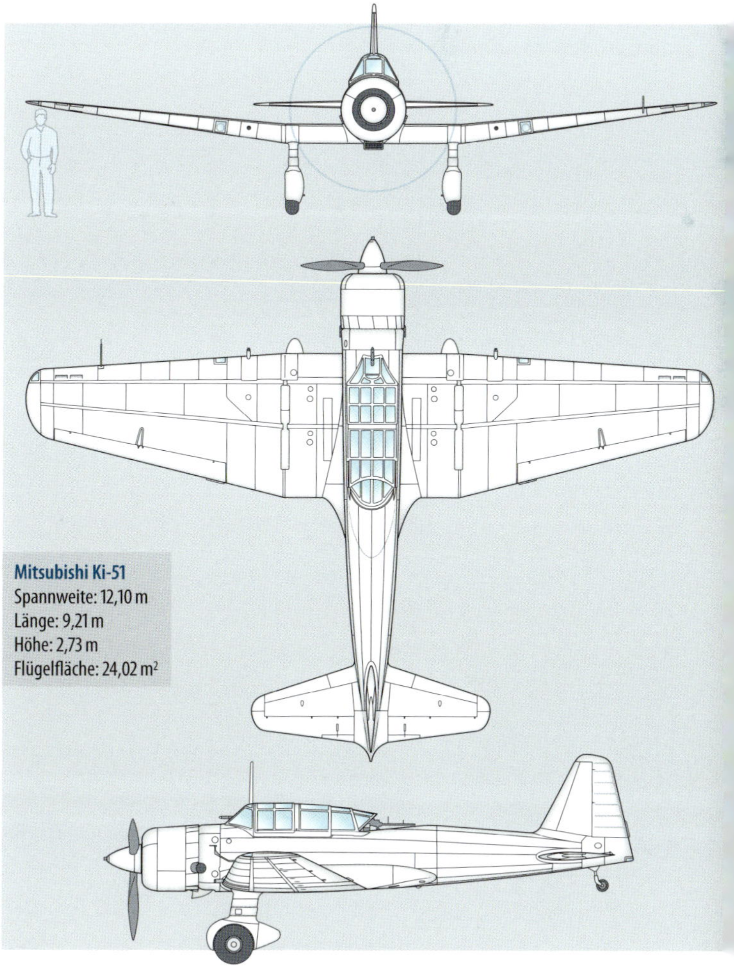

Mitsubishi Ki-51
Spannweite: 12,10 m
Länge: 9,21 m
Höhe: 2,73 m
Flügelfläche: 24,02 m²

Mitsubishi Ki-57

Ursprungsland
Japan
Kategorie
Transportflugzeug

Entwicklung: Der 1938 in Dienst gestellte Bomber Ki-21 (S. 172) war die Ausgangsbasis für das ursprünglich zivile Transportflugzeug MC-20 der Imperial Japanese Airways, auf das schließlich auch das Militär aufmerksam wurde und entsprechende Anforderungen stellte. Bis auf den Rumpf, der nun in zwei Reihen bis zu 11 Passagieren Platz bot, wurden das Leitwerk, die Flügel, das Cockpit und der Antrieb nur geringfügig verändert übernommen. Im August 1940 hatte der in Ganzmetallbauweise hergstellte Tiefdecker seinen Erstflug. Bereits Ende 1940 begann, trotz des Absturzes des vierten Prototypen, die Serienproduktion der ersten Baureihe, die militärische Ki-57 I und die zivile MC-20 I. Beide wurden von zwei Nakajima Ha-5 KAI-Doppelsternmotoren mit je 950 PS angetrieben. Eine kleine, unbekannte Anzahl Ki-57 I flog unter der Bezeichnung L4M1 auch bei der japanischen Marine. Nach etwa 100 Ki-57 I begann Mitsubishi im Mai 1942 die zivile und militärische Baureihe II (große Abb.) herzustellen. Sie wurde mit den leistungsstärkeren Mitsubishi-Sternmotoren Ha-102 und kleineren Verfeinerungen und Ausstattungsänderungen ausgeliefert. Auch von dieser Version wurde ein unbekannte Anzahl an die Imperial Japanese Airways als MC-20 II geliefert.

Insgesamt rollten 507 Flugzeuge (101 der Baureihe I und 406 der Baureihe II) bis Januar 1945 aus den Werkshallen von Mitsubishi.

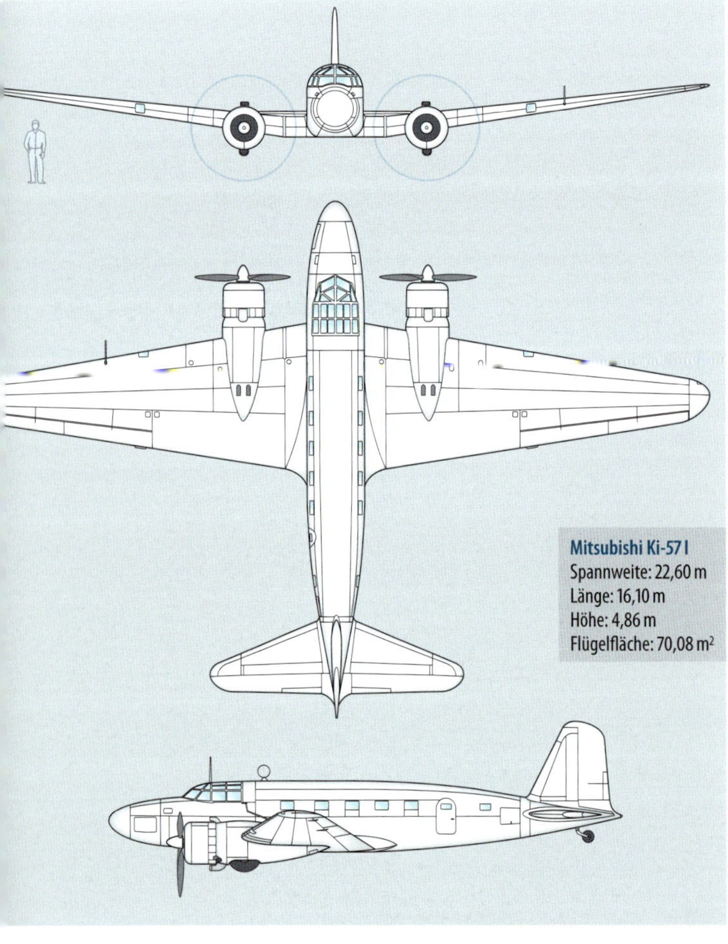

Mitsubishi Ki-57 I
Spannweite: 22,60 m
Länge: 16,10 m
Höhe: 4,86 m
Flügelfläche: 70,08 m²

Eine zivile Mitsubishi MC-20 I der japanischen Zeitung „Asahi Shimbun", die als „fliegende Redaktion" verwendet wurde.

Bemerkungen: Alliierten-Code: *Topsy*. Vor allem zum Absetzen von Luftlandetruppen, als Transport- und Verbindungsflugzeug wurde der Tiefdecker von der japanischen Armee und Marine auf nahezu allen Kriegsschauplätzen eingesetzt. Neben der zivilen Nutzung der MC-20 im Liniendienst bei der halbstaatlichen Imperial Japanese Airways, flog die später komplett verstaatlichte Fluggesellschaft auch Transporte für das Militär. Einige in China verbliebenen Flugzeuge wurden von den chinesischen Kuomintang übernommen und nach Kriegsende weiter betrieben.

Soweit bekannt, ist kein Flugzeug erhalten geblieben.

Besatzung: 4
Triebwerke: (II) Zwei luftgekühlte 14-Zylinder-Doppelsternmotoren Mitsubishi Ha-102 mit je 805 kW (1080 PS) Startleistung und 787 kW (1055 PS) Reiseleistung in 2800 m Höhe.
Leistungen: (II) Höchstgeschwindigkeit 470 km/h in 5800 m Höhe, Steigzeit auf 5000 m 15 min 45 sec, Dienstgipfelhöhe 8000 m, Reichweite 1500 km, maximal 3000 km.
Gewichte: (II) Leergewicht 5585 kg, Abfluggewicht 8173 kg, maximales Abfluggewicht 9120 kg.

Mitsubishi Ki-67 Hiryu

Ursprungsland
Japan
Kategorie
Mittelschwerer Bomber

Entwicklung: Ende 1940 forderte die japanische Armee, in Erwartung eines Krieges in der Mandschurei gegen die Sowjetunion, einen schweren Bomber mit hoher Reichweite. Mitsubishi entwarf unter Anleihen bei der G4M (S. 166) einen Mitteldecker in Ganzmetallbauweise, der im Dezember 1942 erstmals flog. Das gut bewaffnete und gepanzerte Flugzeug mit selbstdichtenden Tanks war sturzfähig. Die Erprobung zeigte, dass sie fast allen Anforderungen der Armee entsprach. Hauptproduktionsmodell war die Ki-67 Ia, von der vermutlich über 580 Stück ausgeliefert wurden, die über Land als Bomber, aber auch als Torpedobomber über See eingesetzt wurden. Einzelstücke oder in sehr kleiner Stückzahl gebaut wurden Schleppflugzeuge, Transporter, eine dreisitzige Kamikaze-Version und 24 Ki-109, eine zum schweren Jagdflugzeug modifizierte Ki-67 mit einer Kanone im Bug. Eingestellt wurden die Projekte eines Nachtjägers, eines Transporters Ki-97, die Ki-112 als Bomber-Begleitjäger in Holzbauweise und die Q2M1 mit stärkeren Motoren, für die Marine zur U-Bootbekämpfung.

Trotz größter Priorität wurden bis zum Ende des Zweiten Weltkrieges lediglich 698 Ki-67 gebaut, davon 91 von Kawasaki. Andere Quellen sprechen von 767 fertiggestellten Ki-67.

Bemerkungen: Alliierten-Code: *Peggy*. Mit der Hiryu (Fliegender Drache) hatte Japan einen schnellen und äußerst wendigen Bomber mit hoher Reichweite, der dank seiner Panzerung auch angeblich bei Beschuss eine hohe Überlebensfähigkeit hatte, was bei japanischen Flugzeugen selten vorkam. Seine Effektivität litt jedoch gegen Kriegsende durch den Einsatz unerfahrener Besatzungen. Geflogen wurde der Torpedobomber im ganzen Pazifikraum gegen die vorrückenden amerikanischen Einheiten und als Bomber über China und unter anderem gegen B-29-Basen auf den Marianen.

Es ist kein Flugzeug erhalten geblieben.

Zwei Prototypen und 22 Serienflugzeuge wurden von der mit einer 75 mm-Kanone im Bug bewaffneten Ki-109 gebaut. Sie sollte als schwerer Jäger gegen US-Bomber eingesetzt werden.

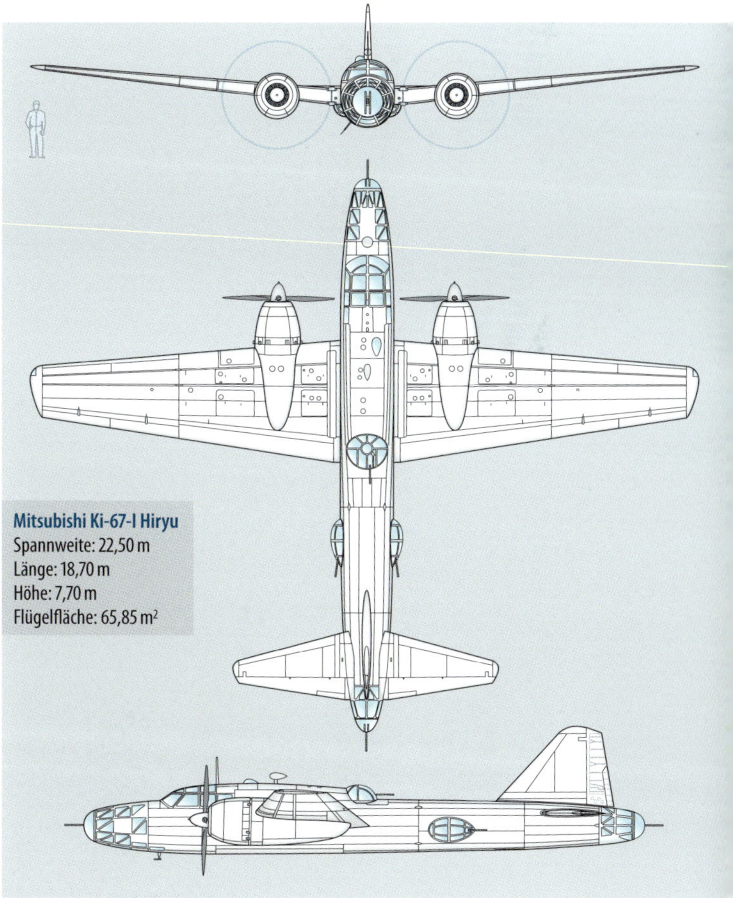

Mitsubishi Ki-67-I Hiryu
Spannweite: 22,50 m
Länge: 18,70 m
Höhe: 7,70 m
Flügelfläche: 65,85 m²

Besatzung: 6
Triebwerke: Zwei luftgekühlte 18-Zylinder-Doppelsternmotoren Mitsubishi Ha-104 mit je 1397 kW (1900 PS) Startleistung und 1184 kW (1610 PS) Reiseleistung in 6000 m Höhe.
Leistungen: Höchstgeschwindigkeit 537 km/h in 6000 m Höhe, Reisegeschwindigkeit 400 km/h, Steigzeit auf 6000 m 14 min 30 sec, Dienstgipfelhöhe 9470 m, Reichweite 2800 km, maximale Reichweite 3800 km.
Gewichte: Leergewicht 8649 kg, maximales Abfluggewicht 13 765 kg.
Bewaffnung: Je ein MG im Bug, Heck, in den Seitenständen und im Rückendrehtum. Normal 500 kg Bomben, maximal 800 kg im Bombenschacht oder ein 800 kg- oder 1070 kg-Torpedo unter dem Rumpf.

Nakajima E8N

Ursprungsland
Japan
Kategorie
Aufklärungs-flugzeug

Entwicklung: Als 1933 die japanische Marine ein zweisitziges Aufklärungsflugzeug als Ersatz für die Nakajima E4N forderte, bot Nakajima nur eine überarbeitete Version der E4N an, mit neu konstruierten kleineren Flügeln und geändertem Leitwerk. Der katapultstartfähige Doppeldecker war in bespannter Ganzmetallbauweise hergestellt, und startete im März 1934 erstmals. Nach ausgiebigen Tests mit sechs Flugzeugen gewann Nakajima gegen die eigentlich moderneren Tiefdecker Kawanishi E8K und Aichi AM7. Im Oktober 1935 begann die Produktion der E8N1 mit einem 580 PS-Kotobuki Antrieb. Nach einer unbekannten Zahl wurde auf die E8N2 mit einem leistungsfähigeren 630 PS-Kotobuki umgestellt und das Flugzeug bekam eine verbesserte Ausrüstung.

Von beiden Varianten wurden bis 1940 inklusive der Prototypen 755 E8N ausgeliefert, davon 48 von Kawanishi.

Bemerkungen: Alliierten-Code: *Dave*. Die E8N war ein schiffsgestütztes Aufklärungsflugzeug mit einem Zentralschwimmer, war wendig und hatte angeblich sehr gute Flugeigenschaften. Es war auf allen schweren japanischen Schlachtschiffen, auf sechzehn Kreuzern und auf fünf sogenannten Flugzeugmutterschiffen stationiert. Im Zweiten Japanisch-Chinesischen Krieg wurde sie ab 1937 nicht nur zur Aufklärung, sondern auch als Sturzkampfbomber und Artilleriebeobachter eingesetzt. Einige Flugzeuge blieben bis zum Ausbruch des Pazifikkrieges 1941 im Einsatz, wurden aber schnell durch modernere Flugzeuge ersetzt. Schließlich blieb nur noch die Verwendung als Schulungs- und Verbindungsflugzeug.

Soweit bekannt blieb kein Flugzeug erhalten

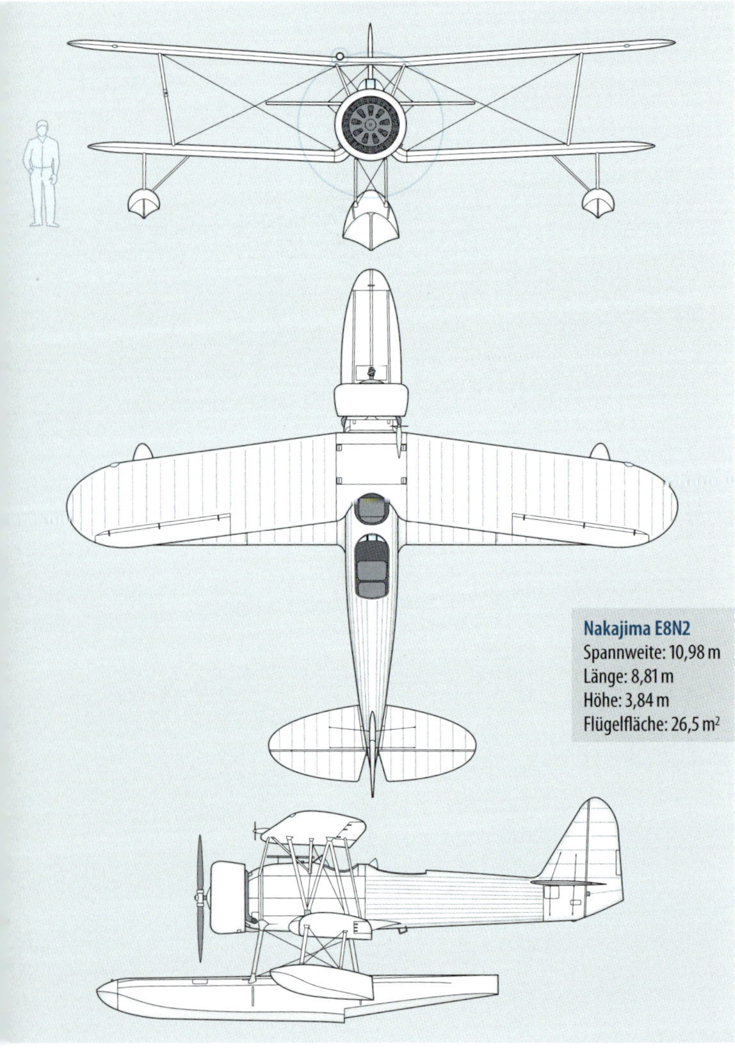

Nakajima E8N2
Spannweite: 10,98 m
Länge: 8,81 m
Höhe: 3,84 m
Flügelfläche: 26,5 m²

Gestartet wurde per Katapult, nach der Landung wurde das Flugzeug per Kran wieder an Bord gehievt.

Besatzung: 2
Triebwerk: (N2) Ein luftgekühlter 9-Zylinder-Sternmotor Nakajima Kotobuki 2 KAI 2 mit 463 kW (630 PS) Startleistung und 338 kW (460 PS) Reiseleistung in 3000 m Höhe.
Leistungen: Höchstgeschwindigkeit 300 km/h in 3000 m Höhe, Reisegeschwindigkeit 185 km/h, Steigzeit auf 3000 m 6 min 31 sec, Dienstgipfelhöhe 7270 m, Reichweite 900 km.
Gewichte: Leergewicht 1320 kg, maximales Abfluggewicht 1900 kg.
Bewaffnung: Ein nach vorn gerichtetes festes MG und ein bewegliches MG im hinteren Cockpit. Zwei 30 kg-Bomben unter dem Flügel.

Nakajima B5N

Ursprungsland
Japan
Kategorie
Trägergestützter Bomber, Torpedobomber

Entwicklung: Nach einer Ausschreibung 1935 sollte die B5N als moderneres Trägerflugzeug den Doppeldecker Yokosuka B4Y (S. 198) ersetzen. Gegen die Konkurrentin B5M von Mitsubishi konnte sie sich durchsetzen und dem Bau des ersten Prototypen folgte im Januar 1937 der Erstflug. Bereits im November 1937 rollte die erste Serienmaschine aus den Werkshallen. Die in Ganzmetallbauweise produzierte, damals innovative B5N1 mit einem 9-Zylinder-Nakajima Hikari-Sternmotor mit 770 PS Startleistung, einem Verstellpropeller und Fowlerklappen hatte um auf den Flugzeugträgern Platz zu sparen manuelle einklappbare Flügel, aber weder ein gepanzertes Cockpit noch selbstdichtende Tanks. Mit der B5N2 (große Abb.), die erstmals im Dezember 1939 flog, sollte der fehlende Schutz durch eine höhere (Flucht-)Geschwindigkeit kompensiert werden. Bei ihr kam der zuverlässigere und kleinere 1000 PS-Nakajima-Sakae-Motor zum Einbau, was außer einer besseren Sicht, aber wegen des höheren Gewichts kaum Leistungsverbesserungen brachte.

Eine B5N2 Kate mit einer 250 kg-Bombe.

Insgesamt rollten 1149 B5N aller Varianten aus den Werkshallen.

Bemerkungen: Alliierten-Code: *Kate*. Während 1938 die ersten Flugzeugträger bestückt wurden, flogen landbasierte B5N1 erste Einsätze über China. Zu Beginn des Pazifikkrieges waren alle großen Flugzeugträger mit dem damals leistungsfähigsten Bomber ausgerüstet. Sie waren an allen großen Angriffen und an der Versenkung mehrerer US-Kriegsschiffe beteiligt. Ab 1943/44 sollten sie durch die modernere B6N (S. 180) ersetzt werden, blieben aber weiter auf kleineren Flugzeugträgern stationiert. Sie flogen als landgestützte Bomber, zur U-Boot-Bekämpfung, für die einige B5N mit Radar und Magnetdetektoren ausgerüstet wurden, als Aufklärer und als Zielschlepper. Gegen Kriegsende setzte man sie noch bei Kamikaze-Angriffen ein.

Es blieben nur Wracks erhalten: Eines im Pearl Harbor Aviation Museum, Honolulu, USA und eines im Wings Aviation Museum bei Handcross, Großbritannien.

Besatzung: 3
Triebwerk: (B5N2) Ein luftgekühlter 14-Zylinder-Doppelsternmotor Nakajima NK1B Sakae 11 mit 745 kW (1000 PS) Startleistung und 626 kW (840 PS) in 3000 m Höhe.
Leistungen: (B5N2) Höchstgeschwindigkeit 377 km/h in 3600 m Höhe, Reisegeschwindigkeit 260 km/h in 3000 m Höhe, Steigzeit auf 3000 m 7 min 40 sec, Dienstgipfelhöhe 8260 m , Reichweite 980 km, maximale Reichweite 1990 km.
Gewichte: (B5N2) Leergewicht 2279 kg, Abfluggewicht 3800 kg, maximales Abfluggewicht 4100 kg.
Bewaffnung: Ein MG im hinteren Cockpit.
Bis zu 800 kg Bomben oder ein Torpedo unter dem Rumpf.

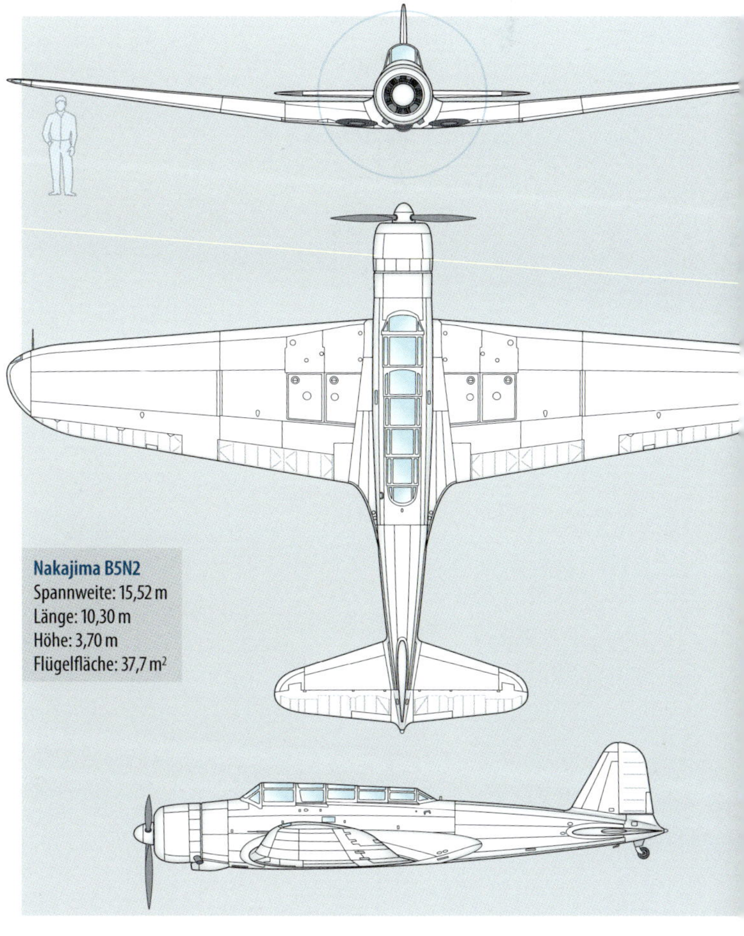

Nakajima B5N2
Spannweite: 15,52 m
Länge: 10,30 m
Höhe: 3,70 m
Flügelfläche: 37,7 m²

Nakajima B6N Tenzan

Ursprungsland
Japan
Kategorie
Trägergestützter Torpedobomber

Entwicklung: Bereits 1939 suchte die japanische Marine einen schnelleren B5N-Nachfolger. Nakajima entwarf mit der B6N ein ähnliches Flugzeug, jedoch mit wesentlich stärkerem Motor. Der Prototyp B6N1 flog erstmals im März 1941. Fast zwei Jahre lang durchlief der Ganzmetall-Tiefdecker mit Klappflügeln ein Testprogramm, das einige Modifikationen an Zelle und Antrieb mit sich brachte. Erst Anfang 1943 begann die Produktion der B6N1, die mit einem 1870 PS starken 14-Zylinder Doppelsternmotor Nakajima-Mamoru ausgestattet war. Mit der Produktionseinstellung des Mamoru-Antriebs endete aber bereits im Juli 1943 die erste Baureihe nach 133 Flugzeugen. Die B6N2 erhielt den Mitsubishi Kasei und wurde dadurch etwas länger. Etwa ein Drittel der 1130 gebauten B6N2 wurden ab Herbst 1943 mit Radar zur Schiffssuche ausgestattet (Zeichnung). Nach dem Verlust fast aller Flugzeugträger, entwickelte man noch eine landgestützte Version B6N3 mit einem 1850 PS Mitsubishi Kasei. Sie erreichte, als der Krieg 1945 endete, mit zwei Prototypen fast die Serienreife.

Insgesamt wurden von Nakajima 1268 B6N aller Versionen ausgeliefert.

Bemerkungen: Alliierten-Code: *Jill*. Die Tenzan wurde in den letzten beiden Kriegsjahren auf fast allen japanischen Kriegsschauplätzen eingesetzt, oft mit sehr großen Verlusten. Der Tiefdecker war zwar leistungsfähig und durchaus auf dem technisch aktuellen Stand. Sie war zum Beispiel mit der Grumman Avenger gleichzusetzen, kam aber als trägergestütztes Kampfflugzeug zu spät, denn bereits Mitte 1944 waren fast keine japanischen Flugzeugträger mehr vorhanden, es mangelte zudem an erfahrenen Piloten und die Alliierten hatten nahezu die vollständige Lufthoheit. Gegen Kriegsende wurden sie schließlich noch bei Kamikaze-Missionen eingesetzt.

Angeblich gibt es noch ein eingelagertes Flugzeug im Smithsonian Air an Space Museum, USA.

Um die hohe Flügelbelastung durch den schweren Motor, der einen großen Vierblattpropeller antrieb, etwas zu reduzieren, wurde die Tenzan mit Fowler-Klappen konstruiert.

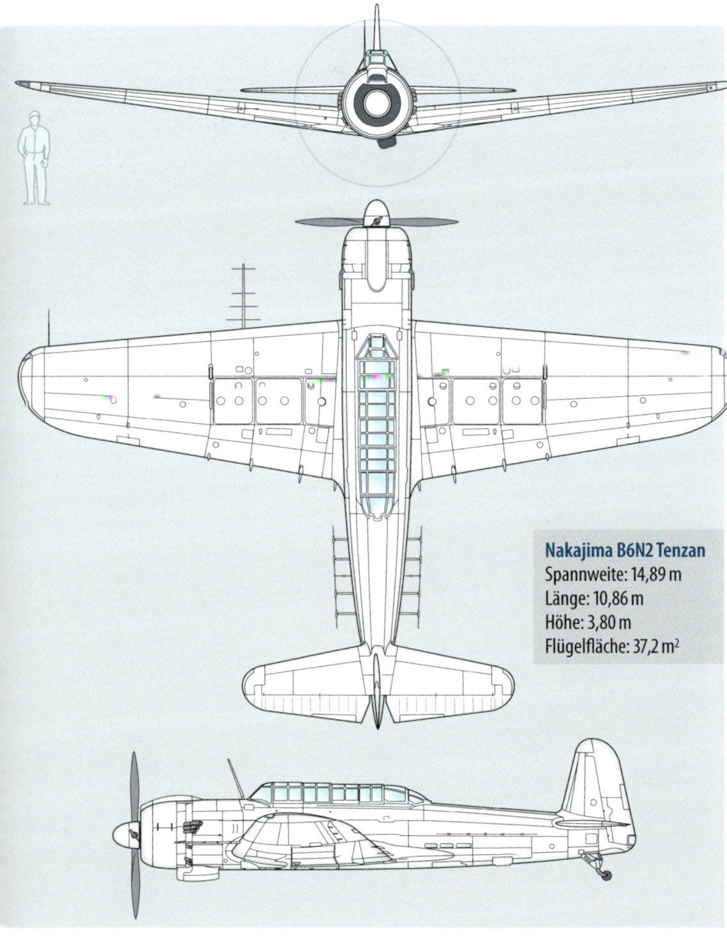

Nakajima B6N2 Tenzan
Spannweite: 14,89 m
Länge: 10,86 m
Höhe: 3,80 m
Flügelfläche: 37,2 m²

Besatzung: 3
Triebwerk: (B6N2) Ein luftgekühlter 14-Zylinder-Doppelsternmotor Mitsubishi MK4T Kasei 25 mit 1380 kW (1850 PS) Startleistung und 1148 kW (1540 PS) in 5500 m Höhe.
Leistungen: (B6N2) Höchstgeschwindigkeit 480 km/h in 4900 m Höhe, Reisegeschwindigkeit 330 km/h in 4000 m Höhe, Steigzeit auf 5000 m 10 min 24 sec, Dienstgipfelhöhe 9050 m, Reichweite 1750 km, maximal 3050 km.
Gewichte: (B6N2) Leergewicht 3010 kg, Abfluggewicht 5200 kg, maximales 5650 Abfluggewicht kg.
Bewaffnung: (B6N2) Ein MG nach vorn, ein MG im hinteren Cockpit. Bis zu 800 kg Bomben oder ein Torpedo unter dem Rumpf.

Nakajima C6N Saiun

Ursprungsland
Japan
Kategorie
Aufklärungsflugzeug, Nachtjäger

Entwicklung: Schon nach den ersten Erfahrungen im Pazifikkrieg forderte die japanische Navy einen trägergestützten schnellen Aufklärer, der 650 km/h erreichen sollte. Eine Idee, mit zwei 1000 PS-Motoren im Rumpf, die über ein Getriebe zwei Propeller am Flügel antreiben, wurde nach der Entwicklung des 2000 PS-Homare-Doppelsternmotors aufgegeben. Der Erstflug des in Ganzmetallbauweise hergestellten Prototyps war im Mai 1943 und nach 18 Vorserienflugzeugen begann im Februar 1944 die Produktion. Zur hohen Geschwindigkeit trugen der lange schmale Rumpf und die Laminar-profilierten Tragflächen bei. Fowlerklappen sowie Vorflügel ermöglichten kurze Trägerlandungen. Die Crew des Aufklärers setzte sich aus Pilot, Navigator und Funker/Schütze zusammen. Der zweisitzige Nachtjäger C6N-1S wurde mit zwei Maschinenkanonen, die schräg nach oben feuerten, gebaut. Auch trägergestützte C6N-1B Torpedobomber waren geplant, wurden aber nach der Versenkung fast aller Flugzeugträger nicht mehr benötigt. Im Februar 1945 baute man noch zwei C6N1 auf den 1980 PS-Nakajima Homare NK9K mit Turbolader um, der einen Vierblattpropeller antrieb.

463 C6N Saiun verließen noch bis August 1945 bei Nakajima die Werkshallen.

Die Prototypen der C6N1 flogen noch mit einem luftgekühlten 18-Zylinder Nakajima NK9A Noma 11 und Vierblatt-Propeller.

Besatzung: 3, Nachtjäger 2
Triebwerk: (C6N1) Ein luftgekühlter 18-Zylinder-Doppelsternmotor Nakajima NK9H Homare 21 mit 1483 kW (1990 PS) Startleistung und 1267 kW (1700 PS) Reiseleistung in 6500 m Höhe.
Leistungen: (C6N1) Höchstgeschwindigkeit 610 km/h in 6100 m Höhe, Reisegeschwindigkeit 390 km/h, Steigzeit auf 6000 m 8 min 9 sec Dienstgipfelhöhe 10 470 m, Reichweite 3080 km, maximale Reichweite 5300 km.
Gewichte: (C6N1) Leergewicht 2968 kg, Abfluggewicht 4500 kg, maximales Abfluggewicht 5260 kg.
Bewaffnung: (C6N1) Ein bewegliches MG im hinteren Cockpit, einige Varianten 2 MGs über dem Motor. Ein externer 730 Liter Drop-Tank.

Bemerkungen: Alliierten-Code: *Myrt*. Obwohl als trägergestütztes Flugzeug entworfen, wurde die Saiun zur Zeit ihrer Indienststellung hauptsächlich nur noch von Landbasen aus eingesetzt. Ungefähr so schnell wie eine Grumman Hellcat, war das Flugzeug nicht einfach abzufangen. Mit Erscheinen der US-Bomber über Japan wurden C6N auch als Nachtjäger benötigt. Allerdings war das schnelle Flugzeug wegen eines fehlenden Radars und den wenig höhentauglichen Homare-Motoren nur eingeschränkt verwendbar.

Neben ein paar Wracks im Pazifikraum existiert noch ein eingelagertes Exemplar im Smithsonian Air and Space Museum, Washington, USA.

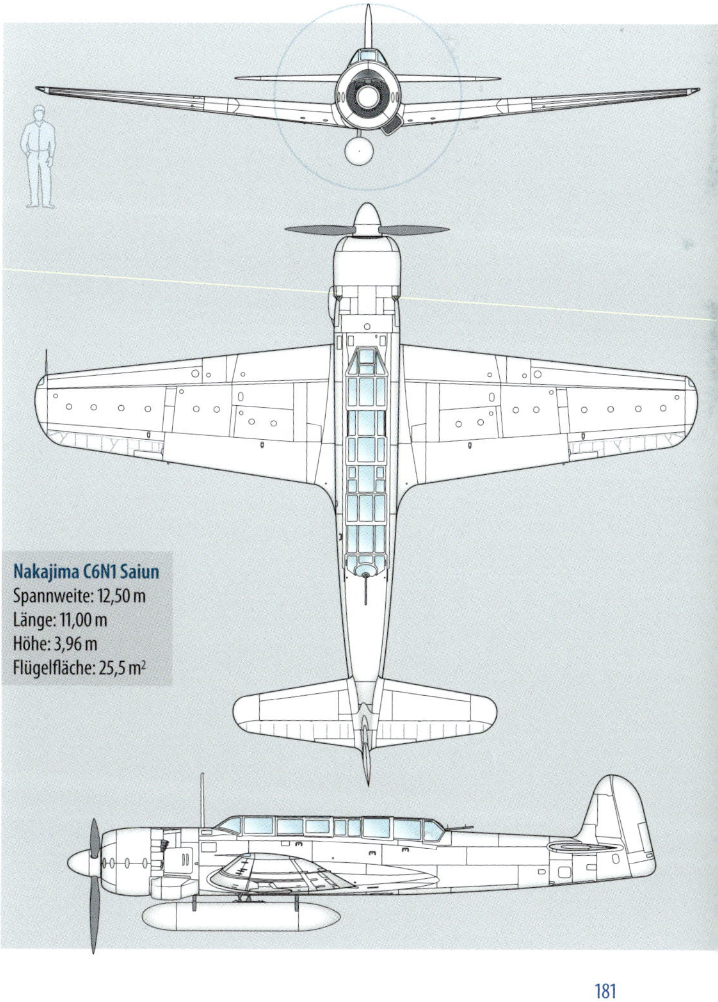

Nakajima C6N1 Saiun
Spannweite: 12,50 m
Länge: 11,00 m
Höhe: 3,96 m
Flügelfläche: 25,5 m²

Nakajima G5N Shinzan

Ursprungsland
Japan
Kategorie
Schwerer Langstreckenbomber

Entwicklung: Bereits 1938 interessierte sich die japanische Marine für einen Langstreckenbomber mit einer Reichweite von über 5000 km und einer Nutzlast von 4000 kg, was eine viermotorige Konstruktion bedingte. Kein japanischer Flugzeughersteller war jedoch Ende der 1930er Jahre in der Lage, ein so großes, mehrmotoriges Flugzeug zu konstruieren. So wurde der einzige Prototyp der erfolglosen, nie in Serie gebauten Douglas DC-4 E von Japan Airlines erworben und Nakajima zur Kopie übergeben. Es kam mit der G5N1 ein Ganzmetall-Tiefdecker zustande, der sich des Flügels, der Triebwerksanordnung, des Fahrwerks und des Leitwerks der DC-4 E bediente. Der Rumpf mit verglastem Bug und einem zentralen Bombenschacht war eine Neukonstruktion. Nach dem Erstflug im April 1941 zeigten sich schnell die Unzulänglichkeiten der gesamten Konstruktion: Das viel zu hohe Gewicht, in allen Bereichen zu geringe Leistungen, die Unzuverlässigkeit der 1870 PS starken Nakajima-Mamori-Motoren und die komplizierte Bauweise. Nach den drei Prototypen G5N1 entstanden noch vier Nullserienmaschinen G5N2. Bei ihr wurden die zuverlässigeren, aber schwächeren Mitsubishi MK4B 12 Kasei-Triebwerke mit 1530 PS installiert – das Flugzeug war nun aber hoffnungslos untermotorisiert. 1942 wurde die Erprobung eingestellt und damit ganze Projekt beendet.

Von den sechs bereits fertiggestellten Flugzeugen baute Nakajima vier zum Marine-Langstreckentransporter G5N2-L um.

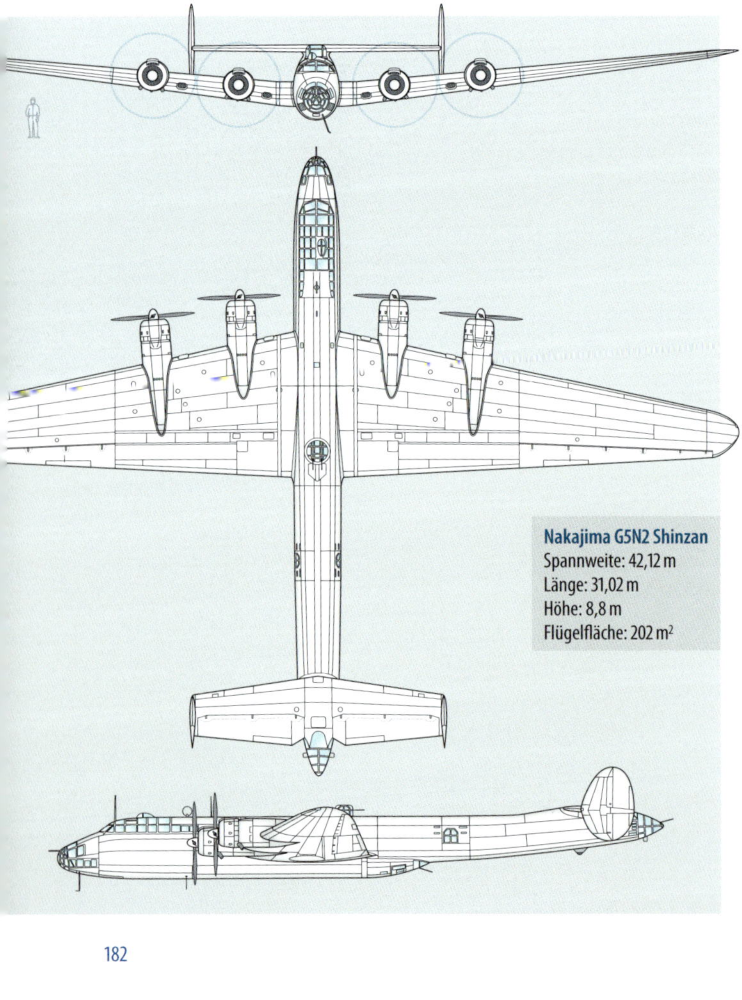

Nakajima G5N2 Shinzan
Spannweite: 42,12 m
Länge: 31,02 m
Höhe: 8,8 m
Flügelfläche: 202 m²

Einer der Prototypen G5N1.

Bemerkungen: Alliierten-Code: *Liz*. Mit der Shinzan zeigte sich deutlich, dass die japanische Flugzeugindustrie in den späten 1930er-Jahren noch nicht in der Lage war, große, komplexe und leistungsfähige Flugzeuge zu konstruieren und auch herzustellen. Dies änderte sich zwar in den 1940er-Jahren mit der G8N Renzan (Folgeseite), die aber bis Kriegsende nicht mehr über das Prototypenstadium hinauskam. Es blieb kein Flugzeug erhalten.

Besatzung: 7
Triebwerke: (N2) Vier luftgekühlte 14-Zylinder-Doppelsternmotoren Mitsubishi Kasei mit je 1125 kW (1530 PS) Startleistung und 1015 kW (1380 PS) Reiseleistung in 4900 m Höhe.
Leistungen: Höchstgeschwindigkeit 420 km/h in 4100 m Höhe, Reisegeschwindigkeit 370 km/h in 4000 m Höhe, Steigzeit auf 2000 m 5 min 17 sec, Dienstgipfelhöhe 7450 m, Reichweite ca. 4250 km.
Gewichte: Leergewicht 20 100 kg, Abfluggewicht 28 150 kg, maximales Abfluggewicht 32 000 kg.
Bewaffnung: Je eine Maschinenkanone im Drehturm auf dem Rücken und unter dem Rumpf, je ein MG im Bug, seitlich hinten und im Heckstand. Normale Zuladung 2000 kg Bomben, maximal 4000 kg im Bombenschacht.

Nakajima G8N Renzan

Ursprungsland
Japan
Kategorie
Schwerer Bomber

Entwicklung: Ende 1942 prüfte die japanische Marine den Einsatz von Langstreckenbombern im Zusammenspiel mit der Flotte. Im Februar 1943 wurde schließlich Nakajima beauftragt, einen viermotorigen, schweren Bomber zu entwickeln. Er sollte rund 600 km/h schnell sein und maximal 7400 km Reichweite haben, mit einer typischen 4000 kg-Bombenladung noch 3700 km. Der erste Prototyp flog im Oktober 1944. Drei weitere Vorserienflugzeuge wurden bis Juni 1945 fertiggestellt. Die Erprobung des in Ganzmetallbauweise hergestellten Mitteldeckers verlief zufriedenstellend, lediglich die Turbolader bereiteten Probleme. Die relativ einfache Konstruktion war für eine schnelle Serienproduktion optimiert und man hoffte bis September 1945 16 Vorserienflugzeuge und 48 Serienflugzeuge fertigzustellen. Eine G8N2 Renzan mit 2200 PS-Mitsubishi MK9A Motoren als Träger für das Kamikaze-Raketenflugzeug Yokosuka Ohka (S. 202) kam nicht über das Projektstadium hinaus. Der Mangel an Leichtmetallen führte noch zur Entwicklung einer aus Stahl hergestellten Version G8N3, die aber nicht mehr gebaut wurde.

Bis Kriegsende im Juni 1945 konnten lediglich 4 Flugzeuge fertiggestellt werden.

Bemerkungen: Alliierten-Code: *Rita*. Mit der Renzan hätte Japans Marine einen relativ leistungsfähigen viermotorigen Langstreckenbomber besessen. Die nahende Niederlage Japans mit all ihren Begleiterscheinungen, wie ständige Bombardements, bei der ein Prototyp zerstört wurde, die immer deffensivere Rolle der japanischen Streitkräfte und Rohstoffmangel zwangen Nakajima schließlich dazu, das Programm zu beenden.

Einer der Prototypen wurde nach Kriegsende in die USA überführt, getestet und anschließend verschrottet.

Die in die USA überführte Renzan mit amerikanischen Kennzeichen, die nach Tests verschrottet wurde.

Nakajima G8N1 Renzan
Spannweite: 32,54 m
Länge: 22,93 m
Höhe: 7,2 m
Flügelfläche: 112 m²

Besatzung: 10
Triebwerke: Vier luftgekühlte 18-Zylinder-Doppelsternmotoren Nakajima NK9K-L Homare 24 mit je 1470 kW (2000 PS) Startleistung und 1346 kW (1830 PS) Reiseleistung in 8000 m Höhe.
Leistungen: Höchstgeschwindigkeit 592 km/h in 8000 m Höhe, Reisegeschwindigkeit 370 km/h in 4000 m Höhe. Steigzeit auf 8000 m 17 min 34 sec, Dienstgipfelhöhe 10 200 m, Reichweite 3940 km, maximal 7463 km.
Gewichte: Leergewicht 17 400 kg, Abfluggewicht 26 800 kg, maximales Abfluggewicht 32 150 kg.
Bewaffnung: Je 2 Maschinenkanonen oder MGs im Bug, über dem Cockpit, unter dem Rumpf und im Heck, je ein MG seitlich in den hinteren Waffenständen. Maximal 2000 kg Bomben.

Nakajima J1N Gekko

Ursprungsland
Japan
Kategorie
Langstrecken-Begleitjäger, Aufklärer, Nachtjäger

Entwicklung: Mitte 1938 forderte die japanische Marine einen Jäger, der ihre Bomber im Japanisch-Chinesischen Krieg begleiten konnte. Im März 1939 begann Nakajima mit den Entwurfsarbeiten und im Mai 1941 flog die in Ganzmetallbauweise hergestellte J1N1 mit zwei 1130 PS starken Sternmotoren Nakajima Sakae 21/22 erstmals. Schnell, aber nicht wendig genug für ein Jagdflugzeug, technische Probleme und ein zu hohes Gewicht führt zur Einstellung des Projekts Langstreckenjäger nach insgesamt sieben Prototypen. Nach einer Gewichtsreduktion durch eine geänderte Bewaffnung und kleineren internen Tanks, ergänzt durch zwei Drop-Tanks, wurde die J1N1-C jedoch als dreisitziger Langstreckenaufklärer zur Serienreife (54 St.) gebracht. Anfang 1943 wurde einige J1N1-C mit nach schräg oben feuernde Maschinenkanonen ausgerüstet. Dies bewährte sich so gut, dass 240 J1N1-S (Zeichnung) als zweisitzige Nachtjäger bis Dezember 1944 gebaut wurden. Die S-Varianten selbst unterschieden sich in der Bewaffnung, durch den Einbau von Radarantennen (Abb. oben) oder eines Suchscheinwerfers im Bug.

Inklusive der Prototypen sind 479 Gekko hergestellt worden.

Bemerkungen: Alliierten-Code: *Irving*. Erst als Nachtjäger kamen die Fähigkeiten der Gekko zur Geltung. Mit dem Einbau der schräg nach oben feuernden Maschinenkanonen waren sie gegen gleichschnelle B-19 Flying Fortress und B-24 Liberator-Bomber erfolgreich, aber gegen hoch anfliegende B-29 mangels Höhenleistung der Motoren und unzureichendem Radar bis auf wenige Ausnahmen chancenlos. Die meisten übrig gebliebenen Flugzeuge wurden mit zwei 250 kg-Bomben bis zum Kriegsende für Kamikaze-Angriffe eingesetzt.

Eine einzige komplett erhaltene J1N1-S Gekko wird im Steven F. Udvar-Hazy Center in Chantilly, USA präsentiert.

Diese J1N1-S als Nachtjäger flogen mit einem im Bug eingebauten Suchscheinwerfer.

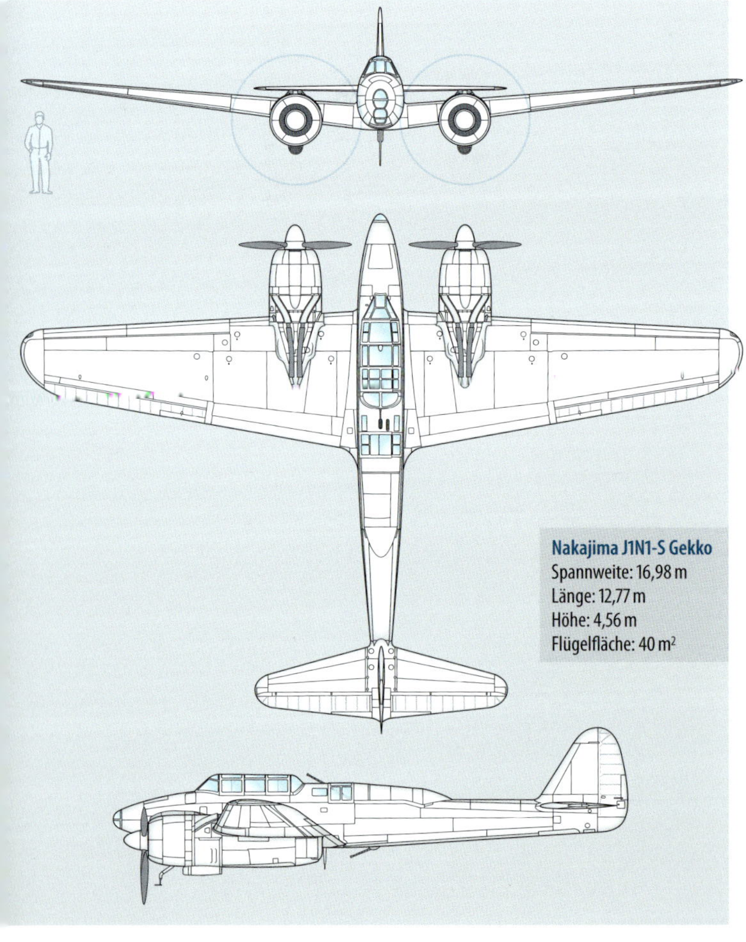

Nakajima J1N1-S Gekko
Spannweite: 16,98 m
Länge: 12,77 m
Höhe: 4,56 m
Flügelfläche: 40 m²

Besatzung: 2 – 3
Triebwerke: (J1N1-S) Zwei luftgekühlte 14-Zylinder-Doppelsternmotoren Nakajima NK1F Dakae mit 831 kW (1130 PS) Startleistung.
Leistungen: (J1N1-S) Höchstgeschwindigkeit 507 km/h in 5840 m Höhe, Reisegeschwindigkeit 330 km/h in 4000 m Höhe, Dienstgipfelhöhe 9300 m, Reichweite 2540 km, Überführungsreichweite 3780 km
Gewichte: (J1N1-S) Leergewicht 4840 kg, Abfluggewicht 7010 kg, maximales Abfluggewicht 8184 kg.
Bewaffnung: (J1N1-S) Zwei MKs hinter dem Cockpit schräg nach oben und zwei schräg nach unten oder drei schräg nach oben.

Nakajima Ki-27

Ursprungsland
Japan
Kategorie
Leichtes Jagdflugzeug

Entwicklung: Um Ersatz für ihre veralteteten Jagdflugzeuge zu beschaffen, beauftragte die japanische Armee Mitsubishi, Kawasaki und Nakajima je zwei Prototypen eines modernen Jagdflugzeugs zu konstruieren und zu bauen. Erstflug des in Ganzmetallbauweise hergestellten Tiefdeckers von Nakajima war im Oktober 1936, der auch das Vergleichsfliegen gewann. Im Juni 1937 begann die Auslieferung von 10 Vorserienmodellen, in die noch Änderungen eingeflossen sind. Vermutlich etwa 565 Ki-27 a, nun mit größeren Flügeln und geändertem Cockpit, liefen ab Dezember 1937 vom Band. Davon wurden etwa 150 Ki-27 a zu zweisitzigen Trainern umgebaut. Die b-Version (Zeichnung) erhielt unter anderem ein voll verglastes Cockpit und vier Flügelstationen für 25 kg-Bomben. Auch von den 1492 gebauten Ki-27 b wurden etwa 225 zum Trainer umgerüstet. Eine Leichtbauversion Ki-27 KA, als Interimslösung bis die Ki-43 serienreif war, wurde nach zwei Prototypen gestrichen. Mansyu in Harbin/Mandschukuo baute 1379 Ki-27 in Lizenz und produzierte auch den nahezu identischen Trainer Ki-79, ein- und zweisitzig mit offenem Cockpit.

Eine Staffel Nakajima Ki-27 auf einem Feldflugplatz in Kwangtung, im Süden der heutigen Volksrepublik China.

Inklusive der Lizenzproduktion wurden 3399 Ki-27 ausgeliefert.

Bemerkungen: Alliierten-Code: *Abdul*, später *Nate*. Im Japanisch-Chinesischen Krieg waren die wendigen Ki-27, als Standardjäger der japanischen Armee bis 1942, erfolgreich gegen sowjetische Muster. Zu Beginn des Pazifikkrieges gegen eigentlich überlegene amerikanische Jagdflugzeuge aber nur noch aufgrund der großen Erfahrung ihrer Piloten. Ende 1941 wurden sie durch die wesentlich modernere Ki-43 (S. 187) ersetzt. Sie dienten anschließend noch zur Pilotenausbildung und die wenigen Ende 1944 übriggebliebenen Ki-27 wurden mit einer 500 kg-Bombe für Kamikaze-Angriffe benutzt.

Die einzig erhaltene Ki-27 findet man im Tachiarai Peace Memorial Museum in Asakura, Japan, eine zweisitzige Mansyu Ki-79 B im Jakarta Satriamanda Museum, Jakarta, Indonesien.

Besatzung: 1
Triebwerk: Ein luftgekühlter 9-Zylinder-Sternmotor Nakajima Ha-1b mit 522 kW (710 PS) Startleistung und 573 kW (780 PS) in 2900 m Höhe.
Leistungen: Höchstgeschwindigkeit 470 km/h in 3500 m Höhe, Reisegeschwindigkeit 350 km/h in 3500 m Höhe, Steigzeit auf 5000 m 5 min 22 sec, Reichweite 630 km, Überführungsreichweite 1700 km.
Gewichte: Leergewicht 1110 kg, max. Abfluggewicht 1790 kg.
Bewaffnung: Zwei MGs über dem Motor. 4 × 25 kg-Bomben extern.

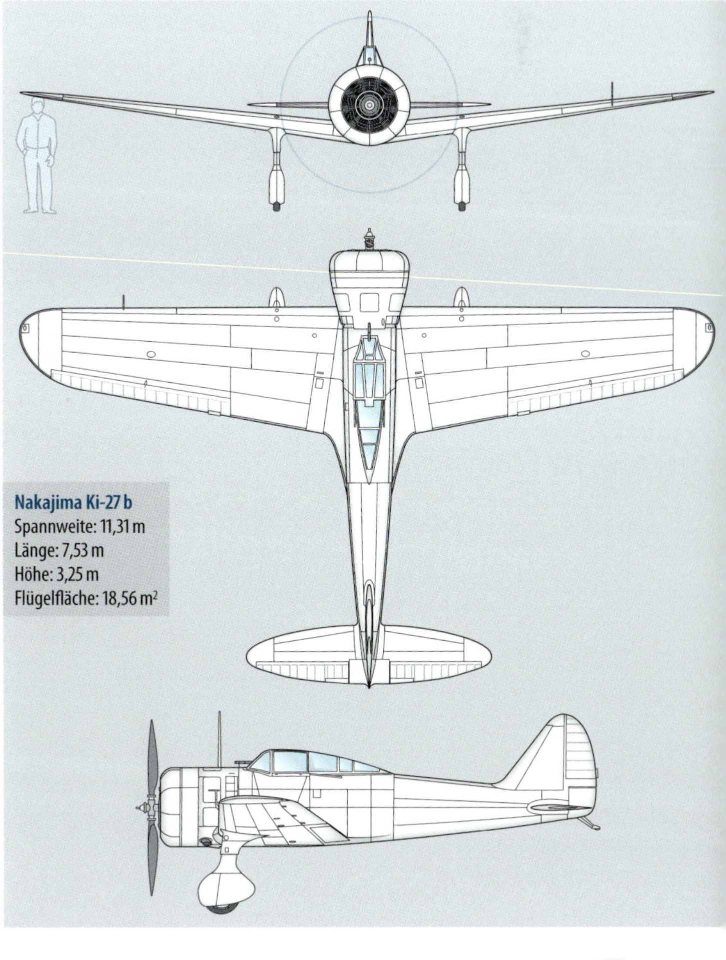

Nakajima Ki-27 b
Spannweite: 11,31 m
Länge: 7,53 m
Höhe: 3,25 m
Flügelfläche: 18,56 m²

Nakajima Ki-34

Ursprungsland
Japan
Kategorie
Transportflugzeug

Entwicklung: Bereits 1935 begann Nakajima ein kleineres, zweimotoriges, ziviles Kurzstrecken-Transportflugzeug zu konstruieren. Die Pläne des erst AT-1 genannten, in Ganzmetallbauweise hergestellten einmotorigen Tiefdeckers, wurden mehrmals geändert. Als AT-2 flog schließlich der Prototyp mit zwei 580 PS-Kotobuki-Sternmotoren im September 1936 erstmals. Nach geringen Problemen während der Erprobung und dem Einbau stärkerer Motoren wurden 32 Passagierflugzeuge AT-2 für 8 bis 10 Passagiere gebaut. Der gestiegene Bedarf der japanischen Armee an Transportflugzeugen nach Beginn des Japanisch-Chinesischen Krieges brachte Nakajima eine anfängliche Bestellung über 19 Flugzeuge und einen Folgeauftrag über weitere 299 ein. Diese wurden mit leistungsfähigeren Kotobuki 41-Sternmotoren, aerodynamischeren NACA-Cowlings und Verstellpropellern ausgerüstet und als Army Type 97 Transport, bzw. Ki-34 bezeichnet. Einige davon trat man an die Marine ab, die unter der Bezeichnung AT-2 Transport oder Nakajima L1N1 flogen.

Bis 1942 verließen 351 Maschinen die Werkshallen. Den Hauptanteil mit 299 Stück baute allerdings Tachikawa.

Bemerkungen: Alliierten-Code: *Thora.* Schon bei der Erprobung bewies der leichte Transporter mit der außergewöhnlich steilen Cockpitverglasung exzellente und stabile Flugeigenschaften und eignete sich damit gut für die vorgesehenen Aufgaben. Die militärischen Maschinen gehörten zu Beginn des Pazifikkrieges zu den wichtigsten Transportflugzeugen der Armee. Sie flogen als Transporter für 8 bis 10 voll ausgerüstete Soldaten oder 1200 kg Fracht, als Verbindungsflugzeuge, zum Absetzen von Fallschirmspringern und wurden für Spezialaufgaben verwendet. Die zivilen AT-2 wurden bis zum Kriegsende 1945 auf Routen zwischen Tokio und den mandschukischen Städten Hsinking und Tianjin, sowie innerhalb Mandschukuos (das in der heutigen Volksrepublik China lag) eingesetzt.

Soweit bekannt, ist kein Flugzeug erhalten geblieben.

Die zivile Variante AT-2 für acht bis zehn Passagiere flog für Japan Airways und Manchuko National Airways.

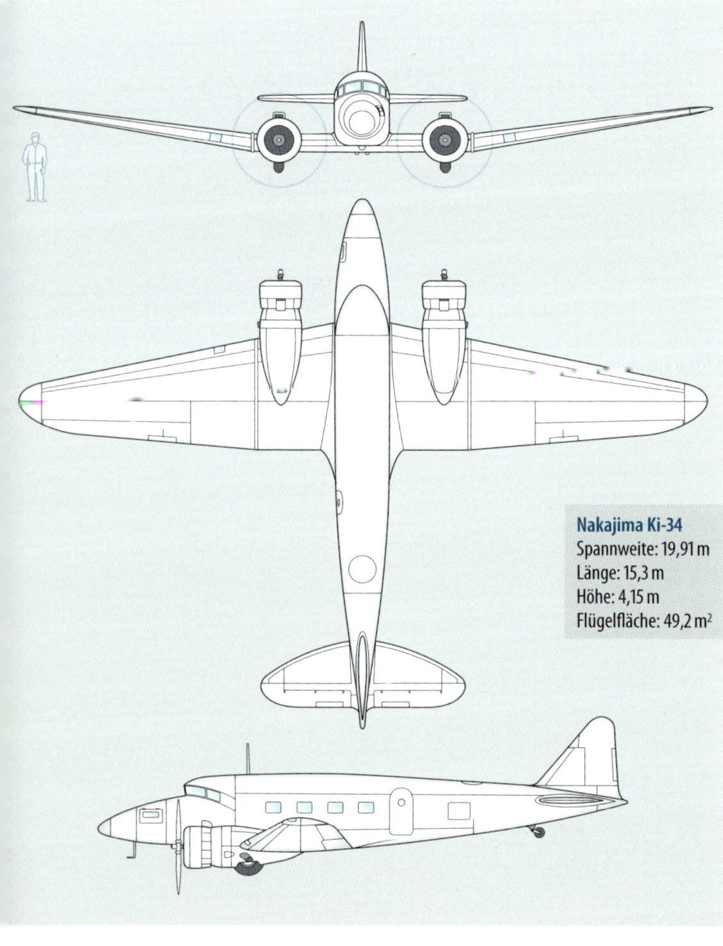

Nakajima Ki-34
Spannweite: 19,91 m
Länge: 15,3 m
Höhe: 4,15 m
Flügelfläche: 49,2 m²

Besatzung: 3
Triebwerke: Zwei luftgekühlte 9-Zylinder-Sternmotoren Nakajima Kotobuki 41 mit je 522 kW (710 PS) Startleistung und 573 kW (780 PS) Reiseleistung in 2800 m Höhe.
Leistungen: Höchstgeschwindigkeit 365 km/h in 3360 m Höhe, Reisegeschwindigkeit 310 km/h, Steigzeit auf 3000 m 6 min 38 sec, Dienstgipfelhöhe 7000 m, Reichweite ca. 1200 km.
Gewichte: Leergewicht 3500 kg, Abfluggewicht 5250 kg.

Nakajima Ki-43 Hayabusa

Entwicklung: Im Dezember 1937 begann Nakajima mit der Entwicklung der Ki-43, mit Vorgabe der Armee, einen ebenso wendigen, aber wesentlich leistungsfähigeren Nachfolger der Nakajima Ki-27 (S. 185) zu entwerfen. Erstflug war im Januar 1939. Der Ganzmetall-Tiefdecker wurde während der Tests erheblich modifiziert. Das Gewicht wurde reduziert, ein schmälerer Rumpf und eine neue Cockpithaube konstruiert und Fowler-Klappen eingebaut, um die Wendigkeit zu erhöhen. Im November 1939 liefen die ersten von 716 Ki-43 I mit einem 950 PS Nakajima Ha-25 vom Band. Anfang 1942 flog die Ki-43 II. Sie war mit

Eine Ki-43 II Hayabusa mit Drop-Tanks.

dem stärkeren Ha-115 ausgerüstet, hatte eine geringere Spannweite, Cockpitpanzerung, selbstdichtende Tanks und verstärkte Flügel, um Bomben tragen zu können. 5178 Maschinen wurden bis Oktober 1944 gebaut. Bis Kriegsende waren 10 Prototypen einer leistungsfähigeren Ki-43 III mit einem 1230 PS Ha-112 fertiggestellt.

Nach 5919 Hayabusas wurde mit dem Kriegsende 1945 bei Nakajima und Tachikawa die Produktion beendet.

Bemerkungen: Alliierten-Code: *Oscar*. Zahlenmäßig war die Hayabusa das wichtigste Flugzeug der japanischen Heeres-Luftwaffe. Anfängliche Erfolge auf den japanischen Kriegsschauplätzen zeigten zwar, dass die relativ leichte Ki-43 I eine beeindruckende Steiggeschwindigkeit hatte, wendiger und einfach zu fliegen war, aber mangels Panzerung, selbstdichtender Tanks und geringer Bewaffnung auch große Verluste erlitt. Auch die verbesserte Ki-43 II konnte trotz ihrer Wendigkeit der gestiegenen Feuerkraft und den Flugleistungen alliierter Jagdflugzeuge nichts entgegensetzen. Nicht wenige endeten schließlich bei Kamikaze-Einsätzen.

Es existieren vermutlich noch 11 Ki-43. Eine davon flugfähig restauriert im Flying Heritage & Combat Armor Museum in Everett, USA.

Ursprungsland
Japan
Kategorie
Jagdflugzeug, Jagdbomber

Besatzung: 1
Triebwerk: (Ki-43 II) Ein luftgekühlter 14-Zylinder-Doppelsternmotor Nakajima Ha-115 mit 857 kW (1150 PS) Startleistung und 730 kW (980 PS) Reiseleistung in 5600 m Höhe.
Leistungen: (Ki-43 II) Höchstgeschwindigkeit 530 km/h in 4000 m Höhe, Reisegeschwindigkeit 440 km/h, Steigzeit auf 5000 m 5 min 49 sec, Dienstgipfelhöhe 11 200 m, Reichweite 1760 km, max. 3200 km.
Gewichte: (Ki-43 II) Leergewicht 1910 kg, Abfluggewicht 2590 kg, maximales Abfluggewicht 2925 kg.
Bewaffnung: (Ki-43 II) Je nach Variante 2 MGs oder MKs über dem Motor. Bis zu 250 kg Bomben und/oder zwei 200 l-Droptanks extern.

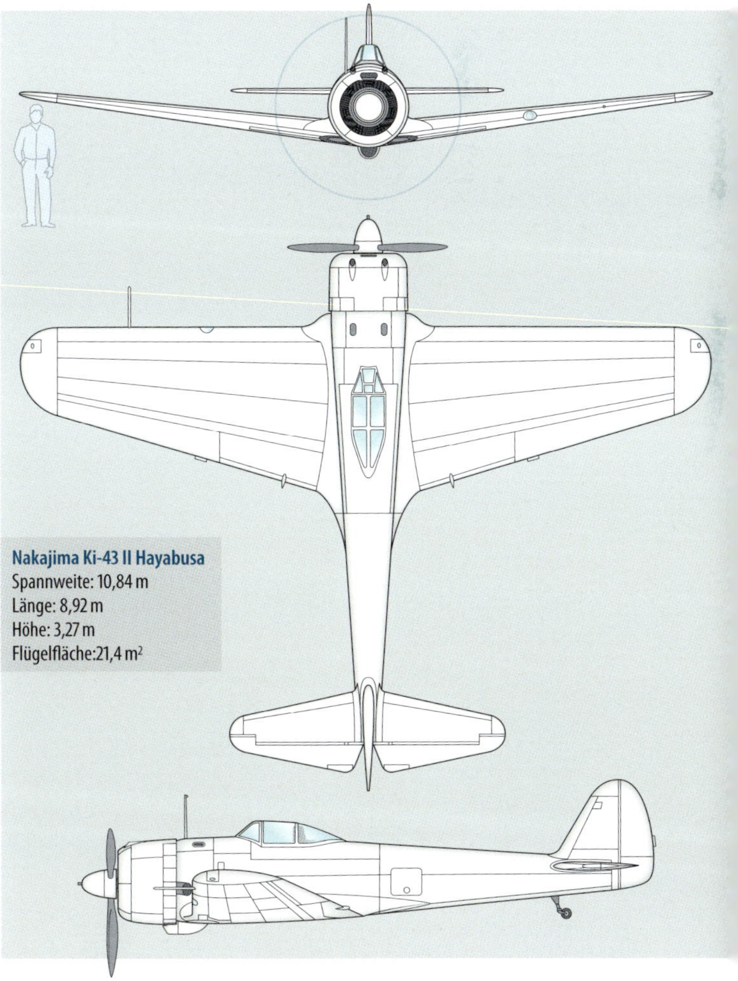

Nakajima Ki-43 II Hayabusa
Spannweite: 10,84 m
Länge: 8,92 m
Höhe: 3,27 m
Flügelfläche: 21,4 m²

Nakajima Ki-44 Shoki

Ursprungsland
Japan
Kategorie
Jagdflugzeug

Entwicklung: Nakajima begann 1940 die Entwicklung, nachdem ein Abfangjäger gefordert wurde, dessen Priorität auf Geschwindigkeit und Steigleistung lag. Die in Ganzmetallbauweise produzierte Ki-44 mit ihren kurzen Tragflächen und damit hoher Flächenbelastung hob erstmals im August 1940 ab. Nach 7 Vorserienmodellen mit Modifikationen der Bewaffnung und Motorisierung, wurde die Shoki im September 1942 akzeptiert und ging in Serie. Mit dem 1250 PS starken Nakajima Ha-51 Sternmotor stellte man nur 40 Ki-44 I her, während von der Ki-44 II mit dem stärkeren Nakajima Ha-109 diverse Varianten mit immer wieder geänderter Bewaffnung und geringen Zellenmodifikationen produziert wurde. Die Entwicklung der Ki-44 III mit einem 2000 PS-Motor wurde nach einem Prototyp eingestellt.

Insgesamt liefen bis Dezember 1944 1227 Shoki vom Band.

Bemerkungen: Alliierten-Code: *Tojo*. Um auch gegen hoch und schnell anfliegende B-29-Bomber antreten zu können, legte man weniger Wert auf Wendigkeit, sondern auf hohe Steigleistung und Geschwindigkeit. Weil aber geeignete leistungsfähigere Motoren nicht zur Verfügung standen, wurden die geforderten Werte nie erreicht. Trotz exzellenter Flugeigenschaften war das Flugzeug als Abfangjäger weniger erfolgreich. Eine stärkere Bewaffnung, höhentaugliche Motoren und eine höhere Geschwindigkeit wurden zwar angestrebt, konnten aber nur versuchsweise realisiert werden. Nachdem mit den einfliegenden B-29 Bombern auch noch Begleitjäger, meistens P-51 Mustang, eingesetzt wurden, kam ein Einsatz dagegen nicht mehr in Frage.

Es wird von keiner erhaltenen Shoki berichtet.

Eine von den Amerikanern erbeutete Ki-44 Shoki mit US-Kennzeichen der Technical Air Intelligence Units (TAIU), die alliierte militärische Geheimdiensteinheit.

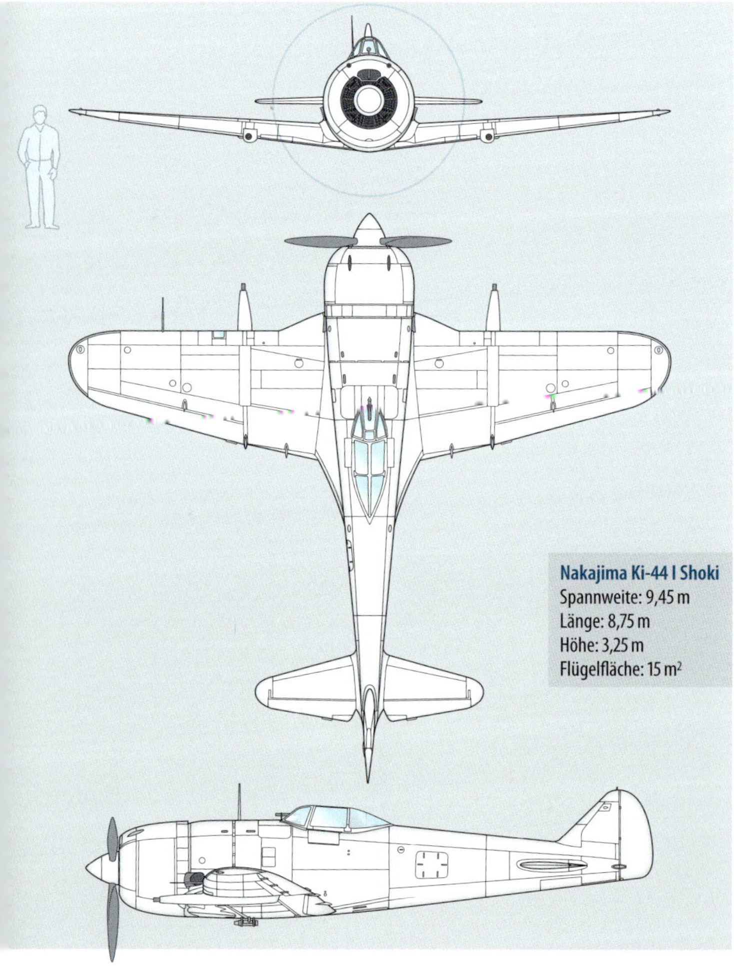

Nakajima Ki-44 I Shoki
Spannweite: 9,45 m
Länge: 8,75 m
Höhe: 3,25 m
Flügelfläche: 15 m²

Besatzung: 1
Triebwerk: (Ki-44 II) Ein luftgekühlter 14-Zylinder-Doppelsternmotor Nakajima Ha-109 mit 1133 kW (1520 PS) Startleistung und 984 kW (1320 PS) Reiseleistung in 5250 m Höhe.
Leistungen: (Ki-44 II) Höchstgeschwindigkeit 605 km/h in 5200 m Höhe, Reisegeschwindigkeit 400 km/h in 4000 m Höhe, Steigzeit auf 5000 m 4 min 17 sec, Dienstgipfehöhe 11 200 m, Reichweite 1300 km, maximal 1700 km mit Droptanks.
Gewichte: (Ki-44 II) Leergewicht 2106 kg, Abfluggewicht 2764 kg, maximales Abfluggewicht 2993 kg.
Bewaffnung: (Ki-44 II) Zwei MGs über dem Motor, zwei MGs in den Flügeln, IIc-Version zwei MKs über dem Motor und zwei in den Flügeln.

Nakajima Ki-49 Donryu

Entwicklung: Um die Mitsubishi Ki-21 (S. 172) zu ersetzen, forderte die japanischen Luftwaffe Anfang 1938 einen 500 km/h-schnellen Bomber mit 1000 kg Nutzlast, der gut bewaffnet, keinen Begleitschutz benötigen sollte. Der erste Prototyp mit zwei 950 PS Nakajima Ha-5 Motoren flog im August 1939. Das für einen schweren Bomber kompakte Flugzeug wurde in Ganzmetall-Halbschalenbauweise produziert, war aber untermotorisiert und erhielt schon in der Vorserienphase stärkere Nakajima Ha-41 mit 1250 PS. Im August 1941 begannen die Lieferungen der ersten von 129 Ki-49 I. Drei Flugzeuge als Ki-58 wurden Ende 1940, mit wenig Erfolg, zum „Gunship" als Begleitung der alten Ki-21 umgebaut. Im Frühjahr 1942 begann man bei der schwereren Ki-49 IIa (366 Stück) leistungsfähigere Ha-109-Motoren, eine bessere Panzerung und selbstdichtende Kraftstofftanks einzubauen. Bei den 301 gebauten Ki-49 IIb kam noch eine stärkere Bewaffnung dazu. Die sechs Prototypen der letzten Baureihe Ki-49 III waren mit zwei Nakajima Ha-117 mit je 2420 PS wesentlich stärker motorisiert.

Insgesamt rollten bis Dezember 1944 819 Donryu aus den Nakajima-Werkshallen, davon 50 von Tachikawa.

Von Japan als schwerer Bomber eingestuft, war die Ki-49 mit ihren maximal 1000 kg Nutzlast eher ein mittelschwerer Bomber.

Besatzung: 8
Triebwerke: (IIa) Zwei luftgekühlte 14-Zylinder-Doppelsternmotoren Nakajima Ha-109 mit 1118 kW (1500 PS) Startleistung und 970 kW (1300 PS) in 5300 m Höhe.
Leistungen: (IIa) Höchstgeschwindigkeit 490 km/h in 5000 m Höhe, Reisegeschwindigkeit 350 km/h in 3000 m Höhe, Steigzeit auf 5000 m 13 min 39 sec, Dienstgipfelhöhe 9300 m, Reichweite 2000 km, maximae Reichweite 2950 km.
Gewichte: (IIa) Leergewicht 6530 kg, Abfluggewicht 10 680 kg, maximales Abfluggewicht 11 400 kg.
Bewaffnung: (IIa) Eine Maschinenkanone auf dem Rumpfrücken, je ein MG im Bug, im Heck und in den seitliche Luken sowie nach hinten unten. Normal 750 kg Bomben, maximal 1000 kg im Bombenschacht.

Bemerkungen: Alliierten-Code: *Helen*. Die Anforderungen der Luftwaffe waren hoch, aber trotz vieler Nachbesserungen bei Bewaffnung, Panzerung und Motorleistung, konnte die Donryu die Erwartungen der Luftwaffe nicht erfüllen. Mit den leistungsfähigeren alliierten Flugzeuge konnte sie nicht mehr mithalten, was zu erheblichen Verlusten führte. Etliche wurden deshalb noch zum Truppentransporter, als U-Boot-Jäger und Nachtjäger umgebaut. Nicht wenige endeten in den letzten Kriegsjahren als zweisitzige Kamikaze-Bomber.

Es existieren wohl noch Wracks in Papua-Neuguinea, aber keine komplette Ki-49 im Museum.

Ursprungsland
Japan
Kategorie
Schwerer Bomber

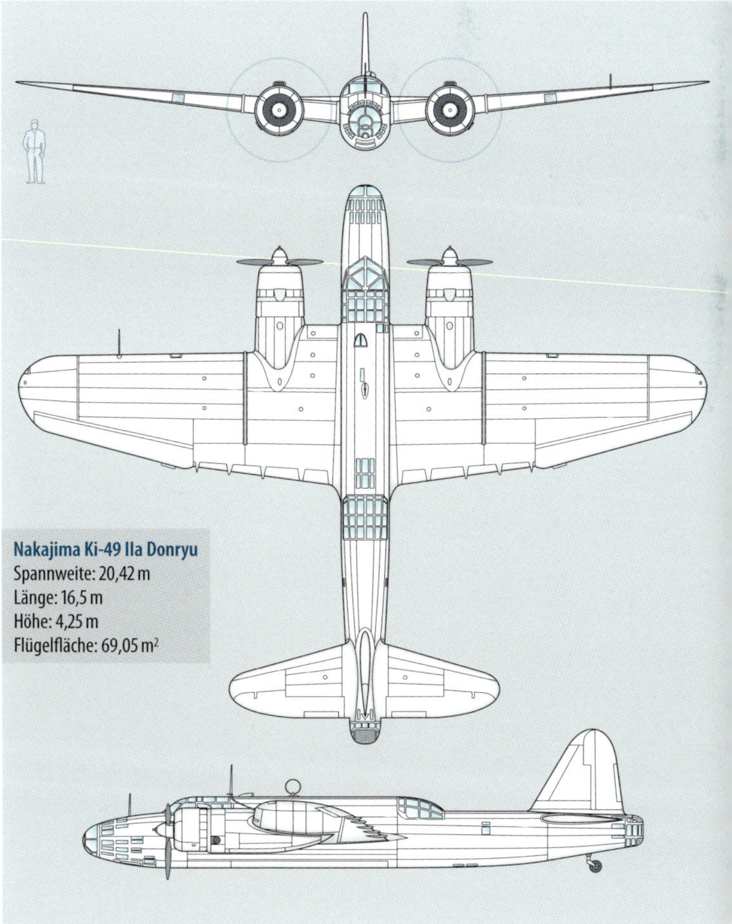

Nakajima Ki-49 IIa Donryu
Spannweite: 20,42 m
Länge: 16,5 m
Höhe: 4,25 m
Flügelfläche: 69,05 m²

Nakajima Ki-84 Hayate

Ursprungsland
Japan
Kategorie
Jagdflugzeug

Entwicklung: Nach einer Forderung der Heeresluftwaffe, ein überlegenes Jagdflugzeug zu bauen, begann 1942, nach Beginn des Pazifikkrieges, die Entwicklung. Im April 1943 hob der Prototyp ab. Die Erprobung des gut bewaffneten, gepanzerten, in Ganzmetallbauweise hergestellten Tiefdeckers mit selbstdichtenden Tanks war rasch abgeschlossen und die Serienproduktion kam schnell in Gang. Die meisten Versionen unterschieden sich lediglich in der Bewaffnung. Um das Potenzial der Ki-84 zu nutzen, wurde weiterentwickelt: Der Höhenjäger Ki-84 III konnte bis Kriegende nicht fertiggestellt werden und die Entwicklung der Ki-84 P, auch ein Höhenjäger, wie auch die Ki-84 R mit einem stärkeren Antrieb wurde eingestellt. Auch der Bau einer aus Holz hergestellten Ki-106 und der Ki-113, die zum Teil aus Stahl gebaut war. Und mit Kriegsende endete auch der Bau der wesentlich leichteren Ki-116.

Insgesamt liefen 3514 Hayate aller Versionen bis 1945 vom Band.

Bemerkungen: Alliierten-Code: *Frank*. Mit der Ki-84 besaß Japan ein exzellentes Flugzeug, das mit US-Jagdflugzeugen gleichzog, in niederen und mittleren Höhen teilweise sogar überlegen war. Trotz der Schwächen des Motors in großen Höhen, war sie ein geachteter Gegner. Neben ihrer Rolle als Abfangjäger über Japan wurde sie auch

Eine erbeutete Hayate auf einem unbekannten Vorfeld der USA.

als Sturzkampfflugzeug und auf Langstreckenmissionen eingesetzt. So zum Beispiel auf den Philippinen, Okinawa, Taiwan und Süd-Ost-Asien. Qualitätsprobleme, einhergehend mit dem desolaten Zustand der Industrie führten jedoch oft zu Ausfällen und wenig erfahrene Piloten gegen Kriegsende waren mit der hohen Landegeschwindigkeite der Hayate überfordert.

Die einzig Hayate steht im Chiran Peace Museum for Kamikaze Pilots in Chiran, Japan.

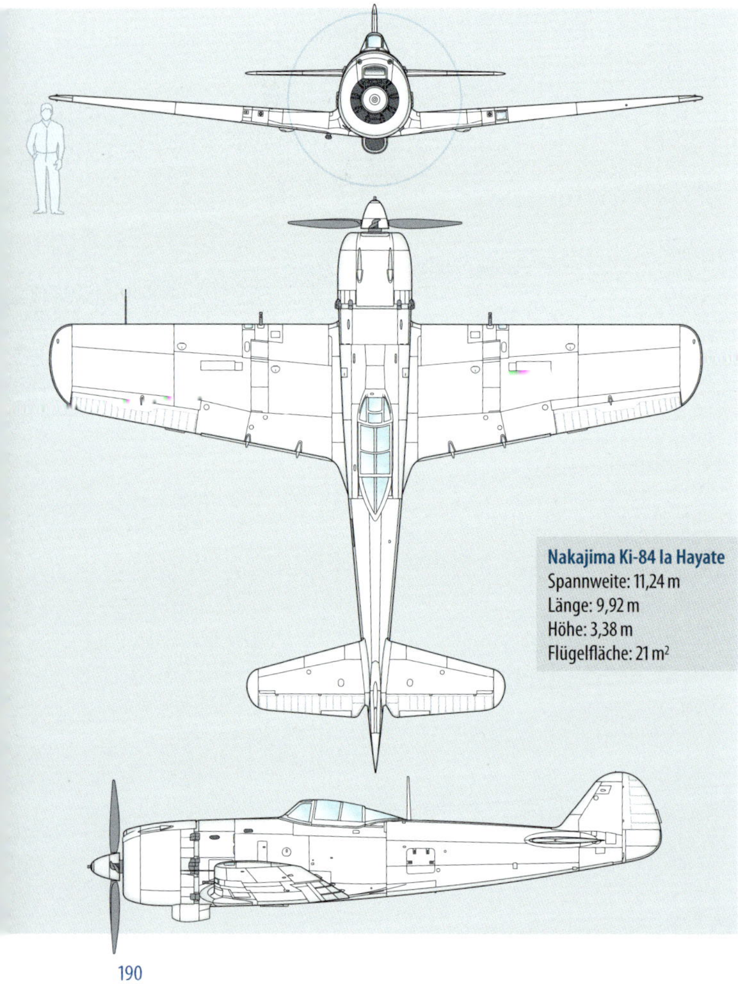

Nakajima Ki-84 Ia Hayate
Spannweite: 11,24 m
Länge: 9,92 m
Höhe: 3,38 m
Flügelfläche: 21 m²

Besatzung: 1
Triebwerk: (Ki-84 Ia) Ein luftgekühlter 18-Zylinder-Doppelsternmotor Nakajima Ha-45-23 Homare Model 11, 12, 21 oder 23. Model 21 mit 1484 kW (1990 PS) Startleistung und 1380 kW (1850 PS) Reiseleistung in 1750 m Höhe.
Leistungen: (Ki-84 Ia) Höchstgeschwindigkeit 631 km/h in 6120 m Höhe, Reisegeschwindigkeit 445 km/h, Steigzeit auf 5000 m 5 min 54 sec, Dienstgipfelhöhe 10 500 m, Reichweite maximal 2170 km.
Gewichte: (Ki-84 Ia) Leergewicht 2660 kg, Abfluggewicht 3613 kg, maximales Abfluggewicht 3890 kg.
Bewaffnung: (Ki-84 Ia) Zwei MGs über dem Motor, je eine MK in den Flügeln, zwei 250 kg-Bomben oder Droptanks unter den Flügeln.

Nakajima Ki-115 Tsurugi

Ursprungsland
Japan
Kategorie
Kamikaze-Sturzkampfbomber

Entwicklung: Auf eine Landung der Alliierten auf Japan wollte das Militär mit einem Großeinsatz von Kamikaze-Flugzeugen reagieren. Im Januar 1945 beauftragte deshalb die Armee, einen speziellen Sturzkampfbomber zu entwickeln, in den jeder verfügbare Motor über 800 PS eingesetzt werden konnte. Das einfache Flugzeuge sollte auch von unqualifiziertem Personal herzustellen sein. Gebaut wurde der Tiefdecker mit Metallflügeln, der Vorderrumpf aus einer beplankten Stahlrohrstruktur und ab dem offenen Cockpit aus einer beplankten Stahl/Holzkonstruktion. Bremsklappen sollten eine Überlastung der Zelle beim Sturz verhindern. Der erste Prototyp flog im März 1945. Schnell war aber klar, dass selbst erfahrene Testpiloten den Tiefdecker kaum beherrschten, der mit ca. 2,6 Tonnen Abfluggewicht und den kleinen Tragflächen eine sehr hohe Flächenbelastung hatte. Von notdürftig ausgebildeten Piloten war es schlichtweg nicht fliegbar. Zu den umfangreichen Modifikationen zählten deshalb eine Spannweitenvergrößerung, zusätzliche Klappen an der Hinterkante der Innenflügel, die Verlängerung des Rumpfes, sowie ein gefedertes Fahrwerk. Erneute Tests zeigten, dass die Geschwindigkeits- und Reichweitenanforderungen zwar erfüllt wurden, dass insgesamt gesehen aber das Handling, vor allem beim Startlauf, nicht wesentlich besser wurde. Trotzdem begann im Mai 1945 die Serienfertigung. Parallel zur Produktion wurde weiter entwickelt. So sollten Raketenantriebe die Geschwindigkeit während des Angriffs steigern. Durch die Kapitulation Japans wurden schließlich alle weiteren Arbeiten daran unterbunden.

Vermutlich wurden bis Kriegsende 1945 nur 105 Ki-115 hergestellt.

Bemerkungen: Anfang 1945 war die militärische Lage Japans katastrophal und die andauerenden Bombardierungen führten zu einer deutlichen Verringerung der Rüstungsproduktion. Laut Planung des japanischen Oberkommandos sollten nun alle Kräfte der Luftfahrtindustrie für den Bau von monatlich bis zu 8000(!) Ki-115 gebündelt werden. Trotz Beseitigung der größten Mängel blieb sie aber ein unkontrollierbares Flugzeug. Schon bei der Ausbildung erster Piloten kam es zu zahlreichen Crashs. Bevor aber eine der wenigen flugbereiten Ki-115 zum Einsatz kam, endete im August 1945 der Krieg.

Im Pima Air and Space Museum, Tucson, USA wird ein Wrack ausgestellt.

Besatzung: 1
Triebwerk: Ein luftgekühlter 14-Zylinder-Doppelsternmotor Nakajima Ha-35 Model 23 mit 843 kW (1130 PS) Startleistung.
Leistungen: Höchstgeschwindigkeit 550 km/h in 5500 m Höhe, Reisegeschwindigkeit 300 km/h in 2800 m Höhe, Steigzeit auf 3000 m Höhe 7 min 30 sec, Dienstgipfelhöhe 7900 m, Reichweite 1200 km.
Gewichte: Leergewicht 1640 kg, Abfluggewicht 2630 kg, maximales Abfluggewicht 2930 kg.
Bewaffnung: Eine 200, 500 oder 800 kg Bombe unter dem Rumpf.

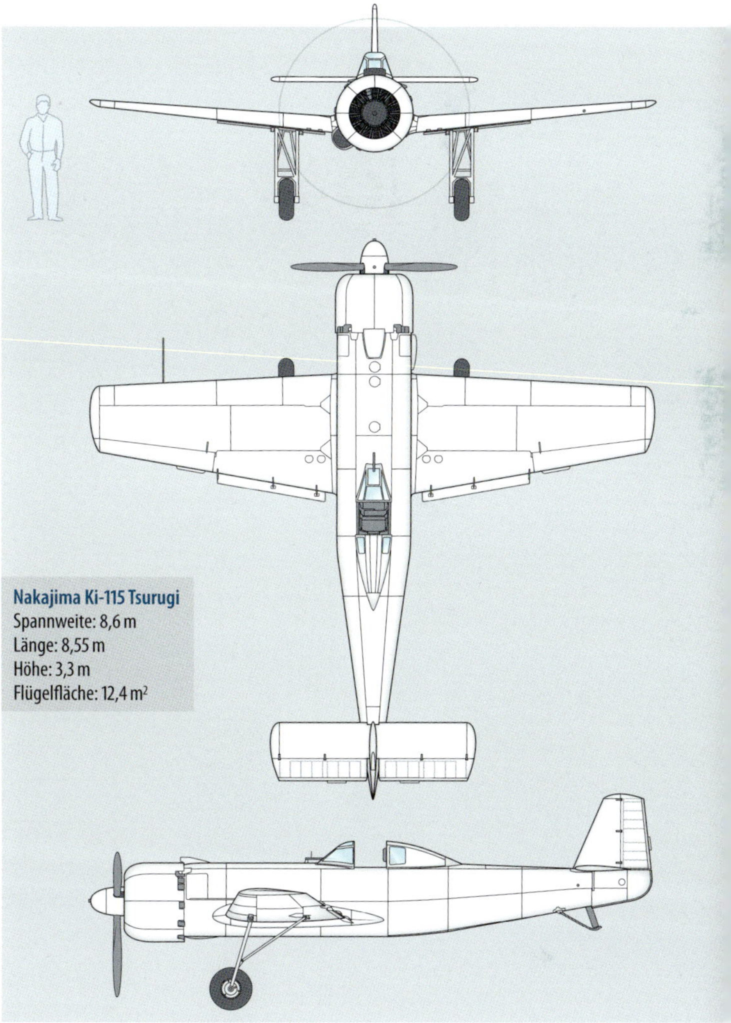

Nakajima Ki-115 Tsurugi
Spannweite: 8,6 m
Länge: 8,55 m
Höhe: 3,3 m
Flügelfläche: 12,4 m²

Nakajima Kikka

Ursprungsland
Japan
Kategorie
Jagdflugzeug, Bomber

Entwicklung: Nach den begeisterten Berichten eines in Deutschland akkreditierten Luftwaffenattachés wurde Nakajima von der japanischen Marine beauftragt, ein Flugzeug, basierend auf der Me 262 (S. 56), zu entwerfen. Erste Entwurfsarbeiten begannen im September 1944. Gefordert waren unter anderem Klappflügel um den Jet in unterirdischen Stellplätzen unterzubringen und eine Fertigung durch ungelernte Kräfte. Die Konstruktion der Ganzmetallzelle kam rasch voran, die schwierige Entwicklung der Triebwerke verzögerte das Projekt jedoch erheblich. Die anfangs viel zu schwachen und einfach gebauten Triebwerke wurden mehrmals ausgewechselt und führten zum Bau des Ne-20 Axialstrahltriebwerks, ähnlich des BMW 003, das nun den nötigen Schub erreichte. Ein schwieriges Unterfangen, da sich die Konstruktion des Antriebs lediglich auf ein paar Fotos und Zeichnungen des deutschen Triebwerks stützte. Im August 1945 hob die Kikka erstmals zu einem 20-minütigen Testflug ab. Der zweite Flug vier Tage später, bei dem Starthilferaketen den langen Startlauf verkürzen sollten, wurde vom Pilot abgebrochen und dabei das Flugzeug beschädigt. Ein weiterer Prototyp war nahezu fertig und etwa 25 Kikkas, darunter ein doppelsitziger Trainer, befanden sich in diversen Baustadien, als mit Kriegsende im August 1945 die Arbeiten eingestellt werden mussten. Drei Zellen und Treibwerke wurden zur Erprobung in die USA gebracht.

Bemerkungen: Der deutschen Me 262 nachgeahmt, war die Kikka bedeutend kleiner und hatte keine gepfeilten Tragflächen. Der vielversprechende erste japanische Jet, der nur einmal flog, sollte die Basis für weitere Versionen werden. Unter anderem als Aufklärer und Jagdbomber, die später mit leistungsfähigeren Triebwerken ausgestattet werden sollten. Unter der Bezeichnung Ki-201 Karyu wurde parallel dazu an einem größeren zweistrahligen Jet gearbeitet, der sehr nahe an die technischen und aerodynamischen Auslegungen der Me 262 kam.

Eine triebwerkslose Kikka wird im Smithsonian National Air and Space Museum, Steven F. Udvar-Hazy Center in Chantilly, USA präsentiert.

Gut zu erkennen, die Kikka vor dem zweiten Start mit Starthilferakten unter dem Rumpf.

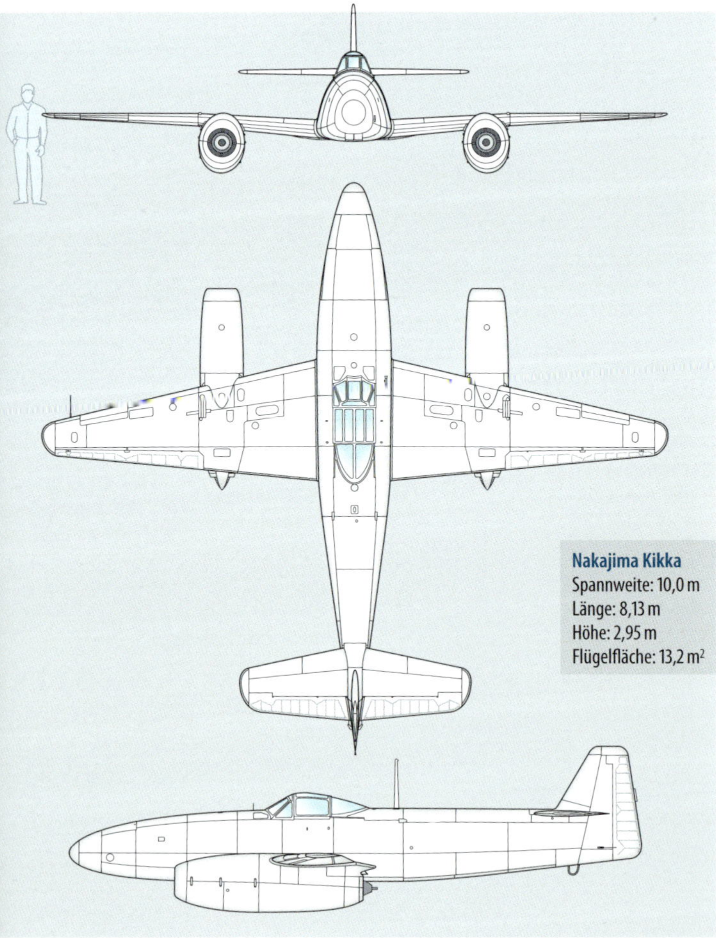

Nakajima Kikka
Spannweite: 10,0 m
Länge: 8,13 m
Höhe: 2,95 m
Flügelfläche: 13,2 m²

Besatzung: 1
Triebwerke: Zwei Axial-Strahltriebwerke Ne-20 mit einer geschätzten Leistung von je 4,658 kN (475 kp).
Leistungen: (geschätzt) Höchstgeschwindigkeit ca. 700 km/h in 10 000 m Höhe, Steigzeit auf 10 000 m Höhe 26 min, Dienstgipfelhöhe 12 300 m, Reichweite ca. 1100 km.
Gewichte: Leergewicht 2300 kg, max. Abfluggewicht 4088 kg.
Bewaffnung: (geplant) Zwei Maschinenkanonen im Bug, eine 500 oder 800 kg-Bombe.

Showa/Nakajima L2D

Ursprungsland
Japan
Kategorie
Transport- und Passagierflugzeug

Entwicklung: Zwei japanische Handelsgesellschaften kauften schon 1937 zwanzig DC-3, von denen zwei in Teilen an Showa geliefert wurden, um damit eine von Douglas lizenzierte Serienproduktion aufzubauen. Showa holte Nakajima mit an Bord und passte die Konstruktion an eigene Produktionsstandards an. Obwohl die militärische Version der Kaiserlichen Marine Vorrang hatte, wurde auch an eine zivile Version gedacht. Der in Ganzmetallbauweise hergestellte Tiefdecker wurde auf Motoren von Mitsubishi umgestellt, erhielt kleinere Modifikationen und konnte bis zu 21 Personen oder 2500 kg Fracht aufnehmen. Das erste Flugzeug, noch aus amerikanischen Teilen von Nakajima gebaut, flog erstmals im Oktober 1939 und ging als L2D1 in Produktion. Die ersten, auf japanische Standards gebrachten 71 L2D2 wurden ab Juli 1941 von Nakajima geliefert. Alle weiteren L2D fertigte Showa. In den Frachter L2D2-1 wurde, ähnlich der C-47 (S. 284) ein verstärkter Boden eingezogen und die Türen vergrößert. Mit der L2D2-3 (Abb. oben, Zeichnung) schaffte man mit der verlängerten Cockpitverglasung einen gemeinsamen Raum für die vier Crewmitglieder. L2D2-3 wurden in großer Zahl als Personen- und Frachttransporter mit unterschiedlicher Motorisierung gebaut. Normalerweise unbewaffnet, erhielt die L2D4 ein MG auf dem Rücken und zwei MGs in hinteren, seitlichen Rumpfluken. Rohstoffknappheit am Ende des Krieges zwang dazu, bei der L2D5 viele Elemente aus Holz oder Stahl herzustellen, andere Quellen sprechen von einer neuen, kompletten Holzkonstruktion. Ob das Projekt realisiert wurde ist unbekannt.

Von den 487 gebauten L2D lieferte Nakajima 71 und Showa 416.

Bemerkungen: Alliierten-Code: *Tabby*. Mit der Ausdehnung des japanischen Reiches in den 1930er-Jahren waren enorme Transportkapazitäten gefragt und mit dem Nachbau der Douglas DC-3 setzte das Land früh auf eine moderne Konstruktion. Auch die 1937 erworbenen originalen DC-3 wurden beschlagnahmt und gehörten mit der L2D bis zum Ende des Krieges zu den wichtigsten militärischen Transportflugzeugen Japans. Sie spielten eine bedeutende Rolle beim Personen- und Frachttransport in China und zwischen den Inseln im ganzen pazifischen Raum und wurden auch zur Seeüberwachung eingesetzt, mussten aber, vor allem als die Alliierten die Lufthoheit errangen, sehr hohe Verluste hinnehmen.

Einige wenige Flugzeuge, angeblich 38, die noch nach Kriegsende existierten, wurden von China und Frankreich in Indochina bis zum Ende der 1940er Jahre eingesetzt. Es blieben aber, außer Wracks, z. B. eines auf Yap, keine Flugzeuge erhalten.

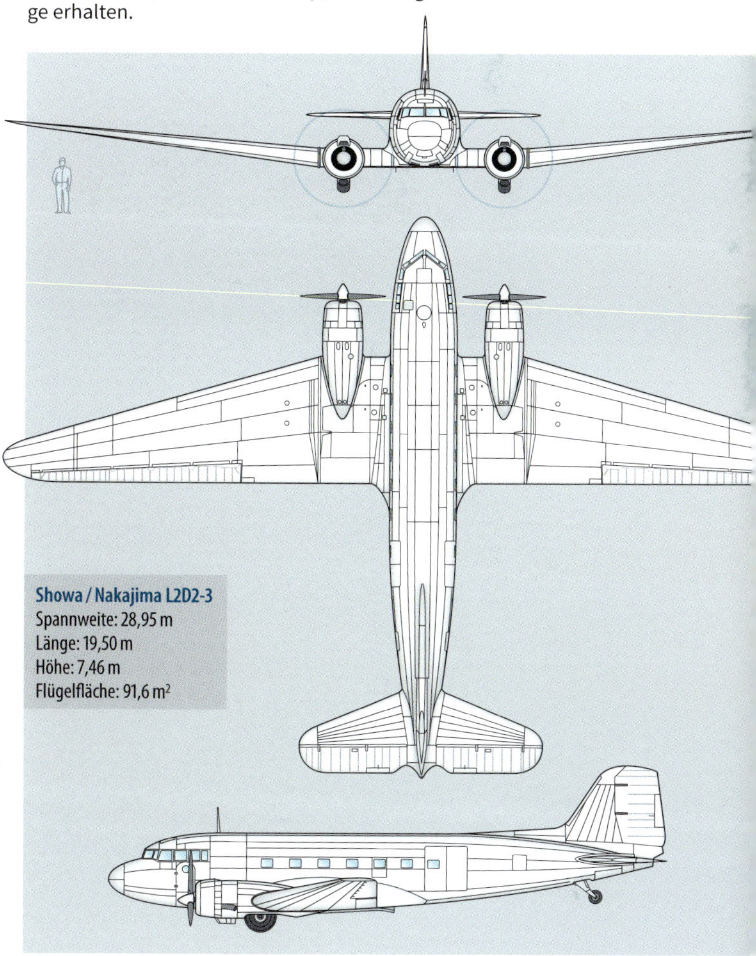

Showa / Nakajima L2D2-3
Spannweite: 28,95 m
Länge: 19,50 m
Höhe: 7,46 m
Flügelfläche: 91,6 m²

Besatzung: 3 – 5
Triebwerke: (L2D3) Zwei luftgekühlte 14-Zylinder-Doppelsternmotoren Kinsei 51 oder 53 mit 969 kW (1300 PS) Startleistung und 895 kW (1200 PS) in 3000 m Höhe.
Leistungen: Höchstgeschwindigkeit 392 km/h in 2800 m Höhe, Reisegeschwindigkeit 240 km/h in 3000 m Höhe, Steigzeit auf 5000 m 16 min 2 sec, Dienstgipfelhöhe ca. 10 000 m, Reichweite ca. 3000 km.
Gewichte: Leergewicht 7218 kg, Abfluggewicht 12 500 kg.

Tachikawa Ki-9

Ursprungsland
Japan
Kategorie
Schulflugzeug, Trainer

Entwicklung: Im März 1934 wurde Tachikawa aufgefordert einen Trainer zu entwickeln, der es mit unterschiedlicher Motorisierung ermöglichte, Anfänger und Fortgeschrittene auszubilden. Die ersten drei Prototypen flogen im Januar 1935. Der Doppeldecker mit Tandemcockpit hatte eine bespannte Ganzmetallstruktur, war aber bis zum Cockpit metallbeplankt. Die schwächer motorisierte Version mit einem 150 PS-Nakajima-Motor für die Anfängerschulung wurde nach der Erprobung allerdings wegen mangelhafter Handlingseigenschaften aufgegeben. Lediglich die stärker motorisierte Ki-9 akzeptierte die Armee und nach einigen Verbesserungen ging der Doppeldecker in Serie. Die ersten Ki-9 wurden 1935 ausgeliefert. Eine leichtere Ki-9-ko mit überarbeitetem stabilerem Fahrwerk und kürzerem Rumpf war wesentlich wendiger und wurde als Ki-9-otsu der Standardtrainer für fortgeschrittene Piloten, aber auch zur Blindflugschulung eingesetzt.

Insgesamt lieferte Tachikawa 2395 Flugzeuge aller Versionen bis 1942 aus. Nochmals 220 Ki-9 wurden von 1943 – 1945 von Tokyo Gasu Denki produziert.

Bemerkungen: Alliierten-Code: *Spruce*. Mit der Ki-9 hatte die japanische Armee ein vielseitiges Ausbildungsflugzeug, das sich unter anderem mit einem faltbaren Dach über dem hinteren Cockpit auch für die Blindflugausbildung eignete. Als Verbindungsflugzeug für Offiziere wurden einige Ki-9 mit einer geschlossenen hinteren Kabine ausgestattet und gegen Kriegsende sind noch für Kamikaze-Angriffe übrig gebliebene Doppeldecker mit einer 100 kg-Bombe im Rumpf umgerüstet worden. Geflogen wurde der Trainer bis zum Kriegsende 1945 neben Japan auch von den Satellitenstaaten Mandschurisches Kaiserreich und der neuorganisierten Regierung der Republik China, sowie von Thailand. Zurückgebliebene Ki-9 übernahmen nach dem Krieg Süd- und Nordkorea, sowie Indonesien und einige erbeutete Doppeldecker setzte China ein.

Eine Ki-9 steht im Satriamandala Museum, Jakarta, Indonesien.

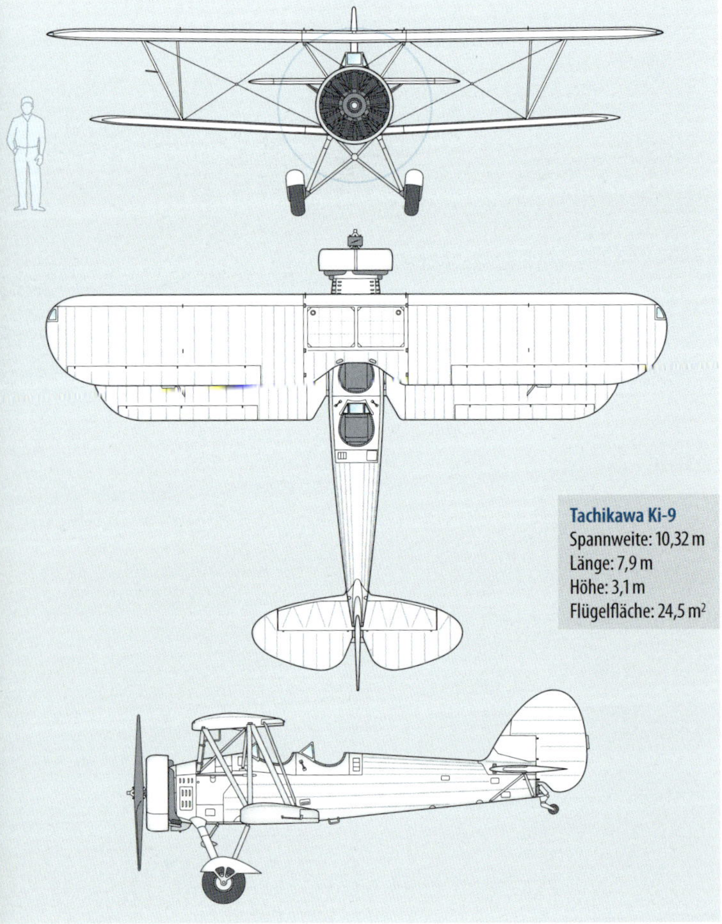

Tachikawa Ki-9
Spannweite: 10,32 m
Länge: 7,9 m
Höhe: 3,1 m
Flügelfläche: 24,5 m²

Eine südkoreanische, ehemals japanische Tachikawa Ki-9 *Spruce*, auf dem Flugplatz Pusan in Südkorea im Jahr 1951.

Besatzung: 2
Triebwerk: Ein luftgekühlter 7-Zylinder-Sternmotor Hitachi Ha 13a mit 261 kW (355 PS) Startleistung.
Leistungen: Höchstgeschwindigkeit 240 km/h, Reisegeschwindigkeit 150 km/h, Dienstgipfelhöhe 5800 m.
Gewichte: Leergewicht 1120 kg, maximales Abfluggewicht 1580 kg.

Tachikawa Ki-17

Ursprungsland
Japan
Kategorie
Schulflugzeug

Entwicklung: Es stellte sich schnell heraus, dass eine schwach motorisierte Ki-9 (linke Seite) nicht für die Anfängerschulung geeignet war. Deshalb forderte die japanische Armee im April 1935 Tachikawa auf, ein neues Flugzeug für die Anfängerschulung zu entwickeln. Es sollte nicht mehr als 1000 kg wiegen und bis 6 G belastbar sein. Der erste der beiden Prototypen war schon im Juli 1935 startbereit. Der abgestrebte und verspannte Doppeldecker hatte ähnliche Dimensionen wie die Ki-9, verfügte aber über einen schlankeren, bespannten und geschweißten Stahlrohrrumpf und neue gleichlange, gerade, bespannte Tragflächen aus Holz sowie einen unverkleideten Sternmotor mit 150 PS. Die Ki-17 war mit 618 kg Leergewicht erstaunlich leicht. Nach einigen Modifikationen, unter anderem wurde auf Querruder an den oberen Flügeln verzichtet, da das Flugzeug zu empfindlich reagierte, ging das Flugzeug rasch in Produktion.

Von 1935 bis 1944 wurden 560 Doppeldecker bei Tachikawa hergestellt. Etwa 20 Flugzeuge wurden nach Thailand exportiert.

In der japanischen fliegerischen Grundausbildung war die Ki-17 ein weit verbreiteter und intensiv genutzter Doppeldecker.

Bemerkungen: Alliierten-Code *Cedar*. Der Doppeldecker wurde, nach dem Misserfolg mit der schwächer motorisierten Variante der Ki-9, in sehr kurzer Zeit entwickelt, da die Armee dringend Schulflugzeuge benötigte, um die wachsende Zahl an Besatzungen für ihre expandierenden Luftstreitkräfte bereitstellen zu können. Eingesetzt wurde der Doppeldecker bei der japanischen Armee in der Anfängerschulung, da er einfach zu fliegen war. Er zeichnete sich durch gute Start- und Landeeigenschaften und einem sehr stabilen Flugverhalten aus, auch bei geringen Geschwindigkeiten. Zu einfach zu fliegen, war aber auch ein Kritikpunkt der militärischen Ausbilder, was dazu führte, dass die Ki-17 allmählich aus den Flugschulen zurückgezogen wurde und nur noch als Verbindungs- und Beobachtungsflugzeug zum Einsatz kam.

Es wird von keinem erhaltenen Flugzeug berichtet.

Besatzung: 2
Triebwerk: Ein luftgekühlter 7-Zylinder-Sternmotor Hitachi Ha-12 mit 110 kW (150 PS) Startleistung.
Leistungen: Höchstgeschwindigkeit 170 km/h, Reisegeschwindigkeit 130 km/h, Dienstgipfelhöhe 5300 m, 3 h 45 min Flugdauer.
Gewichte: Leergewicht 618 kg, Abfluggewicht 900 kg.

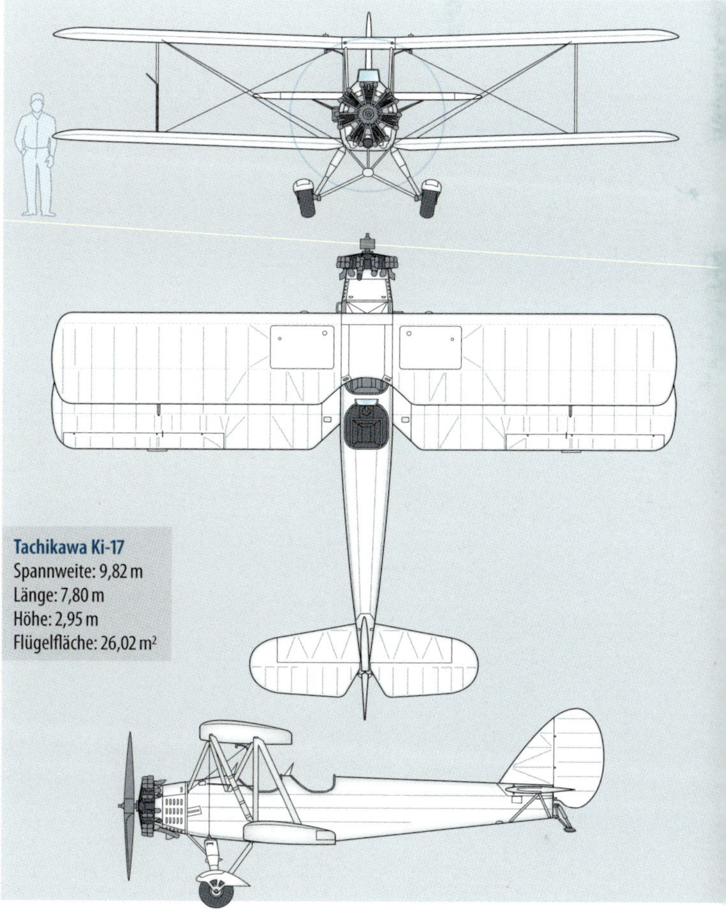

Tachikawa Ki-17
Spannweite: 9,82 m
Länge: 7,80 m
Höhe: 2,95 m
Flügelfläche: 26,02 m²

Tachikawa Ki-36 / Ki-55

Ursprungsland
Japan
Kategorie
Mehrzweckflugzeug

Entwicklung: Im Mai 1937 wurde von den Kaiserlichen Heeres-Luftstreitkräften eine Ausschreibung für ein schnelles zweisitziges Flugzeug, das von unvorbereiteten Pisten aus operieren konnte, veröffentlicht. Tachikawa gewann mit der Ki-36, einem leichten Ganzmetall-Tiefdecker mit Festfahrwerk. Der erste Prototyp flog im April 1938 und zeigte gute Flugeigenschaften. Er benötigte nur kurze Start- und Landebahnen und feste Vorflügel sorgten für gute Langsamflugeigenschaften, Fenster im Boden ermöglichten eine exzellente Sicht nach unten. Die ersten beiden Prototypen flogen noch mit einem 300 PS-Sternmotor, ab dem dritten Prototyp kam aber schon der Hitachi Ha-13 zum Zug. Ab November 1938 wurden 860 Flugzeuge von Tachikawa und 472 von Kawasaki hergestellt. Die guten Flugeigenschaften waren ideal für einen Fortgeschrittenentrainer. Alles nicht benötigte Equipment wurde entfernt und das Flugzeug wurde als Ki-55 von Tachikawa (1077 St.) und Kawasaki (311 St.) in Serie gebaut. Eine Ki-72 mit Einziehfahrwerk und 600 PS-Motor kam nicht über die Planung hinaus.

Mit allen Prototypen rollten bis Januar 1944 insgesamt 2723 Ki-36 und Ki-55 aus den Werkshallen Tachikawas und Kawasakis.

Bemerkungen: Alliierten-Code: *Ida*. In kleinen Einheiten den Bodentruppen zugeordnet, flog die Ki-36 ihre ersten Einsätze als leichter Bomber, Aufklärer, Beobachtungs- und Verbindungsflug-

Eine Ki-55 nach der Kapitulation mit Übergabemarkierungen.

zeug von vorgeschobenen Landefeldern gegen chinesische Truppen im Zweiten Japanisch-Chinesischen Krieg. Später, im Pazifikkrieg gegen die USA waren sie allerdings leichte Beute der alliierten Jagdflugzeuge und so wurden sie wieder auf dem chinesischen Festland eingesetzt. Die Ki-55 als Trainingsflugzeug war in fast allen Armeeflugschulen zu finden. Übrig gebliebene Ki-36/55 wurden im letzten Kriegsjahr noch bei Kamikaze-Angriffen mit einer 250- oder 500 kg-Bomben eingesetzt.

Eine Ki-36 steht im Royal Thai Air Force Museum in Bangkok, Thailand und eine im Chinese Military Museum, Bejing, China.

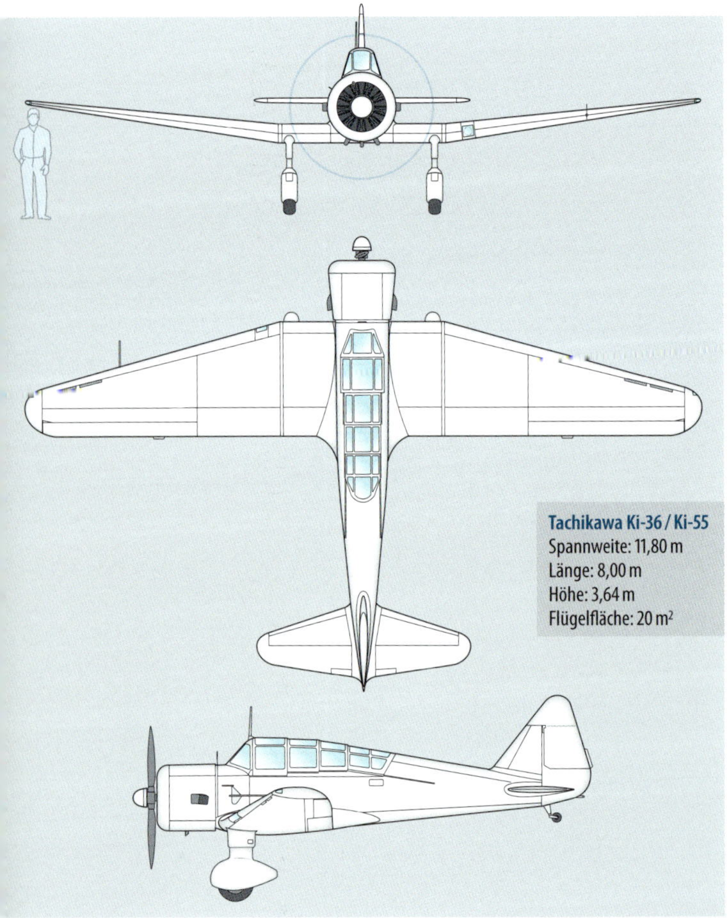

Tachikawa Ki-36 / Ki-55
Spannweite: 11,80 m
Länge: 8,00 m
Höhe: 3,64 m
Flügelfläche: 20 m²

Besatzung: 2
Triebwerk: Ein luftgekühlter 9-Zylinder-Sternmotor Hitachi Ha-13a mit 375kW (510 PS) Startleistung und 345kW (470 PS) Reiseleistung.
Leistungen: Höchstgeschwindigkeit 348 km/h in 1800 m Höhe, Reisegeschwindigkeit 236 km/h, Steigzeit auf 3000 m 6 min 39 sec, Dienstgipfelhöhe 8150 m, Reichweite 1235 km.
Gewichte: Ki-36: Leergewicht 1247 kg, Abfluggewicht 1660 kg; Ki-55: Leergewicht 1292 kg, Abfluggewicht 1721 kg.
Bewaffnung: Ein MG über dem Motor und ein bewegliches MG im hinteren Cockpit, bis zu 10 Kleinbomben an Flügelstationen.

Tachikawa Ki-54

Ursprungsland
Japan
Kategorie
Trainer, leichtes Transportflugzeug

Entwicklung: Ende 1939 begann Tachikawa nach einer Forderung der japanischen Heeresluftstreitkräfte ein leistungsstarkes zweimotoriges Trainingsflugzeug zu entwickeln. Der moderne Ganzmetalltiefdecker absolvierte seinen Erstflug im Juni 1940 und nach einigen kleineren Modifikationen ging 1941 die Ki-54 a (Abb. oben) in die Serienproduktion. Ursprünglich war der Trainer nur zur Pilotenausbildung ausgerüstet, aber bald wurde die Ki-54 b (Zeichnung, kleine Abb.) mit vier MG-Ständen und Bombenaufhängungen unter den Flügeln zur Ausbildung von ganzen Bomberbesatzungen herangezogen. Mit der Ki-54 c hatte man ein Verbindungsflugzeug und einen leichten Transporter, der bis zu 9 Passagieren Platz bot. Einige Ki-54 c wurden auch zivil eingesetzt. Als Patrouillenflugzeug zur U-Boot-Bekämpfung konnte die Ki-54 d bis zu acht 60 kg-Wasserbomben an Flügelstationen laden, einige waren mit einem Magnet-Detektor unter dem

Die Ki-54 b besaß einen Aufbau auf dem Rumpfrücken, der mit MGs und Foto-MGs bestückt war, zur Ausbildung von Schützen.

Rumpf ausgestattet. Die wenigen, die davon gebaut wurden, waren allerdings nur kurze Zeit im Einsatz. Die Ki-110, eine komplett aus Holz gebaute Ki-54 c, wurde bei einem Bombenangriff zerstört, während die ebenso aus Holz gebauten Tankflugzeuge Ki-111 und Ki-114, beide weiterentwickelte Ki-110, bis Kriegsende nicht mehr fertiggestellt werden konnten.

Bis Juni 1945 sind von Tachikawa insgesamt 1368 Ki-54 aller Varianten produziert worden.

Bemerkungen: Alliierten-Code: *Hickory*. Der Tiefdecker, der in großer Zahl in den Flugschulen eingesetzt wurde, hatte Platz genug für die Ausrüstung, die benötigt wurde, um eine komplette Besatzung, bestehend aus Pilot, Navigator, Funker, Bomben- und MG-Schützen, auf einmal auszubilden. Mit der Ki-54 wurde versucht, an die Handlingseigenschaften und Leistungen der damals von der Armee eingesetzten zweimotorigen Bomber heranzukommen, um eine möglichst realistische Ausbildung zu gewährleisten. Man nutzte es aber auch als Personentransporter, auf Patrouillen und zur U-Boot-Abwehr.

Es überlebte keine komplette Ki-54, aber ein unrestauriertes Wrack wird im japanischen Misawa Aviation & Science Museum präsentiert.

Besatzung: 5 bis 9, je nach Einsatz
Triebwerke: Zwei luftgekühlte 9-Zylinder-Sternmotoren Hitachi Ha-13a mit je 375 kW (510 PS) Start- und 345 kW (470 PS) Reiseleistung.
Leistungen: Höchstgeschwindigkeit 375 km/h in 2000 m Höhe, Reisegeschwindigkeit 240 km/h, Steigzeit auf 5000 m 20 min 18 sec, Dienstgipfelhöhe 7200 m, Reichweite 960 km.
Gewichte: Leergewicht 2954 kg, Abfluggewicht 3897 kg.
Bewaffnung: Vier bewegliche MGs und Übungsbomben.

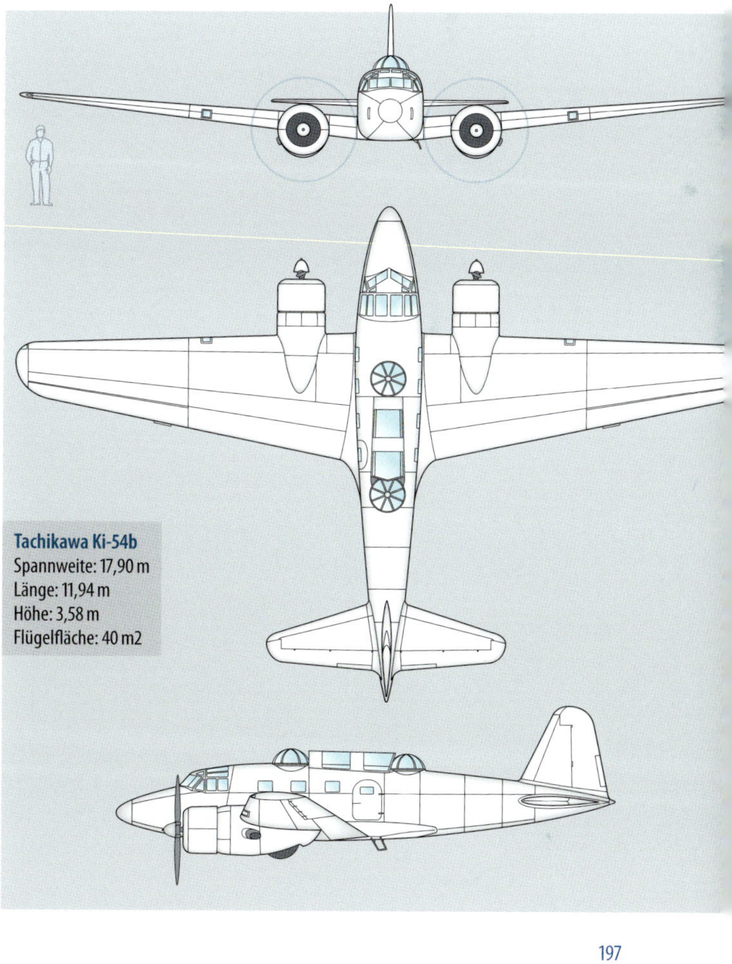

Yokosuka B4Y

Ursprungsland
Japan
Kategorie
Trägergestützter Torpedobomber

Entwicklung: 1934 forderte die japanische Navy Mitsubishi, Nakajima und Yokosuka auf, einen neuen trägergestützten Torpedobomber zu entwickeln, der die veraltete und mit Motorproblememen geplagte Yokosuka B3Y ablösen sollte und als schnelle Übergangslösung vorgesehen war, bis die moderneren, trägergestützten Tiefdecker einsatzbereit waren. Die bespannte Ganzmetallkonstruktion, deren Besatzung aus Pilot, Navigator und Funker/Schütze bestand, wurde von einer Konstruktionsabteilung der japanischen Navy entworfen, die fünf Prototypen wurden von Yokosuka gebaut. Um die Entwicklung zu beschleunigen, ist auf die Flügel des Kawanishi E7K-Doppeldeckers zurückgegriffen worden, so dass bereits Ende 1935 die B4Y erstmals abheben konnte. Der erste Prototyp war noch mit einem flüssigkeitsgekühlten 600 PS-12-Zylinder-Hiro-Motor ausgestattet. Vier weitere Prototypen mit unterschiedlichen Motorisierungen folgten, die gegen die Konkurrenzmodelle von Nakajima und Mitsubishi bei einem Vergleichsfliegen antraten und bei der die B4Y mit dem 850 PS starken Hikari 2-Motor gewann.

Inklusive der Prototypen, die bei Yokosuka enstanden, wurden nur 205 B4Y produziert. Davon wurden 37 bei Nakajima, 135 bei Mitsubishi und 28 bei Kokushu hergestellt.

Bemerkungen: Alliierten-Code: *Jean*. Der relativ große und langsame Doppeldecker hatte nur eine sehr kurze Einsatzzeit. Er wurde ab 1937, nicht nur von Flugzeugträgern, sondern auch von Land aus, im Japanisch-Chinesischen Krieg geflogen. Mit der Ablösung durch die wesentlich leistungsfähigeren Tiefdecker Nakajima B5N und Mitsubishi B5M endete 1940 auch die Aera der Doppeldecker auf den Flugzeugträgern. Die B4Y wurde nur noch in Trainingseinheiten für Fortgeschrittene auf zwei Trainingsflugzeugträgern bis 1943 verwendet. Angeblich auch ein paar noch als Torpedobomber bis Ende 1944 von japanischen Küstenbasen aus.

Es ist, soweit bekannt, kein Flugzeug erhalten geblieben.

Eine B4A der Kaiserlichen Japanischen Marine fliegt während des Zweiten Japanisch-Chinesischen Krieges in der Nähe des Flugzeugträgers *Kaga* vor China.

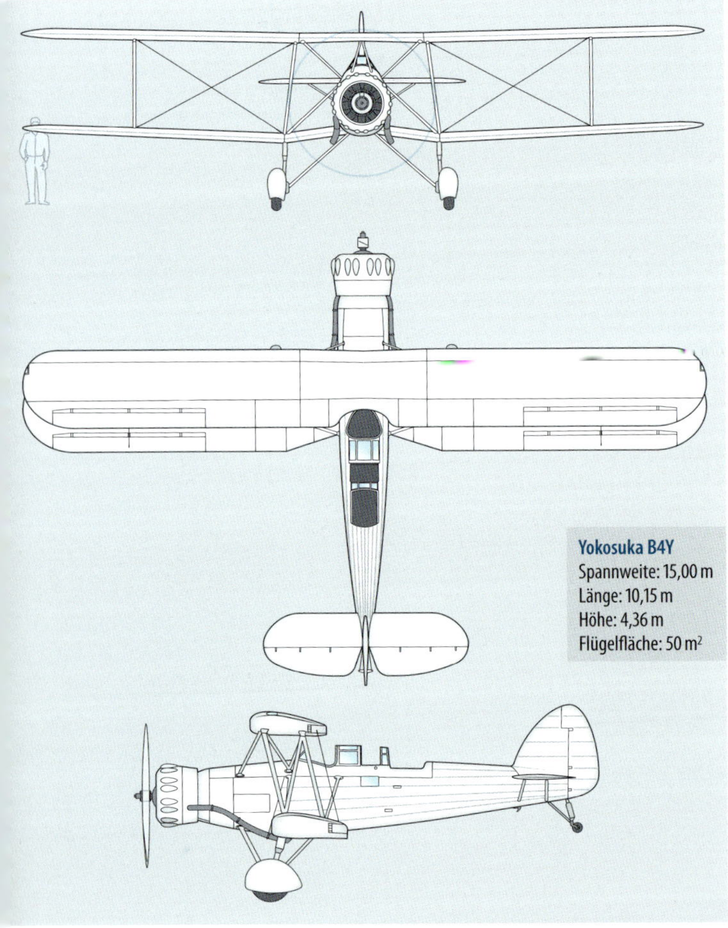

Yokosuka B4Y
Spannweite: 15,00 m
Länge: 10,15 m
Höhe: 4,36 m
Flügelfläche: 50 m²

Besatzung: 3
Triebwerk: Ein luftgekühlter 9-Zylinder-Sternmotor Nakajima Hikari 2 Mit 636 kW (853 PS) Startleistung und 522 kW (700 PS) Reiseleistung in 1500 m Höhe.
Leistungen: Höchstgeschwindigkeit 277 km/h, Steigzeit auf 3000 m 14 min, Dienstgipfelhöhe 6000 m, Reichweite 1570 km.
Gewichte: Leergewicht 2000 kg, Abfluggewicht 3600 kg.
Bewaffnung: Ein bewegliches MG im hinteren Cockpit. Ein 800 kg-Torpedo unter dem Rumpf oder 500 kg Bomben.

Yokosuka K5M

Entwicklung: Die Entwicklung des Trainers begann im Jahr 1932 und basierte auf dem erfolglosen Vorgänger, dem Doppeldecker Yokosuka E6Y, von dem nur 10 Stück ausgeliefert wurden. Das in Gemischtbauweise hergestellte Flugzeug bekam einen neuen oberen Flügel mit leichter Pfeilung, ein geändertes Leitwerk und einen 340 PS-Sternmotor von Hitachi mit einem Townend-Kühlring. Erstflug war vermutlich im Januar 1934. Der Bedarf an Trainern war groß und die japanische Marine gab sehr schnell ihre Zustimmung zur Serienproduktion, die bereits im Januar 1934 begann und rasch hochgefahren wurde. Gebaut wurde die K5Y1 als landbasierter Doppeldecker mit Festfahrwerk (kleine Abb., Zeichnung), die K5Y2 als Wasserflugzeug mit Doppelschwimmern (große Abb.). Drei weitere geplante Typen, die K5Y3, 4 und 5 sollten mit stärkeren Motoren ausgestattet werden. Lediglich von der K5Y3, einer Schwimmervariante, sind zwei Prototypen mit einem 515 PS-Sternmotor Amakaze 21 von Hitachi gebaut worden, während die anderen beiden Projekte mit Radfahrwerk nicht über das Reißbrettstadium hinauskamen.

Von 1933 bis 1945 liefen 5770 Doppeldecker K5Y1 und K5Y2 bei Kawanishi, Nakajima, Watanabe, Hitachi, Nippon, Mitsubishi, Fuji und Dai-Ichi vom Band.

Yokosuka K5Y1

Bemerkungen: Alliierten-Code: *Willow*. Die K5Y war die Hauptstütze des Flugtrainings der Kaiserlichen Japanischen Marineluftstreitkräfte und auch als Fortgeschrittenentrainer in der Lage, anspruchsvolle Flugmanöver auszuführen. Der Doppeldecker blieb, obwohl es schon wesentlich modernere Trainingsflugzeuge gab, bis zum Kriegsende 1945 in Produktion und war das meistgebaute Schul- und Trainingsflugzeug Japans. Etliche K5M wurden bei Kriegsende noch für Kamikaze-Angriffe eingesetzt.

Eine K5Y steht im National Aviation Museum of the Royal Thai Air Force, Bangkok und im Indonesian Air force Museum, Yoygyakarta.

Ursprungsland
Japan
Kategorie
Schulflugzeug, Trainer

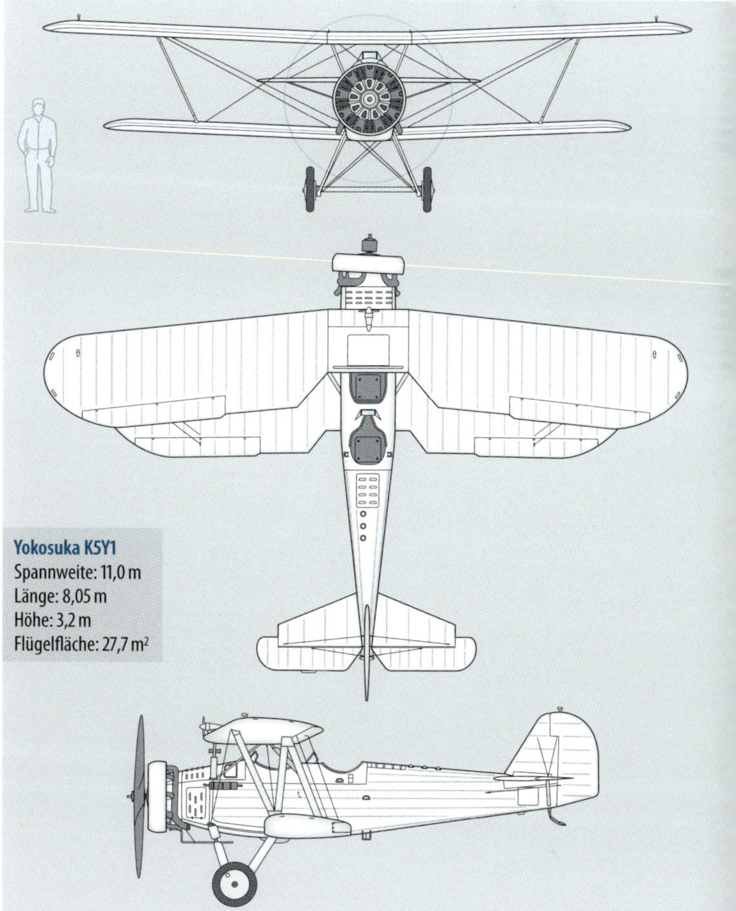

Yokosuka K5Y1
Spannweite: 11,0 m
Länge: 8,05 m
Höhe: 3,2 m
Flügelfläche: 27,7 m²

Besatzung: 2
Triebwerk: (K5Y1) Ein luftgekühlter Neunzylinder-Sternmotor Hitachi Amakaze 11 mit 250 kW (340 PS) Startleistung und 220 kW (300 PS) Reiseleistung..
Leistungen: (K5Y1) Höchstgeschwindigkeit 212 km/h, Reisegeschwindigkeit 140 km/h, Steigzeit auf 3000 m 13 min 32 sec, Dienstgipfelhöhe 5700 m, Reichweite ca. 1000 km.
Gewichte: (K5Y1) Leergewicht 1000 kg, maximales Abfluggewicht 1500 kg.
Bewaffnung: 1 MG nach vorne und ein MG im hinteren Cockpit. Zwei 30 kg-Bomben oder zehn 10 kg-Bomben an externen Stationen.

Yokosuka D4Y Suisei

Ursprungsland
Japan
Kategorie
Sturzkampfbomber

Entwicklung: Von den zwei, Anfang 1938 erworbenen, Sturzkampfbombern Heinkel He 118 war die japanische Marine beeindruckt und beauftragte Yokosuka ein ähnliches Flugzeug zu entwerfen. Im Dezember 1940 hob die erste, noch mit einem deutschen V12 DB 600-Motor ausgesrüstete D4Y1, ab. Der Mitteldecker in Ganzmetallbauweise zeigte anfangs Strukturschwächen im Sturzflug. Bis März 1943 waren die Probleme behoben und bis April 1944 waren 660 D4Y1 gebaut. Von der verbesserten D4Y2 (Zeichnung) wurden 326 Stück hergestellt. Der in Lizenz gebaute DB 601 A, Atsuta-V 12-Zylinder-Motor war jedoch weniger zuverlässig. Deshalb begannen im Mai 1944 die Tests der D4Y3 (Abb. oben) mit einem 1560 PS-starken 14-Zylinder-Doppelsternmotor Mitsubishi Kinsei 62, von der nochmals 536 Flugzeuge ausgeliefert wurden. Der Sternmotor schränkte die Sicht des Piloten jedoch so ein, dass keine Einsätze mehr von Flugzeugträgern möglich waren. Angeblich wurde auch noch die Produktion einer D4Y-4 als Kamikaze-Bomber mit Raketenboostern begonnen und es war eine etwas schwerere, mit einem 1825 PS starken Homare-Sternmotor angetriebene D4Y-5 mit geschützten Tanks und gepanzertem Pilotensitz geplant.

Von den insgesamt 2038 Flugzeugen wurden 1818 von Aichi hergestellt.

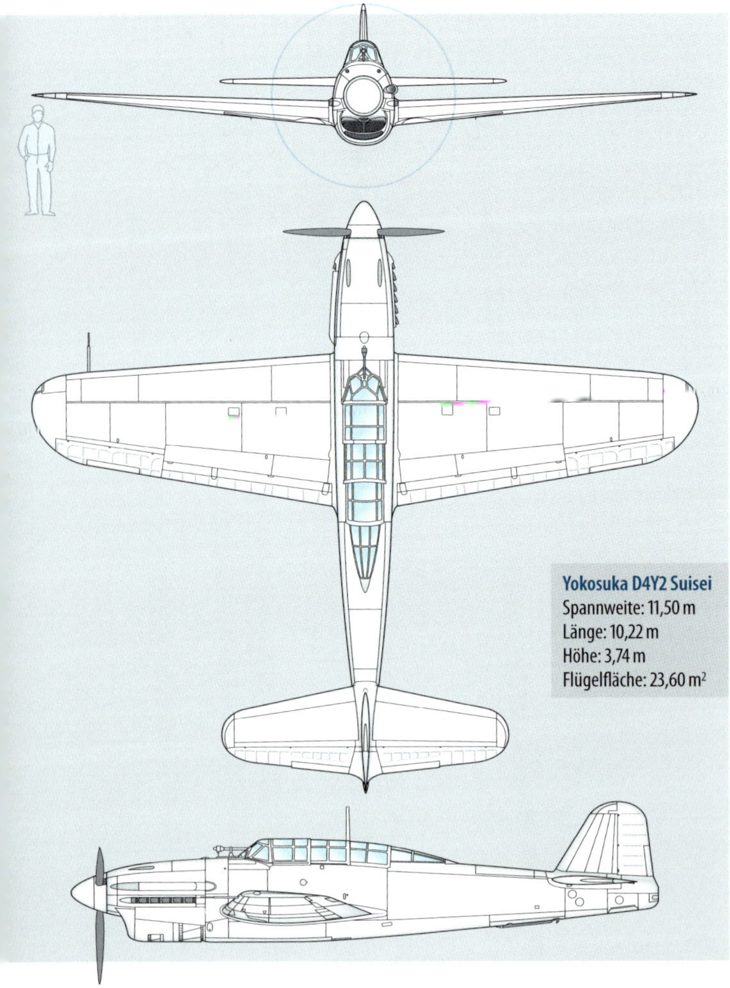

Yokosuka D4Y2 Suisei
Spannweite: 11,50 m
Länge: 10,22 m
Höhe: 3,74 m
Flügelfläche: 23,60 m²

Eine D4Y-1 der ersten Baureihe mit dem V12 Atsuta-Antrieb.

Bemerkungen: Alliierten-Code: *Judy*. Die Suisei (Komet) war trotz anfänglicher Probleme ein konkurrenzfähiges und relativ schnelles Sturzkampfflugzeug mit großer Reichweite. Wie viele japanische Flugzeuge dieser Zeit, war das Flugzeug allerdings ungenügend bewaffnet, nicht gepanzert und verfügte über keine selbstdichtenden Flächentanks und war somit leicht verwundbar. Zum Einsatz kam das Flugzeug auch als Aufklärer, Nachtjäger und mit einer 800 kg-Bombe für Kamikaze-Angriff auf US-Schiffe.

Eine D4Y3 steht im Planes of Fame Air Museum Chino, USA und eine im Yūshūkan War Museum in Tokio, Japan.

Besatzung: 2
Triebwerk: (D4Y2) Ein flüssigkeitsgekühlter V12-Zylinder-Aichi Atsuta AEI1P mit ca. 1044 kW (1420 PS) Startleistung.
Leistungen: (D4Y2) Höchstgeschwindigkeit 580 km/h in 5250 m Höhe, Reisegeschwindigkeit 425 km/h in 2000 m Höhe, Steigzeit auf 3000 m 4 min 36 sec, Dienstgipfelhöhe 10 700 m, Reichweite 1460 km, mit externen Droptanks max. 3600 km.
Gewichte: (D4Y2) Leergewicht 2635 kg, Abfluggewicht 3835 kg, maximales Abfluggewicht 4657 kg.
Bewaffnung: Zwei MGs über dem Motor und ein MG im hinteren Cockpit. Im Schacht und an Flügelstationen 310 kg Bomben, maximal 560 kg.

Yokosuka P1Y Ginga

Ursprungsland
Japan
Kategorie
Mittelschwerer Bomber, Nachtjäger

Entwicklung: Die Entwicklung der P1Y wurde 1940 durch die japanische Navy initiiert, die ein schnelles zweimotoriges Flugzeug, sowohl als Sturzkampfbomber als auch Torpedoträger mit 1000 kg Zuladung forderte. Das in Ganzmetall gebaute, aerodynamisch gestaltete Flugzeug flog im August 1943 erstmals. Da die Maschine schnell zur Serienreife gebracht werden sollte, wurden etliche Änderungen während der Produktion eingepflegt. Andauernde Probleme mit den Homare-Motoren und der hohe Wartungsaufwand verzögerten jedoch die Einsatzreife. Dies führte im Juni 1944 zum Einbau der 14-Zylinder-Sternmotoren Mitsubishi Kasei 25 in die P1Y2. Für Nachteinsätze wurde die P1Y2-S mit schräg nach oben feuernden Kanonen und Radar ausgestattet. Viele dieser Nachtjäger wurden aber, wegen unzureichender Höhenleistung der Antriebe wieder zum Bomber zurückgebaut. Zahllose Modifikationen im letzten Kriegsjahr, mit verschiedenen Motorisierungen, Bewaffnungen, darunter auch als Trägerflugzeug für das Kamikaze-Flugzeug Ohka (S. 202) oder als Langstreckenbomber, endeten als Prototypen oder schon auf dem Reisbrett.

Bis 1945 wurden 1098 Gingas produziert, davon 96 P1Y2.

Haben sich nicht bewährt – die Nachtjäger P1Y2-S mit Radar.

Bemerkungen: Alliierten-Code: *Frances*. Eine hohe Geschwindigkeit und gute Handlingseigenschaften wurden von Piloten der Ginga attestiert. Dem standen die anfälligen Homare-Sternmotoren und ein sehr hoher Wartungsaufwand gegenüber. Nur kurze Zeit im Einsatz, war die Ginga nach Behebung der meisten Probleme, ein respektierter Gegner für US-Piloten, obwohl die P1Y gegen hoch anfliegende B-29 kaum Chancen hatte. Gegen Kriegsende wurde sie noch in Kamikaze-Aktionen auf US-Schiffe eingesetzt.

Angeblich hat das Smithsonian National Air and Space Museum, USA eine komplette Ginga eingelagert.

Besatzung: 3
Triebwerke: (P1Y1) Zwei luftgekühlte 18-Zylinder-Doppelsternmotoren Nakajima NK9C Homare mit 1342 kW (1825 PS) Startleistung und 1213 kW (1650 PS) Reiseleistung in 6600 m Höhe.
Leistungen: (P1Y1) Höchstgeschwindigkeit 545 km/h in 5900 m Höhe, Reisegeschwindigkeit ca. 370 km/h in 4000 m Höhe, Steigzeit auf 3000 m 4 min 15 sec, Dienstgipfelhöhe 9400 m, Reichweite ca. 1920 km, maximal 5370 km.
Gewichte: (P1Y1) Leergewicht 7265 kg, Abfluggewicht 10 500 kg, maximales Abfluggewicht 13 500 kg.
Bewaffnung: Je eine Maschinenkanone im Bug und im hinteren Cockpit. Ein Torpedo oder bis zu 1000 kg Bomben.

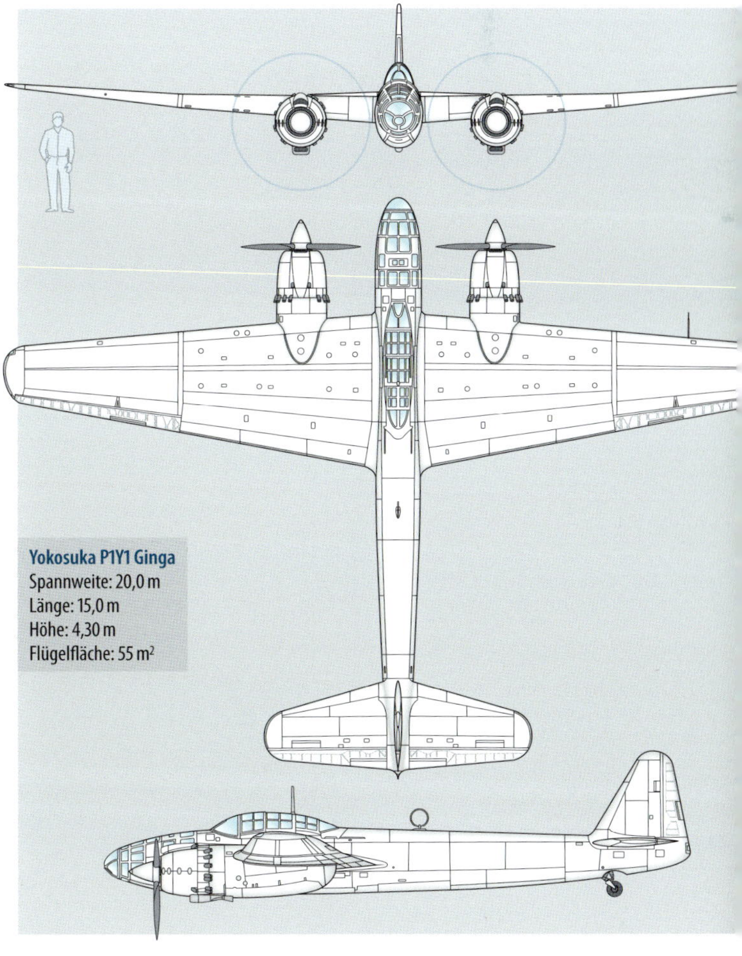

Yokosuka P1Y1 Ginga
Spannweite: 20,0 m
Länge: 15,0 m
Höhe: 4,30 m
Flügelfläche: 55 m²

Yokosuka MXY-7 Ohka

Ursprungsland
Japan
Kategorie
Gleitbombe

Entwicklung: Um 1944 begannen die japanischen Kamikazeangriffe mit Flugzeugen auf amerikanische Schiffe. Anfangs von Flugzeugträgern aus, bis sie fast alle versenkt waren. Vom Festland aus war dies wegen zu geringer Reichweiten der Flugzeuge nicht möglich. Der Idee, eine bemannte Gleitbombe mit einem reichweitenstarken Bomber bis kurz vor das Ziel zu bringen, stimmte die Marine zu und Yokosuka begann die MXY-7 zu entwickeln. Ein Prototyp flog im März 1944 und im November mit Raketenantrieb. Der Serienbau von angeblich 755 gebauten Ohka 11 (Bild), lief schon im September 1944 an. Mit rund 2000 kg Startmasse wurde sie von drei Feststoff-Raketen auf eine Geschwindigkeit von ca. 650 km/h gebracht. Bei nur 37 km Reichweite der Ohka waren die Transportflugzeuge gezwungen sehr nahe an ihr Ziel zu fliegen und waren deshalb leicht angreifbar. Nicht mehr zum Einsatz kamen 50 mit einem Thermojet-Triebwerk ausgestattete Ohka Model 22 (Zeichnung). Dabei treibt ein Kolbenmotor einen Verdichter an, der Luft in eine Brennkammer drückt, den eingespritzten Treibstoff verbrennt und das austretende heiße Gas als Schub nutzt. Von einem einsitzigen Trainingsgleiter stellte man 45 Stück her, vermutlich nur zwei von einem antriebslosen zweisitzigen Schulgleiter (kleine Abb.) und eine unbekannte Zahl von einem Zweisitzer mit Feststofftriebwerk. Weitere Modelle mit Jetantrieb, für den Katapultstart, auch von U-Booten aus, blieben Reißbrettprojekte.

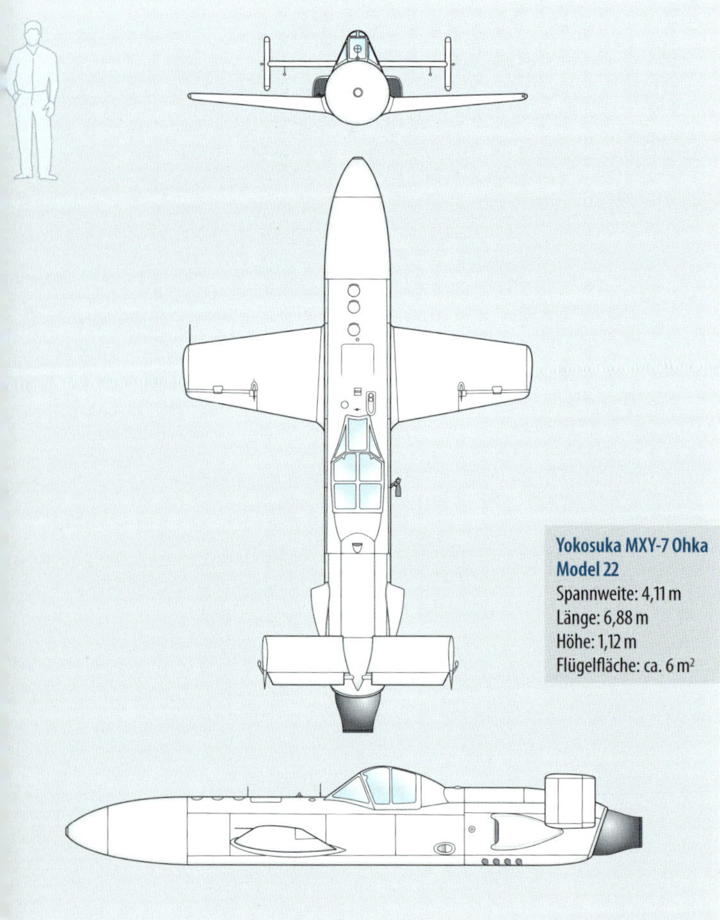

Yokosuka MXY-7 Ohka Model 22
Spannweite: 4,11 m
Länge: 6,88 m
Höhe: 1,12 m
Flügelfläche: ca. 6 m²

Als zweisitziger Trainingsgleiter für Schüler und Lehrer wurde die K-1 KAI (Modell 43) mit größerer Spannweite gebaut.

Bemerkungen: Auch wenn das Prinzip sehr erfolgversprechend war, blieben die Auswirkungen auf das Kriegsgeschehen eher gering. Schon bei einem der ersten Angriffe mit sechs Ohkas wurde angeblich ein Schiff beschädigt, aber alle Trägerflugzeuge abgeschossen. In den insgesamt drei Monate dauernden Einsätzen bis Kriegsende mit vermutlich 74 Ohka 11 wurde ein US-Zerstörer versenkt und ein paar weitere beschädigt.

Von den 13 in Museen in USA, Japan und Großbritannien präsentierten Ohkas, steht eine Ohka 11 im Imperial War Museum in London, UK und eine Ohka 22 im Steven F. Udvar-Hazy Center in Chantilly, USA.

Besatzung: 1
Triebwerk: (Modell 22) Ein Thermojet-Antrieb Ishikawajima Tsu-11 mit 2,157 kN Schub.
Leistungen: (Modell 22) Sturzgeschwindigkeit ca. 900 km/h, im Marschflug 450 km/h, Dienstgipfelhöhe 8500 m, Reichweite 160 km.
Gewichte: (Modell 22) Startgewicht 1450 kg.
Bewaffnung: (Modell 22) Ein 600 kg-Sprengkopf.

Fleet Model 16 Finch

Entwicklung: Fleet, eine Tochtergesellschaft von Consolidated Aircraft, entwickelte eine ganze Reihe von Doppeldecker-Trainern, die mit den Modellen 1 und 2 in den 1930er-Jahren begann. Daraus entwickelte Fleet die Flawn (Model 7), von der 65 als Basic-Trainer an die RCAF ausgeliefert wurden. Eine weiterentwickelte Flawn war Model 10, aus der schließlich der Prototyp des Model 16 Finch entstand, der noch mit einem 175 PS Warner Super Scarab-Sternmotor ausgerüstet war. Die geschweißte Stahlrohrkonstruktion des Rumpfes war bis zum Cockpit beplankt und zum Rumpfende hin bespannt, der Flügel war eine bespannte Metall-Holzkonstruktion. Die erste Finch 16 F flog im Februar 1939. Nach eingehender Prüfung durch die Royal Canadian Airforce wurden ein paar Änderungen eingearbeitet, dann begann die Serienproduktion. Anfangs wurde noch mit offenem Cockpit geflogen, der kanadische Winter forderte aber schnell die Einführung einer Schiebehaube. 16 Model 16 R / Finch Mk. I wurden mit einem 160 PS-Kinner-Sternmotor ausgestattet, während die 404 gebauten Model 16 B / Finch Mk. II mit einem 125 PS-Kinner vom Band liefen. An die portugiesische Marine lieferte Fleet 15 Model 16 D mit einem 160 PS-Kinner B5-2.

Vom Model 16 wurden 437 Flugzeuge produziert, andere Quellen sprechen von 606.

Das Fleet Model 1 (ursprünglich das Consolidated Model 14 Husky Junior) und 2 (Bild) und seine Derivate waren eine Familie von zweisitzigen Doppeldeckern, die in den 1920er und 1930er Jahren in den USA und Kanada hergestellt wurden. Sie alle teilten das gleiche Grunddesign und variierten hauptsächlich in ihren Antrieben.

Besatzung: 2
Triebwerk: (Finch Mk. II) Ein luftgekühlter 5-Zylinder-Sternmotor Kinner B5-R mit 93 kW (125 PS).
Leistungen: (Finch Mk. II) Höchstgeschwindigkeit 167 km/h, Reisegeschwindigkeit 137 km/h, Dienstgipfelhöhe 3200 m, Reichweite ca. 480 km.
Gewichte: (Finch Mk. II) Leergewicht 509 kg, Abfluggewicht 908 kg.

Bemerkungen: In Kanada waren die De Havilland Tiger Moth, die Fleet Finch und noch einige Fleet Flawn die wichtigsten Flugzeug der Elementary Flying Training Schools während der ersten Jahre des Zweiten Weltkrieges. Sie wurden im Rahmen des British Commonwealth Air Training Plans in 12 kanadischen Flugschulen zur Grundausbildung von Piloten geflogen. Ersetzt wurde die Finch ab Oktober 1944 durch die Fairchild PT-26 Cornell (S. 286), aber erst 1947 wurde das letzte Exemplar bei der RCAF ausgemustert.

Neben Museumsstücken in kanadischen Luftfahrtmuseen fliegt eine Finch II beim Canadian Museum of Flight, Langley, BC, Kanada.

Ursprungsland
Kanada
Kategorie
Trainer

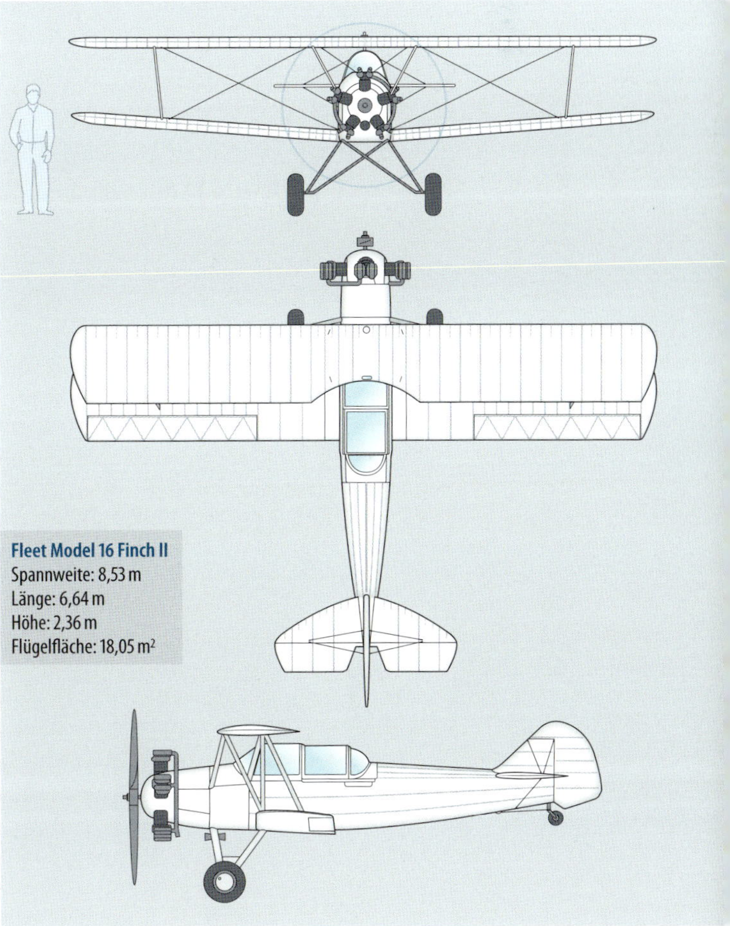

Fleet Model 16 Finch II
Spannweite: 8,53 m
Länge: 6,64 m
Höhe: 2,36 m
Flügelfläche: 18,05 m²

Noorduyn Norseman

Ursprungsland
Kanada
Kategorie
Verbindungs- und Transportflugzeug

Entwicklung: Im Jahr 1934 beschloss Robert B. C. Noorduyn aufgrund der Nachfrage ein ideales und vor allem robustes Buschflugzeug für bis zu 8 Passagiere zu bauen, das mit Radfahrwerk, Schwimmern oder Skiern auch unter widrigsten Umständen zu betreiben war. Der erste Prototyp mit Doppelschwimmern, flog im November 1935. Aus einem bespannten, beplankten und geschweißten Rohrgerüst wurde der Rumpf aufgebaut, die Flügel sind mit Ausnahme der Querruder und Klappen komplett aus Holz hergestellt. An kleine Fluggesellschaften, hauptsächlich im Norden Kanadas, gingen die ersten Hochdecker. Bis 1940 waren 17 Flugzeuge verkauft. Als der Zweite Weltkrieg in Europa begann, bestellte die Royal Canadian Air Force 38 Mk. IV für ihr Funk- und Navigationstraining. Auch die USA benötigten mit Beginn der Flugzeugüberführungen nach Großbritannien und in die Sowjetunion ein leichtes, arktistaugliches Transportflugzeug, aber auch für alle anderen Kriegsschauplätze im Pazifik und in Europa. Nachdem sechs Flugzeuge der RCAF von der USAAF getestet wurden, bestellt sie in mehreren Orders insgesamt 749 Norseman, deren Auslieferung Mitte 1942 begannen. Die C-64, später UC-64, (große Abb.) wurde auf militärische Standards umgerüstet und bekam zwei Rumpftanks. Ein zusätzlicher Tank in der Kabine konnte nach Bedarf eingebaut werden.

Insgesamt sind 918 Norseman gebaut worden. Die letzte militärische wurde im Januar 1959, die letzte zivile im Januar 1960 ausgeliefert.

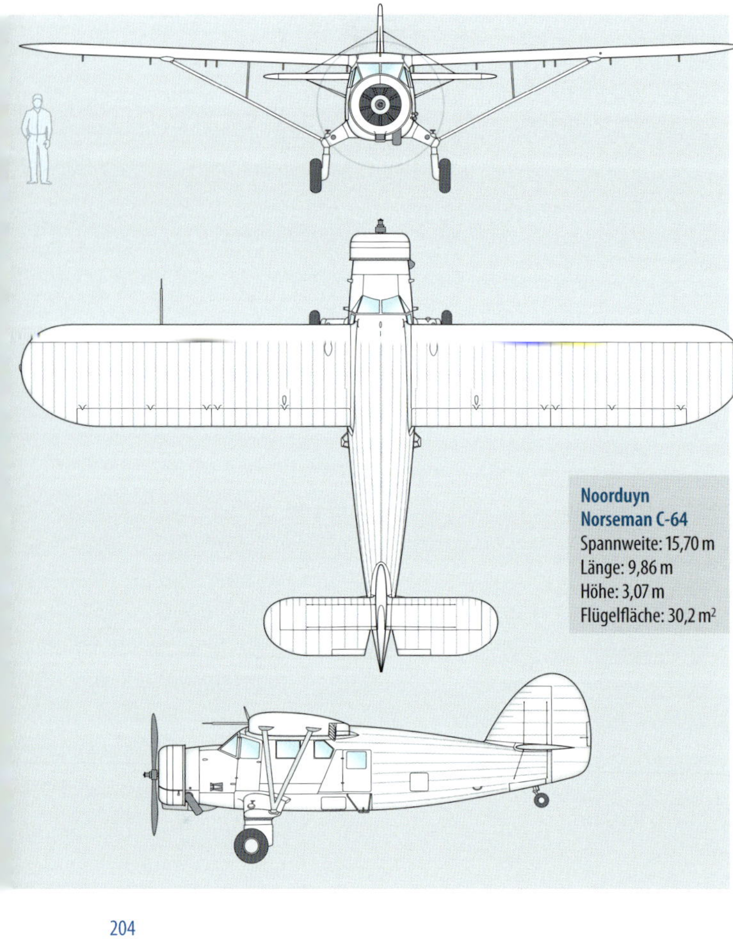

Noorduyn Norseman C-64
Spannweite: 15,70 m
Länge: 9,86 m
Höhe: 3,07 m
Flügelfläche: 30,2 m²

Eine UC-64 B auf Floats.

Bemerkungen: Weltweit waren die USAAF und die RCAF die größten Betreiber der Norseman, die ihre äußerst robusten Hochdecker als „one ton flying truck“ auch in schwierigstem Terrain für Personen- und Frachttransporte, aber auch als Verbindungs- und Lazarettflugzeug einsetzten. Nach Kriegsende wurden fast alle Flugzeuge abgestoßen. Viele gingen unter anderem an die Streitkräfte von Israel, Norwegen, Schweden, Indonesien, Australien und Brasilien und in private Hände oder an kleinere Betreiber und Fluggesellschaften.

Rund 30 Flugzeuge existieren noch, davon neun flugfähige in Kanada. Eine besitzt das Norsk Luftfartsmuseum in Bodø, Norwegen, die von der Norwegian Spitfire Foundation geflogen wird.

Besatzung: 1
Triebwerk: Ein luftgekühlter 9-Zylinder-Sternmotor Pratt & Whitney R-1340 AN1 Wasp mit 441 kW (600 PS).
Leistungen: Höchstgeschwindigkeit 250 km/h, Reisegeschwindigkeit 210 km/h, Dienstgipfelhöhe 5200 m, Reichweite ca. 1500 km.
Gewichte: Leergewicht 1923 kg, max. Abfluggewicht 3357 kg.

Fokker D. XXI

Ursprungsland
Niederlande
Kategorie
Jagdflugzeug

Entwicklung: Nach einer Forderung der niederländischen Luftwaffe entwickelte Fokker 1935 ein einfaches und billiges Jagdflugzeug für den Einsatz in Niederländisch-Ostindien. Aus einer aluminiumbeplankten und bespannten, geschweißten Stahlrohrkonstruktion wurde der Rumpf, die Tragflächen wurden komplett aus Holz gebaut. Der Prototyp flog im März 1936. Der Ostindien-Auftrag wurde storniert, die 36 D. XXI-1 für den Einsatz im Inland vorgesehen, von denen auch alle bis zum Einmarsch der Deutschen im Mai 1940 ausgeliefert wurden. Finnland erwarb 1937 sieben D. XXI und baute in Lizenz 93 D. XXI-3. Weitere 50 Tiefdecker D. XXI-4 sind dort mit einem 14-Zylinder Pratt & Whitney R-1535 Twin Wasp Junior-Doppelsternmotor ausgeliefert worden und fünf Flugzeuge aus Ersatzteilen mit einem 920 PS Bristol Pegasus X. Dänemark kaufte zwei D. XXI und zehn weitere wurden aus gelieferten Teilen zusammengebaut. Spanien erwarb zwar eine Lizenz, konnte aber wegen des Bürgerkriegs keine Maschinen produzieren.

Insgesamt wurden 148 Flugzeuge inklusive der Lizenzbauten ausgeliefert.

Bemerkungen: Der Angriff der Deutschen auf die Niederlande zeigte, dass die Fokker wegen ihrer Manövrierbarkeit zwar ein ernstzunehmender Gegner war, aber schlussendlich gingen alle XXI verloren. In Finnland dagegen spielte die D. XXI eine wichtige Rolle. Dort wurde das Jagdflugzeug, auch unter oft harten winterlichen Bedingungen, teilweise mit Schneekufen, eingesetzt und hatte gute Chancen gegen russische Flugzeuge. Erst im späteren Verlauf des Krieges unterlag das eigentlich untermotorisierte und relativ schwach bewaffnete Flugzeug gegen modernere russische Jagdflugzeuge und wurde schließlich nur noch als Aufklärer verwendet.

Im Aviation Museum of Central Finland, Tikkakoski/Finnland und im Militaire Luchtvaart Museum in Soesterberg/Niederlande steht je eine XXI. Ein Nachbau einer D.XXI auf dem Hoogeveen Airport/Niederlande absolvierte 2022 erste Rolltests.

Eine Staffel Fokker D. XXI der Niederländischen Luftwaffe.

Besatzung: 1
Triebwerk: Ein luftgekühlter 9-Zylinder-Sternmotor Bristol Mercury VIII mit 620 kW (830 PS).
Leistungen: Höchstgeschwindigkeit 460 km/h, Reisegeschwindigkeit 430 km/h, Steigzeit auf 6000 m 7 min, 30 sec, Dienstgipfelhöhe 11 350 m, Reichweite ca. 930 km.
Gewichte: Leergewicht 1594 kg, Abfluggewicht 1970 kg.
Bewaffnung: Vier MGs im Flügel.

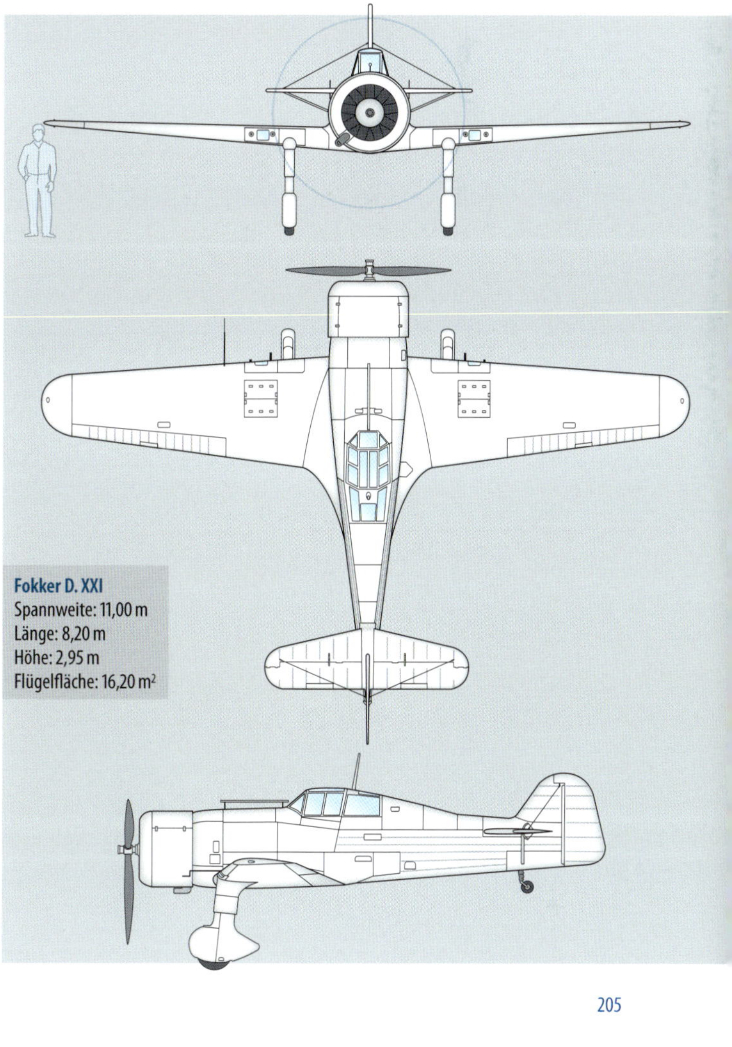

Fokker D. XXI
Spannweite: 11,00 m
Länge: 8,20 m
Höhe: 2,95 m
Flügelfläche: 16,20 m²

Fokker G. 1

Ursprungsland
Niederlande
Kategorie
Schweres Jagdflugzeug, Aufklärer

Entwicklung: Auf Eigeninitiative von Fokker begann 1936 die Entwicklung der G.1, die als Aufklärer und Jagdflugzeug, aber auch als leichter Bomber und Erkampfflugzeug eingesetzt werden sollte. Bei dem in Gemischtbauweise konstruierten Flugzeug wurde die Front aus einem mit Aluminiumschalen verkleideten Stahlrohrgerüst, der hintere Rumpf, die Flügel und das Doppelleitwerk hingegen aus Holz gebaut. Der Erstflug erfolgte bereits im März 1937 noch mit Hispano-Suiza-Motoren, die sich jedoch als unzuverlässig erwiesen, so dass sie durch SB-4G-Twin Wasp-Doppelsternmotoren von Pratt & Whitney ausgetauscht wurden. Allerdings bestellte die niederländische Luftwaffe ihre 36 G.1 mit Bristol Mercury VIII, dem Standardmotor der niederländischen Militärflugzeuge. Auch die Bewaffnung wurde auf acht starre MGs im Bug und eines im Heckstand erweitert. Die Auslieferungen begannen erst im Juli 1939, da es bei den Motoren Lieferengpäse gab. Eine Präsentation auf dem Pariser Aérosalon 1936 brachte einige Exportaufträge: Finnland bestellte 26, Schweden 18, Spanien 12 und Estland 9 Flugzeuge. Ungarn und Dänemark verhandelten über eine Lizenzfertigung. Die schwedische Aufklärerversion sollte eine verglaste Bodenwanne zur Aufnahme eines Beobachters bekommen, die gegen einen Bombenschacht ausgetauscht werden konnte. Nur ein kleiner Teil der Exportaufträge wurde abgearbeitet, aber keines der Flugzeuge wurde wegen des Einmarsches der Deutschen im Mai 1940 ausgeliefert.

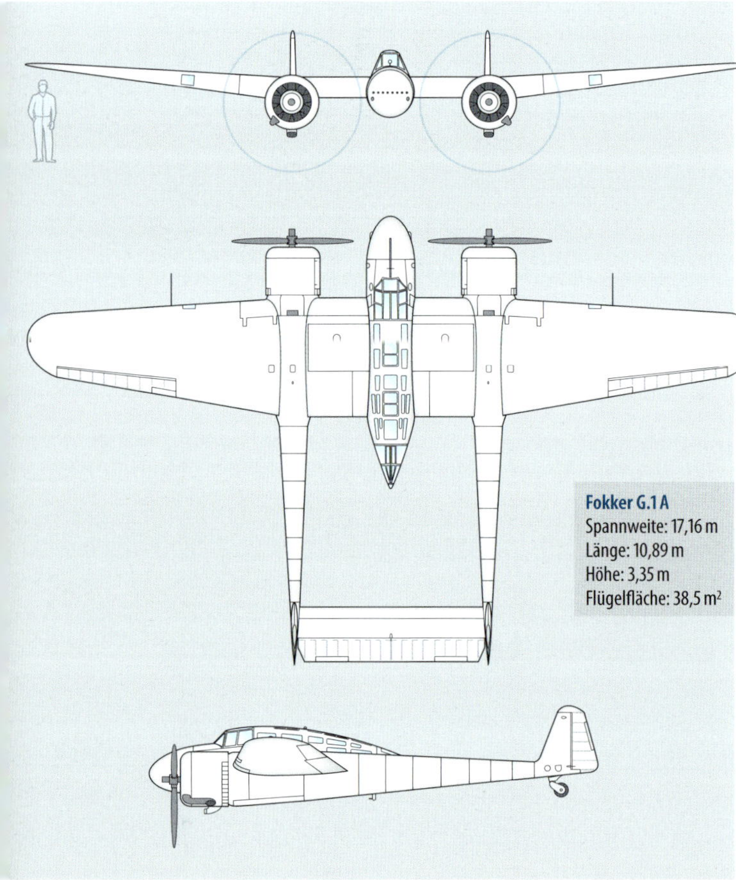

Fokker G.1 A
Spannweite: 17,16 m
Länge: 10,89 m
Höhe: 3,35 m
Flügelfläche: 38,5 m²

Fokker G-1 Wasp mit deutschen Kennzeichen 1945 auf dem Flugplatz Waalhaven in Rotterdam/Niederlande.

Die Quellen schwanken zwischen 62 und 75 hergestellten G.1.

Bemerkungen: Beim deutschen Einmarsch waren erst 23 Flugzeuge in Dienst gestellt. Die meisten Flugzeuge wurden am Boden zerstört, so dass es nur zu wenigen, manchmal erfolgreichen Einsätzen gegen die Deutschen kam. Die übrig gebliebenen G.1 übernahm die deutsche Luftwaffe für das Training ihrer Bf 110-Besatzungen.

Es überlebte keine Originalmaschine. Im Dutch Nationaal Militair Museum in Soesterberg/Niederlande steht aber ein 1 : 1-Replika.

Besatzung: 2 – 3
Triebwerke: Zwei luftgekühlte 9-Zylinder-Sternmotoren Bristol Mercury VIII mit 540 kW (730 PS).
Leistungen: Höchstgeschwindigkeit 475 km/h, Reisegeschwindigkeit 355 km/h, Steigzeit auf 5000 m 8 min, Dienstgipfelhöhe 9300 m, Reichweite ca. 1410 km.
Gewichte: Leergewicht 3325 kg, max. Abfluggewicht 5000 kg.
Bewaffnung: Acht MGs im Bug, ein MG im Heckstand. 400 kg Bomben.

PZL P.11

Ursprungsland
Polen
Kategorie
Jagdflugzeug

Entwicklung: Während fast alle Luftwaffen noch Doppeldecker flogen, konstruierte PZL bereits Ende der 1920er-Jahre die P.11, ein Ganzmetallflugzeug mit markanten Möwenflügeln – den nach seinem Konstrukteur genannten Pulawski-Flügel. Der Prototyp (Bild) flog im August 1931 erstmals mit einem 522 PS-starken Bristol Jupiter IX. Erst der zweite Prototyp wurde vom Bristol Mercury IVA angetrieben. Nach der Erprobung ging die P.11 A mit dem von PZL in Polen gebauten Mercury IV mit 575 PS in Serie (25 Stück). Bei der P.11 C, von der man 175 Stück fertigte, wurden die Flügel und das Leitwerk geändert, der 645 PS starke Bristol Mercury VI eingebaut und die Sicht des Piloten verbessert, indem man den Motor tiefer setzte. Von der Exportversion P.11 B gingen 50 Flugzeuge an Rumänien, das mit eigenen Motoren 95 Stück in Lizenz als IAR P.11 F produzierte.

Die Gesamtproduktion betrug je nach Angabe 325 oder 350 P.11.

Eine Weiterentwicklung war die P.24, die den Flügel der P.11 mit einem moderneren Rumpf, geschlossenem Cockpit und einem stärkeren 14-Zylinder-Doppelsternmotor Gnome-Rhône 14N07 mit 970 PS verband. Sie war überwiegend für den Export bestimmt war und wurde an Bulgarien, Griechenland, Rumänien und die Türkei geliefert.

Bemerkungen: In den frühen 1930er-Jahren gehörte das polnische Jagdflugzeug zu den innovativeren Konstruktionen und ließ die ausländische Konkurrenz aufhorchen. Durch die rasante Entwicklung der Luftfahrt in den Jahren vor Kriegsbeginn war der Standardjäger der polnischen Luftwaffe aber schon 1939 wieder überholt. Beim Einmarsch der Deutschen hatte Polen ca. 160 Flugzeuge gefechtsbereit und trotz der zahlenmäßigen und technischen Unterlegenheit sowie hohen eigenen Verlusten, konnten die polnischen Piloten mit ihren wendigen P.11 126 deutsche Flugzeuge abschießen. 36 Flugzeuge wurden noch nach Rumänien ausgeflogen und von der dortigen Luftwaffe übernommen.

Die einzige erhaltene P.11 C steht heute im polnischen Luftfahrtmuseum in Krakau.

Eine türkische PZL P.24, die weiterentwickelte P.11.

Besatzung: 1
Triebwerk: (C) Ein luftgekühlter 9-Zylinder-Sternmotor PZL Mercury VI.S2 mit 481 kW (645 PS).
Leistungen: (C) Höchstgeschwindigkeit 390 km/h in 5000 m Höhe, 300 km/h auf Meereshöhe, Steigzeit auf 5000 m 6 min, Dienstgipfelhöhe 8000 m, Reichweite ca. 700 km.
Gewichte: (C) Leergewicht 1147 kg, maximales Abfluggewicht 1800 kg.
Bewaffnung: (C) Zwei MGs im Flügel, zwei MGs seitlich am Rumpf. Je zwei 12,5 kg-Bomben an Flügelstationen.

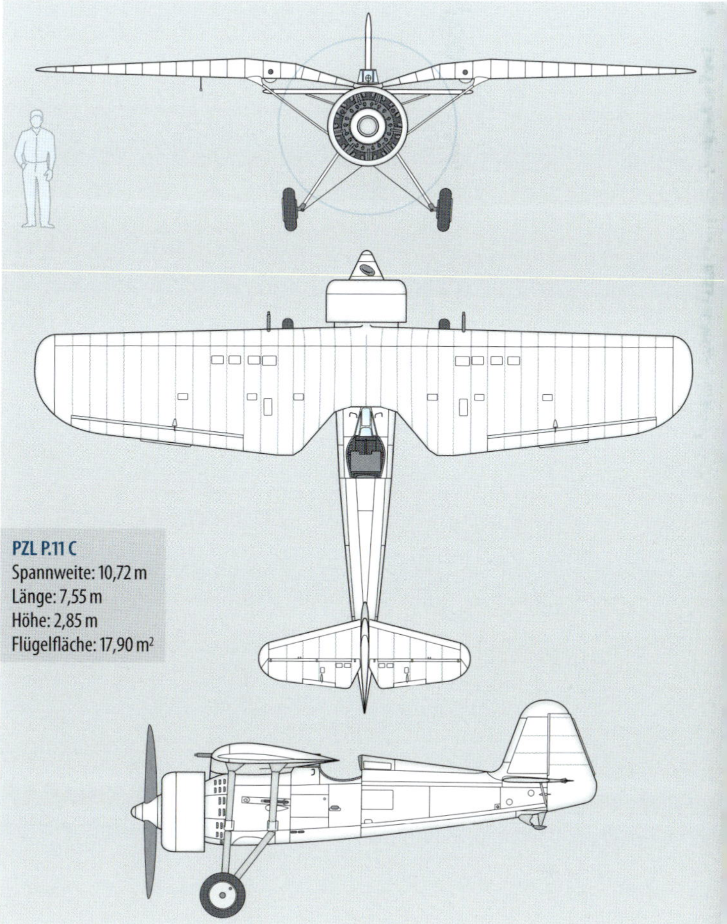

PZL P.11 C
Spannweite: 10,72 m
Länge: 7,55 m
Höhe: 2,85 m
Flügelfläche: 17,90 m²

PZL 23 Karaś

Ursprungsland
Polen
Kategorie
Leichter Bomber, Aufklärungsflugzeug

Entwicklung: Auf Grundlage der zivilen, sechssitzigen PZL 13, begann im Frühjahr 1931 die Entwicklung der PZL 23. Die polnische Regierung bestellte drei Prototypen, von denen der erste im April 1934 flog. Die Erprobung des in Ganzmetallbauweise hergestellten Tiefdeckers brachte jedoch erhebliche konstruktive Änderungen mit sich und erst mit dem dritten Prototyp, der Mitte 1935 flog, erreichte das Flugzeug seine Serienreife mit der P-23 A. Deren in Lizenz gebauter Motor Bristol Pegasus II M mit 670 PS bereitete allerdings weiterhin Probleme, weshalb auf den Pegasus VIII umgestellt werden musste. Die nun stärker motorisierte, aerodynamisch verbesserte und mit einem überarbeiteten Cockpit ausgestattete P-23 B brachte zufriedenstellende Leistungen und war schließlich 1936 produktionsreif. Von ihr wurden bis Februar 1938 210 Stück gebaut. Davon waren 160 bestellte A-Versionen, die nachträglich auf den B-Stand gebracht wurden.

Eine weiterentwickelte, etwas längere, dreisitzige PZL 43, die Exportversion der PZL 23, mit einem 14-Zylinder-Doppelsternmotor Gnome-Rhône 14Krs mit 720 kW (980 PS) flog im Februar 1937 erstmals. Das Flugzeug war etwas schneller, hatte zwei nach vorn gerichtete MGs und konnte 700 kg Bomben tragen. Vor Kriegsausbruch wurden 54 an Bulgarien geliefert.

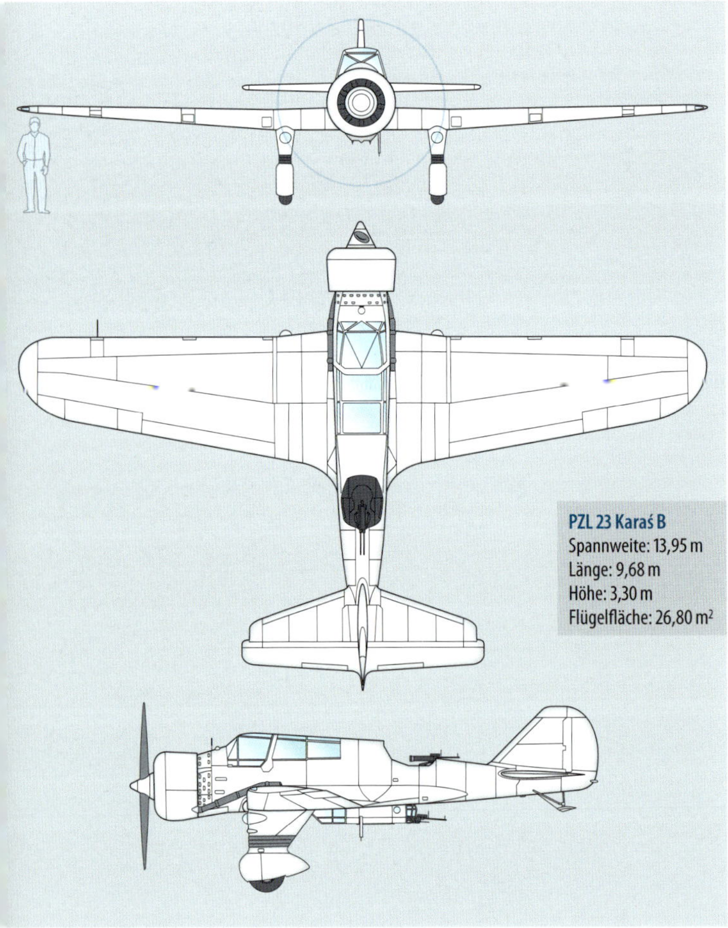

PZL 23 Karaś B
Spannweite: 13,95 m
Länge: 9,68 m
Höhe: 3,30 m
Flügelfläche: 26,80 m²

Eine an Bulgarien gelieferte PZL 43.

Bemerkungen: Während des Einmarsches der Deutschen in Polen im September 1939 waren 224 PZL 23 Karaś (Karausche) auf Bomber-, Aufklärungs- und Schulstaffeln verteilt, ein Teil war in der Wartung. Etwa die Hälfte davon war einsatzfähig. Diese Bomber und Aufklärer führten die meisten Angriffe auf die schnell vorrückenden deutschen Einheiten aus, erlitten allerdings dabei hohe Verluste aufgrund ihrer geringen Geschwindigkeit und leichten Panzerung. Nicht wenige wurden aber auch schon am Boden zerstört. Ende 1939 sind 21, andere Zahlen sprechen von 40, übriggebliebenen PZL 23 nach Rumänien evakuiert worden.

Soweit bekannt blieb kein Flugzeug erhalten.

Besatzung: 2
Triebwerk: Ein luftgekühlter 9-Zylinder-Sternmotor Bristol Pegasus VIII mit 530 kW (720 PS) Startleistung.
Leistungen: (B) Höchstgeschwindigkeit 319 km/h in 3650 m Höhe, Reisegeschwindigkeit 270 km/h, Steigzeit auf 4000 m 15 min, 10 sec Dienstgipfelhöhe 7300 m, Reichweite ca. 1260 km.
Gewichte: Leergewicht 1980 kg, Abfluggewicht 2893 kg, maximales Abfluggewicht 3525 kg.
Bewaffnung: Ein starres MG nach vorn, je ein MG im Heckstand und in der Bodenwanne. Maximal 700 kg Bomben.

PZL 37 Łos

Ursprungsland
Polen
Kategorie
Mittelschwerer Bomber

Entwicklung: Der bereits in den 1930er-Jahren entwickelte zweimotorige Bomber wurde 1934 von den Staatlichen Luftfahrtwerken (PZL) der polnischen Regierung vorgelegt, die den Bau von drei Prototypen anordnete. Nach dem Bau eines 1:1-Mockups und etlichen Änderungen flog der in Ganzmetallbauweise hergestellte Bomber mit einem einfachen Leitwerk im Juni 1936 erstmals, ein zweiter Prototyp mit Doppelleitwerk im Herbst 1936. Ein Serienauftrag über 30 Stück folgte, davon wurden 10 Flugzeuge noch mit Einzelleitwerk produziert. Diese A-Serie wurde von zwei Bristol Pegasus XIIB (860 PS) angetrieben, während die B-Serie mit dem leistungsstärkeren Pegasus XX, einem überarbeiteten Cockpit und einem Hauptfahrwerk mit Doppelreifen gebaut wurde. Nach einer Order über 150 Flugzeuge, die auf 100 reduziert wurde, begannen die Auslieferungen im Frühjahr 1938. Bestellungen von PZL 37 C mit Gnome-Rhône-Sternmotoren von Bulgarien, Jugoslawien, Rumänien und der Türkei sowie Lizenzanträge und Interessensbekundungen weiterer Länder konnten wegen des Kriegsbeginns nicht mehr berücksichtigt werden. Es wurden auch deshalb nur 92 PZL 37 gebaut.

Eine von zehn PZL 37 aus der A-Serie noch mit einem konventionellem Leitwerk.

Bemerkungen: Anfang der 1930er-Jahre war die PZL 37 Łos (Bison) im Vergleich zu anderen europäischen Flugzeugen ein moderner Bomber, der auch in weiteren Ländern großes Interesse weckte. Aber erst 1938 begannen die Lieferung von 31 PZL 37 an die polnischen Trainingsgeschwader, später an die Bomber-Einheiten, die beim Einmarsch der Deutschen im September 1939 deshalb nur 46 einsatzfähige und voll ausgerüstete Flugzeuge hatten, die an den Kampfhandlungen teilnahmen. Dabei gingen 26 Flugzeuge verloren. Ein Teil wurde von den Deutschen intakt erbeutet, während ca. 50 Flugzeuge nach Rumänien ausgeflogen wurden. In die rumänische Luftwaffe integriert, flogen sie nun Angriffe gegen sowjetische Truppen an der Ostfront.

Es ist soweit bekannt kein Flugzeug erhalten geblieben.

Besatzung: 4
Triebwerke: (B) Zwei luftgekühlte 9-Zylinder-Sternmotoren PZL Pegasus XX mit 723 kW (970 PS).
Leistungen: (B) Höchstgeschwindigkeit 412 km/h in 2800 m Höhe, beladen, Dienstgipfelhöhe 7000 m, Reichweite ca. 2600 km.
Gewichte: (B) Leergewicht 4280 kg, Anfluggewicht 8865 kg, maximales Abfluggewicht 9105 kg.
Bewaffnung: (B) MGs im Bug, im Heckstand und unter dem Rumpf. Bis 2580 kg Bomben in Schächten im Rumpf und unter den Flügeln.

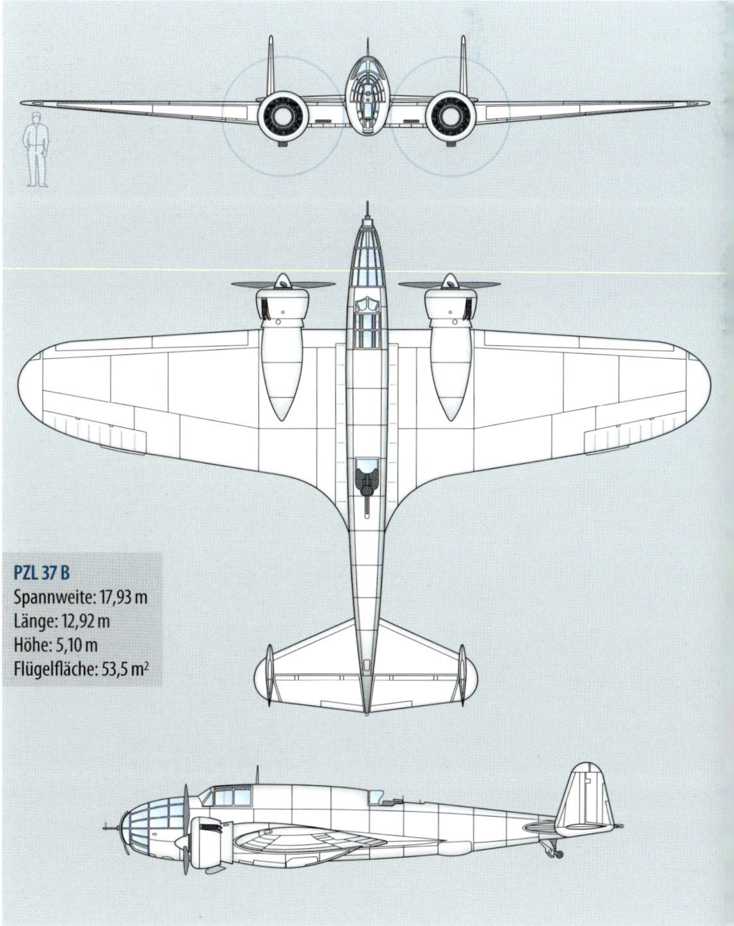

PZL 37 B
Spannweite: 17,93 m
Länge: 12,92 m
Höhe: 5,10 m
Flügelfläche: 53,5 m²

IAR 80/81

Ursprungsland
Rumänien
Kategorie
Jagdflugzeug

Entwicklung: Bereits Ende 1937 begannen die Arbeiten am Prototypen, noch mit offenem Cockpit und einem 870 PS starken IAR K14-III C32 Antrieb, ein lizensierter Gnome-Rhône 14K II Mistral Major-Doppelsternmotor. Der Erstflug war allerdings erst im April 1939. Vor dem Cockpit baute man den Rumpf als duraluminiumverkleidete, geschweißte Stahlrohrkonstruktion, das Heck wurde in Schalenbauweise hergestellt. Während der Erpobung wechselte man zum stärkeren, aber auch schwereren K-14 III-Motor. Dies bedingte auch ein längeres Heck, ermöglichte aber auch den Einbau eines größeren Tanks und um die Sicht des Piloten beim Start zu verbessern wurde die Sitzposition angehoben und eine höhere Haube eingeführt. Im Frühjahr 1940 startete die Produktion, aber erst im Februar 1941 begannen die Auslieferungen. Schon im April wurde nach der 50. Maschine die 80 A (90 Stück) mit einem stärkerem Triebwerk und 6 MGs in den Flächen produziert. Dazu kam eine Panzerglas-Frontscheibe und eine Sitzpanzerung. Die 80 B (30 Stück) erhielt einen etwas größeren Flügel und eine geänderte Bewaffnung. Als Sturzkampfbomber wurde die IAR 81 (50 Stück) eingesetzt. Sie unterschied sich lediglich durch eine zentrale, ausschwenkbare Rumpfaufhängung für eine 225 kg-Bombe und vier Bombenaufhängungen unter den Flügeln. Piloten bemängelten jedoch die dadurch entstandenen Leistungseinbußen. Die 81er-Versionen A, B, und C waren lediglich Bewaffnungsvarianten. Nach Kriegsende wurden etliche Flugzeuge der 80er und 81er-Baureihen zum Trainings-Doppelsitzer IAR 80 DC umgebaut.

Bis 1944 liefen 436 Flugzeuge aller Varianten vom Band.

Bemerkungen: Schon in der Erprobungsphase zeigte die IAR 80 im Vergleich zur He 112 (S. 36), von der 30 Flugzeuge an Rumänien geliefert wurden, respektable Leistungen, konnte aber trotzdem nicht ganz mit den damaligen modernen Jagdflugzeugen mithalten. Als Jäger und Jagdbomber wurde die IAR 80 im Krieg gegen die Sowjetunion in der Ukraine eingesetzt. Zum Schutz der eigenen Ölfelder in Ploiesti sind 1943 schließlich alle Flugzeuge nach Rumänien zurückbeordert worden. Bei den dortigen Einsätzen im August 1943 gegen schwere amerikanische B-24-Bomber und im Juni 1944 gegen P-38 Lightnings der USAF erzielten die IARs aufgrund ihrer Wendigkeit in niedriger Höhe außergewöhnlich hohe Abschusszahlen.

Es ist keine originale IAR 80 oder 81 erhalten geblieben. Im Nationalen Militärmuseum in Bukarest/Rumänien steht eine IAR 80, die aus einer doppelsitzigen IAR 80 DC zurückgebaut wurde.

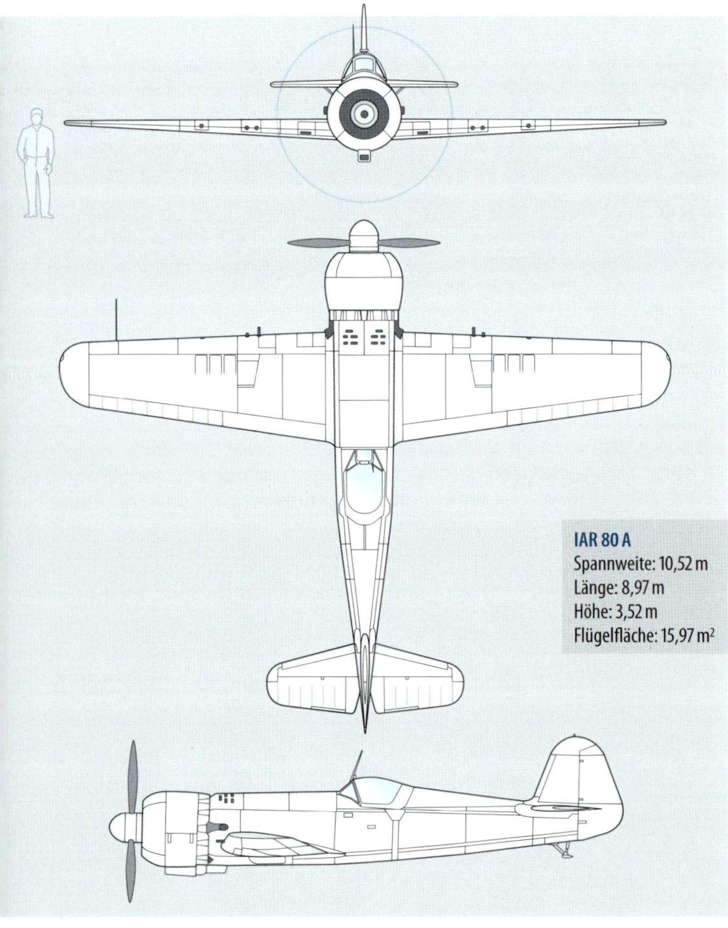

IAR 80 A
Spannweite: 10,52 m
Länge: 8,97 m
Höhe: 3,52 m
Flügelfläche: 15,97 m²

Besatzung: 1
Triebwerk: (81 A) Ein luftgekühlter 14-Zylinder-Doppelsternmotor IAR 14K-IV mit 764 kW (1025 PS).
Leistungen: (81 A) Höchstgeschwindigkeit ca. 485 km/h in 5000 m Höhe, Steigzeit auf 5000 m 6 min, 30 sec, Dienstgipfelhöhe 10 000 m, Reichweite 730 km, mit Zusatztanks 1330 km.
Gewichte: (81 A) Leergewicht 2190 kg, maximales Abfluggewicht 3190 kg.
Bewaffnung: (je nach Typ) Vier bis sechs MGs in den Flügeln. Eine 250 kg Bombe unter dem Rumpf, vier 50 kg-Bomben an Flügelstationen.

Saab 17

Ursprungsland
Schweden
Kategorie
Sturzkampf-bomber, Aufklärungs-flugzeug

Entwicklung: Das Flugzeug war ursprünglich ein Aufklärer-Projekt der ASJA, das nach der Fusion 1939 mit Saab als Sturzkampfbomber in Ganzmetallbauweise mit verstärkten Flügeln fortgeführt wurde. Das Radfahrwerk mit seinen voluminösen Verkleidungen, diente gleichzeitig auch als Sturzflug-Bremsklappen und konnte bei Bedarf durch Schneekufen ersetzt werden. Eine ausschwenkbare Bombenaufhängung unter dem Rumpf und ein kleiner Bombenschacht ermöglichte die Mitnahme von bis zu 500 kg Bomben. Mangels eigener Motoren wurden drei unterschiedlich motorisierte Baureihen konzipiert. Der erste von zwei Prototypen flog im Mai 1940 und die Auslieferungen an die Luftwaffe Schwedens begannen im Dezember 1941. Von der Bomber-Version B 17 A mit einem 1065 PS starken Pratt & Whitney Twin Wasp R-1830 wurden 132 hergestellt, von der B 17 B mit einem Bristol Pegasus XXIV mit 980 PS 55 Stück und von der B 17 C mit dem Piaggio P.XI mit 1020 PS wurden 77 ausgeliefert. 21 Flugzeuge flogen als Aufklärerversion S 17 BL 21 und 38 als Aufklärerversion S 17 BS mit Doppelschwimmern.

Ende 1944 wurde die Produktion bei Saab in Linköping nach 325 Flugzeugen eingestellt. 46 Maschinen gingen ab 1947 an die äthiopische Luftwaffe, die bis 1968 im Dienst waren, einige an Dänemark und drei als Zielschlepper nach Finnland und eine nach Österreich.

Eine Saab 17 BS zum Transport auf einem Rollwagen.

Bemerkungen: Die schwedische Luftwaffe kaufte ihre Flugzeuge ursprünglich im Ausland oder ließ ausländische Flugzeuge in Lizenz bauen. Mit dem ersten Serienflugzeug von Saab, der B 17, die als zuverlässiges Flugzeug mit guten Leistungen beschrieben wird, änderte sich das. Mehrere Staffeln der schwedischen Luftwaffe wurden damit ausgerüstet. Mit Beginn des Jet-Zeitalters wurden die Maschinen allerdings bereits 1948 aus dem Verkehr gezogen. 18 Saab B 17 verblieben bei zivilen Betreibern als Zielschlepper.

Fünf B 17 sollen erhalten geblieben sein. Die einzige noch flugfähige B 17 A wird in Linköping/Schweden betrieben.

Besatzung: 2
Triebwerk: (A) Ein luftgekühlter 14-Zylinder-Doppelsternmotor Pratt & Whitney R-1830-S1C mit 783 kW (1050 PS).
Leistungen: (A) Höchstgeschwindigkeit 435 km/h, Dienstgipfelhöhe 8700 m, max. Reichweite ca. 1800 km.
Gewichte: (A) Leergewicht 2600 kg, Abfluggewicht 3970 kg.
Bewaffnung: (A) Zwei MGs in den Flügeln, ein MG im hinteren Waffenstand, 500 kg Bomben.

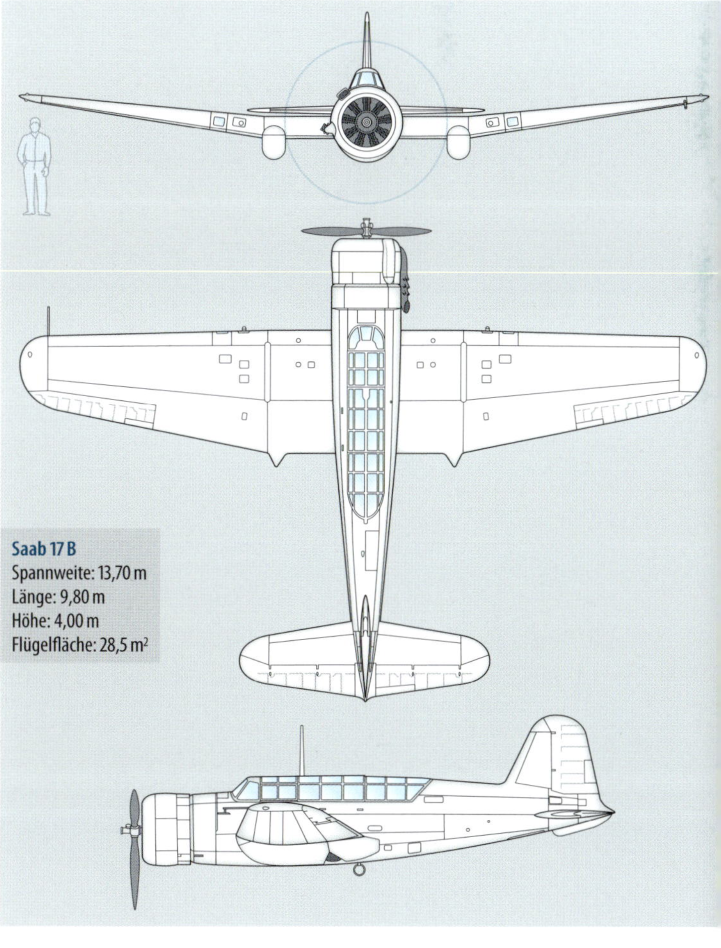

Saab 17 B
Spannweite: 13,70 m
Länge: 9,80 m
Höhe: 4,00 m
Flügelfläche: 28,5 m²

Saab 18

Ursprungsland
Schweden
Kategorie
Bomber, Aufklärungsflugzeug

Entwicklung: Um die Junkers Ju 86 (S. 46) der schwedischen Luftwaffe durch einen schnellen Aufklärer zu ersetzen, begannen nach einer Ausschreibung 1939 die Konstruktionsarbeiten an dem Projekt, die sich in die Länge zogen, weil mit Beginn des Zweiten Weltkrieges auch noch der Einsatz als Bomber gefordert wurde. Nach dem späten Erstflug im Juni 1942 wurde eine erste Serie von 60 B 18 (Aufklärerversion 18 A und Bomberversion 18 B) mit 1065 PS starken R-1830 Twin-Wasp-Doppelsternmotoren in Auftrag gegeben. Schon bei den ersten Testflügen stellte sich jedoch heraus, dass die in Ganzmetallbauweise hergestellten Flugzeuge zu schwach motorisiert waren. Trotzdem gingen die Maschinen als Aufklärer und Bomber im Juni 1944 in Dienst. Schweden war zu der Zeit nicht in der Lage, eigene Motoren herzustellen und so wartete man, bis der in Lizenz gefertigte DB 605 im Juni 1944 verfügbar war, so dass eine weitere Serie über 120 B 18 B mit DB 605 aufgelegt werden konnte. Die letzte Variante T 18 B (62 Stück), ein aerodynamisch verbesserter zweisitziger Torpedobomber, flog erstmals im Juli 1945. Er war mit einer 58 mm-Kanone unter dem Rumpf und bereits mit Schleudersitzen ausgestattet.

Bis 1948 sind 242 Saab 18 hergestellt worden, die teilweise bis 1956 im Dienst waren.

Bemerkungen: Die Saab 18 war eine Entwicklung mit amerikanischer Ingenieurs-Unterstützung, der damals noch jungen Luftfahrtindustrie Schwedens. Sie war einer der schnellsten Bomber ihrer Zeit. Die relativ lange Entwicklungs- und Erprobungszeit und die späte Indienststellung war dem Wunsch der schwedischen Luftwaffe geschuldet, aus dem ursprünglich geplanten Aufklärer auch ein Bomben- und Sturzkampfflugzeug zu konstruieren. Schwedens Flygvapnet war der einzige Betreiber und erst in den späten 1950er-Jahren wurde das Flugzeug durch den einstrahligen Jet Saab 32 Lansen abgelöst.

Lediglich ein restauriertes Exemplar ist erhalten geblieben und kann im Flygvapenmuseum in Lingköping/Schweden besichtigt werden.

Noch mit Pratt & Whitney Twin-Wasp-Sternmotoren, eine Saab 18 aus der ersten Serie.

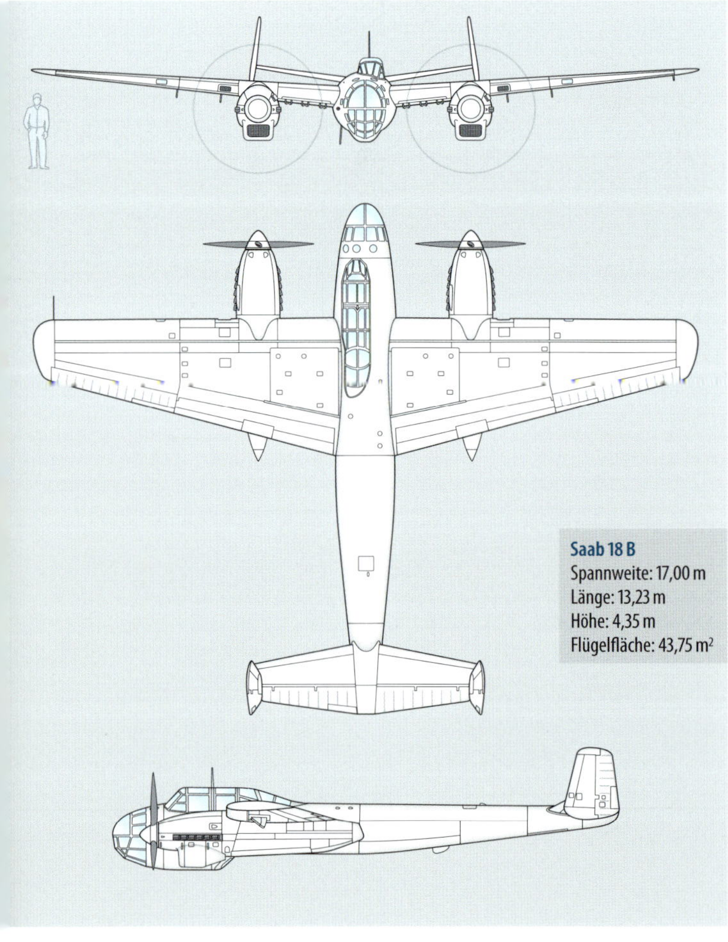

Saab 18 B
Spannweite: 17,00 m
Länge: 13,23 m
Höhe: 4,35 m
Flügelfläche: 43,75 m²

Besatzung: 2 – 3
Triebwerke: (B) Zwei flüssigkeitgekühlte V12-Zylinder-Motoren Daimler-Benz DB 605 B mit je 1085 kW (1475 PS).
Leistungen: (B) Höchstgeschwindigkeit 575 km/h, Dienstgipfelhöhe 9800 m, max. Reichweite ca. 2600 km.
Gewichte: (B) Leergewicht 6100 kg, Abfluggewicht 8800 kg.
Bewaffnung: (B) ein MG in der Flügelwurzel, zwei bewegliche MGs, 1500 kg Bomben im internen Bombenschacht, Luft-Luft-Raketen an Flügelstationen.

EKW C-36

Ursprungsland
Schweden
Kategorie
Mehrzweck-kampfflugzeug

Entwicklung: Als Ersatz für den in die Jahre gekommenen Fokker-Doppeldecker C.V-E wurde ab 1935, mangels Möglichkeiten ausländische Jagdflugzeuge zu beschaffen, die C-36-Baureihe von den Eidgenössischen Konstruktionswerkstätten (EKW) entwickelt. Der erste Prototyp C-3601 des Ganzmetall-Tiefdeckers, noch mit festem Fahrwerk, flog im Mai 1939. Nach seinem Absturz wurde die C-3602, nun mit einziehbarem Fahrwerk und stärkerem Triebwerk ab November 1939 erprobt. Von der C-3603, der Hauptserie, sind nach einer Vorserie von zehn Flugzeugen mit 15,10 m Spannweite, 142 Flugzeuge mit den kleineren Flügeln und einem V12-Hispano-Suiza 12Y-51 in Serie gebaut worden. Zum (Fliegerabwehr-) Flab-Zielschlepper mit im Rumpf untergebrachter Seilwinde wurden 1946 zwanzig Flugzeuge umgebaut. Ein stärkerer schweizer V12-Zylinder Saurer YS-2 mit 1250 PS, eine Weiterentwicklung des Hispano-Suiza-Motors, gaben den 13 C-3604, umgerüstete C-3603, mehr Leistung. Und 1968, also 29 Jahre nach ihrem Erstflug (!), flog die C-3605 mit einer 1150 PS-Lycoming T 53-Propellerturbine. Die 24 zum Zielschlepper umgebauten Turboprpos waren bis zu 560 km/h schnell und blieben mit ihrem charakteristisch langen Bug und zebragestreiftem schwarz-gelbem Anstrich bis 1988 im Einsatz.

Von allen Varianten wurden insgesamt 161 Flugzeuge von EKW ausgeliefert.

Eine C-3605, mit Turbine im Jahr 1983 in Interlaken.

Besatzung: 2
Triebwerk: (C-3603) Ein flüssigkeitsgekühlter V12-Zylinder-Motor Hispano-Suiza 12Y-51 mit 735 kW (1000 PS) Startleistung.
Leistungen: (C-3603) Höchstgeschwindigkeit 476 km/h, Dienstgipfelhöhe 8700 m, Reichweite 680 km.
Gewichte: (C-3603) Leergewicht 2315 kg, Abfluggewicht 4085 kg.
Bewaffnung: (C-3603) Eine Maschinenkanone durch die Propellerwelle, zwei MGs in den Tragflächen und ein Doppel-MG im hinteren Cockpit, max. 400 kg Bomben an Flügelstationen.

Bemerkungen: Heute bekannt ist das Flugzeug als leistungsfähiger Turbinen-Zielschlepper. Ausschließlich von der Schweiz erworben, wurde die 3603 hauptsächlich als Aufklärer und Jagdbomber eingesetzt und blieb bis 1952 im aktiven Einsatz bei den Schweizer Fliegertruppen. In dieser Zeit verlor die Schweizer Luftwaffe allerdings 28 Exemplare durch Abstürze.

Nach der Ausmusterung gingen zahlreiche Flugzeuge in Privathände. Eine C-3603 und vier C-3605 fliegen noch. Etliche Flugzeuge stehen in Museen wie z. B. im Flieger-Fab-Museum in Dübendorf/Schweiz oder im Technikmuseum in Sinsheim.

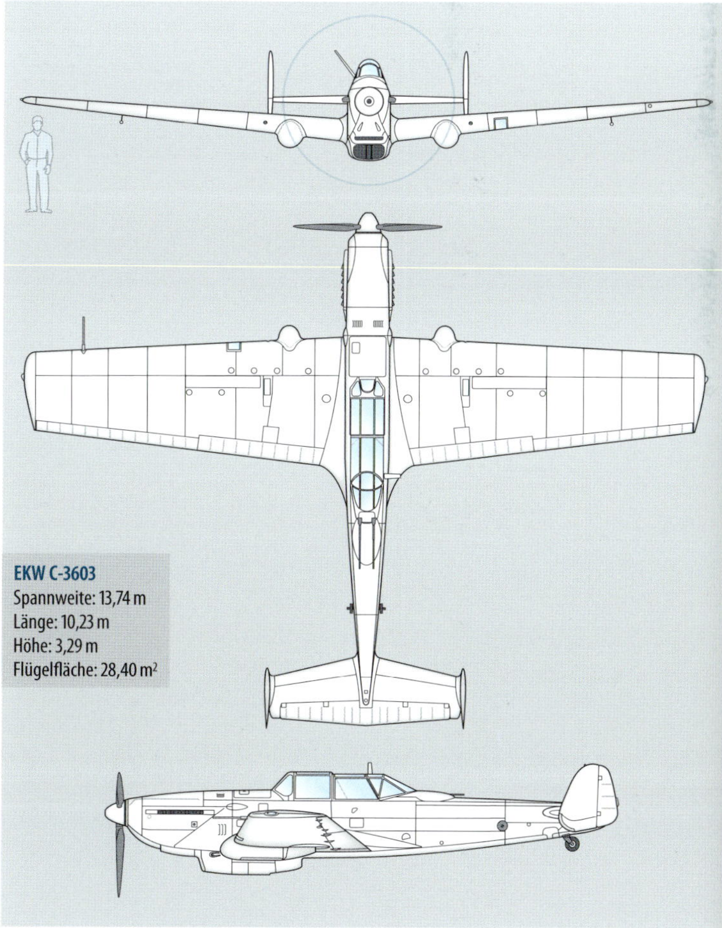

EKW C-3603
Spannweite: 13,74 m
Länge: 10,23 m
Höhe: 3,29 m
Flügelfläche: 28,40 m²

Antonow A-7

Ursprungsland
Sowjetunion
Kategorie
Lastensegler

Entwicklung: Antonow nahm an einer Ausschreibung für einen Lastensegler im September 1940 mit einem Entwurf RF-8 teil, der auf dem Segelflugzeug RF-7 basierte. Ende 1940 wurde das Konstruktionsbüro beauftragt, einen Prototypen zu bauen. Mit dem Einmarsch der Deutschen musste der Prototypenbau in Kaunas (im heutigen Litauen) nach Tushino bei Moskau verlegt werden. Der Hochdecker wurde komplett aus Holz gefertigt und konnte den Piloten plus sechs voll ausgerüstete Soldaten, oder 700 kg Fracht transportieren. Konstruktionsbedingt war die A-7 allerdings nicht für den Transport sperriger Güter geeignet. Das Fahrwerk war einziehbar, gelandet wurde meistens auf der mittigen Kufe. Die Flügel besaßen Spoiler und große Landeklappen und zum schnellen Verlassen war vorne links und hinten rechts eine Doppeltür eingebaut. Ende August 1941 startete der erste Lastensegler, nun A-7 bezeichnet, per Windenstart. Während der Erprobung experimentierte man mit Deichselschlepp, kurzen oder langen Schleppleinen. Es wurden auch Landungen auf Wasser und Wald(!) getestet. Nach einigen Änderungen bis Mitte September 1941 wurde die Serienproduktion angestoßen. Ein weiteres Vorrücken der Deutschen auf Moskau zwang dazu, die Produktion nach Tjumen/Westsibirien auszulagern. Im März 1942 lieferte man die ersten Serienflugzeuge aus, aber wegen des großen Bedarfs begann auch in einem zweiten Werk für Holzverarbeitung in der Nähe von Tjumen, die Produktion, was jedoch offensichtlich erhebliche Qualitätsprobleme mit sich brachte. Für die Ausbildung von Lastenseglerpiloten wurde eine unbekannte Zahl A-7 U mit Doppelsteuer produziert und eine Variante A-7 Sch mit einem Sitz für einen Navigator. Ein Unikat blieb die A-7 B, die als Tanker mit 1000 l Kraftstoff hinter einem IL-4-Bomber (S. 218) geschleppt wurde, um ihn auf Langstrecken über einen Schlauch mit Kraftstoff zu versorgen. Angeblich entstanden auch um 1943 zwei Prototypen der A-7 M, die etwas größer, neben dem Piloten elf ausgerüstete Soldaten transportieren konnte und bis zu 2665 kg Abfluggewicht hatte. Vermutlich gab es auch eine Serienproduktion.

Es wird vermutet, dass ca. 400 – 500 A-7 aller Varianten gebaut wurden.

Bemerkungen: Die A-7 wurde, neben der etwas größeren Gribowsky G-11, hauptsächlich dazu verwendet um Partisanen mit Nachschub zu versorgen. Vor allem 1943/44 wurden viele Lastensegler, auch bei Nachteinsätzen, intensiv genutzt, unter anderem auch für Transporte hinter die feindlichen Linien und für Kommandoaktionen. Geschleppt wurde oft mit Iljuschin DB-3 (S. 216) oder Tupolew SB-2 (S. 243), angeblich reichten aber auch starke Einmotorige. Die Segler wurden oft nach der Landung zerstört und ihre Piloten manchmal mit Flugzeugen zurückgebracht.

Soweit bekannt ist kein Flugzeug erhalten geblieben.

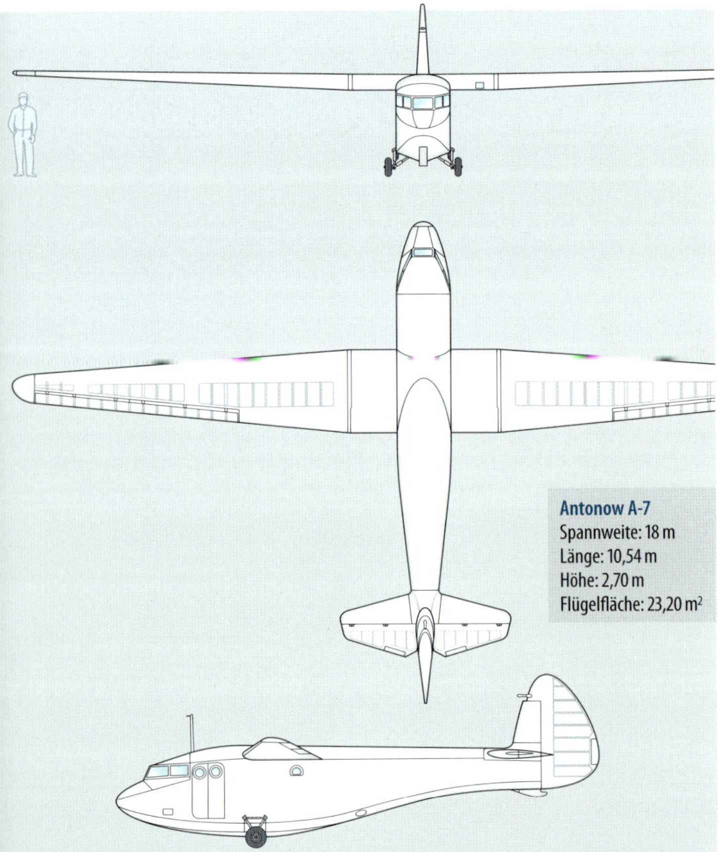

Antonow A-7
Spannweite: 18 m
Länge: 10,54 m
Höhe: 2,70 m
Flügelfläche: 23,20 m²

Besatzung: 1
Leistungen: Höchstgeschwindigkeit ca. 300 km/h, Schleppgeschwindigkeit 200 km/h, Gleitzahl 1 : 18, andere Quellen 1 : 23
Gewichte: Leergewicht 955 kg, Abfluggewicht 1755 kg, maximales Abfluggewicht 1875 kg.

Berijew MBR-2

Entwicklung: 1931 begann die Entwicklungsphase des Flugbootes mit beplanktem Holzrumpf und teilweise bespannten Metallflügeln. Weil der Mikulin V-12 noch nicht einsatzreif war, verzögerte sich der Erstflug bis zum Mai 1932. Nach der Erprobung im Schwarzen Meer startete Ende 1933 gleichzeitig die Serienproduktion der militärischen MBR-2 und der zivilen Variante MP-1 für sechs Passagiere. Beide hatten einen V12-Reihenmotor Mikulin M-17 mit 508 kW (680 PS), der in Lizenz von BMW gebaut wurde. Die Transporterversion MP-1T wurde ab 1935 ausgeliefert. Mit leistungsstärkerem Motor, geschlossener Kabine und anderem Seitenleitwerk wurde die MBR-2bis und MP-1 bis ab 1936/37 produziert. Das auch unter schwierigen Bedingungen zu betreibende und leicht zu wartende Flugboot, sowie die Möglichkeit ein festes Fahrwerk, Schnee- oder Eiskufen anzubauen, belegt die Vielseitigkeit dieses Mehrzweck-Wasserflugzeuges.

Bis 1941 verließen insgesamt 1365 MBR-2 die Werkshallen.

Eine zivile MP-1 der Aeroflot vermutlich um 1939 auf Jalta, Halbinsel Krim, Sowjetunion.

Bemerkungen: Das einfache, robuste Flugboot, von ihren Piloten auch scherzhaft „Kuh" oder „Scheune" genannt, wurde während des Krieges überwiegend in den Binnen- und Küstengewässern der Sowjetunion als Nahaufklärer, leichter Bomber und Transporter eingesetzt. Allerdings war das Flugzeug wegen seiner Langsamkeit und ungenügender Bewaffnung ein leichtes Ziel. Ab 1934 nutzte die Aeroflot die Passagierversion mit beheizbarer Kabine auf den Küstenrouten am Schwarzen Meer im Liniendienst. Fünf Berijews flog die finnische Luftwaffe, die sie 1941 erbeutete. Auch einige Höhenweltrekorde für Frauen wurden im Mai 1937 in einer MP-1bis erflogen. Nach dem Krieg wurden zahlreiche MBR-2-Flugboote noch in der Fischereiüberwachung und der Seenotrettung eingesetzt.

Ein Flugzeug steht im Museum für militärische Ausrüstung in Jekaterinburg/Russland.

Besatzung: 3 – 4
Triebwerk: (MBR-2bis) Ein flüssigkeitsgekühlter V12-Zylinder-Motor Mikulin AM-34 N mit 559 kW (750 PS).
Leistungen: Höchstgeschwindigkeit ca. 285 km/h in 2000 m Höhe, Reisegeschwindigkeit 225 km/h in 2000 m Höhe, Dienstgipfelhöhe 6600 m, Reichweite 1450 km, maximal 2200 km.
Gewichte: Leergewicht 2718 kg, Abfluggewicht 4245 kg.
Bewaffnung: Je ein MG im offenen Bugstand und im Drehturm auf dem Rumpfrücken. Maximal 300 kg Bomben an Flügelstationen.

Ursprungsland
Sowjetunion
Kategorie
Mehrzweck-Flugboot

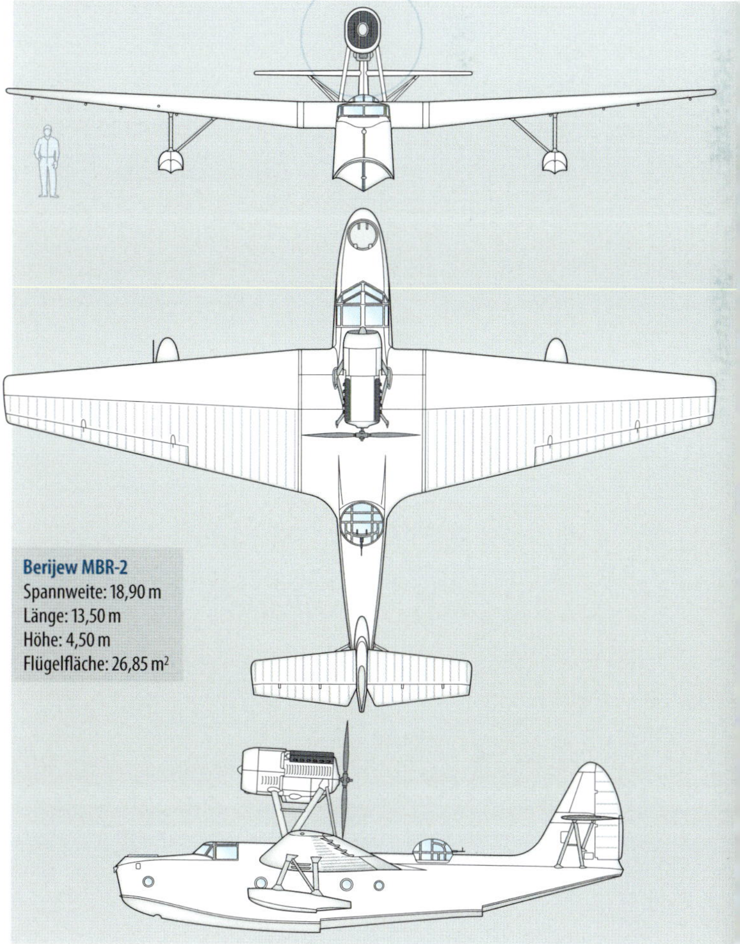

Berijew MBR-2
Spannweite: 18,90 m
Länge: 13,50 m
Höhe: 4,50 m
Flügelfläche: 26,85 m²

Iljuschin DB-3

Ursprungsland
Sowjetunion
Kategorie
Langstreckenbomber

Entwicklung: Im Konstruktionsbüro Iljuschin begann 1934 die Entwicklung als Konkurrenzmuster zur Tupolew DB-2, die nicht in den Serienbau ging. Der noch in Holz-Metall-Gemischtbauweise hergestellte Prototyp mit der Bezeichnung ZKB-26 flog im Juni 1935 zum ersten Mal. Bereits im März 1936 wurde das erste Serienmuster, nun als DB-3, in Ganzmetallbauweise produziert und schon 1937 übernahmen die sowjetischen Luftstreitkräfte die ersten Maschinen. Mit 765 PS starken Doppelsternmotoren Tumansky M-86 wurde die DB-3 B ausgeliefert. Weitere verbesserte Tumansky-Motorvarianten kamen dabei abwechselnd zum Einbau. Erst ab 1940 wurden in den letzten Varianten der leistungsfähigere Tumansky M-88 eingebaut. Für die Marine wurde ab Herbst 1939 die DB-3 T produziert, die Torpedos und Minen tragen konnte. Ein Prototyp einer Schwimmerversion (DB-3 TP) wurde zwar gebaut, ging aber nicht in Serie und eine vergrößerte Version DB-4 mit neuem Rumpf und Leitwerk kam nicht über das Prototypenstadium hinaus.

1941 endete die Produktion nach 1528 ausgelieferten Flugzeugen.

Bemerkungen: Schon im Prototypenstadium wurden mit der DB-3 mehrere Reichweiten-, Nutzlast-, Höhen- und Geschwindigkeits-Weltrekorde aufgestellt. Im Zweiten Weltkrieg flog der Bomber im Sowjetisch-Finnischen Winterkrieg und ab 1941 gegen die vorrückenden deutschen Truppen. Auch bei der ersten sowjetischen Bombardierung Berlins im August 1941 wurde das Flugzeug eingesetzt. China nutzte das Flugzeug im chinesisch-japanischen Krieg. Finnland, das fünf DB-3 erbeutete und weitere sechs von den Deutschen übernommene DB-3 besaß, griff damit wiederum die sowjetischen Streitkräfte im Sowjetisch-Finnischen Winterkrieg an.

Die einzige restaurierte DB-3 wird im Zentralen Luftwaffenmuseum Monino/Moskau präsentiert.

Für den Wintereinsatz konnte die DB-3 auch mit Skiern ausgestattet werden.

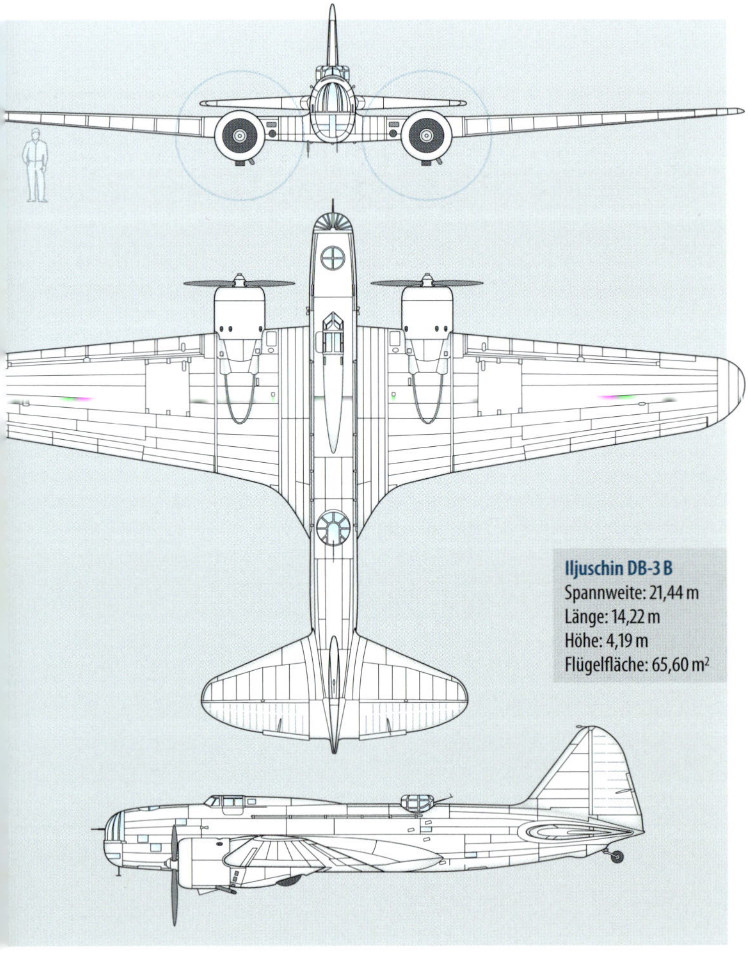

Iljuschin DB-3 B
Spannweite: 21,44 m
Länge: 14,22 m
Höhe: 4,19 m
Flügelfläche: 65,60 m²

Besatzung: 3
Triebwerke: Zwei luftgekühlte 14-Zylinder-Doppelsternmotoren Tumansky M-88 B mit 809 kW (1100 PS) Startleistung und 699 kW (950 PS) Dauerleistung.
Leistungen: Höchstgeschwindigkeit 439 km/h in 4900 m Höhe, Steigzeit auf 7000 m 25 min, 20 sec, Dienstgipfelhöhe 9600 m, Reichweite ca. 3800 km.
Gewichte: Leergewicht 5030 kg, Abfluggewicht 7745 kg, max. 9450 kg.
Bewaffnung: Drei MGs an den Rumpfstationen, ein bewegliches MG nach Bedarf. Bis zu 2500 kg Bomben im Bombenschacht.

Iljuschin Il-2

Ursprungsland
Sowjetunion
Kategorie
Erdkampfflugzeug

Entwicklung: Der Entwurf der Il-2 ging auf einen Aufruf der sowjetischen Regierung aus dem Jahr 1936 zur Entwicklung eines Kampfflugzeuges zurück. Bis 1938 dauerten die Konstruktionsarbeiten an, und der erste zweisitzige Prototyp ZKB-55 flog im Oktober 1939 noch mit einem V12-Motor Mikulin AM-35. In der Erprobung wurde die geringe Geschwindigkeit bemängelt, die zum Einbau des stärkeren Mikulin AM 38 führte. Der in Gemischtbauweise hergestellte Tiefdecker hat einen Vorderrumpf, bei dem die Panzerung ein tragendes Strukturelement war, Metalltragflächen und ein aus verklebten Holzhalbschalen hergestelltes Heck. Die erste Serienmaschine, nun offiziell Il-2 genannt, flog im März 1941. Von ihr wurden anfangs ein- und später zweisitzige Versionen mit unterschiedlicher Bewaffnung gebaut. Die zweisitzige Il-2 M (Zeichnung) war die häufigste und leistungsfähigste Version mit besseren Flugeigenschaften, dank der nach hinten gepfeilten Flügel. Es wurden zahlreiche Varianten abgeleitet: Schulflugzeuge Il-2 U mit 2 MKs, Raketen oder bis zu 600 kg Bombenzuladung, Torpedobomber Il-2 T, die gegen Schiffe im Schwarzen Meer eingesetzt wurden und ein schwerer Jagdbomber Il-2 I, der aber nicht über das Projektstadium hinauskam.

Die Angaben der Produktionszahlen bis 1945 schwanken zwischen 31 000 und 36 163 Exemplaren. Abnehmerländer waren China, Nordkorea, Polen, Tschechoslowakei und Ungarn.

Bemerkungen: Zu den meistgebauten Flugzeugen der Welt gehört die Sturmovik, die durch ihre Robustheit und Beschussunempfindlichkeit berühmt wurde und eines der wichtigsten russischen Kampfflugzeuge an der Ostfront war. Trotzdem musste die Il-2 anfangs unter anderem wegen wegen mangelhafter Pilotenausbildung und fehlender Heckbewaffnung sehr hohe Verluste hinnehmen. Mit der zweisitzigen Version, besserer Ausbildung und neuen Kampftaktiken änderte sich das. Hauptsächlich eingesetzt zur Bekämpfung von Panzern und anderen Bodenzielen, waren die Erfolge und die Effektivität des „fliegenden Panzers“ allerdings nicht unumstritten. Die IL-2 war nur bedingt sturzfähig, hatte eine geringe Trefferquote beim Kanoneneinsatz und Bombenabwurf und war eigentlich nur gegen Flächenziele sinnvoll einsetzbar. Erfolge werden deshalb oft weniger dem Flugzeug, eher der großen Anzahl eingesetzter Maschinen zugeschrieben.

Trotz der hohen Stückzahl sind IL-2 nur noch in Museen in Bulgarien, China, Tschechien, Ungarn, Norwegen, Polen, USA und Russland erhalten geblieben, eine davon im Aviation Museum Kbely/Prag. Vier Sturmoviks befinden sich in den USA und Russland in flugfähigem Zustand.

Besatzung: 2
Triebwerk: (Il-2 M) Ein flüssigkeitsgekühlter V12-Motor Mikulin AM 38F mit 1270 kW (1700 PS) Startleistung.
Leistungen: (Il-2 M) Höchstgeschwindigkeit ca. 410 km/h in 1500 m Höhe, Steigzeit auf 5000 m 15 min, Dienstgipfelhöhe 4525 m, Reichweite 765 km.
Gewichte: (Il-2 M) Leergewicht 4525 kg, maximales Abfluggewicht 6360 kg.
Bewaffnung: (Il-2 M) Je nach Version zwei MGs und zwei Maschinenkanonen in, oder unter den Tragflächen, ein MG im Heckstand, bis zu 600 kg Bomben und Raketen im Bombenschacht und extern.

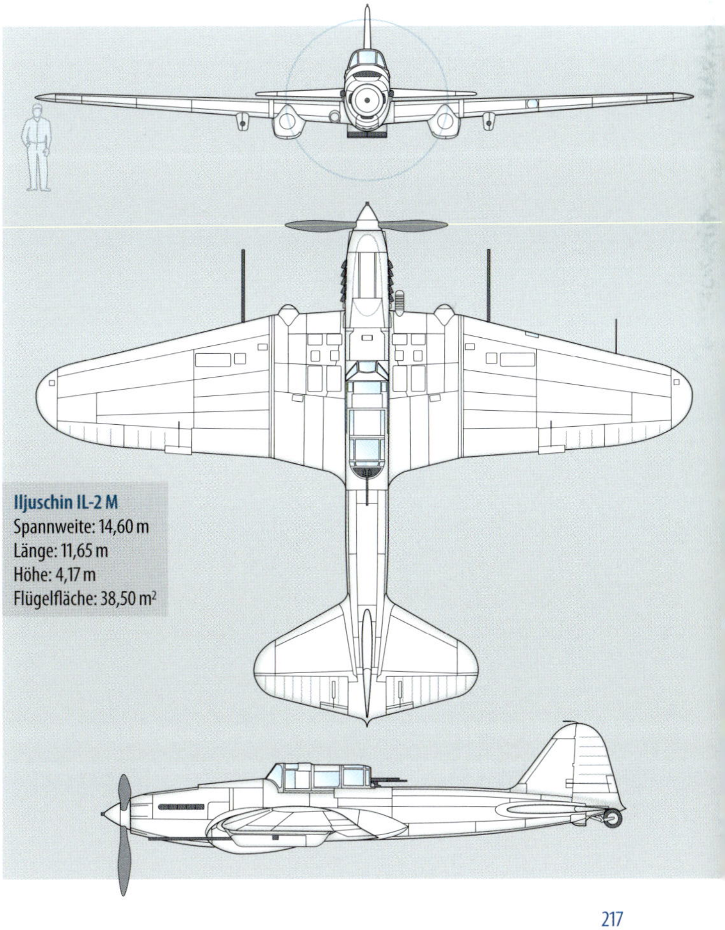

Iljuschin IL-2 M
Spannweite: 14,60 m
Länge: 11,65 m
Höhe: 4,17 m
Flügelfläche: 38,50 m^2

Iljuschin Il-4

Ursprungsland
Sowjetunion
Kategorie
Mittelschwerer Bomber

Entwicklung: Aus dem direkten Vorgängermodell Iljuschin DB-3, wurde die komplett überarbeitete Version DB-3 F, im März 1942 in IL-4 umbenannt, entwickelt. Mitte 1939 flog der zweimotorige Tiefdecker zum ersten Mal noch mit 949 PS starken Tumansky M-87B-Triebwerken. Anfang 1940 begann bereits die Serienproduktion mit Tumanski M-99-Antrieben. Bei einigen Versionen des sonst in Ganzmetallbauweise hergestellten Flugzeuges wurden, um Rohstoffe einzusparen, die Außenflügel und Teile des Rumpfbugs und -hecks aus Holzpressteilen gebaut, was jedoch Leistungseinbußen mit sich brachte. Auch als Langstrecken-Aufklärer und Minenleger wurde der ab 1940 produzierte und etwas schwerere Torpedobomber IL-4 T verwendet. Ein Experiment blieb der 1943 gebaute Höhenbomber IL-4 TK. Einige ausgemusterte Flugzeuge rüstete man noch nach dem Krieg zum Fotoaufklärer um.

Bis Ende 1946 liefen 5256 IL-4 vom Band, aber bis 1949 waren schon fast alle IL-4 wieder ausgemustert. Nur die Torpedoversion blieb bis 1952 im Dienst.

Bemerkungen: Nach Berichten war die IL-4 kein einfach zu fliegendes Flugzeug. Einhergehend mit der Produktionsverlegung in den fernen Osten des Landes traten erhebliche Produktionsmängel auf und anfänglich falsche Einsatztaktiken führten zu hohen Verlusten. Trotzdem wurde das Flugzeug auf allen Kriegsschauplätzen an der deutsch-sowjetischen Front, oft zur Luftnahunterstützung der eigenen Bodentruppen, eingesetzt. Als strategischer Bomber flog die IL-4 schon 1941 Fernangriffe auf Berlin. Die Torpedobomber operierten hauptsächlich in der Ostsee, im Schwarzen Meer, an der Pazifikküste und in der Barentssee. Vier von den Deutschen erbeutete IL-4 übernahm die finnische Luftwaffe (große Abb.), die sie wieder gegen die Rote Armee einsetzte.

Ein Flugzeug steht im Zentralmuseum des Großen Vaterländischen Krieges in Moskau.

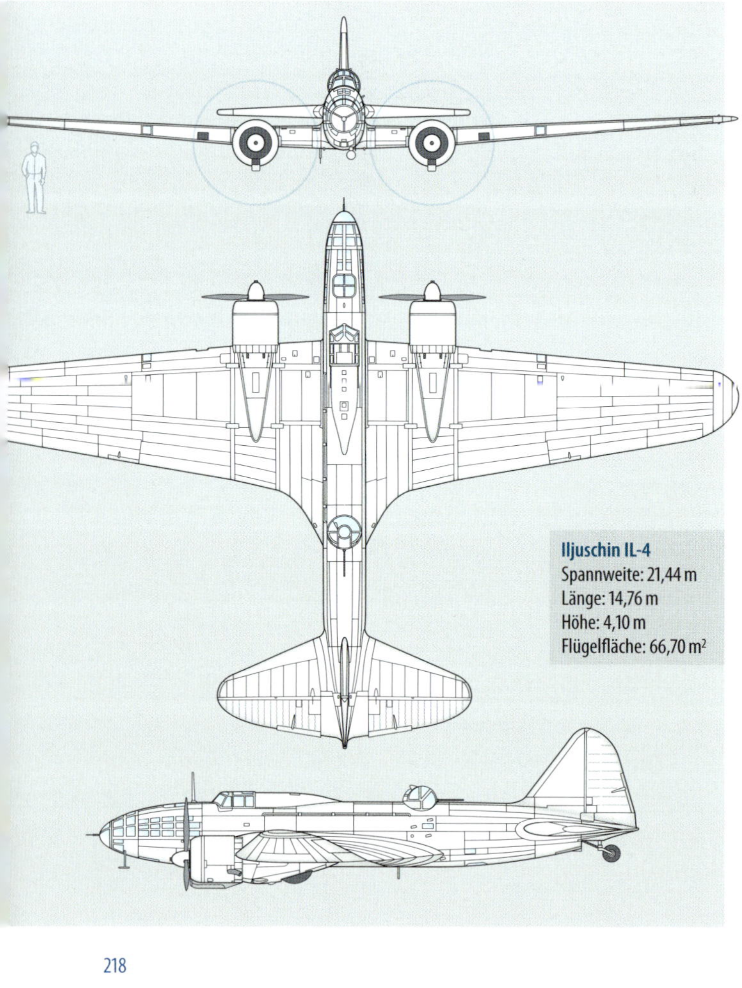

Iljuschin IL-4
Spannweite: 21,44 m
Länge: 14,76 m
Höhe: 4,10 m
Flügelfläche: 66,70 m²

Bis zu zwei 940 kg-Torpedos konnte der Torpedobomber Iljuschin IL-4 T unter dem Rumpf transportieren.

Besatzung: 3
Triebwerke: Zwei luftgekühlte 14-Zylinder-Doppelsternmotoren Tumanski M-88 B mit 809 kW (1100 PS) Startleistung.
Leistungen: Höchstgeschwindigkeit 410 km/h in 6500 m Höhe, Steigzeit auf 5000 m 13 min, 45 sec, Dienstgipfelhöhe 8700 m, Reichweite 2600 km beladen, maximale Reichweite 3800 km.
Gewichte: Leergewicht 5800 kg, maximales Abfluggewicht 12 120 kg.
Bewaffnung: Je ein MG im Drehturm, im Bug und in einer Bodenluke. Bis zu 2500 kg Bomben oder Minen, oder maximal 2 Torpedos unter dem Rumpf.

Iljuschin Il-10

Ursprungsland
Sowjetunion
Kategorie
Erdkampf-flugzeuge

Entwicklung: Mit dem erfolgreichen Einsatz der Il-2 kam 1942 die Forderung nach einem Nachfolger auf. Iljuschin entwickelte parallel die Modelle Il-8, eine Weiterentwicklung der Il-2, und die Il-10, das Konkurrenzmuster zur Suchoj Su-6. Der Tiefdecker, der im April 1944 erstmals abhob, war in Ganzmetall-Halbschalenbauweise konstruiert. Wert wurde auf eine starken Schutz des Triebwerks, der Tanks und des Cockpits mit Panzerplatten gelegt. Aus Vergleichstests ging die IL-10 als Sieger hervor, obwohl nach anderen Meinungen die Su-6 das bessere Flugzeug war. Im August 1944 wurde die Produktion beschlossen und im September 1944 flogen die ersten Serienmaschinen. Anfangs waren sie noch mit zwei MGs und zwei MKs in den Flügeln und einem MG für den Schützen ausgestattet und mit Schächten und Flügelstationen für maximal 600 kg Bomben. Ab April 1945 montierte man auch Halterungen für Luft-Boden-Raketen. Anfängliche Triebwerksprobleme wurden bis Kriegsende beseitigt. 1947 verstärkte Iljuschin die Bewaffnung nochmals: vier MKs in den Flügeln und eine für den Heckschützen. Von der Trainervariante IL-10 U, mit einem längeren Cockpit und Doppelsteuer wurden bis 1947 280 ausgeliefert. Es gab Ende 1945 noch Versuche das Schlachtflugzeug mit dem stärkeren Mikulin AM-43 auszurüsten, die aber wieder gestoppt wurden.

Die Produktion endete 1949 nach 4966 gebauten Il-10. Mit der überarbeiteten Il-10 M (Bild) wurde 1951, mit den Erfahrungen im Koreakrieg, die Produktion wieder aufgenommen. Geringfügig länger und mit 14 m Spannweite, aber mit gleichen Leistungen, wurden 146 Flugzeuge ausgeliefert. Ende Dezember 1951 erwarb die tschechoslowakische Firma Avia die Lizenzen und produzierte bis 1955 weitere 1200 unter der Bezeichnung B-33 und SV-33 (Trainer), die man auch nach Polen, Ungarn, Rumänien und Bulgarien exportierte.

Bemerkungen: Im Oktober 1944 wurden die ersten Trainingseinheiten mit der Il-10 aufgestellt und einige Einheiten nahmen noch an Kriegsaktionen teil. Bis Kriegsende im Mai 1945 sind vermutlich circa 140 im Einsatz gewesen. Nach dem Krieg war die IL-10 das Standard-Erdkampfflugzeug, das erst 1956 zurückgezogen wurde. Fast alle anderen Länder des Warschauer Paktes nutzten sie bis etwa 1960. Ende der 1940er Jahre erhielt Nordkorea 93 Il-10, die im Koreakrieg eingesetzt wurden. Auch China nutzte ihre 254 von der Sowjetunion erhaltenen Il-10 bis 1972.

Il-10 sind im Luftwaffenmuseum Monino, Moskau, im Museum der polnischen Armee, Warschau und im Rumänsichen Luftfahrtmuseum in Bukarest zufinden. Eine B-33 findet man im Prager Luftfahrtmuseum, Kbely, Tschechien.

Besatzung: 2
Triebwerke: Ein flüssigkeitsgekühlter V12-Zylinder-Motor Mikulin AM-42 mit 1471 kW (2000 PS) Startleistung.
Leistungen: Höchstgeschwindigkeit 550 km/h in 2800 m Höhe, Dienstgipfelhöhe 7250 m, Reichweite 800 km.
Gewichte: Leergewicht 4650 kg, Abfluggewicht 6300 kg, maximales Abfluggewicht 6535 kg.
Bewaffnung: Je nach Variante zwei bis vier MKs in den Flügeln, eine MK im hinteren Cockpit. Normal 400 kg, maximal 600 kg Bomben in zwei Schächten und an Flügelstationen oder vier Luft-Boden-Raketen.

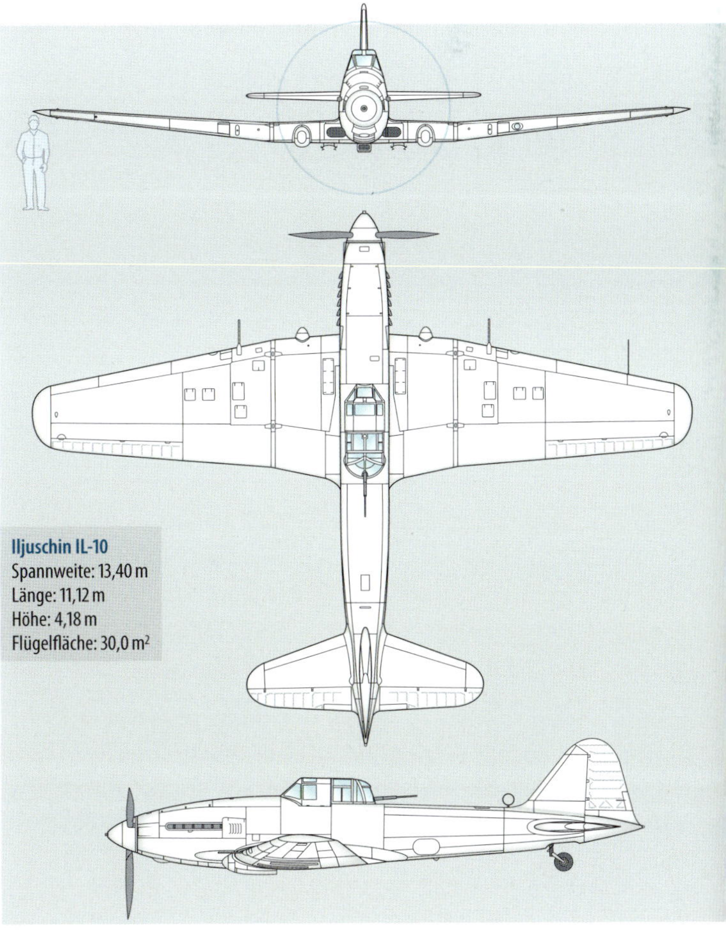

Iljuschin IL-10
Spannweite: 13,40 m
Länge: 11,12 m
Höhe: 4,18 m
Flügelfläche: 30,0 m²

Jakowlew Jak-1

Ursprungsland
Sowjetunion
Kategorie
Jagdflugzeug

Entwicklung: Die Jak-1 war das Ergebnis einer Ausschreibung für ein modernes Jagdflugzeug, das die in die Jahre gekommenen Flugzeuge I-15, I-16 (S. 234/5) ersetzen sollte. Im Januar 1940 startete der erste Prototyp I-26. Der in Gemischtbauweise hergestellte Tiefdecker, hatte einen beplankten und bespannten Stahlrohrrumpf und Holzflügel. Zahlreiche beanstandete Mängel und Probleme mit dem Antrieb änderten nichts daran, dass bereits einen Monat nach dem Erstflug das Flugzeug als Jak-1 (Zeichnung) in Produktion ging. Die Serienfertigung während der Erprobung führte deshalb zu vielen Produktionsunterbrechungen, um Änderungen auszuführen. Erhebliche Qualitätsprobleme und ein Mangel an Motoren und anderen Ausrüstungsteilen verlangsamte die Produktion weiter. Mitte 1942 wurde die 1 B (große Abb.), auf Anregung von Piloten mit abgesenktem Rumpfrücken, geändertem Flügel, besserer Panzerung, und einem 1240 PS-starken V12-Zylinder Klimov M-105 PF eingeführt. Von ihr wurden bis 1944 4188 ausgeliefert. Nur 2 Exemplaren baute Jakowlew von der leichtesten und leistungsstärksten Jak-1 M mit einem kleineren Flügel. Sie war aber das Ausgangsmuster, andere Quellen sprechen von einer Parallelentwicklung, für die in großer Stückzahl ab Mitte 1944 und in Ganzmetallbauweise hergestellten Jak-3.

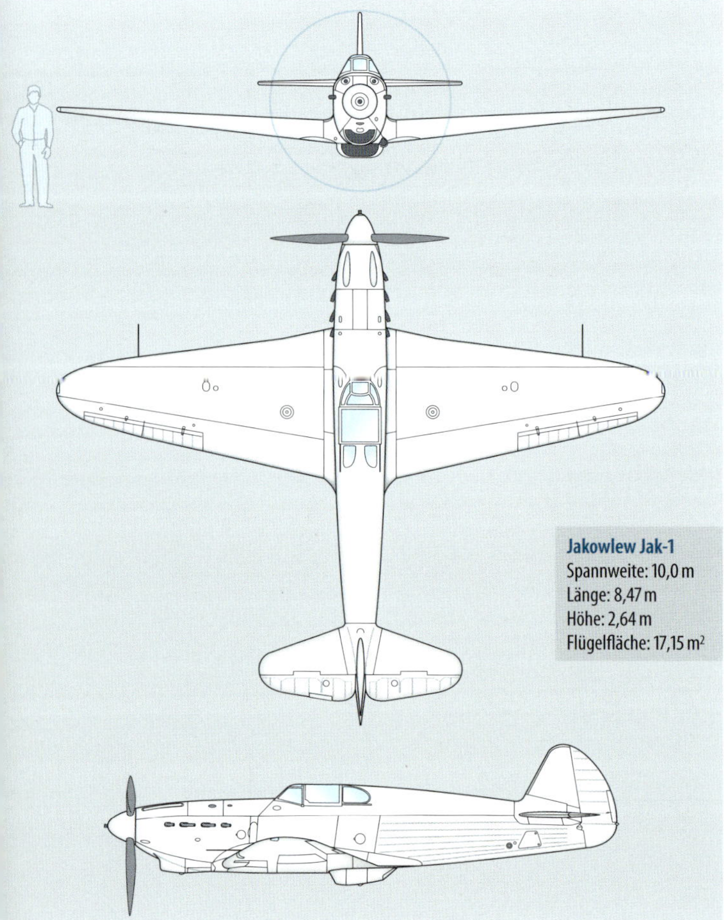

Jakowlew Jak-1
Spannweite: 10,0 m
Länge: 8,47 m
Höhe: 2,64 m
Flügelfläche: 17,15 m²

Die Prototypen I-26 und die frühen Produktionsvarianten hatten noch keine abgesetzte Cockpithaube.

Bis 1944 rollten insgesamt 8721 Jak-1 aller Varianten aus den Werkshallen.

Bemerkungen: Trotz anfänglicher Probleme war die Jak-1 eine gelungene Konstruktion, die mit der Bf 109 konkurrieren konnte. Mit großem Entwicklungspotenzial und guten Flugeigenschaften begann mit ihr eine ganze Reihe von äußerst erfolgreichen Jagdflugzeug-Konstruktionen, die mit der Jak-9 endete. Außer in der Sowjetunion flog das bei Piloten sehr geschätzte und bei seinen Gegner geachtete Jagdflugzeug nach dem Krieg auch noch in Polen und in Jugoslawien.

Neben Restaurierungsprojekten ist die einzige originale Jakowlew Jak-1B im Siegespark in Saratow/Russland zu sehen.

Besatzung: 1
Triebwerk: (Jak-1 B) Ein flüssigkeitsgekühlter V12-Zylinder-Motor Klimow WK-105PF mit ca. 772 kW (1240 PS) Startleistung.
Leistungen: (Jak-1 B) Höchstgeschwindigkeit 590 km/h in 3500 m Höhe, Steigzeit auf 5000 m Höhe ca. 6 min, Dienstgipfelhöhe 10 000 m, Reichweite ca. 700 km.
Gewichte: (Jak-1 B) Leergewicht 2394 kg, Abfluggewicht 2883 kg.
Bewaffnung: Eine Maschinenkanone durch die Propellernabe, zwei MGs über dem Motor (Jak-1B ein MG über dem Motor). 200 kg Bomben oder vier Raketen an Flügelstationen.

Jakowlew Jak-3

Ursprungsland
Sowjetunion
Kategorie
Jagdflugzeug

Entwicklung: Ursprünglich ging das Design der Jak-3 auf die I-30 zurück, die 1941 in Ganzmetallbauweise parallel zur I-26, der späteren Jak-1, entwickelt wurde, aber dann wegen des Rohstoffmangels nicht weiter verfolgt wurde. Es wird aber auch als Jak-3-Basis von einer einer wesentlich verbesserten und aerodynamisch verfeinerten Jak-1 M berichtet, deren Erstflug im Februar 1943 stattfand. Der Tiefdecker hatte einen kleineren Flügel, war etwas leichter und leistungsfähiger, und wurde schließlich als Jak-3 bezeichnet. Der komplett holzbeplankte Rumpf bestand aus einem geschweißten Stahlrohrgerüst, die holzbeplankten Tragflügel, in die auch die Ölkühler integriert wurden, verfügten über einen Aluminiumholm. Erste Jak-3 wurden im Juni 1944 in Dienst gestellt. Rund 200 Flugzeuge waren zu Beginn der Serie noch mit einer 20 mm-Motorkanone und einem MG über dem Motor bewaffnet, später wurden 2 MGs eingebaut. Um die Geschwindigkeit anzuheben, wurden Versuche mit stärkeren Motoren unternommen, die aber nicht in die Serie einflossen. Von der Jak-3 K mit einer 45 mm-Kanone sind nur wenige produziert worden und ein Höhenjäger Jak-3PD ging wegen des unzuverlässigen Klimow WK-105PD mit 1170 PS, nicht in Produktion. Auch eine Jak-3 T als Panzerjäger kam wegen Motorproblemen nicht über das Prototypenstadium hinaus. Die erheblich modifizierte Ganzmetall-Jak-3 U mit einem 1850 PS-Sternmotor ASh-82 FN von Schwezow erreichte 680 km/h, wurde aber wegen des Kriegsendes dann doch nicht mehr produziert. Aus dem zweisitzigen Trainer Jak-3 UTI entstand schließlich der Prototyp der Jak-11, der im November 1945 erstmals abhob.

Bis August 1946 rollten 4848 Jak 3 aus den Saratower und Tifliser Werkhallen.

Bemerkungen: Mit der Jak-3 bekam im Sommer 1944 die sowjetische Luftwaffe ein leistungsfähiges Jagdflugzeug, das einfach zu handhaben war, robust, leicht zu warten und von erfahrenen Piloten und Anfängern gleichermaßen geschätzt und von seinen Gegnern respektiert wurde. Ungelöste Probleme blieben die empfindlichen Holzoberflächen, die geringe Reichweite und die unzuverlässigen Motoren. Auch das Jak-typische pneumatische System für Fahrwerk, Klappen und Bremsen war anfällig. Außer von der Sowjetunion wurde die Jak-3 auch vom Jagdfliegerregiment Normandie-Njemen, das aus französischen Piloten bestand, die auf der Seite der Sowjetunion kämpften, geflogen. Nach dem Krieg ging eine unbekannte Zahl an Polen und Jugoslawien.

Ab 1991 wurden nochmals 21 Jak-3/7 und 9 in der Sowjetunion mit Allison-Triebwerken für private Eigner und Museen produziert, von denen etliche flugfähig sind. Eine von zwei erhaltenen originalen Jak-3 steht im Musée de l'Air et de l'Espace, Le Bourget, Frankreich.

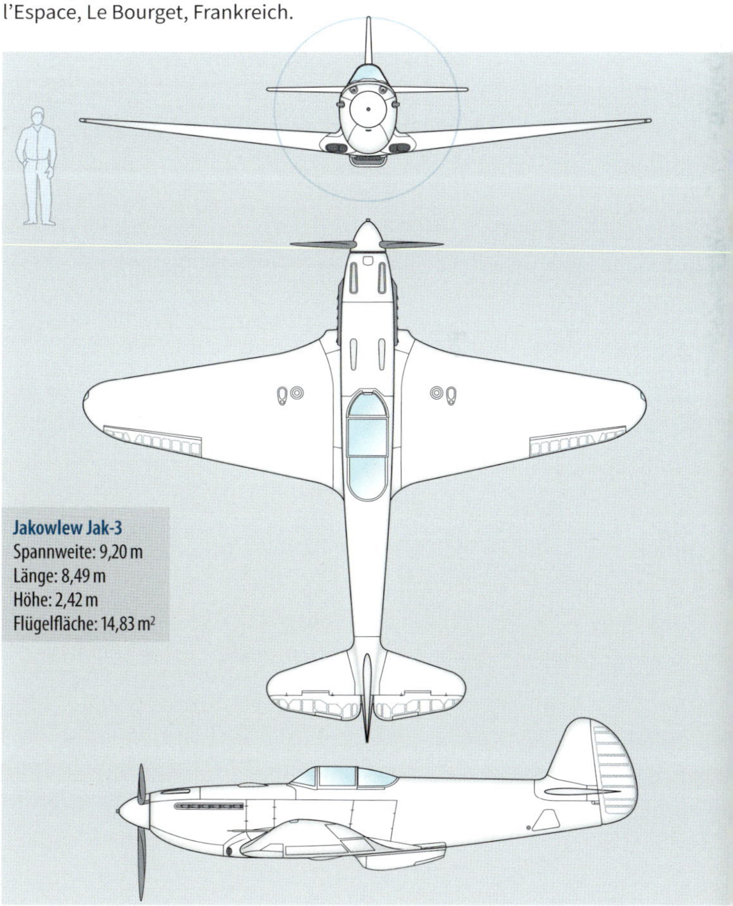

Besatzung: 1
Triebwerk: Ein flüssigkeitsgekühlter V12-Zylinder-Motor Klimow WK-105PF2 mit ca. 772 kW (1240 PS) Startleistung.
Leistungen: Höchstgeschwindigkeit 646 km/h in 3000 m Höhe, Steigzeit auf 5000 m Höhe 4 min 6 sec, Dienstgipfelhöhe 10 700 m, Reichweite ca. 900 km.
Gewichte: Leergewicht 2123 kg, Abfluggewicht 2692 kg.
Bewaffnung: Eine Maschinenkanone durch die Propellernabe, zwei MGs über dem Motor.

Jakowlew Jak-6

Ursprungsland
Sowjetunion
Kategorie
Mehrzweck-Transport-flugzeug

Entwicklung: Das Jakowlew-Konstruktionsbüro wurde Anfang 1942 beauftragt, ein kleines, einfach zu bauendes und zu fliegendes, zweimotoriges Transportflugzeug zu entwickeln, um die Po-2 zu ergänzen. Die Konstruktion und der Bau der beiden Prototypen ging rasch voran, wobei man auch auf bereits fertig entwickelte Baugruppen, wie z. B. die Motorgondel, die vom Trainer UT-2 (S. 225) stammt, zurückgreifen konnte, um Zeit und Kosten zu sparen. Der wegen kriegsbedingtem Rohstoffmangel komplett aus Holz gebaute Tiefdecker hatte einen vorn Sperrholz-beplankten und hinten Leinwand-bespannten Rumpf, die Flügel waren eine klassische Holzkonstruktion und beherbergten die ebenfalls aus Holz gebauten Tanks. Angetrieben wurde das Flugzeug von zwei anspruchslosen 140 PS-starken Schwezow-Sternmotoren mit Festpropeller. Erstflug war vermutlich im August 1942. Die staatliche Erprobung führte zur schnellen Serienfreigabe, deckte aber auch ein paar Mängel auf. Bereits im November 1942 begann die Produktion, während der ständig weitere Verbesserungen eingeführt wurden. Unter anderem ein verstärkter Boden, Motorverkleidungen und abnehmbare Flügel. Die Standardversion Jak-6 konnte neben einer zweiköpfigen Besatzung vier Passagiere oder ca. 500 kg Fracht transportieren. Die Jak-6 NBB, ein leichter Nachtbomber für kurze Distanzen, konnte bis zu 500 kg Bomben an Außenstationen unter dem mittleren Flügelkasten tragen. Ein aus einer Luke ausfahrbares Maschinengewehr hinter dem Cockpit war die einzige Abwehrbewaffnung. Aus der Jak-6 M wurde die geringfügig größere und leistungsfähigere Jak-8 für 8 Passagiere entwickelt, die aber nicht über das Prototypenstadium hinauskam.

Insgesamt wurden bis September 1943 aus unterschiedlichen Werken 381 Jak-6 ausgeliefert.

Bemerkungen: Für die unbewaffnete Version der Jak-6 reichten die beiden leistungsschwachen Schwezow-Sternmotoren aus. Sie wurde als Transport- und Versorgungsflugzeug, als Verwundetentransporter und für Verbindungs- und Kurierdienste eingesetzt. Vermutlich auch zur Ausbildung von Bomberbesatzungen, Navigatoren und Bordfunkern, einige zur Versorgung von Partisanen und als zivile Verbindungsflugzeuge zwischen Flugzeugwerken. In der Verwendung als Nachtbomber waren die Fähigkeiten des Flugzeugs aber wegen der geringen Triebwerksleistung erheblich eingeschränkt. Angeblich wurde das Flugzeug auch in der Endphase der Schlacht um Stalingrad für Versorgungsflüge genutzt und mit ungelenkten Raketen zur Unterstützung der Bodentruppen eingesetzt.

Soweit bekannt blieb kein Flugzeug erhalten.

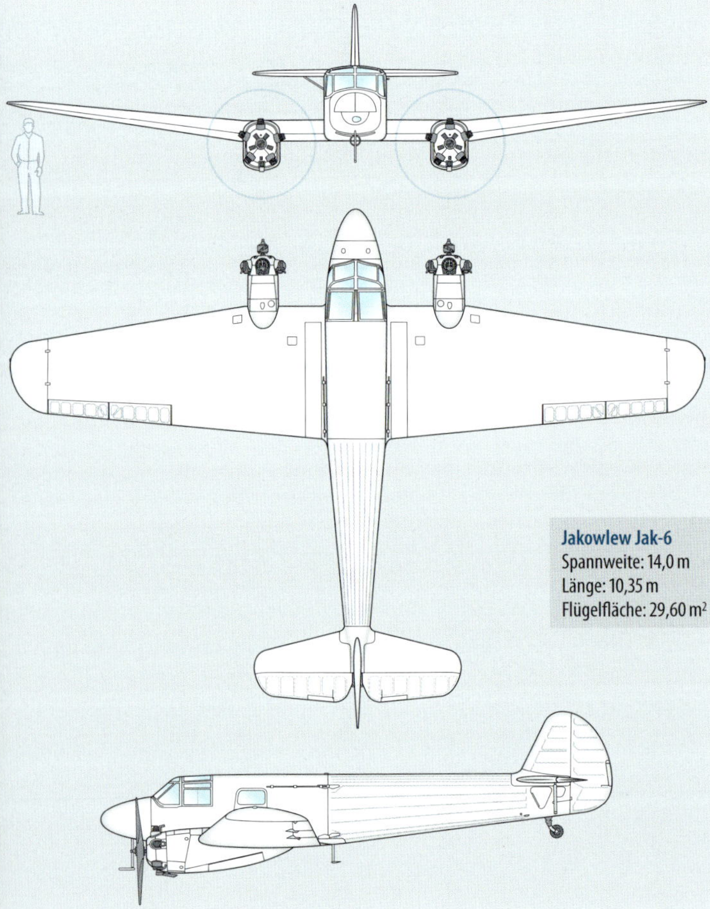

Jakowlew Jak-6
Spannweite: 14,0 m
Länge: 10,35 m
Flügelfläche: 29,60 m²

Besatzung: 2
Triebwerk: Zwei luftgekühlte 5-Zylinder-Sternmotoren Schwezow M-11 F mit 103 kW (140 PS).
Leistungen: Höchstgeschwindigkeit 230 km/h, Reisegeschwindigkeit 185 km/h, Dienstgipfelhöhe 3400 m, Reichweite ca. 900 km.
Gewichte: Leergewicht 1415 kg, Abfluggewicht 2350 kg.
Bewaffnung: Als Nachtbomber ein MG in einer Luke hinter dem Cockpit, bis zu 500 kg Bomben an Außenstationen.

Jakowlew Jak-7

Ursprungsland
Sowjetunion
Kategorie
Trainer, Jagdflugzeug

Entwicklung: Zusammen mit der I-26/Jak-1 entwickelt Jakowlew 1939 die I-27 als zweisitziger Fortgeschrittenen-Trainer. Erstflug war im Juli 1940. Der in Gemischtbauweise hergestellte Tiefdecker, hatte einen beplankten und bespannten Stahlrohrrumpf, die Flügel waren eine Holzkonstruktion. Anfangs wurde der mit einem 1050 PS-Klimow M-105 motorisierte Trainer mit Einziehfahrwerk, ab Sommer 1941 mit einem Festfahrwerk ausgeliefert. Vermutlich wurden 186 Jak-7 UTI hergestellt und später nochmals 597 zweisitzige Trainer Jak-7 V, davon wurden 87 aus der Jak-7 B umgebaut. Für einen Trainer leistungsfähiger als die Jak-1, modifizierte man eine UTI zum Jagdflugzeug Jak-7. Der Pilotensitz wurde gepanzert, eine Motorkanone und zwei MGs eingebaut, der zweite Sitz konnte durch einen Tank ersetzt oder als Laderaum genutzt werden. Angetrieben durch einen stärkeren Mikulin 105 P wurden vermutlich 62 Maschinen ausgeliefert. Von der verbesserten 7 A lieferte man 1942 nur etwa 300 aus. Die Hauptserie 7 B (Bild/Illustration) mit etwa 5120 Flugzeugen, verbesserte Jakowlew aerodynamisch, installierte eine stärkere Bewaffnung, wodurch das Flugzeug aber schwerer wurde. Ständige Optimierungen der Zelle, Bewaffnung und des Antriebs während der Produktion führten zu weiteren Untervarianten. DieJak-7 DI wurde aus der B abgeleitet, die nur mit einem MG und einer Motorkanone bewaffnet war und deren Flügel einen Metallholm hatte. Es gab davon ein Langstreckenjagdflugzeug und eine leichtere Variante als Jäger, die später als Jak-9 in Großserie produziert wurde. Zahlreiche experimentelle Entwicklungen zur Leistungssteigerung führten unter anderen zum Prototypen mit einem 1330 PS-Schwezow M42-Doppelsternmotor, der aber nicht die erwarteten Flugleistungen brachte. Auch Versuche mit Staustrahl-, Düsen- und Raketentriebwerken führten nicht zur Serienreife.

Insgesamt rollten 6399 Jak-7 aus unterschiedlichen Werken.

Besatzung: 1
Triebwerk: (7 B) Ein flüssigkeitsgekühlter V12-Zylinder-Motor Klimow M-105 PF mit 927 kW (1260 PS) Startleistung.
Leistungen: (7 B) Höchstgeschwindigkeit 613 km/h in 3200 m Höhe, Steigzeit auf 5000 m Höhe 3 min 48 sec, Dienstgipfelhöhe 10 200 m, Reichweite ca. 830 km.
Gewichte: (7 B) Leergewicht 2480 kg, Abfluggewicht 3010 kg.
Bewaffnung: (7 B) Eine Maschinenkanone durch die Propellernabe, zwei MGs über dem Motor. Maximal 100 kg Bomben an Außenstationen.

Bemerkungen: Zunächst als Trainer, dann in ein Jagdflugzeug umgewandelt, war die Jak-7 ein von ihren Piloten geschätztes, leistungsfähiges Flugzeug. Vor allem die in großer Zahl geflogen 7 B konnte nahezu mit der Bf-109 gleichziehen. Das hintere Cockpit nutzte man für einen Tank, der aber oft ausgebaut wurde, da er die Flugeigenschaften beeinträchtigte und ungeschützt war. Und wie immer, klagten die Piloten über zu wenig Schutz, zu lange Start- und Landestrecken und über die zu geringe Leistung der Motoren.

Es gibt keine Informationen über eine originale, erhaltene Jak-7, aber in den USA fliegt ein Replika, die aus einer tschechischen Let-C-11 (Lizenzbau der Jak-11) zu einer Jak-7 B umgebaut wurde.

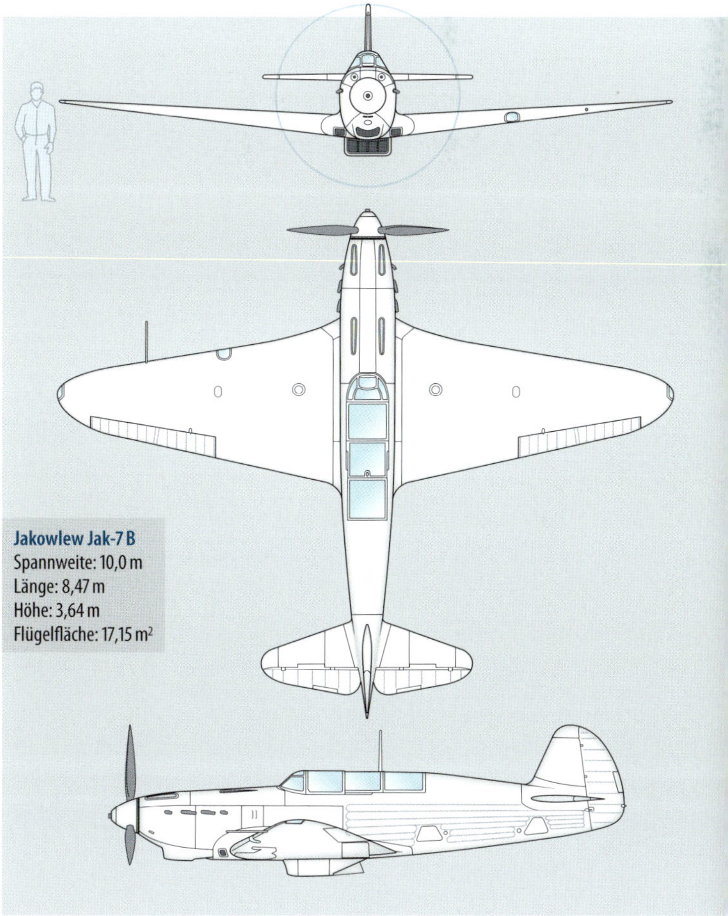

Jakowlew Jak-7 B
Spannweite: 10,0 m
Länge: 8,47 m
Höhe: 3,64 m
Flügelfläche: 17,15 m²

Jakowlew Jak-9

Ursprungsland
Sowjetunion
Kategorie
Jagdflugzeug

Entwicklung: Eine modifizierte und leistungsgesteigerte Jak-7 war die Grundlage der Jak-9, die im Oktober 1942 bei den Streitkräften eingeführt wurde. Der in Gemischtbauweise hergestellte Tiefdecker, hatte einen beplankten und bespannten Stahlrohrrumpf, die Flügel waren eine holzbeplankte Metallkonstruktion. Während des Krieges wurden zahlreiche Varianten in zum Teil sehr hohen Stückzahlen gebaut. Die Flugzeuge unterschieden sich hauptsächlich in der Bewaffnung und Motorisierung oder waren strukturelle oder aerodynamische Zellenmodifikationen, um dem vielseitigen Einsatzzweck als Jagdflugzeug, Langstrecken-Begleitjäger, Aufklärer, Erdkampfflugzeug oder leichter Bomber zu entsprechen. Dazu zählte auch eine zweisitzige Trainerversion. Letzte und leistungsstärkste Variante während des Krieges war die aerodynamisch und strukturell verbesserte Jak 9 U, die mit einem 1595 PS-starken Klimov VK 107 ausgestattet, nahezu 700 km/h erreichte. Die Jak-9 P war die letzte Serienvariante, die bis Ende 1948 hergestellt wurde.

Von 1942 bis 1945 wurden 14 579 und anschließend bis 1948 nochmals 2190 Flugzeuge in verscheidenen Werken gebaut.

Bemerkungen: Zum erfolgreichsten Jagdflugzeug der Sowjetunion im Zweiten Weltkrieg wurde die Jak-9, nicht nur als meistproduzierter Jäger, auch wegen ihrer überragenden Flugeigenschaften, was von vielen Piloten auf beiden Seiten bestätigt wurde. Trotz der andauernden technischen Probleme, vor allem mit dem Antrieb, war das Flugzeug seinen deutschen Gegnern wie z. B. die Bf 109 G oder die FW 190 ebenbürtig, wenn nicht gar überlegen und trug erheblich dazu bei, die Lufthoheit über der Sowjetunion wieder zu erreichen. Eine große Anzahl wurde in den Nachkriegsjahren an Albanien, China, Jugoslawien, Nordkorea, Polen und Ungarn ausgeliefert. Die letzten Kriegseinsätze wurden im Koreakrieg 1950 von der nordkoreanischen Luftwaffe geflogen.

Etliche Jak-9 sind in Museen in Bulgarien, Polen, Russland, Ukraine und USA zu finden. Eine Kleinserie mit US-Motoren wurde 1996 in Russland aufgelegt und als Bausatz verkauft.

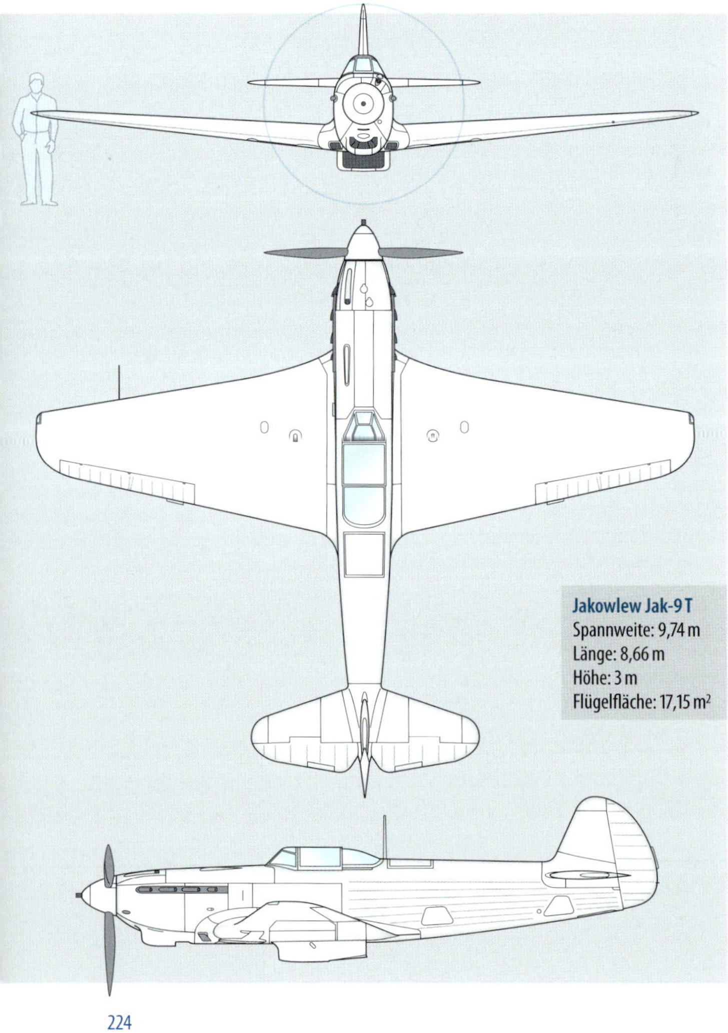

Jakowlew Jak-9 T
Spannweite: 9,74 m
Länge: 8,66 m
Höhe: 3 m
Flügelfläche: 17,15 m²

Nordkoreanische Jak-9 U im Koreakrieg anfang der 1950er-Jahre.

Besatzung: 1
Triebwerk: (Jak-9T) Ein flüssigkeitsgekühlter V12-Zylinder-Motor Klimov M 105PF mit ca. 927 kW (1260 PS).
Leistungen: (Jak-9T) Höchstgeschwindigkeit 597 km/h in 3250 m Höhe, Steigzeit auf 5000 m 5 min, 30 sec, Dienstgipfelhöhe 10 000 m, Reichweite ca. 735 km.
Gewichte: (Jak-9T) Leergewicht 2298 kg, Abfluggewicht 3025 kg.
Bewaffnung: (Jak-9T) Eine Maschinenkanone durch die Propellerwelle, ein Maschinengewehr über dem Motor.

Jakowlew UT-2

Ursprungsland
Sowjetunion
Kategorie
Schulflugzeug

Entwicklung: Als leistungsfähigerer Nachfolger für den PO-2-Doppeldecker wurde die Jakowlew UT-2, ursprünglich AIR-20 genannt, aus der AIR-10 entwickelt. Der Prototyp hatte seinen Jungfernflug im Juli 1935. Er wurde auch mit einem französischen 120 PS-Renault-Motor getestet, man entschied sich aber für den Schwezow M 11. Der in Gemischtbauweise hergestellte Tiefdecker hatte einen bespannten Stahlrohrrumpf, einen metallbeplankten Rumpfbug und beplankte und bespannte Flügel aus Holz. Die Serienproduktion begann bereits im September 1937. Mit der Absicht, bessere Flugeigenschaften zu erzielen, wurde 1941 mit umkonstruiertem, leicht gepfeiltem

UT-2 einer Flugschule der polnischen Luftwaffe in Dęblin um 1947.

Flügel, geändertem Leitwerk und Fahrwerk die UT-2 M (Zeichnung) aufgelegt. Neben der Standardvariante sind etliche UT-2 zu leichten Kampfflugzeugen UT-2 MW mit zwei MGs und/oder Unterflügelstationen für Raketen und Bomben umgerüstet worden. Es gab eine Schwimmerversion (UT-2 WT) und eine nicht in Serie produzierte, stark überarbeitete Version UT-2 L mit Kanzelhaube, die Urversion der Jak-18,

Bis zum Produktionsende 1948 wurden in fünf sowjetischen Werken 7243 Flugzeuge produziert.
Bemerkungen: In der Ursprungsversion war das Schulflugzeug laut Berichten nicht einfach zu fliegen und neigte zu Spins. Mit der Überarbeitung zur UT-2 M wurden dieses Manko jedoch behoben. Als Standardtrainer war die UT-2 eines der wichtigsten Trainingsflugzeuge in Militärschulen der sowjetischen Luftwaffe und erst in den 1950er-Jahren ist sie durch die leistungsfähigeren Jak-11 und Jak-18 abgelöst worden. Ungarn, Polen, die Mongolei, Rumänien und Jugoslawien nutzten das Flugzeug ebenso zur Pilotenausbildung, wie die unzähligen staatlichen Aeroclubs in der Sowjetunion bis in die 1950er-Jahre.

Im Zentralen Museum der Luftstreitkräfte der Russischen Föderation in Monino, im Technischen Museum Moskau und im technischen Museum in Zagreb/Kroatien steht je ein Exemplar. Ein Nachbau einer UT 2B einer russischen Firma flog im Oktober 2016 zum ersten Mal.

Besatzung: 2
Triebwerk: Ein luftgekühlter 5-Zylinder-Sternmotor Schwezow M-11 D mit ca. 93,2 kW (125 PS).
Leistungen: Höchstgeschwindigkeit 210 km/h, Reisegeschwindigkeit 160 km/h, Dienstgipfelhöhe 3500 m, Reichweite ca. 500 km.
Gewichte: Leergewicht 616 kg, Abfluggewicht 856 kg, maximales Abfluggewicht 938 kg.
Bewaffnung: (UT-2 MW) Acht Raketen und zwei bis vier 50 kg-Bomben.

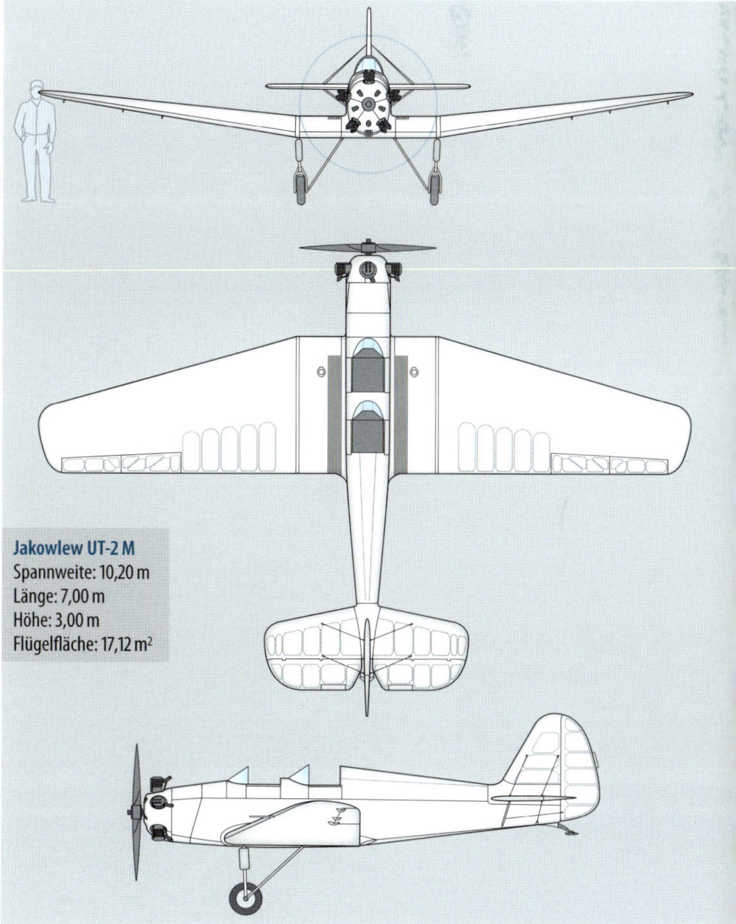

Jakowlew UT-2 M
Spannweite: 10,20 m
Länge: 7,00 m
Höhe: 3,00 m
Flügelfläche: 17,12 m²

Jermolayew Jer-2

Ursprungsland
Sowjetunion
Kategorie
Mittelschwerer Langstreckenbomber

Entwicklung: Grundlage der Jer-2 war das leistungsfähige Passagierflugzeug Stal-7. Der Konstrukteur W. G. Jermolayew nutzte dies Ende 1939 für die Entwicklung des ursprünglich DB-240 genannten Fernbombers, der im Mai 1940 erstmals flog. Bereits im Oktober 1940 begann die Serienproduktion. Das Ganzmetallflugzeug mit Knickflügeln war in den ersten Serien mit V12-Zylinder-Klimow M-105 mit 1100 PS motorisiert. Nach den ersten 128 Flugzeugen, in die ständig Verbesserungen einflossen, wurde kriegsbedingt die Produktion eingestellt und im Oktober 1941 in das weiter östlich liegende Kasan verlagert. Währenddessen wurde versucht das Flugzeug zu optimieren, auch mit anderen Antrieben, was aber zu wenig Erfolg führte. Erst Ende 1943 begann erneut die Produktion, diesmal in Irkutsk, von rund 300 etwas schwereren, aber leistungsfähigeren Jer-2 CH-30 B. Einhergehend mit dem Einbau der stärkeren, aber sparsameren Charomsky-Diesel wurde das Cockpit verbreitert, die Crew auf 5 erhöht und die Flügel vergrößert (Zeichnung, Abb. unten). Drei Flugzeuge baute man zum 12-sitzigen VIP-Transporter um. Neben einigen Prototypen zur Erprobung stärkerer Motoren wurde Ende 1943 die Jer-4 mit etwas mehr Spannweite, höherem Abfluggewicht und verbesserter Bewaffnung getestet, aber nicht serienmäßig gebaut.

Die Quellen der Produktionszahlen schwanken zwischen 360 – 370 und 447.

Bemerkungen: Obwohl als Fernbomber entworfen, wurden mit dem zweimotorigen Tiefdecker in der Anfangsphase des Krieges auch Missionen zur Unterstützung der eigenen Bodentruppen geflogen, allerdings mit großen Verlusten. Einige Jermolayews nahmen im August 1941 von Leningrad aus am ersten Luftangriff auf Berlin teil. Die Fernbomber aus der Produktion des Irkutsker Werks, die Ende 1943 begann, kamen nur noch in geringer Zahl zum Kriegseinsatz und wurden schließlich 1946 aus dem Dienst genommen und unter anderem durch die viermotorige Tupolew TU-4 (eine nachgebaute Boeing B-29) ersetzt.

Soweit bekannt ist kein Flugzeug erhalten geblieben.

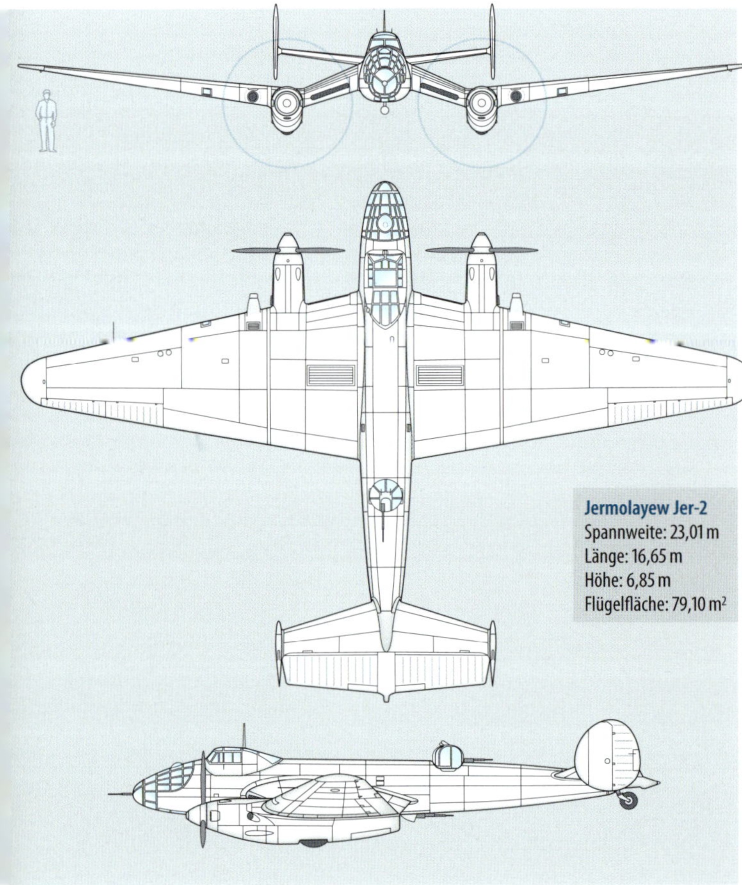

Jermolayew Jer-2
Spannweite: 23,01 m
Länge: 16,65 m
Höhe: 6,85 m
Flügelfläche: 79,10 m²

Aus der letzten Serie eine Jermolayew CH-30 B, mit Vierblatt-Propellern und Charomsky-Dieselmotoren.

Besatzung: 5
Triebwerke: Zwei flüssigkeitsgekühlte, aufgeladene V12-Zylinder-Dieselmotoren Charomskiy ACh-30B mit 1100 kW (1500 PS).
Leistungen: Höchstgeschwindigkeit 420 km/h in 6000 m Höhe, Reisegeschwindigkeit 335 km/h, Dienstgipfelhöhe 7200 m, Reichweite 5500 km.
Gewichte: Leergewicht 10 820 kg, Abfluggewicht 14 825 kg, maximales Abfluggewicht 18 580 kg.
Bewaffnung: Je ein MG im Bug und unter dem Rumpf, eine Maschinenkanone im Drehturm auf dem Rumpfrücken. Normal 1000 kg, bis zu 5000 kg Bomben bei reduzierter Reichweite.

Kharkiv R-10

Ursprungsland
Sowjetunion
Kategorie
Aufklärungsflugzeug, leichter Bomber

Entwicklung: Die Entwicklung des Tiefdeckers geht bis ins Jahr 1934 zurück, als das Kharkiver Luftfahrtinstitut das Passagierflugzeug KhAI-1 konstruierte, von dem 43 ausgeliefert wurden. Darauf basierend, entstand nach einer Forderung der Militärs für einen leichten Bomber und Aufklärer, die KhHI-5, die im Juni 1936 erstmals abhob. Der zweisitzige, für die damalige Zeit relativ moderne Tiefdecker, wurde komplett aus verleimtem Schichtholz gebaut und um eine glattere Oberfläche zu erzielen, mit Stoff überzogen. Zwischen dem Cockpit des Piloten und dem Navigator/MG-Schützen befanden sich der Tank und ein Bombenschacht, unter dem hinteren Cockpit war eine Kamera für Aufklärungsflüge installiert. Bereits im September 1936 wurde nach Behebung einiger Mängel, die Serienproduktion beauftragt. Die nun R-10 genannte Maschine war mit einem Schwezow M-25 A (ein lizenzierter Nachbau des Wright R-1820) motorisiert. Ein Jahr später lieferte man drei Flugzeuge für die militärische Erprobung aus. Parallel dazu wurde in einem Saratower Betrieb für landwirtschaftliche Maschinen(!) die Produktion angeordnet. Damit verschlechterte sich die Bauqualität aber erheblich, das Flugzeug wurde schwerer und die Flugleistungen nahmen ab. Im Jahr 1937 sind nur 26 R-10 ausgeliefert worden. 1938 musste man die Produktion wegen gravierender Qualitätsprobleme unterbrechen. Nach der Mängelbeseitigung und der Einführung einer Panzerung für die Besatzung, wurden rund 100 R-10 produziert und 1939 wurde nach Einbau des Schwezow M-25 V nochmals 205 R-10 an die Luftwaffe und 21 an die Marine ausgeliefert.

Anfang 1940 endete die Produktion nach 490 Serienflugzeugen.

Bemerkungen: Die auch nach seinem Konstrukteur benannte Neman R-10 wurde 1937 in den Dienst der sowjetischen Luftwaffe gestellt und 1939 erstmals im sowjetisch-japanischen Krieg in der Mandschurei eingesetzt. Aber bereits 1939, bei der deutschen Invasion in Polen und im Winterkrieg gegen Finnland stufte man das Flugzeug als veraltet ein. Beim deutschen Angriff auf die Sowjetunion 1941 wurden sie zwar gezwungenermaßen noch als leichter Bomber und Aufklärer geflogen, musste aber schwere Verluste hinnehmen. Einige wurden noch als Nachtbomber oder in Flugschulen zur Ausbildung von SU-2- und Jak-2-Piloten verwendet, aber angeblich wurden 1943 alle aus dem militärischen Dienst zurückgezogen. Über 60 R-10 sind ab 1940 zur PS-5 für die Aeroflot mit einer Kabine für 3 Passagiere umgebaut worden und dienten als Passagier- und Postflugzeug.

Von einer erhaltenen R-10 ist nichts bekannt.

Besatzung: 2
Triebwerke: Ein luftgekühlter 9-Zylinder-Sternmotor Schwezow M-25 V mit ca. 534 kW (730 PS).
Leistungen: Höchstgeschwindigkeit 370 km/h, Reisegeschwindigkeit 340 km/h, Steigzeit auf 5000 m 12 min, Dienstgipfelhöhe 6700 m, Reichweite 1300 km.
Gewichte: Leergewicht 1823 kg, Abfluggewicht 2875 kg, maximales Abfluggewicht 3200 kg.
Bewaffnung: Je ein MG im Flügel, eine MG im Drehturm auf dem Rumpfrücken. 300 kg, maximal 400 kg Bomben im Schacht.

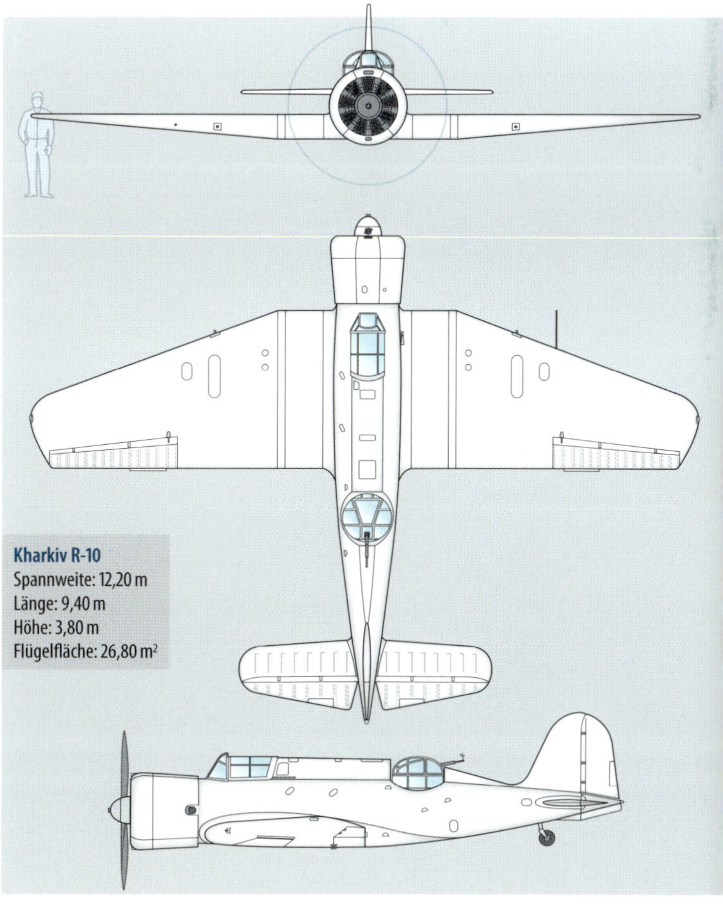

Lawotschkin LaGG-3

Ursprungsland
Sowjetunion
Kategorie
Jagdflugzeug

Entwicklung: Die Grundidee war ein Jagdflugzeug aus billigerem, kunstharzgetränktem Birkenschichtholz, das gut formbar und leichter als Duraluminium war, zu bauen. Unter dem Kürzel I-22 startete im März 1940 die später LaGG-1 bezeichnete Maschine erstmals. Eine überhastet gestartete Serie mit 100 Stück der nun LaGG-1 genannten I-22, verursachte zahlreiche Probleme und zeigte die Schwachstellen der Produktion. Sie führte schnell zu einer konstruktiven Überarbeitung und im Juni 1940 flog erstmals die I-301, die spätere LaGG-3. Der in Schalen-Ganzholzbauweise produzierte Tiefdecker mit Einziehfahrwerk wurde von Anfang 1941 bis Anfang 1944 in mehreren Werken gebaut. Zahllose Serien und Untervarianten unterschieden sich in der Motorisierung, Bewaffnung und kleineren Modifikationen, wie z. B. dem Einbau von automatischen Vorflügeln ab der 35. Serie. Das ständige Bestreben nach mehr Leistung brachte mehrere Prototypen mit anderen Motoren und Bewaffnungen hervor, von denen jedoch keiner in Serie ging.

Angeblich sind aus vier Werken 6528 LaGG-3 ausgeliefert worden.

Bemerkungen: Durch den Rohstoffmangel wurde auch in der Sowjetunion ständig nach neuen Werkstoffen geforscht. Trotz anfänglicher Probleme gelang es, Flugzeuge in sehr großer Stückzahl aus dem neuartigen Pressholz-Werkstoff zu produzieren. Mit der LaGG-3 konstruierte Lawotschkin eines der modernsten sowjetischen Jagdflugzeuge zu Beginn des Krieges und legte den Grundstein für eine erfolgreiche Jagdflugzeugentwicklung. Die LaGG-3 war robust und widerstandsfähig, litt aber stets an zu geringer Motorleistung, zu hohem Gewicht, an Produktions- und Konstruktionsmängeln und war deshalb auch bei ihren Piloten nicht gerade beliebt. Sie war, trotz der Holzbauweise, angeblich nicht leichter in Brand zu schießen, als andere Flugzeuge. Der Jäger war zwar effektiv gegen Bomber, aber zum Beispiel der Bf 109 G unterlegen.

Eine LaGG-3 wird im Museum des Großen Vaterländischen Krieges in Moskau präsentiert.

Eine von drei finnischen Beutemaschinen im Juli 1944, die hauptsächlich gegen anfliegende sowjetische Bomber eingesetzt wurde.

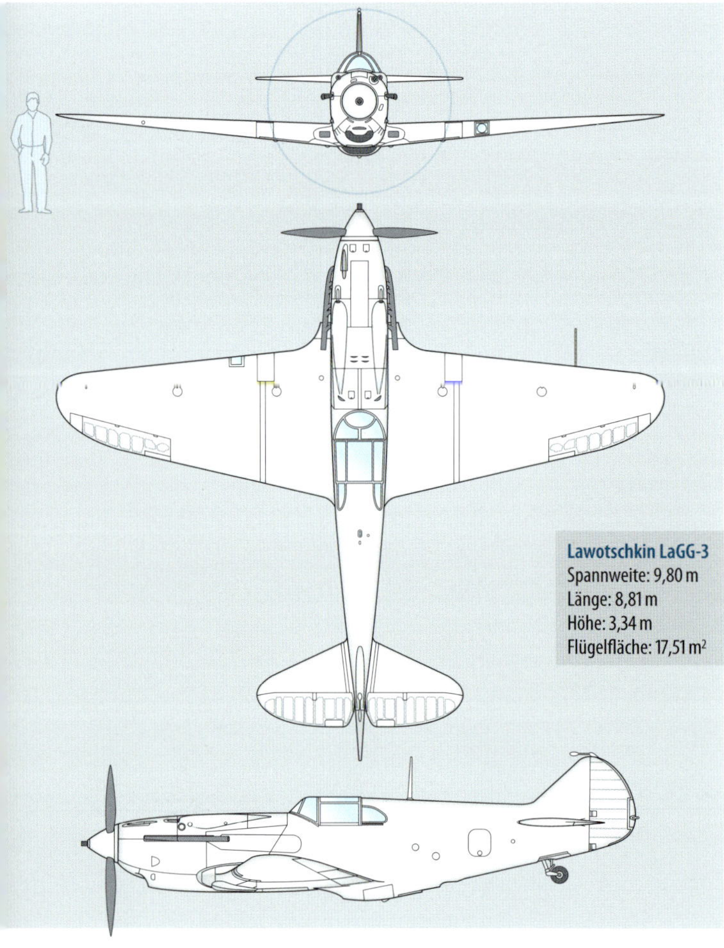

Lawotschkin LaGG-3
Spannweite: 9,80 m
Länge: 8,81 m
Höhe: 3,34 m
Flügelfläche: 17,51 m²

Besatzung: 1
Triebwerke: (Serie 66) Ein flüssigkeitsgekühlter V12-Zylinder-Motor Klimow M-105PF mit 924 kW (1239 PS).
Leistungen: Höchstgeschwindigkeit 589 km/h, Dienstgipfelhöhe 9700 m, Reichweite 1000 km.
Gewichte: (Serie 66) Leergewicht 2205 kg, Abfluggewicht 2620 kg, maximales Abfluggewicht 3190 kg
Bewaffnung: (Serie 66) Eine Maschinenkanone durch die Propellernabe, ein MG über dem Motor. Zwei 50 kg-Bomben oder Zusatztanks oder Raketen unter dem Flügel.

Lawotschkin La-5

Ursprungsland
Sowjetunion
Kategorie
Jagdflugzeug

Entwicklung: Bereits 1941 begann Lawotschkin einen Nachfolger, der auf der LaGG 3 basiert, zu entwickeln. Der Einbau eines Doppelsternmotors bedingte jedoch eine Neukonstruktion der Zelle. Wie die LaGG 3 wurde auch die La-5 komplett in Pressholz-Halbschalenbauweise gebaut. Dabei wurden die Spanten aus Schichtholz und die Beplankung aus Birkensperrholz gefertigt. Erstflug war im März 1942 und die Erprobung brachte sehr gute Flugleistungen zutage. Schon im Juli 1942 begann die Großserienfertigung und im September 1942 waren bereits 1125 La-5 ausgeliefert. Die F-Serie (Bild) mit 4147 produzierten Flugzeugen, bekam einen stärkeren Motor und hinter dem Cockpit wurde der Rumpfrücken für eine bessere Rundumsicht etwas abgesenkt. In die gewichtsreduzierte und leistungsstärkste La-5 FN (Zeichnung) wurde ein verbesserter ASch-82 mit Direkteinspritzung installiert und ein neuer Flügel entwickelt, dessen Hauptholm und Rippen nun aus Duraluminium und Chromstahl hergestellt wurden. Sie lief 4817 mal vom Band. Vom zweisitzigen Trainer UTI-5 wurde nur 28 Stück gebaut.

Es gibt Quellenangaben über 9920, aber auch über 10 000 gebaute La-5.

Weitere aerodynamische Verbesserungen, wie z. B. eine komplett schließende Fahrwerksverkleidung, eine Gewichtsreduktion und die Verlegung des Kühlers nach hinten führten schließlich mit gleichem Antrieb zu einem der leistungsfähigsten Jagdflugzeug des Zweiten Weltkriegs, der auf der La-5 FN basierenden La-7, die erstmals im Februar 1944 abhob. Bereits im Mai 1944 hatte das Moskauer Werk die Produktion von La-5 auf La-7 umgestellt und Mitte 1944 begann die Einsatzerprobung, die durch etliche Probleme, vor allem mit den Motoren, gekennzeichnet war.

Von der La-7 rollten von Mai 1944 bis August 1946 5753 Stück plus 584 doppelsitzige Trainer L-7 UTI aus den Werkshallen.

Bemerkungen: Mit der La-5 und La-7 bekam die sowjetische Luftwaffe 1943 Jagdflugzeuge, die sich mit der Bf 109 und FW 190 leistungsmäßig vor allem in Bodennähe und mittleren Höhen messen konnten. Dies wurde durch Tests erbeuteter Maschinen auch von deutscher Gegenseite bestätigt und änderte allmählich die Lufthoheit zugunsten der Sowjetunion. Die La-5 wurde bei allen großen Schlachten ab 1943 in der Sowjetunion eingesetzt, hatte aber auch eine der höchsten Verlustraten unter den sowjetischen Jagdflugzeugen. Mit der La-7 bekam die sowjetische Luftwaffe 1944 das letzte Jagdflugzeug in Holz-Metall-Bauweise, die bis 1952 im Einsatz waren.

Ein Replika steht im Zentralmuseum des Großen Vaterländischen Krieges in Moskau.

Besatzung: 1
Triebwerk: (La-5 FN) Ein luftgekühlter 14-Zylinder-Doppelsternmotor Schwezow ASch-82FN mit ca. 1440 kW (1960 PS).
Leistungen: (La-5 FN) Höchstgeschwindigkeit 648 km/h in 6250 m, 583 km/h in Bodennähe, Steigzeit auf 5000 m 5 min, 12 sec, Dienstgipfelhöhe 11 000 m, Reichweite 765 km.
Gewichte: (La-5 FN) Leergewicht 2706 kg, maximales Abfluggewicht 3402 kg
Bewaffnung: (La-5 FN) Zwei Maschinenkanonen über dem Motor, max. 100 kg Bomben oder ungelenkte Raketen.

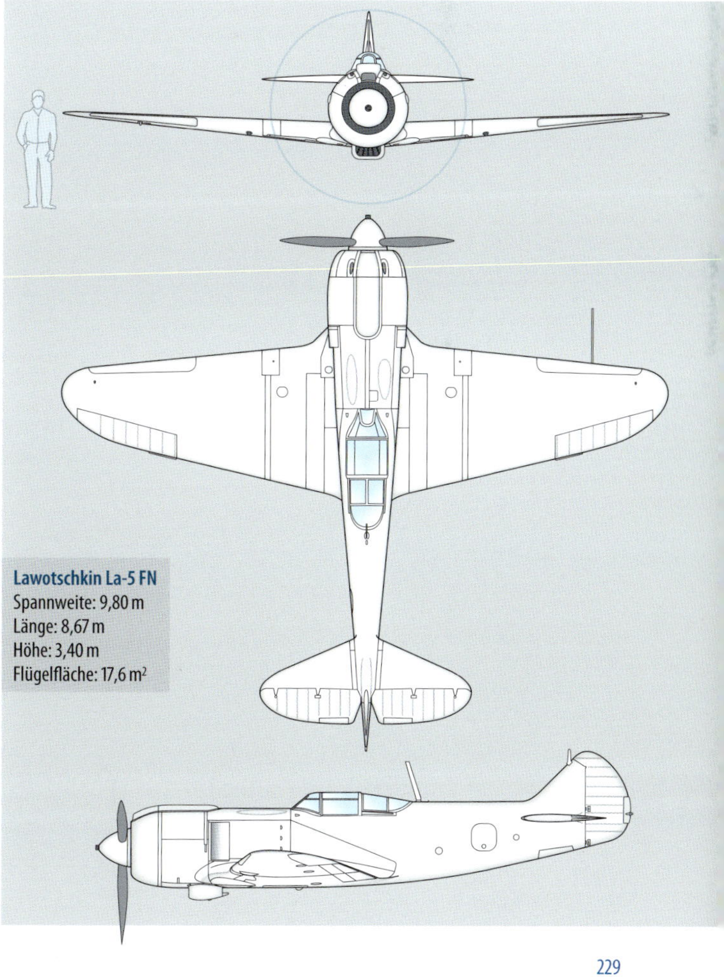

Lawotschkin La-5 FN
Spannweite: 9,80 m
Länge: 8,67 m
Höhe: 3,40 m
Flügelfläche: 17,6 m²

Lissunow Li-2

Ursprungsland
Sowjetunion
Kategorie
Passagier- und Transportflugzeug

Entwicklung: Nach dem Kauf von Douglas DC-2 und 21 DC-3 für die Aeroflot erwarb die Sowjetunion 1936 die Lizenzrechte zum Bau der Maschine. Eine Anpassung der Konstruktion an das metrische System, eine etwas geringere Spannweite und leistungsschwächere russische Sternmotoren führten neben vielen kleineren Änderungen zum Serienbau der in Ganzmetallbauweise hergestellten PS-84 als Verkehrsflugzeug für 14 – 28 Passagiere. Es war aber schon 1936 geplant, das Flugzeug für das Militär anzupassen. Mit Kriegsbeginn 1941 waren 237 zivile PS-84 fertiggestellt und die Produktion wurde kriegsbedingt in das östlichere Taschkent ausgelagert. Nun wurde die Li-2 genannte Maschine in Großserie produziert. Als Standard-Transportflugzeug der sowjetischen Streitkräfte flog sie in zahlreichen Versionen bewaffnet und unbewaffnet, als Transporter, Ambulanzflugzeug, Fallschirmabsetzer, Tag- und Nachtbomber und Wetterflugzeug. Es gab VIP-Transporter, Radar-Ausbildungsflugzeuge, Minensucher, Fotoaufklärer, Sprühflugzeuge usw.

Gebaut wurden bis 1952 je nach Quelle 4937 oder 6157 Flugzeuge.

Bemerkungen: Wie für USA die DC-3/C-47 (S. 284) und für Japan die L2D (S. 193) war die Li-2 auch für die Sowjetunion eines der wichtigsten militärischen Transportflugzeuge. Sie bewährte sich auch in extremen russischen Wintern als zuverlässiger und unverwüstlicher militärischer Transporter und als Kurz- und Mittelstreckenpassagierflugzeug der Aeroflot. Nach Kriegsende 1945 sind viele Militärmaschinen zurückgerüstet worden und wurden in großer Zahl auch an andere Ostblock-Staaten abgegeben und dort zivil oder militärisch eingesetzt. Angeblich sind die robusten Flugzeuge bis in die 1980er-Jahre in China und Nordvietnam geflogen worden und in Nordkorea vermutlich bis heute.

Zahlreiche Li-2 sind in Museen der östlichen Nachbarländer und China zu finden. Eine flugfähige Li-2 wird in Ungarn betrieben.

Eine Lissunov Li-2 steht im Beijing Civil Aviation Museum, China.

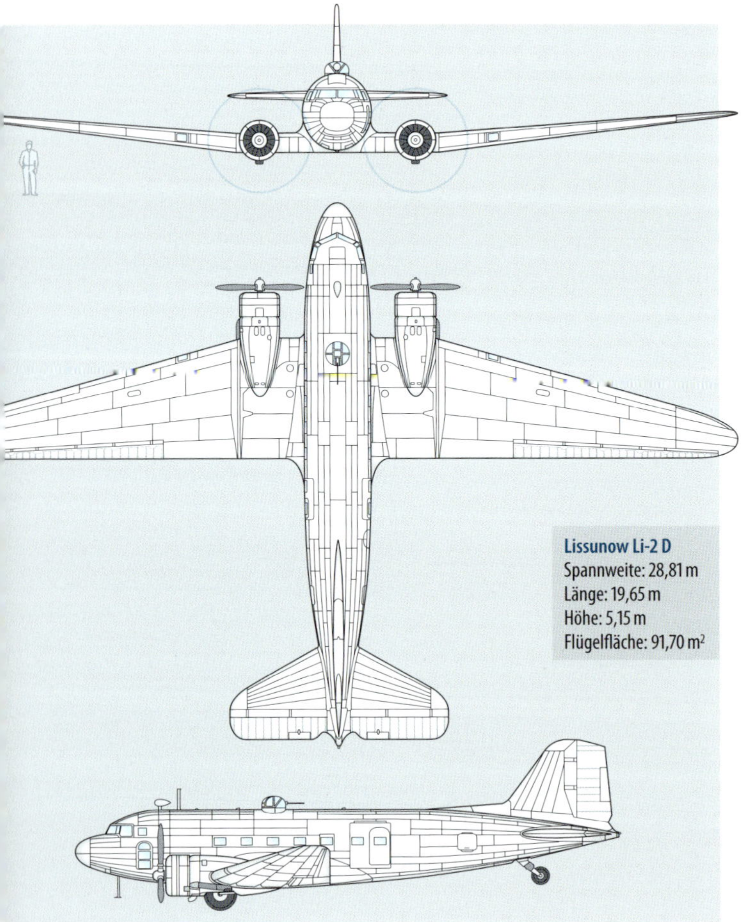

Lissunow Li-2 D
Spannweite: 28,81 m
Länge: 19,65 m
Höhe: 5,15 m
Flügelfläche: 91,70 m²

Besatzung: 4 – 6
Triebwerke: Zwei luftgekühlte 9-Zylinder-Sternmotoren Schwezow ASch-62IR mit ca. 746 kW (1014 PS) Startleistung und 634 kW (862 PS) Dauerleistung.
Leistungen: Höchstgeschwindigkeit 270 km/h, Reisegeschwindigkeit 240 km/h, Dienstgipfelhöhe 5600 m, Reichweite maximal 2200 km.
Gewichte: Leergewicht 7650 kg, maximales Abfluggewicht 11 700 kg
Bewaffnung: (D) Je nach Einsatzzweck ein MG im Waffenstand auf dem Rumpfrücken. Li-2 WW als Bomber: Je ein MG im Bug und im Waffenstand auf dem Rumpfrücken, zwei MGs seitlich am Rumpfende und bis zu 1000 kg (maximal 2000 kg) Bomben als Außenlast oder im Frachtraum.

Mikojan-Gurewitsch MiG-3

Ursprungsland
Sowjetunion
Kategorie
Jagdflugzeug

Entwicklung: Im Rahmen des Modernisierungsprogrammes für die sowjetischen Luftstreitkräfte entwickelten A. I. Mikojan und M. I. Gurewitsch die I-61 (später I-200) paralell zur Jak-1 und LaGG-1. Der erste Prototyp flog im April 1940 unter der Bezeichnung MiG-1. Die auch in großen Höhen schnelle Maschine hatte eine geringe Reichweite, eine hohe Landegeschwindigkeit und eine zu geringe Längsstabilität. Wegen der offensichtlichen aerodynamischen Schwächen wurde das Flugzeug in Originalgröße im Windkanal des Zentralen Aerohydrodynamischen Institut (ZAGI) überprüft. Im Oktober 1940 flog schließlich der vierte, wesentlich verbesserte Prototyp. Die erste, nun etwas schwerere Serienmaschine wurde als MiG-3 im Dezember ausgeliefert. Das überarbeitet Flugzeug, dessen Rumpf eine Stahlrohr/Holz-Konstruktion war, wurde länger, die aus Holz gebauten Flügel erhielten automatisch ausfahrende Vorflügel, die Cockpitverglasung wurde vergrößert und ein weiterer Kraftstofftank unter dem nun gepanzerten Sitz eingebaut. Nach Kriegsbeginn ist die Produktion nach Westsibirien verlagert worden. Es gab mehrere Versionen mit dem Ziel, die Flugleistungen zu steigern, die es aber nicht zur Serienreife brachten: MiG-3 M mit einem Sternmotor, MiG-3 D und MiG-3 DD als Höhenjäger sowie eine verbesserte MiG-3 U in Ganzmetallbauweise.

Bereits im Januar 1942 lief nach 3322 gebauten Exemplaren die Produktion aus.

Bemerkungen: Mit Indienststellung zeigte sich, dass die MiG-3 deutschen Jagdflugzeugen wie z. B. der Bf 109 in niedrigen und mittleren Höhen und wegen ihrer schwachen Bewaffnung und des höheren Gewichts unterlegen war. Auch alle Bemühungen, das für Anfänger schwierig zu fliegende Flugzeug aerodynamisch stabiler zu machen, brachten wenig Erfolg. Zudem konnte die Zahl der ausgebildeten Piloten nicht mit den ausgelieferten Mig-3 mithalten. Lediglich erfahrene Piloten waren mit ihr erfolgreich, entsprechend hoch waren mit 1439 abgeschossenen MiG-3 die Verluste. Sie wurde deshalb von den Frontlinien abgezogen und 1941/42 noch gegen hoch anfliegende deutsche Bomberverbände in die Moskauer Luftverteidigung eingegliedert, für das sie auch anfangs konstruiert worden ist.

Ein Nachbau steht im Zentralen Museum der Luftstreitkräfte in Monino/Moskau. 2002 begann eine russische Firma drei MiG-3 mit V12 Allison-Motoren wieder flugfähig aufzubauen. Eine davon fliegt beim Military Aviation Museum in Virginia Beach/Virginia/USA.

Besatzung: 1
Triebwerk: Ein flüssigkeitsgekühlter V12-Motor Mikulin AM-35A mit ca. 990 kW (1346 PS) und 880 kW (1200 PS) Dauerleistung.
Leistungen: Höchstgeschwindigkeit 640 km/h in 7800 m Höhe, Steigzeit auf 8000 m 10 min, 17 sec, Dienstgipfelhöhe 12 000 m, Reichweite ca. 1200 km.
Gewichte: Leergewicht 2595 kg, Abfluggewicht 3350 kg.
Bewaffnung: Drei MGs über dem Motor, je nach Einsatz zwei MGs in den Tragflächen oder sechs Raketen oder zwei 100 kg-Bomben, bzw. vier 25 kg-Bomben an Flügelstationen.

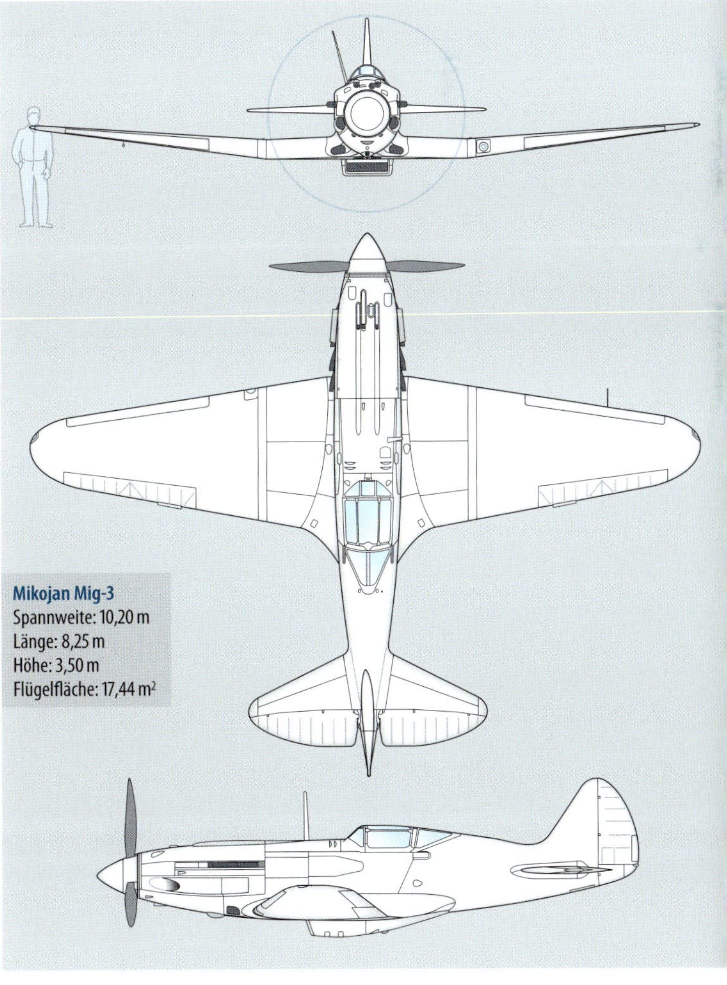

Mikojan Mig-3
Spannweite: 10,20 m
Länge: 8,25 m
Höhe: 3,50 m
Flügelfläche: 17,44 m²

Petlyakov Pe-2

Ursprungsland
Sowjetunion
Kategorie
Leichter Bomber, Sturzkampfbomber

Entwicklung: Grundlage der PE-2 war der 1938 von W. Petljakov entwickelte Langstrecken- und Höhenjäger WI 100. Der in robuster Ganzmetallbauweise hergestellte dreisitzige Tiefdecker absolvierte im Dezember 1939 seinen Erstflug, wurde aber anschließend nach einer Forderung der Militärs in kürzester Zeit zu einem Sturzkampfbomber umkonstruiert, der im Dezember 1940 erstmals abhob. Die Produktion begann bereits im Januar 1941 und wurde sehr schnell hochgefahren, so dass mit dem Einmarsch der Deutschen im Juni 1941 bereits Pe-2 zur Verfügung standen. Ab Juni 1943 übernahm nach dem Tod Petljakows W. Mjassischtschew die Produktionsleitung und entwickelte weiter. Zahlreiche Versuchsmuster, Projekte und Modifikationen bewiesen das Entwicklungspotenzial der Pe-2. So wurde der schwerbewaffnete leichte Bomber stets den neuesten Erfordernissen angepasst und in unterschiedlichsten Versionen als schwerer Jäger, Schlachtflugzeug, Nachtjäger, Aufklärer, und Trainer produziert.

In verschiedenen Werken wurden bis Januar 1945 11 426 Maschinen gebaut. Vom schweren Jagdflugzeug PE-3, eine nahezu identische Parallelentwicklung mit zusätzlicher Bewaffnung, ohne Sturzflugbremsen und Bombenschacht, wurden ca. 1300 Stück ausgeliefert.

Bemerkungen: Zu ihrer Zeit gehörte die PE-2 zu den modernsten und bedeutendsten Kampfflugzeugen der Sowjetunion. Ihre stabile Konstruktion erlaubte es, das Flugzeug für fast alle militärischen Anforderungen zu verwenden. So wurde es während des gesamten Krieges mit unterschiedlichen Missionen an allen sowjetischen Fronten eingesetzt, mit der Hauptaufgabe Bodentruppen zu unterstützen. Erst um 1944 wurde sie von der moderneren TU-2 (S. 244) abgelöst, blieb aber bis 1949 noch als Schulflugzeug im Einsatz.

PE-2 wurden nach Bulgarien, China, Jugoslawien, Polen, Tschechoslowakei und Ungarn exportiert.

Eine PE-2 ist im Luftfahrtmuseum in Monino/Moskau und eine im Armee-Museum in Warschau/Polen zu finden.

Auch Finnland nutzte die Pe-2 im Zweiten Weltkrieg. Eine von angeblich 7 Beutemaschinen, die von Deutschland geliefert wurden, als Aufklärer auf einem Flugplatz in Lapeenranta/Finnland.

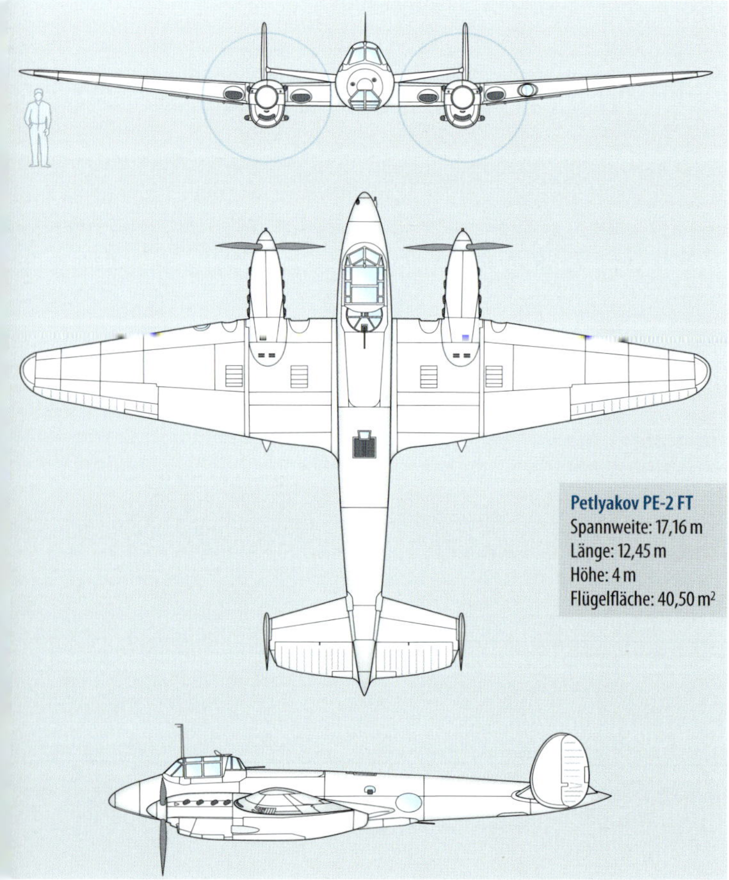

Petlyakov PE-2 FT
Spannweite: 17,16 m
Länge: 12,45 m
Höhe: 4 m
Flügelfläche: 40,50 m²

Besatzung: 3
Triebwerke: (PE-2 FT) Zwei flüssigkeitsgekühlte V12-Zylinder-Motoren Klimov WK-105 mit 890 kW (1210 PS).
Leistungen: (PE-2 FT) Höchstgeschwindigkeit 580 km/h in 5000 m Höhe, Reisegeschwindigkeit in 5000 m Höhe 480 km/h, Steigzeit auf 5000 m Höhe 7 min, Dienstgipfelhöhe 9000 m, Reichweite ca. 1770 km, mit Bombenlast ca. 1200 km.
Gewichte: Leergewicht 5950 kg, max. Abfluggewicht 7700 kg
Bewaffnung: Je nach Einsatzzweck und Typ zwei MGs nach vorne, ein MG im Drehturm, ein MG seitlich und ein MG in der Bodenwanne. Intern und extern bis zu 1000 kg Bomben.

Petlyakov Pe-8

Ursprungsland
Sowjetunion
Kategorie
Fernbomber

Entwicklung: Nach der Forderung der sowjetischen Regierung nach einem Bomber, der in bis zu 15 000 m Höhe rund 600 km/h schnell fliegen kann, begann 1935 die Entwicklung der ANT-42. Mangels geeigneter Höhenmotoren installierte man einen fünften Motor, der einen Zentrallader antrieb im Rumpf, was sich wegen der komplexen Konstruktion aber nicht durchsetzte. Erstflug war im Dezember 1936 und Anfang 1939 begann die Serienproduktion des Ganzmetallflugzeuges mit Mikulin AM-35 unter der Bezeichnung TB-7, zu Ehren ihres Konstrukteurs Petlyakov 1942 aber in PE-8 umbenannt. Zwei politisch angeordnete Produktionsstops verzögerten den Serienbau enorm. Ab Januar 1943 wurden rund 50 von der nun auch aerodynamisch verbesserten PE-8 mit ASch-82 Schwezow-Doppelsternmotoren produziert. Zwei „Passagier"-Flugzeuge für Regierungsmitglieder stattete man mit einer Druckkabine aus, die sich aber nicht bewährte.

Die Produktion endete im Dezember 1944, nach dem 93 Flugzeuge ausgeliefert waren.

Bemerkungen: Der einzige viermotorige Bomber der Sowjetunion gehörte bis Anfang der 1940er-Jahre zu den technisch modernsten Flugzeugen der Welt. Wegen vieler produktionstechnischer Widrigkeiten und vor allem politischer Fehleinschätzungen ging die PE-8 im Gegensatz zu britischen und amerikanischen schweren Bombern nie in Großserie. Eingesetzt wurde sie bei den Fernfliegerkräften zum Teil mit hohen Verlusten, unter anderem schon 1941 bei Angriffen auf Berlin, aber auch auf zentrale Stellungen entlang der Ostfront, im feindlichen Hinterland und über Finnland. Berühmt wurde das Flugzeug durch einen Flug im Mai 1942 in die USA und durch seine Einsätze in der Polarluftflotte bis 1954.

Außer ein paar Fragmenten ist keine PE-8 erhalten geblieben.

Die Pe-8, die die sowjetische Delegation mit Außenminister Molotow im Mai 1942 nach Washington brachte. Zwischenlandungen waren in Großbritannien, Island und Kanada. Nach Verhandlungen bis zum 4. Juni kehrte die Delegation sicher nach Moskau zurück.

Besatzung: 10 – 12
Triebwerke: Vier flüssigkeitsgekühlte V12-Zylinder-Motoren Mikulin AM 35A mit je 992 kW (1350 PS) oder vier 14-Zylinder-Doppelsternmotoren Schwezow ASch-82 mit je 992 kW (1350 PS) oder V12-Zylinder-Dieselmotoren Charomsky M-40 mit 1103 kW (1500 PS).
Leistungen: (PE-8 mit Charomsky-Diesel) Höchstgeschwindigkeit 393 km/h in 5650 m Höhe, Steigzeit auf 5500 m 16 min 20 sec, Dienstgipfelhöhe 9200 m, Reichweite 5460 km.
Gewichte: Leergewicht 19 790 kg, maximales Abfluggewicht 33 500 kg.
Bewaffnung: Je ein MG in der inneren Motorgondel nach hinten, ein Doppel-MG im Bug, je eine Maschinenkanone im Rücken- und Heckstand, maximal 5000 kg Bomben.

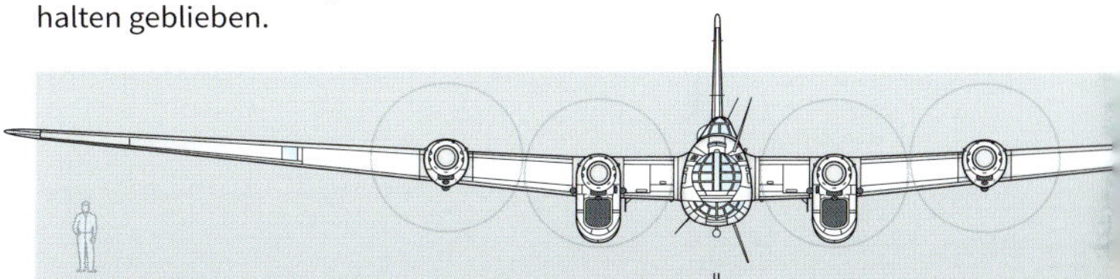

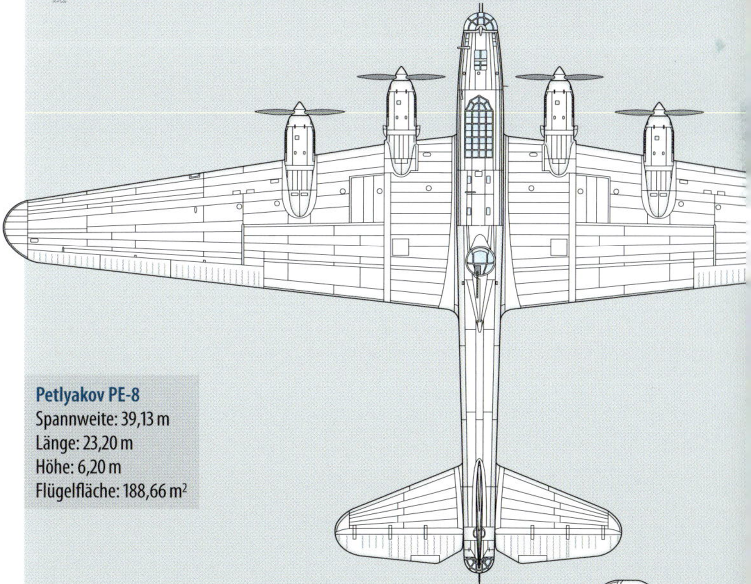

Petlyakov PE-8
Spannweite: 39,13 m
Länge: 23,20 m
Höhe: 6,20 m
Flügelfläche: 188,66 m²

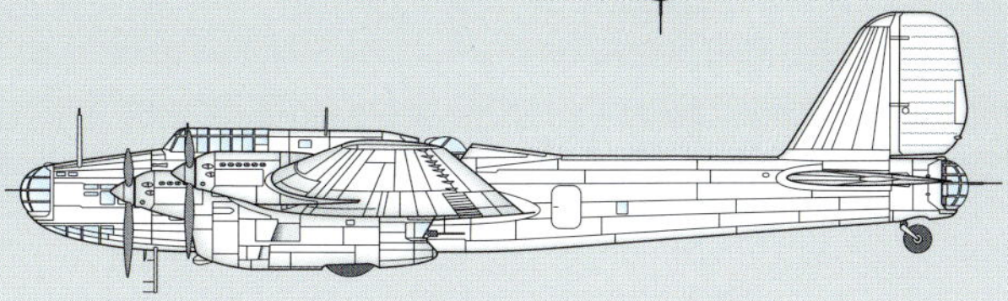

Polikarpow I-15

Ursprungsland
Sowjetunion
Kategorie
Jagdflugzeug

Entwicklung: Im Februar 1933 begann N. Polikarpow mit der Konstruktion der ZKB-3, dem Nachfolgemodell des Standardjägers I-5. Der Erstflug erfolgte bereits im Oktober 1933. Der Rumpf bestand aus einer geschweißten Rohrkonstruktion, vorne aluminiumbeplankt, ab dem Cockpit bespannt. Die Flügel waren eine reine Holzkonstruktion. Motorisiert wurde die I-15 mit einem Schwezow M-25, ein lizenzierter Wright R-1820, da sich die Produktion des Schwezow M-22, eine Lizenz des Bristol Jupiter, hinauszog. Nach der Erprobung, mit einigen durch instabiles Flugverhalten bedingten Änderungen, begann die Auslieferung des ersten Serienflugzeuges I-15 im August 1934, wobei ein Teil mit M-22 und mit M-25-Antrieben ausgeliefert wurden. Geringe Bauqualität, die Verwendung minderwertiger Materialien und Motorvibrationen, sowie die Leistung das Antriebs blieben stets Beanstandungen der Piloten. Die Serienproduktion der I-15 wurde nach 385 Exemplaren (andere Quellen sagen 674) Ende 1935 eingestellt. Schon Anfang 1935 modifizierte man aber eine I-15 mit durchgehendem Oberflügel und einer geschlossenen Haube, die aber nicht zur Serienreife kam. Die geforderte Überarbeitung der I-15 führte schließlich zur I-15 bis (auch I-152) die mit einem 775 PS starken Schwezow M-25 V motorisiert war (Abb. oben). Der nun durchgehende Oberflügel war durch N-Streben mit dem Rumpf verbunden, die Cowling wurde aerodynamischer, vier MGs schossen durch den Propeller und ein größerer Tank machten das Flugzeug auch etwas schwerer. Die Leistungen blieben aber nahezu identisch

Insgesamt wurden vermutlich 3082 I-15 gebaut, davon 2408 I-15 bis/I-152.

Eine I-15 mit den typischen Möwenflügeln.

Bemerkungen: Mit der I-15 hatte die russische Luftwaffe ein wendiges Jagdflugzeug, das sich im Spanischen Bürgerkrieg noch bewährte, auch noch im chinesisch-japanischen Krieg, zu Beginn des deutschen Einmarsches in Russland war das Flugzeug aber veraltet. Anfangs noch mit Raketen und Bomben bestückt, wurde der Doppeldecker Ende 1942 zu Trainingseinheiten abgeschoben.

Neben flugtüchtigen Exemplaren, unter anderen im Imperial War Museum in Duxford, Großbritannien, steht auch eine im Museo del Aire, Madrid, Spanien.

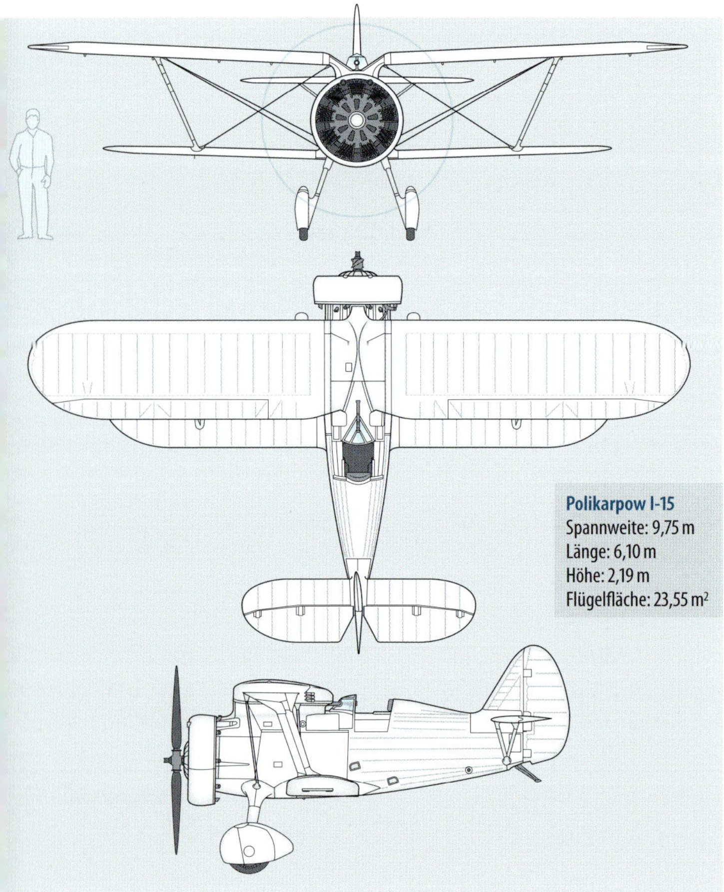

Polikarpow I-15
Spannweite: 9,75 m
Länge: 6,10 m
Höhe: 2,19 m
Flügelfläche: 23,55 m²

Besatzung: 1
Triebwerk: (I-15) Ein luftgekühlter 9-Zylinder-Sternmotor Schwezow M-25 B mit 526 kW (750 PS) Startleistung.
Leistungen: (I-15) Höchstgeschwindigkeit 376 km/h in 5000 m Höhe, Steigzeit auf 3000 m Höhe 3 min 18 sec, Dienstgipfelhöhe 9000 m, Reichweite ca. 725 km.
Gewichte: (I-15) Leergewicht 1180 kg, Abfluggewicht 1420 kg
Bewaffnung: (I-15) Zwei MGs und bis zu 200 kg Bomben an Flügelstationen.

Polikarpow I-16

Ursprungsland
Sowjetunion
Kategorie
Jagdflugzeug

Entwicklung: Eine Forderung der sowjetischen Luftwaffe von 1932 nach einem schnellen Jagdeinsitzer brachte den ersten freitragenden Tiefdecker mit Einziehfahrwerk der Welt hervor. Der erste von vier Prototypen, die mit unterschiedlichen Antrieben erprobt wurden, flog im Dezember 1933. Mitte 1934 begann die Serienproduktion des einfach zu produzierenden, in Holz-Aluminium-Gemischtbauweise hergestellten Jägers. Der Rumpf bestand komplett aus Holz, der Pilotensitz war gepanzert, die Metallflügel waren beplankt und bespannt. Die I-16 wurde in zahlreichen Varianten gebaut, die sich oft nur in der Bewaffnung unterschieden. Anfangs mit lediglich 750 PS motorisiert, war der spätere Typ 24 mit dem 1100 PS starken Schwezow M-63 die meistgebaute und leistungsstärkste Baureihe. Eine zweisitzige Übungsversion UTI mit Festfahrwerk, wurde cirka 1600 mal, andere Quellen sprechen von 3400, gebaut. Eine unbekannte Zahl I-16 wurde Ende der 1930er-Jahre auch an China geliefert, die dort gegen japanische Jagdflugzeuge antraten und erstmals im Zweiten Weltkrieg auch Luft-Luft-Raketen einsetzten.

Bis 1943 wurden in rund 30 Varianten 8643 Flugzeuge hergestellt.

Bemerkungen: Mitte der 1930er-Jahre war die I-16 eines der modernsten und schnellsten Jagdflugzeuge in Europa. Laut ihren Piloten war das Jagdflugzeug aber nicht einfach zu fliegen. Die Sicht war ungenügend, bemängelt wurden auch die kritischen Start- und Landeeigenschaften, die kurze Bauweise brachte eine geringe Längsstabilität mit sich, was aber auch abrupte Flugmanöver und schnelle Rollraten ermöglichte. Im Spanischen Bürgerkrieg konnte sich die Rata (Ratte), die in großer Zahl (angeblich 475) auf Seiten der Republikaner eingesetzt wurden, noch gegen die deutschen Doppeldecker, wie z. B. die Heinkel He 51 (S. 32), behaupten, nicht jedoch gegen die Bf 109. Mit dem Einmarsch der Deutschen im Sommer 1941 in die Sowjetunion war die zwischenzeitlich veraltete I-16 der meistverwendete russische Jäger. Viele wurden allerdings schon am Boden zerstört. Anfangs errang sie durch ihre Wendigkeit noch einzelne Erfolge, wurde schließlich aber 1943 aus dem Fronteinsatz genommen, um den moderneren Jagdflugzeugen Platz zu machen.

Ende der 1990er-Jahre wurden in der Sowjetunion sechs I-16 in einen flugfähigen Zustand restauriert und weltweit verkauft. Neben Museumsstücken in China, Finnland, Frankreich, Spanien und Russland fliegen weltweit auch einzelne privat restaurierte Exemplare, unter anderem auch in Deutschland.

Besatzung: 1
Triebwerk: (Typ 24) Ein luftgekühlter 9-Zylinder-Sternmotor Schwezow M-63 mit 820 kW (1100 PS) Startleistung.
Leistungen: (Typ 24) Höchstgeschwindigkeit 525 km/h in 3000 m Höhe, Steigzeit auf 5000 m Höhe 5 min 48 sec, Dienstgipfelhöhe 9700 m, Reichweite 700 km.
Gewichte: (Typ 24) Leergewicht 1490 kg, maximales Abfluggewicht 1941 kg
Bewaffnung: (Typ 24) Vier MGs oder zwei MGs und zwei Maschinenkanonen, bis zu 500 kg Bomben oder sechs Raketen an Flügelstationen.

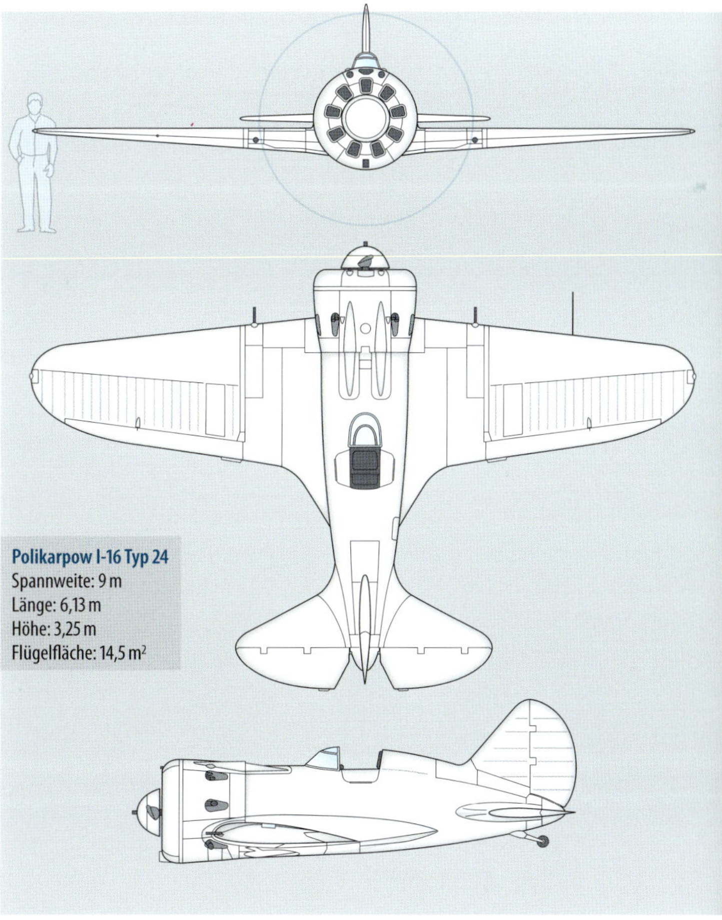

Polikarpow I-16 Typ 24
Spannweite: 9 m
Länge: 6,13 m
Höhe: 3,25 m
Flügelfläche: 14,5 m²

Polikarpow I-153

Ursprungsland
Sowjetunion
Kategorie
Jagdflugzeug

Entwicklung: Die I-153 ist eine Weiterentwicklung der Polikarpov I-15 (S. 234) mit einem Einziehfahrwerk, Verstellpropeller und stärkerem Treibwerk. Sie flog erstmals im Herbst 1938. Nach der Erprobung und einigen Verbesserungen wurde Anfang 1939 das erste Geschwader ausgerüstet. Der in Gemischtbauweise hergestellte Doppeldecker hatte einen stoffbespannten und vorne mit Aluminium beplanktem Stahlrohrrumpf. Das Cockpit war mit einer Panzerplatte hinter dem Sitz geschützt, die Flügel wurden aus Holz und Metall gebaut und aus aerodynamischen Gründen war der obere Flügel geknickt. Für den Winterbetrieb waren Skier montierbar. Nur durch die Bewaffnung unterschieden sich die beiden Serienversionen I-153 BS und P. Zwei Prototypen der mit einer Druckkabine und aufgeladenen Motoren ausgestatteten I-153 W wurden erprobt und eine aerodynamischere I-190 mit einem 1000 PS-starken Doppelsternmotor wurde ab Dezember 1939 getestet. Eine I-195 mit 1500 PS-M-90-Antrieb sollte 580 km/h erreichen. Die Entwicklungen wurden aber alle eingestellt.

Insgesamt rollten 3437 Maschinen in mehreren Versionen aus den Werkshallen. 903 Flugzeuge wurden im Rahmen der Waffenhilfe gegen Japan an China ausgeliefert.

Bemerkungen: Zum ersten Mal wurde die I-153 Tschaika (Möwe) im Jahr 1939 erfolgreich in einem Grenzkonflikt gegen Japan eingesetzt. Im Winterkrieg 1939/1940 gegen Finnland war sie ebenso an der Front zu finden, wie 1941, als Deutschland die Sowjetunion angriff. Allerdings wurden viele Flugzeuge schon am Boden zerstört und die I-153 wurde als Jagdflugzeug mit Erscheinen der modernen russischen Maschinen zurückgezogen. Bis Ende 1943 flog die Tschaika jedoch noch als Erdkampfflugzeug. Elf I-153 wurden von den Finnen im Verlaufe der Kämpfe erbeutet und gegen die Sowjetunion eingesetzt.

Im Musée de l'Air/Paris wird die einzige originale I-153 ausgestellt. Ende der 1990er-Jahre wurde eine Kleinserie mit drei I-153 unter Verwendung von Originalteilen neu aufgelegt und verkauft.

Eine von Finnland erbeutete I-153 wartet auf ihren Einsatz 1941 in einem Wald bei Mikkeli.

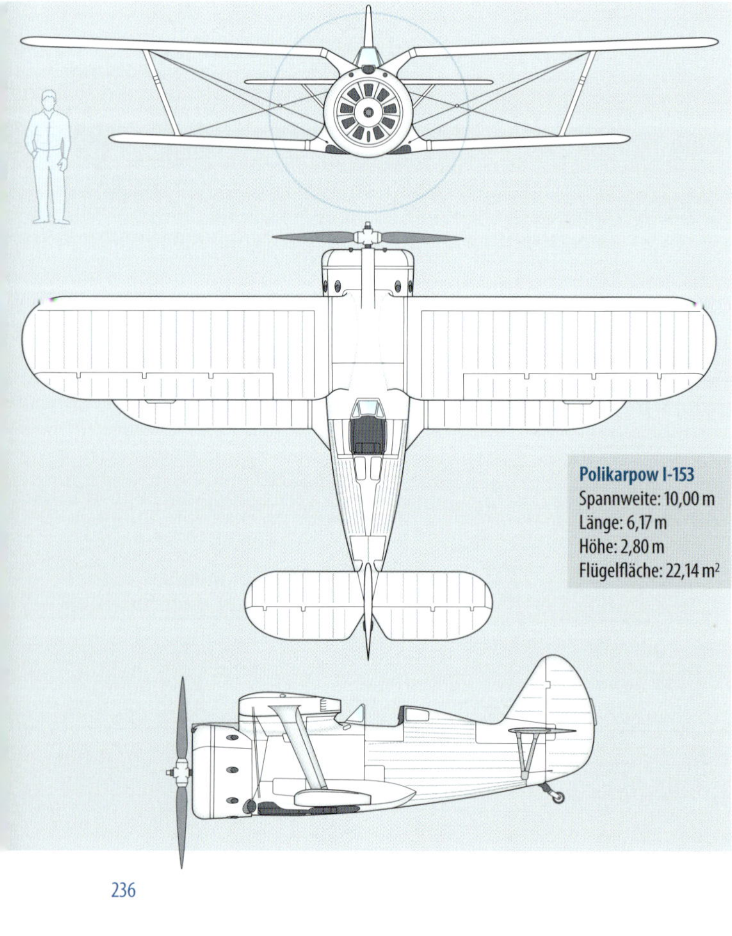

Polikarpow I-153
Spannweite: 10,00 m
Länge: 6,17 m
Höhe: 2,80 m
Flügelfläche: 22,14 m²

Besatzung: 1
Triebwerk: Ein luftgekühlter 9-Zylinder-Sternmotor Schwezow M-62 mit 588 kW (800 PS) Startleistung und 541 kW (735 PS) Dauerleistung.
Leistungen: Höchstgeschwindigkeit 366 km/h in Bodennähe, in 4600 m Höhe 444 km/h, Reisegeschwindigkeit 360 km/h, Steigzeit auf 5000 m 5 min, 20 sec, Dienstgipfelhöhe 11 000 m, Reichweite ca. 470 km, maximale Reichweite 880 km.
Gewichte: Leergewicht 1348 kg, Abfluggewicht 1860 kg, maximales Abfluggewicht 2010 kg.
Bewaffnung: Je nach Einsatzzweck zwei MG und sechs Raketen oder zwei 100 kg-Bomben.

Polikarpow PO-2

Ursprungsland
Sowjetunion
Kategorie
Mehrzweckflugzeug

Entwicklung: Ursprünglich 1927 als Trainingsflugzeug konzipert, sollte die U-2 (1944 nach dem Tod des Konstrukteurs Nikolai Polikarpow in PO-2 umbenannt) ein komplett aus Holz gebauter Doppeldecker werden. Er sollte um die 100 km/h schnell sein und nur aus russischen Materialen bestehen. Im Januar 1928 flog bereits der erste Prototyp. Schon im Mai 1929 wurden die ersten Serienflugzeuge ausgeliefert und rasch wurde die Produktion hochgefahren. Bereits 1941 waren ca. 13 000 Flugzeuge im Einsatz. Neben der Basisversion wurden bis 1949 unzählige, auch stärker motorisierte Varianten gebaut: Schul-, Erdkampf-, Aufklärungs-, Beobachtungs- und Verbindungsflugzeuge. Eine Passagier- und Ambulanzversion mit geschlossener Kabine und eine mit je einem verkleideten Krankentransportbehälter auf den unteren Tragflächen gab es ebenso, wie Varianten mit Schwimmern oder Schneekufen und sogar ein Agrarflugzeug mit Sprühanlage.

Nebenserien wurden seit 1934 produziert: Eine U-2 S, bei der die hintere Kabine durch eine geschlossene Haube für die die Krankentrage und Begleitung ersetzt wurde.

Unbestätigte Produktionszahlen: ca. 33 000 – 40 000 Stück. Polen baute als CSS-13 von 1949 bis 1954 500 PO-2 in Lizenz.

Bemerkungen: Die PO-2 gehört zu den meistgebauten Flugzeugen der Welt. Obwohl eigentlich schon 1940 veraltet, war das einfach gebaute und unverwüstliche Flugzeuge mit seinen STOL-Eigenschaften weit verbreitet und wegen seiner vielseitigen Nutzung im Zweiten Weltkrieg beliebt. So flogen einige russische Staffeln neben den Verbindungs-, Ambulanz- und Versorgungsmissionen auch nächtliche Störangriffe mit kleinen Bomben auf deutsche Einheiten. Berühmt wurde die PO-2 aber durch den Einsatz einer reinen Frauenstaffel, die es als Verbindungs- und Versorgungsflugzeug zu den weit verstreuten Partisaneneinheiten nutzten und gewagte nächtliche Angriffe gegen die deutschen Besatzer im Hinterland unternahmen. Nordkorea griff sogar noch 1951 im Koreakrieg mit derselben Taktik nachts US-Stützpunkte an.

Weltweit fliegen noch etliche restaurierte Exemplare. Viele sind verteilt in Museen zu finden. Eine wird vom Museum auf dem Heringsdorfer Flugplatz betrieben.

Besatzung: 1 + 1
Triebwerk: (Po-2) Ein luftgekühlter 5-Zylinder-Sternmotor Schwezow M-11 mit 75 kW (102 PS).
Leistungen: (Po-2) Höchstgeschwindigkeit 150 km/h in Bodennähe, Reisegeschwindigkeit 111 km/h, Dienstgipfelhöhe 4000 m, Reichweite ca. 500 – 600 km.
Gewichte: (Po-2) Leergewicht 770 kg, Abfluggewicht 1030 kg, maximales Abfluggewicht 1030 kg
Bewaffnung: Je nach Einsatzzweck und Typ ein MG im hinteren Cockpit und bis zu 120 kg Bomben.

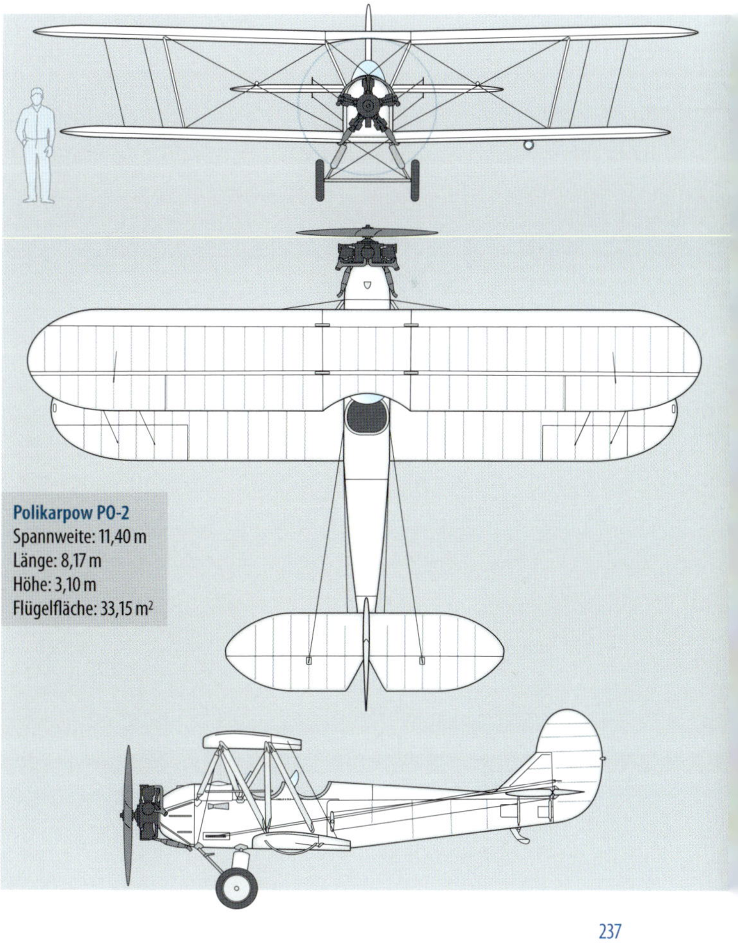

Polikarpow PO-2
Spannweite: 11,40 m
Länge: 8,17 m
Höhe: 3,10 m
Flügelfläche: 33,15 m²

Polikarpow R-5

Ursprungsland
Sowjetunion
Kategorie
Mehrzweckflugzeug

Entwicklung: Um 1925 begannen die Entwicklungsarbeiten, die Flugerprobung wurde zu Beginn des Jahres 1929 abgeschlossen. Der Rumpf und die Flügel des Anterthalbdeckers waren komplett aus Holz gebaut Erste Serienmaschinen mit einem Mikulin M-17b-Triebwerk, einem in Lizenz gefertigten BMW VI, wurden 1931 ausgeliefert. Ab 1934 wurde der stärkere M-17F eingebaut, ab 1935 der M-34N. Die robuste Maschine war ein echtes Mehrzweckflugzeug und für zahlreiche Aufgaben geeignet: Beobachtungs- und Schlachtflugzeug, leichter Bomber, Torpedoflugzeug, Schleppflugzeug, Reiseflugzeug und Postflugzeug, auch als Schwimmer- und Kufenversionen. Die meisten Maschinen flogen in der Sowjetunion, waren aber auch im Iran, in Spanien, in der Mongolei und der Türkei zu finden.

Bis Ende 1937 wurden ungefähr 7000 Maschinen gebaut.

Bemerkungen: Die relativ große R-5 wurde von der Sowjetunion in allen Kriegsschauplätzen als leichter Bomber eingesetzt: Im Spanischen Bürgerkrieg, im Grenzkonflikt mit Japan, im Sowjetisch-Finnischen Winterkrieg und bei der Besetzung Ostpolens. Das Flugzeug war zu dieser Zeit jedoch schon veraltet und wurde im später Zweiten Weltkrieg nur noch als Sanitäts- und Verbindungsflugzeug benutzt.

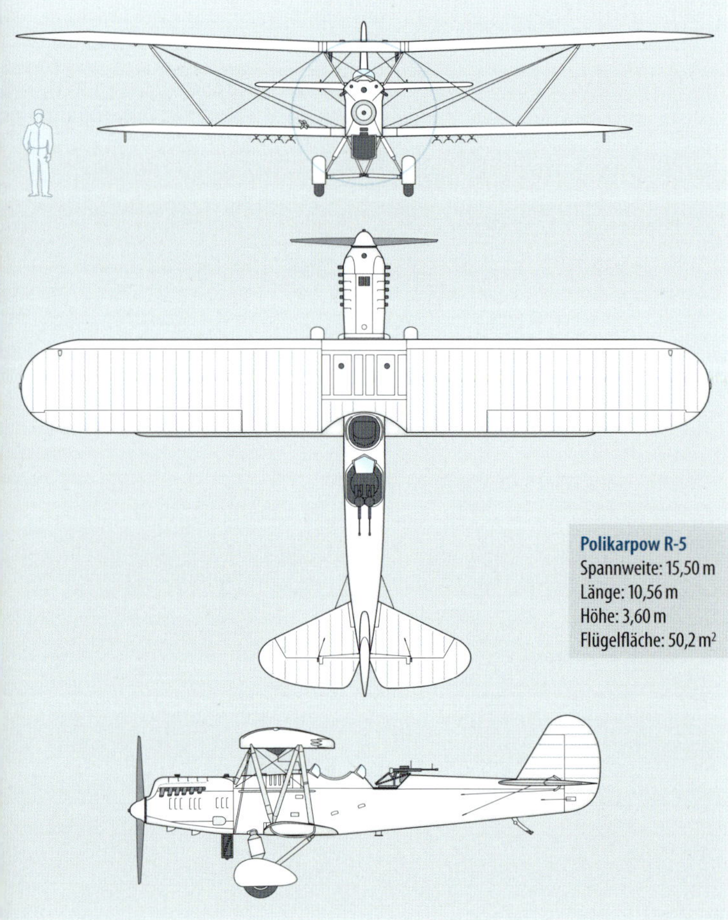

Polikarpow R-5
Spannweite: 15,50 m
Länge: 10,56 m
Höhe: 3,60 m
Flügelfläche: 50,2 m²

Eine von zwei ARK-5 die 1935 für Arktiseinsätze umgebaute Serienmaschinen mit geheiztem Cockpit und stromlinienförmigen Transportbehältern über den Tragflächen.

Über 1000 Flugzeuge flogen für die sowjetische Fluggesellschaft Aeroflot in der zivilen Version P-5 als Fracht-Transportflugzeuge, und mit geschlossener Kabine für bis zu 4 Passagiere. Berühmt wurde das Flugzeug durch seine Versorgungs- und Evakuierungsflüge eines Expeditionsschiffes in der Arktis im März 1934 und einen Höhenrekord über 11 100 Meter im Mai 1937.

Eine R-5 kann im Zentralen Museum der Luftstreitkräfte in Monino/Moskau besichtigt werden.

Besatzung: 2
Triebwerk: Ein flüssigkeitsgekühlter V12-Zylinder-Motor Mikulin M 17 mit 500 kW (680 PS) Startleistung.
Leistungen: Höchstgeschwindigkeit 210 km/h in Bodennähe, in 3000 m Höhe 228 km/h, Steigzeit auf 1000 m 2 min, 6 sec, Dienstgipfelhöhe 6400 m, Reichweite maximal 800 km.
Gewichte: Leergewicht 1969 kg, Abfluggewicht 2955 kg, maximales Abfluggewicht 3247 kg.
Bewaffnung: Je nach Einsatzzweck ein MG über dem Motor, ein bis zwei bewegliche MGs im Beobachterstand. Bis zu 500 kg Bomben an Flügelstationen.

Scherbakow Sche-2

Ursprungsland
Sowjetunion
Kategorie
Leichtes Transportflugzeug

Entwicklung: Im Herbst 1941 begannen die Arbeiten an einem leichten Transportflugzeug in einem Flugzeugreparaturwerk unter der Leitung von A. Y. Scherbakow. Es sollte in der Lage sein, größere Flugzeugersatzteile, wie z. B. Motoren, für die seit Kriegsbeginn großer Bedarf bestand, auch auf unvorbereitete Feldflugplätze zu transportieren. Das ursprünglich TS-1 genannte Flugzeug musste einfach zu fliegen sein und aus nicht kriegswichtigen Werkstoffen sowie bereits fertig entwickelten Komponenten bestehen. Der abgestrebte Hochdecker wurde komplett aus Holz gefertigt, ein Teil der Flügel war bespannt. Schlitzklappen sollten für kurze Startläufe und Landungen sorgen, was bei der schwachen Motorisierung fragwürdig erschient. Die zweiflüglige Frachtluke war groß genug um sperrige Güter zu laden, aber auch für Frachtabwurf und Fallschirmspringer geeignet. Es gab Platz für bis zu 14 Passagiere oder 9 Krankentragen oder bis zu 1150 kg Fracht und das Flugzeug konnte schnell für unterschiedliche Einsatzzwecke umgerüstet werden. Anfang Februar 1942 hob die TS-1 erstmals ab. Nach ausgiebigen Tests bei der Luftwaffe, die die guten Flugeigenschaften der Maschine bestätigten, wurde nach geringfügigen Verbesserungen im Oktober 1943 unter der Bezeichung Sche-2 die Produktion aufgenommen. Bereits 1944 waren 222 Flugzeuge gebaut. Neben dem Transporter entstand auch eine Variante zur Navigatoren-Ausbildung von 5–8 Schülern und einem Ausbilder. Eine stärker motorisierte Version Sche-2 TM mit zwei 145 PS-M-11 FM von Schwezow und geringerer Spannweite brachte zwar bessere Flugleistungen, ging aber nicht mehr in Serie, auch nicht eine geplante Version mit Dieselmotoren.

Insgesamt sind bis Anfang 1946 vermutlich 567 Flugzeuge ausgeliefert worden.

Bemerkungen: Während des Krieges war die Sche-2 wegen ihrer technischen Einfachheit und der unproblematischen Flugeigenschaften ein geschätztes Flugzeug. Es wurde zum Transport von Ersatzteilen, Kraftstoff und militärischer Ausrüstung, auch auf Frontflugplätzen eingesetzt. Man nutzte es zur Versorgung von Guerillaeinheiten, zum Verwundetentransport und neben Transportaufgaben taugte die Zweimot auch zum Absetzen von bis zu neun voll ausgerüsteten Fallschirmjägern und für Kurierflüge. Ein ständiges Problem blieb aber die viel zu geringe Motorisierung. Nach Kriegsende war das Flugzeug noch mehrere Jahre im Einsatz, unter anderem zivil für Fracht- und Passagiertransporte auf Fluglinien der Aeroflot. Auch die Luftwaffen Polens und Jugoslawiens nutzten den leichten Transporter weiter nach dem Krieg.

Von einem erhaltenen Flugzeug ist nichts bekannt.

Besatzung: 2
Triebwerk: Zwei luftgekühlte 5-Zylinder-Sternmotoren Schwezow M-11 D mit 85 kW (116 PS) Startleistung.
Leistungen: Höchstgeschwindigkeit 154 km/h, Reisegeschwindigkeit 140 km/h, Steigzeit auf 1000 m 14 min, Dienstgipfelhöhe 2400 m, Reichweite 850 km.
Gewichte: Leergewicht 2270 kg, Abfluggewicht 3400 kg, maximales Abfluggewicht 3600 kg.

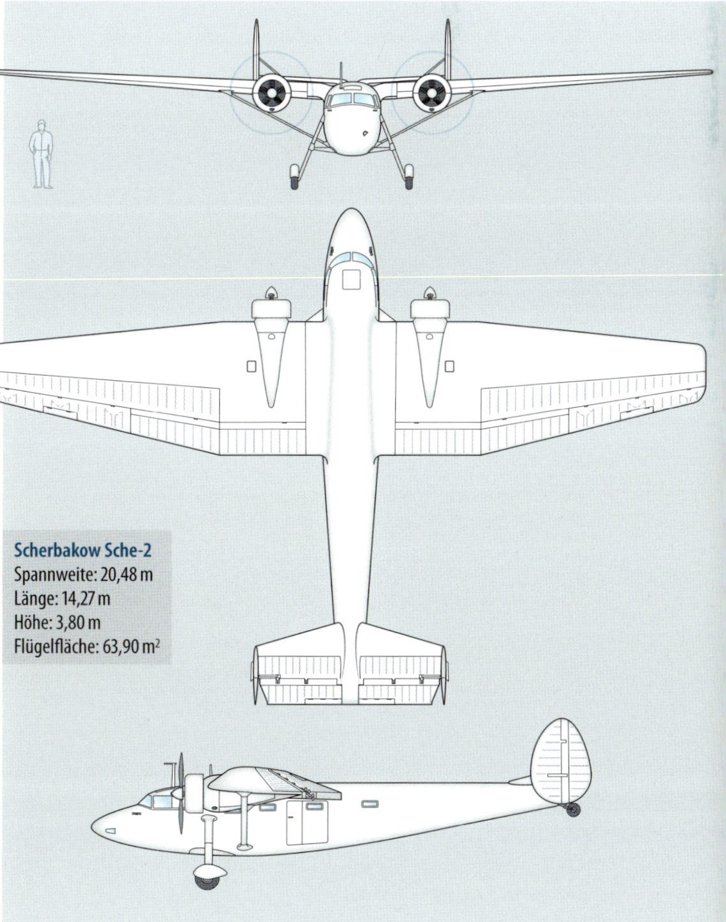

Scherbakow Sche-2
Spannweite: 20,48 m
Länge: 14,27 m
Höhe: 3,80 m
Flügelfläche: 63,90 m²

Suchoj SU-2

Ursprungsland
Sowjetunion
Kategorie
Leichter Bomber

Entwicklung: Als Nachfolger für den Doppeldekker Polikarpov R-5 (S. 238) begann die Entwicklung 1936 nach einer Forderung der russischen Regierung für einen leichten Bomber. Der erste Prototyp flog im August 1937 noch mit einem 860 PS starken Schwezow M-62 Sternmotor. Nach einer Versuchsreihe mit drei Prototypen und unterschiedlichen Antrieben begann 1940 die Serienproduktion. Ursprünglich als BB.1 und in Ganzmetallbauweise ab 1940 gebaut, produzierte man schließlich ab 1941 die nun SU-2 genannte Maschine wegen des Rohstoffmangels mit einem etwas längeren Holzrumpf und dem stärkeren Tumansky M-88 14-Zylinder-Doppelsternmotor mit 1100 PS. Flügel und Leitwerk waren eine Metallkonstruktion. In einem Schacht unter dem Cockpit ließen sich bis zu 600 kg Bomben transportieren. Der Bomben/MG Schütze orientierte sich durch ein Bodenfenster. Im Winter konnte das Radfahrwerk gegen Skier getauscht werden. Ab Herbst 1941 wurde in der Serie 2 der mit 1400 PS wesentlich stärkere Schwezow ASch-82 eingebaut. Aus dieser letzten Variante wurde das Schlachtflugzeug Suchoj SU-4 mit gepanzertem Cockpit entwickelt. Mit dem problematischen 2095 PS-starken Doppelsternmotor Tumansky M-90 ging sie jedoch nicht in Serie.

Bis Herbst 1942 sind angeblich 793 Exemplare aller Varianten produziert worden, andere Quellen berichten von rund 500 bzw. 910 SU-2.

Bemerkungen: Schon im Juni 1941, zu Beginn des deutschen Einmarsches in die Sowjetunion, war die SU-2 den Anforderungen als leichter Bomber und Erdkampfflugzeug nicht mehr gewachsen und musste mit rund 220 zerstörten Flugzeugen große Verluste hinnehmen. Deshalb wurden sie 1942 von der Front zurückgezogen und durch modernere Flugzeuge wie z. B. die Pe-2 (S. 232) und die wesentlich besser gepanzerte Il-2 (S. 217) ersetzt. Einige setzte man noch als Aufklärer ein, die meisten jedoch im Hinterland als Schul- oder Schleppmaschinen.

SU-2 sind unter anderem im Zentralen Museum der Luftstreitkräfte in Monino und im Zentralmuseum des Großen Vaterländischen Krieges in Moskau/Russland zu finden.

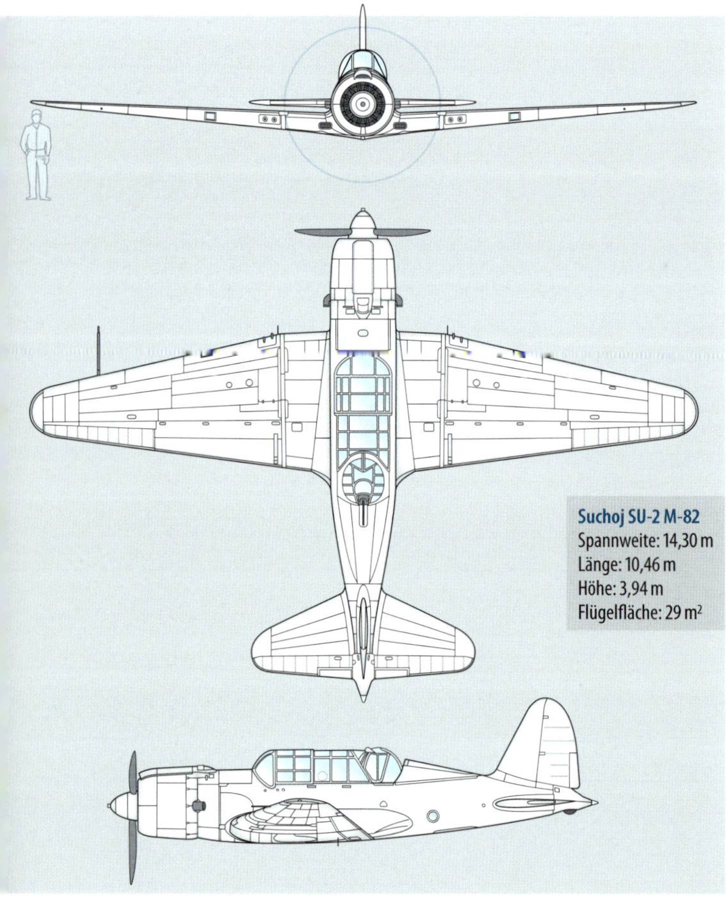

Suchoj SU-2 M-82
Spannweite: 14,30 m
Länge: 10,46 m
Höhe: 3,94 m
Flügelfläche: 29 m²

Vermutlich blieb keine komplette SU-2 erhalten. Museums-SU-2 sind angeblich mit Originalteilen gebaute Replikas.

Besatzung: 2
Triebwerk: (Serie 2) Ein luftgekühlter 14-Zylinder-Doppelsternmotor Schwezow ASch-82 mit 1029 kW (1400 PS).
Leistungen: (Serie 2) Höchstgeschwindigkeit 486 km/h in 5850 m Höhe, Steigzeit auf 5000 m 9 min, 48 sec, Dienstgipfelhöhe 8900 m, Reichweite 1100 km.
Gewichte: (Serie 2) Leergewicht 3273 kg, maximales Abfluggewicht 4700 kg.
Bewaffnung: (Serie 2) Vier starre MGs im Flügel, ein Doppel-MG im Drehturm. 400 bis 600 kg Bomben im Bombenschacht oder acht bis zehn Raketen an Flügelstationen.

Tupolew R-6

Entwicklung: Ende der 1920er-Jahre begann die Entwicklung der ANT-7. Sie basierte auf der größeren TB-1, dem ersten freitragenden zweimotorigen Ganzmetall-Bomber der Sowjetunion. Gefordert war ein Langstrecken-Mehrzweckflugzeug, das als Aufklärer, Bomber und schwerer Jäger eingesetzt werden sollte. Erstflug des mit wellblechbeplankten und mit 700 PS V12-Zylinder BMW VI motorisierten Ganzmetallflugzeuges war im September 1929. Nach der umfangreichen Erprobung, die etliche Modifikationen nach sich zog, begann die Auslieferung der Serienflugzeuge im November 1931 unter der Luftwaffen-Bezeichnung R-6. Sie waren mit mit dem 720 PS starken V12 Mikulin 7F ausgerüstet und konnten mit Fahrwerk oder Skiern eingesetzt werden. Eine unbekannte Anzahl wurde für Patrouillenflüge, als Torpedobomber und Minenleger über See als MR-6 oder KR-6 P mit Doppelschwimmern ausgeliefert. Neben den militärischen Varianten sind zivile Flugzeuge in unbekannter Zahl als P-6 und PS-7 2M-17 für Fracht- und Personenverkehr mit offenem und geschlossenem Cockpit hergestellt worden, ebenso eine Schwimmerversion MP-6. Ein einzelnes Passagierflugzeug R-6 L Limuzin mit siebensitziger geschlossener Kabine mit Fenstern und Gepäckraum ging im September 1933 verloren.

Bis 1934 sind vermutlich 411 oder 435 zivile und militärische Maschinen ausgeliefert worden.

Bemerkungen: Bereits 1935/36 wurde die R-6 vom Militär als veraltet eingestuft. Einige Flugzeuge wurden bis 1938 zur Schulung von Großflugzeug-Besatzungen behalten oder dienten als Transporter bis 1944 bei den Luftstreitkräften. Ein Teil wurde an zivile Betreiber abgegeben. In der Zivil- und Polarluftfahrt waren die robusten Maschinen bis 1945 hauptsächlich in den nördlichen, sibirischen Fluss-Fluggesellschaften weit verbreitet. Wie viele der rund 400 Serienflugzeuge dabei auf Schwimmer gesetzt wurden, ist nicht bekannt.

Angeblich steht ein Replikat in Kiew im Museum an der National Aviation University der Ukraine.

Ursprungsland
Sowjetunion
Kategorie
Bomber, Transporter

Die TB-1, hier eine zivile Version, aus der die R-6 entwickelt wurde.

Besatzung: 2 – 4
Triebwerk: Zwei flüssigkeitsgekühlte V12 Zylinder Mikulin M-17F mit 530 kW (720 PS).
Leistungen: Höchstgeschwindigkeit 230 km/h, Reisegeschwindigkeit 202 km/h, Steigzeit auf 3000 m 16 min 40 sec, Dienstgipfelhöhe 5620 m, Reichweite 800 km.
Gewichte: Leergewicht 3856 kg, Abfluggewicht 6472 kg.
Bewaffnung: Je ein MG im Bug, auf dem Rücken und in einer ausfahrbaren Gondel unter dem Rumpf. Bis zu 500 kg Bomben an Außenstationen unter dem Rumpf.

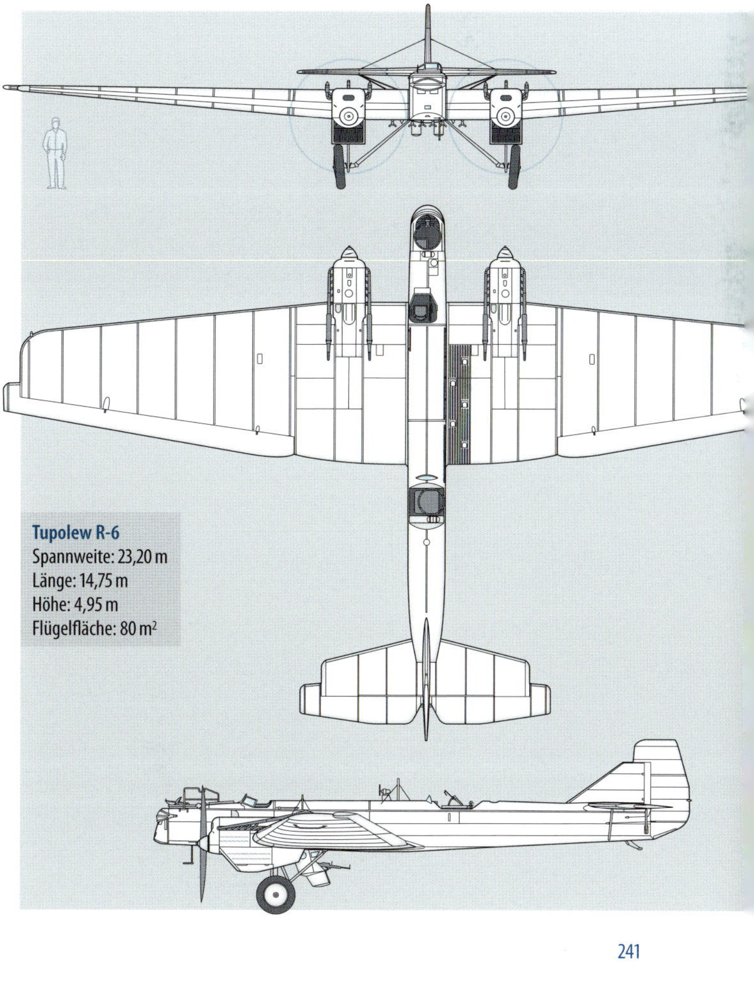

Tupolew R-6
Spannweite: 23,20 m
Länge: 14,75 m
Höhe: 4,95 m
Flügelfläche: 80 m²

Tupolew TB-3

Ursprungsland
Sowjetunion
Kategorie
Schwerer Bomber

Entwicklung: Ausgehend von der zweimotorigen TB-1, begann schon im Mai 1926 die Entwicklung des ersten viermotorigen mit Wellblech beplankten Ganzmetall-Eindeckers der Welt. Der Prototyp, noch mit amerikanischen Curtiss Conquerer-Motoren, flog im Dezember 1930 zum ersten Mal. Nach einigen Änderungen lief die Produktion im Februar 1931 an und die ersten Serienmaschinen mit in Lizenz von BMW gebauten Mikulin M-17-Triebwerken waren im April 1932 startklar. Bis Ende 1933 wurden circa 400 TB-3-4M-17 produziert. Mehrere Baureihen mit unterschiedlichen Motorisierungen folgten, auch eine mit Glattblechbeplankungen. Sie hatten stets das Ziel die TB-3 leichter zu bauen, um bessere Leistungen zu erzielen. Das Großflugzeug als Träger für untergehängte Jagdflugzeuge einzusetzen, kam nicht über Versuche hinaus (kleine Abb.). Neben vielen militärischen Varianten als Bomber, Fracht-, Sanitäts-, Schleppflugzeug für Lastensegler und Fallschirmabsetzer, gab es auch zivile Maschinen (ANT-6) mit geschlossener Kabine, die als Passagier- und Frachtflugzeug hauptsächlich auf östlichen Routen zum Einsatz kamen.

Von allen Varianten wurden bis 1937 818 Flugzeuge hergestellt.

Bemerkungen: Die für ihre Zeit beachtliche Größe, die hohe Zuladung und die große Reichweite war nicht nur militärisch von Vorteil, sondern wurde auch mit speziell umgebauten TB-3 für Staatsbesuche und zu Repräsentationszwecken genutzt. Dazu kamen 1936 noch einige Nutzlast/Höhen- und Langstreckenrekorde, die international Beachtung fanden. Die Forschungsstationen in der Arktis versorgten eine spezielle Umbauversionen der Polarluftflotte, von der eine Maschine, mit Kufen ausgestattet, im Mai 1937 als erstes Flugzeug am Nordpol landete. Eingesetzt wurde der Bomber im Krieg gegen Finnland und Japan, und auch noch nach dem Einmarsch der Deutschen 1941, allerdings unter hohen Verlusten.

Eine Anzahl an TB-3 überlebten zwar das Ende des Zweiten Weltkrieges, allerdings ist kein komplettes Flugzeug erhalten geblieben.

Als Trägerflugzeug für zwei untergehängte Polikarpows I-16.

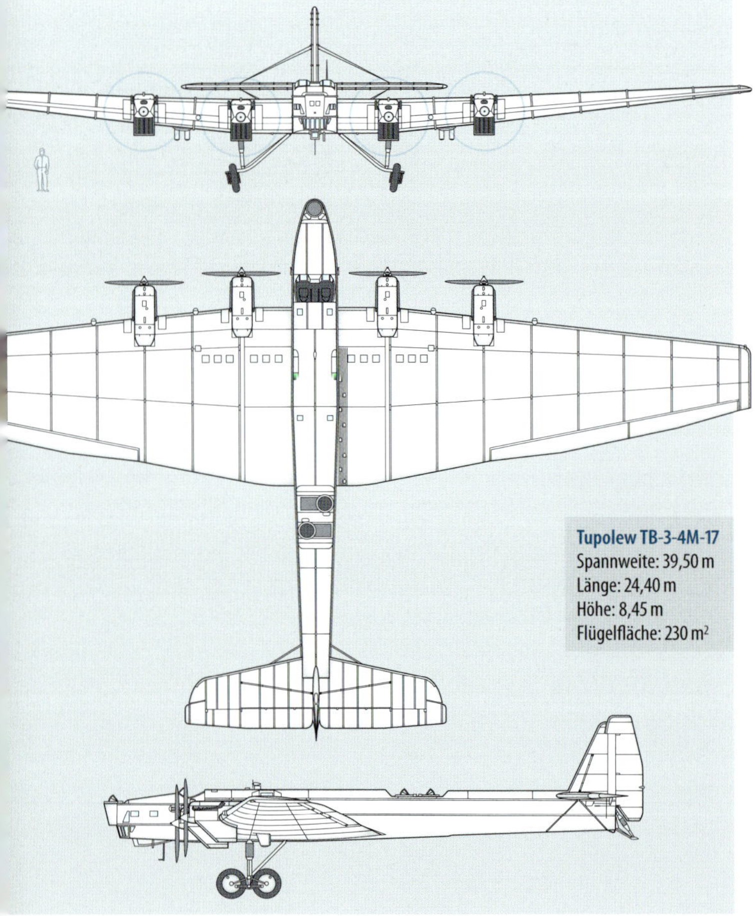

Tupolew TB-3-4M-17
Spannweite: 39,50 m
Länge: 24,40 m
Höhe: 8,45 m
Flügelfläche: 230 m^2

Besatzung: 8 – 10
Triebwerke: Vier flüssigkeitsgekühlte V12-Zylinder-Motoren Mikulin M-17F mit ca. 526 kW (715 PS).
Leistungen: Höchstgeschwindigkeit 177 km/h in 3000 m Höhe, Steigzeit auf 3000 m ca. 43 min, Dienstgipfelhöhe 3800 m, Reichweite ca. 1350 km.
Gewichte: Leergewicht 10 976 kg, Abfluggewicht 17 200 kg, maximales Abfluggewicht 19 300 kg.
Bewaffnung: Je nach Variante sechs bis acht Maschinengewehre und bis zu 5000 kg Bomben.

Tupolew SB-2

Ursprungsland
Sowjetunion
Kategorie
Mittelschwerer Bomber

Entwicklung: Die Entwicklung des Flugzeuges begann 1933 unter dem Kürzel ANT-40. Der erste Prototyp flog im Oktober 1934. Die Serienflugzeuge wurden mit einem stärkeren M-103-Klimov-Motor, einem Lizenzbau von Hispano-Suiza, gebaut. Die Ganzmetall-Konstruktion mit Einziehfahrwerk und geschlossenem Cockpit war zu Beginn der 1930er-Jahre einer der modernsten und schnellsten Bomber in der Sowjetunion, bei dem zum ersten Mal das aerodynamisch wesentlich vorteilhaftere Glatt- statt Wellblech verarbeitet wurde. Neben der Grundversion gab es Varianten mit unterschiedlichen Motorisierungen, einen Sturzkampfbomber AR-2 mit Sturzflugbremsen und geringerer Flügelfläche, eine zivile Passagierausführung der Aeroflot für fünf Passagiere (PS-40) und eine Schul- und Trainerversion mit verlängertem Bug für den Fluglehrer.

Insgesamt wurden 6656 SB-2 hergestellt. Die Tschechoslowakei baute unter der Bezeichnung Avia B-71 111 Flugzeuge in Lizenz.

Eine der Tupolew PS-40 als Post- und Verkehrsflugzeug für fünf Passagiere der Aeroflot um 1937, noch mit US-amerikanischen Sternmotoren Wright Cyclone mit je 700 PS.

Bemerkungen: Während des Spanischen Bürgerkriegs von 1936 bis 1939 sind 210 SB-2 an Spanien geliefert worden, wo sich der zeitweise von russischen Piloten geflogene Bomber zwar bewährte, jedoch für die damals neuen Bf 109 leichte Beute war. Im Japanisch-Chinesischen Krieg 1937 wurden die Bomber von China erfolgreicher eingesetzt, verloren aber trotz Weiterentwicklungen mit Beginn des Zweiten Weltkrieges ihren technologischen Vorsprung. Obwohl der Bomber gegen deutsche Jagdflugzeuge chancenlos war, blieb sie noch bis 1943 unter hohen Verlusten im frontnahen Einsatz. Auch im Sowjetisch-Finnischen Winterkrieg musste die SB-2 schwere Verluste hinnehmen und etliche Beuteflugzeuge, auch sechzehn von den Deutschen an Finnland (Bild oben) weitergegebene SB-2, wurden wiederum von Finnland gegen die Sowjetunion eingesetzt. Aus der ersten Reihe zurückgezogen, wurde die Maschine noch als Trainings-, Versorgungs- und Verbindungsflugzeug genutzt.

Ein letztes wieder aufgebautes Flugzeug steht im Museum der Luftstreitkräfte in Monino bei Moskau/Russland.

Besatzung: 3
Triebwerke: Zwei flüssigkeitsgekühlte V12-Zylinder-Motoren Klimow M-103 mit 745 kW (1000 PS) Startleistung und 715 kW (960 PS) Reiseleistung.
Leistungen: Höchstgeschwindigkeit 450 km/h in 4000 m Höhe, Dienstgipfelhöhe 7800 m, Max. Reichweite ca. 2300 km.
Gewichte: Leergewicht 4768 kg, maximales Abfluggewicht 7880 kg.
Bewaffnung: Je nach Einsatzzweck sechs MGs und 600 kg Bomben.

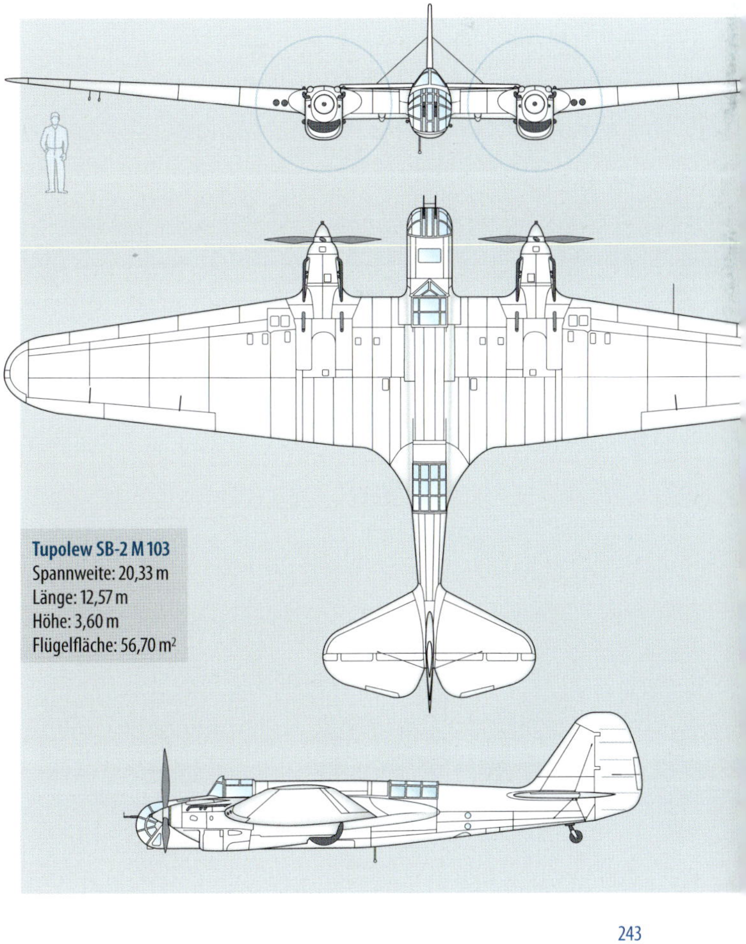

Tupolew SB-2 M 103
Spannweite: 20,33 m
Länge: 12,57 m
Höhe: 3,60 m
Flügelfläche: 56,70 m²

Tupolew TU-2

Ursprungsland
Sowjetunion
Kategorie
Mittelschwerer Bomber

Entwicklung: Die TU-2 sollte als leistungsfähigeres Nachfolgemuster der SB-2 und als Sturz- und Horizontalbomber sowie Aufklärer eingesetzt werden. Der Prototyp startete im Januar 1941. Die Serienproduktion lief im November 1942 aufgrund der komplizierten Ganzmetallbauweise und der kriegsbedingten Aluminiumknappheit in der Sowjetunion nur langsam an. Eine Umkonstruktion, um eine einfachere Massenproduktion zu ermöglichen, führte zur TU-2 S (Abb. oben), die im August 1943 erstmals flog. Bis zum Produktionsende wurden zahlreiche Untervarianten wie z. B. der Torpedobomber TU-2 T, der Langstreckenbomber TU-2 D mit größerer Spannweite, der Aufklärer TU-2 F/R, ein Transporter TU-2 G etc., die sich vor allem in unterschiedlichen Motorisierungen, Bewaffnungen und den Verwendungszwecken angepassten Ausrüstungen unterschieden.

1948 endete nach 2527 (2550, je nach Quelle) produzierten Flugzeugen die Herstellung.

Bemerkungen: Die TU-2 gehörte bis 1945 zu den leistungsstärksten und modernsten Flugzeuge ihrer Klasse und war mit der Junkers Ju 88 gleichzusetzen. Das Flugzeug war schnell, gut manövrierbar, relativ beschussresistent und bei seinen Piloten beliebt. Es spielte eine wichtige Schlüsselrolle neben der Petlyakov Pe-2 (S. 232) im sowjetischen Kampfgeschehen in den letzten beiden Kriegsjahren und blieb bis in die 1950er-Jahre im Einsatz, um schließlich von moderneren zweistrahligen Düsenflugzeugen abgelöst zu werden.

Nach dem Zweiten Weltkrieg wurden vor allem Verbündete der Sowjetunion wie Bulgarien, China, Ungarn, Polen, Nordkorea, Rumänien und Indonesien mit der TU-2 beliefert.

Erhalten gebliebene Flugzeuge kann man in Museen in Bulgarien, China, Nordkorea und der Sowjetunion finden. Eine TU-2 S steht z. B. im Armeemuseum in Warschau / Polen.

Eine TU-2 fliegt im Juni 1945 anlässlich einer Übung zur Siegesparade über Moskau.

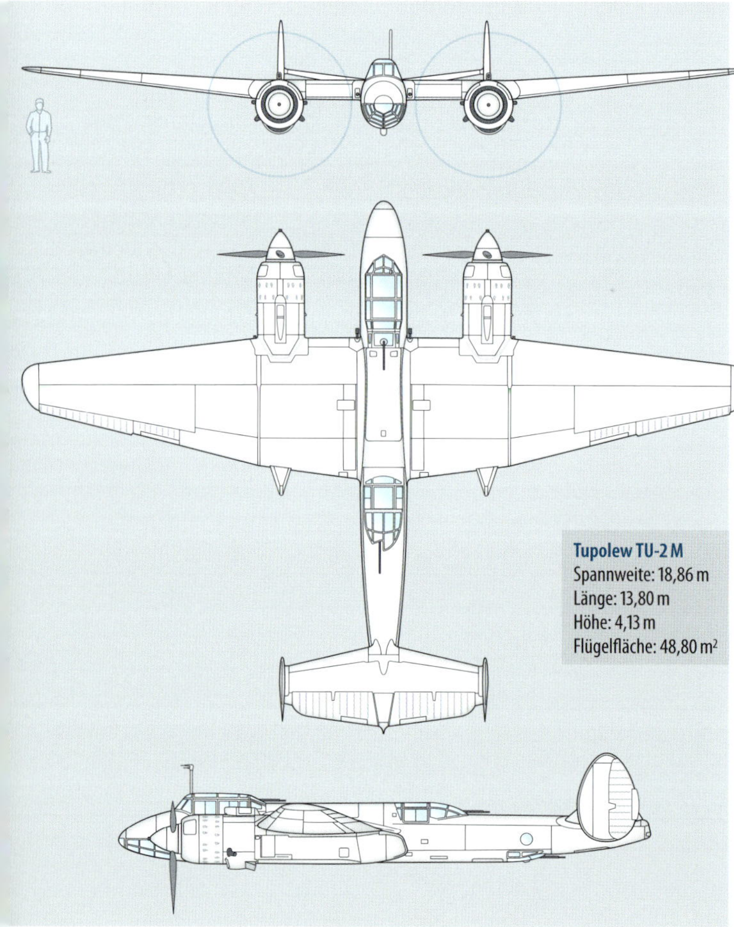

Tupolew TU-2 M
Spannweite: 18,86 m
Länge: 13,80 m
Höhe: 4,13 m
Flügelfläche: 48,80 m²

Besatzung: 4
Triebwerke: (TU-2 M) Zwei luftgekühlte 14-Zylinder-Doppelsternmotoren Schwezow ASch-82 mit 1380 kW (1875 PS) Startleistung.
Leistungen: (TU-2 M) Höchstgeschwindigkeit 550 km/h in 5700 m Höhe, Steiggeschwindigkeit 8,2 m/sec, Dienstgipfelhöhe 9500 m, maximale Reichweite ca. 2020 km.
Gewichte: (TU-2 M) Leergewicht 7601 kg, maximales Abfluggewicht 10 538 kg.
Bewaffnung: (TU 2 M) Zwei MGs im Flügel, drei MGs nach hinten im Cockpit, im oberen Heckstand und in der Bodenwanne. Bomben intern 1500 kg und 2270 kg an Flügelstationen.

Avia B-534

Entwicklung: Der Doppeldecker war der Nachfolger der B-34, der weiterentwickelt und durch den Einbau eines Hispano-Suiza-Motors zur B-534 wurde. Gebaut wurde der Rumpf aus einer bis zum Cockpit mit Elektronblech-verkleideten Stahlrohrkonstruktion. Das Heck war stoffbespannt, während die verstrebten Flügel aus stoffbespanntem Stahlrohr konstruiert waren. Erstflug war im Mai 1933, die ersten Maschinen wurden im Herbst 1935 ausgeliefert. Von der B-534 Serie 1 mit offenem Cockpit, die je zwei MGs im Rumpf und in den Tragflächen hatte, wurden 100 Stück produziert. Die Serie 2 (46 St.) bekam in seitlichen Rumpfbeulen integrierte MGs und Flügelstationen für leichte Bomben. Serie 3 stattete man mit Radverkleidungen aus und der Lufteinlass wurde unter den Rumpf verlegt. Erst Serie 4 (große Abb./Zeichnung), mit 271 Flugzeuge die Hauptserie, bekam ein geschlossenes Cockpit. Eine Bn-Version wurde als Nachtjäger gebaut und die Bk-Version hatte einen 625 kW (860 PS) Avia 12-Ycrs-Motor und eine Maschinenkanone über dem Motor. Nur geringe Geschwindigkeitssteigerungen brachten aerodynamische Feinarbeiten an der 1935 entstandenen B-634, die deshalb nicht über das Prototypenstadium hinauskam.

Insgesamt rollten bis 1939 566 B-534 bei Avia aus den Werkshallen.

Der unverkleidete Vorderrumpf einer B-534 der ersten Version noch ohne geschlossenes Cockpit.

Besatzung: 1
Triebwerk: (Serie 4) Ein flüssigkeitsgekühlter V12-Zylinder-Motor Avia 12 Ydrs (Lizenzbau von Hispano-Suiza) mit 623 kW (836 PS) Startleistung.
Leistungen: (Serie 4) Höchstgeschwindigkeit 405 km/h in 4400 m Höhe, Reisegeschwindigkeit 345 km/h, Dienstgipfelhöhe 10 600 m, Reichweite 600 km.
Gewichte: (Serie 4) Leergewicht 1460 kg, Abfluggewicht 2120 kg.
Bewaffnung: (Serie 4) Je zwei starre MGs an den Rumpfseiten. Sechs 20 kg-Bomben an Flügelstationen.

Bemerkungen: In den 1930er-Jahren das Standardjagdflugzeug der Tschechoslowakei, war der zu seiner Zeit konkurrenzfähige Doppeldecker einer der letzten seiner Art, bevor modernere und leistungsfähigere Tiefdecker aufkamen. Wendig und gut zu fliegen war die B-534 auch für Feldflugplätze geeignet. Nach der Besetzung der Tschechoslowakei im März 1939 wurde das Flugzeug gegen Ungarn und beim Einmarsch in die Sowjetunion 1941 eingesetzt. Mitte 1942 von der Front zurückgezogen, wurden sie zu Schulflugzeugen, Trainern, Schleppflugzeugen und Zielschleppern der deutschen Luftwaffe umgerüstet.

Ein aus Fragmenten zusammengesetztes Flugzeug steht im Museum Prag-Kbely/Tschechien.

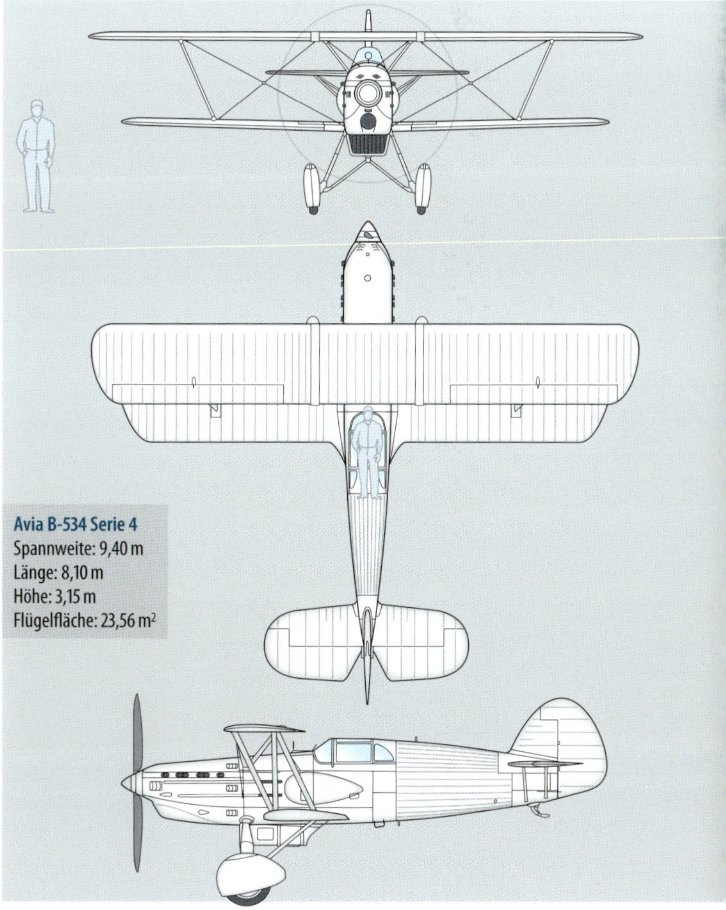

Avia B-534 Serie 4
Spannweite: 9,40 m
Länge: 8,10 m
Höhe: 3,15 m
Flügelfläche: 23,56 m²

Ursprungsland
Tschechoslowakei
Kategorie
Jagdflugzeug

Aeronca L-3 / O-58

Ursprungsland
USA
Kategorie
Beobachtungs- und Verbindungsflugzeug

Entwicklung: Auf der Suche nach einem Verbindungs- und Beobachtungsflugzeug bestellte 1941 das United States Army Air Corps, der Vorläufer der USAF, neben Flugzeugen von Piper und Taylorcraft auch vier Aeronca 65 unter der Bezeichnung O-58, um ihre Brauchbarkeit für den militärischen Einsatz zu prüfen. Die O-58 (1942 in L-3 umbenannt) hatte einen vorne beplankten und hinten bespannten Rumpf aus geschweißten Stahlrohren und bespannte Tragflächen aus Fichte und Leichtmetall. Die ersten L-3 wurden noch überwiegend als Trainer verwendet. Mit der L-3 A, von der man 20 produzierte, wurde ein breiterer Rumpf und großzügigere Fenster eingeführt. Mit 875 Flugzeugen erreichte die nochmals modifizierte und mit einer Funkausrüstung ausgestattete L-3 B die größte Stückzahl. Von der L-3 C verließen 490 Stück als reiner Trainer ohne Funk die Werkshallen. Als einfache technische Lösung, basierend auf der L 3, wurden unter Verwendung des hinteren Rumpfes, des Leitwerks und des Flügels 250 dreisitzige Segelflugzeuge TG-3 (Abb. unten) zur Schulung von Lastensegler-Crews produziert.

Insgesamt sind circa 1430 L-3 aller Varianten hergestellt worden.

Bemerkungen: Als Nahaufklärer und Artillerie-Einweiser für Bodentruppen war die langsame L-3 mit ihren großen Fenstern das ideale Flugzeug.

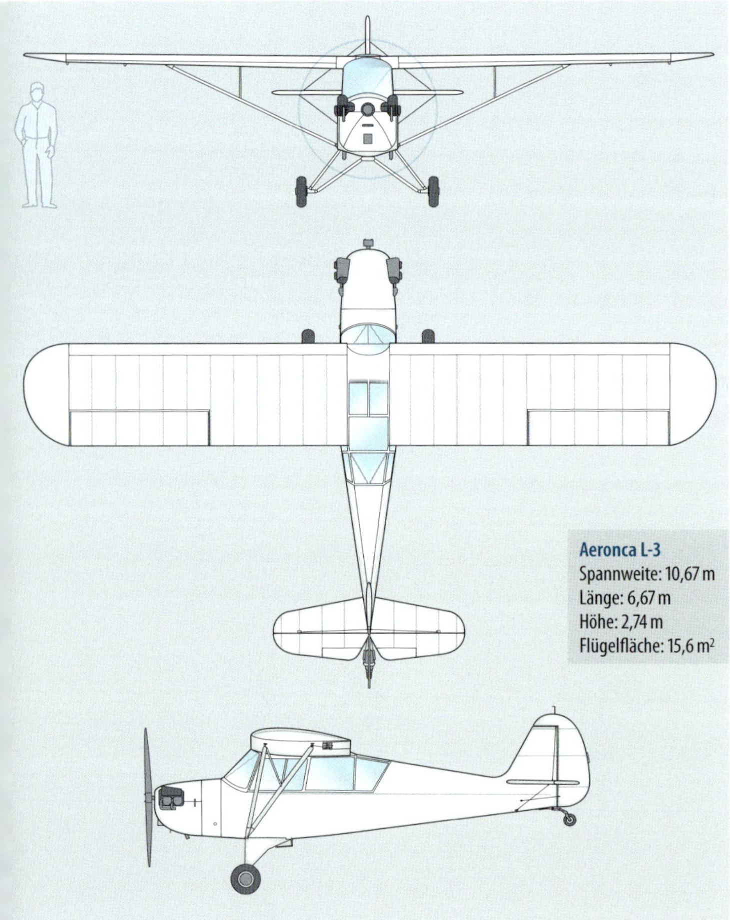

Aeronca L-3
Spannweite: 10,67 m
Länge: 6,67 m
Höhe: 2,74 m
Flügelfläche: 15,6 m²

Von der O-58 gab es auch, ähnlich der Taylorcraft TG-6 (S. 323), eine dreisitzige Schulgleiter-Version TG-3.

Sie konnte dank ihrer STOL-Fähigkeiten auf vorgeschobenen, unpräparierten und kurzen Flugfeldern eingesetzt werden und ihre einfache Konstruktion ließ sogar Reparaturen vor Ort zu. Auch für Kurier-, Verbindungs- und leichte Transportaufgaben wurde die L-3 herangezogen. Weltweit eingesetzt, war sie auf fast allen Kriegsschauplätzen zu finden. Einfach zu fliegen und mit angenehmen Flugeigenschaften taugte sie zudem zur Anfängerschulung. Den Spitznamen „Grasshopper" (Grashüpfer) bekam das Flugzeug von einem General, der das Flugzeug beim Starten und Landen beobachtete.

Neben zivil zugelassenen findet man einige L-3 in US-Museen, z. B. im National Museum of the United States Air Force, Dayton, USA.

Besatzung: 2
Triebwerk: Ein luftgekühlter 4-Zylinder-Boxermotor Continental O-170-3 oder Continental A-65 mit 48 kW (65 PS).
Leistungen: Höchstgeschwindigkeit 139 km/h, Reisegeschwindigkeit 126 km/h, Dienstgipfelhöhe 3050 m, Reichweite 350 km.
Gewichte: Leergewicht 379 kg, Abfluggewicht 572 kg.

Beechcraft UC-43

Ursprungsland
USA
Kategorie
Verbindungs- und Kurierflugzeug

Entwicklung: Mit dem Beech Model 17 entwickelten die Konstrukteure Beech und Wells in den 1930er-Jahren zur Zeit der Wirtschaftskrise ein schnelles Geschäftsreiseflugzeug, das erstmals im November 1932 flog. Der in Gemischtbauweise produzierte Doppeldecker mit Einziehfahrwerk und hatte einen aufwendig herzustellenden beplankten und bespannten Stahlrohrrumpf, sowie bespannte Holzflügel. Aerodynamisch gut ausgearbeitet, ergab die leichte Bauweise und der leistungsfähige Sternmotor excellente Flugleistungen. Weil der untere Flügel versetzt (stagger) vor dem oberen liegt, um einen gemeinsamen Strömungsabriss zu verhindern, nannte man das Flugzeug auch Staggerwing. Mitte der 1930er-Jahre wurde das Design überarbeitet. Die D 17 bekam einen längeren Rumpf, die Querruder wurden nach oben verlegt. Die militärische UC-43 war eine nur wenig veränderte D-17 und wurde bereits 1938 nach kurzen Tests als Verbindungsflugzeug von einigen US-Regierungsvertretern in Europa genutzt. 1942 orderte die USAAF schließlich 270 UC-43. Auch von der US Navy wurden die Doppeldecker unter der Bezeichnung GB-1 und GB-2 eingesetzt.

Nach Erscheinen der Beechcraft Bonanza endete 1948 die Produktion mit dem zivilen Model D 17 S. Insgesamt rollten 785 Staggerwings aller Varianten aus den Produktionsstätten.

Die aufwendige Gemischtbauweise mit einem geschweißten Stahlrohrrumpf erforderte viel zeitraubende Handarbeit.

Besatzung: 1
Triebwerk: (UC-43) Ein luftgekühlter 9-Zylinder-Sternmotor Pratt & Whitney R-985 Wasp-Junior SB mit 335 kW (450 PS).
Leistungen: (UC-43) Höchstgeschwindigkeit 325 km/h, Reisegeschwindigkeit 290 km/h, Dienstgipfelhöhe ca. 6500 m, Reichweite ca. 1650 km.
Gewichte: Leergewicht 1167 kg, maximales Abfluggewicht 1930 kg.

Bemerkungen: Mit der Staggerwing entwarf Beech ein anfangs schwer verkäufliches, aber exklusives, leistungsfähiges und teures Flugzeug. Neben den erworbenen UCF-43 wurden während des Krieges auch von Privatleuten eingezogene, gekaufte oder gemietete Flugzeuge vom Militär genutzt. Großbritannien flog 106 geleaste UC-43 als Traveller. Eine kleinere Anzahl wurde schon im Spanischen Bürgerkrieg als Behelfsbomber eingesetzt und in China als Ambulanzflugzeug.

In den USA sind neben vielen flugfähigen in fast allen Luftfahrtmuseen Staggerwings zu finden. Eine fliegt aber auch bei der Fighter Collection in Duxford, UK.

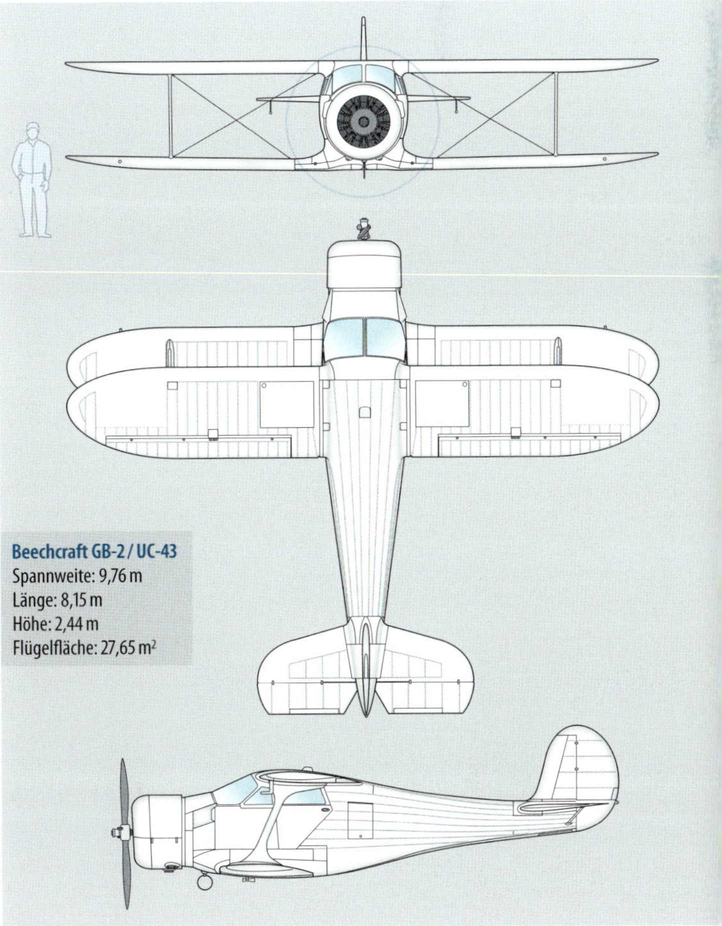

Beechcraft GB-2 / UC-43
Spannweite: 9,76 m
Länge: 8,15 m
Höhe: 2,44 m
Flügelfläche: 27,65 m²

Beechcraft AT-10 Wichita

Ursprungsland
USA
Kategorie
Schulflugzeug

Entwicklung: In den frühen 1940er-Jahren begann bei Beechcraft die Entwicklung einer kleinen Zweimot, dem Model 25, das im Mai 1941 bei einem Bewertungsflug der USAAC zerstört wurde. Das darauf basierende, aber verbesserte Model 26 flog bereits im Juli 1941 und wurde von der USAAF rasch zur Produktion freigegeben, so dass bereits im Februar 1942 die ersten, dringend benötigten, von der USAAF AT-10 bezeichneten Flugzeuge ausgeliefert werden konnten. Die Serienfertigung lief rasch hoch und Ende 1942 waren es schon rund 750. Der wegen befürchteter Rohstoffknappheit komplett aus nichtstrategischen Rohstoffen, sprich Holz, gebaute Tiefdecker hatte sogar mit Neopren ausgekleidete Tanks aus Holz(!). Über 85 % der Holzteile wurden bei Subunternehmern, wie z. B. Schreinereien, produziert. Lediglich das Cockpit und die beiden kompletten Antriebseinheiten bestanden aus Metall. Die Endmontage fand bei Beechcraft statt. Den beiden nebeneinander sitzenden Bestzungsmitgliedern stand neben einem Doppelsteuer auch eine komplette Blindfluginstrumentierung und ein Autopilot zur Verfügung.

Bei Beechcraft endete nach 1771 AT-10 im September 1943 die Produktion, während Globe Aircraft noch bis 1944 weitere 600 im Unterauftrag produzierte.

Bemerkungen: Mit der AT-10 Wichita hatte die USAAF anfang 1942 ein ideales Schulflugzeug für den schnell wachsenden Bedarf an Besatzungen für komplexere, mehrmotorige Transportflugzeuge und Bomber. Mehr als die Hälfte aller US-Bomber- und Transportpiloten wurden auf diesem Muster in mehrwöchigen Kursen umgeschult. Vor allem auf Flugplätzen, die im Süden und Südwesten der USA verstreut waren, wo gute Wetterbedingungen ein fast ununterbrochenes Flugtraining erlaubte. Mit ihren, im Vergleich zu anderen Flugzeugen, sehr guten Flugleistungen war die Zweimot auch ein relativ einfach zu fliegendes Flugzeug und bei ihren Besatzungen beliebt.

Soweit bekannt, existiert noch ein Flugzeug im National Museum of the United States Air Force in Dayton, USA und eines wird vom Cadet Air Corps Museum, Kansas City, USA flugfähig restauriert.

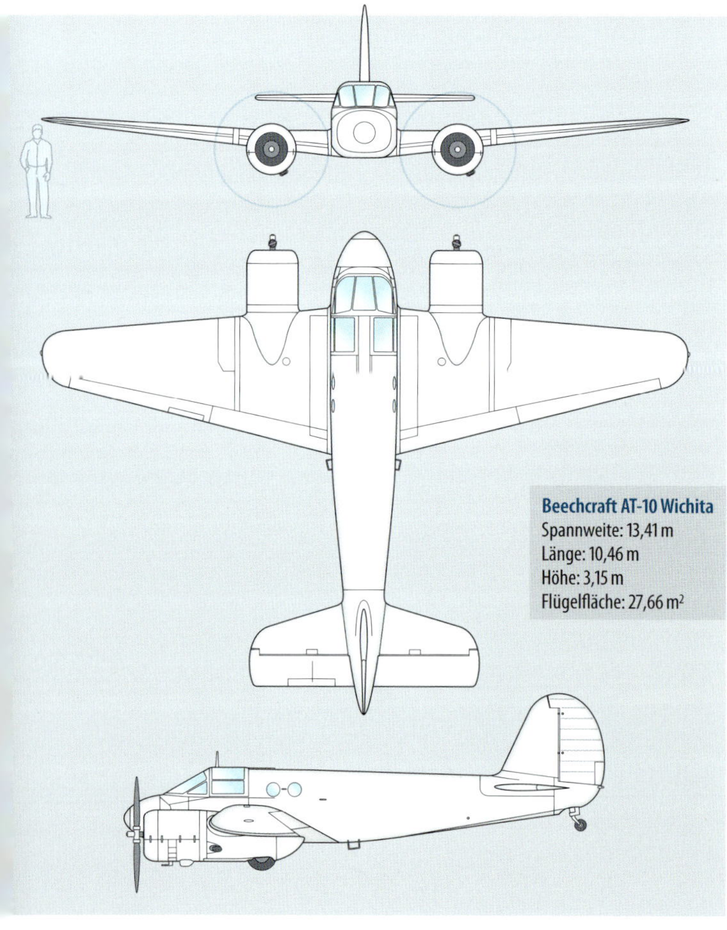

Beechcraft AT-10 Wichita
Spannweite: 13,41 m
Länge: 10,46 m
Höhe: 3,15 m
Flügelfläche: 27,66 m²

AT-10 GF nannte man die 600 von Globe Aircraft gebauten Wichitas.

Besatzung: 2
Triebwerke: Zwei luftgekühlte 9-Zylinder-Sternmotoren Lycoming R-680-9 mit je 220 kW (295 PS).
Leistungen: Höchstgeschwindigkeit 317 km/h in 1500 m Höhe, Reisegeschwindigkeit 295 km/h, Dienstgipfelhöhe ca. 5150 m, Reichweite ca. 1420 km.
Gewichte: Leergewicht 2194 kg, maximales Abfluggewicht 2761 kg.

Beechcraft C-45 Expeditor

Ursprungsland
USA
Kategorie
Mehrzweckflugzeug

Entwicklung: Ende der 1930er Jahre war der Bedarf für ein zweimotoriges Flugzeug der Anlass für Beechcraft das Model 18, das auch militärisch nutzbar sein sollte, zu entwickeln. Der in Ganzmetall-Schalenbauweise hergestellte Tiefdecker flog erstmals im Januar 1937. Anfangs mit 330 PS-Jacobs- bzw. 350 PS-Wright-Motoren ausgestattet, wurde schließlich der P & W Wasp Junior der Standardantrieb. Bis Kriegsbeginn waren nur 39 Stück verkauft, davon 29 an zivile Abnehmer. Dann begann Beechcraft militärisch nutzbare Versionen zu entwickeln: die AT-7 / AT-11 als Armeeversion, die SNB für die Navy und später die C-45 Expeditor (Abb. oben) als Transporter. Eingesetzt wurde die in über 30 Versionen gebaute Zweimot für alle erdenklichen Aufgaben: Zur Ausbildung von Piloten, Navigatoren und Bombenschützen, als Transporter für bis zu 8 Passagiere, Fotoaufklärer als F-2, Ambulanzflugzeug usw., von China auch als leichter Bomber. Unter dem Lend-Lease Act erhielt die RCAF und RAF 236 Expeditor und 67 die Fleet Air Arm.

Von 1937 bis 1970 liefen mehr als 9000 Flugzeuge vom Band. Davon wurden 5230 an die USAAF geliefert.

Bemerkungen: Mit dem Modell 18 schuf Beechcraft ein echtes Mehrzweckflugzeug. Während des Zweiten Weltkrieges wurden ca. 90 % aller Navigatoren und Bombenschützen der USAAF auf der AT-7/AT-11 ausgebildet. Die USAF flog sie bis 1963, die Navy bis 1972 und die Army sogar bis 1976. Das robuste Flugzeug wurde in über 30 Staaten eingesetzt.

Nach 1945 überholte Beechcraft etwa 2200 Zweimots, brachte die Zellen auf null Stunden und zivile Standards und veräußerte sie wieder. Auch andere US-Firmen nahmen sich der Zweimots an und modifizierten neben der Zelle (z. B. mit Bugfahrwerk), auch den Antrieb (sogar als Turboprop mit je 750 PS). So entstanden neben Geschäftsreiseflugzeugen Spray-, Feuerlösch-, Post-, Ambulanz- und Frachtflugzeuge.

Neben zahllosen Museumsexemplaren sind, hauptsächlich in den USA, noch zahlreiche in flugfähigem Zustand.

Mit einem gläsernen Bug, einem Bombenschacht und 2 Maschinenkanonen sind 1582 AT-11 Kansan der USAAF für das Bomben- und Bordschützen-Training gebaut worden.

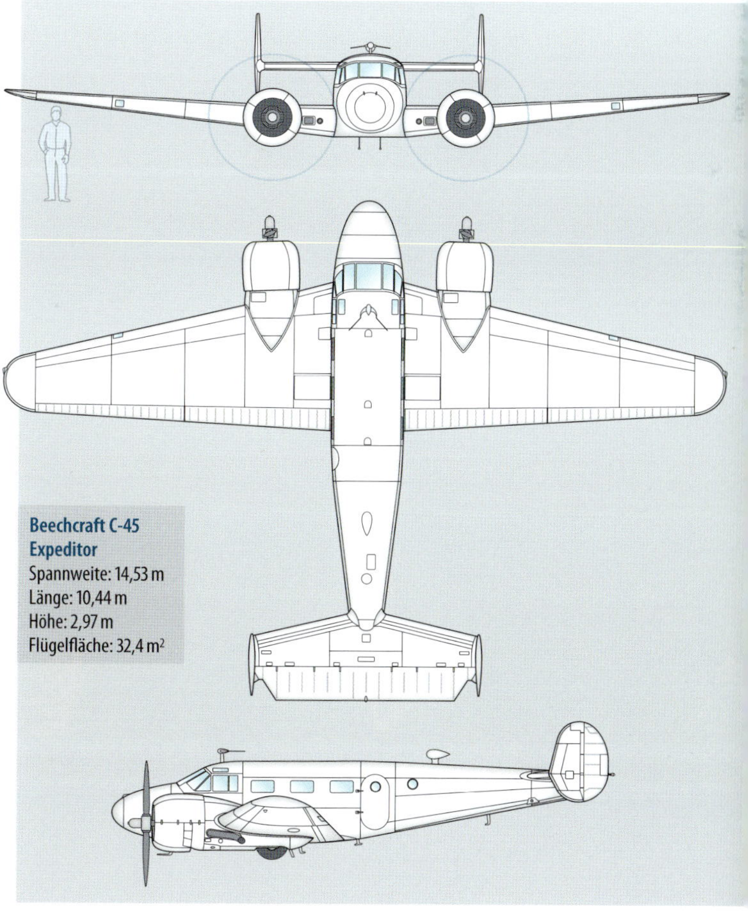

Beechcraft C-45 Expeditor
Spannweite: 14,53 m
Länge: 10,44 m
Höhe: 2,97 m
Flügelfläche: 32,4 m²

Besatzung: 2
Triebwerke: (UC-45) Zwei luftgekühlte 9-Zylinder-Sternmotoren Pratt & Whitney R-985-AN1 Wasp Junior mit je 335 kW (450 PS).
Leistungen: (UC-45) Höchstgeschwindigkeit 362 km/h, Reisegeschwindigkeit 277 km/h, Dienstgipfelhöhe ca. 7900 m, Reichweite ca. 1900 km..
Gewichte: (UC-45) Leergewicht 2458 kg, Abfluggewicht 3402 kg.

Bell P-39 Airacobra

Ursprungsland
USA
Kategorie
Jagdflugzeug, Jagdbomber

Entwicklung: Als im März 1937 die USAAC eine Ausschreibung für ein Jagdflugzeug mit hoher Manövrierbarkeit und starker Bewaffnung herausgab, reagierte Bell mit dem Model 4, deren Prototyp als XP-39 in Bau ging. Der Ganzmetall-Tiefdecker hatte den Motor hinter dem über eine Tür(!) zugänglichen Cockpit, um Platz für die Bewaffnung und das damals unübliche Bugfahrwerk zu schaffen. Über eine Fernwelle wurde der Propeller angetrieben. Erstflug war im April 1939. Nach einigen von der NACA gewünschten Änderungen (z. B. den Verzicht auf einen Turbolader), wurden im August 1939 die ersten 80 P-39 beauftragt. Mit 4905 gebauten Airacobras erreichte die Q-Version die größte Stückzahl unter den zahllosen Varianten. Ein Großteil der N- und Q-Versionen (4924 St.) nahm die Sowjetunion unter Lend-Lease-Verträgen ab. 675 Airacobras wurden 1941 von der RAF bestellt, die aber mangels Höhenleistung, wegen des fehlenden Turboladers, nicht zufriedenstellten und an die USA zurück- oder an die Sowjetunion und Australien weitergegeben wurden.

Bis August 1944 rollten 9588 P-39 aus den Werkshallen von Bell.

Bemerkungen: Die Airacobra wurde von den USA hauptsächlich im Pazifikraum und in geringerer Zahl auch im Mittelmeerraum geflogen, bewährte sich dort aber nicht als Jagdflugzeug, sondern eher als Erdkampfflugzeug. In der Sowjetunion dagegen wurde die zum Teil modifizierten Cobras erfolgreich vor allem in niedrigeren Höhen als Jagdflugzeug eingesetzt. Geschätzt wurde dort die P-39 auch wegen der Bauqualität, des Schutzes durch den hinten liegenden Motor, der guten Sicht und der Robustheit der Zelle bei Beschuss.

Es sind rund 20 Airacobras in verschiedenen Zuständen erhalten geblieben. Eine steht im Yanks Air Museum in Chino, USA.

Ein Prototyp blieb die Bell XFL-1 Airabonita, eine P-39 mit Heckfahrwerk und Fanghaken für den Trägereinsatz, die Mai 1940 erstmals flog. Das Flugzeug konnte wegen Problemen mit dem Hauptfahrwerk nicht für Carriereinsätze zertifiziert werden und erreichte auch nicht die Leistungen z. B. einer F4F Wildcat oder F4U Corsair.

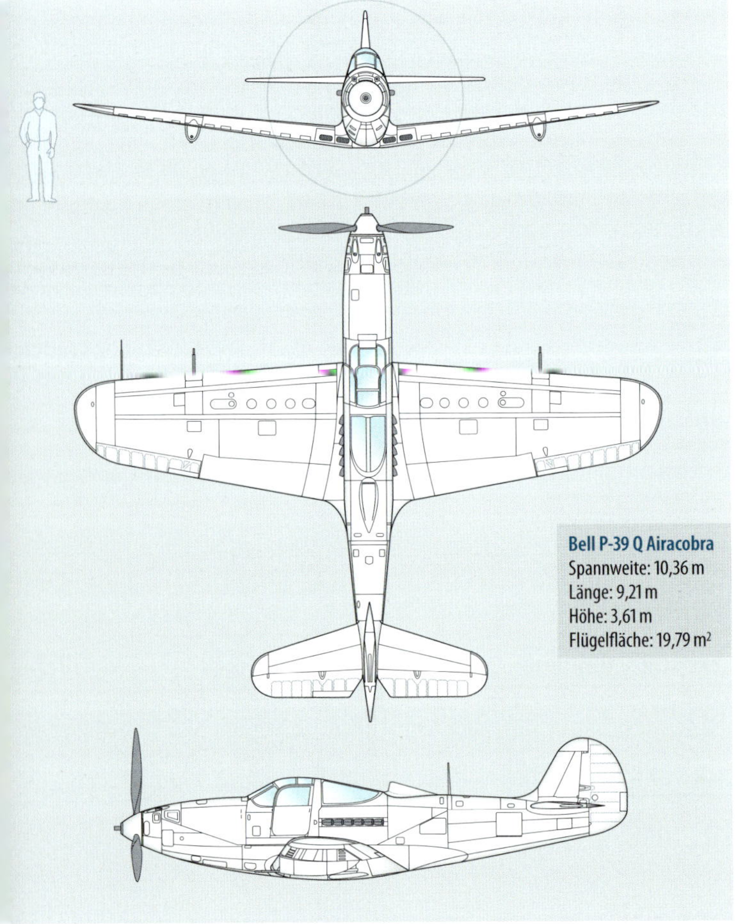

Besatzung: 1
Triebwerk: (Q) Ein flüssigkeitsgekühlter V 12-Zylindermotor Allison V-1710-85 mit 895 kW (1200 PS).
Leistungen: (Q) Höchstgeschwindigkeit 605 km/h in 4500 m Höhe, Reisegeschwindigkeit ca. 400 km/h, Steigzeit auf 6000 m 8 min 30 sec, Dienstgipfelhöhe 10 600 m, Reichweite ca. 850 km, mit einem Droptank ca. 2000 km.
Gewichte: (Q) Leergewicht 2956 kg, maximales Abfluggewicht 3810 kg.
Bewaffnung: (Q) Eine Maschinenkanone durch die Propellernabe, zwei MGs über dem Motor, je ein MG in den Flügeln. Maximal 230 kg Bomben extern.

Bell P-63 Kingcobra

Ursprungsland
USA
Kategorie
Jagdflugzeug

Entwicklung: Obwohl die USAAF mit der P-39 unzufrieden war, zeigte sie Interesse an einer weiterentwickelten Version und bestellte bereits im Juni 1941 drei Prototypen XP-39 E, die sich im Flügel- und Leitwerksdesign unterschieden, die aber leistungsmäßig nicht überzeugten. Dennoch war die USAAF weiter an einem Flugzeug im selben Grundlayout interessiert und bestellte drei Prototypen XP-63. Erstflug war im Dezember 1942. Der Ganzmetalltiefdecker war eine größere, neu konstruierte P-39, auch hier mit dem Triebwerk hinter dem Cockpit, einer Fernwelle zum Vierblatt-Propeller und einem neuen laminarprofilierten Flügel. Die ersten von 1725 Flugzeugen P-63 A, wurden ab Oktober 1943 ausgeliefert. Von der zweiten Großserie P-63 C produzierte Bell 1227 Maschinen, die einen um 25 cm gekürzten Flügel und einen stärkeren V12-Allison (mit Wassereinspritzung bis zu 1800 PS) hatten. Zwei Flugzeuge (L-39) wurden mit gepfeilten Hochgeschwindigkeits-Flügeln für Tests umgebaut.

Der größte Teil (2397, andere Quellen sprechen von2672) der insgesamt 3303 gebauten Kingcobras wurde im Rahmen des Lend-Lease Acts an die Sowjetunion geliefert, was diesem Land nach ausgiebigen eigenen Tests, auch von einem russischen Testpiloten und Ingenieur bei Bell in den USA, einen bedeutenden Einfluss auf die Konstruktion ermöglichte. 114 P-63 wurden 1945 an Frankreich geliefert, die zwar in Indochina zum Kriegseinsatz kamen, aber 1951 durch Bearcats ersetzt wurden.

Bemerkungen: Die P-63 war ihrem Vorgänger P-39 in nahezu allen Belangen überlegen. Da sie jedoch der Mustang unterlegen war, bestellte die USAAF auch keine größeren Mengen für den Eigenbedarf und nutzte sie nie in Kampfeinsätzen. Etwa 30 unbewaffnete Flugzeuge wurden zur Zieldarstellung verwendet. Der Hauptabnehmer Sowjetunion hatte einen großen Bedarf an modernen Flugzeugen und setzte, die von US-Ferry-Piloten über die Bering-See überführten Maschinen, erfolgreich als Jäger und Jagdbomber im Fernen Osten ein. Ob die P-63 auch gegen deutsche Flugzeuge an der Ostfront eingesetzt wurden, ist bis heute allerdings umstritten. Angeblich hatte die Sowjetunion im Mai 1945 noch 1148 Kingcobras in den Beständen und nutzte sie vermutlich noch bis 1952/53. Sie bekam deshalb von den Nato-Staaten die Codebezeichnung *Fred*.

Vermutlich sind 13 Kingcobras erhalten geblieben, die meisten davon in US-Museen. Eine findet man aber auch im Central Museum of the Great Patriotic War in Moskau.

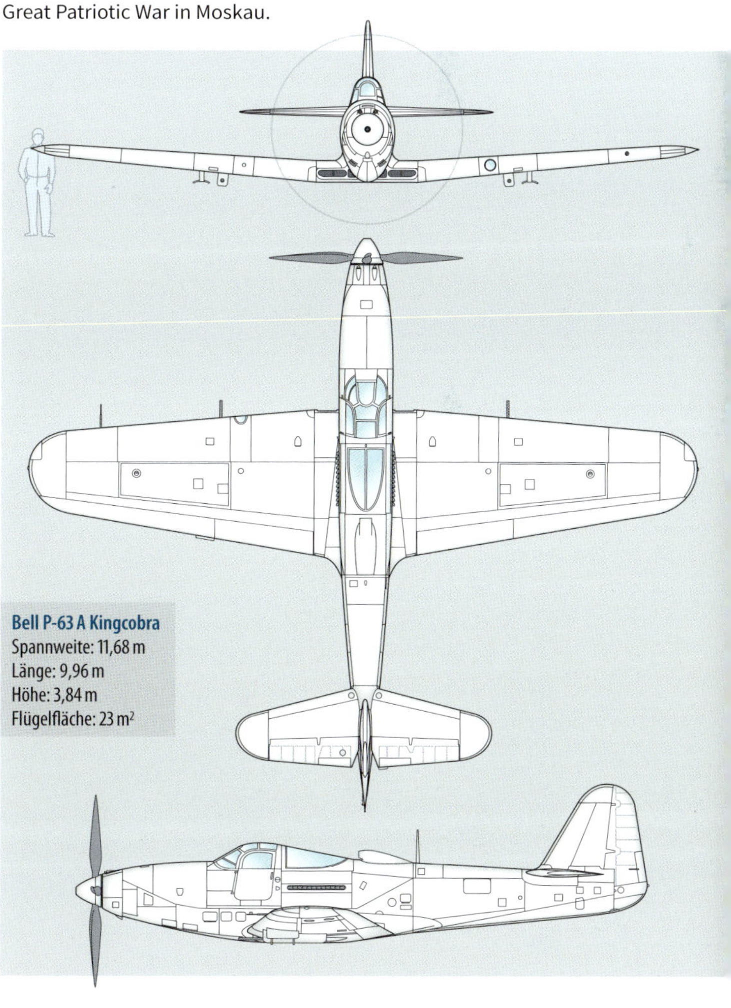

Bell P-63 A Kingcobra
Spannweite: 11,68 m
Länge: 9,96 m
Höhe: 3,84 m
Flügelfläche: 23 m²

Besatzung: 1
Triebwerk: (A) Ein flüssigkeitsgekühlter V12-Zylindermotor Allison V-1710-93 mit 986 kW (1323 PS).
Leistungen: Höchstgeschwindigkeit 660 km/h, Reisegeschwindigkeit ca. 600 km/h, Dienstgipfelhöhe 13 000 m, Reichweite beladen 720 km, Überführungsreichweite maximal 4700 km.
Gewichte: Leergewicht 3084 kg, Abfluggewicht 3992 kg, maximales Abfluggewicht 4853 kg.
Bewaffnung: Eine MK durch die Propellernabe, zwei MGs über dem Motor, je ein MG in den Flügeln. Bis zu 680 kg Bomben extern.

Bell P-59 Airacomet

Ursprungsland
USA
Kategorie
Jagdflugzeug

Entwicklung: Nachdem 1941 die USA von Großbritannien ein komplettes Triebwerk, sowie die Lizenz und Pläne zum Bau des von Whittle konstruierten W2B.23-Triebwerks bekamen, wurde Bell beauftragt, die passende Jagdflugzeugzelle zu konstruieren. Bereits im März 1942 bekam die Firma zudem eine Order über 13 YP-59-Prototypen, obwohl das Flugzeug erst im Oktober 1942 seinen Erstflug absolvierte. Der in Ganzmetallbauweise hergestellte zweistrahlige Mitteldecker mit Druckkabine und Bugradfahrwerk, wurde unter größter Geheimhaltung gebaut und erprobt. Während das Flugzeug am Boden war, wurde es mit einem Holzpropeller „dekoriert" um eventuelle Beobachter in die Irre zu führen. Fünf frühe Airacomets erhielten einen offenen Flugbeobachtersitz vor dem Cockpit. Zwei Airacomets wurden von der Marine getestet aber für den Flugzeugträgereinsatz als vollkommen ungeeignet klassifiziert. Schnell stellte sich auch bei Vergleichsflügen gegen P-47 Thunderbolt und P-38 Lightning heraus, dass die Airacomet mit ihren zu schwachen J-31-Triebwerken nicht mithalten konnte. Im Juni 1943 begannen trotzdem die Lieferungen von 100 bestellten P-59, die aber auf 50 Stück reduziert wurden. Schon nach 20 P-59 A (Abb. oben) wurde auf die P-59 B umgestellt, die sich durch einen größeren Tank auszeichnete. Es wurden zwar 80 Flugzeuge bestellt, aber nur 30 gebaut.

Die erste Airacomet XP-59 A startete auf dem Rogers Dry Lake in Kalifornien im Oktober 1942.

Inklusive der Prototypen und Vorserienmodelle lieferte Bell bis Mai 1945 66 Flugzeuge aus.

Bemerkungen: Die Airacomet war der erste serienmäßig gebaute US-Jet, erreichte aber wegen des aerodynamischen Konzepts und den schwachen Triebwerken nie die Leistungen aktueller Propeller-Jagdflugzeuge oder der deutschen und englischen Strahlflugzeuge. Als Jagdflugzeug ungeeignet, wurde sie nie in Kampfeinsätzen geflogen. Aber als Trainingsflugzeug, um Piloten auf das Handling der zukünftigen, leistungsfähigeren Jets vorzubereiten, war sie durchaus brauchbar.

Sechs P-59 haben in Museen in den USA überlebt. Der Prototyp steht im National Air and Space Museum in Washington, USA.

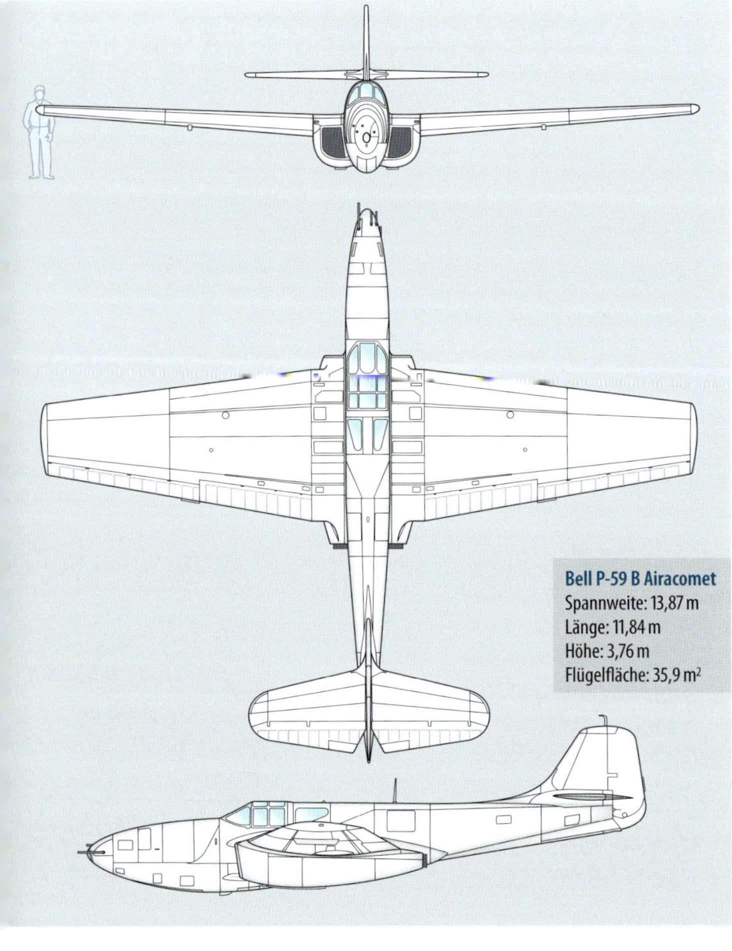

Bell P-59 B Airacomet
Spannweite: 13,87 m
Länge: 11,84 m
Höhe: 3,76 m
Flügelfläche: 35,9 m²

Besatzung: 1
Triebwerke: (B) Zwei Radial-Strahltriebwerke von General Electric J31-GE-5 mit je 6,9 kN Schub.
Leistungen: Höchstgeschwindigkeit 665 km/h, Reisegeschwindigkeit 604 km/h, Dienstgipfelhöhe 14 100 m, Reichweite mit Drop-Tanks 1530 km.
Gewichte: Leergewicht 3704 kg, Abfluggewicht 5008 kg, maximales Abfluggewicht 6214 kg.
Bewaffnung: Eine Maschinenkanone und drei MGs im Bug.

Boeing P-12 / F4B

Ursprungsland
USA
Kategorie
Jagdflugzeug

Entwicklung: Als Ersatz für die Boeing F2B und F3B war das in Eigeninitiative entwickelte Model 83 gedacht, das im Juni 1928 erstmals flog. Der Rumpf wurde als Stahlrohrrahmen teils beplankt und bespannt, die verspannten Flügel waren bespannte Holzkonstruktionen. Es wurden zwei Vorserienmaschinen XF-4B-1 getestet, die sich im Fahrwerk unterschieden. Außerdem verfügte die Navy-Version über einen Fanghaken für Trägerlandungen und die Heeresflieger-Version eine Aufhängung für eine 250 kg-Bombe. Die ersten 27 trägertauglichen Doppeldecker wurden von der Navy als F4B-1 (Abb. unten) bestellt und ab Mai 1929 ausgeliefert. Weitere Baureihen bis zur F4B-4 (Zeichnung) folgten, die sich u. a. durch ein geändertes Fahrwerk und ein größeres Seitenruder unterschieden. Die erste XP-12 der Heeresflieger bekam eine neue Motorverkleidung, geänderte Querruder und Fahrwerk und ging so als P-12 in Serie. Mit einem aerodynamischeren Kühlring wurde die P-12 C ausgestattet, die P-12 E erhielt einen alubeplankten Rumpf und die P-12 F (großes Bild) einen stärkeren P & W SR-1340-Antrieb, und sieben zur P-12 J umgebaute P-12 E noch einen Turbolader.

Eine F4B-1 mit Fanghaken, aber noch unverkleidetem Sternmotor.

Bis 1932 wurden 586 Doppeldecker gebaut. Davon 366 P-12 (Army) und 187 F-4B (Navy), der Rest wurde exportiert oder zivil genutzt.

Bemerkungen: Das von ihren Piloten als wendig, robust und zuverlässig geschätzte Jagdflugzeug war zwischen den beiden Weltkriegen der Standardjäger der USA. Ein Teil der F4B war auf Flugzeugträgern stationiert, die aber um 1937 durch leistungsfähigere Flugzeuge abgelöst wurden. Die P-12 der Army waren unter anderem auf den Philippinen, in der Panama-Kanalzone und auf Hawaii stationiert, sind aber ab 1934 allmählich durch Boeing P-26 ersetzt, aber bis 1941 noch als Traingsflugzeuge geflogen worden.

Acht P-12 existieren noch, davon eine im Planes of Fame Museum, Chino, USA und im Royal Thai Air Force Museum, Bangkok, Thailand.

Besatzung: 1
Triebwerk: (P-12 E) Ein luftgekühlter 9-Zylinder-Sternmotor Pratt & Whitney R-1340-17 Wasp mit 378 kW (507 PS).
Leistungen: (P-12 E) Höchstgeschwindigkeit 304 km/h, Reisegeschwindigkeit 257 km/h, Steigzeit auf 1500 m 2 min 40 sec, Dienstgipfelhöhe ca. 8000 m, Reichweite ca. 680 km.
Gewichte: (P-12 E) Leergewicht 1066 kg, Abfluggewicht 1635 kg.
Bewaffnung: F4B und P-12 ein oder zwei MGs nach vorn feuernd im Rumpf. Die Army-Variante P-12 bis zu 240 kg Bomben extern.

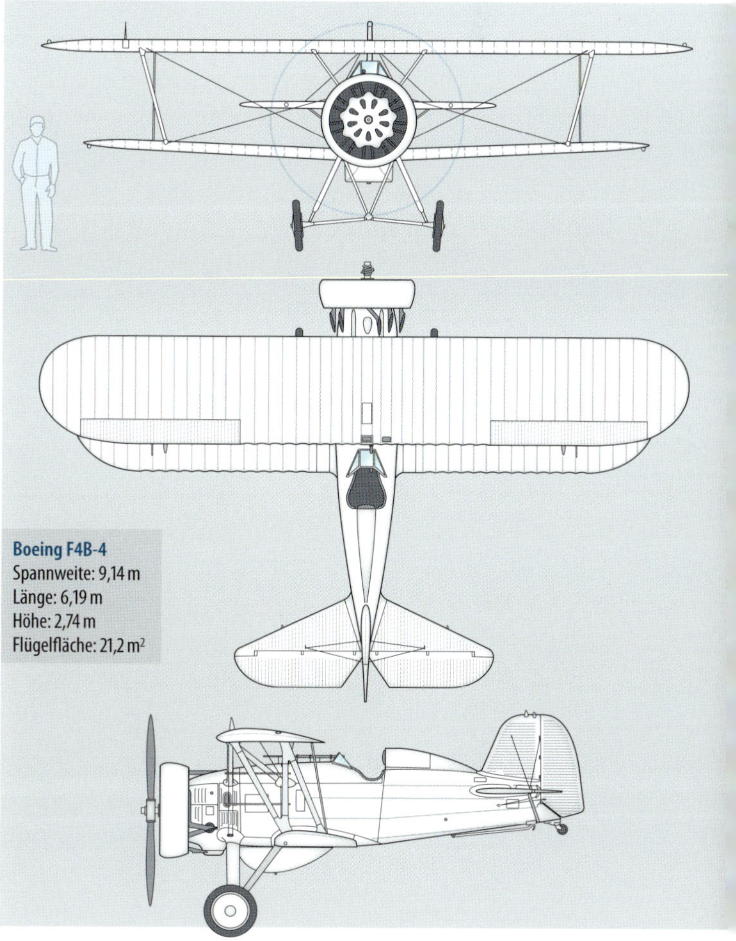

Boeing F4B-4
Spannweite: 9,14 m
Länge: 6,19 m
Höhe: 2,74 m
Flügelfläche: 21,2 m²

Boeing P-26

Ursprungsland
USA
Kategorie
Jagdflugzeug

Entwicklung: Im September 1931 begann Boeing in Zusammenarbeit mit dem USAAC die Entwicklung des Models 248, bei dem etliche Konstruktionsmerkmale des damals aerodynamisch gestalteten Eindeckers Model 221 Monomail übernommen wurden. Im März 1932 startete der Prototyp XP-936 zum Erstflug. Der in Halbschalen-Ganzmetallbauweise produzierte Tiefdecker war trotz seines Stielfahrwerks und der drahtverspannten Tragflächen deutlich leistungsfähiger als die Jagddoppeldecker der 1930er Jahre. Im Dezember 1933 wurden die ersten von 111 P-26 A-Serienflugzeuge ausgeliefert. Wegen der hohen Landegeschwindigkeit rüstete man Spaltklappen nach und im Januar 1935 wurde mit der P-26 B auf den Pratt & Whitney R-1340-33-Einspritzmotor umgestellt, aber nur zwei gebaut. Bei der C-Version, von der 23 Stück gebaut wurden, griff man wieder auf den R-1340-27 Wasp von Pratt & Whitney zurück.

Insgesamt rollten bis 1936 151 P-26 aus den Werkshallen von Boeing. Davon gingen elf Model 281, die Exportversion der P-26 C, nach China und eine nach Spanien.

Bemerkungen: Die Peashooter, ein Spitzname des Wartungspersonals, gehörte anfang der 1930er-Jahre zu den markantesten US-Jagdflugzeugen – eine Ära, in der noch viele Staaten Doppeldecker als Jagdflugzeuge bevorzugten. Der robuste und schnelle Eindecker war aber schon Mitte der 1930er-Jahre, mit Erscheinen der ersten modernen Tiefdecker mit Einziehfahrwerk, geschlossenem Cockpit und Reihenmotor, veraltet. China setzte im August 1937 seine P-26 gegen japanische Flugzeuge ein, ebenso die Philippinen, die zwölf Flugzeuge aus US-Beständen erhielten. Bei der USAAC war die P-36 bis 1938 in Dienst, unter anderem auf Hawaii und in der Panama-Kanalzone, um schließlich von moderneren Jagdflugzeugen abgelöst zu werden.

Neben vier Nachbauten, existieren noch zwei Originale. Eine davon im National Air and Space Museum in Washington, USA.

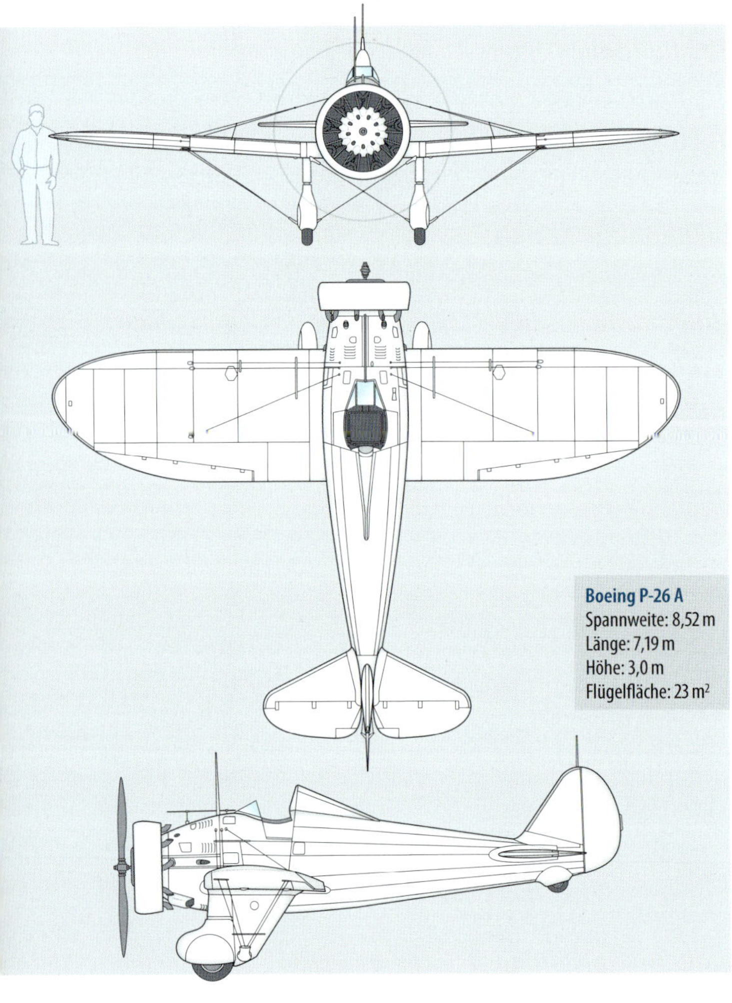

Boeing P-26 A
Spannweite: 8,52 m
Länge: 7,19 m
Höhe: 3,0 m
Flügelfläche: 23 m²

Einer der drei Prototypen XP-936, noch mit dem 522 PS starken Pratt & Whitney SR-1340 E Wasp, der auch noch die bei Überschlägen weniger schützende niedere Kopfstütze hatte.

Besatzung: 1
Triebwerk: (A) Ein luftgekühlter 9-Zylinder-Sternmotor Pratt & Whitney R-1340-27 Wasp mit 447 kW (600 PS).
Leistungen: (A) Höchstgeschwindigkeit 377 km/h in 2300 m Höhe, Reisegeschwindigkeit 320 km/h, Dienstgipfelhöhe ca. 8600 m, Reichweite ca. 580 km, Überführungsreichweite ca. 1000 km.
Gewichte: (A) Leergewicht 996 kg, Abfluggewicht 1524 kg.
Bewaffnung: Zwei MGs nach vorn. Bis zu 90 kg Bomben extern.

Boeing Stearman Model 75

Ursprungsland
USA
Kategorie
Schulflugzeug

Entwicklung: Ursprünglich vom L. C. Stearman in den frühen 1930er-Jahren entworfen, kamen die Pläne des Doppeldeckers über den Erwerb der Stearman Aircaft Company 1934 zu Boeing, die das Model 70 im Dezember 1934 erstmals in die Luft brachte. Die Zelle des in Gemischtbauweise hergestellten Trainers besteht aus einem bespannten Stahlrohrgerüst, die bespannten Flügel aus Holz. Model 73 ging im Dezember 1934 für die Navy als NS-1 mit einem Wright Whirlwind und das Model 75 für die Army 1935 als PT-13 mit einem Lycoming R-680 in Serie. Mehrere Baureihen der PT-13 mit unterschiedlicher Motorisierung folgten. Größte Stückzahlen erreichte die PT-17, mit 3519 Stück und die Navy-Version N2S (große Abb.), bei der von den fünf unterschiedlich motorisierten Versionen 4277 Trainer vom Band liefen. Als Blindflugtrainer folgte eine Kleinserie PT-18 Kaydet mit einem 7-Zylinder-Sternmotor Jacobs R-755-7. Von der PT-27, die der PT-17 entsprach, wurden 300 für die Royal Canadian Air Force mit einer winterfesten Schiebehaube produziert.

Bauende war im Februar 1945 nach 8584 Flugzeugen. Angeblich wurden noch weitere ca. 2000 Flugzeuge aus Ersatzteilen gebaut.

Bemerkungen: Der als Boeing Stearman bekannte Doppeldecker war der ideale Primary Trainer (PT) für die Anfängerschulung: robust, unverwüstlich und gutmütig zu fliegen. Mit Kriegsende 1945 war auch mit den PTs Schluss bei der Army, bei der Navy erst um 1958. Exportierte Stearmans wurden allerdings noch jahrelang in rund 20 Ländern in der militärischen Pilotenausbildung genutzt. Die meisten ausgemusterten US-Flugzeuge gelangten auf den freien Markt. Etliche gingen an private Betreiber, aber rund 2100 Stearmans wurden zu Agrarsprühflugzeugen umgebaut, deren massive Bauweise auch für deutlich stärkere Motoren und einem schweren Sprühmitteltank im vorderen Rumpf ideal war.

Überlebt haben alleine in den USA rund 1000 Doppeldecker, ein großer Teil in privater Hand und flugfähig, ein Teil in Museen. Einige fliegen aber auch in Deutschland.

Eine frühe PT-13 D mit einem 220 PS Lycoming R-680-17.

Besatzung: 2
Triebwerk: (PT-17) Ein luftgekühlter 7-Zylinder-Sternmotor Continental R 670-5 mit 164 kW (220 PS).
Leistungen: (PT-17) Höchstgeschwindigkeit 200 km/h, Reisegeschwindigkeit 155 km/h, Steigzeit auf 3000 m 17 min 18 sec, Dienstgipfelhöhe 4000 m, Reichweite ca. 500 km.
Gewichte: (PT-17) Leergewicht 876 kg, Abfluggewicht 1195 kg.

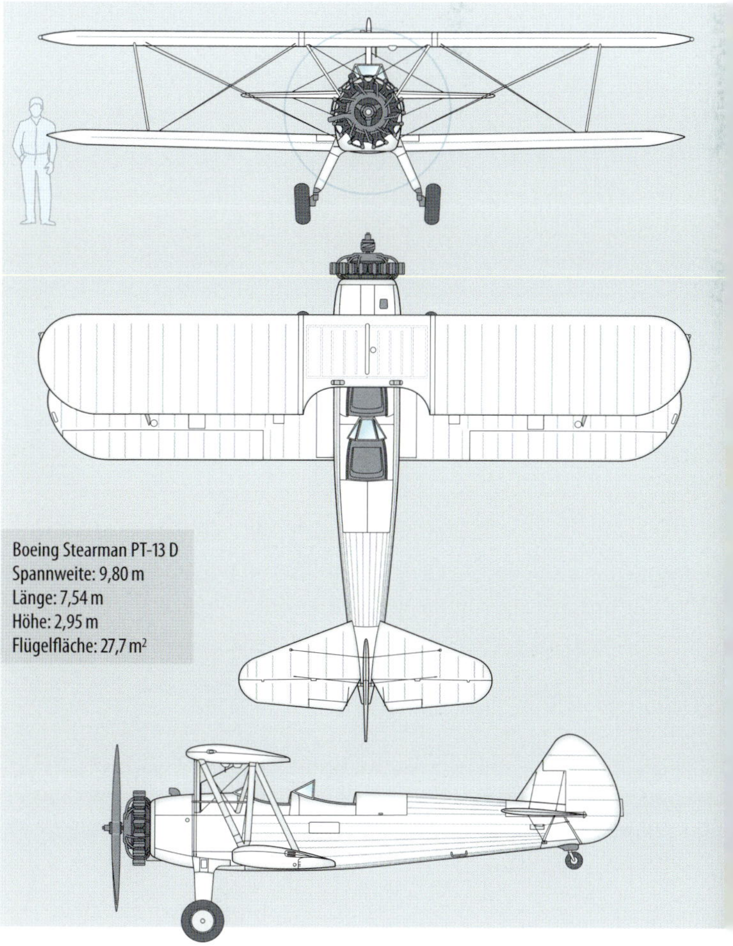
Boeing Stearman PT-13 D
Spannweite: 9,80 m
Länge: 7,54 m
Höhe: 2,95 m
Flügelfläche: 27,7 m²

Boeing B-17 Flying Fortress

Ursprungsland
USA
Kategorie
Schwerer Bomber

Entwicklung: Boeing reagierte 1934 auf eine Ausschreibung mit dem Model 299, dem Prototyp der B-17, der im Juli 1935 erstmals abhob, aber bei einem Absturz verloren ging, worauf die Army Douglas Bolo bestellte. Die USAAC aber war von der in Ganzmetall gebauten B-17 überzeugt und orderte 13 Vorserien-YB-17. Die erste Serie von 39 B-17 B erhielt einen Plexiglas-Bug, stärkere 1215 PS-P & W Cyclones und die C (38 St.) eine Panzerung, selbstdichtende Tanks und stärkere Bewaffnung. Nach ersten B-17-Erfahrungen der RAF über Europa wurde bei der E-Version (Erstflug September 1941, 512 St.) der Rumpf verlängert, eine bessere Panzerung und Bewaffnung eingebaut. Mit der verstärkten F (3405 St.) war eine größere Bombenlast möglich. Alle Modifikationen, unter anderem eine stärkere Abwehrbewaffnung, während der F-Produktion flossen in die G (große Abb.) ein, von der 8680 Stück ausgeliefert wurden. Eine ganze Reihe Flying Fortress wurden modifiziert: als Frachter, Aufklärer, für ECM, als Gunship, für SAR-Dienste mit untergehängtem Rettungsboot und als Drohne.

Die Produktion endete nach 12 731 Flugzeugen im Juli 1945. Davon lieferte Boeing 6981, Lockheed 2750 und Douglas 3000 Stück.

Der einzige Prototyp XB-17, Boeings Model 299, noch mit vier 750 PS Pratt & Whitney R-1690, ging im Oktober 1935 durch einen Pilotenfehler bei einem Absturz verloren.

Boeing B-17 G
Spannweite: 31,62 m
Länge: 22,66 m
Höhe: 5,82 m
Flügelfläche: 131,92 m²

Bemerkungen: Die B-17 gehört zu den bekanntesten Bombern der USA und bildeten neben der B-24 Liberator das Rückgrat der großen Verbände über Europa. Sie war bei ihren Piloten geschätzt wegen ihrer Robustheit und Zuverlässigkeit, auch bei schwersten Beschädigungen. Trotz starker Bewaffnung waren die ersten Einsätze Mitte 1942 über Europa äußerst verlustreich, da sie ohne Begleitschutz geflogen wurden. Das änderte sich mit P-47- und P-51-Eskorten ab Anfang 1944, als auch Tagangriffe mit sehr großen, bis zu 600 Flugzeuge umfassenden Verbänden, geflogen wurden.

Ca. 40 B-17 blieben erhalten, davon 19 flugfähig, viele in den USA. Eine flugfähige ist im Imperial War Museum, Duxford, UK, stationiert.

Besatzung: 6 – 10
Triebwerke: (G) Vier luftgekühlte 9-Zylinder-Sternmotoren Curtiss-Wright R-1820-97 Cyclone mit je 894 kW (1200 PS).
Leistungen: Höchstgeschwindigkeit 485 km/h, Reisegeschwindigkeit 296 km/h, Dienstgipfelhöhe 11 900 m, Reichweite 2900 km bei normaler Beladung, 1760 km bei maximaler Beladung, Überführungsreichweite 6040 km.
Gewichte: (G) Leergewicht 14 855 kg, Abfluggewicht 24 500 kg, maximales Abfluggewicht 29 700 kg.
Bewaffnung: (G) 13 MGs in neun Positionen. Bomben im Schacht und extern, bei Kurzstrecken 3600 kg und Langstrecken 2000 kg.

Boeing B-29 Superfortress

Ursprungsland
USA
Kategorie
Schwerer strategischer Bomber

Entwicklung: Nach einer Forderung der USAAC 1938 entwickelte Boeing den Bomber Model 341, dem ein weiteres Model 345 folgte, das wegen der Kriegserfahrungen in Europa, eine stärkere Bewaffnung, Panzerung, selbstdichtende Tanks und Wright R 3350-Sternmotoren erhielt. Im August 1940 beauftragte die USAAC den Prototypenbau. Schon vor dem Erstflug im September 1942 waren 1600 B-29 bestellt. Bei der in Ganzmetallbauweise hergestellten technisch komplexen Superfortress wurden Innovationen realisiert, wie z. B. ein druckbelüftetes Cockpit, verbunden mit einer Mittelsektion und modernste Motoren und Ausrüstungen installiert, die oft noch so große Probleme bereiteten, dass Anfang 1944 von 100 ausgelieferten B-29 nur 16 einsatzbereit waren. In einer aufwendigen, aber raschen Aktion, behob man die Mängel. Nach 2513 B-29 der Grundversion folgte 1119 B-29 A. Sie hatte größere Flügel und veränderte Waffenstände. Die B-29 B, von der 311 Flugzeuge ausgeliefert wurden, konnten bei reduzierter Bewaffnung mit einer 7-köpfigen Crew geflogen werden. Zum Tanker wurden 299 Superfortress umgebaut, teilweise mit Schlauch- und andere mit Heck-Auslegersystemen, weitere flogen als Trainingsflugzeug, als Aufklärer, Wetter-, SAR- und Testflugzeug. Eine direkte Weiterentwicklung war die B-50, mit leichterer Zelle, wesentlich stärkeren Motoren und höherer Nutzlast, die im Juni 1947 erstmals flog und von der 371 Stück gebaut wurden, die letzte Variante mit zwei zusätzlichen Strahltriebwerken.

Von allen Varianten der B-29 lieferten die Firmen Bell, Boeing und Martin bis 1946 inklusive der Prototypen 3970 aus.

Bemerkungen: Die Superfortress war der größte und leistungsfähigste Bomber des Zweiten Weltkrieges und gehörte zu den kostenintensivsten und technisch aufwendigsten Rüstungsprogrammen der USA. Sie wurden nur im pazifischen Raum eingesetzt, hauptsächlich über Japan. Anfangs bombardierte man Industrieanlagen, später gab es Flächenbombardements, kurz vor Kriegsende warf man von ihr die Atombomben auf Hiroshima und Nagasaki ab. Letztmals im Einsatz waren die Superfortress im Koreakrieg bis 1953, die letzte wurde erst 1960 ausgemustert. Vier gegen Ende des Zweiten Weltkrieges in der Sowjetunion notgelandeten B-29 dienten Tupolew für den mehr oder weniger exakten Nachbau der TU-4 (Erstflug im Mai 1947), von der je nach Quelle 850 oder 1296 gebaut wurden. Einige TU-4 wurden an China geliefert, die dort teilweise auf Turboprops umgerüstet wurden.

Angeblich haben 22 B-29 überlebt. Zwei davon fliegen noch in den USA. Eine steht im Imperial War Museum in Duxford, Großbritannien.

Boeing B-29 A Superfortress
Spannweite: 43,05 m
Länge: 30,18 m
Höhe: 8,46 m
Flügelfläche: 161,3 m²

Besatzung: 11
Triebwerke: Vier luftgekühlte 18-Zylinder-Doppelsternmotoren Wright R-3350-23 Duplex Cyclone mit je 1640 kW (2200 PS).
Leistungen: Höchstgeschwindigkeit 575 km/h, Reisegeschwindigkeit 350 km/h, Dienstgipfelhöhe 9710 m, Reichweite 5230 km, Überführungsreichweite 9000 km.
Gewichte: Leergewicht 33 793 kg, Abfluggewicht 54 431 kg, maximales Abfluggewicht 60 555 kg.
Bewaffnung: 10 oder 12 MGs an diversen Rumpfpositionen, 2 MG und 1 MK im Heckstand. 2300 kg Bomben auf Langstrecke, maximal 9100 kg auf kurze Distanz und in niedriger Höhe.

Brewster F2A Buffalo

Ursprungsland
USA
Kategorie
Jagdflugzeug

Entwicklung: Um die Doppeldecker F3F der US Navy zu ersetzen, entwickelte Brewster ab 1935 die Buffalo, die im Dezember 1937 erstmals flog. Der flugzeugträgertaugliche Ganzmetall-Mitteldecker ging im Januar 1938 als XF2A-1 bei der Navy in Erprobung, auf die eine Bestellung von 54 F2A-1 mit einem 940 PS-Sternmotor Wright R-1820 folgte. Wegen Produktionsproblemen wurden aber nur 11 Flugzeuge an die Navy ausgeliefert, der Rest ging nach Finnland. Die F2A-2 (43 St.) erhielt einen Wright R-1820 mit 1200 PS, mit dem sie zwar schneller wurde, aber auch schwerer und damit eine geringere Steigrate hatte. Nochmals verminderten sich die Flugleistungen der F2A-3 (108 Stück) durch eine Verlängerung des Rumpfes, der Verwendung selbstdichtender Flügeltanks, einer Cockpitpanzerung und eines größeren Rumpftanks, der allerdings eine höhere Reichweite mit sich brachte. Als Exportversionen (BW-339) gingen 170 Flugzeuge an den British Commonwealth mit RAF, RAAF und RNZAF, 72 Stück an die Niederlande, die in Niederländisch-Ostindien stationiert waren, an Belgien erhielt von 40 bestellten wegen des Einmarsches der Deutschen nur eine, der Rest ging an Frankreich und England . Finnland erhielt 44 Buffalo als BW 239 (große Abb.).

Der Prototyp XF2A-1 war noch mit einem 940 PS starken Wright R-1820-22 Cyclone motorisiert.

509 F2A rollten bei Brewster aus den Hallen.

Bemerkungen: Neben anhaltenden Produktionsproblemen hatte Brewster auch mit ihren Weiterentwicklungen wenig Erfolg, so dass die Navy und das Marine Corps die erfolglose Buffalo schon zu Beginn des Pazifikkrieges zurückzogen und zur Schulung einsetzten. Auch Länder, die Exportflugzeuge erwarben, hatten hohe Verluste und beklagten Mängel und die schlechte Verarbeitung. Lediglich Finnland konnte ab 1941 mit ihren modifizierten BW-239 479 Abschüsse feindlicher sowjetischer Flugzeuge bei 19 Eigenverlusten vermelden.

Neben Wracks und Replicas in den USA steht eine beschädigte BW-239 im Finnish Air Force Museum, Jyväskylä, Finnland.

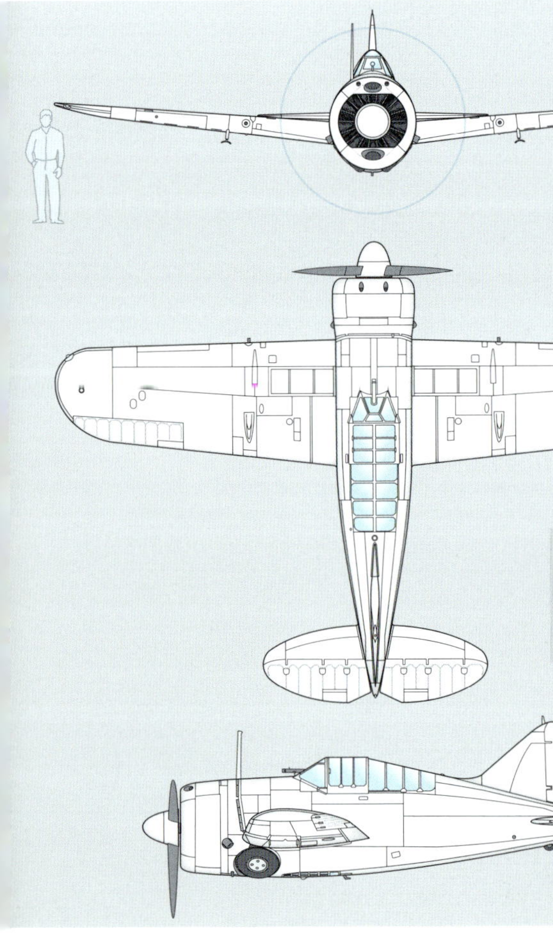

Brewster F2A-2 Buffalo
Spannweite: 10,76 m
Länge: 7,9 m
Höhe: 3,6 m
Flügelfläche: 19,4 m²

Besatzung: 1
Triebwerk: (F2A-2) Ein luftgekühlter 9-Zylinder-Sternmotor Wright R-1820-40 Cyclone mit 894 kW (1200 PS).
Leistungen: (F2A-2) Höchstgeschwindigkeit 580 km/h, Reisegeschwindigkeit 260 km/h, Dienstgipfelhöhe 10 100 m, Reichweite 1550 km.
Gewichte: (F2A-2) Leergewicht 2146 kg, Abfluggewicht 3247 kg.
Bewaffnung: (F2A-2) Zwei MGs über dem Motor, zwei MGs in den Flügeln und bis zu 150 kg Bomben an Flügelstationen.

Brewster SB2 Buccaneer

Ursprungsland
USA
Kategorie
Bomber, Aufklärungsflugzeug

Entwicklung: Anfang 1939 reichte Brewster einen Entwurf für ein träger- und landgestütztes Aufklärungs- und Bombenflugzeug mit beeindruckenden Leistungen ein. Im April 1939 erteilte die Navy den Auftrag für den Prototypen XSB2A-1, der im Juni 1941 flog. Für die in Ganzmetallbauweise hergestellte sturzkampffähige SB2 mit klappbaren Außenflügeln lagen schon vor dem Erstflug Orders vor: RAF 750, Niederlande 162, US-Navy 140 und von der USAAF 448 Stück. Bei der Erprobung zeigte sich aber schnell, dass erhebliche Änderungen notwendig waren. Neben Zellenmodifikationen baute man auch eine Panzerung und selbstdichtende Tanks ein, was zu einer deutlichen Gewichtszunahme führte. Damit erreichte die SB2 die geplanten Leistungsdaten bei weitem nicht. Trotzdem begann die Serienfertigung von 548 SB2A-2 (Abb. oben), davon 468 als Bermuda für die RAF. Für den Trägereinsatz wurden 60 SB2A-3 mit Fanghaken und Klappflügel gebaut und 162 SB2A-4 als Schulflugzeuge.

Insgesamt produzierte Brewster 771 SB2.

Bemerkungen: Die Buccaneer gehört zu den weniger erfolgreichen Flugzeugen des Zweiten Weltkriegs und kam wegen enttäuschender Leistungen nie zum Kriegseinsatz. Australien stornierte ihre 243 bestellten SB2A, ebenso die USAAF ihre 448. Die französische Regierung orderte 250 SB2A, die aber wegen des deutschen Einmarsches von Großbritannien übernommen wurden. Die britischen Bermuda wurden aber gleich zum Schulflugzeug und Zielschlepper umgebaut, da sie laut RAF für Kampfeinsätze vollkommen ungeeignet waren und auch die Streitkräfte der USA nutzten ihre Buccaneers nur zur Schulung, als Zielschlepper oder zum Training der Wartungseinheiten. Angeblich wurden nicht wenige verschrottet, ohne jemals eingesetzt worden zu sein.

Eine SB2A steht im National Museum of Naval Aviation in Pensacola, USA und eine im Pima Air & Space Museum, Tucson, USA.

Eine SB2A-3 im November 1943 auf dem Naval Air Test Center Patuxent River mit beigeklappten Flügeln und offenem Bombenschacht.

Besatzung: 2
Triebwerk: (SB2 A) Ein luftgekühlter 14-Zylinder-Doppelsternmotor Wright R-2600-8 Twin Cyclone mit 1268 kW (1700 PS) Startleistung.
Leistungen: (SB2 A) Höchstgeschwindigkeit 440 km/h, Reisegeschwindigkeit 260 km/h, Steigzeit auf 4000 m 10 min, Dienstgipfelhöhe 7600 m, Reichweite 1930 km, max. 2700 km.
Gewichte: (SB2 A) Leergewicht 4500 kg, Abfluggewicht 6480 kg, maximales Abfluggewicht 6935 kg.
Bewaffnung: (SB2 A) Zwei MGs über dem Motor, vier MGs in den Tragflächen und zwei MGs im Heckstand.
Bis zu 454 kg Bomben im Schacht und an Flügelstationen.

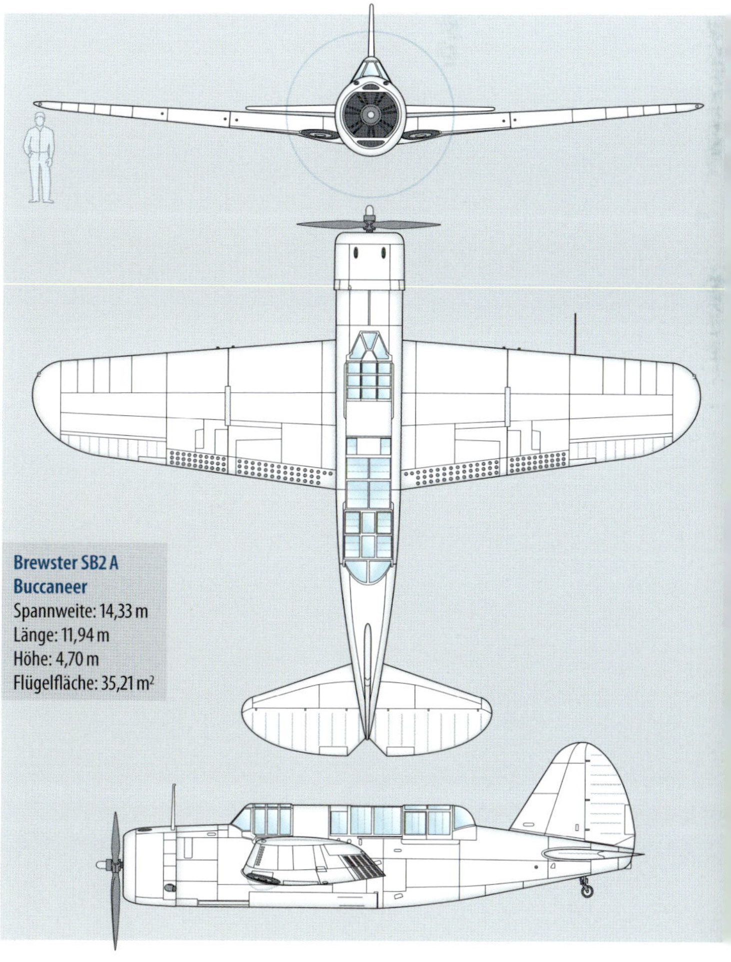

Brewster SB2 A Buccaneer
Spannweite: 14,33 m
Länge: 11,94 m
Höhe: 4,70 m
Flügelfläche: 35,21 m²

Budd RB / C-93 Conestoga

Ursprungsland
USA
Kategorie
Transportflugzeug

Entwicklung: Mit Beginn des Krieges befürchteten die USA, wie viele andere Staaten auch, eine Verknappung von Aluminium. Außerdem benötigte man dringend Transportflugzeuge. Beides versuchte die US-Waggonbaufirma Budd mit dem aus verschweißtem Edelstahl gebauten Transportflugzeug in den Griff zu bekommen. Der Hochdecker mit seinem fünfeckigen Rumpf hatte eine absenkbare Heckklappe, über die fast fünf Tonnen Nutzlast oder 24 vollausgerüstete Soldaten oder 24 Bahren geladen werden konnten. Erstflug des Prototyps war im Oktober 1943, dem noch zwei weitere Prototypen folgten. Von der US-Navy wurden 200 RB und von der USAAF 600 Transporter als C-93 bestellt. Während der Flugerprobung zeigten sich jedoch schnell Probleme mit den Schweißverbindungen, ein kritisches Flugverhalten, zu geringe Reichweite und eine deutliche Untermotorisierung. Dazu kam, dass die vorausgesagten Aluminium-Engpässe nie eintraten, und die C-46 Commando und C-47 Skytrains in großen Stückzahlen ausgestoßen wurden. Die USAAF wie auch die US Navy verloren schließlich das Interesse an der Conestoga. Die USAAF stornierten ihren Auftrag und die Navy reduzierte auf 25 RB, von denen bis März 1944 aber nur 17 ausgeliefert wurden.

Inklusive der Prototypen lieferte Budd nur 20 Flugzeuge aus.

Bemerkungen: Als Transporter war die C-93 eigentlich ihrer Zeit voraus: das Cockpit über dem Frachtdeck, das durch das Bugfahrwerk eben und auf LKW-Höhe war. Eine Winde, eine Heckrampe und seitliche Frachttore erleichterten die Beladung. Dadurch wurde das Flugzeug aber auch nicht besser. Neben den Problemen mit dem Werkstoff war bei der Flugerprobung auch zu hören, dass die C-93 so fliegt, wie eben von einem Waggonbauer zu erwarten war. Schon Anfang 1945 wurden sie außer Dienst gestellt und ein Großteil an Cargo-Gesellschaften verkauft, die sie aber nach einigen Crashs schnell stilllegten.

Nur eine Conestoga blieb erhalten, die im Pima Air & Space Museum, Tucson, USA präsentiert wird.

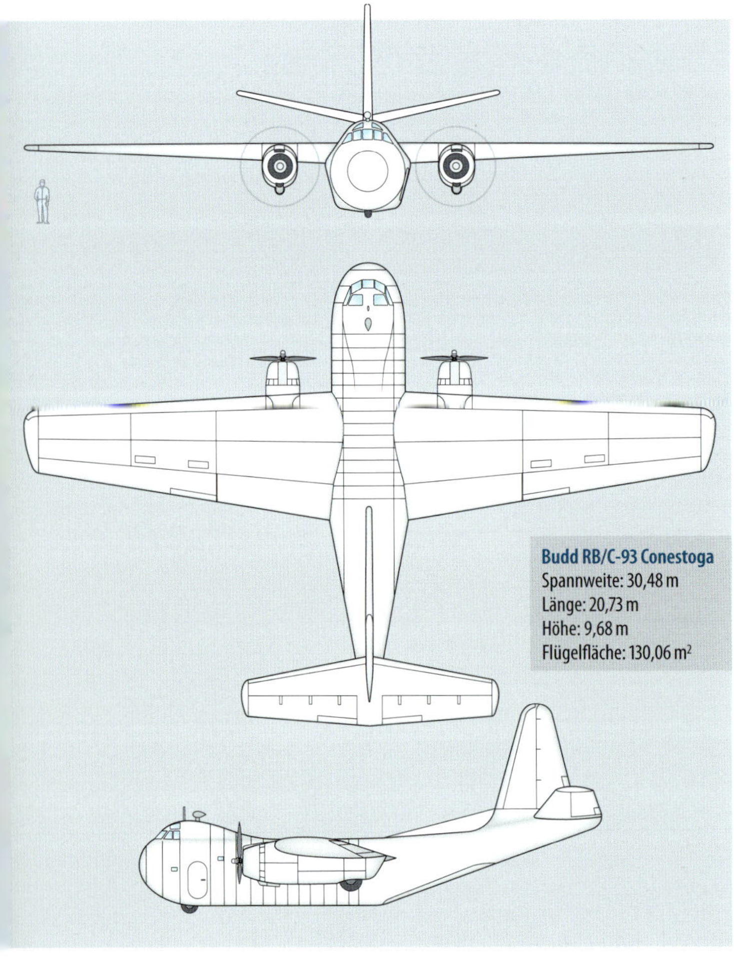

Budd RB/C-93 Conestoga
Spannweite: 30,48 m
Länge: 20,73 m
Höhe: 9,68 m
Flügelfläche: 130,06 m²

Eine imposante Erscheinung – die komplett aus rostfreiem Stahl hergestellte Conestoga beim Beladen über die Heckrampe.

Besatzung: 3
Triebwerk: Zwei luftgekühlte 14-Zylinder-Doppelsternmotoren Pratt & Whitney R-1830-92 Twin Wasp mit 895 kW (1200 PS).
Leistungen: Höchstgeschwindigkeit 317 km/h, Reisegeschwindigkeit 266 km/h, Steigzeit auf 4000 m 24 min 30 sec, Dienstgipfelhöhe 7700 m, Reichweite 1130 km, maximale Reichweite 2600 km.
Gewichte: Leergewicht 9143 kg, maximales Abfluggewicht 16 133 kg.

Cessna AT-17/ UC-78 / T-50 Bobcat

Entwicklung: Cessnas erstes zweimotoriges Flugzeug war ursprünglich für den zivilen Markt als leichtes, fünfsitziges, kostengünstiges Transportflugzeug T-50 entwickelt worden und flog im März 1939 erstmals. Der in Gemischtbauweise produzierte Tiefdecker hatte einen leichten, teilweise mit Holz beplankten und anschließend bespannten, geschweißten Stahlrohrumpf und aus laminiertem Holz hergestellte bespannte Tragflächen und Leitwerk. Das Fahrwerk und die Landeklappen wurden elektrisch aus- und eingefahren. Die erste Bestellung der USAAC über 33 auf der T-50 basierende AT-8, mit 290 PS-Lycoming-Sternmotoren ging im Juli 1940 ein. Darauf folgten zwei Bestellungen über insgesamt 822 Stück der kanadischen Luftwaffe, die unter der Bezeichnung Crane Mk. I und I A als Navigationstrainer, Verbindungs- und Transportflugzeug im Rahmen des British Commonwealth Air Training Plan eingesetzt wurden. Ende 1941 sind weitere 450 Schulungsflugzeuge AT-17 Bobcat von der USAAC bestellt worden, jetzt mit dem schwächeren Jacobs-Sternmotor, da die USAAC der Ansicht war, ihre ersten T-50 wären für die Schulung zu stark motorisiert. Eine große Anzahl gingen an die USAAF als UC-78, die sie für leichte Transport- und Verbindungsaufgaben nutzten. 67 erhielt die US-Navy als JRC-1. Die vielen Untervarianten unterschieden sich oft nur in der Ausrüstung, manche Baureihen erhielten Verstellpropeller, einige feste Holzpropeller.

Insgesamt rollten 5422 Bobcats aus den Werkhallen von Cessna.

Bemerkungen: Wie viele Flugzeuge vor dem Zweiten Weltkrieg, kam auch die T-50 erst durch Bestellungen der Militärs auf große Stückzahlen. Genutzt wurde sie hauptsächlich als Multi-Engine-Trainer (AT), um die Ausbildungslücke zwischen einmotorigen Trainern und den großen mehrmotorigen Kampfflugzeugen zu schließen. Die kleine und vielseitige Zweimot wurde aber auch neben ihrem Einsatz als Trainer für Transportaufgaben (UC), zum Funknavigationstraining, als Verbindungsflugzeug und von der Navy z. B. als Rückholflugzeug für Überführungspiloten verwendet. Viele Bobcats sind nach dem Krieg an andere Staaten weiterverkauft oder wurden auf zivile Standards gebracht und sind von Privatpiloten und kleinen Gesellschaften eingesetzt worden. Allerdings erforderte die allmählich alternde Holzbauweise einen hohen Wartungsaufwand, so dass viele Bobcats einfach durch modernere Typen aus Metall ersetzt wurden.

Neben den in US-Museen präsentierten Bobcats, waren 2017 noch ca 50, überwiegend in den USA, in flugfähigem Zustand. Eine UC-78 wird zum Beispiel im Pima Air & Space Museum, Tucson, USA ausgestellt.

Besatzung: 1
Triebwerke: Zwei luftgekühlte 7-Zylinder-Sternmotoren Jacobs R-755-9 mit je 180 kW (245 PS).
Leistungen: Höchstgeschwindigkeit 314 km/h, Reisegeschwindigkeit 282 km/h, Dienstgipfelhöhe 6700 m, Reichweite 1200 km.
Gewichte: Leergewicht 1588 kg, Abfluggewicht 2585 kg, maximales Abfluggewicht 2750 kg.

Ursprungsland
USA
Kategorie
Trainer, leichtes Transportflugzeug

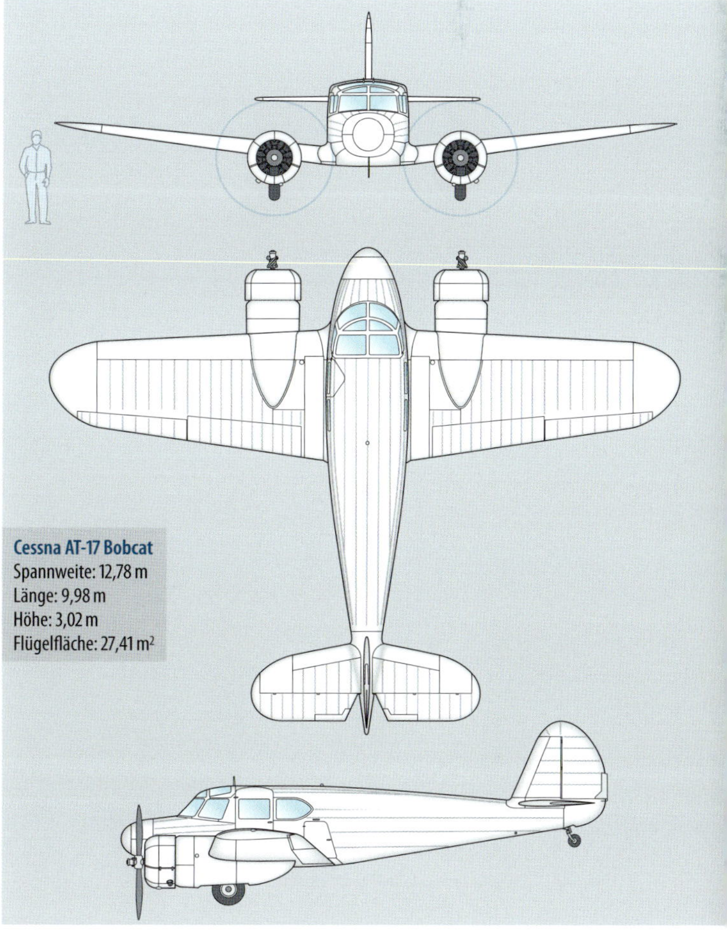

Cessna AT-17 Bobcat
Spannweite: 12,78 m
Länge: 9,98 m
Höhe: 3,02 m
Flügelfläche: 27,41 m²

Consolidated B-24 Liberator

Ursprungsland
USA
Kategorie
Schwerer Bomber

Entwicklung: Auf die Anfrage der USAAC, auch Boeing B-17 zu fertigen, bot 1938 Consolidated die B-24 mit besseren Leistungen an, worauf im März 1939 Prototypen beauftragt wurden. Die in Ganzmetallbauweise hergestellte Maschine war mit einem Bugrad ausgestattet und hatte speziell profilierte Tragflügel mit großer Streckung, die zwar hohen Auftrieb lieferten, aber auch kritischere Langsamflugeigenschaften hatten. Tatsächlich hatte die B-24 aber eine größere Zuladung und mehr Reichweite als die B-17. Bereits im April 1939 bestellte die französische Luftwaffe 175 B-24, die aber wegen deren Kapitulation später an die RAF gingen. Erstflug war im Dezember 1939. Nach der Erprobung wurden u. a. selbstdichtende Tanks, eine stärkere Abwehrbewaffnung und Turbolader eingebaut. Von sieben Vorserienmaschinen YB-24 gingen sechs nach Großbritannien, das insgesamt 1900 Liberator bekam. Auch 20 von 36 Flugzeugen der A-Serie. Weitere Serien folgten, die sich vor allem durch die Bewaffnung unterschieden. Die meistgebaute J, mit besserem Autopilot, lief 6678 mal vom Band, von der leichteren L-Serie mit geringerer Bewaffnung 1667, von der letzten M-Version mit einer aerodynamischeren Cockpitverglasung 2593. Die US-Marine setzte 977 B-24 als PB4Y-1 zur Seeüberwachung ein und 286 C-87 Liberator Express wurden als Passagier- und Transportflugzeuge ausgeliefert. Mit 218 zum Tanker C-109 umgerüstete B-24 flog man Kraftstoff zu B-29-Basen in China.

Insgesamt rollten 18 482 Liberator aller Versionen bei Consolidated, Douglas, Ford und North American aus den Werkshallen.

Bemerkungen: Das meistgebaute Kriegsflugzeug der USA war nicht einfach zu fliegen und angeblich bei Beschuss nicht so robust wie die B-17. Es war aber neben der B-17 der wichtigste US-Bomber in Europa und im Pazifikraum. Mit ihrer großen Reichweite wurde sie zudem über dem Atlantik und Pazifik zur U-Boot-Jagd verwendet.

Angeblich haben 13 B-24 überlebt. Davon zwei flugfähige in den USA. Im Imperial War Museum Duxford, Großbritannien steht eine B-24 M.

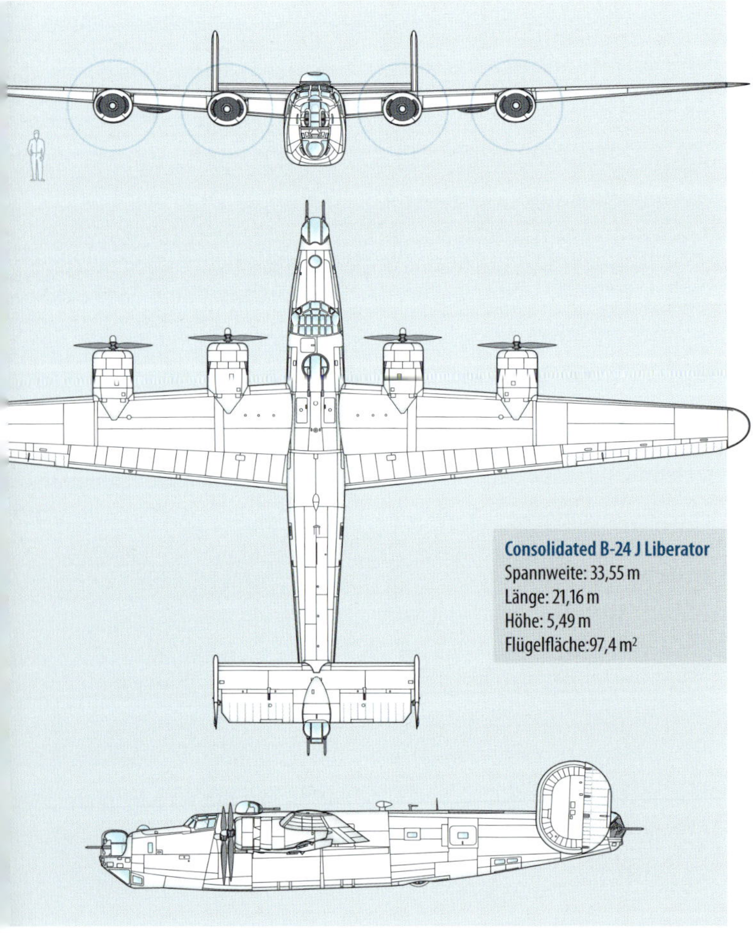

Consolidated B-24 J Liberator
Spannweite: 33,55 m
Länge: 21,16 m
Höhe: 5,49 m
Flügelfläche: 97,4 m²

Das Langstrecken-Transportflugzeug C-87 Liberator Express wurde von der USAAF, der US Navy und der RAF geflogen.

Besatzung: 11
Triebwerke: (J) Vier luftgekühlte 14-Zylinder-Doppelsternmotoren Pratt & Whitney R-1830-35/41/65 Twin Wasp mit je 894 kW (1200 PS).
Leistungen: (J) Höchstgeschwindigkeit 478 km/h, Reisegeschwindigkeit 346 km/h, Dienstgipfelhöhe 8500 m, Reichweite 2480 km mit max. Beladung, Überführungsreichweite 6000 km.
Gewichte: (J) Leergewicht 16 556 kg, Abfluggewicht 24 948 kg, maximales Abfluggewicht 29 484 kg.
Bewaffnung: (J) Je 2 MGs im Bug, Heck und Rücken und an den hinteren Seitenständen. 3600 kg Bomben auf Kurzstrecken bis 640 km, 1200 kg auf Langstrecken bis 1900 km.

Consolidated PB4Y-2 Privateer

Entwicklung: Nachdem die RAF, USAAF, die US-Navy und die US-Marine mit der Consolidated Liberator (als B-24 bzw. PB4Y-1) auf Langstreckeneinsätzen über dem Meer erfolgreich operierten, verlangte die US-Navy eine spezielle, auf ihre Bedürfnisse zugeschnittene Maschine. Die in Ganzmetall hergestellte PB4Y-2 erhielt einen verlängerten Rumpf, ein einzelnes Seitenleitwerk, eine erweiterte Bewaffnung und zur Seeraumüberwachung einen ausfahrbahren Radardom unter dem Rumpf. Die vier Twin Wasps wurden ohne Turbolader installiert, da man hauptsächlich in niederen Höhen operierte. Drei Prototypen flogen ab September 1943 noch mit Doppelleitwerk, wurden aber später umgebaut. Neben einigen Spezialversionen, unter anderem für ferngelenkte Gleitbomben, sind elf Flugzeuge für unbewaffnete Seenotrettungseinsätze für die Coast Guard umgerüstet worden, einige als Wettererkunder, als U-Boot-Jäger und 39 als unbewaffnete Transporter (RY-3) mit einer hinteren Ladeluke und seitlicher Fensterreihe.

Die ersten Auslieferungen begannen bereits im März 1944 und endeten im Oktober 1945 nach 740 gebauten Maschinen.

Bemerkungen: Mit der PB4Y-2 bekam die US-Navy ihren eigenen Aufklärer und Bomber, der jedoch erst gegen Kriegsende einsatzbereit war. Das bewährte und zuverlässige Flugzeug blieb bei der Navy bis Mitte 1954 im Dienst. Die an die Coast Guard abgegebenen PB4Y-2G wurden bis 1958 eingesetzt. Einige Versionen wie z. B. Zielflugzeuge blieben bis in die 1960er-Jahre aktiv. Frankreichs Marine erhielt 1950 22 PB4Y, die im Indochinakrieg, im Algerienkrieg und während der Suezkrise eingesetzt wurden. Taiwan flog 38 Privateers bis 1961 und Honduras nutze diese als Transporter bis Anfang der 1970er-Jahre. Zu Feuerlöschflugzeugen umgebaute PB4Y flogen in den USA noch bis 2002.

Acht PB4Y sind erhalten geblieben, eine steht im Pima Air & Space Museum, Tucson, USA

Ursprungsland
USA
Kategorie
Seefern-aufklärer, Patrouillen-bomber

Bis 1958 wurden die elf unbewaffneten PB4Y-2G bei der US Coast Guard eingesetzt.

Besatzung: 11
Triebwerke: Vier luftgekühlte 14-Zylinder-Doppelsternmotoren Pratt & Whitney R-1830-94 Twin Wasp mit je 1007 kW (1350 PS) Startleistung.
Leistungen: Höchstgeschwindigkeit 482 km/h, Reisegeschwindigkeit 282 km/h, Dienstgipfelhöhe 6400 m, Reichweite 4500 km.
Gewichte: Leergewicht 17 000 kg, maximales Abfluggewicht 29 500 kg.
Bewaffnung: 12 MGs an 6 Stationen, maximal 5800 kg Bomben, Minen oder Torpedos.

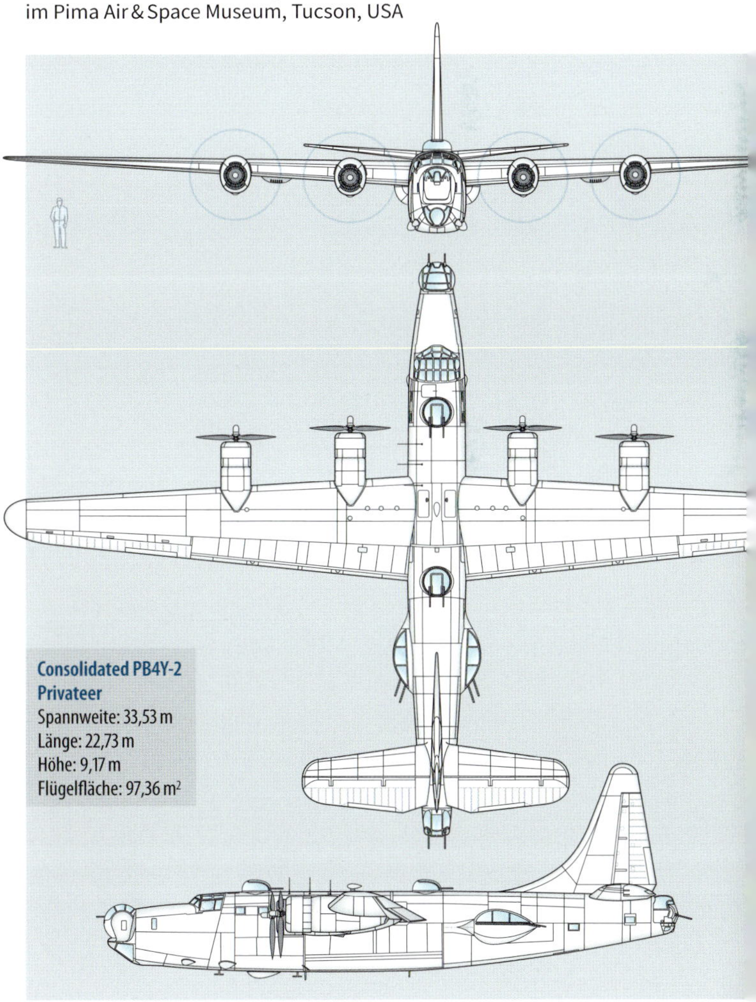

Consolidated PB4Y-2 Privateer
Spannweite: 33,53 m
Länge: 22,73 m
Höhe: 9,17 m
Flügelfläche: 97,36 m²

Consolidated B-32 Dominator

Ursprungsland
USA
Kategorie
Schwerer Bomber

Entwicklung: Obwohl Boeing die Ausschreibung für einen schweren Bomber im Juni 1940 mit der B-29 Superfortress gewann, beauftragte die USAAC als Rückversicherung bei einem Scheitern der B-29, auch den Bau der Prototypen XB-32. Erstflug war im September 1942. Das Ganzmetallflugzeug war mit einem Doppelleitwerk, einem großzügig verglasten Bug, einer Druckkabine und problembehafteten, ferngesteuerten MK-Ständen ausgestattet. Der zweite Prototyp erhielt wegen Stabilitätsproblemen ein konventionelles Leitwerk, das von der B-29 übernommen wurde, wieder manuelle Waffenstände und einen abgestuften Bug. Ein dritter Prototyp flog mit einem von Consolidated entwickelten Seitenleitwerk. Für die Serie wurde aber das B-29-Leitwerk übernommen. Weiter Probleme bereitete die Druckkabine, die nie behoben werden konnten und der Antrieb. Von 1500 bestellten, wurden die ersten B-32 im September 1944 ausgeliefert, als die B-29 schon geraume Zeit im Einsatz war. Im Januar 1945 begann die Auslieferung von 40 unbewaffneten TB-32 mit Druckkabine zur Ausbildung der zukünftigen Besatzungen. Bei den Serienflugzeugen für Kampfeinsätze verzichtete man ganz auf die problematische Druckkabine, was die Einsatzhöhen erheblich einschränkte. Als sich die B-32-Produktion immer weiter verzögerte und die B-29 ihre Aufgaben zuverlässig erfüllten, kündigte man im September 1945 die Verträge.

Die Produktion lief im Oktober 1945 nach nur 118 Maschinen aus, davon wurden 38 Dominator gleich zum Abwracken geflogen(!).

Einer der Prototypen XB-32, die noch ein Scheibenleitwerk hatten.

Bemerkungen: Als Konkurrenzmuster zur B-29 hatte die B-32 mit ihren unzähligen technischen Problemen schlechte Karten. Nach dem Verzicht auf die Druckkabine konnte sie z. B. nur bis in mittleren Höhen operieren. Bis Kriegsende waren lediglich 115 Flugzeuge ausgeliefert, mit denen nur vereinzelt Einsätze über den Philippinen, Formosa und zur Aufklärung über Japan geflogen wurden. Schon im Oktober 1945 wurden die Bomber zurückgezogen und im April 1946 war keine B-32 mehr im Bestand der USAAC.

Es blieb kein Dominator erhalten. Alle wurden bis 1949 ausgeschlachtet und verschrottet.

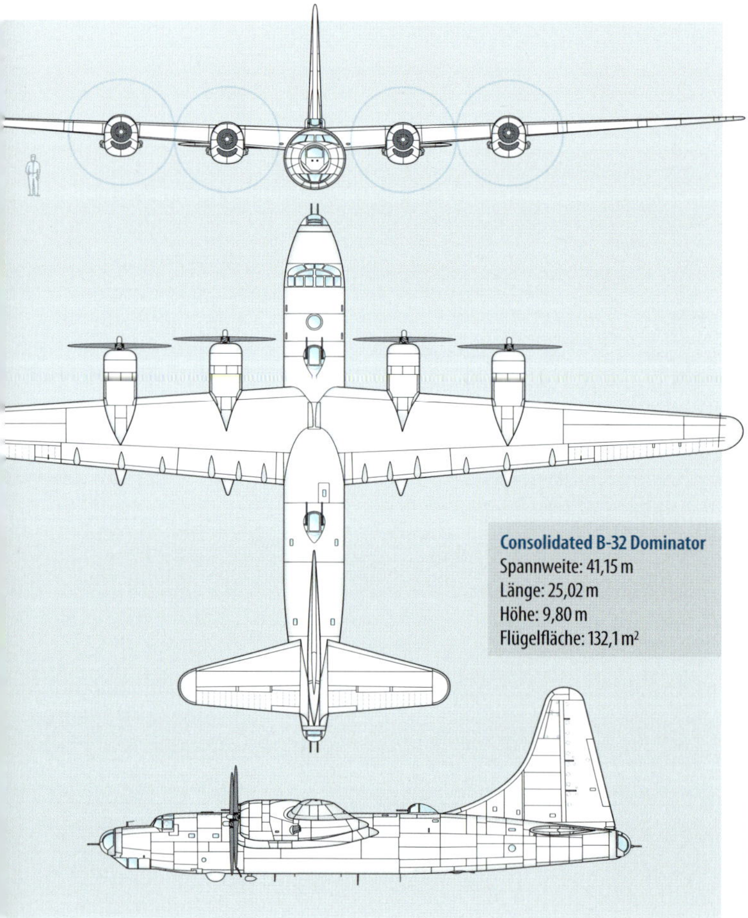

Consolidated B-32 Dominator
Spannweite: 41,15 m
Länge: 25,02 m
Höhe: 9,80 m
Flügelfläche: 132,1 m²

Triebwerke: Vier luftgekühlte 18-Zylinder-Doppelsternmotoren Wright R-3350-23A Duplex Cyclone mit je 1640 kW (2200 PS).
Leistungen: Höchstgeschwindigkeit 575 km/h, Reisegeschwindigkeit 470 km/h, Dienstgipfelhöhe 9400 m, Reichweite 6100 km.
Gewichte: Leergewicht 27 342 kg, Abflugewicht 45 722 kg, maximales Abfluggewicht 55 905 kg.
Bewaffnung: Je zwei MKs an fünf Stationen und bis zu 9100 kg Bomben im Schacht.

Consolidated PBY Catalina

Ursprungsland
USA
Kategorie
Aufklärungs- und SAR-Flugzeug

Entwicklung: Im Oktober 1933 beauftragte die US-Navy Consolidated, Douglas und Martin ein Mehrzweck-Flugboot zu entwickeln. Consolidated griff auf einen früheren Entwurf zurück, gewann den Wettbewerb allerdings nur wegen geringerer Produktionskosten. Die in Ganzmetallbauweise hergestellte Catalina hatte einen großflächigen Flügel auf einem Pylon über dem Rumpf, die Stützschwimmer waren anklappbar. Der Prototyp XP3Y flog im März 1935 erstmals. Consolidated erhielt bereits im Juni 1935 Bestellungen über 60 PBY-1 und weitere 116 im Oktober der PBY-2 und PBY-3. Ab 1938 wurde die PBY-4 mit Twin-Wasp-Motoren produziert. Im Dezember 1939 erschien die PBY-5 (Abb. oben) als Langstrecken-Patroullien-Flugboot, von der 979 gebaut wurden. Weitere 782 von der amphibischen PBY-5A mit Fahrwerk. Die PBY-6A mit neuem Leitwerk und Radar lieferte man 175 mal aus. Neben den Varianten für die RAF (Catalina Mk. I–VI, der Name wurde 1942 von den USA übernommen) liefen für die USAAF als OA-10 und als PBN-1 Nomad mit geändertem Rumpf und Seitenleitwerk weitere Flugboote vom Band. Via Lend-Lease gingen 189 PBY an die Sowjetunion.

Eine Amphibien-Catalina Mk. III der RAF/North Atlantic Ferry Service.

Bis Mai 1945 sind 3272 Catalinas in den USA, Kanada (380 als Canso) und der Sowjetunion (27 als GST) hergestellt worden, davon ca. 1400 als Amphibium.

Bemerkungen: Die PBY war das meistgebaute Flugboot im Zweiten Weltkrieg und auf allen Kriegsschauplätzen und Meeren der Welt zu finden. Wegen ihrer großen Reichweite und bis zu 24 h Flugdauer war die robuste, aber auch langsame PBY zur U-Boot-Bekämpfung, für Nachtangriffe, als Patroullienflugzeug, zur Geleitzugeskorte, für SAR-Missionen und als Transporter gut geeignet. Neben den USA, Großbritannien und der Sowjetunion nutzten die Küstenwachen und Seefliegerkräfte von rund 30 Staaten das Flugboot, einige bis in die 1980er-Jahre.

Zahllose Catalines sind weltweit in Museen zu finden, angeblich fliegen noch zwanzig. Eine davon wird in Duxford, Großbritannien, betrieben.

Besatzung: (5A) 10
Triebwerke: (5A) Zwei luftgekühlte 14-Zylinder-Doppelsternmotoren Pratt & Whitney R-1830-92 Twin Wasp mit 894 kW (1200 PS).
Leistungen: (5A) Höchstgeschwindigkeit 315 km/h, Reisegeschwindigkeit 201 km/h, Dienstgipfelhöhe 4800 m, Reichweite 4060 km.
Gewichte: (5A) Leergewicht 9485 kg, maximales Abfluggewicht 16 066 kg.
Bewaffnung: Je nach Einsatz MGs im Bug und MGs in den seitlichen Kuppeln. Bis zu 1814 kg Bomben und Torpedos an den Flügelstationen.

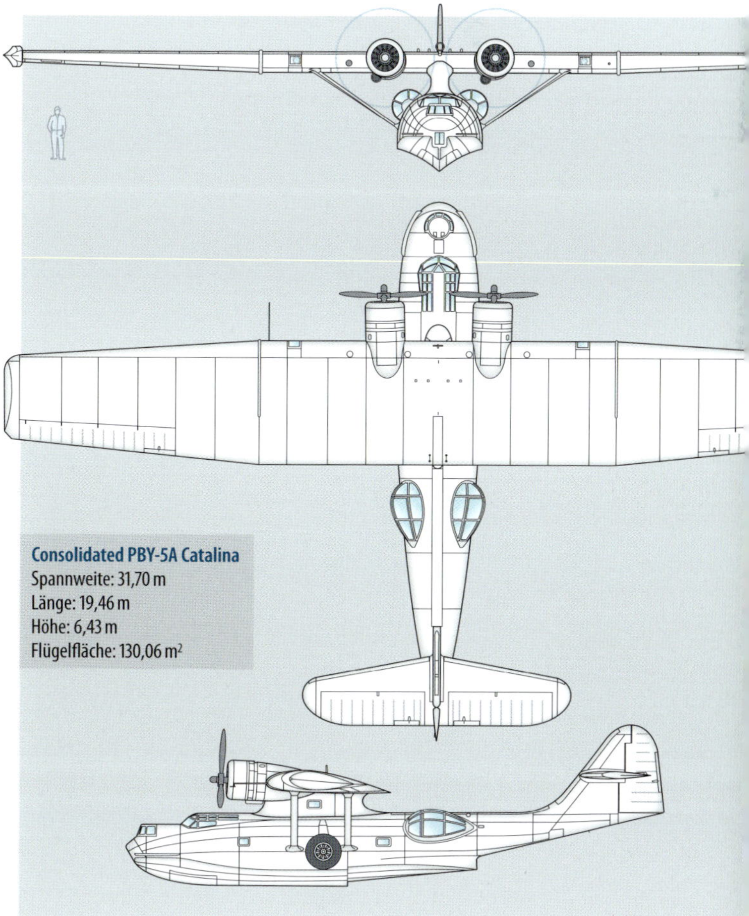

Consolidated PBY-5A Catalina
Spannweite: 31,70 m
Länge: 19,46 m
Höhe: 6,43 m
Flügelfläche: 130,06 m²

Consolidated PB2Y Coronado

Ursprungsland
USA
Kategorie
Seefernaufklärer, Transportflugzeug

Entwicklung: Schon mit dem Erstflug der PBY Catalina begann die US-Navy nach einem größeren und leistungsfähigeren Flugboot Ausschau zu halten und beauftragte Consolidated 1935 und Sikorsky 1936 Prototypen zu bauen. Das in Ganzmetall hergestellte Flugboot XPB2Y-1 flog im Dezember 1937 erstmals, hatte noch ein konventionelles Leitwerk und 1050 PS-P&W-Sternmotoren. Wegen Stabilitätsproblemen wurde für die PB2Y-2 ein neues Heck mit einem Scheibenleitwerk konstruiert. Sie bekam leistungsfähigere Antriebe und eine stärkere Bewaffnung, worauf im März 1939 die erste Bestellung über sechs Flugzeuge einging. Mit der PB2Y-3, der Hauptserie mit 210 Flugzeugen, wurden selbstdichtende Tanks, eine verstärkte Panzerung und P&W R-1830-88 mit Turbolader eingeführt. Aus der 3er-Reihe wurden 31 als unbewaffnete Transporter PB2Y-3R (Abb. oben) gebaut. Zehn Flugzeuge gingen an Großbritannien, die als Frachter nach Afrika, Nord- und Südamerika flogen. Die meisten wurden jedoch mit neuen laderlosen P&W R-1830-92 Sternmotoren zur PB2Y-5 (Zeichnung) umgebaut, da sie als Transport- und Patrouillenflugzeuge, einige mit Radardom über dem Cockpit, hauptsächlich in niederen Höhen operierten.

Insgesamt sind inklusive der Prototypen bis Oktober 1943 217 Coronados von Consolidated gebaut worden.

Bemerkungen: Nur wenige Einsätze, und nur über dem Pazifik, flogen die Coronados als Bomber, Seefernaufklärer und Patrouillenflugzeug. Sie waren damit aber nicht besonders erfolgreich. Weitaus geeigneter war sie als leistungsfähiger Transporter bei der Navy und beim Naval Air Transport Service. So konnte die PB2Y auch auf Langstrecken bis zu 7250 kg Fracht, als Passagierflugzeuge bis zu 45 Fluggäste oder als Verwundetentransporter 25 Bahren laden.

Die einzige noch existierende Coronado, eine PB2Y-5R, wird im National Naval Aviation Museum in Pensacola, USA, präsentiert.

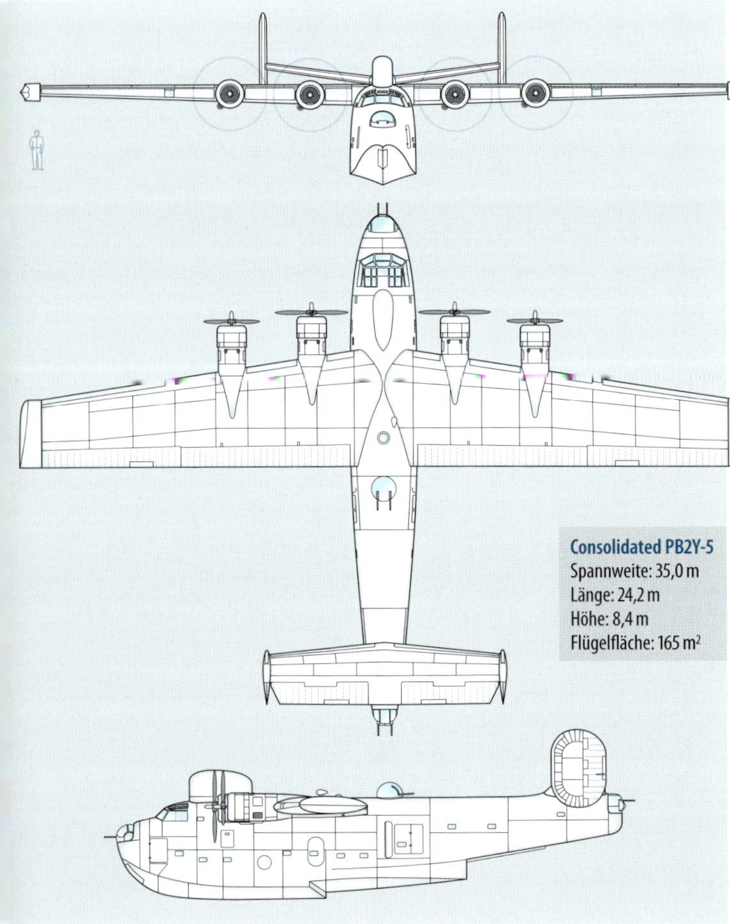

Consolidated PB2Y-5
Spannweite: 35,0 m
Länge: 24,2 m
Höhe: 8,4 m
Flügelfläche: 165 m²

Der Prototyp XPB2Y-1, der ein konventionelles Seitenleitwerk hatte, aber später auch auf ein Scheibenleitwerk umgerüstet wurde.

Besatzung: 9 – 10
Triebwerke: (PB2Y-5) Vier luftgekühlte 14-Zylinder-Doppelsternmotoren Pratt & Whitney R-1830-92 Twin Wasp mit je 894 kW (1200 PS).
Leistungen: (PB2Y-5) Höchstgeschwindigkeit 310 km/h, Reisegeschwindigkeit 272 km/h, Dienstgipfelhöhe 6250 m, Reichweite 1720 km.
Gewichte: (PB2Y-5) Leergewicht 18 530 kg, maximales Abfluggewicht 29 940 kg.
Bewaffnung: (PB2Y-5) Je ein Doppel-MG im Bug, auf dem Rücken und im Heck, je ein MG in den Seitenständen. Bis zu 5440 kg Bomben in Flügelschächten, oder Torpedos und Wasserbomben extern.

Consolidated TBY Sea Wolf

Entwicklung: Ursprünglich von Vought entworfen und als Prototyp gebaut, flog die XTBU-1 mit einem 1800 PS-Double Wasp im Dezember 1941 erstmals. Während der Testphase des in Ganzmetallbauweise hergestellten dreisitzigen Mitteldeckers mit Klappflügeln, gab es Verzögerungen durch größere, unfallbedingte Beschädigungen. Unter anderem brach das Heck bei Versuchen mit dem Landehaken. Die US Navy bestellte 1000 Maschinen, die jedoch wegen der starken Auslastung bei Vought, durch die Produktion der F4U Corsair und OS2U Kingfisher, bei Consolidated gebaut wurden. Mit einem stärkeren R-2800-22 Double Wasp und einem abnehmbaren Radarbehälter am rechten Flügel ging die TBY-2 (große Abb.) in Serie. Auslieferungen begannen aber erst im August 1944, da die Produktionsstätten von Consolidated-Vultee erst Ende 1943 in Betrieb genommen werden konnten. Weil die Torpedostaffeln schon alle mit der TBM Avenger von Grumman ausgestattet waren, bestand, trotz der besseren Flugleistungen, nun eigentlich kein Bedarf mehr für die Sea Wolf und die Order wurde, auch wegen des absehbaren Kriegsendes, im Juli 1945 auf 250 Flugzeuge reduziert und im August komplett gekündigt.

Inklusive des Prototyps rollten deshalb nur 181 Sea Wolf aus den Werkshallen.

Nach einer US-Navy-Forderung von 1939 wurde von Vought der Prototyp XTBU-1 entworfen und gebaut, die spätere TBY Sea Wolf.

Besatzung: 3
Triebwerk: (TBY-2) Ein luftgekühlter 18-Zylinder-Doppelsternmotor Pratt & Whitney R-2800-22 Double Wasp mit 1565 kW (2100 PS).
Leistungen: (TBY-2) Höchstgeschwindigkeit 502 km/h, Reisegeschwindigkeit 251 km/h, Dienstgipfelhöhe 9000 m, Reichweite beladen 1650 km.
Gewichte: (TBY-2) Leergewicht 5278 kg, Abfluggewicht 8591 kg.
Bewaffnung: Je ein MG über dem Motor, im unteren Heckstand, im hinteren Drehturm und je ein MG unter den Fügeln. Im Schacht bis zu 726 kg Bomben oder ein 910 kg-Torpedo.

Bemerkungen: Eigentlich als Konkurrenzmuster zur Grumman Avenger konstruiert und von der Navy auch entsprechend gefördert, kam die zwar leitungsfähigere Sea Wolf mit ihren vielen Verzögerungen während der Testphasen und des sich dahinziehenden Produktionsbeginns zu spät und deshalb nie zum Kriegseinsatz. Zwei Staffeln wurden noch zum Training aufgebaut, aber auch deren Sea Wolfs wurden durch TBM Avenger ersetzt und die meisten Flugzeuge stellte man in Reservegeschwadern einfach ab.

Es blieb keine Sea Wolf erhalten. Bis 1947 wurden alle Flugzeuge ausgeschlachtet und verschrottet.

Ursprungsland
USA
Kategorie
Trägergestützter Torpedobomber

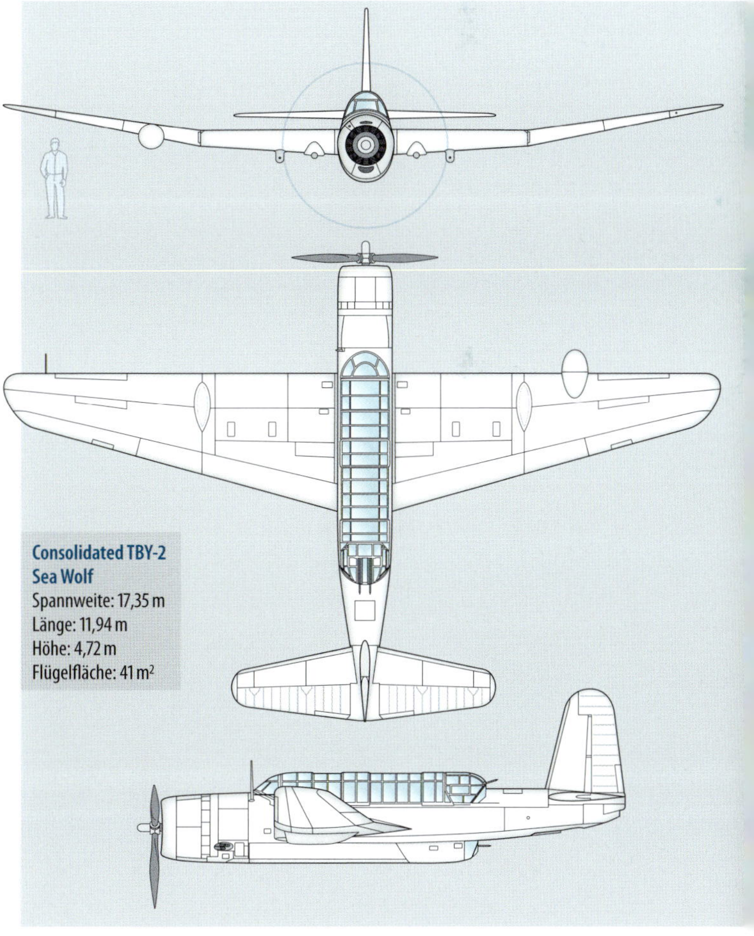

Consolidated TBY-2 Sea Wolf
Spannweite: 17,35 m
Länge: 11,94 m
Höhe: 4,72 m
Flügelfläche: 41 m^2

Curtiss BF2C Goshawk

Ursprungsland
USA
Kategorie
Trägergestütztes Jagdflugzeug, Jagdbomber

Entwicklung: Die US-Navy bestellte im April 1932 zwei Prototypen des Träger-Jagdflugzeuges XF11C-1 und 2. Der in Gemischtbauweise hergestellte Doppeldecker mit festem Fahrwerk (Abb. oben) hatte einen teilweise bespannten Metallrumpf und bespannte Holztragflächen. Beim Prototyp XF11C-3 (kleine Abb.) wurde ein einziehbares Hauptfahrwerk installiert, das zwar eine Gewichtszunahme mit sich brachte, aber auch eine höhere Geschwindigkeit. Noch in dieser Phase tauschte man auch die Holzflügel gegen anders profilierte Metallflügel aus und nannte den Doppeldecker nun XBF2C-1. Im Oktober 1932 bestellte die US Navy 27 BF2C-1 mit einem höheren Rumpfrücken und einem halb geschlossenes Cockpit (Zeichnung) die im Oktober 1934 ausgeliefert waren. Hawk wurden die zahlenmäßig erfolgreicheren Exportversionen genannt. Mit der Hawk III, dem Hauptexportmodell, das wieder auf der BF2C-1 baslerte, führte man wleder die ursprünglich profilierten, aus Holz gebauten, Flügel ein, während die Hawk IV ein einzelner, ziviler Demonstrator mit geschlossenem Cockpit und einem 790 PS-starken Wright R-1820 war.

Inklusive der Prototypen wurden vermutlich nur 166 Flugzeuge gebaut.

Bemerkungen: Mit den 27 Goshawk BF2C-1, die ab Oktober 1934 auf dem Flugzeugträger USS Ranger stationiert waren, wurde die US Navy wegen ständiger Fahrwerksprobleme nicht glücklich und stellte sie schon nach wenigen Monaten wieder außer Dienst. Angeblich wurden bis 1937 alle verschrottet. Curtiss machte sein Geschäft mit den Exportversionen. 137 Hawk III lieferte man an Argentinien, China, Thailand und die Türkei. Eingesetzt wurden sie bis Ende 1937 von China gegen japanische Boden- und Seeziele, sowie ab 1941 von Thailand gegen Frankreich. Einige thailändische Hawks waren bis 1949 noch als Trainer im Einsatz.

Eine F-11 C, die Ernst Udet flog, steht im Krakauer Polish Aviation Museum, eine BF2C im Royal Thai Airforce Museum in Bangkok und im National Naval Aviation Museum in Pensacola, USA.

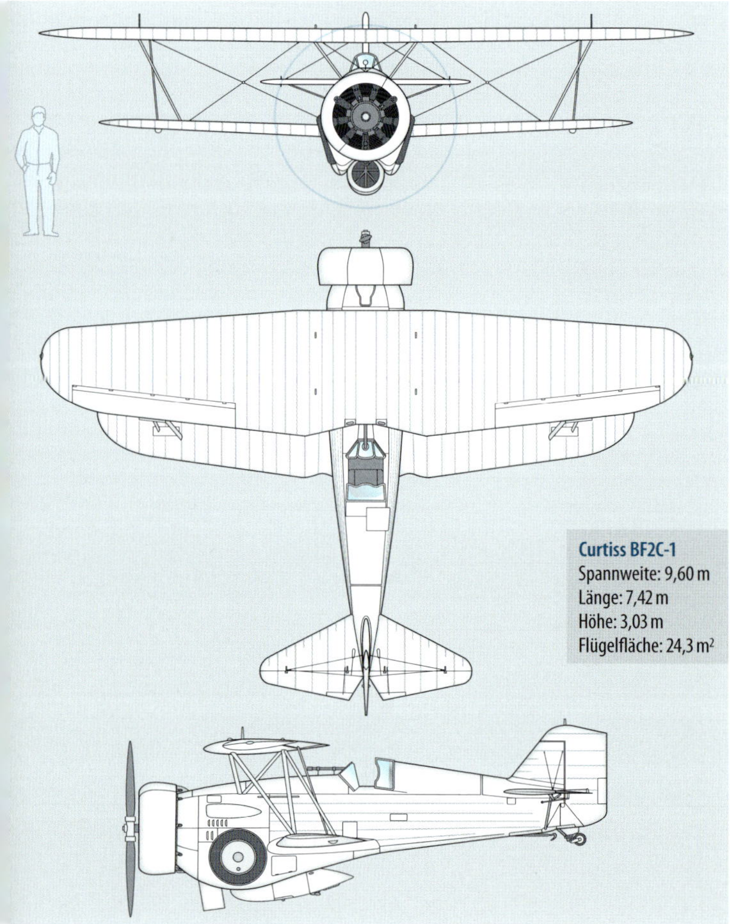

Curtiss BF2C-1
Spannweite: 9,60 m
Länge: 7,42 m
Höhe: 3,03 m
Flügelfläche: 24,3 m²

Der Prototyp, die XF11C-3 mit seinem markanten Einziehfahrwerk.

Besatzung: 1
Triebwerk: Ein luftgekühlter Sternmotor Wright R-1820-04 Cyclone mit 575 kW (770 PS).
Leistungen: Höchstgeschwindigkeit 410 km/h, Reisegeschwindigkeit 253 km/h, Dienstgipfelhöhe 8200 m, Reichweite 1167 km.
Gewichte: Leergewicht 1509 kg, maximales Abfluggewicht 2065 kg.
Bewaffnung: Zwei MGs nach vorne, eine nach unten ausschwenkbare 215 kg-Bombe, je eine 53 kg-Bombe unter den Tragflächen.

Curtiss SOC Seagull

Ursprungsland
USA
Kategorie
Beobachtungsflugzeug

Entwicklung: Bereits 1933 wurde von der US Navy spezielle Beobachtungsflugzeuge auf Kreuzern und Schlachtschiffen als Ersatz für die veraltete OC-2 gefordert. Curtiss entwarf daraufhin die XO3C, ein katapultfähiges Amphibium, das erstmals im April 1934 abhob. Der Doppeldecker hatte einen Aluminium-Vorderrumpf, das Heck war eine bespannte Stahlrohrkonstruktion. Für kurze Start- und Landestrecken waren die oberen Tragflächen mit Vorflügeln und Klappen ausgestattet. Nach dem Vorserienmodell, dessen Radfahrwerk gegen Schwimmer austauschbar war, wurden 135 SOC-1 in Auftrag gegeben, gefolgt von 40 SOC-2 mit festem Fahrwerk und Landehaken und weiteren 83 SOC-3 (große Abb.) mit austauschbarem Fahrwerk. Von der SOC-4 wurde eine unbekannte Zahl an die US-Coast Guard abgegeben.

Bis 1938 lieferte man insgesamt 322 Seagulls aus. Davon 258 von Curtiss und 64 von der Naval Aircraft Factory als SON-1.

Nur der Prototyp, die XO3C, hatte ein im Zentralschwimmer integriertes Fahrwerk und einen Pratt & Whitney R-1340 mit 550 PS.

Bemerkungen: Die erste Seagull wurde im November 1935 auf einem leichten Kreuzer eingesetzt und Stück um Stück wurden die veralteten Vorgänger auf den anderen Kreuzern und Schlachtschiffen ersetzt. Die Doppeldecker gehörten zu den wichtigsten Beobachtungsflugzeugen auf Schiffen. Sie starteten vom Katapult und wurden von einem Kran wieder an Bord gehoben. Die Radversionen waren auf Flugzeugträgern stationiert. Seagulls patrouillierten auf allen maritimen Kriegsschauplätzen im Pazifik, im Atlantik und im Mittelmeer und wurden erst allmählich durch die OS2U Kingfisher ersetzt und schließlich zu Trainern umgebaut. Nach dem Debakel mit der Curtiss Seamew (S. 276) wurden Seagulls jedoch wieder reaktiviert und von 1943 bis 1945 wieder an vorderster Front eingesetzt.

Es ist keine SOC Seagull erhalten geblieben.

Besatzung: 2
Triebwerk: Ein luftgekühlter 9-Zylinder-Sternmotor Pratt & Whitney R-1340-18 Wasp mit 447 kW (600 PS).
Leistungen: Höchstgeschwindigkeit 266 km/h, Reisegeschwindigkeit 214 km/h, Dienstgipfelhöhe 4500 m, Reichweite 1080 km.
Gewichte: Leergewicht 1718 kg, Abfluggewicht 2466 kg.
Bewaffnung: Ein festes MG nach vorne, ein bewegliches MG im hinteren Cockpit. Maximal 295 kg Bomben an Flügelstationen.

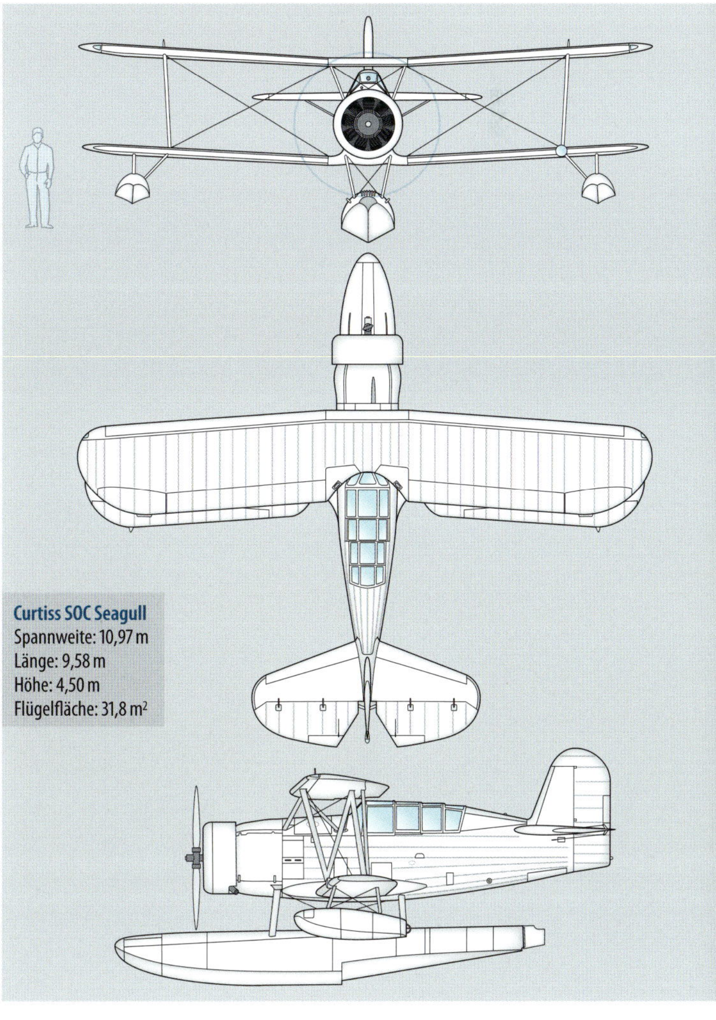

Curtiss SOC Seagull
Spannweite: 10,97 m
Länge: 9,58 m
Höhe: 4,50 m
Flügelfläche: 31,8 m²

Curtiss P-36 Hawk

Ursprungsland
USA
Kategorie
Jagdflugzeug

Entwicklung: Das Model 75 entstand als Eigenentwicklung von Curtiss im Jahr 1934, dessen Erstflug im Mai 1935 war. Die Ganzmetallkonstruktion hatte weder Panzerung noch selbstdichtende Tanks. Das Vergleichsfliegen im April 1936 gegen Seversky's P-35 verlor Curtiss. Trotzdem erteilte die USAAC einen Auftrag über drei Prototypen Y1P-36, da die USAAC Seversky's Lieferfähigkeit der P-35 bezweifelte. Die Curtiss-Prototypen überzeugten und ein USAAC-Auftrag über 210 P-36 folgte, die ab April 1938 in Dienst gingen, aber wegen verschiedener technischer Probleme anfangs nur eingeschränkt geflogen werden konnten. Schließlich einsatztauglich, waren sie eigentlich veraltet. Weiterentwicklungen wie die YP-37 mit einem 1150 PS-Allison oder die XP-42 mit einem vollverkleideten Sternmotor waren zwar schneller, blieben aber Unikate. Erfolgreicher war Curtiss mit Exporten. Als Hawk 75 lieferte man ab Dezember 1938 100 Flugzeuge, zum Teil in Baugruppen, an Frankreich. Davon wurden 44 von den Deutschen erbeutet und an Finnland weitergereicht. Auch die RAF besaß rund 230, Mohawks genannte 75 A, gab aber schnell 72 an Südafrika und weitere an Indien, Burma, sowie Portugal ab. Argentinien, Brasilien, China, Iran, Norwegen, Peru, Thailand und Niederländisch Ostindien kamen ebenso, zum Teil auf Umwegen, in den Besitz von P-36/Hawk 75.

Für die USA wurden 215 Hawks und ca. 900 für den Export produziert.

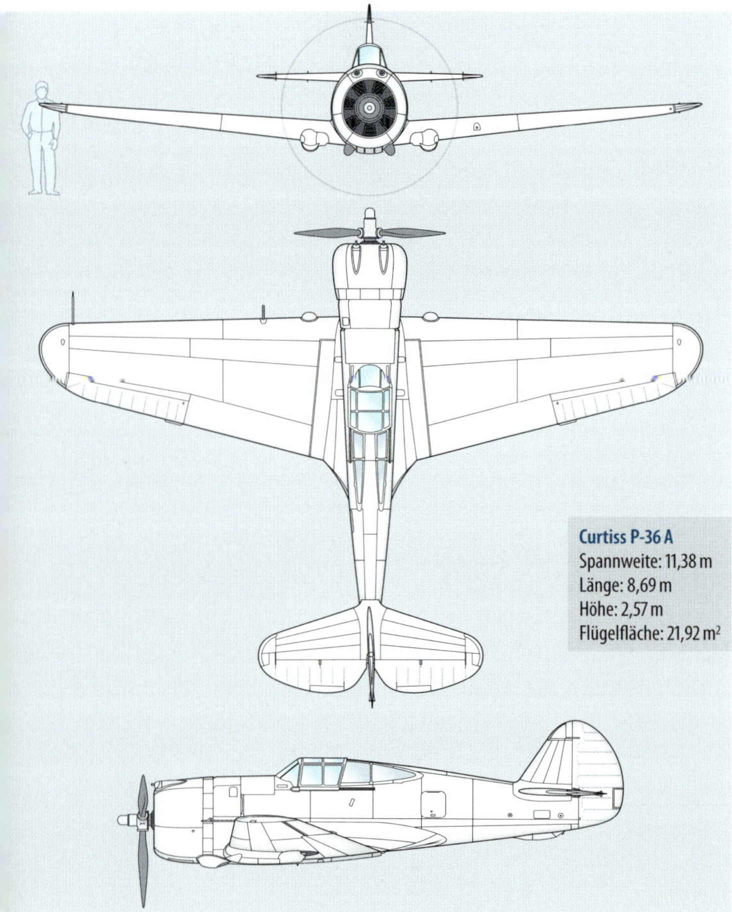

Curtiss P-36 A
Spannweite: 11,38 m
Länge: 8,69 m
Höhe: 2,57 m
Flügelfläche: 21,92 m²

Die Curtiss 75 H war ein vereinfachtes Exportmodell mit Festfahrwerk, das an China verkauft wurde.

Bemerkungen: Obwohl beim Angriff auf Pearl Harbour eine P-36 den ersten Luftsieg gegen Japan errang, galt sie bei der USAAC schnell als überholt und wurde zu den Ausbildungseinheiten abgeschoben oder verkauft. Die P-36 war für Curtiss, dank der Exporte, trotzdem ein wirtschaftlicher Erfolg. Für viele Staaten war es eine willkommene Möglichkeit, ein damals zeitgemäßes Jagdflugzeug zu erwerben.

Eine P-36 findet man z. B. noch im National Museum of the United States Air Force, Wright-Patterson Air Force Base, USA.

Besatzung: 1
Triebwerk: (P-36 A) Ein luftgekühlter 14-Zylinder-Doppelsternmotor Pratt & Whitney R-1830-SC-G Twin Wasp mit 772 kW (1050 PS).
Leistungen: (P-36 A) Höchstgeschwindigkeit 504 km/h, Reisegeschwindigkeit 430 km/h, Dienstgipfelhöhe 10 000 m, Reichweite 1000 km.
Gewichte: (P-36 A) Leergewicht 2072 kg, Abfluggewicht 2563 kg, maximales Abfluggewicht 2726 kg.
Bewaffnung: (P-36 A) 2 MGs über dem Motor, je nach Version an zwei Flügelstationen bis zu jeweils 50 kg Bomben.

Curtiss P-40 Warhawk

Ursprungsland
USA
Kategorie
Jagdflugzeug

Entwicklung: Der in Ganzmetallbauweise hergestellte Tiefdecker wurde in kurzer Zeit aus der P-36 weiterentwickelt, wobei zuerst der Sternmotor durch einen flüssigkeitsgekühlten, aufgeladenen V12 Allison V-1710 ersetzt wurde um die Geschwindikeit zu steigern. Die XP-40 flog im Oktober 1938. Trotz nur durchschnittlicher Leistungen, wurden 528 Flugzeuge bestellt. Die ersten Auslieferungen an die USAAC begannen im April 1940. Unter den zahllosen Varianten gab es je nach Einsatzzweck Leichtbauversionen, Motorisierungsvarianten, langes Rumpfheck, langer Bug, geänderte Cockpithauben, unterschiedliche Bewaffnung, Doppelsitzer usw. Von den N-Leichtbauversionen wurden alleine 5219 Stück gebaut. Weiterentwicklungen erreichten meist nicht die Leistungen anderer Jagdflugzeuge und wurden deshalb eingestellt.

Alle 13 738 Flugzeuge wurden bis Ende 1944 von Curtiss hergestellt.

Auch die drei XP-40 Q, modifizierte P-40 N, erreichten trotz zweifachem Lader, geblasener Cockpithaube und einem Vierblattpropeller nicht die Leistungen der P-47 oder P-51. Sie war mit 679 km/h jedoch die schnellste P-40-Variante, ging aber nicht in Serie.

Bemerkungen: Obwohl die Warhawk schon um 1940 leistungsmäßig zurückfiel, hatte sie den Vorteil, sofort, günstig und in großer Zahl produziert werden zu können. Neben den USA flogen sie in Kanada, Australien, Neuseeland, Frankreich und Südafrika und bei der RAF. Die Sowjetunion, die ab Ende 1942 2631 Flugzeuge über das Lend-Lease-Programm erhielt, flog die P-40 unter den Bezeichnungen Tomahawk und Kittyhawk. Weniger als Jagdflugzeug in großen Höhen geeignet, woran auch die immer stärkeren Motoren nichts änderten, war sie als robuster, wendiger und erfolgreicher Jagdbomber in niedrigen bis mittleren Höhen gut einsetzbar und konnte auch unter rauhen Bedingungen auf allen Kriegsschauplätzen des Pazifiks, Europas, Nordafrikas und des mittleren Ostens geflogen werden.

Unzählige P-40 sind statisch oder flugfähig weltweit zu finden, viele in den USA. Eine davon ist in Ferte Alais, Frankreich stationiert.

Besatzung: 1
Triebwerk: (N-1) Ein flüssigkeitsgekühlter V12-Zylinder-Allison V-1710-81 mit 882 kW (1200 PS) Startleistung und 827 kW (1125 PS) in 5270 m Höhe.
Leistungen: (N-1) Höchstgeschwindigkeit 608 km/h in 3200 m Höhe, Reisegeschwindigkeit 463 km/h, Steigzeit auf 4570 6 min 42 sec, Dienstgipfelhöhe 11 580 m, Reichweite 1200 km.
Gewichte: (N-1) Leergewicht 2721 kg, Abfluggewicht 3356 kg, maximales Abfluggewicht 4014 kg.
Bewaffnung: (N-1) Je zwei MGs in den Flügeln, ab N-5 je drei MGs in den Flügeln und bis zu drei 227 kg-Bomben oder Droptanks extern.

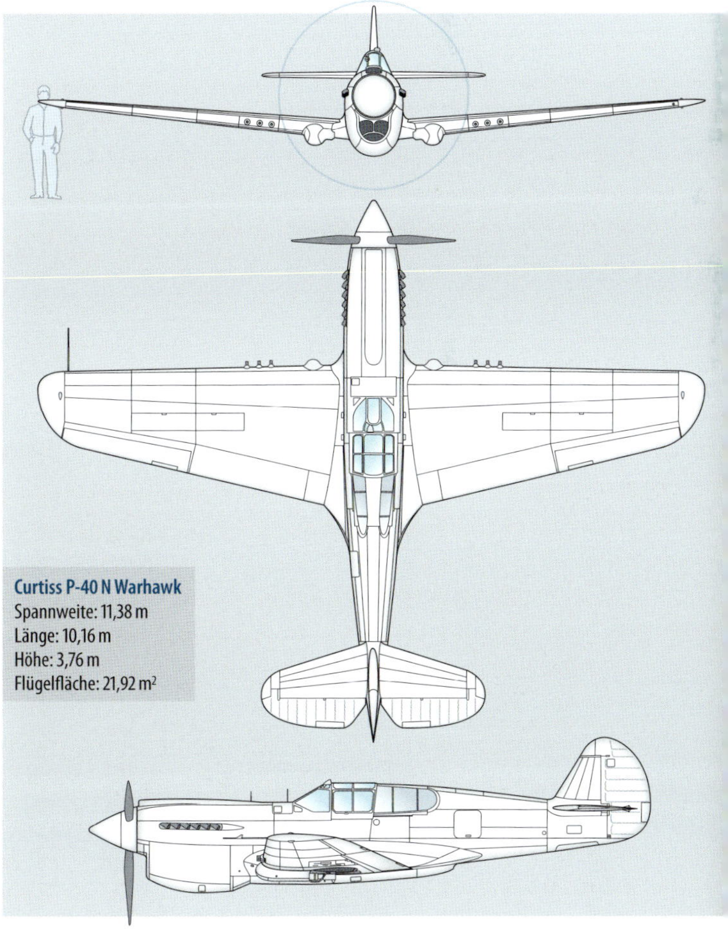

Curtiss P-40 N Warhawk
Spannweite: 11,38 m
Länge: 10,16 m
Höhe: 3,76 m
Flügelfläche: 21,92 m²

Curtiss SBC Helldiver

Ursprungsland
USA
Kategorie
Trägergestützter Sturzkampfbomber

Entwicklung: Die Karriere des letzten trägergestützten Doppeldecker-Kampfflugzeugs der USA begann als Eindecker. Im Juni 1932 wurde Curtiss beauftragt einen zweisitzigen Hochdecker zu entwickeln, die XF12C-1. Über mehrere Umbauten wurde dieses Flugzeug schließlich zur XSBC-1, ein sogenannter Scout-Bomber, der erstmals 1933 flog, aber bei einem Crash zerstört wurde. Curtiss schlug die XSBC-2 als Ersatzflugzeug vor, wieder ein Doppeldecker, in Ganzmetallbauweise und einem 700 PS-Doppelsternmotor, der in einem Vergleichsfliegen gewann. Mit einem 825 PS-starken Pratt & Whitney R-1535 wurden schließlich 83 SBC-3 (Abb. oben) bestellt. Die Auslieferungen begannen im Juli 1937. Nach 76 gebauten SBC-3 installierte man in die SBC-4 (Zeichnung) den 950 PS-starken Pratt & Whitney R-1820-34, die Bewaffnung wurde verstärkt, die Bombenlast erhöht und die ersten von 173 bestellten Flugzeuge konnten im März 1939 ausgeliefert werden.

Von allen Varianten inklusive der Prototypen, sind 257 Flugzeuge gebaut worden.

Bemerkungen: Schon 1937 bei den Auslieferungen war klar, dass Doppeldecker nicht mehr zeitgemäß sind. Bei Kriegsbeginn waren sie schon veraltet. Geflogen wurden die SBC von der US-Navy, die sie aber relativ früh durch modernere Flugzeuge ersetzte und die SBC zum Fortgeschrittenen- und Sturzkampftrainer degradierte. Ebenso das US Marine Corps, die ihre SBC-4 1942 durch Douglas Dauntless ablöste. Frankreich bestellte 90 SBC-4, von denen 50 Flugzeuge aus US-Beständen per Schiff nach Brest gebracht werden sollten. Von der deutschen Marine aufgebracht, landeten die Schiffe in Martinique an, wo alle Flugzeuge im karibischen Klima schnell fluguntauglich und am Ende verschrottet wurden. Fünf Flugzeuge erhielt die RAF, die als Cleveland Mk. I nie zum Kriegseinsatz kamen, sondern lediglich in Großbritannien als landgestützte Trainingsmaschinen verwendet wurden.

Soweit bekannt ist kein Flugzeug erhalten geblieben.

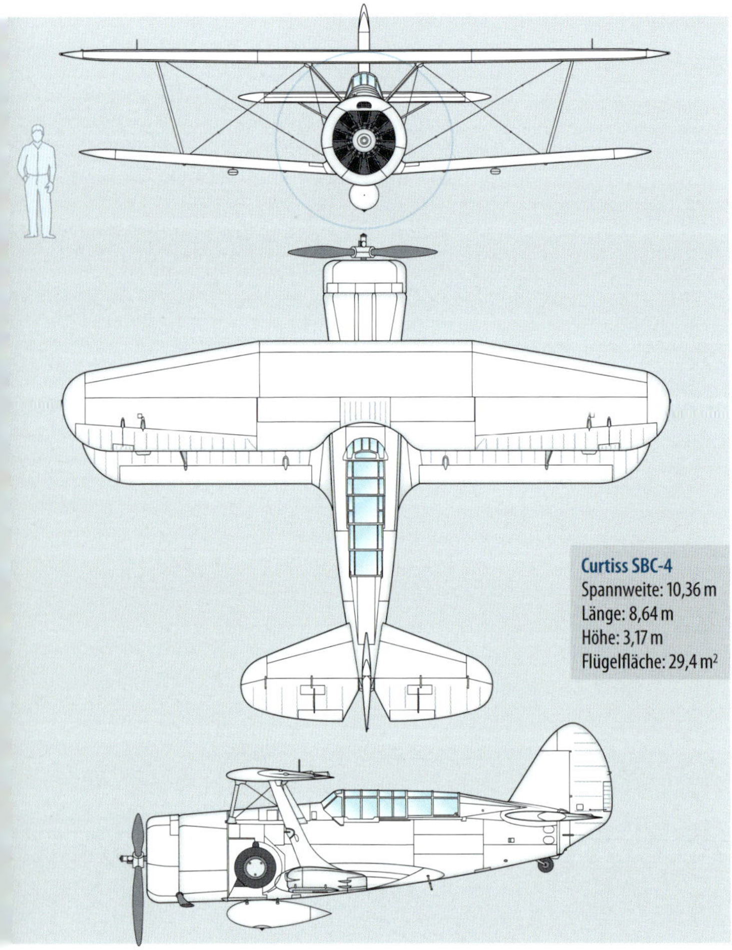

Curtiss SBC-4
Spannweite: 10,36 m
Länge: 8,64 m
Höhe: 3,17 m
Flügelfläche: 29,4 m²

Der Prototyp XSBC-2, noch mit einem 700 PS-Wright XR-1510-12 Doppelsternmotor

Besatzung: 2
Triebwerk: (SBC-4) Ein luftgekühlter 9-Zylinder-Sternmotor Wright R-1820-34 Cyclone mit 708 kW (950 PS).
Leistungen: (SBC-4) Höchstgeschwindigkeit 381 km/h in 4600 m Höhe, Reisegeschwindigkeit 282 km/h, Dienstgipfelhöhe 8300 m, Reichweite 950 km.
Gewichte: (SBC-4) Leergewicht 2196 kg, Abfluggewicht 3462 kg.
Bewaffnung: Ein MG nach vorn, eines beweglich im hinteren Cockpit. Eine 450 kg-Bombe unter dem Rumpf oder zwei 227 kg-Bomben an Flügelstationen.

Curtiss SB2C Helldiver

Entwicklung: Um die Douglas Dauntless zu ersetzen wurde die wesentlich größere SB2C entwickelt. Der Prototyp XSB2C-1 hatte seinen Erstflug im Dezember 1940. Nach einem Crash wurde der Tiefdecker überarbeitet. Dazu zählte ein längerer Rumpf, strukturelle Verstärkungen und ein größeres Leitwerk, um das instabile Flugverhalten zu verbessern. Schießlich flog er im Oktober 1941 erneut, aber schon im Dezember wurde er bei einem Sturzflugtests zerstört. Obwohl schon im November 1940 größere Bestellungen eingingen, verzögerten zahllose gravierende Modifikationen den Serienbau, so dass die Maschinen erst im Dezember 1942 bei der Truppe eintrafen. Ständige technische Probleme, ein unstabiles Flugverhalten und die bemängelte Untermotorisierung wurden erst mit der Einführung der SB2C-3 im Jahr 1944 allmählich behoben. Zahlreiche Varianten mit unterschiedlichen Antrieben, Ausrüstungen und Bewaffnungen liefen bis 1945 vom Band, darunter 900 Flugzeuge als A-25 Shrike für die USAAF, die sie als Trainer und Zielschlepper einsetzte, aber nie als Sturzkampfbomber, da sie dafür bessere Flugzeuge hatte. 410 Shrikes gingen deshalb an die US Marines, ein Teil an die RAAF.

7140 Helldiver wurden in den Curtiss-Werken in den USA und bei Canadian Car und Fairchild in Kanada gebaut.

Für das United States Army Air Corps wurden 900 A-25 Shrike ohne Fanghaken und ohne klappbare Flügel geliefert.

Besatzung: 2
Triebwerk: (C-4) Ein luftgekühlter 14-Zylinder-Doppelsternmotor Wright R-2600-20 Twin Cyclone mit 1397 kW (1900 PS) Startleistung.
Leistungen: Höchstgeschwindigkeit 475 km/h in 5100 m, Reisegschwindigkeit 254 km/h, Dienstgipfelhöhe 8900 m, Reichweite beladen 1875 km.
Gewichte: (C-4) Leergerwicht 4784 kg, Abfluggewicht 7537 kg.
Bewaffnung: (C-4) je ein MG in den Flügeln und ein bewegliches MG im hinteren Cockpit. Wahlweise je 2 MGs in Gunpods oder 8 × 5 Raketen oder je eine 230 kg-Bombe an Flügelstationen. Ein Torpedo oder 910 kg Bomben im Bombenschacht.

Bemerkungen: Mit den Produktionsverzögerungen durch aufgetretene Mängel, den anfangs kritischen Flugeigenschaften und der anfälligen Technik war die SB2C bei Piloten und Mechanikern umstritten. Trotzdem war sie während des Pazifikkrieges der wichtigste Sturzkampfbomber auf US-Flugzeugträgern. Auch beim Vorrücken der USA in Richtung Japan spielte sie eine bedeutende Rolle. Obwohl mit Kriegsende viele Typen ausgemustert wurden, blieb sie bis Juni 1948 im Dienst. SB2C wurden an Griechenland, Portugal, Thailand und Frankreich verkauft, wo sie zum Teil bis 1954 im Einsatz waren.

Neben flugfähigen SB2C und Museumsstücken in den USA, steht auch eine im Hellenic Air Force Museum, Tatoi, Griechenland.

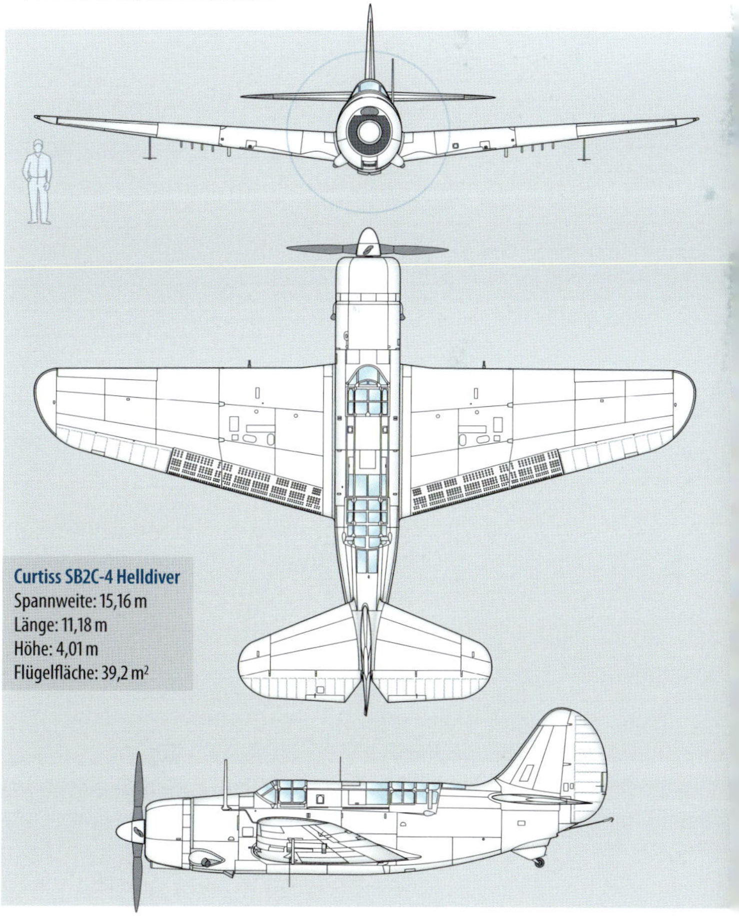

Curtiss SB2C-4 Helldiver
Spannweite: 15,16 m
Länge: 11,18 m
Höhe: 4,01 m
Flügelfläche: 39,2 m²

Ursprungsland
USA
Kategorie
Trägergestützter Sturzkampfbomber

Curtiss CW-22 / SNC-1 Falcon

Ursprungsland
USA
Kategorie
Fortgeschrittenen-Trainer

Entwicklung: Als zweisitziger Trainer wurde die CW-22 aus dem leichten Jagdflugzeug CW-21 (kleine Abb.), entwickelt. Etwas schwächer motorisiert, startete der in Ganzmetallbauweise hergestellte Tiefdecker 1940 erstmals. Das Einziehfahrwerk wurde wegen des dünnen Flügels in Fairings eingefahren. Als Kampfpiloten-Trainer, Aufklärer und Verbindungsflugzeug gedacht, konnte sich Curtiss das Flugzeug aber auch als ziviles Sportflugzeug vorstellen. An die niederländische Luftwaffe wurden 36 CW-22 geliefert. Fünzig Maschinen einer weiterentwickelten Version CW-22 B gingen an die Türkei und eine geringe, unbekannte Zahl an Südafrika. Ein unbewaffneter Demonstrator CW-22 N wurde der US-Navy präsentiert, die im November 1940 150 Flugzeuge bestellte. Um den weiter steigenden Bedarf der Flugschulen an Fortgeschrittenen-Trainern zu decken, wurden an die US-Navy schließlich insgesamt 305 (andere Quellen sprechen von 455), als SNC-1 Falcon (Bild/Zeichnung) bezeichnete Maschinen, geliefert. Sie wurden mit einem modifizierten Cockpit und einer höheren Cockpithaube ausgestattet.

Vermutlich sind insgesamt 442 Flugzeuge produziert worden.

Bemerkungen: Die niederländischen CW-22, die auf Niederländisch-Ostindien stationiert waren, waren die einzigen, die an Kampfhandlungen gegen den Vormarsch der Japaner auf Java, teilnahmen. Einige wurden von den Japanern erbeutet und auch wieder eingesetzt. Die amerikanischen CW-22 N / SNC-1 Falcons, ausschließlich als Fortgeschrittenentrainer bei der US-Marine eingesetzt, wurden 1946 außer Dienst gestellt und sind unter anderem auch an Privatleute verkauft worden.

Vier Flugzeuge existieren noch. Eine in Uruguay, zwei in den USA und eine CW-22 ist im Turkish Aviation Museum, Istanbul, Türkei zu sehen.

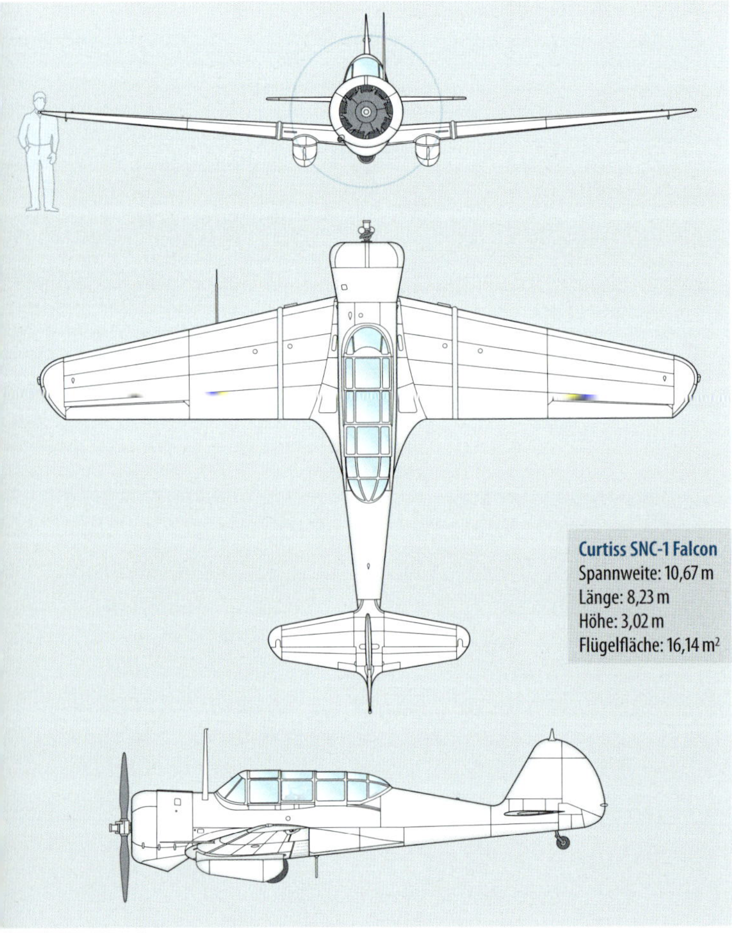

Curtiss SNC-1 Falcon
Spannweite: 10,67 m
Länge: 8,23 m
Höhe: 3,02 m
Flügelfläche: 16,14 m²

Lediglich 62 Flugzeuge wurden von der Curtiss CW-21 gebaut, aus der die CW-22 entwickelt wurde. Vom US-Militär zwar getestet, aber nie bestellt, flog sie als leichter, ungepanzerter Abfangjäger für die Niederlande und China.

Besatzung: 2
Triebwerk: Ein luftgekühlter 9-Zylinder-Sternmotor Wright R-975-28 Whirlwind mit 331 kW (450 PS) Startleistung und 309 kW (420 PS) Reiseleistung.
Leistungen: Höchstgeschwindigkeit 386 km/h, Reisegeschwindigkeit 310 km/h, Dienstgipfelhöhe 6600 m, Reichweite 1260 km.
Gewichte: Leergewicht 1241 kg, maximales Abfluggewicht 1718 kg.
Bewaffnung: Ein festes MG nach vorne, ein bewegliches MG im hinteren Cockpit.

Curtiss O-52 Owl

Ursprungsland
USA
Kategorie
Aufklärungsflugzeug

Entwicklung: Das relativ große und schwere Aufklärungsflugzeug wurde von Curtiss 1939 nach einer Forderung der USAAC entwickelt. Von dem intern Model 85 genannten abgestrebten, zweisitzigen Hochdecker in Ganzmetallbauweise bestellte die USAAC 203 Flugzeuge bereits vor dem 1940 erfolgten Erstflug. Automatische Vorflügel über die ganze Spannweite und große Klappen sorgten für gute Langsamflugeigenschaften, das Fahrwerk konnte seitlich in den Rumpf eingezogen werden. Um dem MG-Schützen ein freies Schussfeld zu geben, war das hintere Deck komplett bis zum Seitenleitwerk versenkbar. Aufklappbare Luken waren am Rumpfboden für Kameras montiert. Im Jahr 1942 bestellte die Sowjetunion im Rahmen des Lend-Lease-Programmes 30 O-52, die aus den Army-Beständen entnommen wurden. Ein Teil ging aber schon beim Transport per Schiff verloren, die restlichen 19 Owls wurden an der sowjetisch-deutschen Front zur Artilleriebeobachtung, zur Fotoaufklärung und als Beobachtungsplattform eingesetzt.

Insgesamt stellte Curtiss 203 O-52 Owls her.

Bemerkungen: Anfangs wurde die Owl zur Manöverbeobachtung geflogen, aber eigentlich war

Ideal für den Beobachter ist die großzügige, fast bis zum Heck verglaste Kanzel des abgestrebten Hochdeckers.

schon bei Kriegsbeginn klar, dass sie, ähnlich der North American O-47 (S. 308), für den Kriegseinsatz untauglich war. Kleinere Flugzeuge wie die Piper L-4, waren zwar wesentlich leichter und langsamer, aber billiger, einfacher zu fliegen und zu warten. Sie waren problemlos auf vorgeschobene und unvorbereitete Flugfelder verlegbar und konnten auch von dort aus operieren. Für ausgedehntere Aufklärungsmissionen gab es umgebaute und wesentlich schnellere Jagdflugzeuge. Einige O-52 wurden noch auf den Philippinen eingesetzt, die meisten blieben aber als Trainer und Kurierflugzeuge in den USA oder flogen auf U-Boot-Patrouille von den USA aus über den Küsten des Atlantiks, Pazifiks oder des Golfs von Mexiko.

Vier Owl haben in den USA überlebt. Eine davwird im Pima Air & Space Museum in Tucson, USA präsentiert.

Besatzung: 2
Triebwerk: Ein luftgekühlter 9-Zylinder-Sternmotor Pratt & Whitney R-1340-51 Wasp mit 441 kW (600 PS).
Leistungen: Höchstgeschwindigkeit 350 km/h, Reisegeschwindigkeit 309 km/h, Dienstgipfelhöhe 7100 m, Reichweite 730 km.
Gewichte: Leergewicht 1919 kg, Abfluggewicht 2433 kg.
Bewaffnung: Ein MG über dem Motor, ein MG im hinteren Cockpit.

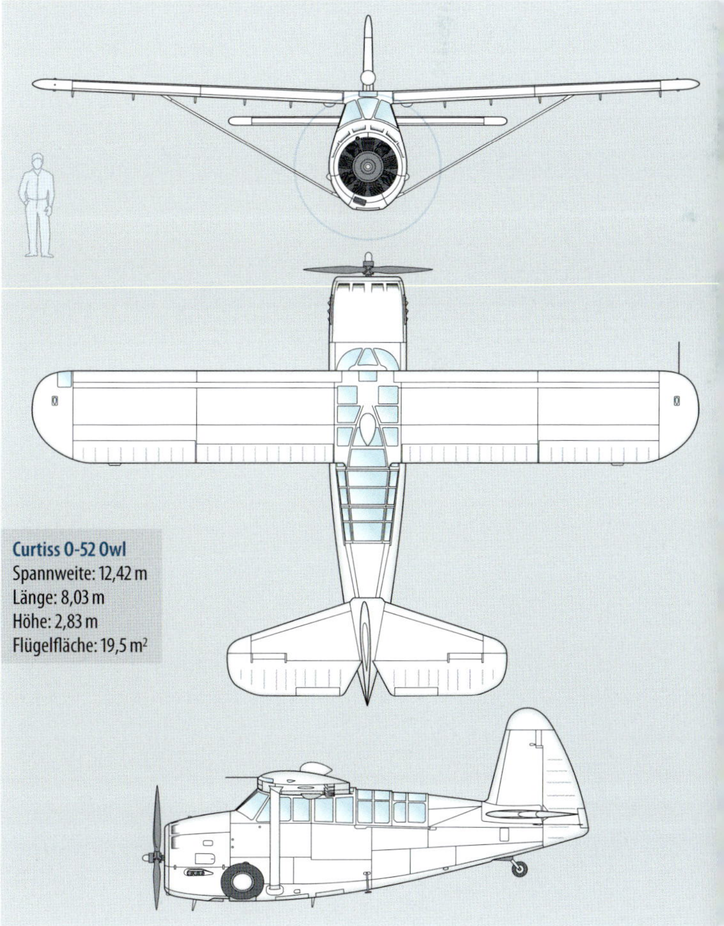

Curtiss O-52 Owl
Spannweite: 12,42 m
Länge: 8,03 m
Höhe: 2,83 m
Flügelfläche: 19,5 m²

Curtiss SO3C Seamew

Ursprungsland
USA
Kategorie
Aufklärungsflugzeug

Entwicklung: Als Nachfolger des Doppeldeckers Curtiss SOC Seagull (S. 269) entwarf man 1937 die Seamew, die sowohl von Land als auch von See aus operieren sollte. Bei dem in Ganzmetallbauweise produzierten Flugzeug konnte das Fahrwerk gegen einen Zentralschwimmer ausgetauscht werden. Erstflug war im Oktober 1939. Während der Erprobung zeigten sich erhebliche Mängel in der Flugstabilität, die mit Wingtips und einem größeren Seitenleitwerk nahezu behoben wurden. Probleme mit der Kühlung des Ranger-Reihenmotors konnten trotz vieler Versuche jedoch nie ganz gelöst werden. Die ersten katapultfähigen Seamews kamen ab Juli 1942 auf die Schlachtschiffe. Für Flugzeugträger war die Seamew mit dem schmalen Fahrwerk allerdings nicht geeignet. Ab Januar 1944 lieferte Curtiss etwa 100 von 250 bestellten SO3C mit Fahrwerk an die britische Royal Fleet Army. Die restlichen 150 wurden zugunsten der Vought Kingfisher (S. 325) storniert. Schon im September 1944 als unbrauchbar eingestuft, wurden die Seamews bis Kriegsende nur noch als Kurier- und Zielschleppflugzeug geflogen. Die Produktion einer leichteren, stärker motorisierten SO3C-3 stellte man nach 39 Flugzeugen ein.

Trotz aller Mängel lieferte Curtiss 795 SO3C aus.

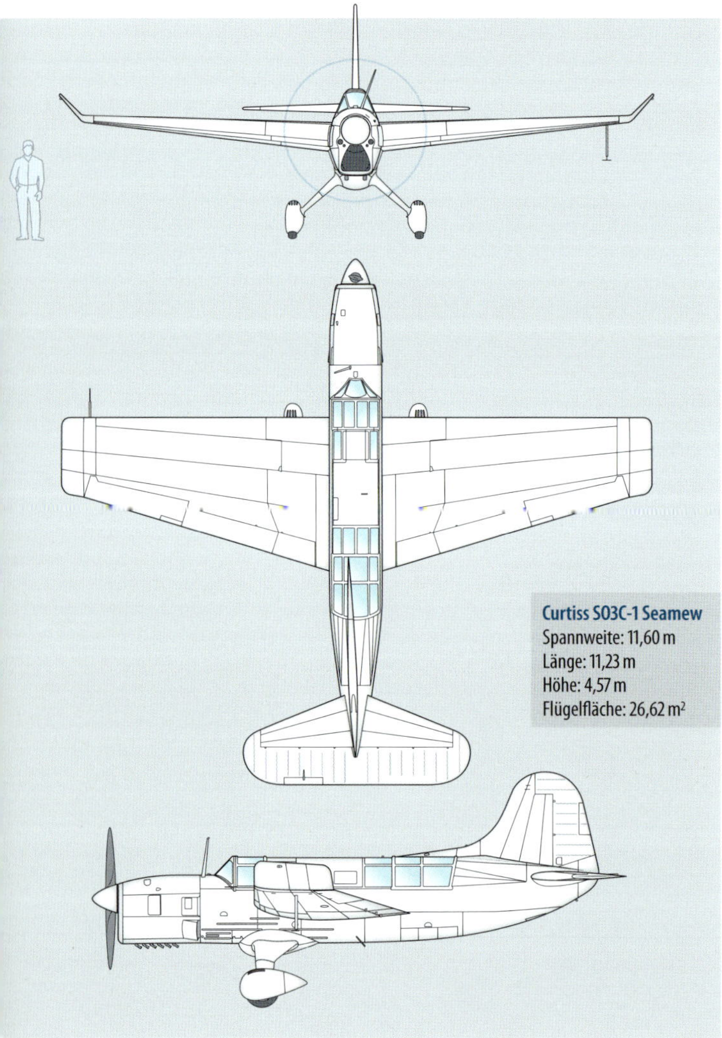

Curtiss SO3C-1 Seamew
Spannweite: 11,60 m
Länge: 11,23 m
Höhe: 4,57 m
Flügelfläche: 26,62 m²

Mit Radfahrwerk als landgestützte Version – eine SO3C-1.

Bemerkungen: Bei den meisten Piloten unbeliebt, und als „Seacow" bezeichnet, war die Konstruktion offensichtlich ein Fehlschlag. Selbst einem erfahrenen britischen Piloten war es unerklärbar, wie so ein Flugzeug, trotz Kriegszeiten, abgenommen werden konnte. Die problematischen Flugeigenschaften und der hohe Wartungsaufwand zwangen die US-Navy dazu, das Flugzeug schon 1944 aus den ersten Reihen zurückzuziehen und teilweise wieder durch die alten SOC Seagulls zu ersetzen.

Soweit bekannt blieb kein Flugzeug erhalten.

Besatzung: 2
Triebwerk: Ein luftgekühlter Reihenmotor Fairchild Ranger V-770-6 mit 447 kW (600 PS) Startleistung.
Leistungen: Höchstgeschwindigkeit 300 km/h, Reisegeschwindigkeit 195 km/h, Steigzeit auf 3000 m 21 min 30 sec, Dienstgipfelhöhe 5000 m, Reichweite maximal 1850 km.
Gewichte: Leergewicht (mit Schwimmern) 2170 kg, Abfluggewicht 2600 kg, maximales Abfluggewicht 3080 kg.
Bewaffnung: Ein MG nach vorn neben dem Motor, ein bewegliches MG im hinteren Cockpit. Maximal 150 kg Bomben an Flügelstationen.

Curtiss SC Seahawk

Ursprungsland
USA
Kategorie
Aufklärungsflugzeug

Entwicklung: Im Juni 1942 begannen auf Anfrage der US-Navy die Entwicklungsarbeiten an der Seahawk und bereits im August 1942 bekam Curtiss den Auftrag zum Bau zweier Prototypen und fünf Vorserienflugzeuge. Noch vor dem Erstflug im Februar 1944 wurde im Juni 1943 500 SC-1 bestellt. Das in Ganzmetallbauweise hergestellte, katapultstartfähige Flugzeug hatte faltbare Flügel und wurde mit einem Radfahrwerk(!) an die Navy ausgeliefert und erst dort, je nach Verwendungszweck, mit Schwimmern ausgestattet. Nachdem es wegen Problemen mit der Abdichtung nicht gelang, den Bombenschacht in den Hauptschwimmer zu integrieren, wurde dort ein Zusatztank montiert. Eine kleine Koje hinter dem Cockpit ermöglichte den Transport einer zusätzlichen Person. Zwei Droptanks unter den Flügeln brachten mehr Reichweite, es konnte aber auch an der rechten Flügelstation ein Radarbehälter angebracht werden. Die ersten Serienflugzeuge wurden im Oktober 1944 ausgeliefert. Der Bau einer zweisitzigen SC-2 mit einem 1425 PS-starken Wright 1820, einer geblasenen Cockpithaube und überarbeitetem Leitwerk wurde nach 9 Vorserienflugzeugen eingestellt.

577 Seahawks wurden an die Navy ausgeliefert.

Bemerkungen: Die für ein Schwimmerflugzeug sehr leistungsfähige Seahawk war angeblich das beste Schwimmer-Aufklärungsflugzeug der US-Navy und wurde auch „Messerschmitt on the Quarterdeck“ genannt. Überwiegend von Schlachtschiffen und schweren Kreuzern eingesetzt, startete man per Katapult und nach der Wasserung wurde das Flugzeug mit einem Kran wieder an Bord gehievt. Mit der späten Indienststellung im Jahr 1944 aufgrund der ausgedehnten Entwicklungszeit kamen Seahawks erst im Juni 1945 bei der Invasion von Borneo zum Einsatz, aber bereits ab 1947 wurden sie durch Hubschrauber ersetzt.

Soweit bekannt blieb keine Seahawk erhalten.

Eine U.S. Navy-Seahawk SC-2, aus der letzten Baureihe mit Radfahrwerk, einer längeren Cowling, einem kleinen Rumpffenster hinter dem Cockpit und einem Radar-Pod unter dem Flügel.

Besatzung: 1
Triebwerk: Ein luftgekühlter 9-Zylinder-Sternmotor Wright R-1820-62 Cyclone mit 1010 kW (1350 PS).
Leistungen: Höchstgeschwindigkeit 504 km/h, Reisegeschwindigkeit 201 km/h, Dienstgipfelhöhe 11 400 m, Reichweite ohne Droptanks 1000 km.
Gewichte: Leergewicht 2867 kg, Abfluggewicht 4082 kg.
Bewaffnung: Zwei MGs im Flügel, zwei 147 kg-Bomben an Flügelstationen.

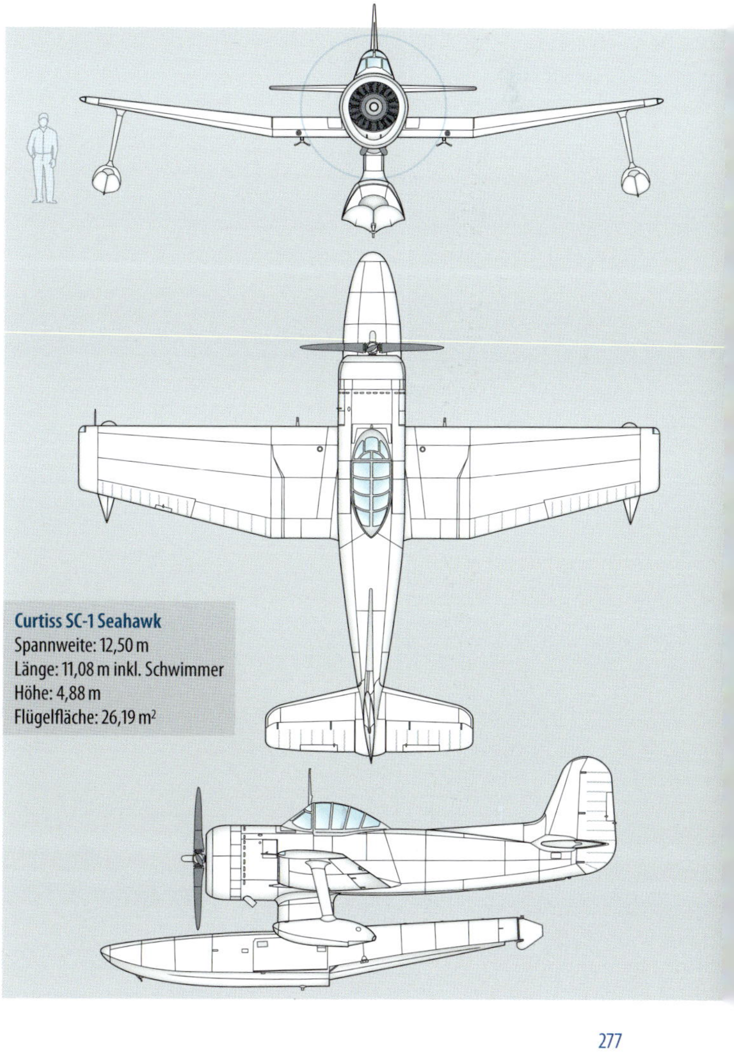

Curtiss SC-1 Seahawk
Spannweite: 12,50 m
Länge: 11,08 m inkl. Schwimmer
Höhe: 4,88 m
Flügelfläche: 26,19 m²

Curtiss C-46 Commando

Ursprungsland
USA
Kategorie
Transport-flugzeug

Entwicklung: Die Wurzeln der C-46 liegen in der zivilen CW-20 für 36 Passagiere, deren Entwicklung Curtiss in Eigeninitiative 1936 begann. Erstflug war im März 1940. Das Ganzmetallflugzeug hatte eine Druckkabinenquerschnitt in Form von zwei Kreissegmenten und ein Doppelleitwerk. Während der Erprobung wechselte man zu einem konventionellen Leitwerk. Im September 1940 ging die erste Bestellung der USAAF über 200 C-46 A (Bild oben) an Curtiss. Nun ausgestattet mit R-2800-Antrieben von Pratt & Whitney, einem verstärkten Kabinenboden und einer großen Frachtluke, aber ohne Druckkabine, konnte sie bis zu 40 ausgerüstete Soldaten oder 33 Tragbahren, plus Fracht im unteren Rumpfsegment transportieren. Von der C-46 A wurden 1491 gebaut, etwas mehr als von der D-Version (1430 St.), die mit einfachen Türen für Fallschirmspringer ausgestattet war. Mit modifizierten Motoren, geänderten Flügelspitzen und Frachttüren auf beiden Seiten liefen 234 C-46 F vom Band. Weitere Varianten mit anderer Motorisierung, oder einem abgestuften Cockpit und als Trainer kamen nicht auf größere Stückzahlen.

Insgesamt rollten bei Curtiss 3181 Commando aus den Werkhallen.

Bemerkungen: Größer und leistungsfähiger als die C-47/DC-3 (S. 284) wurde die robuste C-46 vor allem wegen ihrer Reichweite in Asien und im Pazifikraum eingesetzt. Berühmt wurde sie durch Transporte von Indien über den Himalaya nach China. In nicht so großer Zahl flog sie auch über Europa als Fallschirmabsetzer, Transport- und Schleppflugzeug. Trotz ihrer Qualitäten war die C-46 aber offenbar auch ein Albtraum für Mechaniker wegen des extrem hohen Wartungsaufwandes, und für Piloten, weil allein von 1943 bis 1945 31 Flugzeuge wegen eines mangelhaften Kraftstoffsystems in der Luft explodierten.

Unverwüstlich und trotz hoher Unterhaltskosten wurde die C-46 auch nach 1945 noch im Korea- und Vietnamkrieg als Transporter und bei Fluggesellschaften als Passagierflugzeug weiter betrieben. Neben statischen Museumsflugzeugen fliegen einige noch kommerziell in Südamerika, Afrika, Kanada und Alaska.

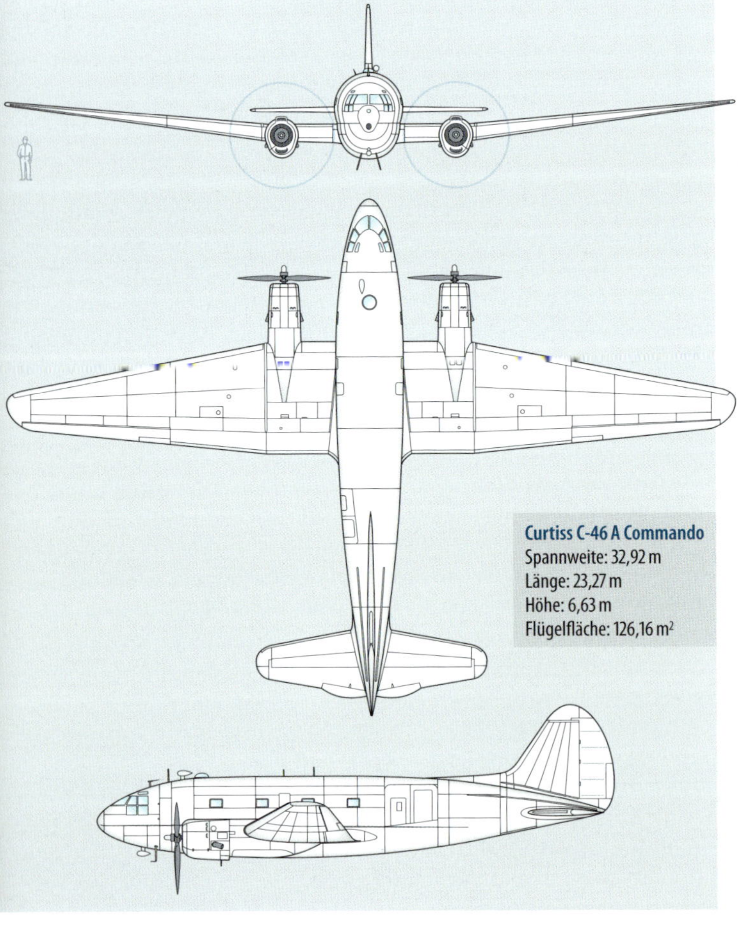

Curtiss C-46 A Commando
Spannweite: 32,92 m
Länge: 23,27 m
Höhe: 6,63 m
Flügelfläche: 126,16 m²

Die Curtiss Commando war vielseitig einsetzbar, unter anderem auch als Schleppflugzeug, hier mit einem Lastensegler WACO CG-15 im Deichselschlepp.

Besatzung: 4 – 5
Triebwerke: (A) Zwei luftgekühlte 18-Zylinder-Doppelsternmotoren Pratt & Whitney R-2800-51 Double Wasp mit je 1490 kW (2000 PS).
Leistungen: (A) Höchstgeschwindigkeit 430 km/h, Reisegeschwindigkeit 278 km/h, Steigzeit auf 3000 m 17 min 24 sec, Dienstgipfelhöhe 8400 m, Reichweite normal 1930 km, maximale Reichweite 5070 km.
Gewichte: (A) Leergewicht 13 608 kg, Abfluggewicht 25 400 kg.

Douglas B-18 Bolo

Ursprungsland
USA
Kategorie
Bomber

Entwicklung: Eine Ausschreibung der USAAC im Jahr 1934 forderte einen zweimotorigen Bomber, der wesentlich leistungsfähiger als die Martin B-10 (S. 303) sein sollte. Der Erstflug war im April 1936 und in einem Vergleichstest 1935 gewann die Douglas DB-1 gegen Martins Model 146 und wegen geringerer Anschaffungskosten auch gegen Boeings Model 299 (die spätere B-17), das eigentlich bessere Modell, das aber durch einen Pilotenfehler abstürzte und somit aus dem Rennen war. Der in Ganzmetall hergestellte Tiefdecker wurde von der DC-2 abgeleitet. Mit einem wesentlich voluminöseren Rumpf und größerer Spannweite war sie mit etwas schwächeren Wright Cyclone R-1820-45 mit 930 PS motorisiert. Anfang 1936 bestellte die USAAC 133 B-18 (großes Bild), der eine weitere Bestellung über 217 B-18 A (Zeichnung) folgten, die einen geänderten Bugstand und stärkere Motoren hatten. Ab 1942 wurden die Bolos allmählich durch Boeing B-17 Flying Fortress abgelöst und 122 B-18 A wurden zum U-Bootjäger B-18 B mit Radardom im Bug und Magnetdetektoren am Heck (kleines Bild) umgebaut, wovon 20 als Digby Mk. I an Kanada gingen.

Inklusive Prototypen baute Douglas 351 B-18.

Bemerkungen: Zur Zeit der ersten japanischen Angriffe im Dezember 1941 flogen fast alle Bombereinheiten außerhalb der USA Bolos, wobei etliche davon auf Hawaii und den Philippinen schon am Boden zerstört wurden. Es war auch schnell offensichtlich, dass der veraltete Bomber für Kriegseinsätze völlig ungeeignet war, obwohl die in den USA verbliebenen U-Bootjäger gegen deutsche U-Boote in der Karibik erfolgreich eingesetzt worden sind. Zwei B-18 wurden 1943 noch zum C-58 Transporter umgebaut und im Inland eingesetzt. Nach Kriegsende verkaufte man die restlichen Flugzeuge, von denen einige zum Frachter und zu Cropdustern umgebaut wurden.

Fünf B-18 haben überlebt, davon steht eine im Wings over the Rockies Air & Space Museum in Denver, USA.

Ein aus der B 18 A umgebauter U-Boot-Jäger B 18 B mit Magnetdetektor-Ausleger (MAD) am Heck und Radarnase-

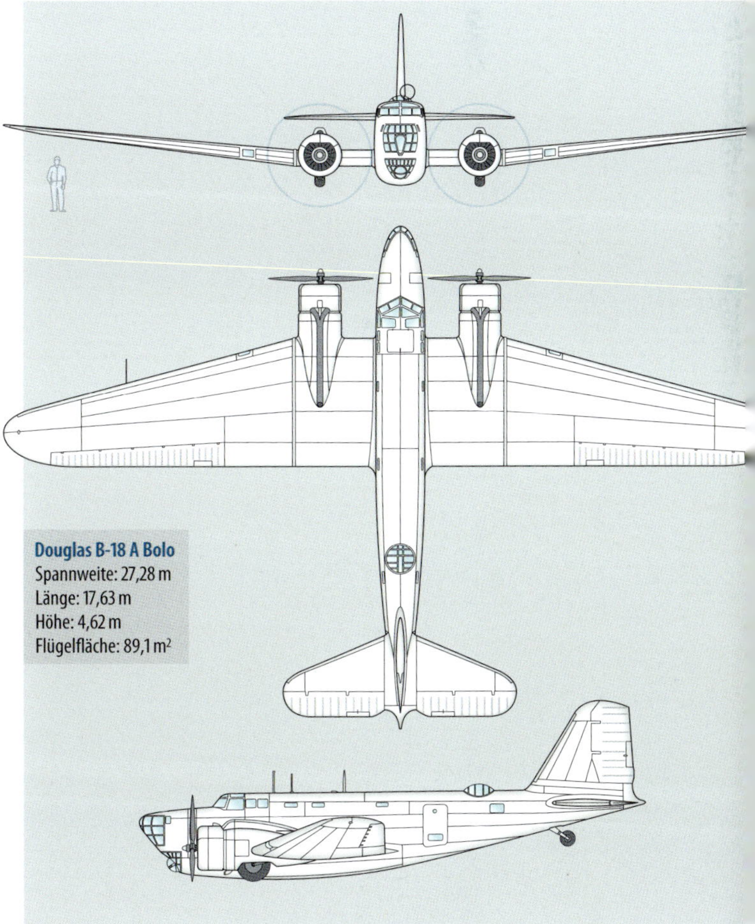

Douglas B-18 A Bolo
Spannweite: 27,28 m
Länge: 17,63 m
Höhe: 4,62 m
Flügelfläche: 89,1 m²

Besatzung: 6
Triebwerke: (A) Zwei luftgekühlte 9-Zylinder-Sternmotoren Wright R-1820-53 Cyclone mit je 746 kW (1000 PS).
Leistungen: (A) Höchstgeschwindigkeit 348 km/h, Reisegeschwindigkeit 270 km/h, Steigzeit auf 3000 m 9 min 54 sec, Dienstgipfelhöhe 7300 m, Reichweite 1400 km, Überführungsreichweite 3400 km.
Gewichte: (A) Leergewicht 7403 kg, Abfluggewicht 10 886 kg, maximales Abfluggewicht 12 552 kg.
Bewaffnung: (A) Je ein MG im Bug, auf dem Rücken und unter dem Rumpf. Normale Bombenzuladung 910 kg, max. 2000 kg im Schacht.

Douglas TBD-1 Devastator

Ursprungsland
USA
Kategorie
Torpedobomber

Entwicklung: Als einer der Gewinner (neben Brewster SBA, Vought SB2U Vindicator (S. 324) und Northrop BT-1 (S. 281) ging die Douglas XTBD-1 aus einem Wettbewerb für einen trägergestützten Torpedobomber hervor. Der Prototyp flog im April 1935 erstmals. Er gehörte mit seiner Ganzmetallbauweise, geschlossenem Cockpit, hydraulisch angetriebenen Klapptragflächen und halb eingezogenem Fahrwerk (zur Schadensbegrenzung bei Bauchlandungen), zu den damals modernsten und leistungsfähigsten Torpedobombern der USA. Hinter dem Pilot saß der Bombenschütze, hinten der Funker/Bordschütze. Der Bombenschütze konnte über ein aufklappbares Bodenfenster sein Ziel anvisieren. Nach geringen Änderungen, unter anderem wurde die Cockpitverglasung höher und der etwas stärkere P & W 1830-Sternmotor montiert, begann 1937 die Produktion und die ersten Flugzeugträger wurden bestückt. Mit dem rasanten Fortschritt im Flugzeugbau verdeutlichte sich aber schon 1940, dass die TBD-1 ersetzt werden muss. Der Nachfolger Grumman TBF Avenger (S. 297) war jedoch erst 1942 einsatzreif und so blieben die Devastators weiterhin im Dienst. Eine TBD-1 wurde versuchshalber mit Doppelschwimmern ausgerüstet, ging aber nicht in Serie.

Inklusive des Prototypen produzierte Douglas allerdings nur 130 TBD-1.

Bemerkungen: Mit Beginn des Pazifikkrieges Ende 1941 war klar, dass der bei seiner Einführung moderne Torpedobomber chancenlos gegen japanische Jagdflugzeuge war: Zu langsam, nicht wendig genug, geringe Panzerung – ein leichtes Ziel für die A6M Zeros. Nicht nur bei der Schlacht im Korallenmeer im Mai 1942, auch im Juni 1942 bei der Schlacht um Midway waren die Devastators an vorderster Front und erlitten dabei enorme Verluste. Die übriggebliebenen 39 TBD-1 wurden nach dem Midway-Debakel zurückgezogen und gingen an Trainingseinheiten für angehende Piloten, Mechaniker und Feuerwehrleute(!).

Ende 1944 waren sämtliche TBD-1 ausgelistet. Keine TBD-1 blieb erhalten.

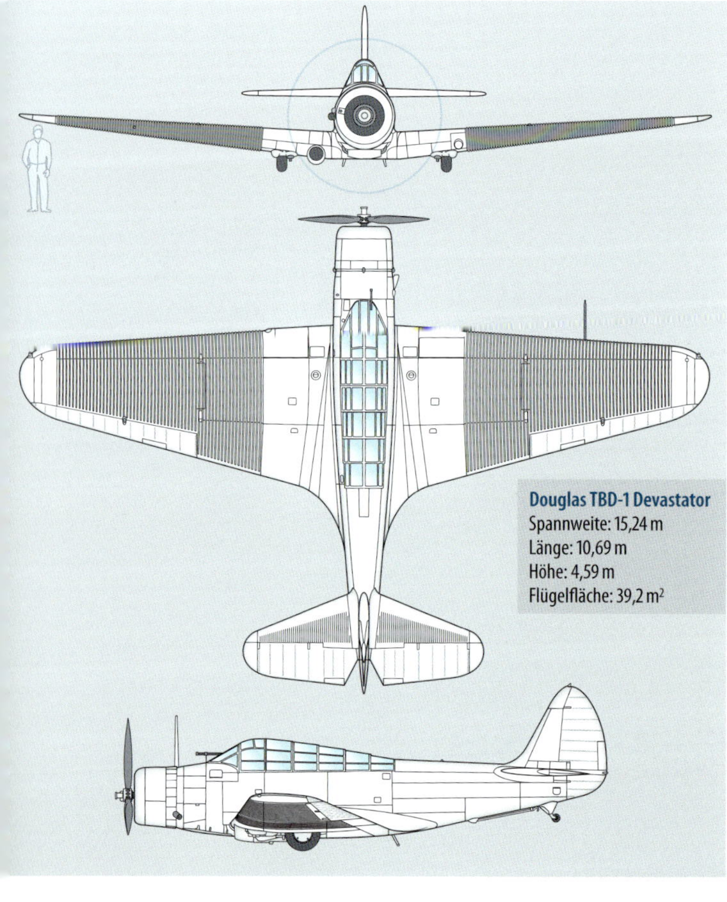

Douglas TBD-1 Devastator
Spannweite: 15,24 m
Länge: 10,69 m
Höhe: 4,59 m
Flügelfläche: 39,2 m^2

Im April 1935 flog der Prototyp XTBD-1 erstmals. Er ging zur Erprobung an die US-Marine und hatte noch im Gegensatz zur Serie, eine wesentlich flachere Cockpithaube.

Besatzung: 3
Triebwerk: Ein luftgekühlter 14-Zylinder-Doppelsternmotor Pratt & Whitney R-1830-64 Twin Wasp mit 671 kW (900 PS).
Leistungen: Höchstgeschwindigkeit 332 km/h, Reisegeschwindigkeit 206 km/h, Dienstgipfelhöhe 5900 m, Reichweite je nach Beladung 700 – 1150 km.
Gewichte: Leergewicht 2540 kg, Abfluggewicht 4213 kg, maximales Abfluggewicht 4623 kg.
Bewaffnung: Je ein MG neben dem Motor und im hinteren Cockpit. Ein Torpedo oder maximal 450 kg Bomben extern und/oder im Schacht.

Douglas SBD Dauntless

Entwicklung: Nach einer Ausschreibung der US-Navy im Jahr 1934 wurden Brewster mit der SBA und Northrop mit der BT-1ausgewählt, Prototypen zu bauen. Der mit Sturzflugbremsen ausgestattete Ganzmetall-Tiefdecker von Northrop hatte wegen der verlangten hohen 9 G-Belastbarkeit keine klappbaren Flüge. Eine ausschwenkbare Bombengabel sorgte dafür, dass beim Abwurf der Propeller nicht beschädigt wurde. Erstflug der XBT-1 war im August 1935 und ab April 1938 wurden die ersten von 54 BT-1 ausgeliefert. Nach dem Douglas Northrop vollständig übernahm, erhielt die leistungsfähigere BT-2, jetzt mit komplett einziehbarem Fahrwerk, die Kennung SBD-1,

Die Northrop BT-1 im Dezember 1936, der Vorläufer der BT-2/SBD-1..

von der 57 Stück gebaut wurden. Von der SBD-2 mit größerer Reichweite wurden 87 produziert. Ab der SBD-3 (584 St.) gab es selbstdichtende Tanks und 4 MGs. Die SBD-4 (großes Bild) ging anfang 1941 in Serie (780 St.), erhielt unter Anderem ein besseres elektrisches System, einige wurden zum Aufklärer umgebaut. Mit 2985 Stück erreichte die SBD-5 die höchste Produktionszahl. Eine etwas verbesserte SBD-6 mit 1350 PS-Sternmotor lief 450 mal vom Band. Als landgestützte A-24 Banshee (ohne Fanghaken, mit anderer Bereifung) flogen 953 SBDs bei der USAAF.

Bis Juli 1944 produzierte Douglas 5937 SBD und A-24. Davon gingen 41 an Neuseeland, etwa 80 an Frankreich, 9 an Großbritannien und eine unbekannte Zahl nach Mexiko und Chile.

Besatzung: 2
Triebwerk: (SBD-5) Ein luftgekühlter 9-Zylinder-Sternmotor Wright R-1820-60 Cyclone mit 895 kW (1200 PS).
Leistungen: (SBD-5) Höchstgeschwindigkeit 410 km/h, Reisegeschwindigkeit 298 km/h, Dienstgipfelhöhe 7780 m, Reichweite 1790 km, Überführungsreichweite ca. 2500 km.
Gewichte: (SBD-5) Leergewicht 2905 kg, Abfluggewicht 4245 kg, maximales Abfluggewicht 4853 kg.
Bewaffnung: (SBD-5) Zwei MGs über dem Motor, ein Zwillings-MG im hinteren Cockpit. Bis zu 1020 kg Bomben an externen Stationen.

Bemerkungen: Die bei ihren Piloten beliebte SBD (Scout Bomber Douglas) gehörte zu den erfolgreichsten Kampfflugzeugen der Navy und des Marine Corps im Pazifik und war das Arbeitspferd der Bomberstaffeln. Sie waren unter anderem an der Versenkung von vier japanischen Flugzeugträgern beteiligt. Die Banshees der USAAF flogen vor allem im südlichen Pazifik von Landflugplätzen, aber auch von Alaska aus. Einige wurden auch bei der Alliierten-Landung in Nordafrika und im Nordatlantik vor Norwegen eingesetzt.

Eine findet man im Airforce Museum in Christchurch, Neuseeland, weitere in allen großen US-Luftfahrtmuseen, etliche noch flugfähig.

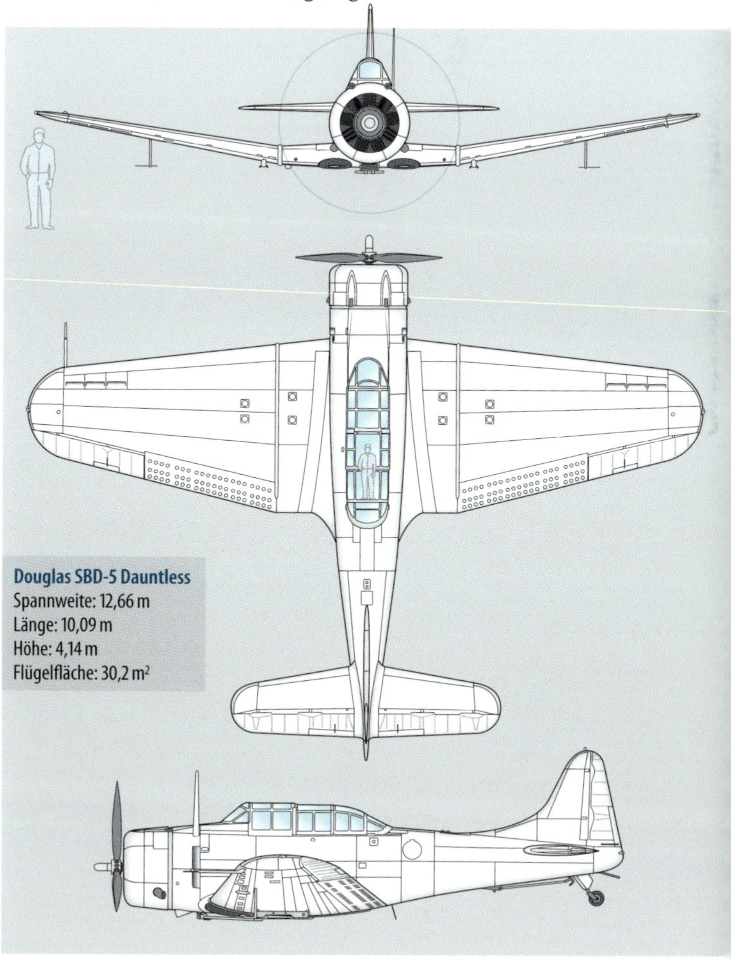

Douglas SBD-5 Dauntless
Spannweite: 12,66 m
Länge: 10,09 m
Höhe: 4,14 m
Flügelfläche: 30,2 m²

Ursprungsland
USA
Kategorie
Träger- und landgestütztes, leichtes Sturzkampfflugzeug

Douglas A-20 Boston / Havoc

Ursprungsland
USA
Kategorie
Leichter Bomber, Nachtjagdflugzeug

Entwicklung: Die im März 1936 von Douglas begonnene Entwicklung eines Bombers/Aufklärers wurde abgebrochen, nachdem dessen Leistungen für ungenügend eingestuft wurden. Die USAAC forderte im Herbst 1937 aber einen leichten Bomber, bei der auch Douglas seinen überarbeiteten Entwurf einreichte und es zum Prototypenbau des Modells 7 B kam. Das Ganzmetallflugzeug war anfangs mit zwei 1100 PS starken Sternmotoren R-1830 von Pratt & Whitney motorisiert, die Serienflugzeuge mit zwei Wright R-2600. Im Oktober 1938 flog der Prototyp, das USAAC zeigte aber kein Interesse. Belgien bestellte 16, Frankreich 170 DB-7, von denen aber nur 70 vor Beginn des deutschen Angriffs ausgeliefert waren. Ein Teil wurde von den USA einbehalten oder ging als Boston Mk. I an die RAF. Ab Juni 1939 bestellte auch die USAAC erstmals 186 A-20 A (Abb. oben). Nun kam die Produktion in Gang. Zu den großen Baureihen, die sich hauptsächlich in der Bewaffnung, Tankkapazität und Motorisierung unterschieden, zählt die A-20 B mit 999 Maschinen, die C (948 St.), und die G (2850 St.) mit MG-Bug (Zeichnung), anstatt verglastem Bug, die vor allem an die Sowjetunion geliefert wurden. Von der H, gleich wie G, aber andere Motoren, wurden 412 produziert, von der J, wieder mit verglastem Bug 450 und von der K, ähnlich der J, aber mit stärkerem Antrieb 413 Stück. Zum Nachtjäger P-70 wurden 60 A-20 mit britischem Radar und vier MKs unter dem Bombenschacht umgerüstet und 46 A-20 zur F-3A als Nachtaufklärer.

Bis September 1944 rollten 7478 Flugzeuge aus den Werkshallen.

Bemerkungen: Das robuste und bei Piloten beliebte Flugzeug wurde an allen Fronten im Pazifik, Nahen Osten, in Nordafrika, Europa und Russland geflogen und war vielseitig einsetzbar. Neben seiner ursprünglichen Aufgabe als Bomber wurde er auch als Nachtjäger P-70, Tiefangriffsflugzeug, Torpedobomber, Minenleger, Fotoaufklärer und ein paar als Zielschlepper verwendet.

Angeblich sind sechs komplette Flugzeuge erhalten geblieben. Eine flugfähige A-20 betreibt Lewis Air Legends, San Antonio, USA.

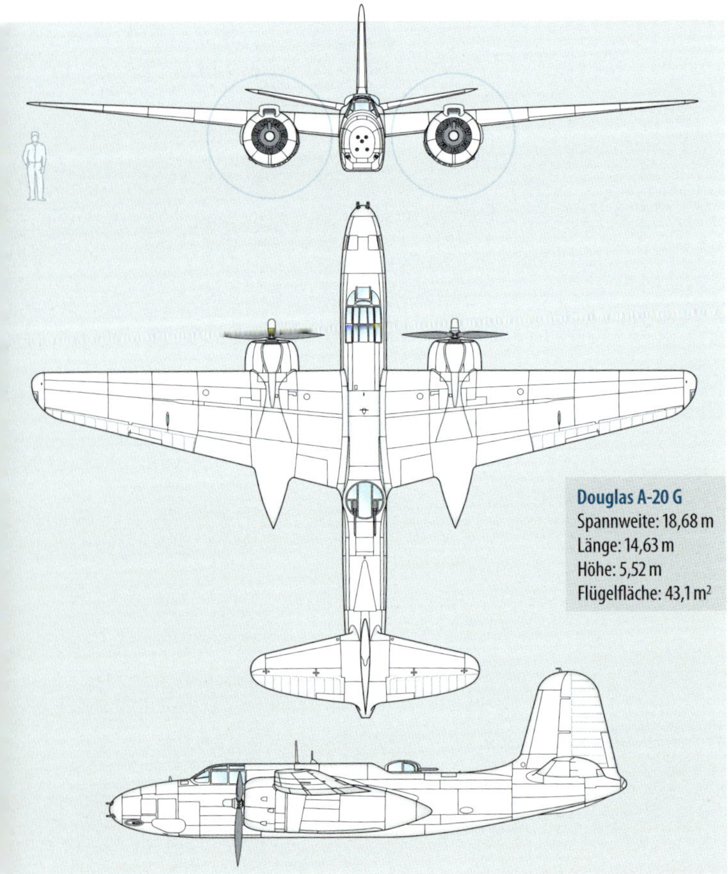

Douglas A-20 G
Spannweite: 18,68 m
Länge: 14,63 m
Höhe: 5,52 m
Flügelfläche: 43,1 m²

39 Havoc-Nachtjäger modifizierte man in Turbinlites, die einen starken Bugscheinwerfer hatten. Sie sollten durch Bodenradar an ein feindliches Flugzeug herangeführt werden. Das Bordradar würde dann den Piloten leiten, bis er den Feind beleuchten konnte. Dann sollte eine begleitende Hawker Hurricane den Angriff durchführen.

Besatzung: 3
Triebwerke: (G) Zwei luftgekühlte 14-Zylinder-Doppelsternmotoren Wright R-2600-23 Twin Cyclone mit je 1193 kW (1600 PS).
Leistungen: (G) Höchstgeschwindigkeit 510 km/h, Reisegeschwindigkeit 450 km/h, Steigzeit auf 3000 m 8 min 48 sec, Dienstgipfelhöhe 7200 m, Reichweite 1520 km, Überführungsreichweite 3700 km.
Gewichte: (G) Leergewicht 7272 kg, Abfluggewicht 10 944 kg.
Bewaffnung: (G) Sechs MGs im Bug, zwei MGs im Rücken-Drehturm, ein MG im unteren Waffenstand. Im Schacht bis zu 1800 kg Bomben.

Douglas A-26 Invader

Ursprungsland
USA
Kategorie
Leichter Bomber

Entwicklung: Als Nachfolger für die A-20 begann Douglas Ende 1940 mit den Entwurfsarbeiten an der A-26. Die aerodynamisch hochwertige, in Ganzmetallbauweise produzierte Zweimot hatte ein Bugfahrwerk und Doppelspaltklappen für kurze Starts- und Landungen, aber kein Doppelsteuer. Erstflug war im Juli 1942. Ein Prototyp XA-26 A als Radar-Nachtjäger ging nicht in Serie. Die ersten Auslieferungen begannen im September 1943 mit den B-Versionen (1355 Stück) mit einer Kombination aus 6 oder 8 MGs und MKs im Bug (Abb. oben), versuchsweise auch mit einer 75 mm-Kanone. Die C-Serie mit 1091 Stück, wurde mit einem verglasten Bug (Zeichnung) für den Bombenschützen und nun mit Doppelsteuer ausgeliefert. Daneben wurden Kleinserien von unbewaffneten Aufklärern und Trainern aufgelegt. Rund 40 Flugzeuge wurden für den Einsatz im Vietnamkrieg mit verstärkten Flügeln für Außenstationen, Tiptanks und 2500 PS starken P & W R-2800-52 W Motoren ausgerüstet, und erst 1969 stillgelegt, als sie ihre Betriebsgrenzen erreicht hatten.

Insgesamt 2503 Invaders lieferte Douglas bis 1946 aus. Andere Quellen sprechen von 2446, bzw. 2452 Flugzeugen.

Bemerkungen: Die schnelle A-26 hatte exzellente Flugeigenschaften, eine hohe Manövrierfähigkeit und war sehr gut bewaffnet. Erste Einsätze begannen im Juni 1944 im pazifischen Raum und Ende September 1944 in Europa, wo sie trotz ihres spätene Erscheinens noch über 11 000 Einsätze flogen. Nach Kriegsende wurden zahlreiche Invader verkauft, vor allem nach Lateinamerika. Frankreich flog seine ca. 80 A-26 in Indochina und Algerien. Die USA modernisierten ihre Flugzeuge und setzten sie im Koreakrieg ein, ebenso im Vietnamkrieg. Erst 1972 wurden die letzten ausgemustert. Etliche gelangten in zivile Hände und wurden zu Geschäftsreiseflugzeugen oder Wasserbombern umgebaut.

Ca. 100 A-26 sind flugfähig oder in Museen erhalten geblieben. Eine wird im Koninklijk Legermuseum in Brüssel, Belgien präsentiert.

Ende 1944 waren Douglas A-26 C in Nordfrankreich stationiert.

Besatzung: 3
Triebwerke: (B) Zwei luftgekühlte 18-Zylinder-Doppelsternmotoren Pratt & Whitney R-2800-27 oder -71 Double Wasp mit je 1491 kW (2000 PS).
Leistungen: (B) Höchstgeschwindigkeit 571 km/h, Reisegeschwindigkeit 457 km/h, Dienstgipfelhöhe 6730 , Reichweite 2250 km, Überführungsreichweite bis zu 5150 km.
Gewichte: (B) Leergewicht 7800 kg, Abfluggewicht 15 876 kg.
Bewaffnung: (B) 6 oder 8 MGs im Bug, je 2 ferngesteuerte MGs auf dem Rücken und unter dem Rumpf. Bis zu 10 Raketen oder 4 × 2 MGs unter den Flügeln und/oder bis zu 2700 kg Bomben intern und extern.

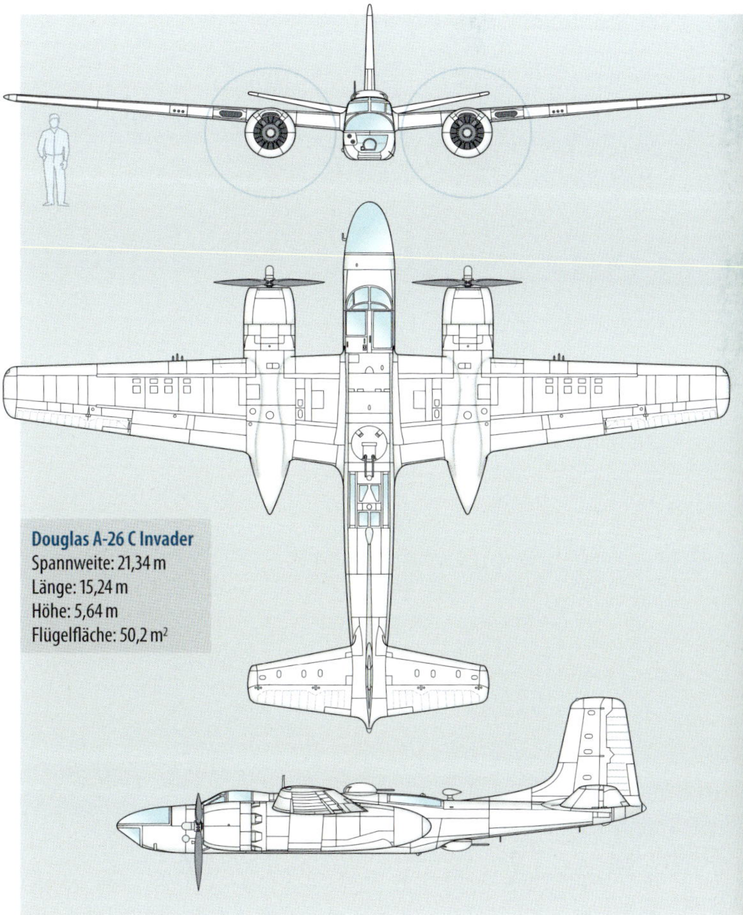

Douglas A-26 C Invader
Spannweite: 21,34 m
Länge: 15,24 m
Höhe: 5,64 m
Flügelfläche: 50,2 m²

Douglas C-47 Skytrain

Ursprungsland
USA
Kategorie
Transportflugzeug

Entwicklung: Die im Dezember 1935 erstmals geflogene DC-3 war eine weiterentwickelte DC-2. Sie wurde ursprünglich als Passagierflugzeug entworfen und rund 450 mal bis Kriegsende weltweit verkauft. Nach Beginn des Zweiten Weltkrieges wurde die USAAC größter Kunde des in Ganzmetallbauweise hergestellten Tiefdeckers C-47. Sie bekam unter anderem eine große Frachttür und einen verstärkten Boden. Erste Auslieferungen begannen im Dezember 1941. Die höchste Stückzahl erreichte die C-47 A mit 5254 (großes Bild) und die C-47 B mit 3364, deren Turbolader-Motoren bessere Höhenleistungen brachten. Hauptaufgabe war der Transport von Truppen, Fracht und Verwundeten. Die C-53 Skytrooper wurde speziell zum Absetzen von Fallschirmjägern gebaut, wurde aber auch, wie die C-47, in großer Zahl zum Lastensegler-Schlepp verwendet. Einmalig blieb die Schwimmerversion XC-47C-DL und der motorlose(!) Lastenseglers XCG-17. Circa 80 Maschinen erwarb die US-Navy als R4D und rund 1900 C-47 und C-53 gingen als Dakota an die RAF.

Insgesamt wurden bis 1945 10 655 Flugzeuge aller Varianten von Douglas gebaut. Dazu kommen 4937 in Lizenz gebaute sowjetische Li-2 (S. 230) und 487 japanische L2D (S. 193).

Bemerkungen: Schon die DC-3 war für die zivile Luftfahrt eine wegweisende Konstruktion. Mit der C-47 jedoch wurde das Flugzeug wegen seiner Robustheit und universellen Verwendbarkeit, selbst unter schwierigsten Bedingungen,

Rund 100 überholte R4D der US-Navy mit längerem Rumpf, Wright R-1820-Triebwerken, modifizierten Flügeln und neuem Leitwerk wurden zur etwas leistungsfähigeren R4D-8 (Erstflug Juni 1949). Hier bei der Operation „Deep Freeze" um 1961 in der Antarktis.

berühmt. Als logistisches Rückgrat der Alliierten im Zweiten Weltkrieg war sie weltweit zu finden. Auch im Vietnamkrieg bis Mitte der 1970er-Jahre in ECM-, Gunship- und Transporterversionen und in einigen Ländern noch bis heute. Nach 1945 standen tausende Maschinen dem zivilen Markt zur Verfügung und bildeteten damit eine Basis für die neu beginnende Passagierluftfahrt.

Neben vielen Museumsflugzeugen sind heute noch weltweit zahllose DC-3 im Einsatz, überwiegend in Ländern der Dritten Welt und Alaska. Immer noch werden von einer US-Firma alte Zellen überholt, etwas verlängert und mit Propellerturbinen ausgestattet.

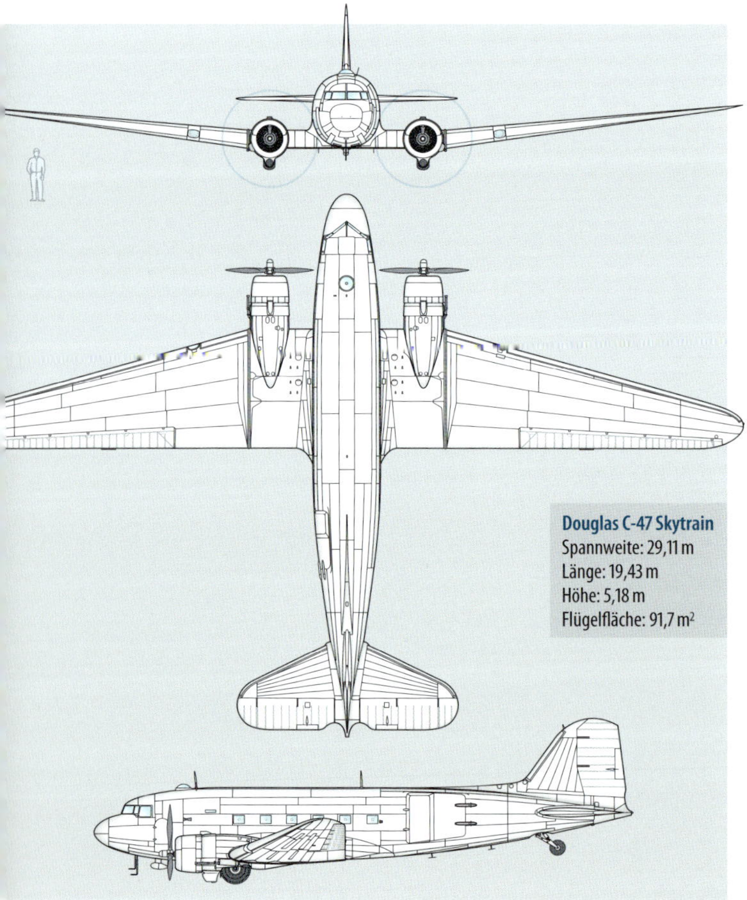

Douglas C-47 Skytrain
Spannweite: 29,11 m
Länge: 19,43 m
Höhe: 5,18 m
Flügelfläche: 91,7 m²

Besatzung: 4
Triebwerke: (B) Zwei luftgekühlte Doppelsternmotoren Pratt & Whitney R-1830-90C Twin Wasp mit 882 kW (1200 PS).
Leistungen: (B) Höchstgeschwindigkeit 360 km/h, Reisegeschwindigkeit 280 – 300 km/h, Dienstgipfelhöhe 8000 m, Reichweite 2600 km. Überführungsreichweite ca. 5800 km.
Gewichte: (B) Leergewicht 8226 kg, maximales Abfluggewicht 14 061 kg.

Douglas C-54 Skymaster

Ursprungsland
USA
Kategorie
Langstrecken-Transport-flugzeug

Entwicklung: Die C-54 war die Militärvariante der DC-4, die bereits 1939 nach Vorstellungen einiger Airlines als Entwurf vorlag. Gleich 60 wurden vom Reißbrett weg bestellt, aber bei Kriegsbeginn vom Militär sofort vorab requiriert.Erstflug war deshalb als C-64 im Februar 1942. Das Ganzmetallflugzeug hatte keine Druckkabine, erhielt nun zusätzliche Tanks, einen verstärkten Boden und eine Frachttür im Heck. Die ersten 254 C-54 A wurden im Februar 1943 ausgeliefert, davon 56 als R5D an die Navy. Ein höheres Abfluggewicht, Tanks in den Außenflügeln, so dass Kabinentanks entfallen konnten und 1450 PS-Sternmotoren hatte die C-54 B (220 Stück). Von den 380 verbesserten C-54 D mit R-2000-11 Sternmotoren von Pratt & Whitney gingen 22 Stück an die RAF als Skymaster Mk. I. Mit der Verlegung der Rumpftanks in die Flügel konnte die C-54 E (125 Stück) 44 Passagiere fassen. Wegen des Kriegsendes wurden nur noch 162 von 400 bestellten C-54 G mit geänderten Motoren ausgeliefert. Es gab zudem Spezialversionen als VIP- und Verwundeten-Transporter, Trainer, Wettererkunder, für SAR-Missionen und zur elektronischen Aufklärung oder zur Bahnverfolgung von Flugkörpern.

Insgesamt rollten bis 1947 1170 C-54 bei Douglas aus den Werkshallen und nach 1945 nochmals 79 zivile DC-4.

Bemerkungen: Mit der C-54 Skymaster erhielten die USA einen ausreichend großen, robusten und vielseitigen Langstrecken-Transporter, den man dringend für Überseerouten benötigt. In großer Zahl bei der Berliner Luftbrücke 1948/49 und später im Korea-Krieg eingesetzt, wurde sie erst Mitte der 1960er Jahre ausgemustert. Rund 250 C-54 sind nach Kriegsende in zivile DC-4 zurückgebaut und an Fluggesellschaften abgegeben worden. Mit Erscheinen der ersten Jets war ihre Karriere aber Anfang der 1960er-Jahre beendet.

Neben zahllosen Museumsstücken fliegen noch einige in Alaska. Eine C-47 steht aber auch neben dem Luftbrückendenkmal an der A5, Ostseite des Frankfurter Flughafens.

Eine lange Reihe Douglas C-54 Skymaster auf der Startbahn in Frankfurt warten 1949 auf den Abflug Richtung Berlin.

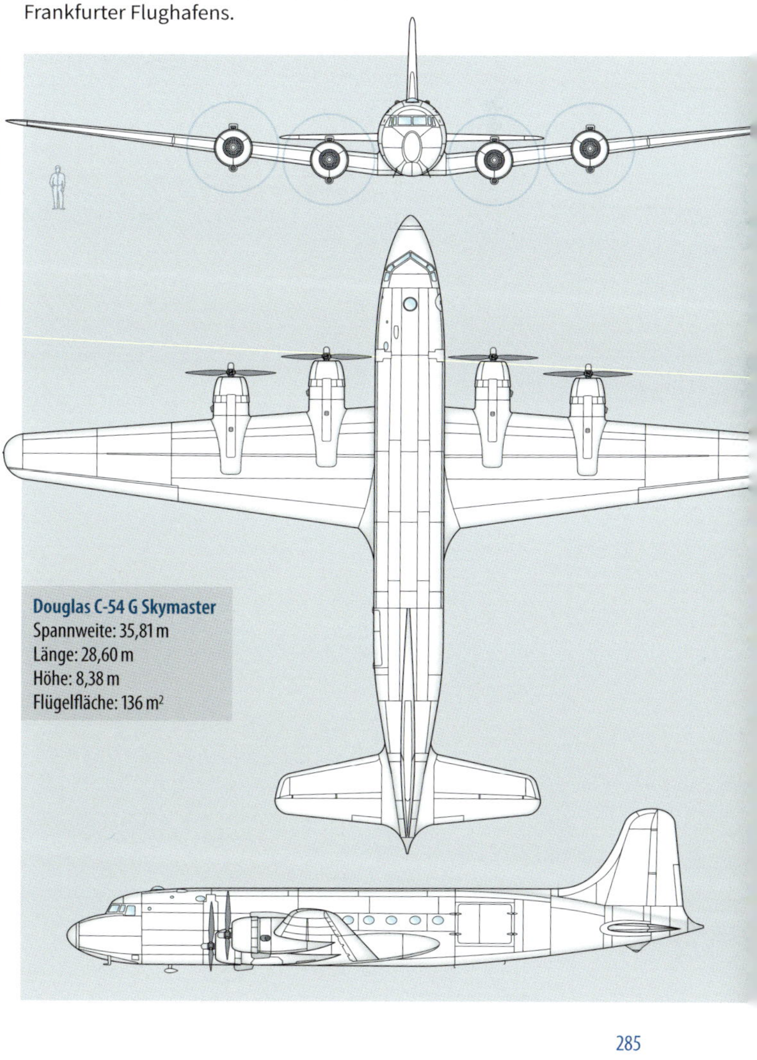

Douglas C-54 G Skymaster
Spannweite: 35,81 m
Länge: 28,60 m
Höhe: 8,38 m
Flügelfläche: 136 m²

Besatzung: 4
Triebwerke: (C-54 G) Vier luftgekühlte 14-Zylinder-Doppelsternmotoren Pratt & Whitney R-2000-9 Twin Wasp mit je 1066 kW (1450 PS)Startleistung und 810 kW (1100 PS) in 2300 m Höhe.
Leistungen: (C-54 G) Höchstgeschwindigkeit 443 km/h in 6100 m Höhe, Reisegeschwindigkeit 310 km/h in 3000 m Höhe, Steigzeit auf 3000 m 14 min 36 sec, Dienstgipfelhöhe 6800 m, Reichweite 6400 km mit 1800 kg Nutzlast.
Gewichte: (C-54 G) Leergewicht 17 658 kg, Startgewicht 28 123 kg, maximales Startgewicht 33 112 kg

Fairchild PT-19/23/26

Ursprungsland
USA
Kategorie
Trainer

Entwicklung: Die PT-Serie von Fairchild wurde aus der M-62, die im Mai 1939 erstmals abhob, entwickelt. Der Tiefdecker hatte einen beplankten Flügel aus verleimtem Sperrholz und einen Stahlrohrrumpf, der teils holzbeplankt und bespannt war. In einem Wettbewerb gewann Fairchild gegen 17 weitere Mitbewerber. Die erste Bestellung über 275, nun PT-19 genannten Trainern mit dem von Fairchild gebauten 175 PS-Ranger-Reihenmotor, ging im September 1939 ein. 1941 begann die Massenproduktion von 3182 PT-19 A mit dem mit 200 PS etwas stärkeren Ranger L-440-3. Weitere 477 wurden von Aeronca und 44 von St. Louis Aircraft Corp. produziert. Mit einer klappbaren Haube für das Instrumentenflug-Training rüstete man 917 PT-19 B aus. Als die zu geringe Motorenproduktion bei Fairchild die Auslieferungszahlen des Flugzeuges gefährdete, erhielten 869 PT-23 einen 7-Zylinder-Sternmotor Continental R-670 mit 220 PS, ebenso die 256 IFR-Trainer PT-23 A (kleine Abb.). Erst die letzte Version PT-26 (Bild oben) hatte ein geschlossenes Cockpit, die von einem Reihenmotor Ranger L-440-7 angetrieben wurde. Fleet Aircraft in Kanada fertigte für die RCAF 670 PT-26 A als Cornell II und PT-26 B als Cornell III.

Von allen Varianten, inklusive der zivilen und der Lizenzbauten in Kanada und Brasilien rollten 8733 Stück aus den Werkshallen.

Bemerkungen: Die Fairchild Primary-Trainer (PT) waren anspruchsvoller als die klassischen Schuldoppeldecker. Mit ihrer höheren Geschwindigkeit und Flächenbelastung forderten sie exaktes Fliegen, das später auch bei Kampfflugzeugen verlangt wurde. Der Trainer war billig herzustellen und einfach zu warten und war in fast allen US-Flugschulen, im Commonwealth Training Program in Kanada, und in kleinerer Zahl in vielen weiteren Ländern zu finden.

Zahllose Flugzeuge findet man heute noch in Museen rund um die Welt. 2011 waren noch rund 100 flugtauglich, eine PT-19 steht bei den Flying Bulls, auf dem Flughafen in Salzburg.

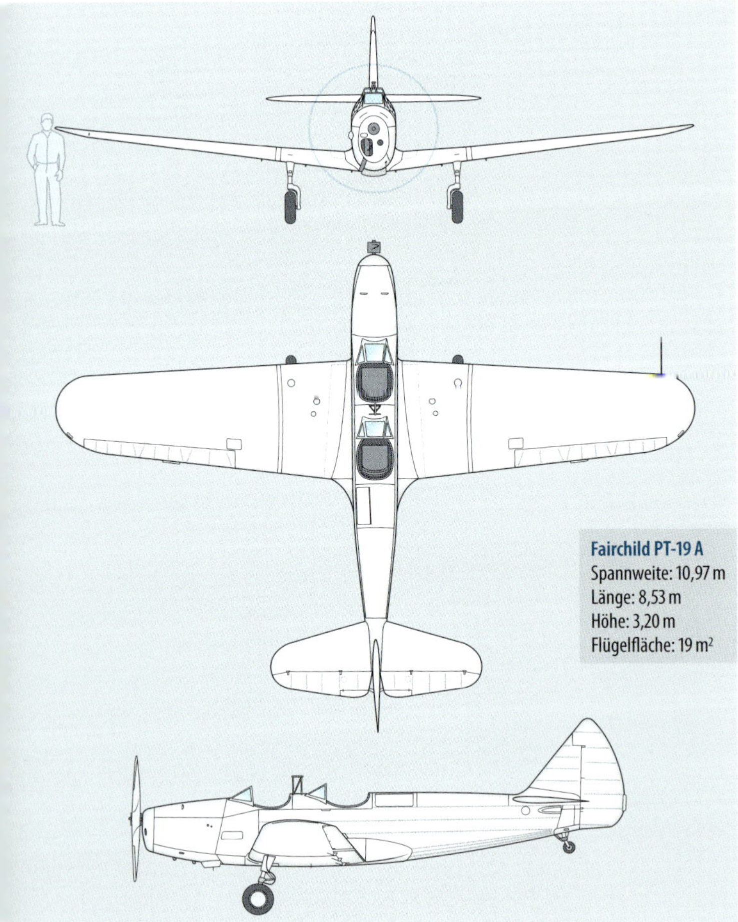

Fairchild PT-19 A
Spannweite: 10,97 m
Länge: 8,53 m
Höhe: 3,20 m
Flügelfläche: 19 m²

Mangels verfügbarer Ranger-Reihenmotoren wurde die PT-23 und PT-23 A mit einem Continental-Sternmotor ausgeliefert.

Besatzung: 2
Triebwerk: (PT-19 A) Ein luftgekühlter 6-Zylinder-Reihenmotor Ranger L-440-3 mit 149 kW (200 PS).
Leistungen: Höchstgeschwindigkeit 212 km/h, Steigzeit auf 3000 m 17 min 30 sec, Dienstgipfelhöhe 4700 m, Reichweite 640 km.
Gewichte: Leergewicht 837 kg, Abfluggewicht 1154 kg.

Fairchild UC-61

Ursprungsland
USA
Kategorie
Transport- und Aufklärungsflugzeug

Entwicklung: Aus dem erfolgreichen Parasol-Hochdecker Fairchild 22 wurde das Model 24 entwickelt, das 1932 erstmals flog. Als ziviles, robustes, viersitziges Kleinflugzeug war die Fairchild 24 wegen ihrer guten Flugeigenschaften und Geräumigkeit in den frühen 1930er Jahren ein Verkaufserfolg. Der Rumpf besteht aus einer Stahlrohrkonstruktion, die mit Holzspanten verkleidet und bespannt ist, der bespannte Flügel wurde aus komplett Holz gebaut. Ein stabiles Fahrwerk mit Öldruckstoßdämpfer war auch für unvorbereitete Grasplätze geeignet und konnte gegen Schwimmer getauscht werden. 1936 bestellte die Navy erstmals 13 Flugzeuge der militärischen GK-1, später die Army, die Coast Guard als J2K-1 und die Civil Air Patrol. Zahlreiche Versionen, die sich hauptsächlich durch Motorisierung und Cockpitausstattung unterschieden, wurden produziert. Alleine von der UC-61 Forwarder (Zeichnung, kleine Abb.) mit Scarab-Sternmotor 1004 Stück. Die UC-61 K (große Abb.) mit einem hängenden V6-Zylinder-Ranger-Reihenmotor, der bis zu 200 PS leistete, lief 306 mal vom Band. Rund 990 Flugzeuge wurden unter dem Lend-Lease-Programm nach Großbritannien exportiert und unter der Bezeichnung Argus I, II und III eingesetzt.

Insgesamt sind bis 1948 2232 zivile und militärische Model 24 ausgeliefert worden.

Bemerkungen: Mit dem Hochdecker hatte Fairchild in den 1930er Jahren einen zu der Zeit modernen und erfolgreichen Viersitzer im Programm, der wegen seiner stabilen Konstruktion und der Möglichkeit, von unbefestigten Pisten zu operieren zu können, auch militärisch genutzt werden konnte. Die Civil Air Patrol flog sogar einige mit untergehängten kleinen Bomben auf Patrouille gegen deutsche U-Boote. Nach Ende des Zweiten Weltkriegs wurden viele ausgemusterten Flugzeuge an Privatleute oder an kleinere Fluggesellschaften verkauft. Etliche wurden z. B. auch an die Streitkräfte von Kanada, Israel, Finnland, Thailand und Australien veräußert. Trotzdem lief die Produktion weiter und Fairchild verkaufte bis 1948 nochmals 218 Flugzeuge.

Für die außergewöhnliche Qualität des Typs spricht, dass heute noch weltweit welche zu finden sind und auch noch geflogen werden.

Eine UC-61 Forwarder mit einem Warner Super-Scarab Sternmotor.

Besatzung: 1
Triebwerk: Ein luftgekühlter 7-Zylinder-Sternmotor Warner Super Scarab mit 121 kW (165 PS).
Leistungen: Höchstgeschwindigkeit 210 km/h, Dienstgipfelhöhe ca. 5000 m, Reichweite ca. 765 km.
Gewichte: Leergewicht 670 kg, Abfluggewicht 1090 kg.

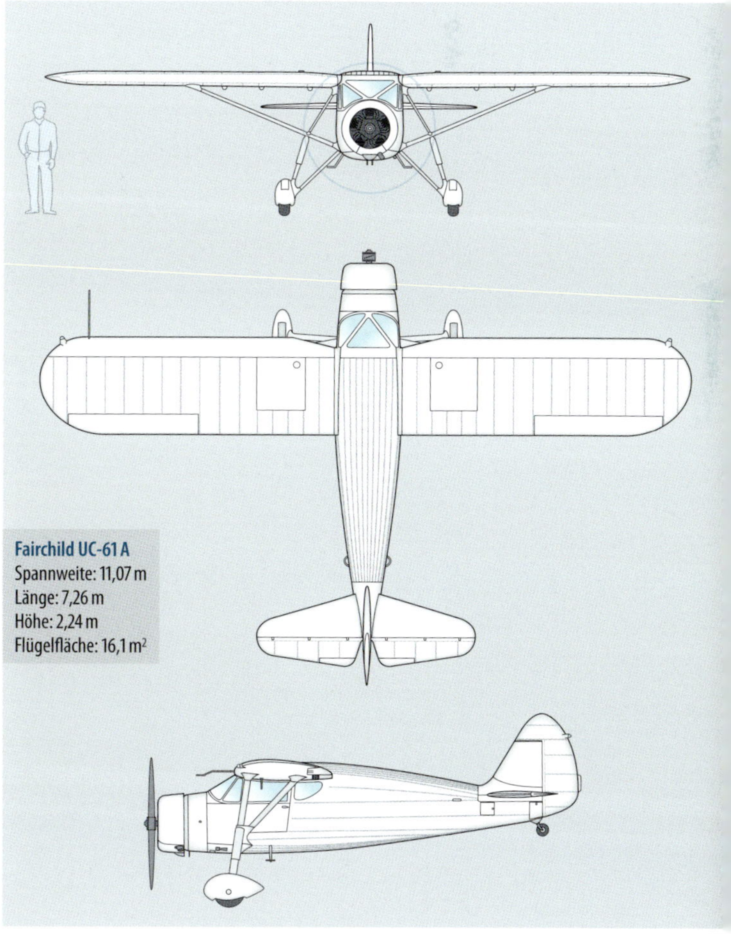

Fairchild UC-61 A
Spannweite: 11,07 m
Länge: 7,26 m
Höhe: 2,24 m
Flügelfläche: 16,1 m²

Fairchild AT-21 Gunner

Ursprungsland
USA
Kategorie
Schulflugzeug

Entwicklung: Mit den intensiver operierenden Bombern in Europa waren die USA gezwungen, auch ein spezielles Ausbildungsflugzeug für Bomber-MG-Schützen zu beschaffen. Die USAAC bestellte daraufhin zwei Prototypen bei Fairchild. Die Zelle war komplett aus „Duramold", einem Phenolharz-verleimtem Schichtsperrholz, aufgebaut und hatte, für ihre Zeit ungewöhnlich, ein Bugfahrwerk. Erstflug war Ende 1942. Der erste Prototyp, die XAT-13 war dafür gedacht, eine komplette Bomberbesatzung auszubilden. Sie wurde mit 450 PS-starken Pratt & Whitney R-1340 AN-1 Wasp-Sternmotoren ausgerüstet, einem MG im verglasten Bug und zwei MGs im Rückendrehturm. Im zweiten Prototyp, der XAT-14 wurden V12-Reihenmotoren von Ranger (einer Fairchild-Tochtergesellschaft) installiert. Mit einem Bombenschacht war sie für die Bombenschützen-Ausbildung vorgesehen. Nach Ende der Erprobung bestellte die USAAC lediglich die Variante zum Schießtraining von Bomber-MG-Schützen, die nun als AT-21 Gunner bezeichnet wurde. Deren Crew setzte sich aus zwei Piloten, einem Lehrer und drei Schülern zusammen. Ein Drohnenprojekt XBQ-3, mit 1800 kg Sprengstoff im Rumpf, flog zwar im Juli 1944, wurde aber eingestellt.

Insgesamt produzierte man 175 AT-21. Davon 39 bei Bellanca und 30 bei McDonnell.

Bemerkungen: Vibrationen und ein instabiles Flugverhalten wegen des kurzen Rumpfes zeigten, dass die AT-21 eigentlich als Schulflugzeug für Schützen ungeeignet war. Dazu kamen noch kritische Flugeigenschaften bei einem Motorausfall und Probleme mit dem Fahrwerk. Deshalb wurde sie nach einer kurzen Karriere nur noch als Pilotentrainer eingesetzt. Schließlich wurden die AT-21 aber durch solche Flugzeuge ersetzt, auf denen die Auszubildenden später auch eingesetzt werden sollten. Etliche der übriggebliebenen Gunner rüstete man noch zum Schleppflugzeug um.

Eine kleine Anzahl ist angeblich noch für zivile Zwecke umgerüstet worden, soweit bekannt blieb aber kein Flugzeug erhalten.

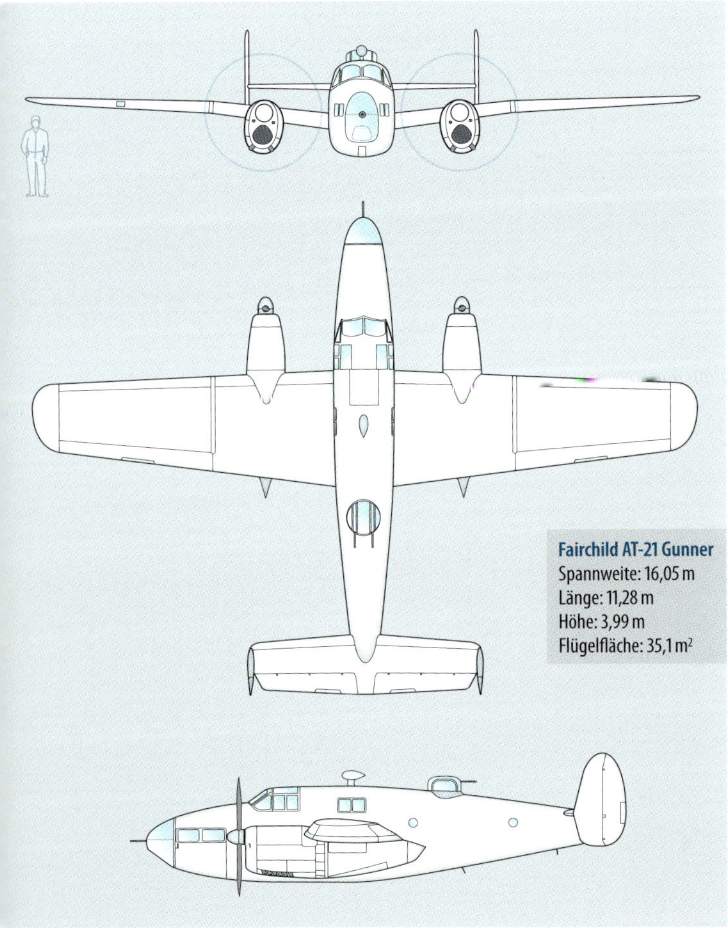

Fairchild AT-21 Gunner
Spannweite: 16,05 m
Länge: 11,28 m
Höhe: 3,99 m
Flügelfläche: 35,1 m²

Das XBQ-3 als „Angriffsdrohne" wurde aus der AT-21 entwickelt. Für die Erprobung der beiden Prototypen wurde ein Cockpit eingebaut. Die fortschreitende Entwicklung von schnellen Lenkflugkörpern machte das Projekt aber uninteressant.

Besatzung: 5
Triebwerke: Zwei hängende, luftgekühlte V12-Zylinder-Reihenmotoren Ranger V-770-11/15 mit je 382 kW (520 PS)
Leistungen: Höchstgeschwindigkeit 362 km/h, Reisegeschwindigkeit 315 km/h, Dienstgipfelhöhe 6750 m, Reichweite 1460 km.
Gewichte: Leergewicht 3925 kg, maximales Abfluggewicht 5120 kg.
Bewaffnung: Ein MG im Bug und ein MG im Rückendrehturm.

Grumman F3F

Ursprungsland
USA
Kategorie
Trägergestütztes Jagdflugzeug

Entwicklung: Schon bevor 1935 die Auslieferungen des ähnlichen Vorläufers F2F begannen, von der 55 Stück gebaut wurden, hatte Grumman einen Vertrag mit der US-Navy für eine weiterentwickelte XF3F-1, die bessere Flugeigenschaften haben und für Bodenangriffe geeignet sein sollte. Der Rumpf wurde in Alu-Schalenbauweise hergestellt, die bespannten Flügel als Alu-Holm-Rippen-Konstruktion. Der Prototyp flog im März 1935, aber schon bei einem der ersten Tests zerlegte sich der Doppeldecker bei einem Sturzflug. Auch ein zweiter, verstärkter Prototyp stürzte bei einem Spin ab. Mit dem wiederaufgebauten Flugzeug wurde aber Ende August 1935 das Testprogramm abgeschlossen. Eine Bestellung über 54 F3F-1 mit einem 650 PS-Pratt & Whitney R-1535-84-Sternmotor folgte, deren Auslieferung im Januar 1936 begann. Grumman entwickelte parallel dazu auf eigenes Risiko die F3F-2 (große Abb., Zeichnung) mit einem 950 PS-Wright Sternmotor, von der schließlich auch 81 Maschinen vom Band liefen. Nach Windkanalstudien wurde der Vorderrumpf der F3F-3 etwas aerodynamischer. Von ihr wurden im Juni 1938 noch 27 bestellt wurden, da sich die Entwicklung der moderneren Eindecker F4F Wildcat (S. 290) und Brewster F2A Buffalo (S. 258) erheblich verzögerten. Drei zivile F3F flogen ab 1938 als G-22/32/32A Gulfhawk für die amerikanische Ölgesellschaft Gulf Oil.

Insgesamt lieferte Grumman 167 F3F aller Varianten aus.

Aus der letzten, überarbeiteten Baureihe, eine Grumman F3F-3.

Besatzung: 1
Triebwerk: (F3F-2) Ein luftgekühlter 9-Zylinder-Sternmotor Wright R-1820-22 Cyclone mit 708 kW (950 PS).
Leistungen: (F3F-2) Höchstgeschwindigkeit 425 km/h in 4600 m Höhe, Reisegeschwindigkeit 240 km/h, Dienstgipfelhöhe 10 100 m, Reichweite 1600 km.
Gewichte: (F3F-2) Leergewicht 1490 kg, Abfluggewicht 2175 kg, maximales Abfluggewicht kg.
Bewaffnung: (F3F-2) Zwei unterschiedliche MGs über dem Motor. Je eine 52 kg-Bombe unter den Flügeln.

Bemerkungen: Die recht voluminösen, auch Flying Barrels (Fliegende Fässer) genannten, letzten US-Jagd-Doppeldecker kamen unter anderem ab Januar 1936 auf Flugzeugträgern zum Einsatz, wurden aber schon im Juni 1941, vor Beginn des Pazifikkrieges, mit der Einführung des moderneren Jagd-Eindeckers Brewster Buffalo aus den ersten Reihen zurückgenommen. Sie wurden nur noch bis Dezember 1943 als Schulflugzeuge auf diversen Marinestützpunkten in den USA genutzt und anschließend ausgemustert.

Neben Museums-F3F (eine steht z. B. im National Museum of Naval Aviation, Pensacola, USA) fliegen angeblich noch vier in den USA.

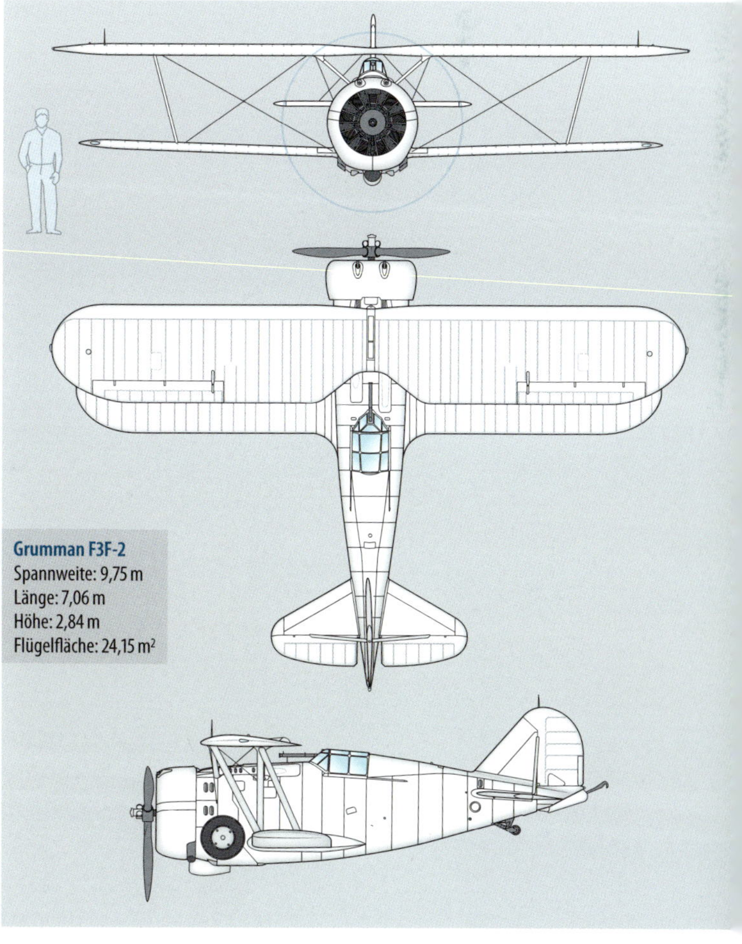

Grumman F3F-2
Spannweite: 9,75 m
Länge: 7,06 m
Höhe: 2,84 m
Flügelfläche: 24,15 m²

Grumman F4F Wildcat

Ursprungsland
USA
Kategorie
Trägergestütztes Jagdflugzeug

Entwicklung: Chancenlos trat Grumman 1935 mit dem Doppeldecker XF4F-1 gegen die modernen Brewster XF2A-1 und Seversky XFN-1 an. Erst das völlig neue Konzept des Mitteldeckers XF4F-2 (Erstflug September 1937) führte zu Vergleichsflügen im April 1938, die u. a. wegen des unzuverlässigen P & W-Motors aber zugunsten Brewsters ausfielen. Mit der nochmals überarbeiteten, in Ganzmetallbauweise hergestellten XF4F-3 und einem verbesserten P & W 1830-76, waren die Flugleistungen überzeugend und erste Aufträge folgten. Bis Oktober 1941 liefen 383 F4F-3 vom Band. Mit der F4F-4 (großes Bild) kam ab Ende 1941 der P & W 1830-86 Twin Wasp ins Spiel, eine stärkere Bewaffnung, Panzerung und selbstdichtende Tanks, sowie an den Rumpf anklappbare Tragflächen. Bis Mai 1943 wurden 1169 Exemplare ausgeliefert. Die größten Stückzahlen erreichten die von Eastern Aircraft gebauten FM-1 mit vier MGs (1060 St.) und die leichtere FM-2 mit Pratt & Whitney R 1820-56 (4777 St.). Großbritanniens Navy nannte die unter dem Lend-Lease Act erhaltenen ca. 1200 mit Wright R-1820-Sternmotoren ausgerüsteten Wildcats Martlet Mk. I – V. Eine F4F-3S Wildcatfish mit Doppelschwimmern blieb wegen ihrer miserablen Flugleistungen ein Einzelstück.

Insgesamt rollten bis Mai 1945 7824 F4F aus den Werkshallen.

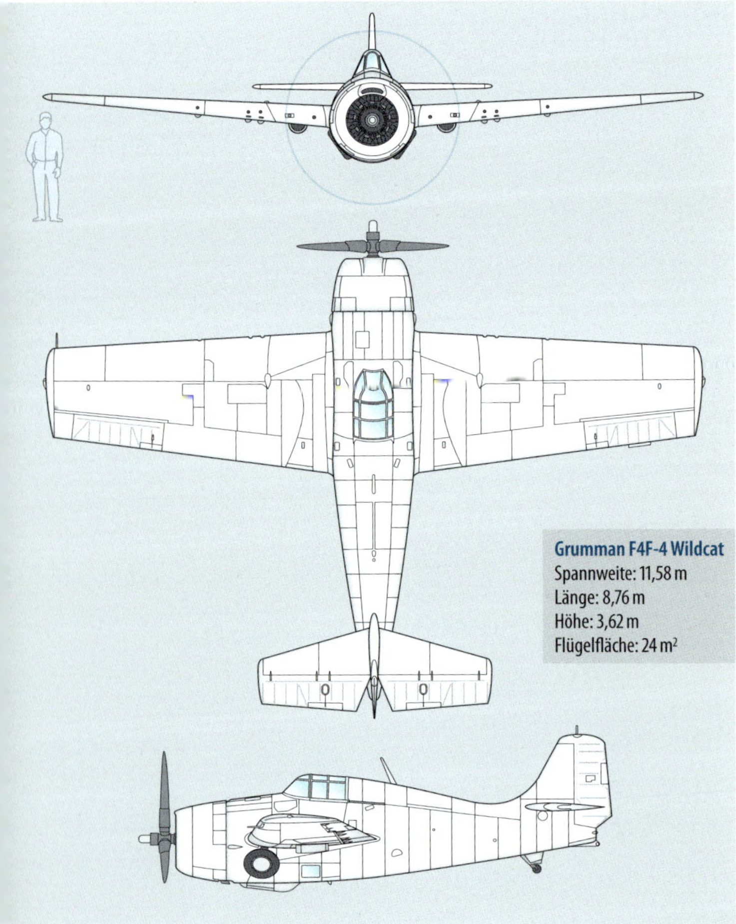

Grumman F4F-4 Wildcat
Spannweite: 11,58 m
Länge: 8,76 m
Höhe: 3,62 m
Flügelfläche: 24 m²

Die F4F-7 war ein Fotoaufklärer ohne Panzerung und Bewaffnung. Sie hatte nicht faltbare „nasse" Flügel, die zusätzliche 2100 Liter Kraftstoff aufnehmen konnten, die ihr mit fast 6000 km eine enorme Reichweite ermöglichte.

Bemerkungen: Zu Beginn des Zweiten Weltkrieges war die Wildcat das Standardjagdflugzeug auf US-Flugzeugträgern. Sie war auf allen Kriegsschauplätzen im Pazifik zu finden und wurde erst mit Erscheinen der Hellcat Mitte 1943 auf die kleineren Geleitflugzeugträger verlegt und zusammen mit der TBM-Avenger auch zur Unterstützung von Bodentruppen und zum Kampf gegen U-Boote herangezogen. Britische Martlet operierten über dem Atlantik und dem Mittelmeer.

Eine von rund 15 flugfähigen Wildcats ist beim Imperial War Museum in Duxford, UK stationiert, die meisten aber in den USA. In fast allen großen US-Museen sind Wildcats zu finden.

Besatzung: 1
Triebwerk: (4) Ein luftgekühlter 14-Zylinder-Doppelsternmotor Pratt & Whitney R-1830-86 Twin Wasp mit 894 kW (1200 PS).
Leistungen: (4) Höchstgeschwindigkeit 515 km/h in 5700 m Höhe, Dienstgipfelhöhe 10 600 m, Reichweite 1240 km.
Gewichte: (4) Leergewicht 2471 kg, Abfluggewicht 3617 kg.
Bewaffnung: (4) Je 3 MGs in und je eine 45 kg-Bombe unter den Flügeln.

Grumman F6F Hellcat

Entwicklung: Als Nachfolger für die Wildcat arbeitete Grumman bereits seit 1938 an verschiedenen Projekten und im Juni 1941 bestellte die Navy zwei Prototypen XF6F-1, mit der Maßgabe, ein der Mitsubishi A6M Zero überlegenes Flugzeug zu bauen. Bei dem in Ganzmetallbauweise hergestellten Tiefdecker wurde das Fahrwerk in die Flügel verlegt, die zudem klappbar waren. Mit einem 1600 PS-Wright Cyclone hob die XF6F-1 im Juni 1942 erstmals ab, nachdem schon im Januar 1080 F6F bestellt waren. Schon der zweite Prototyp erhielt im Juli den stärkeren P & W Double Wasp und nach einigen Änderungen flog im Oktober 1942 die erste Maschine F6F-3, mit der auch

Zwei Prototypen wurden von der XF6F-6 noch gebaut, bei der ein P & W R-2800-18 mit Wassereinspritzung bis zu 2450 PS abgab. Die letzte Baureihe F6F-6 ging jedoch nicht mehr in Serie, da bereits die F8F Bearcat in den Startlöchern stand.

der eigentliche Serienbau begann. Aus dieser Reihe mit 4402 Flugzeugen wurden 168 zum Nachtjäger mit Radarbehälter an der Fläche, einige als Aufklärer und zum Zielflugkörper umgebaut. Mit der letzten Baureihe F6F-5 (7868 St.) wurde eine aerodynamischere Cowling und Kanzel eingeführt und die Bewaffnung geändert.

Nach 12 274 Hellcats endete die Produktion im November 1945. Davon gingen 1263 unter Lend-Lease-Verträgen an die britische Fleet Air Arm.

Bemerkungen: Mit ihren exzellenten Flugleistungen gehört die Hellcat zu den erfolgreichsten Jagdflugzeugen des Zweiten Weltkriegs und trug entscheidend dazu bei, die Lufthoheit über dem Pazifik zu erringen. Sie war einfach herzustellen, äußerst robust und gut gepanzert und war der Standardjäger auf den US-Flugzeugträgern im ganzen pazifischen Raum. Nach Kriegsende wurden sie von der leistungsfähigeren Bearcat abgelöst. Die Briten flogen ihre Gannets genannten F6F über Norwegen, im Mittelmeerraum und im Fernen Osten.

Eine große Anzahl Hellcats findet man in den USA noch flugfähig, in Museen oder werden noch restauriert. Eine steht aber auch in Großbritannien, im Fleet Air Arms Museum in Yeovilton.

Ursprungsland
USA
Kategorie
Trägergestütztes Jagdflugzeug

Besatzung: 1
Triebwerk: (F6F-5) Ein luftgekühlter 18-Zylinder-Doppelsternmotor Pratt & Whitney R-2800-10W Double Wasp mit 1640 kW (2200 PS).
Leistungen: (F6F-5) Höchstgeschwindigkeit 629 km/h, Steigzeit auf 6000 m 7 min 42 sec, Dienstgipfelhöhe 11 400 m, Reichweite 1520 km, Überführungsreichweite 2460 km.
Gewichte: (F6F-5) Leergewicht 4190 kg, Abfluggewicht 5714 kg, maximales Abfluggewicht 6992 kg.
Bewaffnung: (F6F-5) 6 MGs oder 2 MKs und 4 MGs in den Flügeln. Raketen oder bis zu 900 kg Bomben unter dem Rumpf und an den Flügeln.

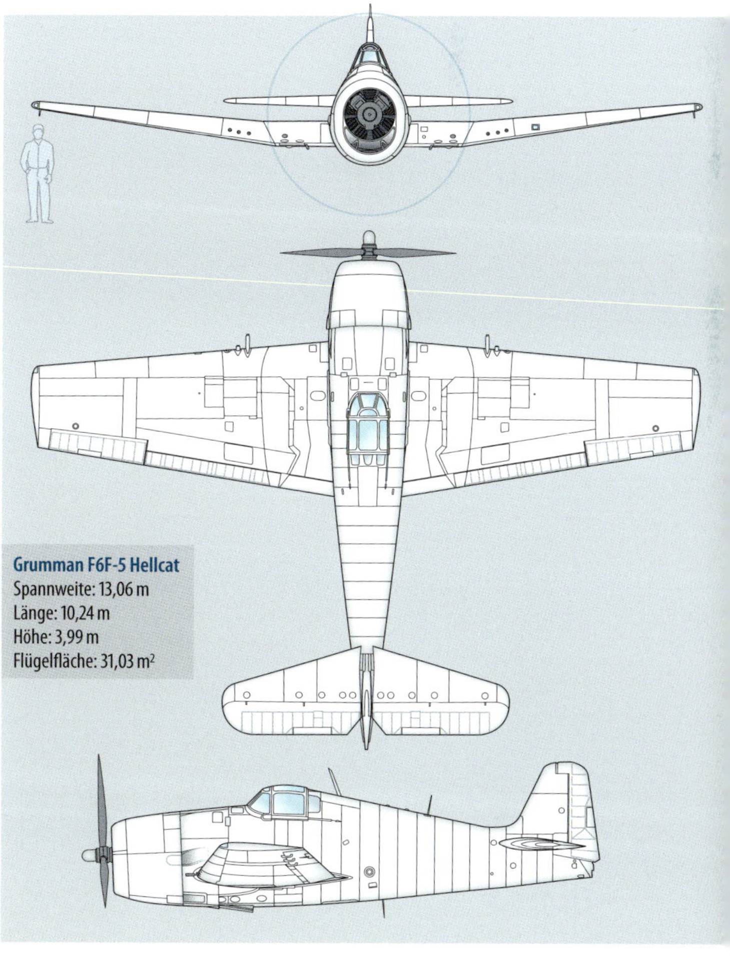

Grumman F6F-5 Hellcat
Spannweite: 13,06 m
Länge: 10,24 m
Höhe: 3,99 m
Flügelfläche: 31,03 m²

Grumman F7F Tigercat

Ursprungsland
USA
Kategorie
Schweres Jagdflugzeug

Entwicklung: Schon 1938 begann Grumman zweimotorige Jagdflugzeuge zu entwickeln, allerdings ohne Erfolg. Erst als die US-Navy Ende 1940 größere Flugzeugträger und die Beschaffung zweimotoriger Trägerflugzeuge plante, bestellte sie im Juni 1941 auch zwei Prototypen der XF7F-1, deren Erstflug im November 1943 war. Die Zweimot hatte ein Bugfahrwerk und Klapptragflächen. Ihre Leistungen waren beeindruckend, aber Strukturschwächen und ein problematischer Einmotorenflug, verzögerten die Auslieferungen. Die erste von 500 bestellten landbasierten Nachtjägern F7F-1 flog im April 1944, während parallel die Entwicklung des zweisitzigen Radar-Nachtjägers F7F-2 begann. Stärkere Motoren und größere Tanks zeichnete die einsitzige F7F-3 aus, von der auch zweisitzige Nachtjäger, Fotoaufklärer und eine Version für elektronische Aufklärung ausgeliefert wurden. Erst die letzte zweisitzige Version F7F-4N (Abb. unten) mit längerer Radarnase, die im November 1946 ausgeliefert wurde, war auch für den Betrieb auf Flugzeugträger zugelassen. Es wurden aber bis Juni 1946 nur noch 12 Flugzeuge gebaut.

Mit Kriegsende 1945 wurden auch die Bestellungen zusammengestrichen, so dass insgesamt nur 364 Tigercats aus den Werkhallen rollten.

Bemerkungen: Ein außergewöhnliches Flugzeug, schwer bewaffnet, robust und für eine Zweimot erstaunlich wendig und in Bodennähe schneller als die Hellcat. Zwei Tage vor Weltkriegsende trafen die ersten Tigercats in Okinawa ein, kamen aber nicht mehr zum Einsatz. Erst im Koreakrieg, in den frühen 1950er-Jahren, wurde sie intensiv bei Tag- und Nacht-Bodenangriffen geflogen, einige wenige bis in die 1980er Jahre als zivil zugelassene Wasserbomber mit einem Tank unter dem Rumpf.

Es haben 12 F7F in den USA überlebt, davon acht flugfähig, eine davon im National Museum of WW II Aviation in Colorado Springs/USA.

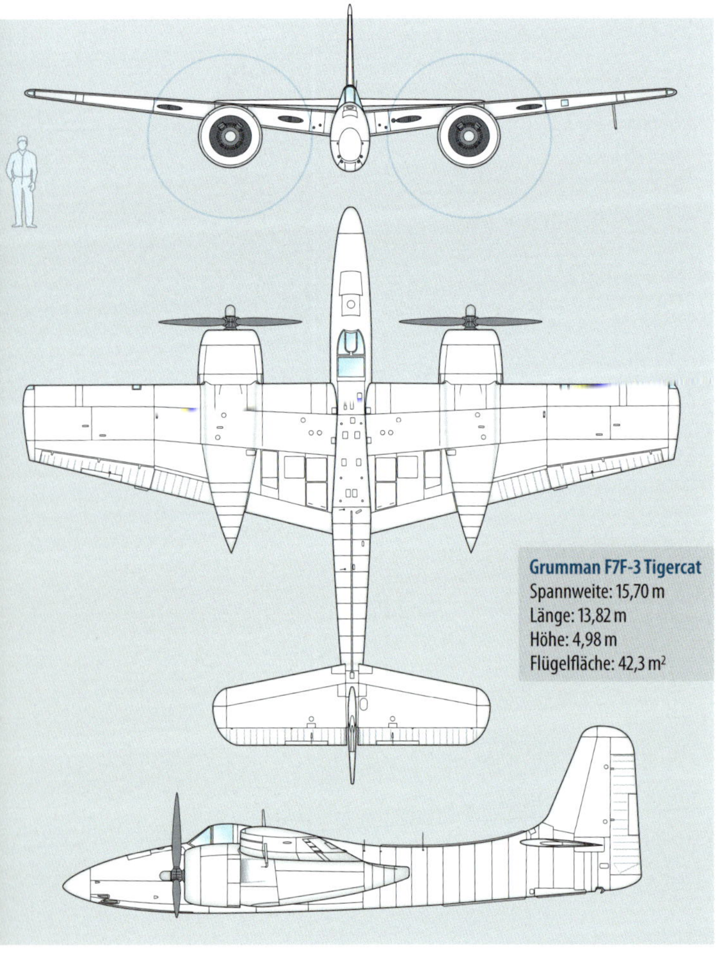

Grumman F7F-3 Tigercat
Spannweite: 15,70 m
Länge: 13,82 m
Höhe: 4,98 m
Flügelfläche: 42,3 m²

Nur zwölf Stück wurden vom zweisitzigen, mit Fanghaken für Flugzeugträger geeigneten Nachtjäger F7F-4N gebaut.

Besatzung: 1 – 2
Triebwerke: (F7F-3) Zwei luftgekühlte 18-Zylinder-Doppelsternmotoren Pratt & Whitney R2800-34 W Double Wasp mit je 1566 kW (2100 PS) Startleistung.
Leistungen: (F7F-3) Höchstgeschwindigkeit auf Meereshöhe 590 km/h, 700 km/h in 6750 m Höhe, Dienstgipfelhöhe 12 700 m, Reichweite 2220 km, maximal 2911 km.
Gewichte: (F7F-3) Leergewicht 7380 kg, Abfluggewicht 9852 kg, maximales Abfluggewicht 11 666 kg.
Bewaffnung: (F7F-3) Je zwei Maschinenkanonen in den Flügelwurzeln und vier MGs im Bug. Und je nach Variante zwei 450 kg-Bomben oder 8 Raketen oder zwei Drop-Tanks oder ein Torpedo unter dem Rumpf.

Grumman F8F Bearcat

Ursprungsland
USA
Kategorie
Jagdflugzeug

Entwicklung: Die Entwicklung begann Mitte 1943 mit dem Projekt G 58. Im November folgte ein Auftrag über 2 Prototypen, die bereits im August 1944 flogen und mit ihrer leichten Bauweise und starken Motorisierung außergewöhnlich gute Leistungen zeigten. Das trägertaugliche kompakte Ganzmetallflugzeug mit hochklappbaren Flügelenden war wendig, hoch belastbar und bedeutend schneller als die Hellcat. Die ersten von 896 F8F-1 (Bild oben) wurden im Februar 1945 ausgeliefert. Davon waren 18 F8F-1N mit einem Radarpod als Nachtjäger ausgestattet. Bei der F8F-2 (Abb. unten), von der man 365 Maschinen auslieferte, wurde 1947 ein stärkerer Double Wasp mit 2240 PS und ein vergrößertes Seitenruder eingeführt. Von dieser Variante stellte man auch noch 15 F8F-2N Radar-Nachtjäger und ca. 60 F8F-2P Fotoaufklärer her.

Insgesamt wurden bis Mai 1949 1266 Flugzeuge gebaut. Von ausgemusterten US-Bearcats erhielt Frankreich 215 und Thailand 169.

Bemerkungen: Mit der Bearcat wurde die Messlatte für Propellerflugzeuge noch einmal höher gelegt, bevor die ersten Jets das Aus der Props besiegelten. Wegen der erst zu Kriegsende beginnenden Produktion kam es zu keinem Kriegseinsatz mehr. Frankreich nutzte die F8F jedoch im Indochina-Krieg (1946 – 1954) und von der US Navy wurde sie zwar im Koreakrieg (1950 – 1953) eingesetzt, allerdings waren jetzt schon Jets der Bearcat überlegen. Lediglich als Aufklärer und Nachtjäger war sie noch erfolgreich. Noch einmal ihr Potenzial konnte eine stark modifizierte Bearcat in den berühmten US-Luftrennen bis 2015 zeigen, wo sie einige erste Plätze abräumte. Bis 2017 hielt „Rare Bear“ neben einem Steigzeitweltrekord auch den Weltrekord für kolbengetriebene Propellerflugzeuge mit 850,26 km/h.

Neben den vielen Museumsexponaten sind noch rund 15 Bearcats flugfähig, davon eine bei der Fighter Collection in Duxford, UK.

Die F8F-2 hatte einen stärkeren Motor und ein größeres Seitenruder.

Besatzung: 1
Triebwerk: (F8F-1) Ein luftgekühlter 18-Zylinder-Doppelsternmotor Pratt & Whitney R-2800-34W Double Wasp mit 1566 kW (2100 PS).
Leistungen: (F8F-1) 682 km/h in 5275 m Höhe, Steigzeit auf 6100 m 6 min 6 sec, Dienstgipfelhöhe 10 270 m, Reichweite 1535 km, Überführungsreichweite 2335 km.
Gewichte:: (F8F-1) Leergewicht 3987 kg, maximales Abfluggewicht 4326 kg.
Bewaffnung: (F8F-1) Je nach Variante zwei bis vier MGs oder MKs, zwei 500 kg-Bomben oder ungelenkte Raketen oder Zusatztanks.

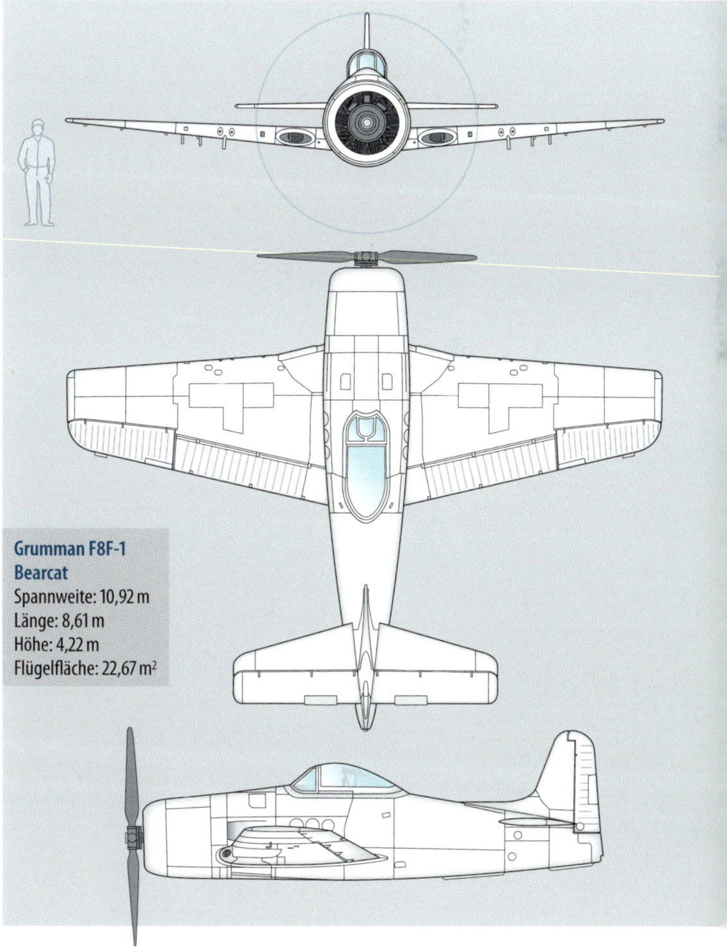

Grumman F8F-1 Bearcat
Spannweite: 10,92 m
Länge: 8,61 m
Höhe: 4,22 m
Flügelfläche: 22,67 m²

Grumman G-21 Goose

Ursprungsland
USA
Kategorie
Mehrzweck-Amphibienflugzeug

Entwicklung: Initiiert wurde 1936 der Bau der Goose von wohlhabenden Geschäftsleuten aus New York, die für ihre Flüge in den Küstenregionen ein repräsentatives sechs bis achtsitziges Amphibienflugzeug suchten. Grumman reagierte und der erste zweimotorige Eindecker der Firma hob im Mai 1937 erstmals ab. Das in Ganzmetallbauweise hergestellte und für ihre Zeit sehr leistungsfähige Flugzeug erregte bald die Aufmerksamkeit der Militärs. Die ersten Flugzeuge gingen aber an Privatleute, Firmen und Fluggesellschaften. Bereits 1938 bestellte die Kanadische Luftwaffe und schnell darauf folgten auch Orders der USA, Portugals und Perus. Bei der USAAF flogen 26 Flugzeuge unter der Bezeichnung OA-9 als Transporter und Seenotrettungsflugzeuge. Bei der US Navy und US Coast Guard als JRF, darunter drei JRF-3 mit Autopilot und pneumatischer Flügelenteisung, zehn JRF-4 die zwei Wasserbomben tragen konnten und 184 JRF-5 (große Abb.) mit Enteisungsboots und Bombenracks an den Flügeln, Zielschleppvorrichtung und einer Kamerahalterung im Rumpf. Insgesamt gingen 47 Goose Mk. I und II unter dem Lend-Lease Act an die Briten, die sie als Beobachtungsflugzeuge einsetzten.

Bis Oktober 1945 rollten insgesamt 345 Flugzeuge aus den Hallen.

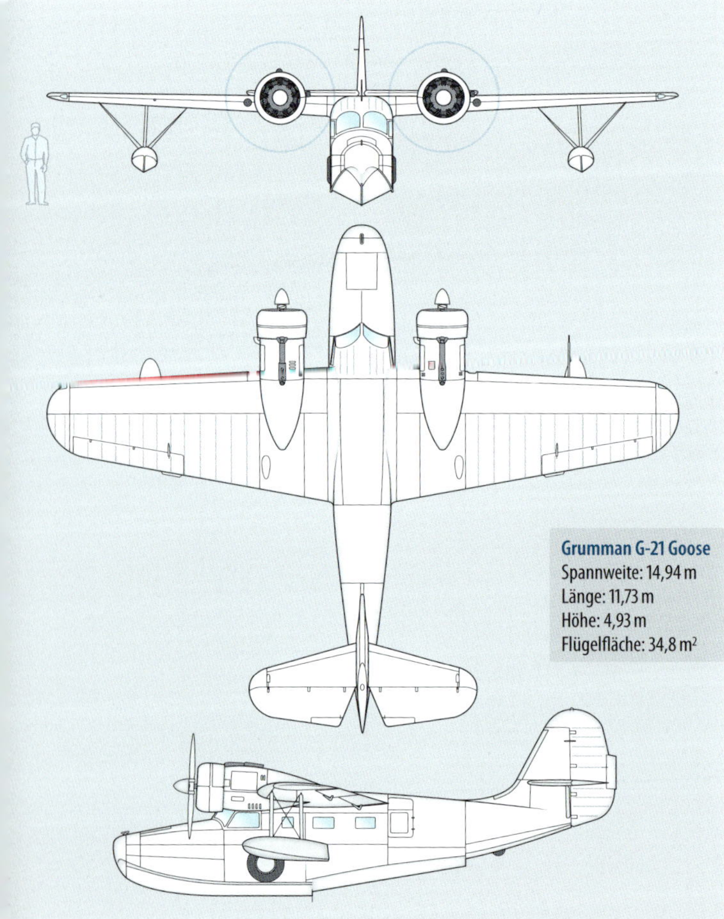

Grumman G-21 Goose
Spannweite: 14,94 m
Länge: 11,73 m
Höhe: 4,93 m
Flügelfläche: 34,8 m²

Die britischen Goose Mk. Ia, waren JRF-6 B der US Navy, die unter Lend-and-Lease an Großbritannien geliefert wurden.

Bemerkungen: Mit der Goose hat Grumman ein klassisches Amphibienflugzeug geschaffen, das durch gute Flugeigenschaften, aber vor allem durch seine Unverwüstbarkeit überzeugte. Wie viele anderen Flugzeuge auch, wurden diese am Ende des Krieges ausgemustert. Für die Goose aber war das der Beginn einer neuen, zivilen Karriere. Für den Passagier- und Frachtverkehr umgerüstet, fliegen sie bis heute für kleine Fluggesellschaften in der Karibik, Kalifornien und Alaska. Etliche Modernisierungen, die die Struktur, aber vor allem den Antrieb betrafen, führten bis zu einer Turbinen-Version mit je 550 PS. Und es wurde sogar überlegt, eine „Super Goose" mit 680 PS-PT-6A-Turbinen neu aufzulegen.

Besatzung: 1 bis 3
Triebwerke: Zwei luftgekühlte 9-Zylinder-Sternmotoren Pratt & Whitney R-985-AN-6 Wasp Junior mit 335 kW (450 PS).
Leistungen: Höchstgeschwindigkeit 323 km/h in 1500 m Höhe, Reisegeschwindigkeit 307 km/h in 1500 m Höhe, Dienstgipfelhöhe 6500 m, Reichweite ca. 1000 km.
Gewichte: Leergewicht 2461 kg, max. Abfluggewicht 3629 kg.
Bewaffnung: (JRF) Bis zu zwei 150 kg-Bomben unter den Flügeln.

Grumman G-44 Widgeon

Ursprungsland
USA
Kategorie
Mehrzweck-Amphibien-flugzeug

Entwicklung: Der Bedarf an einer kleineren, einfacheren und billigeren Variante der erfolgreichen G-21 Goose war der Grund, die G-44 zu entwerfen. Ursprünglich für den zivilen Markt gedacht, hob der Hochdecker im Juni 1940 erstmals ab. Das in Ganzmetallbauweise hergestellte, bis zu fünfsitzige Amphibienflugzeug, hatte teilbespannte Tragflächen, auf denen die beiden hängenden Reihenmotoren Fairchild Ranger montiert waren, um sie vor Spritzwasser zu schützen. Ab 1941 wurden neben den zivilen Auslieferungen unter der Bezeichnung 31 J4F-1 (großes Bild) an die US Coast Guard, 131 J4F-2 an die Navy und 4 OA-14 an das US Army Air Corps ausgeliefert. Die britische Royal Navy erhielt via Lend-and-Lease 15 J4F-2, die anfangs unter der Bezeichnung Gosling flogen. Von der zivilen, verbesserten sechssitzigen Version G-44 A, die 1944 eingeführt wurde, sind bis Januar 1949 76 Exemplare ausgeliefert worden. Frankreich baute bei S.C.A.N. 41 Widgeon unter der Bezeichnung SCAN 30 in Lizenz.

Je nach Quellenlage wurden insgesamt 317/345 Widgeons aller Varianten produziert.

Ein Teil der militärischen G-44-Flotte bestand aus requirierten Maschinen von zivilen Betreibern.

Bemerkungen: Das Flugzeug wurde militärisch hauptsächlich von der US Coast Guard und US Navy als Patrouillenflugzeug und zur U-Boot-Bekämpfung vor der US-Küste eingesetzt und soll angeblich auch im August 1942 an der Versenkung eines deutschen U-Bootes mit Wasserbomben vor der Küste Louisianas beteiligt gewesen sein. Ebenso die Civil Air Patrol, die Widgeons flog. Sie beanspruchte die Versenkung eines deutschen U-Boots im Juli 1942.

Nach dem Krieg wurden von dem außergewöhnlich stabil gebauten und unverwüstlichen Amphibienflugzeug über 70 Stück von einer amerikanischen Firma zu zivilen „Super Widgeons“ modernisiert. Wesentlich stärkere 6-Zylinder-Boxermotoren (198 kW / 270 PS), modernere Avionik, auf Wunsch hochklappbare Stützschwimmer und weitere kleinere Modifikationen erbrachten nun auch eine höheres Startgewicht von 2500 kg. So verwundert es nicht, dass heute noch etliche davon einsatzbereit sind.

Besatzung: 1
Triebwerke: Zwei luftgekühlte 6-Zylinder-Reihenmotoren Fairchild Ranger L-440-5 mit je 149 kW (200 PS).
Leistungen: Höchstgeschwindigkeit 246 km/h, Reisegeschwindigkeit 222 km/h, Dienstgipfelhöhe 4500 m, Reichweite ca. 1500 km.
Gewichte: Leergewicht 1470 kg, maximales Abfluggewicht 2053 kg.
Bewaffnung: Als Patrouillenflugzeug manchmal ein oder zwei MGs am Seitenfenster, eine 90 kg-Wasserbombe.

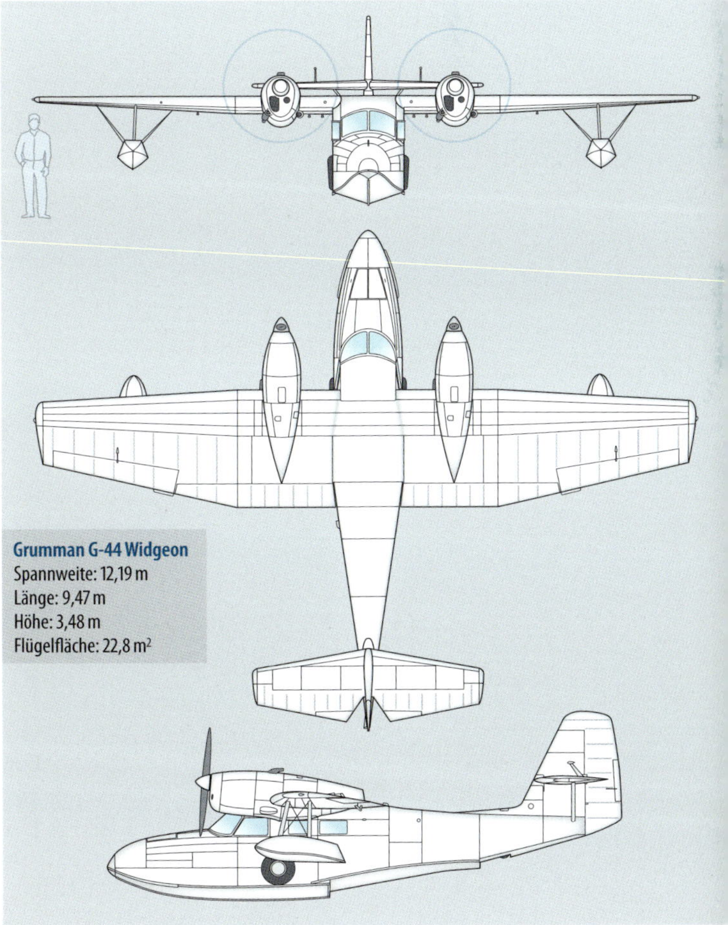

Grumman G-44 Widgeon
Spannweite: 12,19 m
Länge: 9,47 m
Höhe: 3,48 m
Flügelfläche: 22,8 m²

Grumman J2F Duck

Ursprungsland
USA
Kategorie
Mehrzweck-, SAR-, Aufklärungsflugzeug

Entwicklung: Die nahezu identische J2F Duck entstand aus der Grumman JF, deren Prototyp im April 1933 erstmals flog. Eine kleine Serie von 47 Flugzeugen wurde an die Navy ausgeliefert. Mit einer neuen Ausschreibung im April 1935 entstand schließlich die J2F-1, mit etwas längerem Rumpf und höherer Abflugmasse. Das Ganzmetallflugzeug bot Platz für zwei Crewmitglieder hintereinander und im voluminösen Rumpf unter dem Cockpit Raum für Funkgeräte, Kameras zur Aufklärung oder einer Krankentrage oder für 2 Passagiere. Mit einem 700 PS P & W R-1830 Twin Wasp wurden 27 Amphibien ausgeliefert. Nach mehreren Baureihen, oft nur mit anderer Motorisierung und Ausstattung, die in geringer Stückzahl aufgelegt wurden, kamen 141 J2F-5 (Zeichnung) mit einem 950 PS Wright R-1820-50 zur Auslieferung, die aber als Lizenzauftrag bei Columbia Aircraft hergestellt wurden. Ebenso wie die J2F-6 (große Abb.) mit einem nochmals stärkeren P & W Cyclone, von der schließlich 330 vom Band liefen. Von der weiterentwickelten XJL-1 mit einem 1350 PS starken Wright Cyclone entstanden nach 1945 nur 3 Prototypen, davon wurden zwei noch von der Navy bis 1959 in Alaska eingesetzt.

Je nach Quelle verließen bis 1945 insgesamt 567/581/597 Ducks die Werkshallen.

Bemerkungen: Trotz des veralteten Designs war die robuste, zuverlässige und einfach zu wartende Duck unverzichtbar zur Aufklärung und für Search-and-Rescue-Dienste. Sie wurde auf allen Kriegsschauplätzen der Navy, vom Festland und von Flugzeugträgern aus, bis zum Kriegsende eingesetzt. Das Amphibium eignete sich auch für rauhe See, und hatte genug Raum zur Aufnahme von Ausrüstung oder Passagieren.

Zehn Ducks sind erhalten geblieben. Von vier flugfähigen gehört eine dem Fantasy of Flight Museum in Polk City, USA.

Um die Duck zu ersetzen wurde der Eindecker XJL-1 von Grumman entworfen. Die drei Prototypen wurden in Subkontrakt von Columbia Aircraft gebaut. Es kam jedoch nicht mehr zur Serienproduktion.

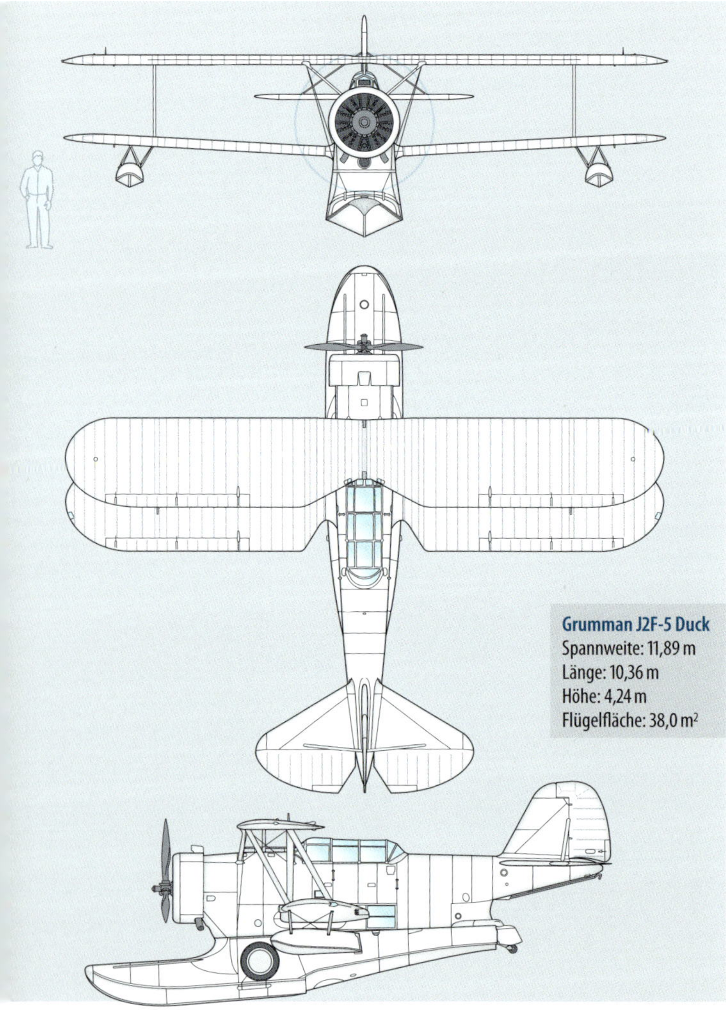

Besatzung: 2
Triebwerk: (J2F-6) Ein luftgekühlter 9-Zylinder-Sternmotor Wright R-1820-54 Cyclone mit 782 kW (1050 PS) Startleistung und 671 kW (900 PS) Reiseleistung.
Leistungen: (J2F-6) Höchstgeschwindigkeit 310 km/h, Reisegeschwindigkeit 250 km/h, Dienstgipfelhöhe 6100 m, Reichweite 1260 km.
Gewichte: (J2F-6) Leergewicht 2486 kg, Abfluggewicht 3493 kg.
Bewaffnung: (J2F-6) Ein bewegliches MG im hinteren Cockpit, bis zu 295 kg Wasserbomben an Flügelstationen.

Grumman TBF Avenger

Ursprungsland
USA
Kategorie
Torpedobomber

Entwicklung: Schon 1939 begann die Entwicklung der Avenger um die Douglas Devastators (S. 280) zu ersetzen. Grumman wurde unter sechs Mitbewerbern ausgewählt um zwei Prototypen zu bauen. Die XTBF-1 flog im August 1941 erstmals. Der trägergestützte Ganzmetall-Mitteldecker hatte faltbare Tragflächen und im voluminösen Rumpf einen großen Bombenschacht. Die Serienfertigung begann 1942 bei Grumman mit der TBF-1 (1526 St.) und später mit der TBF-1 C (765 St.) mit anderer Bewaffnung und größeren Tanks. Konversionen der beiden Hauptserien unterschieden sich lediglich in der Ausstattung. Ein Teil erhielt ab Ende 1943 Radargeräte oder wurden zum Aufklärer umgerüstet. Mit steigendem Bedarf und der Auslastung Grummans wurden von General Motors weitere 7546 Avengers mehrerer Varianten als TBM produziert. Alleine von den TBM 3-Varianten mit stärkerem Motor wurden 4000 Flugzeuge hergestellt, davon ein Teil mit Radarpod unter dem Flügel. Etwa 1000 Flugzeuge gingen an die britische Royal Navy, die von Flugzeugträgern aus über dem Atlantik und Pazifik eingesetzt wurden. Einige lieferte man aus US-Beständen an Neuseeland und nach 1945 125 an Kanada und weitere Staaten.

Grumman und General Motors lieferten zusammen 9836 Avengers aus.

Bemerkungen: Der robuste Standardbomber der US-Marine war von großer Bedeutung in den Schlachten im Pazifikraum und hatte einen erheblichen Anteil an der Versenkung zahlreicher japanischer Schiffe. Mit ihrer enormen Zuladung war sie aber auch in der Lage Nachschubtransporte zu übernehmen. Die im Atlantik operierenden britischen Avengers wurden zum Schutz der Geleitzüge gegen U-Boote eingesetzt. Erst 1956 stellte die USA die letzten Avenger außer Dienst.

Rund 80 Avengers überlebten, davon viele flugfähig und überwiegend in den USA. Eine steht im Imperial War Museum in Duxford, UK.

Avengers konnten auch per Katapult von einem Flugzeugträger gestartet werden. Hier eine TBM der U.S. Navy 1945.

Besatzung: 3
Triebwerk: (TBF 1-C) Ein luftgekühlter 14-Zylinder-Doppelsternmotor Wright R-2600-8 Twin Cyclone mit 1267 kW (1700 PS).
Leistungen: (TBF 1-C) Höchstgeschwindigkeit 447 km/h, Reisegeschwindigkeit 346 km/h, Dienstgipfelhöhe 6900 m, Reichweite 1450 km.
Gewichte: (TBF 1-C) Leergewicht 4788 kg, Abfluggewicht 7876 kg.
Bewaffnung: (TBF 1-C) Ein MG über dem Motor oder zwei in den Flächen, je ein MG im Drehturm und im unteren Waffenstand nach hinten. Bis zu acht Raketen an Flügelstationen oder Zusatztanks. Bis zu 907 kg Bomben im Schacht oder ein Torpedo.

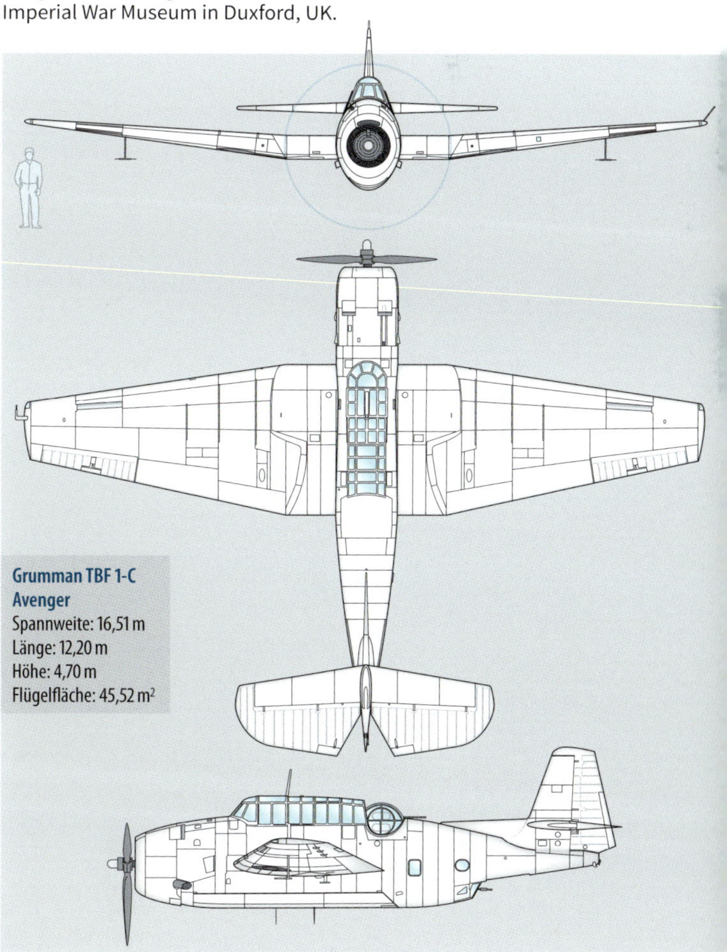

Grumman TBF 1-C Avenger
Spannweite: 16,51 m
Länge: 12,20 m
Höhe: 4,70 m
Flügelfläche: 45,52 m²

Lockheed Hudson

Ursprungsland
USA
Kategorie
Leichter Bomber, Trainer, Aufklärungs-, Transport- und Patrouillenflugzeug

Entwicklung: Nach einer britischen Anfrage wurde 1938 auf Grundlage der zivilen Super Electra die Hudson entwickelt. Erstflug war im Dezember 1938. Der in Halbschalen-Ganzmetallbauweise hergestellte Tiefdecker durchlief eine problemlose Erprobung. Schon im Sommer 1939 flog die erste Serien-Hudson für Großbritannien. Nach 350 Mk. I wurden 20 Mk. II mit geänderter Bewaffnung gebaut. Mit einem Unterrumpfkampfstand und einem etwas stärkeren Wright R-1820 (1200 PS) liefen 428 Mk. III vom Band, während die Mk. V (309 St.) und VI (450 St.) von einem 14-Zylinder-Doppelsternmotor Pratt & Whitney R-1830 Twin Wasp mit 1200 PS-angetrieben wurden. Unter dem Lend-Lease Act wurden 380 Mk. IIIA und 30 Mk. IV an die RAF geliefert. Die amerikanischen A-28 und A-29 flogen ebenso mit einem P & W R-1830-Antrieb, konnten auch als Truppentransporter genutzt werden und wurden zudem an die RAF, RCAF, RNZAF und an Brasilien geliefert. Als US-Trainingsflugzeug für Schützen flogen 217 AT-18 und 83 als Navigationstrainer, als PBO-1 war die Hudson auf Patrouillen für die US-Navy unterwegs.

Insgesamt verließen bis Mai 1941 2941 Flugzeuge die Werkshallen, alleine 2345 davon gingen an die RAF.

Bemerkungen: Zu Kriegsbeginn betrieb nur die RAF das Mehrzweckflugzeug als Seeaufklärer, U-Bootjäger und leichter Bomber über Europa und den umliegenden Meeren. Zusammen mit britischen flogen auch neuseelandische und australische Crews mit der Hudson im Pazifikraum vermehrt Einsätze gegen Japan. Erst 1941 begann die USA das Flugzeug im Pazifikkrieg einzusetzen, zog sie aber schnell wieder zurück und setzte sie nur noch für zweitrangige Aufgaben ein.

Angeblich haben 12 Hudsons überlebt. Eine steht im RAF Museum London, UK, eine flugfähige im Temora Aviation Museum, Australien.

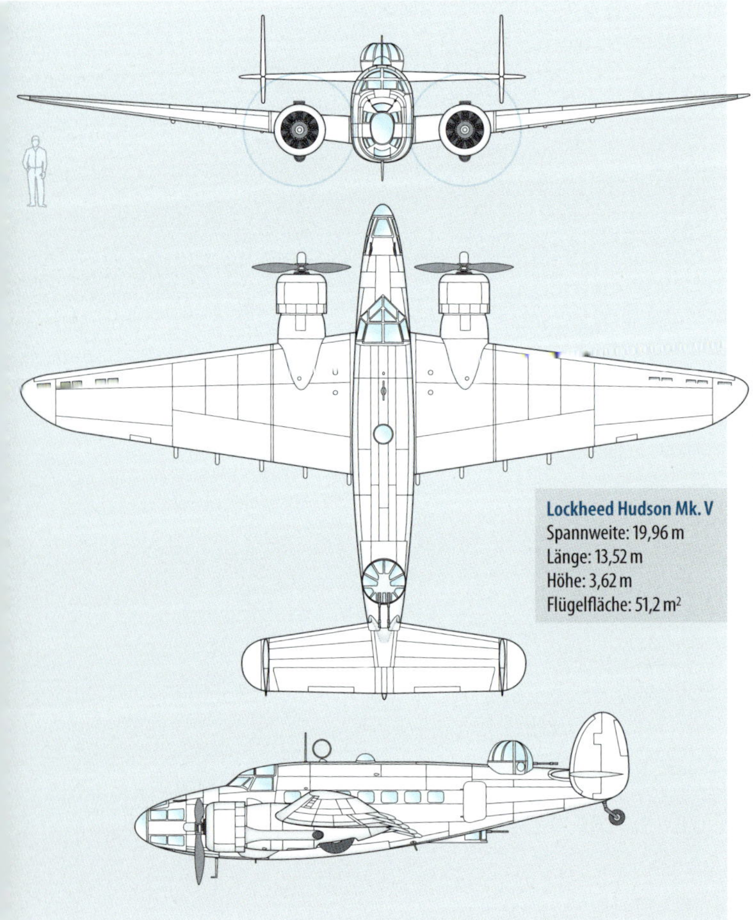

Lockheed Hudson Mk. V
Spannweite: 19,96 m
Länge: 13,52 m
Höhe: 3,62 m
Flügelfläche: 51,2 m²

Die A-29-LO war identisch mit der Hudson Mk.III (LR), wurden von 1200 PS Wright R-1820-87-Motoren angetrieben, waren mit sieben MGs bewaffnet und mit zusätzlichen Flügeltanks ausgestattet.

Besatzung: 5 – 6
Triebwerke: (Mk. I)Zwei luftgekühlte 9-Zylinder-Sternmotoren Wright GR 1820-G102A Cyclone mit 820 kW (1100 PS) Startleistung.
Leistungen: (Mk. I) Höchstgeschwindigkeit 396 km/h, Reisegeschwindigkeit 350 km/h, Dienstgipfelhöhe 7600 m, Reichweite 3150 km.
Gewichte: (Mk. I) Leergewicht 5275 kg, Abfluggewicht 7938 kg.
Bewaffnung: (Mk. I) Zwei MGs im Bug, zwei MGs im Rückendrehturm. Bis zu 640 kg Bomben.

Lockheed Ventura

Entwicklung: Zu Beginn des Zweiten Weltkrieges bot Lockheed der RAF eine Militärversion der Lodestar an, die wiederum im Prinzip eine weiterentwickelte Super Electra/Hudson war. Der in Ganzmetallbauweise hergestellte Tiefdecker war größer, schwerer und wesentlich stärker motorisiert. Erstflug war im Juli 1941. Ersten RAF-Bestellungen im Februar 1940 folgten Orders über weitere 675 mit Double Wasp-Sternmotoren. Die USAAF erwarb ebenfalls als B-34 Lexington bezeichnete Venturas und bestellte schließlich noch 550 Aufklärer B-37, die mit einem schwächeren Wright R-2600 motorisiert waren. Es wurden aber nur 18 ausgeliefert. Für die US-Navy steigerte man die Reichweite, baute ein Bugradar ein, änderte die Bewaffnung und als PV-1 (Zeichnung) lieferte man ab Dezember 1942 1461 Stück aus. Ein weiteres Upgrade zur PV-2 Harpoon (große Abb.), die erstmals im Dezember 1943 flog, brachte eine größere Reichweite, bessere Bewaffnung und ein geändertes Leitwerk. Nach einem Redesign der Flügel wegen Strukturschwächen wurden 535 Stück ausgeliefert. Die Entwicklung einer leistungsgesteigerten PV-4 wurde bei Kriegsende eingestellt.

Im September 1945 lief nach 3028 Flugzeugen die Produktion aus.

Die meisten B-34-VE der USAAF dienten als Bomber-/Schießtrainer und Zielschlepper. VE war das Kürzel der Lockheed-Tochter Vega Aircraft Corporation, bei der die Maschine gebaut wurde.

Bemerkungen: Erste RAF-Einsätze im September 1942 zeigten, dass der langsame und schwach bewaffnete Bomber ungeeignet war und deshalb im September 1943 an das Coastal Command zur Seeüberwachung abgegeben wurde. Einige baute man zum Transporter um, etliche gingen an die RCAF, RNZAF und SAAF. US-Navy-Venturas wurden hauptsächlich zur Seeüberwachung über dem Atlantik und Pazifik eingesetzt. Von den Salomonen, Aleuten und Alaska wurden aber auch Angriffe auf japanische Basen geflogen.

Ungefähr 25 Venturas sind erhalten geblieben, davon 10 flugfähig, die meisten in den USA.

Ursprungsland
USA
Kategorie
Bomber, Aufklärungs-, Transport- und Patrouillenflugzeug

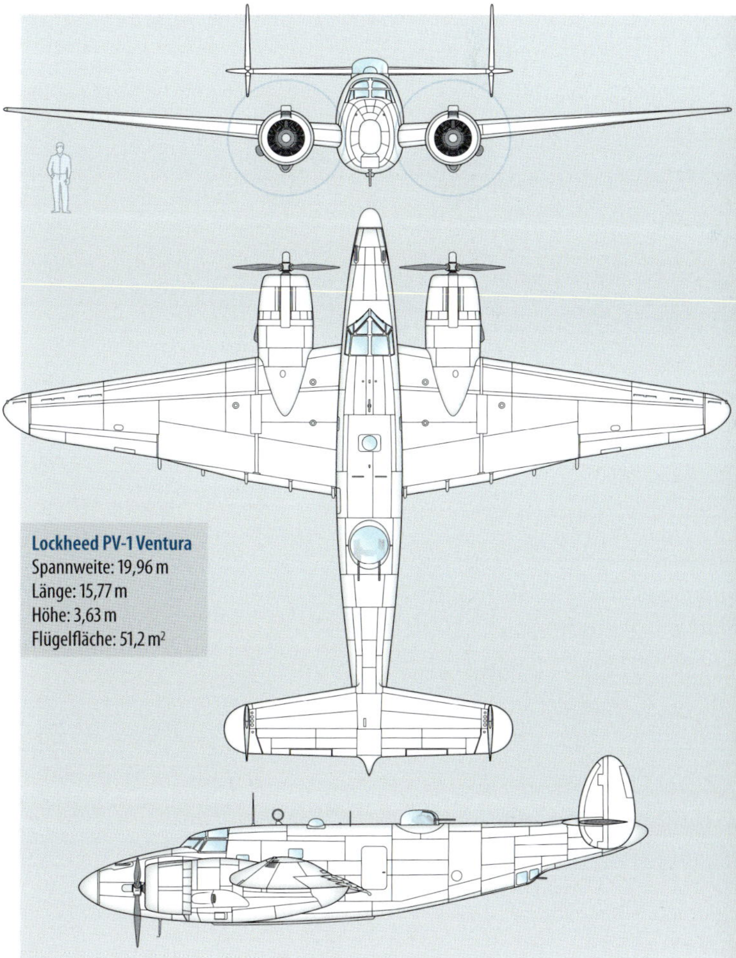

Lockheed PV-1 Ventura
Spannweite: 19,96 m
Länge: 15,77 m
Höhe: 3,63 m
Flügelfläche: 51,2 m²

Besatzung: 4 – 6
Triebwerke: (PV-1) Zwei luftgekühlte 18-Zylinder-Doppelsternmotoren Pratt & Whitney R-2800-31 Double Wasp mit 1491 kW (2000 PS).
Leistungen: (PV-1) Höchstgeschwindigkeit 512 km/h, Reisegeschwindigkeit 370 km/h, Dienstgipfelhöhe 8000 m, Reichweite 2670 km.
Gewichte: (PV-1) Leergewicht 9161 kg, Abfluggewicht 14 096 kg.
Bewaffnung: (PV-1) Je zwei MGs im Bug, im Rückendrehturm und Unterrumpfstand. Max. 1362 kg Bomben im Schacht und 908 kg extern.

Lockheed P-38 Lightning

Ursprungsland
USA
Kategorie
Jagdflugzeug, Jagdbomber

Entwicklung: Aus einer Ausschreibung für einen zweimotorigen Abfangjäger im Februar 1937 ging die P-38 als Sieger hervor. Die außergewöhnlich leistungsfähige Konstruktion flog erstmals im Januar 1939. Nach 13 Vorserienflugzeugen, bei denen im Sturzflug aerodynamische Probleme auftraten (die erst später mit Nachrüst-Klappen behoben wurden), ging die P-38 1941 in Serie. Nach einigen Kleinserien wurden von der P-38 E 210 Stück gebaut. Mit anderer Motorisierung und Zusatztanks liefen 527 F vom Band und 1082 von der gewichtsreduzierten G. Einen stärkeren Motor bekamen 601 H-Modelle und die 2970 gebauten P-38 J (große Abb.) hatten jetzt serienmäßig Sturzflugklappen und zusätzliche Flügeltanks. Die größte Stückzahl erreichte die L (Zeichnung) mit 3923 Stück, mit nochmals stärkeren Antrieben. Einige davon wurden als Leitflugzeug für Bomber mit einem verglasten Bug, für einen zusätzlichen Bombenschützen, modifiziert. Zum mit Radar ausgestatteten zweisitzigen Nachtjäger wurden 75 L zur M umgebaut. Rund 500 Aufklärer F-4 und F-5 produzierte man neu, oder wurden aus anderen Versionen umgerüstet.

Insgesamt rollten 10 037 P-38 aus den Werkshallen, davon 113 bei Vultee.

Bemerkungen: Die Lightning war für ihre Größe ein gut zu manövrierendes, leistungsfähiges Flugzeug und mit relativ hoher Zuladung und starker Bewaffnung als Langstreckenjäger, Jagdbomber, Nachtjäger und Fotoaufklärer gut geeignet. Sie war eines der erfolgreichsten Jagdflugzeuge im Pazifikkrieg und wurde wegen der guten Flugleistungen, der hohen Reichweite und ihrer beiden Motoren für Flüge über dem Meer, von ihren Piloten sehr geschätzt. In Europa anfangs mit Verlusten als Begleitjäger der US-Bomberverbände eingesetzt, später aber als erfolgreicher Jagdbomber gegen Bodenziele, als Aufklärer und Abfangjäger im Mittelmeerraum, in Nordafrika und über Westeuropa.

Rund 30 P-38 sind, überwiegend in den USA, erhalten geblieben. Eine Lightning fliegt bei den Flying Bulls in Salzburg, Österreich.

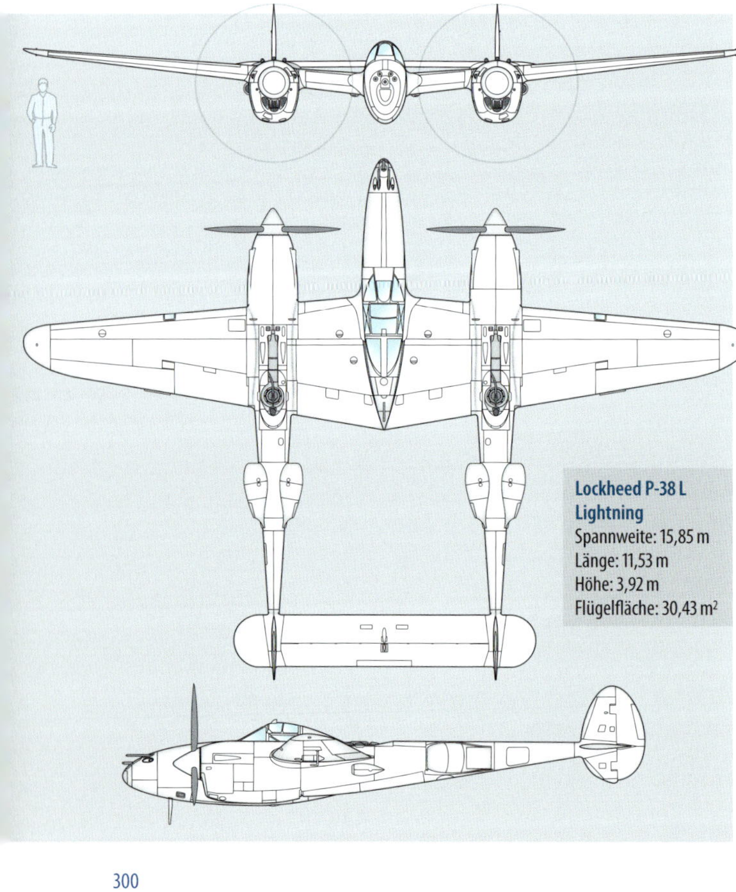

Lockheed P-38 L Lightning
Spannweite: 15,85 m
Länge: 11,53 m
Höhe: 3,92 m
Flügelfläche: 30,43 m²

Gegen Kriegsende wurden noch 75 P-38 L zum zweisitzigen Nachtjäger P-38 M umgerüstet. Mit einem zweiten Cockpit und Radarbehälter unter der Nase kamen sie jedoch nicht mehr zum Einsatz.

Besatzung: 1
Triebwerke: (L) Zwei flüssigkeitsgekühlte V12-Zylinder-Motoren Allison V-1710-113 mit je 1193 kW (1600 PS).
Leistungen: (L) Höchstgeschwindigkeit 666 km/h in 7600 m Höhe, Reisegeschwindigkeit 443 km/h, Dienstgipfelhöhe 13 000 m, Reichweite 2100 km, Überführungsreichweite 5300 km.
Gewichte: (L) Leergewicht 5806 kg, Abfluggewicht 7938 kg, maximales Abfluggewicht 9798 kg.
Bewaffnung: (L) 1 Maschinenkanone und 4 MGs im Bug. Bis zu 1820 kg Bomben, Raketen und/oder Droptanks an externen Stationen.

Lockheed P-80 Shooting Star

Entwicklung: Als deutlich wurde, dass die Bell P-59 (S. 252) leistungsmäßig Propellerjagdflugzeuge nicht übertreffen konnte und dass die deutsche Me 262 deutlich leistungsfähiger war, bekam Lockheed im Juni 1943 den Auftrag, die XP-80 (Abb. oben) zu bauen. Nach 180 Tagen (!) war im Januar 1944 Erstflug des in Ganzmetallbauweise hergestellten Tiefdeckers mit einem, mangels eigener Entwicklung, britischen Goblin-Strahltriebwerk. Eine leistungsstärkere und schwerere XP-80 A mit dem General Electric J33 flog im Juni 1944 und die erste von 13 Vorserienmaschinen YP-80 im September 1944. Von diesen Maschinen wurden zwei im Dezember 1944 nach Großbritannien und zwei Ende Januar 1945 nach Süditalien zur Erprobung gebracht. Allerdings flog keine Kriegseinsätze. Fast alle Vorserienmaschinen gingen, oft wegen der unzuverlässigen Triebwerke, verloren. Von den im Februar 1945 bestellten 344 P-80 A waren 83 bis Ende Juli 1945 ausgeliefert. Nach dem Krieg lief die Produktion weiter und endet im Juni 1950 mit der P-80 C, die später in F-80 C umbenannt wurde.

Zur Montage und Wartung des voluminösen Zentrifugal-Triebwerks konnte das komplette Heck abgezogen werden.

Insgesamt sind 1715 Shooting Star gebaut worden. Der zweisitzige Trainer T-33, ein Derivat der F-80 C, brachte es auf 6557 Stück.

Bemerkungen: In Rekordzeit zur Serienreife gebracht, war die Shooting Star das erste einsatzfähige, strahlgetriebene Flugzeug der USA, auch wenn die Entwicklungsarbeit für das Triebwerk in Großbritannien geleistet wurde. Im Koreakrieg war sie der MIG-15 mit ihren Pfeilflügeln unterlegen und wurde schnell durch F-86 Sabre abgelöst, aber noch für Erdkampf-, Aufklärungs- und Trainingsmissionen verwendet.

Zahlreiche P-80 stehen in US-Museen, der Prototyp XP-80 Lulu Belle steht National Air and Space Museum, Washington, USA.

Ursprungsland
USA
Kategorie
Jagdflugzeug, Jagdbomber

Besatzung: 1
Triebwerk: (P-80 C) Ein Zentrifugal-Strahltriebwerk Allison J33-A-35 mit 20 kN Trockenschub und 24 kN mit Wassereinspritzung.
Leistungen: (P-80 C) Höchstgeschwindigkeit 956 km/h, Reisegeschwindigkeit 707 km/h, Steigzeit auf 6100 m 5 min 30 sec, Dienstgipfelhöhe 14 300 m, Reichweite 1330 km, zur Überführung 2220 km.
Gewichte: (P-80 C) Leergewicht 3820 kg, Abfluggewicht 5534 kg, maximales Abfluggewicht 7646 kg.
Bewaffnung: Sechs MGs im Bug. 8 Raketen oder bis zu 900 kg Bomben an Flügelstationen.

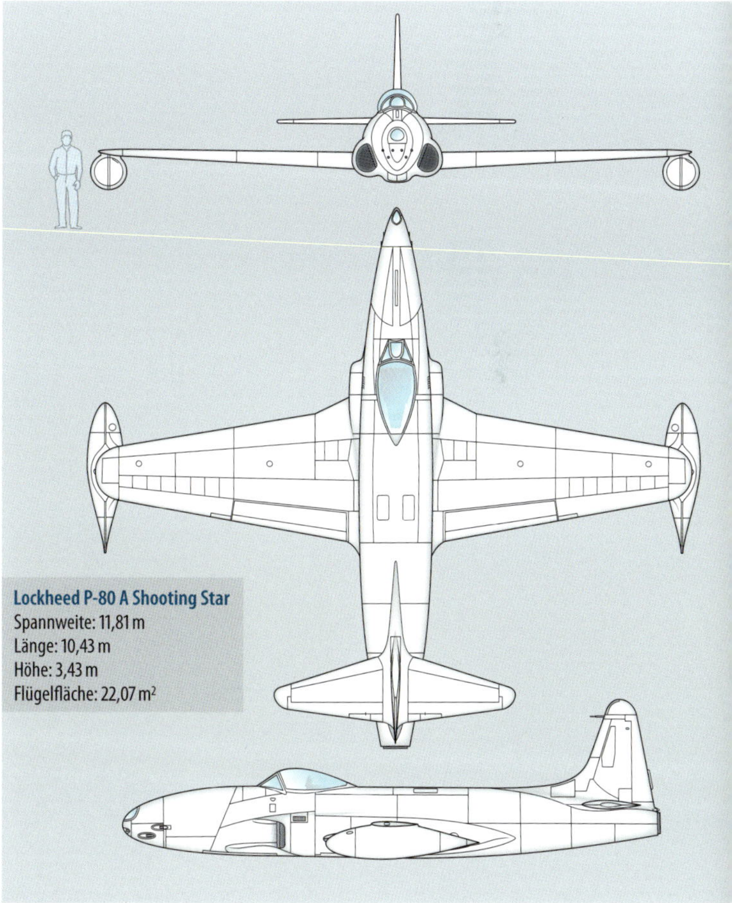

Lockheed P-80 A Shooting Star
Spannweite: 11,81 m
Länge: 10,43 m
Höhe: 3,43 m
Flügelfläche: 22,07 m²

Lockheed C-69 Constellation

Ursprungsland
USA
Kategorie
Transportflugzeug

Entwicklung: Bereits im April 1939 stellte Lockheed unter dem Namen Excalibur ein viermotoriges Passagierflugzeug vor. Bei einem Treffen mit Howard Hughes, dem Besitzer der TWA, wurden die Eckdaten des damals modernsten Airliners umrissen und Verträge über erst 9, dann 40 Flugzeuge unterschrieben. Auch Pan American World Airways stieg mit einer Bestellung von 30 L-149 ein. Mit Kriegseintritt der USA im Dezember 1941 und dem einhergehenden riesigen Bedarf an großen Transportflugzeugen, requirierte das Militär aber alle bestellten Maschinen. Nach etlichen Änderungen flog die XC-69 Constellation im Januar 1943 erstmals. Die Serienproduktion des Ganzmetall-Tiefdeckers mit Druckkabine und Klimaanlage verzögerte sich durch zahlreiche Probleme. Vor allem die komplizierten, anfälligen Motoren, die nach einem Absturz zu einem vorübergehenden Flugverbot führten. Eine Order der USAAF im August 1944 über 150 C-69 C (einer VIP-Transporterversion), wurde bei Kriegsende auf 73 reduziert, bis schließlich der Vertrag gekündigt wurden. Nur 22 militärische C-69 kamen zur Auslieferung, davon sind später 19 zur zivilen L-049 umgebaut worden. Die noch in Bau befindlichen C-69 wurden als zivile L-149 mit bis zu 81 Sitzplätzen verkauft.

Insgesamt baute Lockheed 233 Constellations der Baureihen C-69/L-049, L649/749.

Bemerkungen: Die Constellation war die Ursprungsversion einer langen, erfolgreichen Reihe des überaus eleganten Passagierflugzeugs. Von der weiterentwickelten Super-Constellation (Erstflug Oktober 1950), rollten insgesamt 285 zivile und 325 militärische Flugzeuge aus Lockheeds Werkshallen. Die letzte Version, die L-1649 Starliner, flog im Oktober 1956 erstmals und wurde 44 mal gebaut. Mit ihr und der Douglas DC-7, und dem Erscheinen der ersten Passagier-Jets, endete auch die Aera der Langstreckenflugzeuge mit Kolbenmotoren.

In fast allen großenLuftfahrtmuseen der Welt sind Constellations zu finden. Eine L-749 zeigt das Aviodrome in Lelystad, Niederlande. Einige werden flugfähig restauriert, eine C-121/L-1049 fliegt noch in Australien.

Die XC-69, der Prototyp der Constellation im Größenvergleich zur UC-101 Orion auf dem Rollfeld von Lockheed in Burbank, USA.

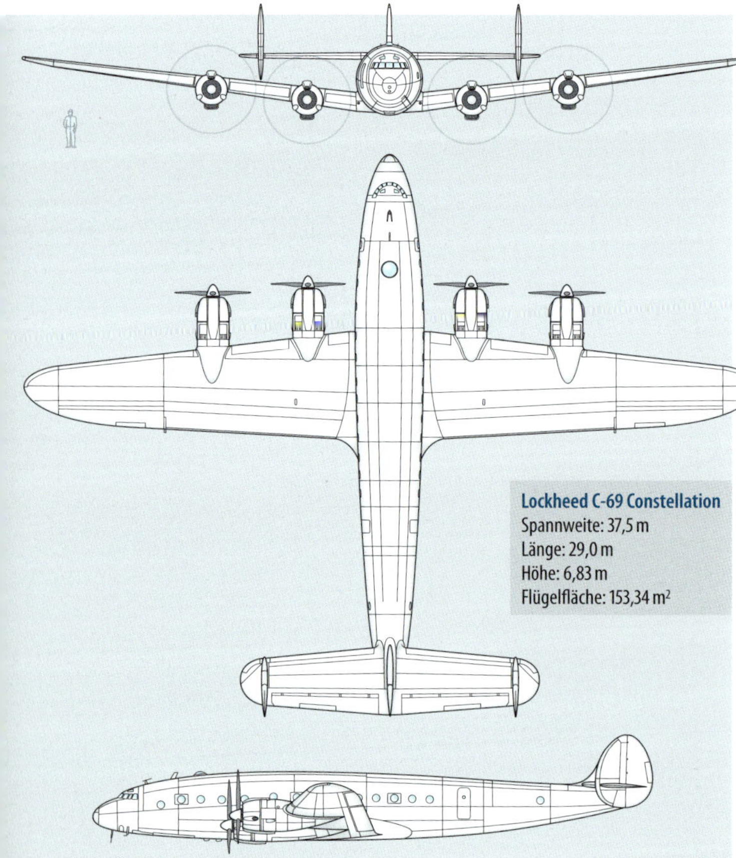

Lockheed C-69 Constellation
Spannweite: 37,5 m
Länge: 29,0 m
Höhe: 6,83 m
Flügelfläche: 153,34 m²

Besatzung: 4
Triebwerke: Vier luftgekühlte 18-Zylinder-Doppelstern-motoren Wright R-3350-35 Duplex Cyclone mit je 1640 kW (2200 PS).
Leistungen: Höchstgeschwindigkeit 531 km/h in 3050 m Höhe, Reisegeschwindigkeit 365 km/h, Dienstgipfelhöhe 7630 m, Reichweite 3900 km.
Gewichte: Leergewicht 22 906 kg, maximales Abfluggewicht 32 659 kg.

Martin B-10

Ursprungsland
USA
Kategorie
Bomber

Entwicklung: Martins Model 123 wurde anfang der 1930er-Jahre in Eigeninitiative entwickelt. Erstflug war im Februar 1932 und nach Tests bei der Army wurde das Flugzeug zur XB-10 umkonstruiert. Der Ganzmetall-Mitteldecker hatte ein geschlossenes Cockpit, Einziehfahrwerk, einen geschlossenen Bugdrehturm und einen Bombenschacht. Für die damalige Zeit ein revolutionäre Konstruktion mit beeindruckenden Leistungsdaten. Die ersten vierzehn YB-10 mit 675 PS R-1820-25 Sternmotoren wurden ab November 1933 ausgeliefert. Drei gebaute und 380 km/h schnelle YB-10 A/B-10 A unterschieden sich nur durch aufgeladene Motoren R-1820-31. 1935 wurden weitere 105 B-10 B bestellt, die nur geringfügig vom Vorgänger abwichen. Um eine größere Reichweite zu erzielen, wurde bei der B-12 (259 St.) die Möglichkeit geschaffen, einen zusätzlichen Tank in den Bombenschacht einzubauen. Exportflugzeuge liefen unter der Bezeichnung Model 139 und 166, deren Hauptabnehmer Argentinien mit 34, die Türkei mit 20 und die Niederlande mit 39 Flugzeugen waren.

Inklusive der Exportversionen rollten bei Martin 348 Flugzeuge aus den Werkshallen.

Zwei Martin Model 166 (Exportversion) der Niederlande über Niederländisch-Ostindien im Januar 1942.

Besatzung: 3
Triebwerk: (B-10 B) Zwei luftgekühlte 9-Zylinder-Sternmotoren Wright R-1820-33 Cyclone mit 577 kW (775 PS).
Leistungen: Höchstgeschwindigkeit 343 km/h, Reisegeschwindigkeit 311 km/h, Dienstgipfelhöhe 7400 m, Reichweite 2000 km.
Gewichte: Leergewicht 4391 kg, Abfluggewicht 6668 kg, maximales Abfluggewicht 7439 kg.
Bewaffnung: Je ein MG im Bugdrehturm, im hinteren Cockpit und im Unterrumpf nach hinten. Bis zu 1030 kg Bomben im Schacht.

Bemerkungen: Mit der B-10 änderte sich das Bomberdesign grundlegend, was 1932 mit der Verleihung Collier Trophy für größte Fortschritte im Bereich der US-Luft- und Raumfahrt an Martin gewürdigt wurde. Fortschritte im Flugzeugbau gelangen damals aber schnell, so dass Ende der 1930er Jahre mit Einführung der Boeing B-17 und Douglas B-18 die B-10 eigentlich veraltet war und für den Export freigegeben wurde. Eingesetzt wurde sie nur kurz in Niederländisch-Indien und China, musste aber schnell wegen überlegener japanischer Jäger wieder zurückgezogen werden.

Die einzig erhaltene B-10 steht im National Museum of the United States Air Force, Wright-Patterson Air Force Base, Dayton, USA.

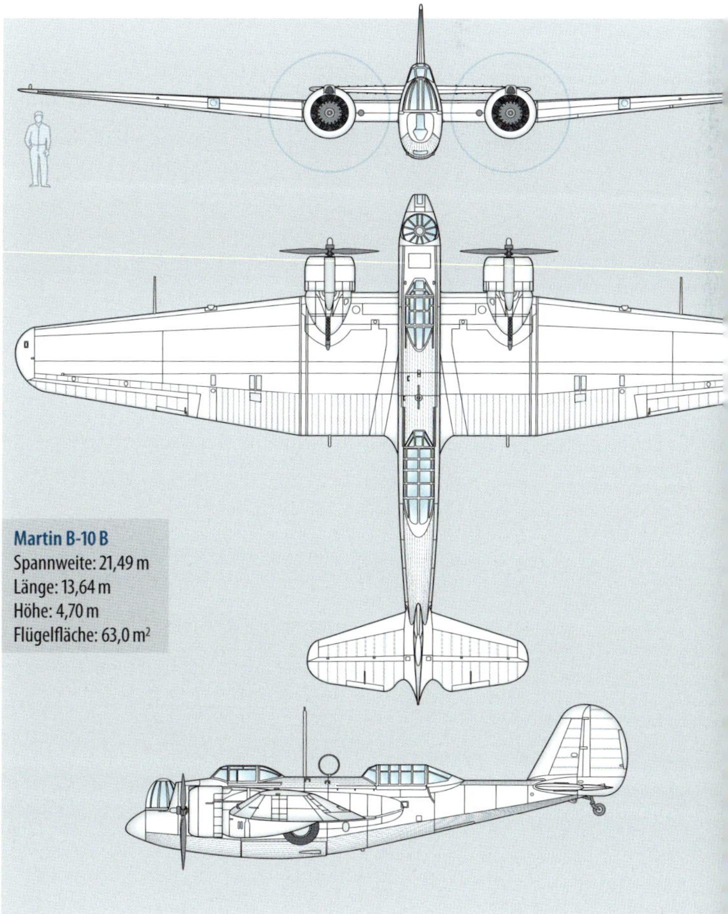

Martin B-10 B
Spannweite: 21,49 m
Länge: 13,64 m
Höhe: 4,70 m
Flügelfläche: 63,0 m²

Martin Maryland

Ursprungsland
USA
Kategorie
Leichter Bomber

Entwicklung: Als Konkurrent zu Bell, Stearman, Douglas und North American entwarf Martin das Model 167 nach einer 1938 herausgegebenen Spezifikation der USAAC. Der Prototyp XA-22 flog im März 1939. Trotz guter Leistungen wurde aber die Havoc von Douglas (S. 282) von der USAAC bevorzugt. Der in Ganzmetallbauweise produzierte Mitteldecker mit seinem sehr schmalen Rumpf hatte ein separates Compartment für Pilot/Bombenschütze und getrennt durch ein Schott für den Schützen. Frankreich bestellte angesichts der deutschen Aufrüstung schon vor dem Erstflug 115 Flugzeuge und später weitere 100, von denen aber wegen des US-Waffenembargos bis Ende November 1939 nur 115 ihr Ziel erreichten und weitere 25 bis zum Waffenstillstand im Juni 1940, die alle mit einem Wright R-1820 Sternmotor ausgerüstet waren. Die restlichen 75 Flugzeuge wurden als A-22 Maryland Mk. I an Großbritannien ausgeliefert, das zusätzlich 150 Mk. II mit stärkeren, aufgeladenen Pratt & Whitney Twin Wasp-Doppelsternmotoren orderte, die ab September 1940 ausgeliefert wurden.

Vermutlich sind insgesamt 365 Maryland gebaut worden. Andere Quellen sprechen von 450 bzw. 496 Flugzeugen.

Bemerkungen: Als reines Exportflugzeug lieferte die USA die Maryland nur an Frankreich und Großbritannien, bzw. Südafrika, wo sie sich mit ihrer relativ hohen Geschwindigkeit und Manövrierbarkeit gut bewährten. Ein Teil der französischen Flugzeuge wurden während des Einmarsches der Deutschen nach Nordafrika ausgeflogen, rund 20 nach Großbritannien, ein Teil blieb im unbesetzten Süden Frankreichs. Die RAF und die SAAF stationierten die meisten in Ägypten und Malta und setzten ihre Flugzeuge im Mittelmeerraum, im Nahen Osten und Nordafrika als Bomber und Aufklärer ein, einige wohl auch im Atlantik. Drei Maryland gingen an die British Fleet Air Arm als Zielschlepper.

Soweit bekannt blieb kein Flugzeug erhalten.

Martin Maryland F
Spannweite: 18,7 m
Länge: 14,22 m
Höhe: 4,56 m
Flügelfläche: 50,2 m²

Der Prototyp Martin XA-22.

Besatzung: 3
Triebwerke: (Mk. I) Zwei luftgekühlte 14-Zylinder-Doppelsternmotoren Pratt & Whitney R-1830-SC3G Twin Wasp mit je 895 kW (1050 PS) Startleistung.
Leistungen: (Mk. I) Höchstgeschwindigkeit 489 km/h, Reisegeschwindigkeit 399 km/h, Dienstgipfelhöhe 9000 m, Reichweite 2100 km.
Gewichte: (Mk. I) Leergewicht 4802 kg, Abfluggewicht 6939 kg, maximales Abfluggewicht 7624 kg.
Bewaffnung: (Mk. I) Je zwei MGs in den Außenflügeln, je ein MG im Turm und im unteren Waffenstand. Bis zu 907 kg Bomben im Schacht.

Martin Baltimore

Ursprungsland
USA
Kategorie
Leichter Bomber

Entwicklung: Abgeleitet von der Maryland, hatte das Martin Model 187 einen voluminöseren Rumpf, verstärkte Bewaffnung und leistungsfähigere Antriebe. Die vierköpfige Besatzung bestand aus Pilot, Navigator/Bombenschütze, Funker und Bordschütze. Für Aufklärungs- und Überführungsflüge konnte in den Bombenschacht ein Zusatztank eingebaut werden. Das Ganzmetallflugzeug flog im Juni 1941 erstmals und war anfangs mit zwei 1600 PS-Wright Cyclone motorisiert. Im Gegensatz zur USAAC, die den Bomber nicht in Dienst nahm, bestellte Frankreich 400 Flugzeuge, deren Auslieferung aber mit der Besetzung durch die Deutschen hinfällig wurde. Großbritannien übernahm die Bomber, mit Änderungswünschen, als Baltimore. Ende 1941 lieferte man 50 Mk. I aus, die über einen 1600 PS-Wright GR-2600-A5B-Doppelsternmotor verfügten. Sie erfüllten aber noch nicht die Anforderungen der Briten. Die Mk. II ent-sprach bis auf eine geänderte Bewaffnung der Mk. I. Erst die Mk. III (250 St.) hatte einen MG-Drehturm und war wüstentauglich. Weitere Aufträge der RAF über 575 und 600 Flugzeuge, die als Martin A-30 über den Lend-Lease Act abgewickelt wurden, folgten. Diese Varianten unterschieden sich hauptsächlich in der Ausrüstung und erst die letzte Version Mk. V (A-30 A, 600 St.), bekam stärkere Triebwerke. Das Projekt einer Mk. VI (A-30 C) als Seeaufklärer mit Radar, längerem Rumpf und größeren Tanks wurde im April 1944 jedoch, trotz einer Bestellung über 900 Maschinen, nach zwei Prototypen eingestellt.

Bei Martin rollten bis 1944 1575 Baltimore aus den Werkshallen.

Bemerkungen: Alle Flugzeuge gingen an die RAF, die allerdings über die USAAF als A-30 bestellt und erst via Lend-Lease-Act an Großbritannien weitergegeben wurden. Die RAF gab sie auch in kleinen Stückzahlen an die im Mittelmeerraum aktiven Verbündeten weiter, wie z. B. an Südafrika, die Türkei, die freien französischen Streitkräfte, an griechische Exileinheiten und die auf alliierter Seite kämpfenden Italiener. Neben Europa und dem Mittleren Osten, überwiegend aber im Mittelmeerraum und den angrenzenden Staaten wurden sie als Bomber, einige auch als Aufklärer und zur Seeüberwachung eingesetzt. Anfangs verzeichnete das Muster hohe Verluste, mit Jäger-Begleitschutz änderte sich dies aber. Die meisten Flugzeuge wurden nach Kriegsende verschrottet, die letzten Ende 1949. Einige wenige wurden noch nach dem Krieg für kurze Zeit in Kenia zur Schädlingsbekämpfung als Sprühflugzeug und für kartographische Aufnahmen eingesetzt.

Außer ein paar Seewracks, blieb keine Baltimore erhalten.

Besatzung: 4
Triebwerke: (V) Zwei luftgekühlte 14-Zylinder-Doppelsternmotoren Wright R-2600-29 Twin Cyclone mit je 1268 kW (1700 PS).
Leistungen: (V) Höchstgeschwindigkeit 488 km/h, Reisegeschwindigkeit 360 km/h, Dienstgipfelhöhe 7600 m, Reichweite 1580 km.
Gewichte: (V) Leergewicht 7253 kg, Abfluggewicht 10 900 kg.
Bewaffnung: (V) Je 2 MGs in den Außenflügeln, 4 MGs im unteren Rumpf nach hinten, je 2 MGs im Drehturm und unter dem Rumpf. Maximal 910 kg Bomben intern.

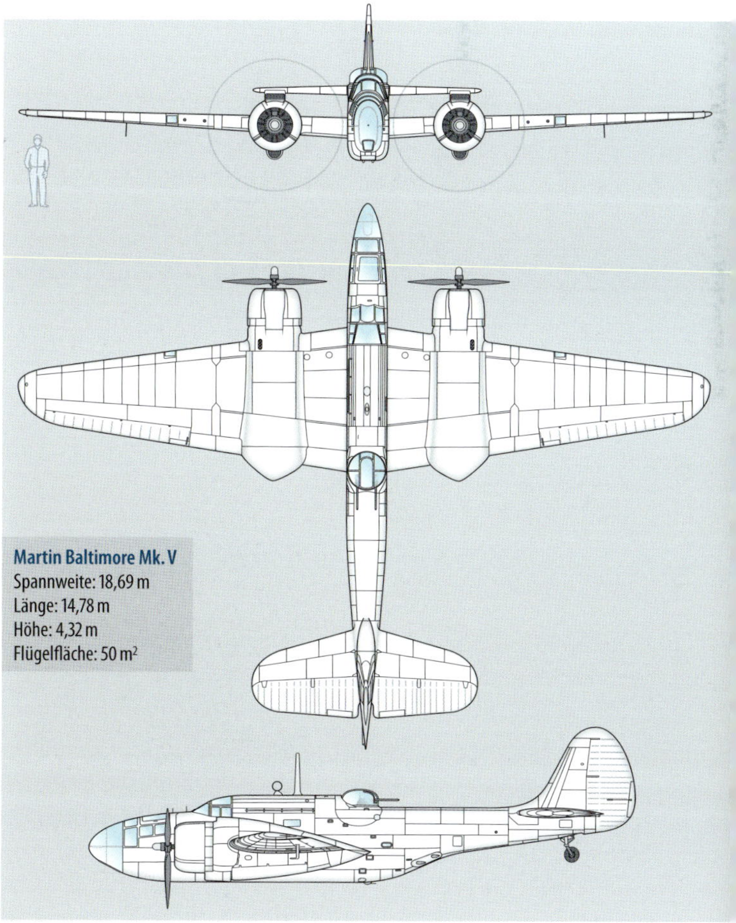

Martin Baltimore Mk. V
Spannweite: 18,69 m
Länge: 14,78 m
Höhe: 4,32 m
Flügelfläche: 50 m²

Martin B-26 Marauder

Ursprungsland
USA
Kategorie
Mittelschwerer Bomber

Entwicklung: Nach einer USAAC-Ausschreibung im März 1939 über einen schnellen, mittelschweren Bomber mit hoher Reichweite, entwarf Martin das Model 179, von dem schon vom Reißbrett weg 201 Maschinen bestellt wurden. Der aerodynamisch geformte Ganzmetall-Schulterdecker flog im November 1940 erstmals. Die ersten B-26 und B-26A (340 St.) waren mit 1850 PS-Double Wasps ausgestattet und hatten mit ihren kleinen Flügeln eine sehr hohe Flächenbelastung. An der B-26B (1883 St.) wurden deshalb diverse Modifikationen eingeführt: geänderte Bewaffnung, stärkere Motoren, ein größeres Leitwerk, aber vor allem eine um 1,8 m größere Spannweite, um die Start- und Landegeschwindigkeit zu reduzieren. Um die Flugeigenschaften weiter zu verbessern änderte Martin ab der F (300 St.) den Anstellwinkel des Flügels. Nahezu identisch mit der F war die G (893 St.). In geringer Stückzahl wurden auch Trainer und Zielschlepper gebaut.

Die Produktion der 5266 gebauten Marauder lief im März 1945 aus. Davon gingen 521 unter Lend-Lease an die RAF.

Bemerkungen: Die ersten B-26 waren im Dezember 1941 einsatzbereit und wurden im Pazifikkrieg geflogen. Ab November 1942 auch im Mittelmeerraum und Nordafrika. Von England aus startete man schließlich ab Mai 1943 auch zu Flügen über dem europäischen Festland. Zunächst führten die kritischen Flugeigenschaften durch die hohe Flächenbelastung zu einer gesteigerten Unfallrate, was man mit der Flügelvergrößerung in den Griff bekam. Dazu kam eine hohe Abschussrate, weil anfangs ohne Jagdschutz geflogen wurde. Am Ende hatten die Crews genug Erfahrung und die B-26 die geringste Verlustrate aller US-Bomber. Die RAF flog ihre Marauder nicht nur über Europa, sondern auch gegen Seeziele mit Torpedos und die Freie Französische Luftwaffe setzte ihre 1943 erhaltenen Marauder in den Kämpfen in Italien und Südfrankreich ein.

Es sind sechs B-26 in den USA erhalten geblieben, eine flugtauglich. Eine B-26G steht im Musée de l'Air et de l'Espace, Le Bourget, Frankreich.

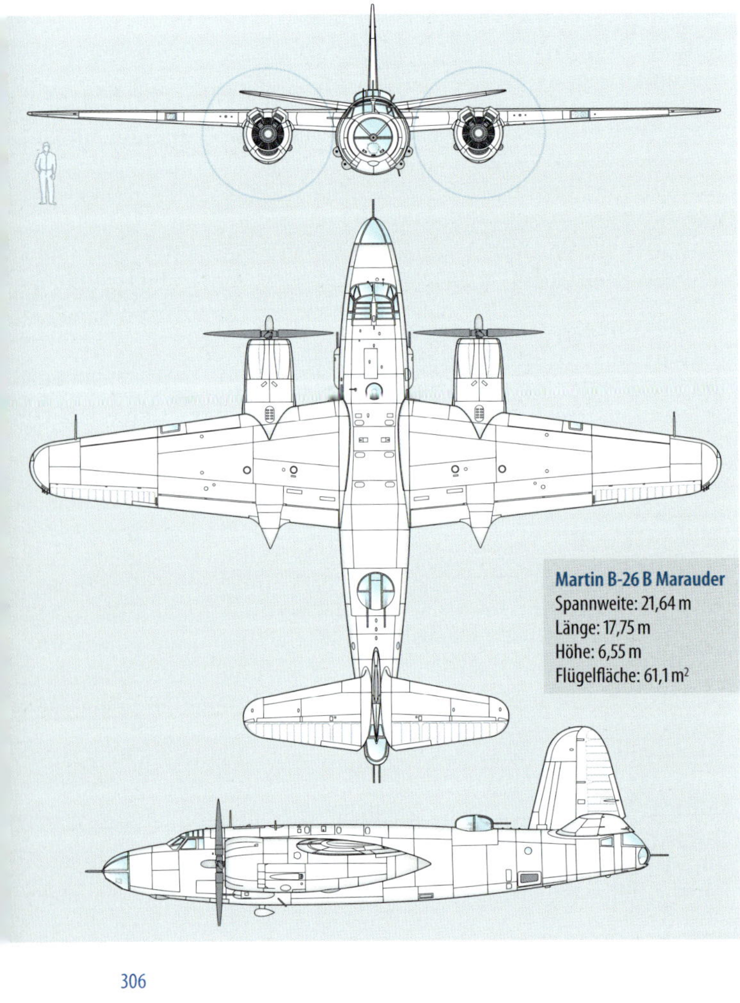

Martin B-26 B Marauder
Spannweite: 21,64 m
Länge: 17,75 m
Höhe: 6,55 m
Flügelfläche: 61,1 m²

Erstflug der noch unbewaffneten B-26 war im November 1940.

Besatzung: 7
Triebwerk: (G) Zwei luftgekühlte 18-Zylinder-Doppelsternmotoren Pratt & Whitney 2800-43 Double Wasp mit je 1491 kW (2000 PS).
Leistungen: (G) Höchstgeschwindigkeit 455 km/h, Reisegeschwindigkeit 350 km/h, Dienstgipfelhöhe 7160 m, Reichweite beladen 1850 km, Überführungsreichweite 4600 km.
Gewichte: (G) Leergewicht 10 886 kg, Abfluggewicht 16 783 kg.
Bewaffnung: (G) Ein MG im Bug und Rückendrehturm, ein Doppel-MG im Heckstand, je eines seitlich durch Luken und je zwei MGs nach vorne in seitlichen Rumpfbehältern. Bis zu 1800 kg Bomben intern.

Martin PBM Mariner

Ursprungsland
USA
Kategorie
Fernaufklärer, Patrouillenbomber, Transporter

Entwicklung: Auf eine Forderung der US-Navy für ein Patrouillenflugboot entwarf Martin das viermotorige Model 160, das anschließend aus Kostenvorteilen in das zweimotorige Model 162 umkonstruiert wurde. Nach der Erprobung eines kleineren Modells für aero- und hydrodynamische Tests, flog der erste Prototyp im Februar 1939 des in Ganzmetallbauweise hergestellten Flugboots mit einklappbaren Stützschwimmern. Im September 1939 begann der Serienbau von 20 PBM-1. Bereits im August 1940 gab die US-Navy weitere 379 Flugboote der Version PBM-3 und 180 PBM-4 in Auftrag. Ab der PBM-3 wurde der Rumpf verlängert, stärkere Motoren und feste Stützschwimmer eingebaut. Die ersten 50 PBM-3 wurden als Transporter ausgeliefert, weitere Versionen als Aufklärungsbomber mit Radardom über dem Cockpit (Zeichnung) und mit Bombenschächten in den Treibwerksgondeln. Die RAF bestellte 32 PBM-3B, die sie aber nur erprobte, 12 an Australien weitergab und den Rest zurück an die USA. Die letzte Version PBM-5 (631 Stück) hatte P&W R-2600 Double Wasp Sternmotoren mit 2100 PS, die eine höhere Reichweite und Geschwindigkeit mit sich brachten. Bis Anfang der 1950er Jahre waren noch 36 neu gebaute PBM-5A als Amphibium bei der US-Coast Guard im Einsatz.

Martin produzierte bis April 1949 1368 Mariner.

Bemerkungen: Die ersten Mariner wurden im September 1940 in Dienst gestellt und die US-Navy flog mit der Mariner und Consolidated Catalina Patrouille im Atlantik, unter anderem auch von Island aus. Nach Eintritt der USA in den Zweiten Weltkrieg im Dezember 1941 nutzte man die Flugzeuge hauptsächlich zur U-Boot-Jagd im Atlantik und Pazifik, wo sie von Stützpunkten auf Saipan, Okinawa und Iwo Jima aus operierten. PBMs blieben bis zum Koreakrieg im Einsatz. Erst 1956 wurden die letzten ausgemustert. Einige Mariner gingen nach dem Krieg an Portugal, die einige umgerüstet zivil auf Strecken nach Madeira einsetzte und an Uruguay, wo sie erst 1963 stillgelegt wurden.

Die einzig erhaltene Mariner, eine PBM-5A, steht im Pima Aerospace Museum, Tucson, USA.

Die letzte Baureihe PBM-5A, ein Amphibium mit Einziehfahrwerk.

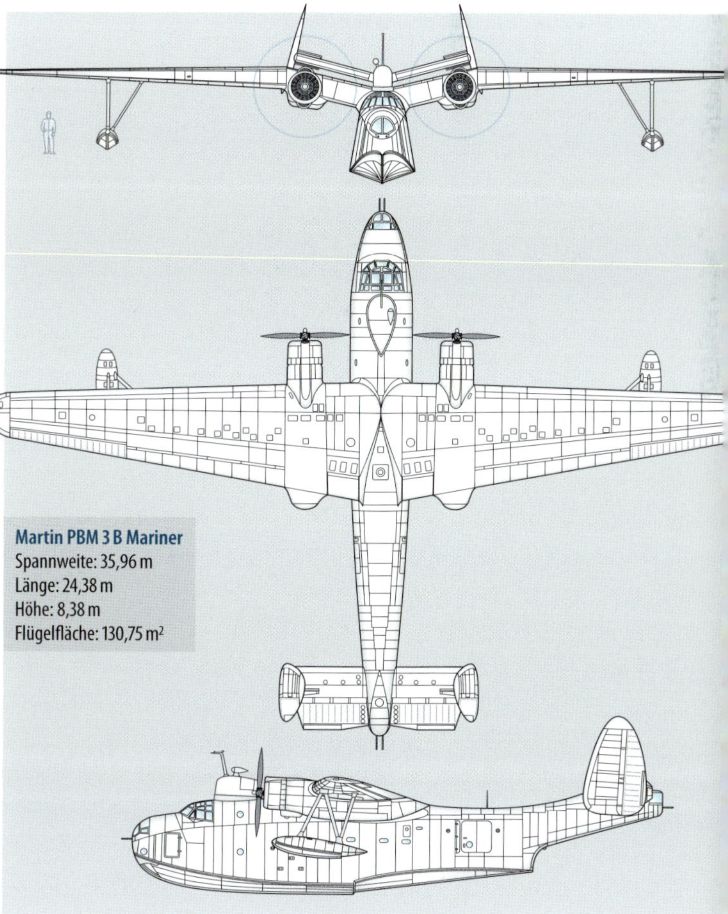

Martin PBM 3 B Mariner
Spannweite: 35,96 m
Länge: 24,38 m
Höhe: 8,38 m
Flügelfläche: 130,75 m²

Besatzung: 7 – 9
Triebwerke: (PBM 3) Zwei 14-Zylinder-Doppelsternmotoren Wright R-2600-22 Twin Cyclone mit je 1436 kW (1927 PS) Startleistung.
Leistungen: (PBM 3) Höchstgeschwindigkeit 341 km/h, Reisegeschwindigkeit ca. 320 km/h in 3960 m Höhe, Dienstgipfelhöhe 6035 m, Reichweite ca. 3600 km.
Gewichte: Leergewicht 15 050 kg, maximales Abfluggewicht 26 308 kg.
Bewaffnung: Sieben MGs an mehreren Stationen, bis zu 900 kg Bomben in Schächten der beiden Triebwerksgondeln.

North American O-47

Ursprungsland
USA
Kategorie
Aufklärungs- und Beobachtungsflugzeug

Entwicklung: Mit der O-47, deren Entwicklung 1934 begann, sollten die veralteten Beobachtungs-Doppeldecker Thomas-Morse O-19 und Douglas O-38 abgelöst werden. Der Ganzmetall-Mitteldecker hatte einen voluminösen Rumpf, in dessen unteren Teil Fenster eingezogen waren, um dem Beobachter freie Sicht zu ermöglichen. Ein erster Prototyp XO-47 flog im November 1934 und wurde als GA-15 von der General Aviation Manufacturing, einer Tochtergesellschaft North Americans, gebaut. Das US Air Corps bestellte 174 O-47 A (Zeichnung) in den Jahren 1937 und 1938, wovon 93 an die Einheiten der National Guard gingen. 1938 orderte auch die US-Army 74 O-47 B (Abb. oben), mit einem größeren Tank, einer modernisierten Funkausrüstung und einem etwas stärkern 1060 PS starken Wright-57 Sternmotor, der von einer neu gestaltetete Cowling umschlossen war.

Von North American sind insgesamt 239 O-47 gebaut worden.

Bemerkungen: Als die ersten Maschinen mitte der 1930er-Jahre ausgeliefert wurden, war die O-47 eines der modernsten Beobachtungs- und Aufklärungsflugzeuge der USA. Aber ähnlich der Curtiss Owl (S. 275), war Anfang der 1940er-Jahre klar, dass solche Flugzeuge überholt waren. Schon 1941 bei Manövern zeigten sich die Unzulänglichkeiten der O-47. Leichtflugzeuge, wie z. B. die Piper O-59, waren viele geeigneter und billiger für Truppenbeobachtungen. Und für ausgedehntere Aufklärungsmissionen gab es bereits umgebaute, gut bewaffnete, schnellere Bomber und Jagdflugzeuge. Die meisten O-47 wurden bis 1941 an die Nationalgarde abgegebe. Man verwendete die Flugzeuge nur noch in den zweiten Reihen auf Küstenpatrouillen, als U-Boot-Aufklärer und Zielschlepper.

Soweit bekannt sind vier Flugzeuge erhalten geblieben. Eine wird im National Museum of the USAF, Dayton, USA präsentiert und eine soll flugfähig im Planes of Fame Museum, Chino, USA restauriert werden.

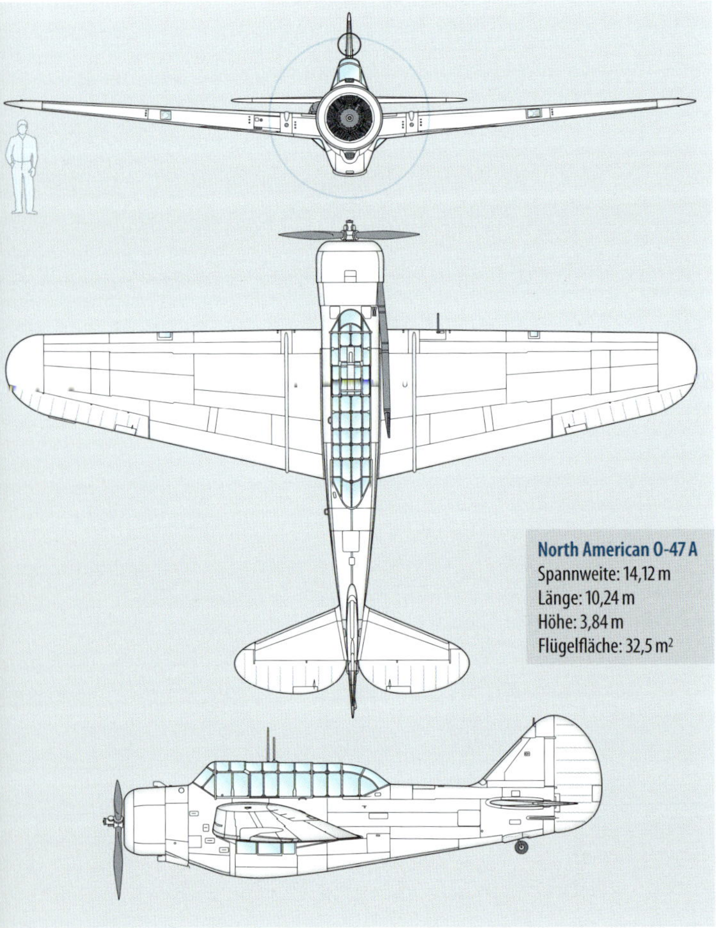

North American O-47 A
Spannweite: 14,12 m
Länge: 10,24 m
Höhe: 3,84 m
Flügelfläche: 32,5 m²

Noch mehr Luftwiderstand: eine O-47 A mit Floats.

Besatzung: 3
Triebwerk: (A) Ein luftgekühlter 9-Zylinder-Sternmotor Wright R-1820-49 Cyclone mit 727 kW (975 PS).
Leistungen: (A) Höchstgeschwindigkeit 356 km/h, Reisegeschwindigkeit 322 km/h, Dienstgipfelhöhe 7100 m, Reichweite 1350 km.
Gewichte: (A) Leergewicht 2712 kg, Abfluggewicht 3463 kg.
Bewaffnung: Ein MG im rechten Flügel, ein bewegliches MG im hinteren Cockpit.

North American T-6 Texan

Ursprungsland
USA
Kategorie
Schulflugzeug

Entwicklung: Die Geschichte der Texan geht zurück auf die NA-16, die erstmals im April 1935 abhob und von deren Baureihe bis zur NA-26 annähernd 2000 Stück gebaut wurden. Eine modifizierte NA-26, die BC-1, von der auch einige hundert Stück ausgeliefert wurden, war das Urmuster der in Ganzmetall gebauten T-6, die ihren Erstflug im September 1938 absolvierte. Der R-1340-AN-1 von Pratt & Whitney wurde Standardmotor aller T-6. Von der AT-6 A gingen 1549 an die USAAF und 270 als SNJ-3 an die US Navy. Noorduyn in Kanada baute nochmals 1500 A für die USAAF und 2485 als Harvard für die RCAF und RAF. Von der C-Variante wurden 2970 an die USAAF und 2400 SJN-4 an die US Navy und 726 an die RAF geliefert. Ab Juli 1943 führte man mit der AT-6 D (großes Bild) ein neues Elektriksystem ein. 3713 AT-6 D bekam die USAAF, 1357 als SNJ-5 die US-Navy und 351 als Harvard III 351 die RAF, sowie 564 die britische Fleet Air Arm. Die Baureihen, die erst mit der G endeten, unterschieden sich oft nur in der Ausrüstung, zu denen auch Bombenracks, Blindfluginstrumentierung, MGs und MG-Kameras, Zielschleppausrüstung usw. zählten. Die letzten Harvard IV wurde von der Canadian Car & Foundry in den 1950er-Jahren gebaut, die alle an die RCAF und die USAF gingen.

Es rollten 15 495 T-6 in den USA und Kanada vom Band.

Bemerkungen: Als relativ kostengünstiger Trainer für den steigenden Bedarf an Jagdflugzeugpiloten war die T-6 in den USA und den Commonwealth-Staaten das Standardschulflugzeug im Zweiten Weltkrieg. In über 40 Staaten wurde die T-6 nicht nur als Trainer, sondern auch als leichter Bomber genutzt, die USA selbst setzten sie als T6 D Mosquito im Koreakrieg ein. Einige wenige auch noch als vorgeschobenes Überwachungsflugzeug im Vietnamkrieg.

Zahlreiche flugfähige Exemplare, oft in privater Hand, sind weltweit auf Flugshows zu sehen. Von den zahllosen Museumsexponaten hängt eine T-6 z. B. im Auto und Technik Museum in Sinsheim.

Der Standardtrainer AT-6 für Jagdflugzeugpiloten. Hier eine Reihe AT-6 C auf dem Vorfeld des Eagle Pass Army Airfield in Texas.

Versuchsweise wurde eine AT-6 D mit einem 575 PS starken V12 Fairchild Ranger motorisiert. Es blieb aber bei einem Einzelstück.

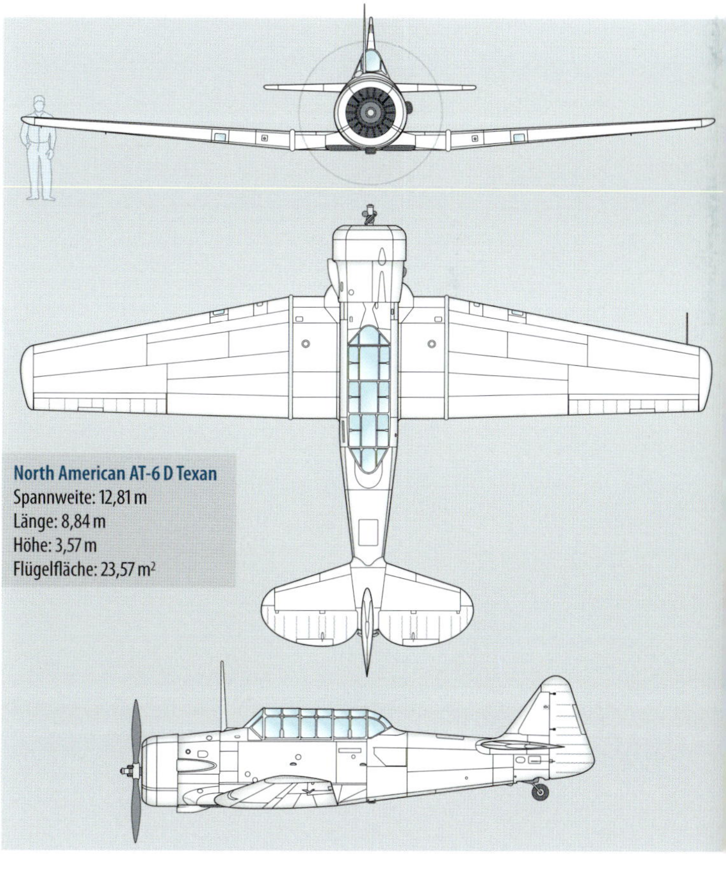

North American AT-6 D Texan
Spannweite: 12,81 m
Länge: 8,84 m
Höhe: 3,57 m
Flügelfläche: 23,57 m²

Besatzung: 2
Triebwerk: (D) Ein luftgekühlter 9-Zylinder Sternmotor Pratt & Whitney R-1340-AN-1 Wasp mit 447 kW (600 PS).
Leistungen: (D) Höchstgeschwindigkeit 335 km/h, Dienstgipfelhöhe 7400 m, Reichweite 1775 km.
Gewichte: (D) Leergewicht 1885 kg, Abfluggewicht 2548 kg.
Bewaffnung: Auf Bedarf ein MG neben dem Motor.

North American B-25 Mitchell

Ursprungsland
USA
Kategorie
Mittelschwerer Bomber

Entwicklung: Die B-25 geht auf die Eigenentwicklung NA-40 zurück, die im Januar 1939 flog. Weiterentwickelt zur NA-62, wurden 184 als B-25 bereits im September 1939 bestellt, obwohl sie erst im August 1940 flog. Es gab keine Prototypen, alle Änderungen wurden während der Produktion eingepflegt. So wurden ab der neunten Maschine leicht geknickte Flügel eingeführt, während der Wright R-2600 Standardmotor aller Serien blieb, die sich hauptsächlich in Bewaffnung und Ausrüstung unterschieden. Zu den Großserien gehörte die C mit 1625 Stück (große Abb.) und die nahezu identische D mit 2290 Stück. Ab Mitte 1943 fertigte man 420 G mit einer 75 mm-Kanone, die auch in 1000 B-25 H eingebaut wurde. Mit 4318 Stück erreichte die J (Zeichnung), die wieder einen verglasten Bug bekam, die größte Stückzahl. Neben zum Transporter CB-25 J umgebaute B-25, gab es Photoaufklärer F-10, Trainerversionen TB-25/AT-24 und rund 700 PBJ-1 in fünf Versionen für die Navy, auch mit Radar zur U-Boot-Bekämpfung oder einer 75 mm-Kanone im Bug.

Bis 1945 wurden 9817 Mitchells aus vier Werken ausgeliefert, davon gingen rund 900 an die RAF und 870 an die Sowjetunion.

Eine PBJ-1H des US Marine Corps mit vier MGs und der 75-mm-Kanone im Bug und ein Radarpod am Wingtip.

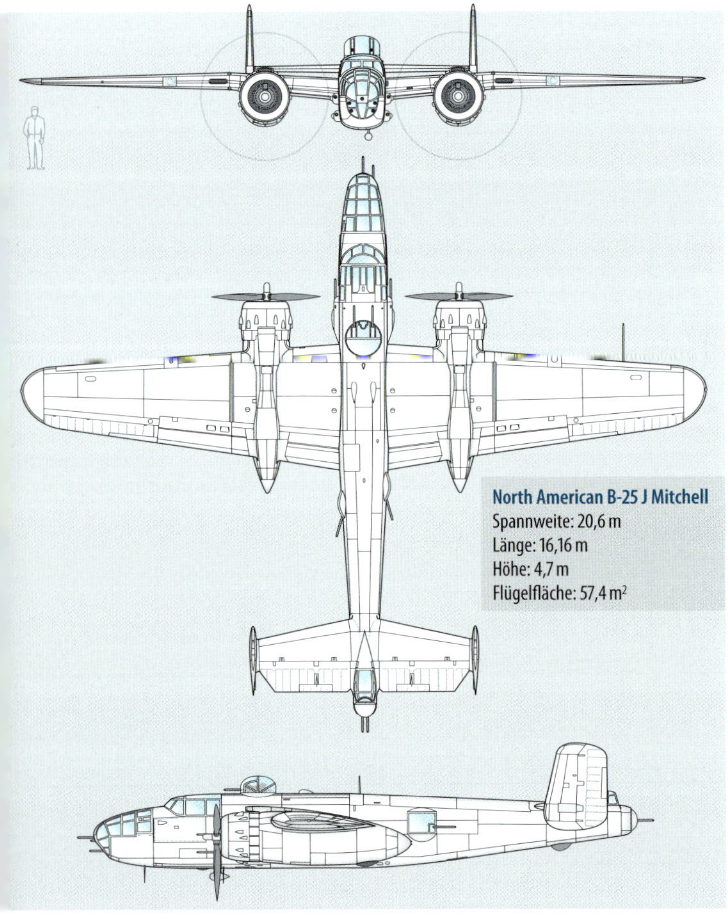

North American B-25 J Mitchell
Spannweite: 20,6 m
Länge: 16,16 m
Höhe: 4,7 m
Flügelfläche: 57,4 m²

Bemerkungen: B-25 Mitchells wurden auf allen Kriegsschauplätzen weltweit eingesetzt. Hauptsächlich als Bomber, aber auch als Gunship für Tiefangriffe und als Erdkampfflugzeug. Die äußerst robuste und einfach zu fliegende B-25 war über Wasser und Land, von den Aleuten bis zum Südpazifik, im Nahen Osten, Mittelmeerraum und über Europa im Einsatz. Von der US Air Force wurde sie bis in die späten 1950er geflogen, von einigen Ländern aber bis in die 1970er Jahre.

Es sind über 100 B-25 in Luftfahrtmuseen, aber auch in privaten Händen erhalten geblieben, viele flugtauglich. Eine davon wird von den Flying Bulls in Salzburg, Österreich betrieben.

Besatzung: 5 – 6
Triebwerke: (J) Zwei luftgekühlte 14-Zylinder-Doppelsternmotoren Wright R-2600-92 Twin Cyclone mit 1380 kW (1850 PS).
Leistungen: (J) Höchstgeschwindigkeit 437 km/h, Reisegeschwindigkeit 370 km/h, Dienstgipfelhöhe 7375 m, Reichweite 2050 km.
Gewichte: (J) Leergewicht 9525 kg, maximales Abfluggewicht 18 960 kg.
Bewaffnung: (J) Ein bis zwei MGs starr und ein bewegliches MG im Bug, je ein MG in vier Seitenbehältern nach vorn und in seitlichen Luken, je zwei MGs im Drehturm und Heckstand. 1362 kg Bomben intern, max. 1816 kg, bis zu acht ungelenkte Raketen am Außenflügel.

North American P-51 Mustang

Entwicklung: Auf Großbritanniens Lizenz-Anfrage für die Curtiss P-40, schlug North American einen leistungsfähigeren Eigenentwurf vor. Der Prototyp NA-73X flog im Oktober 1940. Von der ersten Serie P-51 A bestellten die USA 1200, 50 gingen an Großbritannien. 500 Stück wurden von der verstärkten Sturzkampfversion A-36 Apache ausgeliefert. Weil die Höhenleistung des Allison-Motors ungenügend war, begannen im Herbst 1942 Tests mit dem britischen Rolls Royce Merlin, der mehr Leistung bei geringerem Verbrauch versprach und zur P-51 B (große Abb.) führte, die mit einem von Packard lizenzierten RR Merlin 1998 mal vom Band lief. Nahezu baugleich war die P-51 C (1750 St.). Mit zusätzlichem Tank hatte sie eine Reichweite von fast 2000 km. Die meistgebaute D (Zeichnung, ca. 8000 St.) mit neuer Haube und 6 MGs, kam mit zwei Droptanks auf 3300 km Reichweite. Von der P-51 K wurden 1500 und von der Leichtbauversion H mit längeren Flügeln 555 Stück produziert.

15 858 Mustangs rollten von allen Versionen aus den Produktionshallen von North American.

Vier Mustangs eines in Großbritannien stationierten US-Jagdgeschwaders. Unter den P-51 D ist die zweite eine P-51 B, von der auch 274 an die RAF geliefert wurden.

Besatzung: 1
Triebwerk: (D) Ein flüssigkeitsgekühlter V12-Zylinder-Motor Packard-Merlin V-1650-7 mit 1111 kW (1490 PS), Notleistung ca. 1282 kW (1720 PS).
Leistungen: (D) Höchstgeschwindigkeit 708 km/h, Reisegeschwindigkeit 583 km/h, Dienstgipfelhöhe 12 800 m, Reichweite 2656 km mit Droptanks.
Gewichte: (D) Leergewicht 3465 kg, Abfluggewicht 4175 kg, maximales Abfluggewicht 5488 kg.
Bewaffnung: (D) Je 3 MGs in den beiden Tragflächen, maximal 450 kg Bomben an zwei Flügelstationen oder 6 bzw. 10 Luft-Boden-Raketen.

Bemerkungen: Anfangs hatte man mit der P-51 nur einen schnellen Jagdbomber und Aufklärer. Mit dem Einbau des Merlin aber ab 1942 ein überlegenes Jagdflugzeug – nicht wenige Piloten behaupten, das beste Jagdflugzeug des Zweiten Weltkrieges. Mit starker Bewaffnung, in großer Höhe, bei hoher Geschwindigkeit und guter Manövrierfähigkeit, dazu großer Reichweite, war es der ideale Langstrecken-Begleitjäger für die großen Bomberverbände über Europa und Japan. Erst nach dem Koreakrieg endete ihre US-Karriere. Mehr als 25 Luftwaffen flogen die P-51.

In etlichen Ländern werden noch circa 260 P-51 flugfähig gehalten oder in Museen präsentiert, die meisten in den USA. Eine betreibt aber auch Hangar 10 am Heringsdorfer Flughafen.

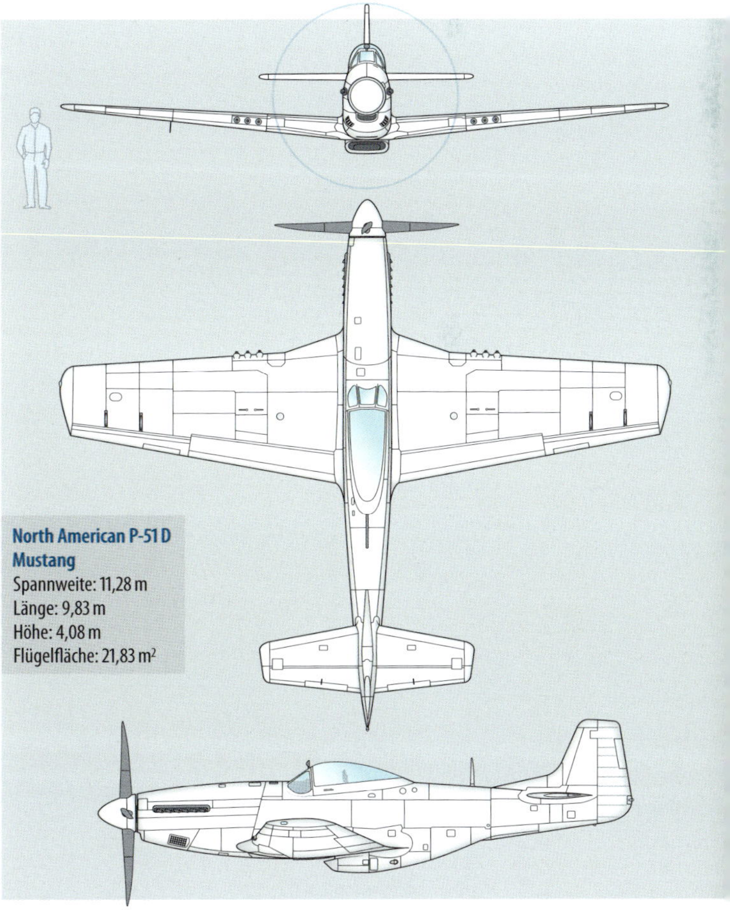

North American P-51 D Mustang
Spannweite: 11,28 m
Länge: 9,83 m
Höhe: 4,08 m
Flügelfläche: 21,83 m²

Ursprungsland
USA
Kategorie
Jagdflugzeug

Northrop A-17

Ursprungsland
USA
Kategorie
Leichter Bomber

Entwicklung: Ursprünglich aus dem leichten Transporter Gamma 2C entwickelt, war die im August 1933 fertiggestellte 2F die Grundlage für die A-17. Nach einigen Modifikationen übernahm sie die USAAC mit einem 735 PS-Wright SR-1820 als YA-13, gab sie aber für Änderungen im Januar 1935 wieder zurück. Umgerüstet auf einen 950 PS starken Pratt & Whitney Sternmotor war die XA-16, die im März 1935 erstmals flog, aber übermotorisiert. Der Serien-Prototyp des in Ganzmetallbauweise hergestellten Tiefdeckers A-17 flog im Oktober 1934 erstmals. Er bekam ein schmaleres, langes Cockpit, einen aerodynamischeren Rumpf und das halb einziehbare Fahrwerk wurde durch ein festes, verkleidetes ersetzt. Die ersten Auslieferungen von 109 A-17 begannen im Juli 1935. Von der A-17 A (Zeichnung), die im Juli 1936 erstmals abhob, und nun ein komplett einziehbares Fahrwerk hatte, wurden insgesamt 139 Flugzeuge bestellt.

Je nach Quelle wurden 400 / 411 Flugzeuge von Northrop produziert.

Bemerkungen: Mit der A-17 bekam 1935 das US Air Corps ein zuverlässiges und bei Piloten beliebtes Flugzeug. Im Zweiten Weltkrieg wurde die A-17 nicht eingesetzt, aber ab 1941 auf Patrouillen am Panamakanal. Mit der Übernahme Northrops durch Douglas 1937 begann der Export. Ein Teil der von den USA retournierten A-17 gingen an Großbritannien als Nomad Mk. I, die sie wiederum an Südafrika weiterreichten. Neben Schweden, die 94 B5 mit Festfahrwerk von 1938 bis 1941 in Lizenz bauten (Abb. oben), nutzten auch Peru (10), Argentinien (30), Irak (15), Norwegen (36), Frankreich (unbekannte Zahl) und die Niederlande (18) die A-17. In Kanada flog sie unter der Bezeichnung Nomad vorwiegend als Trainer und Zielschlepper, in geringer Zahl auch bei der USAAF als A-33 mit einem 1200 PS-Sternmotor.

Angeblich existieren noch vier A-17. Eine davon steht im National Museum of the United States Airforce Museum, Dayton, USA.

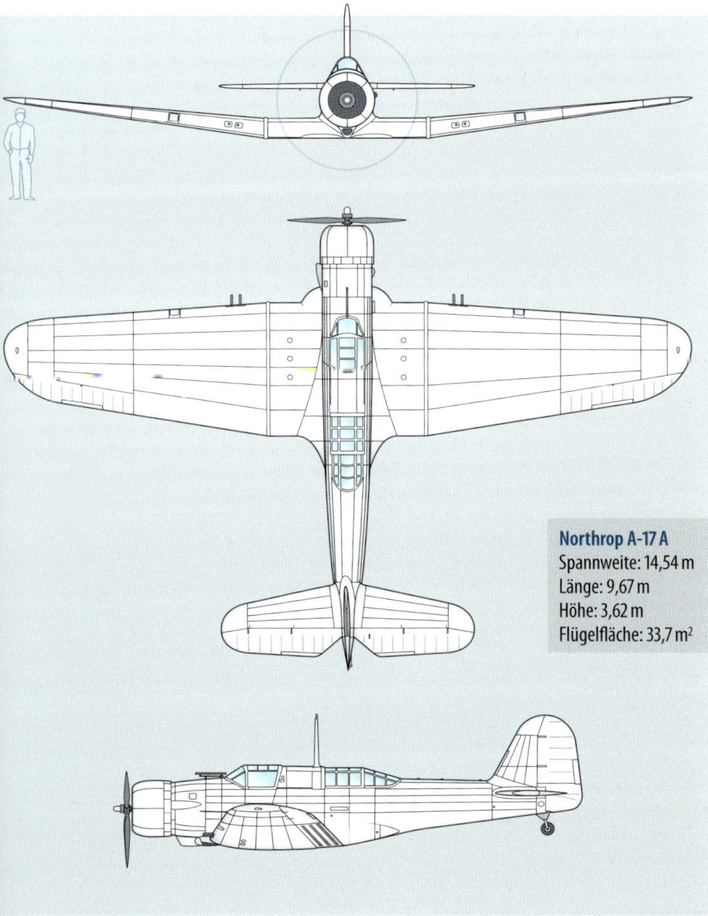

Northrop A-17 A
Spannweite: 14,54 m
Länge: 9,67 m
Höhe: 3,62 m
Flügelfläche: 33,7 m²

Eine amerikanische Northrop A-17 1936 auf der kalifornische Airbase March Field.

Besatzung: 2
Triebwerk: (A-17 A) Ein luftgekühlter 14-Zylinder-Doppelsternmotor Pratt & Whitney R-1535-13 Twin Wasp Junior mit 623 Kw (836 PS).
Leistungen: (A-17 A) Höchstgeschwindigkeit 355 km/h, Reisegeschwindigkeit 273 km/h, Dienstgipfelhöhe 5900 m, Reichweite maximal 1075 km.
Gewichte: (A-17 A) Leergewicht 2316 kg, Abfluggewicht 3424 kg.
Bewaffnung: Je nach Variante: je zwei MGs in den Flügeln, ein MG im hinteren Cockpit, maximal 544 kg Bomben im internen Bombenschacht und an Flügelstationen.

Northrop P-61 Black Widow

Entwicklung: Nachdem US-Strategen britische Informationen über deutsche Nachtangriffe bekamen, forderten sie im August 1940 einen mit Radar ausgestatteten Nachtjäger. Im März 1941 wurden bei Northrop zwei Versuchsmuster und später 13 Prototypen geordert. Obwohl das Flugzeug erst im Mai 1942 flog, wurden schon 150 Serienflugzeuge im September 1941 beauftragt. Im ersten serienmäßig mit Radar ausgestatteten Nachtjäger saß der Pilot im vorderen Cockpit, der Bordschütze im zweiten höheren Cockpit und der Radar-Operator/Schütze in der Heckkanzel. In Ganzmetallbauweise konstruiert und angetrieben durch leistungsstarke Doppelsternmotoren wurden von der P-61 A 200 Stück hergestellt. Mit einem weitreichenderen Radar, besserer Avionik und einer externen Bombenlast von bis zu 2900 kg wurden 450 B-Versionen (Abb./Zeichnung) produziert. Die C-Version (41 St.) war, obwohl schwerer, die leistungsfähigste P-61 mit 692 km/h Höchstgeschwindigkeit und einer Gipfelhöhe von 12 500 m. Nach Ende des Krieges wurden noch 36 erheblich modifizierte zweisitzige F-15 Reporter (später RF-61 C benannt) als Fotoaufklärer ausgeliefert.

Insgesamt rollten 742 Black Widows aus den Werkshallen von Northrop.

Ursprünglich als Begleit-Langstrecken-Tagjäger für B-29 gedacht, entstand daraus der Fotoaufklärer F-15 Reporter.

Bemerkungen: Der schwere Nachtjäger mit seiner starken Bewaffnung und Radar wurde ausschließlich von den USA eingesetzt. Er flog ab 1944 erfolgreich Nachteinsätze über Europa und Mittelmeer. Aber unter anderem auch über Großbritannien gegen anfliegende V-1 und auf Bodenziele. Im Juni 1944 wurden die ersten P-61 im Pazifikraum stationiert. Obwohl sie mit sämtlichen japanischen Flugzeugen mithalten konnte, hatte sie nur noch geringen Einfluss auf das Kriegsgeschehen.

Vier Black Widows haben überlebt. Eine wird im National Museum of the United States Air Force in Dayton, USA präsentiert.

Ursprungsland
USA
Kategorie
Nachtjagdflugzeug

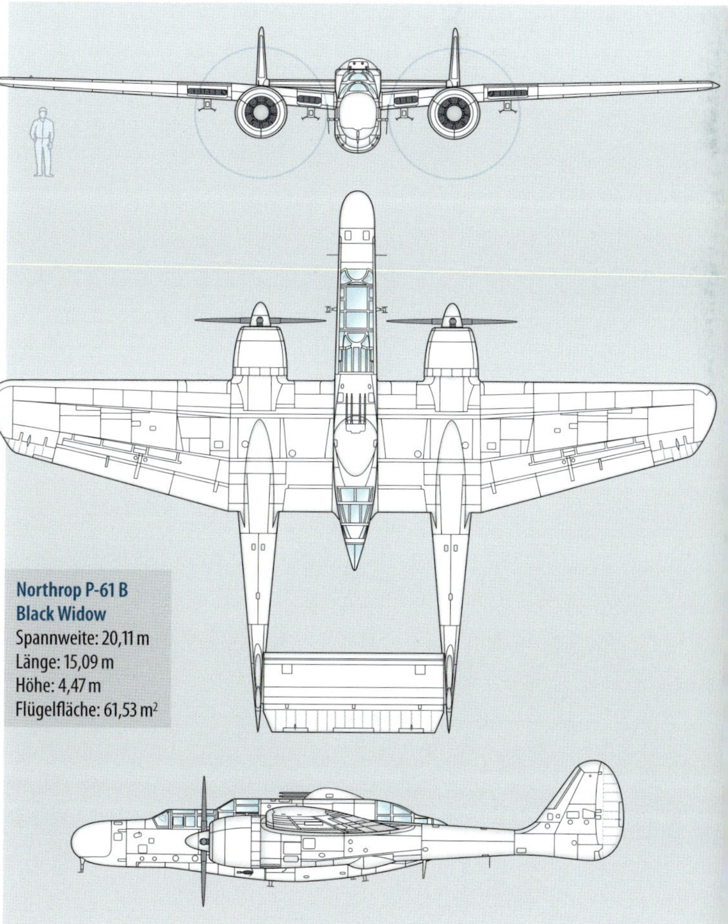

Northrop P-61 B Black Widow
Spannweite: 20,11 m
Länge: 15,09 m
Höhe: 4,47 m
Flügelfläche: 61,53 m²

Besatzung: 3
Triebwerke: (B) Zwei luftgekühlte 18-Zylinder-Doppelsternmotoren Pratt & Whitney R-2800-65 Double Wasp mit je 1678 kW (2250 PS).
Leistungen: (B) Höchstgeschwindigkeit 589 km/h in 6100 m, Reisegeschwindigkeit 322 km/h, Steigzeit auf 6100 m 12 min, Dienstgipfelhöhe 10 100 m, Reichweite 2170 km, 3100 km mit Zusatztanks.
Gewichte: (B) Leergewicht 10 637 kg, maximales Abfluggewicht 16 420 kg.
Bewaffnung: (B) Vier Maschinenkanonen unter dem Rumpf und vier MGs im Drehturm über dem Cockpit. Vier Bomben mit je 726 kg oder ungelenkte Raketen an vier Flügelstationen.

Piper O-59 / L-4

Ursprungsland
USA
Kategorie
Beobachtungs-, Schul- und Verbindungsflugzeug

Entwicklung: Nahezu identisch mit der Piper J-3 Cub, deren Erstflug im Jahr 1938 war, wurde die militärische Variante als O-59 (1942 in L-4 umbenannt) ab 1941 produziert. Der leichte Schulterdecker hatte eine bespannte Rumpfstruktur aus verschweißten Chorm-Molybdän-Rohren und einen bespannten Flügel aus Holzholmen und Metallrippen. Anfangs war das Flugzeug mit einem 40 PS-Continental Boxermotor ausgerüstet, später mit einem 65 PS-Continental. Von den zahllosen militärischen Varianten, die sich oft nur geringfügig in der Ausrüstung unterschieden, wurden alleine von der H-Version 1801 und von der J-Version 1680 Stück gebaut. Mit dem ausschwenkbaren Brodie-Seilsystems (siehe S. 321) konnte die langsame L-4 auch von Schiffen aus starten und wieder „eingefangen werden". Gegen das Fahrwerk austauschbare Schneekufen und Schwimmer verhalfen der L-4 zu einem noch breiteren Einsatzspektrum. Eine motorlose, dreisitzige TG-8 (253 St.) wurde zur Ausbildung von Lastenseglerpiloten genutzt.

Insgesamt sind 6094 militärische L-4/O-59 gebaut worden, mit den zivilen Varianten zusammen bis 1947 insgesamt 20 057.

Bemerkungen: Die legendäre Piper J-3 Cub / L-4 diente als Vorbild für eine Reihe Flugzeuge weiterer Firmen und ist damit sicher eines der bedeutendsten Flugzeuge der Luftfahrtgeschichte. Der einfach und kostengünstig herzustellende Hochdecker ist leicht zu fliegen und angeblich reichte es, die zivile J-3 in oliv zu lackieren, um daraus eine militärische L-4 zu machen. Nahezu 80 % der amerikanischen Piloten absolvierten ihre Grundausbildung auf ihr. Eingesetzt wurde das Flugzeug auf allen amerikanischen Kriegsschauplätzen im Pazifikraum, wie auch in Europa als Aufklärer, Artillerie-Beobachter, Verwundetentransporter und als Kurier- und Verbindungsflugzeug. Nach dem Krieg wurden viele L-4 an Privatpersonen abgegeben, aber auch weiter produziert. Mit der Pa-11 fand sie ab 1947 einen Nachfolger und erst mit der Pa-18 mit bis zu 180 PS lief 1994 (mit Unterbrechungen) die Produktion aus. Es werden von anderen Herstellern aber weiterhin „Cubs" gebaut, allerdings mit moderneren Werkstoffen und besserer Performance.

Piper L-4 auf einem Feldflugplatz während des Zweiten Weltkrieges, vermutlich 1944 bei Francorchamps, Belgien.

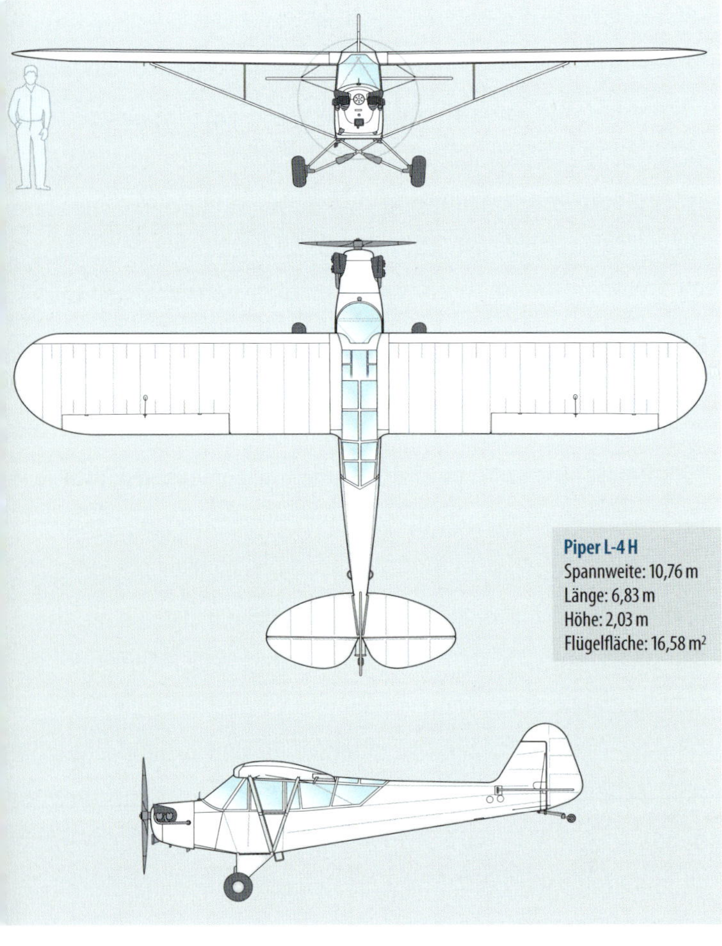

Piper L-4 H
Spannweite: 10,76 m
Länge: 6,83 m
Höhe: 2,03 m
Flügelfläche: 16,58 m²

Besatzung: 2
Triebwerk: Ein luftgekühlter 4-Zylinder-Boxermotor Continental O-170-3 mit 48 kW (65 PS).
Leistungen: Höchstgeschwindigkeit 142 km/h in Meereshöhe, Reisegeschwindigkeit 121 km/h, Dienstgipfelhöhe 3500 m, Reichweite ca. 350 km.
Gewichte: Leergewicht 345 kg, maximales Abfluggewicht ca. 540 kg.

Republic P-43 Lancer

Ursprungsland
USA
Kategorie
Jagdflugzeug

Entwicklung: Die Entwicklung P-43 geht zurück bis zur P-35 (S. 318) von Seversky (1939 in Republic umbenannt), die zur AP-4 und XP-41 weiterentwickelt wurde. Trotz des Verlustes der AP-4 bei einem Testflug bestellte die USAAC 13 Exemplare als YP-43 (Abb. unten) im Mai 1939. Erstflug war im März 1940 und bis August 1941 waren alle ausgeliefert. Der Ganzmetalltiefdecker hatte keine Panzerung und ein Teil der dichtgenieteten, „nassen" Flügel diente als Tank, der Grund für die ablehnende Haltung der USAAC, aber gut genug für die Freigabe von Lend-Lease-Aufträgen. Auch eine Bestellung der P-44 Rocket mit besseren Höhenleistungen, dank des 1400 PS-Pratt & Whitney Twin Hornet, wurde storniert. Um allerdings bis zum Serienlauf der P-47 Thunderbolt (Folgeseite) die Produktion zu überbrücken, bestellte im September 1940 die USAAC 54 P-43 und 80 P-43 A. Bis März 1942 gingen noch via Lend-Lease 125 P-43 A-1 nach China, die per Schiff nach Indien transportiert, dort montiert und über den Himalaya geflogen wurden. Jedoch erreichten nur ca. 50 P-43 ihr Ziel.

Insgesamt rollten bei Republic 272 Lancer aus den Werkhallen.

Eine von 13 YP-43, die von der USAAC bestellt wurden.

Bemerkungen: Schnell und gut bewaffnet war die P-43 A wenigstens ein guter Höhenjäger und hatte dazu noch eine große Reichweite, mit der auch Fotoaufklärungsflüge unternommen werden konnten. Ein großer Nachteil waren aber die ungeschützten Tanks und die fehlende Cockpitpanzerung. Für die USAAF ein Grund, sie nur als Trainer und für Australien sie nur als Fotoaufklärer einzusetzen. In China war das Flugzeug zwar den japanischen Flugzeugen ebenbürtig und in der Lage, auch japanische Höhenaufklärer abzufangen. Sie war auch bei ihren Piloten beliebt, aber wegen ihrer geringen Wendigkeit, immer wieder undichten Tanks und anderer technischen Probleme nur eingeschränkt verwendbar.

Es ist soweit bekannt, kein Flugzeug erhalten geblieben.

Besatzung: 1
Triebwerk: (A-1) Ein luftgekühlter 14-Zylinder-Doppelsternmotor Pratt & Whitney R-1830-57 Twin Wasp mit 895 kW (1200 PS).
Leistungen: (A-1) Höchstgeschwindigkeit 572 km/h, Reisegeschwindigkeit 450 km/h, Steigzeit auf 4500 m 6 min, Dienstgipfelhöhe 11 000 m, Reichweite 1200 km, Überführungsreichweite 2700 km.
Gewichte: (A-1) Leergewicht 2676 kg, Abfluggewicht 3372 kg, maximales Abfluggewicht 3846 kg.
Bewaffnung: (A-1) Zwei MGs über dem Motor, je ein MG im Flügel. Maximal 100 kg Bomben extern.

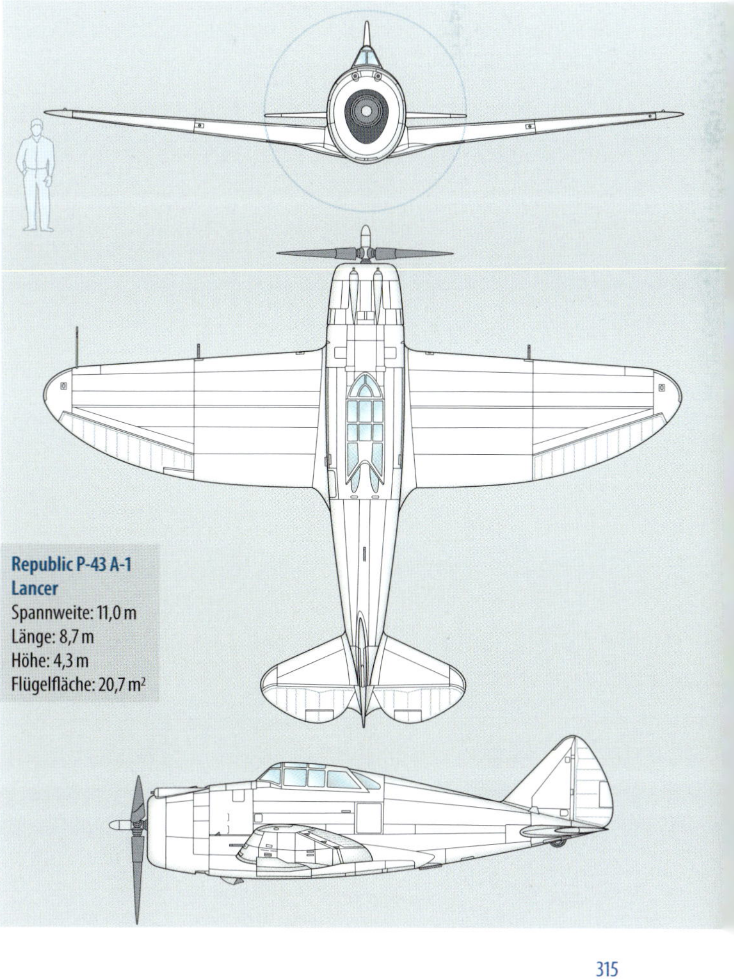

Republic P-43 A-1 Lancer
Spannweite: 11,0 m
Länge: 8,7 m
Höhe: 4,3 m
Flügelfläche: 20,7 m²

Republic P-47 Thunderbolt

Ursprungsland
USA
Kategorie
Jagdbomber

Entwicklung: Anfang 1940 entwickelte man auf Basis der P-43 die Prototypen XP-47 und XP-47 A, die aber nach Kriegserfahrungen in Europa wegen zu geringer Leistungen abgelehnt wurden. Daraufhin entstand die XP-47 B, größer und voluminöser, um einen Turbolader unterzubringen. Erstflug der in Ganzmetall-Halbschalenbauweise hergestellten P-47 war im Mai 1941. Eine erste Serie P-47 B (171 St.) wurde wegen Mängeln nur zur Ausbildung verwendet. Von der verbesserten C liefen 602 vom Band. Die Großserie D (Zeichnung) hatte ein stärkeres Triebwerk und zusätzliche Flügelstationen. Von 12 602 D bekamen 6289 eine Vollsichtkanzel (Abb. oben). Identisch mit der D baute Curtiss 354 G. Als Abfangjäger mit stärkerem Triebwerk und Turbolader sind 130 M produziert worden und vom Langstreckenjäger N mit größeren Flächen und Tanks und stärkerem Antreib bestellte man 7750, baute aber nur 1816 bis Kriegsende, der Rest wurde storniert.

Insgesamt 15 636 Thunderbolts wurden ausgeliefert. Davon gingen 830 an die RAF, 446 an Frankreich und 203 an die Sowjetunion und kleinere Stückzahlen an weitere Betreiber.

Bemerkungen: Die P-47 wurde hauptsächlich auf dem europäischen Kriegsschauplatz eingesetzt. Dank des Turboladers war die schwere Maschine in großen Höhen schnell und wurde anfangs als Begleitjäger eingesetzt, aber von der P-51 abgelöst. Mit ihrer robusten Konstruktion war die P-47 aber ein idealer Jagdbomber mit über einer halben Million Einsätzen in Europa.

Rund 50 Thunderbolts sind flugfähig oder statisch erhalten geblieben, die meisten in den USA. Eine flugfähige wird vom Imperial War Museum, Duxford, Großbritannien aus betrieben.

Eine P-47 G ohne geblasene Haube, von der 354 gebaut wurden.

Die XP-47J Superbolt mit einem aufgeladenen 2800 PS Pratt & Whitney R-2800-57 blieb ein Unikat. Sie erreichte im August 1944 eine Höchstgeschwindigkeit von 811 km/h.

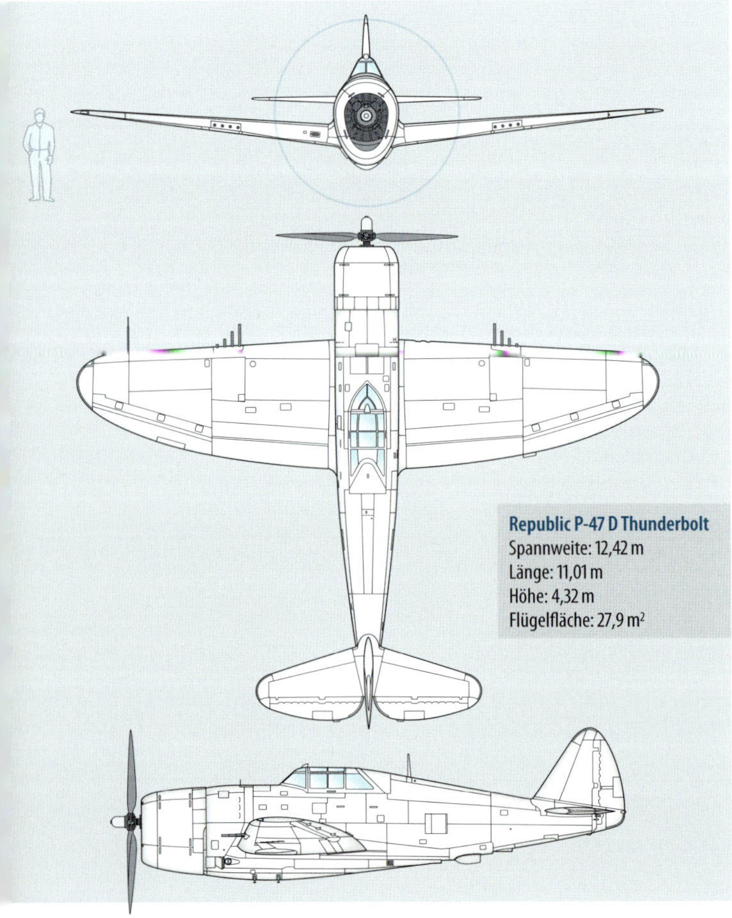

Republic P-47 D Thunderbolt
Spannweite: 12,42 m
Länge: 11,01 m
Höhe: 4,32 m
Flügelfläche: 27,9 m²

Besatzung: 1
Triebwerk: (D) Ein luftgekühlter 18-Zylinder-Doppelsternmotor Pratt & Whitney R-2800-59 Double Wasp mit 1890 kW (2535 PS).
Leistungen: (D) Höchstgeschwindigkeit 696 km/h, Steigzeit auf 6000 m 11 min, Dienstgipfelhöhe 12 800 m, Reichweite 1050 km, maximal 2900 km mit Zusatztanks.
Gewichte: (D) Leergewicht 4860 kg, Abfluggewicht 6580 kg, maximales Abfluggewicht 8800 kg.
Bewaffnung: (D) Je drei oder vier MGs in den Flächen, maximal 1000 kg Bomben oder zehn Raketen extern.

Ryan PT-22 Recruit

Entwicklung: T. C. Ryan begann 1933 mit der Entwicklung der Ryan ST, dem Prototypen einer langen Reihe ziviler Sport- und militärischer Trainingsflugzeuge. Sie flog, von einem luftgekühlten Menasco-Reihenmotor angetrieben, im Juni 1934 erstmals. Erst 1941 mit der ST-3, wurden Kinner-Sternmotoren eingeführt, nachdem die USAAC ihre ST-M-Varianten (PT-16 und PT-20) auf Kinner umrüsten ließ. Sie hatte einen runden, längeren und breiteren Rumpf, das Leitwerk und das Fahrwerk wurden überarbeitet. Von der ST-3/PT-21 sind 100 Stück für die Navy als NR-1 gebaut worden. Wichtigste Serie (1048 St.) war jedoch die PT-22 Recruit. Der in Leichtmetall-Schalenbauweise produzierte Rumpf hatte leicht gepfeilte und bespannte Flügel in Holz-Metall-Gemischtbauweise. Das Flugzeug hatte kein elektrisches System und der Verzicht auf Fahrwerksverkleidungen vereinfachte die Wartung. Eine zurückgezogene Order der Niederlande über 25 PT-22 A mit Doppelschwimmern lieferte man an die USAAC aus. 250 Flugzeuge wurden mit einem Kinner R-540-3 zur PT-22 C umgerüstet. Ein Einzelstück blieb die ST-4, deren Rumpf aus Holz hergestellt wurde, um Rohstoffe einzusparen.

Eine Ryan ST-M, mit einem luftgekühlten 4-Zylinder Reihenmotor von Menasco und verkleidetem Fahrwerk.

Drei ST-3 auf Floats wurden um 1940 nach Ecuador verkauft.

Besatzung: 2
Triebwerk: Ein luftgekühlter 5-Zylinder-Sternmotor Kinner R-540 mit 120 kW (160 PS).
Leistungen: Höchstgeschwindigkeit 200 km/h, Reisegeschwindigkeit 160 km/h, Dienstgipfelhöhe 4700 m, Reichweite 370 km.
Gewichte: Leergewicht 593 kg, Abfluggewicht 844 kg.

Angeblich wurden 1568 ST/PTs gebaut, davon 1253 militärische. Eine unbekannte Zahl wurde nach Australien, Südafrika, China, Niederländ.-Indien und Mittel-/Südamerika exportiert.

Bemerkungen: Mit der Ryan PT-Reihe (Primary Trainer) nutzten die USA erstmals keinen Doppeldecker mehr zur Grundausbildung. Von ihren Piloten als anspruchsvoll bezeichnet, war die PT-22 neben der Boeing Stearman und der Fairchild PT-19 bei Militär- und Zivilflugschulen im Einsatz. Sie wurden nach Kriegsende von der USAAF allmählich ausgemustert und dem zivilen Markt für wenig Geld zur Verfügung gestellt.

Flugzeuge der ST-Reihe sind heute noch weltweit beliebte Sammlerstücke und nicht wenige werden in flugfähigem Zustand erhalten und sind auf Flugtagen zu sehen.

Ursprungsland
USA
Kategorie
Trainer

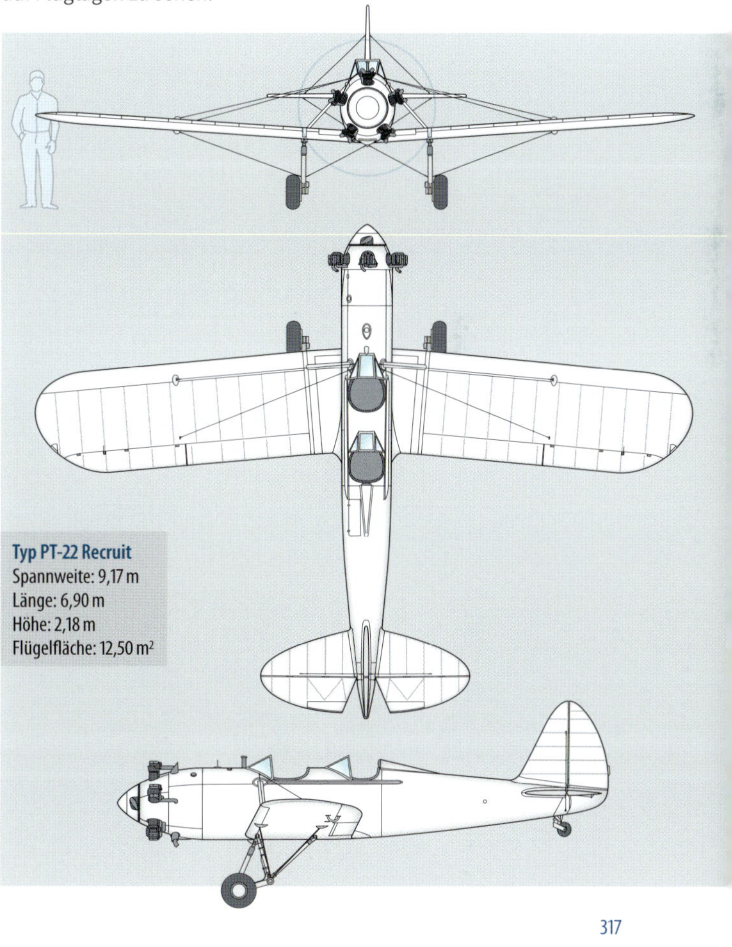

Typ PT-22 Recruit
Spannweite: 9,17 m
Länge: 6,90 m
Höhe: 2,18 m
Flügelfläche: 12,50 m²

Seversky P-35

Ursprungsland
USA
Kategorie
Jagdflugzeug

Entwicklung: Der ursprüngliche Entwurf geht auf eine frühere Konstruktion eines erfolglosen Amphibienflugzeugs aus dem Jahr 1933 zurück. Im Mai 1935 trat Seversky mit einer weiterentwickelten Variante beim Wettbewerb der USAAC für einen Nachfolger der Boeing P-26 Peashooter (S. 254) an. Nach mehreren Vergleichsfliegen wurde im Juni 1936 ein Auftrag über 77 P-35 erteilt. Allerdings begann Seversky die Auslieferung der Ganzmetallflugzeuge erst im November 1937. Schweden bestellte 120 J 9 (Bild), im Prinzip eine P-35 A mit besserer Motorisierung und zusätzlichen MGs in den Flügeln, die ab Mitte 1940 dort eingesetzt wurden. Wegen des US-Waffenembargos gegen Schweden übernahm die USAAC davon nach Kriegsbeginn die letzten 60 Flugzeuge. Einige Varianten, darunter auch Zweisitzer, kamen nicht über Einzelstücke hinaus. Unter Geheimhaltung lieferte Seversky vor dem Pazifikkrieg 20 Exemplare des Zweisitzers 2PA bzw. A8V1 auch an Japans Marine.

Insgesamt rollten nur 136 Maschinen aus Severskys Produktionshallen.

Bemerkungen: Mit der P-35 hatte die USAAC ihr erstes Jagdflugzeug mit Einziehfahrwerk und geschlossenem Cockpit. Schon die undurchsichtigen Ausscheidungsverfahren bei den Wettbewerben 1935 zeigten jedoch, dass die P-35 lediglich das bessere von den beteiligten schlechten Flugzeugen war. Von den 60 aus der Lieferung an Schweden übernommenen Flugzeugen gingen eine unbekannte Zahl an die Philippinen, an Ecuador, einige wurden als Lehrflugzeuge für Mechaniker benutzt. Trotz einiger gewonnener Luftrennen mit modifizierten P-35 war das Flugzeug für den militärischen Einsatz ungeeignet und hatte kaum Chancen gegen feindliche Jagdflugzeuge. Erstaunlicherweise war sie aber Vorbild für den italienischen Jäger Reggiane Re. 2000 (S. 133) und die polnische PZL. 50.

Eine von vier erhalten gebliebenen P-35 steht im Swedish Air Force Museum in Lingköping, Schweden, die anderen in den USA.

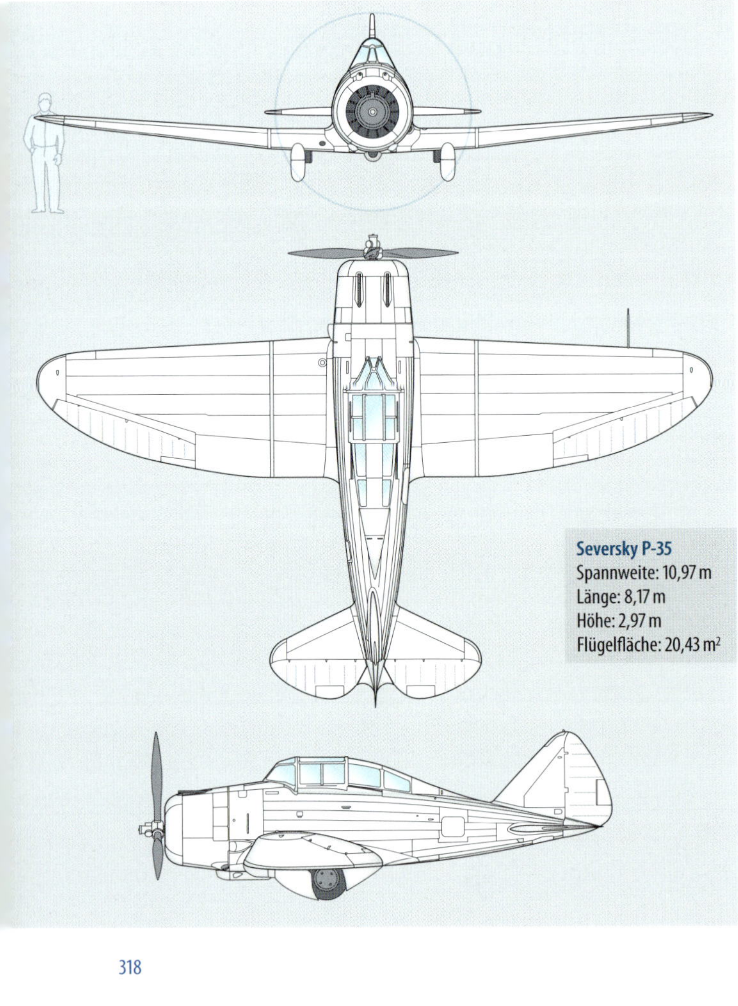

Seversky P-35
Spannweite: 10,97 m
Länge: 8,17 m
Höhe: 2,97 m
Flügelfläche: 20,43 m²

Eine der zweisitzigen 2PA die an Japan geliefert und auch im Zweiten Japanisch-Chinesischen Krieg eingesetzt wurden.

Besatzung: 1
Triebwerk: (A) Ein luftgekühlter 14-Zylinder-Doppelsternmotor Pratt & Whitney R-1830-45 Twin Wasp mit 772 kW (1050 PS).
Leistungen: (A) Höchstgeschwindigkeit 467 km/h in 3660 m Höhe, Reisegeschwindigkeit 418 km/h, Dienstgipfelhöhe 9570 m, Reichweite 1530 km.
Gewichte: (A) Leergewicht 2075 kg, Abfluggewicht 2775 kg, maximales Abfluggewicht 3050 kg.
Bewaffnung: (A) Zwei MGs über dem Motor, zwei MGs in den Tragflächen, maximal 160 kg externe Bombenlast.

Sikorsky R-4

Ursprungsland
USA
Kategorie
Leichter Hubschrauber

Entwicklung: Die R-4 wurde von der VS-300, die im September 1939 erstmals flog, weiterentwickelt. Mit ihr wurde das Prinzip eines Hauptrotors und zum Drehmomentausgleich ein kleiner Rotor am Heck, zur Serienreife gebracht, das bei den meisten folgenden Helikopterkonstruktionen weltweit Standard wurde. Erstflug der XR-4 war im Januar 1942. Der Rumpf der zweisitzigen R-4 war aus einem bespannten, geschweißten Stahlrohrrahmen aufgebaut, in dessen Mitte ein gebläsegekühlter Warner-Sternmotor und das Getriebe untergebracht war, von dem auch der Heckrotor über eine Fernwelle angetrieben wurde. Im Januar 1943 bestellte die USAAF 29 YR-4 zur Erprobung. Die ersten drei YR-4 A wurden für Tests

Eine Sikorsky R-4 der US-Coast-Guard bei der Erprobung mit aufblasbaren Schwimmern.

verwendet, die unter anderem zu einer Vergrößerung des Rotordurchmesser und des Tankvolumens führte. Für Servicetests und Schulungen verwendete man die YR-4B. Von den 100 produzierten Helikoptern der Serienversion R-4 B wurden 45 an Großbritannien angegeben, die unter der Bezeichnung Hoverfly bei der Royal Air Force und Royal Navy und flogen.

Inklusive der Prototypen baute Sikorsky 131 Maschinen.

Bemerkungen: Die R-4 war der erste für die US-Armee in Serie gebaute und eingesetzte Hubschrauber. Die ersten Rettungsmissionen wurden 1944 geflogen. Während man den Helikopter in Burma und China hauptsächlich zur Bergung von Crews in unzugänglichen Gebieten verwendete, wurden andere auf den im Südpazifik stationierten Schiffen eingesetzt, die Ersatzteile zwischen den schwimmenden Reparaturdepots für beschädigte Flugzeuge transportierten oder Ambulanz-Transporte flogen. Einige Hubschrauber gab man später an die US Navy und die US Coast Guard als HNS-1 ab. Die RAF und die Royal Navy setzte ihre Hoverflys zur Ausbildung von Hubschrauberpiloten ein.

In Museen sind in den USA und Canada noch 10 R-4 zu finden. Einer auch im Royal Airforce Museum in London, UK.

Besatzung: 2
Triebwerk: Ein luftgekühlter 7-Zylinder-Sternmotor Warner R-550-3 Super Scarab mit 147 kW (200 PS).
Leistungen: Höchstgeschwindigkeit 132 km/h, Reisegeschwindigkeit 104 km/h, Steigzeit auf 2440 m 45 min, Dienstgipfelhöhe 2440 m, maximale Reichweite 250 km
Gewichte: Leergewicht 916 kg, Abfluggewicht 1152 kg.

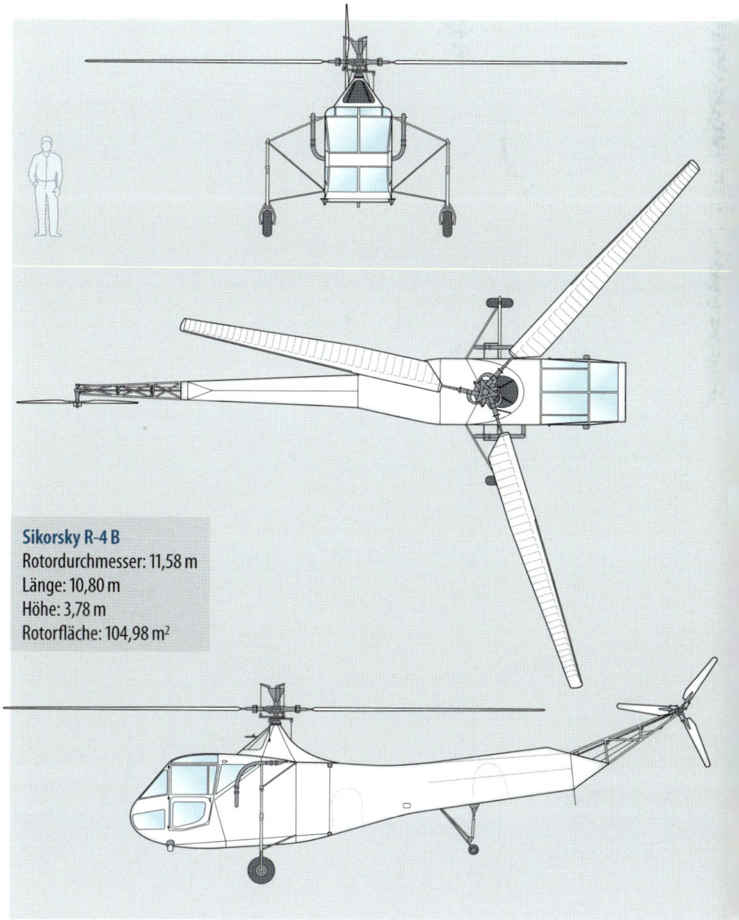

Sikorsky R-4 B
Rotordurchmesser: 11,58 m
Länge: 10,80 m
Höhe: 3,78 m
Rotorfläche: 104,98 m^2

Stinson L-1 Vigilant

Ursprungsland
USA
Kategorie
Verbindungs- und Beobachtungsflugzeug

Entwicklung: Der Fieseler Storch war das Vorbild für Stinsons Model 74. Damit nahm die Firma auch 1938 am Wettbewerb der USAAC für ein zweisitziges leichtes Aufklärungsflugzeug teil, den Stinson gegen 11 weitere Teilnehmer wie z. B. Aeronca oder Piper, gewann. Der Rumpf besteht aus einem geschweißten und stoffbespannten Stahlrohrrahmen, der vor dem Cockpit metallbeplankt ist. Die bespannten Holzflügel sind vorne beplankt und haben automatisch ausfahrbare Vorflügel über die ganze Spannweite. Sie ermöglichen zusammen mit den großen Landeklappen eine mit ca. 50 km/h sehr geringe Fluggeschwindigkeit und sehr kurze Start- und Landestrecken.

Der erste Hochdecker hob im July 1940 ab. Die US-Army flog die ersten 142 Flugzeuge unter der Bezeichnung O-49 Vigilant (O = Observer/Beobachter). 1942 wurden die Flugzeuge in L-1 Vigilant (L = Liaison/Verbindung) umbenannt. Weitere 182 L-1 A (Bild oben) wurden mit einem verlängerten Rumpf gebaut, während als L-1 B lediglich die in Ambulanzversionen umgebaute L-1 genannt wurden. Eine unbekannte Anzahl nutzte die Royal Air Force unter Lend-Lease mit der Bezeichnung Vigilant Mk. I und II in Europa und Asien.

Insgesamt bauten Stinson bzw. Vultee nur 324 Vigilant (ab November 1940 war Stinson eine Tochter der Vultee Aircraft Corp.).

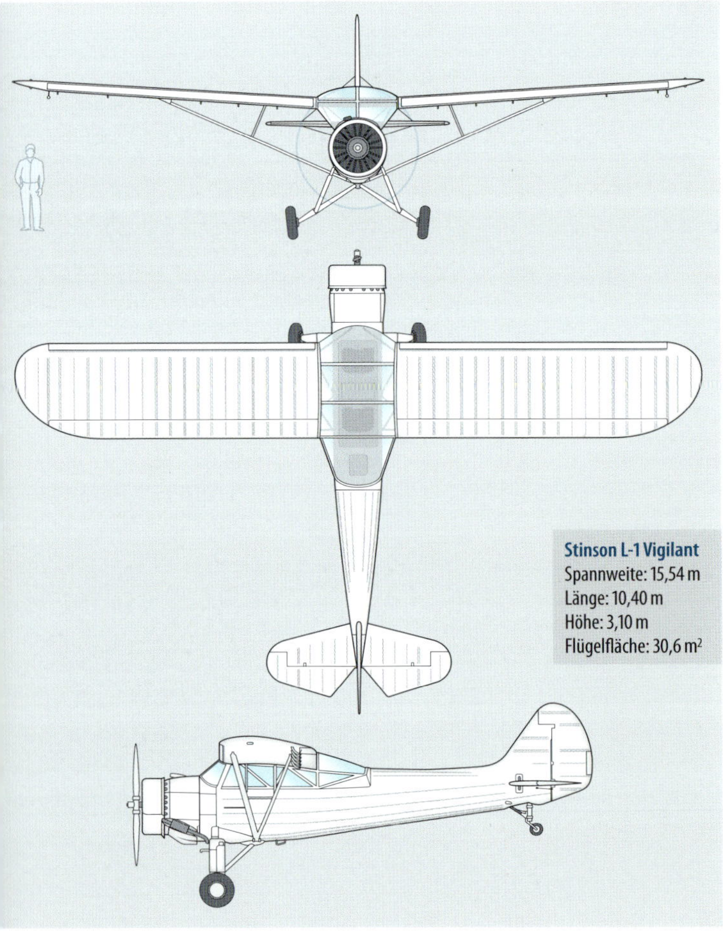

Stinson L-1 Vigilant
Spannweite: 15,54 m
Länge: 10,40 m
Höhe: 3,10 m
Flügelfläche: 30,6 m²

Vorflügel und große Landeklappen waren ideal für den Langsamflug während der Beobachtungsmissionen, aber auch Voraussetzung für sehr kurze Start- und Landestrecken.

Bemerkungen: Die Vigilant, die wie andere Kleinflugzeuge in der Armee auch als Puddle-Jumpers (Pfützenspringer) bezeichnet wurden, war ein ideales und robustes, aber vor allem kostengünstiges STOL-Flugzeug für unwegsame Gebiete und unbefestigte Pisten, im Gegensatz zu den früheren Beobachtungsflugzeugen wie die North American O-47 (S. 308). Man nutzte sie neben ihrer ursprünglichen Bestimmung als Beobachtungsflugzeug aber auch als Schleppflugzeug, als Ambulanzflugzeug mit Bahre, für leichte Transport- und Kurierdienste sowie für Spionage-Sondereinsätze auf allen Kriegsschauplätzen des Zweiten Weltkrieges. Zwölf der der vielseitig verwendbaren Flugzeuge wurden zum Wasserflugzeug umgebaut.

Angeblich haben sechs Vigilant überlebt, eine flugfähige gehört dem Alaska Aviation Museum in Anchorage, USA.

Besatzung: 2
Triebwerk: (L-1 A) Ein luftgekühlter 9-Zylinder-Sternmotor Lycoming R-680-9 mit 220 kW (295 PS).
Leistungen: (L-1 A) Höchstgeschwindigkeit 196 km/h, Dienstgipfelhöhe 3900 m, Reichweite 391 km.
Gewichte: Leergewicht 1211 kg, max. Abfluggewicht 1542 kg.

Stinson L-5 / O-62 Sentinel

Entwicklung: Die Wurzeln der L-5 liegen im Model 75, einem zweisitzigen, mit 75 PS motorisierten Hochdecker Stinsons. Bei einem Wettbewerb der USAAC im März 1940, um einen kostengünstigen Nachfolger der L-1 zu finden, nahm die Firma mit ihrem Model 76 teil, das einen 175 PS-Lycoming und eine großzügigere Verglasung hatte. Es flog im Juni 1941 erstmals. Der Rumpf bestand aus einer geschweißten und bespannten Stahlrohkonstruktion, die bespannten Flügel wurden komplett aus Holz gefertigt. Nach Änderungen an den Vorflügeln und am Leitwerk ging die erste Bestellung über 275 O-62 (später in L-5 umbenannt) mit einem 185 PS-Lycoming O-435, ein. Mit einer zusätzlichen Klappe für eine Tragbahre wurden 730 L-5 B ausgeliefert. 200 L-5 C eigneten sich für den Kameraeinbau und 750 L-5 E (große Abb.) hatten bessere STOL-Eigenschaften mit absenkbaren Querrudern. Mit einem 190 PS-Motor, Verstellpropeller und höherem Startgewicht wurden von 1000 bestellten L-5 G nur 115 gebaut, der Rest storniert. Als OY-1 sind 306 L-5 verschiedener Baureihen an die Navy und das Marine Corps abgegeben und nach Einbau eines 24 V-Elektriksystems in OY-2 umbenannt worden.

Insgesamt rollten bei Stinson 3590 Flugzeuge aus den Werkhallen. Davon gingen 40 L-5 und 60 L-5 B als Sentinel I und II an die RAF.

Zum Start wurde die L-5 in das 120 m lange Brodie-Laufkatzen-System eingehängt. Mit Vollgas beschleunigte der Pilot auf Fluggeschwindigkeit, dann klinkte er aus. Bei der Landung zielte der Pilot mit dem Haken, der mittig über dem Flügel montiert war, auf die Schlinge der Laufkatze, klinkte ein. Das System bremste das Flugzeug bis zum Stillstand herunter und hievte es an Bord.

Besatzung: 2
Triebwerk: Ein luftgekühlter 6-Zylinder Boxermotor Lycoming O-435-11 mit 140 kW (190 PS).
Leistungen: Höchstgeschwindigkeit 210 km/h, Reisegeschwindigkeit 170 km/h, Dienstgipfelhöhe 4800 m, Reichweite 600 km.
Gewichte: Leergewicht 668 kg, Abfluggewicht 1028 kg.

Bemerkungen: Geflogen wurde die L-5 auf allen Kriegsschauplätzen des Zweiten Weltkrieges in Europa, im Pazifikraum, im Fernen und Nahen Osten und während des Koreakrieges. Als „Flying Jeep“ nutzte man sie für Personen- und Verwundetentransporte, zur Versorgung von Truppen und Fotoaufklärung, als Telefonkabelverleger und zur Bombereinweisung. Mit ihren STOL-Fähigkeiten war das einfach gebaute Flugzeug nicht nur für vorgeschobene Landestrips geeignet, sondern auch für den Einsatz von Schiffen aus, wo sie mit Hilfe des Brodie-Systems starten und auch wieder „eingefangen“ werden konnten.

Es sind rund 300 L-5 erhalten geblieben, die Hälfte flugfähig. Eine steht im Museo Storico Aeronautica Militare, Vigna di Valle, Italien.

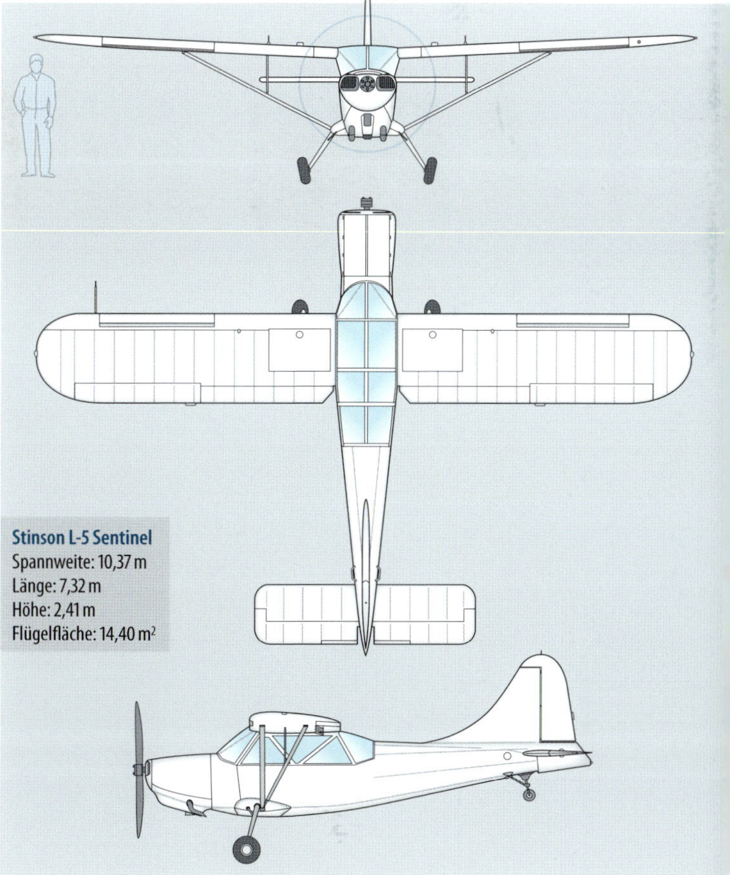

Stinson L-5 Sentinel
Spannweite: 10,37 m
Länge: 7,32 m
Höhe: 2,41 m
Flügelfläche: 14,40 m²

Ursprungsland
USA
Kategorie
Verbindungs- und Beobachtungsflugzeug

Stinson AT-19 Reliant

Ursprungsland
USA
Kategorie
Transport- und Verbindungsflugzeug

Entwicklung: Als leichtes Geschäftsreiseflugzeug wurde die Reliant bereits ab Mitte 1932 entwickelt. Nach ihrem Erstflug im Frühjahr 1933 begann Anfang 1934 die Auslieferung der SR-1, die bis zur SR-6 noch einen abgestrebten Rechteckflügel hatte. Ab der SR-7 baute Stinson nur noch die markanten „Gullwings". Rumpf und Flügel wurden komplett aus Metall hergestellt und beplankt, teilweise bespannt. In der Vorkriegszeit waren US-Streitkräfte wenig an dem Hochdecker, der auch mit Schwimmern und Skiern zu haben war, interessiert, was sich mit Kriegsbeginn 1941 änderte. Von der SR-10 bestellte die Army 50 Stück und nutzte sie als Transportflugzeug UC-81, als Verbindungsflugzeug L-12 und Trainer AT-19. Als die britische Royal Navy und die Royal Air Force dringend Schulflugzeuge benötigten, wurden ab 1942 über das Lend-Lease-Abkommen 500 Reliant Mk. I geliefert, von denen nach Kriegsende rund 350 wieder zurück in die USA gingen. Einige erhielt Australien und Argentinien, die Mehrzahl wurde aber, nachdem Vultee Stinson übernahm, als Vultee V-77 an den zivilen Markt abgegeben.

Von allen SR-Versionen der Reliant, inklusive der militärischen, wurden zusammen 1327 Flugzeuge ausgeliefert.

Bemerkungen: Ein Großteil der robusten und vielseitigen Hochdecker verliehen die USA an die britische Air Force und Navy, die dort als Navigations- und Funktrainer, leichter Transporter, Beobachter, Verwundetentransporter, Zielschlepper und Aufklärer intensiv genutzt wurden. Die meisten US-Flugzeuge, auch requirierte zivile Maschinen, wurden als Transport-, Verbindungs- und Schulflugzeug eingesetzt. Nach Kriegsende sind fast alle Stinsons aus US- und ehemaligen RAF-Beständen abgestoßen worden und je nach Zustand konnte man für 1500 – 2500 US-$ eine Stinson Reliant erwerben.

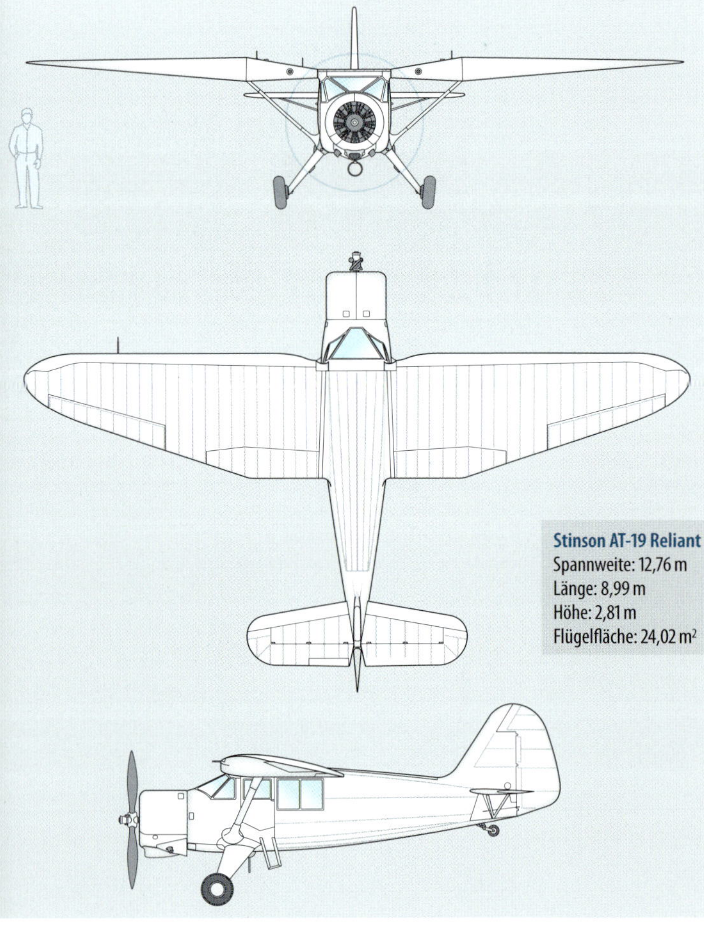

Stinson AT-19 Reliant
Spannweite: 12,76 m
Länge: 8,99 m
Höhe: 2,81 m
Flügelfläche: 24,02 m²

Noch mit klassischen Rechteckflügeln und einem 245 PS starken Lycoming R-680 Sternmotor angetrieben, die Stinson SR-5 A, der Vorläufer der SR-7 mit „Gullwings".

Angeblich sind alleine in den USA noch über 150 V-77 in flugfähigem Zustand. In Europa betreibt der Fly Navy Heritage Trust, Yeovilton, Großbritannien eine Reliant.

Besatzung: 1
Triebwerk: (AT-19) Ein luftgekühlter 9-Zylinder-Sternmotor Lycoming R-680 mit 216 kW (294 PS).
Leistungen: (AT-19) Höchstgeschwindigkeit 233 km/h, Reisegeschwindigkeit 210 km/h, Dienstgipfelhöhe 4250 m, Reichweite 1200 km.
Gewichte: (AT-19) Leergewicht 1275 kg, Abfluggewicht 1814 kg, maximales Abfluggewicht 1962 kg.

Taylorcraft L-2 / O-57

Entwicklung: Im Sommer 1941 beschaffte die USAAC vier Taylorcraft D als YO-57, um sie für den militärischen Einsatz als leichtes Transport- und Verbindungsflugzeug zu testen. Der Hochdecker hatte einen geschweißten und bespannten Stahlgitterrohrrumpf und bespannte Tragflächen in Holz-Aluminium-Bauweise, in denen auch die Tanks untergebracht waren, die einen Feedertank vor dem Cockpit befüllten. Erstflug war im Februar 1941 und eine erste Bestellung über 20 O-57 folgte. Mit der O-57 A (336 St.) wurde eine Funkausrüstung und ein nach hinten blickender Beobachtersitz eingeführt. 1942 stellte die Airforce das Bezeichnungssystem um. Aus der O-57 wurde die L-2. Weitere Versionen folgten, die sich in der Konstruktion und Motorisierung unterschieden oder als beschlagnahmte Privat-Flugzeuge neu bezeichnet wurden. Ab der L-2 M (900 St.), verkleidete man den Motor komplett und installierte kleine Spoiler auf der Flügeloberseite.

In neun Tagen entwickelt, der Schulgleiter TG-6. Die beiden Flugschüler für Lastensegler saßen vorne, der Fluglehrer hinten.

Um dringend benötigte Lastenseglerpiloten auszubilden, baute Taylorcraft ab 1942 250 TG-6, eine unmotorisierte, dreisitziges L-2. Ab dem Brandschott wurde der Bug für zwei Sitze verlängert, mit einer Plexiglashaube überdacht, das Seitenleitwerk wurde vergrößert und der Flügel bekam Bremsklappen für kurze Landungen.

Je nach Quelle wurden 1891 oder 1984 Flugzeuge ausgeliefert.

Bemerkungen: Anfangs nutzte die US Army Air Force ihre Flugzeuge zur Beobachtung und zur Gefechtseinweisung der Artillerie, ähnlich wie schon im Ersten Weltkrieg dafür Ballons eingesetzt wurden. Ideal war das Flugzeug aber auch als Verbindungs- und Aufklärungsflugzeug, das von vorgeschobenen, kurzen und unvorbereiteten Pisten aus operieren konnte und bei dem dank seiner einfachen Konstruktion, auch Reparaturen vor Ort möglich waren.

Nach 1945 gab man L-2 an andere Länder ab, viele wurden günstig von zivilen Betreibern übernommen. So sind neben Museumsflugzeugen auch noch (angeblich über 150) flugfähige „poor mans warbirds“ zu finden. Eine hängt im National Museum of the USAF, Dayton, USA, eine TG-2 im Pima Air & Space Museum, Tucson, USA.

Ursprungsland
USA
Kategorie
Aufklärungs- und Verbindungsflugzeug

Besatzung: 2
Triebwerk: (O-57 A/L-2 A) Ein luftgekühlter 4-Zylinder-Boxermotor Continental O-170-3 mit 48 kW (65 PS).
Leistungen: (O-57 A/L-2 A) Höchstgeschwindigkeit 148 km/h, Reisegeschwindigkeit 134 km/h, Dienstgipfelhöhe3650 m, Reichweite ca. 500 km.
Gewichte: (O-57 A/L-2 A) Leergewicht 397 kg, Abfluggewicht 590 kg.

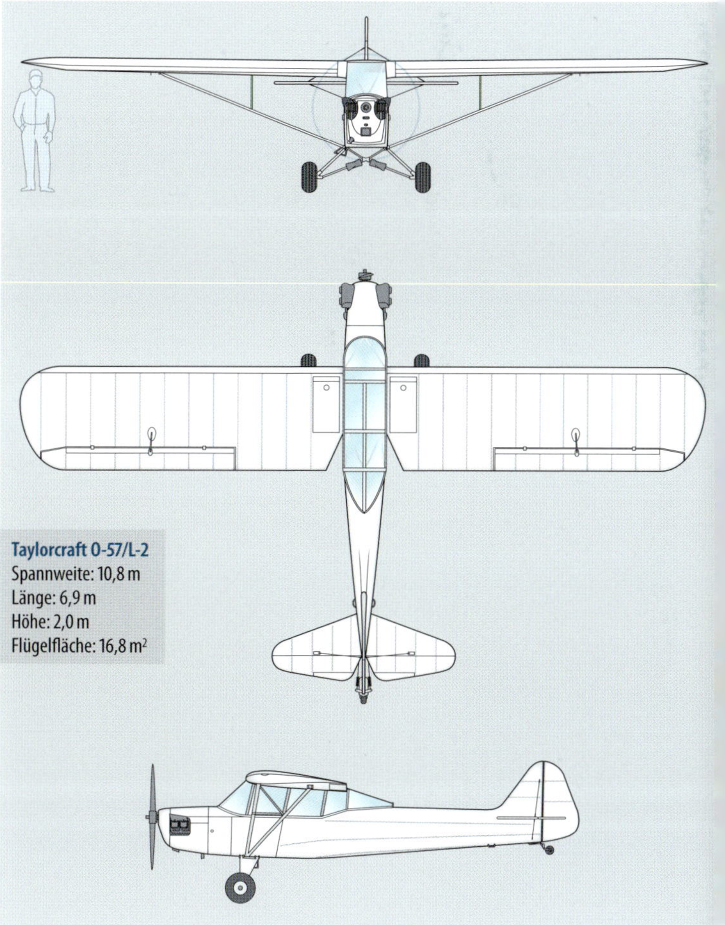

Taylorcraft O-57/L-2
Spannweite: 10,8 m
Länge: 6,9 m
Höhe: 2,0 m
Flügelfläche: 16,8 m²

Vought SB2U Vindicator

Ursprungsland
USA
Kategorie
Sturzkampfbomber

Entwicklung: 1934 forderte die US Navy sechs Firmen auf, Entwürfe für einen trägergestützten Aufklärer/Sturzkampfbomber einzureichen, aus dem Vought mit Bauaufträgen für zwei Prototypen, einem Doppel- und Eindecker, hervorging. Erstflug des überlegenen Eindeckers XSBU2-1 war im Januar 1936. Der Rumpf bestand aus einer beplankten Stahlrohrkonstruktion, nur das Heck war bespannt, die teilweise bespannten Metall-Tragflächen waren hochklappbar. Trotz eines Crashs bestellte die Navy 56 SB2U-1 im Oktober 1936 und weitere 58, der leicht modifizierten SB2U-2 im Oktober 1938. Als Langstrecken-Bomber bekam die SB2U-3 neben dem Rumpftank noch zusätzliche Flügeltanks, ein größeres Leitwerk und eine leichte Panzerung. Zudem wurde der gleich starke, aber verbesserte Twin Wasp R-1535-102 eingebaut. Das US Marine Corps bestellte 57 und Frankreich bestellte 40 V156F-3 für seinen Flugzeugträger Bearne. Weitere 50 V-156B-1 wurden aber wegen der Besetzung Frankreichs durch Deutschland an die britische Royal Navy als Chesapeake Mk. I mit einem 750 PS starken P & W R-1535-SB4- Sternmotor ausgeliefert.

Bei Vought rollten bis Ende 1940 261 Vindicators aus den Hallen.

Bemerkungen: Stationiert wurden die SB2U von 1937 bis Oktober 1942 auf US-Flugzeugträgern im Pazifik. Sie mussten jedoch hohe Verluste hinnehmen und wurden ab Mitte 1942 nur noch zur Schulung geflogen, waren aber im Oktober 1943 bereits ausgemustert. Frankreichs Piloten trainierten zwar auf der Bearne, die V-156 war aber untermotorisiert und kam deshalb auf Land zum Einsatz, wobei die meisten beim Einmarsch der Deutschen zerstört wurden. Als zu schwer für Flugzeugträger stufte die Royal Navy ihre Chesapeake ein, die für Patrouillen und Konvoi-Geleitschutz vorgesehen waren, und nutzte sie bis 1943 nur noch als Trainer.

Angeblich die einzig erhaltene SB2U steht im National Naval Aviation Museum, Pensacola, USA.

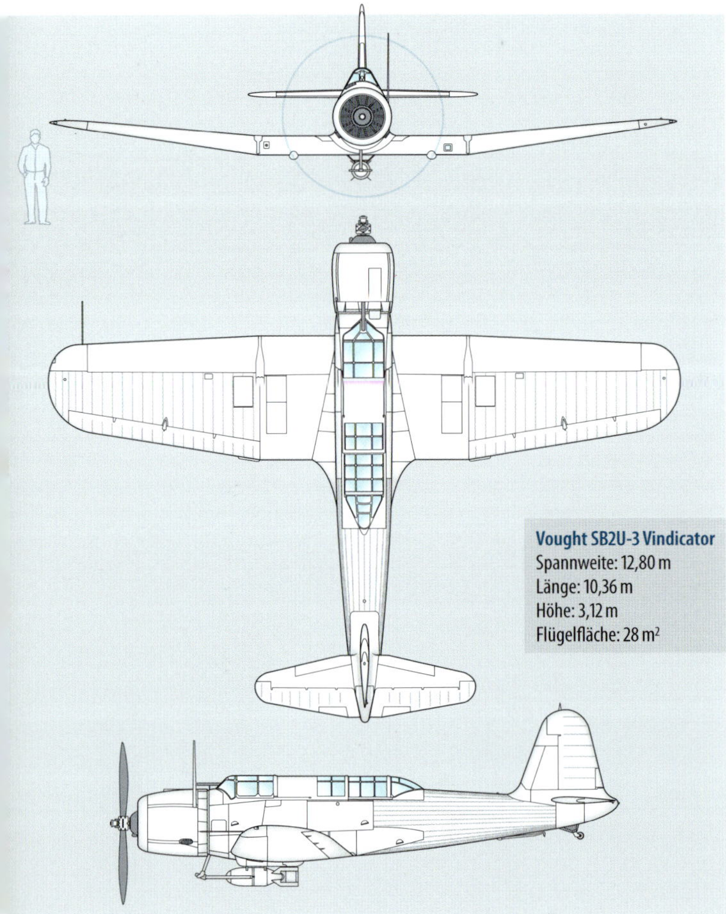

Vought SB2U-3 Vindicator
Spannweite: 12,80 m
Länge: 10,36 m
Höhe: 3,12 m
Flügelfläche: 28 m²

Von der SB2U-3 wurde 1939 auch eine Schwimmerversion XSB2U-3 erprobt, die aber nicht in Serie gebaut wurde.

Besatzung: 2
Triebwerk: (SB2U-2) Ein luftgekühlter 14-Zylinder-Sternmotor Pratt & Whitney R-1535-96 Twin Wasp Junior mit 607 kW (825 PS).
Leistungen: (SB2U-2) Höchstgeschwindigkeit 404 km/h, Reisegeschwindigkeit 245 km/h, Steigzeit auf 4600 m 17 min 30 sec, Dienstgipfelhöhe 7200 m, Reichweite 1100 km, 3940 km mit Droptanks.
Gewichte: (SB2U-2) Leergewicht 2556 kg, Abfluggewicht 3390 kg, maximales Abfluggewicht 4273 kg.
Bewaffnung: (SB2U-2) Ein MG im Flügel, ein bewegliches MG im hinteren Cockpit, eine ausschwenkbare 450 kg-Bombe unter dem Rumpf oder 2 × 250 kg- oder bis zu 8 × 14 kg-Bomben an Flügelstationen.

Vought OS2U Kingfisher

Ursprungsland
USA
Kategorie
Aufklärer, Mehrzweckflugzeug

Entwicklung: Ende der 1930er-Jahre begann die Entwicklung der XOS2U-1. Der katapultfähige Tiefdecker, dessen Zentralschwimmer gegen ein Fahrwerk ausgetauscht werden konnte und Klappen als Hochauftriebshilfen hatte, wurde als Ganzmetallflugzeug mit einem speziellen Punktschweißverfahren produziert. Erstflug war im März als Land- und im Mai 1938 als Wasserflugzeug. Nach einigen Änderungen am Schwimmer und dessen Befestigung, wurden die ersten OS2U-1 im August 1940 ausgeliefert. Mit einem geringfügig anderen Antrieb und anderer Ausrüstung baute Vought 158 OS2U-2. Von der Hauptserie OS2U-3 mit selbstdichtenden Tanks und Cockpit-Panzerung sowie Flügelstationen für insgesamt 295 kg Bomben wurden 1006 Flugzeuge hergestellt. Davon gingen 100 als Kingfisher I mit Fahrwerk und Schwimmer an die britische Fleet Air Arm.

Insgesamt liefen 1519 Kingfisher vom Band. Von der Naval Aircraft Factory wurden davon 300 OS2U-3 als OS2N-1 hergestellt.

Bemerkungen: Die vielseitig einsetzbare OS2U war zwar mit 450 PS nicht besonders leistungsfähig, wurde aber auf vielen Schlachtschiffen und Kreuzern im Pazifik und Atlantik als Bordflugzeug eingesetzt. Vom Katapult gestartet, wurde sie per Kran wieder an Bord gehievt. Neben Missionen als Aufklärer nutzte man die Kingfisher auch zur U-Boot-Abwehr, auf See-Patrouillen, als Feuerleitflugzeug, leichten Bomber und Verbindungsflugzeug. Bei Seenotrettungseinsätze war Platz für eine dritte Person. Außer bei der US Coast Guard und Navy flog sie in Großbritannien, Australien, Chile, Cuba, Mexiko und Sowjetunion.

Von acht erhaltenen OS2U wird eine Schwimmerversion im Steven F. Udvar-Hazy Center in Chantilly, USA, eine mit Fahrwerk im Museo del Aire, Havana, Kuba, präsentiert.

Über der Karibik im Jahr 1942: Eine mit einer Wasserbombe beladene Vought OS2U-3 Kingfisher der US Navy auf Patrouille.

Besatzung: 2
Triebwerk: (OS2U-3) Ein luftgekühlter 9-Zylinder-Sternmotor Pratt & Whitney R-985-AN2 Wasp Junior mit 335 kW (456 PS) Startleistung.
Leistungen: (OS2U-3 Schwimmer/Fahrwerk) Höchstgeschwindigkeit 263/275 km/h, Reisegeschwindigkeit 191/201 km/h, Dienstgipfelhöhe 3950/4720 m, Reichweite 1500/1680 km.
Gewichte: (OS2U-3 Schwimmer/Fahrwerk) Leergewicht 1870/1700 kg, Abfluggewicht 2540/2380 kg, max. Abfluggewicht 2721/2692 kg.
Bewaffnung: Ein MG über dem Motor, ein bewegliches MG im hinteren Cockpit. Bis zu 295 kg Bomben an Flügelstationen.

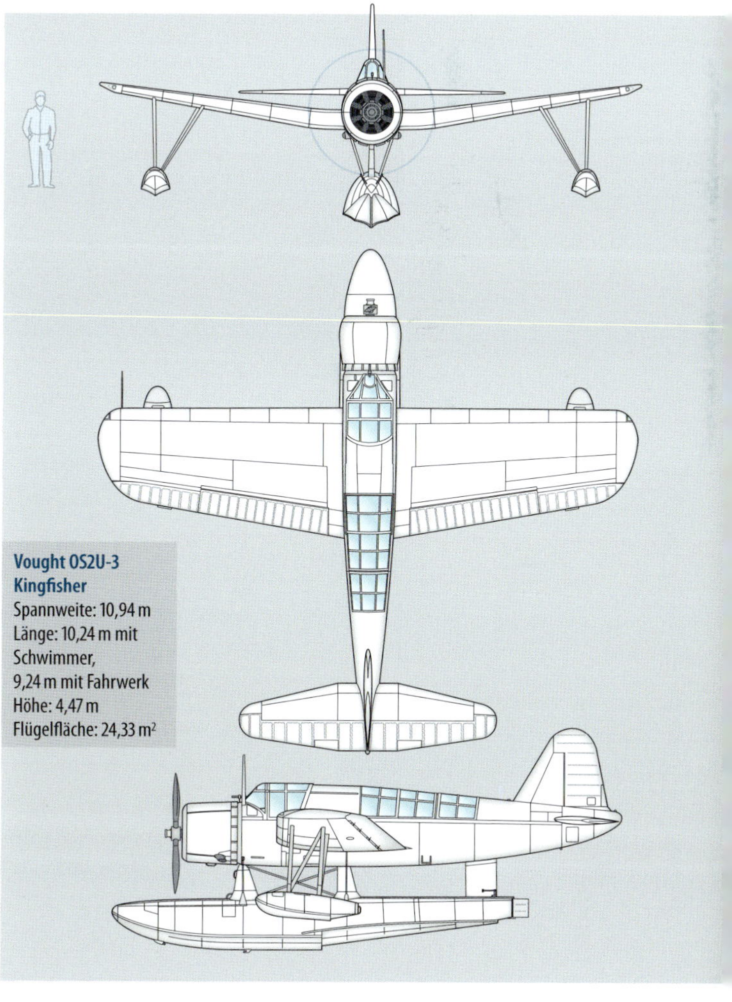

Vought OS2U-3 Kingfisher
Spannweite: 10,94 m
Länge: 10,24 m mit Schwimmer, 9,24 m mit Fahrwerk
Höhe: 4,47 m
Flügelfläche: 24,33 m²

Vought F4U Corsair

Ursprungsland
USA
Kategorie
Jagdflugzeug, Jagdbomber

Entwicklung: Anfang 1938 forderte die US-Navy einen trägergestützten schnellen Jäger und beauftragte Vought die XF4U-1 zu bauen. Das Ganzmetallflugzeug wurde um den damals stärksten Motor konstruiert, dessen großer Propellerdurchmesser Knickflügel bedingte, um das Fahrwerk kurz zu halten. Erstflug war im Mai 1940. Der Prototyp zeigte beeindruckende Leistungen und Mitte 1941 bestellte die Navy erste F4U-1 (Abb. oben), die ab Juli 1942 geliefert wurden. Anfängliche Kriegserfahrungen in Europa führten zu einer stärkeren Bewaffnung, weshalb die Flügeltanks den MGs weichen mussten. Das Cockpit rückte nach hinten, um davor einen Tank zu installieren. Der nun längere Vorderrumpf erschwerte jedoch Trägerlandungen. Höhergelegte Cockpits ab der F4U-1A (Zeichnung) machte sie ab April 1943 aber trägertauglich. Die in den Großserien gebauten F4U-1 bis F4U-7 unterschieden sich geringfügig in den Abmessungen, hauptsächlich in Bewaffnung, modifizierten Antrieben und Ausrüstungen je nach Einsatz. Von der stärksten Version F2G, mit einem 3000 PS starken 28-Zylinder Wasp Major, wurden nur noch 10 gebaut.

12 581 Corsairs rollten bis 1952 aus den Werkshallen. Davon 4017 von Goodyear und 735 von Brewster. 94 F4U-7 wurden noch an Frankreich geliefert, die sie bis 1964 einsetzte.

Bemerkungen: Die Corsair gehört zweifelsfrei zu den erfolgreichsten und leistungsfähigsten Jagdflugzeugen des Zweiten Weltkrieges. Für unerfahrene schwierig zu beherrschen, von erfahrenen Piloten geschätzt. Vor allem im Pazifikraum wurde die F4U in großer Zahl von den Alliierten als Jäger, Jagdbomber, Aufklärer und Erdkämpfer eingesetzt. Auch noch im Koreakrieg nutzte man die Corsair als Nachtjäger und gepanzertes Tiefangriffsflugzeug AU-1 mit bis zu 1800 kg Waffenlast.

Es blieben weltweit ca. 80 F4U in Museen oder flugfähig erhalten. Von Red Bull in Salzburg, Österreich wird eine F4U-4 betrieben.

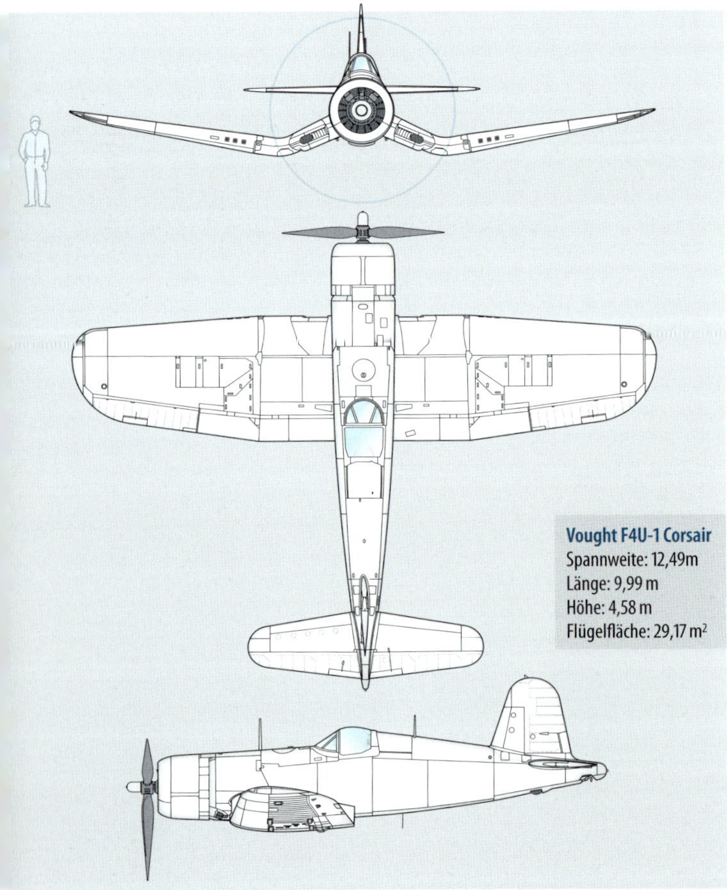

Vought F4U-1 Corsair
Spannweite: 12,49 m
Länge: 9,99 m
Höhe: 4,58 m
Flügelfläche: 29,17 m²

Ein Nachtjäger F4U-5N Corsair der US Navy um 1949 mit einem Radarbehälter unter dem Außenflügel.

Besatzung: 1
Triebwerk: (F4U-1D) Ein luftgekühlter 18-Zylinder-Doppelsternmotor Pratt & Whitney R-2800-8W mit 1677 kW (2281 PS) Startleistung.
Leistungen: (F4U-1D) Höchstgeschwindigkeit 683 km/h, Dienstgipfelhöhe 11 310 m, Reichweite 1630 km, maximal 2510 km mit Droptanks.
Gewichte: (F4U-1D) Leergewicht 3943 kg, Abfluggewicht 5460 kg, maximales Abfluggewicht 5941 kg.
Bewaffnung: (F4U-1D) Je drei Flügel-MGs. Zwei 450 kg Bomben extern oder acht Raketen.

Vultee A-19 / V-11 / V-12

Ursprungsland
USA
Kategorie
Erdkampf-flugzeug

Entwicklung: Grundlage der V-11 war das einmotorige Verkehrsflugzeug V-1 für acht Passagiere, das Anfang 1933 erstmals flog und mit 25 verkauften Exemplaren wegen seiner beschränkten Möglichkeiten mit nur einem Motor wenig erfolgreich war. Mit einem neuen Rumpf und den Tragflächen der V-1 flog der in Ganzmetall gebaute Tiefdecker V-11 erstmals im September 1935. Ende 1935 wurden 30 V-11 von China bestellt. Sie waren noch mit einem 850 PS starken Wright R-1820-G2 Cyclone ausgestattet. Exportiert wurden 41 in die Türkei und 25 nach Brasilien (Bild oben). Die Sowjetunion erwarb vier V-11 und eine Lizenz zum Nachbau. Nach 31 von Kotscherigin gebauten BSh-1 wurde das gepanzerte Erdkampfflugzeug wegen ungenügender Leistungen aber aufgegeben. Eine weitere Order Chinas über 55 V-12 folgte 1939, die je nach Variante mit einem Wright Cyclone 1820 (C) oder einem Cyclone 2600 (D) motorisiert waren und teilweise im Land selbst zusammengebaut werden sollten. Lediglich zu Testzwecken bestellte die USAAC Ende der 1930er Jahre sieben YA-19, die u. a. mit einem 1275 PS starken 12-Zylinder-Boxermotor Lycoming O-1230 und als Testflugzeug für den P & W R-2800 geflogen wurden. Zu einer größeren Bestellung kam es aber nicht.

Vermutlich sind nur 175 Flugzeuge von Vultee ausgeliefert worden.

Eine Vultee V-11 GB mit ausgefahrenem unteren Waffenstand.

Besatzung: 3
Triebwerk: (V-11) Ein luftgekühlter 14-Zylinder-Doppelsternmotor Pratt & Whitney R-1830-17 Twin Wasp mit 895 kW (1217 PS).
Leistungen: (V-11) Höchstgeschwindigkeit 370 km/h, Reisegeschwindigkeit 333 km/h, Dienstgipfelhöhe 6200 m, Reichweite 1790 km, maximale Reichweite 2170 km.
Gewichte: (V-11) Leergewicht 2927 kg, Abfluggewicht 4726 kg.
Bewaffnung: (V-11) Je zwei MGs in den Flügeln, je ein MG im hinteren Cockpit und nach unten. 6 x 14 kg Bomben halbversenkt im mittleren Flügelkasten oder 500 kg extern.

Bemerkungen: Nach den Tests war klar, dass die USAAC zweimotorigen Flugzeugen mit höherer Zuladung, Geschwindigkeit und stärkerer Bewaffnung den Vorrang geben. Sie nutzte ihre sieben YA-19 nur noch als Verbindungsflugzeuge. Die Türkei tauschte ihre V-11 auch schnell gegen Bristol Blenheims, setzte sie aber noch als Aufklärer und Fortgeschrittenenen-Trainer ein. Die Sowjetunion übergab ihre für den Erdkampf untauglichen BSh-1 der Aeroflot, die sie als Transport- und Verbindungsflugzeuge weiter nutzte. Lediglich China setzte seine Bomber mit mäßigem Erfolg ein, zog sie aber bald wieder zurück und verwendete sie nur noch zur Schulung und als Verbindungsflugzeug.

Soweit bekannt ist keine A-19/V-11 erhalten geblieben. Aber der Vorgänger V-1 steht im Virginia Aviation Museumin Richmond, USA.

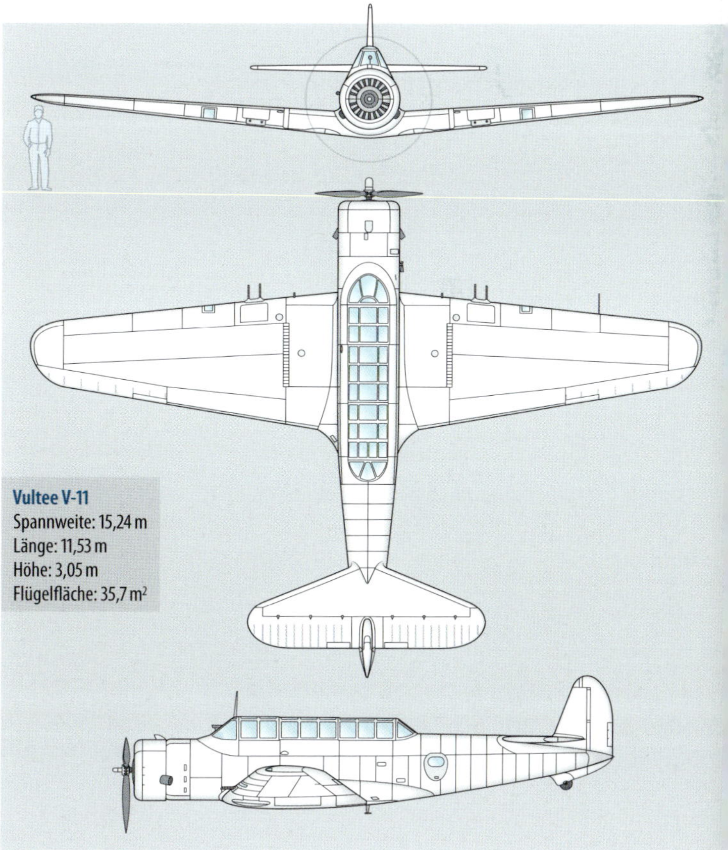

Vultee A-35 Vengeance

Ursprungsland
USA
Kategorie
Sturzkampfbomber

Entwicklung: Der Erfolg der Junkers Ju 87 Stuka veranlasste Frankreich Anfang 1940 Vultee zu beauftragen, einen Sturzkampfbomber zu entwickeln, der bereits im Oktober 1940 geliefert werden sollte, was jedoch durch den Einmarsch Deutschlands im Mai 1940 verhinderte wurde. Dafür bestellte Großbritannien im Juli 1940 200 V-72 und unter dem Lend-Lease Act nochmals 100 Exemplare, obwohl der erste Prototyp der V-72 erst im März 1941 flog. Der in Ganzmetallbauweise konstruierte Tiefdecker mit Bombenschacht bekam daraufhin von der USAAF die Bezeichnung A-31. Nach Beginn des Pazifikkrieges wurde ein Teil der britischen Maschinen von den USA wegen Eigenbedarf einbehalten. 1942 forderte nun auch die USAAF eine eigene, verbesserte Version, die A-35 A. Mit einem stärkeren Motor und besserer Bewaffnung, selbstdichtenden Tanks und geändertem Flügel liefen von ihr 99 Maschinen vom Band, ehe von der A-35 B mit nun sechs MGs und zusätzlichen Waffenstationen 831 Maschinen ausgeliefert wurden. Eine kleine unbekannte Zahl Vengeance ging an Australien, Brasilien erhielt 32 und an das Freie Frankreich gingen 67, das sie in Nordafrika einsetzte.

Von den insgesamt 1931 Flugzeugen wurden 1531 bei Vultee und 400 bei Northrop gebaut.

Bemerkungen: Die USA setzten ihre Flugzeuge hauptsächlich zur Schulung und als Zielschlepper ein, nie auf Kriegsschauplätzen. Im Gegensatz zur RAF, die ihre Flugzeuge anfangs in Nordafrika und bis Juli 1944 in Burma zusammen mit der Indischen Luftwaffe gegen die Japaner einsetzte, wo sich der robuste und zuverlässige Bomber auch gut bewährte, ehe sie von moderneren Flugzeugen abgelöst wurden. Obwohl Australien 400 Flugzeuge bestellte, wurden nur wenige geliefert, die unter anderem in Neu-Guinea zum Einsatz kamen, aber wegen der geringen Reichweite bereits 1944 durch B-24 ersetzt wurden.

Die einzige komplette Vengeance steht im (geschlossenen) Camden Museum of Aviation in Narellan, Australien.

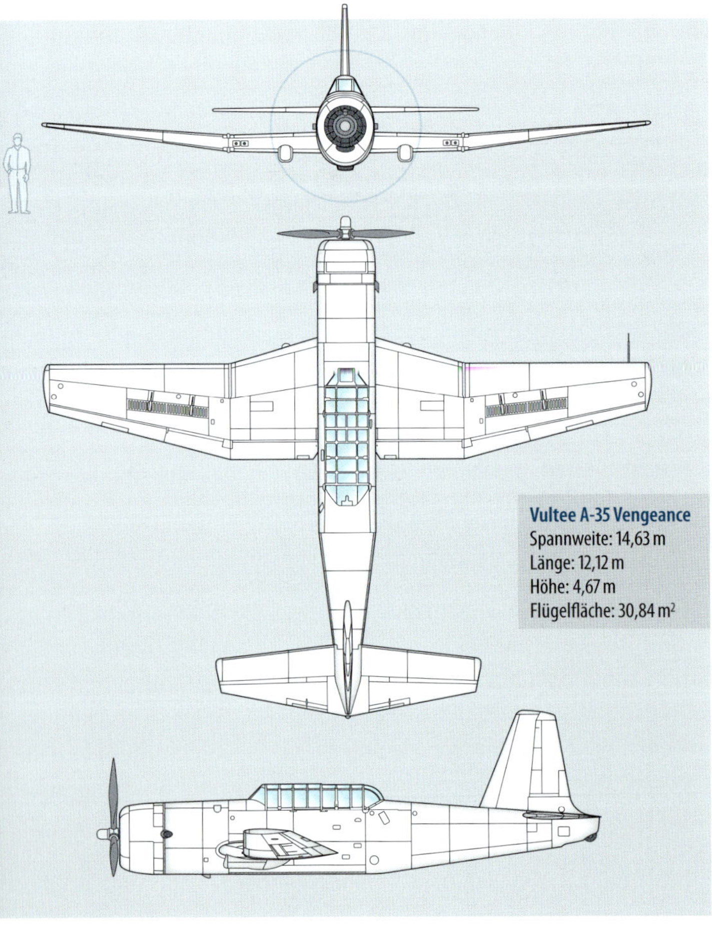

Vultee A-35 Vengeance
Spannweite: 14,63 m
Länge: 12,12 m
Höhe: 4,67 m
Flügelfläche: 30,84 m²

Eine Vultee A-31 beim Abwurf von Übungsbomben mit ausgefahrenen Bremsklapppen und geöffnetem Bombenschacht.

Besatzung: 2
Triebwerk: (A-35B) Ein luftgekühlter 14-Zylinder-Doppelsternmotor Wright Cyclone R-2600-A5B mit 1210 kW (1622 PS).
Leistungen: (A-35B) Höchstgeschwindigkeit 439 km/h in 3350 m Höhe, Reisegeschwindigkeit 378 km/h, Dienstgipfelhöhe 6800 m, Reichweite 960 km beladen und 2250 km Überführungsreichweite.
Gewichte: ((A-35B) Leergewicht 4672 kg, Abfluggewicht 7440 kg.
Bewaffnung: (A-35B) Je drei MGs in den Flächen und ein MG im hinteren Cockpit. Bis zu 900 kg Bomben im Schacht und extern an Flügelstationen.

Vultee BT-13 Valiant

Ursprungsland
USA
Kategorie
Schulflugzeug

Entwicklung: Vultee begann 1938 mit dem Entwurf eines Fortgeschrittenen-Trainers V-51, der im März 1939 erstmals flog. Mit ihr trat Vultee in einer Ausschreibung gegen die North American BC-2, dem Vorläufer der T-6, an. Nach mehrmaliger Überarbeitung des Designs entstand die VF-54A, der Prototyp des Ganzmetall-Tiefdeckers BT-13. Zufriedenstellende Tests der USAAC brachten im

Ein Vorfeld voller Valiants auf dem Bainbridge Army Airfield, Georgia, USA, der 1942 extra für die Pilotenausbildung gebaut wurde.

September 1939 eine Order über 300 Flugzeuge, deren Auslieferungen im Juni 1940 begann. Darauf folgten über 7000 BT-13A, bei denen man auf die Fahrwerksverkleidungen verzichtete und einen geringfügig geänderten Wasp Junior einbaute. 1125 BT-13 der B-Variante bekamen anstatt des 12V- ein 24V-System. Als BT-15 bestellte die USAAC schließlich noch 1163 Trainer mit einem 457 PS-starken Wright R-975-11 Whirlwind-Motor, da die Nachfrage für den Wasp Junior die Produktion bei Pratt & Whitney überstieg. Auch die US Navy interessierte sich für den Trainer und ließ 1150 BT-13A als SNV-1 produzieren und 650 BT-13B als SNV-2.

Insgesamt rollten 11 537 BT-13 aller Varianten aus den Produktionshallen.

Bemerkungen: Obwohl lange nicht so bekannt wie die North American T-6, gehört die Valliant mit ihren mehr als 11 500 gebauten Flugzeugen zu den meistgebauten Maschinen des Zweiten Weltkrieges. Während des Krieges setzten fast alle Piloten nach der Grundausbildung auf PT-13, PT-17 oder PT-19 in der komplexeren Valiant ihre Ausbildung fort. Mehr Leistung, schneller, schwerer, mit handbetriebene Landeklappen, Verstellpropeller und Funk – all das stellte höhere Anforderungen an die Schüler, die ihr Flugzeug auch liebevoll Vultee Vibrator nannten. Die BT-13 war jedoch nicht ohne Mängel: Das Heck war nur an drei Bolzen befestigt und nach einigen Vorfällen wurden Kunstflug und abrupte Manöver verboten. Nach dem Krieg sind fast alle Valiants für wenig Geld abgestoßen worden, viele ins Ausland. Nicht wenige wurden nur wegen des Antriebs gekauft, der auch in andere Flugzeuge, wie z. B. die Stearman, passte. Einige wenige wurden sogar in 4–6-sitzige Maschinen umgebaut.

Neben etlichen Museumsexemplaren sind angeblich noch über 50 Valiants flugtauglich, überwiegend in den USA. Eine BT-13A fliegt auch ab Lelystadt, Niederlande.

Besatzung: 2
Triebwerk: (A) Ein luftgekühlter 9-Zylinder-Sternmotor Pratt & Whitney R-985-AN-1 Wasp Junior mit 335 kW (450 PS).
Leistungen: (A) Höchstgeschwindigkeit 290 km/h, Steigzeit auf 3000 m 9 min 12 sec, Dienstgipfelhöhe 6600 m, Reichweite 1160 km.
Gewichte: (A) Leergewicht 1531 kg, Abfluggewicht 2039 kg.

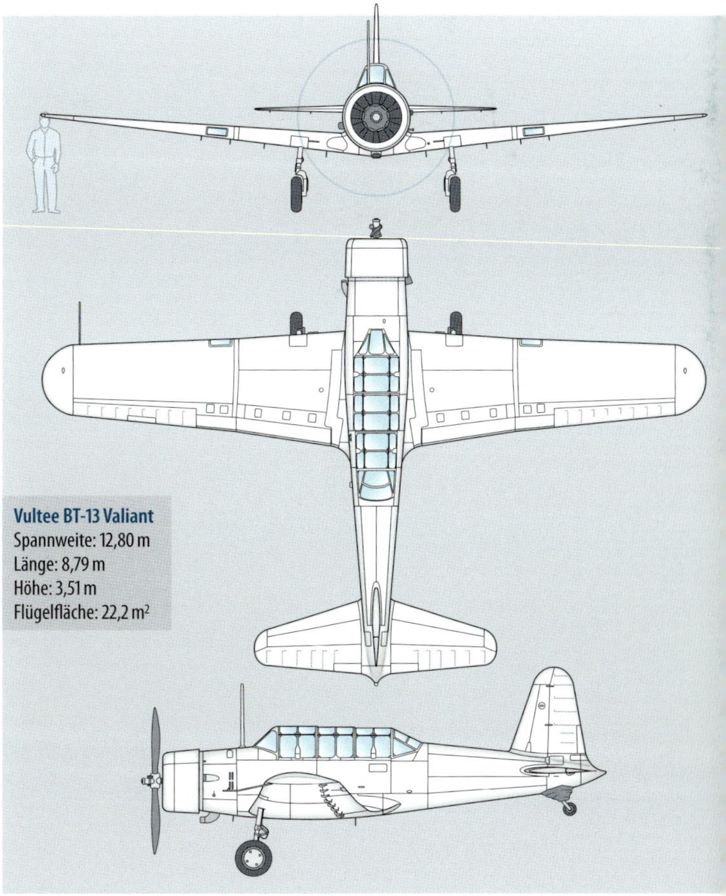

Vultee BT-13 Valiant
Spannweite: 12,80 m
Länge: 8,79 m
Höhe: 3,51 m
Flügelfläche: 22,2 m²

WACO CG-4

Ursprungsland
USA
Kategorie
Lastensegler

Entwicklung: Im Sommer 1941 begann bei WACO die Entwicklung der CG-4, der Erstflug war vermutlich im August 1942 und Ende des Jahres wurden bereits die ersten Segler ausgeliefert. Der Rumpf bestand aus einer Stahlrohrkonstruktion die teilweise mit Holz verkleidet und bespannt war. Die bespannten Flügel waren komplett aus Holz hergestellt. Der von zwei Piloten geflogene Gleiter hatte ein festes Fahrwerk und Kufen zum Schutz des Rumpfes. Ein Bremsfallschirm und Spoiler auf der Flügeloberseite sorgte für kurze Landungen. Bei der Be- und Entladung konnte der Bug nach oben geschwenkt werden. Zum Schlepp wurden üblicherweise C-47 oder C-46 vorgespannt, um die mit maximal 13 ausgerüsteten Soldaten beladenen CG-4 in die Luft zu bringen. Auch ein Jeep inklusive Besatzung oder eine 75 mm-Haubitze samt Munition und Bediener passten in den Segler, der nach dem Entladen oft aufgegeben oder zerstört wurde. Intakt gebliebene wurden aber auch geborgen und erneut verwendet. Mit einem Seilsystem konnte z. B. mit einer fliegenden C-47 eine leere, am Boden stehen-de WACO „aufgenommen" und zurückgeschleppt werden. Die Idee, gelandete Flugzeuge zu ihrem Startort zurückzufliegen, führte auch zu einem motorisierten, allerdings erfolglosen Prototypen.

Vorbereitungen der Alliierten zur Landung auf Sizilien: Eine WACO CG-4A wird im Juli 1943 durch den hochgeklappten Bug mit einem Jeep beladen.

An der Produktion von 1942 bis 1945 waren 16 amerikanische Firmen beteiligt. Sie produzierten zusammen rund 13 900 Lastensegler.

Bemerkungen: Die CG-4 war der am häufigsten verwendete Lastensegler der USAAF. Auch Großbritannien nutzte sie in mehreren Squadrons unter dem Namen Hadrian. Im Gegensatz zur größeren britischen Horsa mit 3,5 t oder der Hamilcar mit 7 t Nutzlast konnte man die WACO auch auf beengten Plätzen landen. Eingesetzt wurden die Segler erstmals im Juli 1943 bei der alliierten Invasion in Sizilien. In sehr großer Anzahl bei den ersten Luftlandeoperationen in der Normandie im Juni 1944 und bei vielen weiteren Einsätzen in Europa. Bis zum Ende des Krieges noch in Indien, China und Burma.

Rund 15 CG-4 stehen in Museen der USA und Großbritannien. Aber auch eine im Airborne Museum, Sainte-Mère-Eglise, Frankreich.

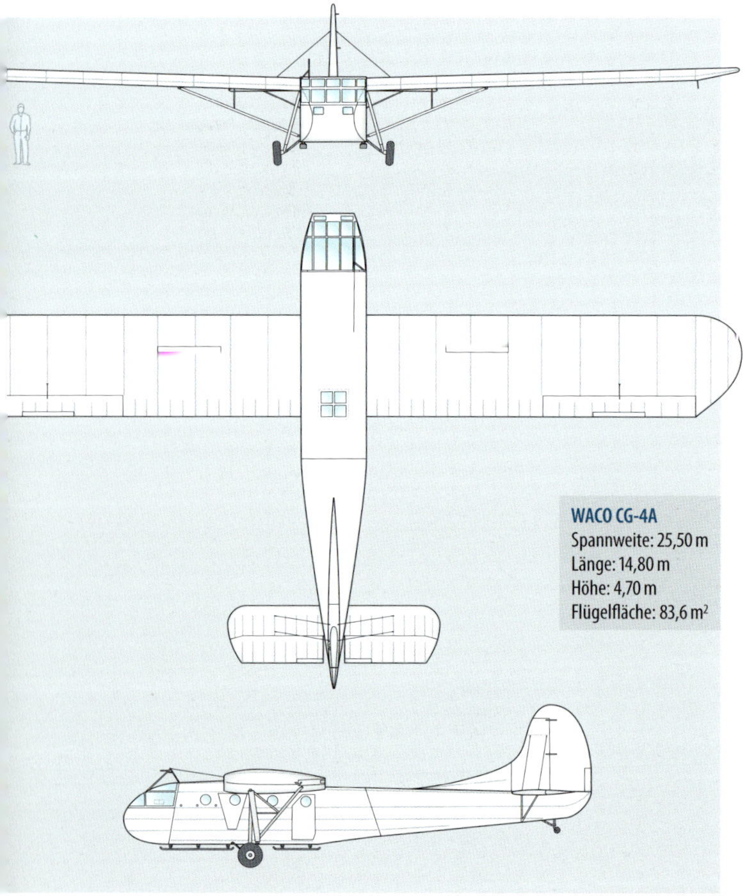

WACO CG-4A
Spannweite: 25,50 m
Länge: 14,80 m
Höhe: 4,70 m
Flügelfläche: 83,6 m²

Besatzung: 2
Leistungen: Höchstgeschwindigkeit 240 km/h bei 3400 kg Gesamtgewicht, Reisegeschwindigkeit 117 km/h, beste Gleitzahl 12 : 1.
Gewichte: Leergewicht 1769 kg, Fluggewicht 3402 kg, maximales Abfluggewicht 4082 kg.

Typenverzeichnis

Abkürzungen

- **AGO** Tarnbezeichnung für eine deutsche Flugzeugfabrik unter dem Namen Apparatebau GmbH Oschersleben
- **ASJA** AB Svenska Järnvägsverkstädernas Aeroplanavdelning Vorläufer der schwedischen Saab AB
- **ASR** Air-Sea Rescue
- **BOAC** British Overseas Airways Corporation
- **Bramo** Brandenburgische Motorenwerke GmbH, deutscher Flugzeugmotorenhersteller
- **CANT** Cantieri Aeronautici e Navali Triestini, italienischer Flugzeughersteller
- **CASA** Construcciones Aeronáuticas S.A., spanischer Flugzeughersteller
- **DB** Daimler-Benz
- **DFS** Deutschen Forschungsanstalt für Segelflug
- **ECM** Electronic Countermeasures Elektronische Gegenmaßnahmen
- **EFW** Eidgenössisches Flugzeugwerk
- **EKW** Eidgenössische Konstruktionswerkstätte
- **IAR** Întreprinderea Aeronautică Română, Unternehmen der rumänischen Luftfahrtindustrie
- **Jumo** war die Markenbezeichnung von Junkers Motorenbau
- **MG** Maschinengewehr
- **MK** Maschinenkanone
- **NACA** National Advisory Committee on Aeronautics, ein Vorgänger der NASA
- **NASM** National Air and Space Museum, der Smithsonian Institution, USA
- **P & W** Pratt & Whitney, amerikanischer Flugzeugmotorenhersteller
- **PZL** Państwowe Zakłady Lotnicze, polnisches Flugzeugwerk
- **RAAF** Royal Australian Air Force, australische Luftwaffe
- **RAF** Royal Air Force, britische Luftwaffe
- **RCAF** Royal Canadian Air Force
- **RLM** Reichsluftfahrtministerium
- **RNZAF** Royal New Zealand Air Force
- **RR** Rolls Royce
- **SAAF** South African Air Force
- **SAR** Search and Rescue
- **SIPA** Société industrielle pour l'aéronautique, französischer Flugzeughersteller
- **SNCAN** Société Nationale de Constructions Aéronautiques du Nord, französischer Flugzeughersteller
- **SNCAC** Société Nationale de Constructions Aéronautiques du Centre, französischer Flugzeughersteller.
- **SNCASO** Société Nationale de Constructions Aéronautiques du Sud-Ouest, französischer Flugzeughersteller.
- **STOL** Short Take-Off and Landing, Kurzstart und -landung.
- **TWA** Trans World Airlines
- **USAAC** United States Army Air Corps, Vorläufer der USAF
- **USAF** United States Airforce
- **USAAF** United States Army Airforce. Von 1941 bis 1947 Name der Luftstreitkräfte des US-Heeres.

Bildnachweis

12 [1] Archiv www.Luftwaffe-zur-See.de, [2] U.S. Navy Naval History and Heritage Command; 13 [1] Archiv www.Luftwaffe-zur-See.de; 14 [1] Ilmailmuseo/Finnish Aviation Museum, [2] vermutl. Werksfoto Bücker ,1935; 15 [1] Flygvapenmuseums bildarkiv, Okänd fotograf, [2] schreiberVIS, Joachim Schreiber; 17 [1] Airbus Corporate Heritage; 18 [1/2] SDASM Archives; 19 [1/2] SDASM Archives; 21 [2] SDASM Archives; 21 [1] Airbus Corporate Heritage; 22 [1] Flygvapenmuseums bildarkiv/Swedish Air Force Museum, [2] SA Kuva; 23 Hubschraubermuseum Bückeburg; 25 [1] Flygvapenmuseums bildarkiv, Å Östlund (fotograf F 3); 26 [1] Finnish Armed Forces photograph; 28 [1/2] SDASM Archives; 31 [1] Nico Braas Collection; 33 [1] SDASM archives/7585397310, [2] U.S. Navy; 35 [1] Bundesarchiv/Bild 101I-647-5211-33/Wilzek/CC-BY-SA 3.0, [2] SDASM Archives; 36 [1] SDASM; 37 [1] Archiv www.Luftwaffe-zur-See.de; 40 [1] SDASM Archives; 41 [2] SDASM Archives; 42 [1] SDASM Archives; 43 [1] USAAF, [2] SDASM; 44 [1] Archiv Bernd Junkers [2] www.junkers.de [3] SDASM Archives; 45 [2] SDASM Archives; 46 [1] Flygvapenmuseum/Swedish Air Force Museum; 48 [1] Sa-kuva/Finnish Armed Forces photograph, [2] SDASM Archives; 50 [2] SDASM Archives; 51 [1] SDASM Archive, [2] Flygvapenmuseums bildarkiv, Unbek. Fotograf; 52 [1] SDASM Archives; 54 [2] SDASM Archives; 55 [1] Australian armed forces, Me 163 at Melbourne c1950 ; 56 [2] SDASM Archives; 58 [1/2] SDASM Archives; 59 [1] Archiv MHMLW/CH, [2] SDASM Archives; 64 1/2] SDASM Archives; 67 Archiv Alexander Lüdeke; 68 [2] SDASM Archves; 69 [1] Hermann Keist/Schweiz [2] SA-kuva; 71 [1] ETH-Bibliothek Zürich, Bildarchiv/Fotograf: Unbekannt/Ans_05035-272 Public Domain; 77 [1/2] SDASM Archives; 78 [2/3] SDASM Archives; 86 [2] SDASM Archives; 87 [1] Ilmailmuseo/Finnish Aviation Museum, [2] schreiberVIS; 90 [1/2] SDASM Archives; 97 [1] Flygvapenmuseum/Swedish Air Force Museum; 99 [2] SDASM Archives; 100 [2] SDASM Archives; 102 [1] ETH-Bibliothek Zürich, Bildarchiv, Fotograf: Eidgenössische Konstruktionswerkstätte (Thun)/Ans_05035-250; 102 [2] IIAF Unknown author; 103 [1] tormentor4555; 105 [1/2] SDASM Archives; 109 [1/2] SDASM Archives; 110 [2] SDASM Archives; 111 [1] SDASM Archives; 116 [2] SDASM Archives; 122 [1] Flygvapenmuseum/Swedish Air Force Museum; 124 [2] Flygvapenmuseum/Swedish Air Force Museum; 125 [2] SA Kuva; 126 [1/2] SDASM Archives; 128 [2] SDASM Archives; 133 [1] Flygvapenmuseums bildarkiv/Schweden ; 135 [2] SDASM Archives; 136 [2] SDASM Archives; 137 [1] SDASM Archives; 143 [2] SDASM; 148 [2] SDASM; 152 SDASM Archives; 153 [1] SDASM Archives [2] unknown official photographer; 154 [1/2] SDASM Archives; 160 [1/2] SDASM Archives; 161 SDASM Archives; 162 [2] SDASM Archives; 165 [1/2] SDASM Archives; 167 Unbek. Photograph; 172 [2] SDASM Archives; 174 [2] SDASM Archives; 177 [1/2] SDASM Archives; 178 [2] SDASM; 183 [1] SDASM Archives; 185 [1] SDASM; 187 [1/2] SDASM Archives; 188 [1/2] SDASM Archives; 189 [1/2] SDASM Archives; 190 [1/2] SDASM; 191 SDASM Archives; 196 SDASM Archives; 197 [1/2] SDASM Archives; 198 [1] SDASM Archives; 200 [1/2] SDASM Archives; 202 [2] SDASM Archives; 203 [1] Robert A. Joss/Library and Archives Canada/PA-072392; 204 [1/2] SDASM Archives; 205 [1] Sa-kuva/Finnish Armed Forces photograph, [2] SDASM Archives; 211 [1] Saab AB, [2] Flygvapenmuseum; 212 [1/2] Saab AB; 213 TH-Bibliothek Zürich, Bildarchiv: [1] Fotograf: Steiner, Ruedi / Com_LC1519-006-017 / CC BY-SA 4.0 [2] H. Keist (Reidermoos at de.wikipedia); 215 [1] Sa-kuva/Finnish Armed Forces photograph; 216 [1] Flygvapenmuseum, Swedish Air Force Museum, [2] SDASM; 218 [1] SA-kuva/Finnish Armed Forces photograph; 219 [1] SDASM Archives; 221 SDASM Archive; 224 [1] SDASM Archives, [2] unbek. Fotograf; 227 SDASM; 228 [1] SDASM, [2] SA kuva; 232 [1] SDASM Archives [2] SA-kuva, Sot.virk. Eino Nurmi; 234 [1/2] SDASM Archives; 236 [1/2] SA-kuva; 237 [1/2] SDASM Archives; 240 [1] Soviet Airforce/unknown photograph [2] SDASM Archives; 241 [1/2] SDASM Archives; 242 [1] SA-kuva/Finnish Armed Forces photograph; 246 [2] Unbek. Fotograf; 247 [1] U.S. Air Force photo, [2] National Museum of the U.S. Air Force photo 060516-F-1234P-007; 255 [2] SDASM; 256 [1/2] SDASM Archives; 257 NASA/Langley Research; 258 Finland Military Museum, Sot.virk. Niilo Helander; 259 [1] SDASM Archives; 262 [2] SDASM Archives; 264 [1/2] SDASM Archives; 265 [2[SDASM Archives; 266 [1/2] SDASM Archives; 267 [1] SDASM Archives; 268 [1/2] SDASM Archives; 269 [2] SDASM Archives; 270 [1/2] SDASM Archives; 271 U.S. Air Force photo; 272 [2] SDASM Archives; 273 [1] National Archives [2] SDASM Archives; 274 [2] SDASM Archives; 275 [1] United States Airforce, [2] SDASM Archives; 276 [1/2] SDASM Archives; 277 [1] NAS Jacksonville; 278 [1] United States Airforce Photo, [2] SDASM Archives; 280 [1] U.S. Navy National Museum of Naval Aviation; 281 [1] National Archives; 286 [2] SDASM Archives; 287 [1/2] SDASM Archives; 289 1/2] SDASM Archives, Ray Wagner Collection; 290 Official U.S. Navy Photo; 291 [1/2] SDASM Archives; 292 [1/2] SDASM Archives; 293 [1/2] SDASM Archives; 295 [1] SDASM Archives; 299 [1] Official U.S. Navy photo; 301 [1/2] SDASM Archives; 306 [1/2] US Air Force Photo; 307 [1] National Archives, [2] SDASM Archives; 311 USAAF - Official U.S. Air Force; 312 [1] Flygvapenmuseum bildarkiv, [2] SDASM Archives; 315 1 / 2] SDASM Archives; 316 [1/2/3] SDASM Archives; 317 [2/3] SDASM Archives; 318 [1] Flygvapenmuseums bildarkiv, [2] SDASM Archives; 320 [1/2] SDASM Archives; 321 [1] SDASM; 323 [1] Unbekannt (Smithsonian Institution), [2] SDASM Archives; 324 [2] SDASM Archives; 327 1 / 2] SDASM Archives; 328 [1] U.S. Air Force photo; 329 [1] Collection of the Imperial War Museum

wikimedia commons: 6 [1/2] Australian War Memorial; 7 [1/2] Australian War Memorial; 8 [1] Unbek. Fotograf, [2] Bundesarchiv, Bild 146-1990-021-20 / Klinke & Co. / CC-BY-SA 3.0; 9 [1] U.S. Air Force photo, [2] Unbek. Fotograf; 10 [1] Arvi A. Karisto, PD-Finland, [2] U.S. Naval History and Heritage Command; 11 RAF official photographer, CH15703, Collections of the Imperial War Museums.; 13 [2] German Federal Archive; 16 [1] Bundesarchiv_Bild_101I-567-1523-38, [2] Bundesarchiv_Bild_101I-568-1531-32; 17 [2] Staffelfoto / PK Wehrmacht/Luftwaffe ca. 1936; 20 [1] Nationaal Archief Niederlande, [2] Unbek. Fotograf; 24 [1] Bundesarchiv, Bild 146-1997-002-31A / Klinke & Co. / CC-BY-SA 3.0; 25 [2] Bundesarchiv, Bild 101II-MW-2094-11 / Erich Neuberger; 26 [2] Imperial War Museum, RAF official photographer; 27 [1] MH4190 [2] CH 16121 Collections of the Imperial War Museums; 29 Bundesarchiv: [1] Bild 101I-432-0796-07 / Kranz, [2] Bild 101I-482-2874-03A / Güntzel; 30 [1] unknown author, [2] Photo NH 112957 from the U.S. Navy Naval History and Heritage Command; 31 [2] Unbekannt; 32 Unbek. Fotograf; 34 [1] SDASM Archives, [2] Fortepan / Hídvégi Zoltán; 37 [2] RAF Battle of Britain campaign diaries, Autor unbekannt; 38 [1] SDASM Archives, [2] Bundesarchiv Bild 141-2737; 39 [1] U.S. Navy, [2] Bundesarchiv Bild Bild 101I-668-7164-35A; 40 [2] Bundesarchiv Bild 146-1972-004-32; 41 [1] Unbekannter Fotograf; 42 [2] Bundesarchiv Bild 101I-331-3040-18A; 45 [1] Unknown, supplier: defensie.nl; 46 [2] Royal Air Force Battle of Britain campaign diaries; 47 [1] Bundesarchiv Bild 101I-646-5184-26, [2] Biblioteca Virtual de Defensa; 49 [1] Bundesarchiv Bild 146-1989-039-18A, [2] Bundesarchiv Bild 101I-497-3502-30 / Rogge; 50 [1] Unbek. Fotograf, 53 [1] Bundesarchiv, Bild 101I-662-6659-37/Hebenstreit/CC-BY-SA 3.0, [2] Biblioteca Virtual de Defensa; 54 [1] Bundesarchiv, Bild 101I-382-0211-011 / Wundshammer, Benno / CC-BY-SA 3.0; 55 [2] Bundesarchiv, unbek. Fotograf; 56 [1] USAF museum; 57 [1] my father, Gigant italie 1943, [2] Bundesarchiv, Bild 101I-552-0822-22 / Pirath, Helmuth; 60 [1] Unbek. Fotograf, [2] L'Aerophile magazine; 61 [1] National Library of France, [2] L'Aerophile magazine; 62 [1] Unbek. Fotograf, [2] Digitalen Bibliothek Gallica ID btv1b9046484b; 63 [1] Unbek. Fotograf, [2] S. Pilecki, J. Domański: Samoloty bojowe 1910-1967, Warszawa 1969; 65 Le Pontentiel Aérien Mondial 1936; 66 [1] Quelle unbekannt [2] L'Aerophile magazine; 68 [1] Unbek. Fotograf; 70 [1] Unbek. Fotograf, [2] U.S. National Archives and Records Administration; 71 [2] U.S. National Archives and Records Administration; 72 [1] Imperial War Museums [2] RuthAS; 73 [1] anonym, RAF, [2] Imperial War Museum, photograph B 5202; 74 [1] Devon S A, RAF official photographer, PD-UKGov,, [2] photo CH 1218 Imperial War Museums.; 75 [1] Brock F J (Fg Off), RAF official photographer, [2] CH12962 Imperial War Museums.; 76 [1] Unbek. Fotograf, PD-UKGov, [2] Photo CH 16492 Imperial War Museums.; 78 [1] RAF, PD-UKGov; 79 Royal Airforce; 80 [1/2] SDASM Archives; 81 [1] SDASM Archives (15837310772) [2] Daventry B J (Mr), RAF official photographer; 82 B. J. Daventry, RAF official photographer; 83 [1] HU 104771 Imperial War Museums. [2] Canadian Forces; 84 [1] Imperial War Museums. HU 104651, [2] United Kingdom Government; 85 [1] RAF official photographer, [2] MH 4560 Imperial War Museums.; 86 [1] anonym USAF; 88 SDASM Archives; 89 [1/2] Collections Imperial War Museums; 91 [1] Devon S A (F/O), RAF official photographer, [2] Imperial War Museum; 92 [1] SDASM Archives, [2] Unknown airman of Fleet Air Arm of the Royal Navy; 93 [1/2] Royal Navy official photographer; 94 PD-UKGov; 95 [1/2] Imperial War Museums.; 96 [1] E(MOS) 1357 Imperial War Museums, [2] Napoléon180505; 97 [2] British Flight Testing (Tim Mason); 98 RAF Official Photographer; 99 [1] Unbek. Fotograf; 100 [1] RAF official photographer; 101 [1] H 4435 [2] MH 6838 Imperial War Museums; 103 [2] Priest, L C (Lt), Royal Navy official photographer; 104 [1] Miller (F/O), RAF official photographer [2] Hawker-Siddeley Aircraft, British Air Ministry; 106 [1] War Office official photographer, Bebbington E, [2] H 9190 Imperial War Museums.; 107 [1] Brock F. J. (Mr), RAF official photographer, [2] RuthAS; 108 [1/2] Imperial War Museums.; 110 [1] Allan C. Green, State Library of Victoria; 111 [2] RAF Official, 1945; 112 [1] Royal Navy official photographer, [2] Daventry B J (Mr), Royal Air Force official photographer; 113 [1/2] RAF official photographer, Hensser; 114 [1] Press Agency photographer, HU 104762, Collections of the Imperial War Museums, [2] Le Guay, Laurence Craddock; 115 [1] vermutlich RAF, [2] Miller (Flt Lt), RAF official photographer; 116 [1] Devon S A (Mr), RAF official photographer, CH 1194, Collections of the Imperial War Museums.; 117 [1] CH 4998 Imperial War Museums, [2] Quelle unbekannt; 118 [1/2] Unbek. Fotograf; 119 [1/2] Unbek. Fotograf; 120 [1/2] Fotograf unbek.; 121 [1] SDASM Archive, [2] Alberto Imperiali; 122 [2] Unbek. Fotograf; 123 [1] Unbek. Fotograf, [2] FOTO: Fortepan, ID 132575: Magyar Müszaki es Közlekedési Múzeum / Archivum / Negativtar / Magyar Nemzeti Múzeum Gyüjteménye; 124 [1] USAF; 125 [1] Bundesarchiv, Bild 101I-425-0338-16A/Sturm/CC-BY-SA 3.0; 127 Unbek. Fotograf; 128 [1] Unbek. Fotograf; 129 [1/2] Autor unbekannt; 130 USAAF, 920901-F-1234P-073; 131 [1] Regia Aeronautica (Italy), [2] Ministero Aeronautica Roma; 132 Unbek. Fotograf; 133 [2] Fotograf unbekannt; 134 Unbek. Fotograf; 135 [1] Unbek. Fotograf; 136 [1] SA-kuva/Sot.virk. Eino Nurmi; 137 [2] unknown author; 138 [1] SDASM Archive, [2] wiki commons; 139 [1/2] Unbek. Fotograf; 140 Unbek. Fotograf; 141 [1/2] www.ijnafpics.com; 142 [1] Unbek. Fotograf, [2] Japanese Imperial Navy; 143 [1] Quelle unbekannt; 144 [1/2] Imperial Japanese Navy ; 145 [1] Anonym, [2] Fotograf unbekannt; 146 U.S. Navy Naval Aviation News August 1947; 147 [1] U.S. Air Force photo, [2] Imperial Japanese Navy; 148 [1] Unbek. Fotograf; 149 Zero Fighter Ochiho Hiroi; 150 [1] Unbek. Fotograf, [2] Flight Officer Ashley, official photographer of the RAF.; 151 [1] Unbek. Fotograf, [2] SDASM; 155 Unbek. Fotograf; 156 Unbek. Fotograf; 157 [1] Unbek. Fotograf, [2] Gakken, Rekishi Gunzo Vol.37; 158 Autor unbekannt; 159 [1] Unbek. Fotograf, [2]SDASM Archives; 162 [1] Unbek. Fotograf; 163 [1] IJN, [2] ijnafpics.com; 164 Unbek. Fotograf; 166 [1] SDASM, [2] Yashuo Izawa; 168 Wikimedia commons; 169 1/2] Unbek. Fotograf; 170 [1] Unbek. Fotograf, [2] SDASM Archives; 171 [1] Unbek. Fotograf, [2] SDASM Archives; 172 [1] „Akemi shashinkan" at Chitose-cho Hamamatsu, Shizuoka, Japan; 173 „Akemi shashinkan" at Chitose-cho, Hamamatsu, Shizuoka; 174 [1] Unbek. Fotograf; 175 SDASM Archives; 176 [1] PD-JAPAN-oldphoto, [2] Fotograf unbekannt; 178 [1] Unbek. Fotograf; 179 [1] U.S. Navy Naval History and Heritage Command [2] Fotograf unbek.; 180 [2] SDASM; 180 [1] Unbek. Fotograf; 181 [1] USAAF Photo [2] Unbek. Fotograf; 182 [1/2] Unbek. Fotograf; 183 [2] USAF Photo; 184 [1] Unbek. Fotograf, [2] SDASM; 185 [2] Rinpei Tanaka; 186 [1/2] Unbek. Fotograf; 192 [1/2] Unbek. Fotograf; 193 U.S. Navy National Museum of Naval Aviation; 194 [1] Unbek. Fotograf, [2] U.S. Navy National Museum of Naval Aviation; 195 [1/2] Nippon No.33; 198 [2] Imperial Japanese Navy; 199 Unbek. Fotograf; 201 [1/2] Unbekannter Fotograf; 202 [1] Naval History and Heritage Command; 203 [2] www.history.navy.mil; 206 [1/2] Unbek. Fotograf; 207 [1] A. Sitkowski, Warszawa, [2] Autor unbekannt, Turkish Air Force; 208 [1/2] unknown author; 209 1/2] unknown author; 210 Sorin Tulea; 214 Soviet government prior to 1946; 215 [2] Fotograf unbekannt; 217 Unbek. Fotograf; 218 [2] Unbek. Fotograf; 220 [1/2] unbek. Fotograf; 222 unbek. Fotograf; 223 unbek. Fotograf; 225 jno, Jak-UT-2 b; 226 Quelle unbekannt; 229 [1] soviet propaganda, [2] Krassotkin; 230 [1[unbekannter Fotograf [2] Ronidong; 231 SDASM Archives; 233 [1/2] Autor unbekannt; 235 soviet reporter; 238 1/2] unknown author; 239 Unbekannter Fotograf; 242 [2] SDASM Archives; 243 [1] anonym, [2] PD-RUSSIA.; 244 [1] Chris Pinn, [2] SDASM Archives; 245 [1/2] Author unknown; 246 [1] USAF photo; 248 USAF; 249 [1/2] U.S. Air Force photo; 250 [1] Anonym, [2] PD-Navy; 251 Anonym; 252 [1] USAF, [2] Unknown, U.S. AIr Force Photo courtesy AFFTC History Office; 253 SDASM Archives; 254 [1] Unbek. Fotograf, [2] SDASM; 255 [1] US Navy; 259 [2] US-Navy; 260 [1] U.S. Navy photo, [2] U.S. Navy photograph via SDASM Archive; 261 USAAF; 262 [1] USAAF; 263 [1] Naval History and Heritage Command, [2] United States Coast Guard; 265 [1] U.S. Navy; 267 [2] US Navy National Museum of Naval Aviation Foto Nr. 1996.253.2168; 269 [1] U.S. Navy photo; 272 [1] U.S. Navy National Museum of Naval Aviation; 274 [1] NACA; 277 [2] Official U.S. Navy photo NH 92497; 279 [1] Anonym, [2] US Government; 280 [2] US. Navy; 281 [2] US Navy; 282 [1] National Museum of the U.S. Air Force, [2] MH5710 Imperial War Museum; 283 [1/2] US Air Force photo; 284 [1] U.S. Air Force, [2] US Navy; 285 [1] USAAF, [2] Bundesarchiv, Bild 146-1985-064-10A / CC-BY-SA 3.0; 286 [1] Bill Larkins; 288 1/2] USAF; 294 Naval Air Station Jacksonville; 296 [1] Anonym, [2] U.S. Navy National Museum of Naval Aviation photo No. 1996.229.022; 297 [1] National Museum of the U.S. Navy, [2] U.S. Navy; 298 [1] RAF official photographer, [2] USAAF; 299 [2] U.S. Air Force photo; 300 [1] U.S. Air Force, [2] SDASM Archives; 302 [1/2] SDASM Archives; 303 [1] USAF photo, [2] Australian Armed Forces; 304 [1] RAF official photographer, [2] SDASM; 305 RAF official photographer; 308 USAAF; 309 [1/3] U.S. Navy photo, [2] USAF; 310 Sherwood Mark; 313 1 / 2] USAAF; 314 [1] Anonym [2] US Army; 317 [1] U.S. National Archives and Records Administration; 319 [1] R-4 AC HNS1 9 300 [2] US Coast Guard; 321 [2] US Navy; 322 [1] Royal Navy official photographer, Zimmerman, E A (Lt), [2] SDASM Archives; 324 [1] National Museum of the U.S. Navy; 325 [1/2] U.S. Navy; 326 [1] UU.S. Navy, [2] U.S. Navy; 328 [2] Farm Security Administration, Office of War Information Photograph; 329 [2] USAF; 330 [1] Unbek. Fotograf, [2] Lea (F/O), RAF official photographer

Eine Auswahl aus dem VTH-ONLINE-SHOP

FMT Highlights „Scale-Modelle" Band 1
ArtNr: 3000099
Preis: 19,90 €

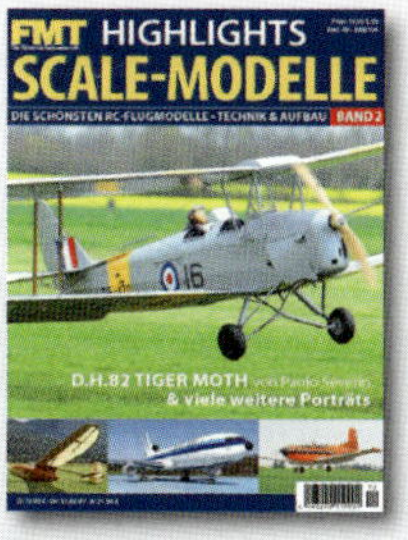

FMT Highlights „Scale-Modelle" Band 2
ArtNr: 3000104
Preis: 19,90 €

Aktuelle Ausgabe FMT
ArtNr: 0102209
Preis: 7,50 €

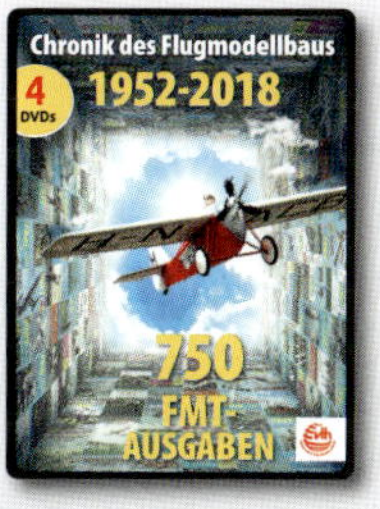

Chronik des Flugmodellbaus-DVD
ArtNr: 6201180
Preis: 99,00 €
Abo-Preis: 89,00 €

Umfang: 126 Seiten
ArtNr: 3102103
Preis: 34,90 €

Umfang: 278 Seiten
ArtNr: 3102073
Preis: 49,90 €

*POD sind vom Widerrufsrecht ausgeschlossen

Modellbaupläne & Frästeilesätze 2022
ArtNr: 3300025
Preis: 12,90€
Abo-Preis: 9,90 €

Bauplan MiG-17
ArtNr: 3200296
Preis: 14,99 €

Umfang: 192 Seiten
ArtNr: 3102294
Preis: 32,90 €

Umfang: 160 Seiten
ArtNr: 3102291
Preis: 29,90 €

Umfang: 240 Seiten
ArtNr: 3102193
Preis: 34,90 €

BÜCHER & ZEITSCHRIFTEN PORTOFREI
(innerhalb Deutschland)

Jetzt bestellen!

07221 - 5087-22
07221 - 5087-33
abo@vth.de
www.vth.de/shop
vth_modellbauwelt
VTH neue Medien GmbH
VTH & FMT
VTH Verlag

Fliegerhorst Gatow | Heinkel He 118 im Detail | Einsatzbericht: Absetz-Tragödie
Klassiker der Luftfahrt
Das Magazin für Luftfahrtgeschichte
Die schöne „Miss Stress“
Do X: Vom Traum zur Realität
Angriffe auf zivile Ziele
JUNKERS JU 52/3M
VIKINGALAND
Luftbild-fotografie
Aufklärung auf neuem Niveau
McDonnell F2H
Der zweite Jet der US Navy
90 Jahre Faszination
Deutschland 6,50 €
Fliegende Legenden
8 Ausgaben pro Jahr
www.klassiker-der-luftfahrt.de